숲과 국가

forest and nation

김기원 지음

숲의 가치와
국가 산림 경영론

북스힐

숲과 국가
숲의 가치와 국가 산림 경영론

초판 1쇄 발행 | 2021년 9월 21일
초판 2쇄 발행 | 2023년 1월 30일

지은이 | 김기원
펴낸이 | 조승식
펴낸곳 | 도서출판 북스힐

등록 | 1998년 7월 28일 제22-457호
주소 | 서울시 강북구 한천로 153길 17
전화 | 02-994-0071
팩스 | 02-994-0073
홈페이지 | www.bookshill.com
이메일 | bookshill@bookshill.com

ISBN 979-11-5971-355-2
값 30,000원

서문

숲을 가장 간단히 정의하면 나무로 이뤄진 공간이다. 나무는 지구상 어느 생명체와도 비교 불가능한 가장 몸집이 크고, 가장 키가 크고, 가장 오래 사는 생명체이다. 숲은 이런 특성을 지닌 나무로 이뤄진 곳이다. 인간의 상상을 뛰어넘을 정도로 세상에서 가장 높게, 가장 크게, 가장 오래 사는 지상 最高·最大·最古의 생명체가 사는 곳이 숲이다. 그래서 숲은 가장 장엄하고, 가장 위대하며, 가장 신령한 생명인 나무의 무리이다. 나무는 신령하기에 신령한 나무로 이뤄진 숲은 신성하다. 신성하다는 형용사 이외에 어떤 다른 말로 숲을 표현할 수 있겠는가! 나무와 숲은 신령하고 신성한 곳이기에 신화가 교훈하듯이 함부로 다루면 천벌을 받는다.

나무를 공부하는 것은 나무의 장엄함과 위대함과 신령함을 공부하는 것이다. 숲을 연구하는 것은 숲에 사는 나무의 장엄함과 위대함과 신령함을 배우는 것이며, 동시에 그들이 하늘에 가장 가까이 우뚝 솟아있는 신성한 공간에 경의를 표하는 과정이다. 원시사회에서 시작하여 오늘날까지 장구한 세월 동안 전개되어온 인류문화에서 나무가 담당해온 유무형적 역할을 설명하려면 장엄함이나 위대함이나 신령함이라는 단어로는 부족하다. 하물며 숲에 관해서랴!

톨스토이가 묻는다. 사람은 무엇으로 사는가?

사랑인가?

숲인가?

필자가 답한다.

숲의 사랑으로 산다.

숲은 애초에 생명을 위해서 태어났고, 그중 인간을 어여삐 여겨 인간의 삶에 헌신하였다. 숲은 이 세상에서 가장 완벽하고 온전한 생명의 공간으로 생명을 잉태하고, 낳고, 먹이고, 기르고, 살게 하고, 쉬게 하고, 안식하게 한다. 국가의 곳간이고 국민의 삶터이고 생명의 숨터이다. 국가의 곳간이고 국민의 삶터이기에 숲은 국가를 먹여 살린다. 가장 중요한 국부이고 힘이다. 『아낌없이 주는 나무』를 보라! 인류는 숲의 사랑으로 산림살이를 하며 살아오고 있고 앞으로도 그럴 것이다. 이러하듯이 인간의 삶 전체를 통제하는 숲은 신령한 나무가 있는 거룩한 성지로서 무한 사랑을 베푸는 곳이다.

서명이 숲과 국가다. 무거운 논제이고 거대한 담론이다. 내용의 핵심은 숲은 사랑으로 헌신하는 국부라는 점이다.

국가는 국민, 국토, 주권으로 구성한다. 숲은 이들 국가 구성요소와 어떤 관계가 있는 것인가? 깊게 연관되어 있다. 울창한 숲으로 국토가 아름다워지고, 국민이 풍요로운 삶을 살 수 있도록 하며, 심성을 길러 주권을 올바르게 행사할 수 있게 한다. 전체 내용은 숲의 탄생과 의미, 민족과 국토의 형성과 숲, 국가 발전과 숲, 숲을 움직이는 사상, 숲의 경영이념과 인문학적 쓰임새, 국가에서 숲의 비중과 산림성지론, 국민녹화론, 숲과 국가 순으로 꾸며져 있다. 이들 내용을 맥락을 지어 7부로 구성하였다.

제1부 탄생은 숲 이야기의 시점이다. 생명과 숲의 탄생에 이르기까지 우주와 지구의 탄생과정, 숲의 형성과 발전, 숲의 어원과 뜻을 다룬다. 제2장에서 다루는 숲은 주로 어의적 측면에서 살피는 것이며, 숲에 관한 인문학적,

사회경제적 의미는 제12장과 제13장에서 종합적으로 다룬다.

제2부 민족과 국토는 국가의 구성요소인 민족과 국토의 형성과정에서 숲과의 인연에 대해 다룬다. 한민족은 숲의 후예이다. 한민족의 기원과 형성, 백의민족의 유래를 추적하는 과정에서 나무와 숲과의 관계를 구명한다. 한반도 영토가 형성되는 지질적 지형적 지리적 과정, 국토에 숲이 분포하게 되는 과정과 형태와 실태와 특징을 설명한다.

제3부는 고대국가의 숲 이용을 개설하고 고려의 토지정책과 산림, 조선왕조의 산림정책과 황폐화 실태를 제시하고 백성을 괴롭힌 송정(松政)으로 인한 사정(四政)문란을 고발한다. 일제 강점으로 수탈되어간 숲의 실태와 이를 다시 국토녹화에 성공한 선조의 헌신과 현대 산림정책의 내용을 소개한다.

제4부와 5부는 신애림사상을 살펴본 것이다. 과거 산림녹화 시기엔 나무를 심고 가꾸는 것이 애림이었지만, 현재는 녹화 성공으로 울창해진 숲을 잘 활용하는 신애림사상으로 구분하여 관찰하였다. 제4부는 산림을 경영하는 방법과 산림을 인문과학적 접근에서 다룬 사례를 관찰한 것이다. 제5부는 숲이 국가에서 차지하는 비중과 산림복지의 산림후생학적 출현배경과 기능을 설명하고, 산림을 인간의 생명과 삶을 유지하는 거룩한 성지로 보고 산림성지론을 제시하였다. 필자가 숲을 다루는 기본정신과 기본이념, 7대 산림성지론, 산림 대명제를 제시한다. 이를 통해 우리 숲을 새로운 시각으로 인식하고 아끼며 보호할 것을 제안하면서 신애림사상을 소개한다.

제6부는 선조가 국토녹화에 성공한 것에 대해 후손은 국민녹화 성공으로 보답해야 한다는 사명과 과제를 제시하는 내용이다. 국내외 공표된 자료는 대한민국 국민은 건강하지도 않고 울분에 싸여있다고 말한다. 국민녹화란 심신이 피폐한 우리 국민을 숲으로 치유하는 것을 말하며 이것을 나무를 심은 제1 국토녹화에 대하여 제2 국토녹화라 명명하였다. 국민녹화를 위한 이론적인 바탕과 배경은 제12장에 제시하였고, 제13장에 국민녹화에 쓰일

나무와 숲의 의미나 상징을 인문·사회과학적으로 종합하여 국민녹화의 당위성과 필연성을 인식하도록 시도하였다. 심신이 지친 국민의 마음을 숲의 사랑으로 치유하는 국민녹화는 신애림사상의 궁극적인 실천목표이다. 더불어 한민족의 시원문화코드인 자작나무 문화 복원도 제안한다.

제7부는 결론으로 국부 산림국가론을 제시한다. 고전적 이상 국가론과 국부론을 살펴서 숲으로 올바른 정치지도자와 백성을 교화할 수 있는 가능성과 숲이 국부가 될 수 있는가를 제시한다. 이를 통해 우리나라가 산림이 국부인 국가로서 국부 산림국가임을 살펴본다. 아울러 국토녹화에 성공한 울창한 산림을 지닌 자랑스러운 국가로서 이를 찬미하는 '산림 대교향곡'을 창작할 것을 제안한다.

이 책에서 강조하고자 하는 바는 크게 두 가지이다. 하나는 숲은 국부로서 국가와 국민성장의 핵심이며, 둘째는 선조들이 헐벗은 국토를 녹화에 성공하였듯이, 후손은 선조가 이룩한 울창한 숲으로 피폐한 국민의 마음을 녹화해야 한다는 점이다. 그래야 이렇듯 울창한 숲을 지닌 숲의 후예 한민족이 진정으로 선진국다운 국민이 된다는 확신이다. 울창하고 아름다운 숲에 어울리는 국격을 갖춰야 한반도에 사는 것을 자랑스럽게 여기지 않겠는가? 전세계에서 자살률 1위, 어려움을 나눌 이웃이 없고, 의지할 친구나 친척이 없다는 국민이 어찌 건전한 의식을 지닌 선진국 국민이며, 그런 국가가 어찌 평화와 번영과 자유를 사랑하는 자유주의 국가인가? 울창하고 아름다운 사랑의 숲으로 국민의 빈한한 마음을 치유하여 건전한 국민으로 거듭날 수 있도록 노력해야 한다. 즉, 건전한 마음으로 주권을 바르게 행사하고, 부활한 우리의 금수강산을 자랑스러워해야 한다는 점도 강조한다.

1975년 대학에 입학하여 산림학을 공부한 지 46년이고, 1991년 대학강사로 시작하여 학생을 지도한 지 30년이다. 강산이 다섯 번 변할 수 있는 세월을 숲과 함께 지냈다. 세월의 흐름과 더불어 초등학교 시절 아버지와

집 옆 동산에 심었던 나무들은 성장하여 고목으로 변하거나 사라졌으며 우리 강산의 숲의 모습도 몰라보게 달라졌다. 울울창창 우거진 국토의 모습이 듬직하고 자랑스럽다.

어릴 적 심은 나무가 고목이 되었으니, 내 인생도 고목처럼 회색빛이다. 나무도 사람도 세월 따라 중력 따라 숲바닥을 향해 가는 중이다. 숲을 공부하고 연구하고 가르쳤으니 산림학자이다. 직업을 마감하고 인생을 마감하는 것이니 정리하는 것이 마땅한 듯하다. 숲에서 삶을 마감하는 나무는 마지막으로 자신을 자연에 온전히 헌신한다. 자연에 바쳐진 고사목은 수많은 곤충과 새, 식물, 박테리아를 불러 모으고 그들이 삶을 영위하도록 자신의 몸을 맡긴다. <아낌없이 주는 나무처럼> 말이다. 나무는 살아서도 어머니이고, 죽어서도 어머니이다. 삶의 진리를 그대로 보여주며 사랑으로 헌신한다. 참으로 위대하다. 숲은 무엇인가? 존 뮈어의 이 외침을 상기해 보자 ; The clearest way into the universe is through a forest wilderness. And into the forest I go, to lose my mind and find my soul. 숲은 맑고 티 없이 살아있는 양심(우주)을 정화할 수 있게 한다. 그래서 오욕칠정으로 물든 내 마음을 내려놓고 영혼을 찾으려면 숲으로 가야 한다고 고백한다. 대산림(大山林) 퇴계 선생은 숲에서 노니는 것(遊山)이 곧 독서와 같다 하였다. 숲에 드는 것이 지식을 쌓으며 심성을 고양하는 것으로 인식하는 것이니 숲이 인간을 양성할 수 있음을 강조한 말이다.

나무와 숲이 그러할진대, 삶을 마감하는 필자는 무슨 역할을 할 수 있을 것인가? 고민하였다. 누가 읽을까, 무슨 쓰임이 있으리오 하는 마음도 있었지만, 그래도 50년 가까이 나무와 숲을 접하며 살아온 학자로서, 현장에서 벌어지는 안타까운 일도 목격하면서, 더 나은 사회를 위해 무언가 남길 필요가 있다고 생각하여 글을 시작하였다. 사실 십수 년 전부터 준비해 왔음을 부인하지 않는다. 낱말 하나하나, 한 구절 한 문장이 허사로 읽힐지라도 누군가에게 양식이 될 수 있기를 바라는 마음으로 정리하였다. 그 희미한 소망이 자라나서, 또 누군가에게 전해져 선조가 이룩한 숲이 더 울창하고 아름다운 숲이 되고, 국민의 마음을 더 건전하게 양성하는 데에 겨자씨만 한 도움이라도 되길 바라는 마음 간절하다, 죽어가는 고목이 그렇게 하듯이. 이 책이 산림 현장에서 봉사하는 많은 산림꾼(산림교육과 산림치유 전문가와 공직자)과 관심있는 분들께 읽히고 그 내용을 자신의 앞에 서 있는 국민에게 전하는 데 도움이 될 수 있기를 기대한다. 또한, 산림꾼으로서 긍지와 자부심, 다른 한편으로 각오와 사명감이 더 다져질 수 있기를 소망한다.

성호 이익 선생이 수제자 윤동규(尹東圭, 1695~1773)에게 답하는 편지에 이런 내용이 있음을 발견한다(『성호전집』 제18권/서) ;

세상에 여한 없는 일이야 없지마는	世間無事無遺憾
학문을 못 이루고 죽는 것 같겠는가	未若身亡學未成
십수 년 계속하여 닦아 온 학업들이	十數年來多少業
티끌로 사라지니 무어라 이름하랴	一塵吹散果何名

정년을 앞두고 겪는 육체적 역경으로 저술을 포기하여 자유와 해방을 얻으려는 시도도 있었다. 하지만 그것이 더 큰 아픔으로 다가와 성호 선생의 글에 의지하여 부족하나마 탈고에 이르게 하였다. 거칠지만 글을 쓸 수 있도록 가르침을 주신 수 많은 분들, 인용 문헌의 저자들, 숲과문화연구회 동료분들, 아름다운 숲탐방을 함께 하신 분들, 학생들, 사랑하는 가족께 감사드린다, 그리고 소리 없는 아우성으로 필자를 터치한 나무와 숲에게도. 더 나은 글을 위해 아낌없는 질정을 기대한다. 아무런 이익이 없는 출판을 흔쾌히 허락하여 준 북스힐 조승식 대표와 편집진 여러 분께 깊이 감사드린다.

졸저에 공감이 있는 분이 있다면 필과 원고를 넘겨 지속적인 보완이 이루어질 수 있기를 기대한다.

2021년 추석 즈음에

차례

제1부

탄생

숲 이야기의 시작이다. 생명과 숲은 138억 년 전 우주의 탄생 원점부터 시작한다. 생명과 숲의 탄생에 이르기까지 우주와 지구의 탄생과정, 숲의 형성과 발전, 숲의 어원과 뜻을 다룬다. 제2장에서 다루는 숲은 주로 어의적 측면에서 살피는 것이며, 숲에 관한 인문학적, 사회경제적 의미는 제12장과 제13장에서 종합적으로 다룬다.

제1장

우주

1. 별천지

숲을 말하려면 숲의 역사를 알아야 한다.

숲을 알리려면 숲이 어떻게 세상에 존재하게 되었는지 알아야 한다.

숲은 지구에 있지만, 지구는 태양계에 속하고, 태양계는 우리 은하, 우리 은하는 은하단, 은하단은 초은하단에 속하며, 초은하단이 모여 우주를 이룬다. 결국 숲의 존재는 우주가 있기에 가능하다. 숲을 비롯하여 이 세상에 존재하는 삼라만상은 곧 우주의 기원으로부터 시작한다. 숲을 설명하려면 우주의 기원을 이해해야만 올바르게 설명할 수 있다.

우주의 탄생에서 시작하여 은하를 거쳐 태양과 지구에 이르고, 바다를 거쳐 육지에 상륙하기까지 숲이 태어나는 억겁 시간의 흐름을 추적하여 이해하는 일련의 과정은 매우 극적이고 감동적이다. 이것은 숲을 이해하는 것이기도 하지만, 곧 숲과 같은 생명으로 '나(우리)'라는 존재의 기원을 찾는 것이며, 내(우리)가 우주라는 무한 광대한 시공간의 좌표 중 어디에 있는지를 이해하는 것이기도 하다.

　산림학자인 필자가 우주의 탄생에 관해 특별히 관심을 갖게 된 계기는 20여 년 전 삼척에 있는 가곡 자연휴양림으로 숲을 탐방하러 갔을 때이다. 1999년 10월 16일 토요일, 주말 오후 늦게 출발한 버스가 다음 날 새벽 1시경에 해발 1,245m의 면산에서 뻗어내린 가곡천 골짜기에 도착하였다. 약 270km를 달려온 버스에서 사람들과 함께 내려섰는데 칠흑같이 캄캄한 어둠 속에 하늘에 맞닿을 듯 위압적인 자세로 검은 옷을 입은 산이 사방을 둘러 서 있었다. 그 사이를 뚫고 내려앉은 골짜기는 청천벽력 같은 물 흐르는 소리로 가득 메워져 있었다. 버스 시동도 꺼져서 들을 수 있는 소리라곤 귀를 꽉 채운 물소리뿐이었다.

　우르릉 쾅쾅

　도시에서 들을 수 없는 원시 자연의 소리 그대로였다. 자동차 경적과 사람들의 와자지껄한 소리, 컴퓨터 자판 두드리는 소리에 익숙해져 있던 사람들은 귀에 익숙하지 않은 낯선 소리에 잠시 귀를 의심해야만 했다. 태초에 심산계곡을 흐르던 물소리가 이랬을까.

　또 의심해야 했던 것은 눈이었다. 검푸른 에머랄드빛 밤하늘을 보석처럼 수놓은 뭇별들을 보았기 때문이었다. 위압적인 검은 산세, 우레 같은 물소리 속에서도 사람들은 밤하늘에 찬란히 빛나는 무수한 별무리를 바라보는 순간, 탄성과 함께 장거리 여행의 피곤함과 지루함도 잊은 채 반쯤 졸음이 섞인 눈을 번쩍 뜨게 했다. 사방은 앞뒤를 분간할 수 없는 명도 0에 가까운 어둠이고 그 가운데 별만 보이는지라 버스에서 내린 곳이 광활한 우주 공간 어딘가에 있는 은하철도 정거장과 같은 기분이 들었다. 깊은 가곡천 골짜기에 내린 손님들은 드넓게 펼쳐진 우주의 장관을 보면서 한참이나 머리를 뒤로 젖힌 채 그렇게 서 있었다.

　와아, 별천지다!

　무한한 대우주 공간에 펼쳐진 별들의 파노라마였다.

아, 저 별이며 우주는 어떻게 해서 생긴 것일까?

이 광활한 대우주 공간에 티끌만도 못한 조그만 지구가 두둥실 떠 있는 것이 신기하기만 하였고, 그 속에서 내가 살고 있다고 생각하니 우주는 참으로 신비롭게 느껴졌다.

숲 탐방 길에 이렇게 하여 생긴 우주에 관한 관심은 그 밤에 별천지를 본 것만큼이나 행복한 것이었다. 여전히 초보 수준이기는 하지만, 지구, 생명, 풀이며 꽃, 나무며 숲이 어떤 과정을 거쳐 태어났는지 어렴풋이 설명할 수 있는 수준은 되었다. 우주의 기원은 세상 모든 것의 기원이다. 숲에 관해 설명하기 전에 우주의 기원에 대해 살펴보아야 숲의 의미나 가치를 더 크게 깨달을 수 있다.

2. 우주의 탄생

과학자들은 우주의 나이를 약 138억 년으로 추정하고 있다.

우주는 팽창하고 있다. 그래서 시간을 거꾸로 돌리면 우주는 한 점으로 수렴하게 된다. 이것은 먼 옛날 어느 순간에 우주가 시작되었음을 의미한다. 138억 년 전, 무한히 작은 초고밀도 초고온의 균일한 상태[1]가 폭발하였다. 이것을 빅뱅(Big Bang)[2], 대폭발이라고 부르는데 대폭발 이후 우주에 많은 물질과 빛이 생겨났다. 우주는 시간이 흐를수록 팽창하여 커지고 온도는 내려갔다. 대폭발 초기에 우주를 구성하는 물질은 85%가 암흑물질이고 15%

---

1) 대폭발 직전의 온도가 어느 정도인지 알 수 있는 자료를 찾기 쉽지 않고 폭발 직전이 어떤 상태였는지도 알 수 없다. 하지만, 대폭발 직후의 시기(또는 우주가 탄생한 직후의 시기)를 플랑크 시기(Planck epoch, $0 \sim 10^{-43}$초)라고 부르는데 당시의 우주 온도는 10^{32}K이었다. 태양 중심부의 온도는 1600만K이다(박병철 옮김, 2017, 기원의 탐구. Jim Baggott원저 Origins. 서울: 반니. 49~53쪽).
   태양 표면온도는·약 6000℃이므로 대폭발 직후의 우주 온도는 태양 중심부보다 6.25^{24}배, 태양 표면보다 약 1.59^{28}배 높았다. 이처럼 대폭발 직후 우주의 온도가 어느 정도인지 상상하기조차 어렵다. 절대온도(K)는 섭씨온도(℃)에 273을 더한 것이다(필자 주).
2) 우주에 존재하는 시간, 공간, 물질의 기원이다.

는 바리온(baryon)이라 부르는 기체였는데 대부분 수소와 헬륨이었다. 물질 밀도가 주변 평균보다 높은 지역은 암흑물질이 모여 헤일로(halo)를 형성한다. 헤일로는 후광이라는 뜻으로 은하에 넓게 퍼져있는 암흑물질을 말한다. 암흑물질 헤일로는 중력에 의해 서로 인수합병되어 더 큰 헤일로로 발전하는데 이때 수소와 헬륨으로 된 기체 바리온이 헤일로에 갇히게 되고 후에 기체 구름을 형성하여 원시항성(protostar)과 은하로 발전한다.[3] 오랜 시간 동안 이런 과정을 거쳐 별이 만들어지며 태양이 탄생하고 은하가 형성되었다. 은하가 모여 은하단, 은하단이 모여 초은하단, 초은하단이 우주를 형성하게 된 것이다. 태양은 3세대 별인데, 빅뱅 초기에 수소 기체가 모여서 빛을 내어 제1세대 별을 만들고, 이것이 핵융합 과정을 통해 빛을 내다가 초신성이 폭발하면서 제2세대 별이 만들어지고, 이런 과정을 세 번 반복하여 만들어진 것이 태양이다.[4]

우주의 형성을 설명하는 대표적인 이론은 성운설(星雲說, nebular hypothesis), 조석설(潮汐說, tidal hypothesis), 운석설(隕石說, meteoric hypothesis), 창조설 등이 있다. 성운설은 빅뱅 이후 우주 공간에 생긴 엷은 가스층이 천천히 회전하여 두껍게 뭉쳐진 덩어리가 구름(성운)을 형성하여 별이 되었다는 이론이다. 조석설은 성운설을 보완하기 위해 나타난 이론이다. 항성이 다른 항성 주변을 스쳐 지나갈 때 서로의 인력으로 고온의 기체가 분출되는데 이것이 회전하면서 가스 덩어리로 뭉치게 되어 별을 형성한다는 이론이다. 운석설은 항성 주변에 있던 고체입자(우주먼지와 운석, cosmos dust and meteorite)와 가스를 자신의 주위에 끌어들이기 시작하여 인력으로 말미암아 타원형으로 일단의 무리가 형성된다는 이론이다. 우주먼지설, 우주진

---

3) 곽범신 옮김, 2018, 지구인들을 위한 진리탐구. 오구리히로시 · 사사키시즈카 원저 眞理の探究. 서울: 알피스페이스. 43~54쪽.
   김형도, 2020, 우주는 어떻게 시작되었는가-빅뱅. In 박창범 외 〈기원·궁극의 질문들〉. 서울: 반니. 52~69쪽.
   박병철 옮김, 2017, 기원의 탐구. Jim Baggott원저 Origins. 서울: 반니. 41~99쪽; 143~188쪽.
   최가영 옮김, 2019, 빅 픽처. Sean Carroll 원저 The Big Picture. 수원: 글루온. 60~68쪽.
4) 박창범 외, 2020, 기원·궁극의 질문들. 서울: 반니. 57쪽.

설이라고도 불린다.[5] 태양계 주변을 보면 천체들이 마치 정교하게 만든 시계처럼 공전과 자전을 정확하게 한다. 정교한 시계처럼, 공전과 자전을 시간에 맞춰 정확하게 움직이는 지구와 태양, 태양과 태양계, 태양계와 은하계, 은하계와 우주도 절대적 창조주인 하느님의 초자연적인 지혜와 설계로 형성되었다는 학설이 창조설이다. 가설이므로 어느 이론이 맞다 틀리다 말하기보다 상호 보완적으로 우주의 형성과정을 설명할 수 있을 듯하다.

우주는 계속 팽창하였으며 적당히 낮아진 온도에서 전자와 핵이 안정된 원자를 형성하기 시작하였고 그러한 물질로부터 별과 은하가 만들어졌다. 수소와 헬륨을 바탕으로 탄생한 별들은 그 중심핵으로부터 수소와 헬륨의 연소로 탄소와 산소와 같은 좀 더 무거운 다른 원소들을 만들어내게 되었으며 내부에서 만들어진 광자(光子)도 외부로 나와 가시광선이 되었다. 이들 원소는 훗날 생물들을 탄생할 수 있도록 해 주었다. 태양은 태양 성운으로부터 만들어지고 그 과정에 지구도 태어났다. 태양도 다른 별들과 마찬가지로 수소(H)와 헬륨(He) 가스로 이뤄진 거대한 기체 불덩어리이다. 전형적인 별인 태양이 방출하는 에너지는 1메가톤급의 원자탄을 1초에 1000만 개씩 연속적으로 폭발시키는 것과 같다고 한다. 표면 온도는 약 6000℃나 되는데 표면에서 일어나는 변화는 지구에 엄청난 영향을 끼친다.

우주의 크기가 얼마나 되는지 살펴보자. 우주의 팽창을 가정하면 관측 가능한 우주 지평선은 460억 광년이지만 현재 우주 지평선은 160억 광년으로 추정한다.[6] 지구는 하나의 별인 태양을 중심으로 구성된 태양계에, 태양계는 무수한 별들로 구성된 우리 은하에 속한다. 우리 은하는 태양과 같은 별이 2천억~4천억 개의 별과 가스와 우주먼지로 이뤄져 있다. 이들 각각의 은하는 몇 개에서 1만 개씩 모여 은하단(cluster)을 형성하고, 은하단이 무리

5) 김영진 역, 1989, 지구의 역사. 서울: 대광서림. 11~22쪽.
6) 박병철 옮김, 2017, 앞의 책.

지어 초은하단(supercluster)을 형성한다. 우주에는 수천억 개의 은하들이 모여있다. 우리 은하는 이들 수천억 개 은하 중의 하나일 뿐이다. 이것이 우리가 평소 말하는 우주이다.

천문 우주학에서 쓰는 거리의 단위는 광년(light year)과 파섹(parsec)이다. 1광년(ly)은 빛이 1년 동안 도달하는 거리이며 약 9조 5천억 km이다. 파섹(pc)은 항성과 은하의 거리를 나타내는 단위이다.[7] 1파섹은 3.26광년이며 약 30조 9천억 km이다. 지구로부터 태양까지 거리는 약 1억 5천만 km이다. 태양계의 지름은 100억 km가 넘는데 초속 30만 km의 빛의 속도로 통과할 때 10시간이 걸린다. 은하의 지름은 보통 수만 광년으로 우리 은하의 지름은 10만 광년이고 두께는 1만 5천 광년이다. 태양의 위치는 우리 은하 중심부로부터 약 3.3만 광년 떨어져 있으니 지구도 그 주변에 있다. 은하단과 은하단 사이의 거리는 평균 100~200만 광년이며 초은하단의 크기는 수억 광년, 초은하단으로 이뤄진 우주의 반지름은 약 460억 광년일 수 있다고 하니 우주는 그 크기를 상상할 수 없는 공간이다. 우주는 무한 광대의 공간이다.

이쯤에서 우리가 앉아있는 자리에서 태양까지, 태양을 넘어 태양계의 중심까지, 태양계를 지나서 우리 은하까지, 우리 은하를 건너 안드로메다 은하까지, 그리고 안드로메다를 경유하여 은하단과 초은하단까지 빛처럼 빠른 은하 철도를 타고 간다고 상상해 보자. 지름이 수억 광년에 이른다는 초은하단의 종착역에 생전에 도착한다는 것이 가능할까? 이러한 생각을 하면 광활한 우주 공간 속에서 우리의 시간과 공간의 좌표가 어디에 있는지, 그 존재가 얼마나 무의미한지 짐작하고도 남는다.

안드로메다 은하는 북반구에서 우리 눈으로 볼 수 있는 은하 중에서 가장 크고 멀리 있는 은하라고 한다. 안드로메다 은하까지 250만 광년, 다른 말로

---

7) 지구가 태양을 공전하는 궤도 지름을 기선(基線)으로 했을 때 지구에서 관측되는 천체의 시차가 1초가 되는 거리를 말한다. 1파섹(pc) 거리에 있는 별과의 시차는 1초이며 3.26광년인데 이것은 30조 9천억 km에 해당하는 거리이다. 1킬로파섹(Kpc)은 1000파섹, 1메가파섹(Mpc)은 100만파섹이다.

표현하면, 이곳에서 나온 빛이 지구에 도달하는데 빛의 속도로 250만 년 걸린다는 뜻이다. 즉, 우리가 보게 되는 안드로메다 은하의 별빛은 이미 250만 광년 전에 안드로메다를 떠나온 빛이므로 우리는 250만 광년 후의 미래 사람인 셈이다. 우주 공간은 참으로 넓고 신비한 공간이다. 이런 생각도 해보니 참으로 우주는 무한하며, 그 속에 우리가 살고 있다는 사실이 신기하고 우주는 더욱 신비롭기만 하다.

그러나 우리는 살고 있다. 아주 미미한 행성 지구에서 숨을 쉬며 살고 있다. 숲이 만들어 주는 산소를 마시며 나무와 함께 살고 있다. 우리가 사는 우주가 지름이 수백억 광년에 달하든지 말든지, 우주 공간 어디에도 없는 꽃피고 새가 지저귀는 녹색의 숲으로 덮인 행성 지구에서 숨을 쉬며 우리는 살고 있다.

3. 숲의 탄생

가. 지질시대 구분

극한 온도로 불타던 지구 표면이 차가워지는 데에는 장구한 세월이 필요했다. 지구가 현재와 같은 지각의 모습을 갖추게 된 것은 끊임없이 계속된 조산운동, 화성활동, 습곡작용의 결과이다. 지구 내부구조는 지각, 상부맨틀, 하부맨틀, 지핵으로 이뤄져 있다. 지핵은 철과 니켈로 펄펄 끓고 있다. 지각은 안쪽에 현무암층과 바깥쪽에 화강암층으로 구성되어 있고, 바깥쪽은 물이 고인 바다와 암석으로 구성된 육지로 구분된다. 육지는 오랜 세월 풍화, 침식, 퇴적작용을 연속적으로 받아왔다. 수십 억 년이 지나는 동안 바닷속에서 영양물질이 증가하고 육지에서도 암석 덩어리의 지각이 서서히 연한 지층으로 변모하게 되었다.

암석이나 생물체가 지질시대의 어느 시점에 해당하는지 그 연대를 밝혀내

표 1-1. 지질 연대 구분과 생물의 탄생

이언 Eon	대(代) Era	기(紀)/세(世) Period/Epoch		절대연대 (B.P.*) (년)	출현생물	비고
은생누대		원시지구		38(35)~46억		
	시생대 Archeozoic	(선캄브리아**) (Precambrian)		25.0-38(35)억	곰팡이	아프리카 등: 최고암석(>26억년) 조산운동 시작
	원생대 Proterozoic	(Precambrian)		5.41-25.0억	곰팡이	칼레도니아·칼라데·전 조산운동
현생누대	고생대 Paleozoic	캄브리아기 Cambrian		5.41-4.85억	해파리, 혀 긴 조개, 삼엽충 해조류 등	이끼 등장(?)
		오르도비스기 Ordovician		4.85-4.38억	해조류 등 원시 어류	포자식물화석 발견(4억 7천만년) 선태식물(이끼류) 번성
		실루리아기 Silurian		4.38-4.08억	상어류. 하등 양치식물 등장	최초 관속식물 국소나이아(4억3천만년) 표실로피톤/하등육상양치식물 생육
		데본기 Devonian		4.08-3.60억	어류시대, 양치류 등장 버섯, 양치 식물	바리스칸 조산운동 시작. 우상동물(양서류) 출현. 상목: 소형양치식물
		석탄기 Carboniferous	Mississippian	3.60-3.20억	양치류 시대, 육상식물번성. 양치식물에 의한 大산림 형성.	4대 양치식물: 노목(속새류), 인목, 봉인목, 코다이트 등 거림 1~1.5m, 높이 30~50m 이상. 고온다습한 기후
			Pennsylvanian	3.20-2.86억	겉씨식물 등장	
		페름기 Permian		2.86-2.45억	겉씨식물, 파충류	소철 등장
	중생대 Mesozoic	삼첩기 Triassic		2.45-2.08억	겉씨식물증가. 파충류 등장	원시포유류, 은행나무 등장
		쥐라기 Jurassic		2.08-1.44억	송백류, 소철류, 은행 번창	알프스 조산운동 시작
		백악기 Cretaceous		1.44-0.664억	속씨식물 등장	플라타너스 등 꽃피는 식물의 시대

침목의 숲

표 1-1. (계속)

이언 Eon	대(代) Era	기(紀)/세(世) Period/Epoch		절대연대 (B.P.*) (년)	출현생물	비고
현생이언	신생대 Cenozoic	제3기	효신세 Paleocene	66.4-57.8백만	침엽수림, 활엽수림, 혼효림	
			시신세 Eocene	57.8-36.6백만	위와 같음	
			점신세 Oligocene	36.6-23.7백만	위와 같음	
			중신세 Miocene	23.7-5.30백만	현재의 자연환경과 유사 드리오피테쿠스 등장	알프스 조산운동 종료
			선신세 Pliocene	5.30-2.59백만	오스트랄로피테쿠스 호모 하빌리스	-猿人, 前人: 도구 사용 -도구 제작 사용
		제4기	홍적세(갱신세) Pleistocene	259-1.2만	호모 일렉투스 호모 사피엔스 인류시대	빙하시대 시작 중기-후기 구석기시대
			충적세(현세) Holocene	1.2만(0.8)~4700		중석기시대/수렵채취시작
				4700-2000		신석기시대/식량생산
				2000-현재		청동기시대/高文化의 시작 철기/전자시대

주) *B.P.: before present의 약자로 '지금부터 몇 년 전'이라는 뜻이며 1950년을 0년으로 함.
**선캄브리아: 기(紀)나 세(世)에 해당하는 시간적인 구분이 아니고 대(Era)에 해당함. 여백 한계로 위의 위치에 표기함.
출처: Tarbuck, E.J and F.K. Lutgens. 1991. Earth Science. Macmillan; 김영진 외, 1989, 지구의 역사, 대광서림; Beazley, M., 1981, The Int. Book of the Forest; Historical Geology. 최덕근, 2018, 지구의 일생. Humanist. 등을 참고하여 작성함.

는 학문을 지구 연대학[8]이라고 한다. 지구 연대학에서는 지질시대를 이언(Eon)[9], 대(Era), 기(Period), 세(Epoch)로 구분한다. 지구의 나이 약 46억 년을 상대연대로 구분하여 가장 오래된 암석이 분포하는 시점을 기점으로 그 이전을 원시지구시대, 그 이후를 이언시대라 한다. 원시지구시대란 지구가 형성된 시점인 46억 년 전부터 38(35)억 년 전의 시기를 말한다. 이언시대는 생명이 나타난 캠브리아기를 경계로 그 이전을 은생이언, 그 이후부터 현재까지를 현생이언이라고 한다. 은생이언이란 생명체가 아직 나타나지 않고 숨어있는 시대로 시생대와 원생대로 구분하는데 캠브리아기 이전의 시대라고 하여 선캠브리아기(Precambrian)라고도 한다. 현생이언이란 생명체가 출현한 시대를 말한다. 〈표 1-1〉은 지구에 숲이 형성되기까지를 간략히 나타낸 것이다.

나. 생명의 기원과 고생대의 숲

1) 바다로부터 생명의 기원과 육지 상륙

무기물로부터 유기물로 변환은 생명의 기원을 첫 번째로 설명하는 단계이다. 생명의 기원을 설명하는 이론은 다양한데 최근에 바다의 열수공(熱水孔)으로부터 생명이 기원한다는 가설이 등장하였다. 바다 속의 화산 근처에 뜨거운 물이 올라오는 열수공 근처에 아미노산이 많이 검출되어 첫 번째 세포(시원세포)를 만드는 것에 가장 가까운 가설이 되고 있다. 시원세포는 원핵세포(원시적인 핵세포)이고 이것이 오랜 세월을 거쳐 미토콘드리아로

---

8) 지구 연대학(Geochronology)은 18세기 초에 퇴적암층에 있는 동물군의 변화를 포함한 시간적 순서를 밝히는 층서학(層序學, Stratigraphy)에서 출발했다. 이 후 19세기 중엽부터 방사성 연대측정법(Radioactive dating)이 이용되기 시작하면서 지금까지 지구상의 변화과정을 밝히는데 기여해 오고 있다. 스웨덴의 지질학자 드 기어(Friherre De Geer/1858~1943)는 1940년에 '지구 연대학'(Geochronologica Suecica)이라는 논제로 마지막 논문을 쓰기도 하였다.

9) 이언(Eon, Aeon)이란 무한히 긴 시대 혹은 영구(永久)라는 뜻으로서 지질시대를 구분하는 단위이다.

변한 진핵생물이 되었을 것이라 본다. 진핵생물에 남세균이나 담수 시아노박테리아가 침입하여 세포내공생을 일으켜 엽록체를 만드는 식물이 되었다고 본다. 바다식물인 홍조류(김), 갈조류(미역, 다시마), 녹조류는 엽록체를 지니는데 이 엽록체는 시아노박테리아로부터 유래하므로 시아노박테리아가 엽록체의 시원이고 식물의 기원이다.

최초의 식물로 분류되는 조류(藻類)는 자기 몸을 지탱할 수 있는 조직(줄기)이 없어서 지상에 나올 수 없었으며 밖으로 나와도 곧 햇빛에 말라 죽고 말았다. 일부 조류의 생식은 포자(胞子, spore)를 통해서 이뤄진다. 화석증거에 의하면 오르도비스 중기인 4억 7~6천만 년 전에 육지에 포자식물이 등장하였는데 이것이 육지에 최초로 상륙한 선태식물(이끼류)이다. 선태식물은 바다의 녹조류로부터 유래하는 것인데 육지 상륙 초기에 물가 가까운 육지를 초록빛으로 물들이고 있었을 것으로 추측할 수 있다. 오늘날 육상의 대표적인 선태식물은 우산이끼, 뿔이끼, 솔이끼 등이다.[10]

광합성 덕분에 몸에 집적된 탄수화물이 몸을 지탱할 수 있는 단단한 줄기를 만들어 갈 수 있게 되어 서서히 육지로 상륙할 수 있게 된 것이었다. 선태식물은 이후 물관, 체관을 지닌 관다발식물로 진화하였는데 육상 최초의 관다발식물(관속식물)은 쿡소니아(Cooksonia)로 알려져 있다. 쿡소니아는 기묘하게도 오로지 줄기로만 이뤄진 최초의 관다발식물로 키도 수 센티미터에 지나지 않지만 육상식물 화석 중 가장 오래된 것으로 실루리아기인 약 4억 3천만 년 전에 살았다. 이어서 줄기와 뿌리를 갖춘 식물이 나타났고 그 후 잎을 갖춘 양치류와 같이 더욱 발달된 식물들이 나타나게 되었다. 이어서 데본기 말경에 전성기를 맞이하고 데본기가 끝날 무렵(3억 6천만년 전)에 식물이 크게 번성하여 광합성으로 대기 중 산소 농도가 높아졌다.[11]

---

10) 최덕근, 2018, 지구의 일생. 서울: 휴머니스트. 238~245쪽.
   윤환수, 2020, 생명의 기원, 그리고 세포내공생을 통한 식물의 진화. In 박창범 외 〈기원-궁극의 질문들〉. 서울: 반니. 216~252쪽.
11) 박병철, 앞의 책 433~437쪽.

오르도비스기에 최초의 육상식물이 상륙한 것은 지구가 탄생한 지 약
41억 년 가량 지난 후의 일이고, 지금으로부터 4억 7~6천만 년 전의 사건이
다. 그 후 실루리아기에 등장한 쿡소니아 이외 또 다른 육상식물 중의 하나는
프실로피톤(psilophyton)이다. 오늘날 고사리와 비슷한 하등 양치식물로 뿌
리와 줄기의 구분이 있었고 몸길이는 약 40cm였다. 줄기는 뿌리 부분에
달린 근경과 지상 부위에 있는 지상경으로 구분할 수 있는데 지상부 줄기에
는 가시가 돋아 있고 작은 잎이 달려 있었다. 그래서 이를 명백한 녹색 양치식
물이라고 규정한다. 이들 양치식물의 화석이 캐나다와 스코틀랜드에서 발견
됨으로써 당시 그곳에 원시 식생이 발달해 있었음을 암시하고 있다.[12]

2) 지구상 최초의 숲-데본기의 숲

하등한 양치식물들이 상륙하기 시작한 실루리아기를 지나 데본기에 이르
면 석송, 속새류, 고사리와 같은 양치식물이 번성하기 시작하였다. 데본기의
식물은 처음에는 물가로부터 번성하고 점차 내륙으로 퍼져 나아갔다. 그래서
숲은 초기에 소규모로 형성되었지만 데본기 중기에 이르게 되면 제법 큰
규모의 숲이 나타났다. 당시의 나무 중에는 8~12m까지 자라는 아네우로피
톤(Aneurophyton), 30m나 자라는 아르카에오프테리스(Archaeopteris)가 있
었다. 이 나무들이 만든 숲이 명실상부한 지구상 최초의 숲이었다. 지금으로
부터 4.08~3.60억 년 전의 일이었다.

이렇게 육지에 생산자들이 나타나자 이러한 환경에 적응할 수 있는 동물들
이 출현하게 되었다. 즉, 물과 뭍을 번갈아 가면서 살 수 있는 양서류의

한편, 원생대 초기(25억~20억 년 전)에 대기 중에 산소가 생길 정도로 식물의 활동이 왕성했으며 대기
중 산소가 축적되어 태양의 자외선을 차단하는 성층권 오존층을 이뤘다는 주장도 있다. 약 6억 년 전에서
식물이 번성하면서 산소의 양이 현재처럼 21%를 차지하였다(공우석, 2007, 우리 식물의 지리와 생태.
서울: 지오북. 37쪽.). 그러나 산소농도는 등락이 심했는데 실루리아기 말에 21%, 데본기 초에 25%, 이후
13%로 하락했다가 석탄기 중엽에 21% 이상으로 증가하였다(최덕근, 앞의 책. 252~253쪽).

12) 하연 역, 1994, 숲. Felix R. Paturi 원저 Der Wald. 서울: 두솔기획. 15~16쪽.
김영진 역, 앞의 책. 96~97쪽.

등장이다. 이 당시 나타난 가장 오래된 대표적인 사지(四肢, 네 발) 양서류는 아칸토스테가(Acanthostega)와 이크티오스테가(Ichthyostega)이다. 이것은 허파가 있는 어류인 폐어(肺魚)로부터 지느러미가 네 발(사지, 四肢)로 진화한 동물이다. 3억 8천만~6천 5백만 년 전의 일이다.[13] 육지에서 동물의 탄생은 드문드문 발달한 소형 숲이 생산자 역할을 하여 적당한 먹이와 생활환경을 제공한 덕분이다. 이 단계에서 생태계의 먹이사슬 법칙이 분명하게 작동하고 있음을 알 수 있게 한다. 숲이 생산자의 역할을 한 것은 육상에 살아가는 생명의 탄생역사에서 매우 중요한 의미를 지닌다.

3) 석탄기의 숲: 새도 꽃도 없는 침묵의 숲

실루리아기의 숲은 약 3천만 년 동안 지속되다가 데본기에 서서히 덩치 큰 식물들에 의해 점령당하기 시작하면서 신세계를 맞이하게 된다. 식물이 본격적으로 숲을 형성하기 시작한 시기는 데본기 말인 3억 7천 5백만 년 전이다.[14] 대형 식물들의 등장은 대략 3억 6천만 년 전부터 시작하는데 이 시대를 카본기 또는 석탄기 시대(3억 6천만~2억 8천 6백만 년 전)라고 부른다. 이때가 되면 대형 양치식물이 거대한 산림을 형성하여 지구를 덮는다. 당시에 이러한 거대한 숲을 이루게 한 식물들은 노목(蘆木, Calamites, 속새류), 인목(鱗木, Lepidodendron), 봉인목(封印木, Sigillaria), 코오다이트(Cordaite)와 같은 양치식물이었다. 이들을 석탄기 시대 4대 양치식물이라고 하는데 지름이 1m 이상, 높이가 30m, 때로 50m에 이르는 거목이었다.[15]

---

13) 김영진, 앞의 책. 105~107쪽.
   박병철, 앞의 책. 437~442쪽.
   최덕근, 앞의 책, 246~251쪽.
14) 최근덕, 앞의 책 265~268쪽.
15) 김영진, 앞의 책. 108~110쪽.
   최덕근, 앞의 책.
   Braun, Helmut J., 1992, Bau und Leben der Bäume. Freiburg: Rombach Verlag. pp.13~16; pp.120~126.

석탄기 시대 숲의 모습은 지금의 열대우림과 같은 울창한 산림과 거의 유사할 것으로 생각한다. 이렇게 밀림을 형성할 수 있었다면 석탄기 시대의 기후는 기온이 높고 비가 많이 와서 고온다습하였을 것이라고 상상할 수 있다. 그러나, 그렇게 거대한 숲을 이루던 대형 양치식물들은, 3억 년이라는 긴 세월이 지난 오늘날, 쇠뜨기와 같이 지름 2~3mm, 높이 30cm 안팎의 왜소한 식물로 전락하고 말았다. 생명의 영고성쇠(榮枯盛衰)를 확인할 수 있는 좋은 예이다.

석탄기의 숲은 비록 어마어마하게 울창한 산림이었지만 아직 새도 울지 않고 꽃도 피지 않는, 높이 30m 이상의 거목들만 즐비하게 늘어선 어둡고 괴기하며 조용하였다. 그래서 어떤 이는 중생대 후기 백악기 시대 이전까지의 숲을 침묵의 숲(Silent Forest)이라고 부른다.[16]

그런데, 데본기 시대에 시작된 바리스칸 조산운동[17]은 석탄기 시대에 번성하였던 거대한 숲들을 갈아 엎어버렸다. 조산운동은 지질학에서 지형을 바꾸는 일종의 혁명과도 같은 작용이다. 지층 깊이 묻힌 석탄기의 숲은 결국 오늘날 인류에게 화석연료를 선물하게 된다. 때를 달리 하여 조물주가 내리는 축복이 아닐 수 없다.

〈참고①〉 석탄기 4대 양치식물의 이름

Calamites(노목, 蘆木, 속새류)의 어원은 calamus인데 이것은 그리스어 calamos에서 유래한다. Calamos는 갈대(reed, stalk)를 뜻하는데 갈대는 대나무처럼 마디를 뚜렷하게 보이는 특징을 가진 식물이다. 이러한 뜻에서 한자로 갈대를 뜻하는 '蘆'자를 쓰게 된 것이다. 나무의 줄기에서 갈대에서처럼 마디가 독특하게 보인다.

Lepidodendron(인목, 鱗木)은 그리스어에서 비늘을 뜻하는 'Lepido'와 나무를 의미하는 '-dendron'의 합성어이다. 줄기에 물고기 비늘처럼 갈라져 있는 것을 볼 수 있다.

Sigillaria(봉인목, 封印木)는 후기 라틴어에서 도장(봉인)을 의미하는 sigill이라는 말에서 생겨났다. Sigill은 영어의 seal에 해당한다. 봉인목의 줄기를 관찰하면 도장을 찍은 것과 같은 특징을 볼 수 있다.

코오다이트(Cordaite)는 데본기 말에 나타나 석탄기 초까지 살았는데 원어 그대로 코오다이트라 한다.

16) 김영진, 앞의 책. 180~182쪽.

17) 조산운동(造山運動, Orogeny)이란 일반적으로 산을 형성하는 작용을 말한다. 대체로 짧은 기간 동안 일어나며, 지형의 급격한 변형을 수반하고 또한 지층이 어긋나거나(단층) 주름지는 현상(습곡) 등을 동반하는 것으로 알려져 있다. 조산운동은 또한 어느 한정된 지역에서, 그리고 산발적으로 일어나기보다 동시에 넓은 지역에 걸쳐 발생한다고 본다.

숲이 석탄이 된 것에 대해서는 또 다른 설명이 필요하다. 석탄기에 낮은 지대에 있던 숲은 바닷물에 의한 홍수 현상으로 물에 자주 잠기곤 하였다. 그 결과 숲 바닥에 진흙이 쌓이고 숲은 흙의 무게에 눌려있게 되었다. 오랜 세월이 흐르면서 진흙은 더욱더 두껍게 쌓였고 거기에 물에 의한 압력이 거세져 산소와 완전히 차단되었다. 이런 조건에서는 묻힌 나무는 90% 가까이 탄소를 보존하게 되어 석탄으로 변한다.

그런데 우리나라 여러 곳에 석탄층이 있다. 그것은 무엇을 말하는 것인가? 석탄기 시대가 있었다는 증거이다. 석탄층에서 화석이 많이 나오는데 앞서 소개한 인목이나 노목, 봉인목의 화석들이 바로 그 주인공들이다. 이들 식물 화석이 나오는 대표적인 지층은 사동층(寺洞層)과 평안층으로 평양 부근의 절골(사동)과 삼척, 영월, 태백 탄광지대가 대표적인 곳이다. 봉인목 화석은 100개 가까이 발견된 것으로 알려져 있다. 이쯤 되면 우리나라는 3억 수천만 년 전에 열대림과 같은 날씨에 직경 1m 이상, 높이 30~50m씩 자라는 거목들의 세상이었다는 것을 알 수 있겠다. 그러므로 남해안 여기저기에서 공룡들이 살 수 있었을 것이다. 우리나라에도 고생대의 이러한 대밀림이 있었다는 사실을 상기할 때마다 감동받지 않을 수 없다. 하지만, 남쪽 탄광지대는 지리적으로 원래부터 그곳에 있던 것이 아니고 남반구의 호주 대륙 부근에 있었는데 수억 년에 걸쳐 대륙 이동에 의해 한반도에 붙게 되었다고 한다.(이 내용은 제4장에 자세히 설명한다).

안타깝지만, 바닷물에 의한 홍수현상과 조산운동으로 석탄기 시대의 거대한 숲들이 하나하나 사라져 갔다. 새롭게 형성된 지층으로부터 소철, 종려나무, 소나무, 전나무, 은행나무들로 대표되는 겉씨식물(나자식물)들이 나타나게 되면서 지구는 새로운 숲 시대를 맞이하게 된다. 이른바 페름기 시대의 도래이다. 지금으로부터 2억 8천 6백만~2억 4천 5백만 년 전의 일이다. 페름기는 약 4천만 년 동안 지속된 고생대의 마지막 지질시대이다.

다. 중생대의 숲: 꽃피고 새 우는 활엽수림

페름기를 마감으로 삼첩기, 쥐라기, 백악기로 구성된 중생대가 새로운 지질시대를 열어간다.[18] 페름기 시대를 열었던 겉씨식물의 숲들은 삼첩기와 쥐라기를 넘어 백악기에 이르러서야 비로소 새로운 숲과 만난다. 물론 백악기 초기에 쥐라기로부터 살아남은 겉씨식물이 우점을 차지하고 있었지만, 시간이 흐르면서 속씨식물의 등장으로 그들의 자리가 흔들리고 속씨식물들의 세계가 되고 말았다. 결국 플라타너스와 같은 활엽수이자 속씨식물, 즉 피자식물의 시대를 맞이하게 되는데 꽃피는 시기라고 불러서 현화식물의 시대라고도 한다.

숲은 이제 울창하면서도 새도 울고 꽃도 피는 아름다운 자연의 자태를 갖춘 모습으로 재등장하게 된 것이다. 당시의 산림은 침엽수와 활엽수가 골고루 섞여 있고 계절에 맞춰 각양각색의 식물들이 꽃을 피우면서 대자연을 형성하고 있었을 것이다.

면산 줄기를 파고 뻗어내린 가곡천 골짜기에서 들을 수 있었던 우레같은 물소리와 밤하늘을 수놓으며 나의 눈, 나의 마음, 나의 영혼을 광활한 우주의 세계로 이끌었던 수많은 별과 태양은 모두 생명의 요람인 지구가 있게 하고 지구 덕분에 한 알의 씨로부터 생명을 탄생시킬 수 있게 한 원동력이 되었다.

지금은 6,640만 년 전, 아직 신생대로 넘어가기 전인 백악기 말에 형성된 숲속에 서 있다. 실루리아기 시절에 물가의 습지로부터 프실로피톤이라는

---

18) 〈참고②〉 중생대 명칭의 유래
　　삼첩기(三疊紀)는 독일 분트슈타인(Buntstein) 지층과 관련하여 생겨난 이름이다. 분트슈타인 지층은 아래로부터 차례로 분트산트슈타인(Buntsandstein), 무쉘칼크(Muschelkalk), 코이퍼(Keuper) 등 3개층이 나란히 중첩되어 있는데 이러한 지층의 특성에 따라서 삼첩기로 부른다. 쥐라기라는 이름은 스위스에 있는 쥐라 산맥의 지층 연대가 대체로 이 시기와 비슷하여 붙여지게 된 것이다. 백악기는 프랑스 노르망디 해안의 절벽에 붙어 있는 하얀 초크(Chalk)에서 유래한다. 이 하얀 초크의 주체가 콕클리스라고 불리는 바다에 사는 아주 미세한 단세포 식물의 골격이 퇴적하여 생긴 암석임이 밝혀졌다. 그리하여 이 하얀 암석(白堊)의 시대, 즉 콕클리스가 살았던 시기라고 하여 백악기로 부르게 된 것이다.

아주 보잘것없는 원시 소형 양치식물의 상륙으로 서서히 숲이 형성되기 시작하였다는 사실을 상기하고 있을 것이다. 그 후로부터 백악기 말의 이 시점까지 약 3억 4천만 년이라는 긴 시간이 흐르는 동안, 대형 양치식물에 의한 열대우림 같은 大산림, 소철·종려·은행나무·송백류에 의한 침엽수림이나 겉씨식물의 숲, 그리고 지금 백악기에서는 꽃 피고 새 우는 활엽수림과 이들이 쥐라기 시대를 넘어온 침엽수와 함께 어울렸을 혼효림[19] 등 다양한 숲의 세계를 탐험하였다.

바야흐로 백악기의 숲은 온갖 종류의 생명이 호흡을 맞추며 살아가고, 또 계속해서 숲과 강바닥과 습지 여기저기서 새로운 생명이 부화하며 지구의 녹색 생명의 풍경을 다듬어갔다. 그런데, 당시는 공룡이 지구를 지배하던 시기였는데 백악기 말인 6,600만 년 전후로 지구에 거대한 소행성이 떨어지고 그로 인한 화산폭발 등으로 지구에 대재앙이 일어났다. 거대한 몸집을 지닌 공룡을 비롯한 수많은 생명이 삽시간에 대량멸종하였으며 이후로 상대적으로 몸집이 작은 포유류가 살아남아 숲과 함께 새로운 시대를 맞이한다.[20]

라. 신생대의 숲

1) 제3기(6,640~259만 년 전): 현대와 유사한 숲의 모습

다양한 생명체들이 부산하게 움직이던 백악기 숲에 살던 생명이 대량멸종을 당했지만 오랜 세월을 거치면서 회복하였고 신생대를 맞이하였다. 신생대는 지질 연대적으로 6,640만 년 전부터 현시점까지를 말하며, 그중에서도 259만 년 전후를 경계로 그 이전의 시기를 제3기, 그 이후부터 현재까지를

---

19) 대체로 같은 종류의 나무로 이뤄진 숲을 단순림(pure forest)이라고 하고, 여러 종류의 나무들이 함께 뒤섞여 있는 숲을 혼효림 혹은 혼합림(mixed forest)이라고 한다. 소나무, 전나무, 잣나무, 낙엽송 등 바늘잎 나무들로 이뤄진 숲을 침엽수림, 참나무 무리, 단풍나무, 자작나무 등 넓은 잎나무들이 이룬 숲을 활엽수림이라고 한다.

20) 박병철 옮김, 앞의 책 449~461쪽.

제4기라고 한다.[21] 제3기는 5개의 세(世, Epoch)로 구분하는데, 지금의 지구에서 보는 것과 흡사한 자연환경의 모습이 형성된 시기는 신생대 중기에 해당한다. 지금의 지중해를 중심으로 넓게 형성되었던 테티스 바다가 드러나서 육지화됨으로써 2개의 거대한 산맥을 형성했다. 그것은 점신세(3,660~2,370만 년 전) 말엽에 형성된 히말라야산맥과 중신세(2,370~530만 년 전) 말기에 만들어진 알프스산맥을 말한다. 이로써 쥐라기 시대로부터 약 1억 7천만 년 동안 계속되어 온 알프스 조산운동이 종료된다. 학자들은 제3기 당시의 생물계가 전체적으로 현재의 동·식물계와 대단히 유사하다고 보고 있다.

하지만 신생대 제3기의 마지막 시대인 선신세(530~259만 년 전) 말기부터 온도가 떨어지기 시작하면서 홍적세에 불어닥친 빙하는 생물을 한없이 고통의 나락 속으로 몰고 갔다.

2) 제4기(259만 년~현재): 빙하기, 눈과 얼음에 덮인 숲

제4기는 빙하기가 종료되는 1만 1700년 전을 기준으로 전기를 홍적세, 후기를 충적세로 구분한다. 제3기에 형성된 오늘날 지구 생태계와의 유사성은 제4기에 들어오게 되면 그 양상이 더욱 굳어지게 된다. 즉, 현재와 같은 지구상의 바다와 육지의 형상은 홍적세에 들어와서 더욱 지구다운 모습을 갖추게 되었다. 그래서 홍적세 이후의 수륙분포는 빙하작용에 의한 식생분포나 지역적인 지형 변화를 제외하고는 거의 일어나지 않았다. 이 시대의 기후는 무엇보다도 여러 차례의 빙하기가 있었던 것이 특징이다. 특히 홍적세 때 빙기와 간빙기가 수차례에 걸쳐 반복되었다. 그래서 제4기를 대빙하기 또는 빙하시대라고도 부른다.

---

21) 신생대 제3기와 4기를 구분하는 시점을 일부는 259만 년 전(박병철 옮김, 2017; 최덕근, 2018), 어떤 책은 170만 년 전(김영진 역, 1989; 강성위 역, 1975)을 기준으로 하고 있다. 여기서는 최신 자료를 수록한 전자의 문헌을 따라 259만 년 전을 제3기와 4기의 구분 시점으로 하였다.

제3기 초기의 전반부에 해당하는 효신세, 시신세, 점신세의 약 4,270만년 (6,640~2,370만 년 전) 동안은 전세계적으로 기후가 대단히 온난하였던 것으로 알려져 있다. 하지만 후반부인 중신세와 선신세의 약 2,100만 년 (2,370~259만 년 전) 동안은 점차 온도가 내려갔으며, 그 결과로 제4기 홍적세(259만~1만 1,700년 전)에 여러 차례의 빙하기가 산림을 습격하였다. 그중에서도 균츠빙기, 민델빙기(엘스터빙기), 리스빙기(살레빙기), 뷔룸빙기(바이크셀빙기) 등의 빙하기가 4차례에 걸쳐서 런던과 중부 유럽의 알프스산맥 북쪽을 잇는 지역을 혹독하게 공격한 것으로 알려져 있다. 가장 혹독했던 제4빙기라 불리는 뷔룸빙기(72,000~11,700년 전 사이)에는 지구 전체의 약 30%가 빙하로 덮여 있었다.[22]

빙기와 간빙기가 반복하던 빙하의 형성과 해빙은 내륙에 호소와 계곡을 형성하고, 해수면의 변동을 가져와 새로운 지형을 만들었다. 핀란드 내륙에 호수가 많은 것은 빙하시대에 있던 거대한 얼음덩어리들이 대지를 압박하여 생긴 흔적이다. 이러한 상황에서 빙하기 이전에 형성되었던 숲은 냉엄한 시련을 받지 않을 수 없었을 것이다. 다행히 알프스산맥의 남쪽은 알프스산맥의 지형적인 영향 때문에 빙하의 공격으로부터 보호받을 수 있었다.

뷔룸빙기가 끝날 무렵은 세계적으로 기후가 한랭하였을 것이다. 우리나라도 예외가 아니어서 17,000~10,000년 전 무렵에 매우 한랭하였음을 확인할 수 있다. 이때에는 이러한 추운 조건에서 잘 살아갈 수 있는 아한대림, 침엽수림, 초본류, 양치류 등의 식물이 분포했던 것으로 알려져 있다.[23]

3) 숲의 구분과 분포 현황

뷔룸빙기가 끝난 현재까지 지난 11,700년 동안 육지 생태계는 대체로 안정되어 현상태를 유지하고 있다. 지구상에 식물이 어떻게 분포하고 있었는

---

22) 최덕근, 앞의 책. 310~317쪽.
23) 임경빈, 1993, 우리 숲의 문화. 서울: 광림공사. 32~37쪽.

지에 대한 정보는 지층에서 나오는 화석과 화분(花粉)을 분석함으로써 얻을 수 있다. 특별한 지각변동이 없는 한 안정된 지역에 있어서 식물의 분포는 기후요소에 의해 결정된다. 기후요소 중 식물분포에 가장 결정적인 영향을 주는 요소는 강수량과 온도이다.

온도에 따라서 세계에 분포하는 식물계를 구분하면 지역적으로 열대지역, 온대지역, 아한대 지역, 한대지역으로 나뉜다. 지역에 따른 산림분포는 열대지역에 열대다우림 혹은 상록수림, 온대지역에 하록수림 혹은 낙엽광엽수림, 아한대 지역에 침엽수림, 한대지역에 툰드라로 구분한다.[24]

강수량에 따라서 구분하면 지역적으로, 습윤지역, 하우동건조지역, 동우하건조지역, 건조지역, 완전 건조지역으로 나뉜다. 이에 따른 산림분포는 습윤지역에 열대다우림, 하우동건조 지역에 우록수림, 동우하건조 지역에는 경엽수림, 건조지역에 사바나와 반사막, 완전 건조지역에는 사막으로 구분한다. 또한 산림은 상관(相觀, physiognomy)[25]에 따라 크게 숲, 초원, 황원으로 나누기도 한다.

4. 숲, 인간을 낳다

분류학적으로 인간은 영장목의 사람과에 속하는 포유동물이다. 포유동물은 중생대 삼첩기에 나타났는데 생물학적으로 파충강(Reptilia)의 수궁류(Therapsid)로부터 진화하여 내려왔다. 즉, 파충강 → 단궁아강 → 수궁목(수궁류)으로부터 (어디서부터 나누어졌는지 모르지만) 포유강으로 분리된다. 다시 분류하면, 포유강 → 수아강(Eurotheria)[26] → 영장목 → 사람과로

---

24) 이경준 외, 2014, 산림과학개론. 서울: 향문사. 55~63쪽.

25) 상관이란 한 지역의 식물사회를 구성하는 여러 종류의 식물 중에서 그 지역에 대표적으로 가장 많이 차지하고 있는 식물의 생활 유형을 말한다. 이 때 그 지역에 대표적으로 가장 많이 분포하고 있는 종을 우점종(dominant)이라고 한다.

26) 진정한 태반을 갖는 생물무리를 말한다.

내려오게 된다. 그런데 애처로운 것은 영장목(Primates)의 계통수가 고생대로부터 존재하던 식충목으로부터 나눠지고 있다는 사실이다. 인류의 조상을 좇아 올라가보니 시기적으로 고생대, 생물학적으로 식충목으로까지 가게되었다. 우리 옛 조상이 식충류[27] 식충목이라는 의미이다. 식충목은 문자그대로 벌레를 잡아먹는 무리를 말한다. 그래서 그런지 어릴 적 고치 번데기나 메뚜기를 많이 잡아 볶아먹던 생각이 나서 우리 몸에 아직 식충목의유전인자가 남아 있는 것이 아닌가 생각하게 하여 웃음이 나게 한다. 하지만, 인류의 조상으로서 삼기에는 끔찍한 동물이 아닐 수 없다. 물론 이것을 인류의 선조로 삼을 수는 없다.

사람과 비슷하지만 아직 서서 걷지 못하는 종은 600~1400만 년 전에나타나는데 그것은 드리오피테쿠스(Dryopithecus)라는 원시인간이다. 드리오(Dryo)는 나무, 피테쿠스(pithecus)는 원숭이인간이란 뜻으로 드리오피테쿠스는 나무에 사는 원숭이 인간이라는 의미이다. 이 후 인류라 부르는 호미닌(Hominins)은 약 500만 년 전, 현생인류인 호모 사피엔스(*Homo sapiens*)가속한 호모속(*Homo*)은 약 200만 년 전에 나타났다. 인류가 침팬지와 공통조상에서 갈라져 나오기 시작하는 시점부터 호미닌이라고 한다. 침팬지와 인류의 공통조상은 침팬지에 가깝게 생겼으며 유인원처럼 생긴 집단이었다. 최초의 호미닌이자 인류의 직계조상으로 알려진 화석종은 약 400만 년 전쯤나타난 유인원처럼 생긴 오스트랄로피테쿠스 아파렌시스이다. 보행방식이원숭이보다 인간에 가까웠던 이들은 나무에서 내려와 초원지대인 사바나에서 살았으며, 또 다른 호미닌인 아르디피테쿠스 라미두스는 숲에서 살았다.[28]

비로소 300만 년 전[29], 그러니까 신생대 제3기 선신세의 말기에 와서야

---

27) 식충류(食蟲類)는 일반적으로 물에 사는데 야행성이기 때문에 주로 밤에 곤충을 잡아먹고 산다. 몸이 작은데 입은 뾰족하고 눈과 귀가 아주 작다.

28) 이상희, 2020, 인류의 기원. In 박창범 외 〈기원-궁극의 질문들〉. 서울: 반니. 282~295쪽.

29) 일부 서적에는 200만 년 전에 등장한 것으로 소개한 내용도 있다. 그러나 적어도 350만 년 동안 번성했던 것으로 밝혀졌다.

완벽하지 않지만 서서 걸을 수 있을 뿐만 아니라 인간과 유사한 모습을 한 오스트랄로피테쿠스가 숲에 나타난다. 오스트랄로피테쿠스 아프리카누스(*Australopithecus africanus*)는 1924년 남아프리카공화국 타웅이라는 지역에서 발견되었는데 '아프리카에서 온 남쪽 유인원'이라는 뜻이다. 하지만 이들을 가장 오래된 인간인 원인(猿人, Ape man)으로 규정하는데 그 이유는 그들이 직립 보행을 하고 일정한 목적을 위하여 뼈, 이빨, 돌 등의 도구를 사용한 증거가 있었기 때문이다. 오스트랄로피테쿠스는 인간처럼 사회 조직을 만들지 않았기에 인간 이전의 인간으로서 전인(前人)이라 부르기도 한다.

여러 이견이 있지만 유인원에서 현생인류에 이르기까지 일반적으로 알려진 계통을 보면, 오스트랄로피테쿠스 아파렌시스 → 오스트랄로피테쿠스 아프리카누스 → 호모 하빌리스 → 호모 루돌펜시스 → 호모 에렉투스 → 호모 하이델베르겐시스 → 호모 네안데르탈렌시스 → 호모 사피엔스에 이른다. 유인원에서 최초로 호모속(사람속)으로 분류한 호모 하빌리스(*Homo habilis*)는 '손재주가 좋은 사람'이라는 뜻인데 흔히 도구인간으로 부른다. 지혜를 가지고 특정한 목적을 위해 돌을 가공한 재주가 있었다. 손도끼 등을 정교하게 제작할 수 있었던 호모 에렉투스(*Homo erectus*, 직립원인)는 약 200만 년 전에 출현하여 130만 년 이상 생존하였다. 현생인류인 호모 사피엔스는 약 20만 년 전에 아프리카에서 발원하였다. 이들이 북아프리카에 당도하여 약 10만 년 전에 서아시아로 진출하고 6만 년 전에 중국, 5만 년 전쯤에 호주에 도달하였으며, 4만 5천 년 전에 유럽으로 진출한 것으로 추정한다.[30] 우리나라에 도착한 시기는 약 4만 년 전이며, 1만 4천 년 전쯤에 베링해협을 거쳐 북아메리카로, 이어서 남아메리카로 이동하여 전 세계에 정착하게 된 것으로 추측한다.[31]

---

30) 박병철 옮김, 앞의 책. 465~508쪽.

31) 김준홍, 2020, 어떻게 호모 사피엔스는 지배적 동물이 되었나? In 박창범 외 《기원-궁극의 질문들》. 서울: 반니. 309~315쪽.

표 1-2. 숲에 나타난 인류의 출현 시기

기	세 (Epoch)	절대연대 (B.P.) (만년)	빙하기		숲과 만나는 과정(인류출현과정)	
			유럽	북미	숲을 만난 사람들	특징
제3기	중신세 Miocene	2,370~530	현재 자연환경과 비슷	현재 자연환경과 비슷	드리오피테쿠스 (라마피테쿠스)	-알프스 조산 운동 종료 -600~1,400만 년 전
	선신세 Pliocene	530~259	현재 자연환경과 비슷	현재 자연환경과 비슷	오스트랄로피테쿠스 호모 하빌리스	-5~300만 년 전: 猿人, 前人 -도구인간
		(530)(259) ~ 85(60)	현재 자연환경과 유사	현재 자연환경과 유사	호모 일렉투스(직립 원인) (페바란트로프스/자바인)	-약 200만 년 전(자바, 중국, 아프리카, 동남아시아)-130만 년 반성 -활동적인 집단 사냥 시작
	홍적세 (갱신세) Pleistocene	85(60) ~ (55)40	균츠 민델(헬스티)	칸산 칸산	베이징인	전기 구석기 문화시작
		40~20	(홀스타인) 리스(산제)	야마우스 일리노이	네안데르탈인(20만 년 전)	유럽에 등장, 수렵된 수렵채집인
		20~13	(헴)	상가몬	호모 사피엔스 크로마뇽인	중기 구석기 문화 시작
		13~7				서부유럽에서 수렵채집
제4기		7 ~ (3.5)1.2	뷔름(바이크셀)	위스콘신	현대인	-3.5만 년 경부터 정착생활시작 -후기 구석기문화 시작
	충적세 (현세) Holocene	11,700년 전후	후빙기(간빙기)			수렵채취
		7,000년 전후				농경생산(유럽, 아시아, 아메리카)
		6,000년 전후				청동기시대(高文化)의 시작
		2000년-현재				농경생산: 아프리카(3,000년 전) 철기/전자

출처: 김영진 역, 지구의 역사(1989) ; 최몽룡 역, 인류의 선사시대(1987) ; 과하세미 옮김, 신화의 세계(1998) ; 최덕근, 지구의 일생(2018) ; 박창범 외, 기원-궁극의 질문들(2020) 등을 참고하여 작성한 것임.

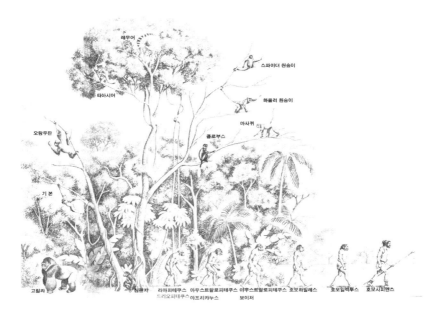

그림 1-1. 인류를 잉태한 숲, 인류의 진화과정, 숲을 떠나는 인류의 모습(출처 : Beazley M., 1981.)

　최초의 호미닌이자 인류의 직계 조상으로 보는 오스트랄로피테쿠스가 발견된 지역은 넓은 평원과 울창한 숲으로 뒤덮인 아프리카의 사바나 지역이었다. 그들은 거대한 수목들이 빽빽하게 들어선 숲을 헤치면서 의식주를 해결하였을 것이다. 무엇보다도 그들은 숲 한가운데 장승처럼 버티고 서 있는 거목들에 위압감을 느끼지 않을 수 없었을 것이다. 그러한 느낌이 들면 어쩌면 숲과 자연에 대한 숭배와 경외감이 싹텄을지 모를 일이다.

　이처럼 숲이 생긴 지 4억 년이 지난 다음에야 비로소 인간이 숲과 만나게 되었다. 숲이 만든 환경으로 다른 동물종이 태어났으므로, 숲이 인간을 낳았다고 표현하는 것이 옳을 것이다. 숲이 이렇게 오랜 세월이 걸려서 인간을 잉태한 이유가 무엇일까? 그것은 그 이전까지의 숲에는 다른 동물로부터 침해받지 않고 평화롭고 안전하게 살 수 있는 보금자리가 마련되어 있지 않았기 때문이다. 인간이 태어난 시대에는 이미 공룡과 같은 거대한 파충류도 사라지고, 산맥도, 강도, 바다도, 모두 완성되어 있었다.

인류의 조상이 좀 더 특정한 목적의식을 가지고 도구를 제작하고 사용하였다면 그것은 시대적으로 석기시대가 될 것이다. 전기 구석기 시대는 55만 년 전, 중기 구석기는 15만 년 전, 후기 구석기는 3만 5천 년 전에 시작하고 있다. 그런데 안타깝게도 인류가 태어났던 시기는 대빙하기가 시작될 무렵이었다. 동물적 본능으로 환경을 이겨내는 지혜를 가지고 있었겠지만 집단생활을 하면서 공동대처하기 시작하였을 것으로 추측한다. 3만 5천 년 경이 되면 대륙마다 원주민들이 점령하고 저마다 독특한 생활환경을 개척해 나아가기 시작한다. 이 무렵부터 정착 생활이 펼쳐지고 후기 구석기 문화를 열어가게 된다.

그러나 아직 빙하기가 계속되고 있었기에 숲도 인간도 여전히 추위에 맞서 싸워야만 했다. 다른 종족들의 침입으로 자리를 내줘야 했던 인간들은 어쩌면 오히려 추위가 더 심한 산 위쪽으로 피했어야 했는지도 모를 일이다. 그러나 이미 자리를 잡고 고착생활을 하는 나무들은 그 자리에 그대로 서서 추위와 맞서 싸워야 하였다. 혹독해졌던 뷔름 빙하기 시절의 싸움은 처절한 것이었다. 다행히도 빙하는 알프스산맥을 넘지 않아 높은 산의 남쪽에 있는 지역의 식물이나 숲은 그런대로 종족을 보전할 수 있었다.

기원전 5,000년 경이 되면 대륙마다 정착 생활이 이미 일반화되고 이러한 변화로 인해서 수렵 채취하던 경제활동도 농경 생산이라는 단계로 넘어가게 된다. 정착 생활도 마찬가지이지만 농경 생활도 숲과 대단히 중요한 관계를 맺고 있다. 인구가 늘어감에 따라서 더 많은 양의 식량과 거처할 곳과 땅이 필요하게 되었다. 또한 종족 간에 힘겨루기가 증가하면서 성벽을 쌓고 배를 만들며 무기를 제조하는데 필요한 물자를 조달하기 위해서는 숲을 개간하지 않으면 안 되었을 것이다.

바야흐로 숲과 인간은 새로운 싸움을 시작하였다. 마지막 빙하기와 싸워 무사히 이겨 낸 숲과 인간 사이의 투쟁이 시작된 것이다. 불과 5,000년 전만 하더라도 서로 추위와 싸워야 하였지만 이제 인간과 숲은 서로의 생존을 위한 투쟁을 시작하게 된 것이다.

5. 숲, 우주의 비밀

과거 40억 년 동안, 육지는 아무런 생명이 태어날 수 없는 황무지였다. 원시 생명체들이 바다로부터 미동하고, 수억 년이 지난 뒤 원시식물이 육지로 상륙을 개시하였다. 공중의 이산화탄소를 흡수하고 뿌리로부터 물을 빨아들여 광합성을 하는 식물들이 지구상에 나타난 것은 모든 생물에게 생명의 열쇠였다.

수천만 년 동안 계속되어온 작은 양치식물들의 왕성한 산소 생산 덕분에 데본기와 석탄기의 거대한 숲이 나타날 수 있었다. 때를 가려서 숲이 발달하고 적당한 환경을 형성하였기에 여기에 알맞게 적응할 수 있는 동물을 비롯한 여러 종류의 생명이 태어날 수 있었다. 숲이 생명을 잉태하는 모태 역할을 한 것이 아니고 무엇이겠는가?

신생대 제3기 중신세(2,370~530만 년 전)에 마지막 조산운동인 알프스 조산운동이 종료되면서 모든 산맥과 강과 바다가 제자리를 잡았다. 제3기의 마지막 세기인 선신세(530~259만 년 전) 때에 숲이 가장 아름다운 모습을 간직하고 있었을 것으로 보인다. 이처럼 안정된 상태에서 선신세 동안 세계 곳곳에는 기후와 지리에 알맞게 은성(殷盛)한 숲들이 다음 주인을 기다리며 번성하고 있었을 것이다. 이것은 선신세 말엽부터 기온이 하강함으로써 시작된 최초의 대빙하기인 균츠 빙기 전까지 계속되었을 것이다, 적어도 260여만 년 동안 말이다.

이처럼 지구 숲 최상의 극상 상태였을 제3기 선신세에 숲은 오스트랄로피테쿠스를 잉태하고 이어서 호모 하빌리스와 호모 에렉투스를 태어나게 하였다. 그들이 출현하였을 때 숲은 생명의 아우성으로 가득 차 있었다. 온갖 종류의 풀과 나무와 꽃과 열매들이 그들을 반갑게 맞이해 주었을 것이다. 수정처럼 맑디맑은 샘물을 마시고, 청량한 공기를 호흡하며, 햇볕이 따사로운 해변을 걷기도 하였을 것이다. 또한 밤하늘을 바라보며 지천으로 깔린 별빛에 대해서 무슨 생각을 했는지 알 수 없지만, 아늑한 마음으로 숲에 잠들며, 숲새들의 울음소리에 아침을 맞으며 일어났을 것이다.

창조적 관점에서 신은 인간을 최초에 에덴동산에 살게 하였다. 에덴동산은 숲이다. 창조주도 인간을 숲에서 살게 하고 싶었던 것 같다. 에덴동산은 인간이 살아가는데 필요한 모든 것이 갖춰진 공간이었다. 그러한 의미에서 아담과 이브가 에덴동산에 살기 시작한 시점도 선신세일지 모른다.

이처럼 인간은 숲이 태어나고도 4억 년이라는 세월이 지난 다음에서야 비로소 등장한다. 등장한다기보다 숲이 그를 잉태하고 낳았다. 그가 숲에 태어났을 때 그 속에는 지구상에서 가장 오래 살고, 가장 몸집이 크며, 가장 키가 큰 생명체가 살고 있었다. 숲은 완벽한 생명의 터전이었다. 말하자면 인간은 그러한 숲의 한 가운데 서 있었다. 숲에는 그가 목숨을 부지하는데 필요한 물, 산소, 먹거리, 잠자리, 지혜 등 모든 것이 갖춰져 있었다. 그런 숲이 있었기에 삶을 이어갈 수 있었다.

인류가 지닌 과학정보로 무변 광대한 우주 공간의 어디에도 아직 지구와 같은 생명체가 존재하는 곳은 없는 것으로 밝혀지고 있다. 숲은 억천 만겁 시간의 흐름 속에서 무한한 우주 공간의 티끌 같은 행성인 지구에만 존재하는 생명체의 집단이다. 끊임없는 조산운동, 대륙 이동, 빙하의 공격 속에서도 숲은 온갖 역경을 뚫고 지상을 덮고 있다. 이것은 숲 자신을 위한 것인가, 아니면 인간을 위한 것인가?

생명 유지에 필수적인 맑은 공기와 물과 햇빛이 풍요로운 숲은 살아 숨 쉬는 모든 생명의 비밀이 숨어있는 곳이다. 수백억 광년 떨어져 있는 광활한 대우주 공간 어디에도 돌 틈 사이를 흐르는 맑은 물소리를 들을 수 있는 곳은 없다. 신선한 공기가 살아 숨 쉬는 곳은 없다. 사계절 기화요초들이 화려한 색깔과 감미로운 향기로 피우는 꽃을 볼 수 있고, 명랑한 새 울음소리를 들을 수 있는 숲이 있는 곳은 더더욱 없다. 138억 년의 우주 탄생의 역사를 지닌 지구의 숲이야말로 우주의 비밀을 간직한 곳이다.

제2장

숲

1. 어원과 쓰임새

가. 어원

  숲은 수풀의 준말이다. 거의 모든 국어사전에서 풀이하는 숲이 지닌 뜻이다. 그러면 숲을 뜻하는 '수풀'은 무엇인가? 사전[1]에 수풀은 두 가지 의미로 풀이하고 있는데, 첫 번째 뜻으로 '무성하게 들어찬 나무 서리. 삼림. 임수.'(한글학회), 또는 '나무들이 무성하게 우거지거나 꽉 들어찬 것. 삼림.'(국립국어원), 두 번째 뜻은 '풀, 나무, 덩굴이 한데 엉킨 곳.'(한글학회, 국립국어원)이다. 첫 번째 뜻은 '나무가 울창하게 들어서 있는 서리'란 의미이다. 서리란 '많이 모여 있는 무더기'란 뜻이다. 숲은 나무들이 울창하게 서 있는 무리란 의미이다. 두 번째 의미는 뜻풀이 그대로이다. 두 뜻풀이의 차이는 첫 번째 뜻풀이는 나무에 중점을 둔 것이고, 두 번째는 나무에 더하여 풀과 덩굴까지

---

1) 한글학회, 1992, 우리말큰사전. 어문각 ; 국립국어원, 1999, 표준국어대사전. 동아출판.

합쳐진 의미이다. 전자, 후자 뜻풀이의 공통점은 나무이며 식물 중심으로 숲의 뜻풀이를 하고 있다는 점이다. 숲의 모양을 현실성 있게 가장 잘 표현한 것은 풀과 덩굴을 포함하고 있는 두 번째, 후자의 뜻풀이이다. 물론 이것도 충분하지 않다. 숲에는 식물만 있는 것이 아니라, 길짐승도 있고 날짐승도 있고 각종 곤충도 함께 살며 이들을 살 수 있게 해주는 물, 공기, 토양, 태양빛 등 무생물도 있기 때문이다.

위 사전의 뜻풀이에서 주목해야 할 내용은 숲의 한자, 또는 비슷한 말로 삼림과 임수를 제시하고 있는 점이다. 두 용어를 한자로 쓰면 삼림은 '森林', 임수는 '林藪'이다. 이 두 용어는 우리말로 숲을 의미하지만, 조선시대에 어떤 역사성과 쓰임새가 있었는지 다음 항 '나. 쓰임새'에서 설명한다.

이제 우리말에서 숲을 뜻하는 고어는 무엇이었는지 궁금하다. 아래에 국립국어원의 설명을 인용한다:

현대 국어 '숲'과 동일한 형태는 이미 15세기 문헌에서부터 나타난다. '숲'은 자음으로 시작하는 조사가 결합하거나 단독으로 쓰일 때에 '숩'으로 나타났다. 17세기~18세기 문헌에 종성의 'ㅍ'을 'ㅂㅎ'으로 재음소화 하여 표기한 '숩ㅎ'의 예도 보이며, 중철 표기한 '숩ㅍ'의 예도 보인다. 한편 중세국어에는 '숲'과 같은 의미를 지닌 명사 '숳'도 공존하였다(예: 藂林은 모다 난 {수히오}《1459년 월인석보》, 미양 집 뒷 맷 {수헤} 가 대를 안고저 우더니《1514년 속삼강행실도》).[2]

종합적으로 숲의 변천과정을 정리하면, 이미 15세기에 '숲(수ㅍ), 숩, 숳'의 형태로 나타나는데 아래의 사례가 있다.

뫼히며 수피며 江이며 모시며 굴허이 업고《1459년 월인석보》

提는 셔미니 이 셤 우희 이 남기 잇고 그 숩 서리예 므리 잇ᄂᆞ니《1459년 월인석보》

---

2) 국립국어원 홈페이지 〈우리말샘〉 '숲' 검색.
  사이트: https://opendict.korean.go.kr/dictionary/view?sense_no=208271

긴 댓 수피 더위롤 받디 아니ㅎ느니 《1481년 두시언해-초》

16세기에 '숩'의 형태를 보이는데 《1527년 훈몽자해》에 '藪숩'의 쓰임새가 있다.

17세기에 '숲(수ㅍ), 숩ㅍ, 숩ㅎ'의 형태를 보이는데 아래의 사례가 있다.

긴 대 수피 더위롤 받디 아니ㅎ느니 《1632년 두시언해-중》

미양 집 뒷 대숩폐 가 대롤 안고셔 우더니 《1617년 관동속별곡》

져근 아ᄋ로 더브러 아비놀 뫼셔 썰기 숩헤 수머 업더렷더니 《1617년 동국신속삼강행실도》

18세기에 '숩, 숩ㅎ'의 형태로 이어간다.

附社ᄂ 짜 일홈이오 雲夢은 숩 일홈이라 《1737년 어내》

진을 힝흘 제 만일 앏면의 나모 숩히 막혓거든 프른 긔롤 펴고 믈이며 《1787년 병학지남》

19세기에 '숩, 숩'의 형태로 이어진다.

숩 藪《1895 국한회어 192》, 대슙 竹藪《1880 한불 451》

위에 제시한 15세기에 '숲'을 표기하는 예를 『월인석보(月印釋譜)』 제10의 「난타용왕궁 설법①의 15」[3]에 다음과 같은 내용으로 확인할 수 있다 :

---

3) 세조. 1447년. 역주 월인석보 제10 [난타용왕궁 설법 15]. 전체 원문은 아래와 같다 :
그제 無邊莊嚴海雲 威德輪蓋龍王이 부텨씌 ᄉᆞᆲ오디 世尊하 엇데 ᄒᆞ야ᅀᅡ 能히 龍王돌히 一切 苦ᄅᆞᆯ 滅ᄒᆞ야 安樂을 受케 ᄒᆞ며 安樂을 受ᄒᆞ고 ᄯᅩ 이 閻浮提 內예 時節로 ᄃᆞᆫ비롤 느리워 一切 樹木 蒙林 藥草 苗稼ᄅᆞᆯ 내야 길어 【樹木은 남기오 蒙林은 모다 난 수히오 藥草ᄂ 藥프리오 苗稼ᄂ 穀食이라】閻浮提ᄂ 一切 사ᄅᆞᆷ돌히 다 快樂을 受케 ᄒᆞ리잇고 그제 世尊이 無邊莊嚴海雲 威德輪蓋大龍王ᄃ려 니ᄅᆞ샤디 됴타 됴타 네 이제 衆生돌ᄒᆞᆯ 爲ᄒᆞ야 利益을 지ᅀᅮ리라 ᄒᆞ야 如來ᄉ거긔 이러틋 흔 이ᄅᆞᆯ 能히 묻ᄂᆞ니 子細히 드러 이대 思念ᄒᆞ라 내 너 爲ᄒᆞ야 굴ᄒᆞ야 닐오리라 輪蓋龍王아 내 흔 法을 뒷노니 너희돌히 能히 ᄀᆞ초 行ᄒᆞ면 一切 龍이 여러 가짓 受苦ᄅᆞᆯ 除滅ᄒᆞ야 【除滅은 더러 ᄇᆞ려 업게 홀씨라】 安樂이 ᄀᆞᆺ게 ᄒᆞ리라
이상의 국역문은 아래와 같다 :
그제〈야〉무변장엄해운위덕윤개용왕이 부처님께 사뢰되, "세존이시여, 어찌 하여야 능히 용왕들이 일체의 고를 멸하여 안락을 받게 하며, 안락을 받고서, 또 이 염부제 안에 시절〈에 알맞은〉 단비를 내리게 하여 일체 수목 총림 약초 묘가를 내어 길러 【수목은 나무이고, 「총림」은 모여서 난 숲이고, 「약초」는 약풀이고, 「묘가」는 곡식이다.】 염부제의 모든 사람들이 다 쾌락을 받게 하리이까?" 〈했다.〉 그제야 세존이 무변장엄해운 위덕윤개대용왕더러 이르시되, "좋다, 좋다. 네가 이제 중생들을 위하여 이익을 지으려고 하여 여래께 이런 일을 능히 물으니, 자세히 들어서 잘 생각하여라. 내가 너를 위하여 가려서 이르리라. 윤개용왕아, 내가 한 법을 두었으니, 너희들이 능히 갖추어서 〈이를〉 행하면 일체 용이 여러 가지 수고를 제멸하여 【「제멸」은

樹木은 남기오 叢林은 모다 난 수히오 藥草는 藥프리오 苗稼
는 穀食이라

국역문은, '수목은 나무이고, 총림은 모여서 난 숲이고, 약초는 약풀이고,
묘가는 곡식이다'로 제시되어 있다. 여기 '수히오'는 곧 '숲이고'로 번역하였
는데, 국역문의 주(註)에 숲의 고어 원형인 듯 '수ㅎ'로 밝히고 있다. 그렇다면
앞서 숲의 변천과정에서 살필 수 있듯이 '수ㅎ'의 원형이 '숯'가 아닐까 하는
추측을 할 수 있게 한다. '숯'에서 '숩', 이것이 '수플'로 진화하였고, 결국
현대어 숲은 숯 → 숩 → 수플 → 수풀 → 숲의 형태로 변화하여 오늘에
이른 것이 아닐까 생각한다.

여기서 '숯', '수ㅎ', '숩', '숲' 등에서 '수'는 어디서 온 것이고 무슨 의미인가?
'수'는 한자 '藪'에서 온 것임을 알 수 있다. 위 나열한 사례에서 16세기
『훈몽자해』의 '藪숩', 19세기 『국한회어』의 '숩藪', 『한불』의 '대숩竹藪' 등에
서 확인할 수 있다. 藪는 숲을 의미하는 한자로 『조선왕조실록』「태조실록」
의 태조 원년에 자주 등장하고 있다. 수(藪)는 '수풀 수'로서 '늪, 덤불, 구석진
깊숙한 곳(의 숲)'의 의미로 갖가지 많은 생물이 어울려 있는 곳이라는 뜻이
다. 곧, 숲을 의미한다. 숲을 의미하는 藪의 여러 가지 쓰임새에 대해 아래
'나. 쓰임새'에 제시하였다. 기록상 수(藪)가 '숲'으로서 1392년 조선왕조
건국 원년에 『조선왕조실록』에 출현함으로써 '숲을 뜻하는 최초의 한자'로
평가할 수 있다. 결국 현대어로 순우리말로 굳어진 숲은 그 원형이 한자로
숲을 의미하는 '수(藪)'에서 출발한 것임을 알 수 있다.

숲의 방언으로 『우리말샘』 사전에 '숱'과 '섶'이 나온다. 숱은 함경남도
방언으로 '머리털 따위의 부피나 분량'을 나타내는 의미로 '숱이 많다, 숱이
적다'라는 예문을 달고 있다. 숲이 우거지다, 숲이 성글다의 의미로 이해할
수 있다. 섶이란 '잎나무, 풋나무, 물거리 따위의 땔나무'를 통틀어 이르는

덜어 버려서 없게 하는 것이다.】 평안하고 즐거움이 구비하게 하리라.(김영배, 1994년 8월 27일, 국역 월인석보,
세종대왕기념사업회)

말이다. 숱, 섶은 방언이라기보다는 오히려 비슷한 말로 여겨진다.

한편, 숲을 의미하는 다른 용어로 '나뭇갓'이라는 낱말이 있다. 언제 등장한 것인지 불확실하나, 나뭇갓이란 '말림갓'이 나무일 경우 나뭇갓이라고 한다. 뜻은 '함부로 베지 못하게 말리어 가꾸는 산림, 수림, 임목 등'을 말한다. 그런데 말림갓이란 무엇인가? 갓이란 밭이라는 뜻인데 말림갓이란 나무나 풀을 함부로 베지 못하게 말리어 가꾸는 땅이나 산을 말한다. 풀일 경우 풀갓, 나무일 경우 나뭇갓이라고 한다. 준말로 말림이나 갓이라고 한다. 말림이란 말리다의 명사이며 동시에 말림갓의 준말로도 쓰인다. 한자어로 금양 (禁養)으로 표기하기도 한다. '말리다'는 남이 하고자 하는 짓을 못하게 하다 라는 뜻이다(새 우리말 갈래사전).

수풀의 어원은 '수플'로 『석보상절』에 등장하며(국립국어원) 이후 '수풀'로 변한 것으로 보인다.

나. 『조선왕조실록』에 등장하는 숲의 한자어(숲의 쓰임새)

1) 다양한 용어

우리나라는 지세가 험하지 않아 산(山)의 정상에 나무가 없는 곳이 거의 없다. 일상에서 시야에 헐벗은 산의 모습을 볼 수 없다. 모든 산이 수풀로 덮여 있기에 산이 숲이고 숲이 산이다. 그런데도 과거에 숲을 뜻하는 용어가 매우 다양하였다.

우리나라 역사에서 정보의 보물창고 역할을 하는 『조선왕조실록』에 숲을 뜻하는 다양한 용어들이 나온다. 국역 『조선왕조실록』에 '숲'으로 번역하고 있는 용어를 무려 스무 가지 정도로 검색할 수 있는데 해당하는 한자를 소개하면 아래와 같다. 각 용어에 달린 사례는 왕조 재위 순서별이며, 숲이란 단어를 포함하는 국역문을 먼저 쓰고 마침표를 한 다음 여기에 해당하는 원문을 이어 붙였다.

① 수(藪)

- 태조실록 1권, 총서 30번째 기사 : 냇가 근방의 큰 숲에 앉아 있는데 큰 숲. 坐川邊近傍大藪
- 태조실록 1권, 총서 31번째 기사 : 큰 범이 아무 숲속에 있다. 有大虎在某藪中. 숲 뒤의 고개에 이르고. 登藪之後峴.
- 태조실록 1권, 태조 1년 7월 17일(1392년) : 짐승이 숲에 모이듯 한다. 淵藪也.

  기록상 수(藪)가 '숲'으로서 1392년 조선왕조 건국 원년에 『조선왕조실록』에 출현함으로써 '숲을 뜻하는 최초의 단어'로 평가할 수 있다.
- 세종실록 11권, 세종 3년 2월 27일(1421년) : 여흥(驪興) 팔대숲(八大藪)[4]에서 점심을 먹는데 술을 차리니. 驪興 八大藪置酒.
- 세조실록 36권, 세조 11년 5월 1일(1465년) : 작은 개울을 건너는데, 큰 산과 늪(藪)이 없으며. 越小川, 無大山藪.
- 숙종실록 8권, 숙종 5년 1월 23일(1679년) : 명산대수 방화 금지. 名山大藪 放火之禁.

② 임(林)

- 태조실록 12권, 태조 6년 12월 24일(1397년) : 문신이 숲처럼 들어서서. 文臣林立.
- 태종실록 1권, 태종 1년 2월 12일(1401년) : 숲 밖의 산다(山茶)를 찾을 필요가 없도다. 不須林外覓山茶 (중국 사신 육옹(陸顯)이 지은 싯귀)
- 태종실록 15권, 태종 8년 4월 2일(1408년) : 푸른 숲의 단 이슬(甘露) 옥(玉)가루와 연(連)하고. 青林甘露綴玉屑.

---

4) 세종실록 148권, 지리지 경기 광주목 여흥 도호부 : 파다수(八大藪)라고도 하며 여강(驪江) 북쪽에 있는데, 옛날부터 패다수(貝多藪)라 일컫는다.

- 태종실록 26권, 태종 13년 9월 20일(1413년) : 숲을 불태우고 사냥하는 것. 焚林而畋.
- 세종실록 65권, 세종 18년 윤6월 19일(1436년) : 무성한 숲은 깎아 버리고서. 刈其茂林. 숲속에 자리잡고. 巢林坐甲. 깊은 숲속으로 달아나 숨어버리면. 奔竄山藪. 숲속에 엎드려 다니며. 狙伏草莽之間.

  이 기사는 4품 이상이 올린 외구(外寇)의 제어책을 평안도 도절제사에게 보내는 내용이다. 동일한 날 기사인데 林, 山藪, 草莽을 똑같이 숲이라고 국역하고 있다. 숲을 표현하는 데에 있어서 다른 한자를 쓰는 것이므로 뜻이 서로 다르기에 구분한 것이 아닌가 짐작할 수 있다.
- 세종실록 76권, 세종 19년 1월 2일(1437년) : 소채(蔬菜)의 성질이 무성한 숲이나 우거진 풀 사이에서는 성하지 아니하고. 蔬菜之性, 不盛於茂林宿草之間.
- 세종실록 119권, 세종 30년 3월 8일(1448년) : 도성 내외의 산에서 채석을 금하자는 음양학 훈도 전수온의 상서에 다음과 같은 내용이 있다.

  "산에는 돌이 없어서는 안 되고 또한 파상(破傷)되어서는 안 되는 것인데, 지금 도성(都城) 내외(內外)에 있는 산에 "백성의 거주하는 것이 숲과 같아서," 흙을 파고 돌을 벌채하여, 찢기고 무너져서 풀과 나무가 무성하지 못하게 되고, 산의 면모도 이로 인하여 피약(疲弱)하게 되어서 저렇게 벌거벗었사오니, 이것은 바로 장중헐(掌中歇)에서 말하는 바, '초목이 쇠잔하여 무너질 듯하거나 또 박약하면, 출세(出世)한 사람이나 들어앉은 사람이 모두 곤권(困倦)하게 된다.'는 것입니다."

  '숲과 같아서'의 원문은 '民聚如林'으로 숲을 林으로 표현하였다.
- 명종실록 7권, 명종 3년 1월 26일(1548년) : 모화관(慕華館)엔 소나무 숲이 무성하고 빽빽하여. 慕華館松林茂密.

③ 임수(林藪)

- 세종실록 77권, 세종 19년 5월 11일(1437년) : 숲속에 숨었다가. 隱於
  林藪.
- 세종실록 112권, 세종 28년 4월 30일(1446년) : 숲과 산골짜기의 피할
  만한 곳이 없고. 無林藪山谷之可避.
- 문종실록 7권, 문종 1년 4월 12일(1451년) : 매와 개를 몰고 숲으로
  들어가서. 驅鷹犬而赴林藪.
- 명종실록 29권, 명종 18년 10월 26일(1563년) : 林藪를 그대로 임수라고
  표기한 사례도 있다.
- 효종실록 9권, 효종 3년 7월 20일(1652년) : 숲을 포위. 打圍林藪.
  이 표현에 대한 배경을 설명하면 이와 같다. 왕대비가 인경궁에서 목욕
  할 계획이니 임금이 하교하길, "인경궁은 산골짜기가 자못 깊고 나무가
  빽빽한데 초정(椒井)이 그 사이에 있다. 도감 대장(都監大將)을 시켜
  '숲을 포위하고' 뒤지게 하여 금수가 갑자기 나타날 걱정이 없게 하라."
  고 명한 데서 나온 것이다.

이상의 수(藪), 임(林), 임수(林藪)에 대해서 임경빈 박사의 주장을 소개
하면, 林은 나무 또는 대나무가 우거져 있는 곳으로 '생산성이 높고 상품
가치가 있는 나무들이 있는 곳'이며, 이러한 입지조건은 경사가 완만한
산록(山麓), 또는 산복(山腹), 산요(山腰)라고 풀이할 수 있다. 藪는 풀,
나무가 엉켜 있는 야생동물이 많이 서식하고 있는 덤불에 가까우며, 林藪
는 상품 가치가 높은 나무들이 많이 있는 藪라고 할 수 있다. 삼(森)은
나무가 울밀하게 많이 들어서 있는 곳을 뜻한다.[5] 한편, 임수는 산림지대
부터 하천변에 위치하고, 수림대와 관목림을 포괄하는 것으로서 야생동물
의 서식과 번식, 땔감, 용재 등을 산출하는 곳이며, 사람들의 일상 생활권에

---

[5] 임경빈, 1998, 숲과 수(藪). 易齋林學論說集. 부산 : 소호문화재단 산림문화연구원. 334~338쪽.

서 사람들의 생활과 밀접한 관계를 맺고 있는 숲으로 정의하기도 한다.[6]

④ 산수(山藪)

- 세종실록 65권, 세종 18년 윤6월 19일(1436년) : 깊은 숲속으로 달아나 숨어 버리면. 奔竄山藪. 숲속에 엎드려 다니며. 狙伏草莽之間.

  山이라면 어느 정도 높이가 있고 규모가 있는 형태를 연상할 수 있으므로 그 산에 있는 수라면 꽤 큰 나무들과 관목들로 우거진 규모있는 숲이라고 할 수 있을 것이다. 그래서 그런 산 속의 깊은 숲으로 숨으면 찾기 어렵게 된다. 초망은 사람 키 높이 이상의 풀이 우거진 덤불 규모의 숲, 즉, 덤불숲이라고 말할 수 있으므로, '엎드려 다녀도' 잘 보이지 않을 것이다.

- 연산군일기 3권, 연산 1년 2월 4일(1495년) : 성인의 산수(山藪) 같은 도량으로 포용. 以聖人山藪之量, 在所包容.

- 숙종실록 46권, 숙종 34년 1월 3일(1708년) : 산수에 화전을 금하고. 其六, 禁山藪火田.

⑤ 진망(蓁莽)

- 태조실록 2권, 태조 1년 12월 16일(1392년) : 숲과 풀이 변해 좋은 곡식이 되다. 蓁莽化爲稻粱矣.

  蓁(진)은 우거질 진, 잎이 우거지다는 뜻이며, 莽(망)은 우거질 망, 풀, 잡초라는 뜻이다.

⑥ 진망(榛莽), 또는 훼(卉, 풀 훼, 초목 훼)

- 문종실록 5권, 문종 1년 1월 22일(1451년) : 대나무숲 竹卉, 뽕나무 밭을 폐지하고서 풀숲을 보호. 廢桑田而護榛莽.

---

6) 생명의숲국민운동, 2007, 조선의 임수(역주). 서울 : 지오북. 11쪽.

7 임망(林莽)

- 세종실록 73권, 세종 18년 윤6월 19일(1436년) : 숲속에 잠복하여. 隱伏林莽.
- 세종실록 89권, 세종 22년 6월 17일(1440년) : 혹은 숲에 숨어서. 或隱林莽.

8 초망(草莽)

- 세종실록 65권, 세종 18년 윤6월 19일(1436년) : 숲속에 엎드려 다니며. 狙伏草莽之間.

9 산림(山林). 원문에 총 773건 검색된다.

이것은 숲의 의미와 산림에 의지하며 사는 선비를 함께 의미하기도 한다.

- 태종실록 23권, 태종 12년 2월 25일(1412년) : 산림을 불태워 강무를 준비하였는데. 焚山林以備講武. 처음으로 '산림'이 독립적으로 등장한 사례인 듯하다. 산림은 독립적으로 쓰이기도 하지만, 산림천택, 또는 산림·천택 등으로 등장한다.
- 세종실록 65권, 세종 16년 8월 28일(1434년) : 흉한 무리들이 분을 품고 숲 속으로 몰려 들어가게 되면. 群凶發憤, 聚入山林.
- 세종실록 73권, 세종 18년 윤6월 19일(1436년)[7] : 4품 이상이 올린 외구(外寇)의 제어책(制禦策)의 내용 중에 아래와 같은 숲을 의미하는 용례들이 나온다 : 산골 숲속으로 도망해 버려. 逃竄山林.
- 세종실록 77권, 세종 19년 6월 19일(1437년) : (야인토벌 16조목) 산

---

7) 세종실록 73권, 세종 18년 윤6월 19일(1436년). 4품 이상이 올린 외구(外寇)의 제어책(制禦策)의 내용 중에 아래와 같은 숲을 의미하는 다양한 용례들이 나온다 : 山林, 林木, 林莽, 山藪, 草莽, 林 산골 숲속으로 도망해 버려(逃竄山林) ; 숲속에 잠복하여(隱伏林木) ; 새로 개간한 땅에 숲이 울밀하여(新墾之地林木茂) ; 숲속에 숨어서(隱於林木) ; 무성한 숲은 깎아 버리고서(刈其茂林) ; 숲속에 잠복하여(隱伏林莽) ; 깊은 숲속으로 달아나 숨어 버리면(奔竄山藪) ; 숲속에 엎드려 다니며(狙伏草莽之間) ; 숲속에 자리잡고(巢林坐甲)

숲. 山林. 산림을 '산 숲'으로 국역하였다.

- 세종실록 79권, 세종 19년 10월 17일(1437년) : 낮에는 산의 숲에 숨고. 晝隱山林.
- 세종실록 112권, 세종 28년 4월 30일(1446년) : 백성들이 반드시 산림(山林)에 도망하여 숨고. 民必竄匿山林.
  우리나라에서 숲을 나타내는 행정용어로 '산림'을 사용하고 있으며, 숲을 관장하는 중앙행정기관의 이름은 '산림청(山林廳)'이다.

10 **山林川澤, 또는 山林·川澤**. 원문에 28건 등장한다.

- 태종 13년 6월 8일(1413년) : 산림천택(山林川澤)은 소사(小祀)입니다. 山林川澤爲小祀.
  두 단어 산림천택을 붙여 쓰지 않고 가운데 점으로 구분하여 산림·천택(山林·川澤)으로 쓰인 사례가 많이 나온다. 이것은 원문에도 가운데 점으로 구분한 것이 아니나 국역 과정에서 구분한 것으로 보인다.
- 태종 16년 6월 5일(1416년) : 예조에서 기우계목을 올린 내용인데, '4월 이후에 가물면 사직(社稷)·산림(山林)·천택(川澤)에 두루 비는데'라는 대목으로 원문은 '四月後旱, 則徧祈社稷山林川澤'으로 되어 있다. 천택이란 물과 관련된 곳으로서 습지, 호수, 하천, 강, 바다, 어장(漁場) 등을 말한다.

11 **임목(林木)**

- 태조실록 14권, 태조 7년 윤5월 11일(1398년) : 승려(僧侶)의 무리가 숲처럼 많아서. 總如林木.
- 세종실록 65권, 세종 18년 윤6월 19일(1436년) : 숲속에 잠복하여 隱伏林木, 새로 개간한 땅에 숲이 울밀하여. 新墾之地林木茂. 숲속에 숨어서. 隱於林木.

12 **수(樹). 숲으로 국역**

• 숙종실록 33권, 숙종 25년 7월 5일(1699년) : 해조(海鳥)가 경복궁(景福宮) '소나무숲'에 많이 모여 둥지를 틀고 새끼를 까기까지 하였다. 海鳥多集景福宮松樹, 至於結巢産雛.

13 **수림(樹林)**

• 세종실록 23권, 세종 6년 1월 25일(1424년) : 검푸르게 우거진 나무숲 층층이 덮여 있고. 樹林翁鬱陰層樓, (申檣의 시).

• 세종실록 94권, 세종 23년 12월 17일(1441년) : 강가 나무숲 사이에. 於江邊樹林間.

14 **산장(山場). 원문에 21건 검색된다.**

• 태조실록 11권, 태조 6년 4월 25일(1397년) : 간관이 사대부의 부도설치금지 등 시무와 서정쇄신책 10개조를 건의하였는데 산림 관련 내용은 아래와 같다 ;

"간관(諫官)이 글을 올려 일을 말하였다. 1. 산장(山場)과 수량(水梁)[8]은 온 나라 인민이 함께 이롭게 여기는 것인데, 혹 권세 있는 자가 마음대로 차지하여 이익을 독점하는 일이 있으니, 심히 공의(公義)가 아닙니다. 원컨대 지금부터는 주부(州府)·군현(郡縣)에 영(令)을 내려 경내의 산장과 수량을 조사하여, 만일 마음대로 독점한 자가 있으면 그 성명을 일일이 헌사(憲司)에 보고하여, 헌사에서 계문(啓聞)하여 과죄(科罪)해서 그 폐해를 일체 금하고, 수령이 세력에 아부하고 위엄을 두려워하여

---

8) 정도전은 『조선경국전』(1394) 부전(賦典)에 이르기를 부(賦: 조세)는 백성으로부터 받아들이는 것으로 농상(農桑)은 부의 근본이며, 산장(山場 산림)·수량(水梁 어업) 등은 부의 보조라고 밝히고 있다. 『조선경국전』을 번역한 한영우(2014)는 산장(山場)을 재목과 시탄(柴炭)을 생산하는 산림으로 번역하였다. 수량(水梁)은 어물을 채취하는 어전(漁箭) 또는 어장(漁場)이다.
정도전은 이 법제서에 산장이라는 말을 이미 사용하고 있다. (한영우 역, 2014. 조선경국전. 정도전 원저 朝鮮經國典. 서울: 올재. 65쪽, 81쪽.)

숨기고 보고하지 않는 자가 있으면 죄를 같게 하소서." 하니, 임금이
유윤(俞允)하여 시행하였다.

一, 山場水梁, 一國人民所共利者也. 或爲權勢, 擅執權利者有焉, 甚非
公義也. 願自今下令州府郡縣, 考其境內山場水梁, 如有專擅者, 則將其
姓名, 一一告于憲司, 憲司啓聞科罪, 痛禁其弊; 守令有阿勢畏威, 匿不
申報者, 罪同.

• 태조실록 15권, 태조 7년 9월 12일(1398년) : 태묘에 고유하고, 정전에
앉아 즉위교서를 반포하다. 23번째 조목에 수록된 내용이다.

1. 어량(魚梁)과 천택(川澤)은 사재감(司宰監)의 관장한 바이니, 사옹원
(司饔院)에 분속(分屬)시키지 말게 하여 출납(出納)을 통일하고, 산장
(山場)과 초지(草枝)는 선공감(繕工監)의 관장한 바이니, 사점(私占)을
하지 말게 하고 그 세(稅)를 헐하게 정하여 백성의 생계를 편리하게
할 것이다.

一, 魚梁川澤, 司宰監所掌, 勿令分屬司饔, 以一出納; 山場草枝, 繕工所
掌, 勿令私占, 輕定其稅, 以便民生。

산장이라는 단어는 정도전이 1394년『조선경국전』을 저술하면서 이미
사용하고 있으며,『조선왕조실록』에서는 정조 대까지 검색되고 후에는
나타나지 않는다.

15 신(薪)

• 세종실록 17권, 세종 4년 8월 12일(1422년) : 대궐 담 안에 있는 숲을
베었다 하여, 곤장 60대에 그 관직을 빼앗고. 刈殿墻內薪, 杖六十, 奪其職.

16 시장(柴場). 원문으로 167건 검색된다.

• 세종실록 24권, 세종 6년 6월 16일(1424년) : '나무터'에 나무를 하므로
금지하니. 採薪於其柴場, 呵禁之.

시장을 나무터로 번역하였다. '나무터'란 통나무 나르기 공정을 이어주는 곳으로 날라 온 나무를 부려서 쌓아 올리거나 그것을 다시 실어보내는 작업을 하는 곳을 말한다.(새 우리말 갈래사전). 따라서 여기서는 시장은 땔감을 채취하는 곳(=결국 숲)이므로 의미가 좀 다르다.

- 세조실록 45권, 세조 14년 3월 21일(1468년) : 임금이 중궁(中宮)과 더불어 세자를 거느리고 임영 대군(臨瀛大君) 이구(李璆)의 집에 거둥하여 술자리를 베풀고, 호조에 전지하여 귀성군(龜城君) 이준(李浚)에게 둘레 20리(里)의 시장(柴場)과 세염(稅鹽) 50석을 내려 주게 하였다. 시장(柴場)을 '나무를 가꾸는 말림갓'으로 주(註)를 달고 있다. 성종 3년 11월 19일(1472년)의 기록에는 '나무갓'으로 번역하였다. 나무갓의 맞춤법 표기는 '나뭇갓'이다.(국어사전).
  "경기(京畿)가 실농(失農)함이 더욱 심하니, (중략), 경중(京中) 각사(各司)의 나무갓(柴場)에서 백성들이 나무하는 것을 금하지 말라." 하여, 시장을 '나무갓'으로 국역하고 '나무나 풀을 함부로 베지 못하게 하여 가꾸는 땅'으로 주를 달았다.

- 성종 3년 11월 19일(1472년)의 기사에서는 시장을 "나무나 풀을 함부로 베지 못하게 하여 가꾸는 땅"으로 주를 달고 있다.

- 고종 6년 10월 3일(1869년)의 기사에는 '진흙땅의 갈대풀이 자라는 시장 (柴場)도 국가에 세를 응당 납부해야 하는 곳이다.'라 하여 반드시 산림, 숲의 의미로만 사용한 것은 아닌 듯하다.

- 고종 31년 4월 11일(1894년)의 기사에는 덕산 군수가 전 병사(前兵使) 이정규의 위세 조항을 아뢰는 내용이 나오는데, '돈이 3만 7,850냥(兩)이고, 여러 가지 사소한 수는 거론하지 않았으며 그 밖에 쌀, 벼(租), 소금, 뇌물(苞), 소, 말, 전답(田畓), 집(家舍), 산림(山麓), 시장(柴場), 재목(材木), 짚, 어망(漁網), 선척(船隻) 등 약탈한 물건과 사람을 죽이거나 상하게 하는 등 허다한 학정을 낱낱이 거론하기 어려우므로...' 라 하여 산록

을 산림으로, 재목도 구분하고 있음을 알 수 있다.

⑰ 총목(叢木)

* 세종실록 19권, 세종 5년 1월 12일(1423년) : 우거진 숲이 흔들리며.
  動搖叢木.

⑱ 총림(叢林).[9] 사찰 또는 숲(밀림)으로 국역하고 있으며 원문으로 13군데 등장한다.

* 세종 12년 7월 7일(1430년) : 그 3대 만에 사찰이 융성하고 5대에 이르러
  쇠하며. 其日三世叢林興盛, 五世而衰.
* 세종 15년 7월 22일(1433년)에는 총림은 사찰로 번역하지 않고 '수림'으
  로 번역하였다.
  이후로 3대까지 수림이 무성하고 5대에 쇠하고. 此後三世, 叢林興盛,
  五世而衰.
* 세종 13년 6월 2일(1431년) : 아내가 숲 속에서 죽어 있었는데 또 머리가
  없었다. 則妻死於叢林中, 且無首矣.
* 세종 19년 6월 11일(1437년) : 반드시 밀림(密林) 속으로 도망해 숨을
  것입니다. 則必遁於叢林密樹之間矣.
* 세종 24년 3월 24일(1442년) : 처음으로 흥천사(興天寺)에서 경찬회(慶
  讚會)를 베풀게 하되 닷새 만에 마치게 하였다.
  여암화상(如庵和尙) 장하(仗下)께서는 총림(叢林)의 큰 간체(幹體)이
  며 석원(釋苑)의 높은 표준입니다. 伏惟如庵和尙仗下, 叢林巨幹, 釋苑
  高標.
* 단종 2년 8월 17일(1454년) : 영역(塋域) 밖의 숲 속에 호랑이 새끼가

---

9) 이 용어는 고려 중기부터 집중적으로 나타나는데 총림법에는 "총림이란 선원, 승가대학(승가대학원), 율원,
염불원을 갖추고 방장의 지도하에 대중이 여법하게 정진하는 종합수행도량"이라고 규정한 내용이 있다.
대한불교조계종은 2016년 현재 해인사, 송광사, 통도사, 수덕사, 백양사, 동화사, 쌍계사, 범어사 등 8개
총림이 있으며 이들은 총림법에 의하여 별도 운영한다(김상영, 2016).

있으므로. 有虎乳於塋外叢林.

- 세조 12년 윤3월 28일(1466년) : 상원사 총림에서. 上院寺叢林.
- 성종 5년 윤6월 25일(1474년) : (범을 잡기 위한 방책) 산림의 무밀(茂密)한 곳을 베어 소통하게 하고 길가의 총림(叢林)을 찍고 베어 통망(通望)을 쉽게 하여. 剪除山林茂密之處, 使之疏通, 斫伐路傍叢林, 易以通望,
- 순조 3년 9월 17일(1803년) : 빽빽이 우거진 갈대숲을 죄다 불태우고. 葦蘆叢林, 盡爲燒火.

총림은 불교에서 매우 다양한 뜻으로 통용되어 왔다. 잡목이 우거진 숲을 이르는 일반적인 경우부터, 선원, 강원, 율원 등을 모두 갖춘 사찰, 수승한 승려의 지혜나 공덕을 상징하는 경우 등을 가리키는 용어이기도 하다. "승가를 중국어로 중(衆)이라고 하며, 많은 비구들이 한 곳에서 화합하는 것을 승가라고 이름한다. 비유하면 많은 나무가 모인(叢) 것을 숲(林)이라고 하는 것과 같다."는 내용에서 보듯이 승가 대중이 화합을 이루어 사는 곳을 총림이라 지칭한 경우가 가장 많았다.[10]

[19] **삼림(森林).** 원문에 38건이 등장하는데 1895년을 시작으로 모두 조선왕조 말기 이후부터 등장하는 용어이다.

- 고종 32년 3월 25일(1895년) : 칙령 제38호로 내각 관제 11개 조를 반포하였는데 제8조 제10항은 아래와 같다.
  十, 租稅에 新設, 變更, 存廢竝官有土地, 森林, 屋宇, 船舶等管理處分에 關ᄒᄂᆫ 事項.
  조세를 새로 설치하거나 고치며 그대로 두거나 없애며 관청 소유의 토지, 산림, 건물, 선박 등 관리 처분에 관한 사항의 내용인데 원문의 '삼림'을 '산림'으로 번역하였다. 여기서 『조선왕조실록』에 삼림이라는

---

10) 김상영, 2016, 총림(叢林). 한국민족문화대백과사전. 한국학연구원.

단어가 처음 등장한다. 1895년의 기사이다. 이때부터 등장하는 삼림은 실록에 모두 38건으로 고종 18건, 순종 7건, 순종부록 13건이다. 어떠한 연유로 갑자기 '삼림'이라는 용어가 등장하였는지 알 수 없지만, 그동안 실록에서 숲을 표현하는 용어들이 많이 있었는데 다소 의외의 용어로 등장한 것임을 확인할 수 있다. 등장 배경의 하나로 일본제국과 1876년에 맺은 강화도 조약의 영향으로 짐작할 수도 있다. 우리 말 숲에 해당하는 일본어는 '森林'이다. 삼림이라는 용어는 1905년에 맺은 을사늑약 이후에 「삼림법(森林法)」(1908), 「삼림령(森林令)」(1911) 등 공식 용어로 부지기수로 늘어난다. 이들 법령은 목재 자원으로서 산림 점유와 수탈을 위해 제정한 의도를 지니고 있고, 또한 이들 법령 제정 이전 이미 1896년에 러시아 거상(巨商) 브리네르와 맺은 「한로삼림협동조약(韓露森林協同條約)」의 궁극적인 목적이 '삼림 벌채'에 있는 것으로 본다면, '삼림'의 의미는 주로 목재로서 생산 가치가 있는 나무가 서 있는 산림으로서 숲을 말한다고 이해할 수 있다. 오늘날 임업에 적용하여 말하자면 조림하여 용재 육성이 목적인 용재림, 경제림을 말하는 것으로 이해할 수 있다. 인공으로 심어서 가꾸지 않은 천연림을 삼림으로 부른다면 어울리지 않는다.

20 삼림천택(森林川澤)

- 고종실록 40권, 고종 37년 4월 27일(1900년) : 법률(法律) 제4호, 〈외국에 의뢰하여 나라의 체통을 손상시킨 자의 처단례 개정에 관한 안건[의뢰외국치손국체자처단례, 依賴外國致損國體者處斷例改正件]〉을 재가(裁可)하여 반포하였는데 제2조의 6에 다음 내용이 들어있다;
  제2조. 다음의 범죄자는 이수(已遂)이건 미수(未遂)이건을 막론하고 《대명률(大明律)》〈적도편(賊盜編) 모반조(謀反條)〉에 의하여 처단한다.(중략).

제6. 각국(各國) 약장(約章) 내에 허가한 지역을 제외하고 전토(田土)와 삼림(森林), 천택(川澤)을 외국인에게 잠매하거나 외국인에게 빌붙어 이름을 빌어 거짓 인정하게 하거나 또는 이름을 빌어 거짓 인정하게 하는 자의 사정을 알면서도 고의로 판 자.

第六, 各國約章內所許地段을 除호 外에 一應田土森林川澤을 將ᄒ야 外國人의게 潛賣ᄒ거나 外國人을 附從ᄒ야 借名詐認ᄒ거나 或借名詐認ᄒ난 者의게 知情故賣호 者.

이처럼 '森林川澤'이라는 표현이 처음 등장하고 있는데 '山林·川澤'을 대체하고 있는 사례이다. 선대부터 굳건히 표기해 오던 '山林·川澤'이라는 용어를 버리고 '森林'이라는 새 용어를 택한 것이 돋보인다.

2) 은둔 선비의 뜻으로 쓰인 '산림'(山林)

산림(山林)은 고려시대와 조선시대에 산림(자연)을 벗삼아 생활하던 선비를 가리키는 말이기도 하다. 산림은 두 부류로 구분하는데 정치 지향적 산림과 문예 지향적 산림이 그것이다. 두 부류 모두에 해당하는 산림도 있다. 문예 지향적 산림은 전원에 은둔하여 글 짓고 책 읽으며 사는 선비를 말한다. 이 과정에서 태어난 작품을 산림문학, 작가를 산림문학파, 또는 산림문학이라고도 한다.

정치 지향적 산림은 조선시대 산곡임하(山谷林下)에 살던 학덕을 겸비한 사람으로 국가의 징소(徵召, 부름)를 받은 인물을 말한다. 이들은 산림지사(山林之士)·산림숙덕지사(山林宿德之士)·산림독서지사(山林讀書之士)의 약칭이며, 임하지인(林下之人)·임하독서지인(林下讀書之人) 등으로도 불리었다.

일반적으로 산림이란 벼슬을 하지 않고 산림에 은일하는 처사, 말하자면 산림에 본거지를 둔 선비 또는 유자(儒者)(안병주, 1992)를 말한다. 조선

후기에 이르러서는 그 자체로서 학식과 덕망을 지닌 '유현'(儒賢)을 의미하게 되었다.[11] '산림'은 제6장 3절의 나항 8)에서 다시 다룬다.

2. 각국의 언어

몇몇 나라에서 자국어로 숲을 뜻하는 단어가 무엇이 있는지 살펴본다.

라틴어로 숲은 silva, saltus, nemus, forestis가 있는데 일반적으로 silva를 사용하며, 숲의 신을 silvanus(실바누스)라고 한다.

영어에서 작은 규모의 숲은 wood(s), grove, chaparral, 큰 규모의 숲은 forest로 표기하는 경향이다. 일반적으로 영어에서 숲은 forest로 표현한다. Grove는 작은 규모의 숲, chaparral은 들어가기 힘든 숲, wood로 덮인 땅을 woodland로 표기한다.

그리스어로 숲은 $\delta\acute{a}\sigma o\varsigma$(dásos)와 $\delta a\sigma\acute{a}\kappa\iota$(dasáki)이다. $\delta\acute{a}\sigma o\varsigma$(dásos)는 영어의 forest, woodland, wood, grove, chaparral에 해당하며 숲의 통용어이고, $\delta a\sigma\acute{a}\kappa\iota$(dasáki)는 영어에서 주로 woods에 해당하는 용어이다.

스웨덴어로 숲은 skog, buske(수풀, 덤불, 관목), snår(덤불, 잡목숲), dunge(수풀) 등의 용어가 있다. 소나무숲은 tallskog(탈스곡)이라고 한다.

스페인어로 bosque(남성명사, 수풀, 숲, 산림), floresta(여성명사, 숲, 산림,

---

11) 산림에 관하여 졸고를 비롯하여 여러 연구가 진행되어있다; 김기원, 2020, 조선시대 사회 제현상에 나타난 산림의 위상. In 정치사회와 산림문화. 산림문화전집13 : 72~159쪽; 김세봉, 1995, 17세기 호서산림세력 연구-산림세력을 중심으로; 노대환, 2008, 세도정치기 산림의 현실인식과 대응론. 한국문화 42; 노대환, 2008, 세도정치기 山林과 그 문인의 사상적 동향-노론산림 오희상, 홍직필을 중심으로. 한국연구재단연구보고서; 송성빈, 1997, 조선조 송산림의 연구. 향지문화사; 안병주, 1992, 유교의 자연관과 인간관-조선조 유교정치에서의 〈산림〉의 존재와 관련하여. 퇴계학보 75; 오수창, 2003, 17세기의 정치세력과 山林. 역사문화연구 18: 우인수, 2011, 인조반정 전후의 산림과 산림정치. 남명학 16; 우인수, 1999, 조선후기 산림세력연구. 일조각; 유승애, 2014, 17세기 山黨의 형성과 정치활동. 한남대학교 석사학위논문; 이우성, 1975, 한국유교의 명분주의 및 그 정치적 기능에 관한 일고찰—이조후기의 산림에 대하여—. 동양학학술회의논문집; 유봉학, 1998, 노론학계와 산림,『조선후기 학계와 지식인』, 신구문화사; 정구선, 1994, 19世紀 산림징소에 관한 검토.『芝邨金甲周教授華甲紀念史學論叢』; 정만조, 1992, 17세기 중엽 산림세력(산당)의 국정운영론.『許善道停年紀念韓國史學論叢』.

나무가 무성한 땅), arboleda(여성명사, 숲, 조림지), selva(여성명사, 밀림), boscaje(남성명사, 덤불숲, 수풀) 등의 단어가 쓰인다.

이태리어로 bòsco(남성명사, 숲, 산림, 산림지)와 forèsta(여성명사, 산림, 산림지대)가 많이 쓰이고, 그 외 sélva(여성명사, 숲, 산림, 밀림), boscàglioa(여성명사, 숲, 밀림) 등의 단어가 있다. 스페인어와 많이 닮았다.

프랑스어로 forêt(여성명사, 숲, 산림)와 bois(남성명사, 숲, 또는 임목, 목재)가 있는데 주로 forêt(포흐레)가 통용되고 bois는 주로 큰 규모의 궁원이나 공원에 조성된 숲 등을 일컬을 때 사용한다. 한편, 8세기 샤를마뉴 대제 때 성당의 법령집에 'foresta'라는 용어가 등장하는데 이 용어는 10세기 중세 장원제도와 관련하여 수렵과 벌채권이 영주에게만 허용되는 땅으로 숲을 의미하였다. 그 후 16세기경 영국에서도 왕실 소유 수렵원을 일컬어 비슷한 의미로 쓰였다. Foresta가 오늘날 숲을 뜻하는 프랑스어 forêt, 영어의 forest의 어원이 되었고, 이태리어나 스페인어에는 그 흔적이 그대로 남아 있음을 알 수 있다.

핀란드어로 metsä(숲), puusto(산림), pensaikko(덤불숲) 등의 용어가 있는데 일반적으로 metsä를 사용한다. 핀란드에 많이 있는 자작나무숲은 koivikko(코이빅코)라고 한다.

독일어에서 숲을 표현하는 단어는 Wald, Forst, Holz, Hain 등이 있다. Wald(발트)는 잎뭉치나 가지의 의미로 'Büschel'(뷔셀, 다발)이거나, 또는 야생황무지숲(Wildnis)의 의미로 '빽빽하게 뒤덮힌'(dicht bewachsen)이라는 고어 명칭(표현)에서 유래한다. Forst는 오늘날 일상 언어 습관적으로 '경영림'의 개념으로 쓰이는데, Forst가 최종적으로 어디에서 유래하는 것인지 명확하지 않다. 부분적으로 역사의 흐름 속에서 Wald라는 개념과 동등하게 사용되었거나, 또는 일부는 황제, 고위층 숲(Wald)을 Forst로 기술하였다. 어떤 다른 때에는 확장된 산림지역(Waldgebiete)을 일컬었다. 오늘날까지 Forst는 영어의 forest, 프랑스어의 forêt를 따른다. 어떠한 경우라도 Wald는 보다 더 크고 나무로 **빽빽**하게 밀집한 면적을 의미한다.[12] Holz는 흔히 목재, 재목 등의 뜻으로 쓰이며 영어의 wood(목재)에 해당한다. 하지만 고어에서 숲의 의미로 쓰인다. Holz가 '숲'의 의미로 쓰인 대표적인 사례는 아래와 같다;

> Holz ist ein einsilbiges Wort, aber dahinter verbirgt sich eine
> Welt der Märchen und Wunder.

'숲은 단음절어이지만 그 속에 동화와 경이의 세계가 숨어있다.'는 뜻이다. 이 문구는 서독의 초대 대통령이었던 테오도르 호이쓰(Theodor Heuss, 1884~1964 : 대통령 재임기간 1949~1959)가 남긴 말이다. 우리말도 숲은 모음이 하나인 단음절어인데 무궁무진한 이야기가 숨어있다.

Hain(하인)은 시어, 고어로 작은 숲, 임원(林苑) 등의 의미로 쓰인다. 유로화(Euro, €)가 탄생하기 이전 독일의 옛 화폐 단위인 마르크(Mark)는 국경지대, 변방지대라는 의미도 지니고 있는데 국경지대나 변방지대는 대개 야생지이고 황무지로서 산림으로 뒤덮인 경우가 많아 Mark에도 숲이란 의미를 다소 품고 있다.

3. 숲의 기준

가. 유엔(UN)

유엔에서 숲을 바라보는 시각을 다음 두 유엔 기구의 숲에 대한 정의를 통해서 살펴볼 수 있다.

교육과학문화기구(UNESCO)의 정의는 숲을 구성하는 나무의 높이를 중

---

12) Greiner, K. und Kiem, M., 2019, Wald tut gut! Aarau und München: atVerlag. S.12.

시한다. 숲(Forest)은 수관(樹冠, crown, 나무에서 가지들이 이루고 있는 부분)이 맞닿아 울폐된 5m 이상의 성장 높이를 가진 나무들로 구성된 임분(林分)을 말한다. 나무의 성장 높이는 기후 지역별로 일률적이 아니고, 아한대지역은 3m, 열대지역은 8~10m가 기준이다.

농업기구(FAO)의 정의는 좀 더 자세하다. 숲은 자연적인 숲과 인공 조림한 숲을 포괄한다. 숲은 최소 0.5ha(5000m²)의 넓이이어야 하며, 이 면적 중 최소 10%가 수관으로 맞닿아 닫혀 있어야 한다. 숲은 나무의 출현으로 생긴 것이나 우월한 다른 토지이용 형태로 생긴 것이나 역시 모두 숲으로 정의한다. 숲을 구성하는 수목은 최소 높이 5m 이상 자라야 한다. 만약 어떤 곳이 필요한 수관면적(전체 면적의 10%)과 높이에 아직 도달하지 않은 나무들로 구성되어 있을지라도, 추후 필요조건에 도달할 것으로 예상되는 어린나무로 이뤄진 유령임분이나 일시적으로 임목이 없는 토지라도 숲으로 간주한다. 이 용어는 생산, 보호, 자연보호 또는 이러한 목적 이상으로 이용되는 곳(예를 든다면, 국립공원, 자연보호지역, 다른 보호지역), 그리고 최소폭 20m 이상으로 조성된 방풍 조림지의 예와 같은 농촌 경관의 임분, 고무나무 농장, 코르크 참나무 농장도 숲(산림)에 포함하는 개념이다. 과수원이나 농림시스템(Agraforestsystem)처럼 명백하게 농업 목적으로 운영하는 수목지는 숲의 개념에서 제외한다.[13]

이상에서 확인할 수 있듯이 유엔기구에서 숲을 구성하는 나무의 최소 높이(수고)를 5m로 제시하고 있는데, 우리나라 서적에 3m를 기준으로 하는 사례도 있다.[14]

---

13) 앞의 책 S.13.

14) 김장수·고영주·이여하 외 17인, 1992, 임정학. 서울: 탐구당. 48쪽.

나. 법적 기준

우리나라 산림 관련 법률에서 산림(숲)을 정의하는 법률은 「산림자원의 조성 및 관리에 관한 법률」이다. 제2조(정의) 1호에 산림을 아래와 같이 정의하고 있다.

"산림"이란 다음의 어느 하나에 해당하는 것을 말하며, 농지, 초지(草地), 주택지, 도로, 그 밖의 대통령령으로 정하는 토지에 있는 입목(立木)·대나무와 그 토지는 제외한다.

- 집단적으로 자라고 있는 입목·대나무와 그 토지
- 집단적으로 자라고 있던 입목·대나무가 일시적으로 없어지게 된 토지
- 입목·대나무를 집단적으로 키우는 데에 사용하게 된 토지
- 산림의 경영 및 관리를 위하여 설치한 도로(이하 "임도(林道)"라 한다)
- 위 토지에 있는 암석지(巖石地)와 소택지(沼澤地: 늪과 연못으로 둘러싸인 습한 땅)

대통령령으로 산림에서 제외하는 곳은 아래와 같다.
- 과수원, 차밭, 꺾꽂이순 또는 접순의 채취원(採取園)
- 입목(立木)·대나무가 생육하고 있는 건물 담장 안의 토지
- 입목·대나무가 생육하고 있는 논두렁·밭두렁
- 입목·대나무가 생육하고 있는 하천·제방·도랑 또는 연못

4. 숲, 가장 거대한 생명이 사는 곳

숲을 가장 간단히 정의하면 나무가 무리지어 사는 곳이다. 좀 더 구체적으로 정의하면, 숲은 나무를 비롯하여 나비와 벌 등 곤충이며 새, 길짐승 등 다양한 생물들이 모여 사는 곳이다. 숲을 구성하는 생물 중에서도 가장 중요

한 생물을 고르라면 물론 나무이다. 나무는 무엇인가?

이 질문에 대한 답은 다음 질문에 들어있다.

세상에서 단일 생명체로서 가장 키가 크고, 가장 몸집이 크며, 가장 오래 사는 생명체는?

이 질문에 대한 답을 모르더라도 그 대상만으로도 그것은 이미 지구상에 존재하는 생명 중의 생명이다.

답은 물론 나무이다. 고래도, 코끼리도 아니며 공룡도 아닌 나무이다. 나무는 세상에서 가장 키가 크고, 가장 몸집이 크며, 가장 오래 사는 생명이다. 아래에서 하나하나 살펴본다.

역사적으로 알려진 키가 가장 컸던 나무는 1885년 호주의 바우바우산에 살던 유칼리 나무로 143m였다고 한다. 현재 살아있는 나무는 침엽수로 캘리포니아 레드우드 국립공원의 세쿼이아(Sequoia)로 키가 약 115m 이상이다. 활엽수로 가장 키가 큰 나무는 호주의 태즈마니아 섬 리드 산(Mt. Read)에 있는 유칼리나무로 추측하는데 키가 약 95m 이상이다.

최대의 몸집을 지닌 나무는 미국의 캘리포니아주 세쿼이아 국립공원에 있는 자이언트 세쿼이아(giant sequoia), 일명 제너럴 셔먼이라는 별명을 가진 세쿼이아 나무이다. 키가 84m나 되고 가슴높이 지름은 11m, 둘레는 31m나 되며, 나이가 약 3,000살에 달하고, 나무 껍질 두께만도 61cm나 된다. 뿌리를 포함한 무게는 무려 약 2,000톤이며, 50억 개의 성냥개비를 만들 수 있는 부피를 가지고 있다고 한다.

제일 오래 산 나무는 무엇일까? 캘리포니아에 있는 붉은 해안나무라 불리는 에온나무는 1977년에 죽은 것으로 알려지는데 약 6,200년을 살았으며 당시의 키는 76m 정도였다고 한다. 현재 살아있는 나무로는 미국 화이트 산(Mt. White)에 있는 브리슬 콘 소나무(Bristle cone pine)로 나이는 약 5000 살 정도로 추측한다.[15]

---

15) 세계에서 큰 나무들에 관한 자료는 아래 문헌을 참고함.

평면적이 가장 넓은 나무는 인도의 캘커타 식물관에 있는 반얀나무로 알려져 있다. 나이는 약 220살 이상인데, 표면적이 12,000m²으로 약 4,000평에 달하는 땅을 덮고 있는 생명체이다. 그 밖에, 둘레 길이가 가장 긴 나무는 약 58m의 둘레를 지닌 유럽밤나무로 이탈리아 에트나산에 있다고 한다. 가장 빨리 자라는 나무는 말레이시아 열대우림에 있는 팔커타라는 나무로 13개월 동안 약 10.7m(한 달에 약 82cm)나 자란다. 가장 더디게 자라는 나무는 어느 정도일까? 멕시코의 디운에둘이라는 나무는 연평균 0.76mm를 자라는데 이 정도의 속도라면 10cm를 자라려면 130년 이상을 기다려야 한다.

나무는 단일 생명체로 세상에서 가장 몸집이 크고, 가장 키가 크며, 가장 오래 사는 생명체이다. 신체 조건으로 나무가 세상에서 제일 으뜸가는 생명이다. 따라서 숲을 가장 간단히 정의하면, 세상에서 제일 으뜸가는 생명체인 나무로 이뤄진 곳이다. 또한, 숲은 세상에서 키가 가장 크고, 몸집이 가장 크며, 나이가 가장 많고 가장 오래 사는 생명체인 나무로 이뤄진 곳이다. 제1장에서 석탄기의 숲이 지름이 1m, 키가 30~50m나 자라는 대형 양치식물들로 이뤄졌다고 소개했는데, 현세의 숲에는 이들보다 훨씬 큰 나무들이 자라고 있다. 숲은 지구상에서 가장 거대한 생명체가 사는 곳이다. 이런 생명체로 이뤄진 공간이 숲이라면 숲을 달리 정의할 수 없을까? 제12장, 제13장에서 나무와 숲이 무엇을 의미하는지 다시 살펴본다.

전영우, 1994, 붉은 나무들의 왕국: 지구상에 존재하는 가장 거대한 생명체를 찾아서: 세콰이어 국립공원. 숲과문화 3(4): 28~37쪽.
전영우, 1994, 붉은 나무들의 왕국(2): 지구상에 존재하는 가장 거대한 생명체를 찾아서: 레드우드 주립 및 국립공원. 숲과문화 3(5): 19~27쪽.
김기원, 2007, 산림미학시론. 서울: 국민대학교 출판부. 117~121쪽.
기타 문헌: 기네스북.

그림 2-1. 지구상에서 둘째로 키 큰 생명체의 하나인 세콰이아(coastal red wood) (오른쪽에서 두 번째 나무- 약 112m). 이 나무는 2003년까지 살아있는 나무 중 지구상에서 가장 키가 큰 나무였지만 이듬해부터 공원 안의 다른 나무(Hyperion, 115.5m)에 1위 자리를 넘겨주었다. 아래 가운데 사람이 서 있다.
(미국 캘리포니아주 Red Wood 국립공원 안의 Tall Tree Grove)

그림 2-2. 지구상에서 가장 몸집이 큰 생명체-Red wood.
가슴높이 지름 약 11m, 체중 약 2000톤, 키 약 84m, 나이
약 3000살인데 셔먼 장군(General Sherman)이라는 별명
이 붙어있다.(미국 캘리포니아주 Sequoia 국립공원)
(배상원 박사 제공).

그림 2-3. 지구상에서 최고로 장수하는 생명체-Bristle cone pine(강모 구과 소나무). 셀 수 있는 나이테 4,500~4,600개, 셀 수 없는 나이테가 수백 개에 달하는 소나무로 잎이 5개 달려있고 솔방울의 비늘(인편)에 달린 털이 억세어서 브리슬 콘 파인이라는 이름이 붙어 있다(미국 캘리포니아 주 Mt. White 3000m 이상의 고지에 살고 있다).

그림 2-4. 지구상에서 키가 크고 몸집이 큰 활엽수-Eucalyptus(유칼리나무). 이 나무들은 호주 태즈마니아 섬에 있는 유칼리나무로 왼쪽 나무는 활엽수 중 두 번째로 키 큰 나무(91m)이고, 오른쪽 나무는 활엽수 중 몸집이 제일 큰 나무이다. 재적(材積) 약 368m^3.

제2부

한민족과 국토

민족과 국토는 국가의 구성요소로서 제1부 '탄생' 이후 한민족과 한반도의 형성과정에서 숲과의 인연에 대해 다룬다. 한민족의 기원과 형성, 백의민족의 유래를 추적하여 숲과의 관계를 구명한다. 한민족은 숲의 후예이다. 한반도의 지질적 지형적 지리적 형성과정, 숲이 분포하는 과정과 백두산과 금강산, 금수강산의 아름다움을 설명한다.

한민족의 형성과 숲

1. 신화의 탄생과 나무의 역할

가. 신화의 탄생과정

제3장은 한민족이 형성되는 과정에서 숲이 어떤 인연을 맺고 있는가를 추적한 것이다. 이를 위해 건국 신화와 숲의 관계, 한민족의 민족정신 형성과정에서 숲과의 인연을 추적한다.

대폭발(big bang)은 우주 삼라만상의 기원이며 숲의 시작이었다. 138억 년의 시간이 흐르고 지평선 460억 광년의 공간으로 확장되는 동안 지구는 숲으로 완성되었다. 이윽고 해와 달과 별, 바람과 구름, 비와 눈, 이슬과 서리, 산과 강, 능선과 골짜기, 나무와 풀과 꽃을 볼 수 있는 숲에 인간의 조상이 태어난다.

원시인류가 숲에 나타났을 때 그의 눈에 비춰진 세상의 광경은 어땠을까? 자연의 진기한 풍경 속에서 생활했겠지만, 때로는 위협적인 현상들에 대해서 궁금증이 생기고, 두려움도 생겼을 것이다. 마치 어린 아이가 태어나 눈을 떴을 때 조심스럽게 주위를 두리번거리면서 살필 때처럼 말이다. 천둥과 번개, 비바람과 불, 일월성신의 움직임은 그들의 삶 속에서 쉽게 풀 수 없는 예사롭지 않은 일이었을 것이다. 하늘로 치솟은 거대한 나무와 검푸른 숲의 존재는 또 그들에게 위협적이지 않았을까? 자기와 비슷한 모습의 존재들이 새로 태어나고, 동료들의 예기치 않은 죽음을 목격하면서부터 이제 그들은 자신의 힘으로 제어할 수 없는 어떤 신성한 존재가 있다는 것에 대해서 자각하기 시작하였을 것이다.

자연에 대한 외경(畏敬)의 마음이 일기 시작하는 것은 신의 존재를 의식하는 출발점이다. 신은 자연계에서 일어나는 모든 것을 관장하는 초자연적인 존재이며, 신화는 신이나 초자연적인 능력을 가진 신성한 존재에 관한 이야기이다.

세상에는 무수히 많은 신화가 있다. 읽을수록 재미있고 흥미진진해지는 이야기이다. 그런데 이런 이야기는 어디서 출발한 것일까? 신성성이 있고 허구에 가까운 내용도 있지만 때로는 그 나름의 진실성이 있어 보이기도 한다. 그래서 갖게 되는 궁금증은 과연 신화는 근거가 있는 것인지, 아니면 단지 인간의 상상으로 그려낸 것인지에 대한 것이다. 신화가 탄생한 배경에 대해서 학자들이 주장한 내용을 네 가지로 정리할 수 있다.

첫째, 성서설이다. 신화 이야기는 위장되기는 했지만 모두 성서에 나오는 이야기로부터 유래했다는 설명이다. 둘째, 역사설이다. 신화에 나오는 주인공이나 등장인물들은 실존한 인물인데 덧붙여지고 과장되게 꾸며져 신화로 변모하게 되었다는 주장이다. 셋째, 우화설이다. 고대의 신화들은 상상적이고 우화적이라는 것이다. 즉, 우화의 형식을 빌어 도덕적 종교적 사실을 포함하고 있었는데, 시간이 흐르면서 문자 그대로 이해하게 되었다는 주장이다. 넷째, 자연현상설이다. 자연을 구성하는 물, 공기, 불 등 원소들은 숭배의 대상이었는데 이것들을 의인화한 이야기가 신화가 되었다는 주장이다. 물론 어느 한 신화라 할지라도 탄생과정이 이들 네 가지 중 하나의 학설에만 꼭 들어맞는다고 할 수 없는 것이고 상호 복합적으로 결합하여 탄생한 것이라고 봄이 타당할 듯하다(최혁순, 1992).

나. 신화의 갈래와 건국신화

신화란 신성한 이야기이다. 신 또는 신적인 존재에 관한 이야기이기 때문에 신성하다. 그래서 신화는 신성성이 생명이며 신화에서 신성성이나 신비로움, 신령함 등이 사라지면 신화로서의 가치를 잃고 말며 이미 신화가 아니다. 신화는 세상 사람들이 현실 세계에서 인간이 지닌 지식으로는 알 수 없는 가장 궁금한 것에 대해 집중하는 경향이 있다. 그 중에서 가장 신화다운 것은 바로 세상의 시작, 즉, 천지창조와 세상의 종말과 사후세계에 대한 것이다. 이러한 것을 다루는 신화는 인간 탄생 이전의 신의 탄생, 최초의 인류, 또는 최초의 남자와 여자, 천국과 지옥 등을 이야기하며 영웅을 등장시킨다.

신화는 전 세계의 모든 문화에 등장한다. 신화는 그 내용면에서 크게 삶과 죽음에 관한 중요한 문제를 다룬 신성한 이야기다(김정희, 2009). 또한, 가장 근본적이고 심오한 이슈, 우주와 인류의 창조, 신과 정령들의 본성, 사후세계, 세계의 종말 등을 다룬다. 신화는 사랑과 질투, 전쟁과 평화, 선과 악에 대해서 생각한다. 이런 것을 다룰 때 잊기 힘든 장면이나 깊은 감정을 건드리는 개념을 써서 중요한 이슈들을 탐구하며 그래서 매혹적이다(김병화, 2010).

신화는 그 신화를 신성하다고 생각하는 집단의 것이다. 그 집단을 벗어나면 대개는 힘을 잃는 경우가 많다. 단군신화는 우리나라에서 큰 힘을 가지고 있지 다른 나라에 가면 신화로서의 동력을 잃고 만다. 이러한 맥락에서 신화는 신화를 공유하는 사람들(집단, 사회) 사이에서는 그 나름대로 긍지를 지니게 되고, 신화적 틀 속에서 정신적으로 심리적으로 어느 정도 삶이 통제되고 있다고 본다.

세계 각국, 또는 각국의 민족문화는 사실 신화로부터 시작되는 보편적인 공통점을 지니고 있다. 천지창조 신화, 또는 창세신화나 건국신화가 그 나라나 지역에 있어서 문명과 문화, 종교의 시작이기 때문이다. 신화는 신성성이 생명인데 신성성이 미치는 범위에 따라서 창세신화(천지창조 신화), 건국신화(민족신화), 성씨신화(시조신화), 지역신화(마을신화, 부락신화), 기타신화 등으로 구분할 수 있다.

하늘과 땅을 만들어 세상을 창조하는 창세신화는 세상을 창조하는데 관여하는 신들의 이야기를 다룬 것이다. 우주적 범위를 다룬다. 신성성이 가장 확대될 수 있으나 대개 창세신화는 특정 종교를 말하거나, 해당 국가나 지역에서 국가나 민족신화를 이야기할 때 함께 다뤄지기도 한다.

건국신화는 국가와 민족을 창조하는 신에 관한 내용으로 이뤄진 신화이다. 신성성이 해당 국가의 지리적인 범위에 미치며 민족으로 하여금 자긍심을 갖게 하고 국민성이나 문화예술적 특성을 부여하기도 한다.

성씨신화는 특정 성씨의 탄생에 관한 신화로서 시조신화를 말한다. 신성성은 성씨에 국한한다.

지역신화는 신성성이 지역이나 마을의 공간 범위에 한정된다. 성황당이나 산신각에 신을 모시고 숭배하는 모습을 보인다.

한 나라의 탄생과 관련해서 세계 여러 곳에는 예외 없이 신화나 전설 같은 것이 존재해 왔다. 한 나라의 건국 과정이 신화 속에서 이해되고 있는 것은 그 나라의 건국이 쉽게 이뤄졌다거나 일반적인 과정 속에서 이뤄진 것이 아니라는 점을 강조하기 위함일 것이다. 즉, 건국신화는 한 국가나 민족의 탄생과정이 자연스럽게 형성되거나 인간에 의해 이룩된 것이 아니고 평범하지 않고 비범하고 신비롭고 신령하게 등장했음을 강조한다. 이렇게 함으로써 그 나름 신성성을 갖게 하고, 국가나 민족에게는 자긍심을 지닐 수 있게 한다. 신비로움 속에서 건국된 것을 알림으로써 국민에게 민족적 자긍심을 고취할 뿐만 아니라 오랜 역사와 전통이 있는 국가라는 것을 알리기도 한다. 또한 자기 나라가 우주와 세계의 중심이라는 점을 강조하고자 하는 속뜻도 담겨있다고 본다.

다. 신화에서 나무의 역할 : 신의 거처, 신의 창조세계

나무와 숲과 관련된 신화에 등장하는 요소들 중에는 나무와 숲의 운명과 함께 하는 것들이 있다. 드리아스 혹은 드리아드(Dryad)는 나무의 요정(妖精)인 님프(Nymph)로 나무와 더불어 태어나고 나무와 더불어 운명을 함께 한다고 전해진다. 원래 이 단어는 'Dry'와 '-as'의 합성어인 Dryades의 축소형인데 Dry는 tree 혹은 oak의 뜻을 나타내고, -as는 여성형 어미이다. 숲의 신들은 그래서 참나무와 관련이 많다.

하마드리아스(Hamadryad)란 특정한 나무의 요정으로 드리아스와 같이 나무와 생사고락을 함께 한다고 전해진다. 즉, 어미 'Hama-'는 'together with'를 'Dryad'는 앞에 기술한 바와 같다.

님프(Nymph)는 그리스 신화에 나오는 神들 중 비교적 하급에 속하는 신이다. 바다·강·숲·나무·산·목장 등지에 사는 아름다운 아가씨로 여겨졌고, 또 종종 상급신을 섬기는 존재로 기술되고 있다. 동의어로 Dryad나 Hamadryad가 쓰이며 우리말로는 요정으로 번역한다.

신화에서 이처럼 나무는 신의 거처이자 신의 삶터이며, 창세와 창조, 세상의 비밀을 간직한 장소로서 역할을 한다. 특정한 나무는 우주와 세상의 한 가운데 서 있어 우주와 세상을 다스리는 우주수와 세계수의 역할도 하며, 인간을 비롯하여 세상의 생명이 태어나는 생명나무, 지혜를 주는 지혜나무로서 역할을 한다.[1]

---

1) 세계 각국과 우리나라 각 시대의 건국신화에 관한 자세한 내용은 다음을 참고하기 바람.
   숲과문화연구회, 2014, 국가의 건립과 산림문화. 산림문화대계2. 서울: 숲과문화연구회. 285쪽.

2. 한민족의 건국신화

우리나라 건국신화는 단군신화를 일컫는다. 우리나라에서 단군에 관한 최고의 문헌은 1281년(충렬왕 7년)에 편찬된 일연(1206~1289)의 『삼국유사(三國遺事)』와 1287년(충렬왕 13년)에 출간한 이승휴(1224~1300)의 『제왕운기(帝王韻紀)』이다. 이승휴의 『제왕운기』보다 일찍 편찬된 『삼국유사』(김원중역, 2007)의 단군신화의 내용을 국역한 그대로 아래에 옮겨 적는다.

"옛날 환인(桓因)의 서자 환웅(桓雄)이 자주 천하에 뜻을 두고 인간 세상을 탐내어 구했다. 아버지가 아들의 뜻을 알고 삼위태백(三危太伯)을 내려다보니 인간을 널리 이롭게 할 만하여 환웅에게 천부인(天符印) 세 개를 주어 즉시 내려보내 인간 세상을 다스리게 하였다.

환웅이 (다스리는 데 필요한) 무리 3000명을 거느리고 태백산(太白山) 꼭대기 신단수(神壇樹) 아래로 내려왔다. 이곳을 신시(神市)라 하고 이분을 환웅천왕이라고 한다. 환웅천왕은 풍백(風伯)과 우사(雨師)와 운사(雲師)를 거느리고 곡식, 생명, 질병, 형벌, 선악 등 인간 세상의 360여 가지 일을 주관하여 세상을 다스리고 교화했다.

그 당시 곰 한 마리와 호랑이 한 마리가 같은 굴속에 살고 있었는데, 환웅에게 사람이 되게 해 달라고 항상 기원했다.

이때 환웅이 신령스러운 쑥 한 다발과 마늘 스무 개를 주면서 말했다. '너희가 이것을 먹되, 백 일 동안 빛을 보지 않으면 사람의 형상을 얻으리라.'

곰과 호랑이는 쑥과 마늘을 받아먹으면서 삼칠일(三七日, 21일) 동안 금기했는데, (금기를 잘 지킨) 곰은 여자의 몸이 되었지만, 금기를 지키지 못한 호랑이는 사람의 몸이 되지 못했다.

곰으로부터 여자로 변한 웅녀(熊女)는 혼인할 상대가 없어 매일 신단수 아래에서 아이를 갖게 해 달라고 빌었다.

환웅이 잠시 사람으로 변해 웅녀와 혼인하여 아들을 낳았으니 단군왕검이라 불렀다.

단군왕검은 당요(唐堯)가 즉위한 지 50년이 되는 경인년(庚寅年)에 평양성(平壤城)에 도읍을 정하고 비로소 조선이라 불렀다.

다시 도읍을 백악산 아사달로 옮겼는데, 그곳을 궁홀산(弓忽山) 또는 금미달(今彌達)이라고 부르기도 한다. 그는 1500년 동안 백악산에서 나라를 다스렸다. 주(周)나라 무왕(武王)이 즉위하던 기묘년에 기자(箕子)를 조선에 봉했다. 그래서 단군은 장당경(藏唐京)으로 옮겼다가 그 후 아사달로 돌아와 숨어살면서 산신이 되었는데 이때 나이가 1908세였다."

세계 여러 나라의 건국신화나 창세신화의 사례에서 거의 공통적으로 나무가 등장하고 있음을 볼 수 있듯이, 우리나라 건국신화인 단군신화에서도 신령한 나무의 등장을 확인할 수 있다. 신단수라는 명칭과 단군의 명칭을 통해서 나무가 등장하고 있음을 알 수 있게 한다. 신단수는 한자 표기로 神壇樹 또는 神檀樹로 표기하지만, 단군은 檀君으로 표기한다. 壇이든 檀이든 신단수는 나무이며, 단군의 명칭도 나무(박달나무 단)의 의미를 담고 있다. 이를 통해서 우리나라의 건국신화도 세계의 많은 나라들처럼 신령한 나무와 깊이 관련되어 있다는 것을 확인할 수 있다.

단군신화를 통해서 확인해야 할 사항은 우리나라의 건국이 이뤄졌다는 것이고, 환웅과 웅녀의 혼인으로 태어난 단군이라는 시조의 탄생, 건국의 장소 등이다. 이러한 내용들은 모두 한민족의 형성과 탄생지와 관련되는 것이기에 관심을 가져야 한다. 이에 대해서는 다음 제3절 '한민족의 형성'에서 자세하게 다뤄진다.

3. 한민족의 형성과정과 숲

가. 우리 민족의 별칭, 백의민족

식물이 강수량과 온도에 따라 삶의 터전을 정하여 살아간다면 인간은 식물이 그렇게 자리 잡은 환경에서 여러 영향을 주고받으며 적응하여 살아간다. 제1장에서 확인했듯이 산림은 식물이 마련한 생명의 보금자리이기에 인류의 조상도 그렇게 숲에서 삶을 시작하였다. 숲은 인간의 삶을 보호하고 이끌며, 인간은 숲의 영향을 받아 삶을 개척하고 문화를 창조하고 계승발전시켜 왔다. 이 장은 백의민족이라 부르는 우리 민족의 흰옷 입는 풍속을 하얀빛의 신령한 나무로 숭배해 온 자작나무에서 찾아 나무와 숲이 한민족의 삶에 끼친 영향을 찾아 본 것이다. 이를 위해 우선 우리 민족을 부르는 호칭들을 살펴보고, 한민족의 여러 시원을 찾아 공통점을 모색하였다. 이어서 백의민족의 배경이 되는 요소들을 살펴 관련성을 추적하였다.

우리 민족을 일컬을 때 한민족 이외에도 홍익인간, 기마민족, 북방민족, 백의민족이란 단어를 쓴다. 민족이란 사전적으로 '한 지역에서 태어나 생활하면서 언어, 습관, 문화, 역사 등을 함께하는 인간 집단'을 일컫는데 무엇보다도 언어를 모국어로 쓰고 문화를 공유하는 사람들을 한 민족이라고 부를 수 있다. 이들 용어에 대해 간단히 살펴본다.

- 한민족(韓民族)이란 한국어를 모국어로 쓰고 한국의 전통문화를 지니고 국내외에 살고있는 민족을 말한다라면 공감할 수 있겠다. 그런데 한국어를 모국어로 쓰는 사람을 한민족이라고 한다면 한글을 쓰는 사람이니 세종대왕 때부터 살아온 사람을 한민족이라고 말할 수 없다. 또 우리 민족, 즉 한민족을 단일민족이라고 하지만 처음부터 단일민족은 아니었다고 주장하기도 한다. 고고학상에서 대체로 공통된 의견을 따르면, 한반도에서 신석기시대 선주민(先住民)은 유문토기를 사용하

던 어획민이었고, 그 뒤에 무문토기를 사용하던 농경민이 들어와 점차 선주민을 동화 혹은 구축하였다고 하며, 이들 농경민이 오늘의 한민족 이라고 한다(천관우, 1977). 이들은 모두 북방민족과 연결되어 있다. 그래서 한민족은 한반도에 살던 여러 민족들이 장기간에 걸친 문화접 변(acculturation)을 통해 단일민족으로 발전한 것이다(이전, 2004). 그 렇다면 한반도 최초의 통일된 국가를 이룬 통일신라부터 한민족이라고 할 수 있을까? 그때는 동일문화와 동일언어를 썼을까? 여러 가지 의문이 남는다. 한민족에 대해 공감할 수 있는 정의는 '퉁구스 계의 몽고 종족으 로 한반도를 중심으로 남만주 일부와 제주도 등의 부속된 섬에 거주하 는 단일 민족이다'(이만갑, 1997). 그런데 현재 한반도에 살고 있는 한민족은 처음부터 이곳에서 살아온 것이 아니므로 이동해온 과정을 살펴봐야 한다. 이에 대한 논의는 뒤에 '한민족의 시원'에서 살펴보기로 한다.

• 홍익인간(弘益人間)은 단군(檀君)의 건국이념으로 '널리 인간 세계를 이롭게 함'이라는 의미로 대한민국 교육기본법의 제2조에 교육이념의 근간으로 삼고 있다. 즉, '교육은 홍익인간의 이념 아래 모든 국민으로 하여금 인격을 도야하고 자주적 생활능력과 민주시민으로서 필요한 자질을 갖추게 함으로써 인간다운 삶을 영위하게 하고 민주국가의 발전 과 인류공영의 이상을 실현하는 데에 이바지하게 함을 목적으로 한다' (교육기본법 제2조)라고 규정하고 있다. 앞서 소개하였듯이 단군신화에 따르면, 환인(桓因)이 천하에 뜻을 두고 인간 세상을 탐구(貪求)하는 아들 환웅(桓雄)에게 말하길, '지상의 삼위태백에 내려가 인간을 크게 이롭게 할지어다'(下至三危太白 弘益人間歟)라 하였다. 천제인 아버지 환인이 천하를 두루 간파하고 아들에게 내린 교지(敎旨)가 곧 나라와 백성을 다스리는 이념이 되었고 그것이 오늘날 대한민국 성문(成文) 교육기본법에 한민족의 교육이념으로 규정되어 실행되고 있다. 또, 미래

사회에서는 홍익인간 이념이 개인에게 기본정서가 되고, 사회구성원 간에는 소통문화가 되며, 국가적으로는 한국의 중심 가치로 부활하는 토양이 될 것으로 기대하기도 한다(박진규, 2019).

• 기마민족(騎馬民族)과 북방민족이라는 말로 표현하는 것은 한민족이 원래 말을 타며 살던 북방지역에서 살다가 이동하여 한반도에 살게 되었다 라고 하는 데서 생겨난 말이다. 한국 상고사(上古史) 전문 사학자 인 김정배(1977)의 기마민족설과 관련한 연구를 살펴볼 필요가 있다. 그는 문헌과 유물, 특히 토광묘(土壙墓)을 통하여 차마구(車馬具)가 주로 (한강) 북쪽지방에 분포하여 한국사에서 기마민족을 한반도 전체를 지목하여 표현하는 것은 무리라고 본다. 오히려 원래 한반도에 살던 한민족의 上代 住民은 기마민족이 아니라 농경민이었기에 특히 삼국시 대의 기마민족설은 잘못이고 그것은 군사제도(기마병)의 입장에서 검토 되어야 바람직하다고 보고 있다. 더불어 위만조선, 부여, 고구려, 특히 부여에서는 명마(名馬) 산출이라는 표현이 있을 정도로 기마(騎馬)에 관한 적극적인 표현이 있으며, 한무제에 의한 위만조선의 멸망으로 흩어 진 유민(遺民)이 익산과 경상도로 흩어져 내려오면서 기마민족의 흔적 을 남겼을 것으로 유추하는 듯한 늬앙스를 남기고 있다. 하지만, 한민족 최초의 고대국가 고조선은 기마문화와 농경문화의 복합체로 규정하며 원래 기마민족임을 밝히고 있기도 하다(신용하, 2012). 그런 흔적들은 삼국시대 특히 경주 천마총의 장니에 그려진 천마(天馬)나 그 화구(畵 具), 수지형(樹枝形) 금관의 유래를 통해서도 알 수 있게 한다(김병모, 1998; 전영우, 1999; 2005).

또한, 기마민족이 어느 지역과 연관이 되는가를 문화사의 배경에서 검토 하면 스키티안(Scythians) 문화와 연결이 가능할 것으로도 보고 있다. 기마민족에 대한 흔적은 주로 한강 북쪽을 중심으로 많이 분포하기에 한민족 전체를 기마민족이라고 표현하는 것은 다소 무리라는 의견이지만 1973년 경주 155호 고분(천마총, 6세기 초)에서 발견된 기마의 흔적을 놓고 볼 때 재고의 필요성도 있지 않을까 생각한다. 물론 일반인이 일상에서 말을 많이 이용했다는 흔적은 없다. 또한 우리 민족인 한민족이 일본을 정복했다는 '기마민족설'도 존재하고(이기동, 1995), 기마민족인 부여-가야족이 배에 말을 싣고 일본으로 건너가 일본을 정복했다는 연구도 존재하고 있어 한민족이 기마민족임을 뒷받침하기도 한다(김유경, 2015). 이처럼 한민족이 기마민족임을 주장하는 것은 북방 대평원에서 살다 내려온 강인하고 기상있는 민족임을 다소 긍지로 생각하는 것을 전제로 하는 것이다.

- 백의민족은 흰옷을 즐겨 입는 우리 민족의 풍속을 나타내는 대표적인 용어이다. 백의호상(白衣好尙)은 매우 깊고 오랜 기간 동안 유지되어온 전통풍습이었다. 고려시대, 조선시대의 민화나 문인화에 등장하는 인물들은 선비, 평민, 어른, 아이 구분 없이 거의 흰옷을 입고 있음을 볼 수 있다. 또한, 최남선(崔南善, 1890~1957)이 밝힌 것처럼, "조선민족이 白衣를 숭상함은 아득한 옛날부터로 언제부터인지 말할 수가 없으되 수 천 년 전의 부여인부터 그 뒤를 이어 신라, 고려, 조선의 모든 왕대에서 흰옷을 입었다고 중국인들의 기록에 있다"(서봉하, 2014). 조선시대나 일제 강점기에 몇 차례 백의착용 금지령이 내려지기도 하였으나 이러한 조상대대로 전해진 전통으로 인하여 항의하는 일도 있을 정도로 한민족은 흰옷을 숭상한 백의민족이다. 19세기 중반에서 20세기 중반까지 한국을 방문했던 프랑스인들이 써놓은 글을 보면 머리를 제외하고 목에서부터 발끝까지 하얗게 옷을 입은 사람들에 대해 언급하고 있다고 한다. 앙구스 해밀톤(Hamilton, Angus) 같은 이는 "흰 바지에 흰 신발을 신은 느린 걸음걸이의 백의민족은 많은 주의를 끌게 한다"라고 하였는데, 이런 모습으로 한민족을 '유령민족'이라든가 '흰색왕국'이라고 표현하는 것은 놀라운 것이 아니라고 하였다(비데, 2007).

하지만, 1970~80년의 급격한 산업화, 특히 의류와 신발산업의 비약적인 발전으로 현대에 들어와서는 특별한 행사 이외에는 일상에서 흰옷을 집단으로 입는 현상을 찾아보기 힘들 정도로 거의 자취를 감추고 말았다. 다른 한편으로, 한민족이 백색 일색으로 옷을 입은 것은 아니다. 조선시대만 하더라도 흰옷 이외에 우리 민족이 즐겨 입었던 옷은 여러 가지 문양과 화려한 수가 놓인 의복이 있었다. 혼례식 때 입었던 활옷은 화려한 화관과 꽃무늬 옷이었고, 가장 입고 싶어했던 옷 역시 다홍빛 치마와 연분홍 저고리였다(한은영, 2005). 그런데도 한민족은 여전히 백의민족이라는 생각을 지니고 있으며 때로는 그것을 마음속에 긍지로 여기기도 한다. 궁금한 것은 언제부터 한민족이 흰옷을 입기 시작하였으며, 어떻게 해서 흰옷을 입게 되었는가? 흰옷을 입게 하는 데에 영향을 준 것은 무엇이며 왜 흰옷을 입었는가 등이다.

이 글은 인간의 삶은 환경의 영향을 벗어날 수 없으며, 환경으로부터 자극을 받고, 오히려 환경에 순응한다라는 환경결정주의(Environmental determinism)에 입각하여 특별히 한민족에게 백의호상이라는 굳건한 풍속이 고착화되어 가는 데에 어떤 환경적인 요소가 영향을 주어왔는가에 궁금증을 가지고 추적한 것이다. 더 나아가, 백의호상이 환경의 영향을 받아 나타난 현상이라면, 자연환경에서 백의와 관련된 가장 강렬하고도 대표적인 요소들을 떠올려볼 수 있다. 숲을 온통 흰빛으로 물들이는 흰눈(白雪), 그것으로 뒤덮인 산악, 자작나무가 그러한 역할을 한 것은 아닐까 하는 호기심으로 상호 연관성을 구명해보고자 한다. 이를 위해 먼저 한민족이 어디서부터 삶을 시작했는지 시원(始原)을 알아보고, 이어서 시원 일대의 자연 생태적 특징이라든가 민속생활의 특징을 추적하여 백의민족의 숲과의 관련성을 찾아보고자 한다.

나. 한민족의 시원과 공통점

1) 한민족 시원의 갈래

백의호상이 환경적인 영향을 받았다고 가정한다면 한민족이 살아온 환경을 살펴야 한다. 말하자면 한민족의 시원이 어디인가부터 찾아야 한다. 한민족의 시원에 대해서 우선 인종학적 측면, 언어학적 측면에서 살펴보고, 한민족의 시원과 바이칼, 복식 문화적 측면에서 의견을 검토하였다. 신화적 무속적 관점에서 다루는 시원은 내용상 의미가 있다고 보고 절을 구분하여 정리한다.

가) 인종 계통학적 시원

몽고종 → 시베리아 → 옛시베리아 → 알타이족(알타이산지,
바이칼호) → 중앙아시아 → 몽고 → 중국서남부 → 한민족

앞서 우리 민족의 여러 호칭 중 한민족에 대한 설명에서 한민족의 선주민은 유문토기를 사용한 어획민이고 후에는 무문토기를 사용하던 농경민이 들어와 한민족으로 이어졌다고 약술하였다. 그런데 이들 선주민인 유문토기인의 문화는 시베리아 방면으로 연결되어 古아시아족 또는 古시베리아족이며, 후에 들어온 무문토기인은 알타이족 내지 퉁구스족이라는 견해가 지배적이다(천관우, 1977). 이 내용을 인종적 언어적 측면에서 관찰하여 정리한다.

인종 계통학적으로 살펴보면 한민족의 위치를 일목요연하게 알 수 있다. 인류는 피부색, 두상, 머리칼색과 조직 등 형질적 특성에 따라 몽고종, 코카서스종, 니그로종 등 3인종으로 구분한다. 한민족은 몽고종으로 제4빙하기(구석기시대 후기)에 시베리아의 추운지방에서 출현하였다. 몽고종은 다시 옛(古)시베리아족 또는 옛(古)아시아족·옛몽고족과 새시베리아족 또는 새몽

고족의 두 그룹으로 나뉜다. 옛시베리아족이나 새시베리아족 모두 몽고종의 형질적 특성을 가지고 있지만, 부족의 이동에 따라 새 지역의 환경에 따른 형질적·문화적 차이가 생겼기에 언어의 차이가 두드러지게 나타난다. 현재 시베리아에 살고 있는 옛시베리아족의 한 갈래가 베링해를 건너 아메리카 인디언의 조상이 되었고, 다른 한 갈래는 북해도와 사할린으로 이동하여 아이누족의 조상이 되었다(이만갑, 1997).

한민족은 또한 황인종으로 원래 우랄산맥 이남, 카스피해 동쪽, 천산산맥의 북쪽과 알타이산맥의 서쪽에 위치한 중앙아시아(Uzbek, Kazkh) 지방에 원주거지를 갖고 있었다고 여겨지는 알타이 계통의 북방민족(유목민족) 중에서 구석기시대 말기에 동쪽(몽고)으로 이동해온 일파에 속한다고 본다(이기을, 1992).

제4빙하기 후기에 기온이 상승하자 옛시베리아족이 시베리아의 동쪽과 남쪽으로 이동하였는데, 그 시기는 고고학적으로 후기구석기시대와 신석기시대에 해당한다. 이들 뒤를 이어 알타이 산지와 바이칼 호수의 남쪽지대에 살고 있던 알타이족이 남쪽으로 이동한 것으로 짐작하고 있다. 이들은 유목(遊牧)·기마(騎馬) 민족이었으므로 초원지대를 용이하게 이동하여 초원의 한계인 서쪽으로 카스피해, 남쪽으로 중앙아시아와 몽고를 지나 중국 장성(長城)까지, 남동쪽으로 흑룡강 유역과 만주 북부까지 이동하였다. 한민족은 남하하는 과정에서 일찍부터 알타이족에서 갈라져 만주 서남부에 정착하였다. 여기서 하나의 민족단위를 형성하였는데 주(周)나라 초기부터 중국 문헌에 나타나는 중국 동북부의 숙신(肅愼)·조선(朝鮮)·한(韓)·예(濊)·맥(貊)·동이(東夷) 등이 바로 우리 민족을 가리킨다(이만갑, 1997). 특히, 예(濊)와 맥(貊)이 한민족의 선조이고 주류이며 고고학적으로 무문토기인인데, 이들이 정착하기 이전에 유문토기를 남긴 古아시아족이 신석기문화를 남겼으며 이들이 한민족의 선주민이다(강진철 등, 1975).

나) 언어학적 시원

알타이어족(터키족·몽고족·퉁구스족) → 몽고어군 → 내·
외몽고 중심으로 동으로 북만주 → 중국 요령지방 → 한민족

언어학적으로 알타이어족이라는 명칭은 이들 언어를 사용하던 민족이 분열하기 이전의 원주거지가 예니세이강(Yenisei)과 알타이산맥 기슭이었다는 설에서 유래한 것이다. 새시베리아족은 터키족·몽고족·퉁구스족(Tungus)·사모예드족(Samoyeds)·위구르족(Uigurians)·핀족(Finns) 등으로 구분한다. 이들 중 서로 공통점이 있는 터키족·몽고족·퉁구스족의 언어를 알타이어족, 사모예드족·위구르족·핀족어는 우랄어족(Uralic Language Family)이라 한다. 한국어는 알타이어족에 속하는데 이들 언어를 사용하던 민족이 생활하던 지역을 살펴보면, 터키(족)어군은 터키공화국과 소아시아에서 소련 판도내의 볼가강유역, 중앙아시아, 중국의 서역에 걸치는 넓은 지역에 분포되어 있다. 몽고(족)어군은 내몽고·외몽고를 중심으로 동으로는 북만주로부터 서로는 멀리 볼가강유역에 이르는 광대한 지역에 분포되어 있다. 퉁그스(족)어군은 시베리아 동부, 흑룡강, 우수리강유역, 만주 등에 분포한다(김방한, 1995).

한민족이 요령지방과 한반도에 자리잡기까지 일련의 과정을 정리하면 다음과 같다; 알타이족에 의해서 중국 북부에 전파된 시베리아의 청동기문화는 만주 서남지역인 요령(遼寧)지방에서 꽃을 피웠는데 한민족의 조상들이 발달시킨 것이며 대체로 대흥안령(大興安嶺) 산맥을 경계로 중원(中原)문화와 접하였다. 요령지방의 북쪽은 산림·초원지대를 이루고, 남쪽은 여러 강의 하류지역으로 농경에 적합한 평야지대가 펼쳐져 있다. 따라서 요령지방의 주민은 본래 시베리아에서는 목축을 주로 하고 농경을 부업으로 하였지만, 요령지방에 정착한 뒤로는 그 환경에 적응하여 농경을 주로 하면서 목축을 부업으로 하는 농경문화를 발전시켰다. 이처럼 앞선 청동기문화와 농경문

화를 지닌 이들 중 한 갈래가 한반도에 이르러서는 선주민인 옛시베리아족을 정복, 동화시켜 오늘날의 한민족이 되었다. 그들은 자연환경에 따라 목축 대신 오로지 농경을 하는 민족으로 성장하였다. 이들에 의해서 여러 읍락국가(邑落國家)가 형성되고 후에 읍락국가의 연맹체를 이뤘으며, 고조선이 바로 연맹의 맹주국이 되었다. 이러한 과정을 거쳐 정치사회적 공동체를 이룩하여 하나의 민족 단위로 성립되었다.

이 같은 사실은 고고학적 유물뿐 아니라 신화·언어 등의 연구에 의해서도 증명되는데 이렇게 우리 민족이 하나의 민족 단위로 성립된 것은 요령지방에서 농경과 청동기문화를 발달시킨 때부터이다. 그것은 단군신화에서 전하는 고조선의 건국연대와 대체로 부합되는 기원전 2000년대로 볼 수 있다(이만갑, 1997). 그런데, 우리 민족이 바이칼, 몽고, 시베리아 북쪽에서 남으로 이동하여 요령지방(요동지방)에 정착하였을 때(이 민족을 貊부족이라 한다)에는 이미 그곳은 한(환웅)족이 있었으며 결국 이들 두 부족이 연맹하여 고조선을 건국하여 한민족을 이루는 것으로 주장하기도 한다(신용하, 2017).

우리 민족의 이동과 관련하여 다른 한편으로, 알타이족이 바이칼 호수에서 남하하는 과정에서 분리되어 몽고를 지나 만주 서남부 요령지방에 정착하여 한민족을 형성하게 되었다는 학설 이외에도 다른 지역으로 이동하였다는 의견도 있다. 만주를 거쳐 요령으로 이동하여 한민족을 형성한 이후, 삼국시대에 만주와 한반도 동해안에서 북쪽 아무르강으로 북상하여 한편으로 아무르강과 캄차카반도로 이동하고, 다른 한편으로 알류산열도를 건너 캐나다 지역으로 이동하여 아메리카 인디언이 되기도 하였다(손성태, 2014; 2015; 2016).

다) 한민족의 시원과 바이칼 湖

바이칼 호(湖)는 러시아의 브리야트 공화국과 이르쿠츠 주에 걸쳐 있는 호수로 동시베리아 남부에 위치한다. 세계에서 가장 깊은 내륙호이며 깊이는 1,620m, 길이 636km, 평균 너비 48km, 면적은 31,500km², 호안길이는

2,080km이다. 지구 담수의 1/5 정도를 수용하며 336개의 하천이 흘러들어온다. 호수는 5억년 이상의 지층으로 형성된 산들로 둘러싸인 와지 형태의 지형이며 높은 산은 2000m에 달한다. 호수 주변에 사화산이 있고, 호수 안에 27개의 섬이 있는데 가장 큰 섬이 알혼섬으로 면적은 448km²이다. 기후는 1, 2월 −19℃, 8월 11℃ 정도를 나타낸다(브리태니커 세계대백과사전). 바이칼의 뜻은 '풍요한 호수'의 의미이며, 이 외에도 '성스러운 바다', '시베리아 땅의 오아시스', '북아시아의 신성한 중심', '하느님의 창조물', '자연의 신성한 선물' 등 헤아릴 수 없이 많다. 1996년 유네스코의 세계문화유산으로 지정되었다(정율리아, 2011).

한민족의 시원과 관련하여 매우 뜨거운 관심을 불러일으키는 장소가 바이칼이다. 앞서 한민족의 이동 경로를 추적하면서 인종 계통적으로 알타이족인 한민족은 알타이 산지와 바이칼 호수의 남쪽지대에 살고 있던 알타이족이 남쪽으로 이동할 때 이들 알타이족으로부터 갈라져 나왔다고 하였다. 이들은 남하하면서 중앙아시아와 몽고를 지나 만주 서남부 요령지방에 정착하여 한민족의 토대를 마련하였다. 즉, 한민족이 원주민인 알타이족이 바이칼 호수에서 남하하는 과정에서 분리되었다는 사실을 근거로 바이칼 지역이 한민족의 시원으로 등장하게 된 것으로 보인다. 이것이 계기가 되어 바이칼은 문인을 비롯한 여러 부류의 사람들이 연구목적으로 탐방하는 곳이 되었을 뿐만 아니라, 바이칼이 우수한 관광 상품으로 각광받는 곳이 되었다. 학계에서는 1990년대부터 몽고와 활발하게 교류하였고 관련학회도 창립하였다(정재훈, 2019). 『소설가 김종록의 북방 탐험기 바이칼』(김종록, 2002), 『바이칼 한민족의 시원을 찾아서』(정재승, 2003), 『바이칼에서 찾는 우리 민족의 기원』(이홍규, 2005), 『바이칼 호수 인문기행』(유옥희 외, 2018), 『바이칼 민족과 홍익인간』(지승, 2018), 『바이칼 호수 앞에서』(이계향, 2016), 『희망의 발견: 시베리아의 숲에서』(임호경 역, 2012) 등의 전문서적과 기행문, 번역서, 시집을 비롯하여 「몽골지역에 전승되는 고대 한민족 관련 기원설화에 대하여」(박원길, 2013),「근현대 한국 지식인들의 바이칼 인식」(이평래, 2016) 등의 연구논문에 이르기까지 수 많은 저작들이 존재한다.

이홍규(2005)는 유전자형으로 본 이동모델과 언어분포 통합으로 볼 때 마지막 빙하기의 옛아시아족이 살던 바이칼 지역이 한민족의 기원지로 결론짓고 있다. 정율리아(2011)는 바이칼 호수에서 가장 신성한 곳은 알혼섬으로 칭기스칸의 무덤 전설이 있는 자리이며, 흔히 '바이칼의 아름다움보다 더 뛰어난 아름다움'이라 불리는 이 섬은 맨 처음 한민족이 시작된 바로 그 자리라고 구전되고 있다고 주장한다. 이러한 연유로 바이칼 주변의 브리야트족[2]은 한민족과 형제이며 매우 깊은 자애와 연민을 함께 가진 형제간이라고 부연한다. 박원길(2013)은 몽골지역에 전승되는 고대 한민족 관련 기원설화를 연구하였는데 특히 한민족과 관련된 코리족(Khori, 貊族)의 전승설화를 집중 추적하였다. 그 결과 코리족은 북방으로부터 이동하여 동몽골 지역에 머물면서 농사짓고 원주민과 결혼도 했는데 어느 때인가 동남쪽이나 남쪽으로 이동해갔으며, 이 같은 흔적은 특히 동몽골의 보르칸-칼돈山 보이르 호수 일대에 많이 남아있다고 밝히고 있다. 그는 또 최남선이 불함문화론[3]에서 주장하는 불함산(不咸山)이 몽골명으로 보르칸-칼돈山이라고 주장하면서 바이칼호 주변을 대표적인 환경으로 제시하였다. 다른 한편으로, 몽고인과 한민족에게는 바이칼 알혼섬에서부터 면면히 이어져왔던 무(巫, Shaman)의 영성, 신들림의 영성을 공유해오고 있는데, 나무 숭배의 신수신앙(神樹信仰)과 어워와 서낭당 신앙 등에서 무의 상징을 통해서 나타나고 있다고 해석한다(신은희, 2006).

한민족의 시원과 관련하여 바이칼이 주목받는 배경에 대하여 이평래는

---

2) 남시베리아의 몽골계통 언어를 사용하는 민족으로 칭기스칸 훨씬 이전부터 바이칼호 주변에 살고 있었음.

3) 최남선은「불함문화론」에서 조선 민족문화의 근원과 그 발전 맥락 및 분포 상황을 집중적으로 다루는데, '불함이란 '붉', 광명, 하늘, 천신(天神) 등을 가리키는 용어이다.「불함문화론」은 不咸山(백두산)과 단군신화를 중심으로 조선민족과 문화의 고유성을 강조하고, 동시에 불함문화가 고대 중국과 일본 및 세계 각지로 확산되었다는 가설을 담고 있다(차남희·이지은, 2014; 이진용, 2020; 전성곤, 2013). 환단고기에도 불함산이 언급되어 있으나 이곳은 백두산이 아니라 하얼빈 남쪽의 완달산(完達山)을 말한다고 한다(임승국, 2007).

위 논문에서 우리 문화의 기원에 관한 북방 인식의 추억이 깊게 배어 있음이 확인되지만 과거 우리 지식인들이 그린 북방은 참으로 애매하였다고 평가한다. 또한, 바이칼과 한국의 관련성을 확증할 수 있는 실증자료가 많지 않음에도 북방이 하필 바이칼로 변신했는가 하는 의문점에 대해서, 비록 답변할 만한 합리적 이유를 찾지 못하지만, 너무나 청정하고 너무나 장엄하고 너무나 광활한 바이칼의 신비로움에게 압도된 결과로 볼 수 있지 않을까 주장한다(이평래, 2016). 그래서 그만큼 신비로운 곳은 아닐까 생각해본다.

한편, 치아인류학적 시험을 바탕으로 체질인류학의 관점에서 한민족의 기원을 시도한 연구에서 한반도 주민은 동북아시아 집단의 치아형태학적 특징과 인도남부와 인도네시아 계통의 특징이 혼합된 구조를 나타낸다. 또, 시베리아 기원설과 관련하여 브리야트족을 비롯한 바이칼 호수 주변 자료가 한반도 주민들과의 관계가 가까운 것으로 밝혀져(방민규, 2011) 한민족의 시원으로서 바이칼은 관심의 대상이다.

라) 파미르고원

마고 → 궁희 → 유인 → 환인 → 환웅 → 단군, 또는 환인(桓因)
시대 → 동으로 한웅(환웅)시대 → 한검(환검)시대

한편, 『부도지(符都誌)』, 『환단고기(桓檀古記)』[4] 등에서는 최초의 문명 발상지로 유라시아대륙의 천산산맥 기슭을 꼽고 있다. 천산산맥의 남쪽에

---

[4] 부도지(符都誌)와 환단고기(桓檀古記): 부도지는 삼국시대 신라학자 박제상이 파미르고원으로 추정되는 마고성의 황궁씨로부터 시작한 1만 1천여 년 전의 한민족 상고사를 기록한 문헌(歷史書, 祕史)이다. 이 마고성에서 출발한 한민족은 마고·궁희·황궁·유인·환인·환웅·단군에 이르는 동안 천산·태백산과 청구를 거쳐 만주로 들어 왔으며, 이렇게 시작한 한국의 상고역사는 하늘과 함께해 온 천도적(天道的) 의미를 지닌다. 부도(符都)란 하늘의 뜻에 부합하는 나라라는 뜻으로 해석된다(이찬구, 2015). 환단고기는 안함로, 문정공 등이 펴낸 4권의 역사서로 평안북도 선천 출신의 계연수가 1911년에 『삼성기(三聖紀)』·『단군세기(檀君世紀)』·『북부여기(北夫餘紀)』·『태백일사(太白逸史)』 등 각기 다른 4권의 책을 하나로 묶은 다음 이기(李沂)의 감수를 받고 묘향산 단굴암에서 필사한 뒤 인쇄했다고 한다(이도학, 1995). 두 권 모두 祕史 내지 위서(僞書)의 논란에 있는 저술이다.

세계의 지붕이라고 부르는 파미르 고원이 있는데 이곳에서 마고 → 궁희 → 유인 → 환인 → 환웅 → 단군으로 이어지는 우리 겨레의 상고지(上古地)가 탄생하였다고 한다(정연규, 2010). 이와 유사한 주장을 김연희(2015)도 펴고 있는데 우리 민족의 뿌리를 중앙아시아의 천산을 중심으로 찾으면서 그곳에서 환인(桓因)시대가 열렸고 동쪽으로 이동하면서 한웅(桓雄), 한검(桓儉)시대가 시작되었다고 주장한다. 그는 중앙아시아와 동아시아 일대에서 일어난 인류문화의 시원으로서 문화는 결국 환(桓)이었음을 확인하였다. 이와 같은 내용은 대개 신화 내지 무속신앙의 관점에서 논술한 것이므로 '2) 신화의 관점에서 본 한민족 시원'에서 추가로 다루기로 한다.

마) 한민족 복식 문화적 측면

스키타이 지방(흑해북부) → 중앙아시아 → 남부몽고와 남부 시베리아

한민족 시원에 대해서 다룬 다른 시각은 한민족의 복식과 관련한 것이다. 즉, 한민족 복식의 역사와 관련해서 스키타이문화를 거론하는 경우를 본다. 앞절에서 기마민족을 문화사의 배경에서 검토하면 스키티안(Scythians) 문화와 연결이 가능할 것으로 보고 있다는 견해를 제시한 바 있다(김정배, 1977). 동방미디어가 제작한 '한국의 복식(고대편)' 데이터베이스(DB) 자료에는 남자의 의복(단고제), (천마총 장니, 고구려고분벽화 등에 그려진) 기마인물의 복식, 무장복식의 양상(갑주무장), 절풍모, 가야금관 등의 원류가 북방계 또는 시베리아 스키타이 계통으로 해석하고 있다. 한국복식에 대한 스키타이 복식과의 연관성을 논한 연구로 김문자(2015; 1999; 1992), 김소희·채금석(2018) 등이 있다. 이들은 스키타이와 고대 한국에 대해 독특한 미적 공감대를 갖고 있는데 이것은 그 당시 북방 유목 민족으로 스키타이와 서로 영향을 주고받은 것으로 생각되며 스키타이 양식이라고 할 만한 복식

의 특징들을 고대 한국에서 공통적으로 발견하고 있다. 하지만 장영수는 한국복식의 스키타이 원류에 대해 비판적 연구를 진행한 바 있다(장영수, 2020; 2017).

스키타이족은 사카(Saka), 사카이(Sakae), 사이(Sai, 중국어: 塞), 이스쿠자이(Iskuzai), 아스쿠자이(Askuzai)라고도 불리는, 주로 동부 이란어군을 사용한 이란계 민족에 속하는 유라시아 유목민이다. 기원전 약 9세기에서 4세기까지 중부 유라시아 스텝의 넓은 지역에서 거주했다고 전한다. 이들의 기원이 주로 이란족이라고 알고 있던 그리스의 역사가들에게 "고전 스키타이인"은 흑해 북부 지역에 있었다. 중국에서 기록된 다른 스키타이족 집단에 대한 사료는 이들이 중앙아시아에도 존재했다는 것을 보여주며 군마 전술을 익힌 이른 시기의 민족에 속한다. 말, 소, 양을 키웠고, 천막을 덮은 마차에서 살았으며 말 타고 활을 들고 싸웠던 유목 기마민족이다. 호화로운 무덤, 우수한 금속공예품, 뛰어난 미술 양식으로 특정 지어지는 풍부한 문화를 발전시켰다. 기원전 8세기에, 스키타이인들은 주나라를 공격했을 것으로 짐작하는데 전성기에는 서쪽으로 카르파티아 산맥에서 동쪽으로는 남부 몽고와 남부 시베리아에 이르는 유라시아 스텝 전역을 지배했고, 중앙 아시아 최초의 유목 제국이라고 불릴 만한 세력을 형성했었다(위키백과, 2020). 이상의 연구로 한민족 복식의 원류를 스키타이로 규정짓는 것은 매우 무리이지만 스키타이(Scythia)의 지리적 위치나 활동 반경, 유목 기마민족 등으로 볼 때 불가능한 추적은 아닐 듯하다.

2) 신화의 관점에서 본 한민족의 시원

가) 단군신화로 본 한민족의 시원 태백산(1): 백두산

단군은 고조선의 시조이다. 한국의 역사는 고조선에서 시작한다. 따라서 단군은 한 왕조(국가)의 시조이자 민족의 시조이다(서영대, 2001). 단군신화는 우리 민족의 국가시원(國家始原)이라는 과거의 사실을 상징적으로 표상한다(윤이흠, 2001). 그러므로 한민족의 시원을 단군신화에서 찾는 경우 단군의 탄강지(誕降地), 즉, 단군신화의 무대를 밝히면 그곳이 곧 한민족의 시원으로 볼 수 있을 것이다. 한민족의 국조(國祖)나 시조(始祖)로 여기고 있는 단군신화의 무대가 어디인가는 천제 환인이 아들 환웅에게 지상으로 내려가도록 허락한 내용으로부터 알 수 있게 한다. 『삼국유사』에 환인이 환웅에게 말하길 '지상의 삼위태백을 내려다보니 인간을 크게 이롭게 할 만하여'(下視三危太伯 可以弘益人間)라고 하였다. 이에 환웅은 '태백산 정상 신단수 아래로 내려와 그곳을 신시라 하였다'(降於太伯山頂 神壇樹下 謂之神市)(김원중, 2007; 이재원, 2001). 이 내용으로부터 환웅천왕(桓雄天王)이 하강한 太伯山(정상)이 민족의 시원이 된 곳이라고 말할 수 있겠는데, 이를 확정하기 위해서는 태백 또는 태백산의 명칭부터 살펴봐야 한다.

단군신화를 기록한 『삼국유사(三國遺事)』와 『제왕운기(帝王韻紀)』는 명칭을 조금 다르게 표기하고 있다. 『삼국유사』는 삼위태백(三危太伯), 태백산정(太伯山頂)이라고 하여 환웅이 하강한 지명을 태백의 '백'자를 '맏백'으로 표기하고 있다. 반면, 『제왕운기(帝王韻紀)』는 백을 '흰백'자로 써서 '太白'으로 표기하고 있다. 전체 줄거리가 동일한 단군신화이고 서술 시기가 불과 6년 차이임에도 환웅이 하강한 장소를 서로 다른 한자로 표기한 것은 장소가 다르다는 의미인지, 상징하는 바가 다른지 알 수 없다. 이에 대하여 몇 가지 견해들을 아래에 제시하고 한민족 시원의 장소로 특정하고자 한다.

『삼국유사』 주(註)에 태백산을 '지금의 묘향산'으로 표기하고 있다. 『삼국유사』를 번역한 김원중(2007)은 원문의 태백산(太伯山)을 太白山으로 표기하였는데 실수인 듯하며, 어떤 경우는 삼국유사를 원용하면서도 '三危太白'으로 오기하는 경우도 있다(김민기, 2011). 『삼국유사』의 한자표기에 근거한 것으로 보이는 역사소설 유현종의 『檀君神話』(1975)에는 태백산(太伯山)으로 표기했지만 지금의 묘향산이 아니라 백두산과 천지로 설명하면서 이야기를 전개한다. 좀더 일찍 출간된 역사소설『檀君』(강무학, 1967)에는 단지 백산이라는 지명을 쓰고 있지만 내용상 백두산이라는 의미를 내포하고 있다. 신화 학자인 서대석은『삼국사기』에도 백두산을 가리키고, 당나라 때에도 백두산으로 나타나기 때문에 태백산은 백두산일 가능성이 크며, "최남선도 『백두산근참기』에서 '홍익인간의 희막(戲幕)을 개시하고 그곳을 '신시'라 이름하여 단군의 탄강지요 조선국의 출발점이다'라고 하여 백두산이 단군 조선국의 출발점으로 인식"했음을 주장하였다(서대석, 1991).

『삼국유사』이후에 나온 단군에 관한 내용이 기록된『제왕운기』·『세종실 록지리지』·『동국여지승람』·『동국사략』·『동사강목』등에도 '太白山'으 로 표기하고 있다. 1675년(숙종2년)에 北崖村老가 지었다는『규원사화(揆園 史話)』에는 "태백산(太白山, 白頭山) 단목(檀木) 아래 내려오게 하니"라고 하여 太白山으로 한자 표기하고 그곳이 백두산임을 지칭하고 있다(천혜봉, 연도미상).『환단고기(桓檀古記)』에도 '三危太白'이라 기록하고 태백을 백 두산으로 주해하고 있다(임승국, 2007). 이처럼 태백(산)을 한자로 표기함에 있어서 太伯과 太白이 혼용되고 있음을 발견한다. 이에 대하여 윤명철(1995) 은 伯과 白은 음가(音價)가 같고, 또 태백산이 지닌 의미에도 차이가 없으며, 일반적으로 '白'자가 사용된 듯하다고 주장한다.

이상의 내용을 종합해 살펴보면 단군신화에 등장하는 태백산은 백두산(白 頭山)을 의미하는 것으로 이해할 수 있다. 이곳에 환웅이 하늘로부터 강림하 여 신단수 아래에 신시를 건설하고 환인의 교지를 받들어 홍익인간의 이념을 실천한 우리 민족 시원지의 한 곳이다.

나) 단군신화로 본 한민족의 시원 태백산(2): 적봉현 지역

다른 한편으로, 삼위태백이 묘향산도 아니고 태백산이나 백두산도 아니라 는 의견도 있다. 김종서(2003)는 단군신화를 실체적 역사로 연구하면서 삼위 태백에 대하여 다음과 같은 의견을 제시하고 있다. 三危太伯에서 삼위는 여러 해석이 가능하지만, 3000인을 수용할 수 있으려면 '3개의 높고 험한 긴 산맥'으로 해석해야 한다고 주장한다. 그러한 곳은 흑룡강에서 북경에 이르는 대흥안령산맥, 흑룡강에서 동해안에 이르는 소흥안령산맥, 소흥안령산맥 남쪽으로 백두산에서 요동반도에 이르는 산맥 등 3개 산맥으로 둘러싸인 만주대륙과 평원지대로 이뤄진 곳을 말한다. 그렇다면 태백(太伯)은 어디를 말하는가? 太 자는 '클 태'이지만 伯 자는 '맏 백' 등으로 해석할 것이 아니라 '나타날 백'자로서 '드러나다'라는 뜻으로 해석해야 한다고 주장한다. 따라서 '크게 드러나는 지역'이란 홍익인간을 펼칠 만하고 3危로 둘러싸인 지역을 말하는 곳으로 앞에서 제시한 3개 산맥으로 둘러싸인 지역 중 적봉현 지역 일대가 알맞을 것으로 제시한다. 적봉현 지역은 발해만과 접한 곳으로 단군이 건국한 아사달 지역과 대체적으로 위치가 일치하는 곳이다. 따라서 적봉현 지역을 한민족 시원의 한 곳으로 보고 있다.

다) 천산산맥

알타이 산맥 천산(환인씨족) → 바이칼 호수(환인시대) → 적봉현(환웅시대)

천산산맥(天山山脈)은 중국 서부 신장 위구르 자치구와 카자흐스탄, 키르기스스탄, 우즈베키스탄 등의 나라에 걸쳐 위치한 산맥이다. 중국어로 톈샨이라는 이름은 '하늘의 산'이라는 뜻으로, 주변 터키계 언어 명칭들도 같은 뜻이다. 중국에서 톈샨이라는 이름 외에도 바이샨(白山), 쉐샨(雪山) 등으로 불리기도 하며, 과거 당나라 때 절라만샨(折羅漫山), 절라먼샨이라고도 불렸다고 한다. 천산산맥은 동서주향의 산지로 산맥의 남쪽에 타클라마칸 사막과 타림 분지, 북쪽에 준가르분지가 위치한다. 파미르고원과 이어지며 산맥의 만년설이 녹은 물이 흘러내려 시르다리야江, 일리江, 추江 등의 하천의 발원지가 된다. 산맥의 길이는 2,000km에 달하며 산맥의 규모가 커서 베이톈샨

(北天山), 중톈샨(中天山), 난톈샨(南天山)으로 구분한다. 가장 높은 산은 포베다산으로 해발 7,439m에 달한다(네이버).

이러한 어마어마한 규모의 천산을 신화의 관점에서 한민족의 시원으로 보는 시각을 소개하고자 한다. 이에 대하여 대표적으로 접근한 연구는 김연희의 연구이다(김연희, 2015). '인류 문화의 시원으로서 천산의 샤머니즘'을 연구하면서 알타이산맥의 천산과 그 주변국에 살던 족속의 토테미즘, 애니미즘, 천신사상이 곧 샤머니즘(Shamanism)이며 이것이 인류문화의 시원이라고 주장한다. 또한 이곳 중앙아시아 천산을 한민족의 시원으로 보았다. 천산의 샤머니즘이 한민족의 시원이자 인류문화의 시원(환인시대, 배달국, 신시시대)이었음을 주장한다. 민족이 이동하면서 샤머니즘도 이동하였고 민족이 이르는 곳마다 문화를 이뤘다고 보고 있다. 환인시대, 구석기 이후 최초로 이주를 시작한 중앙아시아 알타이산맥의 천산은 '사이안산'으로 그 의미는 "새하얗다"(白山)라는 뜻이라고 한다. 그 여정을 살펴보면, 환족(桓族)은 구석기(말)로부터 발하슈湖[5] 지역에 살면서 신석기 시대 문화를 찬란하게 꽃피웠다. 이후 구석기말 천산의 중앙아시아로부터 최초로 이주를 시작한 환족은 동쪽으로 이주해 바이칼호 지역에 터전을 잡았는데 이것이 '사이안산'의 한인(桓因)시대이다. 이어서 기원전 4~5천년에 신석기문화가 발해만 '적봉현'일대에 꽃을 피웠는데 이때가 환웅(桓雄)시대로 홍산문화(BC 4710 ~2920)를 이룬다고 주장한다.

그런데 이와 같은 과정은 결국 단군신화의 연장 선상에서 이해할 수 있을 듯하다. 즉, 환웅의 아들 단군은 아사달(阿斯達)에 도읍을 정하였는데, 그의 祖父 조상은 천산에서 처음 이주하여 바이칼호에서 환인시대를 열었고, 父조상은 다시 바이칼에서 남으로 이주하여 적봉현 일대에 환웅시대의 문화를

---

5) Balkhash lake: 카자흐스탄 동쪽에 위치한 호수로 아시아 대륙의 거의 정중앙에 위치해 있다. 카자흐스탄에서 2번째, 세계에서 15번째로 큰 호수이며 면적은 약 16,400km²에 달하고 모양은 초승달 모양으로 굽어있다. 실크로드의 경로에 접해있고, 동남쪽으로 150km만 가면 중국과의 국경이 나오는데 과거 청나라 제국의 서쪽 국경이 발하슈 호에 닿았다고 한다(나무위키).

꽃피운 것이다.

끝으로, 한민족의 이동을 기독교적 관점에서 음미하여 에덴동산의 아담 → 아벨 → 노아 → 셈 → 에벨 → 욕단의 가계(家系)를 통해 동편의 (중앙)아시아를 거쳐 몽고를 지나 백두산 일대로 이동하였다고 주장한다. 이것은 창세기 10장 30~31절에 "그들이 거하는 곳은 메사에서 스발로 가는 길의 '동편 산'이었더라. 이들은 셈의 자손이라 그 족속과 방언과 지방과 나라대로였더라."하여 '동편 산'이 곧 중아아시아 쪽을 가리키는 것에 근거하고 있다. 결국 중앙아시아, 터키북쪽 우랄산맥을 따라 동쪽 알타이산맥을 중심으로 우루무찌를 통과하여 몽고, 만주, 고조선으로 이어지는 것으로 추정하고 있다(조준상, 2003).

3) 민족 시원지의 공통점 : 고위도 지방, 높고 추운 기후지역, 자작나무

이상에서 살펴본 우리 민족의 시원지들은 네 가지 공통점을 지니고 있다. 첫째는 북반구의 고위도 지방이다. 관련되는 단어들은 우랄, 스키타이, 알타이, 천산, 파미르, 시베리아, 바이칼, 몽고, 만주 등 모두 고위도 지방이다. 백두산 정상은 북위 42도를 통과하는데 유사한 위도를 지닌 파미르고원, 흑해(스키타이)를 제외하고 모두 더 높은 고위도 지방이다. 둘째, 매우 추운 지방이다. 고산지대이고 고위도이므로 매우 춥다. 셋째, 백색이 지배하는 곳이다. 시베리아 야쿠트족의 백인 신화가 있고, 눈으로 덮여 있으며, 백마 등 하얀 동물을 신성시한다. 넷째, 신수사상으로 자작나무를 신성하게 섬긴다는 점이다. 이러한 모든 공통사항을 자연환경과 관련하여 집약하면 춥고 고위도 기후지역에 분포하는 식물로 자작나무라고 말할 수 있다. 그 근거를 우선 단군신화의 신단수에서 찾아본다.

역사소설 『檀君』(강무학, 1967)에는 환웅이 활동하는 백산 정상 일대에 단목(檀木)이라는 나무가 열 지어 둘러서 있는 것으로 묘사하는 대목이 나오는데 이 단목을 향나무로 지칭하고 있음을 본다. 왜 이런 식물명칭이 사용되었을까 생각해보면, 자전에 檀은 박달나무 이외에 단향나무, 자단나무 등의 의미를 함께 지닌 데서 비롯된 것으로 보인다. 하지만, 단향나무나 자단나무는 대체로 열대지방에 자라는 단향과(Santalum, sandalwood family)의 상록성 목본식물이기에 매우 추운 백두산 정상 부위의 나무로서는 어울리지 않는다. 유현종(1975)은 '태백산은 일명 백두(白頭)요 산정에는 주위 백여리의 천지(天池)가 있으며 산중에 호랑이, 승냥이, 곰, 늑대 등 온갖 맹수가 살고 있되 백색(白色)의 짐승이 살고 있는 성산(聖山)이었다'고 하여 태백산이 백두산이며 주변의 풍경이 백색으로 가득한 환경임을 묘사하고 있다.

백두산은 우리나라를 비롯한 동북아시아의 많은 산과 강과 연결되어 시원지로서, 숭배의 대상으로서 태백산·장백산(長伯山)·불함(不咸)·개마산(蓋馬山)·도태산(徒太山)·태황(太皇) 등 다양하게 불렸다. 이에 대한 기록은 특히 동북아시아를 발원으로 하는 종족들에게는 머리가 희고, 초목도, 짐승도 모두 하얗고, 조심스럽게 행동해야 하는 거룩하고 신령스러운 성산(聖山)으로 묘사되어, 그들 종족의 흰 것(밝음)에 대한 인식, 즉 태양 숭배 사상이 반영되어 있다고 본다(윤명철, 1995).

우리 땅 지명 중에 '백'자와 '천(天)'자가 쓰인 곳이 많은데 이런 글자가 들어간 산은 대부분 세상의 한 가운데 위치하여 '세계의 중심'이라는 의미를 지니고 세계산(世界山) 또는 우주산(宇宙山)의 역할을 하여 거룩하고 신성한 장소로서 숭배된다. 백두산과 천지가 바로 그런 곳이다.

단군신화에 나오는 환웅의 강림지나 활동무대에 등장하는 나무가 있는데 神壇樹(삼국유사, 환단고기) 또는 神檀樹(帝王韻紀, 檀君古記箋繹-최남선 등), 壇樹(환단고기), 檀木(檀君-강무학)으로 표현된 것이 그것이다. 최남선(2019)의 설명문에 인용한 『삼국유사』 원문에는 神檀樹라고 다르게 표기되어 있다. 이은봉(2001)은 환웅이 하강한 곳이 神壇樹가 있는 곳이라 했으니 성스러운 나무가 있는 곳이었을 것이며, 神壇樹란 神壇과 神樹의 합성어로 신수는 원시시대부터 내려오던 성목숭배(聖木崇拜)가 결부되었을 가능성이 높다라고 주장한다. 신단수는 또한 신수가 숲을 이루고 있는 신수림(神樹林)에 단을 놓은 곳으로도 해석한다. 그러나 김종서(2003)는 神壇樹나 神檀樹는 단지 神壇을 잘못 표기한 것으로 단을 쌓은 제단을 의미할 뿐이라고 주장하기도 한다. 특히 神檀樹라고 쓰는 것은 '박달나무나무'라는 뜻이 되어 중복표기는 한문 표기 어법에 맞지 않을 뿐만 아니라, 높은 산의 정상(山頂)에는 큰 나무가 자랄 수 없기 때문에 나무로 해석하는 것은 적합한 해석이 아니라고 주장한다. 김선풍 등(2009)은 단(壇)은 돌무더기를 뜻하므로 어차피 단(壇) 위나 뒤에는 서낭나무인 신목이 있을 것이므로 檀이 옳다, 壇이 옳다 시비를 가릴 필요 없다고 주장하기도 한다.

신수사상으로 신단수를 자작나무로 숭배하였다는 것을 입증할 수 있을까? 다음 절에서 이어진다.

4. 한민족의 민족정신 백의민족과 자작나무

가. 기록상 한민족의 백의착용 유래

호상(好尙)이란 국어사전에서 쉽게 찾을 수 있는 단어가 아니다. 좋아할 호(好)와 숭상할 상(尙)의 뜻이 합쳐져서 '애호하고 숭상하다, 좋아하고 따르다'라는 동사와 '욕망, 취향'이라는 명사의 뜻을 함께 지니고 있다(손예철, 2003). 그러므로 한민족의 백의호상(白衣好尙)이란 한민족이 흰옷을 좋아하고 숭상하는 취향이라는 뜻으로 해석할 수 있다.

한민족이 흰옷을 즐겨 입은 것을 알 수 있는 유물이나 문헌은 없지만 백의민족이라고 할 만큼 흰옷을 선호한 시기가 언제인지 알 수 있는 기록이 중국 문헌에 나와 있다(류효순, 1992; 박찬승, 2014; 서봉하, 2014; 유송옥, 1998; 최지희와 홍나영, 2019; 한은영, 2005). 이들이 연구한 내용을 보면,

『삼국지 위지 동이전』부여조에 '在國衣尙白 白布大袂袍袴(백포대몌포고) 履革鞜(이혁탑)'이라 하여 부여인이 흰옷을 숭상하고 하얀 옷감으로 옷을 만들고 소매가 큰 도포(袍)와 바지를 입었으며 가죽신을 신었음을 알 수 있다. 수서(隋書)에 기록된 신라인의 복장은 '衣服略高句麗百濟同 服色尙素' 라고 하여 신라인도 고구려와 백제인과 동일하게 소(素)를 숭상한다고 하여 흰옷을 입었음을 알 수 있다. 이것은 삼국시대에도 백의호상의 풍속을 지녔음을 알 수 있게 한다. 고려시대에는 외세의 영향으로 관리들이 당나라, 송나라, 원나라(몽고)와 명나라 등의 복식제도를 따랐지만 서민층은 한민족 고유의 복식을 유지하였다. 즉, 宋史에 '高麗士女服尙素'라 하여 고려의 일반 남녀 백성이 흰옷을 즐겨 입었으며, 『高麗圖經』에도 공인(工技)과 농상인은 백저 포(白紵袍), 즉 하얀 모시포를 입었고, 왕도 평상시 한가롭게 지낼 때에는 백저포를 입는다고 하였다. 심지어 귀부인들도 하얗고 긴 두루마기인 백저포 를 입었다고 기록하고 있어 신분을 막론하고 흰옷을 숭상하였음을 알 수 있다.

이러한 백의호상 복식풍속은 조선시대에도 동일하게 성행하였는데 조선 시대에는 사대부들이 백관모(白冠帽)까지 쓸 정도로 유행하였다(류효순, 1992). 또한 유교를 숭상한 조선시대는 중요한 유교경전에 조선의 문화시조 인 商나라의 국가 상징색이 백색이라는 기록(禮記)[6]이 있었고, 이것을 상나 라의 왕족 후손이라는 기자(箕子朝鮮)와 연결하여 백의호상의 논리를 삼았 다. 즉, 조선후기 양반은 백색을 국색으로 숭상한 상나라의 풍습이 기자조선 에 전래되고, 매우 오랜 시간이 지난 현재의 조선에도 지속된다고 생각하였 다. 더구나 조선시대에 중국 한족의 고대문화는 선진문명으로 인식되어 기자 조선은 백의가 평상복으로 허용되는 커다란 기반이 되었다(최지희와 홍나영, 2019). 이러한 내용을 근거로 한민족의 백의호상은 기자조선(箕子朝鮮)[7]까

---

6) 유교의 오경(五經) 중 하나인 『예기(禮記)』에서 상나라가 국색(國色)으로 백색을 숭상하였다는 기록이다. 『예 기』에 따르면 하나라는 흑색, 상나라는 백색, 주나라는 적색을 숭상하였다(최지희·홍나영, 2019).

7) 단군조선에 이어 서기전 1100년경에 건국한 초기국가로서 한국 고대사회의 기원을 이루는 고조선의 하나로서, 서기전 195년 위만(衛滿)에게 멸망될 때까지 900여 년 간 존속했던 것으로 이해된다(김정배, 2011b).

지 올라갈 수 있을 듯하다. 일제 강점기를 지나, 해방 후, 1960년대를 넘어 지역적으로는 1970년대까지도 백의호상 풍습이 지속되었다.

나. 신화와 무속에 등장하는 자작나무

고문헌의 기록을 근거로 부여시대부터라 할지라도 한민족의 백의호상은 2000년 이상을 유지하여 왔다. 하지만, 이렇게 백의호상하는 가운데 고려시대와 조선시대에는 백색은 五行에 역행한다든가, 素服은 상복(喪服)이라 하여 白衣 착용을 여러 번 금지하였으며, 일제 강점기에도 백의 금지령이 내려졌으나 저항하였다(박찬승, 2014). 이렇듯 여러 차례 금지령이 내렸으나 시행하지 못한 것은 뼈속 깊이 뿌리박힌 백의풍속이 한민족의 의생활을 지배했다는 사실을 의미한다. 태어나기 전부터 새생명을 위해 미리 배냇 흰옷을 준비하여 두고, 살아서도 줄곧 흰옷을 입으며, 죽을 때 또한 흰옷을 입히니 한민족은 배냇부터 무덤까지 白衣好尙으로 살아간다고 할 수 있다. 그렇다면 이렇게 한민족이 끈질기게 백의호상을 하게 한 배경이나 이유는 무엇일까? 일반적인 배경, 신화의 배경, 무속의 배경, 천마총과 신라금관으로 구분하여 살펴본다.

1) 일반적인 배경

김병인(2020)은 우리 민족이 흰옷을 즐겨 입게 된 배경을 다음 세 가지로 설명한다;

첫째, 대부분의 복식(服飾) 학자들은 "염색 기술이 발달하지 않아 옷감을 짠 그대로 입었다."고 주장한다. 둘째, "유교적 관념에 따라 신분을 구분하기 위해 흰옷을 입혔다."는 시각도 있다. 셋째, "상례나 제례 기간이 유난히 긴 결과, 자연히 흰색 옷을 자주 입게 되었다."는 견해도 있다.

류효순(1992)은 백의호상의 배경을 주장하는 사례를 몇 가지 소개하였는데, 우선 옛 문헌에서 이익의 『성호사설(星湖僿說)』에 기자조선 때 은나라를 모방하여 백의를 숭상하였다고 하였고, 『필원잡기(筆苑雜記)』[8]에서는 경제 여건부족, 염료의 회귀성, 조선조 인종과 명종 이후 잇따른 國喪에서 백의 풍속이 이루어졌다고 하였다. 일본인 村山智順도 염료가 발달하지 못하여 麻·綿 등을 그대로 입었던 것이 백의풍속이 되었다고 하였다. 또한, 이어령 (2008)도 『필원잡기』를 인용하여 염료가 부족했었다는 것을 인정하면서도 그것은 또한 우리가 즐겨 입으려 한 옷 빛이라고 말한다. 석주선(1979) 또한 저서 『한국복식사』에서 한민족이 白衣를 착용하게 된 원인 중의 하나로 염료가 없었던 것이라고 주장하였다.

이상에서 본 바와 같이 한민족의 백의호상은 대체적으로 우리나라가 염료 기술이 발달하지 못했거나 부족하였기 때문에 자연적으로 나타난 현상이라고 보고 있다. 그러나 이에 대해서 류효순(1992)은 강력히 이의를 제기하면서 한민족은 시대별로 염료부족도 아니고 염색기술이 충분히 발달했음을 실례로 들어 그것이 백의호상의 배경으로 적합한 내용이 될 수 없음을 설명하였다.

2) 신화적 배경: 白(伯)은 광명이고 태양 숭배를 의미, 白木으로서 신단수 자작나무 숭배

신화는 神의 이야기이고 무속은 무(巫, 샤먼)에 관련된 이야기인 데다가 자작나무와 깊게 관여되어 있기에 백의호상과 관련하여 신화적 배경과 무속 적 배경으로 구분하여 관찰하고자 한다. 단군신화는 단군사화(檀君史話)로 일컫기도 하지만, 신화의 배경에서 다루고자 한다. 환인과 환웅은 환족(桓族)

---

8) 조선전기 문신이자 학자였던 徐居正이 역사에 누락된 사실과 조야의 한담을 소재로 서술한 수필집으로 1487년(성종18년)에 간행되었다. 초간본은 임난과 병난으로 많이 산실되었으나 중간본으로 복간되었다. 서거정은 해박한 지식과 깊은 식견을 가지고 사적(事蹟)을 널리 채집하여, 위로는 조종조(祖宗朝)의 국가 창업으로부터 아래로는 공경대부(公卿大夫)의 도덕언행과 문장정사(文章政事), 국가의 전고(典故)와 여항풍 속(閭巷風俗)의 세교(世敎)에 관한 것, 국사(國史)에 기록되지 않은 사실 등에 이르기까지 격식에 매이지 않고 간결하면서도 정연한 필체로 기술하였다(한국민족문화대백과사전/DB).

으로 등장하는 경우도 있지만, 단군신화를 다루는 대표적인 문헌인 『삼국유사』나 『제왕운기』에서 하늘의 神으로 등장하기 때문에 우선 신화적 배경에서 관찰하기로 한다. 물론 지상에 내려온 환웅의 경우, 후에 단군도 제사장의 역할을 하므로 부분적으로 무속적 배경에서도 언급하는 것은 자연스러울 것이다. 무속에서도 환인과 환웅은 신으로 생각한다(조흥윤, 2003).

단군신화에서 白衣와 어렴풋하게 연관지어 볼 수 있을 듯한 단서가 세 가지 있다. 삼위태백의 태백(太伯, 太白), 태백산정(太伯山頂), 신단수(神壇樹, 神檀樹)이다.

첫째, 태백과 백의와의 관련성을 찾아본다. 설중환(2009)은 우리 민족을 백의민족(또는 배달민족)이라고 부르는 어원이 백산에 있는데, 백을 '희다'라는 뜻으로 해석하면서 백의호상의 기원을 어느 정도 '태백', '백산', '백두산'에서 온 것임을 암시하고 있는 듯하다. '한'의 의미로 '크다'는 왕·절대자·진리·큰(大)·넓음(廣)·하나(一) 등 여러 가지인데 三危太伯의 '태백산'을 풀이하면 '크고 하얀 산'으로, 순우리 말로 표기하면 '한붉뫼'가 된다. 또 백(白)은 '붉'의 뜻으로 해석이 되는데, 역시 역으로 '붉'은 백(白)으로 음사(音寫)되며, 白, 즉, 흰 것은 광명(光明)을 나타낸다(윤명철, 1995). 또, 한민족의 조상을 구성하는 고대사의 '肅愼(숙신)'과 '朝鮮(조선)'은 중국 고대음으로는 같은 것이고, '韓(한)'은 'khan, han'에 대한 표기로서 '크다' 또는 '높은 이' 등의 뜻을 가진 알타이어다. '貊(맥)'의 '豸(태 또는 치)'는 중국인들이 다른 민족을 금수로 보아 붙인 것이고, '百'이 음을 나타내는데, '百'의 중국 상고음(上古音)은 'pak'으로서 이는 우리의 고대어 '밝' 또는 '박'에 해당하며, '광명(光明)'이나 '태양'을 뜻한다(이만갑, 1997). 즉, 광명은 태양을 의미하므로 태양숭배의 의미와 흰색을 내포하기도 한다.

최남선은 이렇게도 말한다, "조선어에서 붉(park)은 단순히 광명을 의미하는 것이나, 내(최남선)가 조사한 바에 의하면 옛 뜻에는 신(神)과 하늘의 의미가 포함되어 있다. 그리고 신이나 하늘은 그대로 태양을 의미하는 것이다"(전성곤, 2013). 흰 빛이 광명을 나타낸다는 내용은 일찍이 최남선의 『朝鮮常識問答』(1947)에서 찾아볼 수 있다. '흰옷 입는 버릇은 언제 어떻게 생긴 것입니까'라는 문답에서 한민족의 백의호상이 생긴 연유를 이렇게 설명하고 있다; "옛날 조선 민족은 태양을 하느님으로 알고, 자기네들은 하느님의 자손이라고 믿었습니다. 태양의 광명을 표시하는 의미로 흰빛을 신성하게 여겨서 흰옷을 자랑삼아 입다가 나중에는 온 민족의 풍속을 이루게 된 것입니다. 이것도 조선뿐 아니라 세계 어디서고 태양을 숭배하는 민족은 죄다 흰빛을 신성하게 알고 또 흰옷 입기를 좋아했습니다. 예를 들면 이집트와 바빌론의 풍속이 그것입니다."(이영화, 2013). 그래서 태양의 자손으로서 광명을 표시하는 흰빛을 자랑삼아 흰옷을 입다가, 나중에는 온 겨레의 풍속이 된 것이다(김병인, 2020). 또한, 우리 민족을 일컫는 '한겨레', '한민족'의 '한'이란 밝음(광명)인 것이며, 큰(大) 것이고 바른(正) 것이며, 이것을 간추리면 광명정대(光明正大)이다. 그리하여 우리는 광명을 숭상하므로 백의민족이 되어 살아오고 있다.[9]

백색은 하늘과 땅을 의미하는 구극(究極)의 색이요 불멸의 색이라고 일컬어지고 있다. 음양오행에서 백색은 색채의 시발점이고, 흰색은 순결, 청렴 등을 상징하며, 우리 민족의 심성과 기질에 부합하여 한민족의 대표색으로 일컬어졌다(김선현, 2013). 그러므로 백의호상은 단순히 선택할 수 있는 옷감의 한계 때문이 아니라 하늘과 땅을 숭배하는 민족 고유의 신앙에 뿌리를 두고 있다고 보는 것이 옳다. 즉, 제사 때 흰옷을 입고 흰떡 · 흰술 · 흰밥을 쓴다는 관습이 하늘에 제사 드리는 천제(天祭) 의식에서 유래했듯이 白衣 역시 천제에서 유래했다고 보아야 한다. 그렇게 볼 때 백색 상복도 천제에 유래한 것임을 알 수 있고, 삼한시대와 삼국시대에 일본열도로 건너간 한국인들이 백의의 습속을 신사(神社)의 신관(神官) 복장으로 남겨 오늘날 볼 수 있다는 사실도 알아둬야 한다(박성수, 1995). 이상의 내용을 정리하면

---

9) 황정용 · 진창업, 1989, 우리의 얼과 민족의 正体. 인천: 인하대학교출판부. 27~45쪽.

단군신화의 내용으로 볼 때, 태양을 신성시하는 민족은 흰색을 신성하게 알고 백의를 입게 된다는 주장이며 우리 민족이 그렇다는 것이다.

둘째, 태백산정과 백의와의 관련성이다. 태백이 어느 산을 말하는가에 대한 많은 의견들이 있다. 묘향산, 백두산, 온달산, 태백산 등 여러 산을 일컫고 있는데 앞서 살폈듯이 일반적으로 받아들여지고 있는 곳이 백두산이다. 백두산은 해발고도가 2750m로서 한반도에서 가장 높은 산이다. 산정부는 9월 하순부터 눈이 내리기 시작하여 다음해 5월까지 내리므로 겨울이 9개월이나 되어 빙하시대에는 만년설로 덮혀 있었다. 1월 평균기온이 −24.0℃이고, 7월의 평균기온은 10℃ 내외이다. 최저기온은 1965년 12월 15일 −44.0℃까지 내려간 적이 있다. 평균 적설심은 30~50cm이며 최고 적설심은 1930년에 기록한 150cm였다고 한다(한국민족문화대백과사전).

이런 지형과 기후조건이라면 백두산의 정상은 일 년 12개월 중 9개월 동안은 대부분 적설기간이어서 눈으로 덮여 있을 것이고 비적설 기간인 여름철이라도 잔설로 인하여 거의 일년내내 하얀산, 백산으로 보였을 것이다. 백두산이 문자 그대로 산정부가 하얗다고 하는 것을 잘 보여주는 내용이 《장백정존록(長白征存錄)》에 기록되어 있다. 이 문헌은 1677년(숙종 3년, 청 강희 16년) 궁정내무대신인 무목납(武木納) 등 4인이 백두산을 답사하여 조사·기록한 것으로 최초의 백두산 답사기록일 것으로 본다. 아래는 무목납이 산정상 부근을 기록한 내용이다.

"…수풀이 다한 곳으로부터 흰 자작나무가 있는데, 완연히 심은 것 같고, 향나무가 총생하고, 노란 꽃이 유난히 고왔습니다. 수풀을 걸어나와, 멀리 바라보니 구름과 안개가 산을 가리어 조금도 보이지 않았습니다. 가까이 지세를 보니 매우 완만한데, 편편히 보이는 흰빛은 모두 빙설이었습니다…. 산정에 못이 있는데, 다섯 봉우리가 둘러싸고, 물 가까이 솟아 있는데, 벽수는 매우 맑고 물결이 탕양히[10] 일고, 못가에는 초목이 있었습니다."[11](한국민족

---

10) 물결이 출렁거리며 움직이는 모양을 일컫는 말

문화대백과사전).

이 글을 통해 알 수 있는 것은 백두산 정상이 구름과 안개로 가리어 잘 보이지 않았지만 가까이 다가가 보니 흰눈으로 덮여 있다는 것이므로 백두산 정은 구름과 안개에 묻힌 채 흰눈이 쌓여 하얗게 보인다는 것이다. 또한 간과하지 말아야 할 것은 '수풀이 다한 곳으로부터 흰 자작나무가 있는데' 라는 표현과 '못가에는 초목이 있었습니다'라는 표현이다. '수풀이 다한 곳'이 수목한계선을 말하는 것이라면 2000m 가까이에 자작나무가 있었다는 것이 며, '못가에 초목'이란 天池 주변에 초목이 있었다는 의미가 된다. 이것은 '壇樹의 무성한 숲'이라고 표현한 임승국(2007)의 설명과도 통하며, 자작나 무의 분포지를 심산구곡(이창복, 1993)이라거나 금강산 이북의 200~2100m (조무연, 1996; 배상원 외, 2013)라고 한 현대 식물학자의 주장과도 유사하다. 알프스에서 자작나무는 보통 해발고도 1900m까지 분포하며, 일부 서적에 경우에 따라서 최고 2200m에서 자란다(Kuratorium Wald, 1997)고 하는 의견 과도 다르지 않다. 그러나, 백두산 식물의 수직분포대를 살피면, 자작나무는 해발 500~700m에 분포하는 낙엽활엽수림대를 대표하는 수종이고, 아고산 인 1800~2100m의 저목산림대에 사스래나무가 대표수종이다.[12] 따라서 이 를 근거로 본다면 무목납이 말하는 자작나무는 어쩌면 사스래나무일 수도 있겠다고 추측할 수 있다. 사스래나무도 하얀 수피를 지니며 자작나무속의 수종이다.

한편, 산의 높이를 구분할 때 흔히 10 등분하여 아래로부터 3부 능선까지 산록(山麓), 3부 능선에서 7부 능선까지 산복(山腹), 7부 능선 이상을 산정(山 頂)이라고 한다. 이 구분에 따르면 백두산의 산정은 7부 능선 이상인 1,920~

---

11) 무목납 등은 5월에 북경을 출발하여, 6월에 서남쪽 만강(漫江)·긴강(緊江)이 합류하는 곳으로부터 등반하여, 6월 17일에 백두산 정상에 도착하였다. 다음날 하산하여, 8월에 북경으로 돌아갔다. 무목납이 강희제에게 올린 글 가운데, 백두산 산정의 경치를 묘사한 장면이다(한국민족문화대백과사전).

12) 김정배·이서행 외, 2010, 백두산-현재와 미래를 말한다. 한국학중앙연구원. 304~333쪽. 심혜숙, 1997, 백두산. 서울: 대원사. 89~97쪽.

2,750m에 해당하고, 바로 앞에서 조무연(1996)의 주장대로 자작나무가 분포하는 지역이므로 산정부는 눈으로, 백색 부석(浮石)으로, 자작나무로 언제나 하얗게 보이는 특징을 연출한다고 판단할 수 있다. 그러므로 이 또한 '태양을 숭배하는 민족은 죄다 흰 빛을 신성하게 알고 또 흰 옷 입기를 좋아한다'라는 논리에 적용할 수 있을 것이다. 또한 '못가에 초목'이란 표현을 그대로 해석하면 천지 가장자리에 초목이 있다 라는 의미일 것이므로 1600년대 당시에는 어떤 형태로든 천지 주변에 초목이 있었을 것이라고 추측된다. 이것은 백두산 정상부에 이르기까지 목본 식물의 존재를 확인하는 것이어서 김종서(2003)가 주장하는 것처럼 높은 산(특히 백두산)에는 큰 나무가 없기에 신단수가 나무를 지칭할 수 없다라는 주장을 무색하게 한다.

셋째, 신단수(神壇樹, 神檀樹)와 백의와의 관련성이다. 신단수의 한자표기와 그 의미에 대해 제단, 단, 나무, 박달나무, 자작나무 등으로 수많은 전문가들이 갑론을박하여 왔다(김종서, 2003; 박봉우, 1993; 2014; 이은봉, 2001; 이재원, 2001). 그러나 어느 문헌에도 단군을 한자로 표기할 때에는 檀君으로 표기하기에 나무와의 관련성을 부인하지 않고 있다. 단군은 나무의 임금이란 뜻이며 죽은 후에 입산하여 산신(山神)이 된 것으로 전해지고 있다(김경수, 1999; 김원중, 2007). 따라서 신단수의 한자 표기에 대해서는 더 이상 논란할 필요 없이 충분하다고 보며, 각각의 주장마다 일리가 있다고 본다. 깨달아야 할 것은 어느 누구도 입증할 수 없으므로 정답이라고 아집을 부리거나 장담할 필요는 없을 듯하다는 점이다. 그래도 큰 위안이 되는 것은 박달나무(檀)에 대한 생태적 평가이다. 즉, 북방의 높은 산, 특히 백두산의 산정 일대에 자라는 나무는 신단수와 관련하여 현재의 식물 분포 특성을 보더라도 박달나무보다 자작나무로 보는 것이 자연스럽지 않을까 생각한다. 이 같은 의견을 제시하는 것은, 앞서 백두산이 지닌 白에 대한 상징성(태양, 해 등)과 또 실제로 백두산을 답사하여 조사한 무목납의 기록으로 볼 때 나무를 구분한다면 박달나무보다 자작나무가 더 자연스럽게 어울린다. 자작나무와 백의의 구체적인 관련성은 뒤의 무속적 배경에서 찾아볼 것이다.

고구려 고분 벽화에 그려진 나무들은 고구려인들이 전통적으로 수목(樹木)을 숭배한 데서 비롯된 것이다. 단군신화에서도 환웅이 내려온 곳은 태백산의 신단수(神檀樹) 아래이고 웅녀가 잉태한 곳도 신단수 아래다. 신단수에 관한 논의는 다양하지만 일반적으로 그것은 오늘날 서낭당의 옛형태라고 유추한다(신은희, 2006). 단군의 단(檀)은 제사를 지내는 터를 뜻하고, 직역하여 박달나무(檀)를 말하지만 박달나무는 자작나무과에 속하는 것으로 시베리아 자작나무들이 신목으로 신성시되었던 신수사상 전통과 무관하지 않다. 한국의 신수신앙은 특히 자작나무와 소통하므로 천신(天神)신앙의 구체적인 형태라 할 수 있다. 삼국유사의 단군신화에 나오는 신시(神市)는 신단(神壇)이 있는 성지(聖地)이고 신단수는 신수신앙에 뿌리를 두고 있는데(신은희, 2006), 앞서 해석하였듯이 신수신앙을 나타내는 신단수는 북방지역의 공통 신수인 자작나무가 더 자연스럽게 어울린다.

웅녀는 더불어 혼인할 곳이 없었으므로 '壇樹의 무성한 숲' 밑에서 잉태하기를 간곡히 원하였다(임승국, 2007). 따라서 숲 환경으로 되어있는 신시(神市)에서 '밝음'을 보이는 나무는 지리적 분포 특징으로도 자작나무라 할 수 있다. 자작나무의 흰빛은 숲에서 밝게 보이기 때문에 어둑한 숲에서 쉽게 자신을 드러내 보일 수 있고, 또 흰빛은 앞에서 밝혔듯이 고대인들이 공통적으로 숭상하던 빛이었다(박봉우, 1993; 2014).

신성한 나무 가운데 가장 으뜸이 되는 나무가 우주수(宇宙樹, cosmic tree)이다. 우주목, 또는 세계수라고도 부르는 우주수는 게르만, 켈트 등 스칸디나비아, 북유럽 국가에서뿐만 아니라 북아시아, 시베리아 등에서도 존재했다. 활엽수 중 온통 자작나무인 핀란드는 예부터 자작나무를 신성시하며 경외의 뜻으로 자작나무를 많이 심는다[13]. 단군신화의 신단수는 우주수이며 현존하

---

13) 핀란드 민족 서사시 『칼레발라(Kalevala)』에 전해오는 이야기에 의하면, 태초에 공기의 처녀가 물의 어머니가 되어 일월성신운(日月星辰雲)을 탄생시키고 후에 베이네뫼이넨이라는 현자이자 영웅을 낳는다. 영웅은 여러 해를 지내다가 섬에 도착하여 경작의 정령 삼프사로 하여금 온갖 종류의 식물을 심도록 하였다.

는 서낭나무(당산나무)가 그러한 역할을 하고 있다.

3) 무속적 배경

앞서서 한민족의 이동경로를 추적하는 과정에서 중앙아시아-시베리아-바이칼-몽고-만주-백두산 등지의 지리적 위치를 확인할 수 있었다. 이들 지역에서 나무숭배와 관련된 무속의 관점에서 행해져 온 공통적인 내용을 찾는다면 자작나무를 신수로 숭배해 왔다는 점일 것이다.

전영우(1999)는 신수나 신간(神竿)은 신의 강림 통로로 시베리아의 원시종족은 신수를 통해서 영혼이 하늘로 올라간다고 믿었으며, 오늘날 무당이 굿을 하는 장소에 장식하는 백색의 지화(紙花)가 신수와 같은 역할을 하는데 자작나무이고 모두 기마민족이 나무를 숭배하던 흔적이라고 주장한다. 이처럼 알타이 문화권에 속하는 기마민족이 자작나무를 신수로 여긴 이유는 나무의 강인한 생명력 때문일 것이다(전영우, 1997; 1999a,b,c; 2005). 샤먼 신화를 연구한 이종주(1998)도 만주족에게 자작나무가 신수로 등장하여 생명의 나무로 숭배되고 있음을 알리고 있다. 즉, 신수 위에 살던 처녀가 죽어 자작나무 껍질에 싸여 소나무 위에 얹어져 있다가 번개가 치자 자작 껍질 속에서 부활하여 마을을 습격한 이리떼를 보검으로 물리친다 하여 자작나무를 생명, 재생, 부활의 역할을 하는 성스러운 나무로 전한다.

알타이 민족들은 지구의 중심에 거대한 전나무가 솟아 있으며, 시베리아 샤먼에게는 자작나무가 그러한 역할을 한다(주향은, 2007; 김기원, 2015). 몽골의 신목은 나무의 성격과 기능에 따라 조금씩 다르게 표현된다. '우주수',

---

하지만 미동도 하지 않던 참나무씨가 거대하게 자라더니 해와 달을 가릴 정도로 온땅을 뒤덮었다. 고민 끝에 베이네뵈이녠이 참나무를 베어버리자 나무 조각과 잎들이 사방으로 흩어져 사람들이 영원한 복을 누리게 되었다. 후에 그는 땅을 개간하면서 다른 나무들은 다 도끼로 벌채하였지만 독수리 안식처와 새들의 놀이터가 되도록 자작나무만큼은 남겨두었다. 이후 물푸레나무와 자작나무는 핀란드 사람들로부터 신성시되는 나무가 되었으며, 더욱이 자작나무는 천지창조의 나무로 사랑받고 있다(서미석, 2011; 김기원, 2015; Kremp, 2012).

'어머니 나무', '무당나무', '무녀나무' 등이 그것이다. 대표적인 우주수로 자작나무(혹은 백양나무)를 꼽는다. 몽골의 巫에서 자작나무는 샤먼이 영의 세계를 여행하거나 신과 인간의 세계를 넘나들 때 이용하는 신령한 매개체이다 (신은희, 2006)[14]. 시베리아와 중국 북부에 사는 에벤키족 무당의 굿터인 쉐벤체덱(Shevenchedek)은 A형 천막으로 천막 가운데 투루(turu)라는 나무가 서 있는데 신령계와 인간계를 연결하는 신목으로서 우주수[15]이다. 무당은 신들린 상태에서 우주수를 타고 신령계를 왕래한다(조흥윤, 2003). 이 때 투르라 부르는 나무도 신수로서 에벤키족의 삶의 터전이 시베리아이므로 자작나무일 가능성이 크다고 여겨진다. 여러 정황으로 볼 때 북방에서 무속의 샤먼이 하늘과 소통로로 삼은 나무 역시 하얀빛의 자작나무이고 신성하였음을 확인할 수 있다.

4) 천마총과 금관: 백마와 자작나무

샤먼의 자작나무나 단군신화의 자작나무나 모두 白木의 하얀 나무이다. 그런데, 천마총 천마도에 나타난 말 또한 흰빛의 백마(白馬)이다. 페르시아 신화에서 백마는 善神을 나타내며 빛, 청정(淸淨), 정의를 상징한다. 카자흐스탄어로 '카자흐'는 백마라는 뜻을 가지고 있는데 백마토템에서 오는 것으

---

14) 최남선은 『薩滿敎箚記(살만교차기)』에서 샤먼은 제사(祭司)처럼 신에게 봉사하는 역할을 하며, 악령을 쫓아 질병과 해악을 없애고, 선신(善神)과 소통하여 길흉을 점친다. 초자연계에 세속을 초월한 높은 경지에서 영적 존재의 가호와 지도를 받으며 정신적으로 육체적으로 접촉하고 교통한다. 여러 신들과 정령들 사이에서 중개자 역할을 하지만 영적 존재자들 사이를 이어주는 역할을 담당하기도 한다. 그래서 샤먼의 직능은 제시장으로서의 샤먼, 의무(醫巫), 즉 치료자로서 샤먼, 예언자로서 샤먼을 말한다(전성곤, 2013).

15) 무(巫)에서 우주수의 상징체계는 필수적이다. 그것을 통하여 무당이 천계를 비행하기도 하고 하느님의 뜻을 전달받기도 한다. 우주수는 굿판 천막 한가운데 세워지고 무당은 그것을 타고 천상계나 지하계로 여행한다. 이승에서 천계 또는 지하계로 통하는 통로이자 그 중심이며 무에서 가장 기본적이고도 필수적이다. 우주수는 이런 관점에서 생명과 불사의 나무라는 상징을 갖는다. 우리 민족에게서 우주수와 샤먼의 관계는 단군시대부터 시작된 것으로 보인다(조흥윤, 2003). 이 부분에서 조흥윤은 샤먼의 등장을 단군부터라고 하였는데, 지상으로 내려온 환웅도 신단수를 준비하였으므로 천제를 드렸을 것이기 때문에 환웅도 비록 神이지만 샤먼의 역할을 한 것으로 보인다. 따라서 한민족에 있어서 샤먼은 적어도 환웅시대부터라고 보는 것이 타당할 듯하다.

로 본다. 기마민족들이 사는 초원에는 나무가 귀하다. 그래서 성스러운 존재이고 숭배한다. 일본인들은 신라를 시라이(白木), 즉, 하얀나무라는 뜻으로도 표기했는데 신라인들이 백화(白樺, 자작나무)를 숭배하는 것을 보고 그렇게 이름 붙인 것으로 추측한다. 고구려 고분벽화에도 나무가 그려져 있는 것으로 볼 때 우주목, 세계수 사상이 일찌감치 자리 잡았음을 알 수 있다(김병모, 1998). 천마총에서 출토된 천마(백마)와 자작나무(껍질) 숭배에 관한 코벨(김유경, 1999)의 연구를 보면, 시베리아에서 왕이 죽으면 말도 함께 순장되었음을 상기시키면서 천마도는 천마의 마력을 빌려 천계에 다다르려 한 샤먼왕의 소원을 보여주는 것이다. 자작나무는 알타이 시베리아 무속에서 신성시되는 우주수로서 시베리아로부터 한반도에 유입되었고 현대 무당들은 흰종이를 오려 만든 자작나무를 굿에서 사용하고 있다. 자작나무 숭배는 금제 고배(高杯)에도 나타나는데 금잔 테두리에 자작나무잎을 형상화한 7개의 둥근 금관을 매달아 장식하였다. 황금색의 금관은 태양의 화신을 자처하는 왕을 더욱 빛나 보이게 하고 광휘롭게 치장해준다고 주장한다.

알타이 시베리아, 산기슭에 하얗게 펼쳐진 자작나무숲을 배경으로 백마를 타고 광활한 초원지대를 질주하던 백마숭배와 백화(白樺) 자작나무 신수 사상이 한반도로 밀려들어와 신라사회를 지배한 사실을 신라금관과 천마총을 통해서 알 수 있게 한다. 백마와 자작나무를 그 만큼 신성시하였다는 의미이다. 알타이 유목민은 기마민족을 대표하며 그들이 신성시하던 백마가 천마총 천마의 백마로 신라에 출현한 것이다. 장니에 그린 그림도 하얀 자작나무 껍질[16]에 그려져 있다. 또한, 신라금관의 수엽(樹葉) 모양은 원형과 나뭇잎의 아래 끝이 뾰족한 심엽형(心葉形)인데 금관에만 달려있는 수엽은 신라인이 숭배하던 나무 중 백화나무(白樺樹, 자작나무)의 이파리

---

16) 박상진(2004)은 천마총의 장니 재료는 자작나무보다는 사스래나무나 거제수나무일 가능성이 더 크다고 본다. 자작나무는 더 추운 지방에 살고 거제수나무나 사스래나무는 신라의 풍토에서 흔히 발견되는 나무이며 껍질의 특성도 별 차이가 없기 때문이다. 안병찬(2014)은 천마도 장니(天馬圖障泥)에 관해 제작방법과 천마의 보법(步法)에 관해 분석적으로 자세하게 논구하였다.

를 본뜬 것으로 여기고 있다. 실제 시베리아의 백화나뭇잎은 단풍이 들면 황금색으로 변해 금제수엽(金製樹葉)과 똑같은 모양을 하고 있어서 더욱 그렇게 생각된다(김병모, 1998). 그런데 신라금관의 모습에서 샤먼의 우주 수를 발견한 것은 놀랍게도 약 90여 년 전에 헨체(Hentze, C.)라는 유럽인이 었다. 그는 경주와 양산에서 출토된 금관총을 대상으로 연구하여 1933년에 〈Ostasiatische Zeitschrift〉(동아시아 잡지)에 기고하여 주목을 받았는데 금관 의 나무모양 장식(樹枝形 금관)은 시베리아 제민족의 생명수(Lebensbaum) 또는 세계수(Weltbaum)와 뚜렷이 유사한 계통이며 심지어 예니세이(Yenisei) 샤먼의 그것과도 유사함을 주장하였다(Hentze, 1933[17]; 조흥윤, 2003). 신라 인들은 왜 이렇게 백색의 자작나무를 신성시하였을까? 북방에 살던 유목 기마민족의 후예이기에 그러한 풍속을 한반도 신라땅으로 들여와 간직한 것이 확실하다.

5) 소결: 백의호상과 자작나무

이상 신단수와 관련된 자작나무, 백두산 정상부의 백색 배경과 자작나무 분포, 알타이 시베리아 유목 기마민족의 자작나무 신수사상, 백마 숭배, 천마 총 장니, 자작나무 수지형을 본 딴 신라 금관의 비밀 등을 통해서 한민족이 자작나무를 숭상하였다는 것을 확인할 수 있다. 그런데 무속에서 자작나무는 인간(巫, 영혼)이 하늘과 소통하거나 神(천제)이 강림하는 곳으로서 하늘과 연결되고, 하늘과 연결된다는 것은 곧 태양과 연결되는 것이다. 자작나무는 결국 겉모습에 있어서나 태양(하늘)과 연결된다 라는 상징에 있어서나 백의 와 관계된다. 자작나무 무속신앙이 백의와 관련된다는 것은 전완길(1983)의

---

17) Hentze와 Yenisei: 최근 베를린 잡지사로부터 Hentze의 원문을 어렵게 입수하여 내용을 보완할 수 있었음을 밝힌다. 예니세이는 시베리아 바이칼호에서 북극해(Kara sea)로 흘러가는 강으로 3,487km에 달하는데, 나뭇가지 모양(樹枝形) 금관 장식이 이 지역 일대 시베리아 샤먼이 상징하던 신수인 생명의 나무, 세계수의 모양과도 유사하다고 주장하고 있다.

연구에서 극명하게 나타난다. 그는 특히 알타이족의 신화와 무속을 연구하여 백의호상 풍습의 연결고리를 구명하였는데 내용을 정리하면 아래와 같다;

　시베리아 북부에 거주했던 야쿠트족의 고대 신화에 의하면 원초의 인간은 흰 사람이다. 하느님이 창조한 첫 인간은 하얀 색의 사람이었는데 숨을 불어 넣어 산 사람이 되어 세상을 구경하며 다녔다. 돌아다녀 본 산 꼭대기는 온통 하얗고, 젖빛의 호수, 젖빛의 비, 사방이 온통 백색 투성이었다. 생명의 나무가 짝 지어준 처녀로부터 흰 젖을 먹고 지혜와 힘을 얻었다. 이처럼 고대 알타이인들은 태초의 세상이 백색으로 이뤄졌다고 믿었다. 또한, 내몽고 거주 흉노족은 흰 늑대와 흰 사슴을 신성시하였는데 백색동물을 비롯하여 백색사물을 신성시하는 것은 야쿠트족, 여진족, 만주족에게 공통으로 나타난다(기마민족의 백마 숭배는 앞절에서 정리한 바와 같다).

　좀더 관심을 가지고 주목할 점은 샤먼의 입무의식(入巫儀式)에 등장하는 자작나무의 존재와 역할이다. 알타이 타타르족의 최고신은 日光(태양)이다. 샤먼이 되려면 입무의식을 갖는데 우선 한 그루의 자작나무 밑에 공물을 준비하고 백 샤먼은 나뭇가지에 백색과 청색 리본을 단다. 또한 아홉 그루의 자작나무를 준비하여 세 그루씩 흰 말털 밧줄로 묶은 다음 백색, 청색, 황색 순으로 리본을 맨다.[18] 이 리본은 무지개 곧 샤먼이 영의 나라인 천계(天界)로 가는 길이다. 이러한 준비가 되면 샤먼이 될 견습생과 샤먼의 아들들은 흰옷으로 단장한다. 이렇듯 신화와 무속에 나타난 백인과 백색동물 존중이 백의호상의 연원이 되었다고 주장한다.

　선택된 수목으로서 신성한 백색의 자작나무는 입무의식 현장에 임재하며, 흰옷을 입은 샤먼이 신을 만나러 백광(천계)으로 들어가는 통로 역할을 함으로써 엄중하고 중요한 위치를 차지한다. 이처럼 알타이어족은 백광을 최고의 신으로 받들고, 원초의 인간이 흰 사람이라 믿었으며 흰색의 자작나무를 신성시하였다. 따라서 백색동물과 백색사물, 그 중에서도 백색의 자작나무를

---

18) 최남선의 〈살만교차기〉에는 백색, 청색, 빨강색, 황색으로 리번을 맨다라고 되어 있다(전성곤, 2013. 144쪽이하).

신성시하여 고대 알타이인들, 특히 한민족은 백의호상의 풍습을 지니게 된 것으로 보인다. 한민족에게 흘러들어온 자작나무 신수사상은 엄청난 상징적 의미를 지니고 있으며 힘이고 에너지로서 백의호상에 커다란 영향력을 끼쳤을 것이라는 점을 부인할 수 없을 듯하다. 우리 민족이 원초적 시원지에서 출발하여 한민족으로 형성되어 오기까지 지나온 일련의 지역들은 자작나무가 공통적으로 넓게 분포하고 신성시되어온 지역이다. 이처럼 분명하게 눈에 들어오는 하얀 자작나무숲 환경이 백의호상의 풍속에 영향을 끼친 것을 자연스럽고도 당연한 결과로 받아들일 수 밖에 없을 듯하다.

6) 유사사례

남미 콜롬비아 북쪽 산타 마르타(Santa Marta)의 시에라 네바다 산맥 (5,775m)에 독특한 복장을 갖추고 살아가는 부족들이 있다. 아루아코 (Arhuaco), 코기(Kogi), 위와(Wiwa), 칸크와모(Kankwamo) 원주민이 그들이다. 아루아코를 비롯한 이들 원주민들은 원래 사바나 평지에 살고 있었지만 스페인이 점령하면서 피난해야 했다. 그들이 택한 주거영역은 조상으로부터 물려받은 삶의 방식과 전통을 지킬 수 있는 시에라 네바다의 높고 험준한 산악지대였다. 특히 아루아코 족은 매우 영적(靈的)인데, 세상에 대한 인식은 자신들의 영토인 시에라 네바다가 세계의 심장부라는 생각에 기초하고 있다. 이들이 말하는 세계는 신성한 조상의 땅을 에워싸고 있는 보이지 않는 "검은 선"(línea negra)에 의해 둘러싸여 있으며 다른 영역과 구분되어 있다. 더 나아가서 아루아코 원주민은 자신들을 세계를 균형있게 지키는 사명을 지닌 세계의 '兄'(old brother)으로 간주한다. 이런 생각에서 그들 지식의 바탕은 바로 자신들의 영토이며 그것이 자신들의 문화를 발전시킬 수 있는 환경 (setting)을 형성한다고 믿는다(IWGIA, 2020).

이들 원주민에게서 발견되는 주목할 만한 풍속은 흰옷을 입는다는 사실이다. 특히 아루아코 원주민과 코기 원주민은 전통의상으로 흰옷을 입는다. 남녀노소 가리지 않고 아래 위 모두 흰옷이다. 남자들은 흰 모자를 쓴다. 흰옷을 입는 풍습은 어디서 온 것일까? 그들은 태양을 숭배하며, 태양은 광명이고 흰빛을 상징하여 흰빛을 동시에 신성시하게 여긴다. 지식의 바탕이 영토라고 믿는 그들이 사는 곳은 높은 산악지대이다. 고산의 영토, 높은 산악지대에 자주 볼 수 있는 것은 흰눈 내리는 기상 현상으로 흰 눈이 흰옷을 입는 풍습을 형성하게 된 것이다. 특히 코기 원주민은 모두 오로지 순백의 흰옷을 입는데 흰색은 위대한 어머니이자, 곧 자연의 순정(純正, purity)을 대변하는 것으로 믿고 있다(WIKIPEDIA, 2020). 앞서 최남선은 태양을 숭배하는 민족은 죄다 흰빛을 신성하게 알고 흰옷을 입는다는 의견을 인용하였다. 한민족과 아루아코족, 코기족의 백의호상하는 동일한 현상에서 태양숭배, 흰색환경 등의 공통점으로부터 백의호상이 시작된 배경의 동질성을 엿볼 수 있다.

7) 북유럽의 자작나무 숭배

유럽에서 마지막 빙하기가 끝나고 식물들이 소생하기 시작하였는데, 얼음이 물러간 황무지에 제일 먼저 나타난 식물 무리는 장미과의 관목인 드리아스 옥토페탈라(*Dryas octopetala*)이다. 이어서 교목으로 자작나무 시대가 가장 먼저 자리를 잡았으며, 뒤를 이어 소나무시대, 개암나무-참나무시대로 이어진다(Hilf, 1933). 유럽이 북반구의 북쪽으로서 어떻게 빛의 神, 하얀신(白神)과 자작나무숲의 집이 되었는지를 아는 것은 어렵지 않다. 자작나무가 밤이 없이 여름철에 6개월이나 살아남으며, 낮이 없이 얼어붙을 듯한 혹한의 겨울 추위에 6개월을 살아남는다는 것을 알게 될 때 존경을 표하지 않을 수 없다. 유럽뿐 아니라 북방, 우리나라에서도 자작나무를 겨울에 강한 나무로 부르는데 의심할 사람은 없을 것이다.

위와 같은 배경에서 북구의 사람들에게 자작나무는 봄과 생명력의 상징이다. 마이바움(Maibaum, Maypole) 형상에서는 자작나무는 싹트고 소생하는 사랑이며, 건강하게 하고 풍요롭게 하며 마법을 막아주는 생명의 나무이다. 홍수에서 세상을 구원한 나무로도 알려져 있다. 게르만인들에게 자작나무는 성스러운 나무이며, 사랑과 다산의 여신이자 북유럽 최고의 신 오딘의 아내인 프리가(Frigga)이기도 하다. 경이와 마법으로 곤경에서 구하는 나무로도 알려져 있고, 아이들을 일깨워서 지혜롭게 가르치는 현자를 상징하는 나무로도 알려져 있다. 자작나무는 겉으로 유연하고 멋진 모양새를 자랑하지만 체벌(birch)의 뜻도 있고 자작나무에 악령의 혼이 깃들어 있다고 하여 자작나무 가지를 묶어 체벌(birching)을 가하기도 하였다. 여러 가지 약효가 알려져 있고 잎과 꽃을 이용하여 차를 끓여 먹기도 한다(Hageneder, 2014; Kremp, 2012, Laudert, 2004; Ulmer, 2006).

자작나무는 사랑의 나무, 생명의 나무, 행운의 나무이다. 그러나 가장 뚜렷한 상징적인 의미는 빛, 신년, 새출발에 있으며, 그러한 이유로 5월의 메이폴 축제에서는 '봄의 부활(新春蘇生)의 표상'으로 옛 전통에 따라 오월의 나무는 자작나무(Maypole)이다. 새로 태어난 아이의 요람은 옛 풍속에 따라서 자작나무를 사용하여 만든다. 옛날 유럽에서 5월 메이폴 축제 때 젊은 청년들이 연인의 집 앞에 자작나무 가지를 갖다 놓으면 사랑을 고백하는 것이고 혼인서약의 암시였다(Ortner, 2015)고 하여 사랑의 나무라고 불리는 배경의 하나로 짐작할 수 있다. 로마에서 집정관이 새로이 임명되면 신임 집정관 앞에 자작나무로 된 12개의 목봉(木棒)을 가져와서 이들을 자작나무 가지로 묶어서 집정관의 속간부(束竿斧)[19]를 만들어 사용하였다고 한다.

---

19) 속간부(Liktorenbuendel, 束竿斧): Liktor란 고대 로마시대 때 집정관이 임명되면 속간부를 짊어지고 집정관의 앞장을 서는 사람을 말한다. 이 때 그가 짊어지고 가는 속간부는 12개의 자작나무(막대기)를 자작나무 가지로 동여매어 만든 묶음 가운데에 도끼날이 나오도록 만든 것을 말하며 이것은 권위를 상징하는 권표(權標)이다.

고대 아일랜드에서 '학문의 어머니'가 알파벳을 관장하였는데 첫 번째 문자가 'beth'의 b였다고 한다. 흥미롭게도 이 단어의 뜻은 자작나무인데 아일랜드 옛알파벳의 시작도 자작나무여서 상호 통하는 점을 찾을 수 있다. 또한 주일 명칭에서 1주일의 시작은 일요일(Sunday)인데 태양은 곧 빛(light)이므로 자작나무를 의미하므로 1주일도 결국 자작나무로 시작함을 알 수 있다(Graves, 1975)[20].

켈트족에게 자작나무는 특별하고 신성한 나무였는데 13개월로 짜여진 나무달력에서 제일 첫 번째 달이 자작나무 달로서 12월 24일~1월 20일에 해당한다(Ortner, 2015). 또한 6월 24일로 여름을 상징하는 나무였고 태양빛을 좋아하는 빛의 나무이고 개화와 낙화의 '중간(Mitte)'을 상징하는 나무이다(Kuratorium Wald, 1997). 여기에서 자작나무를 빛의 나무로 부르고 하지 3일 후인 6월 24일에 기념하는 것이다. 이것은 기독교인들이 동지 3일 후 성탄절을 거룩한 날로 기념하는 것과 같다. 이것들은 켈트족의 나무달력에 자작나무를 6월 24일로 지칭한 데서 비롯된 것으로 보인다. 한편, 자작나무가 켈트족에게 권위를 상징하는 특별한 나무였음을 할슈타트(Halstatt) 문명시대에 묻혔던 미라를 통해 알게 되었다. 발굴된 미라를 분석해보니 머릿부분에 자작나무로 만든 삼각형 모양의 모자를 씌운 것이 발견되었는데 높은 지위에 있는 사람한테 사용한 것으로 추측하고 있다(Ortner, 2015).

러시아 정교에서는 삼위일체축일(Trinity Sunday, 성부·성자·성령 축일)에 자작나무 가지로 만든 지엽화환을 만들어 장식하며, 리투아니아에서는 오월축제(Maypole fest) 때 자작나무 가지로 둘러싸인 예쁜 소녀가 축제의 일환으로 잘 장식된 메이폴 장대 사이에 서 있도록 한다. 독일에서 성령강림절 축제 때에는 자작나무 잎이 달린 가지를 꼬아 줄처럼 길게 장식된 화환을 도시 입구에 있는 두 그루의 자작나무에 걸쳐놓아 악령의 출입을 막도록

---

20) 1주일의 순서와 천체, 나무: 일요일(Sun, 자작나무), 월요일(Moon, 버드나무), 화요일(Mars, 호랑가시나무), 수요일(Mercury, 개암나무/물푸레나무), 목요일(Jupiter, 참나무), 금요일(Venus, 사과나무), 토요일(Saturn, 오리나무)(Graves, 1975)

하였다. 자작나무는 웰빙의 나무이며 악령으로부터 생명의 보호와 부활 등의 의미로 사용하고 있다(Lewington, 2018).

영국에서는 자작나무가 새싹을 틔우는 시기 즈음인 4월 1일에 새해 영업을 시작한다. 스칸디나비아 지방에서는 자작나무의 새잎이 한 해 농사의 시작을 알리는 것을 의미한다. 농부들이 여름 수확용 밀의 파종 시기를 라일락을 제외하고 숲에서 가장 먼저 새잎을 싹 틔우는 자작나무 잎이 돋아나는 때에 맞추기 때문이다. 동방에서 자작나무는 전조(前兆)의 표상이고, 핀란드, 리투아니아, 폴란드에서는 국가 식물상징으로 숭배한다. '빛의 미사'라 불리는 성촉절(聖燭節)[21]은 매년 2월 2일에 자작나무 촛불을 들고 행진하는데, 이날은 농부들에게 한 해 농사 살림을 시작하는 날로서 자작나무-성촉절과 더불어 '빛의 부활'을 기념하게 된다.

성촉절 전날인 2월 1일은 성 브리기테(독어 Brigitte, 영어 brigid)를 추모하는 날로 기념한다. 원래 이 말은 인도 · 게르만어인 bhereg(빛의 발광체, 자작나무의 어원)라는 말에서 유래했는데 5세기에 아일랜드에서 살았다고 하며 본디 켈트족에게 부활의 신이었다. 뿐만 아니라 자작나무는 사랑의 여신, 농업의 신, 아프로디테, 비너스로도 불리고, 하얀 여신(White goddess)의 성육신한 나무라고도 전해온다. 또한 옛게르만의 룬 문자 중 모성, 젖가슴, 보호 등의 의미를 지닌 Berkana의 대모(代母)라고도 한다(Hageneder, 2014; 2005). 핀란드는 전체 산림의 8.3%가 활엽수림인데 그중 7.5%가 자작나무숲이며 자작나무를 숲을 지키는 신성한 영혼으로 상징하여 신성시한다(김기원, 1995).

이처럼 거의 모든 유럽 지역에서 축제와 일상 삶터에서 등장하는 자작나무의 모습을 보면 신화적 선조들이 신성시하였던 자작나무를 민속 문화축제를 통해 재현함으로써 과거와 현재와 미래를 살아 숨쉬는 생명의 숨결로 잇고 있는 것을 본다.

---

21) 카톨릭에서 성모의 순결을 기념하여 자작나무 촛불을 들고 행진하는 기념일을 말한다.

5. 한민족은 숲의 후예, 자작나무는 한민족의 시원문화코드

생물은 환경에 적응하며 살아간다. 인류는 가장 살기 좋은 땅을 찾아 삶의 터전을 닦고 환경에 적응하면서 살아왔다. 인류 문명의 발자취가 그것을 말해준다. 그렇기에 삶을 살아가며 형성된 문화를 구성하는 개개의 양식(樣式)은 환경의 영향을 받을 수 밖에 없다(최태만, 1998). 신화도 인류 문화의 큰 틀에서 보면 하나의 양식이라고 볼 때, 주어진 환경에서 살아가면서 발견한 자연현상이나 사회현상의 기원과 질서를 설명하는 이야기이며 그렇게 발생한 신화는 사회통제의 기능을 가장 중요한 기능으로 지닌다(장덕순 외, 2012). 그래서 말리노프스키(Malinowski)가 주장하듯이 신화는 풍속을 고정시키고, 행위의 모범을 설정하고, 어떤 제도에 위엄과 중요성을 부여하는 규범적인 힘을 가지게 된다[22].

아득한 옛날, 무속이나 신화의 기원으로부터 시작된 백의호상이 한 부족의 풍속으로, 더 나아가서 한민족 전체를 백의호상, 백의민족으로 일치시켜 오랜 세월 동안 행위의 모범을 설정하여 왔다. 모든 것이 급변하는 현대에 와서 비록 일상에서 옛날처럼 일치된 백의호상의 습관은 사라졌지만, 때때로 민족정신을 고취하거나 민족 고유의 역사성이나 민족성을 일깨우고자 할 때 "백의민족"은 여전히 권위와 위엄을 부여하는 규범적인 힘을 발휘하는 현상을 본다. 백색은 순결, 순수, 청렴을 의미하므로 흰빛을 숭상하는 것은 순결, 순수, 청렴의 정신을 지향하는 것이고, 백색 흰옷은 그 자체로 긍지이고 자랑이며, 흰옷 입은 백의민족은 그것으로 우리 민족을 하나로 결집시키는 응집력을 갖게 한다. 이렇듯 우리 민족에게 행위의 모범, 위엄과 중요성을 부여하고 규범적인 힘을 발휘하는 백의호상이나 백의민족이라 불리게 된 배경에 자작나무가 있었음을 확인할 수 있었다. 하지만 자작나무가 이렇듯

---

22) Malinowski, B., "In Tewara and Sanaroa-Mythology of Kula", ed., Robert A. Georges Studies on Mythology, p. 99.(장덕순 외, 2012.에서 재인용).

민족의 삶을 지배할 정도로 중차대한 역할을 하였음에도 주변을 돌아보면 여러 가지 아쉬운 점이 남는다.

자작나무는 마지막 빙하기가 끝나고 얼음덩어리가 물러갈 때 북쪽으로부터 나타난 첫 번째 생물종에 속하는 나무 중의 첫 번째 교목이다. 혹독한 기후조건을 견뎌온 강인한 나무이며 종류도 다양하여 분포지역이 매우 넓다. 스칸디나비아를 뒤덮고, 우랄산맥을 넘어, 알타이, 시베리아, 만주, 백두산에 이르기까지 지구의 북반구는 거대한 흰 띠를 펼쳐 두른 듯 자작나무의 세계를 형성하고 있다. 이 거대한 백화 자작나무 수해(樹海)의 물결을 타고 흘러내린 자작의 신수(神樹)들이 때로는 하늘로부터 내려오고, 때로는 기나긴 여정으로 땅으로 전해져 백두산에 이르고 백두대간을 타고 긴 행렬을 이루며 백마를 타고 한반도 남으로 내려왔다. 그 과정에서 자작으로 우주와 소통한 무속과 신화의 신성한 현상에서 흰옷 입기를 시작하고 즐겨해 온 백의호상이 풍속으로 고착되고, 기나긴 여정과 세월 속에 어느덧 한민족을 백의민족으로 불려지게 한 것이다. 백의민족 한민족이 삶의 여정을 자작나무와 함께 해왔음을 확인할 수 있었다. 자작나무는 우리 민족정신의 시원이었고 백의민족을 형성하게 할 정도로 삶을 지배하여 왔으니 이쯤 되면 자작나무는 우리 한민족의 시원문화코드(The original culture code)이고 한민족 문화코드의 원점 역할을 하는 나무라고 말할 수 있다. 이런 의미에서 자작나무 문화는 한민족의 문화원형이다. 뿐만 아니라, 한민족은 건국신화를 통해서도, 민족정신인 백의민족의 유래를 통해서도 늘 나무와 숲과 함께 하여 왔으니 한민족은 숲의 후예(後裔)이다. 하얀 자작나무를 신성시하여 왔으니 민족은 순결, 정의, 정직, 청렴을 사랑하고 숲의 후예이니 자유와 평화를 존중한다.

이렇듯 유럽 민족에 있어서나 한민족에 있어서 자작나무는 물질적으로나 정신적으로 규범을 이뤄왔고 위엄을 지니게 하면서 삶과 문화를 형성하게 한 중요한 역할을 해 왔다. 말하자면 자작나무는 북반구 문화의 신경망이고 공통 문화 코드인 셈이다. 그 흔적을 유럽에서 현재도 계절마다 절기마다 각종 축제로 이어지고 있는 행사에서 잘 발견할 수 있다. 하지만, 민족의 시원지이고 백의민족이라는 호칭이 자작나무로부터 시작되었음에도 우리는 오늘날 자작나무와 관련된 문화를 일상에서 되살리지 못하는 안타까움이 있다. 일상에서 문화축제로 발전시킬 수 있는 요소는 얼마든지 있을 것이다.

자작나무가 우리 민족의 백의호상과 관련하여 어떤 특별한 인연이 있을 것이라는 막연한 호기심을 가지고 추적해 본 것이 여기에 이르게 되었다. 백의민족의 시발점이 자작나무라는 커다란 수확을 얻기도 하였지만, 중요한 의미가 있는 한민족 문화코드 자작나무를 오늘에 되살리지 못하는 아쉬움도 발견하였다. 자작나무 문화기획을 수립해야 한다. 자작나무는 품질과 쓰임새가 매우 우수하므로 우선적으로 진행해야 할 사업은 품종을 개발하고 자작나무를 전국적으로 많이 심어 자작나무숲을 확대해야 한다. 자작나무 문화를 발굴하고 상품으로 개발하는 등 자작나무 문화기획을 심층적이고 적극적으로 검토할 것을 제안한다. 그리하여 사라진 한민족의 자작나무 문화 코드(code)를 잇고, 다시 한민족이 사계절 자작나무 빛깔처럼 아름답고 우아하게 한 목소리로 자작나무 문화 코드(chord)를 보여줄 수 있기를 기대한다. 이에 관한 제안은 제14장에서 이어진다.

제4장

국토의 형성과 숲

1. 국토 형상: 백천마상(白天馬像)

가. 한반도 형성

1) 30억 년 전 시생대 편마암

한반도의 현재 모습은 언제 어떻게 형성된 것인가? 한민족의 삶터이고 우리 숲이 위치한 곳이기에 그 탄생과 형상의 역사는 흥미로운 주제가 아닐 수 없다. 하지만 지질적 지형적 지리적으로 얽히고설킨 매우 복잡한 내용을 담고 있다. 이 책에서 자세하게 다뤄야 할 내용은 아니기 때문에 전문 문헌을 참고하여 한반도 지형형성 과정을 한눈에 알아볼 수 있도록 표와 지질도를 중심으로 간단히 살펴보도록 한다.

제1장에서 우주와 지구의 탄생과정을 자세하게 살펴보았다. 활활 타던 가스 덩어리가 식고 암석으로 굳어서 지구라는 천체가 태어났다. 어느 지역이 언제 생겨났는지 알 수 있는 데에 가장 중요한 단서를 제공하는 것은

113

암석이다. 지역에서 발견된 생성 연대가 가장 오래된 암석이 그 지역의 탄생 연대를 알 수 있게 한다. 암석은 겉보기에 평범한 돌맹이 같아 보이지만 흥미로운 지질정보를 지니고 있다. 시간과 공간의 정보, 광물 정보뿐만 아니라, 동식물의 정보도 담겨있을 수 있다. 그들 정보를 통해 암석의 생성 연대를 추측할 수 있게 한다. 지구 46억 년의 역사에서 한반도 지질시대에 따라 어느 지역에 어떤 종류의 암석이 존재하는지를 알면 한반도 전역이 어떤 시대에 탄생하였는지 지질 역사를 파악할 수 있을 것이다.

그런데 지구는 생성 역사가 길고, 그 기간에 여러 번의 지각변동, 대륙이동, 화산활동, 기후변화, 환경변화 과정을 겪었기 때문에 다양한 암석이 존재한다. 한반도 또한 유사한 과정을 거쳤기 때문에 여러 종류의 암석이 존재한다. 더구나 상대적으로 좁은 국토인데도 여러 번 지질 현상을 겪어서 복잡한 지질구조를 지닌 곳이기에 매우 다양한 암석이 분포한다. 한반도에서 가장 오래된 암석은 약 30억 년 전 시생대에 형성된 편마암으로 우리 국토의 형성 시기를 짐작할 수 있다. 당시부터 현재에 이르는 여러 지질시대의 암석이 다양하게 망라되어 있을 정도로 복잡한 지질사를 거쳐왔다는 것을 알 수 있으며, 이런 이유로 한반도 땅덩어리 자체를 훌륭한 자연사 박물관이라 일컫고 있다.[1] 암석은 지형의 탄생과 변화 과정을 파악하는 데에 도움을 주므로 지역의 역사를 쉽게 이해하는 데에 크게 기여한다. 따라서 암석에 관한 기초 지식을 알고 있으면 지질 특성을 파악하고 지형과 지역을 이해하는 데에 많은 도움을 받을 수 있다. 암석은 한 지역을 고증하는 산증인이다.

암석은 크게 화성암, 퇴적암, 변성암으로 구분한다. 화성암은 마그마가 굳어서 생성된 암석으로 비교적 지하 깊은 곳에서 굳은 심성암(화강암, 섬록암, 반려암)과 지표 가까운 깊이나 지표면에서 굳은 화산암(현무암, 조면암, 안산암, 유문암)으로 나뉜다. 퇴적암은 지표에 있던 암석이 대기 등 기상요소

---

1) 이우평, 2007, 한국지형산책. 서울: 푸른숲. 340~355쪽.
  정창희, 1997, 한반도는 어떻게 형성됐나. 김정배 외 46인 원저 〈한국의 자연과 인간〉. 서울: 우리교육. 62~72쪽.

와 물(유수), 중력에 의해 풍화와 침식으로 깎여 물과 바람과 중력과 빙하에 의해 이동하여 퇴적하여 생성된 암석으로 이암, 사암, 역암, 석회암 등으로 구분한다. 변성암은 퇴적암이나 지표 얕은 곳에 생성된 화성암이 지하 깊은 곳으로 이동하여 높은 열과 압력을 받아 원래 지닌 성질과 구조가 다른 새로운 암석으로 변화된 암석을 말한다. 열과 압력 강도에 따라 다양한 특성의 암석이 생기는데, 이암은 압력과 열 온도가 높아짐에 따라 점판암 → 천매암 → 편암 → 편마암으로 변한다. 이외 변성암으로 사암이 변한 규암, 석회암이 변한 대리암이 있다. 한반도의 암석은 대체로 변성암 약 43%, 퇴적암 19%, 화성암 38%(심성암 28%)로 구성되어 있다.[2)

2) 한반도 지형형성 과정 : 호주 대륙에서 이동해 온 남쪽 지괴

특정 지점에 특정 암석(지층)의 분포는 암석이 형성된 지점(지층)의 어느 시점을 말해준다. 그런데 그 암석이 존재하는 지점(공간)에 그 암석이 어떻게 존재하게 되었는지, 말하자면 원래부터 있었는지, 아니면 다른 곳으로부터 이동한 것인지 관해서는 다른 설명이 필요하다. 그런 암석이 모여서 지형을 형성하는데 여기서는 우리가 숲을 벗하며 살아가는 한반도의 현재 지형은 언제 만들어졌는지에 관한 의문을 풀어보고자 한다.

〈표 4-1〉은 여러 관련 문헌을 참고하여 작성한 것으로 지질사별 한반도 지층형성(암석분포)과 지각변동 과정을 보여주고 있다. 표에서 보듯이 현재 한반도의 모습이 형성된 것은 고생대 말기~중생대 초기에 해당하는 시기(※ 표시 부분)로 그 이전에는 다른 모습이었음을 말해주고 있다. 그렇다면 한반도는 어떤 과정을 거쳐서 오늘날과 같은 모습을 갖게 된 것인가? 우리 국토지형은 일시에 만들어진 것이 아니고 여러 개의 지괴(땅덩어리, 육괴)가 시차를 두고 서로 충돌하여 형성된 것이다. 한반도 지형형성을 설명하는 지괴충돌

---

2) 권동희, 2012, 한국의 지형(개정판). 파주: 도서출판 한울. 110~111쪽.

표 4-1. 지질시별 한반도 지층형성(암석분포표)과 지각변동 과정

상대연대 구분			절대연대 (B.P*) (년)	기후환경	주요지층	지형형성 현황	비고(세계 지질사)
이언 Eon	대(代) Era	기(紀)/세(世) Period/Epoch					
		원시지구	38(35)~46억				
은생이언	시생대 Archeozoic	선캄브리아기** Precambrian	25.0-38(35)억		선캄브리아대 지층군 퇴적변성암 (편마암, 편암)	평북·개마지괴, 경기지괴, 영남 (소백산)지괴 ※한국 최고 암석 존재	아프리카 등: 최고암석(>26억년) 조산운동 시작
	원생대 Proterozoic		5.7-25.0억				칼레도니아·킬라네·전 조산운동
현생이언	고생대 Paleozoic	캄브리아기 Cambrian	5.7-5.05억		조선누층군 (석회암)	평남지향사, 옥천지향사, 석회암층 형성	이끼
		오르도비스기 Ordovician	5.05-4.38억				
		실루리아기 Silurian	4.38-4.08억		대결층		상부: 표실물퇴적류·하등등양치식물·육상식물. 육상동물도 출현
		데본기 Devonian	4.08-3.60억			조륙운동(해퇴)으로 한반도 육지화(건륙화)	바리스칸 조산운동 시작·어류시대, 최초 육상동물 출현 상부: 소형양치식물
		석탄기 Carboniferous	3.60-2.86억		평안누층군		4대 양치식물: 노목(속새류), 인목, 봉인목, 고다이트 등지 름 1~1.5m, 높이 30~50m 이상. 고온다습한 기후 / 침묵이
		페름기 Permian	2.86-2.45억			석탄층 형성 송림조산운동(松林변동) 지괴(낭림, 경기, 영남 등)중동 ※현재의 한반도 형성	소철 등장
	중생대 Mesozoic	삼첩기 Triassic	2.45-2.08억				원시포유류, 은행나무 등장 / 金
		쥐라기 Jurassic	2.08-1.44억		대동누층군	대보조산운동(매봉화강암관입, 라오동, 중주방향구조선 발달)	알프스 조산운동 시작

표 4-1. (계속)

이언 Eon	대(代) Era	기(紀)/세(世) Period/Epoch	절대연대 (B.P*) (년)	기후 환경	주요지층	지형형성 현황	비고(세계 지질사)
현생이언	중생대 Mesozoic	백악기 Cretaceous	1.44-0.664억	고온 다습	경상누층군	화산활동 불국사조산운동, 화강암관입 경상분지	플라타너스 등 꽃피는 식물의 시대
	신생대 Cenozoic	제 3 기 효신세 Paleocene	66.4-57.8백만				
		시신세 Eocene	57.8-36.6백만	고온 다습	제3기층	화산활동 동해 형성 시작	
		점신세 Oligocene	36.6-23.7백만			경동성 요곡운동-지반융기 1차 산맥형성(한국 방향 태백산맥, 낭림산맥 등(한국서쪽 지형) 두만지괴, 길주·명천지괴	알프스 조산운동 종료
		중신세 Miocene	23.7-5.3백만				
		선신세 Pliocene	5.3-2.6백만				-猿人, 前人: 도구 사용 -도구 제작 사용
		제 4 기 홍적세 (갱신세) Pleistocene	259-1.2만	한랭 습윤	제4기층	방하, 주방하 작용·해수면변동 화산활동(백두산, 개마고원, 제 주도, 울릉도, 독도, 철원·평강 용암대지 형성)	방하시대 시작 중기-후기- 구석기시대
		중적세 (현세) Holocene	1.2만(0.8)~4700	온난 습윤		2차 산맥형성	중석기시대/수렵채취시작
			4700-2000			낙동강삼각주, 갯벌 형성	신석기시대/식량생산
			2000-현재				청동기시대/高文化의 시작
							철기/전자시대

* Before Present의 약자(1950년을 기준으로 지금으로부터 몇 년 전)

자료: 이우평, 2010, 한국지형산책; 권동희, 2012, 한국의 지형; 김기원, 2004. 숲이 들려준 이야기 참고. 저자 재구성.

이론은 두 가지이다. 하나는 3개 지괴 충돌이론이고, 다른 하나는 2개 지괴 충돌이론이다.

3개 지괴 충돌이론에 따르면, 한반도는 선캄브리아기에 낭림지괴, 경기지괴, 영남지괴의 3개 지괴가 상호 다른 지괴로 분리된 채로 존재하였고 지괴 사이는 얕은 바다로 채워져 있었다. 시간이 지나면서 지괴가 서로 이동하고 충돌하는 과정을 겪으며 합쳐져서 오늘날과 같은 모습의 한반도 형상을 이루게 되었다는 이론이다. 완성된 시기는 약 1억 8천만년 전으로 중생대 쥐라기에 해당할 것으로 추측한다.

2개 지괴 충돌이론은 남과 북 2개의 지괴 충돌이론을 말한다. 충돌 경계는 임진강대인데, 북쪽 지괴는 중국에 붙어 있었고, 남쪽 지괴는 원생대(25~5.7억 년 전) 때 호주 대륙의 서부에 위치하였다. 호주 서부에 있던 남쪽 지괴가 약 5억 년 전 고생대 초기(캄브리아기~오르도비스기) 즈음에 대륙표이설(Theory of Continental Drift)에 의해 남반구 중위도 열대 바다를 지나 북상하여 한반도 남쪽에 정착하게 된 것이다. 이와 같은 내용은 고지자기학(古地磁氣(學)의 발달에 따라 밝혀졌다. 한반도의 남쪽 지괴가 지질시대에 호주 대륙을 이탈한 후 그 먼거리를 이동하여 한반도 남쪽에 충돌하여 우리 땅을 이루고 있다는 사실은 매우 흥미롭기도 하고 숲과 관련하여 시사하는 내용이 많기에 고지자기학에 의한 한반도 형성 과정을 아래에 좀더 자세히 소개한다.

지질시대에 살던 생물은 여러 퇴적물과 함께 오랫동안 퇴적층에 화석으로 남아 당시 상황을 추측하게 하는데, 지질시대 화석 속 생물을 대상으로 연구하는 학문을 고생물학이라고 한다. 그런데 생물이 아직 나타나지 않았던 은생이언 시대인 선캄브리아시대(35~5.7억 년 전)부터 이미 지구는 자기장을 형성하고 있었고, 고생물이 퇴적층에 화석으로 남아 있듯이, 자기장의 흔적도 지층(암석)에 보존되어 지층의 형성 시대와 위치를 알 수 있게 한다. 지질시대 지층에 남아 있는 지구자기장을 연구하는 학문을 고지자기학(Paleomagnetism)이라고 한다. 용암이 지표면에 분출하면 점점 냉각하여 수

많은 결정을 이루면서 암석으로 변하는데 이들 광물 결정은 철(자철석) 성분도 함께 포함하고 있다. 자철석은 자화(磁化)될 수 있는 자성(磁性)을 지니고 있는데 낮은 온도에서 원자의 배열이 고정되기 때문에 완전히 냉각된 용암(화성암)은 냉각되는 과정에서 당시의 지구자기장에 관한 정보를 보존하고 있다. 또한 지층(퇴적층)에 가라앉는 자성을 띤 결정들은 시간이 지나면서 점점 지구 자기력선 방향으로 배열하게 되고 최후에 거의 지구자기장과 평행한 상태로 고정된다. 이때 지구 자기력선이 지표와 이루는 각도를 복각(伏角)이라고 하는데 적도는 0°, 북극(자북극)은 +90°, 남극은 −90°이다.[3]

고지자기 연구로 약 17억 년 전에 형성된 경남 산청~하동 지역의 화성암층 시료(회장암) 300개를 분석하였더니 평균 복각이 −54°로 나타났다. 이것으로 한반도 남쪽 지괴가 원생대 중기인 약 17억 년 전에 남반구 위도 35°에 위치하였으며 호주 대륙 서부에 붙어 있던 것으로 밝혀졌다. 이후 고생대 석탄기, 적도를 지나, 페름기를 거쳐 삼첩기 이후 현 위치에 도달하였을 것으로 분석한다. 〈그림 4-1〉은 이 과정을 보여주고 있다.[4]

강원도 영월, 정선, 태백 등과 평양 인근(사동)에 고생대 석탄 지층이 많이 분포한다. 석탄층 형성은 두 가지 측면에서 살펴볼 수 있다. 하나는 고생대 초기에서 중생대 초기까지 약 3억 년가량 한반도 동해안 줄기와 남쪽을 제외한 거의 대부분이 물에 잠겨 퇴적층이 발달하였으며, 이후 페름기(2.86 ~2.45억 년) 때 바다가 서서히 후퇴(해퇴)하면서 조륙운동으로 한반도 육지화(건륙화)가 진행되었다. 이 시기에 거대한 늪지대가 형성되고 석탄기에 번성했던 석송류와 양치식물의 숲들이 지하 깊이 묻혀 석탄층이 형성되었다.[5]

남쪽 석탄층 존재의 배경으로 설명할 수 있는 다른 근거는 다음과 같다.

3) 권동희, 앞의 책. 39~50.
　 김광호, 1995, 한반도는 어디서 왔을까? 한국지구과학회 〈최신지구학〉, 서울: 교학연구사. 286~322쪽.
4) 김광호, 앞의 책. 300쪽.
5) 이우평, 앞의 책. 340~349쪽.

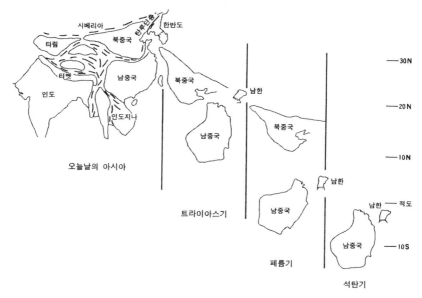

그림 4-1. 한반도 남쪽 지괴의 이동과정(자료: 한국지구과학회, 1995. 300쪽)

고생대 석탄기(3.6~2.86억 년 전) 기후가 열대~아열대 특성을 지녀 거대한 양치식물들이 울창한 숲을 이뤄 산림시대를 형성했던 사실을 간접적으로 말해 준다. 태백시에 있는 고생대박물관과 석탄박물관은 고생대 지층(석탄층 등)에서 출토된 다양한 종류의 생물 화석을 전시하고 있다. 특히 석탄기에 살았던 봉인목(封印木, Sigillaria), 코오다이트(Cordaites), 인목(鱗木, Lepidodendron), 노목(蘆木, Calamites) 등 4대 대형 양치식물 화석의 일부를 볼 수 있다. 이들 양치식물은 제1장에 언급하였듯이 지름 1m 이상, 수고 30~50m에 달하는 거목이었으며 석탄층이 분포하는 지역에 울창한 숲으로 대산림지대를 형성하고 있었을 것으로 상상할 수 있다. 지질사에서 이 시대는 어류시대를 이어서 산림시대를 맞이한 것으로 설명한다. 석탄기 시절 형성된 울창한 산림 덕분에 페름기에 석탄층이 형성될 수 있었다. 한반도 남쪽 지괴가 남쪽에 정착하기 전에 남반구 호주 대륙을 떠나 5억 년 가까이 오랜 세월 동안 서서히 적도를 건너오고 열대, 아열대 기후대를 표이(漂離)하여 왔으므로 열대성 거대한 숲의 흔적을 간직할 수 있었다. 〈그림 4-1〉에서 보듯이 석탄기 때 한반도 남쪽 지괴가 적도 부분에 위치해 있으며 그 당시에 석탄층을 형성한 석탄기 대산림이 형성되었을 가능성을 제기할 수 있다.

2·3개 지괴 충돌이론으로 이뤄진 한반도 전체 지괴의 유래와 대체적인 윤곽을 파악할 수 있게 되었다. 그렇다면 오늘날과 같은 해안과 높고 낮은 지형 형상은 언제 형성된 것일까? 지각, 즉, 지표면의 지형형성에 크게 관여하는 작용은 지층(퇴적층 등)의 침강과 융기로 일어나는 조산운동과 습곡작용이다. 한반도는 시생대에서 원생대, 고생대와 중생대 중엽에 이르기까지 큰 지각변동은 없었다. 가장 강렬하고도 중요한 지형형성 작용은 쥐라기 시대를 전후하여 3회에 걸쳐 일어난 조산운동이다. 〈표 4-1〉에서 보듯이, 삼첩기 때 松林조산운동(일명 松林변동), 쥐라기 때 대보조산운동, 백악기 때 불국사조산운동이 그것으로 이들 조산운동으로 인하여 한반도의 오늘날과 유사한 지형형상을 갖추게 되었다.[6) 중생대 초기인 삼첩기(트라이아스기) 말기 무렵의 송림변동으로 평안계와 조선계 지층이 완만한 습곡을 받았다. 중생대 쥐라기에서 백악기 전기에 걸쳐 대습곡(大褶曲)작용과 이에 수반된 역단층(逆斷層)작용이 한반도 전역에 걸쳐 일어나서 지층 구조에 큰 변화가 나타나게 되었다. 이것이 한반도 지형발달에 가장 큰 영향을 준 대보조산운동(대보운동)이며 이로 인해 쥐라기 이전의 지층들은 대부분 심한 변형을 받았고 현재와 같이 복잡한 한반도의 지형 특색이 나타났다.[7)

태백산맥과 함경산맥을 잇는 한반도의 주산맥(1차 산맥)은 신생대 3기에 나타난 경동성 요곡운동으로 지반이 융기하면서 한반도 육상 지형골격을

---

6) 松林造山運動(일명 송림변동)이란 황해도 松林市(옛 황주군)에서 이름을 따서 붙인 조산운동을 말한다(이동진 등, 2013). 대보조산운동이란 평남 대동군 대보면에서 유래한 조산운동의 명칭이다. 요곡운동(撓曲運動)이란 지층이 횡압력을 받으면 수직적으로 융기하게 되는데 융기할 때 지층이 완만하게 휘어지는 현상을 말한다. 경동성 요곡운동은 한쪽은 높게 융기하고 다른 한쪽은 넓고 길고 완만하게 휘어지는 요곡 현상으로 이 지각운동이 우리나라 동쪽은 높고 서쪽으로 완만하게 휘어지게 발달한 지형을 만들게 하였다.

7) 권동희, 2011, 조산운동. 한국민족문화대백과사전. 한국학중앙연구원.

이루게 되며, 주산맥 동편에 발달한 단층선으로 동쪽이 함몰하여 동해가 탄생하였다. 이처럼 중생대와 신생대 3기(6640~259만 년 전)를 거치면서 한반도의 지형골격이 완성되고, 이후 4기 이래 풍화와 침식을 끊임없이 겪으면서 안정 상태로 오늘날에 이르고 있다.

나. 지형 형상

한반도의 지형 기복(起伏), 즉, 산, 강, 평야 등 지형 지세를 알기 쉽게 표현한 사례로 『산경표(山經表)』가 있다. 『산경표』는 조선 후기 문신이자 학자인 신경준(申景濬, 1712~1781)이 조선의 산경(山經) 체계를 도표로 정리하여 영조 때 편찬한 지리서이다. 산경이란 산의 흐름, 오늘날 쓰는 용어로 산맥을 말한다. 『산경표』는 한반도의 산의 겉모양 흐름을 1대간(大幹), 1정간(正幹), 13개의 정맥(正脈)으로 파악하고 있는데 간(幹)은 산줄기 중심, 맥은 강과 연계된 산줄기 중심으로 이름을 붙인 것으로 이해할 수 있다. 표의 기재 양식은 상단에 대간(大幹)·정맥(正脈)을 표시하고 하단에 산(山)·봉(峰)·영(嶺)·치(峙) 등의 위치와 분기(分岐) 관계를 기록하였다.[8] 『산경표』의 산줄기는 어떤 경우에도 물(강)을 건너지 않는데 물줄기에 의해 한번도 흐름이 끊기거나 잘리지 않는다는 의미이다. 정간과 정맥은 바다에 이르기까지 산줄기(능선)가 양쪽으로 강(수계)을 갈라놓는 분수령 역할을 하고, 분수령에 의해 강의 수계와 유역이 결정된다.[9]

---

8) 양보경, 1995, 산경표(山經表). 한국민족문화대백과사전. 한국학중앙연구원. 『산경표』의 저자와 간행 연대가 명확하게 밝혀지지 않아 여러 이견이 있으나 이 책에서 한국학중앙연구원이 발간한 양보경의 견해에 따라 신경준으로 표시하였다. 『산경표』의 사본은 대표적으로 세 본을 말하는데 서울대 규장각본 『해동도리보(海東道里譜)』의 『산경표』, 한국정신문화원 장서각본 『여지편람(輿地便覽)』의 『산경표』, 조선광문회본 『산경표』 등 세 본이다.

조선광문회는 최남선 주축으로 고전의 보존과 보급으로 민족문화를 선양할 목적으로 1910년 12월 태어난 단체이다. 조선광문회본 『산경표』란 1913년 2월 조선광문회가 활자본으로 간행한 『산경표』를 말한다(현진상, 2000).

9) 현진상, 2000, 한글 산경표. 서울: 도서출판 풀빛. 11~50쪽.

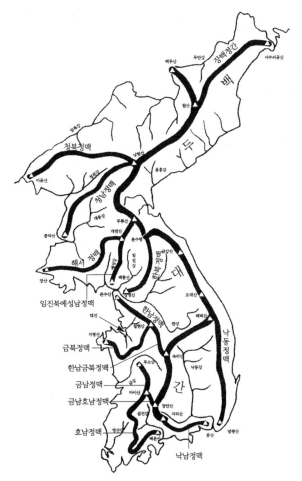

그림 4-2. 「산경표」에 따른 산줄기 현황
(자료: 현진상 역주, 2000. 26쪽)

1대간은 백두대간[10]으로 백두산에서 시작하여 원산(圓山), 낭림산, 두류산, 분수령, 금강산, 오대산, 태백산, 속리산, 장안산을 거쳐 지리산으로 이어진 흐름이다(〈그림 4-2〉 참조). 1정간은 장백정간(長白正幹)으로 일명 두리

---

10) 이익은 『성호사설(星湖僿說)』에서 백두대간을 백두정간(白頭正幹)으로 표기하고 있다.
(국역 『성호사설』 제1권 천지문(天地門) '백두정간(白頭正幹)')/『성호사설』 원문 DB/ https://db.itkc.or.kr

산(豆里山)이라 불리는 원산(圓山)에서 분리하여 장백산을 거쳐 거문령, 백악산을 지나 함경도 북동쪽으로 흘러 두만강 하구 서수라곶산에 이르는 산줄기이다. 13개 정맥의 이름은 북쪽으로부터 청북정맥(淸北正脈), 청남정맥(淸南正脈), 해서정맥(海西正脈), 임진북예성남정맥(臨津北禮成南正脈), 한북정맥(漢北正脈), 한남정맥(漢南正脈), 한남금북정맥(漢南錦北正脈), 금북정맥(錦北正脈), 금남정맥(錦南正脈), 금남호남정맥(錦南湖南正脈), 호남정맥(湖南正脈), 낙남정맥(洛南正脈), 낙동정맥(洛東正脈)이다. 『산경표』에 등장하는 대간, 정간, 정맥 산줄기 이름이 표시된 산경도(山經圖)를 〈그림 4-2〉에 소개한다.

한반도 산줄기 흐름은 『산경표』의 산경도 이외에 산맥지도가 있고 지세도와 산줄기 지도가 있다. 산맥도(山脈圖)란 태백산맥처럼 산줄기 이름에 '산맥'이라는 명칭을 붙이는 것을 말한다. 산맥지도는 일제 강점기 일본인 지질학자 고토분지로(小藤文次郎)가 1903년에 발표한 '조선산악론(朝鮮山嶽論)'[11]에 기초를 둔 산맥체계를 말한다. 따라서 산맥지도는 과거청산의 대상으로 비판하고 있지만, 현재 지리 교과서에 쓰고 있는 산맥지도는 그동안 국내 지형학자와 지질학자들에 의해 지속적으로 수정 보완을 거친 결과물이다.[12] 또한 『산경표』로 현행 산맥지도를 대체할 수도 없는 것이므로[13], 현행 교육 현장에서 쓰고 있는 산맥지도의 교육적 가치와 연구 가치를 함께 인정해야 할 것으로 본다.

지세도는 현행 지리 교과서 산맥지도의 문제점을 보완하는 대안으로, 교과서에 실린 14개의 '등뼈'와 '갈비뼈'모양 산맥도에서 중국 방향과 랴오둥 방향의 산맥(갈비뼈)을 삭제하고 그 자리에 하천을 그려 넣은 것이다(〈그림 4-3〉).

11) 고토분지로의 '조선산악론'은 다음의 영문으로 전한다 : Goto Bunjiro, 1903, An Orographic Sketch of Korea. Imperial University, Journal of the College of Science Vol. 19. (신성곤 · 박찬승 · 오수경, 2015, 동아시아의 문화표상 I. 서울: 민속원. 264쪽.에서 재인용)

12) 박수진 · 손일, 2005a, 한국 산맥론(I) : DEM을 이용한 산맥의 확인과 현행 산맥도의 문제점 및 대안의 모색. 대한지리학회지 40(1) : 126~152쪽.

13) 권동희, 앞의 책. 117~122쪽.

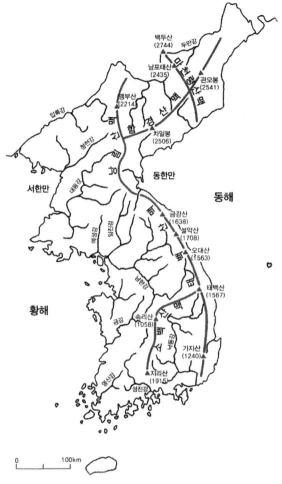

그림 4-3. 한반도의 지세도
(자료: 권혁재, 2000. 권동희, 2012.에서 재인용)

국토연구원은 최근 새 산맥지도를 제안하였는데, 1차 산맥(M1), 2차 산맥
(M2), 3차 산맥(M3)으로 총 50개 산맥을 구분하였다.[14] 1차 산맥(M1)은
한반도 주산맥으로 규모나 연속성 면에서 한반도의 지형을 대표하는 산맥이

14) 김영표·임은선·김연준, 2004, 한반도 산맥체계 재정립 연구. 국토연 2004-34. 229쪽.

다. 주산맥은 가장 높은 고도의 백두산(2,750m)[15]에서부터 시작하여 두류산(2,309m), 금강산(1,113m), 태백산(1,561m), 속리산(1,058m)을 지나 남쪽의 지리산 천왕봉(1,915m)에 이르는 총길이 1,587.3km의 연속된 산지로 이루어져 있다. 2차 산맥(M2)은 주산맥인 1차 산맥과 연결된 22개의 산맥을 2차 산맥으로 설정한 것이다. 3차 산맥은 2차 산맥과 연결된 산맥으로 모두 24개이다. 그 외 3개의 독립산맥을 구분하였는데, 주산맥은 물론 2차, 3차 산맥 어디에도 연결되지 않지만 독립적으로 큰 산군을 형성한 산맥을 독립산맥이라 명명하였다.

산줄기 지도는 박수진·손일이 국토연구원의 새로운 산맥체계를 비판하면서 제안한 것으로 하천의 차수를 1차수, 2차수, 3차수 하천으로 구분하듯이, 산줄기를 연속적으로 파악하여 1차, 2차, 3차 산줄기라는 명칭을 붙였다. 1차 산줄기는 유역면적이 5,000km^2 분수역 안에서 해발고도가 100m 이상인 점을 연결한 선을 대상으로 명명하였다. 2차 산줄기는 1차 유역면적의 절반인 2,500km^2 분수역, 3차 산줄기는 2차 유역면적의 절반인 1,250km^2 분수역을 대상으로 구분하였다.[16]

한편, 박성태(2010)는 『신 산경표』에서 북한의 산줄기를 포함하여 한반도 모든 산의 족보를 발간하면서 백두대간을 3개의 대간으로 구분할 것을 제안하였다.[17] 백두대간을 백두산에서 남해안의 노량까지 1,683.9km로 규정하고, 백두산에서 두류산(해서정맥 분기점)까지 북부대간(643.1km), 두류산에서 매봉산(낙동정맥 분기점)까지 중부대간(529.7km), 매봉산에서 노량(남해대교 북단)까지 남부대간(511.1km)으로 3분 하였다.

---

15) 백두산의 해발고도는 문헌에 따라 조금씩 다르게 표기하고 있다. 이 책에서는 국토연구원이 2004년에 발표한 '한반도 산맥체계 재정립 연구'(김영표·임은선·김연준, 2004)에 따랐다.

16) 박수진·손일, 2005b, 한국 산맥론(Ⅱ) : 한반도 '산줄기 지도' 제안. 대한지리학회지 40(3) : 253~273쪽.

17) 박성태, 2010, 신 산경표(개정증보판). 조선매거진. 626쪽.

다. 지형 특성

이상에서 살펴본 우리 국토의 지형 특성을 요약한다면, 장구한 지질사를 지니고 있으며, 북쪽은 높고 남쪽은 낮으며, 매우 안정적인 국토라고 말할 수 있다.

앞서 한반도는 암석 연대로 볼 때 적어도 시생대인 30억 년 전 선캄브리아기에 형성된 장구한 지질 역사를 지니고 있음을 확인하였다. 또한 남쪽 지괴는 원생대(25~5.7억년 전) 어느 시기까지 남반구의 호주 대륙과 함께 있다가 고생대 초기 무렵에 분리되어 후기에 적도 부근에 있다가 오랜 세월 동안 표이하여 신생대에 이르러 한반도 남쪽과 충돌한 것으로 추측한다. 이처럼 우리 한반도는 지질사적으로 매우 장구하고 형성과정이 흥미롭고 신비로운 국토이다.

한반도의 지형고도를 살펴보면 대체로 북쪽과 동쪽 지형은 높고 남쪽과 서쪽은 낮은 모양새를 취하고 있음을 단박에 알 수 있다. 지질시대에 일어난 여러 조산운동, 경동성 요곡운동 등으로 북동쪽 지형이 높고 서쪽이 낮은 동고서저(東高西低) 지형의 특성을 지닌다. 우리나라 국토의 평균고도는 448m인데 동아시아 대륙의 910m의 절반 수준에도 못미칠 정도로 낮으며, 남한을 보면 고도 400m 이하 산지가 77.4%에 달한다.[18] 국토의 높이를 지질 시대별로 보면, 선캄브리아기 지질이 가장 높고 고생대, 중생대, 신생대로 올수록 낮아진다. 위도별 분포를 보면, 위도 40° 이상 지역은 2000m 이상 고산들이 많이 분포하고, 그 이남 지역은 낮은 산들이 많아 저산성 지형을 보인다. 오랫동안 안정된 상태에서 침식을 받아왔기 때문에 대체로 저산성 잔구성 산지가 존재한다. 국토 산지의 구성을 기복량(起伏量, Elevation Range)[19]으로 살펴보면, 평야 약 3%, 구릉지 23%, 저산성 산지 70%, 고산성

---

18) 국토지리정보원, 2016, 대한민국 국가지도집Ⅱ. 16쪽.
19) 탁한명·김성환·손일, 2013, 지형학적 산지의 분포와 공간적 특성에 관한 연구. 대한지리학회 48(1): 1~18쪽.

산지 5% 이내로 분포하고 있다.[20] 전체 국토의 96% 정도가 평야와 구릉지 내지 저산성 산지로 되어 있어서 산림 관리와 농경 등 산업 용도, 개발 용지 등 국토이용의 효율성을 극대화할 수 있는 안정적인 국토라고 평가할 수 있다.

앞에서도 소개하였듯이 한반도 암석은 대체로 변성암 약 43%, 퇴적암 19%, 화성암 38%(심성암 28%)로 구성되어 있다. 43%를 차지하는 변성암은 선캄브리아기의 암석으로 이들 암석이 국토 지표의 상당히 넓은 지역에 분포하고 있다. 38%로 두 번째로 많이 차지하는 화성암은 대부분 쥐라기에 일어난 대보조산운동과 백악기에 발생한 불국사조산운동 때 관입하여 형성된 화강암 등인데 지하 깊은 곳에서 고결된 심성암이다. 이러한 이유로 우리 한반도를 매우 안정된 국토라고 부른다.

앞서 제시한 산경도, 산맥지도, 지세도를 보면 쉽게 알 수 있듯이, 한반도 지형이 지닌 가장 두드러진 특성은 북북서-남남동 방향(특히 낭림산맥과 태백산맥)으로 흐르는 산줄기가 현저하게 형성되어 있는 점이다. 고산들은 대체로 위도 40° 이상의 낭림산맥, 함경산맥의 축을 따라 동쪽과 북쪽에 분포한다. 백두산(2750m)을 정점으로 북포태산(2289m), 관모봉(2541m), 북수백산(2522m), 낭림산(2014m) 등 고산이 솟아있는 곳은 함경도의 무산, 장진, 혜산, 풍산 등지이다. 이들은 마천령산맥, 함경산맥, 낭림산맥에 위치하며 이들 세 산맥으로 둘러싸인 개마고원을 포함하여 한반도의 고원 고산지대를 형성한다. 함경도 이남 지역은 대체로 2000m 이하의 산이 분포하며, 한반도의 남쪽은 고산은 없고 한라산(1950m), 지리산(1915m)이 가장 높다.

산지 기복량(起伏量)이란 어느 지역(방형구) 안에서 가장 낮은 지점과 가장 높은 지점의 고저 차이 정도를 나타내는 용어이다. 연구자에 따라서 방형구의 크기를 1km×1km, 5km×5km 또는 이것보다 작거나 크게 하는 등 여러 기준을 설정하여 계산한다. 여기서는 5km×5km 크기의 방형구를 기준으로 계산한 것이다. 산지 유형별 기복량 구분은 아래와 같다 :
평야 : 기복량 100m 이하, 구릉지 : 기복량 100~300m, 저산성 산지 : 기복량 300~900m, 고산성 산지 : 기복량 900m 이상

20) 권동희, 앞의 책. 110~116쪽.

한반도는 함경도 일대를 제외하고 2000m 이하의 낮은 산과 구릉성 산지들로 이뤄진 지질적으로 안정된 지형으로 이해할 수 있다.

라. 국토의 시각적 표상 : 호랑이상이 아니라 대륙과 하늘을 향해 비상하는 백천마상(白天馬像)

한반도의 형상을 흔히 호랑이상이라고 한다. 한반도의 형상을 호랑이라는 특정 동물의 형상에 비유하는 동물 도상론(圖像論)은 앞서 소개한 일본인 지질학자 고토분지로(小藤文次郎)로부터 시작한다. 1900년과 1902년에 조선을 방문한 후 동경제국대학 발행 학술지(Journal of the College of Science, Vol. XIX)에 'An Orographic Sketch of Korea'(조선산악론 또는 조선산맥론으로 표기하기도 한다)라는 제목의 글에서 다음과 같이 기술하고 있다 : 잘 알려져 있듯이, 이탈리아의 외양은 구두를 닮았다. 조선의 외양은 서 있는 토끼를 닮았다고 할 수 있는데, 전라도는 뒷다리, 충청도는 앞다리, 황해도와 평안도는 머리, 함경도는 비례에 맞지 않는 커다란 귀, 마지막으로 강원도와 경상도는 어깨와 귀에 해당한다.[21] 이 내용을 시발로 일제 강점기 동안에 한반도 형상이 토끼를 닮았다고 널리 알려지게 되었다. 최남선 조차도 『소년』에 토끼를 인용하였다는데, 그러나 최남선은 주권적 시각에서 한반도의 형상을 토끼에서 호랑이의 상으로 전환하였다. 그는 『소년』을 통해서 "국성(國性)을 배양하며 국수(國粹)를 부식(扶植, 뿌리 박아 심음)하고 인의문무(仁義文武)의 덕으로 웅용강맹(雄勇剛猛)의 재(材)를 성축하여 모든 환환호사(桓桓虎士)와 교교호신(矯矯虎臣)이 되어 우리 소년 대한으로 하여금 호시천하(虎示天下)하는 위풍을 진동케 할" 것이라고 하였다. 특히 "호랑이의 눈으로 천하를 보는" 시야를 당부한 것이다.[22] 사실 호랑이는 건국 신화에

---

21) 신성곤·박찬승·오수경, 2015, 동아시아의 문화표상 I. 서울: 민속원. 264쪽.에서 재인용
22) 앞의 책, 273~277쪽.

등장하고 고분벽화에 출현하는 등 한민족의 역사에 근거를 지닌 실체적 동물이다. 뿐만 아니라 문인화, 풍속화, 산신도, 전설, 동화 등 문예 작품에 빈번하게 묘사하여 왔으며, 1988년 올림픽의 마스코트로 사용하는 등 한민족의 민족문화에 깊이 뿌리박고 있다. 이런 이유로 한반도의 형상을 호랑이상으로 말하는 데에 많은 이가 수긍하며 이견이 없어보인다. 설명을 듣거나 호랑이를 중첩시켜 그린 지도를 보면 호랑이를 닮은 듯 그럴듯하다.

그런데, 필자는 한반도의 형상은 호랑이상이 아니라 마상(馬像)이라고 생각한다. 마상 중에 백마를 상징한다고 본다. 말이 힘차게 달릴 때 앞발을 높이 치켜든 모습이다. 빠른 속도로 달릴 때 앞발을 들어 오므렸다가 다시 앞으로 힘차게 차며 내디디기 직전의 다리를 접은 모습으로 보인다. 이때는 신체의 모든 역량이 집중되어 있는 순간이며 힘이 최고조에 도달한 순간이다. 에너지가 최대치로 올라가 있는 정점이다. 얼마나 힘이 넘치며 역동적인 모습인가! 늙은 호랑이의 웅크리고 있는 모습이 아니라 만주를 향해, 대륙을 향해, 아시아를 향해, 세계를 향해 앞발을 치켜들고 '천마(天馬)'처럼 용맹스럽게 달려 나아가 우주로 비상하려는 모습이 아닌가!

왜 말이며 백마상인가? 첫째, 말은 단군신화에 등장하지 않지만 한반도 고대국가의 건국신화에 등장하는 신성한 동물 중의 하나이기 때문이다. 신라의 시조인 박혁거세의 탄생과정을 살펴보면 박혁거세가 '나정숲(蘿井傍林間)에서 말이 무릎을 꿇고 지키던 알'에 태어난다.[23] 장차 백성의 나라를 일으킬 한 나라의 건국시조의 태동과 탄생과정을 말이 지키고 함께 하고 있었다는 중차대한 의미를 지니고 있음을 알 수 있게 한다. 더구나 『삼국유사』에 의하면, 무릎을 꿇고 알을 지키던 말이 사람들을 보더니 '길게 울고

---

23) 최호 역해, 2011, 三國史記. 김부식 원저(撰) 〈三國史記〉. 서울: 홍신문화사. 16~17쪽.
  高墟村長 蘇伐公 望楊山麓 蘿井傍林間 有馬跪而嘶 則往觀之 忽不見馬 只有大卵 剖之 有嬰兒出焉.(이하 생략)
  "고허촌장 소벌공(蘇伐公)이 양산(楊山) 기슭을 바라보니, 나정 옆의 수풀 사이에서 말이 무릎을 꿇고 울고 있으므로 곧 가보았으나 홀연히 말은 보이지 않고 다만 큰 알(卵)이 있어 깨뜨려 보니, 어린아이가 나왔다."

하늘로 올라가 가버렸다'라고 기록하고 있어서 알을 지키던 말이 신이 임재하는 하늘에서 내려온 천마였음을 알리고 있다.[24](제5장 참조). 섣불리 간과할 수 없는 신화적 사실이다. 둘째, 한민족은 그 시원을 거슬러 올라가면 말을 타고 호기롭게 생활하던 북방 기마민족의 후예이다. 한민족은 오랜 세월 동안 모진 곤경을 겪으며 북방을 지나 한반도에 정착한 민족이다. 경주 천마총에 흔적이 남아 있지 않은가? 북방에 펼쳐진 광활한 대평원과 하얀 자작나무숲을 벗하며 살아온 민족이다. 샤먼은 자작나무를 오르내리며 하늘과 소통하는 영(靈)에 의지하여 민족의 안위를 살피고 보존하였다. 제3장에서 살핀 것처럼, 한민족은 자작나무를 신령하게 섬기며, 백의호상(白衣好尙)하며 살아온 민족이다. 그렇기에 민족은 순백의 세계를 존숭하고, 민족의 지도자는 신령한 순백의 하얀 백마를 타고 천하를 호령하지 않았던가!

백두산부터 장백정간의 북단인 서수라곶산에 이르는 지형은 말의 두상에 해당한다. 중강진 오덕산과 청북정맥의 서쪽 끝인 압록강 하구의 미곶산에 이르는 지형은 말의 오른쪽 앞발을 오므린 모습이며 그중 오덕산 부분은 무릎에 해당한다. 해서정맥은 왼쪽 앞발을 구분린 형상이고 정맥의 끝인 장산곶이 왼발 끝부분이다. 금북정맥과 금남정맥(내장산~유달산)은 각각 오른쪽 뒷발과 왼쪽 뒷발의 형상이다. 백두대간 중 태백산-속리산-지리산으로 이어지는 구간은 힘차게 비상할 천마의 거대한 대퇴부(넓적다리), 낙동정맥은 말미(馬尾)에 해당한다.

모습도 날렵해 보인다. 한반도는 남북 길이가 약 1,100km, 동서는 약 300km의 너비이다. 남북 방향은 길고 동서 방향은 좁아 키가 크고 몸통은 날렵한 지형의 모습을 보인다. 다리를 한 번 벌리면 한 번의 도약으로 빨리 멀리 뛸 수 있는 신체적인 조건을 갖춘 준마의 형상이다. 웅크린 늙은 호랑이의 자세보다 빠른 걸음으로 줄달음치는 천마의 자세에 더 잘 어울린다. 한반

---

24) 김원중 옮김, 2007, 삼국유사, 一然 원저〈三國遺事〉, 서울: 민음사. 66~67쪽.

도 지형의 시각적 표상은 세계를 향하여 힘차게 비상하는 날렵한 모습의 백천마상(白天馬像)이다.

2. 기후와 식생

가. 한반도의 기후

1) 기후 개관

우리나라의 위치는 크게 보면 동경 124°~132°, 북위 33°~43°이다. 극좌표로 보면, 극남은 북위 33°06′32″(제주특별자치도 서귀포시 대정읍 마라도), 극북은 북위 43°00′36″(함경북도 온성군 풍서리), 극동은 동경 131°52′32″(경상북도 울릉군 독도리 동도), 극서는 동경 124°10′47″(평안북도 용천군 비단섬, 남한은 인천광역시 옹진군 백령면 연화리)이다.[25] 영토 면적은 223,404km²(남한, 100,266km²)로, 전 세계 253개 국가 가운데 85위에 해당한다. 한반도는 영국(243,610km²)보다 작고, 남한은 아이슬란드(103,000km²)와 비슷하다.[26]

한반도는 지리적으로 온대 기후에 속한다. 국토 면적은 큰 편이 아니지만, 남북 길이 약 1,100km, 동서 너비 평균 약 300km(육지)에 나타나는 기후 현상은 단순하지 않다. 길게 뻗어 있는 한반도의 위도 특성상 주야 길이 차이로 남쪽과 북쪽 지방 사이의 온도 차이가 크다. 지리적으로 몬순기후의 영향으로 여름철은 덥고 습하며, 겨울철은 건조하고 춥고, 봄철은 매우 건조하다.

기온분포는 위도별로 보면 한반도의 남단에 위치한 서귀포(북위 33°14′)

---

25) 한국측지계(Bessel) 기준(국토지리정보원, 통계청 등).
26) 국토지리정보원, 2016, 대한민국 국가지도집Ⅰ. 10쪽.

의 연평균 기온이 16.6℃인데, 한반도 중앙부인 철원(북위 38°08′)의 경우 연평균 기온은 10.2℃, 함경북도 선봉(북위 42°19′)은 7.3℃(동해안), 양강도 삼지연(41°49′)은 0.5℃(백두산 아래)로 위도에 따라 큰 차이가 나타난다. 한반도에서 연평균 기온이 가장 높은 곳은 서귀포이고 가장 낮은 곳은 삼지연으로 나타났다. 해발고도별로 보면, 중부 지방에서 대관령(해발고도 773m)의 연평균이 6.6℃인데 비하여 비슷한 위도에 있는 홍천(해발고도 141m)은 10.3℃로서 고도가 높은 대관령이 3.7℃ 정도 낮다. 고도 100m 상승할 때마다 0.6℃씩 낮아진다는 원칙에 대체로 부합한다. 남부 지방의 경우, 임실(해발고도 248m)의 연평균은 11.2℃로서 저고도인 정읍(해발고도 45m) 13.1℃보다 2℃가량 낮다. 가장 추운 곳으로 해발고도 1,381m에 위치한 삼지연은 연평균 0.5℃인데 거의 같은 위도에 있는 청진(해발고도 43m) 8.4℃보다 무려 7℃ 가까이 낮은 온도 차이를 보이고 있다.[27] 위도, 고도뿐만 아니라 기온은 지형 지리적 특성에 따라서도 차이를 보인다. 영동 영서지방에서 봄철에 흔히 발생하는 높새바람이 대표적이다. 봄철에 기후가 매우 건조하여 산불이 자주 발생하는 것도 한반도 기후의 특징으로 볼 수 있다.

강수는 기후 현상을 보이는 대표적인 기상인자이다. 최근 30년(1990～2019) 연평균 강수량은 1,304.7mm로 세계 평균 813mm의 약 1.6배이나 인구밀도가 높기 때문에 인구 1인당 연 강수총량은 2,546m³로 세계 평균 15,044m³의 약 1/6에 불과하다.[28] 과거 30년(1981～2010) 통계로 비가 가장 많이 오는 곳은 서귀포 1,850.8mm이며, 가장 적게 오는 곳은 혜산(북한) 591.4mm으로 1,260mm 차이를 보이며, 남북한 간의 연평균 강수량도

---

27) 기상청 홈페이지(www.weather.go.kr/날씨누리바로가기)의 국내기후자료-우리나라기후평년값(남·북한). 기상청, 2012, 보도자료-북한의 최근 30년(1981～2010) 기후, 한눈에 보다. 기상청 기후과학국 한반도기상기후팀(2012.1.27.)

28) www.index.go.kr/portal/enaraIdx(e-나라지표/국정모니터링지표 홈페이지). '수자원현황 자료'와 기상청 기상연보를 참고함.
수자원총량은 30년 평균강수량에 국토 면적을 곱하여 산정하며(남한 국토면적 100,266km² * 연평균 강수량 + 북한지역 유입량(23억m³), 1인당 연 강수총량은 인구수로 나눈 것이다.

400mm 가까운 격차를 보인다. 강수량의 계절 분포를 보면 봄(18.9%), 여름(53.8%), 가을(20.5%), 겨울(6.8%)로 여름에 집중되어 계절 편차가 크다. 여름철 홍수로 이어지고, 겨울철~초봄의 강수현상이 빈약하여 건조한 기후를 발생시킨다.

연평균 강수량이 세계 평균보다 500mm 정도 많지만 용수량이 많아 넉넉한 양이 되지 못한다. 연간 용수 총이용량이 1980년에 128억 톤/년이었는데 2014년에 251억 톤/년으로 2배 가까이 증가하였다. 사회 각 부문의 성장발달로 생활용수, 공업용수, 농업용수 등의 사용량이 증대되었기 때문이다. 자연 강수량은 빠르게 증가하지 않으므로 용수를 확보하는 방법을 찾아야 하는데 댐이나 호수를 만들어 담수 저장하는 방법은 환경 분야의 반대로 어려움에 봉착하여 있다. 결국 수자원 저장능력이 뛰어난 산림에 의지해야 한다. 침엽수림을 활엽수림으로 갱신하는 이유이다.

한반도 기후 상황을 종합하면, 한반도 기후의 가장 큰 장점은 온대 기후대에 위치하여 사계절의 변화가 뚜렷한 특징을 보인다는 점일 것이다. 한반도는 자연 기후 현상이 보여줄 수 있는 변화무쌍한 풍경을 누릴 수 있는 양호한 환경조건을 갖춘 곳이다. 우리나라(남한) 연평균 기온 변화율은 0.27℃/10년으로 상승하고 있고, 연평균 강수량 변화율은 55.45mm/10년으로 대부분 지역에서 증가하는 경향이 뚜렷한 것으로 진단하고 있다.[29] 이에 지구 온난화 현상에 대해 적극적이고 장기적으로 대비해야 하며, 산림의 잠재력을 활용할 필요성을 절실하게 느끼게 한다.

2) 산림기후[30]

산림의 분포는 강수량과 온도 상관에 따라 크게 달라진다. 산림 기후대란 지역의 기후와 풍토에 자연적으로 생존이 가능한 식물이 분포하여 다른

---

29) 국토지리정보원, 2016, 대한민국 국가지도집Ⅱ. 143쪽.
30) 이경준 외, 2014, 산림과학개론. 서울: 향문사. 43~46쪽.

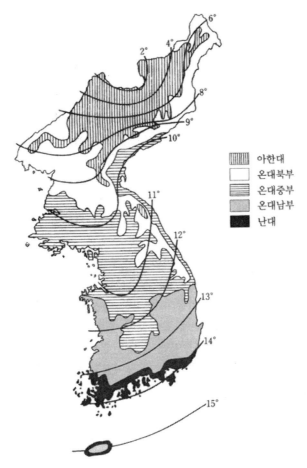

아한대
온대북부
온대중부
온대남부
난대

그림 4-4. 한반도의 수평적 산림대(이경준, 2014. 44쪽. 재인용)

지역과 구별되는 산림을 형성하는 지대를 말한다. 산림식물대 또는 산림대라고도 한다. 한반도는 온대성 기후대의 특성을 지니고 있지만, 남북 1,100km에 달하는 긴 반도의 특징으로 산림기후는 남쪽으로부터 난대, 온대, 아한대의 특징을 나타낸다(⟨그림 4-4⟩).

난대를 대표하는 숲인 난대림은 연평균 기온이 14℃ 이상이고, 한랭지수(寒冷指數) −10℃ 이상, 온난지수(溫暖指數) 85∼180℃ 이상이다.[31] 동쪽

북위 35°30′과 서쪽 35°를 연결하는 지대의 남쪽에 분포하는 산림이 난대림을 형성한다. 섬 지역인 제주도는 500m 이하 지역, 울릉도는 600m 이하 지역이 난대림에 속한다. 난대림의 대표 임상(林相)은 상록활엽수림이며, 대표 수종은 동백나무, 아왜나무, 녹나무, 가시나무류, 구실잣밤나무, 모새나무 등이 있다.

온대림은 연평균 기온이 6~14℃인 북위 35~45°에 위치하는 지역으로 남한의 대부분이 온대림에 속한다. 온대림의 대표 임상은 낙엽활엽수림이며 참나무류, 물푸레나무류, 소나무, 잣나무, 곰솔 등이 온대림을 대표한다. 온대림은 남북으로 길게 분포하기 때문에 온대 남부, 중부, 북부로 구분한다.

온대 남부는 온난지수는 100℃ 이상 지역이다. 서쪽의 태안반도와 동쪽의 영일만을 연결하는 선의 이남으로부터 난대의 북쪽 경계까지에 해당한다. 동쪽에서 해안을 따라 강릉까지, 태백산맥과 소백산맥을 따라 지리산과 무등산까지 내려온다.

온대 중부는 온난지수 82~100℃의 지역이다. 온대 남부에 깊숙이 들어온 지리산, 가야산, 무등산 등의 높은 산악지대로부터 이북 지역으로부터 평해(平海)와 신의주를 연결하는 선의 서쪽에서 남쪽 지역에 해당한다. 서울 지방을 중심으로 대체로 남한 지역의 중부 전지역이 온대 중부에 해당한다. 동쪽은 남북으로 길게 형성된 태백산맥이 동해안으로 가파르게 경사 지형을 형성하여 갯벌 형성이 미미하여 해안 식물이 빈약하지만, 서쪽은 넓은 갯벌이 있어 해안 식물이 풍부하게 분포한다.

온대 북부는 대체로 온난지수 90℃ 이하의 지역이다. 아한대의 남쪽 경계와 온대 중부 이북에 해당하는 곳이다. 평해와 신의주를 연결하는 지역의 동북부 중에서 북부 산악지대를 제외한 지역이다. 태백산맥과 이곳으로부터 서남쪽으로 분지하는 산맥을 지나 남쪽으로 내려오며, 함경산맥의 동남부

---

31) 한랭지수란 월평균 기온이 5℃ 이하인 달의 5℃와 차이값의 합을 말하고, 온난지수는 월평균 기온이 5℃ 이상인 달의 5℃와 차이값의 합을 말한다.

해안지대와 마식령산맥과 낭림산맥 서쪽의 산맥을 타고 서쪽으로 뻗어 있다.

아한대림은 평안도의 동부(126°36′)와 함경산맥의 북서부 높은 지대로 개마고원, 백두산을 비롯하여 표고 2,000m 넘는 산악지대를 많이 포함하고 있다. 대표 임상은 상록침엽수림이며 전나무, 가문비나무, 가래나무, 자작나무 등이 대표 수종이다.

나. 식생

1) 개황

앞서 한반도 지형 특성에서 위도 40° 이북 지역은 2000m 이상 고산들이 많이 분포하고, 그 남쪽 지역은 2000m 이하 낮은 산들이 많다고 확인하였다. 이러한 산지 지형의 고도 특성을 산림분포와 관련지어 보면 시사하는 바가 크다. 수목 분포의 수직적 한계를 결정짓는 고도가 대체로 2000m이기 때문이다. 이처럼 한반도는 2000m 이하의 저산성 산지 특성을 갖추고 있으므로 산림이 울창할 수 있는 핵심 기초조건을 갖춘 국토이다. 우리나라는 산으로 축복을 받은 나라이다.

하지만, 조선 시대부터 훼손되기 시작하고, 일제 강점기의 수탈과 한국전쟁으로 헐벗을 대로 헐벗은 산림은 6.25 전쟁이 끝나던 1953년에 단위면적당 임목 축적량이 불과 5.7m³/ha 밖에 안될 정도로 민둥산이나 다름없었다.[32] 현재의 산림식생은 제1차 치산녹화 10개년계획(1973~1978)과 제2차 치산녹화 10개년 계획(1979~1987)에 의거 국민이 일치단결하여 조림 녹화에 성공한 결과이다. 조림 녹화를 시작한 지 불과 20여 년의 짧은 기간에 울창한 산림으로 녹화에 성공한 것이다. 선조의 피와 땀과 정성과 민족정신으로 이룩한 조림 녹화 대역사(大役事)의 현장이 현존 한반도 식생이다.

---

32) 산림청, 2020, 임업통계연보 〈연도별 산림면적 및 임목축적〉. 정부 공식 통계에 따르면 강점기인 1934년에 13.85m³/ha이던 것이 1953년에 5.66m³/ha로 급감하였음을 보여주고 있다.

이렇듯 우리 후손이 오늘날 나름대로 가치 있는 산림을 누리게 된 것은 선조가 백의민족의 저력으로 녹화에 성공하여 금수강산을 되찾은 덕분이다. 숲의 명예의 전당에 모신 박정희, 현신규, 김이만, 임종국, 민병갈, 최종현과 당시 숲가꾸기에 나선 모든 대한민국 국민 덕분이다. 세계적 임목육종학자로서 척박한 땅에 잘 자라는 품종을 개발하여 조림녹화 성공으로 민둥산을 금수강산으로 바꿔놓는 데에 크게 기여한 현신규 박사와 임목육종학을 반석에 올려놓은 한국계 미국인 남궁진 박사도 기억해야 한다.[33] 이렇듯 선조가 국토녹화에 성공하였다면 후손이 수행해야 할 사명은 무엇인지 숙고해 보아야 한다. 우리 숲에 대한 후손의 사명에 대해서 마지막 장에 언급한다.

2019년 기준으로 지구에 살아가는 생물종은 약 1,834,340종이며 우리나라에 52,628종이 분포한다. 지구 생물종 중 식물(관속식물류와 선태류)은 366,474종으로 전체 생물의 20.0%이고, 우리나라는 5,517종으로 우리나라 생물종의 10.5%를 차지한다. 세계 평균에 비해서 우리나라 식물종의 구성비는 절반 수준이다. 세계 식물종 중 관속식물류는 94.3%, 선태류 5.7%인데 비해 우리나라는 각각 관속식물 4,576종(82.9%)과 선태류 941종(17.1%)으로 관속식물류의 구성비가 상대적으로 낮은 편이다. 한편, 우리나라의 경우 2013년 조사에서 식물종은 5,308종으로 관속식물류 4,384종, 선태류 924종으로 나타났는데 6년이 지난 2019년은 이에 비하여 약 200종 가량 증가하였다.[34]

우리나라의 2019년 자생식물 5,517종 중 관속식물 4,576종은 3문 11강 91목 230과로 분류된다. 3문 11강은 양치식물문의 속새강, 석송강, 고사리강

---

33) 김윤수, 2012, 현신규, 민둥산을 금수강산으로 바꾸다. 한국사 시민강좌 50 : 285~293쪽.

34) 국립생태원, 2020, 제4차 전국자연환경조사 데이터북-제1권 한국의 식물.(제4차 전국자연환경조사(2014~2018) 결과를 종합).
국립생물자원관, 2020, 2019 국가생물다양성 통계자료집. 12~27쪽. 상하 두 자료를 비교하여 정리한 것임.

등 6강, 나자식물문의 소철강, 은행강, 소나무강, 피자식물문의 백합강, 목련 강이다. 3문의 종구성은 양치식물 329종, 나자식물 55종, 피자식물 4,192종 이며, 종다양성 우점 순위는 피자식물의 국화과(402종), 벼과(350종), 사초과 (341종) 순으로 점유하고 있다.[35)]

한반도에 생육하는 식물상은 온대 지역을 기준으로 식물종이 다양하고 특산종의 비중이 높아 상대적으로 풍부한 종 다양성과 높은 특산율을 나타내고 있는 것으로 평가한다. 이것은 국토가 다양한 자연환경을 가졌다는 것을 의미한다. 이렇듯 한반도가 다양한 자연환경 요건을 가지게 된 배경을 다섯 가지로 정리할 수 있다[36)];

첫째, 유라시아 대륙의 동쪽 끝에 남북으로 길게 돌출된 반도에 위치하여 분포 영역이 넓게 펼쳐져 있어 다양한 생물을 아우를 수 있는 지리적 여건을 가지고 있다.

둘째, 국토의 약 63% 이상을 산지가 차지하고 있고, 남북으로 달리는 백두대간의 주 산줄기와 서편으로 뻗은 가지 산줄기가 서로 이어지며, 서남부에 발달한 넓은 평야가 펼쳐져 있고, 남·서해안의 약 4,000여 개의 크고 작은 섬과 습지 환경 등 지형적 다양성을 지니고 있다.

셋째, 한반도의 기후는 제주도의 연평균 기온 16.6℃(서귀포)로부터 북부 산악지 0.5℃(삼지연)까지 기온 스펙트럼이 넓고, 겨울철 최저기온(백두산 -45℃)으로부터 여름철 최고기온(대구 40℃)에 달하는 지역별 기온의 차이 가 크다. 강수량은 남부 지방의 1,850.8mm(서귀포)로부터 북부 지방의 591.4mm(혜산)에 이르는 등 지역별 편차가 크다. 온도와 강수량의 특성에 따라 산림 기후대는 난대, 온대, 아한대까지 다양성이 크다.

넷째, 한반도는 지진이나 화산 활동이 심하지 않았고, 신생대 제4기 빙하기 동안에도 유럽, 북미와 같은 대규모의 빙하가 발달하지 않았기 때문에 신생

---

35) 국립생물자원관, 앞의 책 14쪽, 108~114쪽.
36) 국토지리정보원, 앞의 책 70~87쪽.

대 제3기 식물을 포함한 많은 생물이 살아남을 수 있었다. 아울러 다양한 토양층도 생물 다양성을 높이는 데 기여하였다.

다섯째, 지금보다 기후가 한랭했던 제4기 갱신세(플라이스토세, 홍적세 : 259만 년~11,700년 전) 때 빙하기에 한반도는 유라시아 대륙과 일본 열도를 연결하는 생물의 이동 통로와 피난처로 이용되어 식물종이 매우 풍부해 졌다.

2) 산림식생[37]

우리나라 고유 임상은 서어나무림으로 알려져 있다. 그러나 인간의 간섭에 의해 고유 임상이 많이 파괴되어 신갈나무, 상수리나무, 굴참나무, 졸참나무 등 참나무류가 대표 수종을 형성하고 있다. 그 외 아까시나무, 오리나무, 산벚나무, 때죽나무 등이 흔히 나타나고 있다.

단일 수종으로 가장 넓은 면적을 차지하는 나무는 소나무이다. 척박한 땅에서도 견디는 힘이 강하므로 전국적으로 분포하며, 전체 산림 중 21.9%를 차지한다(국토지리정보원, 2016). 한편, 2020 임업통계연보(수종별산림면적)에 따르면 죽림과 무립목지를 제외한 산림 면적에서 소나무는 약 156만ha 로서 25.9%이며, 이어서 낙엽송(4.5%), 리기다소나무(4.3%), 잣나무(2.6%) 순이다. 소나무는 전 국토에 고르게 분포하지만, 특히 강원도와 경상북도의 동해안에 집중적으로 분포하고 있다. 경상북도 안동시와 울진군의 경우 소나무 점유율은 49.9%에 달하며, 경상남도 창녕군은 52.9%로 전국 시·군 중 가장 높은 분포 비율을 보인다. 소나무는 조선시대에 송충이의 피해가 극심하였고 1960년대까지 지속되었다. 최근에는 솔잎혹파리와 소나무재선충의 병충해와 산불, 온난화 등으로 면적이 감소하고 있는 것으로 진단하고 있다.

활엽수 중 가장 넓게 분포하는 수종은 참나무류이다. 참나무류는 우리나라

---

37) 공우석, 최승세, 김경민, 박정재 등이 집필한 국토지리정보원, 2016, 대한민국 국가지도집Ⅱ 〈식물〉과 산림청 2020 임업통계연보를 참고하여 정리한 것임.

의 주요 활엽수종으로 신갈나무, 갈참나무, 졸참나무, 굴참나무, 떡갈나무 등을 말한다. 전국 산림에서 참나무류가 분포하는 구성비는 24.2%로 소나무보다 2% 가량 점유율이 높다(국토지리정보원, 2016).[38] 가장 많이 분포하는 시군은 경기도 김포시, 강원도 홍천군, 인제군, 춘천시 순이며, 김포시는 산림 중 52.9%를 참나무류가 차지하여, 전국 시·군 중 가장 높은 분포 비율을 나타낸다.

우리나라에서 가장 오래된 소나무속(Pinus) 화석은 중생대 백악기까지 거슬러 가며, 이어서 신생대 제3기 중신세(마이오세), 제4기 갱신세(플라이스토세), 충적세(홀로세)를 거쳐 오늘날까지 연속적으로 출현한다. 특히 소나무속은 제4기 갱신세 동안 한반도 전역에 분포하여 우점식생이 되었으며, 나중에는 한대성 소나무속과 난대성 소나무속으로 구분될 정도로 다양해졌다. 다섯 개의 바늘잎을 가진 한대성 소나무속(잣나무)은 북방과 높은 산지에 분포하였고, 두 개의 바늘잎을 가진 소나무속(소나무, 곰솔)은 저지와 해안에 흔하게 나타났다.[39]

다. 산림 현황

〈표 4-2〉는 1971년부터 2015년까지 약 45년 동안 우리나라 산림이 어떻게 변화해 왔는지를 보여준다. 표에서 보듯이 숲의 유형을 나타내는 임상(林相, Forest Type)에서 1971년 전체 산림의 50%를 차지하던 침엽수림이 점점 줄어들어 2015년에 36.9%로 변하였는데 감소분은 활엽수림과 혼효림으로 전환되었다. 침엽수림은 숲바닥에 쌓인 낙엽이 잘 썩지 않아 토양으로 환원하는 데에 시간이 오래 걸리고, 토양층에 공극량이 적어 물을 저장할 수 있는 수원 함양력이 활엽수림보다 낮다. 이러한 문제를 해결하는 과정에서

---

38) 산림청, 2020, 임업통계연보(수종별산림면적)에 따르면 활엽수로서 참나무류가 16.1%로 가장 넓고, 이어서 밤나무(1.3%), 자작나무(0.37%), 아까시나무(0.35%) 순이다.

39) 국토지리정보원, 앞의 책 70~87쪽.

표 4-2. 우리나라 산림현황(1971~2015)

연도\임상	산림면적(ha)과 임상별 구성비(%)			
	1971	1981	2010	2015
계(ha)	6,611,543	6,562,885	6,368,843	6,334,615
침엽수림	50.0	49.6	40.5	36.9
활엽수림	18.3	17.5	27.0	32.0
혼효림	18.4	28.7	29.4	26.9
죽림	0.1	-	0.1	0.4
무립목지	-	3.9	3	3.8

연도\임상	임상별 임목축적 구성비와 산림률(%)			
	1971	1981	2010	2015
총계(m³)	70,770,314	151,549,542	800,025,299	924,809,875
ha당 축적 (m³/ha)	10.7	23.1	125.6	146.0(161.4)
침엽수림	46.7	45.2	42.0	43.7
활엽수림	35.3	28.1	27.0	28.5
혼효림	18.0	26.7	31.0	27.8
산림률	67.1	66.3	63.7	63.7(63.4)

자료: 산림청, 임업통계연보 각 연도. 표에서 ( )의 숫자는 2019년 자료임.
　　　임상별 산림정보는 5년 단위로 통계자료에 산입하기 때문에 2015년 자료가 최신 자료임.

침엽수림을 활엽수림으로 수종갱신하는 사업을 진행하여 임상 구조가 변모한 것이다. 전체 산림의 약 76%는 천연림이고 24%는 인공림으로 분포한다.[40]
　산림자원의 울창한 정도를 나타내는 단위면적당 임목축적은 단위산림면적(1ha)에 있는 임목 자원의 양을 나타내며 단위를 m³/ha로 표기한다. 산림 1ha(100m×100m)에 서 있는 나무의 부피(재적, m³)를 말하는 척도이다. 임목축적은 산림의 부피, 즉 산림의 울창한 정도를 나타낼 뿐만 아니라 산림자원의 경제적 가치를 나타내는 지표 역할을 한다. 6.25가 종전되던 해에 단위면

---

40) 한국임업진흥원 홈페이지 참조(https://www.kofpi.or.kr/intro/bizGuide_02_01.do).

적당 임목축적은 불과 5.7m³/ha 정도로 우리 숲이 매우 빈약하였다. 조림 녹화를 본격적으로 시행하기 직전인 1971년에 10.7m³/ha, 제2차 치산녹화 10개년 계획 기간 중인 1981년에 23.1m³/ha이던 것이 2010년에 125.6m³/ha로 증가하여 40년 사이에 110m³/ha 이상 성장하였다. 1980년대 중후반 마지막 조림 사업 후 거의 30년이 지난 2015년에 약 146m³/ha로 증가하고 2019년에 약 161.4m³/ha 정도로 울창한 산림으로 변모하였다.

산림의 성장상태를 파악하기 위해 최근 2011~2019년 기간 동안의 성장량을 분석해 보니 연간 약 3.8m³/ha씩 증가해 왔다. 이것은 직경 25cm, 재장(材長, 통나무 길이) 4m의 임목이 1ha에 연간 20여 그루씩 늘어나는 양이다. 그런데 같은 기간에 용재를 생산하여 이용한 양은 연평균 0.71m³/ha이다. 이것은 연간 성장량의 약 18.6%에 해당하는 것으로 나머지 81.4%는 이용하지 않고 산림에 계속으로 임목으로 축적하고 있음을 의미한다. 단위면적당 임목축적의 연평균 성장량을 4m³/ha으로 계산하면, 10년 후인 2030년에 약 200m³/ha, 2050년에 이르면 280m³/ha 정도로 산림이 매우 울창해질 것으로 예상할 수 있다. 물론 이것은 수확하지 않는다는 것을 전제로 계상한 것이다.

산림이 나이 든 정도를 임령(林齡)이라고 한다. 어린나무에서 노목(老木)에 이르기까지 임령은 다양하므로 10년씩 나눠 영급(齡級, Age class)으로 구분하여 표시한다. 10년생 이하의 어린나무로 이뤄진 산림을 Ⅰ영급, 20년 이하 Ⅱ영급, 30년 이하 Ⅲ영급, Ⅳ영급, Ⅴ영급, Ⅵ영급 산림 등으로 구분한다. 2015년 기준으로 우리나라 산림의 영급은 Ⅰ영급 3.3%, Ⅱ영급 2.6%, Ⅲ영급 22%, Ⅳ영급 46.6%, Ⅴ영급 18.7%, Ⅵ영급 이상 6.7%로 분포하고 있다. 50대 임령(Ⅵ영급 이상)으로 이뤄진 산림이 전체의 6.7%에 불과하고, 나머지 90% 이상이 40대 이하의 산림이므로 우리나라 산림은 아직 장성한 산림이라고 말하기엔 이르다. 그러나 지금껏 기다렸듯이 10년, 20년 후엔, 전국 곳곳이 우람한 동량재로 빽빽할 것이다. 목재를 생산하기 위해 관리하는 경영림의 경우 고영급으로 올라가면 수확하여야 하므로 각 영급은 대체로 균등한 것이 바람직하다. 그래야 해마다 필요한 목재수급에 신축적으로 적절하게 대처할 수 있다. 따라서 우리나라의 현재 영급 구성은 매우 불균형한 상태이므로 장기적으로 개선해야 할 필요성이 있다. 임업은 백년대계(百年大計) 장기산업이며 산림꾼의 몫이다.

우리나라 산림 수준을 외국과 비교해 보면 〈표 4-3〉과 같다. 표는 북한을 포함하여 OECD 국가의 2015년 기준 산림률, 단위면적당 임목 축적량, 인구 1천명 당 산림 면적을 나타낸 것으로 산림률 순위로 정리한 것이다. 산림률은 핀란드, 일본, 스웨덴에 이어 4위로 선두에 속하는데 산림이 국토의 60% 이상인 국가는 5위 슬로베니아를 포함하여 5개국뿐이다.

단위면적당 임목 축적량은 OECD 평균($182m^3$/ha)보다 낮지만 미국, 북구 3국(스웨덴·노르웨이·핀란드), 캐나다보다 높고, 이탈리아와 비슷하며, 최상위 국가인 뉴질랜드, 스위스, 슬로베니아, 독일, 오스트리아와 격차가 크고, 일본($170.1m^3$/ha)에 비해 아직 낮은 수준이다. 인구 1천 명 당 산림면적을 제일 많이 점유하고 있는 나라는 캐나다, 호주, 핀란드, 스웨덴 순이다. 캐나다 국민은 1인당 약 9.6ha의 산림을 누리며, 호주는 5ha, 핀란드 국민은 4ha 수준이다. 좁은 국토와 높은 인구밀도인 우리나라는 불과 0.123ha($1,230m^2$)에 지나지 않는다. 우리나라의 2011~2019년 기간의 단위면적당 연간 임목 성장량($3.8m^3$/ha/yr)은, 2010~2015년 기준 중부유럽의 임업선진국 독일 (1.1), 스위스(1.4), 오스트리아(1.4)[41]보다 훨씬 높은 편이어서 산림토양의 영양 상태가 매우 양호한 것으로 보인다. 우리나라 산림의 건강성 분석에서 전체 산림의 80% 이상이 건강성이 양호한 것으로 평가한 것이 이를 뒷받침한다.[42] 북한은 산림률도 임목 축적량도 낮다.

41) 2000~2015년 산림청 임업통계연보에 제시된 OECD 국가의 산림현황 자료에 근거하여 계산한 것으로 각국의 수치들이 매년 동일하거나, 불명한 것이 많음. 하지만, 중부 유럽의 몇몇 국가의 값은 대체로 신뢰성이 있어 보여 비교해 본 것임.

42) 한국임업진흥원, 2016, 국가산림자원조사 분석 및 모니터링 연구용역. 산림청 연구용역 최종보고서. 207쪽.

표 4-3. OECD 국가의 산림현황(2015년)-산림률 순위

번호	국가별	산림률 (%)	ha 당 임목축적 (m³/ha)	인구 1천 명 당 산림면적 (ha)	번호	국가별	산림률 (%)	ha 당 임목축적 (m³/ha)	인구 1천 명 당 산림면적 (ha)
1	핀란드	73.1	104.0	4,053	19	멕시코	34.0	72.0	525
2	일본	68.5	170.1	196	20	미국	33.8	131.0	970
3	스웨덴	68.4	106.0	2,876	21	룩셈부르크	33.5	299.0	154
4	대한민국	63.7	148.0	123	22	독일	32.8	321.0	140
5	슬로베니아	62.0	346.0	602	23	이탈리아	31.6	149.0	157
6	라트비아	54.0	198.2	1,736	24	그리스	31.5	48.0	362
7	에스토니아	52.7	213.0	1,698	25	스위스	31.4	352.0	151
8	콜롬비아	52.7	-	1,197	26	프랑스	31.0	173.0	264
9	오스트리아	46.9	299.0	446	27	폴란드	30.8	269.0	247
10	북한	41.8	63.0	200	28	칠레	23.9	187.0	999
11	슬로바키아	40.3	274.0	357	29	헝가리	22.7	182.0	212
12	노르웨이	39.8	96.0	2,330	30	벨기에	22.6	275.0	61
13	뉴질랜드	38.6	392.0	2,200	31	호주	16.2	60.3	5,242
14	캐나다	38.2	106.4	9,655	32	터키	15.2	129.0	150
15	스페인	36.9	66.0	397	33	덴마크	14.4	196.0	108
16	포르투갈	35.3	53.8	306	34	영국	13.0	207.0	49
17	리투아니아	34.8	236.2	767	35	네덜란드	11.1	215.0	23
18	체코	34.5	297.0	252	36	아일랜드	10.9	155.0	161

자료: 산림관련 자료는 FRA (2015 세계산림자원평가보고서, 공표주기 5년), UN (2017 세계인구전망)
세계산림자원평가보고서는 추정값을 제공하기 때문에 국가별로 공표된 값과 다를 수 있음.
호주와 일본의 축적은 '09년, 포르투갈과 캐나다는 '10년 자료임. 북한은 비교를 위해 넣은 것임.

수종과 산림이 분포하고 있는 상태를 나타낸 산림 지도를 임상도(林相圖)라고 한다. 수목은 성장하고 산림은 변하므로 주기적으로 산림을 조사하여 임상도 제작을 반복하면 산림을 잘 관리할 수 있는 귀중한 자료를 얻는다. 임상(林相, Forest Type)이란 숲을 구성하는 수종에 따라 침엽수림, 활엽수림, 혼효림 등 숲의 모습을 구분한 것이다. 임상도는 일정한 면적을 이루며 단일 수종 등 동일한 특징을 지닌 지역을 인접 지역과 구분하여 구획하고, 구획된 구역의 정보를 표시하며, 그 모습은 모자이크처럼 수많은 셀(cell, 구획된 구역)로 이뤄진 지도를 얻는다. 각 셀은 셀을 구성하는 대표 수종, 수종의 가슴높이 직경과 밀도, 영급(나이) 등의 임황 정보와 지형 경사, 토양 등의 지황 정보도 제공한다. 임상도 제작은 1972년 전국 산림 자원 조사와 연계하여 현재까지 총 5회에 걸쳐 갱신하면서 점점 정밀하게 작성하여 우리나라 산림의 동태(숲의 움직임)를 면밀하게 파악할 수 있게 한다.

전국 자연환경 조사(2012년)의 현존 식생도 분석 결과에 따르면, 소나무군락이 26.6%로 가장 넓은 면적을 차지하고 있으며, 이어서 신갈나무군락(18.9%), 소나무-굴참나무군락(6.3%), 굴참나무군락(5.7%), 곰솔군락(5.4%), 소나무-신갈나무군락(5.2%) 순으로 나타난다. 제6차 국가산림자원조사 결과(2016)[43]에 따르면, 관목으로 진달래가 우리 숲에 가장 빈번하게 출현하는 것으로 나타났다. 따라서 우리나라 숲은 큰키나무로 소나무와 참나무가 서 있고 그 아래에 진달래가 꾸미는 식생 구조를 보인다. 이런 식생 현황을 근거로 임상도에 나타난 우리나라 산림의 모습(林相)을 한마디로 표현하면 '소나무와 참나무와 진달래가 어우러진 숲'이며, 어울리는 이름으로 '송진견림'(松眞鵑林)이나 '솔참진숲'이라고 할 수 있다.[44]

안정된 지형에 사계절 뚜렷한 기후, 그 속에 다양한 식생이 연출하는 화려

---

43) 한국임업진흥원, 2016, 국가산림자원조사 분석 및 모니터링 연구용역. 산림청 연구용역 최종보고서. 207쪽.

44) 송진견림(松眞鵑林)이란 소나무(松), 참나무(眞), 진달래(鵑, 두견화)를 뜻하는 한자를 조합한 것이고, 솔참진 숲은 이들 각각의 나무 이름에서 첫 글자를 따온 것으로 필자가 이름을 붙여본 것이다.

한 산림풍경으로 한반도를 금수강산이라고 부르는 데에 있어서 아무런 부족함이 없어 보인다. 한반도를 금수강산이라 부르며 찬미한 역사적 사실들을 다음 절에서 알아본다.

3. 한반도는 금수강산

가. 금수강산의 유래

> 대한의 노래 (이은상 작사, 현제명 작곡, 1932년)
> 백두산 뻗어내려 반도 삼천리
> 무궁화 이 강산에 역사 반만년
> 대대로 이에 사는 우리 삼천만
> 복되도다 그 이름 대한이로세.

어릴 때부터 누구나 부르던 노래라 어른, 아이 구분 없이 모두 잘 아는 내용이다. 비단결처럼 곱게 수놓은 듯 아름다운 강산을 금수강산(錦繡江山)이라고 한다. 우리 한민족은 예부터 우리 강산의 아름다움에 대한 사랑과 긍지로 우리나라를 금수강산이라고 불러왔다. 예로부터 금수강산을 대표하는 강산(江山)은 오악(五岳)과 4독(瀆)으로 표현하였다. 조선시대에 이들은 명산대천(名山大川)으로 풍년제, 기우제 등 국가의 중요 의례를 지내는 곳이기도 하였다. 오악은 오악(五岳), 곧 동의 금강산, 서의 묘향산(妙香山), 남의 지리산(智異山), 북의 백두산, 중앙의 삼각산이다. 4독(강)은 동의 낙동강, 남의 한강, 서의 대동강, 북의 용흥강(龍興江)이다.[45] 용흥강은 함경남도

---

45) 중종실록 27권, 중종 11년 12월 30일(1516년)
  승지 김안국(金安國)이 아뢰기를, "내원장(內願社) 일을 전일에 대간이 아뢴 것은 반드시 뜻이 있는 것입니다. 【재앙이 없어지고 태평이 유지되기를 기도할 것을 암지(暗指)한 것이다.】 지금 상고하건대, 바로 국가에서 거행하는 사전(祀典)이니 해마다 중춘(仲春)과 중추에 악(岳)·해(海)·독(瀆)·산(山)·천(川)의 귀신에게

영흥군에 있는 강이다.

삼천리강산이라는 표현을 자주 쓰는데 이 호칭은 어디서부터 온 것인가? 육당 최남선의 『조선상식문답』에 서울에서 함경도 북쪽 끝 온성 마을까지 2천리, 서울에서 전라도 남쪽 끝 해남 고을까지 1천 리, 이것을 합쳐 3천 리이니 '삼천리강산'이라고 표현하였다.[46] 이를 근거로 '삼천리 금수강산'이라는 표현도 유래한 것은 아닌지 생각하게 한다.

그런데 고문헌에 우리 강산을 '금수강산'(錦繡江山)이라고 표현한 사례는 육당보다 앞선 세대에 보인다. 호남 출신 선비 전상무(田相武, 1851~1924)가 쓴 관서지방 여행일기인 「서행일록(西行日錄)」[47]에, "翌日發行. 是日天氣明朗. 軍帳一壑. 山勢峻崒. 林木蔥蘢. 丹葉照耀. 眞錦繡江山也. 與士濬相酬一聯. 暮到文具壯節洞申雅家宿."라 하였다. 신아(申雅)라는 지인의 집에 유숙하기 전에 낮에 여행한 풍경을 읊은 것으로 "가을 날씨는 청명하고 명랑하고, 산세는 높고 가파르며, 수목은 빽빽하고, 나뭇잎은 단풍으로 물들어 고요하고, 진정한 '금수강산'이라 ……"

「서행일록」과 같은 시기에 작성된 『백하일기(白下日記)』에 수록된 「계축록(癸丑錄)」은 독립운동가 백하 김대락(金大洛)이 1913년 1월 1일부터 12월 30일까지 가족과 함께 중국에서 망명 생활하는 과정을 서술하고 있다. 기록

사람을 보내 제사하여 바람과 비가 때에 맞고 온갖 곡식이 풍년들기를 빌되, 악·해·독에는 중사(中祀)로 하고 명산(名山)·대천(大川)에는 소사(小祀)로 하는 것은 옛적부터 거행해 오는 것입니다. 해마다 맹춘이면 대궐(大闕)에서 따로 사람을 보내 치제(致祭)하되, 성경(誠敬)을 다해 제사하는 것을 내원장이라 하는데, 그 유래가 오래지만 어느 대에 시작되었는지는 알 수 없습니다."

丙子/承旨金安國啓曰: "內願狀事, 前者臺諫啓之, 必有意焉. 【暗指新禱消災保安事】 今考之, 則乃國之祀典也. 每歲仲春·仲秋, 遣祭于岳·海·瀆·山川之神, 以祈風雨順時, 百穀登成, 嶽·海·瀆則躋中祀; 名山·大川則躋小祀, 自古昔行之. 而每歲自內別遣致祭, 以盡誠敬之意, 必於孟春祭之, 謂之內願狀, 其來久矣. 但未知始於何代也.(이하생략).

여기서 소사(小祀)란 제향 의식(儀式)의 등급인데 중사보다 조금 간략한 것이며, 대사(大祀)는 종묘·영녕전(永寧殿)·원구단(圜丘壇)·사직단의 제사를 말한다.

46) 이영화 옮김, 2013, 조선상식문답. 최남선 원저(1947), 서울: 경인문화사. 17쪽.

47) 전상무의 시문집인 『율산선생문집(栗山先生文集)』에 수록되어 있으며, 1913년 9월 1일에 출발하여 개성, 평양, 신의주를 거쳐 중국 안동까지 관서지방을 여행하고 10월 21일 귀가 하기까지 여정이 담겨있다. http://diary.ugyo.net (국학진흥원 일기류 DB).

하길, "이 盤石갓흔 우리 帝國 너게 贖貢 ᄒ단말가 錦繡江山 늬 地方이 너의 차디 되단말가."(1913.6.4.) 뜻인즉, "반석같은 우리 제국을 네게 공물로 바쳤단 말인가. 우리 땅이 네 차지가 되란 말인가" 라고 통탄하는 중에 우리 강산을 '금수강산'이라 읊고 있다. 그는 만주 한인 청년들에게 줄곧 민족의식을 고취하고 한인 정착을 위해 노력하다 1914년 사망하였다.

『연행록선집(燕行錄選集)』에 수록된「심전고(心田稿)(一)」의 1825년 11월 5일(음력)[48] 기록을 보면 다음과 같은 내용을 발견한다; 布政門內. 亦有五旬亭. 多景樓諸勝. 蓋錦繡江山無處不佳麗也.

"포정문(布政門) 안에 또한 오순정(五旬亭), 다경루(多景樓)의 여러 명승이 있다. 무릇 금수강산에는 아름답지 않은 곳이 없다."라는 의미이다. 『연행록선집』은 조선 후기에 중국 사신으로 다녀온 조선 관리들의 기록으로, 조선과 명과 청과의 외교에 관한 사항과 당시의 경제·사회·제도·풍습·민속을 비교 관찰하는 데에 소중한 자료이다. 위 내용은 중국으로 가는 도중 평양에 머물며 주변을 둘러본 내용을 기록한 것으로 평양뿐 아니라 조선 전국을 금수강산으로 여기고 있음을 알 수 있다. 1825년의 기록이다.

이외에도 함석헌은 '우리나라처럼 아름다운 경치가 세계에 어디 있는가? 금수강산(錦繡江山)이 아닌가? 우리나라 산수는 세계에 드문 경치이다. 그 산이 그렇지 그 바다가 그렇지. 금강산을 세계의 자랑이라고 하지만, 하필 금강산뿐일까? 가는 데마다 시요 그림이다.[49]라 하여 현대에 들어와서도 우리 강산을 금수강산이라 찬미하는 것이 변치않고 있다.

우리 한반도 강산이 이토록 비단결에 수놓은 아름다운 강산으로 불릴 만큼 아름다운 국토인가?

고려 시대나 조선 시대에 사대부나 문인들은 중국과 교류가 잦으면서

---

48) 한국고전종합DB. https://db.itkc.or.kr/dir/item?itemId=BT#/dir/node?dataId=ITKC_BT_1426A_0010_030_0050

49) 함석헌, 1983, 뜻으로 본 한국역사 함석헌전집1. 서울: 한길사. 73~83쪽.

자연스럽게 중국의 문화와 사상을 습득하였다. 특히 주자(朱子)를 존숭하여 주자학(도학)이 성행하였고 그가 머물렀던 대자연 무이구곡(武夷九曲)을 동경하여 답사하고자 하였다. 주자가 무이구곡의 아홉 구비 아름다운 절경을 읊은 「무이도가(武夷櫂歌)」는 조선 선비에게 커다란 반향을 일으켰으며, 그를 본받고자 「무이도가」와 무이구곡을 흉내 내는 일이 많았다. 더 나아가서 조선 땅에 무이구곡을 닮아 능히 「무이도가」를 읊을 만한 산수 비경을 찾아 귀의하기도 하였다. 대표적인 곳이 율곡 이이가 황해도 해주 수양산(首陽山)에 설정한 고산구곡(高山九曲), 우암(尤庵) 송시열의 화양구곡(華陽九曲)이 있으며, 이보상·김시찬 등의 선유구곡(仙遊九曲), 김수증의 곡운구곡 (화천 화악산), 정재응의 쌍계구곡, 노성도의 연하구곡, 전덕호의 갈은구곡, 이원조의 포천구곡(가야산) 등의 사례도 있다.[50] 모든 지역이 산수경관이 빼어난 특징을 지니고 있다. 퇴계 이황은 주자의 무이구곡과 무이정사(武夷精舍)를 동경하였으며, 도산서원을 설립하고 「무이도가」를 화운(和韻)하여 「도산십이곡(陶山十二曲)」을 지었다. 율곡 또한 「무이도가」를 따서 「고산구곡가(高山九曲歌)」를 남겨 한국산림문학의 전성기를 이루는데 크게 이바지하였다.[51]

이렇듯 한반도는 시인 묵객들에게 미감(美感)을 자아내는 데에 충분하기에 예로부터 구구절절 시와 그림으로 담아내어 금수강산을 노래하였다. 그런데 한반도의 금수강산을 대변할 대표적인 곳을 선택한다면 어디를 택할 수 있을 것인가? 『조선왕조실록』에서 답을 찾을 수 있을 듯하다. 「고종실록」은 백두산, 금강산, 지리산, 태백산, 계룡산을 나라 수호의 명산으로 밝히면서 지성으로 기도하면 나라의 명맥과 운수를 길게 할 것이라 기록하고 있다.[52]

---

50) 이상주, 2006, 조선후기 산수평론에 대한 일고찰-화양구곡을 중심으로. 한문학보 14: 215~244쪽.
　　금장태, 1993, 한국사상의 고향으로서 산. 최정호 편 〈산과 한국인의 삶〉서울: 나남. 49~64쪽.
51) 손오규, 2004, 무이구가와 도산십이곡의 비교연구. 한국문학논총 38: 61~89쪽.
　　이정탁, 1984. 한국산림문학연구. 서울: 형설출판사. 52~131쪽.
52) 고종실록 21권, 고종 21년 6월 17일 기축 두 번째 기사(1884년).

또한 한반도 각 방면(오방위)의 오악(五嶽)을 중앙에 중악 삼각산, 동악 금강산, 남악 지리산, 서악 묘향산, 북악 백두산을 명시하였다.[53] 여기서 우리나라의 금수강산을 대표하는 곳으로서 5대 명산과 5악에 공통되는 백두산과 금강산에 관해 그 찬란한 명성을 정리하고자 한다.

나. 백두산의 아름다움

백두산(2750m)[54]은 우리나라 건국 신화에 나라를 열기 위해 하늘로부터 환웅천왕이 강림한 산이다. 하늘로부터 신체(神體)가 내려온 곳이니 예부터 국가와 민족의 성산(聖山)이요 영산(靈山)으로 숭앙해 온 터이다. 화산활동으로 생긴 회백색 부석과 일년 중 8개월 이상 눈으로 덮여 있기에 백두산이라 부른다. 한반도에서 가장 높은 산이고, 한반도 중심 산줄기인 백두대간의 원점이며, 그 북쪽 저 멀리 만주벌판을 굽어보는 장산(將山)이다. 한반도 산천의 조종산(祖宗山)으로 한민족의 시원인 북방의 여러 산군(山群)과도 맥락이 이어져 있어 한민족에게 가슴 벅찬 숭산 의식을 갖게 하는 신령한 산이다. 이리하여 우리 민족은 국가 의례나 시민 의례를 가리지 않고 애국가에 실어 거룩한 마음과 간절히 사모하는 심정을 담아 힘찬 목소리로 칭송한다. 더 말할 필요도 없이 한민족과 한반도의 상징이다.

영산이고 조종산이며 반도에서 가장 높은 산이니 예로부터 백두산의 아름다움을 찬미하는 기록이 풍부하다. 백두산을 유람한 조선 선비의 찬사를 비롯하여, 외국인, 신문사의 사례 등 다양하다. 『조선왕조실록』은 백두산의

---

53) 고종실록 43권, 고종 40년 3월 19일 양력 두 번째 기사(1903년).

54) 김정배·이서행 외, 2010, 백두산-현재와 미래를 말한다. 한국학중앙연구원. 131~159쪽.
백두산의 지형은 백악기(1.44~0.664억 년 전) 이후, 신생대 제3기(6640~259만 년 전)과 제4기(259만 년 전 이후)에 걸쳐 진행된 지체 구조운동과 화성활동과 같은 지질학적 진화과정을 거쳐 형성되었다. 현재와 같은 모습은 제3기 올리고세 말기(2800만 년 전)부터 제4기 플라이스토세(259만 년 전 전후) 기간 동안 13회 이상의 화산활동에 의해 이뤄진 것이며, 이 기간 중에 백두산의 지형 기반인 현무암질 용암대지가 형성되었다. 최신의 화산활동은 1903년 5월로 파악하고 있다. 화산활동으로 탄생한 호수(갈데라호)인 천지(2190m)는 세계에서 가장 높은 고도에 있는 칼데라호로 알려져 있다.(일부 내용은 재인용).

형세를 묘사하고 한반도의 길흉화복을 담당하리라고 전하고 있다. 1451년 문종 1년 4월의 기록을 아래에 소개한다.

전 부사정(副司正) 정안종(鄭安宗)이 아뢰었다. "신이 일찍이 역대 제가의 풍수론을 보건대, 간혹 어지럽고 헛되어 떳떳하지 못한 것이 많으나, 오직 도선(道詵)이 산을 답사한 뜻은 제현의 가결(歌訣, 예언)보다 특이하니, 그 도안(道眼, 신통한 눈)·신술(神術)을 어찌 헤아릴 수 있겠습니까? 대저 우리 나라의 산천은 백두산(白頭山)에서 비롯하여 대맥이 나뉘어 나가 대세가 활달하고, 천지만엽(千枝萬葉)이 그로부터 어지러이 내려와서 천태만상으로 활처럼 당기고, 손톱처럼 뻗는 모양이 되어 종횡으로 내달아 그 사이에 음양 두 길의 산이 안팎으로 문호를 겸제(鉗制, 눌러 억제)하니, 산형(山形)의 기색(氣色)과 산수(山水)의 성정(性情)과 더불어 저 운맥(運脈)의 성쇠(盛衰)와 산천(山川)의 지덕(地德)과 시운(時運)의 상당함을 전인(前人) 도선이 철저하게 간파하고, 통달하게 알아서 때를 당하여 길흉이 나타나는 바를 바로 대어 놓고 가리키니, 앞으로 올 화복이 미리 정해져 있음이 거짓이 아닙니다."[55](이하생략)

백두산은 한반도 지세의 대강을 구성하고 산수의 성정과 산천의 시운을 운행하여 나라의 길흉화복을 관장하는 산으로 생각하고 있음을 알 수 있다.

백두산을 민족의 영산으로 칭송한 사례는 신문사의 기사에서도 발견할 수 있다; 1921년 동아일보는 신문사로서 처음으로 백두산 탐험대를 모집하여 전직 동아일보 기자와 사진기자를 백두산에 특파원으로 보내어 기행문과 사진을 연재하였다.[56] 신문은 1926년에 두 차례 연재한 '백두산의 신비'라는 사설을 실었는데 내용은 아래와 같다;

조선인에게는 백두산이 있다. 백두산은 어떠한 의미로 보아서든지 세계에

---

55) 문종실록 7권, 문종 1년 4월 14일 임오 세 번째 기사(1451년)

56) 박찬승, 2015, 백두산의 민족 영산으로서 표상화. 신성곤·박찬승·오수경 편저 〈동아시아의 문화표상I-국가·민족·국토〉. 서울: 민속원. 307~337쪽.

있는 가장 신령한 산악이다. 한갓 높은 것, 한갓 큰 것, 한갓 깊은 것, 한갓 기이한 것의 쪼각 영산(靈山)은 세계에 얼마든지 있겠지마는 온통으로 온갖 것으로 그저 그대로 신비(神祕) 영이(靈異) 그것인 점에서 우리 백두산은 바로 독일무이(獨一無二)한 권위를 가졌다. 조선인에게 대한 백두산은 결코 심상한 의미의 산이란 것이 아니다. 그는 조선인의 신(神)이요, 대신(大神)이요, 그 지상(至上) 존재의 구원한 상호(相好)시다.[57]

육당 최남선은 백두산 중에서도 삼지(三池)의 아름다움을 이렇게 읊었다; 큰 들이 터지고 큰 숲이 덮이고 큰 산악이 이것을 환위(環圍)하고, 그 한복판에 명경 같은 소호가 몇 개 박혀있다 함으로는 얼른 상상이 가지 아니하겠지마는, 시방 우리 안전에 전개한 대광경이란 것도 요하건대 이 몇 가지 요소에 벗어날 것은 없다. 이 몇 가지 요소가 들어서 가장 숭엄·웅대·유비(幽祕)·미묘(美妙)한 국면을 현출한 것에 지나지 아니하는 것이다. (중략). (이런 특성이) 각기 제 성능대로 최대한도의 능률을 발휘하여 일대 조화체로 출현할 때 이렇게 경탄할 광경, 명부득(名不得) 상부득(狀不得) 대광경을 이룸은, 어째 여기 한번 생긴 것인지, (생략), 우주미의 가장 신비한 일부면을 이만큼 강렬하게 시현한 것은 (중략) 다른 데 또 있으리라고 할 수 없을 것을 우리는 말하고 싶다. 으리으리한 중에 간질간질한 것을 담아놓은 이 초특미(超特美)의 소반이여. 사방 십백리에 중중위잡(重重圍匝)한 대산림이, 이제 알매너 같은 끔찍한 보배를 고이고이 위하시는 조물주의 생파리(生笆籬)이었구나.[58](이하생략)

또한 육당은 이 글에서 백두산이 아니면 다시 볼 수 없는 선경으로 꼽은 것이 있는데 바로 자작나무숲이다. 묘사하기를, "그중에도 백피(白皮)를 그

---

57) 앞의 책. 326쪽.

58) 최남선, 1989, 백두산근참기(白頭山覲參記-三池). 소재영 편 〈백두산근참기〉. 서울: 조선일보사. 68~88쪽. 중중위잡(重重圍匝)이란 주위가 겹겹이 둘러싸인 상태를 뜻하고, 생파리(生笆籬)란 남이 좀처럼 가까이할 수 없는 대상을 말한다. 백두산이 다른 곳과 대적할 수 없을 정도로 경치가 아름다운 곳임을 강조하는 표현이다.

저 지니고 있는 백화림(白樺林)의 소적(燒跡)은 글자 그대로의 옥수경림(玉樹瓊林)을 들어온 듯하여 이것만에서도 백두산이 선성(仙聖)의 향(鄉)임을 느끼게 함이 있다."⁵⁹⁾ 라 하였다. 파란 하늘 높이 치솟은 순백의 자작나무숲이 마치 신선과 성인이 사는 고향에 들어온 듯한 정감을 불러일으킬 정도로 장관이라며 감탄하는 광경이다. 명문장가 육당도 어쩔 수 없이 백두산의 초특미 아름다움의 황홀경에 감탄하여 백두산을 칭하는 그 어떤 이름으로도, 백두산을 비유하는 그 어떤 형상으로도 묘사할 수 없는 명부득 상부득의 명산임을 고백하고 있다.

안재홍은 천지에 올라 다음과 같이 감회를 술회하였다. "천지미(天池美)를 마음껏 보는 것은 일대의 선연(仙緣)이다. 병사봉(장군봉) 상 통철무애한 대전망을 아니하면 대백두의 장엄미를 볼 수 없고, 천지호반 신비영상(神祕靈爽)한 운율에 노닐지 않고서는 또 성백두(聖白頭)의 자애미를 볼 수 없다. 자연미의 극치도 결국은 인격화된 영감을 얻음으로써만 비로소 묘미진경을 남김없이 맛보는 것이다."⁶⁰⁾

그렇다! 필자가 2006년 7월 1일 천지에 섰을 때 홀연히 찾아온 체험이다. 백두산 천지 상상봉에 올라 보니, 장엄하게 펼쳐진 대전망이야말로 장엄미요 숭고미의 극치이며 자연이 보여주는 최고의 순정미(純正美, the beautiful, Das schoene)를 보여준다. 천지 물가에 서서 잔잔하고 고요히 침묵하며 드넓게 펼쳐진 호수를 바라보면 저절로 한없이 엄숙하고 기운을 꺾어 누르는 무한숙살(無限肅殺)의 감정에 사로잡힌다.⁶¹⁾ 저절로 그저 묵언의 순간에

---

59) 앞의 책 75쪽. 옥수경림(玉樹瓊林)이란 아름답고 울창한 나무숲이란 뜻이다.

60) 안재홍, 1989, 백두산등척기(白頭山登陟記-天池가에서). 소재영 편 〈백두산근참기〉. 서울: 조선일보사. 106~119쪽.

61) 이런 느낌은 필자만이 체험한 것은 아니다. 1891년 10월에 천지를 탐험한 영국군 장교 알프레도 에드워드 존 캐번디시(Alfred Edward John Cavendish)도 백두산 등정기에 생생하게 기록하고 있다. "스무 개 이상의 봉우리 중 두 봉우리 사이에 도착하니 예기치 못하게 호수 앞에 서게 되었다. 호수가 너무나 갑자기 모습을 드러내 깜짝 놀랐다. 기막힌 풍경이었다. 호수의 절대적인 정적과 짙푸른 색깔은 내 안에서 폭발한 격정과 함께 발아래의 회색 및 흰색 비탈과 강한 대조를 이루고 있었다. 호수 표면의 고요는 봉우리들이 보호한 까닭에 유지되었다고 볼 수 있었다."

사로잡히게 된다. 장엄하게 이어진 연봉들이 호위하듯이 화구호를 감싸 안고 있는 호반풍경과 소리 없이 그 산영(山影)들을 품고 있는 호수면을 온 감각으로 소요유(逍遙遊) 하듯 노닐 때 얻게 되는 신비영상의 숭고미(the sublime)는 백두산 천지가 지닌 최고의 아름다움이리라. 이런 특징을 지녔기에 김정배 등(2010)은 '백두산은 한반도 모든 산의 으뜸일 뿐만 아니라 고조선의 건국신화인 단군신화에서 신시가 펼쳐진 곳이 바로 이곳이기 때문에 정신적으로도 한민족의 근원을 형성하는 산이다.'라고 힘주어 말한다.[62]

다. 금강산의 아름다움

금강산을 노래한 동요와 가곡을 불러본다. 동요 「금강산」은 강소천 작사, 나운영 작곡으로 1953년에 탄생한 곡이다. 가곡 「그리운 금강산」은 한상억 작시, 최영섭 작곡으로 1961년에 탄생하는데, 탄생과정과 가사 내용에 있어서 남북관계 하에서 우여곡절이 많은 사연이 있는 곡이다. 가급적 원곡의 가사를 살려 싣는다. 동요 3절과 가곡 4절은 곡의 분위기를 살려 필자가 삽입해 본 것임을 밝힌다.

> 금강산 (강소천 작사, 나운영 작곡, 1953년)
> 금강산 찾아가자 일만 이천 봉
> 볼수록 아름답고 신기하구나
> 철 따라 고운 옷 갈아입는 산
> 이름도 아름다워 금강이라네 금강이라네
>
> 금강산 보고 싶다 다시 또 한번
> 맑은 물 굽이쳐 폭포 이루고

조행복 옮김, 2008, 백두산으로 가는 길-영국군 장교의 백두산 등정기. Alfred Edward John Cavendish 〈Korea and The Sacred White Mountain〉. 파주: 살림. 217쪽.

62) 김정배・이서행 외 앞의 책 392쪽.

갖가지 옛이야기 가득 지닌 산
이름도 찬란하여 금강이라네 금강이라네

(필자 추가 3절)
금수강산 수를 빼어 금강산이네
부르리 금강봉래, 풍악개골로
동방에 부처를 찾아오는 산
이름도 자비하여 금강이라네 금강이라네

그리운 금강산(한상억 시, 최영섭 작곡, 1961년)
누구의 주재런가 맑고 고운 산
그리운 만 이천 봉 말은 없어도
이제야 자유 만민 옷깃 여미며
그 이름 다시 부를 우리 금강산

비로봉 그 봉우리 짓밟힌 자리
흰구름 솔바람도 무심히 가나
발아래 산해만리 보이지마라
우리 다 맺힌 원한 풀릴 때까지

기괴한 만물상과 묘한 총석정
풀마다 바위마다 변함없는가
구룡폭 안개비와 명경대물도
장안사 자고향도 예대로인가

(필자 추가 4절)
창세 끝날 조물주의 숨길 닿은 산
예로나 지금이나 불변아닌가

백두금강 한라이어 한 풀으리라
겨레여 총칼놓고 만세부르자

(후렴)
수수만년 아름다운 산 더럽힌 지 몇몇 해
오늘에야 찾을 날 왔나 금강산은 부른다.

「그리운 금강산」의 빠르기는 모데라토 칸타빌레(Moderato Cantabile)로
'보통 빠르기로 노래하듯이'이다. 빠르기라는 표현보다 연주 속감(速感, 연주
속도와 감정)이 더 어울릴 듯한데 빠르기말 아래에 우리말로 '그리움에 사무
쳐서'라는 지시어가 함께 덧붙여져 있어 남북 분단으로 가볼 수 없음을 안타
까워 하는 심정으로 작곡한 곡의 분위기를 말해준다.[63]

금강산(비로봉 1638m)의 이름은 불교에서 유래했다. 불교에서 금강은
불퇴전(不退轉), 즉 물러나지 않는 진리를 향한 굳은 마음을 뜻한다. 금강
은 산스크리트어의 '바지라'로 번개와 금강석을 의미한다. 얼마나 사계절
변화무쌍 아름다웠으면 금강, 봉래, 풍악, 개골이라 계절을 구별하여 별칭
하며 노래하였을까 생각해 본다. 금강산의 명성은 나라 안팎으로 자자하
였다.

조선왕조 건국 초에 명나라 황제(태조 홍무제)한테 자문을 받고자 신하
세 명이 사신으로 간 적이 있다. 황제가 한화(漢話)가 가능한 예문춘추관
학사(藝文春秋館學士) 권근(權近)에게 여러 관심사에 관한 제목을 주면서
시를 지어 답하도록 하였다. 여러 제목 중에 '금강산(金剛山)'이 들어있었는
데, '금강산'에 대해 권근이 짓기를 다음과 같이 하였다.[64]

---

63) 한국가곡대전집 편찬위원회, 1977, 그리운 금강산. 한국가곡대전집. 현대악보출판사. 170~172쪽.
   장현미, 2013, 그리운 금강산. 한국민족문화대백과사전. 한국학중앙연구원.
64) 태조실록 11권, 태조 6년 3월 8일 신유 1번째기사(1397년). 명나라 홍무(洪武) 30년에 조선의 사신으로
   간 권근(權近)에게 홍무제가 대화를 하고 권근이 학식이 있음을 알고 '왕경작고(王京作古)'를 비롯하여
   여러 제목을 명하여 시 24편을 짓게 하였다. '금강산은 두 번째 제목이다.

"눈 속에 우뚝하게 선 천만 봉우리,

바닷 구름 헤치고 옥 연꽃이 섰네.

넘실대는 신비한 빛 창해(滄海)를 닮은 듯,

꿈틀대는 아득한 기운 조화(造化)를 모았는 듯.

우뚝 솟은 산부리는 조도(鳥道)를 굽어보고,

맑고 깊숙한 골 안에는 신선의 자취 감추었네.

동국(東國)에 놀면서 절정에 올라서,

큰 바다 굽어보며 가슴 한 번 씻고저.

황제는 권근에게 모두 24편을 짓도록 하였는데 금강산을 택한 것은 그만큼 관심이 컸다는 의미이다. 이미 14세기에 명나라의 황제가 조선국의 금강산에 관한 관심이 있었음을 알 수 있다. 그런데, 여기서 두 가지 의문점을 해결해야 한다. 중국인은 금강산에 관한 관심을 어떻게 하여 가지게 된 것인가? 왜 금강산을 보고자 하는가? 두 가지 의문에 대한 답이 『조선왕조실록』에 들어 있다. 태종 4년 9월 21일의 일이다. 다음 기록을 보자.

임금이 하윤(河崙)·이거이·성석린·조준·이무·이서를 불러 정사를 의논하였다. 임금이 말하기를, "중국의 사신이 오면, 꼭 금강산을 보고 싶어 하는데, 그것은 무슨 까닭인가? 속언(俗言)에 말하기를, '중국인에게는 「고려 나라에 태어나 친히 금강산을 보는 것이 원이라.」하는 말이 있다.'고 하는데, 그러한가?" 하니, 하윤(河崙)이 나와서 말하기를, "금강산이 동국(東國)에 있다는 말이 『대장경(大藏經)』에 실려 있으므로, 그렇게 말하는 것입니다." 하니, 임금이 말하기를, "옳도다." 하였다.[65] (이하생략) 『대장경』에 실려 있기에 중국인이 보고자 소원한다는 말이다.

<hr />

65) 태종실록 8권, 태종 4년 9월 21일 기미 첫 번째 기사(1404년)
    召 河崙·李居易·成石璘·趙浚·李茂·李舒議事. 上曰: "中國使臣來則必欲見金剛山, 何也? 諺曰: '中國 人有云:「願生高麗國, 親見金剛山」者.' 然乎?" 崙進 曰: "金剛山在東國之語, 載在《大藏經》故云爾. 上曰: 然."

그런데 하윤이 말한 『대장경』은 무슨 『대장경』을 말하는 것인가? 중국인이 말하는 것이니 필경 『고려대장경』은 아닐 것이고 중국의 대장경을 일컬을 것인데 당시 시점(태종 4년, 1404년)으로 보아 중국 『대장경』(한문대장경, 漢文大藏經)에 해당하는 것은 명나라 홍무(洪武) 25년(1352년)에 각성(刻成)된 「明洪武本大藏經(명홍무본대장경)」과 영락(永樂) 원년(1403년)에 인경(印經)했을 「明南本大藏經(명남본대장경)」을 비롯하여 최소 13권이나 된다.[66] 또한, 이중환(1690~1756)은 택리지에서 "불교의 『화엄경(華嚴經)』은 주(周)나라 소왕 이후에 처음 나왔거니와 동북쪽 바다 한가운데에 금강산이 있다는 이야기가 벌써 『화엄경』에 실려 있으니, 이는 부처의 밝은 눈으로 멀리 꿰뚫어 보고 기록한 것이 아니겠는가!"[67]라 하여 『화엄경』에 이미 금강산이 언급되어 있다고 주장하고 있다. 주나라 소왕(昭王)의 생몰 연대는 기원전 1027~977년이니 지금으로부터 최소한 3000년 전에 금강산이 화엄경에 언급되고 있다는 의미이므로, 고문헌 상 금강산에 관한 기록이 어디에 어떤 내용으로 실려 있는지 이 분야 전문가들에 의한 연구가 더 필요하다. 그런데, 국역 『한글대장경』에 "그 세계의 동쪽에 있는 금강산 가까이 네 천하가 있는데 이름은 화등당(華燈幢)이었다."[68]라는 서술이 있다. 이것은

---

66) 김종천, 1987, 중국의 대장경 간행에 대한 역사적 고찰. 상명대학교 논문집 19 : 447~465쪽.
　　저자는 중국에서 간행된 33권의 한문대장경(漢文大藏經)을 열거하였는데 이 가운데 1404년 이전에 간행된 것은 송개보탁본대장경, 송위주개원사대장경, 계단본대장경, 송복주동선사등강원대장경, 송복주개원사대장경, 남송호주사계원각선원대장경, 남송안길주사계자복선사대장경, 원항주대보녕사대장경, 송평강부회사연성원대장경, 금해주천녕사대장경, 원동인대장경, 명홍무본대장경, 명남본대장경 등이 있다. 필자 견해는 『조선왕조실록』(태종 4년 9월 21일)에 거명한 대장경은 시기적으로 볼 때 명나라 홍무(洪武) 25년(1352년)에 각성(刻成)된 「明洪武本大藏經」과 영락(永樂) 원년(1403년)에 인경(印經)했을 「明南本大藏經」일 가능성이 가장 커 보인다. 그러나 불명확한 추측이므로 연구가 더 필요하다.
67) 안대회·이승용 외 옮김, 2018, 완역정본 택리지. 이중환 원저 擇里志. 서울: 휴머니스트. 212쪽.
68) https://abc.dongguk.edu/ebti/c2/sub1.jsp. 동국대학교 『한글대장경』 검색 사이트에서 "금강산"으로 검색한 결과이다.
　　대방광불화엄경 60권본 1586페이지 3라인에 다음과 같이 서술하고 있다:
　　그 세계의 동쪽에 있는 금강산 가까이 네 천하가 있는데 이름은 화등당(華燈幢)이었다. 그 누각과 대관(臺觀)과 궁전은 묘한 보배로 되었고, 아주 맛난 음식은 저절로 풍족하며, 첨복꽃나무[瞻蔔華樹]는 일체를 덮었는데, 갖가지 향나무는 묘한 향 구름을 내고, 보배화만나무는 화만 구름을 두루 내리며, 온갖 잡꽃나무는 불가사의한 여러 묘한 꽃구름을 내리고, 가루향나무는 가루향 구름을 내리며, 온갖 향왕나무는 묘한 향 구름을 내리고,

아래 주에 기술하였듯이 「대방광불 화엄경」(60권본)에 있는 내용으로 이중환이 '금강산이 실려있다'는 『화엄경』이 이것을 말하는지, 그리고 '세계의 동쪽에 있는 금강산'이 우리 금강산을 일컫는지 알 수 없다. 하지만, 대장경이나 화엄경이 모두 부처의 설법을 모은 것이니 시대와 장소를 달리하여 발간된 것이라 할지라도 내용은 크게 변하지 않을 것이므로 위 내용들을 참고할 가치가 있다. 여러 명칭의 대장경에는 금강산이라는 명칭이 자주 등장한다.

어쨌든 중국 사신이 말하는 『대장경』에 금강산을 어떻게 기술하고 있기에 금강산 보기를 평생소원으로 삼는 것일까? 이것에 대한 답은 태종 3년 4월 17일(1403년)의 기록을 통해서 어렴풋이 엿볼 수 있다. 즉, (중국사신) 황엄(黃儼)·조천보(曹天寶)·고득(高得) 등이 장차 금강산(金剛山)에 놀러 가려고 하므로, 조거임(趙居任)이 황엄 등에게 이르기를, "그대들은 어째서 금강산을 보려고 하는가?" 하니, 황엄 등이 말하기를, "금강산은 모양이 불상(佛像)과 같아서 보고자 하는 것이오."라고 하였다.[69] (이하생략)

금강산의 지형 형상이 부처상을 닮았기에 금강산을 간절히 보고자 한 것이다. 불교가 성행하여 자연의 부처상이라도 보고자 하였던 당시의 중국인의 불심을 엿볼 수 있다. 『대장경』을 통해서 고려국의 금강산이 부처상을 닮았다고 알려진 상황이니 조선을 찾은 사신이 어찌 금강산 찾아가기를 간청하지 않을 수 있었을까! 그런데 중국 사신의 금강산에 관한 관심은 단지 '방문'으로 그치지 않았다. 조선국을 방문한 중국 사신은 금강산 방문을 요청했을 뿐만 아니라, 금강산을 그린 그림을 요구하기도 하였다.[70] 심지어 명나

마니보배나무는 갖가지 보배를 내리며, 온갖 음악나무는 실바람이 불면 청아한 소리를 내어 허공에 차고, 해와 달처럼 밝고 깨끗한 묘한 보배 광명은 일체를 두루 비추었다.(이하생략)

69) 태종실록 5권, 태종 3년 4월 17일 계해 두 번째 기사(1403년).
黃儼·曹天寶·高得 等, 將遊金剛山, 居任謂 儼 等 曰: "君輩何欲觀金剛山乎?" 儼等 曰: "金剛山形如佛像, 故欲見之."(이하생략)

70) 세종실록 36권, 세종 9년 4월 8일(1427년). 창(昌)·윤(尹)·백(白) 세 중국 사신의 요청 기록.
세종실록 53권, 세종 13년 8월 26일(1431년)에 기록하기를, "창성(昌盛)이 가지고 온 궤짝 13개를 수보(修補)할 것과 금강산 그림을 요구하므로 허락하였다."고 하였다. 여기서 창성(昌盛)이라는 사람은 바로 위, 세종 9년 4월 8일에 기록한 창(昌)의 성과 이름으로 동일 인물이며 중국 사신으로 이번에는 금강산 그림까지

라에 가는 조선국의 사신이 금강산도를 지참하여 가기도 하였다.[71]

일본에도 잘 알려진 탓인지 일본 사신도 금강산 보기를 간절히 소망하였다. 1485년 10월에 조선을 방문한 대마도의 도주(島主, 영주)인 일본인 사신 앙지화상(仰止和尚)이 금강산 방문을 요청하였다. 조정 신하는 타국인에게 내지(內地)를 보게 하는 것은 옳지 않다고 하였으나, 승려였던 앙지가 '죽더라도' 보고자 하였다는 내용이 『조선왕조실록』에 전한다.[72]

정조대왕은 금강산을 보고 싶은 마음이 간절하였지만 정사에 바빠서 가볼 수 없는 몸이니 그림으로 위안을 삼았다. 겸재의 「금강산전도」로는 만족하지 못해 단원 김홍도에게 명하길, "금강산에 가서 나의 적적한 마음이 풀어질 살아있는 실경으로 금강산의 아름다움을 화폭에 담아오너라. 그대가 그린 진경 금강산은 세세년년 우리의 자부심을 살릴 것이다."라 하였다.[73] 그림으로라도 아름다운 금강산의 모습을 마음에 담아두고자 하였다. 이토록 아름답다고 알려진 산이 우리 금강산이다.

율곡 이이(1536~1584)는 1554년 3월, 모친 3년상을 탈상하고 근 1년 정도 금강산에 머물면서 600구 3000자로 금강산을 예찬하였다. 율곡은 『금

요구하고 있음을 알 수 있다.

71) 예종실록 7권, 예종 1년 8월 25일 병자 두 번째 기사(1469년).
遣行上護軍 尹岑, 奉表如大明賀聖節獻方物, 并進《金剛山圖》. 太監等以聖旨請之故也.
(행상호군 윤잠(尹岑)을 보내어 표문(表文)을 받들고 명나라에 가서 성절(聖節)을 축하하고 방물(方物)을 바치며, 아울러 금강산도(金剛山圖)를 바치게 하였는데, 금강산도는 태감(太監) 등이 성지(聖旨)로 청하였기 때문이다.)

72) 성종실록 184권, 성종 16년 10월 25일 임인 두 번째 기사(1485년). 조정에서 방문 수락 여부를 두고 논쟁하는 내용이다.
성종실록 185권, 성종 16년 11월 2일 기유 두 번째 기사(1485년). 예조정랑(禮曹正郎) 정광세(鄭光世)가 아뢰기를, "신이 어서(御書)의 뜻을 앙지(仰止)에게 말하였더니, 대답하기를, '칠십이 된 노승(老僧)이 어찌 감히 대국(大國)에 다시 오겠습니까? 금강산(金剛山)을 구경하다가 눈 속에서 죽더라도 유감이 없겠습니다.' 하였으며, 시봉(侍奉) 하는 왜인에게 물었더니, 그들도 말하기를, '비록 우리 스승과 한 구덩이에 같이 죽더라도 가서 구경하기를 바랍니다.' 하였습니다."라 하였다.
방문 시기가 겨울철이므로 눈의 위험이 있음에도 눈구덩이에 갇혀 죽는 한이 있더라도 금강산을 보고자 하는 간절함을 말하고 있음을 알 수 있다. 앙지화상 일행의 금강산행은 이뤄진다.

73) 이재원, 2016, 김홍도-조선의 아트 저널리스트. 파주: 살림. 215~248쪽.

강산 답사기』에서 '이 산은 하늘에서 떨어져 왔지 속세에서 생겨난 산이 아니리. 나아가면 하얀 눈을 밟는 듯하고 바라보면 늘어선 구슬과 같아. 이제야 알겠구나 조물주 솜씨 여기서 있는 힘 다 쏟은 줄을.'이라고 극찬하였다.[74] 금강산은 속세의 것이 아니라 하느님이 있는 힘을 다 쏟아부어 만든 솜씨이며 천국의 비경으로 그 아름다움을 강조한 것이다. 이런 표현은 동시대에 살았던 송강(松江)에게서도 보인다.

송강 정철(1536~1592)이 금강산을 탐승하면서 정양사 진헐대에 올라 주위를 바라보며 감탄한 심정을 『관동별곡』에 이렇게 읊고 있다 ; 아! 조물주의 솜씨가 야단스럽기도 야단스럽구나. 수많은 봉우리가 날고, 뛰고, 섰고, 솟은 듯한데, 그 봉우리의 형상은 연꽃을 꽂은 듯하고, 흰 옥을 묶어 세운 듯하고, 동해를 박차는 듯 힘찬 것도 있고, 북극성을 떠받쳐 괴고 있는 모양을 한 것도 있구나. 높기도 하여라, 망고대여! 외롭기도 하구나, 혈망봉아! 하늘에 치밀어 무슨 일을 사뢰려고 영원한 세월이 지나도록 굽힐 줄 모르는가? 아! 너로구나. 너같이 장한 기상을 지닌 것이 또 어디에 있겠는가?[75]

정양사 주변의 금강산이 얼마나 아름답길래 조물주(원문에 造化翁이라 표현)의 솜씨가 야단스럽다고 경탄해 마지않는 것일까? 금강산의 아름다움을 조물주의 창조 사역에 빗대어 묘사하는 것이 놀랍기도 하다. 그런데 금강산을 방문한 서양인 중에 이렇듯 금강산의 비경을 조물주의 창조에 비유하여 묘사한 사람이 있다. 북유럽 스웨덴 왕국의 아돌프 구스타프 6세(Gustaf VI Adolf, 1882~1973) 국왕이다. 황태자 시절이던 1926년 극동으로 신혼여행을 왔다가 조선을 들렀을 때 찾아간 금강산이 얼마나 아름답고 장중하며 보기에 좋았는지 그 풍경에 매료되어, "하느님께서 천지를 창조하신 엿새 중에 마지막 하루는 오직 이 금강산만을 만드는 데 보내셨을 것이다."라고

---

74) 정항교 역해, 1996, 율곡선생 금강산답사기(풍악행). 서울: 이화문화출판사. 42~48쪽.
　　玆山墜於天 不是下界物 就之如踏雪 望之加森玉 方知造物手 向此盡其力
75) 김갑기 옮김, 2008, 관동별곡·송강가사. 鄭澈 원저〈松江歌辭〉. 서울: 지만지. 15~40쪽.

찬양하였다.[76] 세상 만물을 창조한 이가 있어 그를 조물주라 한다면 그가 세상 창조의 맨 마지막 날에 온 공력을 쏟아부어 가장 아름다운 강산 금강산을 지었다는 감격스러운 찬탄의 말이다. 유럽에서도 일본에서도 그런 경이로운 풍경을 보지 못하였기에 그렇게 표현하였으리! 이토록 천국인 양 아름다운 금강산을 보면, "마치 아름다운 구슬로 만들어진 굴속에 있는 것처럼 상쾌하고도 청량한 기운이 들어와 자기도 모르는 사이에 가슴속에 끼어있는 속세의 묵은 때를 시원하게 씻어낼 수 있다."라고 찬미한 이중환(1690~1756)의 말처럼[77] 심령이 거듭날 수 있겠다. 아름답다 우리의 금강산이여! 아름답다 우리 강산이여! 아름답다 우리 한반도여!

외국인으로 금강산을 방문하고 기행문을 쓴 사람이 여럿이 있는데 매우 자세하게 묘사한 사람은 영국 지리학자이자 여행작가인 이사벨라 비숍 (Isabella Lucy Bird Bishop, 1831~1903)이다. 비숍은 1894년 2월부터 1897년 1월 사이에 네 차례 조선을 방문한 후 1898년 1월에 『Korea and her neighbors』 (한국과 그 이웃 나라들)라는 저서를 발간하였다. 1894년 오뉴월에 탐방한 금강산 장안사 주변의 아름다움을 다음과 같이 묘사한다;

"사당에서 정상을 올려다보면 가슴이 사무치도록 아름다운 광경이 펼쳐진다. 굽이굽이 이어진 숲의 물결, 시냇물의 아스라한 반짝임, 구릉의 완만한 선들, 그 뒤로 해발 1,829m가 넘는 금강산에서 가장 높은 산봉우리가 솟아 있었다. 아, 나는 그 아름다움, 그 장관을 붓끝으로 표현할 자신이 없다.

진정 약속의 땅(A fair land of promise)인저!

진정코! (중략)

천국에서 이틀을 보낸 듯한 장안사의 아름다움에 대해 조금은 아껴서 적는 것은 양보의 미덕이라 해야겠다.(중략)

---

76) 홍일식, 2000, 금강예찬(역주 황형주). 최남선 원저 〈金剛禮讚〉. 서울: 동명사. 5~7쪽.
   황형주가 역주한 『금강예찬』을 감수자 홍일식이 '감수자의 말에서 쓴 내용을 인용한 것이다.
77) 안대회 · 이승용 외의 앞의 책 209~212쪽.

(유점사) 여기서 내려다보이는 한국 제일의 장관은 '일만 이천 봉'을 품에 안고 있었다. 확실히, 일본에서, 심지어 중국에서도 이토록 아름답고 장엄한 광경을 단 한 번도 보지 못했다. 대협곡을 가로질러 장안사 계곡의 천둥소리를 통과하고 보니 호랑이가 어슬렁거리고 다닐 만한 무한한 녹색의 원시림 위로 정상을 향해 산줄기가 솟아 있어 각각의 누런 화강암 암벽 등성이가 모두 산꼭대기인 양 보였다. 오월의 저물 녘에 매료되는 순간, 수만의 꽃나무와 덩굴들, 그리고 봉오리를 여는 꽃망울, 겹겹의 양치식물들이 내쉬는 향긋한 숨결들이, 천국의 향내가 찬 이슬에, 젖은 공기 속에 피어오르고 있었다. (중략)

(장안사에서 유점사로 가는) 17.7km의 아름다움은 이 세상의 어디에서도 찾아낼 수 없을 것이다. 장엄한 절벽들, 솟아오른 산악과 산림, 그리고 희미하게 빛나는 잿빛 산정, 층층이 뿌리 내린 소나무와 단풍나무가 푸른 하늘에 맞닿아 한 줄기 실낱처럼 좁혀든다. 분홍빛 화강암 바윗덩이, 산정 위에 솟은 소나무와 양치식물, 틈틈이 얼굴을 내민 산나리들이 악 소리를 자아낸다. 그 둘레에 맑은 물이 맴돌 듯 흐르다가 미끄러져 내려가 분홍빛 화강암이 잠긴 분홍빛 여울로 모여들고 그리하여 에메랄드의 푸른빛보다 더 찬란한 다이아몬드처럼 빛난다.[78](이하생략).

현장감 넘치게 묘사하여 그 글귀를 따라 상상하는 것만으로도 금강산의 풍광이 비경임을 짐작하게 한다. 장안사 주변과 장안사에서 유점사로 이어지는 숲길, 하늘의 뇌성인 양 쏟아지는 폭포 소리와 웅얼중얼 굽이치는 계류, 산림에 짙게 드리운 초록 솔향과 숲바닥에 깔린 기화요초 향초로 빛나는 풍경이 얼마나 아름다운 지 붓끝으로 일일이 형언하지 못할 지경의 약속의 땅이자 천국 같은 비경이요 선경임을 찬미하고 있다. 이광수는 『금강산유기(金剛山遊記)』에서, 1921년 8월, 안개 걷혀 청나라(靑裸裸)하게 드러난 비로

---

78) 이인화, 1994, 한국과 그 이웃 나라들. Isabella Bird. Bishop 원저 〈Korea and her neighbors〉. 서울: 살림.
146~179쪽(10. 금강산 가는 길, 11. 금강산의 여러 사원들)

봉에 올라 주변의 아름다운 풍경이 홍몽(鴻濛) 중에 있다라며, "나는 천지창조를 목격하였다. 신천지의 제막식을 보았다."라고 경탄하였다.[79]

이런 사례를 종합하면, 비숍 이후 약 30년이 지날 무렵에 아돌프 구스타프 6세 국왕(방문 당시 황태자 신분)이 말한 것처럼, 금강산이야말로 조물주가 천지창조 맨 마지막 날에 최고의 비법으로 다듬은 천국의 경치인 듯하다. 비숍 여사가 토로했듯이 붓끝으로도 다 헤아릴 수 없고, 겸재나 단원의 그림으로도 다 묘사할 수 없으며, 이광수도 절경을 글로도 그림으로도 그릴 수 없다 하였으니, 문자 그대로 금강산은 서부진 화부득(書不盡 畵不得)의 영생의 선계(仙界)라고 할 수 밖에 없을 듯하다. 유홍준은 『나의 북한문화유산답사기-금강예찬』(하)에서 '금강산은 늘 푸른 바늘잎나무의 청명한 초록빛이 사철을 받쳐주면서 봄철의 진달래와 철쭉, 가을철의 단풍나무로 화려하게 색채를 바꾼다. 그 변화도 너무도 화려하여 금강산 10대 미 중에 수림미(樹林美)가 별도의 장을 차지하고 있고 풍악산이라는 별칭도 생겨났다.'고 하였다.[80] 이어서 그는 금강예찬을 마무리하기 위해 스스로 '금강산이란 도대체 무엇인가?'라 묻고 그 답을 선인들의 문헌에서 찾은 다음 구절로 대신하였다; '금강산은 어떤 비유로도 다 묘사할 수 없는 산이다.'[81](이하생략)

최남선은 『금강예찬(金剛禮讚)』에서 금강산을 다음과 같이 예찬한다; 어느 이방인이 우리를 향하여 조선에 무엇이 있느냐고 묻는다면, 우리는 얼른 대답하기를 "조선에는 금강산이 있느니라." 하겠습니다. 금강산은 조선인에게 있어서 단지 하나의 산수풍경이 아닙니다. 우리의 모든 마음의 물적 표상으로, 구원(久遠)한 빛과 힘으로써 우리를 인도하여 일깨워 주는 최고의

---

79) 이광수, 1989, 금강산유기(金剛山遊記-비로봉). 소재영 편 〈백두산근참기〉. 서울: 조선일보사. 166~180쪽.
「금강산유기(비로봉)」는 이광수가 1921년 8월 11일 금강산 비로봉을 등정하고 쓴 기행문으로 1938년에 조광사(朝光社)가 발간한 『현대조선문학전집』에 수록된 것을 1989년 '한국걸작기행문 23선 백두산근참기'로 재편집한 것이다.(필자).
홍몽(鴻濛)이란 '하늘과 땅이 아직 갈리지 않은 상태'를 의미하는 것으로 아직 천지창조 중임을 암시한다.
80) 유홍준, 2001, 나의 북한문화유산답사기(하)-금강예찬. 서울: 중앙 M&B. 178~180쪽(금강산의 숲과 나무).
81) 앞의 책. 346쪽.

정신적 전당입니다. 금강산은 우리가 구경할 무엇이 아니라, 때때로 친히 뵙고 참배할 성스러운 한 존재입니다.

조선인으로서 조선의 제일이 무엇임을 모르면 아무러했든지 큰 수치입니다. 그것이 세계의 제일을 겸하는 것이면 그것을 모르는 수치도 그만큼 더 클 것입니다. 금강산은 그 어떠한 의미로든지 조선의 제일이요, 겸하여 세계의 제일인 것입니다. 조선뿐 아니라 세계를 통틀어 다시는 짝이 없고, 견줄자 없는 유일하고 **빼**어난 천지간의 기적입니다. 산도 많고 명산도 많습니다. 그러나 금강산처럼 온갖 조건을 구비하고 또 인류가 기대하지 못할 정도까지 미리 배포하여 가진 경승은 과연 세계에 둘도 없는데, 이 하나밖에 없는 조화의 기적이 조선에 있게 된 것은 생각하면 아슬아슬한 우리의 행복인 동시에 알뜰살뜰한 하늘의 은총입니다. 또 금강산은 조선인에게 있어서 풍경이 가려(佳麗)한 지문적(地文的) 현상의 하나일 뿐이 아닙니다. 실상 조선심(朝鮮心)의 물적 표상, 조선 정신의 구체적 표상으로 성스러운 하나의 존재입니다. '금강산이 자연의 일대 걸작이요, 아마 조화주 그분이 다시 하나를 만들려 하시더라도 그리될 수 없을 만한 일대 기적임은 새삼스레 말할 것 없는 일입니다.'[82]라 하였다.

최남선은 금강산을 세계에 하나밖에 없는 제일의 경승지이며, 조물주가 다시 창조하려 해도 금강산처럼 다시 아름답게 만들지 못할 것이라 극찬하고 있다. 육당 선생이 세계를 돌아보고 비교해 볼 기회도 없었는데 어찌하여 이렇게 세계 제일의 명산이라고 확신에 차서 장담하였을까? 그런데 놀랍게도 앞서 소개하였듯이, 비숍과 아돌프 구스타프 국왕을 통해서 금강산이야말로 일본, 중국의 산수풍경과 비교할 수 없음은 물론이고 조물주가 마지막으로 공을 들여 창조한 천국 선경과 같은 비경을 지닌 명산으로 평가하고 있음을 확인하지 않았는가? 금강산을 보는 육당의 선견지명과 판단력에 감탄할 따름이다.

---

82) 황형주 역주, 2000, 금강예찬. 최남선 원저 〈金剛禮讚〉. 서울: 동명사. 22~30쪽.

백두산은 단군신화의 탄생지이고 한반도에서 가장 높은 산이자 백두대간의 원점이기에 민족의 성산이요 영산이며, 한반도 최고봉으로서 광활하게 펼쳐진 웅장하고 장엄한 산악미로 장엄미와 숭고미를 지닌 웅장한 산이다. 이에 비해 금강산은 조물주의 마지막 손길로 정교하고 섬세하게 다듬어 아기자기한 봉우리와 능선과 계곡과 계류, 수림이 잘 어우러져 최고의 자연미를 지닌 아름다운 산이다. 그리하여 선조는 백두산을 '명부득 상부득'이라 찬미하고 금강산을 '서부진 화부득'이라 찬송하였다. 우리 금수강산 한반도를 대표하는 백두산과 금강산을 한마디로 압축 표현하면 백두산은 한민족의 신령한 영(靈)이 깃든 산으로 숭고미의 극치를 연출하는 영산(靈山)이고, 금강산은 한민족의 순수한 혼(魂)이 깃든 산으로 순정미의 극치를 보여주는 혼산(魂山)으로 찬미할 수 있겠다. 티없이 완전무결한 순정미로 인간의 몸과 마음과 정신과 영혼을 터치하여 정결하게 씻어주는 천국과 같은 선경이리라!

4. 고요한 아침의 나라, 세계의 중심 다이내믹 한반도

제4장은 국가를 이루는 3요소의 하나인 국민으로서 한민족이 살고 있는 우리 국토를 숲을 중심으로 다양한 시각에서 진단하는 내용이다.

낮은 산들은 풍화를 잘 받아 토심이 깊어 산림이 잘 형성되었다. 한반도 거의 모든 산지가 고도가 높지 않은 특성으로 수림이 울창하게 뒤덮일 수 있었다. 산림이 넓게 퍼져 아름다운 경관을 펼쳐질 수 있는 잠재력을 지닌 국토이다. 알프스나 로키산맥처럼 웅장한 산악미를 볼 수 없을지언정, 다종다양한 수종과 초종으로 산기슭에서 산허리, 산마루에 이르기까지 어느 곳이나 수풀이 울밀하다. 이 고을 저 고을, 이 능선 저 능선, 빈틈없이 갖가지 수종과 기화요초들이 가득하다. 좀 높은 곳에 올라 산 아래를 내려다볼라치면, 잔잔히 깔린 수림 경관이 높고 낮은 지형의 흐름을 타고 물결이 일 듯

너울거린다. 봄빛이 무르익은 때, 아침나절이나 오후 느지막이 태양 빛에 찬란히 빛나는 산에 펼쳐진 숲 빛을 바라보면 황홀하다. 교회나 성당에 고색창연하게 빛나는 모자이크나 최고급 양탄자로는 감히 흉내를 낼 수 없는 아름다움을 선사한다. 온대지방, 온화한 기후, 여기 한반도, 잠잠히 부드럽게 형성된 지형에 백목만엽으로 수 놓인 수림만이 그런 풍광명미(風光明媚)를 연출할 수 있다. 예가 금수강산이 아니고 무엇이겠는가!

근대화 과정에서 개발의 압력과 속도의 격랑 속에서도 산림을 국토 면적의 60% 이상으로 유지하여 온 것은 다행스러운 일이 아닐 수 없다. 세계 최고의 인구밀도를 가진 나라의 하나임에도 어디를 가나 온 땅이 숲으로 넘실대는 나라이다. 이런 풍경으로 이뤄진 나라는 야단스럽지도 떠들썩하지도 않다. 그 백성의 품성이 온유하여 예의를 알기에 또한 예로부터 조선을 '동방예의지국'이라고 하였고,[83] 그들이 사는 조선을 '고요한 아침의 나라'(Land of Morning Calm)라고 외국인들이 인정하지 않았던가?

140여 년 전, 20세기로 접어들기 직전에 외국인이 조선을 호칭하는 대표적인 표현은 '고요한 아침의 나라'였다. 이 표현은 어떻게 하여 생긴 것일까? 우리나라를 표현하는 『隱者(은자)의 나라 한국'이라는 별칭도 있는데 이 표현은 미국 자연과학자 윌리엄 엘리오트 그리피스(William Elliot Griffis, 1843~1928)가 1882년에 쓴 『Corea, The Hermit Nation(한국, 은자의 나라)』에서 비롯한다. 그리피스는 1870년 일본 초청을 받아 일본에 머물면서 강의와 일본에 관한 연구를 진행하였다. 이 과정에서 그는 일본 역사를 연구하면 연구할수록 일본이 조선의 영향을 많이 받은 것을 알게 되어 조선의 역사와

---

83) 숙종실록 50권, 숙종 37년 4월 30일 무자 두 번째 기사(1711년)

(중략) 顧念朝鮮, 素稱禮義, 世篤忠貞. 賢君六七作以來, 靈祚三百祀之久, 媚于天子, 侯度之恪勤無斁.(이하생략).

"돌아보건대 조선(朝鮮)은 본시 예의지국(禮義之國)으로 일컬어졌고, 대대로 충정(忠貞)을 돈독히 하였다. 어진 임금 6, 7인이 나라의 바탕을 이룩한 이래로 영조(靈祚)가 3백 년의 오랜 세월에 이르도록 천자(天子)에게 미부(媚附)하였고, 제후(諸侯)의 법도를 정성껏 부지런히 힘써서 잘못이 없었다."

註) 영조(靈祚)란 크고 신령스러운 복으로 선복(善福)을 말하며, 미부(媚附)란 '아첨하며 달라붙음'이란 뜻이지만 문맥으로 볼 때 천자의 '마음을 거슬리지 않음'의 뜻으로 해석할 수 있겠다.

문화에 관한 연구를 시작하였으며 마침내 1882년에 이 책의 초판을 발행하기에 이른다. 그는 초판 서문에서 "내가 이 책을 쓰는 것은 '그네들이 자칭하는 고요한 아침의 나라'의 기원전부터 오늘에 이르기까지 개술해보고자 하는 것이다."라고 밝히고 있다.[84] 그리피스의 주장대로라면 '고요한 아침의 나라'라는 표현은 우리 민족이 스스로 그렇게 불렀다는 것이다.

또한, 19세기 말에 미국 정부 대표로 일본에 오래 머물던 천체물리학자 퍼시벌 로웰(Percival Lowell, 1855~1916)[85]은 1883년 12월에 조선을 방문하고 1885년에 『Chosen: The Land of Morning Calm(조선, 고요한 아침의 나라)』을 발간하였다. 이 책에서도 유사한 표현을 발견한다. 로웰은 이 책에서 한반도를 다음과 같이 소개한다.

역사의 기록이 시작되기 이전부터 아시아의 동쪽 해안에 인접해 살고 있는 민족들은 그들의 눈동자와 상상의 날개를, 솟아올랐다가 다시 지는 태양으로 향하고 있었다. 동경(憧憬)과 상상의 성(城)을 하늘에 쌓은 그들은 동에서 떠오르는 해가 서로 지는 것을 볼 때 가능과 불가능의 꿈으로 태양과 함께 창공을 날았다. 그 후 일본으로 건너가는 통로가 되는 곳에 영원한 정착지를 정한 민족이 있었으니, 그 땅이야말로 산 넘어 최상의 행복이 자리 잡은 곳이라는 전설적인 지역으로서 처음으로 알려진 곳이었다. 그 땅은 '신선(神仙)의 나라'라고 불렸다. (중략)

그들은 선조들보다 모험을 덜 좋아했기 때문에 조선 반도까지 온 후로

---

84) 신복룡 역주, 1976, 은자의 나라 한국(1,2,3). W. E. Griffis 원저 〈Corea, The Hermit Nation〉(1882). 서울: 탐구당.

85) 퍼시벌 로웰은 보스턴의 명문가 출신으로 1876년 하버드 대학 물리학과를 최우수로 졸업한 유명한 천문학자이다. 돈 많은 부유한 가문 덕분에 아리조나 주 플래그스태프(Flagstaff)에 24인치 굴절망원경을 갖춘 로웰천문대를 설립하였다. 그의 사후에는 명왕성을 발견하는 쾌거를 이루는 세계적인 천문대가 되었다. 로웰은 한국 외교사에서 매우 중요한 역할을 한다. 그는 동양의 신비로움에 매혹당해 극동을 동경하여 언어와 풍속을 접하기 위해 가문의 사업을 그만두고 일본에 10여 년간 체류하게 된다. 그때의 그의 신분은 미국의 '주일외교대표'였다. 1883년 8월, 한미수교조약을 체결함에 따라 조선은 수교사절단을 미국에 파견하는데 로웰이 이들을 일본에서 영접하여 미국으로 함께 동행하고, 귀국길에도 그들과 동행하였는데 고종황제의 초청을 받아 사절단과 함께 1883년 12월 중순 조선을 방문하여 겨울을 지내게 된 것이다. 『Chosen: The Land of Morning Calm』은 그때의 경험을 바탕으로 쓴 것이다.

바다를 건너가지 않았다. 그 후로 그들은 그 반도에서 자리를 잡은 것이다. 그러나 그들은 스스로 지니고 있던 옛날 전통을 결코 잊지 않았으며, 해가 거듭해서 수 백 년이, 또 계속하는 동안 먼 옛날의 전설과 신화를 그대로 이어받은 것이라고 생각하게 되었다. 어쨌든 태양은 오늘날까지 매일 아침을 장식하기 위해 평화롭고 아름답게 그들을 축복하기라도 하듯이 날이 바뀔 때마다 떠 올랐고 지상의 산과 들을 골고루 비춰주었다. 그들은 이것을 '고요한 아침'이라고 불렀다. 이렇게 부르는 그 자체는 그리 대단한 것처럼 보이지 않았다. 아직 잠이 덜 깨인 그곳의 고요함은 정착한 사람들이 마음을 놓고 쉴 수 있게 도와주었고, 그리고 아예 잠들어 버리고 말았다. (이하생략).[86]

여기서도 '그들은 이것을 고요한 아침이라고 불렀다'라는 문구를 접하는 데 이 표현 역시 조선인이 스스로 조선을 '고요한 아침의 나라'로 불렀다는 뜻이다. 이러한 호칭은 이어서 1895년에 아놀드 새비지-랜도어가 내놓은 『Corea or Cho-sen: The Land of the Morning Calm』에서도 보이며 그 표현이 더 굳어지는 데에 기여한 것으로 보인다. 그리피스의 초판은 1882년에 출간되었고 이후에 나온 로웰의 책 초판도 1885년이므로 세비지-랜도어(1895년)보다 훨씬 앞선 것이므로 '고요한 아침의 나라'라는 호칭은 우리 스스로 그렇게 부른 것으로 재정립해야 하는 것이 아닌가 생각한다.

새비지-랜도어의 저술은 1890년 연말에 두 번째로 방문한 것을 바탕으로 쓴 것인데 책의 끝머리에 조선인의 성격에 대해 다음과 같이 밝히고 있다: 조선인의 얼굴은 늘 이상하리만큼 평온함에 잠겨있다.(중략) 즐거울 때에도 근엄하고 차분한 표정을 짓지만 졸린 듯한 눈동자에는 항상 선명한 빛이 어려 있었다.(중략) 그들은 놀라울 정도의 신속한 이해력과 함께 뛰어나게 현명한 추론 능력을 타고났다. 외모상으로는 진면목을 알 수 없다. 하지만 조선사람은 훌륭한 기억력과 **빼**어난 예술적 소양을 가졌다. (중략) 그들은

---

86) 조경철 역, 1986, 고요한 아침의 나라. Percival Lowell 원저 〈Chosen: The Land of Morning Calm〉(1885). 서울: 대광문화사. 29~38쪽. 천체물리학자 조경철 박사가 플래그스태프 로웰 천문대에서 이 책을 발견하고 번역하여 세상에 알리게 된 것이다.

비록 풍자적인 표현일망정 '은둔의 왕국' 또는 '고요한 아침의 나라'라는 다소 싯적인 표현으로 자신의 나라를 부른다. 고요함에 대한 갈망은 실로 이 나라의 오랜 꿈이다. 그러나 그 꿈이 한 번도 실현되지 않았다. 은둔의 삶을 사는 동안 그들은 증오해 마지않는 불청객들에게 자주 괴롭힘을 당해왔다.[87] 중국의 여러 나라, 몽고, 일본이 불청객으로 한반도를 침략하여 고요한 아침의 나라의 평화를 짓밟은 것을 말한다.

우리 선조는 이렇게 조용하고, 고요하며, 은자답게 살아왔는데, 21세기를 살아가는 지금 '다이내믹 코리아'(Dynamic Korea)가 우리나라를 특징짓는 대표적인 표현이 되었다. 실로 '빨리빨리' 역동적이다. 고요한 아침의 나라가 오랜 침묵을 깨고 잠에서 깨어나 반 만 년동안 쌓아온 내공으로 잠재력을 폭발시켜 올림픽을 열고, 월드컵으로 세계인을 놀라게 하며, 금융위기도 극복하여 세계 10대 경제 대국으로 솟아올랐다. 세계 어디를 가나 한국인들이 역동적으로 살아가는 모습을 본다. 마치 세계인들의 심장처럼 움직이는 듯하다. 심장은 우리 몸의 중심에 있어서 신체 각 부위로 힘있게 생명의 피를 순환시킨다. 한민족이 그런 역할을 하는 듯하다.

세계지도를 펼쳐놓고 한반도의 위치를 한번 살펴보라!(〈그림 4-5〉) 얼마나 기가 막히고 묘한 곳에 자리 잡고 있는지 알 수 있다. 세계의 중심이다. 지리적으로 심장과 같은 위치와 안정된 곳에 자리잡고 있지 않은가! 한반도는 세계의 중앙을 이루어, 일본의 긴 섬이 동·남쪽 바람막이가 되어 1억 8천 만km²의 태평양에서 불어오는 바람과 파도를 막아주고, 중국의 넓은 땅이 서북 바람막이가 되어 거친 바람을 막아준다.[88] 그리하여 고요하고 평온하게 집적된 힘으로 평안하고 당당하게 태평양으로 세계를 향해 항해하게 하고 대륙으로 펼쳐 나아가게 한다.

87) 신복룡·장우영 역주, 1998, 고요한 아침의 나라 조선. A. Henry Savage-Landor 원저 〈Corea or Cho-sen: The Land of the Morning Calm〉(1895). 서울: 집문당. 249~257쪽.

88) 황정용·진창업, 1989, 우리의 얼과 民族의 正體. 인천: 인하대학교출판부. 53~54쪽.

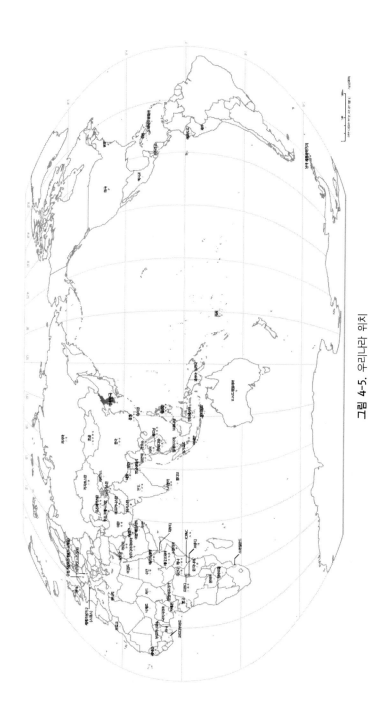

그림 4-5. 우리나라 위치

정말이지 조물주가 천지창조의 맨 마지막 날에 고심하여 정교하게 한반도를 만들었다는 외국인의 말을 그냥 듣기 좋은 수사(修辭)로만 치부할 수 없다. 한반도는 神의 손길이 닿아있는 천지조화요, 우주의 비밀을 간직하고 있는 곳임에 틀림없다. 천지신명이여, 이 땅을 주심에 감사합니다! 이 땅에 살아가게 하여 주심에도 감사합니다! 다시 부활한 숲으로 울창한 금수강산 한반도를 헐벗은 땅으로부터 되살려 주심에도 감사합니다! 어서 평화로이 통일을 이루어 주어 자유로이 왕래하게 하소서! 백두산과 금강산의 아름다움과 국가와 민족의 영혼을 접하게 하소서!

숲의 황폐와 녹화

아름답게 형성된 국토와 숲을 어떻게 이용해 왔는지를 다룬다. 고대국가의 산림 이용을 개설하고 고려의 토지정책과 산림 실태를 소개한다. 조선의 통치이념, 정치사상, 자연관, 토지정책, 산림문예사조, 산림정책과 황폐화 실태를 제시하고 백성을 괴롭힌 송정(松政)으로 인한 사정(四政)문란을 고발한다. 일제와 6.25로 인한 숲의 황폐와 국토녹화에 성공한 선조의 헌신과 현대 산림정책과 민간의 노력을 소개한다.

제5장

고대국가와 숲

1. 원시사회

제3부는 앞 장에서 확인하였듯이 아름다운 금수강산 한반도에 정착한 한민족이 우리 숲을 어떻게 다루고 이용해 왔는지를 살펴보는 내용이다. 원시사회, 고대사회, 중세 봉건사회(고려·조선)를 추적하였다. 특별히 조선왕조의 산림 관련 자료가 풍부하여 내용의 대부분을 조선왕조에 할애하였다.(제6장).

산은 고대인이 숭배한 하늘과 최단거리에 위치하므로 '신성'이라는 요소로 활용하기에 좋은 조건을 갖춘 곳이다. 山은 神이었다.[1] 이처럼 신화시대에서 산과 특정 나무나 숲은 그 자체가 신체(神體)이고 숭배의 대상이었기에 신성하게 여겼고 제사장 신분이 아니면 접근이 매우 제한적이었다. 원시사회는 인류가 떠돌이 생활을 하던 시절로 영양물질이 풍부한 산림지대에 기거하면서 생활에 필요한 것들을 숲에 의지하여 자급자족하면서 살았다.

---

1) 박봉우, 2020, 전통시대의 산과 정치사회. 숲과문화연구회 원저〈정치사회와 산림문화〉. 서울: 도서출판 숲과문화. 2~16쪽.

떠돌이 생활을 청산하고 정착생활을 하던 농경사회에 접어들면서 생활에 변화가 일어나기 시작한다. 가장 큰 문제는 인구증가로 인하여 발생하는데 식량문제와 주거문제이다. 부족한 식량을 충당하기 위해 더 많은 농토가 필요했고, 늘어나는 가족의 주거공간을 마련하기 위해 대량으로 건축하여야 했다. 두 가지 문제를 해결하는 데 있어서 가장 적합한 것은 산림을 개간하는 것이었다. 더욱이 청동·철기 시대로 접어들면 농경생활에 필요한 각종 농기구와 전쟁에 필요한 무기를 제조하기 위해 목재와 연료로서 산림이 더욱 긴요하였다. 과거에 숲은 신성하고 다소 두려운 공간이어서 기피의 대상이었다면, 농경사회 이후부터 숲은 적극적으로 접근하고 개발하며 이용하는 대상이 되었다. 이와 같은 현상을 서민수(2017)는 이토 세이지(伊藤淸司)의 연구를 인용하여 인간의 생활공간인 마을과 밭은 고대인의 소우주를 이룬 '내부세계', 생활공간 바깥의 산림수택(山林藪澤)은 낮에도 어두컴컴하고 야수와 독사가 횡행하는 위험한 '외부세계'로 구분하였다.[2] 신성한 숲으로서 성격이 강하던 내부세계로서의 숲은 농경이 활발해지고 청동·철기 시대로 접어들면 벌목과 산림 개발로 산림 이용이 활발해지고 외부세계로 점진적으로 개방되는 상황으로 성격이 달라진다.

산림 소유관계가 불분명하던 원시사회나 부족국가 시대에서 산림은 지연공동체(地緣共同體)인 마을의 주민이 공동으로 소유하였다. 특히 산림·천택(川澤)·목초지·황무지 등의 일부는 국왕·왕실의 소유나 국가의 소유로 전환되기도 하였으나 상당히 방대한 부분을 농촌 공동체·읍락 사회의 공동소유로 이용하였다. 고조선·부여·고구려, 진국 내지 여러 열국이 소국 또는 연맹왕국이었을 단계까지 농촌 공동체는 사회의 기본 생산 단위였고 읍락 사회는 행정기관의 말단 조직이었다. 국왕, 국가권력이 왕조 국가로서 강화되어 가면서 공유지는 행정기구의 관유지가 되거나 혹은 농업생산을

---

2) 伊藤淸司, 1969, 中國の神獸·惡鬼たち -山海經の世界-, 東方書店, 2~11쪽.
   서민수, 2017, 삼국 초중기의 숲 인식 변화. 역사와 현실 103: 43~75쪽.에서 재인용.

보조하는 공동사유지로 존재하였다.[3]

읍락사회가 소유한 이 '공동사유지'를 촌락림(村落共有林) 또는 촌락입회 공유림이라고 부른다. 산림은 농민들이 살고 있는 지연공동체가 공동소유하고 있었으며 누구의 전유물이 아니었다. 마을 주민은 입회권(入會權)을 가지고 촌락입회공유림을 이용하였다. 입회권이란 마을 주민이 해당 숲에 대해 행사하는 사용 수익 권리를 말하며, 숲에 들어가 녹비, 사료, 연료 등을 채취하는 행위를 입회관행(入會慣行)이라고 한다. 촌락입회공유림은 입회관행이 일어나는 땅으로 입회지(入會地)라고도 부른다.[4] 이처럼 당시 마을 주민들이 입회권으로 공동 이용하던 촌락입회공유림은 생활에 필요한 각종 원료를 공동으로 공급받던 곳으로 우리나라 최초의 전통적 산림복지의 원형으로 볼 수 있다.

2. 고대와 중세

가. 고대국가의 건국신화와 숲

신라, 고구려나 백제시대에 있어서 산림에 관한 상황을 살필 수 있는 문헌은 매우 부족하다. 하지만, 건국신화를 통해서 나무와 숲과의 관련성을 살펴볼 수 있고, 신라는 촌락문서로 산림관리의 흔적을 찾아볼 수 있다. 삼국의 건국신화를 알 수 있는 대표적인 문헌은 『삼국사기』(김부식, 1145년경)와 『삼국유사』(일연, 1277년 이후)이다.

고구려의 시조 주몽(동명성왕)은 알에서 태어났다. 하지만 탄생과정을 살펴보니 나무나 숲과의 인연은 주목할 만한 것이 없다. 동명성왕의 뒤를 이은 태자가 주몽이 집을 나올 때 유물(칼 조각)을 소나무 기둥 아래 주춧돌에

---

3) 이경식, 2005, 한국 고대·중세초기 토지제도사. 서울: 서울대학교 출판부. 26~38쪽.

4) 윤국병·김장수·정현배, 1971, 임업통론. 서울: 일조각. 249쪽.

감춰 둔 것 이외에는 나무와 숲과 별다른
인연이 될 만한 내용은 없다. 태자가 고
구려의 2대 왕인 유리왕이 된다.[5]

백제의 시조 온조왕은 주몽의 아들이
었으나 태자가 되지 못하여 형 비류와
함께 출가하였다. 비류는 미추홀(인천)
로 가고 온조는 높은 산에 의지한 천험지
리(天險地利)의 땅인 하남에 도읍을 정
하고 백제를 건국하였다.[6] 천험지리의
자연지형 조건 이외에는 나무와 숲과 직
접적으로 관련되는 인연은 없는 것으로
파악된다.

신라의 건국신화는 숲과 관련성이 고
구려와 백제의 그것과 특별히 구별된다.
『삼국사기』의 「신라 본기 제1」에 기록
하기를 조선 유민이 산곡(山谷) 사이에

그림 5-1. 김알지 신화를 묘사한 금독(金櫝).
조속(1595~1668)의 그림

여섯 촌락을 이루었는데 모두 알천의 양산, 돌산, 취산, 무산, 금산, 명활산
등 산에 의지하여 마을이 입지하고 있음을 알게 한다. 이들 여섯 촌락이
신라를 건국하는 기본 마을이 되었는데 그중 양산촌과 돌산(突山)의 고허촌
이 신라시조 탄생의 핵심 역할을 하고 있다. 신라의 시조 성은 박씨(朴氏)요
휘(諱, 높은 사람의 이름)는 혁거세인데 탄생 기록을 보면, "고허촌장 소벌공
(蘇伐公)이 양산(楊山) 기슭을 바라보니, 나정(蘿井) 옆의 수풀 사이에서
말이 무릎을 꿇고 울고 있으므로 곧 가보았으나 홀연히 말은 보이지 않고[7]

5) 최호 역해, 2011, 三國史記① 고구려 본기 제1. 김부식 원저(撰) 〈三國史記〉. 서울: 홍신문화사. 272~277쪽.
   김원중 옮김, 2007, 삼국유사, 一然 원저 〈三國遺事〉, 서울: 민음사. 62~65쪽.

6) 최호 역해, 2011, 三國史記② 백제 본기 제1. 김부식 원저(撰) 〈三國史記〉. 서울: 홍신문화사. 10~18쪽.
7) '홀연히 말은 보이지 않고'. 이 부분에 대해 『삼국유사』는 '말은 사람들을 보더니 길게 울고는 하늘로 올라가

다만 큰 알(卵)이 있어 깨뜨려 보니, 어린아이가 나왔다. 거두어 길렀는데 나이 10여 세가 되자 벌써 장대하여 숙성하니, 6부(6촌) 사람들은 그 출생이 신이(神異)하므로 추존하다가 이에 이르러 임금으로 세웠다. 진(辰)의 사람이 호(瓠)를 박이라고 하므로 처음에 큰 알이 박만 하였기 때문에 성을 박(朴)이라 하였으며,"[8](이하생략).

여섯 마을 사람들이 말이 지키고 있던 알에서 태어난 어린아이가 성장하니 신령하므로 추존하여 임금으로 삼는 이야기이다. 임금으로 오른 이가 신라 첫 왕인 시조 혁거세 거서간(始祖赫居世居西干)이다. 신라의 시조가 태어나는 과정에서 숲과 말이 함께 하고 있다는 사실을 결코 간과하지 말아야 한다.

그 후 탈해이사금 왕 때 신라 김씨 왕조의 건국신화를 『삼국사기』는 이렇게 기록하고 있다; "9년 봄 3월에 왕은 밤에 금성 서쪽 시림(始林) 숲 사이에서 닭 울음소리를 듣고 새벽녘에 호공을 보내어 보게 하였다. 금색의 작은 궤짝(독)이 나뭇가지에 걸린 채 흰 닭이 그 아래에서 울고 있으므로, 호공이 돌아와 보고하니 왕은 사람을 시켜 궤짝을 가져와 열어본즉 작은 사내아이가 그 속에 있었는데 용모가 매우 기위하였다. 왕은 기뻐하며 좌우에게 말하기를, '이는 하늘이 나에게 아들을 주신 것이 아니냐.'하고 거두어 길렀다. 장성하자 총명하고 지략이 많으므로 이내 알지(閼智)라 이름하고, 그 출생이 금독(金櫝)이므로 성을 김씨(金氏)라 하였으며, 시림을 고쳐 계림(鷄林)이라 하고 따라서 국호를 삼았다."[9](이하생략).

가버렸다.'라고 되어 있으며, 이 의미를 '태양신의 정기를 받아 고귀하게 태어난다는 의미가 내포되어 있다는 주를 달고 있다.
(김원중 옮김, 앞의 책 66~67쪽.)

8) 최호 역해, 2011, 三國史記① 신라 본기 제1. 16~17쪽.
高墟村長 蘇伐公 望楊山麓 蘿井傍林間 有馬跪而嘶 則往觀之 忽不見馬 只有大卵 剖之 有嬰兒出焉. 則收而養之 及年十餘歲 岐嶷然夙成 六部人以其生神異 推尊之 至是立爲君焉 辰人謂瓠爲朴 以初大卵如瓠 故以朴爲姓(이하생략)
김원중 옮김, 앞의 책 71~76쪽.

9) 최호 역해, 앞의 책 26쪽.

이 내용에 대해 『삼국유사』는 왕이 닭 울음소리를 먼저 들은 것이 아니라, 밤에 호공이 듣고 왕에게 알린 것이며 날짜도 다르게 기술하고 있다. 아래와 같이 기술하고 있다; 영평(永平. 후한의 연호) 3년 경신년(60년) 8월 4일에 호공(瓠公)이 밤에 월성(月城) 서리(西里)를 지나다 시림(始林) 속에서 커다란 빛이 밝게 빛나는 것을 보았다. 하늘에서 땅까지 자줏빛 구름이 드리워지고 구름 속으로 보이는 나뭇가지에 황금 상자가 걸려 있었다. 상자 안에서 빛이 나오고 있었고 나무 밑에는 흰 닭이 울고 있었다. 호공이 이 사실을 왕에게 보고하였다. 왕이 숲으로 가 상자를 열어 보니 사내아이가 누워 있다가 바로 일어났는데, 혁거세의 고사와 같았기 때문에 알지(閼智)라는 이름을 붙였다. 알지는 향언(鄕言)으로 어린아이라는 뜻이다. 왕이 알지를 수레에 싣고 대궐로 돌아오는데 새와 짐승이 서로 뒤따르면서 춤을 추었다. 왕이 길일을 가려 태자로 책봉했으나 나중에 파사왕에게 양보하고 왕위에 오르지 않았다. 그는 금궤에서 나왔다 하여 성을 김씨(金氏)로 했다. 알지가 세한을 낳고, 세한이 아도를 낳고, 아도가 수류를 낳고, 수류가 욱부를 낳고, 욱부가 구도를 낳고, 구도가 미추를 낳았다. 미추가 왕위에 오르니 신라의 김씨는 알지로부터 시작되었다.[10]

이상에서 신라 김씨 왕조의 탄생을 살펴보니 내용이야 어떻든 시조 탄생에서 동일하게 숲이 등장한다. 김씨 신화도 박혁거세의 건국 신화와 마찬가지로 시조가 나정숲과 시림(계림) 등 모두 숲으로 보호되고 있어 숲과 긴밀한 인연을 맺고 있음을 알 수 있게 한다. 실성이사금(實聖尼師今) 12년 8월에는 낭산(狼山)에 신묘한 구름이 누각처럼 나타나고 향기를 뿜어 왕이 말하기를, "여기는 반드시 선령이 내려와 노는 곳이니 응당 복지(福地)일 것이다. 이후부터 수목을 베지 못하도록 하시오."[11]하였다. 이 내용과 관련되는 듯 『삼국

九年春三月 王夜聞金城西 始林樹間 有鷄鳴聲 遲明遣瓠公視之 有金色小櫝掛樹枝 白鷄鳴於其下 瓠公還告 王使人取櫝開之 有小男兒在其中 姿容奇偉 上喜謂左右曰 此豈非天遣我以令胤乎 乃收養之 及長聰明多智略 乃名閼智 以其出於金櫝 姓金氏 改始林名鷄林 因以爲國號.(이하생략).

10) 김원중 옮김, 앞의 책 87~88쪽.

유사』에 '낭산 남쪽에 신유림(神遊林)이 있다'고 기록하고 있음을 볼 수 있다.[12] 나정숲이나 계림처럼 신령한 산림을 예사로 다루지 않고 신성시하였음을 알 수 있다. 삼국을 통일한 신라는 국가의 탄생에 다른 고대국가와 달리 숲이 깊숙이 관여하고 있음에 특별한 의미와 가치를 부여할 수 있다. 태백산(백두산) 꼭대기 신단수(神檀樹)로부터 시작한 건국신화가 수림(樹林)으로 신라로 이어지고, 그 신라를 고려가 잇고 고려를 조선이 잇고 그 조선을 오늘날 대한민국이 이어가고 있다.

나. 신라의 촌락문서에 나타난 특정 수종의 식재와 관리

삼국통일 과정에서 계속된 수많은 전쟁은 국토, 특히 농토를 황폐화시키고 인구를 급격히 감소시켰다. 숱한 희생을 감수하며 삼국통일을 이룩한 신라는 피폐한 민습을 수습하여 민생을 안정시키는 안도책(安堵策)을 펼쳤다. 농지개간과 농업개량, 산전(山田)개발, 제방건설과 보수, 축산장려, 삼(麻) 재배, 뽕나무, 잣나무, 호두나무 등 과목 재배 등 권농책을 전개하였다. 또한 민간은 부역을 져야 했고, 벼슬을 차지한 지배층인 장교와 이속(吏屬)은 직역 담당에 대한 보상으로 일정 형태의 토지를 지급받았을 것이다. 무진주(전라도 광주)의 관리에게 '소목전'(燒木田)을 지급한 내용도 있다.[13] 소목전은 궁궐이나 관청에 공출하는 땔감을 채취하는 곳이다. 무진주 관리에게 소목전을 제공한 내용은 문무왕 때 있었던 일로『삼국유사』에도 등장한다.[14]

---

11) 최호 역해, 앞의 책 59~61쪽.

12) 김원중 옮김, 앞의 책 151쪽.

13) 이경식, 2005, 한국 고대·중세초기 토지제도사. 서울: 서울대학교 출판부. 107~122쪽.

14) 김원중 옮김, 앞의 책 149~158쪽.(기이 제2 문무왕 법민). 내용은 이와 같다; 문무왕의 서제(庶弟) 차득공(車得公)이 있었는데, 왕이 재상으로 임명하려고 하자 공이 '전국의 사정을 은밀히 살핀 다음에 벼슬에 나겠다고 답하였다. 차득공이 북원경(충주)를 거쳐 무진주(전라도 광주)에 갔을 때, 관리 안길(安吉)로부터 대접을 후하게 받았는데, 안길에게 이르기를 후에 서울(경주)에 오면 자신을 꼭 찾으라 이르고 떠났다. 후에 차득공을 찾은 안길은 부인과 함께 후한 대접을 받았을 뿐 아니라, 차득공이 왕에게 안길을 아룀으로써 왕이 안길에게 소목전을 내리고 벌목을 금하고 접근을 막았으므로 궁 안팎의 사람들이 부러워했다고 기록하고 있다.

조세 체계를 마련한 신라는 과세 대상에 대해 철저하게 관리한 것으로 보인다. 신라 때 나무 관리 실태를 알 수 있는 문서로 신라장적(新羅帳籍) 또는 신라민정문서(新羅民政文書)라고도 불리는 신라촌락문서(新羅村落文書)가 있다. 일본 동대사(東大寺) 정창원(正倉院)에 소장되어 있는 신라시대의 촌락에 관한 문서로 1933년 10월에 『화엄경론질(華嚴經論帙)』의 파손부분을 수리하던 중에 발견하였는데 일본이 유출하여 정창원이 소장하고 있는 유출문서이다. 815년에 제작된 것으로 추측하는데 충북 청주지역에 설치하였던 지방통치거점인 서원경(西原京) 주변의 4개 마을의 사정이 해서체로 기재되어 있다.[15]

〈표 5-1〉은 촌락문서에 나타난 4개 마을의 삼과 유실수 현황을 종합한 것이다.[16] 유실수의 그루 수는 기존에 있던 그루 수에 최근 3년간 식재한 그루 수를 합한 것을 나타낸다. 표에서 보는 바와 같이 삼밭은 면적으로 표시하고 있고 뽕나무(桑), 잣나무(栢子木), 호두나무(秋子木)는 그루 수로

표 5-1. 신라촌락문서에 나타난 각 촌락의 삼밭과 유실수 식재 현황(임경빈, 1998; 이현숙, 2020)

구분	삼밭 (麻田)	뽕나무 (桑)	잣나무 (栢子木)	호두나무 (秋子木)	총인구 (명)
사해점촌(沙害漸村)/A촌	1결 9부	1,004	120	112	142
살하지촌(薩下知村)/B촌	1결 6부	1,280	69	72	125
모촌1(某村1)/C촌	1결 2부	730	42	107	69
모촌1(某村2)/D촌	1결 8부	1,235	68	48	106
계		4,249	299	339	442

---

15) 홍승기, 2001, 신라촌락문서. 한국민족문화대백과사전. 한국학중앙연구원.

16) 임경빈, 1998, 古記에 보이는 植木-신라민정문서를 중심으로. 易齋林學論兒集. 부산: 소호문화재단 산림문화 연구원. 51~63쪽.
이현숙, 2020, 고대 인공조림으로 본 숲과 권력. 숲과문화연구회 〈정치사회와 산림문화〉. 서울: 도서출판 숲과문화 33~39쪽.
이현숙은 본 원고에서 추자목(楸子木)을 가래나무로 표기하였으나 잣나무처럼 종실을 얻기 위해 심었을 것이므로 여기서는 임경빈의 의견에 따라 호두나무로 표기하였다.

표시하고 있다. 일부 글에 원문의 마전(麻田)을 닥나무(*Broussonetia kazinoki* Siebold) 밭으로 번역하는 것은 잘못인 듯하다. 신라 때 공물을 바치기 위해 삼을 많이 재배했기에 닥나무가 아니고 삼(*Cannabis sativa* L.)으로 보는 것이 타당하다. 삼은 대규모로 식재했을 것이므로 면적으로 수량을 표시했을 것이다. 뽕나무, 잣나무, 호두나무는 소교목 이상의 교목성 수목으로 개체별로 크게 자라므로 그루 수로 수량을 파악하였을 것으로 보인다.

신라 시대 촌(村)은 국가가 지배하는 행정 단위였는데, 촌락문서를 통해서 알 수 있는 것은 각 촌락에 심은 나무의 그루 수를 정확하게 기록하고 있으며, 뽕나무와 잣나무, 호두나무를 많이 식재하고 있다는 점이다. 뽕나무는 고대 중국으로부터 비단을 얻기 위해 식재한 전통 경제수로서 고려를 거쳐 조선시대까지 국가에서 법으로 식재를 장려하고 농민들은 부업으로 삼아 재배하기도 하였다. 삼 또한 옷감 생산의 긴요한 원료이다. 잣나무는 신라 때 중국에서 해송, 신라송(新羅松)이라 불렸는데, 잣(海松子)의 맛이 좋아 약재용과 식용으로 널리 알려져 있었다. 야생의 가래나무보다는 호두나무를 심어 호도를 확보하였다. 이들 유실수를 심은 그루 수를 일일이 기록했던 이유는 과세의 대상이었기 때문이다. 답(畓) 1결에 해당하는 그루 수는 뽕나무 15주, 잣나무와 호두나무는 42주라고 한다.[17] 이러한 공물은 산림을 이용하여 조달하는 것이 당연하다. 이처럼 이미 신라 시대 때 일부 특정 수목을 산업·경제 수종으로 이용하여 대대적으로 식재함으로써 과세 대상으로 삼아 국가재정을 확보하는 한편, 국가 차원에서 공물로 충당하거나, 국가의 중요한 용도에 쓰일 수 있도록 관리하였음을 알 수 있다. 신라촌락문서를 통해 당시에 이미 조림과 임산물 정책을 시행하고 있었던 사실을 확인할 수 있다.

한편, 국권이 확장되면서 국유지, 관유지, 왕실 소유지가 확대되고, 귀족관료의 토지 또한 급속히 증가하였으며, 조정, 왕실, 귀족의 후원으로 사원이

---

17) 임경빈, 앞의 책 56~59쪽.
    이현숙, 앞의 책.

증가하면서 사찰 소유지 또한 대규모로 확장되었다. 이 과정에서 나타난 대토지를 전장(田莊)이라고 불렀다. 전장은 전지(田地)와 장사(莊舍)를 함께 이르는 용어이며, 장사는 전토를 관리하는 기구이자 건물로 시지(柴地, 땔감 채취하는 곳), 과수원, 농사(農舍), 별서(別墅) 등이 딸린다.[18] 이들을 경영하던 계층은 주로 지배층으로서 왕실, 귀족관료와 사원이었는데 대토지를 소유하게 되는 과정이나 토지의 겸병은 내용상 토지를 사사로이 소유하는 것이며 사점 행위이다. 이 같은 토지 사유화는 신라 말기로 갈수록 팽창하면서 농민들의 토지 소유는 점점 감소되어 갔다. 이렇게 세력을 행사하는 권문세가들(귀족과 호족)이 인민의 토지겸병(兼併)과 쟁탈로 말미암아 토지제도가 문란해지고 세금을 거둬들이는 수렴(收斂)이 도를 잃어 백성은 도탄에 빠지고 지방에 민란이 일어나 신라는 마침내 멸망하고 말았다.

그러나, 신라시대 산림관리와 관련하여 잊지 말아야 할 것은, 오늘날 생활환경보전림처럼, 특수한 목적으로 조림을 하여 생활환경을 보호한 점이다. 최치원 선생이 함양 태수로 재직할 때 조성한 함양 상림이 대표적인 예이다.

다. 중세국가(고려시대)

1) 고려 건국신화의 숲 관련성

고려시대는 신화시대가 아니기 때문에 고대국가나 원시부족국가 시대에 흔히 있었던 건국신화와 같은 내용을 찾기 힘들다. 하지만, 태조 왕건의 6대조 호경은 다소 신비의 인물이었다. 활을 잘 쏘았고, 스스로 성골장군(聖骨將軍)이라 칭하며, 백두산으로부터 유람하여 부소산(扶蘇山) 골짜기에 이르러 장가를 들고 살림을 차렸다. 하루는 사냥하러 갔다가 날이 저물어 바위굴에서 밤을 새우는데 호랑이가 나타났다. 동굴에 숨어있던 일행을 대표

---

18) 이경식, 앞의 책 134~142쪽.

하여 호경이 호랑이를 잡으러 나오는데 동굴이 무너지면서 동료를 다 잃게 되고 호랑이도 사라졌다. 죽은 이들을 장사하기 위해 산신에게 제사를 올리는데 산신이 과부의 몸으로 나타나 부부가 되어 신정(神政)을 펼치자며 호경과 함께 숨었다. 이에 사람들이 호경을 대왕이라며 산신과 함께 받들었다. 2대조 작제건은 용녀를 아내로 맞이하였다.

이처럼 왕건의 선조들은 산신신앙과 용신신앙을 반영하여 왕통을 신성화하여 무속신앙에 의지하고 있음을 보는데 이것은 고려왕조가 도참사상을 국가적 이념으로 삼은 것과 무관하지 않다. 이처럼 고려 건국신화는 고대신화의 전례를 재현하고자 하였으나 선조들만을 주인공으로 삼고 왕건 자신에 관한 이야기는 없어, 기존의 고대국가의 여러 건국 신화와 차별되는 모습을 나타내고 있다. 선조는 신화적인 상징으로 부각되도록 등장시키고, 왕건 자신은 실제 경험적 세계를 보여줌으로써 권능을 보여주는 특징을 엿볼 수 있다.[19] 특정 나무나 숲, 동물의 등장은 없지만 6대조 호경이 백두산을 유람한 것이라든가 산신에게 제사를 올리고 여산신과 함께 살았다는 점, 그리고 시조 왕건이 그의 후손으로서 정통성을 잇고 있는 점을 감안할 때 산신, 산, 곧 숲과 관련성을 부인할 수 없다.

2) 토지제도와 산림

후삼국을 통일한 고려 태조는 민생을 안정시키기 위해 토지제도를 바로 잡느라 노력하였다. 태조 23년(940년)에 개국통일에 기여한 신하와 군사에게 계급을 막론하고 성행(性行)과 공로 대소를 가려 등차적으로 전토(田土)를 나눠준 역분전(役分田)을 실시하였다. 이것이 전시과(田柴科)의 선구였으며 드디어 경종 원년(976년)에 이르러 전시과(田柴科)를 시행하였다. 국가가 귀족 관료와 사찰 등에 신분의 등급에 따라 토지(田)와 땔감 채취숲(柴)

---

19) 장덕순, 1995, 고려국조신화. 한국민족문화대백과사전. 한국학중앙연구원.

을 분급한 제도이다. 전시과는 여러 차례 개정되는데 〈표 5-2〉에서 보는 바와 같다.[20] 개정을 거듭하면서 결수가 점점 줄어드는 것을 알 수 있는데 수혜 받는 대상자가 증가하기 때문으로 부족분을 충당하기 위한 조치로 풀이된다.

전시과 토지제도는 기본적으로 토지(시지 포함) 자체를 주는 것이 아니라 그 토지의 수익권(受益權)을 준 것에 불과하였다. 따라서 전지와 시지를 자유 처분하거나 상속할 수 있는 것이 아니다. 수익권도 피급자의 1代에 한한 것이며 관직에서 물러나면 과전(시지도)은 반감되고 사망하면 전부 국가에 반납하여야 한다. 그런데, 고려초기에 개국공신과 향의(向義), 귀순한 성주에게 전지와 시지를 급여하는 공음전시(功蔭田柴)는 광종 때 시작하였는데 자손에게 세습이 허용되었다. 공해전시(公廨田柴)는 국가기관, 왕실, 궁원의 경비에 충당하기 위해 설정한 것이다. 국교처럼 된 불교를 장려하기 위해 사원전을 설치하였다. 문종 때 별사전(別賜田)이라 하여 승려에게 전토와 시지를 분급하였다. 땔감 채취지인 시지(柴地)는 개경(송악)을 중심으로 하루 일정(1日程)의 지방과 이틀 일정의 지방으로 구분하여 차등을 두었다. 여전히 촌락입회공유림은 존재하였으며 민간은 여기로부터 일상에 필요한 원료를 채취하였다.

고려시대에 산림관리와 관련하여 주목할 점은 풍수지리사상, 유교정치이념 등에 입각하여 산악의 유지와 산림보호를 중요하게 추진하였다는 점이다.[21] 왕조기간 동안 여기저기 궁궐 등 수많은 건축행위로 인한 벌채, 왜적을 물리치기 위한 병선 건조, 원나라로부터 목재공급 요구, 고려 말엽으로 갈수록 권문세력에 의한 산림 사점 등에 영향을 받아 산림훼손이 발생하기도 하였다. 풍수지리사상에 의해 왕궁이 위치한 개경의 송악산은 진산(鎭山)으로서 산악지형의 신성성을 보존하고 그에 어울리는 위엄을 갖춰야 했다.

---

20) 김상기, 1985, 고려시대사. 서울: 서울대학교출판부. 249~255쪽.
21) 이정호, 2013, 고려시대 숲의 개발과 환경변화. 사학연구 111: 1~40쪽.

표 5-2. 고려 전시과의 변천(김상기, 1985)

단위: 結*

품위	전시과 I (경종원년) 각품전시등급표(976년)		전시과 II (목종원년) 개정전시과표(998년)		전시과 III (문종30년) 경정전시과표(1076년)		직품 (경정전시과표 기준, 일부)
	田地	柴地	田地	柴地	田地	柴地	
1	110	110	100	70	100	50	중서령, 상서령, 문하시중
2	105	105	95	65	90	45	문하시랑, 중서시랑
3	100	100	90	60	85	40	참지정사, 상장군
4	95	95	85	55	80	35	6상서, 어사대부, 대장군
5	90	90	80	50	75	30	7사경, 비서, 사천감 등
6	85	85	75	45	70	27	이부제조시랑, 대의감 등
7	80	80	70	40	65	24	7사소경, 어사, 태자가령
8	75	75	65	35	60	21	제량중, 대의, 국자박사
9	70	70	60	33	55	18	비서, 전중승, 합문부사
10	65	65	55	30	50	15	제원외부, 시어사, 태자세마
11	60	60	50	25	45	12	통사사인, 사천승, 제별장
12	55	55	45	22	40	10	감찰어사, 군기승, 태창, 좌승
13	50	50	40	20	35	8	상서제사, 칠사, 제교위, 정조
14	45	45	35	15	30	5	대위녹사, 중상, 대권, 율학박사
15	42	40	30	10	25	-	도량, 잡직, 도교, 산학, 인마군
16	39	35	27	-	22	-	제령사, 서사, 전사, 역보군
17	36	30	23	-	20	-	제서령사, 제사, 내승지, 감문군
18	32	25	20	-	17	-	한인잡류

주(結): 6寸 1分, 10분 1尺, 6척 1步, 사방 33보 1結, 사방 47보 2결...사방 104보 3분 10결.

송악산은 원래 바위산이긴 하였지만 왕궁의 진산이라는 상징성에 알맞게 산림을 울창하게 유지하기 위해 조림을 하거나[22] 송충이를 구제하는 등의 특별한 노력을 기울여야 했다.

고려시대에 유교정치이념에 입각하여 산림을 중시하였다는 것은 중국의 『예기(禮記)』에 영향을 받아 산림 관리에 적용하였다는 의미이다. 예를 든다면, 성종 7년에 이양(李陽)이 「월령(月令)」에 따라 정월 중기 이후에는 벌목을 금지할 것을 건의하고 있는데,[23] 이것은 입춘 이후, 즉, 초목이 생육을 시작하는 시기에 생육을 방해하는 행위를 삼가라는 것으로 유교적 자연관에서 나온 것이다. 산림 관리에 있어서 이러한 유교적 사상을 고려하는 경향은 고려시대 내내 이어지고[24] 숭유정책을 내세웠던 조선시대에도 계속 이어진다.

고려후기에 이르면 고려는 몇 가지 측면에서 산림이 문란해지고 황폐되는 위기를 맞게 된다. 첫째는 원나라로부터 목재자원 요구로 인한 황폐이다. 고려가 원나라의 간섭을 받게 되면서 대량벌채를 해야할 처지에 이르게 되었는데, 당시 전주목(全州牧)에 근무하던 이규보가 변산에서 벌목 감독하던 시절 읊은 시(詩)와 벌목이 집중적으로 일어난 울릉도, 천관산, 제주도 등지의 실태를 기록한 『고려사(高麗史)』를 통해서 상세히 알 수 있다.[25]

---

22) 高麗史 권6 靖宗 7年(1041년) 2월 초하루 庚辰. "尙書工部奏 松岳東西麓植松以壯宮闕 從之."
"2월 경진 초하루 상서공부(尙書工部)에서 아뢰기를, "송악(松岳)의 동쪽과 서쪽 기슭에 소나무를 심어 궁궐의 기운을 왕성하게 하십시오."라고 하자, 이를 허락하였다.

23) 高麗史 권3 成宗 7年(988년) 2월 壬子. 좌보궐(左補闕) 겸 지기거주(知起居注) 이양(李陽)이 봉사(封事)를 올리는 내용이다. (중략) "「월령」을 상고하면, '정월의 우수(雨水)[中氣] 이후에는 희생(犧牲)으로 암컷을 쓰지 말고 나무 베는 것을 금지하며, 어린 들짐승을 잡거나 알을 채취하지 말고 많은 사람을 모으지 말며 길에 드러난 해골을 묻어주라.'고 하였습니다."(이하생략)

24) 高麗史節要 권3 顯宗 4年(1013년) 3月: "禁伐松柏." 소나무와 잣나무의 벌목을 금지하다.
高麗史 권85 刑法志2 禁令 顯宗 22年: "判立春後禁伐木." "입춘 후에는 벌목을 금한다."
高麗史 권9 文宗 30年(1076년) 11月 庚午: "日長至制略曰一陽 布氣萬物甕生宜加含養期致遂性其令州府郡縣禁人漁獵違者罪之." "한 줄기의 양(陽)이 기(氣)를 펴서 만물이 소생하게 되므로, 마땅히 베풀고 가꾸어서 본성을 이루도록 하라. 주(州)·부(府)·군(郡)·현(縣)에서는 고기잡이와 사냥을 금지하며, 위반하는 자는 처벌하라."라고 하였다.
高麗史 권38 恭愍王 2年(1390년) 2月 丙子: "宣宥境內日… 又毋焚山林毋殺孩虫毋麛毋載諸月令今後春夏三四月內諸人毋得放火田獵違者痛理."(이상 이정호 앞의 책에서 일부 재인용).

25) 이현숙, 2020, 고려시대의 산림정책과 목재 소비. 숲과문화연구회〈정치사회와 산림문화〉. 서울: 도서출판

둘째, 공부제도와 관련된 것이다. 나라에 바치는 공물과 세금을 공부(貢賦)라고 하는데 특히 이것은 각 지방의 특산물을 국가에 바치는 것을 말한다. '소(所)'라 부르는 곳에 각 지방의 산물을 공납하였는데, 탄소(炭所)가 있어 숯을 만들어 바치고, 과목(果木), 칠목(漆木)을 공납하였다. 공부제는 조세와 더불어 고려말기에 이를수록 더욱 문란하여 각종 잡공(雜貢)이 부가적으로 생겨나서 민생경제를 파탄에 이르게 하였다. 더욱이 원나라의 간섭으로 황칠(금칠), 송자(松子, 잣), 목재, 밤(栗) 등이 추가되어 폐단이 심하였다.[26]

셋째, 권세가들의 토지문란 행위이다. 권력을 이용하여 민간이 대대로 소유한 토지를 겸병(兼倂)하는 사례가 많이 발생하였다. 그리하여 점점 큰 규모의 농장들이 생겨났으며, 일부 분급 받은 산림(柴)은 후손에게 물려주게 됨으로써 이들 세습림(世襲林)은 곧 산림 사점(私占) 행위로 이어졌다. 이것은 당시 촌락공유림(촌락입회공유림)과 함께 고려시대 대표적인 산림소유형태의 하나로 볼 수 있다.

숲과 문화. 50~69쪽.

26) 김상기, 앞의 책 261~263쪽; 570~573쪽.

제6장

조선시대의 산림황폐와
사정문란(四政紊亂)

1. 연구방법과 내용

이 장은 조선왕조 시대에 산림을 둘러싸고 일어난 사회의 여러 현상을 더듬어 본 것이다. 글에서 조선왕조는 역사에서 조선왕조라고 한정하는 1392년 건국부터 1897년 대한제국이 공포되는 시기까지를 말한다. 필요에 따라 고려말이나 조선왕조 이후에 대한 내용도 언급하였다. 각 절에서 다루는 항목에 따라서는 왕조별로, 또는 왕조 전체를 시대 구분하여 살피기도 하였다.

주된 내용은 조선왕조 시대에서 산림을 정점으로 사회 각 분야의 변화를 추적하면서 그 변화 속에서 산림이 어떤 역할을 하고 의미나 가치를 지니는지 산림의 위상과 그와 관련된 백성의 삶을 추적한 것이다. 이를 위해 우선 국가의 통치이념, 왕의 통치 행위가 직접적으로 미치는 정치사상을 비롯하여 자연관, 토지정책, 산림정책, 산림관련 산업, 문화예술 영역의 현상 등을 관찰하였다. 이들 제현상을 살펴보는 과정에서 나타난 산림관련 특별한 사건을 "주요 산림사상(事象)"으로 간추리고, 주요 산림문화인물, 주요 산림문헌 등을 소개하였다. 각 분야별 내용을 약술하면 아래와 같다.

통치이념은 군주가 나라와 백성을 다스리고 국토를 관리하는 기본사고이다. 통치이념 속에 산림에 대한 가치가 내재되어 있다.

정치사상은 통치이념에서 비롯된다. 각 왕조마다 새 임금으로서, 또한 새로 등장하는 재상과 관료들에 의해 새로운 정치를 내세울 수 있고, 새로운 정치사상이 왕의 통치를 뒷받침할 수 있게 한다. 정치사상은 또한 자연으로서의 산림, 토지로서의 산림의 위상을 새롭게 정립할 수 있다.

자연관은 산림을 보는 시각을 변화시킬 수 있다. 국가사회를 이끄는 지도자나 한 집단이 지니는 사고방식이 정치사상을 배태시킬 수 있듯이 자연관에도 영향을 줄 수 있다. 자연관은 문화예술 분야에도 영향을 끼쳐서 새로운 사조를 탄생시키기도 하며, 자연이 곧 山水라는 인식이 강한 유교사회에서 산림은 중요한 위상을 차지할 수 있다.

토지제도야말로 산림의 위상에 직접 영향을 끼치는 수단이므로 토지제도의 변화는 곧 산림의 위상 변화와 동일한 의미가 될 수 있다.

산림정책은 산림의 위상에 직접 영향을 준다. 산림정책의 근간이 되는 것은 산림정책의 이념이다. 이념이 흔들리면 산림의 위상이 위태로워진다. 산림의 위상이 크게 훼손되었다면 이념은 무가치한 것이다. 백성은 곤핍해지고 아우성칠 것이며 국토와 자연은 신음한다. 그러한 의미에서 산림정책의 이념과 이념의 수호는 중요한 의미를 지닌다. 산림정책의 내용과 산림황폐, 산림사점, 송정(松政) 등 산림정책으로 인한 민생의 피폐함 등에 대해서는 비교적 구체적으로 살피고자 시도하였다.

농업, 잠업, 요업, 광업, 염업, 목재업, 상업의 발달은 산림을 필요로 하고, 산림이 각 산업 부문을 이끌기도 한다. 이것은 임업을 발전시킬 수도 있고 산림을 훼손할 수도 있다. 산업의 발달은 시장이 개설되고 자본형성을 야기하며 인간의 욕구를 자극하여 여행과 같은 새로운 활동을 유발시킨다. 인구가 늘어나면서 주택과 식량에 대한 수요가 증가하여 목재와 잉여생산을 위한 토지를 필요로 하여 산림에 영향을 미친다.

산림은 삶을 유지하는데 꼭 필요한 자원으로서 일상에서 부족함이 없어야 부작용이 사라진다. 인구증가와 산업의 발달로 산림 수요는 증가하는데, 금산, 봉산 등으로 사용할 수 있는 토지가 갈수록 감소하였다. 진황지, 황무지 등을 개간하여 필요한 토지수요에 대처하지만, 조선 전기뿐만 아니라 후기로 갈수록 왕족과 토호세력에 의한 토지 사점, 유교사상과 풍수지리설에 의한 음택 중시로 사양산이 늘어나서 산림을 둘러싼 다툼이 전국적으로 일어나게 된다. 이러한 상황을 파악해보고자 산송, 송계 등 산림을 둘러싼 다툼과 산림수호 동향도 살펴보았다.

정신적으로 물질적으로 끊임없이 변화하는 조선왕조 사회에서 정치적으로는 당쟁과 사화라는 커다란 변화요인으로 인하여 수많은 관료와 학자들이 죽임을 당하거나 전원에 은거하며 학문을 연마하고 수신에 정진하였다. 자연예찬에 몰두하거나, 미래를 위해 우국충정의 마음으로 서원을 열어 인재를 양성하거나, 후일을 도모하며 정치적 야망을 버리지 않으며 살기도 하였다. 예술영역은 산수화가 발달하여 출중한 화가들을 많이 배출함으로써 조선왕조에서 회화가 가장 융성하여 민족문화의 꽃을 피우는 시대를 맞이하게 하였다. 문학에서는 정치적 이유에서 건 사상적 이유에서 건 자연에 은둔하며 글을 쓰고 책을 읽으며 살던 걸출한 인물들로 인하여 우리말이 아름답게 다듬어지고 산림문학이 탄생하는 계기가 되었다.

제6장은 역대 시기별로 당시 정치사회에서 산림이 차지하는 위상을 찾아봄으로써 산림의 의미와 가치를 새롭게 인식하는 한편, 이를 함께 살펴봄으로써 후손에게 문화유산으로 남기려는 의도에서 살펴본 것이다. 한민족의 역사에서 산림의 가치를 발굴하는 데에 있어서 보물선과 같은 조선 사회 전 영역에서 산림의 위상을 모두 담고자 시도한 것이다. 분야가 매우 넓기도 하거니와 산림 이외의 영역은 전공 분야가 아니라 지닌 역량으로는 도저히

감당하기 어려운 것이었다. 그런 연유로 기존에 관련 전문인들의 연구 결과를 활용하여 필요한 내용을 찾아 정리할 수 밖에 없었다. 『조선왕조실록』(국역DB), 『한국민족문화대백과사전』, 전문학술지논문, 학위논문, 연구보고서, 전문서적 등을 참고하였으며, 문화예술 분야는 상대적으로 제한된 문헌을 활용하였다.

2. 통치이념

가. 개념

법은 지위고하, 빈부귀천, 통치자, 피통치자 구분 없이 모든 이들이 지켜야 할 가치이고 가장 강력한 힘이다. 그렇다고 총칼과 같은 병기가 아니라, 그것은 민족이 살아온 유구한 세월 동안 이어오고 다져진 민족정신과 역사와 문화로 집적된 권장(權杖, scepter)이나 나침반과 같다. 누구라도 그것으로 통치하고 복종하며 그것을 따른다. 그렇지 않으면 피할 수 없는 가혹한 형벌에 처해진다.

대한민국헌법 전문은 '유구한 역사와 전통에 빛나는 우리 대한민국'으로 시작하여 '3·1운동', '대한민국임시정부', '4·19' 등을 언급하며, 그것을 계승하여 '자유와 권리에 따르는 책임과 의무를 완수하여, 안으로 국민 생활의 균등한 향상을 기하고, 밖으로 세계평화와 인류공영에 이바지하여 우리와 자손의 안전과 자유와 행복을 영원히 확보할 것을 다짐'하는 내용으로 표현되어 있다. 대한민국헌법으로 대한민국을 안전, 자유, 행복이 보장된 국가가 되도록 다짐한다는 내용이다.

대한민국헌법 제1조 ②항에 명시된 '대한민국 주권은 국민에게 있고 모든 권력은 국민으로부터 나온다.'라는 내용은 국민의 지지를 받지 못하면 통치자가 될 수 없다는 의미이기도 하다. 권력은 국민이 주는 것이므로 논리상

통수권자보다 국민이 위에 있는 것인데, 통치 구조상 통치자가 국민, 즉 권력을 잡아 백성을 통치할 수 있으려면, 백성들이 안전, 자유, 행복을 보장받을 수 있어야 할 것이다.

통치이념이란 헌법 전문에 언급된 이런 내용을 근간으로 설정하는 것으로도 이해할 수 있다. 통치이념에 따라 정치가 실현될 때 백성의 삶은 보장받을 수 있는 것이므로, 대통령은 취임에 즈음하여 '평화적 통일과 국민의 자유와 복리의 증진 및 민족문화의 창달에 노력한다'(헌법 제69조)라고 백성 앞에서 선서하여 다짐한다. 치리자는 굳게 결의하고 다짐한 통치이념에 따라 수립된 각종 정책을 관료조직을 통해서 실행하고, 그것이 백성의 삶에 반영되어 안전과 자유를 구가하며 행복하게 살 수 있도록 보살핀다.

통치이념은 통치자가 국가와 국민을 다스리는 데에 있어서 통치의 골격을 이루는 방향 지향적 기본사상이자 관념이다. 이것은 장구한 시간 속에서 정립된 민족정신과 역사문화에 기반을 두고 설정할 수 있고, 현재의 특수한 상황을 반영하여 입안할 수도 있을 것이다. 홍익인간[1], 불교사상, 유교사상, 성리학 등은 한민족을 통치했던 국가들의 통치이념 설정에 영향을 준 대표적인 사상이라 할 수 있다. 통치이념을 살펴보면 국가와 국토를 바라보는 시각과 백성을 대하는 통치자의 기본자세를 엿볼 수 있다. 더 나아가서 그것에 깃들어 있는 통치자의 각오와 의지, 사명감을 느껴볼 수도 있다.

나. 조선왕조의 통치이념

조선왕조는 중앙정부의 형태를 구상함에 있어서 고려의 분권적 성격을

---

1) 단군신화(건국신화)와 관련된 홍익인간(弘益人間)의 이념은 오늘날 현대에서도 각 분야에 여전히 주요한 이념의 토대가 되고 있다. 특히 우리나라 교육은 홍익인간의 이념 위에 서 있음을 다음과 같이 교육기본법에 명시적으로 천명하고 있다. '교육은 **홍익인간(弘益人間)의 이념** 아래 모든 국민으로 하여금 인격을 도야(陶冶)하고 자주적 생활능력과 민주시민으로서 필요한 자질을 갖추게 함으로써 인간다운 삶을 영위하게 하고 민주국가의 발전과 인류공영(人類共榮)의 이상을 실현하는 데에 이바지하게 함을 목적으로 한다(교육기본법 제2조(교육이념)).

탈피하여 중앙집권적 통치를 강화하였는데 이것은 기본적으로 토지문제에 대한 고민으로부터 출발한 것이다. 중앙 집권의 강화는 일반 백성에 대한 권력의 자의적·사적인 수탈을 제한적으로 배제한다는 의미도 지니고 있었다(신복룡, 2010). 권력을 중앙정부에 집중하도록 하여 관권으로 하여금 귀족, 호족 등의 사적 지배를 억제하며, 권력담당자 상호간에 감독하고 견제하도록 하여 균형을 도모하는 것이기도 하다(김원동, 1979). 또한 사상적으로 유교를 국가 시책의 기본이념으로 받아들인 조선은 초기의 국가 정책에서 의례(儀禮)를 정비하고 보급하는 것이 창업자들의 시급한 정책 과제였다. 이것은 유교의 의례적 기능을 강화하고 정비함으로써 국가행사에서부터 민간의 일상생활에 이르기까지 유교적 실천을 가능케 하기 위한 조치였다. 그래서 조선왕조는 집권체제의 안정을 이룰 수 있는 통치이념으로 유교 주자학의 강상명분론(綱常名分論)을 수용하였다(원재린, 2003). 조선의 법전인 『경국대전』은 이런 유교적 통치이념에 입각하여 입법한 것이며 법전의 구성이 다분이 『주례(周禮)』의 순서와 일치되는 면이 있다고 보았다(김인규, 2018). 이렇게 주장하는 것은 서거정이 쓴 『경국대전』의 서문에 '경국대전의 제작이 周官과 周禮로 더불어 서로 표리(表裏)가 되지 않는다'라는 데에서 잘 확인된다(법제처, 1992).

강상명분론이란 무엇인가? 명분이란 사람이 도덕적으로 마땅히 지켜야 할 도리이며 본분을 의미하는 것이며, 명분론이란 일을 꾀할 때 명분을 앞세우는 입장이나 주장을 말한다. 이것은 특히 유교적 질서에서 매우 두드러진다. 『논어』 〈안연편〉에 제나라 경공(景公)이 공자께 정(政), 곧 국가와 가정 등을 올바르게 세우는 일에 대하여 물으니 공자께서 대답하길, "君君臣臣父父子子"라 한 것은 잘 알려진 내용이다. 임금은 임금답게, 신하는 신하답게, 아버지는 아버지답게, 아들은 아들답게 분수를 지키며 행동하면 국가, 사회, 가정이 올바르게 된다는 뜻이다. 공맹(孔孟)의 교리에 입각하여 나타난 삼강오륜(三綱五倫)은 윤리적 규범이자 덕목으로서 인간사회를 움직이는 명분이 되어 왔다. 금장태(1995)는 오륜은 중요한 명분론적 규범 체계로 나타나며, 유교적 도덕 의식에서 최고의 보편적 규범은 강상(綱常)으로 인정되고 있고, 강상은 명분의 기본 조건이며 중대한 조목으로 받아들여지고 있다고 주장한다. 여기서 강상이란 삼강(三綱)과 오상(五常)²⁾을 말하는 것으로 곧 삼강오륜을 일컫는다.

강상명분론이 담고 있는 구체적인 내용은 무엇인가? 이에 대하여 신복룡(2010)이 예치주의, 차별과 질서, 가족주의, 사대, 문민 우위의 원칙 등 5가지를 제시하고 있는 내용을 간략히 설명하면 아래와 같다;

예치주의란 예(禮)로 다스리는 것을 말하는데, 예는 도덕이나 윤리로서 성문화하여 법치로 다스릴 성격은 아니다. 하지만, 『경국대전』을 입법한 편찬자들은 예를 법으로 성문화하여 강력한 구속력으로 예의 핵심이라고 할 수 있는 충·효를 구현하고자 했다. 그것을 다루고 있는 법전이 『경국대전』의 「예전(禮典)」이다. 법으로 규제함으로써 예를 지키지 않으면 벌로서 다스렸다.

차별과 질서는 특별히 신분 질서의 차이와 관련된다. 강상명분론에 의하면, 양인과 천인, 양반과 상민 사이에서는 결코 침범할 수 없는 차등 관계가 존재하며, 곧 양자 사이의 지배와 피지배, 복종과 불복종의 불평등 관계를 받아들여야 한다. 유교의 강상명분론은 이런 상하 지배의 차별 관계를 명시하고 있으며, 그것을 지키는 것이 도덕이고 윤리이고 질서이며 예이다. 정권의 신분 계급관계를 관철시키고, 이런 관계의 예를 원만하고 구속적으로 존속하도록 규정하고 있는 것이 「예전」이다.

가족주의는 효가 만사의 근본이요, 충신은 효자에게서 구한다는 유교의 기본적인 입장으로부터 나온 하나의 교의(敎義)이다. 또, '가정이 정돈된 후에야 나라가 다스려진다'³⁾라는 『대학』의 가르침은 유교의 황금률이다.

---

2) 중국 전한(前漢) 때 유학자 동중서(董仲舒)가 공맹(孔孟)의 교리에 입각하여 삼강오상설(三綱五常說)을 논한 데서 유래되어 중국뿐만 아니라 우리나라에서도 오랫동안 기본적인 사회 윤리로 존중되어 왔다(한국민족문화대백과사전).

가족주의는 또한 가부장적인 질서를 중시하는데, 이것은 어른에 대한 효도, 웃사람에 대한 순종을 은근히 암시하며, 그런 관계 속에서 국가사회의 평온한 질서를 구현하고자 한 통치이념이다.

사대(事大)는 이웃나라와 의례를 말하는 것으로 주로 중국에 대한 의례를 말한다. 지리적으로 지정학적으로 중국과의 관계는 숙명론적이다. 사대의 사상적 근원은 맹자에게서 온다고 보고 있는데, 제(齊)나라의 선왕(宣王, BC 350~301)이 '이웃 나라와 사귀는 방법'에 대해 묻기로, (중략) "오직 지혜로운 자라야 작은 나라가 큰 나라를 섬길 수 있고, 큰 나라로서 작은 나라를 섬기는 사람은 하늘의 도리를 즐기는 사람이요, 작은 나라로서 큰 나라를 섬기는 사람은 하늘의 도리를 두려워하는 사람입니다. 하늘의 도리를 즐기는 사람은 천하를 지키고, 하늘을 두려워하는 자는 자기 나라를 지킬 것입니다."라고 대답하였다. 하늘이 두려워 지혜롭게 작은 나라를 지키기 위함인지 중국에 보내는 예물에 예를 다하였고, 사신이 올 때 의주까지 2품 이상 원접사(遠接使)를 보내어 맞이하는 등 더욱 신중하였다.

문민 우위의 원칙은 『경국대전』에 두드러지게 나타난다. 특히 최고 중앙행정기관이자 각종 중요사안의 최고 심의 의결기관인 의정부, 왕에게 간언하고 정사의 잘못을 논박하는 사간원, 왕의 최고 자문기관이자 교육기관인 경연(經筵)에 무관이 배제되어 있었으며, 무관의 최고직을 문관이 겸직하였다(김우상, 1977). 이런 구조는 양란을 거친 후에도 계속된다.

유교사상은 조선왕조 500년을 움직인 정신적 바탕이며 삼강오륜의 강상명분론으로 통치이념을 구현하여 국태민안을 도모하고자 하였다. 그러나 조선말기로 갈수록 토지문제, 신분문제, 특히 산림사점의 문제 발생은 유교적 통치이념에서 비롯된 것이기도 하다.

---

3) 『大學』 經1章 大學之道: 「家齊而后國治」(신복룡, 2010.에서 재인용).

3. 정치사상

가. 개념과 필요성

한 나라의 역사는 장구한 시간의 흐름 속에 집적된 그 나라 민족의 삶, 민족 문화에 대한 이야기이다. 켜켜이 쌓이고 누적된 것이지만 민족정신이 내재되어 있고 그 속에는 국가와 권력의 명멸과 부침에 따라 출현한 실로 다양한 사상들을 함유하고 있다.

사상은 사물에 대한 인간의 사고방식을 기초로 한다. 사고방식은 부단한 순화(醇化) 과정을 거쳐서 관념을 형성하며, 관념들이 일정한 형태의 결합을 이루었을 때 사상이라고 한다. 정치사상이란 정치적 사고방식, 정치적 사고의 존재 양식이라고 할 수 있으며, 권력, 정통성, 가치, 규범, 제도, 이데올로기 등 정치적인 것 속에 내재한 사고방식에 착안한다(박충석, 2005). 정치란 특정한 시대에 있어서 통치와 깊이 관련되어 있으므로 정치적 사고방식은 정권과 권력은 물론이고 시대에 따라, 사회적 요구에 따라 달라지기 마련이다. 또한 정치적 사고방식은 통치와 권력과 연관되어 강력한 힘을 발휘할 수 있기에 사회의 흐름을 바꿔놓을 수도 있다. 그에 따라 산림에 대한 국가사회적 요구도 상이할 수 있고, 백성의 행동도 달라지게 된다. 이러한 연유에서 조선왕조의 정치사상을 살펴볼 필요성이 있는 것이다.

여기에 제시하는 정치사상의 내용은 기존의 연구자들이 정치의 관점에서 조선시대를 분석평가한 내용을 정리한 것이다. 정치에 대하여 신들메 풀기도 감당하지 못할 정도의 미천한 지식으로 허다한 내용을 독해하는 것도 쉽지 않은 일인데 그것을 요약 정리하는 것은 더욱 쉽지 않은 일임은 물론이다. 그럼에도 조선왕조의 정치사상을 음미하는 과정에서 혹시라도 '산림천택여민공지'라는 산림정책 이념을 지닌 산림사회의 변화에 일말의 상관관계라도 발견할 수 있을까 하는 심정과 희망을 부여잡고 난해 문헌의 행간들을

주목하였다. 많이 참조한 문헌은『한국정치사상사』-단군에서 해방까지(한국
·동양정치사상사학회, 2005),『조선의 통치철학』(백승종 외, 2010),『한국
정치사상사 문헌자료 연구』(II)(강광식 외, 2005),『조선시대 7인의 정치사
상』(부남철, 1997),『조선시대 정치사상사』1,2,3(지두환, 2013) 등이다.

나. 왕조별 정치사상

1) 조선 건국의 정치사상 : 정도전의 민본사상과 인정(仁政)

정도전(1342~1398)은 조선왕조 건국의 일등 공신이자 최고 권력자로서
신왕조의 건국 이념을 마련하고 통치체제를 비롯하여 모든 체제를 정비하여
조선왕조 500년의 기틀을 다져놓은 장본인이다. 새로운 국가가 갖춰야 할
정부조직 형태와 법률, 재정(조세) 제도의 바탕을 만들었으며, 구왕조의 호족
과 토호들이 버티고 있는 개경은 신왕조의 도읍으로 정착하기에 부적합하다
고 한양으로 천도를 선도하였다. 경복궁의 좌향을 결정하였을 뿐만 아니라,
태조의 허락하에 종묘와 사직, 각종 궁궐터의 위치를 정하였고, 궁궐과 전각
과 문의 명칭을 스스로 작명하였다.

고려말기에 불교를 배척한 배불론[4]의 주동자였는데 불교를 대신할 사상
으로 유교 성리학을 염두에 두었으며 조선 개국과 함께 억불숭유 정책으로
유교를 조선국의 통치이념의 근간으로 채택하였다. 정도전의 유교에 대한
이해는 1360년 진사시 급제 이후 성균관에 입학하여 이색과 교류하고 정몽주
로부터 유교경전과 성리학을 배운 것으로부터 온 것이다.

정도전이 이상으로 생각한 정치체제는 재상(총재)을 최고 실권자로 설정

---

4) 정도전은 불교에 대한 생각을『불씨잡변(佛氏雜辨)』을 통해서 잘 드러내고 있다. 이 책은 유교와 불교의
차이점을 논하면서 유교와 불교는 각각 "정치하는 데 어떤 영향을 미치는가", "정치 권력을 유지하는데
어느 것을 채택하는 것이 더 유리한가"를 논의한 내용을 담고 있다(부남철, 1997, 조선시대 7인의 정치사상.
서울: 사계절. 49쪽.).

하여 권력과 직분이 분화된 관료지배체제이며, 백성을 근본으로 정치제도와 통치이념이 성립되어야 한다는 것이다(한영우, 1998). 백성이 있어서 국가가 성립될 수 있다는 것인데, 그 이유는 군주는 국가에 의존하고 국가는 백성에 의존하기 때문에 백성이 곧 국가의 근본이라고 본 것이다. 이것은 통치권이 백성을 위하여 기능할 수 있어야 한다는 민본사상을 강조한 것이다. 백성은 나라의 근본이요, 백성에게는 통치권의 근원이 있으므로 백성을 사랑하고 존중해야 한다는 것이 정도전이 주장하는 정치사상의 밑바탕이라 할 수 있다. 정치에 있어서 정도전의 백성에 대한 사고는 주공(周公)과 맹자의 존경심으로부터 오는 것으로, 특히 '백성이 가장 귀하고 군주는 가볍다'라는 민본주의의 이상을 제시한 맹자를 우상으로 받아들였다. 또한 통치구조는 주공에 의지했는데 주공이 저술했다는 『周禮』를 모델 삼아 통치구조를 구상 하였다. 이리하여 백성을 하늘로 모시는 정치를 선언하고, 이를 실현하는 요체로서 국정 전반에서는 실질적인 권한을 갖는 총재(재상)의 정치, 조정에서 벌어지는 정치 실무를 감시·탄핵하는 견제 장치로 대관, 그리고 백성을 위해 감사·군수·수령에 의한 지방정치의 실현을 구상하였다(박홍규·부 남철, 2005; 부남철, 1997).

백성에 대한 사랑을 통치윤리나 통치수단으로 삼을 경우 이것을 인정(仁 政)과 덕치(德治)라고 할 수 있을 것이다(김원동, 1979). 결국 정도전의 정치 사상은 민본주의에 입각한 仁政을 베푸는 덕치주의로 이해할 수도 있다. 이미 봉건왕조시대에 백성을 정치의 근본으로 하려 했다는 점에서 '모든 주권은 국민으로부터 나온다'는 대한민국헌법에 앞선 혁신적인 사상이 아닐 수 없다. 하지만, 1398년 이방원(이후 太宗)에 의해 제거되어 조선 백성이 정도전의 이상 정치인 仁政의 혜택을 받지 못하게 된 것은 안타까운 일이 아닐 수 없다.

2) 수성기(守成期)의 정치사상 : 15세기 세종의 공론정치

세종(재위 1418~1450)은 자신이 해야 할 일과 하지 말아야 할 일을 명확히 밝히고 있다. "수성(守成)하는 임금은 대체로 사냥놀이나 성색(聲色)을 좋아하지 않으면, 반드시 큰 것을 좋아하고 공(功)을 세우기를 즐겨 하는 폐단이 있다. 이것은 예로부터 지금에 이르기까지 조상의 왕위를 계승하는 임금이 마땅히 경계해야 할 일이다. 내가 조종의 왕업을 계승하여 영성(盈盛)한 왕운(王運)을 안존(安存)하는 것으로서 항상 마음먹고 있다."[5](이하생략). 이 기록은 세종실록(세종 15년 11월 19일, 1432년)에 전하는 것으로 황희(영의정부사), 맹사성(좌의정) 등을 불러 영토확장에 대한 논의를 하는 과정에서 자신이 해야 할 일을 피력한 것이다. 세종은 자신을 수성하는 임금으로 정리(定理)하고 사냥과 성색(여색)을 경계하고 조종(祖宗)의 왕업을 계승하여 넘치도록 가득한 왕운을 안전하게 보존하는 것을 사명으로 생각하고 있음을 알 수 있다. 박현모(2005)는 세종이 이러한 사명감으로 조선왕조 정치체제를 안존시킨 방식은 바로 공론정치(公論政治)라고 본다. 재상과 간관, 집현전 학자들을 중심으로 활발한 논의와 토론을 거쳐 정책을 입안하며, 공론의 관점에서 정책을 판단하고 채택하는 정치 메커니즘이다. 함께 모여 토론하고 지혜를 모으는 것이 공론정치의 이념이다. 공론의 정치를 활성화하기 위해 정기적인 어전회의를 열고 집현전을 확장하기도 하였다.

공론 또는 숙의를 통해서 통치한 대표적인 사례가 세제개혁이라고 볼 수 있다. 세제개혁에서 세액을 매김에 있어 풍흉 정도가 아니라, 토지 비옥도와 지역별 일기에 따라 '공법(貢法)'을 제정하였다. 그런데 공법의 제정과 시행에 있어서 17년(1427~1444)의 긴 공론화 과정을 거쳐 고위관료에서부터 농민에 이르기까지 무려 17만명에 이르는 여론조사를 실시하였다. 최종 결정은 경기도 농사현장을 직접 둘러보는 등 문제점을 보완하여 반대파도

---

5) 세종실록 15년 11월 19일; 戊戌/召 黃喜, 孟思誠, 權軫, 河敬復, 沈道源等議事曰: "守成之君, 大抵不好遊畋聲色, 則必好大喜功, 自古及今, 繼體之主所當戒也. 予承祖宗之業, 撫盈成之運, 常以此爲念.(이하생략).

전원 찬성의 상태에서 1444년 시행하였다(박현모, 2005). 국내외 주요 사안에 대해 비판을 서슴치 않는 간관(諫官)의 신하들과 토의를 거치는 공론과정에서 결정하는 정치를 펼쳤다. 태종의 '지시하는 정치'에서 벗어나서 공론정치사상을 기반으로 한글창제를 비롯하여 세종대에 이룩한 업적은 찬란하다. 결국 세종은 신하(주로 사헌부, 사간원, 집현전)와 백성으로부터 정치적 지혜를 모아 토론과 숙의 과정을 통해서 최선의 안으로 태조가 창업한 새로운 왕조의 국운을 건국 초기의 불안정한 단계에서 안정적인 단계로 발전시켜 수성하여 국가와 정치가 융성하는 위업을 달성했다고 평가할 수 있겠다. 동방의 성주(聖主)로 칭송할 만하며[6] 위대한 성왕으로 국민으로부터 사랑받을 만하다.

3) 도학 정치사상 : 16세기 초 조광조의 도덕적 근본주의

성리학은 '성명 · 의리의 학(性命義理之學)'의 준말이다. 중국 송(宋)대에 공자와 맹자의 유교사상을 '성리(性理) · 의리(義理) · 이기(理氣)' 등의 형이상학 체계로 해석하였으며 이 해석체계를 성리학이라 부른다. 주자학(朱子學) · 정주학(程朱學) · 도학(道學) · 이학(理學) · 신유학(新儒學) 등의 명칭으로 불리는데, 송의 주희(朱熹, 1130~1200)는 주렴계(周濂溪), 장횡거(張橫渠), 정명도(程明道), 정이천(程伊川)을 계승하여 성리학을 집대성하였다(윤사순, 1995). 성리학은 객관적 지식의 탐구와 그것에 기초한 도덕의 실천을 모두 포괄하는데 그 중에서도 의리의 실천을 중시하는 경향을 도학이라고 한다. 주희에 의해 학문적 전통이 확립되었으며, 조선에서 정몽주(1337~1392), 길재(1353~1419), 김숙자(1389~1456), 김종직(1431~1492), 김굉필(1454~1504)을 거쳐 조광조(1482~1519)로 계승되었다(최연식 · 이지경, 2005). 도학은 의리를 중시하는 학문이니 이들을 가리켜 의리파라고

---

6) 조선왕조를 안정시킨 수성의 군주인 세종을 율곡 이이는 '동방의 성주(聖主)'로 칭송하였다(栗谷全書7 소차(疏箚)5). (박현모, 2005)에서 재인용.

하며, 조선왕조 도학의 태두(泰斗)인 조광조(趙光祖)에 이르러 도학을 바탕으로 국가사회를 이끌어 크게 영향을 주고 새로운 기풍을 일으키게 되었다. 의리파는 조광조로 계승하는 동안 특히 연산조 이래 참혹하게 사화를 입은 사류(士類)가 중심이 되었으니 이들을 사림(士林), 또는 사림파라 부른다. 사림의 전통은 도학의 정통을 잇는 정맥을 의리파에서 찾았으며, 도학을 학문 중 으뜸으로 여겼다.

조광조를 중심으로 하는 도학 사림파는 세조의 왕위찬탈의 부당함, 연산군의 폭정, 무너진 국정과 사회의 기강을 바로잡아 지치중흥(至治中興)[7]을 이루고자 도학정신을 기반 삼아 노력하였다. 특히 소학정신에 의한 미풍양속에 대한 정풍, 인재등용, 청렴결백 등 도덕적 원칙을 강조하였다. 조광조는 관직에 나가지 않았지만, 이러한 정치와 도덕의 대립문제를 해결하기 위해서는 그의 필요성을 인정하고 알성시에 급제해 정치에 입문한다. 이후 초고속 승진을 거듭하여 중종의 총애를 받아 곁에서 보좌하게 되었다.

조광조는 의와 공을 살리는 길을 선비(士)에게서 찾았고 선비야말로 멸사봉공(滅私奉公)의 모범이 되는 나라의 원기(元氣)라고 생각하였다(윤사순, 1995). 그리하여 이를 실천하기 위하여 사림으로서 정계에 입문하여 도학정신에 근본하여 국정 개혁을 위해 시동을 건다. 조광조가 중종에게 요구한 것은 군주의 위세를 버리고 신하들의 도덕적 원칙을 받아들이라는 것과 위인지학(爲人之學)이 아니라 위기지학(爲己之學)이었다. 즉, 위기지학은 자신을 위한 학문을 하여 마침내 남을 완성하는 데 이르는 것이고, 위인지학이란 남을 위한 학문을 하여 종국에는 자신을 상실하는 데 이르는 것이다.[8] 이것을 실천하기 위해서는 우선 먼저 왕이 솔선수범 실천해야 하므로 중종께

---

7) 지치중흥이란 정치로 세상이 잘 다스려져서 국가사회적으로 안정을 이룬다는 의미이다. 조광조는 성리학으로 정치의 근본을 삼아 중국 고대 하·은·주 3국의 왕도정치를 이상으로 하는 지치주의(至治主義) 정치를 실현하려 하였다.

8) 論語集註 憲問; 程子曰 古之學者 爲己 其終至於成物 今之學者 爲人 其終至於喪己(최연식·이지경, 2005.에서 재인용).

실천으로 옮길 것을 요구하였다. 하지만 왕에게는 학문도 중요하지만 정치도 중요한 것이었기에 군신관계에서 그의 실천을 관철하는 일은 쉬운 것이 아니었다. 그럼에도 조광조는 유학의 이상을 현실정치에 구현하여 지치(至治)달성[9]을 꾀하고자 하였다. 그것은 백승종(2010)의 주장에 따르면, 조광조의 요구대로 군왕(중종)이 명도와 근독[10] 두 가지만 실행에 옮기면 요순시대를 구현할 수 있다고 생각하여 실천에 옮기려 한 것이며, 그런 의미에서 조광조는 성리학적 근본주의자라고 보고 있다.[11]

조광조의 이러한 시도는 개혁을 필요로 하였는데 인재등용, 소격서 혁파, 정국공신 개정(훈적 부적격자 박탈) 등을 추진하여 성과를 이뤘다. 하지만 이런 사안을 급진적이고 저돌적으로 추진하는 과정에서 조광조는 정치적 종국을 맞는다. 정국공신 개정, 즉 중종반정으로 연산군을 몰아내고 중종을 왕으로 옹립하는데 공을 세운 공신 중에서 부적격자로 상훈을 박탈당한 자들이 중심이 되어 일으킨 기묘사화[12]로 인해 죽임을 당하고 만다.

유교적 지치주의를 지향하며 정치의 도덕적 원칙을 엄격히 지키려 한 도덕적 근본주의 개혁가 조광조는 선조 원년(1568년)에 영의정에 추증되어 복권되었다. 최연식과 이지경(2005)은 조광조의 도덕적 근본주의는 한국

---

9) 조광조는 당시 '군주(왕실)-재상(행정부)-대간(감찰부)'의 구도 속에서, 특별히 대간(臺諫)을 중심으로, 훈구파 공신들을 척결하는 일을 급선무로 삼았다. 당시 군주(중종)는 공신세력에 의해 옹립되었으므로 군주권이 열등한 상태였다. 이에 조광조는 공신세력을 퇴출시키고 대신 군주와 군자(재상)의 공동경영체제(共治)를 구축하고자 하였던 것인데 그것의 완성체를 지치(至治)로 개념화하였다(배병삼, 2005). 지치란 유교에서 이상정치를 의미한다.

10) 명도(明道)와 근독(謹獨)이란 군왕이 성실하게 道를 밝히고 홀로 있을 때에도 항상 삼가는 태도로 나라를 다스리는 것을 말한다. 명도와 근독이란 용어는 조광조가 1515년(중종 15년)에 응시한 증광문과시험 문제인 '옛 성인의 이상적인 정치를 오늘에 다시 이룩하기 위한 대책이 무엇인가'에 대한 답안 내용에서 나온 것이다.

11) 백승종, 2010, 조광조와 김인후, 이상세계를 현실로 가져오다. 백승종 등 원저 〈조선의 통치철학〉. 서울: 푸른역사. 110~118쪽.

12) 기묘사화란 중종 14년 11월(1519년)에 조광조 등 신진 사림파가 훈구파 재상에 의해 화를 입은 사건을 말한다. 조광조 등 도학 의리파는 특성상 청렴결백과 원리원칙을 지나치게 강조하고 사대부의 기강을 바로잡고자 중종반정의 공신 업적을 박탈하고 토지와 노비를 환수하였는데, 이것이 훈구파와 중종으로부터 불만을 사서 형벌을 당하게 된 것이며 이 사건으로 조광조는 유배지 화순군 능주에서 사사(賜死) 하였다.

정치사상의 독특한 전형으로 굳어져 갔고, 그를 통해 조선시대의 유학이 단순한 도덕의 담론이 아니라, 정치사상으로 확립될 수 있었던 것은 절대왕권을 부정할 수 없는 구조적 제약 속에서도 왕권의 도덕적 일탈을 견제하고 교정하는 소명을 꾸준히 지켜 갔기 때문이라고 평가하고 있다.

4) 성리학적 정치사상 : 16세기 혼란과 동요의 시대 이황과 이이의 사상

조광조를 중심으로 신진 사림의 지치주의(至治主義) 운동은 훈구파와 갈등을 빚었고, 결국 기묘사화가 일어나서 새로운 기풍의 도학(주자학)정치는 좌절되고 사림은 참화를 당하였다. 당시 도학파의 의욕과 정치적 실천은 선후완급(先後緩急) 조절에 치밀하지 못하고 너무 급진적이었다는 비평도 받고 있다. 그러나 조광조의 도학적 이상주의는 이황과 이이와 같은 현철(賢哲)로부터 높이 추숭(追崇)되었다(이동준, 1995). 성리학은 도학의 이론적 탐구라 할 수 있는데 조광조·이황·이이에 이르는 기간을 전후해 수많은 도학파의 인물들이 배출되었다.

'동방의 주자'라 불리는 이황(1502~1571, 호는 퇴계)은 갑자사화(1504)·기묘사화(1519)·을사사화(1545)의 난세를 살면서 출사하여 도를 실행하기보다 관직에 나가지 않고 향촌에 물러서서 도와 업을 수행하는 전도수업(傳道授業)과 학문저술을 직으로 삼았다. 잘 알려진 것처럼 기대승(奇大升)과 8년에 걸쳐 저 유명한 사칠논변(四七論辨)을 벌였고, 문인들과 개별적으로 친교하고 서신 왕래로 후진을 양성하며, 학문을 토론하고, 풍속을 교화하며, 교육에 매진하면서 이상사회를 꿈꾸었다. 퇴계는 자신이 살던 당대의 사회적 혼란을 '하늘에 천변이 일어나고, 땅에는 인간들이 자기의 일을 다 못해 큰 혼란이 거듭 일어나고, 국운이 어렵게 막히고, 나라의 근본이 불안해졌으며, 변방이 허술하고, 군비가 부족하며, 식량이 떨어지니, 백성만이 아니라 귀신조차 원망과 노여움이 극에 달한 시대[13]'라고 했다.

퇴계사상의 결정체는 선조에게 바친 『성학십도(聖學十圖)』로 퇴계가 그린 이상사회의 구도가 잘 그려져 있다. 주요내용을 요약하면; 퇴계는 '교화는 반드시 위로부터 아래로 이르러야 한다. 그런 다음에 그 교화가 근본이 있게 되고 그 미침이 멀고 길어질 수 있음'을 밝히고 있으며, 정치의 최종 목적은 '현명한 통치자'에 의한 교화가 위주로 되어야 한다고 말한다. 현명한 통치자가 되려면 성현의 학문을 배워야 하며, 성왕이든 현인이든 백성을 다스리는 바른 도를 실현함에는 부단한 수신이 필수적이고, 이를 바탕으로 교화가 있어야 함을 강조하였다. 군주의 기본자세로 수기치인의 법을 설명하는 것이다. 인(仁)을 실천하는 정치[14]를 주장하였는데[15], 이에 '백성이 나라의 근본' 임을 강조하여 도탄에 빠진 백성에게 '매질과 형벌'을 가할 것이 아니라 백성이 부유하게 되도록 왕의 德인 왕화(王化)가 백성에게 미쳐야 한다고 역설했다(김명하와 전세영, 2005). 퇴계는 자주 관직을 거절하고 향촌에 머물렀지만, 정치가로서 학자로서 그의 사상과 학문적 깊이는 당시의 정계와 학계에 두루 영향을 미쳤기 때문에 영향력은 실로 대단한 것이었다. 또한 퇴계의 활동에서 간과하지 말아야 할 것은 교육이다. 성인이 도를 흠모하고 인·덕(仁·德)을 익히고 쌓아 인격을 수양하는 교육을 중시하여 서원의 건립과 보급에 앞장서서 국가가 요구하는 인재를 육성하도록 하였다. 한 걸음 더 나아가 눈여겨볼 것은 자연에 묻혀 안빈낙도로 속세를 초월하여 山林의 기를 높인 자연주의 문학자이며(이정탁, 1984), 산림 속에서 심원(心源, 마음)[16]을 보고 정(靜)을 길러 과거사에 집착하지 말며, 산림 속에서

---

13) 退溪全書. 甲辰乞勿絕倭使疏.(김명하·전세영, 2005.에서 재인용)

14) 퇴계는 유교의 가르침 중 인의예지라는 4덕(德) 중에서 특히 정치하는 사람에게 제일 중요한 것을 仁이라고 강조하였다. 仁은 유교의 정치상, 윤리상에서 최고 이상이다. 남을 사랑하고 어질게 행동하는 일이 仁이다. 인은 결국 수기치인, 인격수양을 통해 부드러워지고 극복된 결과로 '자연스럽게' 실천되어야 한다. 하지만, 그것을 지향할 수 있지만 쉽지 아니한데, 그렇게 해야겠다고 인위적인 마음의 작용이 남아있는 단계를 서(恕)라고 한다. 인을 지향하는 마음이 있기에 용서하는 것이다. 퇴계는 군주는 물론, 보좌하는 관료들도 '仁'에는 미치지 못하더라도 '恕'만큼은 적극적으로 실천해야 한다고 주장하였다(부남철, 1997, 앞의 책. 128~136쪽).

15) 부남철, 앞의 책 128~132쪽.

마음을 비워 걸림돌이 없게 함으로써 자연의 섭리에 따라 자연과 자신이 하나 되는 자연관을 지녔다는 점이다(이동한, 1992).

율곡 이이(1536~1584)가 살았던 16세기 중반 이후는 적폐와 고질이 만연된 시기로서 왕조의 안정기를 벗어나 질서가 흔들리는 동요의 시대였다. 따라서 율곡의 정치적 사고의 우선 관심사는 곤궁에 처한 백성의 생활을 어떻게 개선할 수 있을 것인가 하는 점이었다. 이러한 위급한 상황을 극복하기 위해서는 구폐를 혁신하는 것이 급선무이며 그것은 제도개혁론으로 귀착되었다(강광식 · 전정희, 2005). 율곡이 개혁론을 주장하는 이론적 근거는 변통론(變通論)인데 모든 만물은 때를 따라 변화하고 인간의 역사적 상황 역시 시대를 따라 변화하니 형편과 경우에 따라 일을 융통성있게 처리해야 한다는 것이다. 따라서 시의(時宜)를 파악하는 것이 중요한데 시의란 '때에 따라 변통해 법을 만들어 백성을 구하는 것'이다. 개혁의 주체는 통치자로서 시의를 알고, 통치하는 능력 두 가지를 중요하게 보았으며, 개혁의 목표는 민본사상에 근거하여 民(백성)으로 식(食), 의(衣), 일(佚)의 자연적이고 생리적인 욕구를 충족시키는 일이라고 보았다. 이들의 개혁 방법, 즉 개혁이 어떤 과정을 통해서 이뤄져야 하는 방법은 언로(言路)의 확대로 보았다. '폐법을 고치려면 언로를 넓혀 선책(善策)을 모아야 할 것[17]'이라는 데서도 확인할 수 있는데 이것은 곧 세종이 중시했던 '공론(公論)'과도 통하는 것이어서 주목된다.

강광식과 전정희(2005)는 율곡이 실현하고자 했던 제도개혁사상의 1차적인 목표를 백성의 경제적 안정에 두었다고 주장하면서, 제도개혁의 목적도 '백성을 위하고' '백성을 이롭게 하려는' 것에 있었으며, 그것은 유교 본래의

---

16) 이동한(1992)은 '心源'이라고 표기하였으나, 퇴계가 존경한 도연명이 시에 '심원(心遠)'을 사용하고 있기에 '心源'은 '心遠'으로 표기해야 할 듯하다. 안병주(1992)에 따르면 도연명이 사후 300년이 훨씬 지난 송대에서야 명성을 얻고 더욱 높은 평가를 받게 되는데 그의 시에 나오는 '心遠'이라는 두 글자가 송대 철학에 크게 영향을 미쳤기 때문이었다. 마음을 먼 데 두어 山林을 그리워하고 자연을 사랑하는 마음가짐, 심원의 시정이 유교에 있어서 자연존중정신의 연원의 하나이다.

17) 『栗谷全書』(5) 東湖問答. 論安民之術(강광식 · 전정희, 2005.에서 재인용).

민본주의의 연장선상에 있는 것이라 하였다. 또한 율곡의 개혁에 있어서 백성은 수동적이고 소극적인 존재로 간주함으로써 통치자의 의지가 민본의 실현을 좌우하는 관건이 되게 하였다. 언로 확대를 통해서 백성의 여론을 정치에 반영하고자 하는 시도는 현장 민의를 존중하는 현실적인 시도라는 점에서 의미를 둘 만하다.

5) 당쟁 시대의 사상 : 15세기 이후 19세기

무오사화(1498년, 연산군), 갑자사화(1504년, 연산군), 기묘사화(1519년, 중종), 을사사화(1545년, 명종) 등 4대 사화를 겪었지만 이것은 훈구파의 몰락과정이자 동시에 사림파의 성장과정이었다.[18] 4대 사화의 참화를 겪으면서 성리학적 도덕정치는 실효성이 급격히 떨어졌고, 많은 선비들이 관직을 단념하고 지방에 내려가 서원을 세우고 그들 일족의 자녀 교육을 실시하게 되면서 서원은 점차 유생들의 집합 장소인 동시에 당파의 결합을 굳게 하는 역할을 하게 되었다(김우영, 2005).

서원교육은 퇴계의 의도처럼 원래 장차 국가의 부름을 받게 될 유능한 인재를 양성하기 위한 강학 장소였다. 서원은 세상 물욕에 탐닉하지 못하도록 인의예지 4德 등 인간의 근본성품을 배양하고 교화하는데 필요한 소양을 가르치는 교육 장소였다. 당쟁에 빠지게 되는 것도 인의예지 4덕에 대한 교육을 등한시한 데서 오는 것이므로 성리학적 도덕 정치의 실현을 위해서도 서원교육은 필요한 것이었다. 이러한 취지에서 향촌으로 내려온 선비들은 경쟁적으로 서원을 설립하였기에 난립하기도 하였다. 하지만, 지방의 유림들이 한양의 유력 양반들과 결탁하여 당쟁을 유발시키는 등 서원이 본래의 취지와 다르게 운영이 변질되어 갔다.

무엇보다도 주목할 만한 일은 서원을 근거지로 모인 유생들은 理學과

---

18) 이수건, 1990, 영남사림파의 형성. 영남대학교 출판부. 258쪽(김우영, 2005.에서 재인용)

같은 근본성품의 배양보다는 토지소유와 같은 물욕에 가려져 당파의 당쟁을 더욱 격화시키는 부정적 측면을 파생시키는 원인이 되기도 하였다는 점이다 (김우영, 2005). 그도 그럴 것이 중앙 관직에 등용되면 과전과 세습이 허용된 공신전이라는 토지를 받을 수 있었다. 그러나 관리의 수가 늘어나서 분급할 토지가 부족해지자 과전법을 철폐하고 현직 관리한테만 토지를 분급하는 직전제를 실시하였다. 그러는 사이에 양반지주들이 대규모 농장(農莊)을 소유하게 됨으로써 신진관료들에게 줄 토지 물량에 문제가 발생하게 되었다 (토지문제는 5. 토지정책 참조). 이로써 토지문제를 둘러싸고 훈구파와 사림 파 사이의 대립이 발생하고 당파 당쟁으로 발전하게 된 것이다. 조선왕조에 서 예(禮)와 관련된 논쟁도 무시할 수 없다. 특히 상복(喪服)의 형식과 관련 된 소송인 복제예송(服制禮訟)[19]이 많이 있었으며 이 또한 정치사회를 흔들 었다.

당파 당쟁, 학파 분열 등 반목은 전쟁 중에도 그치지 않았다. 중도사상(이황, 이이), 불편무당(不偏無黨)의 탕평책[20](영조, 정조), 반계수록(유형원) 등이 등장하였지만, 도덕적 규범(덕치주의), 중도사상, 실학 등을 수용하지 못하고 왕조 종말에 이르기까지 반목과 분열로 치달았다. 영·정조 시대의 탕평책은 지역적으로 안배하는 노력이 엿보이지만 대개 관리층에 국한하는 탕평책이지 일반 백성에 대한 정책을 발견하기 쉽지 않다.

6) 실학사상 : 17~19세기

유교사상을 통치이념으로, 성리학을 정치이념으로 치리해온 조선왕조는 세종과 같은 성왕시대도 있었지만, 왕권과 권력을 둘러싼 혈전(血戰)이 거듭

---

19) 전락희·이원택, 2005, 한국정치사상사. 한국·동양정치사상사학회. 서울: 백산서당. 403~422쪽. 참조 바람.

20) 영조의 탕평이란 『書經』 洪範에 있는 말로, "치우침과 편벽이 없고 무리를 만들지 않으면 왕도가 크고 넓으며, 무리가 없고 편벽되지도 치우치지도 않으면 왕도가 화(和)해 바르게 될 것이다."는 내용이다(김우영, 2005. 365쪽.에서 재인용),

되었다. 16~17세기 4대 사화로 인한 혼돈의 정치사회, 당파·학파·예전으로 인한 숙청과 분열, 임진왜란·병자호란으로 인한 초토화된 국토, 피폐한 백성의 삶 등으로 국가사회는 폐허처럼 변해가고 있었다. 사회와 백성을 구원할 새로운 사상이 요구되었는데 이럴 즈음에 나타난 것이 실학사상이다.

실학사상의 대체적 개념은, '조선 후기 사회 모순에 대한 반성의 결과로 새롭게 나타난 범유학적 탈성리학 경향을 가진 왕도정치론(王道政治論)의 일종으로서, 민본(民本)과 위민(爲民)을 주창한 전근대적 사회개혁사상의 일종'으로 규정될 수 있다(조광, 2010).[21] 실학사상을 이끈 대표적인 사람은 이수광(1563~1628), 유형원(1622~1673), 이익(1681~1763) 등이 있으며 이들의 공통점은 다음과 같다(김한식, 2005.에서 요약);

첫째, 인간의 평등성을 암시한다. 둘째, 인성에 내재된 사(私)와 이(利)를 인간의 속성이며 경계의 대상이 아닌 것으로 본다. 셋째, 지선(至善)에 이르는 방법에서 주관적 수양보다 객관적 장치가 필요하다. 따라서 제도가 필요한 것이며 제도에 따라 인간의 善이 좌우될 수 있음을 시사하여 '제도'의 문제가 통치의 문제로 부각되었다. 넷째, 개체가 주체성을 갖는다. 성리학이 강조하는 '理'가 나타나는 것은 개체를 통해서 가능한 것이기에 개물(個物)을 살피지 않고 理를 알 수 없다는 것이다. 이것이 주기론(主氣論)이며 주기사상이 실학에 일반화되었다. 이것은 개체가 주체인 백성의 참여가 중시되는 부국론(富國論)과 관련되고 추후 기술이 강조되는 商工業 등 각 산업의 부흥으로 이어지게 된다. 다섯째, 개체와 개체간의 관계는 독립된 평등의 기능개체(機能個體)로 설정된다. 과거엔 신분구조상(계층구조상) 불평등관계인데 실학에서 각 개체가 독립적이고 독자적인 기능개체로 설정된다.

이상의 내용을 한마디로 요약한다면, 백성 하나하나를 신분상의 제약된 개체로 보는 것이 아니라 평등한 존재로서 인정하며, 그들이 기능개체로서

---

21) 이에 대해 변태섭(1994)의 의견은 다음과 같다; 실학이란 본래 중국에서는 당대 이후의 修己治人의 학을 지칭하였으며, 한국에서도 여말에 주자학이 도입되면서 이를 실학이라 한 적이 있지만, 현재 쓰이고 있는 실학이라는 용어는 조선후기에 나타난 새로운 경향의 학문을 가리키는 역사적 개념이다.

향후 상공 기술을 발휘하는 등 산업을 일으켜 부국론을 실현시킬 수 있다는 의미이다. 진정한 민본사상을 설파하는 내용으로 풀이된다. 이러한 내용을 담고 있는 것이 유형원의 『반계수록(磻溪隧錄)』이다.[22]

초기 실학 단계를 지나 18세기 후반에서 19세기 중반 기간은 집권층 내부의 왕위 승계를 둘러싼 권력투쟁, 매관매직, 중간관리층의 세금징수와 재산침탈 등 가렴주구(苛斂誅求), 신분구조 변동에 따른 비생산적 양반층의 급속한 증가와 경작지의 대폭 감소 현상이 나타난다. 이에 따른 국가 생산력 저하와 재정수입 감소로 인한 재정수지 악화, 피지배층 빈곤심화와 그에 따른 조직적이고 대규모적 저항 등으로 이 시기를 특징 지울 수 있다.[23] 실학사상의 후반기에 활동한 실학사상가들은 이러한 문제의 해결에 주안점을 두었는데, 특별히 이용후생적 국가발전의 정치목표를 지향한 측면에서 주장한 주요 내용을 살펴보면 다음과 같다;

홍대용(1731~1783)은 군주의 역할이 국가발전과 민생안정에 있음을 밝혔고, 박지원(1737~1805)은 백성에 이롭고 국가를 부강하게 하는 안민후생과 부국을 군주의 역할로 규정하였다. 정약용(1762~1836)은 『여유당전서(與猶堂全書)』「군주추대론(君主推戴論)」에서 "정치란 바로잡는 것이다. 바로잡는다는 것은 부와 이익의 차별을 저지해 民을 균등하게 하는 것을 말한다. 어찌 누구는 토지를 겸병해 이익과 부를 얻게 하고 누구는 토지의 이택을 막아 빈곤하게 할 수 있는가. 이러한 차별을 바로잡고 토지와 民을 계산해 동등하게 분배하는 것이 소위 民을 균등하게 하는 정치라고 할 수 있다"라고 하여 정치는 동등성에 입각해 민의 이익보호에 있음을 밝히고 있다(김정호, 2005). 또한 정약용은 강진 유배시절(1801~1818)에 쓴 『목민심서』「공전육

---

22) 반계 유형원은 개인·개체·각자가 각기 고유한 기능을 지니고 있으니 지도층은 이들이 항업(恒業)할 수 있도록 지적한다. "백성이 나라의 근본인데, 백성을 돌보는 얼이 그 길을 얻지 못하니 참으로 탄식할 일"이라고 한탄하고 있다.
　『磻溪隧錄』(13) 任官之制 外任 "民爲邦本而撫民不得其道 誠可歎也".(김한식, 2005.에서 재인용).
23) 이상백, 1965, 한국사-근세후기편. 을유문화사. 270~372쪽(김정호. 2005.에서 재인용).

조」에서 당대 산림정책의 비합리성을 신랄하게 비판하고 백성의 삶을 위한 대책을 제시하기도 하였다(박일봉 역저, 1988). 정약용의 형인 정약전(1758 ~1816)이 쓴 『송정사의(松政私議)』도 유사한 내용을 담고 있다. 이 당시 토지 분배와 관련하여 박지원은 한전제(限田制), 정약용은 여전제(閭田制)와 정전제를 제안하였다.

전후기 실학자들이 공통적으로 동등성, 개체성, 욕구 주체로서의 인간성을 부각하였으며, 홍대용과 정약용은 율곡 이이의 이기론(理氣論)을 잇고 있다. 강진철 등(1975)은 실학사상은 민족주의적 성격을 담고 있고, 근대지향적 성격을 지니며, 민중사회의 이익을 대변한다는 세 가지 역사적 의의를 갖는 것으로 평가하였다. 실학의 출현과 전개는 필연적이었으며, 이후 개화사상으로 이어지고 근대사상으로 전개되게 한다.

7) 동학의 정치사상 : 19세기 농민항쟁과 동학농민운동

가) 농민항쟁

농민항쟁이란 조선시대 경제적인 이유로 봉기하여 지역의 폐단을 바로잡기 위하여 농민[24]이 중심이 되어 벌이는 민중운동을 말한다. 조선 후기의 민란은 18세기경부터 간간이 일어나기 시작하여, 19세기 중엽, 특히 1862년 (철종 13)에 이르러 전국적인 봉기 양상을 보이기에 이른다. 민란은 고종 연간에도 계속되어 마침내는 1894년 전국적인 농민전쟁으로 발전하여 중앙 봉건권력의 타도를 외치기에 이르렀다(김우철, 2012).

---

24) 農民이란 조선시대의 제3계급인 농공상에 종사하던 상민(常民) 중의 하나이다. 상민은 양반과 중인 다음의 신분계급으로 사회적 구실로 보면 생산을 담당하는 계층이었다. 상민 다음에는 천민이 있었다. 그런데 천민 가운데의 노비들은 조선 후기에 접어들면서 독립된 농가를 갖게 되는 경우가 증대하여 농민화되어갔다. 즉, 공사노비로서 자식을 가지게 되면서 노비의 수가 증가하자 노비출신이지만 노비생활을 하지 않는 것도 가능하게 되었다. 가령 노비인 부모는 주인의 토지를 얻어 자식들을 농민으로 키워갔던 것이다. 그리하여 상민과 노비는 실제로 구별할 필요없이 상놈[常漢]으로 통칭되고 있었다. 한편, 양반이나 중인에서도 경제적으로 몰락한 잔반(殘班) 등의 농민이 있어 조선 후기에는 농민의 수가 전체 인구의 9할에 가까웠다. 그 9할의 농민이 봉건적 사회경제체제에 묶여 있었다(조동걸, 1995).

19세기는 세도정치기로서 중앙은 권력이 몇몇 가문에 집중되고 지방에서는 수령의 권한이 강화되어 세금 징수에 영향을 주었다. 중앙정부의 지원이 줄어든 지방관청은 자연히 징세수취를 강화하여 농민 수탈이 강화되었다. 전정(田政)·군정(軍政)·환정(還政)[25] 등 삼정(三政) 수탈의 한계에 다다른 농민들은 역량을 결집하여 자신들의 이익을 지키고자 하였다. 농민항쟁은 철종 13년, 1862년 2월 4일 경상도 산청(단성), 2월 18일 진주에서 시작되어 3월에 함양, 거창, 4월에 밀양, 선산을 거쳐 경상도 일대로 확산되었다. 호남에서는 3월 익산을 시작으로 4월~5월에 많이 일어났고, 충청지방에서 회덕, 공주 등 5월에 집중적으로 발생하였다.[26] 제주도에서는 9월, 경기도는 10월에 광주, 10월에 북쪽 함흥으로 번졌다. 철종은 농민항쟁 촉발 원인의 하나인 환곡 정책(환정)을 철폐하고, 삼정을 바로잡는 임시특별관청인 삼정이정청(三政釐整廳)을 설치하였다. 이어서 민란의 원인이 된 삼정구폐를 바로잡기 위한 대책수립 시행, 모든 관료에게 방책을 강구하여 올리도록 하는 등 민란 수습에 진력하였지만 뿌리깊은 세도의 굴레를 벗어나지 못해 제대로 정치를 할 수 없었다(지두환, 2013). 그러나 정부의 이러한 일련의 조치는 농민의 항쟁에 의한 자력으로 성취한 것이었다. 이처럼 농민이 집단을 이루어 봉건적 모순에 저항하며 개혁운동을 폈으니 이것이 농민항쟁의 출발이자 농민운동의 시작이다. 농민운동은 후에 동학농민운동(1894년)이나 의병농민운동(1896년), 1910년대에는 일제의 토지조사에 대한 항쟁으로 전개되어 가기도 하였다. 특히 주목할 점은 1894년 동학농민운동에서 전봉준이 체포된 후의 진술 내용 중 산림과 관련한 것이다. 그는 진술에서 "나의 종국의 목적은……전제(田制)와 산림제(山林制)를 개정하고자……"[27]라고 한 데에서 알 수 있

---

25) 조선시대 곡식을 사창(社倉: 환곡 창고)에 저장하였다가 봄에 백성들에게 꾸어 주어 구황하고 가을에 약간의 길미(이자)를 붙여 거두던 제도. 벼슬아치의 농간으로 폐해가 많아 민란이 자주 발생하자 철종 때 폐지하였다.

26) 이들 경상도, 전라도, 충청도 삼도에서 발생한 민란을 삼남민란(三南民亂) 또는 임술민란이라고 한다. 환곡의 폐해 중에는 이중부과하며, 태아에도, 죽은 사람에게도 부과하여 원성이 극에 달했다.

27) 정창렬, 1991, 갑오농민전쟁연구-전봉준의 사상과 행동을 중심으로. 연세대학교 박사학위논문(김선경.

듯이 산림문제는 경작지와 함께 당시 농민을 비롯한 조선 백성의 일상 삶을 억압하는 질곡(桎梏)이었음을 알 수 있다. 그래서 당시 전라감사 김학진과 전봉준 사이에 맺은 「폐정개혁강령 12개조」라는 갑오개혁 의안에 신분 특권으로 토지를 집적하고 백성을 괴롭힌 횡포한 부호와 불량한 유림과 양반을 징계하고 빼앗은 토지와 산림을 되돌려주어 민심을 달랜다는 내용이 들어있다(정창렬, 1994).[28]

나) 동학사상

동학(東學)은 1860년(철종 11년 4월)에 최제우가 창도한 종교이다. '동학'이란 교조 최제우(1824~1864)가 서교(西敎)의 전래에 대항하여 동쪽에 있는 우리나라의 道를 일으킨다는 뜻으로 붙인 이름이며, 1905년에는 손병희가 천도교(天道敎)로 개칭하였다.

창도 당시 동학은 한울(천주님)에 대한 공경인 경천 사상과 시천주(侍天主) 신앙을 이념으로 모든 사람이 내 몸에 천주님을 모시는 입신(入信)에 의하여 군자가 되고, 나아가 보국안민의 주체가 될 수 있다는 경천사상에 기반한 보국안민, 구국의 신앙이었다. 2대 교주인 최시형에 이르러서는 '사람 섬기기를 한울같이 한다[事人如天].'는 가르침으로 발전하게 되고, 인간뿐만 아니라 모든 자연의 산천초목에 이르기까지 한울에 내재한 것으로 보는 물물천 사사천(物物天事事天)의 범천론적 사상(汎天論的思想)이 널리 서민들의 마음을 사로잡았다(신일철, 1997).

오문환과 김혜승(2005)은 동학은 전통적 유교 정치질서의 붕괴와 도래하

1993.에서 재인용).

28) 폐정개혁강령 제3조: 횡포한 부호배(富豪輩)는 징습(懲習)할 事. 제4조 : 불량한 유림과 양반배는 징습할 사. 이에 딸린 의안 75와 76, 164는 경재(卿宰), 감사, 병사, 수령, 토호가 늑탈하거나 늑매한 전지, 산림, 가옥 등은 조사하여 원주인에게 되돌려주고, 평민을 침학(侵虐 : 침범하여 포학하게 행동)한 자는 처벌하여 농민전쟁을 일으킨 농민들을 진정시키려는 내용이다(정창렬, 1994). 경재란 조선시대 임금을 돕고 관원을 지휘감독하는 임무를 맡은 2품 이상의 벼슬을 말한다.

는 서학과 모더니티 정치질서의 충돌에서 조선이 나아가야 할 새로운 길을 모색해 나온 정치철학이자 혁명운동이며 자주적 근대성의 길이라고 주장하면서 3가지 측면에서 평가하였다.

첫째, 자기정체성의 정치사상이다. 동양적 전통이나 서구적 근대에서 자기준거성을 찾는 것이 아니라 자기성찰에서 새로운 길을 모색했다는 것이다. 동학에서 인간은 천주를 모신(侍天主) 존재로 이해된다. '나'라는 개체가 한울님을 모시고 있는 '천주의 내면화'를 통하여 내 스스로가 영적인 존재가 되어 인간 개개인의 존엄성, 공공적 개체성, 평등성의 철학적 근거를 마련한 것이다. 이러한 개념은 국가적 자기정체성에도 적용되어 조선은 더이상 중국의 변방국이 아니라 세계의 중심으로 생각하였다.

둘째, 평등사상과 자율적 민의조직화에 의한 자치사상이다. 인간은 이처럼 천주를 내면화로 모신 영성적 공동체적 주체이기에 평등하며 신분제 타파를 주장하였다. '동학을 깨닫는 사람은 호미 들고 지게 진 사람에게서 나오고, 부한 사람과 귀한 사람과 글 잘 읽은 사람에서 도를 통하기 어렵다'는 데에서 동학이 정치적 혁명으로 급격히 발전하는 사상적 근거를 볼 수 있다.

셋째, 민족주의 사상이며 내정개혁의 혁명과 반침략주의 혁명운동이다. 민족주의적 사상에 실천성을 부여함으로써 농민운동과 결합하도록 하고 지도원리가 되게 한 것은 전봉준(1855~1895) 등 동학의 간부였다. 이렇게 하여 농민운동 과정에서 종교적 지상천국이 아닌 정치적 강령으로 현실과 결합하게 된 것이다.

신일철(1997)은 동학사상이 동학농민운동과 국가사회에 사상적 영향을 끼쳤음은 물론이려니와, 근대적 개인의 인격적 존엄성에 대한 근대 시민적 평등사상에 기초를 준 것이다라고 평가하였다. 대인관계에서 상하·주종의 지배·복종관계로서가 아니라 대등한 횡적인 인간평등관계를 가르쳐 줌으로써, 근대적 사회관의 선구적 사상의 위치에 있었다고 평가하면서 더불어 동학사상은 근대적 평민의식의 대두를 약속하는 것이었다고 주장하였다.

동학에 내재된 유(儒)·불(佛)·선(仙) 3교를 통일하는 사상은 민족의 경천사상과 구제를 위한 염원이며, 민간신앙적 요소가 생활의 곤궁함에 지칠 대로 지치고 피로한 기층 서민들에게 오아시스와 같은 정신적 위로를 줌으로써 동학에 쉽게 가까이 다가가도록 해주었다. 무학의 서민들이 쉽게 입교할 수 있고 입교 당일부터 시천주의 군자가 될 수 있어서 서민에게 군자의 인격을 갖출 수 있는 인격적 자존의 길을 열어 사회로 나아가게 하였다. 빼앗긴 산림을 되찾을 수 있을 것이라는 기대도 한몫을 했을 것이다.

8) 山林의 정치사상

가) 산림의 개념[29]

고려시대와 조선시대에 산림(山林)이라는 명칭으로 불리던 선비 무리가 있다. 산림은 두 부류인데 정치 지향적 산림이 있고, 다른 하나는 문예 지향적 산림이 그것이다. 경우에 따라서 어떤 산림은 두 부류 모두에 해당하는 산림도 있다. 이정탁(1985)에 의하면 문예 지향적 산림은 산과 들이나 농촌에 숨어 글짓고 책읽는 것을 낙으로 삼는 선비 무리를 말한다. 그들이 창작한 작품을 산림문학이라고 하며 여기에 속하는 작가를 산림문학파라고 한다. 고려 중엽부터 일어난 무단정치에 쫓겨서 문신들이 산림에 숨은 데서 그 기원을 찾을 수 있으나, 보통 산림문학이라고 하면 조선시대 연산조 이후부터 격화된 사화와 당쟁을 피하여 산림과 농촌에 숨어 글 짓고, 책읽는 것으로 낙을 삼던 선비 무리에 의해 창작된 문학을 말한다. 산림문학이나 산림문학

---

29) 우인수는 그의 저서 『조선후기 산림세력연구』(1999)에서 산림을 네 가지 의미로 구분하였다. 첫째, 자연적인 숲으로서의 산림으로 산림천택의 복합어, 둘째, 조정이 있는 도읍 또는 도읍지(도회지)에 대비되는 산야로서 은둔이나 은둔지의 의미, 셋째, 둘째와 같은 은둔지의 의미이나 선비(士)와 합쳐진 복합적 의미, 넷째, 산림 그 자체로 '사람'을 의미하는, 말하자면 산림이라는 '은둔지에 은거한 학자, 또는 그 부류나 무리(山林之士類, 林下之士類)를 의미하는 경우 등 네 가지이다. 산림이 사람을 지칭하였을 때에는 점차 존경의 의미가 더해졌는데, 그 이유는 관료보다도 은둔하여 학문에 전념하는 학자를 더 고귀하게 생각한 시대적 분위기와 관련이 있다고 본다. '산림'의 별칭과 여러 가지 용례에 대한 자세한 내용은 우인수(1999)를 참조하기 바람.

파에 대해서는 6절 산림문예사조에서 다루며, 여기서는 정치 지향적 산림만을 다룬다.

조선시대에 정치 지향적 선비 무리의 의미로 산림이라는 단어가 처음으로 기록에 등장하는 시기는 1440년 세종 22년이다. 9월 17일에 집현전의 부수찬이던 하위지가 언로의 중요성을 아뢰는 과정에 다음과 같은 내용이 발견된다; "(중략) 자신을 보전하려는 계책이 더욱 긴밀(緊密)해져서, 책난(責難)하는 말은 입밖에 내기를 꺼리게 되며, 간교한 지혜로 아무 말도 하지 않는 사람이 꾀를 부리는 동시에, '산림(山林)의 소박한 논의'는 나올 수 없게 될 것이오니, 그 형세가 어찌 점점 두렵지 않겠습니까?"[30]

언로를 막으면 신하가 간교한 꾀를 부리는 폐단이 생기니 '山林'조차도 의견을 내지 않을 것이라는 뜻이다. 하위지가 언급한 '산림'은 나무와 숲으로 이뤄진 산림을 말함이 아니라 벼슬을 하지 않고 산림과 전원에 한거하며 숨어사는 선비를 말한다. 언로를 막으면 그들 산림조차도 의견을 내기 힘들 것이라는 의미로 설명하고 있다.

산림(山林)은 조선시대 산곡임하(山谷林下)에 은거해 있으면서 학덕을 겸비해 국가로부터 징소(徵召, 부름)를 받은 인물이기도 하다. 산림지사(山林之士)·산림숙덕지사(山林宿德之士)·산림독서지사(山林讀書之士)의 약칭으로, 임하지인(林下之人)·임하독서지인(林下讀書之人) 등으로도 불리었다. 보통 조정이나 도시에서 벼슬을 하지 않고 산림에 은일자처럼 지내는 처사, 즉 산림에 본거지를 둔 선비 또는 유자(儒者)(안병주, 1992)를 말한다. 또는 '유일'(遺逸)[31]이라고도 하는데, 유승애(2014)는 『당의통략(黨議通

---

30) 세종실록 90권, 세종 22년 9월 17일(1440년) 집현전의 부수찬 하위지가 언로의 중요성에 대해 상소하는 대목: 保身之計益密, 而責難之言, 憚出於口, 智巧含默之士, 得以自售其策, 而山林林野之論, 無自而進矣. 其勢豈不漸可畏哉?

31) 태종실록 24권, 태종 12년 7월 29일(1412년): 六曹臺諫薦賢良方正遺逸之人, 上覽之曰: "今所擧者, 皆子所曾試用而經災變者也. 何無特異遺逸之人耶?" '육조와 대간에서 유일을 천거하다'라는 기록으로서, 육조(六曹)·대간(臺諫)에서 현량 방정한 유일(遺逸)한 사람을 천거하니, 임금이 이를 보고 말하였다. "지금 천거한 자들은 모두 내가 일찍이 시용(試用)한 자들이고, 재변도 겪은 자들이다. 어찌 특이한 유일한 사람이

略)』(이건창)에서 산인세력이라 하여 산당(山黨)으로 명명하고 있음을 밝히고 있는 동시에 산당은 시골의 산곡에 은거한 산림학자들의 당파라고 말한다. 조선 후기에 이르러서는 그 자체로서 학식과 덕망을 지닌 '유현'(儒賢)을 의미하게 되었다.[32] 한양에 은일한 산림을 성시산림(城市山林)이라 한다.

　과거시험을 보지 않고 향촌에 은거해 있으면서 유림(儒林)의 추앙을 받았으며, 관계에 진출하지 않고 은둔하여 학문에만 전념하는 자세가 더 고귀하게 여겨지는 시대적 분위기가 있었기에 '산림'으로 존칭화되기도 하였다. 특히 선조(1567~1608) 때에는 학문과 덕망이 뛰어난 자를 가리키는 존칭의 의미를 더해갔다.[33] 정계를 떠나 있어도 정치에 무관심하였던 것은 아니며, 정계에 진출해 있으면서도 항상 산림에 본거지를 가지고 있는 조선 후기 특유의 존재였다. 산림이라는 용어는 16세기말 성혼(1535~1598)·정인홍(1536~1623)[34] 등이 정치와 긴밀한 연결을 가지면서 하나의 역사적인 용어로 정착되었다. 과거(科擧)의 문란, 당쟁사화가 빈번하여 사족들이 정계진출을 단념하고 향촌사회에서 재지사족(在地士族)의 힘이 강해지면서 그들을 대표하는 산림이 다수의 문하생을 거느리게 됨으로써 향촌사회나 정계에 강한 영향력을 행사할 수 있게 되었다(노대환, 2008; 우인수, 1995).

　산림이 조선왕조에서 정치적으로 무시할 수 없는 선비 무리였기에 구체적으로 어떤 성격과 기능으로 존재했는지 간략하게나마 정리하고 '자연의 산림'이 '정치적 산림'(이하 산림)으로 쓰인 성격을 생각해보고자 한다. 산림은

없겠는가?"

32) 산림이 유현을 뜻하는 용례는 이이가 성혼에게 보낸 서간에서 확인된다. "自古固有小人寧有山林者"(『율곡전서』권1, 書, 答成浩原, 癸未)(유승애, 2014.에서 재인용). 유현이란 유학에 정통하고 언행이 바른 선비를 일컫는다.

33) 윤순거(1596~1668, 상의원정을 역임한 문신, 학자)가 이경여(1585~1657, 영중추부사 역임한 문신)에게 보낸 편지에 "學問之道無他 只在於嚴師 嚴師莫若敬禮山林"이라는 구절이 있는데, 학문의 도는 오로지 엄사(엄격한 스승)에 있을 따름인데 엄사도 산림을 경모하고 숭례하는 것만 못하다는 내용이다. 학문과 덕망이 높은 '산림'을 존숭하는 당시 사회적 분위기를 말해준다(우인수, 1999).

34) 성혼(1535~1598)은 공조좌랑, 지평, 사헌부장령, 사헌부집의, 이조참판을 역임하고, 정인홍(1536~1623)은 우의정, 좌의정, 영의정을 지냈다.

정치성이 농후한 데다 영향력 있는 유력 인물들이 많고 조정과 정치에 꽤 압력을 주고받은 무리였기에 연구가 많이 이뤄져 있다.[35]

나) 산림의 정치적 기능과 위상: 성격, 기능, 역할

배병삼(2005)은 산림정치란 조정에 나아가지 않고 재야(산림)에 머물면서 정사에 중요한 영향을 미쳤던 양상이다라고 주장하면서 산림정치가 갖는 특징적인 모습을 4가지로 밝히고 있다; 첫째, 정치의 행위자가 산림에 은거하는 행태를 취한다. 둘째, 과거에 응시하지 않고 성리학 연구에 몰두하는 경향을 보인다. 셋째, 시대의 정황에서 비롯된 것이지만 예송(禮訟) 논쟁의 중심에 위치한다. 넷째, 병자호란을 거치면서 대단히 경직된 '텍스트 중심주의'(주자숭배 및 비판)를 보인다.

이와 같은 배경을 지닌 산림이 중앙정치 무대에 등단하여 행한 기능은 정권의 지지기반을 제공하고 갈등을 막후에서 조정하는 기능이었다. 특히 인조반정 후 정국안정에 기여하였으며, 현종 때 예송(禮訟) 정국에서 갈등의 막후 조정(윤선거), 숙종 때 노소분당에 대한 박세채의 중재 노력 등은 산림의 강력한 영향력을 기반으로 가능한 일이었다. 또한, 중요한 사건 정국에서 탁월한 지식으로 합당한 명분과 논리적 근거를 제공한 것도 산림이 발휘한 중요한 역할이다(김세봉, 1995). 가령, 청국으로부터 고통받던 시절인 효종 때는 북벌론을 제시하였으며, 禮訟 때 송시열에 의한 예론을 제시하였다.

---

35) 산림에 관하여 다음과 같은 연구가 진행되어있다; 김세봉, 1995, 17세기 호서산림세력 연구-산림세력을 중심으로; 노대환, 2008, 세도정치기 산림의 현실인식과 대응론. 한국문화 42; 노대환, 2008, 세도정치기 山林과 그 문인의 사상적 동향-노론산림 오희상, 홍직필을 중심으로. 한국연구재단연구보고서; 송성빈, 1997, 조선조 송산림의 연구. 향지문화사; 안병주, 1992, 유교의 자연관과 인간관-조선조 유교정치에서의 〈산림〉의 존재와 관련하여. 퇴계학보 75; 오수창, 2003, 17세기의 정치세력과 山林. 역사문화연구 18; 우인수, 2011, 인조반정 전후의 산림과 산림정치. 남명학 16; 우인수, 1999, 조선후기 산림세력연구. 일조각; 유승애, 2014, 17세기 山黨의 형성과 정치활동. 한남대학교 석사학위논문; 이우성, 1975, 한국유교의 명분주의 및 그 정치적 기능에 관한 일고찰—이조후기의 산림에 대하여—. 동양학술회의논문집; 유봉학, 1998, 노론학계와 산림, 『조선후기 학계와 지식인』, 신구문화사; 정구선, 1994, 19世紀 산림징소에 관한 검토. 『芝邨金甲周敎授華甲紀念史學論叢』; 정만조, 1992, 17세기 중엽 산림세력(산당)의 국정운영론. 『許善道停年紀念韓國史學論叢』.

적절한 지위와 탁월한 정치적 능력으로 정국 운영을 주재하는 사례도 많았는데, 선조, 광해군 시절 정인홍의 역할, 효종 때 추진한 북벌정책에서 송시열과 송준길의 위상과 역할, 현종 때 서인 주도 정국에서 송시열, 송준길의 지위(地位) 등은 정국 운영을 주재하는데 적정한 위상을 지니고 있었다.

산림이 중앙정계로부터 특별한 대우를 받을 수 있었던 세력기반에 대해 우인수(1997)는 두 가지로 요약한다. 첫째, 성리학을 기반으로 하는 학문적 성취와 성향이다. 특히 임란 이후 시대적으로 신분질서와 사회질서를 회복하는 데 기여하는 예학에 조예가 깊었다. 둘째, 높은 학덕으로 많은 문하생(門徒)을 양성하였고 그 자체가 조직이고 힘이 되었다. 이황의 학통은 정구(대사헌)와 김성일(경상우도순찰사), 이이의 학통은 김장생(형조참판)과 송시열(이조판서, 좌의정)과 송준길(대사헌, 병조판서, 이조판서)로 이어지고, 산림 성혼의 학통도 많은 문도를 배출하였다. 산림의 권위가 당시 사회에 깊고 영향력있게 자리잡고 있음을 알 수 있다(송성빈, 1997; 우인수, 1999; 유승애, 2014). 조정에서는 이들을 징소하였는데 16세기 말 이후 조선은 점차 성리학 시대를 맞이하면서 성리학으로 무장한 인물이 중시되는 분위기였다.

다) 진출 현황

우인수(2011)에 의하면 산림정치는 서인 집권기의 성혼, 광해군대 대북집권기의 정인홍의 사례를 통해 산림정치가 구현되기 시작되고 확립되었다고 한다. 성혼은 국가의 중대사에 대해 집권층의 정철에게 알려 자신의 뜻을 관철하였고, 정인홍은 이미 선조대에 산림으로 발탁되어 사헌부에 재직할 때 '산림장령(山林掌令)'이라 불리면서 강직한 면모를 보여준 바 있었다. 남북분당 후에는 북인 또는 대북의 지도자로서 정국의 전면에 나서서 상대당의 중심인물을 공격하여 실각시키는 데 큰 몫을 하기도 하였다. 가히 정계의 '돌격장'으로서의 면모를 과시한 것이다(우인수, 2011).

특히 인조반정(1623)은 산림이 영향력을 행사하는 중요한 전기를 제공하였는데, 서인으로서 산림이 주도세력으로 두 가지를 다짐하기를 무실국혼(無失國婚)과 숭용산림(崇用山林), 즉 (왕실과 결탁을 위해) 국혼을 놓치지 말고 학덕있는 산림을 등용한다는 것이다. 숭용산림을 실행하기 위해 산림직으로 표현할 수 있는 관직을 마련하였는데, 산림의 출사를 위하여 성균관 사업(司業)(종4품)이라는 직계이며, 이것은 국가가 산림의 징소를 위해 마련한 최초의 산림직이었다(오수창, 2003; 우인수, 2011). 이후 인조 24년에는 김상헌의 건의로 세자시강원의 찬선(정3품)과 진선(종5품), 자의(종7품)등의 직책이 산림직으로 새로 추가되었으며 임명된 인사들은 〈표 6-1〉과 같다(유승애, 2014).

유비-제갈량 중심의 군신관은 효종이 즉위하여 척화파 산림을 적극적으로 등용하여 북벌론을 추진하는 것을 통해서 본격적으로 드러났다. 송시열(1607~1689) 등 산림세력의 기축봉사(己丑封事) 등 봉사와 상소를 보면 산림 재상을 적극적으로 등용할 것에 대한 논의가 나온다. 그리하여 친청파에 의해 밀려나 있던 김상헌, 김집, 송준길, 송시열 등 은거하는 척화파 선비들이

표 6-1. 산림직에 임명된 山黨(유승애, 2014)

역할	이름	산림직	임명된 연도
산두(山頭)	김집	세자시강원 찬선	1647년(인조 25년)
산인(山人)	송시열	세자시강원 진선, 찬선*	1649년, 1658년
	송준길	세자시강원 진선, 찬선, 성균관 좨주**	1649년, 1658년
	이유태	세자시강원 진선, 찬선	1659년

주) 世子侍講院 進善, 贊善*: 世子侍講院은 왕세자의 교육을 담당하는 관서이며, 수장은 정1품의 師, 찬선은 정3품, 진선은 정4품이다.
성균관 좨주**: 고려와 조선 전기에 걸쳐 국자감·성균감·성균관에 두었던 종3품의 관직명이다. 좨주(祭酒)라는 말은 옛날 여러 사람이 일을 논의하기 위하여 회동하거나 마을에서 경사를 축하하기 위하여 향연을 베풀 때 그것을 하늘과 땅에 알리는 의식에서 비롯되었다. 회동이나 향연 때 그 가운데에서 존장자가 술을 땅에 부어 지신에게 감사의 제사를 지냈다. 그것이 계기가 되어 나이 많고 덕망이 높은 사람의 관직이 된 것이다(출처: 한국민족문화대백과사전).

적극적으로 등용되어 효종대 북벌을 주도해나갔다.[36] 이렇게 효종대에 시행된 산림 재상 정치는 현종대에도 이어져, 현종 7년(1666) 별시 책문에서는 '체통(體統)'을 가지고 군신관계를 논하면서 필요한 인재(산림)를 등용하였다. 〈표 6-2〉는 주요 산림들의 역할과 직위 및 관련 사안을 요약한 것이다. 생존 시기를 살피건대, 17세기 초반~중반으로 인조반정부터 숙종 중반의 시기를 아우르고 있다. 주요 시기에 국정 운영을 주재할 만한 고위직을 산림이 장악하고 있음을 알 수 있게 한다. 학맥이 넓고, 혈연이며(김집은 김장생의 아들), 대부분 김장생의 문인이어서 매우 견고한 결집력을 지니고 있었을 것으로 추측할 수 있다. 여기서 산두(山頭)란 산당의 우두머리를 뜻하며,

표 6-2. 산림(산당)의 구성 현황(유승애, 2014)

역할	이름	최고관직	인연(학맥)	관련된 주요 사안
산두 (山頭)	김상헌(1570~1652)	좌의정	윤근수	척화파, 의리정신
	김집(1574~1656)	이조판서	김장생	산림, 북벌운동, 예학
산심 (山心)	김익희(1610~1656)	대제학	김장생, 김집	북벌운동, 변통사상
	조석윤(1605~1654)	이조참판, 대제학	김집	척화파, 청백리
산족 (山足)	유계(1607~1664)	이조참판	김집	변통, 예학, 예송
	홍명하(1608~1668)	영의정	장유, 김상헌	북벌운동, 변통
산인 (山人)	송시열(1607~1689)	좌의정	김장생, 김집, 김상헌	산림, 북벌운동, 예학, 예송, 변통사상
	송준길(1606~1672)	좌참판	김장생, 김집	상동
	이유태(1697~1684)	이조참판	김장생, 김집	상동

36) 송시열은 27세 때 생원시에서 장원으로 합격하여 학문적 명성이 자자하였는데 2년 후 1635년에 봉림대군(후에 효종)의 사부가 되어 1년여 지내면서 대군과 유대를 쌓았다. 하지만 병자호란으로 봉림대군이 청으로 인질로 잡혀가면서 절망으로 낙향하여 10년간 산림에 묻혀 학문에만 전념하였다. 1649년 효종이 즉위하면서 세자시강원(진선), 사헌부장령에 등용되어 입궐하면서 임금께 올린 "기축봉사"에서 "존주대의와 복수설치"를 역설한 것이 효종의 북벌계획에 부합하여 핵심인물로 발탁되었다(이영춘, 1997). 이후 여러 차례 입궐과 낙향, 유배를 거듭하다 종국에는 元子(세자 예정자: 후일 경종)의 존칭문제와 책봉에 반대하는 소를 올렸다가 제주 유배 후 서울 압송길에 정읍에서 사사되었다. 존주대의란 명나라를 중화, 청나라를 이적(夷賊)으로 칭한 것이며, 복수설치란 청나라에 당한 수치를 복수하고 설욕하는 것을 말한다. 효종의 마음을 사로잡을 수 밖에 없는 封事(상소문)였다.

산인은 산당의 핵심인물을 말한다. 이들 명칭은 『당의통략』에 "산당은 김집을 주로 하여 송준길, 송시열 등이 보필하였으니 모두 연산, 회덕 산림 중의 사람인 고로 산당이라고 한다"[37]하여 山人 명칭도 여기에 근거한다(김세봉, 1995).

〈표 6-3〉은 산림이 징소받아 출사하여 임명된 산림직별 구성 현황이다. 경종(재위 1720~1724) 때까지는 성균관과 세자시강원에 산림직을 임명하였는데, 영조 때부터 경연직과 서연관, 그리고 사헌부의 남대(南臺)로 산림직이 확대 진출하였음을 알 수 있다. 전시대를 통틀어 영조 때가 산림직에 진출한 사례가 제일 많았고 활발했으며 이어서 정조 때이다. 하지만, 이때부터 기존의 산림직이던 성균관과 세자시강원의 임명 인원이 급격하게

표 6-3. 왕별 16~19세기 징소된 산림직별 산림의 구성 추이
    (김세봉, 1995; 송성빈, 1997; 우인수, 1999)

산림직 왕별	성균관		세자시강원			경연관 · 서연관	남대 (사헌부 대관)	계	구성비 (%)
	좨주 (정3품)	사업 (종4품)	찬선 (정3품)	진선 (종5품)	자의 (종7품)				
인조	-	5	1	1	3			10	3.9
효종	1	4	3	9	6			23	9.1
현종	1	3	3	7				14	5.5
숙종	7	8	4	3	9			31	12.2
경종	1	1	1	2	2			7	2.8
영조	4	-	10	6	10	18	19	67	26.4
정조	3	2	3	1	2	10	11	32	12.6
순조	2	-	3	2	1	5	5	18	7.1
헌종	2	-	-	-	-	4	4	10	3.9
철종	1	-	-	-	-	5	6	12	4.7
고종	2	-	2	3	2	5	16	30	11.8
계	24	23	30	34	35	47	61	254	100.0
	47		99						

---

37) 『黨議通略』 仁祖朝至孝宗朝, "山黨主金集而宋浚吉宋時烈等輔之 皆連山懷德山林中人 故謂之山黨"

줄어드는 현상도 알 수 있다. 산림은 지역별로 연산(논산), 회덕, 공주 등 충청도인 호서지방에 제일 많았다.

라) 산림세력의 약화

당쟁이 가장 심했던 효종-현종-숙종대 기간(1649~1720)이 산림의 전성기였는데, 영·정조대에 탕평이 표방되고 실행에 진력하기 시작하면서 산림세력이 변화를 맞이하게 된다. 탕평책은 붕당정치의 폐해를 극복하기 위한 방책으로 강구된 것이다. 탕평책이 추구하는 목표는 두 가지로 붕당 타파와 군주권의 강화이다. 그 결과 사림에 기반한 붕당보다는 왕실 주변 소수 가문이 권력의 전면에 등단하게 되고, 붕당에 기반하던 정국 주재자로서 산림의 기능이 약화되면서 군주권의 극대화가 시도되었다.[38] 이렇게 산림 세력이 점점 쇠약하게 된 것을 몇 가지로 요약할 수 있는데 첫째, 왕권 강화로 지방의 수령권도 강화되어 향촌의 구심점이 그간 주도했던 산림이 아니라 수령으로 집중되었다. 둘째, 왕의 견제에 의한 약화이다. 산림은 국왕이 강력하게 주도하던 탕평에 장애가 된 것이었다. 중앙권력구조에서 점점 산림의 영향력이 약화되고 기능이 쇠약해졌다. 셋째, 사회 환경의 변화에서 온 영향이다. 서학, 실학, 북학 등 새로운 사조와 문물이 쇄도하기 시작하면서 성리학을 발판으로 활동하던 산림은 시의적절하지 못했다.

이상에서 산림의 존재를 정치적 의미로서 살펴보았는데, 다른 한편으로 간과하지 말아야 할 것은, 안병주(1992)의 주장처럼 산림의 존재를 꼭 당쟁과 연관하여 볼 것이 아니라 자연으로서 산림에 지내면서 자연을 존중하고 고매한 정신문화를 추구한 성리학의 정신적 토양 속에서 탄생한 것이라는 점도 주목해야 한다. 퇴계 같은 인물은 산림 중 가장 으뜸가는 인물이다. 산림에 머물며 산림 속에서 독서하고 유산(遊山)하며, 시작(詩作)하여 산림

---

38) 우인수, 1999, 조선후기 산림세력연구. 서울: 일조각. 178~206쪽.

문학을 꽃피우게 하며, 후학을 위해 강학하는 등 정치를 넘보지 않으면서도 정치권과 국가사회에 엄청난 영향력을 행사한 대산림이기도 하다. 퇴계의 삶 자체가 '산림'에서 '심원(心遠)'한 마음으로 사는 표본을 보여준 '산림'의 사표이자 이상이다.

4. 자연관

가. 개관

자연관이란 자연을 보는 시각이라든가 자연을 대하고 다루는 사고와 행위라고 말할 수 있다. 자연은 매일 매일 인간 삶의 환경이고 감각의 대상이고 특히 시각의 대상이므로 그에 대한 사고가 없을 수 없다. 일순간도 자연과 떨어져 살 수 없기에 자연과 끊임없이 관계를 주고받으며 살아가고 있다. 그리스 철학의 시작이 자연이었듯이 한반도의 자연과 산림은 한국사상의 터전이고 고향이었다. 박성래(1979)는 우리나라 자연관을 종교적 자연관, 유교적 자연관, 객관적 자연관으로 구분하면서 종교적 자연관은 다시 삼국시대까지 원시종교적 단계, 통일신라~고려조를 불교적 단계, 객관적 자연관은 근대를 정복적 단계, 현대를 생태학적 단계로 세분하였다. 한편, 유교적 자연관은 조선시대 자연관을 일컫는 것으로 조선초를 유교적 단계, 중기를 신유교적 단계, 조선후기를 실학적 단계로 세분한 바 있다. 본장에서는 한국인의 자연관을 크게 신화·종교적 자연관과 유교적 자연관으로 구분하여 관찰하였다.

유교적 측면의 자연관은 자연의 여러 현상을 유교사상과 관련시켜 바라보는 입장이다. 고대에서 자연관은 하늘의 변화(천변)나 지상(땅)의 변화(지변) 현상을 군왕들이 어떤 자세로 이해하고 있는지 그 상황을 통해 살펴볼 수 있다. 천변은 곧, 천문현상을 말하는 것으로 일식, 오성, 혜성의 움직임 현상이며, 지변은 한발, 지진, 대풍발목(大風拔木), 도이재화(桃李再華) 등을 말한다. 이렇게 나타나는 현상은 구징(咎徵)과 서상(瑞祥)이란 말로 구분하여 표현하는데, 구징이란 나쁜 징조를 말하고, 서상이란 상서로운 좋은 현상을 말한다. 그런데 이러한 현상이 나타나는 것은 군왕의 德과 不德의 소치라고 생각하는 것이다. 천문현상 중 오성(五星)은 진성(辰星, 水), 태백(太白, 金), 형혹(熒惑, 火), 세성(歲星, 木), 진성(塡(鎭)星, 土)을 말하는데 이들은 차례로 五行의 수, 금, 화, 목, 토에 배당되어 있다. 한대의 학자는 오행을 인의예지신(仁義禮智信)의 五常과 관련하여 설명하는데, 동중서(BC 179~104년경)는 仁을 木과 東, 義를 金과 西, 禮를 火와 南, 智를 水와 北, 信을 土와 중앙에 관련시켰다.[39] 이러한 연유로 이희덕(1999)은 『삼국사기』에 기록된 천재지변에 관한 기록을 중국의 천인합일설(天人合一說), 천인감응설(天人感應說)에 의해 해석할 수 있고, 나아가서 유가의 정치윤리관과 연관지을 수 있을 것으로 주장한다. 동중서의 '천인감응설'에 의하면, 이것은 왕권견제나 왕권 부여라는 측면에서 논의되었는데, 하늘은 자연재해를 인간에게 줌으로써 자신의 의지를 보여준다는 것이다. 하늘과 인간은 상통하므로 임금이 위민정치를 하면 하늘이 감응하여 임금을 보호하지만 잘못하면 벌을 내린다(신규탁, 1997). 군왕의 통치행위가 천지의 변화현상으로 나타난다는 것이라고 생각한 것이다.

이렇듯 고대인들의 자연관은 인본위적이고 유교적 입장에서 파악한 것으로 이해할 수 있다. 이러한 태도는 사실 현대에도 전해져, 지진, 태풍, 산불, 폭설 등 이상 기상현상이 나타나거나 나라에 무슨 변고가 발생하면 그 탓을 통치자의 德이 부족하다든지 仁政을 베풀지 못한 탓으로 돌리기도 한다.

신화종교적 측면에서의 자연관은 자연을 신적인 존재로 이해하려는 입장이다. 하늘과 지상에서 일어나는 자연현상의 해결을 신에 의탁하는 모습을 보인다. 한국인의 자연관을 신화와 제의 속에서 관찰한 임재해(1997)는 고대

---

39) 『白虎通義』卷8, 馮友蘭 著, 정재인 역, 1977, 中國哲學史. 258~259쪽.(이희덕, 1999)에서 재인용).

신화와 제의가 자연현상을 인식하고 섬겨온 문제들을 생생하게 갈무리하고 있는 점을 밝히고 있다. 그는 기상현상, 자연재해 등 비정상적인 자연현상 문제 해결을 위해 왕이 제의를 올리거나, 부덕의 소치라 하여 신하와 함께 삼가는 행위는 자연현상을 살아있는 생명의 실체와 동등하게 인식하고 있다고 해석한다. 천재지변과 인재지변을 해결하기 위해서 왕이 산천에 제사를 지냈으며 종묘에 제사를 올리기도 하였다. 하늘과 자연을 경외하는 경천의식이고 제천의식이다. 그런데 고대에는 이런 제천의식이 중심을 이뤘으나 점차 산천제의로 변화되었는데 이것은 관념적인 자연신관에서 현실적인 자연신관으로의 변화를 말한다. 즉, 인간이 늘 직접 접촉하며 살아가는 산과 강이 실제적인 섬김의 대상이기 때문이다. 그렇다고 해서 그 섬김이 그들을 관장하는 자연신에게 영광을 돌리기 위함이 아니라, 인간사회의 풍요로움과 안녕을 바라는 마음에서 비롯된 것이다.

나. 조선왕조의 자연관

1) 신화 종교적 자연관

조선왕조의 자연관은 개관에서 살펴본 두 가지 측면이 복합적으로 나타나며 자연을 관상하려는 움직임도 활발하게 일어났다. 조선왕조를 개국하고 한양천도를 결정한 다음 왕도 한양건설을 위한 개토(開土) 의식에서는 산천 지신에게 제를 올리며 숭배하는 등 신화 종교적인 자연관을 그대로 엿볼 수도 있다. 이러한 모습은 우선 태조 1년 9월 16일(1392년)에 공신도감에서 개국 공신들에게 등급에 따라 상을 내리고[40], 이어서 이듬해 1월 21일에

---

40) 공신도감이 올린 개국공신의 포상규정 내용 중에 다음을 발췌한다(태조 1년 9월 16일, 부분): (생략)"그 공이 매우 커서 황하(黃河)가 띠[帶]와 같이 좁아지고 태산(泰山)이 숫돌[礪]과 같이 작게 되도록 길이 공을 잊기 어렵다는 것과 같습니다." (이하 생략). 일등공신, 이등공신, 삼등공신 등으로 구분하여 칭호를 내리고, 각종 전각(殿閣)을 세워서 형상을 그리고, 비(碑)를 세워 공을 기록하고, 작위(爵位)를 봉하고 토지를 주며...(이하생략) 등의 내용이 기록되어 있다.

(1393년)에는 전국의 명산·대천·성황·해도의 신에게 봉작을 내리는 기록을 통해서 확인할 수 있는데 그 내용은 다음과 같다;

> 吏曹請封境內名山大川城隍海島之神 : "松岳城隍曰鎭國公,
> 和寧,安邊,完山城隍曰啓國伯, 智異,無等,錦城,雞龍,紺嶽,三
> 角,白嶽諸山,晉州城隍曰護國伯, 其餘皆曰護國之神." 蓋因
> 大司成劉敬陳言, 命禮曹詳定也.

이조(吏曹)에서 경내의 명산·대천·성황(城隍)·해도(海島)의 신(神)을 봉(封)하기를 청하니, "송악(松岳)의 성황은 진국공(鎭國公)이라 하고, 화령(和寧)·안변(安邊)·완산(完山)의 성황(城隍)은 계국백(啓國伯)이라 하고, 지리산·무등산·금성산·계룡산·감악산·삼각산·백악(白嶽)의 여러 산과 진주(晉州)의 성황은 호국백(護國伯)이라 하고, 그 나머지는 호국의 신(神)"이라 하였으니 대개 대사성(大司成) 유경이 진술한 말에 따라서 예조(禮曹)에 명하여 상정(詳定)한 것이었다.

위 실록의 내용에서 보듯이, 생산활동에 피해가 큰 천재지변의 제거와 국운을 좌우하는 외적 침입의 격퇴를 자연의 心性에서 천지신명에게 발원하는 기원처를 두었고, 경중에 따라 '공(公)', '백(伯)'의 작호를 붙여 각별히 존숭하였는데 封山[41]이 그것이다. 일찍부터 특정기관이나 개인이 사사로이 산림을 점거하고 이득을 독점하는 행위를 금지하는 규정이 『경제육전(經濟六典)』에 기록되어 있었다.[42]

특별히 산천지신에게 경배하는 내용은 왕도 건설하는 첫날의 의식을 통해서 잘 파악할 수 있다. 1394년 태조 3년 10월 25일에 천도하여 송악에서 한양으로 옮겨 왔으나 아직 궁궐을 건축하지 않은 상태여서 12월 3일(1394년)에 이르러서야 본격적으로 조선 한양 도읍지 건설공사를 하게 되었다.

---

41) 봉산에 관한 내용은 7. 산림 기본이념과 정책에서 다루고 있다.
42) 이경식, 2012, 한국 중세 토지제도사. 서울대학교 출판문화원. 50쪽.

왕도 공사의 시작에 앞서 황천 후토와 산천의 神에게 고한 고유문을 올렸는데 그 내용을 아래에 간단히 소개한다;

임금이 하룻밤을 재계(齋戒)하고, 판삼사사 정도전에게 명하여 황천(皇天)과 후토(后土)의 신(神)에게 제사를 올려 (왕도의) 공사를 시작하는 사유를 고하게 하였는데 고유문(告由文)은 이러하였다(태조 3년 10월 25일).

"조선 국왕 신 이단(李旦)은 문하 좌정승 조준과 우정승 김사형 및 판삼사사 정도전 등을 거느리고서 한마음으로 재계와 목욕을 하고, 감히 밝게 황천 후토에 고하나이다. 엎드려 아뢰건대, 하늘이 덮어 주고 땅이 실어 주어 만물이 생성(生成)하고, 옛것을 개혁하고 새것을 이루어서 사방의 도회(都會)를 만드는 것입니다. ...(중략)..., 유사에게 분부하여 이달 초 4일에 기공하게 하였습니다. 크나큰 역사를 일으키매, 이 백성의 괴로움이 많을 것이 염려되니, 우러러 아뢰옵건대, 황천께서는 신의 마음을 굽어 보살피사, 비 오고 개는 날을 때 맞추어 주시고 공사가 잘되게 하여, 큰 도읍을 만들고 편안히 살게 해서, 위로 천명(天命)을 무궁하게 도우시고 아래로는 민생을 길이 보호해 주시면, 신 단은 황천을 정성껏 받들어서 제사를 더욱 경건히 올릴 것이며, 때와 기회를 경계하여 정사를 게을리 하지 않고, 신하와 백성과 더불어 함께 태평을 누리겠나이다."

또 참찬문하부사 김입견(金立堅)을 보내서 산천(山川)의 신(神)에게 고유하게 하였는데, 그 고유문은 이러하였다.

"왕은 이르노라! 그대 백악(白岳)과 목멱산(木覓山)의 신령과 한강과 양진(楊津) 신령이며 여러 물의 신이여! 대개 옛날부터 도읍을 정하는 자는 반드시 산(山)을 봉하여 진(鎭)이라 하고,

물[水]을 표(表)하여 기(紀)라 하였다. 그러므로, 명산(名山) 대천(大川)으로 경내(境內)에 있는 것은 상시로 제사를 지내는 법전에 등록한 것이니, 그것은 신령의 도움을 빌고 신령의 도움에 보답하기 때문이다. ...(중략)... 크나큰 공사를 일으키는 데 백성들의 힘이 상하지나 아니할까, 또는 비와 추위와 더위가 혹시나 그때를 잃어버려 공사에 방해가 있을까 염려하여, ...(중략)... 폐백과 전물(奠物)을 갖추어 여러 신령에게 고하노니, 이번에 이 공사를 일으킨 것은 내 한 몸의 안일(安逸)을 구하려는 것이 아니요, 이 제사를 지내서 백성들이 천명을 한없이 맞아들이자는 것이니, 신령이 있거든 나의 지극한 회포를 알아주어, 음양(陰陽)을 탈 없이 하고 병이 생기지 않게 하며, 변고가 일지 않게 하여, 큰 공사를 성취하고 큰 업적을 정하도록 하면, 내 변변치 못한 사람이라도 감히 나 혼자만 편안히 지내지 않고 후세에 이르기까지 때를 따라서 제사를 지낼 것이니, 신도 또한 영원히 먹을 것을 가지리라. 그러므로 이에 알리는 바이다."

또한, 개토한 다음 날인 12월 4일에도 종묘와 궁궐을 지을 터에 신하를 보내어 '오방신(地祇: 지신)에게 제사 지내고 터를 개척하였다'(致祭五方地祇, 以開厥基)라는 내용이 실록에 기록되어 있다. 이런 사실로 볼 때 국가의 주요행사에서 고대로부터 내려오던 산천의 신령들을 경배하는 산천의식의 자연관이 그대로 전승되고 있음을 알 수 있다.

2) 유교적 자연관

우선 고려시대에 자연, 특히 산림을 어떻게 다뤘는지와 관련해서 「월령(月令)」을 주목할 필요가 있다. 「월령」은 『예기(禮記)』의 편명으로 달마다 행해야 할 정사와 농가의 업무 등을 적어놓은 것으로 유교적 정치이념이 담겨 있다.[43] 이러한 모습은 성종 때(성종 7년, 988년)에 처음 보이는데, 정월 중순 이후 벌목을 금하고 특정 시기 이후에 벌채하도록 명령한 내용이 들어 있다. 또한 현종 22년(1030년)에는 '立春後 禁伐木'이라 하여 입춘이 지나고 나서는 벌목을 절대로 하지 못하게 금하였다. 즉, 산천초목 자연 만물이 소생하고 생명이 움트기 시작하는 시기에는 생물에게 해를 입혀서는 안된다는 것이 이유였다. 이런 내용은 생명을 중시하는 유교적 자연관의 맥락에서 이해할 수 있는 것이다(오치훈, 2019; 지용하, 1964).

유교 사상은 조선왕조와 정치 사회를 지탱한 것은 물론이고 유교적 자연관도 조선 사회에 강력하게 영향을 주었으며 산림관리에도 그대로 적용된 흔적을 발견할 수 있다. 조선시대는 특히 『예기』[44]와 관련되는 내용을 차용하거나 원용하는 사례를 통해서 자연관을 잘 나타내고 있다. 정조 22년 8월 6일(1798년)에 내린 교서를 보면 아래와 같은 내용이 있다.

教曰: "曾聖則曰: '樹木以時伐焉, 禽獸以時殺焉,' 孔聖乃垂訓: '以斷一樹殺一獸, 不以其時, 非孝也.' 故獺祭魚然後, 虞人入澤, 梁豺祭獸然後田獵, 鳩化爲鷹然後, 設罻羅, 草木零落然後, 入山林. ...(중략)... 惟聖之謨, ...(중략)..., 《孟子》曰: '. ' 朱子釋, 以 '草木零落之後', ...(중략)...,'草木不折, 不操斧斤, 不入山林.' 大抵斧斤入山林之時, 明是草木零落之時, 草木零落之時, 卽又十月也....중략..., 園寢種樹, 十年勤辛, 勞我心勞民力, 一枝一柯, 豈欲剪除? 而詩不云乎哉? '以伐遠揚, 猗彼女桑', 取其葉存其條, 然後有猗猗焉苗長之效. 所以剪柯之不得

---

43) 이희덕, 1982, 고려초기의 자연관과 유교정치사상. 역사학보 94·95合; 한정수, 2002, 고려시대 禮記 月令사상의 도입. 사학연구 66. 오치훈(2019)에서 재인용.

44) 『禮記』는 공자(BC 551~479)와 그 후학들이 지은 책으로 예법의 이론과 실례를 기술한 것이다. 『의례』, 『주례』와 함께 삼례(三禮)의 하나로 본다.

不爲, 爲亦當不失其時, 齋郞差員, 依此遵行."

하교하기를; "증성(曾聖, 증자)은 말하기를 '수목은 적절한 시기에 벌채해야 하고 금수(禽獸)는 적절한 시기에 잡아야 한다.'고 하면서 바로 공성(孔聖, 공자)의 훈계인 '나무 하나를 자르거나 짐승 하나를 잡을 때에도 그 시기가 아닌 때에 하면[不以其時] 효(孝)가 아니다.'는 말을 인용하였다. 그래서 옛날에도 수달이 물고기를 잡아 제사지낸 뒤에야 우인(虞人)이 못에 들어갔고 승냥이가 짐승을 잡아 제사 지낸 뒤에야 사냥을 시작했고 비둘기가 매로 변한 뒤에야 새 그물을 설치했고 초목의 잎이 다 떨어진 뒤에야 산림에 들어갔던 것이었다. ...(중략)..., 성인의 말씀에 입각한 것이니, ...(중략)...,《맹자(孟子)》에 '때가 되면 도끼를 들고 산림에 들어간다'[45]고 하였는데, 이를 주자(朱子)는 해석하기를 '초목이 영락(零落)한 뒤이다.'고 하였고, ...(중략)...,'초목이 부러지지 않으면 도끼를 잡지도 않고 산림에 들어가지도 않는다.'고 하였으니, 대저 도끼를 들고 산림에 들어가는 때는 초목이 영락한 때가 분명하고 초목이 영락한 때는 바로 또 10월인 것이다. ...(중략)..., 그런데 원침(園寢)에 나무를 심고 가꾸느라 10년 동안 무진 애를 쓰며 내 마음도 고달프게 하고 백성의 힘도 수고롭게 하였으니 나무가지 하나인들 어찌 꺾고 싶겠는가. 시(詩)에도 말하지 않았던가. '먼 가지만 치고 저 어린 뽕나무는 잎만 딴다.'고 하였으니, 잎만 따고 가지는 남겨두어야만 뒤에 쑥쑥 뻗어나가는 효과를 볼 수 있게 되는 것이다. 따라서 가지치기를 하지 않을 수는 없다 하더라도 그 시기를 잃지 않도록 해야 할 것이니, 재랑(齋郞)과 차원(差員)은 이에 따라 준행토록 하라."

위 글의 볼드체 부분은 『예기』(王制)에 있는 내용을 거의 그대로 전언한

---

45) 이 내용은 맹자가 양혜왕을 알현하면서 '斧斤 以時入山林 材木 不可勝用也'(도끼와 자귀를 철에 따라 산림에 들어가게 하면 재목을 이루 다 쓸 수 없을 것입니다)라는 표현을 한 데서 유래한다.(성백효, 2019. 맹자집주(최신판). 26쪽 참조). 이 부분을 주자가 집주하면서 고려와 조선왕조 산림정책의 이념이 된 "山林川澤 與民共之"라는 표현이 탄생하였다.

것으로 유교적 생명 중시 사상을 답습하다시피 표출한 것을 확인할 수 있다.
『주례(周禮)』(地官司徒)에 산우(山虞)는 산림행정을 관장하여 산림을 보호
하고 금지하는 일을 지키는 것인데 "모든 백성에게 알맞은 때에 벌목하게
하고 기일을 정해주며, 봄이나 가을에는 나무 베는 일을 금하고 출입도 금지
하며, 나무를 몰래 베는 자는 잡아서 형벌을 가한다."(지재희와 이준녕, 2002)
라 하여 예전부터 적기에 산림 벌채하는 일을 신중하게 시행하였음을 알
수 있다. 이와 유사한 내용은 『경국대전』보다 앞서서 간행되었던 『경제육전』
의 「刑典」〈禁令條〉의 '벌송(伐松)'에서도 확인할 수 있다; "소나무를 벌채하
는 것을 금할 뿐만 아니라, 각도의 수령에게 명하여 봄에 식재하도록 하고,
충청도경차관 한옹이 올리길 병선제작에 소나무가 거의 소진되었으니, 소나
무가 자랄 수 있는 산에 금화금벌(禁火禁伐)하고, 매년 봄에 수령이 친히
식재를 감독한다."(연세대학교 국학연구원, 1995).

한편, 조선왕조 통치이념인 주자학의 자연인식은 '유기체적 자연관'이라
고 특징지을 수 있다. 이것은 자연을 유기적인 생명체로 간주하는 한편,
天理를 매개로 인간과 사회와 자연을 동일한 구조 속에서 파악하는 사고체계
이다. 이러한 태도는 하늘이 주재하는 헤아릴 수 없는 이치를 두려워하고
공경해야 한다는 경천(敬天), 외천(畏天)의 논리이며 人事를 중심으로 천변
을 파악하는 방식이었다(구만옥, 2004). 하늘에 무슨 변화가 일어나면 그
현상의 원인을 배후의 자연법칙이나 원리에서 찾으려는 것이 아니라, 인간사
회의 도덕적 윤리적 문제와 연관시켜 파악한 것이다. 또한, 이기론을 펼친
퇴계에 의하면, 개개의 物 자체는 모두 理와 氣의 合으로 이루어진 것인데
우주·자연 역시 理와 氣의 합이 아닐 수 없다. 감각이 가능한 모든 현상적
존재의 재료를 氣(또는 氣質), 현상적 존재의 생성·변화를 가능케 하는
원인(所以然)과 원리와 본질적 특성(性卽理)을 理로 간주하였다. 자연의 생
성·변화에 관계되는 理 중 가장 궁극적인 理가 太極(天命)이며 우주·자연
이야말로 태극(천명)의 자연스러운 현상이라는 것이다. 뿐만 아니라, 理로서

의 본연성인 仁·義·禮·智 역시 자발(능동, 자동)한다는 것이다(윤사순, 1992). 퇴계의 이기론적 자연관이 역시 자연스럽게 유교적 사상으로 이어져 있음을 알 수 있게 한다.

조선 전기의 주자학적 자연관에 이어서 조선 후기에는 과학기술, 문화, 종교 등 서학의 유입은 새로운 자연관이 형성되는 데에 적지 않은 영향을 끼쳤다. 17세기부터 유입되기 시작한 한역 서학서적들은 조선 지식인들에게 충격을 줄 만한 내용들이 담겨 있었고, 그것으로 인하여 기존의 사상을 재검토하는 계기로 작용하였다. 곧 주자학자들은 전통적인 자연관에 변화가 일어나서 도덕적 자연관을 탈피하고 음양오행에 관한 지식을 재인식하는 계기가 되었다(김용현, 2004). 자연과학은 자연에 대한 지식에 도달하기 위한 시도이고, 동시에 자연과 더불어 각각의 공동체를 보호하기 위한 시도이다. 그러면 어떻게 여기에 도달하는가? 그것은 '동화(同和)'로부터 가능하며 그것은 지적인 수요이다(구승희, 1997).

3) 풍수지리적 자연관

조선왕조의 자연관을 관찰함에 있어서 풍수지리 관련 내용을 제외할 수 없다. 풍수지리는 고려시대부터 전래된 도참(圖讖)과 산천비보(山川裨補)의 사상이 있었는데 조선 사회에 널리 퍼졌으며, 풍수지리설 관련 책자가 많이 유행하여 풍수사상이 사회 곳곳에 침투하여 압력을 행사하는 등 폐해가 심각했던 것으로 추측한다. 왕궁의 배치와 산릉을 결정하는 데에도 큰 영향력을 행사하였으며, 특히 왕조 말기에 이르러 음택과 관련하여 풍수형국(風水形局)을 확보하기 위한 산림 사점으로 번지기도 하여 산림을 둘러싼 문제를 초래하기도 하였다. 풍수지리설 관련 책자, 소위 비결서(祕訣書)가 많이 유행한 원인 중의 하나는 조정에서 풍수지리와 관련된 문제를 해결하려면 풍수지리에 대한 여러 가지 이론과 비결이 필요하여 신하들이 그것을 다룬

책자들을 중국으로부터 많이 수입하였기 때문이다. 또한, 풍수전문인이 필요했기에 조정에서도 풍수전문인의 관직이 있었는데 건국초기에는 서운관(書雲觀) 소속으로 업무를 보았다.

왕궁의 배치는 중국 고대의 상고주의(尚古主義)에 기본을 둔 〈주례고공기(周禮考工記)〉의 원리를 따른 것인데, 〈주례고공기〉의 장인건국(匠人建國)편에, 좌조우사 전조후시(左祖右社 前朝後市), 즉, 정궁(正宮, 경복궁)을 중심으로 왼쪽에 왕의 조상을 모신 종묘(宗廟), 오른쪽에 사직단(社稷壇)을 두며 앞에 관청을 두고 뒤에 시가(市街)를 두는 것이 원칙이다. 하지만, 이 원리에서 우리나라는 풍수사상에 의한 배산임수(背山臨水)에 근거하여 후시가 없고 진산(鎭山: 北岳)이 위치해 있다. 정궁 배치에 영향을 줄 정도로 풍수사상이 강력한 힘을 발휘한 사례로 볼 수 있다.

풍수지리가 산림에 미친 폐단은 무엇보다도 산릉과 관련한 것이라고 말할 수 있다. 기맥이 뛰어난 곳을 차지하기 위한 산림점유쟁탈이 일어나는 원인을 제공한 것이 풍수지리설이다. 역대 왕 중에서 풍수지리와 관련하여 산릉문제로 가장 고통을 많이 받은 사람은 세종일 듯하다. 헌릉(獻陵, 태종과 왕비의 능)의 주산을 배향하는 문제로 지관을 비롯한 소위 '비결'을 주장하는 사람들의 의견이 달라 헌릉을 조정하는 일로 고민을 많이 하였다. 아래 내용으로 산릉문제가 풍수지리설로 대립하는 실태를 구체적으로 살펴볼 수 있다;

이용(李庸)이 아뢰기를, "지금 헌릉(獻陵)의 산수(山水) 형세는 회룡고조(回龍顧祖)로서 진실로 대지(大地)이오나, 왼편 산 안에 조금 밖으로 향한 줄기가 있어 상하고 헤쳐진 언덕이 매우 좋지 못한 것이 됩니다. ...(중략)... 《지현론(至玄論)》에 말하기를, '산에 부족한 것이 있으면 법에서는 더 첨가시키는 것을 좋게 여긴다.' 하였사오니, 바라옵건대 밖으로 향한 줄기에 대해 특히 유사에게 명하여 손질을 하도록 하되, 산 안쪽으로 향한 곳에 소나무와 잣나무를 심어 길기(吉氣)를 배양하게 하소서." 하니, 이양달(李陽達)이 아뢰기를, "수구(水口)에 큰 산이 눌러 막으면, 작은 산은 비록 돌아다보지 않아도

해가 되지 아니합니다. 또 《서전(書傳)》에 말하기를, '혹이 있으면 떼어 버리라.' 하였사온데, 항차 이 작은 산은 연한 가지와 남은 생기가 바깥으로 향한 것이오니, 마땅히 한식에 파헤쳐 버리고 소나무를 심는 것이 의당할까 하나이다." 하니, 임금이 이양달의 말을 따랐다.[46]

세종은 헌릉 이외에도 경복궁이 명당이 아니라는 명당시비 문제, 이를 해결하기 위해 명당무수인 경복궁에 연못을 파는 착지(鑿池) 문제, 후궁 건설문제 등으로 심신이 쇠약해져서 거처를 자주 옮겼을 뿐만 아니라, 세종 25년 4월(1442년)에 정무의 일부를 세자에게 양여하기에 이른다. 이러한 세종의 태도에 대하여 이숭녕(1985)은 풍수지리학이 임금을 왕조의 정궁인 경복궁을 기피하게 만들고 끝내 막내 아들(영응대군)의 집에서 승하하게 만들었다고 주장한다. 풍수지리학이 한민족의 가장 위대한 임금인 세종으로 하여금 정사를 볼 수 없을 정도로 도탄에 빠지게 하여 한 때나마 조선을 심각하게 흔들어 놓은 사례이다.[47] 한편, 이의명(1991)에 의하면, 양잠업이 강하던 시절에 단원동(지금의 잠원동)에 왕실직영의 신잠실을 설치하였는데 백성에게 허다한 민폐를 끼쳐서 신하들이 폐지를 아뢰자, 이를 무마시키기 위하여 풍수지리상 남산이 누에형상으로 생겨서 누에가 먹고 살아야 하므로 남산대안(南山對岸)에 뽕나무를 많이 심고 잠실이 있어야 함을 역설하였다 한다.

조선왕조의 풍수는 유교사상(성리학) 체계 속에 자리잡게 되었는데 그 대표적인 것이 음택풍수이다. 효를 중시하게 된 윤리적 사고체계에서 조상의 묘는 후손으로서는 매우 중요한 일이었다. 상지(相地)하여 명당이라고 판단되면 암장, 투장(偸葬) 등 다양한 문제로 번졌으며 산송(山訟)이 빈발하고, 후기엔 『정감록(鄭鑑錄)』같은 풍수도참서들이 유행하면서 새로운 시대에

---

46) 세종실록 11권, 세종 3년 1월 5일(1421년)의 기록.

47) 이숭녕, 1985, 풍수사건의 발발과 세종의 고민. 이숭녕 원저 〈한국의 전통적 자연관〉. 서울: 서울대학교 출판부. 511~541쪽.

대한 예언으로 크게 유행하였다(장지연, 2015). 특히 조선 말기로 오면 부족한 경작지의 확보, 음택풍수가 한데 어우러져 사양산(私養山) 등으로 산림 사점은 더욱 심각한 상황으로 치닫게 된다.

4) 산야에 묻혀 학문을 연마한 의리의 사림파(士林派)의 자연관

고려말에 접어들며 노장(老莊)의 자연사상으로 대표하는 도교와 불교가 개인적이고 초월적인 지향으로 말미암아 건실한 윤리 의식과 생활 규범을 방기한 무책임한 교설이라는 비판을 받게 되었다. 그 중심 역할을 한 사상이 바로 송대의 도학인데 주자(주희)가 완성하였으며 우리나라의 문화형성에 중요한 영향을 주었다. '주자학'으로 불리는 새로운 유학으로서의 도학이 우리나라에 처음 들어온 것은 고려 말기인 충렬왕 때 안향(安珦)과 백이정(白頤正) 등에 의해서이며 정몽주(鄭夢周)와 정도전(鄭道傳)과 같은 신진 유학자들이 새로운 학풍을 일으켰다. 하지만, 고려 말의 주자학파는 당시의 국내외적인 상황 인식에 있어서, 고려왕조를 유지하면서 개혁을 도모한 정몽주 편과 고려왕조의 수명이 끝났다고 보고 조선왕조의 건국을 주도했던 정도전 편으로 갈라졌다. 정몽주계를 '의리파(義理派)', 정도전계를 '사공파(事功派)'라 일컫는다. 사공파는 조선왕조의 건국과 더불어 전면으로 드러나고, 의리파는 고려의 종언과 함께 물러서서 학통을 계승하게 되었다(이동준, 1995).

조선왕조 초기의 도학자들은 정몽주, 길재의 도통(道統)을 이어 의리파를 형성하여 권력을 장악한 정도전을 비롯한 훈구파와 대결하였다. 여말선초 왕조 창건 시기에 두 왕조를 섬길 수 없다는 절의론에 따라 정몽주는 죽었고 길재는 조선왕조의 벼슬을 거부하고 산야에 묻혀 살았다. 이후 세조의 단종 왕위찬탈에 따라 정인지, 신숙주 등의 훈구공신세력에 대해 의리파는 여전히 초야에 묻혀있어야 했으며, 조광조를 따라 신진사류(新進士流)들이 잠시 등장하였다가 사화가 거듭되면서 더욱 깊이 산간으로 은둔하지 않을 수 없었다. 이러한 과정에서 대체로 말하면 의리파의 활동기반은 산야요, 훈구파는 한양으로 정착되었다. 산야에 묻혀 학문을 연마하고 절의와 의리를 숭상하는 士林, 곧 선비 의식은 불의와 세속적 탐욕에 비판적인 의리정신으로 무장되었으며, 조선시대를 관통하여 의리정신은 山林에서 활동하는 '선비정신'으로 확립되었다. 이들 사림파가 내세우는 가치관의 중심은 절의(節義)를 숭상하는 것이었다(금장태, 1987).

5) 사대부들의 자연 취향 사례

사대부란 고려·조선시대 문관 관료를 총칭하여 부르는 말이다. 이 명칭은 중국 고대 주(周)나라 때 천자나 제후에게 벼슬한 대부(大夫)와 사(士)에서 유래된 것으로 문관(文官)의 관위(官位)로서 정착되었다. 조선 시대에도 문관 4품 이상을 대부, 5품 이하를 사라고 하였다. 사대부는 때로는 문관 관료뿐 아니라 문무 양반관료 전체를 포괄하는 명칭으로도 쓰였지만 일종의 신분이었다. 관리가 되기 위해서는 일정한 과거 시험이나 채용 시험을 거쳐야만 하였다. 사대부는 이러한 과정을 거쳐 관리가 된 사람이나 퇴직한 사람 전체를 의미한다.

문관 관료군을 지칭하는 사대부들이 정치 권력의 핵심으로 부상한 것은 중국의 송나라 이후였다. 진신(縉紳)·신사(紳士)라고도 불린 이들 사대부층은 옛 귀족세력과 밀착되어 있는 불교와 도교를 타파하고 새로운 이론 무기로서 성리학을 주창하였는데, 성리학은 실천윤리(實踐倫理)인 고대유교에 불교·도교의 형이상학(形而上學)을 가미한 새로운 유학으로서 사대부층의 지배 이념이었다. 중국 사대부층의 성리학은 13세기에 고려에 흘러 들어왔고 그 결과 고려 말에는 신흥사대부층을 중심으로 지배사상을 불교에서 주자학(성리학)으로 바꾸었다. 관리의 양성·선발 제도를 개방하는 한편 고려 왕조를 대신해 조선 왕조를 건국하였다. 이로부터 신흥사대부들이 신왕조의 지배층으로 되었다. 사대부들은 성리학적인 이념 위에 국가의 제도, 의례를 바꾸고 국왕을 견제하면서 자신들의 계층적 의견을 수렴할 수 있는 여론정치를 수행하였다. 이들은 또한 정치의 중심을 중앙에서 지방으로 돌려 향촌지배질서 확립에 힘썼는데 유향소(留鄕所)·경재소(京在所)·향약(鄕約)·향청(鄕廳)·계(楔)·향안(鄕案)·향음주례(鄕飮酒禮)·향사례(鄕射禮)·서원·서당 등이 발달한 것도 그 때문이었다. 이로써 세계에서 유례없는 문관 관료층의 문치주의(文治主義)가 실시되게 되었다. 이들은 문필(文筆)로써 무인(武人)·여인(女人)·이서(吏胥)·환관(宦官)을 누르고 오랜 기간 동안 승평(昇平)을 누리는 세계에 유례없는 문관정치를 수행하였다(이성무, 1995).

조선시대 사대부들은 나름의 자연취향을 지니고 있었는데 이상향(理想鄕)을 꿈꾸는 것이었다. 여기에 영향을 준 것이 중국 자연시인 도연명(365~427)의 『도화원기(桃花源記)』, 남송의 유학자 주자(1130~1200)의 주자학, 명나라 황주성(1611~1680)의 『장취원기(將就園記)』 등이다. 황주성은 명나라가 멸망하자 벼슬을 버리고 우거하였는데 『장취원기』는 경치 좋은 산속에 정원을 마련하여 여러 가지 건물과 꽃, 나무, 언덕, 시내를 조영하여 여유 있는 삶을 살아가고 싶다는 내용이다. 이들의 영향으로 조선의 사대부들은 원림(園林)⁴⁸⁾을 짓고, 명산대천의 이름을 빌려 호를 지니며 자연을 지향하며 사는 경향을 보이기도 하였다(유가현, 2012). 사대부 이외에도 세종시대 안평대군 같은 이는 도연명의 『도화원기』에 심취해 무릉도원을 동경하다가 『몽유도원도』와 같은 대작을 창작하는데 크나큰 업적을 남기기도 하였다. 이와 유사한 경향은 특히 18세기 서양조경사에서 찾아볼 수 있는데, 영국에서 계몽주의가 시작된 이 시기에 귀족 등 부유층 자제들이 교양인이 되기 위한 방편으로 유럽 여행을 하는 일이 빈번하였다. 고전문화의 고장인 이태

---

48) 조선시대 원림(園林)에 관한 내용은 (사)숲과문화연구회가 엮은 『원림과 산림문화』(2017)를 참조할 수 있다. 주요 내용으로 원림의 역사, 원림의 식물, 원림의 경관 예술, 원림의 누정과 산림문화, 한국의 주요 원림 등을 살펴볼 수 있다.

리와 알프스 지방 등을 목적지로 한 여행에서 클로드 로랭(Claude Lorraine)과 니콜라스 푸생(Nicolas Poussin) 등의 풍경화를 수집하고 거기에서 받은 영향으로 새로운 풍경식 정원을 조영하는 양식을 창조하였다(김학범, 2008; 정영선, 1979).

5. 토지정책

가. 여말의 토지정책과 산림천택

국가의 토지정책은 산림관리와 관련하여 매우 중요한 시사점을 제시한다. 특히 토지는 국가재정확보와 관련하여 세금징수와 직결되어 있고, 토지 소유권 형성과 직결되며, 그런 의미에서 토지 관리 문란은 국가의 근간을 흔드는 문제이기에 토지정책은 매우 중요하다. 한반도의 토지, 즉 근현대 이전 국토의 7할 이상은 산림의 형태로 존재하였으므로 산림은 토지정책에서 매우 중요한 부분을 차지하였다. 더 나아가서 토지로서 산림은 무엇보다도 생산, 주거, 건축, 땔감, 묘지 등 일상생활에서 백성의 삶과 직결되어 있고 그들의 삶을 지배하고 있으므로 사회동향을 살펴보기 위해서는 토지정책을 면밀히 관찰할 필요가 있다.

고려의 토지제도는 전시과(田柴科)이다. 모든 관료에게 신분과 직급에 따라 과전과 함께 시지(柴地)를 분급하였으며, 중앙과 지방의 관청, 왕실, 사찰에도 공해시지(公廨柴地)라는 기관용 땔감 채취장을 분급하였다. 이 제도와 함께 문무관과 양반, 군인, 향리에게 일정 규모의 토지에서 세금(租)을 징수할 수 있는 수조권(收租權)을 분급하였다. 분급된 토지를 수조지(收租地)라 하는데 신분과 직역에 따라 차등을 두어 배분하였다. 고려말 토지문제는 수조지와 소유지 모두 제기되고 있는데, 그중에서도 수조지 계통 분급 전토의 중심을 이루는 전시과 상의 사전(私田)을 주축으로 야기되는 문제가 핵심이었다. 고려말로 갈수록 토지의 사점화는 갈수록 심화되고 문란해졌다. 이 문제를 해결하기 위하여 사전개선론과 사전개혁론이 등장하여 논쟁하였는데 사전을 혁파하는 사전개혁론이 승리함으로써 새로운 토지정책이 탄생하게 된다. 공양왕 2년(1390년)에 기존의 토지문서 전적(田籍)을 소각하여 고려의 사전을 영구히 소멸시켜 몰수하였으며 공양왕 3년(1391년)에 과전지급에 관한 기본법규를 반포하였다. 새로운 토지제도인 과전법(科田法)의 탄생이다(강진철, 1983; 1994; 이경식, 2012).

산림의 경우, 고려시대에도 산림은 '여민공리(與民共利)'라 하여 토지(田)와 달리 만인이 입회가 자유로우며 공동이용하는 공유처(共有處)였으며 입회공유지였다. 그러나 후기에 왕실, 권세가가 임의로 점유하고 사사로이 만인의 초목(樵牧)[49]을 금지하고 중세하여 커다란 문제를 가지고 있었다. 토지를 하나로 합쳐 점유하는 토지겸병의 추세가 산림천택에도 미쳐 국가권력을 배격하고 멋대로 점거하는 형세가 매우 성행하였다. 이리하여 고려말에 전시과를 혁파하여 과전법 마련과 함께 예전에 분급하였던 시지도 모조리 몰수하였다. 그러나 과전법에서처럼 다시 토지를 분급하지 않고 산림은 분급 자체를 폐기하였다. 이것은 시과(柴科)에서 파생한 산림의 사점을 토지제도에서 근절시키는 한편, 양반관료에게 주었던 시지 분급도 제도상으로 폐기시켜 산림천택의 공유원칙과 공공성을 더욱 확고히 시행하는 조처였다.[50]

나. 조선왕조의 토지정책

1) 과전법(科田法): 1392~1466(~1557)

건국은 기존 세력을 허물고 새로운 국가를 수립하는 것이므로 개혁이

---

49) 樵童牧豎(초동목수)의 준말로 땔감을 하고 가축을 기르는 일을 말한다.

50) 이경식, 앞의 책. 18~22쪽.

필수이다. 고려말에는 권문세가와 지배세력의 횡포로 백성의 삶이 매우 궁핍해졌으며, 원나라와 명나라의 간섭과 압력, 왜구의 침입은 국가와 백성을 더욱 위험한 지경으로 몰고 갔다. 따라서 조선 태조 이성계는 건국하는 과정에서 안으로는 정권의 정당성을 확보함은 물론이고 동시에 백성의 삶을 안정시켜야 하였으며, 밖으로 인접 국가와의 원만한 관계를 유지하기 위해 국력을 키워야 하는 이중의 과제를 해결해야 하는 상태에 놓여 있었다.

토지제도는 국가 경제의 근간을 형성하기에 건국 초기에 토지개혁은 당연히 우선 과제로 입안된다. 조선왕조의 건국이념을 관료제 중심의 왕도정치로 구체화시킨 정도전은 토지제도의 문란이 사회 불균형의 원인이며 민생을 어렵게 하는 요인으로 파악하였다. 이에 사전(私田)의 폐단을 없애기 위해 과전법(科田法) 시행과 도평의사사(都評議使司) 장악으로 조선왕조의 개창을 주도하였다(박수정, 2013).

태조는 고려말 공민왕 3년 1391년에 마련한 과전법을 그대로 계승하였다. 과전법은 능침·창고·궁원 등 왕실관계의 기관과 국가의 여러 관사(官司), 그리고 군인·서리·향리·공장(工匠) 등 각종 직역의 부담자에 대하여 일정한 기준에 따라 토지를 지급하여 그 수확의 일부를 취득하게 하는 분급 수조지에 관한 제도였다. 과전은 경기도내의 토지로서만 지급하도록 급전범위가 제한되어 있었다. 과전법은 본인이 사망하면 유족이 수신전(守信田)·휼양전(恤養田)의 명목으로 일정 정도 과전에 대한 지배를 계속 유지할 수가 있었다. 수전자가 사망한 뒤 그 처가 자식을 두고 수절하는 경우에는 망부(亡夫)의 전과(田科) 전액을 수신전 명목으로 전수받고, 자식이 없이 수절할 경우에는 반액을 받는다. 처가 없으면 자식이 아비의 전과 전액을 휼양전의 명목으로서 전수받고, 20세가 되면 본인의 전과에 따라 갱정되었다. 이처럼 과전법은 꽤 강한 세습상속의 가능성이 잠재하고 있었다. 공신전(功臣田)도 물론 상속이 허용된 토지였다. 과전의 전부 혹은 일부를 남에게 줄 수도 있었는데 이럴 경우에는 미리 관청에 신고하여 허가를 받아야 하였다(강진철, 1995). 조선초기 과전법에서 토지를 분급한 현황을 다음 〈표 6-4〉에 제시하였다.

산림에 대해서는 앞서 밝힌 것처럼 과전법을 시행하면서 시장(柴場)은 분급하지 않았다. 하지만, 양반 사대부가의 섶, 숯, 꼴 등 여러 잡물의 수취까지 중단시킨 것은 아니었다. 양반 전주(典主)는 자기 과전의 구역이나 그 주변에 있는 시지에서 계속 이 물자를 조달할 수 있었다. 자기 과전의 전객농민(佃客農民: 농지를 빌려 농사짓는 사람)의 노역을 통하여 하법으로 수행하였다. 물론 명산, 거수(巨藪)에서 백성이 이용을 금지하는 금산정책을 확대

표 6-4. 과전법과 직전법의 절급(科田·職田 折給) 대상과 결수 비교(이경식, 2012. 27쪽, 283쪽)

科	과전법				직전법	
	공민왕 3년(1391)		태조 3년(1394)		세조 12년(1466)	
	대상	결수	대상	결수	대상	결수
1	在內大君~門下侍中	150	正一品	150	大君	225
2	在內府院君~檢校侍中	130	從一品	125	君	180
3	贊成事	125	正二品	115	1品正	110
4	在內諸君~知門下	115	從二品	105	1品從	105
5	判密直~同知密直	105	正三品(大司成)	85	2品正	95
6	密直府使~提學	97	正三品	80	2品從	58
7	在內元尹~左右常侍	89	從三品	75	3品堂上官	65
8	判通禮門~諸寺判事	81	正四品	65	3品正	60
9	左右司議~典醫正	73	從四品	60	3品從	55
10	六曹摠郎~諸府小尹	65	正五品	50	4品正	50
11	門下舍人~諸寺副正	57	從五品	45	4品從	45
12	六曹正郎~和寧判官	50	正六品	35	5品正	40
13	典醫丞~中郎將	43	從六品	30	5品從	35
14	六曹佐郎~郎將	35	正·從七品	25	6品正	30
15	東·西七品	25	正·從八品	20	6品從	25
16	東·西八品	20	正·從九品	15	7品正·從	20
17	東·西九品	15	正·雜權務	10	8品正·從	15
18	權務散職	10	令同正·學生	5	9品正·從	10

하여 일체의 훼손행위를 금지하였다. 이와 함께 조상숭배 습속에 따라 망자의 유택인 묘위지(墓圍地), 산 자의 가택 주변의 산림을 울타리격의 제한된 범위에서 용인하였다.[51] 건축용, 선박용 자재육성과 보전 그리고 방풍 방습을 위해 의송지(宜松地)로서 강변, 해변, 도서 등의 양송처(養松處)[52] 역시 금산으로 지목하고 그 수를 증가시켰다.[53]

2) 직전법(職田法)과 직전세: 1466~1470~1557년

과전법은 재직관리와 퇴직관리의 등급을 나누고 이에 따라 세금을 징수하는 수조권을 분급하는 제도였다. 그러나 현직관리는 물론 일정한 사무가 없는 벼슬인 산관(散官)에게도 수조지를 지급하고 토지의 세습화가 조장되면서 신임 관리에게 지급하여야 할 토지가 부족하게 되었다. 이렇게 조선 초기에 시행하였던 과전법이 토지의 세습과 부족 등으로 기능을 다하지 못하게 되자 이러한 문제를 해결하기 위하여 세조는 과전법을 폐하여 직전법

---

51) 신분에 따른 장지(묘위지)의 크기는 태종실록 7권(태종 4년 3월 29일, 1404년), 태종실록 35권(태종 18년 5월 21일, 1418년)에 제시되어 있다. 농사난원(農舍欄園), 즉 농사의 울타리 둘레 크기는 태종실록 26권(태종 13년 11월 11일, 1413년)에 처음 등장하며 신분에 따라 그 크기가 제시되어 있다(1품 사방 100보, 매품마다 10보씩 내려 서인은 사방 10보).

52) 세종실록 121권, 세종 30년 8월 27일(1448년)에 의정부에서 병조가 올린 문서에 의거해 소나무에 관한 감독 관리에 대해 상신한 내용이 있는데 아래와 같다;
庚辰/議政府據兵曹呈申: "兵船, 國家禦寇之器, 造船松木, 使不得私自斫伐, 已曾立法, 無識之徒, 潛相斫伐, 或造私船, 或爲屋材, 松木殆盡, 實爲可慮. 今以沿海州縣諸島各串宜松之地, 訪問置簿.......(중략).....上項 州縣島串, 前此有松木之處, 則嚴禁樵採, 無木之處, 令其道監司差官栽植, 使旁近守令萬戶監掌培養, 以待有用."從之.
의정부(議政府)에서 병조(兵曹)의 첩정에 의거하여 상신하기를, "병선(兵船)은 국가의 도둑을 막는 기구이므로 배를 짓는 소나무를 사사로이 베지 못하도록 이미 일찍이 입법을 하였는데, 무식한 무리들이 가만히 서로 작벌(斫伐)하여 혹은 사사 배를 짓고, 혹은 집재목을 만들어 소나무가 거의 없어졌으니 실로 염려됩니다. 지금 연해(沿海) 주현(州縣)의 여러 섬[島]과 각 곶(串)의 소나무가 잘되는 땅을 방문하여 장부에 기록하였는데,......(중략)......위 주현(州縣)의 섬과 곶(串)에 전부터 소나무가 있는 곳에는 나무하는 것을 엄금하고, 나무가 없는 곳에는 그 도 감사(監司)로 하여금 관원을 보내어 심게 하고서 옆 근처에 있는 수령(守令) 만호(萬戶)로 하여금 감독 관리하고 배양하여 용도가 있을 때에 대비하게 하소서." 하니, 그대로 따랐다. (해당 지역으로 경기도 24곳, 황해도 26곳, 강원도 6곳, 충청도 27곳, 함길도 24곳, 평안도 25곳, 전라도 93곳, 경상도 76곳이 열거됨.)

53) 이경식, 앞의 책. 49~53쪽.

(職田法)으로 개편하였다(세조 12년 1466년).

직전법이란 산관에 대한 과전의 지급과 또 사망한 관료의 유가족을 위하여 설정한 수신전·휼양전 등을 폐지하고 오직 현직관료에 한하여 수조지를 지급하는 것이었다. 하지만, 16세기 중엽에 와서 연산군 학정과 낭비로 인한 재정감소, 빈번한 대기근, 사적 지주들의 미등록 토지, 탈세와 감세, 감면 등의 원인으로(박시형, 1994), 직전법도 제 기능을 발휘하지 못하고 실시한 지 채 4년이 못 되는 1470년(성종 1)에는 직전세(職田稅)라는 제도로 전환되었다. 직전세라는 것은 해당 직전의 전조(田租)를 관에서 직접 관수관급(官收官給)하여 직전을 받은 관료에게 해당액을 임금처럼 지급하는 제도였다. 이것은 바로 관료에 대한 토지분급제도가 폐지되고, 그 대신 녹봉에 대한 일종의 가봉(加俸) 형식으로 직전세가 해당 관료에게 지급되는 것을 의미한다. 이 직전세도 직전의 부족으로 1557년(명종 12) 경에는 폐지되어 없어졌거니와 직전세가 이행된 것을 계기로 과전법은 무너진 것이나 다를 바 없게 되었다(강진철, 1995).

3) 둔전(屯田)의 문제: 15세기, 16세기

새로운 토지제도나 세제가 등장한다는 것은 그만큼 토지제도에 문제가 있다는 뜻이다. 다른 한편으로 조정에서 전국의 토지 상황을 완벽하게 파악하지 못하고 있고, 그로 인하여 백성이 고르게 공리를 취할 수 있도록 관리감독을 제대로 하지 못하기 때문이라고도 말할 수 있다. 몇 차례 새로운 토지제도가 변경되어도 많은 도시귀족과 지방향직의 호장(戶長)인 향호(鄕戶: 고을의 우두머리)들에 의한 대토지겸병은 새로운 토지제도가 나타나도 이미 축적한 그 과정에서 16세기에 접어든 이후부터 토지소유의 편재현상이 두드러지게 나타났다. 이것은 상대적으로 자영소농민의 몰락이 그만큼 현저히 진전되었다는 사실을 말한다.

15세기 후반에 이미 "기현(畿縣, 경기도)의 백성으로서 밭을 갈아 곡식을 먹을 수 있는 자는 모두 세가의 노비·반당(伴倘)이며 그 나머지는 땔나무를 팔아서 겨우 살아간다."고 전해질 만큼 소농민들의 토지소유는 침식을 당하고 있었다(강진철, 1995). 그도 그럴 것이 공전의 대부분이 기내의 民田(사전)을 대상으로 하고 있었기 때문에 기현의 백성들의 삶이 그랬을 것으로 짐작한다. 서울의 재상가(宰相家)들이 농촌의 수령이나 향호 등 실력자들과 서로 결탁하고 그들을 반당으로 삼아 토지의 겸병에 광분하였기 때문이다.

16세기에 들어서는 형세가 더욱더 급진전하였다. 1518년(중종 13)에 토지 소유의 편재를 타개하는 방법으로 정전법(井田法)·균전법(均田法)을 실시하자는 주장이 강력하게 대두하였지만 당시에는 실행할 수 없는 처지였다(강진철, 1995). 이와 같은 주장은 중종실록 33권, 중종 13년 5월 27일(1518년)의 기록을 통해서 명확하게 드러나고 있다. 박수량이라는 자가 아뢰길,

"우리나라는 백성의 빈부 차이가 너무도 심합니다. 부자는 그 땅이 한량없이 연해 있고 가난한 자는 송곳을 세울 곳도 없습니다. 비록 정전법(井田法)이 훌륭하다 하더라도 지금은 시행할 수가 없으니, 균전법(均田法)을 시행하면 백성이 실질적인 혜택을 입을 것입니다."

"어진 정사는 반드시 경계(經界)를 바로잡는 일부터 시작해야 합니다. 한 읍(邑) 안에 수백 결(結)씩 땅을 가지고 있는 자가 있으니, 이대로 5~6년만 지나면 한 읍의 땅은 모두 5~6인의 수중으로 들어갈 것입니다. 이것이 어찌 옳은 일이겠습니까? 지금 이 땅들을 고루 분배하면 이야말로 선왕(先王)이 남긴 정전법(井田法)의 뜻이 될 것입니다."[54](정전법과 균전법을 놓고 신하들이 아뢰는 장면인데 왕은 균전이 훌륭하기는 하나 시행하기 어려운 형편이

---

[54] 중종실록 33권, 중종 13년 5월 27일(1518년)(3번째 기사):
"我國家, 民之貧富懸絕, 富者田連阡陌, 貧者無立錐之地. 雖井田之法, 今不可行. 若爲均田之法, 則民被實惠矣."
"仁政必自經界始. 一邑之內, 一人有田數百餘結. 若過五六年, 則一邑之田, 必聚於五六人家. 是豈可也? 今若均之, 則是固先王井田之遺意也."

라고 말한다.)

또, 기사관 유성춘이란 자가 박수량이 아뢴 균전에 관한 일을 아뢰길,

> "신이 외방에 있을 때 역시 보았습니다만, 순천(順天) 같은
> 곳은 호부(豪富)한 백성은 한 집에 쌓인 곡식이 1만 석도 되고
> 5~6천 석도 되었으며 파종하는 씨앗만도 2백여 석이나 되었
> 습니다. 천지간의 온갖 재화(財貨)와 물건들은 반드시 가 있어
> 야 할 곳이 있는데 어찌 한 사람에게만 모여 있을 수가 있겠습
> 니까? 한 읍안에서 2~3인이 갈아먹고 나면 나머지는 경작할
> 땅이 없습니다. 서울에서 자라난 조정 신하들이야 어찌 이러
> 한 폐를 알겠습니까? 지금 균전법을 실시하면 자기의 소유를
> 갈라서 남에게 주는 것이 되니 원망이 비록 없지는 않겠지마
> 는 백성은 혜택을 입을 것입니다."[55]

이상에서 예로 든 박수량과 유성춘이 아뢴 내용은 모두 1518년, 16세기 초중반의 상황을 말한 것으로 당시의 토지제도하에서 일반 백성들의 삶이 얼마나 피폐해졌는지를 알 수 있게 하는 대목이다.

이 시기에 토지제도의 문란을 알 수 있게 하는 또 다른 토지제도는 둔전(屯田)과 관련한 것이다. 둔전이란 변경이나 군사요지, 양계 지역(함경도, 평안도), 연해 등지에 설치해 군량에 충당한 토지로 농사도 짓고 전쟁도 수행한다는 취지 하에 부근의 한광지(閑曠地)를 개간, 경작해 군량을 현지에서 조달함으로써 군량운반의 수고를 덜고 국방을 충실히 수행하기 위한 것이다. 그러나 후대에는 관청의 경비를 보충하기 위해 설치한 토지도 둔전이라 하였다. 『경국대전』에서는 전자를 국둔전(國屯田), 후자를 관둔전(官屯田)이라 하여

---

55) 중종실록 33권, 중종 13년 5월 27일(1518년)(5번째 기사):
  "臣於外方亦見之. 如順天等處, 豪富之民, 一家之積, 或至萬石, 或至五六千石, 其田落種之數亦至二百餘
  石. 天地所生財貨百物, 必有所歸. 豈可聚於一人? 一邑之內, 二三人耕之, 其餘無可耕之地. 在朝之臣,
  生長京師者, 豈知如此之弊? 今若均田, 則割己之有以與人, 雖怨毒不無, 而民得蒙其實惠矣."

서로 구별하였다. 조선시대 말기에는 둔토(屯土)라고도 하였다(김옥근, 1995).

15세기 이후 둔전제는 난국에 봉착하고, 16세기부터 쇠퇴하기 시작하였는데 양반과 토호, 전쟁 등으로 인한 둔전 사점의 폐해였다. 둔전의 설치와 관리, 수입 처분이 수령의 관할 아래에 있었기에 권세 있는 양반과 수령의 결탁으로 발생하는 일이었다. 둔전의 사점 추세는 이미 성종 초 이후 심하였는데, 수령이 특히 관둔전을 사사로이 증여하고, 척박지와 바꾸어주고, 人吏(아전)에게 떼어주는 등 임의처분, 관리부실, 또한 관둔전이 양반층의 토지겸병의 표적이 된 것에 따른 것이었다. 수령을 움직인 것은 관청 소유지를 탈점할 수 있는 권력있는 귀족, 재상 등 세력가였다.

둔전은 임진왜란을 거치면서 큰 변화가 일어났다. 영문둔전(營門屯田, 일명 군문둔전, 軍門屯田)과 아문둔전(衙門屯田)이 새로 나타나 조선 후기 둔전의 절대다수를 차지하는 등 둔전의 성격·설치방법·경영형태도 변화한 것이다. 임진왜란 후에는 모병제(募兵制)가 실시되면서 여러 군영이 설치되었는데, 전란으로 토지의 황폐화와 국고가 비게 되어 신설된 영문의 재정은 물론이고 관청의 부족한 경비를 감당할 수 없었다. 이러한 상황에서 영·아문둔전이 나타나게 되었으니, 둔전 본래의 성격은 사라지고 관청 경비를 보충하는 관둔전적인 의미가 강조되었다. 설치기관도 주로 중앙의 관청이었다. 둔전의 설치방법이 다양하고 복잡하기 때문에 경영형태도 여러 가지로 나타났다. 그러나 무엇보다도 둔전의 경영에 필요한 노동력 확보가 문제였는데 국둔전에서 군인, 노비에 의한 경작이나 농민요역에 의한 경작이나 병폐가 항상 따랐다. 특히 자기 농지경작에 우선하여 둔전경작에 동원됨으로써 자기 농지를 폐하게 되는 사태가 발생하였다. 영·아문이 폐지된 갑오경장 이후에는 많은 소유권분쟁이 발생하였다(김옥근, 1995; 이경식, 2020).

4) 조선말기의 토지제도

명종 12년(1557년), 16세기 중기 이후에 직전제는 사실상 폐지되고 공, 사전이나 조세의 구분이 없어지고 토지의 사유화와 소작제가 일반화되었으며, 면세전의 확대로 대토지소유 경향이 확대되어 조선조 초기의 과전법에 기반을 둔 토지의 국유제도와 전세제는 유명무실하게 되었다.

조선 후기에는 소유권에 바탕을 둔 토지 지배관계가 전개되었다. 한양의 양반관료, 재상, 지방의 토호들은 시간이 갈수록 토지병작, 토지겸병 등으로 토지를 확대하여 가고 대농장(大農莊)을 소유하게 된다. 토지병작(土地竝作)은 토지를 대차하는 관계에서 주로 수익을 분반타작(分半打作)하되 혹은 일정액을 도조(賭租)로 납부, 징수하는 제도로 민간의 관례였다. 토지겸병(土地兼倂)이란 귀족, 양반관료, 토호 등에 의해 대토지를 소유하는 과정에서 볼 수 있는 현상인데, 소농경영 토지를 매매나 고리대(소작, 도조, 도지) 등의 방법으로 토지를 흡수하고 병합하는 것으로 이를 통하여 대농장을 형성하고 지주가 된다. 이러한 양반계층의 토지 확대와는 반대로 일반 농민 부류 계층의 생활은 날로날로 궁핍해져 갔다. 물론 신분고위에 따라 이러한 현상이 나타난 것은 아니고 신분이 낮은 상민이나 노예가 양반보다 더 많은 토지를 소유하여 납속수직(納粟授職)[56]하는 경우가 흔히 있었다. 이러한 문제점을 해결하기 위해 조선조 후기에 확립된 토지제도를 살펴보면 궁방전, 진황전, 영정과율법, 비총법 등이 있다.

가) 궁방전(宮房田)

궁방전은 궁방이 소유 또는 수조하던 토지로서 조선 후기에 후비·왕자대

---

56) 납속책(納粟策)이라고 하는데, 조선시대 국가 재정이나 구호 대책을 보조하기 위해 행했던 재정 마련을 위한 정책이다. 변란으로 인한 재정적 위기의 타개와 흉년 시 굶주린 백성의 구제에 필요한 재정 확보를 목적으로 국가에서 일시적으로 일정한 특전을 내걸고 소정량의 곡식이나 돈을 받는 것을 납속(納粟)이라 하였다. 하지만, 조선후기에는 납속으로 직을 받거나, 죄를 면죄하는 폐단이 이따랐다.

군·왕자군·공주·옹주 등의 궁방에서 소유하거나 또는 수조권(收租權)을 가진 토지이다. 궁방의 소요 경비와 그들이 죽은 뒤 제사를 받드는 비용을 위해 지급되었다. 원래 궁실의 경비로 고려 때에는 궁원전(宮院田)이나 공해전(公廨田)이 지급되었는데 조선 초기에는 이것이 왕족에게 사전(賜田)·직전(職田)의 형식으로 지급되었다. 직전으로 대군은 225결, 군은 180결이 분급되었는데[57], 명종 때 직전제가 소멸되면서 자연히 궁방전의 지급에 대한 필요성을 촉진시켰다.

궁방전은 갈수록 늘어났는데 궁방전을 늘리는 방법으로는 황무지의 개간, 궁방의 권세로써 남의 토지를 빼앗는 것, 범죄자로부터 몰수한 토지의 분급 등이 이용되었다. 이 밖에 농민들이 피역이나 기타의 편의를 위해 투탁한 토지, 소속 노비의 자손 단절로 그들의 토지를 인수하는 등의 수법을 썼다. 전국 여러 곳에 걸쳐서 토지를 겸병함으로써 이들에 의한 토지 확장은 아래로는 농민을 협박하고 위로는 국가 재정의 부족을 초래해 사회적·정치적으로 큰 폐단을 자아내었다. 이러한 궁방전의 무한정한 확대와 농민에 대한 착취의 폐해가 점점 심각해지면서 영조 20년(1744년)에는 궁방전에 대한 제도정비를 성문화하게 된다(박수경, 2013; 이재룡, 1995). 고종 31년(1894년) 제도 개혁으로 면세의 특권과 수조권이 폐지되고, 면세지도 왕실 소유로 궁내부에 이관시켰다. 투탁·점탈에 의한 것임을 분명히 알 수 있는 것은 본래의 주인에게 돌리고, 나머지는 모두 국유지로 편입시켰다(이재룡, 1995).

나) 진황전(陳荒田)

진황지란 개발하지 않아서 풀이 거칠고 무성하게 자라있는 황막하게 비어

---

57) 科田法을 제정하기를, "왕의 아들, 왕의 兄弟, 왕의 伯父나 叔父로서 大君에 봉한 자는 3백 결, 君에 봉한 자는 2백 결, 駙馬로서 公主의 남편은 2백50결, 翁主의 남편은 1백 50결이요, 그 밖의 宗親은 각기 그 科에 의한다." 하였다(차호연, 2016).

있는 땅을 말한다. 고려말이나 조선 초에는 해안가에 왜구가 자주 노략질과 분탕질을 일삼아서 연안 지역에 인가가 드물었고 농지를 개발하지 않고 있었다. 기존의 경작하던 땅들도 왜구로 인하여 경작하지 않고 방치하여 진황지처럼 변한 곳도 있었을 것이다. 빈해(濱海: 바닷가 등 물가에 있는 땅)에 있는 땅은 대체로 평평하고 물도 충분하여 비옥지로 농사에 적합한 곳인데도 왜구로 인해 감히 농사짓기가 어려워 황무지로 변하거나 무주지(無主地)인 곳이 많았다.

조선은 왕조 초기부터 이 같은 진황농지나 한광지(閑曠地), 무주지의 개간으로 농지확보와 이들 지역으로 백성들의 안집(安集: 안정적인 거주)은 농업생산력의 증대와 식량 확보에 매우 중요한 과제였고 초미의 관심사였다. 따라서 진황지 개간정책을 적극적으로 추진하여 개간지 소유권과 이용권, 면세와 감세를 부여하였다. 개간면적이나 자격 신분에 제한 없이 관청에서 무주지의 취득 증명서와 개간 허가서를 발급받으면 땅을 얻을 수 있게 되었다. 개간실적이 수령의 考課에 반영될 정도였다.[58] 이렇게 하여 탄생한 진황전은 전체 면세전의 2/3에 달했는데 양대전란으로 인하여 기존의 진황전 경작지가 황폐된 진황전으로 변해버림으로써 국고수입의 감소와 농민생활의 불안정으로 이어졌다. 이에 따라 진황전의 개간을 장려하기 위한 진전강하법이 현종 5년(1664)에 실시되었으며, 정조 9년(1785년)에 개간과 경작을 촉진하기 위한 각종 혜택을 제도화하였다. 그러나 순조 이후에도 경작하지 않는 진황전이 증가하는 것으로 보아 이 제도는 실패한 것으로 보인다(박수경, 2013; 김권집·박수경, 1994; 박수경, 2013.에서 재인용).

다) 영정과율법(永定課率法)과 비총법(比摠法)

영정과율법이란 조선 후기에 시행된 전세(田稅) 징수법으로서 1635년(인

---

58) 이경식, 앞의 책. 144~154쪽.

조 13)에 제정되었다. 약칭하여 영정법으로도 불린다. 세종 때 제정된 공법(貢法)은 전분 6등(田分六等)·연분 9등(年分九等)으로 나누어 총 54등급의 과세 단위를 설정하였는데 운영이 복잡하고 세율이 대체로 높아 시행되기 어려웠다. 그러던 것이 15세기 말부터 전세(田稅)는 작황에 관계없이 최저 세율에 따라 쌀 4~6두(斗)를 고정 징수하는 것이 관례화되었다.

영정법은 이러한 관례를 법제화하고 세수를 늘리기 위해 당년의 풍흉에 관계없이 농지의 비옥도에 따라 9등급의 새로운 수세액을 정한 것이다.[59] 그러나 농지에는 전세 외에도 1결당 대동미 12두, 삼수미(三手米) 2두, 결작(結作) 2두의 정규 부세와 여러 가지 명목의 수수료·운송비·자연소모비 등의 잡부금이 부가되어 과중한 부담이 되었다. 더구나 이러한 부담은 소작 농민에게 전가되기 마련이었으므로 임진왜란 이후 국가의 전세 수취에 많은 문제가 발생했다. 이리하여 조정에서는 각 도의 농지 총 결수(結數)에 재해 면적을 계산해 삭감하고 수세의 총액을 할당 징수하는 방법을 모색하게 되었는데, 이것이 1760년(영조 36)에 제정하여 시행한 비총법이었다. 비총법은 영정법에 기초해 마련된 것으로 국가의 세수를 안정적으로 확보하여 1894년(고종 31) 갑오경장 때까지 큰 변화없이 시행되었다(이영춘, 1995b).

라) 실학자의 토지제도개혁론

(1) 한전론(限田論)

토지제도의 문란으로 지주들의 횡포, 농지를 떠난 유민(流民) 발생, 농촌 피폐, 국가재정란 등을 막고자 18세기 후반에 이르러 실학자를 비롯한 지식인과 일반 농촌지식인들 사이에서도 전제개혁 논의가 활발하게 일어났다.

---

59) 상상전(上上田) 20두, 상중전 18두, 상하전 16두, 중상전(中上田) 14두, 중중전 12두, 중하전 10두, 하상전(下上田) 8두, 하중전 6두, 하하전 4두였다. 여기에 경상도는 최고급지를 상하전 쌀 16두로, 전라도·충청도는 최고급지를 중중전 쌀 12두로, 기타 5도는 하하전 쌀 4두로 한정하였다. 그러나 경상도·전라도·충청도에서도 대부분의 농지가 하중·하하전이었으므로 전세는 전체적으로 4~6두를 넘지 않았다(이영춘, 1995).

특히 조선 후기 실학자 중 상당수가 토지겸병을 막고 농촌의 피폐함을 해결해보고자 公田制(유형원의 균전론, 이익의 한전론, 정약용의 정전론 등)를 주창하였다.

한전론은 이익(1681~1763)이 주창한 전제 개혁안으로, 이익은 전통적인 토지 국유의 원칙을 토지제도의 기본 문제로 삼아 전주(田主)는 국가의 토지를 일시적으로 빌려 가지고 있는 것이며, 절대적인 소유권을 가진 것은 아니라고 보았다. 그러나 현실적으로는 소수인이 광대한 전지를 차지해 부자는 더욱 부유해지고 가난한 자는 더욱 가난해졌다. 이런 까닭에 그는 토지의 사점(私占)을 원칙적으로 배격하고 토지에 대한 절대적 처분권과 관리권은 국가에 귀속시켜야 한다고 하였다. 주요 내용은 다음과 같다;

① 일정한 기준으로 제한하는 영업전(永業田)을 두는 것인데, 국가에서 한 집에 소요되는 기준량을 작성해 토지 면적을 제한하고 그것으로 1호(戶)의 영업전을 삼게 한다.

② 제한된 영업전을 제외한 전지에 대해서는 무제한 자유 매매를 허락해 어떠한 경우에도 강요하지 않는다.

③ 영업전으로 제한된 전지 내에서 매매하는 자가 있으면 발견되는 대로 산 자는 남의 영업전을 빼앗은 죄로, 판 자는 몰래 판 죄로 다스리고 산 자는 산 값을 논하지 않고 돌려주어야 한다. 또한 판 자가 자진해 관에 고발하는 경우에는 면죄하는 동시에 그의 전지는 되찾아온다(推還).

④ 일체의 토지 매매는 관에 보고한 뒤에 이루어지게 하고, 관의 인문(印文)이 없는 자는 토지 매매의 법적 보증이 되지 않게 하며 소송도 허락하지 않는다(유원동, 1995b).

(2) 균전론(均田論)

조선왕조 후기에 실학자들을 중심으로 지식인들이 제안하였던 토지제도

개혁안으로 지주의 농지 겸병으로 인한 농촌 농민 사회의 피폐함을 근본적으로 해결하기 위하여 제기한 것이다. 중국의 정전법(井田法)과 수·당의 균전법에 근거하여 토지국유, 경자유전(耕者有田), 균등분배의 원칙 등을 근간으로 하는 토지제도 개혁안이었다.

이러한 내용을 담고 있는 가장 대표적인 것은 유형원(1622~1673)의 균전론이다. 앞서 소개한 이익의 한전론(限田論)과 정약용의 정전론(井田論)도 균전론의 하나로 볼 수 있다. 유형원이 생각한 이상적인 토지제도는 정전제였지만, 당시 상황에 실행하기 어려워 북위·수·당에 시행되었던 균전제를 대신 제시한 것이다. 주요한 내용은 '경자유전'의 원칙을 확립, 모든 농민에게 균일하게 농지를 분배하며, 조세·군역·공부(貢賦) 등도 토지를 대상으로 일률적으로 부과하자는 것이다. 토지를 국유화하여 일부 계층의 농지 독점이나 농민의 침탈을 막고자 한 것이다. 토지 분배에 있어서는 우선 국가 기관에 일정한 토지를 배정하고, 관리들은 품계에 따라 토지를 주며, 농민에게는 장정 1인에게 1경씩의 토지를 균등하게 나누어준다는 것이다. 경자유전에 따라 토지를 지급받은 관리도 자기 노동력을 이용해 직접 경작하게 하며, 소작을 금지시켜 소정의 분배된 토지 이외에는 일체 토지겸병의 여지를 없애고자 하였다.

유형원의 균전론은 농민의 최저 생활을 보장하고 균등한 부담에 의해 국가의 재정을 확보한다는 것을 핵심으로 하고 있다. 이 전제개혁의 이념은 후대 실학자들에게 계승되어 다양하고 창의적인 개혁론들을 제기하게 되었다. 이익의 한전론은 균전론의 정신에 입각하고 있었으나, 현실성을 고려해 토지 소유의 상한선만 규제하려는 것이었다(이영춘, 1995a; 박수경, 2013).

(3) 정전론(井田論)

정약용(1762~1836)이 1817년(순조 17년)에 쓴 『경세유표(經世遺表)』에서 밝힌 토지개혁론이다. 토지제도의 문란을 비롯해 국민경제가 심각한 상황에 놓인 상태에서 궁방전, 아문둔전 등의 팽창으로 국가 조세 수입원이 감소되고, 지방 관리들의 혹독하고 인내하기 힘든 침탈을 견디지 못해 농사를 포기하고 집을 떠나는 유민(流民)이 무수하게 발생하였다. 토지겸용, 토지병작 등으로 토지를 대량으로 소유하고 별로 하는 일 없이 무위도식으로 사치생활을 일삼는 지주층의 횡포로 국가경제와 민생이 크게 흔들리고 있었다. 이에 정약용은 농업생산력을 증대시키고, 향리들의 중간 착복으로부터 민산(民産)을 보호하는 한편, 이들의 착복을 막아 재정을 튼튼히 하며, 양반과 유민들을 생산에 종사시켜야 한다는 생각을 가지고 토지개혁안을 구상하였다. 정전제가 당시 상황에서 현실 문제를 타개할 수 있는 이상적인 토지제도라고 판단하였다.

정전제는 중국의 하(夏)·은(殷)·주(周) 삼대의 제도인데 토지의 한 구역을 '井'자로 9등분하여 8호(戶)의 농가가 여덟 구역을 각각 경작해 자급하고, 중앙의 1구(區)는 8호가 공동 경작해 그 수확물을 국가에 조세로 바치던 것이었다. 제시한 토지 분배의 원칙과 방법을 다음과 같이 제시하고 있다;

첫째, 농자득전(農者得田)이라 하여 농업 종사자에게만 토지가 분배되어야 한다. 사회 발전에 따라 수공업과 상업에 종사하는 자는 토지 분배대상에서 제외시킴은 물론 좌식(坐食) 계층인 사족도 제외시키고 농민들에게만 토지를 분배해야 한다는 원칙을 새로 정립시켰다.

둘째, 가족 노동력을 기준으로 토지를 분배해야 한다. 즉, 가족노동력이 많은 가족에게 더 많은 토지와 비옥한 토지를 분배하도록 한 것이다.

정약용의 토지개혁사상은 노동력에 따른 토지 재분배를 역설하면서도 기존의 토지 소유문제를 해결할 수 있는 구체적인 실현 방안이 제시되지 않은 개혁안이다(유원동, 1995a). 하지만, 조선왕조의 거의 모든 영역에서 파탄지경에 이른 당시의 국가사회를 개조 개량하고 질서를 쇄신 강화하여 국태민안에 기여하려는 의도를 지닌 토지정책이라고 평가할 만 하다.

6. 문화예술사조

가. 미술분야: 산수화 발전 과정

문화예술사조에서 살펴볼 내용은 나무와 숲으로 구성된 자연을 소재로 하거나 주제로 다룬 사조이다. 미술에서는 산수화요 문학에서는 주로 산림문학 중심이다.

조선시대 산수화의 발달과정을 일목요연하고 알기 쉽게 살펴보는 방법은 시기별로 구분하여 살피는 것이다. 왕조별로 구분하는 것은 경우에 따라서 재위 기간이 너무 짧고 불필요하게 상세하게 된다. 따라서 미술사적으로 시대 구분하는 방법을 따르는 것이 바람직할 것으로 생각한다. 미술사적으로 구분한 사례는 조선초기, 중기, 후기 등 3기로 구분하기도 하고[60], 조선초기, 조선중기, 조선후기, 조선말기 등 4기로 구분하기도 한다. 여기서는 안휘준(2015)의 4기 구분법에 따라 살펴보기로 한다.

1) 조선 초기(1392~1550)

조선왕조 초기는 고려말의 영향도 있고 새로운 왕조의 출발이라는 기대도 있었기 때문에 예술이 발달할 조짐은 다분하였다고 보여진다. 안휘준(2015)은 조선왕조는 미술사상 회화가 가장 발달한 시기라고 평가하면서 조선 초기의 산수화 경향을 다음과 같이 제시하고 있는데 설명을 덧붙인다;

첫째, 억불숭유정책과 사상으로 고려귀족적 아취가 풍기는 청자 대신 담백하고 깔끔한 백자가 도자예술의 대종을 이뤘다. 성리학을 바탕으로 한 새로운 미술 흐름을 형성하였지만, 고려 회화의 전통도 계승하였다.

둘째, 대외적인 면에서 명나라와 원만하게 지내는 사대정책과 일본과 교류

---

60) 정양모(1996)는 조선회화사에서 시대구분은 중요한 의미를 지니고 있다면서, 오세창의 〈槿域書畵徵〉, 김원룡의 〈한국미술사〉, 최순우의 〈미술사〉, 이용희의 〈한국회화사〉 등에서 3기~2기로 나누고 있는데 자신은 이용희의 견해에 따라 조선 전기, 중기, 후기로 구분함을 밝혔다.

를 활발하게 하여, 명나라의 원체화풍과 절파화풍이 들어오고, 일본 무로마치 화단에 조선화풍을 전수하였다.

셋째, 풍류와 예술애호정신, 학예일치의 경지를 추구하였고 이에 따라 호연지기가 널리 퍼졌다.

넷째, 도가사상과 이상향의 추구를 엿볼 수 있다. 억불숭유정책을 내세웠지만 산수화 자체가 도가적 사상을 배경으로 하는 것이기에 도가사상이 뿌리박혀 있었으며 도가적 이상이 강했던 안평대군으로 인하여 「몽유도원도」(1447)와 같은 대작이 탄생할 수 있었다.

다섯째, 시화일률사상의 파급이다. 북송대 소동파가 지향했다는 시화일률(詩畵一律) 사상이란 시와 그림은 같은 것이다라는 사상이다. 이 말은 성종 때 문신이자 학자인 성현(成俔)이 강희안에게 보낸 시에 "시가 소리 있는 그림이 된다면, 그림은 소리 없는 시이다."(정양모, 1996)라는 의미와 상통한다.

여섯째, 와유사상과 사의화의 유행이다. 여행을 자주 갈 수 없는 사대부들이 산수화를 보면서 자연 속을 여행하는 것처럼 생각하였는데 이것을 와유사상이라고 한다. 와유사상이 팽배해서 산수감상화가 성행하였던 것이다. 중국 이성(李成)이 양자강 남쪽 소수와 상강이 만나는 지역의 가장 아름다운 절경을 여덟 장면으로 그린 산수화 「소상팔경도(瀟湘八景圖)」가 원조인데 고려와 조선에서도 그려졌다.

일곱째, 실경산수화의 태동과 사실주의적 경향을 보이고 있다. 초기부터 금강산도를 비롯한 실경산수화가 자리잡고 있었는데 이미 그 전통은 고려시대부터 금강산도가 그려지고 있었다는 사실에서 파악할 수 있다.

여덟째, 고전주의적 경향이다. 15세기는 명나라가 지배하던 시기이지만 조선의 문화는 명나라나 원나라의 문화를 평행적으로 따라간 것이 아니고 그 이전 시대인 오대 말, 복송 초 등의 문화를 높이 평가하고 참조하였다. 그러한 연유로 조선왕조 초기엔 고전주의적 경향이 강했으며 안견과 산수화가 많이 받아들였다고 보여진다.

이상과 같은 특징으로 조선왕조 초기에 회화가 발달하고 특히 세종조에는 한글이 창제되는 등 여러 방면에서 문화가 발달하여 제1차 문화융성기를 맞이하게 되었다. 왕조초기는 문화융성의 근간을 이룬 시기로서 사대부 중 그림을 좋아하는 무리들이 있어서 산수화는 초기에 활기를 띠었다. 고려 후기에 시화(詩畵) 일치사상이 강하게 뒷받침되어 사실적 객관주의에서 이상적 주관주의에로 변천하여 은일도(隱逸圖), 사군자 등으로 나타났는데, 蘭竹梅松의 사군자 중 특히 묵죽묵매(墨竹墨梅)가 성행하고 감상화로서 墨山水가 발전하였다(정양모, 1996). 억불숭유정책으로 불화나 원의 화풍은 기피대상이었고 곽희와 이성으로 대표하는 북송화풍이 주류이며 독립적인 화가보다 도화서(圖畵署) 종사자인 화원(또는 畵師) 중심이었다. 원대 화풍이 약했던 것은 불교를 배척하는 측면도 있었지만, 장대한 자연환경 속에 태어난 격조 높은 원대의 화풍을 흉내기도 재현하기도 어려웠기 때문이다(정양모, 1996). 전체 화단의 성장과 발전은 화원과 왕공, 그림을 좋아하는 사대부가 이끌었는데 그들의 생활과 사상으로 인하여 산수화가 가장 널리 창작되었다. 자연을 사랑하는 사대부들의 호연지기와 밀착되어 성행하게 된 것이다.

 초기 산수화는 안견과 안견파가 이끌었으며 특히 세종 때(1419~1450) 안견과 강희안이 대표 산수화 화가였다. 안견은 서산 지곡 사람인데 당시 신숙주가 안견을 평한 내용을 아래에 소개한다(고유섭, 1997);

 "성품이 총명하고 민첩하며 정밀하고 해박하다. 옛그림을 많이 보아서 모두 그 요체를 터득하여 모든 화가의 장점을 모아 묶어서 절충하였는데 통달하지 않은 것이 없으며 산수화에 그 장점이 있다. 중국 그림 애장가인 안평대군에게 근밀(近密)하였는데 안평대군이 많이 소장하고 있던 송나라와 원나라의 명화가 안견에게 크게 영향을 끼쳤을 것으로 생각한다. 특히 송원의 북종대가들인 곽희, 이필, 유융, 마원 등의 작품을 접했고 곽희풍을 잘 드러낸다고 한다. 곽희의 화풍을 살펴보면, 겹겹산과 겹치는 물(重山複水)을 잘 그리고, 쓸쓸한 숲의 외로운 나무(寒林孤樹)를 잘 그려 펼쳐놓은 것이 교묘하여 우러러볼 만하고 경영해 놓은 위치가 깊고도 깊다. 잘 자란 소나무와 커다란 나무며(長松巨木) 골짜기의 시내와 깎아지른 벼랑(洞溪斷崖)을 손을 대기만 하면 그려냈는데 바위가 선 산등성이는 가파르게 끊겨있고(巖岬巉絶, 암갑참절), 산봉우리들은 빼어나게 솟아있고(峯巒突起) 구름과 안개가 변화하고 사라지는 것이 자욱한 안개 사이에서 천 가지 모습과 만 가지 형상을 이루고 있다."[61]

이러한 곽희의 화풍을 안견에게서 많이 발견하는데 산악은 구름같이 피어올라 중중첩첩하니 이를 운두와권풍(雲頭渦卷風)이라 하며, 장송거목은 가지마다 게의 발같이 굴곡져 있으니 이를 해조수(蟹爪樹)라 한다. 심연(淵深)한 동학(洞壑)을 좇아 그리며 유수심원(幽邃深遠)한 회계(回溪)를 자주 그린다. 수목은 창경(蒼勁)하고 충루산파가 하나도 직선으로 그려지는 법이 없다(고유섭, 1997).

안견의 솜씨가 최고조로 발휘된 작품이 「몽유도원도(夢遊桃源圖)」(1447)이다. 도연명의 『도화원기(桃花源記)』에 영향을 받은 안평대군이 꿈에 도원(桃源)이 나타나서 당대 최고의 화가 안견을 불러 꿈 이야기를 하여 단 3일만에 완성한 그림이 「몽유도원도」이다. 안휘준(1993; 2015)은 「몽유도원도」는 안평대군의 글씨, 박팽년, 성삼문, 신숙주 등 당대 최고 엘리트였던 집현전 학사들의 서예와 시가 합쳐져 삼절(三絶)의 경지를 이룬 최고의 작품이며, 시서화가 혼연일치를 이룬 세종조의 종합적 미술품이고 기념비적 금자탑으로 조선화로서 가장 지체 높고 화취(畫趣) 깊은 최대의 걸작으로 유일하다고 극찬하였다. 박희진(2017)의 평가처럼 桃源을 보면 "복사꽃 고운빛, 복스럽고 사랑스런 청정한 기운, 고요와 평화와 탈시간(脫時間)의 그윽함뿐."에 몰입됨을 느낀다.

조선 초기에 활동한 사람으로서 사대부 출신 문인화가인 강희안(1419~1464)을 빼놓을 수 없다. 강희안이 남긴 「고사관수도」 라는 소경산수인물화

---

61) 『패문재서화보(佩文齋書畫譜)』 및 『중국화학전사(中國畫學全史)』(고유섭, 2007.에서 재인용)

는 자연중심의 안견 화풍과 달리 작은 규모의 자연경관 속에 들어있는 인물에 초점을 맞추고 있음을 본다. 안휘준(2015)은 강희안은 중국 직업화가의 화풍인 절파계 화풍을 구사한 인물이어서 조선 초기에는 안견화풍 이외에 다른 화풍이 존재하였으며, 강희안의 화풍은 거침없는 필묵법, 문기가 넘치는 인물표현 등에서 문인화가로서의 면모가 엿보인다고 평가하고 있다. 강희안과 관련하여 빼놓지 말아야 할 것은 시서화 3절로 이름이 높았던 집현전 직제학을 지낸 인물로서 성삼문, 신숙주, 정인지 등과 함께 훈민정음을 해석하고 『용비어천가』에 주석을 붙이는 일에도 참여하였을 뿐만 아니라, 우리나라 최초의 원예서인 『양화소록』[62]을 저술한 점이다. 이 책에는 식물의 품계를 9품으로 구분하여 소개하고 있어 조선시대 식물 선호정도를 잘 파악할 수 있는 중요한 저서이다.

조선 초기에는 안견을 중심으로 한 북종화풍의 산수화가 유행하고 발전하였는데 북종화의 대가들이었던 곽희, 이성(李成)의 영향을 받았고, 또한 하규(夏珪)와 마원(馬遠)의 남종화풍도 큰 영향을 주었으며, 절파화풍과 미법산수화[63]도 자리를 차지하고 있었다. 사대부가 계회(契會)를 자주 열어 계회도도 많이 그려졌는데 상하로 쌍송(雙松)이 그려진 편파삼단구도의 「계회산수화」도 있다. 초기 산수화 발전을 이끈 장본인은 세종, 안평대군, 성종으로 평가한다. 세종은 왕위에 오르기 전부터 스스로 그림을 잘 그렸고 적극 지원하였으며 한글을 창제하는 등 세종조에는 문화가 매우 융성하였다. 안평대군은 예술의 후원자였고 시서화에 능한 대군이었을 뿐만 아니라, 중국의 그림을 많이 수장하였는데 이 그림들이 특히 총명한 안견에게 많은 영향을 주어

---

62) 강희안의 동생 강희맹(姜希孟, 1424~1483)이 편찬한 집안 내력을 기록한 『진산세고(晉山世稿)』에 수록한 것이다.

63) 절파화풍(浙派畵風)이란 중국 절강성의 대진(戴進, 1388~1462)이 정립한 화법으로 산악이나 수림이 부채살이 중첩하듯 납작하고 겹겹이 퍼지듯이 그려진 그림을 말하는데, 안견의 전칭(傳稱)이라거나 필자미상이라는 〈적벽도〉가 대표한다. 미법산수화(米法山水畵)란 연운(煙雲, 연기 같은 구름)이 힘있고 강하고 짙게 깔리고 청록빛을 덧붙이며, 붓을 눕혀 찍는 점으로 묘사한 미점이 보이는 특징을 지니는 화풍인데 원나라 화법으로 전해진다. 조선초기 최숙창, 이장손, 서문보의 〈산수도〉가 대표이다.

통달하게 하였다. 세종조에 융성하던 문화는 다시 성종대에 이르러 융성하였
는데 중신이 회화업무를 영위하고 감화(監畫)하는 일에 주저하지 않았다.
이렇게 한 것에 대해 정양모(1996)는 화법을 진작하고 화원의 실력을 길러
先王의 어용 등 모든 회화사(繪畫事)에 실력을 발휘하도록 한 것이었다고
한다.[64]

2) 조선 중기(1550~1700)

이 시기에 해당하는 150년 동안은 밖으로는, 전국 산천 천하를 초토화시킨
임진왜란과 정유재란(1592~1598)과 치욕의 정묘호란(1627)과 병자호란
(1636~1637)이 국토와 정신을 휩쓴 고통스럽도록 힘든 시기이었다. 안으로
는, 동서론, 남북인, 노소론 등 사색당쟁이 매우 격렬했던 시기이었다. 사상적
으로 국초부터 통치이념이나 정치사상으로 내세운 유교사상, 성리학이 더욱
발달하였으며, 더불어 여말선초에도 있었던 은둔사상이 격화된 당쟁으로
인하여 만연하였다.

양란과 당쟁에도 불구하고 회화는 활발했다. 산수화는 안견 화풍을 비롯하
여 초기화풍을 계승하는 한편, 절파계 화풍이 두드러졌다. 또한, 조선초기
시서화에 뛰어났던 화가집안인 강석덕(강희안, 강희맹)의 뒤를 이어 중기엔
김기(김시, 김집, 김식), 이경윤(이영윤, 이징), 이상좌(이숭효, 이흥효, 이정)
화가 가문도 등장하였다(안휘준, 1996b). 안휘준(2015)을 참고하여 조선 중
기 산수화의 제경향을 다음과 같이 제시한다[65];

첫째, 안견파 화풍이 계승되었다. 대표로 김시, 이정근, 이흥효, 이징, 김명
국 등이 있으며 대표작으로 김시(金禔)의 「한림제설도(寒林霽雪圖)」, 이정
근(李正根)의 「설경산수도(雪景山水圖)」, 이흥효(李興孝)의 「동경산수도
(冬景山水圖)」, 이징(李澄)의 「이금산수도(泥金山水圖)」 등을 들 수 있다.

---

64) 정양모, 1996, 조선 전기의 畫論. 권순용, 한국의 미, 산수화(상). 서울: 계간미술. 177~186쪽.
65) 안휘준, 2015, 조선시대 산수화 특강. 서울: 사회평론아카데미. 131~136쪽.

둘째, 절파계 화풍이 유행하였다. 김시, 함윤덕, 이경윤, 이징, 김명국 등이 있다. 절강성 일대에서 성행한 절파법(浙派法)은 산을 물결일 듯 중첩하여 그리는 화법을 말한다. 대표작의 하나로 김명국의 「심산행려도(深山行旅圖)」가 있다.

셋째, 화풍을 실험하는 경향도 나타났다. 안견 화풍과 절파 화풍의 실험으로 한 화가가 한 가지 화풍으로만 그림을 그린 것은 아니었다.

넷째, 대경산수인물화와 소경산수인물화가 병존하였다. 산수 자연경관의 배경을 크게 그리고 인물을 작게 배치시키는 화풍이 대경산수인물화이다. 대관산수인물화라고도 한다. 초기가 자연중심이었다면 자연 속에 인물이 들어가는 대소경산수인물화가 등장함으로써 인간 중심의 화풍이 나타난 것이다.

대소경 산수인물화와 관련한 안휘준의 조선중기 산수화 경향과 관련하여 이 시대를 대표하는 화가 중의 한 사람인 이경윤의 그림으로 전칭되는 「관목도」, 「산수도」, 「시주도」, 「노중상봉도」, 「고사탁족도」(2점), 「유하어조도」, 「관월도」 등은 은둔하는 선비를 그리고 은일사상을 묘사한 것으로 이해할 수 있다. 이런 부류의 산수화가 많이 등장한 것은 조선중기의 특징으로 사화로 점철된 정치사회적 특징을 나타내는 것으로도 이해할 수 있겠다. 한편, 이건걸(1976)은 16세기에 들어와서 이경윤(1545~1611) 등이 중국화에서 정신적인 이탈이 느껴지기 시작하여 화법, 화의에서 한국적인 색채가 농후해진다고 진단하고 있다.[66]

다섯째, 안견화풍과 절파화풍을 절충하는 절충적 화풍도 유행하였다(이불해, 이홍효, 이정 등).

여섯째, 수묵산수화 유행 속에 어좌 뒤에 설치하는 〈일월오봉병〉 같은 청록산수화가 부분적으로 존재하였고, 실제 존재하는 경치를 그리는 실경산수화가 초기에 비해 많이 파급되었다. 청록산수화로 조속의 「금궤도」, 이징

---

66) 이건걸, 1976, 한국전통산수화에 대한 연구. 상명대학교 논문집 5: 89~120쪽.

의 「산수도」가 있다. 한시각의 「북새선은도」(1664)는 문무양과를 함경도 길주에서 시험을 치렀을 때 당시 시험장면을 그림으로 남긴 것으로 청록을 구사한 실경산수화이다.

3) 조선 후기(1700~1850)

조선 후기에 해당하는 1700~1850년은 제19대인 숙종(1674~1720)부터 20대 경종, 21대 영조, 22대 정조, 23대 순조, 24대 헌종(1834~1849)에 이르는 기간으로 이 기간을 대표하는 왕조는 영조와 정조를 들 수 있다. 문화를 꽃피웠기 때문에 영·정조 연간을 조선왕조의 르네상스라고 부를 수 있다. 문화가 융성할 수 있었던 배경으로 다른 시대에 비해서 외침이 없었고, 탕평책을 실시하였으며, 농업 생산성이 높아졌을 뿐 아니라 상업, 잠업 등 수공업이 많이 발전하였다. 백성들의 삶을 향상시키기 위한 정치사회적 고민으로 실학이 발달하는 한편, 연산군 때에 특히 사치풍조가 만연하였다. 자아의식과 함께 자연 향유와 여행 등 명산을 유람하는 경향이 두드러졌으며 지도제작에 진일보 발전을 이룩하였다. 조선후기 산수화 발전의 특징에 대하여 안휘준(2015)을 중심으로 정리하면 다음과 같다;

첫째, 절파계의 퇴조와 진경산수화(眞景山水畵)의 발달이다. 조선 중기까지 성행하였던 절파 화풍을 비롯한 전통 화풍들이 많이 쇠퇴하였는데 남종화풍과 이를 기반으로 발전한 진경산수화풍(眞景山水畵風)이 이들 전통 화풍을 대체한 것이다. 남종화는 이미 조선 중기에 도입된 것으로 후기로 가면서 크게 발전하여 유행하였으며 청나라의 남종화도 유입되어 산수화가 다양하게 발전하였다. 정조시대를 연구한 정옥자 등(1999)은 18세기를 조선문화의 전성기로 규정하고 진경시대(眞景時代)로 지칭하였을 정도로 진경산수화는 이 시대를 표상한다.[67]

---

67) 정옥자·유봉학·김문식·배우성·노대환, 1999, 정조시대의 사상과 문화. 서울: 돌베개. 15~18쪽.

둘째, 진경산수화가 겸재 정선(鄭敾, 1676~1759)의 등장이다. 겸재는 조선에 실재하는 경치를 독자적인 기법으로 표현해 냄으로써 산수화 발전에 크게 기여하였다. 금강산을 비롯하여 전국을 여행하며 아름다운 금수강산을 묘사하여 역사상 가장 한국적인 산수화풍을 형성하였다. 진경산수화는 실경산수를 남종화기법을 가미하여 창작한 산수화로 겸재는 조선 후기 진경산수화 화단 형성에 많은 영향을 끼쳐 김응환, 강희언, 김윤겸 등으로 전통이 이어지게 하였다. 이건걸(1976)은 정선은 임모(臨模, 실물을 보고 그대로 본떠서 그림)에서 출발하여 독자적으로 자기형성, 특히 한국의 진경산수화 양식을 확립하여 회화의 자율성을 개척하였고, 강희언은 眞景畵에 청대의 회화 흐름을 통해 서양화법을 시도하는 등 중국산수에서 환골탈태하려는 새로운 자율성에 입각한 화관을 수립한 것으로 평가하였다.

셋째, 남종화는 화원과 문인화가 사이에 성행하였으며 강세황(1713~1791)과 이인상(1710~1760)이 대표적인 인물이다. 강세황은 시서화를 다 잘 구사하는 화가였으며 단원 김홍도(1745~1806?)와 신위가 그의 제자이고 대표작으로 「산수대련(山水對聯)」, 「태종대(太宗臺)」등을 남겼다. 김홍도는 산수화에서도 정선에 이어 조선 후기 화단에 큰 영향을 미쳤는데, 당파싸움에 지친 정조를 위로하고자 하는 마음으로 정조가 그리워하던 금강산을 정조의 명을 받아 그려오는 등 정조의 이상정치를 그림으로 실현한 화가로서 평가하기도 한다(이재원, 2016).[68] 이인상은 담백하고 격조 높은 필묵법과

---

68) 정조는 율곡이 "금강산은 하늘에서 떨어져 나온 것으로 결코 속세에 생긴 것이 아니다"라는 칭송과 함께 금강산의 아름다움이 청나라까지 알려져 "한 가지 소원이 있다면 조선에서 태어나 금강산을 보았으면 원이 없겠다."라고 한다는 것을 들어 알고 있었다. 그리하여 궁을 떠나 해동 제일의 명산이라 일컫는 금강산을 보고 싶은 마음이 간절하여 꿈을 꾸었지만 직접 가볼 수 없는 몸이니 그림을 통해서 위안을 삼아왔다. 겸재가 그린 〈금강산전도〉로는 성이 차지 않아 단원을 입궐하도록 하여 다음과 같이 명하였다, "금강산에 가서 나의 적적한 마음이 풀어질 살아있는 실경으로 금강산의 아름다움을 화폭에 담아오너라. (중략). 무엇보다 중국 산수화를 따라 그리지 말고 우리 산천의 아름다운 진경산수를 제대로 그리는 것이야말로 조선의 자존심이자 긍지임을 잊지 말라. 그대가 그린 진경 금강산은 세세년년 우리의 자부심을 살릴 것이다." (이재원, 2016: 215~248쪽). 1788년(정조 12년) 가을 단원 일행이 지나는 고을마다 수령으로 하여금 잘 준비하도록 명하여 도왔다.

각이 진 바위들의 형태, 독특한 모습의 나무가 특징이며 「송하관폭도(松下觀瀑圖)」를 남겼다.

넷째, 영·정조 시대 문인화의 발달이다. 영조부터 시작한 탕평책으로 정치적으로 상당히 안정되었으며 농업 생산성이 높아지고 새로운 산업도 등장하면서 문화부흥의 기반을 조성하여 영조대는 문화전성기, 정조대는 문화국가의 면모를 과시한 시대로 일컫는다. 정조는 스스로 그림을 그릴 정도로 재능이 뛰어나고 예술을 아꼈던 임금이다. 이 시대 대표 문인화가로 강세황과 함께 윤두서(1668~1715)[69]를 꼽는데 윤두서의 자화상은 널리 알려져 있다.

다섯째, 민화의 발달과 명승지 여행이 활발하였다. 화원들이 그렸던 그림이 저변화되어 나타난 현상을 보여주는데 다남(多男)과 자손번창을 기원한 어해도, 과거를 준비하는 가정에서 약어도, 약리도 등 실생활과 관련되는 그림을 그려 붙였다. 혜원 신윤복(1758~1814)은 도화서의 화원으로 인물화와 풍경화 외에도 많은 양의 풍속화를 남겼는데, 양반의 위선적인 태도와 이중인격을 풍자하고 부녀자들의 애정과 애환, 해학적인 내용을 그림으로 묘사하였다.

또한, 여행이 활발하게 일어나서 명산을 방문하는 유산(遊山)이 많은 사람들 사이에 유행하였다. 특히 금강산은 대표적인 여행지여서 화가도 방문하여 유산기를 많이 남겼다.[70] 정선, 김홍도, 김응환, 강세황 등 당대의 대표적인 화가들이 금강산을 다녀왔으며 금강산도를 진경산수화로 많이 그렸다. 단원은 특별히 "화의(畫意)를 잘 표현한 금강산의 실경을 잘 그려와서 나의 적적함을 달래주거라."라는 정조의 명을 받고 다녀오기도 하였다(이재원, 2016).

---

69) 윤선도의 증손자이자 정약용의 외증조부이며, 정선, 심사정과 더불어 조선후기 삼재(三齋)로 일컫는다. 해남 윤씨 가문의 종손으로 가문을 잇고자 면학하여 숙종대(1693)에 진사 시험에 합격하였으나 후에 해남 윤씨 가문이 남인 계열에 속해 어려움에 처하자 관직을 포기하고 남은 삶을 시서화로 보냈다.

70) 조선시대 유산기에 대해서는 전송열·허경진 편저, 2016, 조선 선비의 산수 기행. 돌베개; 국립수목원 편저, 2013, 국역 유산기 -경상북도; 2014, 국역 유산기-경상남도, 경기도; 나종면, 2010, 선비를 따라 산을 오르다. 이담. 외 여러 건이 발간되어 있음.

이상에서 조선후기의 산수화에 대한 특징을 정리하였는데, 진경산수화의 이해를 돕기 위해 진경, 실경, 사경에 대한 용어정리가 필요할 듯하다. 사경(寫景)은 자연의 모습을 스케치하듯이 베껴 그리는 기법을 말하고, 실경(實景)은 우리나라에 실제로 있는 자연과 명승지의 모습을 그려내는 기법인데 고려시대부터 존재한 화법이다. 실경산수에 남종화법을 곁들여서 새롭게 그린 기법을 진경(眞景)이라고 한다. 넓은 의미에서 진경산수화는 실경산수화에 속하는 것이며, 18세기 겸재 정선부터 나타나는 남종화법을 가미하여 그린 실경산수화를 진경산수화라고 부른다. 한편, 진경(眞境)산수화란 진경에 사실적인 풍속화를 가미한 산수화를 일컫는 용어이다.[71]

4) 조선 말기(1850~1910)

이 시대는 매우 다난하고 어지러운 시대였다. 병인양요(1866), 신미양요(1871), 임오군란(1882), 갑신정변(1884), 갑오경장(1894, 1896), 동학농민항쟁(1894), 대한제국 선포(1897), 러일전쟁(1904~1905), 을사늑약(1905), 정미조약(1907), 경술국치(1910) 등 불과 50년 사이에 조선왕조 말기는 열강과의 전쟁, 개화, 쇄국, 개국, 국치 등 엄청난 사건들이 빈번히 일어난 다사다난한 시대였다. 이러한 시대를 보내면서 회화는 어떠한 흐름 속에 있었는지 정리하기로 한다. 다시 안휘준(2015; 1996b) 등의 설명을 중심으로 정리하면 다음과 같다;

첫째, 조선 말기는 진경산수화나 풍속화 전통이 위축되고 남종사의화가 지배한 시기이다. 앞 시대의 전통들이 전혀 없긴 않았지만, 주류는 사실적인 표현보다는 높은 경지의 정신세계를 표현하는 남종화풍으로 나타난다. 이러한 경향으로 정선의 전통 진경산수화는 민화(民畵)에 전해지고, 예외를 제외하면 주류 화가들로부터 멀어졌다.

---

71) 안휘준, 앞의 책. 219~224쪽.

둘째, 화원보다 중인 출신화가들이 화단에서 주도적인 역할을 한다. 중인은 원래 양반이었지만 기술직에 종사하다보니 중인이 된 것인데 양반 못지않은 학문과 기예를 지닌 전문가들이었다. 중인 중에는 중국에 수행원으로 왕래하면서 새로운 문물을 접하면서 시대 변화와 화단의 추세에 일찍 접하므로써 화단에 주도적인 역할을 할 수 있게 된 사람도 있었다.

셋째, 화단의 계보에서 김정희(1786~1856)와 그 영향을 주목해야 한다. 추사는 서예의 대가이고 학예일치사상을 가지고 있는 문장가요 화가요 학자로서 남종화 지상주의적 경향을 가지고 있고 진경산수화나 풍속화에 대해 부정적 견해를 지닌 평론가였다. 그는 사난최난(寫蘭最難)이라 하여 그림 중에서 "난초를 치는 것이 가장 어렵다"할 정도로 묵란 그림을 최고로 인정하였다. 난초를 그렇게 중하게 여긴 것은 난초를 그리려면 그리는 사람이 서권기(書卷氣), 문자향(文字香), 즉, 책을 읽은 향기를 갖추고 있어야 제대로 그릴 수 있다고 여긴 것이다. 김정희에게서 발전한 화파로 소치 허련파와 장승업파가 있다. 추사의 「세한도(歲寒圖)」[72](1844)는 김정희의 예술세계를 가장 잘 보여준다. 화의로 전하는 송백(松柏)의 의미와 가치를 중히 여겨야 할 대작이다. 고도의 문기(文氣)와 사의(寫意)의 세계만을 회화의 미덕으로

---

72) 「세한도(歲寒圖)」는 널리 알려져 있듯이 제자 이상적의 정성에 대한 감사 표시로 그려준 것이다. 이상적은 1843년에 연경에서 『만학집(晩學集)』과 『대운산방문고(大雲山房文藁)』를 제주도로 보내주고, 이듬해 『황조경세문편(皇朝經世文編)』을 보냈는데 이 책은 무려 120권 79책으로 된 방대한 서적이었다. 이 같은 이상적의 정에 감격하여 그림을 그리고 발문에 다음과 같이 적었다; 지난해에는 만학과 대운 두 문집을 보내주더니 올해에는 우경의 문편을 보내왔도다. 이는 모두 세상에 흔히 있는 것도 아니고 천만 리 먼 곳으로부터 사와야 하며, 그것도 여러 해가 걸려야 비로소 얻을 수 있는 것으로 단번에 쉽게 손에 넣을 수 있는 것이 아니다. 게다가 세상은 흐르는 물살처럼 오로지 권세와 이익에만 수없이 찾아가서 부탁하는 것이 상례인데 그대는 많은 고생을 하여 겨우 손에 넣은 그 책들을 권세가에 기증하지 않고 바다 바깥에 있는 초췌하고 초라한 나에게 보내주었도다.(...). 공자께서 말씀하시기를 "날이 차가워진(歲寒) 뒤에야 소나무와 측백나무(松柏)가 늦게 시든다는 것을 알게 된다" 하셨는데(...) 지금 그대와 나의 관계는 전이라고 더한 것도 아니요, 후라고 줄어든 것도 아니다. (...)아, 쓸쓸한 이 마음이여. 완당 노인이 쓰다(유홍준, 2018. 285~286쪽).
추사 전기를 쓴 유홍준은 「세한도(歲寒圖)」를 평하길, "추사 예술의 최고 명작이자 우리나라 문인화의 최고봉이다. 제작과정에 서린 추사의 처연한 심경이 생생히 살아있고, 서권기와 문자향을 강조한 추사의 예술세계가 소략한 그림과 정제된 글씨에 배어있으며, 그림과 글씨와 문장이 고매한 문인의 높은 격조를 드러낸 작품이다."라 하였다(유홍준, 2018. 285~297쪽).

여겼던 김정희의 영향이 화단에 미친 영향이 지대하였다(안휘준, 1996b).

넷째, 소치 허련파는 호남화단을 이룩한 화파로서 호남이 현대까지 전통문화를 이어가는데 중요역할을 하고 있다. 허련(1809~1892)은 진도사람으로 초의선사의 추천으로 추사와 인연을 맺는다. 아들 미산 허형, 손자 남농 허건, 의재 허백련과 같은 인물을 배출하였다.

다섯째, 오원 장승업파는 조선 최말기와 현대로 이어지는 영향력을 지니고 있다. 장승업(1843~1897)은 한양 사대부집에 기식하며 살면서 그 집 자제들이 공부할 때 어깨 너머로 지식을 대강 익혔는데, 주인이 장승업의 그림 그리는 솜씨에 놀라 적극적으로 키웠다고 한다. 성격이 괴팍하였지만, 기량이 워낙 뛰어나서 그리지 못하는 것이 없는 화원으로 성장하였는데 그에게는 배움이 부족하여 서권기나 문자향이 없어서 기량만 뛰어나지 철학과 사상이 부족한 화가였다. 크게 보면 남종화를 수용하여 자신만의 세계를 형성하였는데 자신의 괴팍한 성격만큼이나 유별난 화풍을 창조하였다. 특히 과장되고 바로크적인 형태와 특이한 색조, 폭이 좁고 길이가 긴 것이 장승업 화풍의 큰 특징이다. 조선 말기의 산수화를 근대와 현대 화단으로 전한 마지막 거장으로 평가받는다.[73]

이 시대에 안중식, 조석진 등의 출중한 근대화가가 배출되었으며, 단원 화풍이나 진경산수화풍을 지닌 화가들로 조정규, 이한철, 유숙, 유재소 등이 있고, 추사의 화풍만 따랐던 조희룡, 이색산수화를 그린 김수철, 김창수, 홍세섭 등이 있다.

5) 조선시대별 화가 출현과 활동

우리나라 산수화는 대체로 5세기경 삼국시대에 인물을 그릴 때 산수자연이 배경으로 등장하여 그려지기 시작한 것이 출발점이다. 고려시대 때 자연

---

73) 안휘준, 1996b, 산수화. 한국민족문화대백과사전. 한국학중앙연구원.

을 감상하는 순수한 감상화로서 발전하고, 이것을 계기로 우리나라 산수
자연을 그리는 실경산수화의 전통을 형성하게 되면서 본격적으로 발전을
거듭하게 된 것이다. 조선시대는 한국미술사상 회화가 가장 성행하였던 시대
로서 산수화는 실경, 진경, 사경산수화 등 회화의 큰 흐름을 이루면서 한국화
를 성장시키고 발전시키는데 중추적인 역할을 하였다. 〈표 6-5〉는 조선왕조
시기를 통하여 생몰한 화가들의 현황을 나타낸 것이다. 탄생에서부터 활동하
고 생을 마감한 시기를 표시한 것이기 때문에 왕조마다 중복되어 있음을
감안하여 살펴야 한다. 참고한 자료는 〈역대화가약보(歷代畫家略譜)〉(이태
호, 1996)로서 여기에는 삼국시대부터 활동한 화가의 인명, 생몰연대, 본관,
자, 호, 화재(畫材), 비고란으로 정리되어 있는데 그 중에서 조선왕조 태조대
에서부터 철종대까지 모두 643명을 대상으로 파악하였다.

앞에서 조선왕조를 초기(1392~1550), 중기(1550~1700), 후기(1700~
1850), 말기(1850~1910)로 구분하여 살펴본 바 시기별로 보면 후기가 가장

표 6-5. 조선왕조별 화가의 활동 현황(이태호, 1996. 약보를 참고하여 분석한 것임).

왕조별		재위기간	활동화가수	왕조별		재위기간	활동화가수
제1대	태조	1392~1398	12	제14대	선조	1567~1608	87
제2대	정종	1398~1400	12	제15대	광해군	1608~1623	86
제3대	태종	1400~1418	17	제16대	인조	1623~1649	94
제4대	세종	1418~1450	40	제17대	효종	1649~1659	71
제5대	문종	1450~1452	28	제18대	현종	1659~1674	72
제6대	단종	1452~1455	26	제19대	숙종	1674~1720	110
제7대	세조	1455~1468	30	제20대	경종	1720~1724	82
제8대	예종	1468~1469	22	제21대	영조	1724~1776	131
제9대	성종	1469~1494	25	제22대	정조	1776~1800	144
제10대	연산군	1494~1506	27	제23대	순조	1800~1834	172
제11대	중종	1506~1544	53	제24대	헌종	1834~1849	156
제12대	인종	1544~1545	46	제25대	철종	1849~1863	141
제13대	명종	1545~1567	52	제26대	고종	1863~1907	134

많으며, 후기, 중기, 초기의 순이다. 왕조별로 보면, 제23대 순조대에 172명으로 가장 많고, 헌종, 정조, 철종, 고종, 영조, 숙종의 순이다. 초기에는 제1차 문화전성기라고 할 수 있는 세종대에 40명으로 가장 많은 화가가 활동했고, 제2 문화부흥기인 영·정조대에도 275명으로 가장 많은 화가가 활동하여 숫적인 면에서도 왕성하게 활동하여 부흥하였음을 알 수 있다.

조선시대 산수회화가 발달한 것은 뛰어난 화가가 탄생한 덕분이기도 하지만, 그들의 예술적 영감에 영향을 준 숲과 같은 아름다운 산수자연이 있었기 때문이라는 점을 간과하지 말아야 한다.(제4장 3. 금수강산 참조)

나. 문학 분야[74]

1) 개요

사회현상은 사회를 이루는 여러 분야의 움직임으로 구성되고, 어떤 경우에는 각기 다른 분야의 움직임이 한 방향으로 응집된 공감을 형성하여 일률적인 현상을 나타내기도 한다. 하지만, 각각의 분야가 서로 다른 상반된 흐름을 형성하여 분산된 공감을 형성하기도 한다. 당쟁은 상호 공감하지 못하는 관계 속에서 일어나는 대표적인 정치현상이다. 사회현상은 각계각층의 사회가 보이는 현상으로 당시의 공감된 현상이 각 사회 영역의 표현 방법이나 수단으로 나타나며 그 결과를 각 개별 사회의 시대적 산물이라고 부를 수 있다. 사회를 형성하는 개별사회, 예를 들면 정치, 윤리, 예술, 종교 등은 서로 자극과 영향을 주고받아 새로운 사회현상을 불러일으키고 변화를 이끌면서 사회발전을 도모한다. 이렇게 탄생하는 시대적 산물은 그 시대의 사회현상을 가장 잘 반영하는 결과물이다.

---

74) 조선시대의 문학과 산림문화에 관한 자세한 내용은 (사)숲과문화연구회가 2015년에 발행한 『우리 문학과 산림문화』(산림문화대계4)를 참조하기 바람.

앞절에서 살핀 미술 분야에서 산수화 발전의 흐름 속에서 사회현상을 반영한 사례들을 보아왔다. 문학 또한 예외일 수 없는데, 문학에서 사회현상을 가장 잘 반영하여 시대적 산물로 태어난 것이 산림문학이라는 갈래이다. 산림은 한편으로는 물질적 자원으로서 목재와 땔감으로서 쓰임을 지니고 있지만, 다른 한편으로 자연으로서 순수한 학문연구의 장소나 현실 사회를 떠난 도피처나 은둔처로서 역할을 하여 왔다. 일반적으로 산림문학은 도피나 은둔의 장소로서 선비(정치인, 관료, 학자 등)들이 산림에 머물며 창작한 작품을 말한다. 조선시대 문학의 큰 흐름을 연구하여 정리하기에는 너무 방대하고 문학적 지식 또한 일천하여 문학 분야는 주로 "산림문학"을 중심으로 조선시대에 문학에서 차지한 산림의 영향 정도를 파악하기로 한다.

2) 산림문학의 정의

산림문학이란 산과 들이나 농촌에 숨어 글짓고 책읽는 것으로 낙을 삼는 선비의 무리에 의하여 제작된 문예를 통틀어 일컫는 말이다(이정탁, 1984; 1989). 고려 중기 무단정치를 피해 문신들이 전원에 은거한 데에서 그 시작을 찾을 수 있으나, 보통 산림문학이라고 하면 조선시대 당쟁이 격렬하였던 연산조 이후 자연에 머물며 글 쓰고 책 읽는 것을 낙으로 삼던 선비들이 창작한 문학이다. 산림문학을 하는 사람을 "산림문학파" 또는 그냥 "山林"이라고도 하는데 정치적으로도 의미를 지니고 있다.[75]

산림과 유사하게 쓰는 것으로 사림(士林)이라는 용어가 있다. 사림이란 일반적으로 조선시대 유교를 닦는 선비를 가리키는 말이지만, 정치적으로 시대에 따라 조금씩 다른 의미를 지니다가, 조선 초기에 유학을 공부하는 선비들을 가리켜 사류, 사족이라고 지칭하던 것이 16세기 사화기에 훈구파 내지 훈신·척신 계열과 대립한 재야 사류를 배경으로 한 정치 세력이며,

---

75) 제3절 정치사상의 "山林의 정치사상" 참조.

집단성을 부각할 때 사림파라고 한다. 조정이나 재야를 막론하고 성리학적인 공도 실현을 목표로 청의·청론을 유지하는 집단의 칭호로 자리잡았다(이태진, 1995; 1998). 조동일(2005a)은 정몽주에서 김종직으로 이어지는 도통(道統, 계보)으로 사림이란 선비들의 무리를 뜻하는 말이며, 산림과 통용되고, 산림은 산림처사(山林處士)의 준말로서 산과 숲에 머물러 살면서 벼슬하지 않는 사람을 말한다고 주장한다. 하지만 산림은 이미 제3절(정치사상)에서 구분하였듯이 모든 산림은 "정치적 성향"이 강한 산림이 있고, "문예 지향적" 산림이 있기에 약간 의미를 구분하여 사용할 필요가 있을 듯하다. 사림은 정치와 관료에 대한 욕심이 있기에 산림에 비해서 좀더 정치 성향이 강하다.

3) 산림문학의 출현배경과 발전과정

산림문학의 출현배경은 고려시대의 경우 무단정치로부터 도피하였고, 조선시대는 건국초기에는 일부 훈구파로부터 정치적 패배를 당해 건국에 참여하지 못한 경우, 그리고 당쟁과 사화로부터 직접 피해를 당해 낙향했거나 또는 직접 당쟁피해를 입지 않았어도 그러한 정치상황에 대한 염증으로 현실사회를 피해 은둔한 것에서 찾을 수 있다.

한편, 신정휴(1983)는 산림문학과 통용되는 사림문학에 관한 연구에서 사림문학의 형성에 중국의 『무이권가(武夷權歌)』가 사림에게 영향을 끼쳐 형성에 이르게 하였다는 주장도 있다. 즉, 고려말에 신유학이 들어오면서 주자학에 대한 관심이 커졌는데 이 과정에서 주자의 문학관에 주목하게 된 것이다. 무이는 중국 복건성 숭안현(崇女縣)에 있는 명산으로 신인 무이군(神人 武夷君)이 살았다고 하여 붙여진 이름이다. 무이산은 신인이 산다는 말처럼 절경이었으며 주자가 이곳에 복거하여 무이정사(武夷精舍)를 세우고 1184년에 무이산의 절경을 시로 노래하였다. 이것이 『무이권가』인데 서사(序詞)와 九曲으로 구성되어 있다.[76] 신정휴(1983)는 구성이나 내용이 조선의 산림에게 많은 영향을 주었는데, 퇴계는 주자의 무이산에서 생활을 본받아 은퇴하여 은병(隱屛)에 귀의하게 하고[77], 율곡에게도 생활 그 자체에 영향을 주었으며 「고산구곡가(高山九曲歌)」는 『무이권가』를 의취(擬趣)한 것으로 나타나고 있다고 한다.

퇴계는 새집을 지으며 거처를 자주 옮겨 다녔는데 그것은 학문연마와 심신의 수양에 적합한 곳을 가려서 자연의 아름다운 풍광을 찾아 들어가는 길이었다. 또한, 산림에 묻혀 사는 선비로서 독서 하는 것과 산에서 노니는 것이 서로 같은 점을 들어 독서와 산놀이(遊山)을 일치시키기도 하였다(금장태, 2012).[78] 이처럼 산림 중에 은일하면서 유산하고 독서하며 글을 쓴 창작들이 산림문학을 이루게 한 것이다.

산림문학의 발전과정은 당쟁의 발전과정과 거의 맥락을 같이 하는 것으로 이정탁은 이것을 3기로 구분하였다. 즉, 초기는 발생기로서 넓게는 여말선초부터이고 좁게는 연산조부터 선조초이며, 중기는 융성기로서 선조 중기부터 영·정조, 말기는 쇠퇴기로서 순조 이후이다. 융성기인 중기 때에 많은 사람들이 관을 사임하고 낙향하는 사관귀향(辭官歸鄕)의 경향으로 격조 높은 작품들이 창작되어 산림문학의 전성기를 맞이하게 된다.

4) 산림문학의 지향성

산림문학은 장르상으로 시가(시조, 가사, 경기체가 등)와 소설의 형태로

---

76) 서사 9曲 중 서사는 다음과 같다(신정휴, 1983).
　　武夷山上有仙靈　무이산 산마루 신비로운 경개
　　山下寒流曲曲淸　산 아래 상큼한 물길 굽이굽이 맑아라
　　欲識個中奇絶處　그 중에 예로운 절경을 찾으렸더니
　　權歌閑聽兩三聲　지국총 어영차 한가로운 뱃노래

77) 『퇴계집』〈黃仲擧求題畵十幅丁巳〉의 "武夷九曲": 憫世難從聖海浮. 隱屛嘉豚且優游. 晨門豈識當時意. 只有寒溪萬古流.
　　(은병에 기쁘게 물러나 여유롭게 지내네.)에서 유래함. 주자의 『무이권가』 9曲 중 제7曲에 들어있는 "은병"을 차운한 것이다.

78) 퇴계 『讀書如遊山』: 讀書人設遊山似, 今見遊山似讀書,(이하생략).(금장태, 2012. 204~205쪽에서 재인용).

나타나고, 내용상으로 순정(醇正)과 저항이다(이정탁, 1989; 정병욱, 2020). 산림문학 작품을 감상하면 내용이 순수하게 자연 예찬으로 묘사되어 있는가 하면, 다른 한편으로 순정과 저항의 의미를 담고 있다. 산림문학파가 지향한 생활은 무엇이었을까? 크게 두 부류로 나눌 수 있다. 하나는 순수하게 산림에 은둔하면서 자연예찬과 수신(修身)의 삶을 사는 부류와 국가와 미래를 생각하는 부류이다. 후자가 내용상 순정과 저항으로 나타나는 경우인데 아래 시는 『송강가사』성주본(71)에 있는 송강의 시인데 소나무의 절개와 흰눈의 순정이 그대로 드러나 있다;

> 송림(松林)의 눈이 오니 가지마다 곳치로다
> 한 가지 것거내어 님겨신 대 보네고네
> 님이 보신 후 제야 노가다 엇더리.

　남명 조식의 수제자이자 임진왜란 때에 영남의 의병대장으로 활약하여 명성을 얻었고, 그 후에 가야산에서 은거하면서 현실정치와는 거리를 두며 산림정승으로서 명성을 떨친 인물이던 정인홍(1535~1623)의 문학에서도 저항과 애국충정의 순정 의식이 묻어있다(류해춘, 2020).

　이처럼 유능한 실력파 산림들은 산림에 은거하며 도학(성리학) 연구에 몰두하는 한편, 국가와 임금에 대한 우국지정과 충정을 자신의 작품에 담아 자유롭게 발산하였다. 산림문학파는 후진을 양성하는 일에도 게을리하지 않아 국가와 백성을 이끌어갈 우수한 인재를 배출하였다. 이를 위해 퇴계 등은 국가 동량재를 양성할 서원을 설립하여 후학 양성에 힘썼는데 퇴계가 운영한 도산서원은 우리나라 최초의 사액서원이 되기도 하였다. 산림문학의 전성기 때에는 산림예찬 뿐만 아니라, 안빈낙도, 전원한거의 낙에 취하지 않고 적극적으로 부패사회에 대한 항거, 사회정의, 사회개혁을 위한 방향으로 의식을 형성하는 모습도 볼 수 있다. 연암소설(燕巖小說)이 일종의 세태소설처럼 사회개혁이나 세태를 고발하는 경향을 반영해주고 있다(이정탁, 1971;

표 6-6. 산림문학파 주요 인물(이정탁, 1971, 1984; 조동일, 2005a,b; 김기원, 2015)

작가	생몰연대	왕조	대표작
서경덕(화담)	1489~1546	성종~명종(5)	도죽장부(桃竹杖賦), 천기(天機), 동지음(冬至吟), 우일절(又一絶), 소회(笑懷), 개음, 유음, 우음, 술회, 산거(山居), 한회(閒懷), 유산(遊山), 대흥동, 지족사, 준일, 설월음(雪月吟), 종송(種松), 영국(詠菊), 계성(溪聲), 문고도(聞鼓刀), 제차(再次) 등
이황(퇴계)	1501~1571	연산군~선조(5)	도산십이곡, 금보가(琴譜歌). 상저가(相杵歌). 시: 김선생이 마을을 지나며, 월영대, 죽석루, 봄에, 연망에 고향땅을 받고 감회를 적다, 암투강 천연 해수, 위화도, 서당에서 김응림(金應霖)이 내방을 기뻐하며, 호당의 매화 늦봄에 피어나다, 고산(孤山), 퇴계 죽석제로 옮기고 한서암이라 이름짓다, 이선생이 한서암에 오시다, 퇴계(退溪), 한서암(寒栖庵), 반구(伴鷗), 소나무를 읊노다, 모춘우작(暮春偶作)
이이(율곡)	1536~1584	중종~선조(4)	고산구곡가. 시: 화석정 8세작, 연경도중숙수제(燕京途中宿舍弟), 풍악증소암노승병서(楓嶽贈小菴老僧幷書), 극정송선생(哭靜松先生), 송선생(松先生), 호당야좌(湖堂夜坐), 극퇴계선생(哭退溪先生), 만월대, 부벽루, 연광정, 경회루차황청사운(慶會樓次皇天使韻), 승주서하(乘舟西下), 거국해주(去國海州)
정철(송강)	1536~1593	중종~선조(4)	송강가사, 관동별곡, 성산별곡, 사미인곡
박인로(노계)	1561~1642	명종~인조(4)	조홍시가, 오륜가, 입암가
이매창	1573~1610	선조~광해군(2)	증별(贈別), 자한(自恨), 춘사(春思), 자상(自傷), 강대독사(江臺讀史), 병중(病中), 증취객(贈醉客), 고인(故人), 이른 가을, 선유(仙遊), 기타

표 6-6. (계속)

작가	생몰연대	왕조	대표작
윤선도(고산)	1587~1671	선조~현종(5)	산중신곡, 오우가, 어부사시사
정약용(다산)	1762~1836	영조~현종(4)	동어을 생각하며, 춘일배계부승주부한앙(春日陪季父乘舟赴漢陽), 무검편증미인(舞劍篇贈美人), 술지(述志), 호공탄(豪工歎), 기민시(飢民詩), 제화(題畫), 타맥행(打麥行), 탐진촌요(耽津村謠), 탐진농가, 애절양(哀絶陽), 충식송(蟲食松), 승발송행(僧拔松行), 기타 전가기사(田間紀事)
신위(자하)	1769~1845	영조~현종(4)	속추사(屬秋史), 회령령, 매탄, 태자하(太子河), 노가쟁(盧家箏), 제청수부용각(題淸水芙蓉閣), 상산영(象山詠), 유교(柳橋), 유림석담(柳林石潭), 오동도, 무산(霧山), 아미산, 반도식(蟠桃石), 후월매, 자하담(紫霞潭), 도좌화, 유랑(柳浪), 문성진(文城鎭), 은금령(銀金嶺) 등
황진이	미상	명종	별금경원(別金慶元), 영반월(詠半月), 송별소양곡(送別蘇陽谷), 만월대회고, 박연, 송도
이옥봉	미상	전기	등루(登樓), 만어증낭관(漫語贈郎即), 자적(自適), 추사(秋思), 귀래정, 영설(詠雪), 추천(秋韆), 반죽원(斑竹怨), 채련곡(採蓮曲), 옥봉가소지(玉峰家小池), 사인내방(謝人來訪), 별한(別恨), 이별을 원망함, 배꽃을 노래함, 칠석, 자술, 秋思, 춘일유회, 고별리(苦別離), 제비를 노래함
박죽서	미상	전기	10세작, 모춘서회(暮春書懷), 문적(聞笛), 회백형(懷伯兄), 우음(偶吟), 효좌(曉坐), 제석(除夕), 유회(有懷), 유회(遺懷), 기정(寄呈), 술회, 고향생각, 봄증, 제회, 우음, 병중, 병후, 절구(絶句), 겨울밤, 기부강(寄夫江), 재작강서행(再作江西行), 가을밤, 밤에 앉아, 밤을 노래함, 연견금원서(連見金園書), 현재 우제(縣齋偶題)

조동일, 2005b). 그렇다고 이들이 일관되게 사회개혁을 외치고, 순정과 우국 충정의 작품만을 창작한 것은 아니다. 자연을 아름답게 찬미한 작품이 수두룩하며 창작품을 통하여 우리글을 아름답게 조탁하여 발전시키는 훌륭한 성과를 얻었는데 정다산과 윤고산이 대표를 이룬다.

이렇듯 산림문학은 비록 현실적으로는 신체가 왕의 곁을 떠나 있었지만, 한편으로 지향하는 바는 오로지 국가사회와 미래를 염두에 두고 있었다. 다른 한편으로 자연과 산림의 아름다움을 노래하여 우리말을 아름답게 다듬고, 그러는 과정에서 수신하여 맑고 깨끗한 심성을 견지하였던 것이다. 이정탁(1989)은 후자에 특별히 산림문학의 진체(眞體)가 있음을 다음과 같이 피력하고 있다;

"산림문학의 저항성이 조정의 (당파)색론을 비판하여 사회정의를 구현코자 한다면, 산림문학의 순정파는 그것을 외면하고, 또한 일체의 명리를 버리고 산림에 은거하면서 자연을 예찬하고, 자연과 더불어 유유자적한 생활을 영위하여 오로지 군자의 성정을 닦고, 명경지수의 시심과 안빈낙도의 도심(道心)으로써 지란같이 높은 기품과 송죽같이 굳은 지조와 선경을 방불케하는 자연경치에서 그들의 성정을 표백한 이른바 순정성이야말로 한국 산림문학의 진체인 것이다."

조선 후기에 들어서면 1700~1850년에 유람기 등 기행문학이 발전하였다. 지도제작, 자아의식 발현 등으로 자유롭게 여행 붐으로 백두산, 금강산 등 명산 유산활동이 많이 일어났다(안휘준, 2015). 대중의 의식과 관심을 마을에서 지역으로, 지역에서 지방으로 확대하는 계기를 마련해 준 것이다. 국립수목원은 조선시대 인물들이 쓴 유산기를 『국역 유산기』로 번역하여 산림정책과 산림문화 역사성을 규명하는 데에 노력하고 있다. 발간된 문헌들은 앞절 가항. 미술 분야에서 소개하였다. 〈표 6-6〉은 산림문학(파)의 범주에 속하는 작가와 대표 작품을 작가의 생몰연대 순으로 소개한 것이다.

7. 산림 기본이념과 정책

가. 여말선초의 산림관리 상황

산림은 만백성의 삶(생명)과 일상생활을 유지하는 기본자원이다. 무엇보다 혹한의 겨울에 땔감으로 이용해야 하고, 집을 짓는데 필요하고, 취사하는데 꼭 필요한 자원이다. 이토록 백성의 살림살이는 산림에 의지하는 산림살이이다. 따라서 산림은 공용공익(共用公益)의 자원으로 백성으로 하여금 널리 이용할 수 있도록 관리되어야 한다. 산림을 개인 독점하는 것은 있을 수 없고 작은 규모라 할지라도 사사로이 소유할 수 없도록 국법으로 엄격히 다스려야 한다. 자연자원의 소유관계가 불분명하고 인구가 많지 않던 시기는 자원이 풍부하기에 이용에 큰 제약을 받지 않는다. 산림자원의 경우 고려시대 이전까지는 크게 문제가 없었던 것으로 보인다.

인구가 증가하고 생산활동 등 생활이 활발해지면서 부락 주변의 산림이 점점 황폐화되기 시작하자 산림이용에 문제가 발생한 것이 고려시대의 기록으로 나타난다. 제8대 현종(재위 1009~1031) 4년(1012)에 산림황폐를 우려하여 아래와 같은 내용으로 산림남벌을 경고하는 사건이 발생하였다.

"『禮書』에 기록되기를 한 그루의 수목을 벌목할 때라도 그 시기를 선택하지 않으면 효에 비할 정도의 비위이고 『史記』에 기록되기를 松柏은 백목 중의 최고로 귀중한 수목이라 하였는데 근간 소문에 의하면 백성들이 송백을 작벌하는데 그 시기를 택하지 않는 자가 많다 하니 금후에는 공가에서 소용하는 수목 이외에 시기를 위반하여 송백을 작벌하는 자는 일절 엄중히 금한다."[79]

이 내용으로 고려말과 조선왕조 초기에 이르는 시기의 산림관리 상황은 한 마디로 매우 혼란스러웠고 문란하였던 것으로 파악할 수 있다.

---

79) 지용하, 1964, 한국임정사. 19~20쪽.
　　禮云 伐一樹不以時非孝也. 史云 松柏百木之長也, 近聞百姓斫伐松柏多不以時 自今除公家所用違時 伐松者 一切禁斷

나. 기본이념

고려말의 문란해진 토지문제에 대한 깊은 성찰이 있었던 개국공신 정도전 등은 기본적으로 토지문제에 대한 고민으로부터 출발하여 조선왕조를 중앙집권적인 정치체제로 구상하였다. 중앙집권의 강화는 일반 백성에 대한 권력의 자의적·사적인 수탈을 제한적으로 배제한다는 의미도 지니고 있었다(신복룡, 2010). 이러한 사상은 산림을 공유공용(共有共用)하고 사점을 강력하게 금지하는 정책과도 맥이 닿아있다.

조선시대 산림정책의 기본이념을 한마디로 표현하면 '산림천택 여민공지(山林川澤 與民共之)'이다. 이 표현은 산림과 수자원을 백성이 더불어 공동으로 이용한다는 의미이다. 산림천택을 개인이 소유하는 행위를 금하되 이용을 공동으로 더불어 함께 할 수 있도록 허용한 것이다.

조선왕조의 산림정책의 기본이념이 된 '山林川澤 與民共之'는 우리 정치 사회에서 처음 등장한 것은 아니다. 이미 고려시대에도 있었다. 개경의 인구가 늘어나면서 산림개간이 더욱 활발해지게 되었는데 상대적으로 산림관리의 필요성이 더욱 절실해졌다. 이에 이자겸의 난을 수습하고 새로운 시기를 맞이한 인종(仁宗 5, 1127년)은 3월에 국정을 새롭게 펼치기 위한 소칙(詔勅, 조서)을 내리면서 향후 정국 운영계획을 반포하였다. 여기에 산림정책과 관련하여 산림을 백성이 공동으로 이용하는 것을 천명하는 다음의 내용이 담겨 있었다(오치훈, 2019).

> 詔曰 …(中略)… 今以日官之議 行幸西都 深省旣往之愆 冀有
> 惟新之敎 布告中外 咸使聞知 …(中略)…
> **山澤之利 與民共之 毌得侵牟**[80]

그런데 이처럼 산림을 백성으로 하여금 공동으로 이용할 수 있도록 한다는

---

80) 『高麗史』 권15 世家15, 仁宗 5년 3월 戊午.

'山林川澤 與民共之'의 정신은 옛 기록에서 근원을 찾는다면, 무엇보다 『예기(禮記)』의 「왕제(王制)」[81]에, "林麓川澤 , 以時入而不禁"(산림천택은 적절한 때 들어가는 것을 금하지 않는다)에서 기원을 찾을 수 있을 것이다. 산림 이용에 대한 이러한 공자의 정신은 맹자로 이어지고 맹자를 이어받은 주자(朱子)에 이르러서 비로소 '山林川澤 與民共之'라는 구절이 태동한 것으로 파악된다. 즉, 이 표현은 주자의 '맹자집주(孟子集註)'에 나오는 다음 문장 중에 들어있는 구절이다.

> 農時 謂春耕, 夏耘, 秋收之時 凡有興作 不違此時 至冬乃役之也 ......중략...... 魚不滿尺 市不得粥 人不得食 山林川澤 與民共之 而有厲禁 草木零落然後 斧斤入焉 ......중략......王道 以得民心爲本 故 以此爲王道之始[82]

"농사는 봄에 밭 갈고, 여름에 김매고, 가을에 수확하는 때를 이르니, 모든 〈토목공사와 부역을〉 일으킴에 이 농사철을 놓치지 않게 하고 겨울에 이르러서야 부역을 시키는 것이다. ~중략~ 물고기가 한 자가 되지 않으면 시장에 팔 수 없고 사람들이 먹을 수 없었다. 그리하여 산림과 천택을 백성과 함께 이용하되 엄격한 금지가 있어서 초목의 잎이 떨어진 뒤에야 도끼와 자귀를 가지고 산림에 들어가게 하였다. ~중략~ 왕도는 민심을 얻는 것을 근본으로 여기기 때문에 이것을 왕도의 시작으로 삼은 것이다."

위 내용은 맹자(BC 372~289)가 전국시대 위나라(魏)의 제3대 군주인 양혜왕(재위 BC 369~319)을 BC 336~320 시기에 알현하면서 '농사철을 놓치지 않고 농사지어 곡식을 걷고, (도끼와 자귀 들고) 철 따라 산림에 들어가서 재목을 구하게 하여 살아있는 이를 봉양하고 죽은 이를 장송(葬送)

---

81) https://ctext.org/liji/wang-zhi/zh(中國哲學書電子化計劃) 또는
   https://www.arteducation.com.tw/guwen/bookv_3141.html(中華古詩文古書籍網)
82) 성백효, 2017, 孟子集註, 梁惠王章句 上. 서울: 한국인문고전연구소. 26~27쪽.

하는데 유감이 없게 하는 것이 왕도(王道)의 시작이다'라고 말한 것에 대해 朱子가 밝힌 주석 내용이다. 맹자가 양혜왕 알현 때 밝힌 "斧斤 以時入山林 材木 不可勝用也"라는 맹자의 산림이용에 대한 의미를 주자가 "山林川澤 與民共之"로 해석하였다. 이것을 산림관리의 정도이며 핵심정신으로 제시 하면서 이렇게 되도록 하는 것이 민심을 얻는 왕도의 근본임을 천명하고 있다. 더 나아가서 산림을 벌채하는 최적의 시기도 제시하고 있음을 알 수 있다. 이 정신이 길게는 1400여년(맹자시대), 짧게는 200여년(주자시대) 세 월이 지난 고려왕조에 적용되고 조선왕조에도 채택되어 빈부 귀천없이 모든 백성의 삶에 반드시 필요한 산림을 공용재로서 이용할 수 있도록 조치한 것임을 알 수 있다.

당나라 때(618~907)에도 법전에 "山林藪澤之利 與衆共之 公私共之"라 고 전해지고 있음을 볼 수 있다.[83]

그럼에도 "山林川澤 與民共之"가 조선왕조실록에 처음 등장하는 때는 성종 9년 4월 7일(1478년)로 장령(掌令, 사헌부 정4품) 박숙달이 말하는 대목에서 알 수 있게 한다;

"...(중략).... 또 신이 전에 강원도에 가서 보니, 본도(本道)는 토지가 메말라 서 그곳 백성은 농사짓기를 힘쓰지 아니하고 모두 목재(木材)를 팔아서 생활 하는데, 이제 금하여 나무를 베지 못하게 하니, 예전에는 산림 천택(山林川 澤)을 백성들과 함께 공유(共有)하였습니다. 국가에는 이미 금산(禁山)이 있으니, 그 외의 산은, 청컨대 금하지 말게 하소서." 하니, 임금이 말하기를, "그렇지 않다. 금산 이외에 어찌 금함이 있겠는가?"(이하생략)

---

83) 仁井田陞, 1963, 중국법제사(제4장 제6절 山林藪澤-농전수리 및 조장제1 村落法)(남원우, 1988.에서 재인용).

다. 정책 목표

'산림천택 여민공지'를 내세운 산림정책의 기본이념이 지향하는 목표는 무엇이었을까? 정도전은 1394년에 편찬한 저서 『조선경국전(朝鮮經國典)』 「부전(賦典)」의 '산장수량(山場水梁)'조항에서, '고려시대에는 산장과 수량을 모두 호강자(豪强者)가 점탈하여 국가에서는 그 이득을 얻지 못하였다. 전하께서 즉위하신 뒤로 고려시대의 잘못된 제도를 고쳐서 산장과 수량을 몰수하여 공가(公家)의 소용으로 하였다.'라고 기술하여 고려시대에 실력자들이 소유했던 산림천택의 소유권을 박탈하였음을 밝히고 있다. 또한, '산림을 이용할 때에는 초목의 잎이 다 떨어진 뒤에야 도끼를 들고 산림에 들어가 나무를 베게 하였는데 이것은 천지자연의 이(利)를 아껴서 쓰고 사랑하고 기르기 위한 것이다.'[84]라고 하여 나름대로 산림 이용의 철학을 피력하였다.

태조는 1398년 9월 12일, 종묘에 다녀온 후 정전(正殿)에서 32개 조항의 '즉위교서'를 반포하였는데, 산림 관련 내용은 아래 21번째 조목에 담겨있다;

"1. 어량(魚梁)과 천택(川澤)은 사재감(司宰監)의 관장한 바이니, 사용원(司饔院)에 분속(分屬)시키지 말게 하여 출납을 통일하고, 산장과 초지(草枝)는 선공감(繕工監)의 관장한 바이니, 사점(私占)을 하지 말게 하고 그 세(稅)를 헐하게 정하여 백성의 생계를 편리하게 할 것이다."

여기서 주목해야 할 내용이 '사점(私占)을 하지 말게 하고 그 세(稅)를 헐하게 정하여 백성의 생계를 편리하게 할 것이다.'라는 대목이다. 산림을 사사로이 점유하는 것을 금지하고 부(賦)가 되는 세에 대한 부담을 약하게 하여 백성이 편안하게 살 수 있도록 하겠다는 국왕으로서 의지를 담고 있다.

종합하면, 고려시대 호강자들이 소유했던 모든 산림천택을 몰수하여 '산림천택 여민공지'의 기본이념 아래 아껴서 쓰고 사랑하고 기르게 하여 누구

---

84) 한영우 역, 2014, 조선경국전. 정도전 원저 朝鮮經國典. 서울: 올재. 210쪽.

에게나 공공(公共)으로 활용할 수 있도록 함으로써 백성의 삶을 편하게 한다는 것이 조선왕조 산림정책의 궁극적인 정책 목표라고 할 수 있을 듯하다.

그러나 산림천택은 이미 16세기에 사점과 소유가 광범위하게 이뤄지고 있었다.(본 장 제8절 산림사점 참조)

라. 주요 산림법령

1) 조선 최초의 법령『경제육전(經濟六典)』

정책을 수립하는 근거로 삼는 것이 법령이므로 조선시대의 산림정책을 살피기에 앞서 법을 살피는 것이 순서이다. 조선시대 최초의 법은『경제육전』으로 이것은 1397년에 편찬 반포되었는데 '경제원육전(經濟元六典)' 또는 '원육전(元六典)'이라고도 한다. 태조 6년인 1397년 12월 26일에 공포 시행하였으며[85] 그 후로『경제육전속집상절(經濟六典續集詳節)』(1412년),『속육전(續六典)』(1413년),『원·속육전(元·續六典)』과 등록(謄錄)(1426년),『신속육전(新續六典)』(1428년),『육전등록(六典謄錄)』(1429년),『신찬경제속육전(新撰經濟續六典)』(1433년) 등으로[86] 여러 차례 수정한 것으로 전하지만 현존하는 것이 아니므로 내용을 알 수 없다. 그러나 이들『경제육전』류(필자 호칭)는 조선 창업 군주의 법치주의 이념이 담긴 조종성헌(祖宗成憲)으로서 금석과 같은 절대적 가치가 부여되었으며, 뒤에『경국대전(經國

---

85) 태조실록 12권, 태조 6년 12월 26일(1397년)
  都堂令檢詳條例司, 册寫戊辰以後合行條例, 目曰《經濟六典》, 啓聞于上, 刊行中外.
  도당(都堂)에서 검상 조례사(檢詳條例司)로 하여금 무진년 이후에 합당히 행한 조례를 책으로 쓰게 하여 제목을 《경제육전(經濟六典)》이라 하여 임금께 아뢰고 중외(中外: 나라 안팎)에 간행하였다.

86) 하륜과 이직 등이 1412년 4월에『경제육전속집상절(經濟六典續集詳節)』편찬, 수정한 뒤에 1413년 2월『속육전』으로 공포, 시행하였다. 이후 이직·이원·맹사성·허조에 의해 1426년 12월 원·속육전(元·續六典)과 등록(謄錄)을 찬진하였다. 1428년 11월에『신속육전(新續六典)』5권과 등록 1권을 완성, 이듬해 3월에 편찬하였는데 이 때 편찬한 등록을『육전등록(六典謄錄)』이라고 한다. 이후 황희(黃喜)에게 이를 검토하게 하여 1433년 정월 새 법전『신찬경제속육전』을 완성하였다. 그러나『속육전』은 전해오지 않는다(박병호, 1995).

大典)』의 편찬에도 크게 영향을 끼친 것으로 보인다(박병호, 1995).

잘 알려진 것처럼 『경국대전』은 현존하는 조선시대 최고(最古)의 법전이다. 최고의 법전이라도 모법이 있을 것인데 『경제육전』이 모법 역할을 한 것이다. 현존하지 않는 법이라서 내용을 자세히 알 수 없지만 『경국대전』이 제정되기 이전 『조선왕조실록』에 인용하고 있는 내용을 보면 『경제육전』 원본이나 수정본에 산림 관련 내용을 많이 규정하고 있음을 알 수 있게 한다. 아래 볼드체로 표시한 부분이 그것을 말해준다.

세종 1년 7월 28일(1419년) (영의정) 유정현이 아뢰길, (중략) "병선은 국가의 중한 그릇이라, 배 만드는 재목은 소나무가 아니면 쓰는데 적당치 아니하고, 소나무는 또 수십 년 큰 것이 아니면 쓸 수가 없는데, 근래 각도에서 여러 해 동안 배를 만든 까닭에 쓰기에 적합한 소나무는 거의 다 없어졌으므로, **소나무를 베는 것을 금하는 것이 이미 법령에 정해 있으나**, 무뢰한 무리가 혹은 사냥으로 혹은 화전(火田)으로 말미암아, 불을 놓아 연소하여 말라 죽게 하며, 혹은 산전을 개간하거나, 혹은 집을 짓거나 해서, 때 없이 나무를 베어 큰 재목이 날로 없어져 가는 데 이른 것입니다. 어린 솔은 무성하지 못하게 되어, 장차 수년이 못되어 배 만들 재목이 계속되지 못할까 진실로 염려 아니할 수 없는 것입니다. 영선하는 공사에 해마다 바쳐야 할 재목을 제외한 외에는, 각 관에서는 새로 짓는 공청(公廳)이나 백성이 거주할 집에도 소나무를 쓰는 것을 금하여, 어기는 자는 죄로 다스릴 것이며, 소나무가 있는 곳에는 부근 주민으로서 항산(恒産)이 있는 자를 산지기로 정하여, 요역을 면제하여, 오로지 수호만을 위임하고, 수령이 무시로 고찰하여 도관찰사가 봄과 가을 두 차례로 사람을 보내어 살펴 조사해서, 만일 말라 죽거나 벤 것이 있을 때 산지기와 수령 등을 중하게 논죄하여, 뒷사람을 경계하게 하고, 해마다 근무 성적을 고사할 때마다 그 말라 죽은 것이나, 벤 것이나, 성장한 수를 상고하여 출척(黜陟)의 근거로 삼고, 또 각 포 만호로 하여금 매양 무사한 때를 당하여, 부근에 있는 비어있는 땅에 선군을 감독하여,

소나무를 많이 심어서 뒤에 쓸 것을 예비하게 하소서."하니, 상왕이 "병조와 정부로 하여금 의논하여 올리라."고 하였으나, 일이 마침내 시행되지 못하였다.[87]

　"소나무를 베는 것을 금하는 것이 이미 법령에 정해 있으나(故禁伐松木, 已有著令)"에 해당하는 법령이란 세종 1년(1419년)이라는 연대로 볼 때『경제육전』을 한 차례 수정하고 다시 보완하여 1413년에 나온 『속육전(續六典)』을 의미하는 것으로 보인다. 이 내용도 어쩌면 모법에서부터 규정하고 있을 것이다고 추측해볼 수 있다면, 산림 관련 규정은 조선의 모든 법령의 기본법이자 통일법전인『경제육전』에 담겨 있었을 것이라고 보는 것이 합리적일 것이다. 송목금벌, 송목작벌물금, 금벌송목, 송목지금 등의 표현으로 소나무 벌채를 "『경제육전』류"에서 법적으로 금지하는 사례는 세종 연간에만 해도 많이 발견된다.[88]

　또한 조선왕조의 산림정책의 기본이념인 '산림천택 여민공지'와 사점(私占) 금지의 의지도 법령『경제육전』에 담고 있을 것으로 추측할 수 있다. 이와 같은 추측은 태조 6년 4월 25일에 간관(諫官)이 올린 10개조의 서정쇄신책 중 아래에 제시한 제10조의 내용에 근거한 것이다. 즉, 태조 6년 4월 25일(1397년)에 간관이 아뢰길,(중략), "산장(山場)과 수량(水梁)은 온 나라 인민이 함께 이롭게 여기는 것인데, 혹 권세 있는 자가 마음대로 차지하여

---

87) 세종실록 4권, 세종 1년 7월 28일(1419년). 柳廷顯上疏論事曰: (중략), 國家之重器. 造船之材, 非松木不中於用, 松木又非數十年所長可用. 比因各道累歲造船, 松木之適用者幾盡, 故禁伐松木, 已有著令. 無賴之徒, 或因田獵, 或因火田, 放火延燒, 致令枯槁; 或因開墾山田, 或因營構室屋, 不時斫伐, 成材日至於乏少, 稚松又不得盛茂, 將不數年間, 造船材木, 恐或不繼, 誠不可不慮也. 除繕工年納材木外, 各官新造公廨, 民居, 禁用松木, 違者理罪. 於松木有處, 以附近居人有恒産者, 定爲山直, 免其徭役, 專委守護, 守令無時考察, 都觀察使以春秋兩節, 差人審覈, 如有枯槁斫伐, 則山直及守令等重論戒後. 每當殿最之時, 考其枯槁, 斫伐, 盛長之數, 以憑黜陟. 又令各浦萬戶, 每當無事之時, 附近閑曠之地, 監督船軍, 多栽松木, 以備後用. 上王令兵曹, 政府擬議以聞, 事竟不行.

88) 세종실록 권77, 세종 19년 6월 2일(1437년)
　　세종실록 권84, 세종 21년 2월 6일(1439년)
　　세종실록 권86, 세종 21년 9월 8일(1439년)
　　세종실록 권93, 세종 23년 7월 14일(1441년)

이익을 독점하는 일이 있으니 심히 공의(公義)가 아닙니다. 원컨대 지금부터는 주부(州府)·군현(郡縣)에 영(令)을 내려 경내의 산장과 수량을 조사하여, 만일 마음대로 독점한 자가 있으면 그 성명을 일일이 헌사(憲司)에 보고하여, 헌사에서 계문(啓聞)하여 과죄(科罪)해서 그 폐해를 일체 금하고, 수령이 세력에 아부하고 위엄을 두려워하여 숨기고 보고하지 않는 자가 있으면 죄를 같게 하소서. 하니, 임금이 유윤(俞允)하여 시행하였다."[89] 『경제육전』이 같은 해 12월 26일에 반포되었으므로 위에 담긴 '산림천택 여민공지'의 내용을 제시할 충분한 여지가 있다.

'경제육전류'의 법령에서 산림의 개인 소유를 금지한 내용은 아래 사례에서 보는 것처럼 세종 때에 더욱 명확하게 제시되어 있다. 즉, 세종 4년 11월 10일(1422년)에 공조에서 전하길, "山場柴草, 勿令私占, 載在續典, 無識之徒, 不顧禁令, 專利害民, 所在官吏, 知而不禁.(이하생략)"라 하였다.[90] "산장(山場)의 시초(柴草)는 사사로이 차지하지 못하게 하는 것이 《속전(續典)》에 기재되어 있는데, 무식한 무리들이 금령을 거리끼지 않고 이익을 독차지하여 백성을 해롭게 하였으나 그 곳의 관리들은 이를 알고도 금하지 않고 있다."는 내용이다.

이상에서 살핀 것처럼 『경국대전』 이전의 법인 『경제육전』을 비롯한 이후 수정 개정이 거듭된 이들 '경제육전류'에 산림정책의 기본이념이 담겨 있을 뿐만 아니라, 사점을 금하며, 주요 수종인 소나무의 벌채를 금지하는 내용이 규정되어 있을 것으로 짐작할 수 있다.

---

89) 태조실록 11권, 태조 6년 4월 25일(1397년) : 諫官上書言事: (중략)一, 山場水梁, 一國人民所共利者也. 或爲權勢, 擅執権利者有焉, 甚非公義也. 願自今下令州府郡縣, 考其境內山場水梁, 如有專擅者, 則將其姓名, 一一告于憲司, 憲司啓聞科罪, 痛禁其弊; 守令有阿勢畏威, 匿不申報者, 罪同.

90) 세종실록 18권, 세종 4년 11월 10일(1422년)

2) 「경국대전(經國大典)」과 「대전회통(大典會通)」

가) 법령개요

『경국대전』은 『경제육전』의 원전과 속전, 법령 등 그간 국가운영을 위해 영(令)으로 규정하였던 법령을 통합하여 편찬한 조선시대 기본법이며 현존하는 가장 오래된 최고의 법전이다.

제7대 세조(재위 1455~1468)는 육전상정소(六典詳定所)를 설치하여 편찬에 착수하였다. 1460년 7월에 재정과 경제의 기본인 「호전(戶典)」과 「호전 등록(戶典謄錄)」을 완성하여 「경국대전 호전」이라 불렀다. 이어서 1461년 7월 「형전(刑典)」, 1466년에 「이전(吏典)」, 「예전(禮典)」, 「병전(兵典)」, 「공 전(工典)」을 완성하였다. 그러나 이들을 재검토하여 1468년 1월 1일부터 시행하고자 하였으나 신중을 기하여 보류하였고, 뒤를 이은 예종이 즉위 2년인 1469년 1월 1일에 시행코자 하였으나 별안간 서거하여 반포하지 못하였다. 성종(재위 1469~1494)이 즉위하면서 재수정하여 드디어 1471년 1월 1일에 시행하게 되었는데 이를 『신묘대전(辛卯大典)』이라 부른다. 다시 누락된 내용을 보완하여 1474년 2월 1일부터 시행하였는데 이를 『갑오대전(甲午大典)』이라 한다. 1481년 9월 이후 이를 수정한 다음 최종 법전으로 확정하여 1485년 1월 1일부터 시행하였는데 이것이 『을사대전(乙巳大典)』으로서 그 내용이 오늘날 온전하게 전하는 『경국대전』이다. 이후에 아래와 같은 법령들이 순차적으로 수정 또는 보완을 거쳐 편찬되었다(박병호, 1995; 이성무, 1995);

- 『대전속록(大典續錄)』: 1485년 『경국대전』 시행 후 1491년까지의 현행 법령을 수정·보완하여 편찬한 법제서
- 『대전후속록(大典後續錄)』: 『대전속록』 시행 후 1542년까지의 현행 법령을 수정, 보완하여 1543년 편찬한 법제서
- 『수교집록(受敎輯錄)』: 1698년 이익·윤지완·최석정 등이 왕명으로

『대전후속록』 이후 각 도와 관청에 내려진 수교·조례 등을 모아 편찬한 법제서
- 『속대전(續大典)』:『경국대전』의 총 213항목 중 76항목을 제외한 137항목을 개정, 증보하여 1746년 편찬한 법제서
- 『대전통편(大典通編)』:『경국대전』과 『속대전』, 그 뒤의 법령을 통합하여 1785년 편찬한 법제서
- 『대전회통(大典會通)』:『대전통편』 체제 이후 80년간의 수교(受敎)와 각종 조례 등을 보완 정리한 것인데 『대전통편』을 약간 증보한 형태로 1865년(고종 2년) 9월에 편찬한 조선시대 최후의 통일 법제서

이상에서처럼 『경국대전』은 건국부터 93년, 9대 왕조를 거쳐 완성된 국가 기본법으로 탄생하였지만, 이후 380년의 기간 동안에 최소한 6번의 개보수를 거쳐 『대전회통』의 이름으로 재탄생하였다.

『경국대전』의 편제는 순서대로 「이전」, 「호전」, 「예전」, 「병전」, 「형전」, 「공전」 등 육전으로 구성되어 있다. 「이전」은 통치의 근간인 중앙과 지방의 행정기관과 관리(공무원)에 관한 사항, 「호전」은 호적, 부동산 등기, 노비와 우마 매매, 조세, 녹봉, 각종 산업 등 재정과 경제에 관한 사항을 규정하고 있다. 「예전」은 각종 과거, 의장, 외교, 제례, 묘지, 관인(官印), 공문서식 등에 관한 사항, 「병전」은 군사제도, 병선 등에 관한 사항을 규정하고 있다. 「형전」은 형벌과 재판, 공사노비 규정, 재산상속에 관한 사항, 「공전」은 도로, 교량, 도량형, 식산(殖産: 생산물 증식), 산림 등에 관한 사항을 규정하고 있다.

나) 산림담당 부서와 업무분장

의정부는 영의정을 우두머리로 우의정 좌우정을 정1품으로 두는 최고의 관부(官府)이며, 六曹 등 모든 벼슬아치인 백관(百官)을 총리하고, 서정(庶

政)을 공평하게 하며, 음양을 순리롭게 하고, 국토를 정리하는 직책을 담당하는 최고 행정기관이다. 당하관(정3품 이하)은 모두 문관을 임용하였다.

공조는 정2품을 우두머리로 두는 정2품아문으로서 판서(判書)를 우두머리로 참판, 참의, 정랑, 좌랑(좌랑-정6품)을 배치한다. 담당업무는 산택(山澤), 공장(工匠), 영선(營繕), 도야(陶冶)에 관한 정사를 관장하였는데, 이들 정사의 업무는 영조사(각종 공사), 공치사(각종 제작, 가공), 산택사(山澤司)로 분장하였다.

산택사의 업무는 산림, 천택(강, 호수, 바다 등 수자원), 나루터, 교량, 화유(花囿)와 원림(苑林), 종묘식목, 탄(숯), 목석재, 주차(舟車, 배와 수레), 필묵, 무쇠, 칠기 등의 사무를 분장하였다.

사재감(司宰監)은 땔감을 담당한다.

장원서(掌苑署)는 원유와 원림, 화초를 담당하는 부서이다.

사포서(司圃署)는 원포(園圃)와 소채를 관장하는 부서이다.

한성부(漢城府)는 정2품의 판윤(判尹)을 우두머리로 하는데 사산(四山)을 관장하였다.

다) 두 법전의 「형전(刑典)」의 금제(禁制) 조항 비교

(1) 『경국대전』 「형전」의 금제

국법으로 금지하는 금제(禁制) 조항에 산림과 밀접하게 관련된 사항은 다음 네 가지이다.

- 사족(士族)의 부녀가 산간이나 물가에서 잔치를 베풀며 놀이하는 유연(遊宴)을 하면 장(杖) 100의 형에 처한다.
- 산천, 성황신에 제사 지낸 자에게 장(杖) 100의 형에 처한다.
- 사사로이 땔감 벌채장(柴場)을 점유하는 자에게 장(杖) 80의 형에 처한다.[91]

- 옛무덤을 매장지로 사용한 자는 발총률(發塚律)에 의거하여 논죄한다.[92] 발총을 허락한 자와 장비를 지정하여 준 지사(地師)도 같다.

이 밖에 산림과 관련한 형벌은 「공전」의 '재식'에도 들어있다.

(2) 『대전회통』 「형전」의 금제 조항

『경국대전』에 없는 공궐(空闕, 임금이 없는 대궐)의 소나무를 몰래 작벌하는 투작(偷斫)에 관한 내용, 산직(山直), 봉산의 금송 작벌, 봉산에 금화(禁火) 등에 관한 내용이 많이 추가되었다. 이 내용은 조선의 소나무 정책에 관한 내용이어서 송정(松政)에서 다루기에 여기서는 기술을 생략한다. 그 외 증보된 내용으로 능・원・묘의 수목을 작벌한 자에 대한 형량이 다음과 같이 규정되어 있다.

《增》능(陵)・원(園)・동(蕫: 墓의 오기인 듯)의 수목을 범작(犯斫: 베지 못하게 한 것을 벰)하였으되 적발하지 못하면 범작인과 능관을 경중으로 구분하여 논죄한다. 능・원・묘의 아름드리 대목〈판재를 만들 만한 것〉 한 그루를 범작하였으되 적발하지 못하면, 능관은 도(徒) 3년, 능군은 유배 2천 리하며, 두 그루 이상은 차등으로 가등하여 유배 3천리까지 한다. 송잡(松雜) 대목〈집 材木으로 할 만한 것〉 한 그루 이상은 능군은 장 100, 네 그루

---

91) 『경국대전』에 있는 죄인의 형벌은 모두 5형으로 大事(사죄-사형), 中事(流형과 徒형), 小事(杖형과 笞형)의 순으로 형벌이 가볍다. 장형과 태형은 형장(荊杖, 몽둥이)으로 볼기를 치는 형벌이나 태형은 장 10, 20, 30, 40, 50, 장형은 장 60, 70, 80, 90, 100으로 구분되어 있다. 또한 태형에 쓰이는 형장은 몽둥이 굵기가 원구와 말구 각각 2분 7리와 1분 7리, 장형은 대형장을 쓰는데 더 굵어서 각각 3분 2리와 2분 2리이고 길이는 3자 5치(약 105cm)로 동일하다. 도(徒)형이란 관에 구수(拘收)하여 잡아두고 모든 혹독하고 힘든 일(用力辛苦之事)을 시키는 형이다. 1년 장 60, 1년 반 장 70, 2년 장 80, 2년 반 장 90, 3년 장 100 5등급으로 구분한다. 〈경국대전〉(하권)-刑典. 149~155쪽 참조). 태(笞)는 작은 가시나무, 장(杖)은 큰 가시나무, 곤(棍, 몽둥이)은 버드나무로 만들었다(『조선왕조실록』 정조 2년 1월 12일, 1778년).

92) 발총이란 묘지를 파내는 것을 말한다. 명나라의 법제인 『대명률』의 발총률에 의하면 분묘를 발굴하여 관곽이 드러나게 한 자는 장 100 유배 3000리, 이미 관을 열고 시체가 보이게 한 자는 교형(絞刑 : 교수형), 발굴하되 아직 관곽까지 이르지 못한 자는 장 100 도(徒) 3년의 형에 처한다는 규정이다. 〈경국대전〉(하권)-刑典. 167, 173쪽 참조)

이상은 도 2년하고 일곱 그루 이상은 도 3년, 능관으로서 다섯 그루 이상은 파직하고 일곱 그루 이상은 직책(품계) 3등을 빼앗으며 열 그루 이상이면 능군은 유배 3천리하고 능관은 도 3년으로 한다. 중목 열 그루 이하는 능군은 장 80, 열 그루 이상은 장 100, 스무 그루 이상은 도 1년, 서른 그루 이상은 도 2년, 능관으로서 쉰 그루 이상은 직책 3등을 빼앗고 서른 그루 이상이면 파직한다. 소목 열 그루 이상은 능군은 태(笞) 40, 스무 그루 이상은 장 60으로 하나니 적발하여 본조(本曹)에 보하면 능속(陵屬)을 물론하고 자신으로서 투작한 자는 『대명률』에 의하여 3등을 가한다.

라) 두 법전의 「공전(工典)」 비교

「공전」은 공조에서 관장하고 있는 산택(山澤), 공장(工匠), 영선(營繕), 도야(陶冶)에 관한 정무의 규준을 규정한 법전이다. 소속된 관사(부서)는 상의원, 영선공, 수성금화사, 전손사, 장원서, 조지서, 와서 등이다. 「공전」에 명기된 항목은 교로(橋路), 영선, 도량형, 원우(院宇), 주차, 재식, 철장, 시장, 보물, 경역리, 잡령 등 10개 항목이다. 이 가운데 산림과 가장 많이 관련된 항목은 재식, 시장, 경역리인데 국역한 내용을 가감 없이 아래에 소개한다(법제처, 1962; 윤국일, 1998).

(1) 재식(栽植)

각 고을의 칠목(옻나무), 상목(뽕나무), 유실수(과일나무)의 수와 저전(楮田, 닥나무밭), 완전(莞田, 왕골밭), 전죽(箭竹, 화살대용 대밭)의 생육지는 대장을 만들어(칠목, 상목, 과목은 3년마다 대장을 다시 만든다) 공조와 그 도(道)와 그 고을에 비치하여 두고 재식하고 배양한다.

도성 내외의 산에는 표식을 세워두고 부근 주민에게 분담시켜 벌목과 채석을 금하게 하며 감역관과 산지기(山直)를 정하여 간수한다. 감역관과 산지기는 병조에서 정한다. 감역관, 군직을 가진 사람은 동반(東班)의 예에 의하여 출사일수를 계산하여 천전(遷轉, 자리이동)한다.

- 경복궁과 창덕궁의 주산과 그 줄기(내맥, 來脉), 산등성이(산척, 山脊), 산록은 경작을 금하고 기타의 산은 산등성이에만 경작을 금한다. 공조와 한성부의 당하관은 협의하여 분담하여서 감찰한다. 만일 벌목, 채석하는 자가 있으면 장 90의 형에 처하고, 그 산의 금양을 분담받은 산지기는 장 80의 형에 처하고, 당해관은 장 60의 형에 처하고, 채취한 목석은 모두 관에 몰수하고, 나무를 벌채했을 때에는 벌채한 자로 하여금 그 수대로 재식하게 한다.

- 동서 잠실의 부근지에는 각 관청으로 하여금 매년 2월 안으로 치상(어린 뽕나무 묘목)을 심거나 종자를 심게 하여 그루수를 계산하여 부근 주민에게 주어 배양하게 한다. 율도에 있는 각 관청〈봉상시, 내자시, 예빈시, 제용감, 사포감〉의 밭을 경운할 때에는 뽕나무를 훼손하지 않도록 한다. 각 관청은 관내의 뽕나무 그루수를 계산하여 대장에 기재하여 두고 모두 공조에서 검열하되 이를 손상한 자가 있을 때에 적발하지 못한 관리는 논죄한다.

- 장원서의 각처 과원은 관원이 분담하여 매년 과목을 식재하거나 접목하고 그 그루수를 대장에 기록하여 두고, 공조에 통보하면 공조에서 검열하되 과목을 손상한 자가 있을 때에 적발하지 못한 관리는 논죄한다. 〈식재나 접목을 한 사람이 부주의로 고사한 자는 고사의 다소에 따라 처벌한다.〉 각 관청의 관내 과목은 그루수를 계산하여 대장에 기록하여 두고 공조가 모두 간수한다.

- 지방에서는 금산(禁山)[93]을 지정하여 벌목과 방화를 금지하며, 〈안면곶, 변산은 해운판관이, 섬은 만호가 감시한다〉, 매년 봄에 소나무 묘목(稚松)을 심거나 종자를 심어 배양하고 세초(歲抄)[94]에 식재, 파종(植松)한

---

93) 국가에서 입산, 목석채취, 방화 등을 금하고 수목을 배양하도록 지정한 특정의 산림(법제처, 1962, 경국대전(하권)-工典. 213쪽 註).

수를 조사하여 왕에게 보고(啓聞)한다. 이 규칙을 위반한 자는 산지기는 장 80, 해당 관원은 장 60의 형에 처한다.

- 잠실 도회처(중심지)에는 뽕나무를 심어 배양하고, 백성으로 하여금 모두 뽕나무를 심게 한다. 대호는 300그루, 중호는 200그루, 소호는 100그루로 하고 수령이 감시하여 배양하게 한다. 주인 없는 야생 뽕나무는 벌채를 금하고 관찰사가 순시 감찰하며 위반한 자는 논죄한다.
- 오동나무는 각 관청이 10그루씩 식재하여 배양하고, 공조에서 감시한다. 〈지방 각 고을은 각 30그루씩 식재배양하고 관찰사가 감시한다.〉
- 화살대나무(箭竹, 이대)는 식재 후 1년이 지나면 이를 베어서 토지를 선택하여 이식한다.
- 제주 세 고을의 감, 귤, 유자나무는 매년 식재, 접목하고, 비자나무, 노목(櫨木, 검양옻나무, 또는 황칠나무?), 산유자나무는 2년생이 되면 부근 주민을 지정하여 간수하고, 세초 때에 그 수를 갖추어 계문한다.
- 경상도, 전라도의 해변 각 고을의 감, 귤, 유자나무는 매년 가을에 관찰사가 차사원(差使員)[95]을 정하여 간수하게 하고 나무의 수를 갖추어 계문한다.

재식조에 있어서 이상의 내용은 두 법령간에 거의 동일하나, 오동나무의 경우 『경국대전』에 지방 고을은 20그루였으나 이후 30그루로 수정되어 있다. 이상의 규정에 이어서 『대전회통』에 다음과 같은 내용이 증보되어 있다;

《續》(『속대전』) 매년 춘기와 동기 2월과 10월에는 四山의 분담민으로 하여금 분담민이 정해 있지 않은 곳은 그곳의 방리인(坊里人)이 송목과 잡목을 식수케 하고 이를 어기는 자는 처벌하며 비국(備局 : 비변사)이 소재하는

---

94) 조선시대 매년 6월과 12월에 이조와 병조에서 죄 있는 사람(신하)의 이름을 적어 올리던 일(필자주).
95) 파견인. 중요한 일에 대하여 임시로 보내는 사람(법제처, 1962, 경국대전(하권)-工典. 214쪽 참조).

곳에서는 해송자(海松子: 잣)를 산록의 나무 없는 곳에 많이 파종케 한다. 매월 공조의 낭관은 이를 순찰하여 벌목을 금지한다.

- 수령은 그 관할지역 내의 백성으로 하여금 뽕나무를 심게 하고 공조에 보고하여 대장에 기록하며 공조는 그 진위를 조사하고 상벌하며 이를 응징 권장한다.

- 왕이 행차할 때 머무는 처소. 《增》 이곳은 그 범위를 정하고 경작을 엄금한다. 기타 강무·활터는 그곳 소재관으로 하여금 잡목을 심게 하고 방화 채벌을 금한다.

- 장원서 소속의 경·외과원에는 원직(苑直)을 정하여 파견하고 이를 감시케 하며 관원은 순시하며 이를 감독한다. 강화·남양·개성부는 공조의 관노(官奴)를 파견하여 간수하게 하고 과천·고양·양주·부평은 부근의 백성을 정하여 간수를 분담케 하며 이들에게 잡역을 면제한다.

- 용산·한강 등지에 있는 과원을 밟아 훼손하는 자는 금렵예(禁獵例: 허가없이 사냥하는 사람을 처벌하는 규정)에 따라 논죄한다.

- 제주 등지의 3읍에 있는 희귀한 과목은 그곳 거주민으로 하여금 재식 배양케 하며 그들의 근면함과 태만함을 조사하여 상을 주거나 벌을 주어 권장 응징한다. 당감자(唐柑子)·당유자(唐柚子)는 각각 여덟 그루, 유감(乳柑)은 스무 그루, 동정귤(洞庭橘)은 열 그루를 재식한 자는 복호(復戶)[96]를 허락하고, 당감자와 당유자를 각각 다섯 그루, 유감과 동정귤을 각각 열다섯 그루를 재식한 자에게는 면포 30필을 지급한다. 만일 상을 받고 또는 복호된 후에 이 과목의 배양에 부주의하여 이를 말라 죽게 한 자는 상포를 다시 몰수하고 본역으로 돌린다. 복호인이 재식한 과목의 수는 6년에 한 번씩 이를 계산하여 원래 수 외에 배수를 재식한 자에게는 상포를 지급하며 세초 때마다 왕에게 보고한다. 《增》 외읍인으로서 사사로이 소나무 1000 그루를 심어 이를

---

96) 복호란 조선시대 때 충신, 효자, 절부(節婦) 등에게 조세, 부역 따위를 면제하는 일을 말한다.

재목이 될 만큼 배양한 자는 당해 수령이 친히 조사하여 관찰사에게 보고하여 논상한다.

- 강화부 연변은 매년 해송자를 보내어 파종케 하며 탱자나무(枳子)를 심은 수효와 함께 별단으로 보고한다.
- 압도(鴨島)·율도(栗島)에서 우마를 방양하는 자가 있으면 본주는 위령률(違令律)로써 논죄한다.

(2) 시장(柴場)

땔나무를 베는 일정한 장소로서 땔감 채취장을 말한다. 한성의 각 관청에 수변에 일정한 면적의 시장을 주었다. 시장에 대해 규정한 내용을 보면 아래와 같다.

땔나무를 사용하는 각 관청에게 수변에 땔나무 채취장을 준다.(봉상시, 상의원, 가복시, 군기시, 예빈시, 내수사에는 모두 각 주위 20리, 내자시, 내섬시, 사재감, 선공감, 소격서, 전생서, 사축서에는 모두 각 주위 15리, 사포서에는 주위 5리의 시장을 준다.)

후에 사재감은 시장 지급 대상에서 삭제하였으며 그 외 《續》으로 증보된 내용은 아래와 같다;

《續》각 능침의 향탄산은 능관이 적당하다고 인정되는 곳을 열거 보고하면 왕이 그 중에서 정하고 표목을 세운다. 궁방의 시장내의 산직은 20호를 한정하여 해궁(該宮)에 소속시키고 기타의 거민은 본관의 역에 응한다.

- 봉상시의 파평산에 있는 시장은 이를 폐지하고 호조와 선혜청에서 시목의 대가를 지급하여 각각 500량을 보낸다. 봉상시는 이로써 구입 사용케 한다.
- 성균관의 시장은 주위 20리로 정하고 표목을 세워 이를 할급한다.《增》양근(楊根)의 남면 연양리로부터 여주·광주의 지경에 이른다.

(3) 경역리(京役吏)[97]

각 고을의 향리(鄕吏)[98]는 매년 윤번 차례로 상경하여 공조에서 각 관청에 분정하는 목탄과 시목(柴木, 땔나무)을 준비한다.(경기도는 90인에 1명, 강원도와 황해도는 70인에 1명, 경상도, 전라도, 충청도는 50인에 1명으로 정하여 총 332명으로 한다. 이 중 땔감을 담당하는 사재감에 233인을 배정하고 1인이 매달 땔나무 57근(斤), 2일마다 유거(杻炬, 싸리나무로 만든 횃불용 홰) 1자루, 선공감에 99인을 배정하고 1인이 매달 1일에 숯을 5말 5되씩 납입한다. 각 관청에 지급하는 땔감과 숯에 여분이 있으면 모두 호조에 보고하여 회계에 기록한다. 대가를 바치는 경우에 면포 5필로 하고, 위반한 자는 논죄하며 대가물은 관에 몰수한다.)

(4) 잡령(雜令)

원전 『경국대전』의 잡령조에 없던 아래의 내용이 『대전회통』에 《續》으로 추가되어 있다;

《續》 도성의 주위는 14,935보(步)로 정한다. 주척으로써 척량(尺量)하면 89,610자(尺)가 된다. 동서남북은 그 지형의 험이(險夷)를 고량하여 삼군문에 분수하여 파손되는 대로 수축케 하며, 숙정문 동변에 있는 무사석으로부터 돈의문 북변에 이르는 4,850보는 훈련도감, 돈의문 북변의 무사석으로부터 광희문 남변에 있는 남촌의 집뒤(家後)에 이르는 5,042.5보는 금위영, 광희문 남변의 남촌의 집 뒤부터 숙정문 동변에 이르는 5,042.5보는 어영청이 담당한다. 부근 주민에게 나누어 맡겨 간수시킨다. 인가가 멀리 격리되어 있는 곳은 사산 감역관이 그 산직으로 하여금 분장 감시케 한다.

• 한성부의 낭관은 사산을 분장하며 긴요한 처소와 금기처를 검거하여

---

97) 경역리란 매년 윤번 차례로 상경하여 공조에서 각 관청에 배정한 목탄(숯)과 땔감나무(장작)를 준비하는 각 고을의 향리(아전)을 말한다.(법제처, 1962, 경국대전(하권)-工典. 214쪽 참조). 『신편 경국대전』(윤국일, 1998)에는 '중앙관청에서 신역을 지는 아전'으로 번역하였다.

98) 지방관아의 벼슬아치(아전, 이서/吏胥).(법제처, 1962, 경국대전(하권)-工典. 214쪽 참조).

표목(標木)을 세운다. (이하 내용은 성내외에 좌청룡 우백호에 해당하는 구역의 경계를 정하고 표목을 세우는 것을 규정하고 있음.)

- 모든 가대(家垈, 집터)로서 산에 의지하고 있는 곳이면 관상감으로 하여금 산등성이(山脊)・산기슭(山麓)을 감시케 하고 임압금기처(臨壓禁忌處)[99]는 가대로서 절급해서는 안되며 함부로 이런 곳을 받아 가옥을 건축하는 자는 처벌하며 그 집은 철거한다.

마. 주요 산림정책

1) 식목정책과 산림관리

가) 식목정책

조림정책은 산림정책에서 가장 중요한 정책이다. 조림(造林)이란 나무를 심어 '산림'을 조성하는 것을 말하며 이때 산림은 일정한 면적을 나타내야 한다. 법령에 조림이라는 용어는 없고 나무를 심는다는 의미로 재식(栽植), 식수(植樹) 등의 용어를 쓰고 있다. 관련 용어 중 식수(植樹)는 세종 23년(1441년), 재식(栽植)은 세종 19년(1437년), 식목(植木)은 문종 1년(1451년)에 처음 사용하고 있으며, 역대 임금 중 나무를 가장 많이 심도록 조치한 정조 때에는 식목이라는 용어를 자주 사용하였다. 다만, 성종 1년 9월 26일(1470년)의 기록에 '나무를 심어 숲을 이루게(植木 以成林藪)'라는 표현은 나온다. 이처럼 나무를 심어 '산림을 조성'하는 '조림'에 대한 개념이 정립되지 않은 산림 의식을 반영하여 조림정책보다 단순히 나무를 심는다는 '식목정책'이라는 용어가 더 어울릴 듯하다. 조림이라는 용어도 「순종실록」부록 5권, 순종 7년 3월 25일(1914년)에서야 처음 등장하여 조선 왕조 전기간을 통틀어 목표지향적으로 나무를 규모있게 심어 산림을 가꾸려는 조직적이고

---

99) 풍수지리에서 금기하는 장소

체계적인 조림의 개념은 없었던 것으로 보인다. 하지만, 소진되어가는 기존의 송산(松山)에 보식을 단행하여 소나무를 확보하려는 산림 관리의 의지가 없지는 않았다. 고려시대의 교훈을 바탕으로 산림자원의 수급 문제를 직시하여 목표를 설정하여 산림을 미래지향적이고 체계적으로 관리할 필요가 있다는 의식이 부족하였던 것으로 보인다.

나) 정책의 내용

식목의 근거가 되는 법령은 앞절에서 『경국대전』과 『대전회통』의 「공전」'재식'조에 수록된 내용을 빠짐없이 소개하였다. 식목 정책은 주로 궁정과 도성 주변 사산과 한성의 주산인 모악주맥, 능침, 금산, 봉산 등 국가의 필요성에 의한 산림에 국한하여 실시하였다. 그 외 산림은 산림사점에 무한정 노출되어 남채, 남벌에 방치되었다. 특수수종(옻나무, 닥나무, 대나무, 뽕나무, 유실수 등)은 수종별로 대장을 만들어 그루수를 등록하고 의무적인 배양을 명하였다. 옻나무, 뽕나무, 유실수 등은 3년에 한 차례씩 실태조사하여 대장을 정리하도록 하였다(지용하, 1962). 아래 내용은 주로 『조선왕조실록』에 등장하는 임금이 명하거나 기타 기록에 나오는 것으로 식목과 관련되는 것을 간단히 정리해 본 것이다.

(1) 식목 시기

- 봄과 가을의 춘추 식재 규정: 『경국대전』(속전) 「공전」
  매년 2월과 10월에 四山을 분할하여 백성에게 분담시켜 소나무와 잡목을 식재하도록 하되 위반자는 벌을 가하며, 공조의 관리(郎官)는 벌채 금지 상황을 순찰한다. 이에 따라 사산의 금산을 위한 절목(節目) 내용에 2월과 10월을 식목하도록 명시하고 있다.[100]

---

100) 사산송금분속절목(四山松禁分屬軍門節目)(1754). 소나무와 잡목을 2월과 10월에 빈 곳에 심고 참군(參軍)이 보고하도록 규정하고 있다.

- 소나무는 초봄인 맹춘(孟春) 식재

  태종 7년(1407년) 4월에 각도의 수령들에게 매년 정월(孟春) 초봄에
  소나무를 심으라 명령하였다. 즉, 충청도의 경차관(敬差官)[101]이던 한옹
  (韓雍)이 아뢰길, "병선 제조에 소나무가 태반이나 벌채로 소진하였으니
  각도의 수령이 소나무가 무성할 수 있는 산지를 찾아내어 그곳의 벌채와
  방화를 엄금하고 매년 수령이 직접 나무심기를 지도하게 하소서." 하니
  왕이 허락하였다.[102]

  『조선왕조실록』태종 11년 1월 7일(1411년) 기록에 아래 내용으로 보아
  맹춘에 식목하였음을 확인할 수 있다.

  > 遣工曹判書朴子靑于漢京, 以各領隊長隊副五百·
  > 京畿丁夫三千, 栽松于南山及太平館北凡二十日.

  공조 판서 박자청(朴子靑)을 한경(漢京)에 보내어 각령의 대장(隊長)·
  대부(隊副) 5백 명씩과 경기의 정부(丁夫) 3천 명을 데리고 남산(南山)과
  태평관(太平館)의 북쪽에 무릇 20일 동안 소나무를 심게 하였다.

- 한성부의 춘추 식재 조치

  도로변에 거주하는 사람은 가로변에 식재하고, 하천변에 사는 사람은
  축방의 양쪽 제방에 식재한다.

- 강원도 대나무를 5월초에 평안도에 이식 : 세조실록 25권, 세조 7년
  9월 20일(1461년)

  강원도 관찰사로 하여금 매년 5월 초에 대 뿌리를 많이 캐서 배에 싣고
  안변(安邊)의 낭성포(浪城浦)에 닿게 하여, 토심 깊은 고을에 보내어

---

101) 지방에 임시로 보내던 벼슬로서 주로 밭작물(전곡)의 손실 상태와 민정을 살피는 일을 담당

102) 태종실록 13권, 태종 7년 4월 7일(1407년). 忠淸道敬差官韓雍上言: "近因兵船造作, 松木殆盡. 乞令各道各
官, 松木可得成長之山, 禁火禁伐, 每當孟春, 守令親監栽植." 從之.

방서(方書)와 사목(事目)에 의거하여[103] 쉽게 하고 자란 수량을 기록하여 아뢰게 할 것이다.

• 「파주금산수호절목(坡州禁山守護節目)」의 식재 시기
인조의 능을 천장한 후 영조 7년 8월 24일(1731년)에 비변사가 작성한 절목에[104] 매년 봄과 가을에 소나무와 전나무를 심도록 규정하고 있다.

(2) 식목 수종

• 식재 수종의 구분
식재 수종은 대별하여 소나무, 뽕나무(桑木), 과목(果木), 공물(貢物), 특수수종, 잡목(雜木)으로 구분할 수 있다. 소나무는 궁궐재, 조선재, 곽곽재 등 가장 중요한 국용재로 선조 대대로 관리해 왔기에 함부로 작벌하지 못하게 소나무가 있는 곳을 금산, 봉산으로 지정하여 국법으로 관리하였다. 뽕나무는 잠업을 위해 전국적으로 식목을 권장한 나무이며, 과목은 유실수라고도 할 수 있는데 먹을 수 있는 열매를 맺는 나무이다. 공물이란 공물로 바쳐진 나무를 일컫고, 특수수종이란 특정한 장소나 특별한 용도를 위해 지정하여 심은 나무를 말한다. 잡목이란 산에 있는 소나무가 아닌 나무를 일컫는다. 아래에 각 수종을 구분하여 종류를 나열한다.

---

103) 세조 7년 2월 16일(1461년)에 보낸 《종죽방(種竹方)》(대나무 식는 법)을 말하는 것으로 다음 내용이다 ;
　1. 높고 평평한 향양지지(向陽之地 : 햇빛이 드는 땅)를 선택하여 북변(北邊)에 동서(東西)로 담을 쌓아 양기(陽氣)가 흩어지지 않게 하여 더운 기운이 저절로 갑절이 되게 한 연후에, 방서(方書)에 의하여 비가 온 직후에 심도록 하라.
　1. 대나무를 심은 뒤에 그 성장(成長)하는 상황을 감초(甘草)의 예(例)에 의하여 매년 정월에 계문(啓聞)하도록 하라.
　1. 이제 보내는 방서(方書)와 사목(事目)을 등사(謄寫)하여 대나무를 심는 여러 고을로 하여금 영구히 준수(遵守)하도록 하라.

104) 배재수 등, 2002, 조선후기 산림정책사. 임업연구원 연구신서 제3호.에서 재인용.

- 소나무

  소나무에 관해서는 송정(松政)에서 자세하게 다루므로 여기서는 생략한다.

- 뽕나무

  뽕나무는 농상(農桑)을 중요시한 조선왕조에서 식목을 권장하는 매우 중요한 수종이었다. 「성종실록」 200권, 성종 18년 2월 6일(1487년)에 왕이 승정원(承政院)에 전교한 "잠상(蠶桑)은 왕정(王政)의 근본이니, 후원(後苑)의 잡목(雜木)을 없애고 뽕나무를 심도록 하라."라는 기록을 통해서도 알 수 있다. 이러한 이유로 이미 법령(『경국대전』「공전」-재식)에 옻나무, 유실수, 과목, 닥나무, 전죽과 함께 뽕나무 식목을 명시하고 있고 심는 그루수를 규정해 놓고 있다. 지방에서는 수령이 해야 할 7사(七事)의 첫 번째 항으로 뽕나무 심기를 얼마나 장려(勸桑, 권상)했는지를 평가하여 고과에 반영하였다. 뽕나무 식재와 잠실 운영 등에 관한 내용은 '사. 산림관련 산업동향-잠업'에서 자세하게 소개하고 있으므로 여기서는 내용을 생략한다.

- 과목

  제주에 감, 귤, 유자나무, 비자나무, 노목(櫨木, 검양옻나무, 또는 황칠나무?), 산유자나무를 심어 세초에 계문하고, 경상도, 전라도의 해변 마을에 감, 귤, 유자나무를 심어 계문한다. 이런 내용을 법령에 규정하고 있다.

- 특수수종

  『경국대전』「공전」-재식에 규정하고 있는 옻나무, 닥나무, 전죽, 오동나무 등이 있으며, 그 외 장려한 나무로 잣나무, 버드나무, 상수리(도토리)나무 등이 있다. 『조선왕조실록』 기록에 의하면, 성종 1년 9월 26일(1470

년)에 예조에서 도성 안팎을 순행하고 올린 「도성내외 금경·식목등항 (都城內外, 禁耕·植木等項)」 중 세 번째 항에 다음 내용이 들어있다; "개천가 좌우에 아직 석축하지 못한 곳은 큰 물을 만나게 되면 점점 허물어질 것이니, 지금 마땅히 버드나무를 심게 하소서." 버드나무의 생태적 특성을 알고 있는 대목이다.

잣나무는 능의 길기(吉氣) 보강이나 소나무와 병용하여 식재하였는데 태종 8년 11월 26일(1408년) 왕이 건원릉에 나가 동지제를 행하고 난 다음 산세를 살펴본 후 공조판서(朴子靑)에게 "능침(陵寢)에 소나무와 잣나무가 없는 것은 예전 법이 아니다. 하물며 전혀 나무가 없는 것이겠는가? 잡풀을 베어버리고 소나무와 잣나무를 두루 심으라." 명하였다. 태종 11년 1월 3일 (1411년) 좌정승(성석린)이 남산에 소나무와 잣나무를 심도록 청하니 윤허하 였고, 세종 3년 1월 5일(1421년)에는 헌릉의 산수형세 보강을 위해 신하들이 아뢰는 내용 중에 길기(吉氣) 보강을 위해 소나무와 잣나무를 심을 것을 청하는 내용이 있다. 이처럼 능에 길기를 보강하는 소나무와 잣나무가 있음 으로 인하여 정신과 기맥이 서로 관통하고 있다고 기록하였다.[105] 능에 잣나 무를 심은 사례는 이외에도 단종, 중종, 경종(수정), 영조, 정조, 순조 등의 실록에 기록되어 있다.[106] 이처럼 왕릉에 잣나무를 심는 것은 천자에서 서민 에 이르기까지 위계에 따라 구롱(丘壟, 무덤)에 심어야 할 나무를 정한 『예기 (禮記)』에 전하는 것으로 그 내용은 『조선왕조실록』에도 제시되어 있다.[107]

---

105) 순조실록 1권, 순조 즉위년 9월 2일(1800년). 국장도감이 올린 화성 건릉(健陵) 정자각의 상량문에 기록되어있 다 : (중략). 御路直連於松柏, 精神氣脈之相貫通.(이하생략). 어로(御路)가 곧바로 소나무·잣나무 사이로 연결되어 있어 정신과 기맥(氣脉)이 서로 관통되고 있으며, (이하생략).

106) 단종실록 3권, 단종 즉위년 9월 1일(1452년) ; 경종수정실록 3권, 경종 3년 (수정실록) 2년 8월 11일 ; 영조실록 30권, 영조 7년 9월 26일 ; 정조실록 48권, 정조 22년 5월 29일 ; 순조실록 6권, 순조 4년 1월 22일. 이외에도 능에 잣나무가 자라고 있다는 기사가 많이 있다.

107) 중종실록 66권, 중종 24년 11월 14일(1529년). 御夕講, 講《禮記》.(중략). 天子樹之以松, 諸侯以栢, 大夫以栗, 士以槐, 庶人則不樹.(이하생략). 속강에 나아갔다. 『예기』를 강(講)하다가, (중략). 천자는 소나무를, 제후는 잣나무를, 대부는 밤나무를, 사(士)는 느티나무를 심고, 서인은 나무를 심지 못하는 등 장사지내는 등급이

상수리나무에 대해서 세종 16년 4월 24일(1434년)에 병조에 전하기를, "남산의 안팎 쪽과 백악산·무악산·성균관동·인왕산 등과 같이 소나무가 희소한 곳에는 잣나무나 상수리나무 등을 심게 하라."라 하여[108] 잣나무와 아울러 상수리나무를 도성 주변 빈 땅에 심도록 하였다. 이외에도 상수리나무(橡木)을 심거나 언급한 기록이 여러 번 등장하는데,「현종개수실록」11권, 현종 5년 8월 10일(1664년)의 기록을 보면 벌겋게 벗어진 산에 상수리 200섬, 「정조실록」54권, 정조 24년 5월 9일(1800년)의 기록에는 기미년에 상수리 400말을 심은 사례도 있다. 상수리나무를 중요하게 여긴 이유 중의 하나는 상수리(도토리)가 구황작물의 역할을 할 수 있고[109] 공물(貢物)로 바쳐지기 때문이다.「성종실록」139권, 성종 13년 3월 5일(1482년)에 평안도 관찰사 신정(申瀞)이 도토리 20만 석을 얻었다고 보고하였다는 내용도 있고,「중종실록」75권, 중종 28년 6월 12일(1533년) 기록에 의하면, 도토리 1만여 석을 조치하였다가 연해변의 기민(飢民)에게 나누어주어 그들을 온전히 살렸다고 하였다.「중종실록」73권, 중종 28년 2월 29일(1533년) 기록에 의하면, 몇 해 동안 흉년이 심하여 백성들이 배고프다고 울부짖고, 호남·영남은 도토리마저도 넉넉하지 않아 유랑하고 도망하는 백성들이 길에 가득하였다고 한다. 「중종실록」99권, 중종 37년 10월 24일(1542년)엔 백성들이 산에 올라가 막을 치고 거처하면서 도토리 열매를 주워 연명하고 있는 형편이어서 매우

이같이 엄격합니다.(이하생략).

108) 세종실록 64권, 세종 16년 4월 24일(1434년) : 傳旨兵曹: 南山內外面·白岳山·毋岳山·成均館洞·仁王山松木稀疏處, 種栢子橡實等木.

109) 구황으로 쓰인 상수리(도토리)에 대한 기록은 다음 기록 이외에도 무척 많다; 태종실록 2권, 태종 1년 12월 20일; 태종실록 17권, 태종 9년 3월 16일; 태종실록 32권, 태종 16년 7월 8일; 세종실록 5권, 세종 1년 8월 11일; 세종실록 25권, 세종 6년 8월 20일; 세종실록 39권, 세종 10년 2월 17일; 세종실록 45권, 세종 11년 8월 5일; 문종실록 9권, 문종 1년 8월 15일 ; 단종실록 3권, 단종 즉위년 윤9월 24일 ; 성종실록 6권, 성종 1년 6월 11일 ; 성종실록 34권, 성종 4년 9월 5일 ; 성종실록 255권, 성종 22년 7월 13일 ; 성종실록 275권, 성종 24년 3월 14일 ; 중종실록 36권, 중종 14년 6월 13일 ; 중종실록 65권, 중종 24년 7월 8일 ; 중종실록 67권, 중종 25년 2월 7일 ; 중종실록 73권, 중종 28년 2월 29일 ; 중종실록 75권, 중종 28년 6월 12일 ; 중종실록 99권, 중종 37년 10월 24일 ; 선조실록 53권, 선조 27년 7월 15일 ; 숙종실록 29권, 숙종 21년 9월 19일(이하 생략).

불쌍하였다고 기록하여 상수리(도토리)가 구황식품으로서 매우 긴요하였음을 알 수 있게 한다. 「세종실록」 '지리지'에 각 지방이 바쳐야 할 공물 목록이 자세히 나와 있다.

세종 19년 6월 2일(1437년)에 충청도 순문사(巡問使) 안순이 구황물자로 상실(橡實, 상수리)이 가장 적당한 것인데 오로지 소나무만을 금벌령이 있으니 상수리나무에 대한 방화와 금벌령이 필요하다고 청하였으나 기존의 법으로 다스리도록 하였다. 그러나 후에 밤나무와 함께 진목봉산, 율목봉산으로 지정하는 규정이 출현한다.

옻나무 식재는 법령에도 규정되어 있는데, 「세조실록」 41권, 세조 13년 3월 14일(1467년) 제도 관찰사가 옻나무는 매우 중요한 나무임에도 관민이 이를 기피하는 것 같아 식재와 파종을 매년 계산 보고할 것으로 고하였다.

오동나무 또한 법령에 규정되어 있는데, 「성종실록」 126권, 성종 12년 2월 23일(1481년)의 기록을 보면, 악기나 군기(軍器)를 제작하는데 긴요한 것이니 한성의 각 관청은 10그루, 지방읍은 각 30그루를 심고 공조와 관찰사가 이를 감찰하도록 하였다.

그 외 특수수종으로 밤나무, 황양목, 자작목, 탱자나무, 유자나무 등이 있다. 정조 24년 5월 9일(1800년)의 실록에 헌릉 근처 대모산(大姆山)에 회나무 1만 그루를 심었으며, 영조 36년 1월 22일(1760년)에는 토성방비를 위해 상수리나무와 밤나무를 심는다는 기록이 있다. 호패법(號牌法)이 시행되면서 호패 만드는 재료를 품계에 따라 구분하였는데 이에 대해서 「태종실록」 26권, 태종 13년 9월 1일(1413년)의 기록을 통해 알 수 있다 ; 의정부가 아뢰길, "형제(形制)는 길이가 3촌 7푼, 너비가 1촌 3푼, 두께가 2푼이고, 위는 둥글고 아래를 모지게 합니다. 2품 이상은 상아(象牙)를 쓰나 녹각(鹿角)으로 대용하고 오로지 예궐(詣闕)할 때에만 사용하며, 4품 이상에는 녹각을 쓰나 황양목(黃楊木)으로 대용하며, 5품 이하에는 황양목을 쓰나 자작목(資作木)을 대용하며, 7품 이하에는 자작목을 씁니다. 위에서는 아래의 것을 사용할 수 있으나 아래에서는 위의 것을 사용할 수 없으며, 서인(庶人) 이하는 잡목(雜木)을 씁니다."라 하니 임금이 허락하였다. 5품 이하는 황양목과, 자작목(資作木)과 잡목을 호패로 쓰고 있음을 알 수 있다. 한편, 자작목은 오늘날 자작나무를 일컫고 있음일 터인데, 태종 대에는 한자 표기를 자작목(資作木)으로 쓰고 있는데, 『조선왕조실록』에서 검색되는 「세종실록」(지리지 포함), 「성종실록」에 등장하는 자작목(自作木)으로 표기되어 있다. 탱자나무는 강화도나 변산 등지에 심을 것을 규정한 내용이 있다.[110] 유자나무 식재는 「삼남순무사응행절목(三南巡撫使應行節目)」(1695)의 기록에 제안되어 있다. 식목에 관한 문서인 「식목실총(植木實總)」(1782)에는 특정한 나무를 심도록 지정한 것은 없다.

수종을 가리지 말고 나무 심기를 권장하는 내용도 있는데 하천변에 버드나무 이외에도 소나무, 가래나무, 흰느릅나무, 느릅나무, 노나무, 오동나무, 신나무, 옻나무도 심는 것도 가능하다고 권하고 있다.[111]

• 공물(貢物)
공물로 바친 나무는 『조선왕조실록』의 「지리지」에 명시되어 있다. 충청도 공물 중 수목류에 자작나무(自作木)·장작개비(燒木)·건축에 쓰는 큰나무·서까래(椽木)·잣나무(栢木)·황양목(黃楊木)·대추나무·피나무(椵木)·가래나무 등이 나열되어 있다. 경기도는 영선 잡목(營繕雜木)·자작나무(自作木)·은행나무(杏木)·피나무(椵木)·뽕나무(黃桑木)·앵도나무(櫻木)·장작(燒木)으로 되어 있다. 황해도는 황양목·자작나무·가래나무·피나무·잣나무·장작·장나무(長木)·회화나무꽃이 지정되어 있다. 강원도는 자작나무 1종이며, 평안도는 개암열매,

---

110) 「변산적간수본계목(邊山摘奸手本單啓目)」(1729) 참조.

111) 정조실록 50권, 정조 22년 11월 30일(1798년). (중략). 豈但柳木一種爲哉? 松, 檜, 枌, 楡, 椅, 桐, 梓, 漆, 無所不可.(이하생략).
어찌 버드나무 한 종류뿐이겠는가. 소나무·가래나무·흰느릅나무·느릅나무·노나무·오동나무·신나무·옻나무도 안 될 것이 없다.

느릅나무껍질(楡皮)·엄나무껍질(海東皮), 함길도는 물푸레나무껍질
(梣皮)·느릅나무껍질(楡皮)·황경나무껍질(蘗皮) 등이다. 여기서 나
무이름 끝에 꽃이나 껍질이 붙은 것은 본질적으로 해당하는 나무가
있어야 가능한 것이므로 공물에 속하는 것으로 볼 수 있으며, 장작개비,
큰나무, 서까래, 영선잡목, 장작, 장나무 등은 특정한 수종명이 아니다.

• 잡목
  잡목은 사전에서 '긴요하게 쓰이지 못할 온갖 나무'로 풀이하지만, 명확
  하게 어떤 나무 무리를 가리키는지 명쾌하지 않다. 『조선왕조실록』의
  사례에서도 매우 다양하게 쓰이고 있다. 아래와 같은 예를 제시하고
  잡목의 의미를 살펴보고자 한다.

사례① 「태종실록」 21권, 태종 11년 6월 9일(1411년)의 남산 등지의 승도
(僧徒)들의 초막을 철거시킨다는 기사에 "소나무와 잡목(雜木)들
을 베고"라는 표현에서 잡목은 소나무 이외의 나무를 일컫고 있다.

사례② 「세종실록」 24권, 세종 6년 6월 22일(1424년)의 기록에도 도성
안팎 금산에 승니들이 초막을 짓고 재석(齋席)을 베풀어 사람들이
모여들어 "송목(松木)과 잡목(雜木)을 다 베어버려서 금산을 붉게
만들었다."고 하였다. 이곳의 잡목도 소나무 이외의 나무를 의미하
는 것으로 표기하였다.

사례③ 호패 제도가 생기면서 품계별로 4품 녹각이나 황양목, 5품 이하
황양목, 7품은 자작목을 쓰나 서인은 잡목을 쓰도록 되어 있는데
이 때 잡목은 황양목과 자작목 이외의 나무를 가리킨다.

사례④ 「세종실록」 19권, 세종 5년 3월 3일(1423년)의 기록에 다음 내용이
있다. 호조 판서 이지강(李之剛)이 아뢴다; "소나무는 집을 짓고

배를 만들게 되니, 소용이 가장 긴요하므로 일찍이 금령(禁令)을 세워, 사재감의 소나무 홰(松炬, 송거)는 유목(杻木)과 상목(橡木)으로 대신하게 하고, 기와 굽는 굴(瓦窯, 와요)에 땔 나무는 모두 잡목(雜木)으로 사용하게 하였는데[112], 지금 성헌(成憲)에 따르지 않고 모두 소나무를 사용하니, 지금부터는 헌부에서 엄격히 고찰하여, 그전과 같이 금령을 위반하는 자에게 교지를 복종하지 않는 죄로 논죄하게 할 것입니다." 소나무가 매우 긴요하므로 소비 억제를 위해 소나무를 사용하던 용처에 잡목으로 대체한다는 내용이므로 소나무가 아닌 나무를 잡목으로 취급하고 있다.

사례 5 「순조실록」 33권, 순조 33년 1월 15일(1833년)의 기록은 헌릉 경내의 수목을 베는 폐단에 대해 이르는 내용인데, 새로이 베어낸 나무 뿌리가 소나무, 회나무, 잡목을 합하여 2천 1백 24주(株)나 된다고 하였다. 소나무, 회나무 이외의 나무는 잡목이다.

이상의 사례를 통해서 잡목은 크게 두 가지 측면에서 의미를 구분할 수 있을 듯하다. 첫째, 소나무 이외는 모두 잡목이다(사례 1 2). 둘째, 소나무, 자작목, 황양목 등 특정한 용도의 나무를 거론하고 그 외 나무는 잡목이다. 일상에서 가끔, 별 쓸모가 없는 활엽수를 활잡목(闊雜木)이라는 말을 쓰고 있는데 이것은 활엽수 잡목이라는 의미이다.

식목에 관한 문서로서 『식목실총(植木實總)』이 있는데 1782년 정조 6년에 영의정이던 서명선(徐命善)이 왕지를 받들어 사도세자의 사당인 경모궁(景慕宮) 안팎의 식목에 관한 규정을 정리하여 편찬한 책으로 속표지에는 '식목절목'이다(김영진, 1989). 총 11개 항으로 구성되어 있는데 접목과 접지, 궁 안뿐만 아니라 궁 밖의 꽃나무, 과일나무, 잡목의 보호에 관한 내용도

---

112) 기와나 전(甎, 일종의 벽돌)을 구울 때 쓰는 나무를 토목(吐木)이라고 하는데 잡목을 말한다.(문종실록 8권, 문종 1년 7월 16일-1451년의 註).

담고 있다. 조선시대 '절목'이나 '사목'의 명칭이 붙은 문서들은 대개 금벌, 즉, 벌채를 금하고 처벌하는 내용이 중심인데, 이 문서는 식목을 권장하고 나무와 과실의 관리 업무를 구체적으로 실행하는 방법을 규정하고 있는 점이 특색이다.

(3) 식목 방법과 사후 관리

정조 22년 7월 9일(1798년)에 승지 채홍원(蔡弘遠)이 심은 나무가 잘 관리되고 있지 않다면서 나무를 얼마나 심고 얼마나 잘 가꾸었는지에 따라 근무성적을 매길 것을 건의하는 내용에 대해 정조가 다음과 같이 하교하였다; "무릇 소나무를 심고 상수리나무를 씨뿌리는 법을 보건대 봄에는 파종해야하고 가을에는 심어야 하는데, 구역 안의 여러 곳을 수시로 순찰하여 조금성긴 곳에는 소나무를 심고 너무 공허한 곳에는 상수리나무를 씨뿌리면서재배에 노력해야 할 것이니, (중략). 듣건대 씨뿌리고 심을 때 주위의 나뭇가지와 잎을 잘라주면 오히려 싹트고 자라는 데 도움이 된다고 하는데, (중략). 각릉(各陵)의 관원을 엄히 단속하여 올해 가을과 겨울부터 오로지 씨뿌리고심는 데 뜻을 두게 하고 매년 3월과 10월에 그 숫자를 보고해 오도록 해야할 것이다. (중략), 상수리나무를 얼마나 밀도있게 씨를 뿌렸는지에 대해서도몇 년 간격으로 본보기를 뽑아 자세히 살펴보도록 해야 할 것이니, 이러한내용으로 분부하여 각각 재실(齋室) 벽에 써서 붙여놓도록 하라."(이하생략)하였다. 봄에는 파종하고 가을에 심으며, 틈새에 소나무를 식재하고 넓게비어있는 곳에 참나무를 파종하고 있다. 파종하고 식재할 곳은 햇빛이 잘들도록 주변의 가지를 쳐내도록 한다.

심은 나무가 잘 자랄 수 있도록 육림하는 과정에서 가장 중요한 작업의하나는 가지치기인데 나무의 가지치기 시기를 초목이 성장을 멈추는 10월에하도록 규정하고 있다.[113]

---

113) 정조실록 49권, 정조(22년 8월 6일, 1798년)의 기사. 이날의 기사에 정조는 맹자의 '때가 되면 도끼를

(4) 식목 장소

묘목을 심거나 씨를 뿌리는 장소는 기본적으로 소나무가 사라진 곳이 대표적이며 도성지역, 경작으로 훼손된 곳, 공물(貢物) 확보에 필요한 곳, 가로변, 특수목적지 등이다.

(가) 도성 지역 :「도성내외 금경 · 식목등항(都城內外, 禁耕 · 植木等項)」

성종 1년 9월 26일(1470년)에 예조에서 도성 안팎을 순행하고 올린 「도성내외 금경 · 식목등항(都城內外, 禁耕 · 植木等項)」은 도성 안의 산림을 관리하는 구체적인 정책 내용을 알 수 있는 것 중의 하나이다. 이를 『조선왕조실록』에 〈조목(條目)〉으로 번역하였으며 조목은 5개 조항으로 구성되어 있는데 1~4조항이 식목하는 장소를 특정하여 아뢰고 있다.

• 산등성이(산마루) 아래

첫 번째 항에 "(중략) 고개 산등성 마루(山脊)에 이르기까지는 모두 경작을 금지하고 잡목을 심어서 산맥을 보호하게 하소서."라 하여 도성 안에 있는 산의 경우, 산마루까지 경작으로 인하여 훼손되는 것을 복구하기 위해 산마루 이하에 경작을 금하는 동시에 잡목을 심어 복구하여 산맥을 잇게 함으로써 산의 형태를 갖추도록 하라는 의미이다.

• 성 밖의 성밑

두 번째 조항에 "동대문 밖 성밑에 이르기까지 잡인들이 많이 침점하여 밭을 갈았는데, 이 때문에 구덩이가 생겨서 물이 고여 흐르지 못하므로 성의 기초가 침윤되고 있으니, 지금 마땅히 경작을 금하고 나무를 심게

들고 산림에 들어간다.'라는 말에 주자(朱子)가 '초목이 영락(零落)한 뒤이다'라고 해석했다면서 도끼를 들고 산림에 들어가는 때는 초목이 영락한 때가 분명하고 초목이 영락한 때는 10월이니 이 시기에 가지치기를 하라고 하교하였다. 이 내용은 이미 정도전이 1394년(태조 3년)에 편찬하여 태조에게 바친 『조선경국전(朝鮮經國典)』에도 소개되어 있다(한영우역, 2014).

하소서."라 하여 성밖의 성밑 주변 땅의 경작을 금하고 식목하여 성림하도록 하였다.

- 물가 또는 제방 : 하천 침식 방지를 위한 하천 사방녹화
  세 번째 조항에 "개천가 좌우에 아직 석축하지 못한 곳은 큰 물을 만나게 되면 점점 허물어질 것이니, 지금 마땅히 버드나무를 심게 하소서."라 하여 침식이 심한 하천변을 식목하여 하천사방을 하도록 하였다. 네 번째 조항에 "노원역(蘆原驛) 모퉁이에서 보제원(普濟院) 서쪽의 큰길에 이르기까지 제방을 쌓고 나무를 심어서 숲을 이루게 하소서."라 하여 제방을 축조한 후에는 주변에 식목하여 산림을 이루게(以成林藪)하였다.

(나) 성안(城內) 빈 땅

단종 3년 6월 28일(1455년)에 경상도 관찰사(황수신)가 '성안에 나무가 없어 땔감도 없고, 고구려 안시성 전투에서 당군을 물리친 것은 성안의 목책(木柵) 때문이었다'라고 하면서 성안에 식목하기를 청하여 틈이 있는 땅에 나무를 심도록 하였다.

(다) 공물 확보를 위한 특정장소 : 국용물자 조달지

성종 3년 1월 30일(1472년)의 제주 점마 별감(濟州點馬別監)의 사목(事目) : 제주에 안식향·유자·비자목은 국용에 가장 절요한 것으로 한계를 정하여 표지를 세워 경작하고, 벌목하는 것을 금하여 자식(滋息)에 힘쓰게 할 것을 청하다. 귤(橘)·유자(柚子)·감자(柑子)는 진귀(珍貴)한 물건이니 넓게 심어서 배양(培養)시켜 포상하며, 당귤(唐橘)·왜귤(倭橘) 등의 종자(種子)는 재식하여 배양토록 한다.

(라) 경외(京外)의 도로변 : 가로수 식재

「단종실록」 6권, 단종 1년 5월 12일(1453년)에 의정부에서 아뢰기를,

"주(周)나라 제도에 나무를 세워서 도로를 표시하였다는 글이 있습니다. 그러므로 지난 번에 경외(京外)의 도로 옆에 잡목(雜木)을 많이 심었는데, 근래에는 잇달아서 나무를 심지 아니하고, 전에 심은 것도 잘라 내어서 남은 것이 없으니, 옛 제도에 어긋남이 있습니다. 청컨대, 오는 봄부터 경외의 큰길 좌우에 흙의 알맞은 데에 따라서 소나무, 잣나무, 배나무, 밤나무, 느티나무, 버드나무 등의 나무를 많이 심고서 그것을 벌목(伐木)하는 것을 금지하소서."하니, 그대로 따랐다 하였다. 도로변에 가로수를 식재한 사례이다.

(마) 송산(松山)

소나무가 있는 모든 종류의 산과 법령 등으로 보호를 받고 있는 지역을 말한다. 금산, 봉산, 의송지, 향탄산, 시장(柴場) 지정지 등이다. 금산은 초기부터 법령(「공전」의 재식조)에 따라 매년 봄에 소나무 묘목을 심도록 규정되어 있고, 도성내외 사산(四山)은 『속대전』에 따라 매년 춘기와 동기 2월과 10월에는 사산의 분담민과 그 주민(坊里人)이 송목과 잡목을 식수케 하며, 비국(備局) 소재지는 나무 없는 산록에 잣나무(해송자)를 많이 파종하도록 규정되어 있다.

「변산전간수본단계목(邊山摘奸手本單啓目)」(1729)에 소나무, 잣나무, 탱자나무, 「파주금산수호절목(坡州禁山守護節目)」(1731)에 공한지에 소나무와 전나무, 「사산송금분속군문절목(四山松禁分屬軍門節目)」(1754)에 빈 땅에 소나무와 잡목, 「금조절목이문(禁條節目移文)」(규9778)에 소나무와 개오동나무, 「제도송금사목(諸道松禁事目)」(규957, 1788)에 소나무 등을 심고 기르도록 규정하고 있다.

(5) 담당 관리

산림관리의 주체는 감역관과 산직이 맡는다. 「제도송금사목(諸道松禁事目)」(규957, 1788)에는 각 읍진(邑鎭)은 금송도감관(禁松都監官), 면감관(面

監官), 감고(監考), 도산직(都山直), 리산직(里山直) 등으로 되어 있다. 도성 내외 산림에 입표(立標: 표시하는 일)하고 근방 서민으로 하여금 분할 담당하게 하며 임목과 토석 등의 채취를 금하되 병조(兵曹)가 주관하여 감역관, 산직, 간수를 정하여 배치한다. 번식 배양 관리를 위해 장원서(掌苑署)가 각처의 과원을 관원이 분장 관리한다.

(6) 상벌

- 처벌

  「공전」 재식조에 벌취자의 경우 산직 장 80, 해당관리 장 60, 벌취한 나무와 돌, 관직을 몰수하고 벌채한 나무를 심도록 한다.

- 외방 금산(『경국대전』「공전」)에 대한 처벌 규정

  외방에 금산(禁山)을 지정하여 벌목과 방화를 금하고 매년 봄에 소나무 묘목을 심거나 (천연)하종(下種) 배양하며, 매년 종류와 본수를 조사하며, 위반하면 산직은 장 80, 해당 관리는 장 60으로 징계한다.

- 포상

  정조 12년(1788년)에 제정된 「제도송금사목(諸道松禁事目)」(규957, 1788)에 잘 심고 가꾼 관리(수령과 변장, 산직 등)를 선정하여 1만 그루 이상 살아 남도록 심은 자는 품계를 올리는 가자(加資)하며, 한 명의 아들에 한 해 신역을 면제하는 등 포상하도록 규정하고 있다. 「정조실록」 50권, 정조 22년 11월 30일(1798년)의 기록에도 '송정절목(松政節目)」에 1만 그루 이상 심었을 경우 상을 준다'는 의논이 있었다는데 「송정절목(松政節目)」이라는 문서의 실체도 그 내용도 확인하지 못하였다.

  정조는 현륭원에 식목하는데 애쓴 사람들을 포상하였고(정조 16년 4월 4일, 1792년; 정조 20년 3월 24일, 1796년), 순조도 건릉에 보토(補土)하고 식목한 후에 감독한 각신(閣臣) 이하의 관원에게 차등 있게 시상하였다(순조 5년 10월 12일, 1805년).

2) 산림보호정책

산림보호의 정책이 미치는 영역은 주로 궁실, 능원, 금산, 봉산 등에 국한된 보호법령과 교지(敎旨)가 있으나 전국의 산림을 대상으로 산림보호 정책을 시행한 것으로 잘 보이지 않는다. 내용은 주로 벌채 금지, 송충이 방제, 산불 금지 등이다(지용하, 1962).

가) 작벌금지

산림을 보호하는 가장 강력한 정책은 합당한 법률을 제정하는 것이다. 법률 자체가 보호하는 수단이기 때문이다. 앞서 『경국대전』-「공전」이나 「형전」 등에 제시한 내용은 넓은 의미에서 산림을 보호하는 조치이다. 여기에 소개하는 내용들은 법률에 근거하거나 추가적으로 파생된 내용들이다. 산림보호에서 가장 실질적이고 현실적인 방법은 두 가지 측면에서 찾을 수 있다. 인간으로부터 보호하는 벌채 금지와 입산 금지, 자연으로부터 보호하는 자연재해 방지가 그것이다. 자연재해 방지는 풍수해, 눈사태 등 기상인자로부터의 보호와 병충해로부터의 보호로 구분할 수 있다. 여기서는 벌채 금지, 입산 금지, 병충해 방지에 관한 내용을 살펴본다. 벌채 금지라는 용어는 조선시대에 작벌 금지라는 용어로 자주 등장하여 벌채 금지라는 용어를 대신하여 '작벌 금지'를 사용하기로 한다. 작벌 금지 대상 수종은 주로 소나무인데 소나무와 관련된 산림정책의 내용은 송정(松政) 항목에서 자세히 다루므로 여기서는 작벌금지에 대한 일반적인 내용만을 정리하기로 한다.

- 궁궐내 소나무 작벌 금지

  소나무를 함부로 작벌한 자는 무기한으로 변경에 정배를 보내며, 한성주변 10리 이내의 지역에서 소나무를 벤 자는 생목 1그루 이상과 고사목 2그루 이상의 경우 곤장 100대와 도형(徒刑)[114] 3년에 처한다.

---

114) 도형이란 궐내에 머물면서 소금과 철을 굽고 가공하는 형벌로서 매우 어려운 체형(體刑)으로 분류한다.(주

- 한성도성 사산 목근이나 토석채취 금지

  한성주변 사산에서 나무뿌리나 토석을 채취하면 살아있는 소나무(생목)를 작벌한 것으로 간주하여 형벌을 내린다. 허락없이 경작한 모경자(冒耕者)는 시장 강점 법률에 따라 처벌한다.

- 전국 금산 작벌 금지

  전국의 금산에서 금송(禁松)을 10그루 이상을 작벌한 자는 사형에 처하고 9그루 이하를 작벌한 자는 사형은 면하되 정배를 보낸다.

- 의송산(宜松山) 관리: 조선용 목재 관리

  조선 용재를 통수사(統水帥)나 수령이 무단 허가하고 무단 벌채한 자는 군기(軍器)를 사매(私賣)한 자의 법에 다음 가는 형벌에 처한다.

- 능원묘의 벌목

  능원묘의 벌목자를 적발하지 못할 때에는 도벌자와 능수직(능지기)을 그 경중에 따라 조치한다.

- 예종 1년 3월 6일(1469년)

  「도성내외송목금벌사목(都城內外松木禁伐事目)」 제정하여 도성 주변 소나무의 벌채를 금지하는 8개의 조항을 발표하였다. 이 사목의 내용은 다음 '송정 관련 법령'항에서 자세하게 제시되어 있다.

- 태조 4년 7월 30일(1395년)

  > 使司據前郎將鄭芬陳言以聞. 其略曰: "(중략)......山林茂密,
  > 然後地氣滋潤, 旱不爲災, 收拾橡實, 可備凶年. 無賴之徒,
  > 耽于田獵, 輒縱火焚, 尤可痛心. 宜令守令, 親檢山林, 分使

91번 참조)

附近居民主之, 如有縱火者, 便來告官, 從重論罪, 其不告
者, 以其罪坐之. 唯牧馬場, 許於蟄蟲未啓之時焚之.” 上允之.

제언을 쌓고 산불을 방지하자는 전 낭장 정분의 진언을 사사에서 아뢰기
를, (중략)...... “산림이 무성한 뒤에 땅 기운이 윤택해서 가물어도 한재가
덜하며, 상수리를 주워서 흉년을 방비할 것입니다. 무뢰한 무리들이
전렵하는 것만 탐을 내어 산에다가 불을 놓으니 더욱 마음이 아픕니다.
마땅히 수령으로 하여금 친히 산림을 점검하고 부근에 살고 있는 백성들
로 나누어 맡아 보게 하여, 만일에 불을 놓는 자가 있으면 즉시 와서
알리어 중한 죄로 벌하게 하고, 그것을 알리지 않는 자는 그 불놓은
사람과 연좌(緣坐)하게 하며, 다만 목마장은 칩충(蟄蟲)이 깨어나기 전
에 불에 태우도록 하소서.” 임금이 그대로 윤허하였다.
산에 불을 질러 짐승을 잡는 전렵(田獵) 등 산불을 내지 않도록 수령으로
하여금 점검토록 하고 방화자를 엄한 벌로 다스리려 산림을 보호토록
하는 내용이다.

• 세종 10년 8월 27일(1428년): 와요(瓦窯)에 소나무 땔감 금지

傳旨工曹: 用松木燔瓦, 未可也. 自今各官納瓦窯之木, 勿
用松木.

공조(工曹)에 전지하기를, “소나무를 태워 기와를 굽는 것은 옳지 못하
니, 지금부터는 각 고을에서 바치는 기와 굽는 데 사용할 나무로 소나무
를 쓰지 말도록 하라.”하였다.

• 세종 16년 2월 27일(1434년): 구황으로부터 소나무 보호

慶尙道賑濟敬差官啓: “救荒之物, 橡實爲上, 松皮次之. 然
禁伐松木之令嚴, 而飢民未得剝皮而食, 誠爲可慮. 閭閻近

地殘山盤屈松木, 終爲無用之材, 許令飢民剝皮而食." 令戶
曹磨鍊以啓. 本曹啓曰: "雖嚴令禁伐, 冒禁斫伐者尙多, 況
今盤屈松木, 許以斫伐, 憑藉救荒, 必將盡伐可用松木, 宜
停之."從之.

구황 대책으로 소나무의 벌채를 허가하는 문제에 대해 논의하는 내용이
다. 경상도 진제 경차관(賑濟敬差官)이 아뢰기를, "구황(救荒)하는 물건
으로는 상수리가 제일이고, 소나무 껍질이 그 다음입니다. 그러나, 소나
무는 벌채를 금지하는 법령이 엄하여, 기민들이 이 껍질을 벗겨 먹지
못하고 있어 실로 가려(可慮)할 일이오니, 민가 근처 잔산(殘山)의 꼬불
꼬불한 소나무는 끝내 무용지재가 되고 말 것이오니, 기민들로 하여금
껍질을 벗겨 먹도록 허용하소서." 하니, 이를 호조로 하여금 검토하여
계달하게 한 바, 호조에서 아뢰기를, "비록 벌채의 금지령을 엄중히
내려도, 그 금지를 무릅쓰고 베는 자들이 오히려 많사온데, 하물며 이제
꼬불꼬불한 소나무의 작벌(斫伐)을 허용한다면, 구황을 빙자하고, 장차
쓸 만한 소나무까지도 반드시 다 베게 될 것이오니, 이는 의당 정지시켜
야 합니다." 하여, 그대로 따랐다.

• 세종 21년 2월 6일(1439년)

議政府啓: "都城內未造家者頗多 京畿, 江原道 **松木斫伐勿
禁之法, 載在《續典》**, 膽錄 若他道則雖枯槁及風落松木, 毋
令擅自斫伐, 犯者及不考覈守令, 竝依律抵罪" 從之.

"도성(都城) 안에 집을 짓지 못한 자가 자못 많사온데, 경기·강원도의
소나무는 작벌하는 것을 금하지 말라는 법이 『속전(續典)』에 기재되었
으나, 다른 도의 경우인즉, 비록 말라 죽은 나무라든가 바람에 쓰러진
소나무라 하더라도 함부로 작벌하지 못하게 하였으니, 범법한 자를 추고

하여 핵문하지 아니한 수령(守令)은 모두 율(律)에 의하여 처벌하게 하옵소서." 하니, 그대로 따랐다.

- 세종 27년 11월 27일(1445년): 작벌 금지, 산지기 배치

  戊戌/議政府據兵曹呈啓: "都城外面四山, 以至峩嵯山, 皆禁樵採, 獨主山來脈三角山 淸涼洞及重興洞以北及道峯山無禁, 故樵採之徒, 日聚斫伐, 漸至童兀. 請以山下旁近居民, 定爲山直禁伐." 從之.

의정부에서 삼각산과 도봉산에서의 벌채를 금하게 할 것을 아뢰는 내용이다. 의정부에서 병조의 정문에 의거하여 아뢰기를, "도성(都城) 외면(外面)의 사산(四山)에서 아차산(峩嵯山)까지는 모두 나무하고 벌채하는 것을 금하오나, 오직 주산(主山)의 내맥(來脈)인 삼각산(三角山)과 청량동(淸涼洞)과 중흥동(重興洞) 이북과 도봉산(道峰山)은 금하는 것이 없기 때문에, 나무하고 벌채하는 무리가 날마다 모여서 작벌(斫伐)하여 점점 민숭민숭하게 되오니, 청하옵건대 산밑 근처의 거민(居民)으로 산지기(山直)를 정하여 벌채를 금하소서." 하니, 그대로 따랐다.

- 세조 13년 1월 4일(1467년): 남산의 소나무가 사라지는 것에 대한 한탄과 보호를 위한 대사헌 양성지의 상소문

  大司憲梁誠之上書曰: (중략) 臣居南山之下, 目擊南山松木之事, 請以是反覆比之. 南山之松, 自定都以後, 培養七十餘年, 無慮百萬餘株. 初則街童巷婦, 竊負枯枝枯葉而爨之; 中則因造大倉, 稱枯株而伐之; 終則近山之人, 無問貴賤, 白晝成群, 駄載生株, 或有造家者焉. 非徒造家, 車載燔瓦之聲, 流聞國中. 以此伐之幾盡, ...(중략)...... 而天日之下,

都城之松, 盡伐無餘。又農牛宰殺, 將至於盡。臣每每痛憤,

不忍含默......(중략)...... 命下詳定所。

"신이 남산(南山) 밑에 살고 있어서 남산의 소나무에 대한 일을 직접
목격하여 이를 반복해서 언급하여 청하는 바입니다. 남산의 소나무는
도읍으로 정한 이후로 70여년 동안이나 가꾸고 길러서 무려 백만(百萬)
여 주(株)나 되었는데, 처음에는 거리의 아들들과 골목의 부녀자들이
삭정이(枯枝)나 솔가리(枯葉)를 몰래 져다가 불을 때었고, 중간에는 큰
창고(倉庫)를 짓기 위하여 말라 죽은 나무라고 칭탁하여 베어냈으며,
나중에는 산 근처에 사는 사람들이 귀천(貴賤)을 불문하고 대낮에 떼를
지어 생나무를 바리로 실어다가 간혹 집을 짓는 자가 있었고, 한갓 집만
지을 뿐만 아니라, 수레로 실어다가 기와를 굽는다는 소리가 온 나라
안에 들렸습니다. 이렇게 벌채하였으므로 소나무는 거의 다 없어졌
고,......(중략)......,천일지하(天日之下)에 도성(都城)의 소나무가 모두 베
어져 남은 것이 없고, 또 농우(農牛)가 도살(屠殺)되어 장차 절종(絕種)
에 이르게 되었으니, 신은 매양 통분(痛憤)함을 이기지 못하여 차마
입을 다물고 있을 수 없어서 감히 망령된 언사(言辭)를 무릅쓰고 우러러
천총(天聰)을 더럽히니, 엎드려 바라건대, 성자(聖慈)로 광망(狂妄)하고
참람(僭濫)됨을 용서하여 주시면 민생(民生)에 심히 다행하겠습니다."
하니, 명하여 상정소(詳定所)에 내리게 하였다.

• 세조 7년 4월 27일(1461): 소나무 보호

    兵曹啓: "......(중략)......造船材木斫伐殆盡, 請自今國用外
    官家及兩班家則用不可造船松木, 庶人家則用雜木. ......
    (이하생략)......

병조에서 소나무 베는 것을 엄금할 것을 건의하는 내용이다. ...(중략)...

배를 만드는 재목이 거의 다 베어졌으니, 청컨대 지금부터는 나라에서 쓰는 것 이외의 관가(官家)나 양반(兩班)의 집에서는 배를 만들 수 없는 소나무를 쓰게 하고, 서인(庶人)의 집에서는 잡목(雜木)을 쓰게 하소서.

중앙과 지방은 이처럼 국법에 의해서 산림벌채 금지가 작동되었는데 향약 (鄕約)이 활발하게 작동되던 시절에는 향촌에서는 향약의 내용에 금벌조항이 들어있었다. 예천의 고평동(高坪洞)은 정탁(鄭琢)이라는 사람이 마을 사람들 의 권유로 1601년(선조 34년) 동계(洞契)를 작성하였다.[115] 고평동계(高坪洞 契)는 권면(勸勉) 11조와 금제(禁制) 18조로 구성되어 있는데 권면은 진충사 군(盡忠事君), 지성사친(至誠事親), 귀귀존존(貴貴尊尊), 노노장장(老老長 長), 목린화족(睦鄰和族), 선공사후(先公後私) 등 나라에 대한 충심과 결의, 동민들의 상호존중과 화친, 상부상조 등의 내용을 담고 있다(박경하, 2003). 주목할 것은 금제로서 천벌금림(擅伐禁林), 천초구묘(擅樵丘墓), 침점전강 (侵占田彊) 등 3개 항목이다. 멋대로 금림, 금산을 작벌하지 말며, 구묘(묘역) 에서 땔감을 하지 말고, 토지(밭)를 강제로 점유하지 말라는 것이다.

나) 입산금지

조선시대 입산금지는 '산림천택 여민공지'라는 산림정책의 이념상 있을 수 없는 조치였다. 하지만 국가의 특수한 목적으로 쓰일 목재를 수급할 필요

---

115) 향약과 동계: 향약은 주로 임진왜란 전에 주로 군현에서 시행되었는데 전란 후에는 군현 이하 자연부락을 중심으로 한 마을(洞) 단위에서 입안되었다. 이틈도 동계, 동규, 동약이라고 부르고, 里 단위에서는 리사계(里社契), 리약(里約)이라고 하였고, 면 단위에서는 향약이라 하였으나 때때로 향헌, 향규로 불렀다. 군현의 향약은 주로 관주도로 수령들이 작성하였지만, 동계 등은 그 마을의 관에서 물러나 향촌에 머물던 퇴관자(退官者)나 유학자 등이 주도하여 작성하였다. 고평동계를 작성한 정탁은 퇴계 선생의 문인으로 좌의정을 역임하고 예천에 우거하고 있었으며, 이순신 탄핵을 적극적으로 말린 장본인이다. 임란 후 10년이 지난 향촌 사회를 묘사한 상황을 보면, 전쟁, 전염병, 가뭄 등으로 온 마을과 경작지가 피폐하고 사람 구경하기 힘들었으며, 구걸하는 사람이 비일비재하며, 부자, 부부간에 상식(相食: 서로 잡아먹음) 할 정도로 양반, 상천(常賤) 구별없이 온 백성 온 나라가 처참하였다고 한다. 이 상황에서 양반의 상계(上契)와 상천의 하계(下契)가 합하여 상하합계도 빈번하게 입안되었다(박경하, 2003.을 참조하여 정리). 계에 대해서 본 절의 '송계'항을 참조 바람.

성이 있는 산림에 대해서는 작벌 금지는 물론 출입을 엄격하게 금지하였다. 특정지역의 산림 출입을 금지한 대표적인 정책이 금산(禁山)과 봉산(封山)이다.

(1) 금산(禁山)

(가) 개념

앞에서 파악하였듯이 이미 『경국대전』의 「공전」 '재식'조에 금산에 관한 내용이 들어있다. 이 法典은 예종(1469년) 때 완성되어 공포된 것인데 이미 태종실록에 등장하고 있는 것으로 봐서 건국 초기부터 있었던 『경제육전』(1397년)에 의한 제도로 추측된다. 아래 태종 때 사례를 보자.

- 「태종실록」 33권, 태종 17년 4월 28일(1417년)

   蟲食禁山松葉 국가에서 벌채를 금지하는 금산(禁山)의 소나무에 벌레가 먹었다.

- 「태종실록」 34권, 태종 17년 11월 23일(1417년)

   "囚劉旱雨於義禁府. 旱雨曾侍從於太祖潛邸, 又於齊陵卜地諸事皆主之, 上命居陵室近處, 兼糾察陵寢之事. 至是, 斫取禁山內松木私用, 事覺. 憲司以聞, 囚三日乃釋之"

유한우를 금산의 소나무를 베어 쓴 일로 의금부에 가두었다 석방하는 내용이다. "유한우는 일찍이 태조(太祖)의 잠저(潛邸)에서 시종하였고, 또 제릉(齊陵)의 땅을 잡는 여러 일을 모두 주장(主掌)하였다. 임금이 명하여 능실(陵室) 근처에 살게 하고, 겸하여 능침(陵寢)의 일을 규찰(糾察)하게 하였는데, 이때에 이르러 금산(禁山)[116] 안의 소나무를 베어서 사사로이 쓴 일이 발각되어 헌사에서 아뢰니, 3일 동안 가두었다가 석방하였다."

---

116) 이 경우의 금산은 능역(陵域) 부근의 입산(入山) 벌목(伐木)이 금지된 산(『조선왕조실록』 註).

두 사례의 앞뒤 내용으로 보아 벌채를 금지하는 산림인데 소나무가 많은 산림으로 특징을 읽을 수 있다. 그렇다면 용도가 많은 소나무를 보호하기 위해 벌채를 금지하는 산림 정도로 우선 이해할 수 있을 듯하다. 이에 대해 임경빈(1995a)은 산림을 보호하거나 일정한 용도에 쓸 목재를 확보하기 위한 목재채취 금지제도로 말한다. 이 정의는 한국학중앙연구원이 발행한 『한국민족문화대백과사전』에서 발췌한 것이다. 『조선왕조실록』의 금산 관련 註에는 '능역 부근의 입산 벌목이 금지된 산'(아래 주 참조)으로 되어 있어 금산이 마치 능역과 관련된 뜻으로 이해할 수 있게 한다. 이숭녕(1981)은 일제 강점기 때 간행된 『조선어사전』을 인용하면서 금산은 '나라의 금양(禁養)하는 산'으로 나무나 풀을 함부로 베지 못하게 하여 가꾼다는 의미이므로, 금산은 '국가가 산림을 베지 못하게 하여 가꾸는 산'으로 이해할 수 있겠다. 조선시대는 결국 소나무 중심의 산림정책이었으므로 금산이란 소나무의 양육이 목적인 입산금지의 산(이숭녕, 1981)이라 할 수 있고, 반드시 능역과 관계하는 산으로 제한하는 것은 아니다.

(나) 한양 금산

조선의 산림정책은 전국을 그 대상으로 하지만 도성의 한성부 지역과 지방으로 나눌 수 있다. 따라서 금산도 한성부와 지방지역으로 구분하여 살필 수 있을 것이다. 한양에 있는 금산은 왕조의 터전이기에 특별한 관심대상이다. 지방에 있는 금산이 주로 소나무가 많이 분포하는 지역이라면, 한양의 금산은 도성 내외로 구분하는 금산이 설정되었다. 이름하여 '도성내외 사산'이다. 도성사산은 한성부를 둘러싸고 있는 동서남북 사방의 백악산(북), 목멱산(남), 인왕산(서), 타락산(동) 네 산을 가리킨다.

사산이라는 용어는 여말선초에 사방의 산이라는 개념으로 한성부만이 아니라 어느 곳에서나 사용하고 있는 것이었다. 도성 내외산이라는 범위는 대단히 넓었다. 사산을 설정하였어도 그 외곽을 연장하는 산을 금벌의 산으로 정하였고 그 범위는 더욱 확대되었다. 1445년(세종 27년) 도성 외면의 사산에서 아차산까지 모두 나무하고 벌채하는 것을 금하고 있었으나, 오히려 주산의 내맥인 삼각산과 청량동과 중흥동 이북과 도봉산은 금하지 않고 있어서 작벌의 피해가 컸다. 이에 금벌 지역을 확대하고 산밑 근처의 거민을 산지기로 정하였다.[117) 관리해야 할 범위가 설정되면 금표(禁標)를 세웠는데 관리해야 할 지역을 보호하기 위하여 세우는 표지이어서 여러 곳에 세웠다. 선초부터 도성 주변에 금표가 세워졌던 것으로 보인다(김무진, 2010).

『경국대전』의 업무분장을 살펴보면, 도성사산의 금산을 관리하는 중추기관은 한성부(漢城府)이다. 한성부는 정2품의 판윤(判尹)을 우두머리로 하는 관청으로서 四山을 관장하였다. 물론 모든 업무를 담당하는 것은 아니고 때로는 병조, 때로는 공조와 형조가 연결되어 있다. 한성부는 도성 안과 성저십리(城底十里)에서 금산의 나무와 돌 채취를 금지하는 활동을 펴고, 송충이 구제, 건축물 단속, 금산경계확정과 획정을 위한 답사 등의 업무를 담당하였다. 이들 업무는 한성부의 병방(兵房)과 공방(工房)의 낭관과 오부관원이었으며, 금산 현장은 주변에 살고 있는 주민을 통으로 조직하여 산지기(산직)의 임무를 할당하여 관리하였다(한동훈, 1992). 예종 2년(1469년)에 「도성내외송목금벌사목(都城內外松木禁伐事目)」을 제정하여 도성 주변 소나무의 벌채를 엄금하며 체계적으로 사산 금산을 관리하게 되었다.

---

117) 세종실록 권119, 세종 27년 11월 27일.
　　議政府據兵曹呈啓: "都城外面四山, 以至峩嵯山, 皆禁樵採, 獨主山來脈三角山 淸涼洞及重興洞以北及道峯山無禁, 故樵採之徒, 日聚斫伐, 漸至童兀. 請以山下旁近居民, 定爲山直禁伐." 從之. 의정부에서 병조의 정문에 의거하여 아뢰기를, "도성(都城) 외면(外面)의 사산(四山)에서 아차산(峨嵯山)까지는 모두 나무하고 벌채하는 것을 금하오나, 오직 주산(主山)의 내맥(來脈)인 삼각산(三角山)과 청량동(淸涼洞) 및 중흥동(重興洞) 이북과 도봉산(道峰山)은 금하는 것이 없기 때문에, 나무하고 벌채하는 무리가 날마다 모여서 작벌(斫伐)하여 점점 민숭민숭하게 되오니, 청하옵건대 산밑 근처의 거민(居民)으로 산지기(山直)를 정하여 벌채를 금하소서." 하니, 그대로 따랐다.

(2) 봉산(封山)[118]

(가) 개념

봉산은 원래 '초봉지산'이란 뜻으로 민간에서의 산림이용을 제한하는 경계선에 봉표를 설정함으로써 나타난 이름이다(이기봉, 2002). 벌채를 금지한 산이다. 금산(禁山)과 마찬가지로 나무를 베지 못하게 한, 즉 금양(禁養)된 곳 자체를 뜻하기도 하였다. 정조 7년 10월 29일(1783년)에 비변사에서 올린 「호남어사사목(湖南御史事目)」에 다음과 같은 내용이 나온다;

> "備邊司進諸道御史賣去事目. ......(중략)......設置封山, 上
> 而供黃腸, 下而備船材, 陸則邊山, 海則莞島爲最盛, 而偸
> 斫日甚, 冒耕漸滋."(이하생략)

"봉산(封山)을 설치하였음은 위로는 황장(黃腸)을 공상(供上)하고, 아래로는 선재(船材)를 대비하기 위한 것이다. 육지(陸地)에서는 변산(邊山), 바다에서 완도(莞島)가 가장 무성했는데, 도벌이 날로 심해지고 덮어놓고 일구는 일이 점점 퍼지게 되었다."

이 내용에 의하면 봉산이란 주기능이 황장목과 선재를 공급하는 것으로 이를 위해 벌채는 물론 철저하게 출입을 금지한 산림이라고 이해할 수 있겠다. 하지만, 봉산에는 왕이나 왕비의 능묘를 보호하고 포의(胞衣: 태아를 싸고 있는 막과 태반)를 묻기 위하여 정해진 태봉봉산(胎封封

---

118) 봉산에 대한 연구는 많이 수행되어 있으며 주요 사례는 다음과 같다 : 박봉우, 1992, 소나무, 황장목, 황잠금표. 숲과문화; 박봉우, 1993, 황장목과 황장금표. 소나무와 우리문화; 배재수, 1995, 조선후기 봉산의 위치 및 기능에 관한 연구. 산림경제연구 3; 박봉우, 1996, 봉산고(封山考). 산림경제연구 4(1); 박봉우, 1996, 황장금표에 관한 고찰. 한국산림과학회지 85(3); 배재수, 1999, 미륵리 封山石標에 관한 연구. 한국임학회지 88(2); 이기봉, 2002, 조선후기 封山의 등장 배경과 그 분포. 문화역사지리 14(3); 권순구, 2007, 조선후기 封山政策의 분석. 한국정책과학회보 11(1); 김수련, 2011, 조선시대 강원지역의 봉산설정과 폐해 연구. 강원대학교 석사학위논문; 정용범 · 송인주, 2016, 조선후기 封山의 운영과 송광사의 사원경제. 조선사연구 26; 양언석, 2019, 강원도의 森石文 考察-襄陽의 禁標를 중심으로. 아시아강원민속 31. 등

山), 황장목만을 생산하기 위한 황장봉산(黃腸封山), 밤나무재목을 생산하기 위한 율목봉산(栗木封山), 참나무를 생산하기 위한 진목봉산(眞木封山) 등이 있는데, 이 기능을 보아 봉산은 특수한 목적으로 정해진 것임을 알 수 있다. 따라서 봉산에 대해서는 특별한 보호를 하였다(박봉우, 1993; 임경빈, 1995b). 『朝鮮語辭典』에 봉산은 나라의 수요에 충당하기 위하여 수목의 벌채를 금한 산이며, 금산이 소나무의 양육이 목적인 입산금지의 산이라면, 봉산은 밤나무와 참나무 등 특수목과 '이미 성장한 소나무의 보호를 위한 입산금지의 산'(이숭녕, 1981)이라고도 할 수 있겠다.

(나) 유형

봉산은 반드시 소나무만의 봉산이 아니라, 앞에 열거된 것처럼 국용수요 대상 수목(식물)이 무엇이냐에 따라서 수목이 달라지고 봉산의 종류가 다양해진다. 경우에 따라서는 지명이나 산의 이름을 붙여 작명하기도 한다. 박봉우(1996)는 봉산의 유형을 황장봉산, 율목봉산, 진목봉산, 선재봉산, 의송봉산(의송산, 의송지), 송전·송산, 봉송산·송봉산, 봉산, 삼산(봉산), 향탄산 등으로 구분하였으며 그 내용을 아래에 간략히 소개한다;

• 황장봉산(黃腸封山) : 왕실의 관곽재를 공급하기 위해 황장목이 자라는 산을 황장봉산으로 지정(『속대전』에 상세 기록). 황장목(黃腸木)의 생산지로 봉한 산림인데, 황장목은 재궁(梓宮, 임금의 관)을 만드는 질이 좋은 소나무(『조선왕조실록』의 註)로 속이 누렇고 재질이 치밀하여 잘 썩지 않아 왕실에서 관곽재로 많이 쓰였다. 황장목이 자라는 곳을 황장봉산으로 지정하고 입구 바위에 황장금표(黃腸禁標)라고 새겨서 지경(경계)를 표시하였다.
• 율목봉산(栗木封山) : 神主와 신주 담는 함을 만드는 밤나무를 보호하기

위해 율목봉산으로 지정(영조 21년 1745년 시행)

- 진목봉산(眞木封山) : 조선재와 나무못인 목정(木釘)을 만드는 재료인 참나무를 보호하기 위해 진목봉산으로 지정하였다.

- 선재봉산(船材封山) : 배를 만드는 조선재를 공급하기 위한 목적으로 선재봉산으로 지정하였다. 김재근(1971, 1989)에 의하면 조선에서 선재로 많이 쓰인 나무는 소나무로 선재봉산은 대개 연안에 있는 송림을 중심으로 지정되었다.

- 의송봉산(宜松封山, 宜松山, 宜松地): 소나무를 기르기 적당한 곳을 의송산, 의송지, 의송봉산 등으로 지정하였다.[119] 조선재로 공급이 용이하도록 전국의 의송산(지)은 섬과 곶(串)을 포함하여 해안에 가까운 곳에 있으며 지명 이름에 浦, 津, 串(곶), 도(島) 등이 붙어있다. 『조선왕조실록』의 세종 30년 8월 27일(1448년) 기사에 의정부가 소나무에 관한 감독관리를 위해 상신한 내용을 보면 연해지역의 소나무가 많이 자라는 곳을 '의송지지(宜松之地)로 지정하였다(〈표 6-11〉 도별 지정 내용 참조). 1684년 숙종 때 각도의 해안가에 있는 의송산을 관리하기 위해 제정된 「제도연해금송사목(諸道沿海禁松事目)」(1684)과 「제도송금사목(諸道松禁事目)」(규957, 1788)에 의송산은 오로지 전투용 병선(戰船)

---

119) 세종실록 121권, 세종 30년 8월 27일(1448년) : 병조가 올린 것을 의정부가 상신하길, 庚辰/議政府據兵曹呈 申: "兵船, 國家禦寇之器, 造船松木, 使不得私自斫伐, 已曾立法, 無識之徒, 潛相斫伐, 或造私船, 或爲屋材, 松木殆盡, 實爲可慮. 今以沿海州縣諸島各串宜松之地, 訪問置簿.(중략)......上項州縣島串, 前此有松木之處, 則嚴禁樵採, 無木之處, 令其道監司差官栽植, 使旁近守令萬戶監掌培養, 以待有用."從之. '병선(兵船)은 국가의 도둑을 막는 기구이므로 배를 짓는 소나무를 사사로 베지 못하도록 이미 일찍이 입법을 하였는데, 무식한 무리들이 가만히 서로 작벌(斫伐)하여 혹은 사사 배를 짓고, 혹은 집재목을 만들어 소나무가 거의 없어졌으니 실로 염려됩니다. 지금 연해(沿海) 주현(州縣)의 여러 섬(島)과 각 곶(串)의 **소나무가 잘되는 땅(宜松之地)**을 방문하여 장부에 기록하였는데,(중략 : 전국 의송지명)......등 상항(上項) 주현(州縣)의 도(島)와 곶(串)에 전부터 소나무가 있는 곳에는 나무하는 것을 엄금하고, 나무가 없는 곳에는 그 도 감사(監司)로 하여금 관원을 보내어 심게 하고서 옆 근처에 있는 수령(守令) 만호(萬戶)로 하여금 감독 관리하고 배양하여 용도가 있을 때에 대비하게 하소서."하니, 그대로 따랐다.
정조 20년 1월 22일(1796년): 『조선왕조실록』에 '의송산(宜松山)'으로 처음 검색되는 내용은 아래와 같다; 創置華城烽臺, 又命華城海邊宜松處, 限以三十里, 定爲宜松山, 立標禁養. 竝從留守趙心泰之言也. 화성에 봉대(烽臺)를 처음으로 설치하고, 또 명하여 화성 해변의 소나무가 잘 자라는 곳을 30리로 한정하여 의송산(宜松山)으로 정해서 표지를 세우고 금하여 기르도록 했는데, 모두 유수 조심태의 말을 따른 것이다.

제조를 위한 것임을 명시하고 있다.

- 송전·송산(松田·松山) : 국용의 필요에 의해 지정한 곳으로 소나무가 다수 우점하고 있는 산림을 말한다.
- 봉송산·송봉산(封松山·松封山) : 소나무가 많은 산림을 봉송산, 송봉산으로 지정한 곳이다.
- 봉산(封山) : 금산처럼 일반적인 명칭일 수 있고, 송봉산을 지칭하는 것일 수 있다.
- 삼산(蔘山)(封山): 국용의 산삼을 생산하는 산을 삼산봉산으로 지정하며 강원도 가리왕산 고개에 사례가 있다.
- 향탄산(香炭山)[120]: 제향(祭享)에 쓰는 신탄재료를 공급하기 위한 특수 용도의 산림을 말한다.

〈표 6-7〉은 18세기 각종 봉산의 분포현황을 나타낸 것으로 경상도, 전라도, 강원도의 순으로 많고, 초기보다 중기에 봉산이 지정된 마을의 수가 늘어난 것을 알 수 있다. 봉산란에는 선재봉산, 송봉산, 봉송산, 의송산, 송전, 송산, 의송전 등이 모두 포함된 것이다. 한편, 〈표 6-8〉은 만기요람에 기록된 것을 발췌한 것으로 위 표와 다소 상이한 결과를 보이고 있다. 두 표를 비교해보면 봉산별 증감상황을 비교해 볼 수 있다. 황장봉산의 경우 19세기 초기(1808년) 보다 19세기 중반(1864년)에 절반으로 감소한 것을 알 수 있는데 황장봉산으로서 의미를 상실했기 때문으로 이해할 수 있다.

---

120) 향탄위산(香炭位山)으로도 불린다. 각 능(陵)·원(園)·묘(墓)에는 향탄위산이라는 것을 주었다. 즉, 향탄산의 소재지는 사원(寺院)의 영역 안과 국유산(國有山)이었으며, 예원(禮院)에서 향탄산을 취급하였다. 원래 향탄산에서는 도벌과 남벌을 금하였고, 경작과 목축도 금하였다. 경기도 양주에 태릉(泰陵)을 위한 향탄산이 있었고, 경상남도 다취산(多鷲山)은 홍릉(洪陵)을 위한 향탄산이었으며, 수원의 광교산(光敎山)도 향탄산이었다(임경빈, 1995c). 양근과 지평에 목릉(穆陵)을 위한 향탄산이 있었다.(『비변사등록』 숙종 34년 12월 30일, 「궁방아문절수」).
한편, 조계산 송광사 일대는 『曹溪山松廣寺史庫(山林部)』에 '향탄봉산'이라고 표기하였으며, 향탄산 소재지는 사원의 영역 안과 국유산(國有山)이었고 예원(禮院)에서 취급하였다(조명제 외, 2009).

표 6-7. 18세기 봉산의 도별 유형별 고을(마을) 분포수 현황(이기봉, 2002)

도별	봉산*			진목봉산		
	18세기 초중반	1808 년경	1864 년경	18세기 초중반	1808 년경	1864 년경
경상도	18	25	39	2		1
전라도	12	19	23			1
충청도	8	3	13			
황해도	3	2	4			
강원도			1			
함경도	1					
계	42	49	80	2	0	2

도별	황장봉산			율목봉산		
	18세기 초중반	1808 년경	1864 년경	18세기 초중반	1808 년경	1864 년경
경상도	5		6			1
전라도	2		3	1		1
충청도						
황해도						
강원도			22			
함경도						
계	7	0	31	1	0	2

주) 봉산*: 선재봉산, 송봉산, 봉송산, 의송산, 송전, 송산, 의송전 등이 포함된 것임.
1808년 자료 출처: 萬機要覽. 1864년 자료 출처: 大東地志
18세기 초·중반 자료: 평안도, 경기도의 경우 같은 형식의 지도가 없고, 강원도의 경우는 〈영동지도〉에 9개의 고을만 나오기 때문에 제외한 자료임.

표 6-8. 『만기요람』(1808년)에 따른 봉산 일람표(오성, 1997)

구분	봉산	황장봉산	송전(송전)	계
경상도	65	14	264	343
전라도	142	3		145
충청도	73			73
황해도	2			2
강원도		43		43
함경도			29	29
계	282	60	293	635

〈표 6-9〉는 『조선왕조실록』에 등장하는 금산, 봉산 두 용어의 출현 빈도를 조사한 것이다. 이것은 금산(禁山), 봉산(封山) 두 용어를 검색어로 얻은 결과이다. 금산은 국역에 56회, 원문에 86회 등장하고, 봉산은 국역에 57회, 원문에 69회 등장한다. 표에서 두 용어가 출현한 시기가 뚜렷하게 구분되고 있음을 알 수 있다. 금산이라는 용어는 이미 조선왕조 초기에도 쓰였는데 앞서 설명한 것처럼 「태종실록」 33권, 태종 17년 4월 28일(1417년) '蟲食禁山 松葉'이라는 기록을 통해서 확인할 수 있으며, 『경국대전』에도 「공전」의 식재조에 기록되어 있음을 확인할 수 있다. 또한 「고종실록」 28권, 고종 28년 8월 25일(1891년)에도 '領議政沈舜澤請養殖禁山……'(영의정 심순택 이 금산에 나무를 심을 것을 청하니……)이라고 기록되어 조선왕조 전시대에 걸쳐 통용되고 있음을 알 수 있다. 하지만, 봉산이라는 용어는 숙종 때에 처음 등장하고 있다. 「숙종실록」 38권, 숙종 29년 4월 1일(1703년)에 사간원 이 정도휘의 파직과 허경을 나문(拿問; 체포하여 심문)시킬 것 등을 청하는데 왕이 허락치 않다는 내용으로, ……(중략)…… 斫取板材於黃腸封山之內,…(이 하생략) '황장봉산(黃腸封山) 안에서 판재(板材)를 베고……'라 하여 봉산과 함께 황장봉산이 등장하고 있다.

표 6-9. 『조선왕조실록』에 등장하는 금산·봉산 용어 출현 현황

( )는 원문 등장 횟수

구분	제1대 태조 1392~1398	제2대 정종 1398~1400	제3대 태종 1400~1418	제4대 세종 1418~1450	제5대 문종 1450~1452	제6대 단종 1452~1455	제7대 세조 1455~1468	제8대 예종 1468~1469	제9대 성종 1469~1494
禁山			3(4)	4(6)				(1)	8(12)
封山									

구분	제10대 연산군 1494~1506	제11대 중종 1506~1544	제12대 인종 1544~1545	제13대 명종 1545~1567	제14대 선조 1567~1608	제15대 광해군 1608~1623	제16대 인조 1623~1649	제17대 효종 1649~1659	제18대 현종 1659~1674
禁山	1(3)	7(8)		(1)	4(4)	9(19)	1(1)	1(2)	2(4)
封山									

구분	제19대 숙종 1674~1720	제20대 경종 1720~1724	제21대 영조 1724~1776	제22대 정조 1776~1800	제23대 순조 1800~1834	제24대 헌종 1834~1849	제25대 철종 1849~1863	제26대 고종 1863~1907	계 구역(원문)
禁山	4(6)	3(3)	6(7)	3(3)				(2)	56(86)
封山	1(1)		12(12)	19(22)	8(8)			16(19)	57(63)

3) 병해충방제와 산불방지

가) 병해충방제

해충방제는 산림보호에 매우 긴요한 조치이다. 송충방제로 산림보호관리
흔적을 찾아 아래에 소개한다.

- 태조 7년 4월 29일(1398년): 벌레가 종묘 북쪽 산의 솔잎을 먹다는
  내용이다.
  蟲食宗廟北山松葉, 發五部人捕之.
  벌레가 종묘(宗廟) 북쪽 산의 솔잎을 먹으므로 오부(五部)의 사람들을
  징발하여 잡았다.

- 태종 3년 2월 3일(1403년): 벌레가 제릉의 솔잎을 먹다는 내용이다.
  蟲食齊陵松葉, 命捕之. 벌레가 제릉(齊陵)의 솔잎을 먹으니, 명하여 잡
  게 하였다.

- 태종 3년 4월 21일(1403년): 1년 만여 명을 동원, 송악산 골짜기의 송충이
  를 잡다는 내용이다.
  命捕松蟲. 百官隨品出人摠萬餘, 使摠制 上·大護軍分率捕蟲. 一人捕
  蟲三升, 許瘞之.
  명하여 송충(松蟲)을 잡았다. 승추부(承樞府)·순위부(巡衛府)·유후
  사(留後司)·오부(五部)와 군기감(軍器監)의 장인(匠人) 및 백관(百官)
  이 품등(品等)에 따라 사람을 내었으니, 모두 만여 명이었다. 총제(摠制)
  ·상호군(上護軍)·대호군(大護軍)으로 하여금 나누어 거느리고 잡게
  하였는데, 한 사람이 석 되(升) 정도 잡아 땅에 묻었다.
  이 시기에 송충이가 산에 가득하다고 하여 문무백관 10,000여명이 나와
  서 송충이 구제를 할 정도로 심각하였다.

- 태종 5년 4월 12일(1405년): 백악, 인왕산 등의 송충이를 잡도록 하다는 내용이다.

  命捕松蟲. 蟲食宗廟北山白岳, 仁王, 藏義洞諸山松葉, 發五部人捕之. 송충을 잡도록 명하였다. 송충이가 종묘(宗廟) 북쪽 산과 백악(白岳)·인왕(仁王)·장의동(藏義洞)의 여러 산의 솔잎을 갉아먹으므로, 오부(五部)의 사람들을 발(發)하여 잡게 하였다.

- 태종 5년 4월 14일(1405년): 송악 용수산의 송충이를 잡도록 명하다는 내용이다.

  命捕松蟲于松岳及龍首山. 송악(松岳)과 용수산(龍首山)에 송충을 잡도록 명하였다.

- 태종 10년 4월 28일(1410년: 송충이를 잡도록 명하다는 내용이다.

  命捕松蟲. 송충이를 잡도록 명하다.

- 태종 11년 4월 1일(1411년): 남산의 송충이를 잡는다는 내용이다.

  命拾松蟲于南山. 명하여 송충(松蟲)을 남산(南山)에서 잡게 하였다.

- 태종 15년 4월 8일(1415년): 송충이를 잡도록 명하다는 내용이다.

  命捕松蟲. 以食白岳山, 沙閑等處松葉故也.

  명하여 송충을 잡게 하였으니, 백악산(白岳山)과 사한(沙閑) 등지의 솔잎을 먹기 때문이었다.

  이외에도 송충이에 대한 기록을 왕조별로 아래에 소개한다:

  태종 16년 4월 20일 / 5부의 군정 각사의 노비와 동서 각품의 종인들을 징발하여 송충이를 잡다

  태종 18년 4월 13일 / 금산의 송충이를 잡다

  세종 3년 4월 16일 / 송충이 때문에 제릉 바깥 산을 불태우다

  중종 7년 10월 29일 / 대설(大雪)이 이미 지났는데 송충(松蟲)이 아직도

칩복(蟄伏)하지 않다

중종 8년 3월 2일 / 또 묘내(廟內)에는 송충(松蟲)이 번성하여 겨울이 지나도 죽지 않다

숙종 11년 8월 21일 / 한성부로 하여금 극성스런 송충이를 잡게 하다

숙종 26년 6월 5일 / 서울 산의 송충(松蟲)이 매우 성하게 발생하고 있다

숙종 28년 5월 18일 / 서울 근교의 산에 송충이 성하니, 방민을 뽑아내 3일을 한정으로 잡게 하다

숙종 28년 6월 2일 / 경산에 송충이 점차 성해지므로 기양제를 거행하다

숙종 30년 5월 26일 / 경복궁 안의 송충이를 오부 방민들에게 잡도록 하다

숙종 34년 5월 29일 / 송충(松蟲)이 날로 번성하고 도적(盜賊)이 횡행(橫行)하다

숙종 35년 5월 25일 / 예조 참의 조태억(趙泰億)이 송충(松虫)의 재해(災害)를 들어 상소하다

숙종 42년 5월 2일 / 송충이 치열하게 일어나자 한성부에서 방민을 징발하여 주은 지 사흘 만에 그치다

영조 5년 5월 6일 / 성내(城內) 여러 산의 송충(松蟲)을 백성을 동원하여 잡게 하는 역사(役事)를 중지하게 하다

영조 17년 4월 11일 / 송충이 성행하니 대책을 강구하다

영조 22년 4월 25일 / 한성부에서 방민을 조발하여 사산의 송충이를 잡아 땅에 묻게 하기를 청하다

나) 산불방지

조선 왕조는 산불에 대해서 엄한 규정을 가지고 있었다. 『경국대전』 「공전」 재식조에 '지방에서는 금산을 지정하여 벌목과 방화를 금지하며'라는

것이 그것이다. 조선 말기에 최종 수정된 법령 『대전회통』(1865년, 고종 2년)에 규정된 산불 관련 내용을 다시 발췌하면, 봉산에 실화하거나 혹은 봉산 외의 元田 焚灰로 인한 것이면 밭주인은 장형에 처하고 유배 보내며, 해당 관리는 형벌 중 무거운 형에 따라 곤장에 처한다. 송전에 실화한 감관·산직은 가장 큰 곤장에 처하고 수령은 파직하지 아니한다. 법을 범하여 간경하고 방화한 자는 송전모경방화례(松田冒耕放火例)에 의하여 논죄한다. 감관·색리·산직도 송전의 감색·산직과 율이 같다.

이처럼 방화한 자에 대해서는 중한 죄로 벌하게 되어 있다. 실록의 기사를 보자; 태조 4년 7월 30일(1395년), "산림이 무성한 뒤에 땅 기운이 윤택해서 가물어도 한재가 덜하며, 상수리를 주워서 흉년을 방비할 것입니다. 무뢰한 무리들이 전렵하는 것만 탐을 내어 산에다가 불을 놓으니 더욱 마음이 아픕니다. 마땅히 수령으로 하여금 친히 산림을 점검하고 부근에 살고 있는 백성들로 나누어 맡아 보게 하여, 만일에 **불을 놓는 자가 있으면 즉시 와서 알리어 중한 죄로 벌하게 하고, 그것을 알리지 않는 자는 그 불놓은 사람과 연좌(緣坐)하게 하며**, 다만 목마장은 칩충(蟄蟲)이 깨어나기 전에 불에 태우도록 하소서."라고 고하니 태조가 그대로 윤허하였다는 내용이다.

성종 23년 3월 4일(1492년) 기사는 봄철에 사냥이나 화전을 일구기 위해 산림에 불지르는 일을 금하게 한다는 내용이다. 이날에 우부승지(右副承旨) 조위(曹偉)가 아뢰기를, "이른 봄에는 바람이 어지럽게 불고 풀잎이 말라 있으므로, 산불이 번지기가 매우 쉽습니다. 산에 초목(草木)이 없으면 물줄기의 근원이 마르게 되므로, 농사(農事)에 해가 있습니다. 바야흐로 초목이 생장(生長)할 시기에 수령(守令)들이 산림(山林)에다 불을 질러 놓고 사냥을 하며, 백성들도 화전(火田)을 일구어 경작(耕作)을 합니다. 그래서 재목(材木)까지도 바닥이 나게 생겼으니, 작은 문제가 아닙니다. 청컨대 법(法)을 만들어 금하게 하소서." 하니, 임금이 말하기를, "그렇겠다. 바야흐로 초목이 생장하는 봄철에 불태워 죽이는 것은 천심(天心)에도 위배되는 것이니, 하서

(下書)하여 엄하게 금하도록 하라."하였다.

산불은 연중 가장 빈번하게 일어나는 봄철이 되면, 지금도 그렇지만 조선시대에도 양간지풍(襄杆之風)[121]이 잦아 강릉 지역을 중심으로 산불 피해가 컸다. 다음 사례가 피해의 심각성을 대표적으로 전해준다.

중종 19년 3월 19일(1524년)의 기록에 의하면, "강릉의 대산(臺山) 등에 산불이 일어나 번져서 민가 2백 44호를 태웠고, 경포대의 관사도 죄다 태웠는데 주방(廚房)만이 타지 않았으며, 민가의 소 한 마리와 말 한 마리가 타죽었다."로 전하고 있다.

같은 해 4월(중종 19년 4월 4일, 1524년)의 기록에도,

"어제 강원도 감사의 서장(書狀)을 보니 '강릉 땅에 산불이 바람을 따라 일어나 퍼져서 민가 2백 40여 호를 태웠는데 그 불이 일어난 까닭은 아직 잘 모른다.'고 하였다. 산불일지라도 민가가 이처럼 이웃으로 번져 불탔으니 큰 재변으로서 내가 매우 놀랍고 두렵다. 감사의 서장에는 이미 도사(都事)를 시켜 가서 살피고 진휼하게 하였다고 하였으나, 각별히 진휼할 것을 감사에게 하유(下諭)하고 아울러 해사(該司)에 전하라." 하였다.

현종 13년 4월 5일(1672년)에는 산불이 크게 나서 사람이 65명이나 죽었다고 전한다: "강릉·삼척 등 네 고을에 산불이 크게 나서 불타버린 민가가 1천 9백여 호이고, 강릉 우계(羽溪)의 창고 곡물과 군기(軍器) 등의 물건이 한꺼번에 다 타버렸으며 불에 타 죽은 사람이 65명이었다. 네 고을의 백성들이 기근을 겪은 뒤에 또 이 화재를 당해 울부짖는 소리가 하늘에 닿았다. 도신이 이를 아뢰니, 상이 영서의 곡식 1천 석을 옮겨 구제하라고 명하였다."

현종 때 이 산불에 불타 죽은 인명 피해가 65명에 이르고 불에 탄 가옥이 1900호에 달하는 어마어마하게 큰 초대형의 산불이었으니 피해가 극심하였다. 『조선왕조실록』에 나타난 기사에 의하면 산불 기사는 「철종실록」 1권의

---

121) 양간지풍(襄杆之風)이란 봄철에 백두대간 동쪽 강릉~양양~고성 지역에서 지형 특성으로 형성되는 매우 강한 국지풍으로 양양과 간성(고성)의 첫글자를 따서 그렇게 부른다. 풍속이 소규모 태풍에 해당하는 초속 20~30m에 이르는데, 양간지풍이 불 때 산불이 나면 걷잡을 수 없이 확산되어 피해가 크다.

'철종대왕 행장(行狀)'에 기록된 내용이 마지막인데, 기미년(철종 10년 1859년) 윤달에 관북(함경도)과 관동(강원도) 양도의 여덟 고을 2000여 가호가 산불로 인명과 가옥의 피해를 본 것으로 나타났다. 당시에는 산불이 나면 오늘날처럼 신속하게 대규모 조치를 할 수 없었기에 피해가 컸을 것이다.

국가는 산불방지를 위해서 우선 능·원·묘와 기타 중요 시설의 경계선 밖에 화소(火巢)[122]를 설치하였다. 화소 입구에 '화소금표석'을 세우고 경계로 삼는 한편 산불예방을 위하여 백성의 출입을 금하였다. 화소 안을 내화소, 밖을 외화소라 구분하였다(강영호와 김동현, 2012).

산불방지를 위해 금화령을 제정하였는데 앞서 태조 4년에 상소하기를 "불을 놓는 자가 있으면 중한 죄로 벌하게 하고"라 하여 윤허하였는데, 실제로 법령이 내려지기는 한창 후인 태종 연간에야 나타나는 것으로 판단된다.

태종 17년 11월 10일(1417년)에 호조가 아뢴 '금화령(禁火令)'을 임금이 그대로 따랐는데 내용을 정리하면 아래와 같다; 금화령은 『대명률』 실화조(失火條)에 근거를 둔다.

- 실화하여 자기 방옥(房屋)을 불태운 자는 볼기 40대를 때리고,
- 관민(官民)의 방옥을 연소한 자는 볼기 50대를 때린다.
- 실화한 사람을 죄 주되, 종묘와 궁실을 연소한 자는 교형에 처하고,
- 사(社)를 연소한 자는 1등을 감하고,
- 만일 산릉의 조역(兆域: 무덤 경내) 안에서 실화한 자는 장 80대와 도 2년에 처하고,
- 임목(林木)을 연소한 자는 장 1백 대와 유(流) 2천 리에 처하고,
- 만일 관부(官府) 공해(公廨)와 창고 안에서 실화한 자는 장 80대와 도 2년에 처하고,
- 밖에 있다가 실화하여 연소한 자는 각각 3등을 감하며,

---

122) 화소(火巢)란 불이 번지는 것을 막기 위하여 특히 능·원·묘의 해자(垓字)나 중요 시설의 경계 밖 일정 구역에 있는 초목(草木)을 미리 불살라 없애 버린 곳을 말한다.

- 만일 고장(庫藏)과 창오(倉廒: 미곡창고) 안에서 불을 피운 자는 장 80대를 때리고,
- 궁전과 창고를 수위하는 자, 또는 죄수를 맡은 자는 다만 불이 일어나는 것을 보면 모두 지키는 자리를 떠나지 못하게 하고, 어기는 자는 장 1백 대를 때린다.
- 방화 근무 체계는 다음과 같다;
  - 각사(各司) 관리는 해 지는 때에 입직(入直)하여 이전(吏典)과 하전을 거느리고 마음을 써서 좌경(坐更)[123]한다.
  - 불을 금하는 순관(巡官)과 각조(各曹)에 속한 상직 관원이 때를 정하지 않고 적간하고 지체 관원은 논죄한다.
  - 외방의 수령은 수많은 창고를 상직하기가 실로 어려우니, 향리 양반의 체제를 정하여 고찰하게 한다.
  - 지체하는 수령(守令)·색장(色掌, 소규모 기관장)이 있으면 감사(監司)가 율에 비추어 논죄한다.

도성의 경우 방화를 위해 송림이 울밀한 곳은 성 안은 5보, 성 밖은 10보 범위까지 벌채하고, 강무장/사냥터 등은 금령에 근거하여 처벌한다(태종, 세조). 농림병해충 구제를 위해 입화하여 구제하는 방법을 사용하였다(강영호와 김동현, 2012).

한편, 숙종 5년 1월 23일(1679년)의 기록을 보면, 화전의 폐단이 있지만 백성이 생업을 잃게 되는 것을 임금이 걱정하여 묵인하는 사례도 엿볼 수 있다; 대사헌 윤휴가 상소를 올렸다. 또 화전의 금령이 해이해진 폐단을 진술하고, 이어서 명산 대수(名山大藪)에 방화하는 것을 금지할 것과 종상(種桑)의 명령을 거듭 신칙(申飭)할 것을 청하니, 답하기를, "화전의 해를 알지

---

123) 궁중의 보루각(報漏閣)에서 밤에 징과 북을 쳐서 경점(更點)을 알리는 일. 초경 삼점(初更三點)에서 시작하여 오경 삼점(五更三點)으로 마치며, 서울 각처의 경점 군사(更點軍士)가 보루각의 징과 북소리를 받아 다시 쳐서 차례로 알린다(「태종실록」 註713).

못하는 바 아니나, 한꺼번에 금한다면 생업을 잃고 뿔뿔이 흩어지는 일이 반드시 생길 것이다. 상소 끝에 말한 두 가지 일은 의정부로 하여금 거행하도록 하라." 하였다.

이처럼 금화령이 내려지기는 하였지만, 화전을 일궈 먹고 사는 백성들에게는 잘 지켜지지 않은 듯이 보인다. 숙종 34년 1월 3일(1708년), 공주 유학(幼學) 윤필은(尹弼殷)이 십조소(十條疏)를 상소하였는데 여섯째에, "산수(山藪)에 화전을 일구는 것을 금하고, 영애(嶺阨)[124]에 군대를 숨길 수 있는 곳은 더욱 방화를 금하여, 뜻밖에 일어나는 변고에 대비하는 계책을 삼게 하소서." 하니 해당 부서에서 처리하도록 일렀다. 조선 말기까지 화전 개발은 끊임없이 일어났다.

바. 송정(松政)

1) 송정 출현의 배경

송정(松政)이란 특별히 조선 시대에 있어서 소나무에 관한 정책을 말한다. 현재나 조선 시대나 산림에서 가장 넓은 면적을 차지하고 있는 소나무는 산림 자체가 그렇듯 쓰임새가 매우 다양하였다. 백성의 살림살이뿐만 아니라 국가에서 병선과 선박의 제조, 궁궐과 관청 건축, 염업(자염)과 요업 등 산업에 매우 긴요하였으며, 풍수지리설에 의한 능(陵)·원(園)·묘(墓)의 보호, 비보(裨補) 등으로 철저하게 금양(禁養)하였다. 무엇보다도 함선(艦船) 건조를 위한 국용 자원으로 가장 중요한 역할을 하였기 때문에 법령으로 금산, 봉산 등으로 지정하여 소나무를 함부로 벌채하는 것을 금하였다.

조선시대 산림정책에 관한 내용은 대부분 소나무에 관한 것이며 이런 이유로 조선의 산림정책은 송정이라고 말한다. 2020년 시점에서 한반도에서

---

124) 험하고 좁은 산악 지형을 말한다. 군대가 숨어서 작전하기 좋은 곳이다.

가장 넓은 산림면적을 차지하고 있는 수종은 소나무이며 600여 년 전으로 거슬러 올라가면 더욱 넓어질 것이다. 당시에 주위에 있는 산림을 둘러보면 눈에 띄는 나무는 크든 작든 대부분 소나무였을 것으로 추측할 수 있다. 가장 넓고 많은 수량을 차지한다는 이유도 있겠지만 조선 시대에 소나무 또는 소나무림은 건축, 땔감(난방, 취사, 숯, 요업, 염업, 금속가공 등 산업용), 조선(병선과 각종 선박), 경작지 확보(화전, 개간 등), 묘지(풍수와 송림 풍치), 관곽재 등과 같은 용도로 국가와 백성의 삶에 매우 긴요했다. 이처럼 각양각색, 다종다양한 쓰임새에 충당할 수 있는 가장 강력한 잠재력을 지닌 수목은 소나무 이외에는 없다. 하지만, 당시는 조림에 대한 개념 없이 당장의 수요충당을 위해 벌채, 개간 등 주로 개발 위주의 직접 이용을 중심으로 산림정책이 이뤄졌기 때문에 임목 축적량은 날로 감소하였다. 인구증가와 기존 수요에 더하여 새로운 분야의 산업 수요가 덧붙여져서 산림수요량은 증가하였으며 상대적으로 생산량은 감소할 수 밖에 없었을 것이다.

인구가 늘어나고 산업 발달로 여러 분야에서 소나무 수요가 증가함으로써 왜구 침입을 대비하기 위한 병선 건조에 필요한 소나무를 더욱 철저하게 보호해야 할 필요가 있었다. 고려말부터 이어진 소나무 산출의 감소는 조선왕조 건국 초기부터 여러모로 우려되는 바 컸으며 수요와 공급의 부조화가 장래의 불길한 그림자로 위정자를 위협하였는데 세종 1년 7월 28일(1419년)에 유정현(柳廷顯)이 올린 상소문을 통해서 그러한 우려를 알 수 있다(이숭녕, 1981).

"兵船國家之重器 造船之材 非松木不中於用……**故禁伐松木 己有著令** 無賴之徒 或因田獵 或因火田 放火延燒 致令枯稿 或因開墾山田 或因營構家屋 不時斫伐…… 將不數年間 造船材木 恐或不繼 誠不可不慮也."[125]

"병선은 국가의 중요한 기기로서 소나무가 아니면 쓸 나무가 없으며, (중

---

[125] 세종실록 권4, 세종 1년 7월 28일(이숭녕, 1981.을 수정하여 원년을 1년으로 수정하고 일자를 28일로 추가하여 재인용함).

략), **예부터 소나무를 벌채하는 금지법령**이 있는데, 사냥, 화전, 연소, 가옥 등으로 때 없이 작벌하고, (중략), 장차 수년이 지나지 않아 조선재가 공급되지 못할까 염려된다."는 내용이다.

유정현(1355~1426)은 조선 전기에 병조판서, 찬성사, 영의정 등을 역임한 문신인데 세종 1년(1419년)에 대마도를 정벌할 때 삼군 도통사에 임명된 바 있어서, 위 상소문을 보면 병선에 대한 남다른 관심이 있었는지 병선 제조에 필요한 소나무 산출이 점점 감소하는 것에 대해 크게 염려하고 있다. 위 상소문은 600년 조선왕조가 건국된 지 불과 30년도 지나지 않은 세종 1년 1419년에 올린 것이므로 조선 초기부터 소나무 공급을 우려한 것으로 보아 향후 국용재 공급 또는 산림 관리의 심각성을 미리 보여주는 예표라고 할 수 있겠다.

유정현이 상소를 올린 지 5년이 지나서 세종은 걱정의 목소리로 소나무를 확보하는 방법을 알리라고 명령한다. 「세종실록」 24권, 세종 6년 4월 17일 (1424년)의 기사가 이를 잘 전해주고 있다: "병선(兵船)은 국가에서 해구(海寇)를 방어하는 기구로서 그 쓰임이 가장 중한 것이다. 선재(船材)는 꼭 송목(松木)을 사용하는데, 경인년(1410년을 말함) 이후부터 해마다 배를 건조해서 물과 가까운 지방은 송목이 거의 다했고, 또 사냥하는 무리가 불을 놓아 태우므로(전렵(田獵)) 자라나지 못하니 장래가 염려스럽다. 각 포(浦)의 병선을 주장해서 지키는 사람은 수호(守護)하는 데에 조심하지 않아서, 몇 해가 되지도 않았는데, 썩고 깨지므로 다시 개조하게 되니, 비단 재목을 잇대기가 어려울 뿐만 아니라, 수군도 더욱 곤란하게 되니 나는 매우 염려한다. 송목을 양성하는 기술과 병선을 수호하는 방법을 상세하게 갖추어서 알리라."

물론 이런 현상은 조선왕조부터 갑자기 나타난 것은 아니고 고려말부터 이어진 것이며, 병선 건조를 위한 국용재로서 중요하기 때문에 "故禁伐松木己有著令"이라는 문장을 통해 소나무 확보를 위해 예로부터 법령으로 벌채를 금지하고 있었음을 알 수 있다. 이처럼 송정 탄생의 가장 큰 배경은 왜구의 침략을 대비하기 위해 병선을 건조하는데 필요한 조선재를 충분히 안정적으로 확보하는 데에 있다고 할 수 있다.

2) 관련되는 용어들 : 禁政, 大政, 松居, 三禁, 養松, 禁山, 封山, 宜松山, 松禁, 禁松

松政(송정)이라는 용어가 『조선왕조실록』에 처음 등장하는 시점은 정조 2년 1월 12일(1778년)이다. 죄인을 다스리는 여러 가지 형구(刑具)의 품제를 정한 「흠휼전칙(欽恤典則)」이 이뤄졌는데, 치도곤(治盜棍)이라는 몽둥이를 맞는 형을 받는 대상자에 '송정(松政)'과 관련 있는 자를 명기하면서 이 용어가 등장한다 : (중략)"치도곤(治盜棍)은 길이를 5척 7촌으로 하고 너비를 5촌 3분으로 하며 척후를 1촌으로 한다. 다만 도둑과 변방의 행정, 송정(松政)과 관계가 있는 사람을 다스리되, 볼기와 퇴부를 나누어 맞게 한다. '치도곤(治盜棍)'이란 세 글자와 길이·너비·척후를 윗쪽에 새기어 기록한다. 포도청·유수·감사·통제사·병사·수사·토포사·겸토포사(兼討捕使), 변지의 수령·변장과 도둑, 변방의 행정·송정(松政)에 관계하고 있는 사람이 사용한다. 무릇 곤(棍)은 모두 버드나무로 만들고, 무릇 형구(刑具)와 중곤(重棍)의 척수(尺數)는 모두 영조척(營造尺)을 사용한다."

이 기사에 등장하는 송정(松政)을 국역으로 주기하기를 '금송(禁松)에 관한 정사'로 되어 있다. 말하자면 송정이란 소나무를 베지 못하도록 국법으로 규정한 행정을 말한다. 어의대로 엄격하게 해석하면 '소나무를 벌채하거나 불을 질러 태워 없애는 것을 금지하는 업무'를 담당하는 행정을 뜻하는 것으로 이해할 수 있다. 이처럼 송정의 내용은 『경국대전』 등의 법령으로 보나 『조선왕조실록』의 기사, 기타 관련 문서의 내용으로 보나 주로 작벌(벌채)을 금하는 내용이다. 이러한 이유로 송정은 곧 송금(松禁), 금송(禁松), 금산(禁

山) 정책이며, 봉산, 의송산도 '禁'자가 들어있지 않지만 소나무를 함부로 벌채하는 것을 금하는 내용을 담고 있다.

이리하여 특히 숙종 10년 2월 30일(1684년)에 제정한 「제도연해송금사목 (諸道沿海松禁事目)」과 숙종 10년 11월 26일(1684년)에 제정한 「황해도연해금송사목(黃海道沿海禁松事目)」에는 금정(禁政)이라는 표현이 등장한다. 송정은 결국 벌채도 이용도, 화전도 경작도, 개간도 전렵(田獵, 또는 畋獵)[126]도, 또한 초막을 짓는 행위 등을 일체 금지하는 내용을 포함하는 정책이므로 이를 대변하는 금정이라는 용어가 등장한 것으로 이해할 수 있다. 물론 금하는 것이 아닌 장려하는 내용도 포함되는데 소나무를 심어 잘 가꾸는 양송(養松)이라는 용어도 있다. 송정은 소나무가 지닌 역사 · 문화 · 예술적 상징성의 보호와 그의 향수(享受)에 대한 가치도 송정에 다소 기여했을 것으로 본다.

송금은 우금(牛禁), 주금(酒禁)과 함께 조선 후기 3금(三禁)의 하나이며[127], 대정(大政)의 하나로서 중요한 위치를 차지한다. 정조 11년 4월 2일(1787년)의 기사에 영의정 김치인이 소나무 산지인 산송(産松)에 대해 아뢰는 내용 중에 "관동 지방의 대정(大政, 큰 정사)은 바로 삼정(蔘政)과 송정(松政)일 뿐이다"라고 하여 그 위상과 가치를 알 수 있게 한다.

송정과 관련하여 매우 흥미로운 용어를 발견하는데 송거(松居)라는 단어이다. '居'는 '있다, 살다, 거주하다, 앉다, 차지하다' 등의 뜻을 가지고 있으므로 '소나무가(와)(를)(에) (더불어, 함께) 있다, 살다, 거주하다, 앉다, 차지하다' 등의 의미로 풀이할 수 있겠다. 거(居) 자가 지닌 일상 쓰임새를 따른다면 결국 '소나무와 더불어 살다' 또는 '소나무(에) 삶'이나 '소나무 살이'(살림살이의 '살림')라는 의미로 받아들일 수 있을 것이다. 산속에 산다는 의미를

---

126) 전렵이란 산에 사는 야생동물을 사냥하기 위하여 짐승이 달아날 길목을 막아 놓고 불을 질러 수렵하는 방법을 말한다.

127) 김대길, 2006, 조선후기 牛禁 酒禁 松禁 연구. 서울: 경인문화사. 147~204쪽.

지닌 산거(山居) 또는 숲에 은일한다는 임거(林居)[128]라는 단어가 있듯이 송거는 '소나무에 기대어, 의지하여 살다'는 의미로 '소나무에 살다'라는 뜻으로 써도 좋을 듯하다. 모태에서 안식에 이르기까지 소나무가 한민족의 물질적 정신적 산림살이의 태반을 차지하는 점을 감안하면, 송거에 담긴 민족적 잠재적 심상(心象)이 움찔거려 전신을 감싸는 듯하다. 아름답고 매력있는 단어가 아닐 수 없다. 소나무를 좋아하는 우리 민족에게 송거라는 단어는 매우 흥미로울 뿐만 아니라 느낌으로도 의미심장하다.

그런데 송거라는 단어는 정조 12년(1788년)에 제정된 「제도송금사목(諸道松禁事目)」(규 957)에 등장한다. 서문 형식으로 쓰인 전문의 첫문장이 다음과 같다 ; "有國大政 松居其一." '나라에 대정이 있으니 송거가 그 하나이다'라는 뜻이다. 여기 이 송거를 배재수 등(2002)의 문헌에 송거로 번역하지 않고 '송정(松政)'으로 번역하여 '대정'에 어울리게 해석하고 있다.

어쨌든 송정을 대정으로 인식하고 있음을 확인할 수 있다. 「제도송금사목」은 속표지이고 표제는 「송금사목」이다. 조선시대의 산림정책을 알 수 있는 귀중한 것으로 중요한 내용을 발췌하여 관련 규정과 함께 다음 항목에서 소개하고자 한다. 이상에서 소개한 여러 연관어들은 조금씩 차이가 있지만 송정의 내용을 특징적으로 설명해 주는 용어들이다.

3) 송정 관련 법령과 규정

가) 『경제육전』·『경국대전』 이전

송정의 근간은 소나무 확보를 위해 소나무 벌채를 금지하는 '송목금벌(松木禁伐)'이다. 문헌에 등장하는 송정과 관련된 가장 중요한 공식적인 법령은

---

128) 산림문학파의 작품에서 이러한 용어를 시어 또는 시제로 사용하고 있음을 발견할 수 있다 :
「山居」, 화담 서경덕의 작품 : 이정탁, 1984, 한국산림문학연구. 서울: 형성출판사. 221~222쪽.
「林居十五詠」, 퇴계 이황의 작품 : 손오규, 2010, 퇴계 「林居十五詠」의 詩世界와 意境. 한국문학논총
56: 587~615쪽.

『경국대전』「공전」'재식'조항이라고 할 수 있다. 그러나『조선왕조실록』을 검색하면 '松木禁伐之法'(세종 19년 6월 2일, 23년 7월 14일, 26년 1월 26일, 세조 8년 9월 3일)이라든가 '松木斫伐勿禁之法'(세종 21년 2월 6일), '禁伐松木之法'(세조 7년 4월 27일)이라는 용어가 나오는데 이 용어들의 출현시기가 모두『경국대전』완간(예종 원년 1469) 이전이다. 송목금벌에 관한 이런 법령 명칭의 등장은 말하자면『경국대전』이전에 존재했다는 것을 의미하며 송금은 건국 초기 선대부터 시행해 내려온 조종성헌(祖宗成憲)의 법이었다. 다음에 그 사례들을 제시한다(이숭녕, 1981에서 일부 재인용).

사례 ① 세종 19년 6월 2일(1437년)

> 救荒之物, 橡實爲最, 一依松木禁伐之法檢察 各官橡實在處,
> 并錄解由及會計, 以憑後考, 無橡木處, 播種培養

충청도 순문사 안순이 진휼 대책을 올리는 내용이다. 구황식물로 상수리가 최고인데 송목금벌지법처럼 상수리나무도 벌채를 금하도록 해야한다는 계문이다.

사례 ② 세종 21년 2월 6일(1439년)

> 議政府啓: "都城內未造家者頗多 京畿, 江原道 松木斫伐勿禁
> 之法, 載在《續典》, 謄錄 若他道則雖枯槁及風落松木, 毋令擅
> 自斫伐, 犯者及不考覈守令, 竝依律抵罪" 從之.

의정부에서 경기·강원도 이외의 도에서 소나무를 함부로 작벌하지 못하게 할 것을 아뢰는 내용이다. 의정부가 아뢰길, "도성(都城) 안에 집을 짓지 못한 자가 자못 많사온데, 경기·강원도의 소나무는 작벌하는 것을 금하지 말라는 법이『속전(續典)』에 기재되었으나, 다른 도의 경우인즉, 비록 말라 죽은 나무라든가 바람에 쓰러진 소나무라 하더라도 함부로 작벌하지 못하게

하였으니, 범법한 자를 추고하여 핵문하지 아니한 수령은 모두 율(律)에
의하여 처벌하게 하옵소서."하니, 그대로 따랐다.

사례 ③ 세종 21년 9월 8일(1439년)

> 議政府啓: "松木之禁, 載在《六典》, 近者攸司檢察陵夷, 盡伐
> 松木, 實爲未便 自今城底十里, 使漢城府專掌痛禁, 又令憲司
> 考其漢城府勤慢 十里外則令所在守令嚴加禁斷, 又使觀察使
> 檢其守令勤怠" 從之.

의정부에서 아뢰기를, "소나무의 벌채를 금하는 것은 『육전(六典)』에 실려
있사온데, 요사이 유사(攸司)의 검찰(檢察)이 해이해져서 소나무를 모조리
베오니 실로 온당하지 못합니다. 이제부터 성밑 10리는 한성부로 하여금
전장(專掌)하여 엄히 금하게 하고, 또 사헌부로 하여금 한성부의 근만(勤慢)
을 고찰하게 하며, 10리 밖은 소재지의 수령으로 하여금 금단하게 하고,
또 관찰사로 하여금 수령의 근태(勤怠)를 검찰하게 하소서." 하니, 그대로
따랐다.

사례 ④ 세종 23년 7월 14일(1441년) : 소나무의 금벌법에 관한 의정부의 상소문

> 議政府啓: "松木禁伐之法, 詳悉無遺 唯山直之數本小, 兵曹又
> 於山直, 多收束炬, 山直又收米於所掌人戶 因此山下居人斫
> 伐松木, 專不禁止, 實爲未便 ......(이하생략)" 從之.

의정부에서 아뢰기를, "소나무의 금벌법은 상세하여 빠진 것이 없사오나,
오직 산지기의 수효가 근본으로 적은데, 병조에서 또 산지기에게 많은 홰(束
炬, 속거)를 거두고, 산지기는 또 소장 인호(所掌人戶)에게 쌀을 거둠으로
인하여, 산밑에 사는 사람들이 소나무를 작벌하여도 전혀 금지하지 아니하니
실로 옳지 못합니다......(이하생략)" 하니 그대로 따랐다.

사례 5 세종 26년 1월 26일(1444년) : 왕세자 시절 문종의 조선용재 배양 요청

왕세자가 서연(書筵)에서 강(講)하는데, 윤참관(輪參官) 이조 판서 박안신(朴安臣)이 아뢰기를, (중략)

> "禦倭之策, 戰艦爲上, 造船之木, 必培養百年, 然後乃可用也.
> **松木禁伐之法, 著在《六典》**, 然奉行官吏, 視爲文具, 乞令各道
> 培植, 痛加考察, 以爲後日之用. 制倭之策, 莫此爲上, 願留神
> 焉." 世子答曰: "已悉之矣."

"왜(倭)를 막는 방책은 전함이 제일이온데, 배를 만드는 재목은 반드시 백년을 기른 연후라야 쓸 수 있는 것입니다. 소나무를 베는 것을 금하는 법이 『육전(六典)』에 실려 있사오나, 받들어 시행하는 관리가 문구(文具)로만 여기니, 바라옵건대, 각도로 하여금 심어 가꾸게 하고 엄하게 고찰(考察)을 더하여 후일에 쓸 수 있도록 하게 하시옵소서. 왜(倭)를 제어(制御)하는 방책이 이보다 나은 것이 없사오니, 원컨대, 유의하시옵소서."하니, 세자가 대답하기를, "이미 알았노라." 하였다.

문종이 세종 때 왕세자로서 동궁전에 생활하던 시절에 왜적의 침입에 대비하기 위해서 전함이 최상인 바, 100년이 걸리는 조선용 목재(소나무) 확보는 식목 배양이 최선이니 이를 대비해야 한다는 이조판서의 의견을 받고 동의하는 내용이다. 여기서도 "松木禁伐之法, 著在《六典》"이라 하여 소나무금벌법으로 이미 법이 있음이 기록되어 있다.

사례 6 세종 30년 8월 27일(1448년) : 병조 상소문에 의송산(宜松山)
관리를 위해 소나무 식재

> 議政府據兵曹呈申, (중략)"**前此有松木之處**, 則嚴禁樵採, 無
> 木之處, 令其道監司差官栽植, 使旁近守令萬戶監掌培養, 以
> 待有用."從之.

의정부 병조가 상신하길, "전부터 소나무가 있는 곳은 벌채를 엄금하고, 나무가 없는 곳에는 관원을 보내어 심게 하고 수령(守令) 만호(萬戶)가 관리 감독하고 배양하여 용도가 있을 때에 대비하게 하소서."하니, 따랐다. 이날 같은 기사에 전국의 의송지지(宜松之地)를 지정하여 소나무를 확보하고 식재를 명하고 있음을 알 수 있다.(토지정책의 註 참조).

사례 ⑦ 문종 1년 7월 16일(1451년)

忠淸道都觀察使啓: "**禁伐松木載在《六典》**, 且屢次受敎, 至爲纖悉. 然各官館舍, 樓亭, 緣無定制, 皆尙壯麗, 舊宇卑窄, 則托以傾側腐朽, 必新構而高大之, 費公之財, 竭民之力, 以賈名於世松木, 殆盡職此之由. 且其營造者, 必曰: '役入番人吏, 日守, 弊不及民也. ……(중략)…… 民家及寺社, 許用雜木, 如用松木者, 則令撤毀科罪. 嚴立禁章, 撙節培養, 以除公家興作之弊, 以備國家舟楫之用." 命下兵曹.

충청도 도관찰사가 소나무를 금벌케 하는 조목을 아뢰는 내용이다. 충청도 도관찰사가 아뢰기를, "소나무를 금벌하는 법이 『육전(六典)』에 실려 있고, 또 여러 차례의 수교(受敎)로 지극히 자세하게 되었으나, 각 고을의 관사·누정에 정한 제도가 없으므로 모두 장려(壯麗)함을 숭상하여 옛집이 낮고 좁으면 기울고 썩었다는 핑계로 반드시 새로 지어서 높고 크게 하니, 공재(公財)를 쓰고 민력(民力)을 다하여 세상에서 이름을 사고, 소나무가 거의 다 없어지는 것이 오로지 이 때문입니다. 또 그 영조(營造)하는 자는 반드시 말하기를, '입번(入番)하는 인리(人吏)·일수(日守)를 부리니, 폐해가 백성에게 미치지 않는다.'……(중략)…… 민가(民家) 및 사사(寺社)에서는 잡목을 쓰는 것을 허가하되, 만약에 소나무를 쓰는 자는 헐게 하고 과죄하소서. 이와 같이 엄하게 금법을 세워 절약하고 배양하여 공가(公家)의 흥작(興作)하는 폐단을 없애고, 국가의 주즙(舟楫, 배와 노) 만드는 쓰임에 대비하소서."하니, 명하여 병조에 내렸다.

사례 8 세조 7년 4월 27일(1461년)

兵曹啓: "**禁伐松木之法甚嚴**, 然京外官吏及山直等狃於尋常, 專不糾檢. 因此造船材木斫伐殆盡, 請自今國用外官家及兩班家則用不可造船松木, 庶人家則用雜木. 京外有松木諸山, 擇勤謹者定爲山直, 京中則兵曹, 漢城府郎廳, 外方則守令·萬戶不時考察, 每於節季, 刑曹, 義禁府郎廳, 監司, 首領官分道摘姦啓聞, 斫一二株者杖一百, 山直杖八十, 官吏笞四十, 三四株者杖一百充軍, 山直杖一百, 官吏杖八十, 十株以上者杖一百全家徙邊, 山直杖一百充軍, 官吏杖一百罷黜, 十年內無一株斫伐者, 賞山直散官職, 以爲勸戒." 從之.

병조에서 소나무 베는 것을 엄금할 것을 건의하는 내용이다. 병조에서 아뢰기를, "소나무 베는 것을 금하는 법은 매우 엄하지만, 그러나 경외(京外)의 관리와 산지기들이 예사로 여기고 살피어 금제(禁制)하지 아니합니다. 이로 인하여 배를 만드는 재목이 거의 다 베어졌으니, 청컨대 지금부터는 나라에서 쓰는 것 외의 관가나 양반의 집에서는 배를 만들 수 없는 소나무를 쓰게 하고, 서인(庶人)의 집에서는 잡목을 쓰게 하소서. 경외의 소나무가 있는 여러 산에는 부지런하고 조심하는 자를 선택해서 산지기로 정하되, 서울은 병조·한성부의 낭청(郎廳)이, 외방(外方)은 수령과 만호가 불시로 고찰하고, 매양 사철에 형조·의금부의 낭청과 감사(監司)·수령관(首領官)이 도를 나누어 적간(摘奸)해서 아뢰게 하여, 1, 2주를 벤 자는 장 100대, 산지기는 장 80대, 관리는 태(笞) 40대를 때리고, 3, 4주를 벤 자는 장 100대를 때려 충군(充軍)하고, 산지기는 장 100대, 관리는 장 80대를 때리고, 10주

이상을 벤 자는 장 100에 온 집안을 변방으로 옮기고, 산지기는 장 100대를 때려 충군하고, 관리는 장 100대를 때려 파출(罷黜)하고, 10년 동안에 1주도 벤 것이 없으면, 산지기에게 산관직(散官職)으로 상을 주어서 이로써 권장하고 경계하게 하소서." 하니, 그대로 따랐다.

이상의 사례에서 알 수 있듯이 『경국대전』 편찬 이전에도 송목을 통제하는 법이 존재하였음을 알 수 있다. 그것은 위 사례 ②③⑤의 법문에서 알 수 있듯이 載在《六典》(사례 ③), 載在《六典》(사례 ⑦), 載在《續典》(사례 ②), 謄錄(사례 ②), 著在《六典》(사례 ⑤)라 하여 육전 또는 속전, 등록 등으로 기록되어 있다. 이숭녕(1981)은 이들 중 『六典』을 『經濟六典』으로 보고 있으며 『속전』이나 등록도 『경제육전』으로부터 시작된 것이라 하였다. 한편, 사례 ④의 의정부 상소문의 내용을 보면, '松木禁伐之法, 詳悉無遺(상실무유)' 즉, '소나무 금벌법은 상세하여 빠진 것이 없다'라 하여 『경제육전』이 담고 있는 송목금벌지법이 매우 정교하고 구체적이며 강한 내용을 담고 있으리라 짐작할 수 있다. 이렇듯 『경제육전』 이전에 소나무 벌채 등 관리에 관한 법령이 있었기에 『경국대전』 「공전」의 내용이라든가, 「형전」의 금제 조항들을 작법하는데 크게 도움을 받았을 것으로 생각한다.

나) 『경국대전』과 『대전회통』

『경국대전』과 『대전회통』 두 법령에서 형벌과 공조에 담고 있는 내용은 앞서 기술한 산림관련 법령에 소개하였다. 다만, 다음 내용은 『경국대전』에 없고 『대전회통』에 증보된 것으로 여기에 소개한다.

- 공궐의 송목을 투작하는 자는 연한을 정하지 않고 변방에 정배하고 경성 십리 이내에 송목을 범작하는 자는 율에 의하여 죄를 정하고 생송(生松)은 원주 이상, 말라죽은 고송(枯松)은 원주 두 그루 이상은 모두 장 100, 도(徒) 삼년에 처하며 생송의 지엽과 고송의 본간과 고지를

벌취한 자는 모두 장 100으로 하고 감싸두고 엄치(掩置)하여 고하지 아니한 가장은 범인과 죄가 같으며 범인을 은닉한 자는 멀리 정배한다.

- 산직은 산하인으로 대립(代立)하나니 혹은 남의 힘을 빙자하여 송목을 작벌한 자나 혹은 두려움에 뇌물을 준 자는 장 100으로 하고 감역관은 죄인으로 잡아둔다(나처-拿處-라고 한다).

- 산직이 무뢰배와 계를 만들어 생송을 투출한 자는 멀리 변방에 정배하고 범인은 율에 의하여 논죄한다. 목근·사근(莎根)을 채취한 자와 토석을 굴취한 자는 모두 생송례에 의하여 논죄하고 생송 열 그루 이상을 범작하면 감역관을 파직하고 벌석(토석굴취)하면 다소를 물론하고 율이 같으며 송목·잡목 50주 이상을 범작하면 감역관을 나처한다. 법을 범하여 개간 경작하는 자는 강점관민산장률(强占官民山場律)로 논죄한다. 신무문밖 산 아래 굴토한 곳은 부관이 죄여부를 캐물어 엄금한다.

- 제도 봉산의 금송을 범작하는 자는 중죄로 논하고 대송을 범작한 것이 열 그루 이상이면 일률로 논죄하고 아홉 그루 이상은 사형을 감하여 정배한다.

- 재목을 투작한 것이 한 그루이면 장 60, 10 그루면 장 60에 도(徒) 1년, 30그루 이상이면 장 80에 도 2년으로 하며 감관·산직 등으로서 발각하지 못한 자는 율이 같다.

- 생송을 범작한 자에게 사사로이 속전(贖錢)을 징수한 수령·변장은 장물을 계산하여 논죄한다. 의송산 선재를 수신·수령으로서 자의로 허하고 자의로 작벌하는 자는 사매군기율(私賣軍器律)[129]로 논죄하고 중외 공을 수개할 때에도 작벌함을 허하지 않고 수령으로서 주고 받은 자는 영문에서 결장하고 허락한 자는 중추한다. 송전에 방화한 자는 일률로 논죄하고 산직·감관으로서 현발하지 못하면 불각실수율(不覺失囚律)[130]로 논죄

---

129) 군기(軍器)를 밀매하는 행위를 처벌하는 형률로 대명률에 따르면 장 100에 먼 변방(邊遠)으로 가게 한다.

하고 재물을 받고 고의로 놓아 준 자는 왕법률(枉法律)[131]로 논죄한다.

• 봉산에 실화하거나 혹은 봉산 외의 원전 분회(元田 焚灰)로 인한 것이면 일부러 범한 고범(故犯)과는 간격이 있으니 밭주인(田主)은 장형에 유배 보내고 관리(監·色)는 무거운 형벌에 따라 곤장형(決杖)으로 한다. 《增》 송전에 실화한 감관·산직은 가장 무거운 곤장(重棍)에 처하되 수령은 파직하지 아니한다. 봉표내에 농장(農庄)[132]을 설치한 자는 장 100, 유배 3000리로 하며 만일 범경한 것이 있어서 출직·감관이 고발하면 다만 범인을 치죄하고 향소에서 척간하여 고발하면 산직·감관은 범인과 죄가 같고 수령·변장이 발각하면 향소도 죄가 같고 영문에서 발각하면 수령·변장은 은결률(隱結律)[133]로 논죄한다. 영(令)의 금양 하는 곳의 정표내에 산허리(山腰)로 한정한다. 법을 범하여 간경하고 방화한 자는 송전모경방화례(松田冒耕放火例)에 의하여 논죄한다. 감 관·색리·산직도 송전의 감색·산직과 율이 같다.

다) 각종 사목(事目)과 절목(節目)

조선시대에 산림이나 소나무의 관리와 보호를 위해 규정한 사료로 사목과 절목이 있다. 이 자료들은 산림정책의 필요성에 의해 제정된 것이므로 내용 뿐만 아니라 산림정책의 흐름과 시대적 상황을 이해하는 데에 도움을 준다. 이들 현황을 제정한 시대별로 〈표 6-10〉에 제시한다. 아울러 주요 규정의 내용을 소개하여 당시 소나무 정책의 내용을 파악하는 한편 금제(禁制)와 통제(統制), 형제(刑制)의 정도를 이해할 수 있도록 한다.

---

130) 죄수가 옥졸이 알지 못하는 사이에 탈옥하였을 때 옥졸에게 내리는 형률을 말한다.

131) 법을 왜곡하여 뇌물을 받은 죄를 다스리는 율법을 말한다.

132) 고려말, 조선시대 때 세력가들이 토지를 늘려 큰 규모로 차지하고 있던 넓은 농지, 또는 농장 관리를 위하여 농장 근처에 필요한 장비와 설비를 갖추어 놓은 집.

133) 은결이란 탈세를 목적으로 전세(田稅)의 부과 대상에서 부정, 불법으로 누락시킨 토지를 말하는데 은결률이 란 누락시킨 토지의 크기에 따라 형벌을 매긴 기율을 말한다.

표 6-10. 산림관련 사목 및 절목류 탄생 과정(김영진, 1989; 배재수 등, 2002; 김대길, 2006: 조선왕조실록_국역)

순번	명명	제정연도	왕조	출처	비고
1	松木養成兵船守護條件	1424	세종 6년 4월 28일	실록실록 24권	
2	都城內外松木禁伐事目	1469	예종 1년 3월 6일	예종실록 4권	
3	桑木培養節目	1472	성종 3년 2월 11일	성종실록 15권	工曹啓
4	火田禁斷條件仍桑木種植等事目	1674	숙종 원년	비변사등록31	
5	諸道沿海禁松事目	1684	숙종 10년 2월 30일	비변사등록38	
6	黃海道沿海禁松事目	1684	숙종 10년 11월 26일	비변사등록38	
7	格浦僉使定節目	1691	숙종 17년 5월 3일	비변사등록45	
8	邊山禁松節目	1691	숙종 17년 8월 24일	비변사등록45	
9	三南巡撫使賚去節目	1695	숙종 21년 1월 23일	비변사등록19	
10	兩西兩湖巡撫使賚去應行節目	1710	숙종 36년 11월 13일	비변사등록60	
11	邊山摘奸手本單啓目	1729	영조 5년 4월 19일	비변사등록85	
12	坡州禁山守護節目	1731	영조 7년 8월 24일	비변사등록90	
13	四山松禁分屬軍門節目	1754	영조 30년 10월 16일	비변사등록127	
14	外藍國用木物數爻磨鍊節目	1760	영조 35년 4월 18일	비변사등록136	
15	全州乾止山山禁養節目謄抄	1782	(정조 6년) 9월 19일	규장각 규9778	
16	植木節目(표제: 植木實總)	1782	(정조 6년)	규장각 규9953	
17	諸道松禁事目(표제: 松禁事目)	1788	(정조 12년) 2월	규장각 규957	
18	松稧節目(하동군)	1800	정조 24년	규장각	
19	禁松契座目(이천군 대월면 가좌리)	1838	헌종 4년	서울대 도서관	마을송계
20	林野法令	1908		국립도서관	
21	四山禁伐	17C조			
22	禁條節目移文(규9778)	불명			마을동계

(1) 송목양성병선수호조건(松木養成兵船守護條件)[134]

세종 6년 4월 28일(1424년)에 병조에서 송목(松木)을 양성하는 것과 병선 (兵船)을 수호하는 조건을 아뢴 것으로 임금이 승인한 것이다.

1. 병선은 한 달에 두 차례씩 연기(烟氣)를 쐬고 깨끗하게 소제하여 수호하 여야 하는데, 여기에 힘쓰지 않는 만호(萬戶)·천호(千戶)는 왕지를 복 종하지 않은 것으로 논죄한다.

1. 각 포(浦)의 만호·천호가 병선에 연기를 쐬고 소제하기를 부지런히 하였는가 게을리했는가를 감사와 처치사(處置使)가 사람을 불시에 보 내어 고찰하게 하고, 사계(四季)의 마지막 달 보름 전에 계문(啓聞)하게 한다. 처치사가 없는 도에는 도절제사가 고찰한다.

1. 송목은 사람이 없는 섬이면 만호·천호·진무(鎭撫)가 선재(船材) 베 어오는 것을 전적으로 관장하고, 육지에서는 〈필요한 선재〉 수량을 보고하면 감사가 병선이 있는 고을 관원에게 대·중·소선(小船)을 분간하고 〈재목이 소용되는〉 조건을 헤아려 제급(題給)한다. 전과 같이 너무 많이 베었으면 그 만호·천호와 진무 및 그 고을 수령을 율대로 논죄한다.

1. 조선(造船)할 송목으로서 판자(板子)로 만든 것은 〈딴 곳에〉 허비하지 말게 한다. 전과 같이 〈딴 곳에〉 허비하였으면 장인(匠人) 및 만호·천호 ·진무를 율대로 논죄한다.

1. 소·말을 방목(放牧)하는 곳 외에 송목이 있는 곳은, 금화(禁火)하는 구역을 분할하여 준다. 만일 〈이 금화 구역에〉 불을 놓는 자가 있으면 왕지를 복종하지 않는 것으로 논죄하고, 고찰하지 않은 수령·감사도 법률에 의하여 논죄한다.

1. 연해(沿海) 각 고을에서는 송목을 심은 수효와 가꾸는 상태를 매년

---

134) 배재수·김선경·이기봉·주린원, 2002, 조선후기 산림정책사. 임업연구원 연구신서 제3호. 141, 143, 209~219쪽.

세말(歲末)에 계문(啓聞)한다.

1. 병선에 연기를 쐬고 깨끗이 소제하는 것과 송목을 심은 수효, 금화(禁火)한 상태 등은 매년 춘추(春秋)로 병선·군기를 점고(點考)할 때에 아울러 조사하고 고찰하여, 애쓰지 않은 만호·천호·수령·감사·처치사·절제사는 아울러 율대로 논죄한다.

[2] 도성내외송목금벌사목(都城內外松木禁伐事目)[135]

• 예종 1년 3월 6일(1469년)

도성 내외 사산(四山)의 소나무 벌채를 금지하는 송목금벌사목(都城內外松木禁伐事目)을 제정하였다. 도성 내 사산인 북악산(북), 인왕산(서), 남산(남), 낙산(동)과 도성 외 사산인 북한산(도봉산, 북), 덕양산(서), 관악산(남), 용마산(동) 등 도성 주변의 주요 산의 소나무 관리에 관한 8개의 조항을 담고 있다.

1. 무릇 소나무를 베는 자는 장(杖) 100 대를 때리고, 그 가장이 만약 조관(朝官)이면 파직시키고, 한관(閑官)이나 산직(散職)이면 외방에 부처(付處)하며, 평민이면 장 80대에 속(贖)을 징수한다.

1. 도성 내외의 4산(山)은 병조와 한성부의 낭관(郎官)에게 나누어 맡겨서 때 없이 검찰하게 하고 매월 말에 계달하게 한다.

1. 능히 검찰하지 못하면 4산 감역관(監役官)과 병조·한성부의 해당 낭관을 강자(降資)하고 산지기는 장 100 대를 때려서 충군(充軍)시킨다.

1. 산기슭에 사는 사람은 다시 병조·한성부로 하여금 통(統)을 만들어 나누어 맡겨서 금방(禁防)하게 하고 밤나무와 잡목도 아울러 베기를 금한다.

1. 삼각산(三角山) 기슭에 사는 사람도 역시 산지기를 정하여 베기를 금하게 하고, 능히 금방하지 못하는 자는 4산의 산지기의 예(例)에 의하여

---

135) 앞의 책.

논죄한다.

1. 4산과 삼각산 절의 중들이 베는 것도 역시 산지기로 하여금 금방하게 한다.

1. 금방하는 근만(勤慢)을 승정원으로 하여금 불시(不時)에 계품(啓稟)하여 적간(摘奸)한다.

1. 도봉산(道峯山)은 바로 도성 주산(主山)의 내맥(來脈)이므로, 병조로 하여금 위의 항목의 조건에 의하여 검찰하고 금벌한다.

[3] 제도송금사목[諸道松禁事目], 표제 松禁事目[규장각 95기][136]

정조 12년 2월(1788年)에 비변사에서 각 읍·진의 관속 및 상하 인민을 효유(曉諭)하기 위해 반포했던 「금송사목」으로 지정된 송전(松田)의 남벌과 도벌을 방지하고 산림을 잘 가꾸기 위해 마련했던 세칙이다.[137] 「송금사목」은 서문과 29개 세칙으로 구성되어 있다. 조선시대의 산림정책을 알 수 있는 귀중한 것으로 중요한 내용을 발췌하여 관련 규정과 함께 다음 항목에서 소개하고자 한다.

아래 내용은 규장각 학국학연구원, 김영진(1989), 배재수 등(2002)의 연구를 참조하여 정리한 내용이다.

서문

나라에 대정이 있는데 송정(松居)이 그 중의 하나이니, (송정은) 몹시 궂은 때(陰雨)를 대비하여 전함을 만드는 자재로 쓰고, 세곡을 운반하는 배를 만드는 자재로 쓰기 위한 것이다. 위로는 궁궐의 건축자재를 대비하고 아래로는 백성의 생활물자에 이바지하기 위한 것으로 쓰임새가 지대하기에 송금이 지엄한 것이다. 이를 위해 감관과 산지기를 두고 모경(冒耕)과 입장(入葬)

---

136) 앞의 책.

137) 규장각 원문검색서비스 : http://kyudb.snu.ac.kr/book/view.do

하지 못하도록 수령과 변장, 도백으로 하여금 살피도록 하여 법률이 두려워 감히 범행하지 못하였다. 하지만 간교하고 교활한 백성들이 법망이 해이한 틈을 타서 함부로 경작하고 묘지를 쓰며, 남벌하고 소나무 껍질을 채취하는 등 산이 헐벗어도 나무 심을 생각은 하지 않고, 뇌물을 주고 받아 면죄하는 등 나라가 무법지경에 이르렀다. 한 도에 100곳이 넘는 봉산이 병들지 않은 곳이 없다. 법률과 명령을 내려서 백성을 형벌로서 다스리지 않으려는 뜻이 었으나, 관리는 법을 지키지 않고, 백성은 명령에 따르지 않으므로 제도를 지키고 금석처럼 든든한 법전으로 조례를 만들어 신는다.

1. 종래 각 읍·진에 금송도감관(禁松都監官)·면감관(面監官)·감고(監考)·도산직(都山直)·산직 등을 두어 금송을 해 왔으나 이것이 뒤에는 도리어 각종 작폐의 원인이 된 까닭에 이를 다시 조정, 금송 사업을 더욱 철저히 할 것이다. 부호(富豪)는 죄가 있어도 불문에 붙이고 궁민(窮民)은 뇌물을 주어야 그만두니 백성은 병들어 터럭조차 들기 힘들다. 금송이 날로 문란해졌는데 도신, 수신, 수령, 변장이 잘 행하지 못한 데서 말미암은 것이다. 「갑자절목(甲子節目)」[138]에 따라 의송처(宜松處)[138]를 가려 장광(長廣) 30리(12km) 이상인 산은 산지기 30명, 10리(4km) 이상 산은 산지기 2명, 10리(4km) 이하인 산은 1명을 차출하며, 30리(12km) 이상인 산은 산마다 감관 1인씩 추출하고, 30리(12km) 이하

---

138) 「갑자절목(甲子節目)」이 무엇을 말하는지 실체를 찾을 길 없어 불명확하다. 다만, 의송산은 1448년 세종 30년 8월 27(경진)에 병조가 작성하여 의정부가 상신한 내용으로 전국적으로 선정되었다.
세종실록 121권, 세종 30년 8월 27일(1448년) : 의정부(議政府)에서 병조(兵曹)의 첩정에 의거하여 상신하기를, "병선(兵船)은 국가의 도둑을 막는 기구이므로 배를 짓는 소나무를 사사로이 베지 못하도록 이미 일찍이 입법을 하였는데, 무식한 무리들이 가만히 서로 작벌(斫伐)하여 혹은 사사로이 배를 짓고, 혹은 집재목을 만들어 소나무가 거의 없어졌으니 실로 염려됩니다. 지금 연해(沿海) 주현(州縣)의 여러 섬(島)과 각 곳(串)의 소나무가 잘되는 땅을 방문하여 장부에 기록하였는데,(중략: 전국의 섬과 곳에 지정할 의송지 명칭), ... 등 상항(上項) 주현(州縣)의 도(島)와 곳(串)에 전부터 소나무가 있는 곳에는 나무하는 것을 엄금하고, 나무가 없는 곳에는 그 도 감사(監司)로 하여금 관원을 보내어 심게 하고서 옆 근처에 있는 수령(守令) 만호(萬戶)로 하여금 감독 관리하고 배양하여 용도가 있을 때에 대비하게 하소서." 하니, 그대로 따랐다.

의 산은 부근에서 한 사람이 두 세 곳의 산을 겸직한다. 감관은 향소와 군임(軍任)을 지낸 근면 건장하며 능력있는 사람으로 하며, 산지기도 건실하고 능력있는 사람으로 한다.

2. 감관·산직(監官·山直) 등의 임무
   신역은 괴로운 일이니 감관과 산지기에게 잡역과 군역을 면제하여 오로지 순산(巡山) 임무를 전담하게 한다.

3. 감관·산직 등의 임기와 傳·授할 때의 유의사항
   산지기는 임기 연한을 두지 않고, 감관은 36개월로 한다. 인수인계할 때에는 도벌한 곳, 불 탄 곳을 살펴 증표를 작성하여 교환하며, 도벌이나 불 탄 곳이 있으면 즉시 보고한다.

4. 육지 송전의 금양에 관한 규정
   육지 송전은 지방관이 금양을 관장하고 진(鎭, 진영) 뒤의 송전은 변장(邊將)과 담당자로 금양하도록 한다.

5. 본관의 순산 적간(조사) 규정과 벌칙
   본관은 1~2달에 한 번 순산하여 조사하되 유고가 있으면 좌수(座首)[139]가 대행한다. 범금한 곳이 있었는 데도 순산한 좌수가 정에 겨워 보고하지 않은 곳이 있으면 범금의 율로 다스린다.

6. 변장·수령의 친자 적간 규정 및 벌칙
   순산의 일은 감관과 산지기에만 맡길 수 없으므로 매월 1~2회 조사하고 어긴 일이 있으면 즉시 보고한다. 순산을 게을리했거나 범법자를 감싸준 경우 가벼우면 곤장, 무거우면 임금께 보고하여 청죄(請罪)한다.

---

139) 조선시대 주, 부, 군, 현에 둔 향청의 직. 六房 중 이방과 병방의 업무를 담당하였다.

7. 순산적간(巡山摘奸) 또는 향색추론(鄕色推論)·변장나곤(邊將拿棍)·
   영비적간(營婢摘奸) 등의 일이 있을 때 갸출하는 정채(情債)의 금지
   규정과 벌칙 : 조사할 때 드는 비용 관련 규정
   이 정비(情費)는 필경 송전에서 나오는 것이니 일체 영원히 없애도록
   한다.

8. 순·통·수영(巡·統·水營)의 순산 적간에 대한 규정과 벌칙
   편비(褊裨, 부관직)가 직접 살피지 않고 하졸을 시켜 순산하거나, 감관
   과 산지기를 조종하여 침탈 횡령하면 곤장으로 다스리고, 검찰하지
   않은 수신(帥臣)은 절목에 따라 논단한다. 편비는 경력있고 일을 아는
   사람으로 정한다.

9. 송전 금표 안에서의 화전 경작 금지 규정과 벌칙
   화전경작 일체를 엄금하고 모경자는 강점관민산장률(强占官民山場
   律)[140]로 다스리고, 봉표 안에 집을 지은 자는 장 100에 유배 3천리
   형에 처한다. 영문(營門)이 발각하면 수령과 변장을 은결률로 다스린다.

10. 금표 내 입장자 처벌
    금표 안의 산에 묘지를 쓴 자는 강제기한을 두어 옮기게 하되 유주분산
    도장률(有主墳山盜葬律)로 장 80으로 엄중 처벌한다.

11. 생송 투작 금지 사항과 벌칙
    생송을 도벌한 자는 도원릉수목률(盜園陵樹木律)로 논단하며 대송
    10그루는 사형, 9그루 이하는 정배, 재목을 1그루 투작자는 장 60,
    10그루는 장 60에 도 1년, 30그루 이상이면 장 80 도 2년에 처한다.
    적발하지 못한 감관과 산지기는 같은 죄로 처벌하며, 생송을 도벌한

---

140) 관과 민의 산지를 강제로 점유한 자에게 내리는 형률로서 『대명률』에 의하면 장 100, 유형 3천리에
    처하도록 되어 있다.

사람으로부터 죄를 면죄하기 위해 속전(贖錢)을 받은 수령과 변장은
장물을 계산하여 논죄한다.

12. 의송산의 선재 벌채에 관한 규정과 벌칙

수신(병마절도사, 수군통제사)과 수령으로서 자의대로 벌채해가도록
허락한 자는 사매군기률(私賣軍器律)로 논죄하고 관청건물을 개수할
때 벌채를 허락하지 말며, 벌채한 경우 수령과 이를 받은 자는 장형에
처한다.

13. 송전 방화에 대한 벌칙 규정

일률로 논하며 감관과 산지기가 현장에서 적발하지 못하였을 경우
불각실수율로 논단하고, 재물을 받고 놓아준 자는 왕법률로 논단한다.
봉산에 실화하거나 봉산 밖 원전(元田)이 불 타버린 경우는 고의로
범한 것과 차이가 있으므로 전주(田主)는 장(杖)에 처하여 귀양보내고
감색(監色)은 종중(從重)하여 곤장에 처한다. 송전에 실화한 감관과
산지기는 중곤(重棍)[141]에 처하되 수령은 파직하지 않는다.

14. 전선(戰船) 재목 취용에 관한 규정

금송령은 모든 도가 동일하며 전선재를 각 관할 송전에서 써야 하는
데도 영남 좌수영과 호남 우수영이 장양(長養)할 곳이 없고 불편하다
핑계대고 타 수영의 선재를 쓰고 있는데 향후 금양하고 허락하지
말 것이다. 어쩔 수 없이 써야 할 경우 사유를 갖춰 조정의 처분을
기다려야 한다.

15. 전선 건조할 때의 쇠못 사용에 관한 규정과 벌칙

영남은 쇠못을 쓰고 있고 호남 좌우수영도 차차 쇠못을 쓰게 되었으니
개삭(改槊) 규정이 없어지고 새로 건조하는 연한만 있으므로 기한이

---

141) 죽을 죄를 지은 죄인의 볼기를 치는 가장 큰 곤장이며 버드나무로 만든다고 규정되어 있다.

되었다 하더라도 대단한 파손이 아니면 족히 항해할 수 있는 것이다. 지금처럼 선재 부족할 때, 퇴선 매매로 생기는 이익만을 생각하고 배의 상태 구분없이 다시 건조를 청하는 폐단을 엄단할 것이다. 기한 된 배라도 사용할 수 있다면 기한연장의 취지를 보고하고, 개조해야 한다면 개조의 뜻을 보고하며, 수영은 우후(虞候)[142] 또는 편비를 파견 하여 살핀 후 개조를 허락한다. 기한 전에 파손된 경우 당초에 건조를 감독(監造)한 수령과 변장을 중죄로 논죄하고 감색과 공장(工匠)도 치죄하며, 중간에 파손케 하는 경우에 수령과 변장, 수직(守直)[143]한 군교를 조사하여 논죄한다.

16. 전선·조선 건조할 때 낙급(烙給)에 관한 규정과 벌칙

낙급이란 낙인 찍어 물량 조달하는 것을 말한다. 의송산을 선정하여 장양하도록 한 것은 전선 등 조선재로 쓰기 위한 것이다. 낙급할 때에 는 규칙을 엄히 세워 벌채 날짜를 기일 전에 영문에 알리고 영문에서 낙인을 지참하여 편비를 보내어 담당 관리 입회하에 정한 수대로 낙인하여 중간에 남벌 폐단을 없앤다. 한 그루라도 함부로 작벌한 자는 사매군기율로 논죄한다.

17. 사양산 협잡에 관한 규정과 벌칙

금양처에서 벤 소나무를 사양산에서 벌채한 것이라든가, 반대로 사송 (私松)을 금양처에서 벤 양 고발하는 일이 있다. 모두 삼금(三禁)이므 로 진위를 상세히 조사하여 사양산의 폐단을 막을 것이다.

18. 도·수신 이하 수령·변장의 협잡에 대한 벌칙 규정

담당 관리들이 법을 준행하지 않고 생송을 작벌한 자로부터 가끔

---

142) 무관직으로 각도에 배치된 병마절도사와 수군절도사의 다음 가는 벼슬로 병마우후는 종3품, 수군우후는 정4품이다.

143) 헌사에서 이졸(吏卒)을 보내어 중죄인이 도망하지 못하도록 그 집을 지키던 일을 말한다.

속전을 받고 풀어주니 간사한 백성이 법을 우롱하고 금령이 해이해진다. 속전 받은 자를 발각하는 대로 장물의 다수를 헤아려 논단한다.

19. 중송 이상 소나무의 처치 규정과 벌칙

   말라 죽은 모든 소나무(枯松) 가운데 중송 이상은 장부에 기록하여 비변사에 보고하여 전함과 선재 수요에 대비하며, 적시에 쓸 일 없어도 산에서 썩더라도 작벌을 허락하지 말며, 풍락송 역시 수령은 비변사에 보고한다. 소송 이하는 고송이나 풍락송 막론하고 그 자리에 그냥 두며, 작벌한 사람은 생송을 투작한 사람과 동일하게 처벌한다. 판매할 때 반드시 묘당(廟堂, 의정부)이 임금께 아뢴 후에 거행한다.

20. 각지 봉산의 소나무 사용 규정과 벌칙

   봉산의 재목을 벌채할 때 어떤 경우라도 비변사에 보고한 후 허락받아 시행하여 송정을 황폐케 하지 말아야 한다. 의정부에서 임금에게 상신하는 초기(草記)에 죄상을 열거하고 처벌할 것이다.(궁중의 수레, 마필, 목장일을 관장하던 태복시의 잘못을 지적하며 비변사 허가없이 작벌한 자는 관청과 품계 구분없이 처벌하여 금송법을 엄수한다는 내용).

21. 매년 선재 낙급 숫자에 관한 규정

   매년 낙급한 수량을 연말에 통영과 각도 수영이 비변사에 보고하되, 벌채할 정소와 수량, 어떤 배에 어떤 용도로 낙급하였음을 일일이 장부에 기록하고 보고한다(추후 조사할 때 증거자료로 삼음).

22. 비변랑의 적간(摘奸)에 관한 규정

   한 도에서 읍진을 추첨하여 3년에 한 번 정식으로 조사하며, 비변랑은 문랑과 무랑 중에 파견하고 임금께 아뢴다(비변랑은 비변사의 관원으로 6~7품이다).

23. 통영과 각도 수영의 호령 시행에 관한 규정

    호령(號令, 지휘명령)이 힘없는 무반 출신 수령에게만 행해지고 힘
    있는 수령에게 행해지지 않는다는 소문이 한양에까지 들린다. 적발건
    이 있는 데도 행하지 않으면 당해 수령과 수사(水師)를 논죄하고 통수
    (統帥)는 죄상을 나열하여 처분을 기다린다.

24. 수령 · 변장의 송정 고과에 관한 규정

    송정을 성실히 하였는지 여부를 춘하기 고과평정 때 도신이 통수와
    수사와 더불어 상의한다.

25. 감관 · 산직의 송정 고과에 관한 규정

    수령과 변장의 직분 수행 상태는 고과 때를 기다리지 말고 장계를
    올려 상벌하도록 한다. 정성으로 금양하여 울창한 산림을 만든 감관은
    향임(읍), 군임(진)으로 승진 임명하며, 송전 중 가장 으뜸으로 만든
    자는 품계를 올리는 가자(加資)를 청한다. 산지기는 영문에서 상을
    주고 가장 으뜸인 자는 아들 한 사람의 신역을 면제하고, 1만 그루
    이상 자라게 하여 숲을 이루게 한 산지기는 가자를 청한다. 9천 그루
    이상일 경우는 향임과 군임의 직책을 적절하게 승진 임명하며, 9천
    그루 이하는 아들 한 명의 신역을 면제한다.

26. 제도 황장목 봉산의 전말 보고에 관한 규정

    각 도는 매해 말에 봉산의 황장목에 탈이 있는지 여부를 비변사에
    보고한다.

27. 원춘도(강원도) 송금에 관한 규정

    수영이 없는 강원도는 순영에서 주관하는데, 목상 무리들이 사양산이
    라 칭하고 공문을 꾸며 자의로 도벌하는 습속이 만연하니 위 항의
    절목에 의하여 장양하고 금단하여 비변랑의 조사 때 발각되어 처벌되

는 폐단이 없도록 한다. 사양산도 임금에게 아뢰어 허가공문이 없다면 방색(防塞, 입산하지 못하게 막음)하여 긴급한 수요에 대비한다.

28. 본 절목을 한문과 한글로 각각 1통씩 번역하여 송전 소재 각 읍·진의 관속과 상하 민인에게 알아듣게 효유(曉諭)해서 스스로 죄에 빠지는 자가 없게 한다.

29. 미진한 사항은 추후에 마련한다.

(4) 부여현의 송계절목(松契節目)과 하동군의 송계절목(松稧節目)

〈부여현의 송계절목(松契節目)〉(규장각 한국학연구원)

철종 5년 11월(1854년)에 금송을 목적으로 작성된 절목이다. 곳곳에 '부여현감지인'이 찍혀있어 부여현에서 펴낸 것으로 짐작된다. 연대는 서문이 갑인년에 쓰인 것으로 미루어 볼 때 1854년(철종 5)으로 추정되나 확실치 않다. 본문은 행서로 쓰여 있다.

서문에 따르면, 소나무는 양생송사(養生送死)에 긴요한 것이어서 이전부터 계를 조직해서 보호했는데, 지금 그 시행이 해이해졌으므로 다시 동회에 알려서 계의 준행을 도모하자고 기록되어 있다. 서문 뒤에 관이 계의 시행을 당부하는 제사(題辭)가 적혀 있다. 다음은 입의 조항이 나열되어 있는데 주요한 내용은 아래와 같다 ;

- 각 원이 1전씩 낸다.
- 각 리가 상하 유사(有司)를 각각 정하여 금송한다.
- 초군(樵軍)이 땔감을 취할 때 고송을 조금이라도 가져가면 벌을 준다.
- 5년 기한 내에는 곁가지의 어린싹이라도 베지 말 것 등의 내용이다.

이 책은 『朝鮮時代 社會史硏究史料叢書』(三) (김인걸·한상권 편, 1986, 보경문화사)에 영인되어 있다.

〈하동군의 송계절목(松楔節目)〉(규장각 한국학연구원 ; 김영진, 1989)

철종 11년 3월(1860년)(또는 정조 24년, 1800년/김영진, 1989)에 하동군에서 작성한 군내 각 면에 대한 금송절목이다. 전문과 11개 조목으로 되어 있으며, 전문에서는 **甲子(l804년?)·戊申(1848년?) 금송절목**[144] 반포 이래 여전히 그 폐가 심하여 종래 절목을 첨삭하여 본 절목을 만드니 부·현·촌에 알려서 준수토록 할 것을 당부하고 있다. 조목의 주요 내용은 다음과 같다.

- 봉산·사산을 막론하고 경계를 정하여 봉표하여 각 동리에서 입안하여 단속한다.
- 각 마을은 오가 작통하여 통수를 둔다.
- 5가내에 범벌자가 있으면 통수도 같이 처벌하며, 통수는 풍력근간자(風力勤幹者)로 선출하고, 그로 하여금 산감·산직을 차출·감시하도록 한다.
- 이전의 계는 구관(舊慣)대로 시행하며 호우배(豪右輩)의 광점 폐단을 엄금한다.
- 화전은 일체 금하며 이미 개간한 땅(已墾處, 이간처)이라도 산허리(山腰) 이상일 경우 경작을 금하며 식송하도록 한다.
- 한광처(閑曠處)에 파식(식재)을 장려하며 그 길이와 넓이(長廣)를 매년 보고한다.
- 주회장광성안(周回長廣成案)과 오가작통성책(五家作統成冊) 2전 중 1건은 관에 올리고 1건은 내려보내서 근거로 삼는다.
- 각 촌 금양감직(禁養監直)은 매년 초에 차출하고 그 근만(勤慢)을 규찰하고 조치한다.
- 민가에 소용되는 소나무는 각별히 금단한다.

---

144) '갑자절목'을 의미하는 것으로 실체와 연도(1744년, 1684년, 1624년, 1564년 등)가 불명하다. 1788년에 제정된 「제도송금사목」에도 '갑자절목'이 언급되어 있어 갑자절목의 갑자년은 여기서 말하는 1804년이나 1848년은 아닌 듯하다.

• 각 촌의 범벌유무(犯伐有無)를 매달 2차(1일 · 15일)에 걸쳐 보고하고
  그 근만을 엄처한다.

이어 화개면, 진답면 등 11개 面의 각촌에서 차출된 감관 · 산직 각 1명씩의
명단이 수록되어 있다.(규장각 한국학연구원).

(5) 금송계좌목(禁松契座目)(규장각 한국학연구원; 김영진, 1989;
한미리, 2008, 2011.를 참고하여 내용 구성)

헌종 4년(1838년)에 경기도 양성현 소고니면 가좌동 주민들에 의해 조직
된 금송계 결성 과정과 동기, 내규, 계원 명단 등을 기록한 책이다. 금송계가
조직된 지역과 시기는 본문에 드러나 있지 않지만, 먼저 내용 중에 면리명이
확인되는 〈所古尼面可坐洞大小民人等狀〉이 실린 점, 양성 현감의 인장이
찍힌 점 등을 통해 지역은 소고니면이 있는 경기도 양성현임을 알 수 있다.
이 지역은 양성 → 진위 → 송탄을 거쳐 1995년 시군통합에 따라 현재 평택시
가재동이다. 다음으로 좌목 작성 시기는 금송계의 서문을 통해 알 수 있다.
서문의 말미에 '戊戌十月二十日 契末崔秉玉謹序'라 하여 무술년 10월 20일
에 최병옥이 서문을 작성했음을 알 수 있다. 내용 중에 '우리 조정 400여
년 동안 입법이 매우 엄했다(我朝四百年來 立法甚嚴)'라는 표현으로 조선
건국 후 400여 년에 해당되는 무술년, 즉 1838년을 금송계 서문 작성 시기로
볼 수 있다.

내용은 크게 〈금송계서(禁松契序)〉, 〈소고니면가좌동대소민인등장(所古
尼面可坐洞大小民人等狀)〉, 〈완문(完文)〉, 〈입의(立議)〉, 〈좌목(座目)〉 등 5
가지로 구성되었다.

〈금송계서〉는 서문으로 백성이 금송령을 알지 못하여 뿌리까지 뽑아 마소
로 싣고 운반하며, 푸르고 울창하던 숲이 벌거숭이가 되고, 선산과 분묘의
용호(龍虎)가 무너져 탄식하며, 송금이 무너져서 위에서 명령하고 아래에서
교화되는 도리가 없으니 민둥산이 된 산림의 보호를 위해 대소 민인 50여명

이 금송계를 조직한다는 내용이다.

〈소고니면가좌동대소민인등장〉은 마을 주민들이 현감에게 집단으로 올린 등장이다. 내용은 금송계를 조직하여 순번을 정해 산을 보호할 것이니, 관이 범금자(犯禁者)를 처벌하도록 부탁한다는 것이다. 또한 완문을 만들어 줄 것과 동으로 효동, 남으로 모곡, 서로 대곡, 북으로 석정에 이르기까지를 금표로 하여 관의 도장이 찍힌 금송패(禁松牌)를 만들어 산림을 보존할 것을 요청하였다.

〈완문〉은 현감이 본읍과 타읍을 막론하고 계에서 범금(犯禁)한 것으로 보고할 경우 모두 처벌하겠다고 약속하는 내용이다.

〈입의〉는 모두 20조목으로 계의 내규와 같은 것이다. 주요 내용은 아래와 같다 ;

- 솔선수범한다.
- 계의 창설금 재원으로 계원 각자 2전씩 출자한다.
- 금일 순산하는 사람에게 금송패(禁松牌)를 전하여 순산하게 한다.
- 상하 2명씩 매일 교대 순산한다. 김영진(1989)은 조는 주원(主員) 1인, 보(保) 2인으로 구성한다고 하였다.
- 상벌은 상벌·중벌·하벌로 상벌은 나무를 베어 취하거나 공회 때 거두지 못한 경우, 중벌은 공회 때 이유 없이 불참자, 통문 지체자, 술주정으로 계를 어지럽힌 자, 하벌은 순산 불참자 등이다.
- 각종 위반자에 대해 벌금으로 상벌 3전, 중벌 2전, 하벌 1전씩 거둔다.
- 봄, 가을의 공회(公會)를 열고 모임을 가진다.
- 금산으로 설정된 지역에 대한 경계를 정하여 금표를 세워 금산임을 표시한다.
- 송계원에 한하여 시초를 채취하며 계원이 아니면 시초를 채취하는 것을 금한다.
- 선산(先山)과 시장(柴場)에 봄가을로 소나무 백 그루를 심는다.

• 추가 가입은 있어도 스스로 탈퇴는 없다(有追入無自出事).

〈좌목〉에는 상계 45명, 중계 3명, 하계 3명 등 도합 51명의 명단이 수록되어 있다. 인명 상하에는 사망 여부 등 후대에 추기한 사항이 일부 적혀 있다.

조선후기에 금송계를 조직한 목적은 대체로 산림의 남벌로 인한 先山의 황폐화를 막고, 동리의 공유산림을 금양하여 산림자원을 보호하고 효율적으로 이용하기 위한 것이었다. 정부의 산림정책도 조선 전기의 산림의 공유라는 이상으로부터 후퇴하여 산림의 사점화를 일정하게 인정한 가운데 금송절목을 반포하고, 금송계를 조직할 것을 장려하는 선에서 그치는 변화를 보였다. 이 자료는 이와 같은 조선후기 산림제도의 변화에 따른 민간 차원에서의 촌락 공동의 산림확보 노력과 관의 지원모습을 살필 수 있다. 조선후기 금송계의 조직과 활동, 계원들의 산림 이용 방식 등을 살피는데 참고할 수 있는 자료이다. ≪朝鮮時代社會史研究史料叢書(三)≫(김인걸·한상권 편, 보경문화사, 1986)에 영인 수록되어 있다. (심재우/규장각 한국학연구원). 송계에 대해서 뒤에서 다룬다.

이상에서 보듯이 (3)의 송금사목은 중앙(비변사)이 송정에 대해 외방 관리들이 준수하여야 할 내용과 상벌을 규정한 내용을 담고 있다면, (4)의 군현의 송계절목은 송정의 최전선 사령부로 군현이 실무적으로 집행해야 할 내용들을 담고 있다. 국용 송전이나 송산, 금산, 봉산, 의송산 등이 아닌 민간 송정의 현장으로서 송동(松洞)마을의 송전이 (5)의 금송계좌목을 통해서 어떻게 자치적으로 통제되고 있는지 알 수 있게 한다. 금송계(또는 송계)에 대한 나머지 내용은 뒤에서 다루는 '제9절 산송과 산림살이의 피폐'에 기술되어 있다. 흥미로운 사실은 송금사목이나 송계절목이 주로 금제와 상벌에 관한 내용이라면, 금송계좌목은 이 내용에 덧붙여 마을의 공동체를 공고히 하는 한편, 금송과 송전 관리 활동이 공동체를 위한 재정 확보의 기반이 되고 있다는 점이다.

4) 송정 시행의 근간: 금산, 봉산, 의송산 지정 관리

가) 금산과 의송산 지정

송정의 핵심 내용은 병선과 조운선 건조를 위한 선재 확보를 위해 송금하는 것이며 송금을 현장에서 시행하는 실천정책이 전국적으로 시행한 금산, 봉산, 의송산의 지정 관리이다. 이들 개념과 대강의 내용에 대해서는 이미 앞서서 기술하였다. 금산은 법령에 도성내외 사산을 지정하고 한성부로 하여금 엄격하게 관리하도록 하였다. 의송지는 이미 세종 30년(1448년)에 지정되었으며 현황은 〈표 6-11〉과 같다.

나) 봉산과 저명 송산(著名 松山) 지정

『만기요람』(재용편)에 각도에 지정된 봉산, 황장산, 송전의 현황은 〈표 6-12〉와 같다.

저명 송산은 조선에서 소나무가 많기로 유명한 곳으로 『만기요람』(재용편)에 호서, 호남, 영남, 해서, 관동, 관북 지방에 총 15군데를 제시하고 있다 (〈표 6-13〉).

표 6-13. 만기요람-재용편에 나오는 '저명 송산'(著名松山)

구분	호서	호남	영남	해서	관동	관북
저명 송산	안면도	변산, 완도, 고돌산(古突山), 팔영산, 금오도, 절이도	남해, 거제	순위, 장산(장산곶)	태백산, 오대산, 설악산	칠보산 (七寶山)

이상에서 본 바와 같이 조선은 국용에 긴요한 송림을 관리하는데 필요한 중앙-지방-향촌에 이르기까지 엄격한 법령과 규정을 갖추었고, 국가 수요에 필요한 송목을 적시에 공급하기 위하여 금산, 봉산, 의송산 등 정책과 제도를 시행하였다. 백성이 이용할 수 있는 여지가 그만큼 줄어들었음을 알 수 있다.

표 6-11. 1448년(세종 30년)에 지정된 의송지지(宜松之地)

도별	의송지지
경기	남양부(南陽府)의 선감미(仙甘彌) · 대부(大部) · 영흥(靈興) 세 섬과 거제곶(巨乙串), 인천군(仁川郡)의 자연도(紫燕島)와 용유도(龍流島), 부평부(富平府)의 문지곶(文知串)과 보지곶(甫只串), 안산군(安山郡)의 오질이도(吾叱耳島), 강화부(江華府)의 금음북(今音北) · 미법도(彌法島) · 말도(末島) · 정포(井浦) 이북의 당산(網山) · 남건동을산(南巾冬乙山) · 서도(蛇島), 교동현(喬桐縣)의 서방장곶(西應將串), 수원부(水原府)의 독산곶(禿山串) · 형두산(荊頭山) · 광덕성산(廣德城山), 통진현(通津縣)의 고리곶(古里串) · 대명곶(大明串) · 어모곶(於毛老)
황해도	안악군(安岳郡)의 영진(迎津) · 대산(大山), 풍천군(豊川郡)의 가림곶(貴林串) · 조도(椒島) · 석도(席島), 장련현(長連縣)의 사곶(蛇串) · 가을곶(加乙串), 장연현(長淵縣)의 보구장령(甫仇長嶺) · 백령도(白翎島) · 장산곶(長山串), 해주(海州)의 둔다산(屯多山) · 추곶(槌赤串), 황주(黃州)의 모곶(孝串), 강령현(康翎縣)의 사장곶(沙長串) · 등산곶(登山串) · 하사포(河沙浦) 배 내는 곳과, 서령(西嶺) 오자외도(吾叉外島) · 육사외도(六沙外島) · 용매갈곶(龍媒葛串) · 가을포(加乙浦) · 무지곶(無知串) · 소강(所江) 금음여곶(今勿餘串) · 백암곶(白岩串) · 아랑포(阿郎浦), 옹진현(甕津縣)의 서곶(西㸀串)
강원도	강릉부(江陵府)의 빈지(賓之), 울진현(蔚珍縣)의 어물리(於勿里) · 북산(北山)과 약사산(藥師山), 통천군(通川郡)의 소산(所山) · 마산(馬山) · 총석정(叢石丁)
충청도	면천군(沔川郡)의 창택곶(蒼宅串) · 천곡(泉谷) 등지, 서산군(瑞山郡)의 파지도(波治島) · 대아도(大也島) · 안면곶(安眠串) · 광지곶(廣地串), 홍주(洪州) 임내(任內)의 신평현(新平縣)의 명해곶(明海串)과 내도(內島) · 진두(津頭) · 응도(鷹島) · 초도(草島) · 연북곶(連陸串), 당진현(唐津縣)의 당진포(唐津浦) · 난지도(難知島) · 탕자도(湯子島) · 결성현(結城縣)의 용성두산(龍 生頭山) · 동산산(東山山)과 해미현(海美縣)의 원음곶(貟音串) · 승음산(勝音山) · 보령현(保寧縣)의 능성곶(陵城串) · 보령현(保寧縣)의 등성산(嶹峴山) · 서천군(舒川郡)의 도둔곶(都芚屯), 비산현(庀山縣)의 개야조도(開也朝島)
함길도	안변부(安邊府)의 압융곶(押戎串)과 여도(女島) · 낭성포(浪城浦) 등지, 덕원부(德原府)의 신도(新島), 서도(西嶼)과 대모성(大 毋城), 용진현(龍津縣)의 가퇴도(加退島) · 조지포(曹至浦) · 북봉(北峯), 영흥부(永興府)의 영인사(寧仁社) · 구리지(九里池) ·

표 6-11. (계속)

도별	이송지지
함경도	백안곶(白安浦) 등지, 함흥부(咸興府)의 보청사(甫靑社)·퇴조사(退潮社)·동명사(東溟社)·선덕사(宣德社) 등지, 북청부(北靑府)의 창진포 해정(長津浦海汀), 숙후 해정(俗厚海汀), 길주(吉州)의 고다포리(古多布里) 해변곶(海邊串), 경성부(鏡城府) 남황가진곶(南黃加津串), 회령부(會寧府)의 호음아곶(好音也串)·성포곶(雙浦串), 경흥부(慶興府)의 두이산(豆伊山)·녹도(鹿屯島)
평안도	박천군(博川郡)의 덕안곶(德安浦) 등지, 대장산(大藏山) 등지, 가산군(嘉山郡) 남미동음리(南未冬音里), 정주(定州)의 임박곶(仍朴串) 등지, 수천군(隨川郡)의 진해곶(陳海串), 곽산군(郭山郡)의 금로곶(金老串)·우리곶(亏里串) 등지, 선천군(宣川郡)의 검산굴곶(檢山屈串) 등지, 철산군(鐵山郡)의 서소곶(西所串)·다지도(多只島), 대곶(大串), 용천군(龍川郡) 석곶(石串), 신지도(信知島)·청천강변(淸川江邊) 덕천산(德泉山) 등지, 인산부(麟山郡)의 창포곶(倉浦串), 의주(義州)의 진병곶(鎭兵串) 등지, 청성진(淸城鎭)의 고명산(古船山) 등지, 숙천부(肅川府)의 검음산(檢音山), 영유현(永柔縣)의 유원소곶(柔遠所山)·대선곶(大船串) 등지, 함종현(咸從縣)의 백석산(白石山), 삼화현(三和縣)의 오음산(吾音山), 용강현(龍岡縣)의 가을곶(加乙申山), 강서현(江西縣)의 동부(東部) 금정당산(金丁梁山)
전라도	부안현(扶安縣)의 위도(蝟島)·구도(鳩島)·하이도(火伊島), 영광현(靈光縣)의 모야곶(毛也島)·매음첩도(每音帖島)·고이도(古耳島)·증도(甑島)·사도곶(沙島串)·장두곶(檣頭串)·구수산(九岫山)·임치도(臨淄島), 함평현(咸平縣)의 해제곶(海際串)·서발포(西鉢浦)·아사라산(阿土羅山) 김포곶(金浦串), 나주목(羅州牧)의 가아산(可也山)·다리도(多利島)·비시도(飛示島)·도초도(都草島)·암태도(巖泰島), 안창도(安昌島), 자은도(慈恩島)·기좌도(其佐島)·팔시도(八示島)·하의도(河衣島)·이시도(伊示島)·노도(露島)·영암(靈巖) 임내(任內) 월이곶(月伊山)·자산(眥山)·감두곶(甘頭山)·보길도(甫吉島)·두와두산(豆臥頭山)·완도(莞島)·고지도(古示島)·평도(坪島)·선산도(仙山島), 당진(唐津)의 임내(任內) 임치(貴內)·좌곡곶(佐谷串)·산달도(山躂島)·백방산(白房山)·고지도, 가이도(加兒島)·장흥부(長興府)의 대이메도(大伊每島)·백아포(牛頭串)·순천부(順天府)의 묘도(猫島), 장성포(樟城浦), 삼일포(三日浦)·경도(京島)·금오도(金鰲島), 광양현(光陽縣)의 묘도(猫島), 낙안군(樂安郡)의 장성포(樟浦)·장도(獐島)·삼인포(實興浦)·보성군(寶城郡)의 조라산(草羅山), 무정현(戊丁縣)의 이진곶(梨津串),

표 6-11. (계속)

도별	읍송지지
전라도	옥구현(沃溝縣)의 청방산(千方山), 흥양현(興陽縣) 장암곶(場巖串)·박길곶(朴吉串)·이로도(伊老島)·수덕산(愁德山)·천등산(天燈山)·제산도(災山島)·성두곶(城頭串)·모두곶(矛頭串) 무안현(務安縣)의 고절금산(古節金山)·유달산(鍮達山), 함열현(咸悅縣)의 성산(城山) · 우구곶(牛方串)·송곶(松串)·우두곶(牛頭串)·망지곶(望智串)·황산곶(荒山串)·장암곶(場巖串)·협도(俠島)·정도(井島)·주도(酒島)·경죽도(頃竹島)·사포곶(蛇浦)·가라포(加羅浦)·유주산(楡朱山)·팔전, 진도군(珍島郡)의 가사도(加士島)·평도(坪島)·조도(草島), 무덕현(興德縣), 홍덕현(興德縣)의 소요산(所要山), 임파현(臨陂縣)의 성산(城山)
경상도	영해부(寧海府)의 봉송정(奉松亭)·오항곶(烏項串), 동래현(東萊縣)의 소과정산(蘇瓜亭山)·절영도(絶影島)·염포(鹽浦) 이북 사장포곶(朋長浦串), 고성현(固城縣)의 임포곶(林浦串)·어리도(於里島)·조도(草島)·국정도(國正島)·신이도(申伊島)·노대도(爐大島)·행랑암곶(行廊巖串)·미을가조음곶(彌乙加助音串)·고가(古加)·섬진강(蟾津梁)·거제현(巨濟縣)의 사좌곶(沙左串)·대좌리(大左里)·거마도(巨馬島)·안도(鞍島)·송웅곶(松茸串)·송곶(松串)·적을곶(赤乙島)·오서항곶(吾西項串)·주원도(未元島)·소좌리도(小左里島)·저도(儲島)·구량도(仇良島)·울량곶(邑浪梁串)·사천(泗川縣)의 우음곶(亏音串)·별도(伐島)·진주(晉州)의 금해부(金海府)의 부화곶리(夫火串里)·곤양군(昆陽郡)의 오모도(烏保島)·소가도(小阿島)·양가도(兩柯島)·남해현(南海縣)의 하저도(下渚島)·호을포(呼乙浦)·우물도(亏勿島)·기장현(機張縣)의 금음말곶(今音末串) · 장생포곶(長生浦串)·장도(場)·장소흘산(望所屹山)·남해도(南海島)·가덕도(加德島)·곤이도(昆伊島)·상박도(上撲島)·하박도(下撲島)·주도(酒島)·자란도(自亂島)·욕지도(欲知島)·두밀도(豆密島)·고가(古加)·사화곶(沙火)·미좌리도(未左里島)·백아도(白也島)·저도(儲島)·초도(草島)·수도(水島)·가다도(加里島)·명지도(鳴旨島)·마도(馬島)·감물도(甘勿島)·영덕현(盈德縣)의 사등오(沙冬浦)·남악포(南嶽浦)·고독도(孤獨島)·금산(錦山)·영일현(迎日縣) 등지, 창원부(昌原府)의 사도(沙島)·양산군(梁山郡)의 대저도(大渚島)

표 6-12. 만기요람·재용편(1808년)에 기록된 전국 봉산, 황장산, 송전 현황

도별	봉산		황장산		송전		계
	지명별 개소수(처)	소계	지명별 개소수(처)	소계	지명별 개소수(처)	소계	
공충도*	태안20, 홍주2, 서산51	73					73
전라도	장흥4, 순천5, 보성4, 낙안7, 광양7, 강진26, 구례2, 흥양12, 나주2, 영암9, 영광14, 고부1, 부안1, 흥덕7, 무장11, 무안4, 해남10, 함평5, 진도11	142	순천1, 강진1, 흥양1	3		264	145
경상도	진주5, 김해11, 풍기6, 남해4, 봉화9, 단성7, 군위4, 경산4, 신녕13, 사천2	65	영덕1, 봉화1, 안동8, 영해1, 예천1, 영양1, 문경1	14	진주5, 경주10, 창원8, 김해6, 밀양9, 동래2, 거제10, 남해11, 장기2, 기장126, 울산12, 하동10, 흥해2, 양산2, 곤양16, 고성6, 진해5, 영일2, 사천3, 웅천17		343
황해도			장연1, 강령1	2			2
강원도			금성4, 양구3, 인제3, 횡성1, 영월1, 평창1, 삼척6, 낭천2, 통천2, 평강1, 이천1, 원주3, 홍천2, 강릉3, 고성1, 양양2, 정선1, 회양1, 평강4, 울진3	43			43
함경도					지명없음	29	29
계		282		60(62)**		293	635

주* : 충청도. 황장산은 기록에 60곳으로 되어 있으나 실제 합계는 62곳임.

사. 산림 관련 산업동향

1) 개관

산림은 다양한 용도를 지닌다. 조선 시대에 오늘날처럼 휴양을 요구하는 수요는 발생하지 않았지만, 인구증가와 산업이 발전하면서 산림자원이 창출하는 기본적인 용도를 요구하는 수요가 증가하였다. 산림은 각종 토목공사 재료, 궁궐과 행정관청의 건설과 민간주택의 건축재, 조선재(선박재), 가구재, 땔감(염업, 요업 등), 식량자원(유실수, 버섯, 산채, 종실 등) 등 부지기수로 수요가 다양하다. 국가가 가장 큰 수요자이지만, 백성 한 명 한 명의 수요를 무시할 수 없다. 백성에게 산림은 옛날로 되돌아갈수록 삶과 직결되어 있어서 생명이나 마찬가지이다. 산림 수요는 일반적으로 인구가 늘어나고 산업이 발달하면서 더욱 증가하기 마련인데 근본적으로 공급이 수요를 따라가지 못하기 때문에 문제가 발생한다.

아래 〈표 6-14〉와 〈그림 6-1〉은 16세기를 제외하고 15세기부터 19세기 중반까지 조선 인구의 변화를 나타낸 것이다. 시기별로 인구의 비약적인 변화를 보이기도 하지만 정확한 인구조사 자료가 없다는 점을 감안하면 인구증감의 대강을 살펴볼 수 있는 자료이다. 이 표의 자료만 가지고 구간별로 인구 증감을 평가하면, 15세기 전반의 인구는 연평균 약 2.1%의 증가율을 보이고, 17세기는 약 3.4%의 증가율을 보이고 있다. 18세기는 0.1%씩 증가하였고, 19세기는 연평균 −0.2%씩 감소한 결과를 보이고 있는데 특히 15세기와 17세기에 높은 인구 증가를 보이고 있다. 변태섭(1994), 장국종(1998)에 따르면, 농업부문에서는 14세기 말 이래 수리기술과 시비법을 개선하여 휴한지(休閑地) 또는 풀과 관목으로 우거진 황무지를 개간하며, 이앙법이 보급되는 등 농업 생산력에서 높은 발전을 이룩하였다. 그 결과, 특히 장국종(1998)은 「세종실록」 '지리지'(1432년)를 근거로 그 당시에 전국 총 경작지 면적이 179,806결에 달해 조선시대 최고수준에 이르렀다고 주장하는데, 이것은 아

표 6-14. 조선시대 연도별 호수와 인구, 호당 인구 추이(이백훈, 1984; 오기수, 2010)

연도	호수 증감(호, %)		인구 증감(명, %)		호당인구 증감(명, %)		출처*
	호수	증감률**	인구	증감률	인구	증감률	
1404	153,404	-	322,746	-	2.1	-	「호구총수」
1406	180,246	14.9	370,365	12.9	2.1	0.0	「호구총수」
1432	201,853	10.7	692,475	46.5	3.4	38.2	「세종실록」 지리지
1648	441,321	(54.3)	1,531,365	(54.8)	3.5	(2.9)	「증보문헌비고」
1657	658,771	33.0	2,290,083	33.1	3.5	0.0	「증보문헌비고」
1669	1,313,453	49.8	5,018,644	54.4	3.8	7.9	「증보문헌비고」
1672	1,178,144	-11.5	4,701,359	-6.7	4.0	5.0	「현종실록」
1678	1,342,428	12.2	5,246,972	10.4	3.9	-2.6	「증보문헌비고」
1717	1,560,561	(14.0)	6,846,568	(23.4)	4.4	(11.4)	「증보문헌비고」
1724	1,572,086	0.7	6,865,286	0.3	4.4	0.0	「증보문헌비고」
1726	1,576,598	0.3	7,032,425	2.4	4.5	2.2	「증보문헌비고」
1777	1,715,371	8.1	7,238,546	2.8	4.2	-7.1	「증보문헌비고」
1780	1,714,550	0.0	7,227,673	-0.2	4.2	0.0	「증보문헌비고」
1783	1,733,757	1.1	7,316,924	1.2	4.2	0.0	「정종실록」
1786	1,740,591	0.4	7,330,965	0.2	4.2	0.0	「탁지지」, 「정종실록」
1789	1,752,814	0.7	7,403,606	1.0	4.2	0.0	「호구총수」
1792	1,741,395	-0.7	7,446,256	0.6	4.3	2.3	「정종실록」
1795	1,726,489	-0.9	7,308,194	-1.9	4.2	-2.4	「정종실록」
1798	1,741,184	0.8	7,412,686	1.4	4.3	2.3	「정종실록」
1807	1,765,504	1.4	7,561,406	2.0	4.3	0.0	「증보문헌비고」
1837	1,591,965	-10.9	6,709,019	-12.7	4.2	-2.4	「증보문헌비고」
1852	1,588,875	-0.2	6,918,838	3.0	4.4	4.5	「증보문헌비고」
1864	1,604,448	1.0	6,828,521	-1.3	4.3	-2.3	「증보문헌비고」
1909	2,787,891		13,090,856				이백훈(1984)

자료*: 1) 「증보문헌비고」 제161권 호구고1 역대호구 조선
2) 「탁지지」 제1권 총요편
3) 『조선왕조실록』(세종, 현종, 정종)
4) 「호구총수」 ☞ 모든 자료는 오기수(2010)에 제시된 것임.
** : 각 항목의 증감률%는 원문에는 없는 것으로 필자가 단순 산술한 것이다.

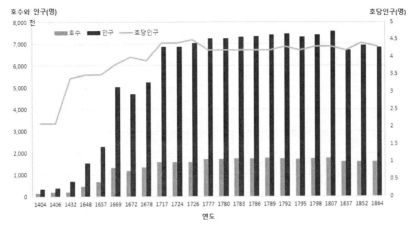

그림 6-1. 조선시대 연도별 호수와 인구, 호당 인구 추이(표 6-14에 의함)

마도 인구 규모를 감안하였을 때의 수준으로 짐작한다. 조선말기(1790~
1907년)는 인구가 감소하는데 이백훈(1984)은 그 이유에 대해, 철저하지
못한 호구조사, 전란으로 인한 전사와 포로, 기아와 질병, 종교박해 등으로
주장하고 있으며, 순조 12년, 13년(1812~1813년)에 기아로 인한 사망자는
각각 약 246,000명과 244,000명에 달한다고 주장한다(「증보문헌비고」).[145]

　조선왕조의 국가 기간 산업으로서 농업의 진작은 각종 농작기구의 제작
필요성이 발생하므로 농업발달 그 자체가 목재 수요로 이어진다.[146] 또한
농업 발달은 산업 각 부분으로 발전을 유도하며 잠업, 염업 뿐만 아니라
개인의 구매력을 이끌어 상업을 발현시켜 지방에서 장시(場市)가 발달하는
등 16세기 중반에는 전국적으로 유통망이 형성되어 상업 발달을 견인하였다.
더 나아가 조선 후기 경제계는 농업생산력의 증대와 더불어 상품화폐경제의

---

145) 이 밖에 조선시대 인구추계에 관한 연구로는 이영구·이호철, 1988, 조선시대 인구규모추계(II). 경영사연구
　　3; 권순희·양경숙, 2003, 조선시대 인구·경지면적 자료의 통계분석. 응용통계18. 등이 있다.
146) 한국표준산업분류 상 항목별 산림의 연관성을 분석한 연구에서 농업 부문을 세세분류한 결과 97.1%가
　　목재와 연관성을 지니고 있는 것으로 나타났다. 자세한 내용은 (사)숲과문화연구회의 산림문화전집 7권을
　　참조바람(김기원·임주훈, 2017).

발달로 큰 변동을 겪었다. 이렇게 산업이 각 부문에서 발전해 나아가고, 아울러 인구증가와 함께 도시로의 인구집중은 목재수요 증가의 요인으로 작용하면서 목상(木商)이 등장하는 등 목재유통이 산업현상으로 등장하였다. 거기에 도자기 수요에 의한 요업 발달로 가마 가동을 위한 땔감 또한 무시할 수 없는 수요였다.

다른 한편으로 조선왕조는 권농(勸農)과 함께 권잠(勸蠶)을 강조하여 양잠업이 발달하여 뽕나무를 전국적으로 식재함으로써 전국 곳곳에 상림(桑林)이 조성되었다. 여기서는 잠업, 염업, 목상 등으로 구분하여 당시의 산림과 목재 수요 상황을 살펴보고자 한다.

2) 잠업에 의한 상림(桑林) 조성과 추이

「태조실록」 1권 태조 1년 7월 28일(1392년)은 7월 17일, 18일, 20일, 26일에 이어 『조선왕조실록』을 기록하기 시작한 5일째 되는 날로 기록은 문무백관의 관제를 정한 내용으로 개성부(開城府)가 경기(京畿)의 토지·호구(戶口)·농상(農桑)·학교·사송(詞訟) 등의 일을 관장하도록 되어있다. 이것으로 보아 건국 초부터 농업과 더불어 잠업을 권장하고 있음을 확인할 수 있다. 태조 1년 9월 24일의 기록은 "농상(農桑)은 의식(衣食)의 근본이니, 농상을 권장하여 백성을 잘 살게 할 것"[147]이라 하여 조선왕조 초기부터 양잠이 견직물로 의류와 식량 대용으로 번데기를 얻을 수 있으니 잠업을 중시하였음을 알 수 있다. 양잠을 위해서는 뽕나무를 많이 심어야 하는데, 이에 대한 기록은 태조 7년 9월 12일(1398년)에 근정전에서 반포한 「즉위교서」에 32개 조목 중 14번째 조목으로 명시하고 있으며 내용은 다음과 같다;

"농업과 양잠은 의식(衣食)의 근원이고 백성의 생명에 관계되는 것이니, 그 여러 도(道)의 감사(監司)들로 하여금 군현을 나누어 독려하여 초겨울에

---

147) 태조실록 2권, 태조 1년 9월 24일(1392년): 都評議使司 裵克廉 趙等上言二十二條: 도평의사사 배극렴과 조준이 22조를 아뢰는 내용이다; 一, 學校, 風化之源; 農桑, 衣食之本, 興學校以養人才, 課農桑以厚民生.

는 제방을 쌓고 화재를 금하게 할 것이며, 초봄에 뽕나무를 심고, 5월에 뽕나무의 열매를 심게 하여 감히 혹시라도 태만하지 말게 할 것이다".[148]

이상에서 살펴본 것처럼 양잠을 농경과 함께 백성의 의식을 해결하는데 중요한 산업으로 강조하고 있고 이를 위해서 뽕나무 심는 것을 태만히 하지 말 것을 명하였다. 따라서 건국초기부터 강력한 의지를 가지고 권농과 함께 권잠을 추진하였기 때문에 『경국대전』「공전」에 법령으로 뽕나무 심는 일과 관리에 관한 사항을 규정하였다. 심는 일과 관리하는 일에 태만하고 이를 어길 때에는 논죄하도록 되어 있다. 법령의 내용은 라. 항의 2)-라)-(1)재식조에 소개되어 있다. 구체적으로 戶마다 심어야 할 뽕나무 그루수를 법령으로 할당하였는데 세종대 때 대호는 300그루, 중호는 200그루, 소호는 50그루였다가 세조대에 이르면 소호가 100그루[149]로 더 늘어나서 권잠정책이 강화된다. 할당된 그루수를 심지 않은 사람은 벌금을 물어야 했으며, 또한 수령의 업적을 심사할 때 평가기준이 7개항으로 "7事[150]"가 있었는데 그 중 첫 번째 항이 '권상(勸桑)의 성함 정도'이었던 사실에서 잠업을 중히 여긴 사실을 알 수 있다.

조선시대 잠실(蠶室)이 설치되기 시작한 것은 태종 16년(1416년)으로 '공상잠실지법(公桑蠶室之法)'에 따라서 경기도 양근군 미원과 가평군 조종에 잠실을 두고 누에 치는 일을 맡은 10명의 잠모(蠶母) 등을 배치하도록 하였다.[151] 1년 후에는 전국 각도에 한 곳씩 잠실도회(蠶室都會)[152]를 설치하였는

---

148) 태조실록 15권, 태조 7년 9월 12일(1398년); (중략) 一, 農桑, 衣食之源, 民命所關. 其令諸道監司, 分督郡縣, 冬初築堤堰禁火焚, 孟春植桑木, 仲夏植桑椹, 毋敢或怠.(이하생략).

149) 經濟六典 國初立種桑法 "大戶 三百本 中戶 二百本 小戶 百本 不裁種者 守令論罷". 《증보문헌비고》권147, 田賦考7, p.694) (한춘순, 1995.에서 재인용).

150) 정도전이 작성하였다고 전하는 태조〈즉위교서〉에서 "수령은 백성에게 가까운 직책이니 중시하지 않을 수 없다"라면서 수령의 임무를 강조하였다. 태종 6년 12월 20일(1406년)에는 사헌부가 올린 수령의 포폄법(褒貶法, 일종의 포상법)에 농상(農桑)의 권과(勸課)를 강조하면서 七事에 따라 고찰한다고 되어있다. 칠사는 관찰사가 수령을 평가하여 중앙보고 하는 전최(殿最)에서 평가기준이 되는 7개 항목; 농상(農桑)이 성한가, 호구(戶口)가 불었는가, 학교가 흥한가, 군정(軍政)을 닦았는가, 부역이 고른가, 사송(詞訟)이 간결한가, 간활(奸猾), 간사하고 교활한 일이 끊어졌는가의 일곱 조항.

151) 태종실록 31권, 태종 16년 2월 24일(1416년) "公桑蠶室之法". 미원은 지금의 가평군 설악면, 조종은

데 폐단이 생겨 나중에 각 읍에 설치하는 것으로 변경되지만 부침을 거듭한다. 폐단이란 잠실관리자가 고치생산량에 따라 고과(考課)를 판정받았기 때문에 생산량을 증산하느라 민간인을 노동(役)에 동원하고, 민간의 뽕잎을 갈취하며, 잠사도구를 동원하는 등의 피해가 나타난 것을 말한다. 한편, 궁중에도 잠실이 설치되는데 세종대에 경복궁과 창덕궁, 낙천정(樂天亭)(외잠실)에 잠실이 설치되고, 세조대에 아차산(동잠실)과 연희궁(서잠실), 그리고 성종대에 단원동(지금의 잠원동)에 왕실 직영의 신잠실이 설치된다. 이러한 조치는 백성에게 양잠의 시범 목적도 있었지만 왕실의 세입원으로 역할이 중요한 임무로 판단된다(이의명, 1991). 잠실 관리는『경국대전』「호전」의 '잠실'조에 규정하고 있는데 현직 중 '양잠관'을 선정하여 양잠과 함께 잠실관리를 담당하도록 임명하였다.

양잠업은 무엇보다도 누에의 먹이가 되는 뽕나무잎의 확보가 제일 중요하므로 상목식재를 대대적으로 진행하였다. 법령에 각호마다 그루수가 정해져 있고 지키지 않으면 논죄하며 세금을 내도록 되어 있다. 뽕나무 심는 것은 이미 태조 때부터 농상으로 강조하였는데 식재 정책은 태종대에 시작되며 공상(公桑)이라는 용어가 등장한다;

"궁원(宮園)에 뽕나무를 심도록 명하였으니, 성주(成周)의 공상(公桑) 제도를 본뜬 것이었다."[153]

공상이란 천자와 제후의 상전(桑田)을 말하는 것이며, 성주(成周)란 주나라 성왕(成王) 때 주공 단(周公旦)이 낙읍(洛邑)에다 도읍을 정했던 시대인데, 천자와 제후는 공상과 잠실을 가지고 있어서, 궁실의 부인들은 반드시

하면 현리이다.

152) 이의명(1991)과 한춘순(1995)은 도회잠실(都會蠶室)로 표기하고 있는데, 조선왕조실록 원문에 "잠실도회"로 표기하고 있으므로 원문대로 싣는다. 성종 대에 잠실도회(성종 5년 7월 24일, 1474년, 성종 12년 7월 12일, 1481년) 이외 도회양잠(성종 16년 7월 1일, 1485년)이란 용어가 있는데 동일한 기관으로 보인다. 앞의 두 저자가 "도회잠실"로 표기한 것은 어쩌면 국역본이 가끔 그렇게 오역 표기된 것에 기인한 듯하다.

153) 태종실록 17권, 태종 9년 3월 1일(1409년). 命植桑于宮園. 倣成周公桑之制也.

공상에 뽕나무를 심어 잠실에서 누에를 쳐서 옷감을 짜는 일을 의무적으로 하였다. 따라서, "성주의 공상 제도를 본뜬 것"이란 공상을 운영하여 천자와 제후의 부인들이 양잠을 하는 제도를 일컫는다. 태종은 조선 궁궐에서도 그렇게 할 수 있도록 뽕나무를 심어 공상을 조성하도록 명한 것이다.

태종의 뒤를 이은 세종 5년 2월 16일(1423년) 실록에 의하면, 경복궁(3,590주)과 창덕궁(1,000여주), 율도(8,280주)의 뽕나무로 누에종자 2근 10냥을 먹일 수 있다고 보고하고 있는데[154] 이것은 이미 궁궐과 율도(밤섬, 지금의 서강 아래)에 뽕나무를 심어 공상림을 조성했다는 것을 의미한다. 세조 때에는 민간용 상림의 재배를 강력히 추진하였다. 15세기 말에는 각 궁궐 안과 율도 뿐 만아니라 삼전도, 저자도, 원단동(잠원동)에 공상림을 조성하는 등 한강 연안에 많은 공상림이 탄생한다. 이러한 상황을 감안하면 전국에 많은 상림이 조성되었을 것으로 추측할 수 있는데 태종 16년 '잠실'을 설치할 때 판승문원사 이적이 올리는 아래 상소문 기록을 통해서 대강을 짐작할 수 있다;

"신(臣) 이적(李迹)이 삼가 밝은 명령을 받고, 경기 양근의 미원, 가평의 조종·영평 등의 군을 순방하였더니, 들뽕나무[野桑]와 산뽕나무[山柘]가 없는 곳이 없었습니다. 그러나, 산뽕나무는 산전(山田)하는 사람에게 찍히어 불태워지고, 들뽕나무는 농사 짓는 자에게 찍히어 경작되니, 뽕나무[桑柘]가 무성하지 못함은 오로지 여기에 연유합니다. 원하옵건대, 이제부터 각도 각 고을에서 때때로 고험(考驗)하여, 만약에 뽕나무를 베어 밭을 경작하는 자가 있으면 가지의 다소를 헤아려 징계하고, 아울러 수령에게 금하지 아니한 죄를 다스리고, 또 감사로 하여금 종상(種桑)의 명령을 독촉하게 하여서 출척(黜陟)의 법에 빙거(憑據)하며, 잠상의 이익을 넓게 하소서."(태종실록 31권, 태종 16년 2월 24일, 1416년)

---

154) 세종실록 19권, 세종 5년 2월 16일(1423년). 蠶室別坐大護軍李士欽, 前知郡事徐係陵等啓: "景福宮內桑木 三千五百九十條, 昌德宮內桑木一千餘條, 栗島桑木八千二百八十條, 可飼蠶種二觔十兩." 命景福宮, 昌 德宮兩蠶室, 各給蠶種二十一兩.

가평군 일대에 이미 야상(들뽕나무)와 산자(산뽕나무)로 고을마다 울창하다라는 사실을 알 수 있으며, 함부로 작벌하는 자를 징계해야 한다고 고하고 있다. 종상은 익은 오디를 뿌려서 싹이 나면 묘로 길러 백성의 이익을 빼앗지 않기 위해 산의 빈 땅에 심고, 도로 좌우, 창고(倉庫), 과수원의 빈터, 밭두둑 등에 심었다. 또한 오디를 뿌려 성장하면 묘종을 옮겨 심고 그 수를 기록하게 하였으며, 척박하다고 알려진 함길·평안도 지방에 세조 5년(1459년) 이전에 뽕나무가 무성하여 양잠 호수가 파다했으며, 우리나라 대부분 지방에서 양잠이 확산되었다. 더구나 15세기 후반부터 상품유통이 활발해지고 지방에 장시(場市)가 등장하게 되었으며, 연산군 때 사치풍조가 조장되어 비단 수요가 급증하여 광범위하게 확산된 양잠업은 부업의 가능성을 갖게 되었다. 잠업은 16세기 유통경제의 활성화와 민간의 중요한 부업으로 부상하게 되었다(이의명, 1991; 한춘순, 1995).

양잠을 권장하는 데에는 의식이 한몫했을 것으로 판단한다. 양잠과 관련된 예식으로 선잠제(先蠶祭)와 친잠례(親蠶禮)가 있는데 선잠제는 정종 2년(1400년)에 처음 시작되어 태종 13년(1413년)에는 종묘사직 다음의 중사(中祀)로 다뤘다. 성종 8년(1477년)에 선잠제가 친잠례와 동시에 거행되는데, 친잠례란 왕비가 직접 양잠을 행함으로써 백성에게 시범을 보이는 의식이었다(이의명, 1991). 양잠을 권장하기 위하여 세조 5년(1459년)에 호조에 명하여 양잠하는 조건을 반포하도록 하여 9개 항으로 갖춰진 「양잠조건(養蠶條件)」, 성종 3년(1472년)에는 뽕나무에 대한 국가의 입장을 정리한 「상목배양절목(桑木培養節目)」이 탄생하였다. 양잠의 성행으로 탄생한 견직물은 마직물과 함께 면직물이 전래될 때까지 의복의 주종을 이뤄 왔으며 17세기 중반까지 화포(貨布, 포목으로서의 화폐)로서의 역할을 담당하였다. 이렇게 발전할 수 있었던 것은 특히 15세기에 들어서면서 정부의 강력한 권잠정책으로 양잠이 전국적으로 확대되고, 양잠 서적(고려말에 전래된 『농상집요(農桑輯要)』)의 전래로 양잠기술이 획기적으로 발전한 데 따른 것이며, 나아가 16세기가 되면 농가의 부업으로 발전하는 발판이 되었다. 양잠이 성행하므로 상림도 전국적으로 조성될 수 밖에 없었다. 양잠을 다룬 『촬요신서』, 『잠상촬요』, 새로 발견된 『산가요록』 등 농서도 잠업 발달에 큰 역할을 하였다(한국 농업사학회편, 2003). 남미혜(1992)의 주장대로 조선왕조는 농업국가인 만큼 권농책을 전 지방행정력을 동원하여 수행하였으며, 수령의 경우 그 실적을 고과에 반영하였기 때문에 뽕나무 식재 관리감독을 적극적으로 펼쳤을 것으로 짐작할 수 있다. 그에 따라 상림이 무성하게 가꿔졌으며 양잠업은 조선 말기까지 성행하게 되었다.[155]

3) 염업(煮鹽, 자염)과 광업에 의한 목재 수요

조선시대 땔감으로서 목재 수요는 염업과 요업에도 크게 작용한다. 소금생산은 천일염으로 생산하는 것이 대부분이지만 서해안에서 자염에 의한 생산도 성행하였다. 자염은 바닷물을 일정하게 염도를 조정 처리한 후에 가마솥에 담아 끓여서 소금을 얻는 방법을 말한다. 동해안에서는 해수를 바로 끓여 소금을 얻고(해수 직자법), 서남해안은 갯벌이 형성되어 있어 염전에서 해수를 염도가 높은 물로 만든 다음 끓여서 소금을 만든다(염전식 제염법, 화염, 전오염, 육염, 토염). 가마솥 한 솥에 물 60동이가 들어가는데 이것을 소금으로 만드는데 필요한 땔감은 장작으로 열 짐 정도 소요된다. 물론 해수의 염도에 따라 달라지며 가을에는 봄에 비해 염도가 떨어져서 나무가 더 들어간다. 자염은 1907년 일본이 도입한 천일염에 밀리게 된다(남욱형과 최정해,

---

155) 그 외 잠업이 조선왕조 말기까지 성업이었던 사실은 고종 32년 3월 25일(1895년)에 농상공부 5국 관제를 반포할 때 5국 중 농무국은 "농업, 산림, 수산, 목축, 수렵, 잠업, 차, 인삼 및 농사에 관한 일을 맡는다" 하여 여전히 권잠하고 있음을 알 수 있다. 더욱이 순종실록 3권, 순종 2년 6월 1일(1909년, 융희 3년)의 기록은 황후가 수원 권업 모범장에 가서 명령을 내려 양잠을 장려하는 내용으로 되어있어 조선왕조 이후에도 여전히 양잠업을 중요하게 다루고 있음을 알 수 있다;
"양잠(養蠶)은 우리나라 풍토에 가장 적합하여 유망한 산업이라는 것을 일찍이 들었다. 백성들의 산업을 장려하기 위하여 올해부터 궁중에서 직접 누에치기를 시험하고 있으며, 이번에 다시 명부(命婦)들을 데리고 이곳 잠실(蠶室)을 친히 살피는데 누에치기하는 여러 가지 방법이 점점 발전하고 있는 것을 기쁘게 여기며 이 일이 온 나라 백성들의 산업에 중요하다는 것을 더욱더 믿게 되었다."(이하 생략).

2017; 박종오, 2017).

　남욱형과 최정해(2017)에 의하면, 1500년 전후 시기에는 조선 초기의 『신증동국여지승람』(1530)의 기록을 근거로 해안 곰소만 일대 섯구덩(해수를 채워 염도를 높이는 갯벌 구덩이)의 위치가 바다쪽으로 약 800m 정도 들어간 곳으로 옮겨졌으며, 1800년대 이후에는 『택리지』(1751)와 지방지도의 〈고부군 지도〉(1872) 등의 기록을 근거로 섯구덩 위치가 다시 검당마을 바로 앞으로 이동하였다고 한다. 이것은 이 일대의 자염업이 400년 가까이 계속되었다는 것을 알 수 있게 하며 자염생산을 위해 이 일대의 땔감을 지속적으로 공급하였을 것으로 짐작할 수 있다. 김동진(2017a)은 15~19세기 자염 생산과 땔감 사용량을 추산하였는데 1466년에 땔감 수요가 연평균 607.7ha이었던 것이 16세기 말 1,094.5ha, 1910년에는 1,359.8ha로 늘어났을 것으로 추산하였다(〈표 6-15〉).

표 6-15. 15~19세기 자염 생산과 땔감 사용량 추산(김동진, 2017a)

구분		추산 소비량			19세기말 생산량(소비량)	비고
		1466년	16세기 말	1910년		
추정인구(만명)		778	1,403	1,743	실제생산량과 소비량	권태환과 신용하(1977)
소금소비량(t)		85,580	154,330	191,730	150,000(210,000)	1kg/인·년
땔감 사용량	(t)	171,160	308,660	383,460	300,000	1m³=0.47t
	(m³)	364,170	656,723	815,872	638,298	
채취면적(ha/년)		607.7	1,094.5	1,359.8	1,063.8	600m³/ha
필요면적(km²)		364.2	656.7	815.9	638.3	60년
국토면적비(%)		0.17	0.30	0.37	0.29	220,000km²

　광업 분야에서 갱도 구축과 제련과 가공 과정에서도 많은 양의 땔감이 소요된다. 김동진(2017a)이 15세기, 16세기, 19세기에 철을 생산하는데 필요하였을 것으로 추산한 숯과 참나무숲의 면적은 다음과 같다(〈표 6-16〉).

표 6-16. 조선시대 철 생산에 요구된 숯과 참나무 숲의 면적 추이(김동진, 2017a)

시기	철 생산량 (t)	연간숯사용량(t) 철 1t=숯1.5t	참나무 소비량(m³) 숯 1t=12.5	필요면적(km²) 1년	60년	전국토(%)
15세기	9,648~ 14,4472	14,472~21,708	180,900~271,350	3.0~4.5	18.1~ 27.1	최소 0.01<
16세기	11,952~ 17,928	17,928~26,892	224,100~336,150	3.7~5.6	22.4~ 33.6	
19세기	60,882 ~73,146	91,323~ 109,719	1,141,538~ 1,712,306	19.0~ 28.54	114.2~ 171.2	최대 0.78

어업과 염업은 "산림천택 여민공지"의 이념에 의거 천택을 사유하는 것을 금지하고 있기 때문에 궁방에서 직접 관리하였다. 어염업은 따라서 직접 경영하기도 하고 위탁 경영하기도 하였다(노혜경, 2015). 어느 경우이든지 자염으로 할 경우 땔감 확보가 필수이기 때문에 조달방안을 강구하여야 한다. 1734년(영조 10년) 박문수가 홍문제학 송인명 등과 함께 영조를 배알한 자리에서 아뢴 내용 중에, "처음에는 소금 굽는 땔감을 금산(禁山)에서 베는 것도 허락했는데, 뒷날의 폐단을 염려하여 사들이도록 해서 소금을 구웠습니다."[156] 라는 부분이 있다. 소금 생산에 필수적인 자재인 목재의 조달을 과거에 지방관청 지원을 받아 벌목해서 조달하는 대신 선혜청에서 자본을 꾸어 민간업자에게서 매입하는 방식을 사용했다는 뜻이다. 땔감 조달의 어려움을 호소하는 내용이 아닌가 짐작케 한다. 이러한 내용은 이욱(2002)의 연구에서도 확인되는데, 1731년(영조 7년) 김해의 명지도(鳴旨島)에서 공염제가 시행되어 자염할 때 필요한 땔감을 정부에서 제공하였다. 정부는 거제의 枯松木을 선가를 주고 운반, 공급하였는데 당시 소금 생산에서 연료를 구입하는데 드는 비용은 적지 않았다. 소금 판매하여 얻어지는 수익의 4분의 1 정도가 연료를 구입하는 비용으로 사용되었다고 한다. 소금은 일상에서 꼭 필요한 것으로 특별히 흉년을 대비하여 확보해 두어야 했는데, 그

---

156) 『비변사등록』 95책, 영조 10년(1734) 6월 28일(노혜경, 2015.에서 재인용).

이유는 흉년이 들어 기근으로 백성이 먹을 것이 없어서 나물을 뜯어 먹는데 이 때 반드시 소금이 필요하기 때문이다. 따라서 흉년기를 대비하여 먼 곳에서라도 땔감을 확보하여 자염으로 소금을 생산하였다. 공염제 자염 생산지로 명지도를 선정하기 전에는 안면도를 염두에 두었으나 금송지로 지정되어 있었기에 땔감의 희생에서 벗어났다.

4) 병선(兵船)에 의한 목재 수요

병선 등 조선재는 다량의 목재를 필요로 한다. 잦은 왜구 침입으로 수군을 강화해야 되는 입장에서 병선조선은 왜구로부터 국가와 백성을 지키는 데 있어서 매우 중요한 사항이었다. 그리하여 태조는 선군(船軍)을 육성할 의지를 표명하고 전함의 영수(營修)와 전운(轉運)을 관장할 기관으로 사수색(司水色)을 두었다. 세종은 군선 체질의 개선을 적극적으로 추진하는데 5월 12일(1430년)에 병조(兵曹)에서 아뢰기를,

"각 포(浦)의 병선은 모두가 마르지 아니한 송판으로 만들고 또 나무못을 썼기 때문에, 만일 풍랑을 만나면 이어 붙인 곳이 어그러지고 풀리기 쉬우며, 또 틈이 많이 생기기 때문에 새고 젖어서 빨리 썩게 되어 7, 8년을 견디지 못하고, 또 개조하기 때문에 연변의 소나무가 거의 다 없어져 장차 이어가기 어려울 형편입니다. 중국 배도 역시 소나무로 만들었으나, 2, 30년을 지날 수 있사오니, 청컨대 중국 배의 제도에 따라서 쇠못을 써서 꾸미고 판(板) 위에는 회(灰)를 바르며, 다시 괴목판(槐木板)을 써서 겹으로 만들어 시험하되, 만약 괴목을 구하기 어려우면 각 포(浦)에 명하여 노나무[櫨] · 전나무[檜] · 느릅나무[楡] · 가래나무[楸] 등을 베어다가 바다에 담가 단단하고 질긴가, 부드럽고 연한가를 시험하여 사용하게 하소서." 하니, 그대로 따랐다.

이로써 병선의 개보수 작업을 시작하게 된다. 표 〈6-17〉은 조선왕조 전 기간을 통하여 일어난 수군의 주요 연혁을 정리한 것이다. 병선제조에는

표 6-17. 조선왕조 수군의 주요 연혁(김재근, 1976)

왕기	서기	주요 내용
태조 원년	1392	司水色을 둠.
태조 5년	1396	壹岐, 대마도를 征討코자 함.
정종 원년	1399	수군을 전폐하였다가 곧 복설함.
태종 8년	1408	군선 185척을 가정키로 함. (원 척수는 428척임)
태종 13년	1413	구선(거북선)에 대한 기록이 처음으로 나옴.
세종 원년	1419	군선 2267척과 병사 17,000명으로 대마도 정벌함.
세종 7년	1425	猛船이 처음으로 기록됨.
세종 14년	1432	군선 829척, 수군 50,117명을 헤아림(세종실록지리지).
세종 16년	1434	甲造船 3척, 시험결과 보고됨.
문종 원년	1451	甲造法을 포기하고 단조법만 쓰기로 함.
세조 11년	1465	병조선 시험되고 맹선제의 기틀이 마련됨.
세조 13년	1467	맹선제 마무리됨.
성종 2년	1471	맹선 737척, 수군 48,800명을 헤아림.
중종 5년	1510	삼포왜란 후부터 경쾌선을 중용함.
명종 10년	1555	판옥선이 개발됨. 이후 판옥선, 防排船, 挾船이 긴요하게 쓰여짐.
선조 25년	1592	임진왜란에서 판옥선, 구선으로 왜수군을 압도함.
선조 27년	1594	전선배가계획으로 전선 250척, 伺候船 250척을 확보코자했으나 각 160척에 그침.
선조 39년	1606	나대용이 鎗船(쟁선)의 구상을 상소함.
광해군		군선 재건하고 중형군선인 병선 활용함.
광해군7년	1615	權盼 전선의 선제를 3등급으로 정함.
인조 5년	1627	防牌船이 부활됨.
인조 16년	1638	충청도수군이 강화됨.
효종 원년	1650	樓船이 기록에 나타남.
현종 5년	1664	
숙종 4년	1678	삼남전선 124척, 방패선 11척, 병선 135척을 헤아림.
숙종 30년	1704	〈水軍變通節目〉을 반포하고 각선의 군액을 정함.
숙종 42년	1716	
영조 16년	1740	田雲祥 海鶻船을 만듦.
영조 24년	1748	군선 776척을 헤아림.
정조		구선과 防船 크게 늘어남.
순조 8년	1808	군선 799척을 헤아림.

섬이나 연안 인근에 있는 宜松地 등으로부터 조선재용 목재를 조달하였다. 하지만, 위 문장 중의 내용처럼 송선(松船)은 접합 부분이 무르고 연약성 때문에 7~8년마다 자주 개조(또는 건조)해야 하므로 더 많은 소나무를 벌채하기에 소나무가 속히 없어지고 부족해진다는 것을 확인할 수 있다. 정약전의 『송정사의(松政私議)』에 의하면(안대회, 2002) 우리 전함은 7~8년마다가 아니라 5년에 한 번씩 바꿔야 한다고 하였는데 그렇다면 더욱 많은 양의 소나무가 자주 벌채되어 병선 제조를 위해서 조달되었을 것임을 짐작케 한다. 숙종 때 제정된 「제도연해금송사목(諸道沿海禁松事目)」(1684)에 의하면 모든 병선이 나무못을 쓴 것이 아니라, 영남의 병선은 판자 이은 자리에 쇠못을 썼기 때문에 7년이 지나도 큰 파손이 없었다고 기록되어 있다. 100년후 정조 때 제정된 「제도송금사목(諸道松禁事目)」(규957, 1788)에 의하면 호남의 좌우수영 역시 영남의 예를 따라 차차 쇠못을 쓰게 되었다고 기록하고 있다.

5) 주요 국용 임산물과 木商의 활동

가) 공물용(貢物用) 국용 임산물의 분류와 생산지

산림자원은 국가의 용도별 수요에 따라 공급이 원활하게 이뤄져야 한다. 공급이 시의적절하고 원활하게 진행되려면 주요 산림자원의 생산지가 어디인지 실태를 파악해 놓아야 한다. 조선시대 주요 국용임산자원의 품목별 구분과 목재자원의 생산지에 관해서 배재수(2004a,b)가 『세종실록』지리지와 『(신증)동국여지승람』을 참고하여 각 지방에서 중앙(국가와 왕실)에 바쳐야 할 임산용 공물(林産用 貢物), 즉 국용임산물의 실태를 파악한 연구결과를 활용하였다. 〈표 6-18〉은 공물용 국용임산물을 분류한 것으로 7개 유형(대구분) 27개 품목으로 구성되어 있는데, 이들 품목 중 건축용재로 많이 쓰이는 소나무는 주로 금산과 봉산 등지에서 조달하며 도별로 기록하였고, 나머지

표 6-18. 국용 임산물의 분류(배재수, 2004a,b)

대구분	소구분	조사 단위
목재류	건축용재/연료용재(땔감, 숯) - 소나무	조선전기: 도
	弓槊木	조선후기: 부목군현
죽류	죽(篠, 簜), 전죽(이대)	부목군현(현 시군)
종실류	밤, 잣, 대추, 호두, 은행, 배, 능금, 석류, 비자, 감, 모과, 유자, 귤	부목군현(현 시군)
버섯류	송이, 표고, 眞茸, 鳥足茸, 석이	부목군현(현 시군)
섬유류	닥나무, 자작나무껍질(樺皮)	부목군현(현 시군)
꿀	봉밀, 석청 등	부목군현(현 시군)
칠	칠	부목군현(현 시군)

표 6-19. 『세종실록』지리지 목재의 도별 생산지(배재수, 2004a,b)

도별	공물용 목재
경기도	營繕雜木, 自作木, 杏木, 椴木, 黃桑木, 櫻木, 燒木
충청도	弓幹木, 木弓, 自作木, 燒木, 營繕大木, 椽木, 栢木, 黃楊木, 棗木, 椴木, 楸木, 廣板大中木, 椴板, 栢板, 仍邑朴船, 炭
강원도	自作木, 燒木, 木弓, 梓木, 材木, 炭

품목을 부목군현별로 기록하고 있다. 도별로 생산지가 지정된 공물용 목재의 현황은 〈표 6-19〉에서 보는 바와 같다. 배재수의 연구결과에 따르면 공물용 국용임산물의 수취지역이 임산물의 적지 생산입지라 할 수 있는 임토(任土) 원칙에 맞게 주로 경상도와 전라도에 집중되어 있다.

이상의 공물 현황은 조선 전기의 상황으로 전쟁의 화를 입지 않았던 시기였으므로 공물조달에 큰 문제가 없었겠지만, 임진왜란과 병자호란을 거친 17세기 기간에는 공물 생산과 운송에 많은 장애가 있었다. 당시 전 국토가 황폐되어 경작지는 전쟁 전과 비교하여 절반에도 미치지 못하는 상태였을 정도로 조선 반도 백성의 삶은 처참한 것이었기 때문이다(〈표 6-20〉).

유성룡(1542~1607)의 『징비록』에 의하면, 왜적의 칼날 때문만이 아니라,

표 6-20. 임진왜란 12년 후 전국의 전결수(田結數)(박경하, 2003)　　　　　　단위: 萬 결

도별	종전 상황	전후(1611년)	격감률(%)
전라도	44	11	75
경상도	43	7	84
충청도	26	11	58
황해도	11	6	45
강원도	2.8	1.1	61
경기도	15	3.9	74
함경도	12	4.7	60
평안도	17	9.4	45
총계	160.8	54.1	66

임진왜란 초부터 계속된 흉년으로 인하여 기근과 1593년(선조 26년) 초부터
크게 번진 전염병으로 영남의 경우 문경 이하로부터 밀양에 이르기까지
수백 리가 텅 빈 상태였다고 하였다. 다음은 당시 사람이 서로 잡아먹는
인상식(人相食)의 처참한 내용을 담고 있는 『징비록』의 일부를 소개한 것이
다;

　"중앙, 지방 가릴 것 없이 굶주림이 심하고, 또 군량을 운반하는데 피곤하
여 늙은이, 어린이들은 도랑과 골짜기에 쓰러져 죽고, 장정들은 도적이 되었
으며 게다가 거듭되는 전염병으로 인하여 거의 다 죽어 없어졌다. 심지어는
아버지와 아들, 남편과 부인이 서로 잡아먹는 지경에 이르렀으며 죽은 사람
의 뼈가 잡초처럼 드러나 있었다."[157]

　이와 유사한 내용은 선조실록 47권, 선조 27년 1월 17일(1594년)에 사헌부
가 아뢴 내용에서도 확인할 수 있다.[158]

---

157) 유성룡, 『懲毖錄』권15, 〈軍門謄錄〉 丙申(1596년)
　　正月 初三日 今日亂離之餘 各於民居稀濶 或數里而一家 或十里一於隱 團聚收合 爲一哨(박경하, 2003.
　　에서 재인용)

158) 선조실록 47권, 선조 27년 1월 17일(1594년). 司憲府啓曰: "饑饉之極, 甚至食人之肉, 恬不知怪. 非但剪割道
　　殣, 無一完肌, 或有屠殺生人, 并與腸胃腦髓而噉食之. 古所謂人相食者, 未有若此之甚, 見聞極爲慘酷.
　　(이하생략).

나) 목상(木商)의 활동

앞절에서 살펴보았듯이 국용재로 쓰이는 목재는 주로 소나무이며, 기타 특수용재들인데 소나무는 금산, 봉산 등으로 지정된 곳에서 조달하고, 기타 특수용재라 할지라도 산림에 자유롭게 출입하여 함부로 작벌할 수 없도록 되어 있다. 벌채가 자유롭지 못하니 매매도 자유롭지 못하다. 하지만 국용목 재를 비롯하여 목재의 유통과정에서 활동하던 상인들이 있었으니 공인(貢人), 전인(廛人), 사상(私商)들이 그들이며 본 절에서 이들의 활동 상황을 살펴서 조선시대 목재의 유통실태를 이해하고자 한다. 아래 내용은 오성(1997)의 『朝鮮後期 商人研究』에서 발췌 요약한 내용이다.

공인(貢人)은 국용목재를 담당하던 사람으로 선공감과 귀후서에 소속된 공인과 외도고공인(外都庫貢人)이 있다. 선공감소속 공인은 선공감 장목계(長木契) 공인, 선공감 송판(松板) 공인, 선공감 단판(椴板) 공인, 외선공감공 인이 있으며 이들을 원공공인(元貢貢人)으로 부르는데 선공감이라는 소속 아문으로 관청소속인 셈이다. 이들은 원공가(元貢價)를 지급받고 목재를 선공감에 조달하는 일을 한다.[159] 공가를 받고 일을 하되 목재공급이 원활하거나 가격이 오르지 않는 한 공인의 경제적 활동은 보장받을 수 있겠지만 목재정책, 가격 변동, 목재 세금 등에 의해 생활이 불안정해 질 수 있다. 역(役)도 이행해야 하고, 목재확보를 위한 노력, 조달 미달일 경우에는 세금으로 보충해야 하므로 이를 만회하기 위해 폐단도 발생하였다. 부채도 많이 지기 때문에 국용목재 공급을 포기하기도 하였다. 이에 영조 44년(1768년) 외선공감 공인이 혁파되면서 강민(江民)을 모아 이들을 외도고(外都庫)라 하고 목재를 공급토록 하였다. 그런데 이들 강민은 원래 공인들이 받았던 공가보다 적은 공가를 받고도 일에 종사하였는데 그 까닭은 공인으로서 '공인권(貢人權)'을 확보하여 유통과정에서 우위를 점하려 한 것이었다. 공인

---

159) 선공감에서 상납받은 목재는 眞長木 5,235개, 雜長木 6,846개, 槐木 79동 1丹 17개, 椴板 52立, 단목 19條, 大朴撻 1조반, 소박달 4조, 眞椽木 29조 破同木 150립이었다(오성, 1997.주6) 재인용).

중에 귀후서 소속 공인은 구재(柩材: 액자틀 만드는 목재)를 공급하는 역할이었다. 연간 10부(部)를 납부해야 하는데 1~2부 밖에 공납할 수 없어 부채에 시달렸다.

전인(廛人)은 시전(市廛) 상인으로서 오늘날로 말하면 시내에 가게를 가진 사람이다. 뚝섬 등지에 집하되는 목재를 사다가 소비자에게 파는 장사를 한다. 그런데 목재 집하장 근처에 돈 있는 자들이 목재를 쌓아놓고 가격조정을 하며 시장과 상질서를 교란하였기 때문에 구매자들은 이들 난전들에 의해 피해를 입게 된다.

사상(私商)은 목상, 목상배, 목적(木賊)으로도 불리는데 국가로부터 아무런 혜택이나 특권없이 목재 유통과정에 활동하는 사람이다. 상업을 하려면 목재가 있어야 하는데, 전국의 지방마다 금산, 봉산으로 지정되어 있고, 목재를 벌채하려면 비변사로부터 관문(關文)을 발급받아야 하는데 공인(貢人)이 아니므로 불가하였다. 그런데 공인에게 예채(例債)를 지급하고 차인(差人)으로 지정받으면 벌채가 가능하였다. 즉, 사상들은 외도고공인의 차인으로 지정되어 합법적으로 목재를 벌채하여 상품을 확보한 것이다. 벌채할 수 있는 공문서인 관문은 상사, 아문, 궁방 등에서도 발급받을 수 있었으므로 사상들이 벌채하는 것은 어려운 일이 아니었다. 다음의 사례를 통해서 당시의 사상들에 의한 산림 작벌 폐해를 파악할 수 있다;

"연전에 목상배가 사옹원의 관문을 지참하고 강릉 봉산에 들어가 자의적으로 마구 작벌하였으며, 1792년 4월엔 사옹원 분원의 보수차 비국에 보고하고 관문을 받아 강릉 사양산에 무입하기 위하여 차인을 보냈는데 관문을 빙자하여 난벌하였다."[160]

위 내용으로 관문을 남용하고 있으며, 발급된 관문으로 봉산에 들어가 동량재를 마구 작벌한 것임을 알 수 있다. 정조대에 일어나고 있는 마구잡이

---

160) 『비변사등록』 189책, 정조 23년 12월 27일(1799년).
    則年前木商輩 持司饔院關文 下去江陵封山 恣意亂斫 爲弊不些 至於定配之境云 故更爲査問該院 則壬子(정조 16, 1792년) 四月分院什物修補次 報備局受關文 許貿於江陵私養山 因差人憑藉濫斫.

식 산림 훼손 사례를 확인하고 있다. 오성(1997)은 목상이 지방의 토호나 산직배, 일반 백성과 결탁하고, 산직은 투작배(偸斫輩)와 더불어 계방을 조직하여 이익을 뜯어내며, 양반, 상한(常漢)을 막론하고 산직과 함께 계방을 조직하여 생소나무를 작벌, 목재로 팔아서 이익을 나눴다고 주장한다. 이처럼 사상이 여러 통로를 통하여 목재를 확보하고 있음을 알 수 있으며 중앙과 지방 조직에서 산림관리체계가 붕괴된 모습을 살필 수 있다. 이렇게 확보한 목재로 시장 전인의 상세(商勢)에도 영향을 행사할 수 있게 되었다. 이러한 모습은 조선말기로 갈수록 더 심해진다.

6) 난방(온돌)과 요업(窯業)의 목재 수요

조선시대는 난방 보급으로 땔감 수요가 점증하였을 것으로 본다. 난방은 추운 지방인 북쪽에서부터 전해오는데 한반도 온돌문화의 맥은 고구려 온돌이며 진일보한 시기는 고려시대로 보고 있다. 조선시대에 들어오면서 온돌이 다양하게 보급되는데, 조선 초에는 객관, 성균관, 역원과 재(齋) 등에서 습기 제거와 요양, 잠실(蠶室)에 온돌난방을 적극 장려하였으며, 여러 궁과 전에 설치한 모습이 『조선왕조실록』에 기록되어 있다. 중종 때 여러 사대부 집안의 내실에 온돌이 증가하였으며, 특히 16세기 후반에 온돌 수요가 증가하여 적시에 온돌석을 공급하지 못할 경우 현감에게 파출시키려는 장계까지 나돌았다. 서해숙에 의하면(2016), 17세기 초·중기에는 사대부의 비복과 궁중의 하예도 온돌에 거처하는 단계가 되었다. 17세 후반 숙종 때에는 온돌 보급이 확대되어 땔감과 숯을 공급하는 기인의 부담이 가장 무겁고 비용이 많이 든다는 지적이 나와 궁전의 온돌 수를 줄이는 조치를 취하기도 하였다.

김동진(2017a)은 15~19세기 1인당 땔감 소비량과 산림요구면적을 추산하였는데 1466년에 0.06m³, 1770년에 2.91m³, 1843년에 1.73m³, 1910년에

표 6-21. 15~19세기 1인당 땔감 소비량과 산림요구면적 추산(김동진, 2017a)

연도	1인당 땔감 소비량(m³)	인구 (만명)	땔감소비량 (천m³)	산림요구면적(km²)			비고
				1년	60년	국토 구성비(%)	
1466	0.06	778	466	7.8	466.8	0.2	『경국대전』
1505	0.16	968	1,549	25.8	1,548.8	0.7	홍청
1590	(0.16)	1,403	2,244	37.4	2,244.8	1.0	추산
1770	2.91	1,776	51,681	861.4	51,681.6	23.5	초량왜관
1843	1.73	1,663	28,770	479.5	28,769.9	13.1	왜인지급시탄절목
1910	2.14	1,743	37,300	621.7	37,300.2	17.0	총독부

2.14m³로 나타났다. 신뢰의 문제가 있지만 1466년에 땔감으로 인한 산림요구면적은 전국토 면적의 0.2%였는데 1770년에 23.5%, 1910년에는 인구감소로 17%로 나타났다(〈표 6-21〉).

요업 또한 땔감을 다량 필요로 하는 산업이다. 국가에서 운영한 관요를 중심으로 파악한 연구(김경중, 2010)에 의하면, 운영시기를 알 수 있는 관요는 6개소인데, 도기에 음각된 내용으로 보아 16~17세기로 나타난다. 음각된 내용으로 판명된 운영시기 연도는 16세기는 1505년, 1554년, 1542년(또는 1482년), 17세기는 1640년~1653년(각 자기에 각 연도에 해당하는 음각 모두 존재), 1670년에 운영되었음이 표기되어 있다. 이들 관요 6개소의 소재지는 경기도 광주 일대로 도마리, 번천리, 선동리, 우산리, 송정동 등이다. 그런데 이들 관요터는 땔감 문제를 해결하기 위해서 10년마다 다른 지역으로 이설한다고 기록되어 있다.[161] 그렇다면 16~17세기만 하더라도 여러 번 이설하였음을 쉽게 짐작할 수 있으며 관요지 운영 주변 산림의 임목 상태를 대강 짐작할 수 있다.

---

161) 『承政院日記』 255책, 숙종 2년 8월 1일.(김경중, 2010.에서 재인용)

8. 산림의 사점(私占) 실태

가. 산림 사점의 유형

앞절 '6. 문화예술사조'에서 살펴본 것처럼 조선왕조시대 자연과 산림은 한편으로 문화예술을 꽃을 피우는 밑바탕이 되었으나, 다른 한편으로 민생은 산림으로 인하여 고통을 받는 상황이었다. '산림·천택 여민공지'라는 기본 이념으로 표면적으로는 모든 백성이 평등하게 산림을 이용할 수 있도록 되어있으나, 내용을 들여다 보면 백성들은 삶을 위해 일상적으로 필요한 산림을 이용하기가 점점 어려워져 가고 있었다. 힘있는 자들이 사사로이 산림을 점유하고(산림사점), 숭유정책으로 음택을 중시하는 풍조로 산림을 둘러싼 송사(산송), 대부분의 산림이 송림(松林)인데 사용을 금지하는 송금 정책 등으로 산림으로 꾸려가야 할 백성의 살림살이가 시간이 흐를수록 곤란한 지경에 이르게 된다. 그 내막을 살펴본다.

조선시대 산림의 사유화는 크게 다섯 갈래에서 진행되었을 것으로 짐작한 다. 첫째, 여말 세족(勢族)들의 사점이다. 역성혁명으로 조선왕조가 건국되어 고려 시대에 소유하고 있는 산림천택을 몰수 하였지만 여기에서 교묘하게 빠져나간 세력들이 왕조 내내 산림을 소유했을 것으로 보인다. 이러한 추측 은 아래 나. 항 『조선왕조실록』 태조 4년과 6년의 기사에서 확인할 수 있다. 이후로 산림사점 흔적이 계속해서 사라지지 않은 실태를 확인할 수 있다.

둘째, 왕으로부터 사급(賜給) 받은 점이다. 성종이 예종의 딸 현숙공주가 하가(下嫁)[162]할 때 축하의 의미로 준 시장(柴場)이 있었는데 이것이 사급의 빌미를 제공하여 특히 연산군 연간에 수많은 왕자, 공주에게 시장(땔감 채취 산림)을 사급하는 폐단이 생겼고 이를 두고 군신간에 많은 분란을 일으켰다.

셋째, 토지 절수(折受)에 의한 사점이다. 절수란 국가가 세금을 거둬들일

---

162) 공주, 옹주가 귀족이나 신하 가문으로 출가하는 일

수 있는 권리인 수조권(收租權)을 왕실의 친인척이 갖는 것을 의미한다. 왕이 친인척에게 시장, 어전, 어장, 염분, 진황지(공한지) 등을 절수하여 주었다. 절수는 결국 기존의 백성이 함께 이용할 수 있는 공공지(公共地)인 산림천택을 떼어주는 것이므로 백성의 땅을 차지하는 것이 된다. 직전법이 붕괴되면서 왕가 궁방(宮房)의 재정상태가 나빠지자 궁방에 의한 절수가 극심하여 전국적으로 백성의 원성이 자자하였다.

넷째, 화전개간, 산림의 간경(墾耕), 진황지 개간 등에 의한 사점이다. 산림에 불을 놓거나, 일정 구역 이상(산등성이, 산허리 등)은 경작하는 것을 법령에 금지하고 있지만 이를 어기고 개간하는 경우가 많았다. 세금을 내는 것이 원칙이지만 그렇지 않고 몰래 경작하는 도경자(盜耕者)도 많았다.

다섯째, 분묘에 의한 사점이다. 억불숭유와 풍수지리설에 입각하여 조상에 대한 효행, 동기감응설로 음택을 중시하면서 명당이 자리잡은 산지를 차지하려는 경향이 극에 달하였다. 이 현상을 보여주는 사태가 산송(山訟)이다.

아래에 제시한 내용은 주로 『조선왕조실록』을 검색하여 얻은 산림사점의 실태로서 내용을 종합하면 이상의 사례에 해당하는 내용들로 정리할 수 있다. 산림사점의 여러 실태를 정리한 다음, 분묘에 의한 사점은 일반적인 것이므로 분묘 제도를 정리하였다. 조선시대 산림사점의 실태는 전기, 중기, 후기로 구분하여 정리하였다. 분묘 문제로 발생한 산송은 내용이 방대하여 항을 구분하여 다룬다.

나. 산림 사점의 여러 실태

1) 고려왕조 말기

전시과(田柴科)가 확립되고 숙종과 예종 시대의 신정 개혁에 의해 왕권이 강화되면서 12세기 초 국전제(國田制)로 불릴 만한 토지국유제가 전국적으로 성립되었다. 국전제의 이념적 기초는 '온 땅이 왕의 것이오, 온 땅 위에 왕의 신하가 아닌 자가 없다'는 王土思想인데, 왕토사상에서 산림은 그 이익을 "백성과 함께 하는 것"으로 표현되었다. 이자겸의 난 이듬해(1127년)에 인종이 「維新之敎 十個條」를 포고하였는데 10개조의 마지막은 형법, 금령으로 "山澤之利與民共之 毋得侵牟"(산림과 천택의 이익을 백성과 함께 하되 침해하지 않는다)라는 조항이 있었다(이우연, 2010). 고려시대에도 법으로 뚜렷하게 산림천택을 공동으로 이용하는 정책을 가지고 있었던 것이다.

무신정권(1170~1270)과 1231년부터 6차에 걸친 몽고침략과 80여년에 걸친 내정간섭을 거치고 왕의 사패(賜牌)[163]가 남발되면서 전시과 체제가 해이해지고 국전제는 위축되어갔다. 이 과정에서 권력자들이 혼란을 틈타 땔감을 취하는 시장(柴場)을 독점하는 사례들이 발생하여 일반 백성들이 어려움을 겪게 되자 충숙왕(忠肅王)은 재위 12년(1325년)에 이러한 폐단을 시정하고자 아래와 같은 금령을 내렸다 ;

山林川澤 與民共利者也 近來權勢之家 自占爲私 擅禁樵牧以
爲民害 仰憲司 禁約 爲者治罪

즉, 산림과 수자원은 백성이 공동이용할 것인데 최근 권세가들이 사익을 위해 스스로 점유하고, 땔감 채취와 마소를 기르는 목축을 막아 입산을 금하여 백성을 해치니 헌사에 명하여 위반자는 처벌할 것이다 라고 하였다(지용하, 1964). 하지만, 동서고금을 막론하고 정권 말기에는 대체로 사회가 어지러워지고 각종 제도가 문란해진다. 고려말에도 마찬가지였다. 국민생활에 불가결한 연료를 채취하는 시장은 개인이 독점하는 것을 엄금하였으나 여말에는 국력이 쇠퇴하고 국정이 문란해짐으로써 사회적 혼란을 틈타 일부 권세가나 세도가들이 점점 독점하는 사례가 많았다. 금령에도 불구하고 산림

---

163) 고려와 조선왕조에서 국왕이 궁가(宮家)나 공신에게 종(노비), 산판(산림), 논밭 따위를 내려주는 것.

천택의 사점은 그치지 않고 더욱 광범위하게 확장되어 일반 백성들의 삶이 극도로 곤궁해져 갔다. 이로 인하여 서민들이 산에 들어가 땔감을 채취하는 입산초채(入山樵採)를 막으니 백성들 삶의 곤궁함이 극심하게 되었다.

새로이 왕조를 세우려는 이성계는 이렇게 문란해진 산림천택 이용상황이 백성의 원성을 사게 되는 실태를 보고 산림천택의 사점을 엄격히 금하는 방침을 수립하게 된다. 다음 절에 조선왕조를 전기, 중기, 후기로 구분하여 전 왕조기간 중에 드러난 산림천택의 사점사례를 연대별로 소개한다. 이 자료들은 『조선왕조실록』을 검색하거나 기존 연구자들의 연구 결과에서 발췌하여 정리한 것이다. 여기에 산림천택의 사점과 관련하여 참고한 주요 문헌들은 김선경(2000a,b; 1993), 김성욱(2009), 이영훈(2007), 이우연(2010), 지용하(1964) 등이다.

2) 조선왕조 전기(14~15세기) : 태조~연산군(1392~1506)

조선왕조가 강력하게 산림천택의 사점을 금하였음에도 왕조초기에도 고려왕조 말의 산림사점의 행태가 사라지지 않고 남아있었다. 아래 그 사례들을 열거한다.

가) 태조(1392~1398)

• 태조 4년 11월 7일(1395년)

上曰 達官之家 各占畿內草木茂盛之地 禁民樵採 甚爲未便
其令憲司 嚴加禁理.

"고위 집권자들이 경기도내 초목이 무성한 땔감 채취장을 점하니 일반 서민의 고난과 불편이 심하므로 헌사에 명하여 사리에 따라 엄금할 것이다."

- 태조 6년 4월 25일(1397년)

전기와 같이 금령을 선포하여 엄하게 다스리기를 원하였음에도 불구하고 시행력이 부족하여 사점행위가 수그러들지 않고 성행하였으며 여론이 고조되고 극성하였던 것으로 보인다. 간관(諫官)이 '시무 및 서정쇄신책 10개조' 중 산림 사점 관련 내용을 아래와 같이 아뢰었다 ;

山場水梁 一國民所共利者也 或爲權勢擅執權利者有焉 其
非公義也 願自今下令州府郡縣 考其境內山場水梁 如有專
擅者則將其 姓名 一一告于憲司 憲司啓聞 科罪. 痛禁其弊
守令有阿勢畏威匿不申者 罪同. 上兪充施行.

"산장(山場)과 수량(水梁)은 온 나라 인민이 함께 이롭게 여기는 것인데, 혹 권세 있는 자가 마음대로 차지하여 이익을 독점하는 일이 있으니, 심히 공의(公義)가 아닙니다. 원컨대 지금부터는 주부(州府)·군현(郡縣)에 영(令)을 내려 경내의 산장과 수량을 조사하여 만일 마음대로 독점한 자가 있으면 그 성명을 일일이 헌사(憲司)에 보고하여, 헌사에서 계문(啓聞)하여 과죄해서 그 폐해를 일체 금하고, 수령이 세력에 아부하고 위엄을 두려워하여 숨기고 보고하지 않는 자가 있으면 죄를 같게 하소서."하니, 왕께서 하명하되 충분히 타일러 시행토록 하였다.

- 태조 7년 9월 12일(1398년)

「즉위교서」에 '山場草枝 繕工所掌 勿令私占 輕定其稅 以便民生'이라 하여 땔감 채취장은 (공조) 선공감이 업무를 맡아보고 사점을 금하고 백성의 삶에 대한 편의를 살필 것이라 하였다.

나) 세종(1418~1450)

- 세종 4년 11월 10일(1422년)

우대언(右代言, 비서관) 조서로가 병조판서 조말생과 산림 사점으로 분쟁이 야기되어 왕에게까지 알려지게 된다. 『경제육전』의 「속전」에 산림사점금지 내용이 등재되어 있음에도 이러한 금령을 무시하고 사점 작폐를 하는 데도 담당 관리가 금하지 못하자, 이후 작폐자와 금지하지 못하는 검찰 관리를 왕명에 불복종하는 반역자로 치죄할 것을 공지한다. 여기에 해당하는 자가 조서로와 조말생으로 나타난다.

왕이 전교(傳敎)하기를, "산장(山場)의 시초(柴草)를 사사로이 차지할 수 없는 것이 《속전(續典)》에 기재되어 있는데, 무식한 무리가 금령을 거리끼지 않고 이익을 독차지하여 백성을 해롭게 하였다. 그곳의 관리들은 이를 알고도 금하지 않으니, 이제부터는 그 전과 같이 작폐하는 사람과 능히 검찰하지 못한 관리들은 모두 왕의 교지를 좇지 않은 죄로 논죄하라."하였다.

- 『경국대전』「형전」의 〈금제(禁制)〉조(형전이 세종 때 완성되어 관련 내용을 소개하는 것임)

『경국대전』「형전」의 〈금제(禁制)〉조에 '私占柴場 杖 八十'(사사로 시초 장을 점유하는 자는 장 80)의 내용을 입법하기에 이른다. 장 80이면 장형(장 60~100) 가운데 중간 정도에 해당하는 중형이다. 이것은 한편으로 사점을 막기 위한 강력한 조치로 볼 수 있고, 다른 한편으로 산림 사점이 그만큼 심각해지고 있다는 의미이다.

하지만, 시간이 지나면서 사점금지는 해이해졌다. 특히 권세가와 세도가들이 금령을 무시하였으며, 오히려 준법해야 할 왕족, 재상이 법을 무시하며 사점행위를 감행하였다.

공용으로 땔감을 채취하는 공용시장(公用柴場)은 산림황폐를 우려하여 수변으로부터 구역을 획정하여 조달하도록 하였다. 관청별로 제공한 공용시장의 현황에 대해서는 7. 산림 기본이념과 정책-라.-2)-라)시장에 제시되어 있다.

다) 성종(1469~1494)

건국초에 여말 세력가들로부터 토지를 몰수한 것을 비롯해서 '산림천택 여민공지'의 기본이념이나 태조의 즉위교서, 법령에도 규정한 바와 같이 산림의 사점금지제도는 일찍부터 내려오던 국법이었다. 그런데 성종 때, 전 왕인 예종의 딸 현숙공주가 하가하는 길례(吉禮: 경사스러운 혼례의식)를 축하하기 위하여 성종이 시장을 사급하였다. 이 일은 당시에는 별로 반대 시비한 자가 없었다(지용하, 1964).

라) 연산군(1494~1506)

성종이 현숙공주에 시장을 사급한 것이 빌미가 되어 연산군이 왕자 제군에 시장을 함부로 사급함으로써 물의를 일으켰고 신하들 사이에 대립과 갈등, 시비가 극심하게 나타났다. 연산군 연간에 일어난 사례를 아래에 정리한다.

- 연산군 1년 11월 19일(1495년)
  사헌부가 아뢰기를, "회산군(檜山君) 이염(李恬)의 집 종이 시장을 널리 차지하려고 주민들을 때려서 상해하고 또 백성의 시목을 빼앗아 방자함 이 심한데, 양주의 관리가 위세를 겁내서 제어하지 못하고 있으며, 감사 이육(李陸)은 또 회산군의 처족으로서 준례에 의당 혐의를 피해야 하오 니, 조관(朝官)을 보내어 국문하소서."하였다.

- 연산군 7년 8월 11일(1501년)
  영사 이극균이 아뢰길, (중략) "산지와 호수를 영지로 봉하는 것은 그 폐단이 매우 큽니다. 군기시(軍器寺 : 병기제조 관청)의 시장을 왕자군 (王子君)에게 나누어 가지게 하여 그 근방의 백성들이 땔나무와 꼴을 벨 수가 없으니, 사사로이 시장을 점유하는 것은 법률로서는 마땅히 할 수 없는 것입니다."(이하생략), 왕이 이르기를 의당 개선할 것이다 하였다.

- 연산군 7년 10월 2일(1501년)

  장령 정인인(鄭麟仁)이 아뢰기를, "대군에게 시장을 준 것은 그 폐단이 두 가지 있습니다. 시장 주위가 10리나 되니, 사가(私家)에서 60리의 땅을 마음대로 소유하는 것이 그 폐단의 첫째이고, 그 근방의 주민들이 혹은 산전(山田)을 일구어서 농사를 지어 식량에 보태기도 하고 혹은 땔나무와 꼴을 베어서 그것을 팔아 생계에 보태기도 하는데, 백성들이 땔나무 하는 것과 마소 먹이는 것을 금지하니, 그 폐단의 둘째입니다."하니, "시장의 일은 전일에 말하여 이미 다 알고 있다." 하였다.

- 연산군 7년 12월 21일(1501년)

  영의정 한치형 등이 아뢰길, "세조 때 한계미(韓繼美)가 장단(長湍)에서 시장을 점유하니, 세조께서 크게 견책(譴責)을 가하고 이내 시장을 사사로 점유하는 것을 금하는 법을 만들었습니다. 지금 양근군·용진 등지에 왕자군들이 각각 시장을 차지하여, 백성들이 땔나무를 하고 꼴을 베는 것을 금지하고 있으니, 그 폐단이 매우 큽니다. 성종께서 비록 왕자군들에게 나뭇갓을 내려 주었지만 어찌 그 폐단이 이 지경에 이르게 될 줄을 짐작했겠습니까? 금지하기를 청합니다." 하니, "아뢴 대로 하라." 명하였다.

- 연산군 8년 2월 9일(1502년)

  대사헌 김영정(金永貞)이 아뢰기를, "왕자군의 집에 시장을 나누어 주는 것은 온당하지 못합니다. 경기지방은 다른 도보다 배나 더해서 오로지 땔나무를 채취하여 이를 팔아 생활하는데, 지금 만약 왕자군에게 나누어 준다면 백성이 힘입을 데가 없게 되므로 그 폐해가 적지 않을 것입니다. 나뭇갓을 사사로 점유함을 금지하는 법령이 『경국대전』에 기록되어 있습니다. 지금 왕자의 수효가 많으니, 만약 그 단서를 열게 된다면 진실로 계속할 수 있는 일이 아닙니다."(이하생략) 하였으나, 왕은 답하지 않았다.

- 연산군 8년 3월 11일(1502년)

전교하기를, "월산 대군(月山大君)·제안대군(齊安大君)·진성대군(晉城大君)·현숙 공주·봉안군(鳳安君)의 시장을 제외하고 모두에게 주지 말라." 하였다.

- 연산군 8년 3월 14일(1502년)

정언 조옥곤(趙玉崐)이 아뢰기를, "시장의 일은 비록 여러 군이나 옹주(翁主)들에게는 주지 않았지만 대군과 공주에게 그대로 주었습니다. 산 밑에 사는 백성은 오로지 여름철의 풀과 겨울철의 땔나무에 의지하여 생계를 유지하고 있는데, 비록 대군과 공주에게만 주었지만, 후일에 마침내 예가 되면 산천은 한정이 있으니 여러 군에게는 줄 수 없을 듯한데, 무슨 차등이 있어서 홀로 봉안군에게만 주는 것입니까? 이것을 그대로 준다면 여러 군이 이것으로써 예를 삼을 것이니, 모두 주지 말기를 바랍니다." 하니,

왕이 전교하기를, "나뭇갓은 홀로 봉안군에게만 준 것이 아니다. 봉안군이 받은 시장을 여러 군들과 옹주들에게 함께 나누어 쓰게 한 것이다." 하니, 정언 조옥곤이 (물러서지 않고) 아뢰기를, "나뭇갓에 관한 일은 상의 뜻에는 비록 두서너 대군과 공주에게 주었는데 어찌 백성들이 생계를 잃는 데까지 이르겠는가 하시겠지마는, 그러나 국가 억 만 년 동안의 대군과 공주가 얼마가 될는지 알 수 없는 것입니다. 그렇다면 경기지방의 산천을 비록 한 자 한 치씩 나누어 주더라도 넉넉할 수 있겠습니까? 세종(世宗) 때에 8명의 대군이 있었지마는 시장을 가졌다는 것을 듣지 못했습니다. 만약 한번 꼬투리를 열어놓는다면 백성은 생계를 잃게 되고 폐단은 만대에 끼칠 것이니, 일체 주지 말기를 바랍니다." 하였으나, 모두 윤허하지 않았다.

- 연산군 8년 8월 9일(1502년)

대사간 안윤손이 아뢰기를, "시장은 모두 이미 백성들에게 주었었는데, 지금 월산대군(月山大君) 부인의 상언(上言)으로 인하여 돌려주게 되니, 백성과 더불어 함께하는 뜻이 전혀 없어집니다." 하니, 왕이 이르기를, "왕자·왕녀의 시장은 이미 모두 백성들에게 주었으니, 한둘의 시장을 월산대군 집에 돌려주는 것이 어찌 사리에 방해가 되겠는가?" 하였다. 산림의 사급 문제 해결을 위한 논란이 그칠 줄 몰랐고 군신 사이 논쟁이 뜨거웠음을 알 수 있다. 산림 사점은 전 왕조를 통틀어 연산군 때가 가장 시끄러웠다.

3) 조선 중기(16~17세기) : 중종~숙종(1506~1726)

가) 중종(1506~1544)

- 중종 19년 12월 18일(1524년)

"凡山林川澤, 與民共之, 王政之本也." "무릇 산림천택을 백성과 함께하는 것이 임금의 정사의 근본이라."

나) 명종(1545~1567)

- 명종 4년 8월 20일(1549년)

정언(正言) 정사량(鄭思亮)이 공한지에 대한 부당한 사점에 대해 아뢰는데, "공한지(空閑地)를 백성들과 같이하는 것은 덕혜(德惠)를 널리 베푸는 뜻입니다. 이 법이 행해지지 않아서 사람들이 많이 사점하여 부정하게 입안(立案, 등기)하였는데, 이 때문에 그 근처에 사는 백성들이 위세에 눌려 그곳에 가서 땔나무도 해오지 못하고 있습니다. 따라서 흉년을 만나도 이익을 나눌 수가 없으니 옛법을 신명(申明)하여 사점하는 일이 없게 하소서." 하였다.

- 명종 9년 12월 10일(1554년)

  헌부가 아뢰길, "산림천택을 백성과 함께 사용하는 것은 이익을 함께 누리고 혜택이 널리 미치게 하기 위한 것입니다. 국가의 어전(漁箭)과 시장은 각각 금법을 마련하여 사사로이 점유하지 못하도록 했는데도 요사이 인심은 이득만 숭상하고 세도가는 법을 무시하여 어전에 관한 금법이 이미 이전에 무너지더니 다음에는 시장을 점유하는 짓이 크게 일어났습니다. 서울 둘레의 30리 안의 시초(柴草)가 나는 곳들은 모두 세도가의 입안에 들어가 베어 가는 것을 금하기 때문에 근방의 나무를 해다 파는 사람들이 위세를 두려워하여 감히 손을 대지 못하고 물 건너고 고개 넘어가 나무를 해 와야 하니 지극히 고생스럽습니다. 이러므로 저자에서 파는 나무값이 매우 비싼데 입안이 많아질수록 나무값이 비싸집니다.

  올해는 흉년이라 쌀이 매우 귀한데도 나무 1바리의 값이 쌀 1말이나 되어 서울의 백성들이 이미 먹고 살기도 어려운데 또 나무 마련이 어려워 고통을 당하는 소리를 차마 들을 수 없습니다. 사대부들이 법을 무시하고 이득을 독차지하는 짓이 어찌 이 지경에 이르렀습니까. 맹가(孟軻)의 말에 '상하(上下)가 이득만 도모하면 나라가 위태해진다.'고 했으니 어찌 한심스럽지 않겠습니까. 《대전》 안에 '시장이나 초장(草場)을 사사로이 점유하는 자는 장 80에 처한다.'는 율을 거듭 밝혀 경기 관찰사로 하여금 특별히 금지하도록 하되 만일 그만두지 않는 자가 있다면 적발하여 죄를 다스리게 하소서." 하니, 아뢴 대로 하라고 답하였다.

- 명종 14년 8월 11일(1559년)

  헌부가 아뢰길, "왕자는 백성에 대하여 후생(厚生)하는 모든 방법을 다하여야 합니다. 그러므로 산림천택의 이익을 백성과 함께 하니, 그 은혜로움이 넓다 하겠습니다. 조종조에서는 여러 곳의 어전을 백성에게 나누어 주어 이익을 얻게 하였으며, 사사로이 시장을 점유하는 것도 모두 금지하였었으니, 후생하는 방법을 얻었다 하겠습니다.

오늘날 공주와 왕자의 집에서 전결(田結)이나 묵은 땅(陳地)의 값이라 칭하기도 하고, 혹은 납곡(納穀)의 값이라 칭하기도 하면서, 바다의 어전까지도 모두 입안을 만들었습니다. 심지어는 망망대해까지도 모두 사사로이 점유하고는, 어선이 바다에서 오면 앉아서 정박하기를 기다리고 있다가 자기가 입안한 곳에서 고기를 잡았다 하여 많은 무리들을 거느리고 가서 공갈을 쳐서 탈취합니다. (중략) 계속하여 폐단을 일으키는 자들에게는 그들의 노비를 전가사변(全家徙邊)164) 시키며 소소한 개천과 암석 등의 입안을 받은 자들도 또한 사점시장률(私占柴場律)에 따라 죄를 다스리소서."하니, 아뢴 대로 하라고 답하였다.

• 명종 20년 8월 14일(1565년)
  대사헌 이탁과 대사간 박순 등이 전 영의정 윤원형의 죄악을 26개 조목으로 올린 봉서 중에 산림 사점 관련 내용을 소개한다.
  8. 산림과 천택은 백성과 함께 향유해야 하는 것이므로 나라를 가진 임금도 오히려 그렇게 합니다. 수락산은 서울과 아주 가까이 있어서 나무꾼들도 가고 꿩과 토끼 사냥하는 사람도 가는 곳인데, 온 산을 절수하여 시장으로 만들어 그곳에 거주하는 백성을 내쫓고 그곳에 있는 무덤을 파헤치는데도 인근에 사는 사람들은 호소할 길조차 없었습니다. 심지어 약조를 만들어 관가의 부역처럼 나무를 세로 바치게 하였습니다.

• 명종 21년 1월 29일(1566년)
  간원이 제언과 목장·시장을 사점한 것, 능원군의 이장에 대해 아뢰는 내용이다.

---

164) 죄인과 그 전가족을 함께 변방에 이주시켜 살게 하는 형벌을 의미한다. 세종 때부터 북방 개척을 위한 정책의 하나로 실시되었다.

(중략). "사점을 욕심내는 자가, 이미 황폐해서 백성에게 이익될 것이 없다고 칭탁하고 정장하여 절수(折受) 받아 수백 년 전해 오던 수택(藪澤)이 다 사문(私門)에 돌아갔으니, 선왕의 법을 폐지하고 백성의 명맥을 끊는 일이 이보다 더 심할 수 없습니다. (중략) 어량(漁梁)과 시장은 왕자가 백성들과 이익을 함께 하는 곳인데 저마다 기회를 엿보아 점유하여 그 해독이 백성을 해치고 나라를 병들게 하기에 이르렀으니, 지금 불가불 묵은 폐습을 영원히 혁파시켜야 합니다. (중략) 시장을 사점한 것은 각도의 감사로 하여금 단호한 금단을 가하게 하소서." 하니, 윤허하였다.

다) 선조(1567~1608)

• 선조 25년 5월 2일(1592년)

왕이 개성에 있을 때 남대문에 나와 군민을 불러 효유할 때 백성들에게 평상시 괴롭게 여기던 일이 무엇인가 물으니 갑사 조억기(趙億麒)가 아뢰기를, "왕자군이 산림과 천택을 많이 점유하고 있어 이 때문에 괴롭습니다."라고 답하였다.

라) 인조(1623~1649)

• 인조 1년 윤10월 28일(1623년)

사헌부가 내수사 등이 산림·천택을 입안 절수하는 것을 금지하도록 청하는 내용이다.

헌부가 아뢰기를, "예전에는 산림과 천택에 금법이 없이 백성들과 함께 이용하였으나, 근년 이래 내수사(內需司)와 여러 궁가 및 사대부들이 서로 앞다투어 불법으로 점유하는가 하면, 심지어 주인이 있는 전지를 공공연히 빼앗기까지 하므로 백성들이 매우 고통을 당하고 있습니다.

이제부터는 시장·제언·해택(海澤)·어전 중 입안 절수하는 것은 일체 금단하여 불법으로 점유하는 폐단을 개혁하소서." 하니, 답하기를, "산림과 천택을 백성과 함께 이용하는 것은 참으로 오늘날 시행해야 될 일이다. 그러나 선왕 때 내려준 곳만은 금혁(禁革)하기가 어렵다." 하였다.

마) 효종(1649~1659)

• 효종 즉위년 6월 10일(1649년)

사간원이 관방의 문란함을 시정할 것과 졸곡 전에 경연을 열 것을 간하는 내용인데, 간원 헌납 홍처량(洪處亮)과 정언 허열(許悅)이 아뢰기를, (중략) "산림 천택의 이익을 백성들과 함께 하는 것이 왕자의 정사입니다. 그런데 만약 큰 세력이 그 이익을 빼앗는다면 백성들이 어찌 안심하고 살 수 있겠습니까. 근래 여러 궁가와 재상가의 입안이 없는 곳이 없어서 서울 밖엔 한 조각의 공한지도 없습니다. 금표 안에는 감히 손도 댈 수 없기 때문에 땔나무를 할 수 있는 길이 막혀 도성의 백성들이 원망하며 괴로워하고 있습니다.

외방(外方)의 산택도 마찬가지로 점유하여 사장(私庄)으로 만들었기 때문에 금하지 않는 곳이 없습니다. 해변의 경우에는 아무 궁가 아무 재상가의 염분·어전이라 칭하여 소금기 있는 척박한 땅까지 모두 불법 점유하여 절수라 하면서 앞다투어 이익을 망라하므로 연해의 백성들은 모두 어염의 이익을 잃어 생활할 수 있는 이익이 날로 더욱 곤궁해져서 원망이 나라로 돌아오고 있으니, 새로 즉위하시어 폐단을 제거하는 데에는 이것을 우선으로 삼아야 합니다. 그러니 여러 도의 감사들에게 일일이 조사해 아뢰게 하여 불법 점유한 땅을 혁파하소서. 그리고 도성 10리 이내는 역시 한성부로 하여금 엄히 과조(科條)를 세워 일체 금하게 하소서."하니, 아뢴 대로 하라고 하였다.

바) 제19 숙종(1674~1720)

• 숙종 28년 8월 4일(1702년)

영의정 서문중(徐文重)이 사직하는 차자(箚子 : 상소문)을 올려 사직하
고, 겸하여 별단(別單)을 올렸는데, 내용은 다음과 같다 : (중략) "고려
말기의 사전(私田)의 폐해는 끝내 나라를 망치게 하고야 말았습니다.
불행히도 오늘날이 바로 이와 같으니, 지금 만약 역대 조정의 고사(故事)
로써 핑계하여 고식적으로 구차하게 시간을 보낸다면, 장차 위급한 처치
의 급박함을 풀고 이미 배반한 민심(民心)을 돌이킬 수 없을 것입니다.
무릇 이른바 두 고을의 경계에 걸쳐 있는 어장에 대한 명목 없는 세와
올바르지 못한 징수는 여러 아문·궁가·감영·병영에 소속된 바를 논
할 것 없이 일체 혁파해야 할 것이니, 이것이 실로 산림·천택을 백성과
더불어 함께 이익을 나누는 정치입니다."하니, 왕이 답하기를,

"별단(別單)에서 조목별로 아뢴 바를 일일이 시행할 수 있을지는 모르겠
지만, 마땅히 묘당(의정부)으로 하여금 의논해서 처리하도록 하겠으니,
경은 마음을 편안히 하여 사직하지 말고 기회를 기다려서 일을 보도록
하라."고 하였다.

4) 조선 말기(18~19세기) : 경종~고종(1720~1897)

가) 정조(1776~1800)

• 정조 2년 6월 4일(1778년)

인정문에 나아가 조참(朝參)을 받고, 대고(大誥)를 선포하기를, (중략)
"초채(樵採)의 생업으로 말하건대, 그전에는 우거져 있던 것들이 지금은
민둥민둥하게 되었으니, 이는 궁방들이 마구 점유해서가 아니면 아문들
이 양탈(攘奪)해서임을 알 수 있다. 저 가마솥을 씻어 놓고 땔감을 기다
리고 있는 사람들에게 눈 속에서 간신히 구득해 온 것이 또한 얼마나

될 수 있겠느냐?"라며 산림이 헐벗음과 궁방과 아전들이 마구 사점하여 백성들이 추위에 눈 속에서 겨우 몇 개비 해온 땔감으로 얼마나 버틸 수 있겠는가 불쌍히 여기는 대목이다. 정조 1년(8월 10일)에도 각 궁방들이 지방에서 폐해를 끼쳐 민생들이 받는 곤란이 한 가지만이 아니니 제도의 도신들로 하여금 궁방에게 시장으로 절수한 곳을 엄격히 조사하여 혁파함으로써 민생들의 큰 폐해를 제거하도록 아뢰니 해당 부서에 알려서 처리하겠다 하였다.

- 정조 11년 1월 9일(1787년)
  선혜청의 상소에 대해, "산택의 정사는 나라의 중대한 일인데, 근래에 백성들의 습성이 아주 교활하여 이런 폐단이 있게 된 듯하니, 반드시 이 한 곳에만 그치지는 않을 것이다. 이후에는 비록 사사로운 양산(養山)의 절수라도 비변사를 거쳐서 계하(啓下)해서 행회(行會)한 것이 아니면 궁방과 영문·아문이라 하더라도 함부로 스스로 조치해 주지 말라는 일을 탁지(度支)의 등록(謄錄)에 기재하라."하여 산림 사점의 혁파 의지를 거듭 밝혔다.

나) 제26대 고종(1863~1897)

- 고종 6년 10월 3일(1869년)
  임금이 말하길, "듣건대 경(卿)·재(宰)·토호들이 세력을 믿고 점탈하고는 처음부터 세를 내지 않는 자가 매우 많다고 하니 이것이 할 짓인가? 그리고 진흙땅의 갈대풀이 자라는 시장도 국가에 세를 응당 납부해야 하는 곳이다. 만약 이런 것을 사소한 것으로 보아 따지지 않는다면 한정 있는 왕토가 필시 모두 개인 소유가 되는 것은 필연적인 이치이다."라 하였다.

• 고종 31년 4월 11일(1894년)

충청도 덕산 군수가 전병사(前兵史) 이정규(李廷珪)의 위세 조항을 의
정부에 아뢴 내용이다 : "빼앗은 돈이 3만 7,850냥이고, 여러 가지 사소한
수는 거론하지 않았으며 그 밖에 쌀, 벼, 소금, 뇌물(苞), 소, 말, 전답,
집, 산림(山麓), 시장, 재목, 짚, 어망, 선척(船隻) 등 약탈한 물건과 사람
을 죽이거나 상하게 하는 등 허다한 학정을 낱낱이 거론하기 어려우므로
모두 고을에서 보고한 대로 별도로 성책(成冊)하여 의정부에 올려 보냅
니다." 이에 대해 의정부가 이정규를 변방으로 정배하는 「형전」을 시행
할 것을 아뢰니 임금이 윤허하였다.

다. 분묘에 의한 점유

조선시대는 억불숭유 정책이 통치의 근간을 이뤘다. 이에 따라 선대와
당대에 대한 충효 봉행은 물론이고 거기에 더하여 풍수설은 특별히 서민층에
도 성행함으로써 숭조사상(崇祖思想)은 조선왕조 전체 사회를 지배하였다.
이처럼 숭조효성(崇祖孝誠)을 위한 행위는 지위 고하를 막론하고 백성의
정신과 삶을 통제하였다. 여기에 분묘는 모든 백성에게 조상뿐만 아니라
후대에도 꼭 필요한 것이어서 분묘를 둘러싼 산림소유가 발생하지 않을
수 없는 문제이었다.

조선왕조는 계급에 따라서 분묘의 면적을 설정하였는데165) 1차로 『조선
왕조실록』에 등장하고 후에 『경국대전』에 성문화한 것으로 보인다. 우선

---

165) 능·원·묘(陵·園·墓)라 하여 능은 왕과 왕비의 분묘, 원은 왕세자와 왕세자비, 왕세손과 왕세손비,
왕의 생모빈의 분묘, 묘는 제빈(諸嬪)과 제왕자, 공주, 옹주의 분묘로 구분하고 태조 때에 능에 능직(陵直)을
두었다. 풍수설에 입각하여 능 주변의 주산을 비롯하여 주변 형국(形局)에 따라 능역을 어떻게 설정할
것인가가 문제가 되자 태종 6년(1405)에 중국 후한의 광무제 원릉(原陵)의 예에 따라 사방을 각각 161보로
설정하였다. 이것은 능침구역인 해자구역 안이고 그 외곽에 화소(火巢, 방화선)를 두어 화재에 대비하였으며
왕릉의 위엄과 풍치를 유지하기 위해 산림을 잘 관리하였다. 태종 4년(1404)에 예조에 명하여 품계별로
크기를 정하여 반포하였는데 면적은 이후 몇 차례 수정되었다(지용하, 1962). 1보는 6周尺으로 1주척은
약 20㎝이므로 1보는 약 1.2m에 해당한다(이경식, 2012. 51쪽).

태종 4년 3월 29일(1404년)에 예조에 명하여 각 품과 서인의 분묘 크기(各品及庶人墳墓禁限步數)를 정하였는데 그 내용은 아래와 같다 ;

1품의 묘지는 90보 평방에, 사면이 각각 45보이고, 2품은 80보 평방, 3품은 70보 평방, 4품은 60보 평방, 5품은 50보 평방, 6품은 40보 평방이며, 7품에서 9품까지는 30보 평방이고, 서인(庶人)은 5보 평방인데, 이상의 보수는 모두 주척(周尺)을 사용한다. 사표(四標) 안에서 경작하고 나무하고 불을 놓는 것은 일절 모두 금지한다.

이후 왕릉 크기에 대한 논의가 시작되어 태종 6년 11월 1일(1406년)에 능침보수법(陵寢步數法)이 탄생하였다 : 예조에서 아뢰기를, "삼가 역대의 능실을 살펴보니, 후한 광무제의 원릉산은 사방이 3백 23보였습니다. 이를 반감하여 1백 61보로 하면, 사면이 각각 80보가 됩니다. 금조(今朝) 선대의 여러 산릉의 능실 보수를 원릉의 예(例)에 따라 사방 각각 1백 61보로 하소서."하니, 그대로 따랐다.

각 품과 서인의 분묘 크기는 수정되었는데『경국대전』「예전」상장(喪葬)조에 규정된 분묘에 관한 내용은 아래와 같다 :

- 분묘는 한계를 정하여 경작하거나 목축하는 것을 금한다.
- 종친은 1품은 4방(方) 각 100보, 2품은 90보, 3품은 80보, 4품은 70보, 5품은 60보, 6품은 50보로 하고, 문·무관은 종친보다 10보씩을 체감하며, 7품 이하 및 생원·진사·유음자제(有蔭子弟)[166]는 6품과 같이 하고 여자는 남편의 관직을 따른다.
- 장사 지내기 전부터 경작하고 있는 것은 금하지 못한다.
- 서울의 성저(城底) 10리와 인가로부터 100보 내에는 매장하지 못한다.

여기에 풍수설이 가미되어서 문제가 발생하게 된다. 즉, 혈(穴), 주산(主山)

---

166) 음직(蔭職)이란 과거시험을 거치지 않고 조상의 공으로 얻은 벼슬을 말하는 것으로 유음자제란 음직 벼슬을 얻은 양반가의 자제를 말한다. 무음자제(無蔭子弟)란 음직으로 관계에 진출할 수 없는 양인의 자제를 말한다. (「세조실록」註 432, 434).

등 풍수 형국의 영역을 분묘에 적용하려다 보니 분묘의 영역을 확장되게 되고 경우에 따라서 백성의 경작지를 침범하게 되며, 또한 묘지구역 안에서 경작, 목축, 땔감채취, 산불을 일절 엄금하였다. 이로 인해 전주(田主, 토지주인)라도 항의를 하지 못하였으며, 심지어 설정된 묘지 영역 안에 일반 서민의 묘지가 있을 경우 이를 이장하도록 하고 보상하기도 하였지만 권세가, 왕자 제군의 묘역침탈 횡포가 심하였다. 신분 고하를 막론하고 사람은 죽는지라 묘지가 필요하고, 식량을 해결하는 경작지가 필요하고, 목축하는 초지가 필요하고, 땔감을 구득하는 시장이 필요하니 모든 조선 백성의 충효 정신과 삶에 산림이 필수자원 역할을 하였다. 왕은 '산림천택 여민공지'라 천명하고 산림을 두루 함께 이용할 수 있도록 정책을 펴고 있었으나 그런 산림에 목을 맨 백성의 삶의 곤궁함이 묘지를 통해서도 들여다보인다. 그리하여 묘지에 얽히고설킨 소송, 이름하여 산송(山訟)이 끊임없이 일어나며 조선 사회를 뒤흔들었다. 묘지를 관리하는 과정에서 산림을 점유하는 것은 자연스 럽게 발생하는 현상이므로 또 다른 산림사점을 야기하였다. 산송에 대하여 다음 절에서 구분하여 파악하였다.

9. 산송(山訟)과 산림살이의 피폐

가. 산림과 민심

산림은 예나 지금이나 백성의 삶과 밀접하다. 근현대로 접어들수록 과학기술이 발전하고 새로운 산업이 성장함으로써 건축자재와 땔감의 원료가 변하여 일상에서 요구하는 산림의 수요가 달려졌을 뿐이지 기본적으로 일상의 삶에서 산림에 기대는 수요는 크게 달라진 것이 없다. 산림과 인간의 삶의 이러한 관계는 인류 삶의 초기부터 현재까지 크게 변함없다. 시대 차이가 있을 뿐이지 인간의 삶이 산림살이의 범위를 벗어나지 못한다.

고려시대나 조선시대나 산림은 백성의 삶을 지탱하는 기본자원이었다. 백성의 삶은 '먹고 사는' 문제가 가장 중요하다. 이것이 해결되지 않으면 범죄가 발생하고, 폭동이 일어나며, 사회가 혼란해지고 민란이 발생하여 왕조의 권위를 위협한다. 백성은 이 문제를 해결해 주는, 백성의 삶을 보장해 주는 새로운 정권을 요구하기도 한다. 이러한 의미에서 산림은 백성의 삶을 보장하는 터전이며 필수 자원이다. 겨울철 혹독한 추위를 해결하는 난방과 취사에 필요한 땔감 확보, 주거를 마련하는 건축재 확보, 부족한 식량을 마련하기 위한 개간 경지 확보, 장지(묘지) 확보 등은 산림의 자유로운 출입을 보장하지 않으면 불가능한 일이다. 어떤 이유로든 입산 출입이 불가능해지면 이것은 백성의 삶을 위협하는 것이며, 곧바로 국가사회의 안정을 위협하고 왕조의 권위에 도전하는 사태로 변모한다. 곧, '山林川澤 與民共之'는 민심의 상황과 향방을 가늠할 수 있는 결정적인 지표이다. 이러한 사례를 고려왕조와 조선왕조에서 명백하게 경험하고 있는 터이다.

　백성의 삶을 보장하는 산림이 생명처럼 중요하기에 '산림천택 여민공지'를 유지하는 것은 매우 중요한 이념이었다. 산림이 생명처럼 중요하기에 산림 확보는 모든 백성의 삶에서 긴요했다. 하지만 세월이 흐를수록 '산림천택 여민공지'를 철저하게 유지하는 것은 쉽지 않았다. 조선왕조 시기에 인구가 늘어날수록 한양과 같은 도읍지뿐만 아니라 지방의 큰 고을에서 산림을 둘러싼 사회현상이 수없이 발생하였다. 대표적인 사회현상인 산림을 둘러싼 소송, 특히 묘지와 관련한 산송(山訟)이 수없이 많이 발생하였다. 또한 생계 유지를 위해 생명과 같은 산림을 확보하고 지키려는 조직인 송계(松契), 금송계(禁松契), 금림조합(禁林組合)과 같은 공동체가 출현하였다. 이러한 현상은 모두 '山林川澤 與民共之'가 유명무실해진 까닭이다. 본 절은 조선왕조가 배태한 산림사회의 한 현상으로서 산송과 송계의 실태를 살펴봄으로써 백성의 산림에 대한 인식이 어떻게 변하고 있으며, 산림이 있어야 생활이 가능한 민생의 산림살이 상황을 파악해보고자 한다.

나. 산송(山訟)[167]

1) 묘지 문제의 발단

산송은 크게 대상에 따라 묘지분쟁, 산지분쟁, 송추(松楸)분쟁으로 나눈다. 묘지분쟁은 묘지를 둘러싸고 쟁소하는 분쟁이며, 산지분쟁은 산지 점유권을 둘러싼 분쟁이다. 송추분쟁은 묘 주변에서 자라는 송추와 시초를 사용하는 것을 둘러싼 분쟁이다(전경목, 1996). 송추 분쟁은 송추투작, 즉, 땔감투작(偸斫)을 말하는데, 땔감은 가정용 땔감, 자염, 요업, 숯 등 다양한 용도로 사용되면서 촌민이나 초군(樵軍, 나뭇꾼)에 의해 생계유지 차원에서 행해졌다. 이들에 의한 광범위한 시초 수요는 조선후기 산림황폐의 주원인 중의 하나이다.[168] 그러나 거의 대부분 묘지 분쟁이 대다수를 차지하기 때문에 산송이란 묘지 소송을 일컫는다.

---

167) 산송과 관련한 연구는 많이 진전되어 있다 ;

김경숙, 2012, 조선의 묘지 소송. 문학동네.

김경숙, 2008, 조선후기 산송과 상언, 격쟁. 고문서연구 33.

김경숙, 2002, 조선후기 산송과 사회갈등 연구. 서울대학교 박사학위 논문.

김도용, 1990, 조선후기 산송연구. 고고역사학지 5-6합본.

김두규, 2004, 조선후기에는 왜 묘지 풍수가 유행했나? 내일을 여는 역사17.

김백경, 2011, 한말 산송에 관한 연구. 부산대학교 석사학위논문.

김선징, 1993, 조선후기 산송과 산림 소유권의 실태. 동방학지 79.

김용무, 1986, 조선후기 산송 연구-광산김씨 부안김씨 가문의 산송소지를 중심으로. 계명대학교 석사학위논문.

심재우, 2017, 檢案을 통해 본 한말 山訟의 일단. 고문서연구 50.

신재훈, 2015, 조선후기 음택풍수의 유행과 정약용의 풍수인식-장서각 40.

양인성, 2001, 조선후기 전라도 남원부 둔덕방에서의 산림점유와 산송문제. 서강대학교 석사학위논문.

전경목, 1997, 산송을 통해서 본 조선후기 司法制度 운용 실태와 그 특징. 법사학연구 18: 5-31쪽.

전경목, 1996, 조선후기 산송 연구-18·19세기 고문서를 중심으로. 전북대학교 박사학위논문.

정창렬, 1994, 갑오농민전쟁과 갑오개혁의 관계. 인문논총 5: 39~60쪽.

조미은, 2019, 조선 후기 영광 동래정씨의 분산수호와 갈등. 호남학 66.

우진웅, 2015, 조선시대 법제사 관련자료의 융복합적 접근과 민사소송. 법학논총 39.

이덕형, 2009, 조선후기 사대부의 성리학적 풍수관-분수원 산송을 사례로. 역사민속학 30.

이욱, 2008, 풍산류씨 화경당 고문서로 읽는 사회사-산송을 중심으로. 안동학 7.

한상권, 1996, 朝鮮後期 山訟의 實態와 性格. 성곡논총 27.

168) 김경숙, 2012, 앞의 책. 126~138쪽.

산송 발생 원인은 남의 산이나 묘자리에 주인의 허락을 받지 않고 몰래 묘지를 쓰는 투장(偷葬)으로 인하여 나타난다. 조선시대는 임금도 막을 수 없는 것이 산송 문제였다(김덕재 외, 2013). 그런데 산송은 길지 획득과 관련한 투쟁뿐만 아니라 묘지가 있는 산의 이용과 소유를 둘러싼 다툼이 더 많았고, 묘지와 관련 없이 산림 이용, 산지 소유 문제로 다툰 산송도 빈번하였으며(김선경, 1993; 한상권, 1996), 급기야 이러한 다양한 산림 문제는 1894년 전봉준의 농민전쟁으로 비화되었다. 그러므로 산송은 길지를 획득하기 위한 묘지 분쟁일 뿐만 아니라, 묘지가 있는 산림(분산(墳山))의 이용과 분산의 소유권을 둘러싼 토지 분쟁이기도 하였다. 전국적으로 나타난 산송은 산림을 중심으로 민심이 분출되고 조선 말기 농민전쟁으로까지 진전된 조선시대 대표적인 산림사회현상으로 이해할 수 있다.

산송(山訟)이라는 용어가 『조선왕조실록』에 처음 등장하는 때는 현종 때 (5년, 1664년)이지만, 묘지 문제에 관한 기사로서 처음 등장하는 것은 태종 13년(1413년)이다. 태종실록 26권, 태종 13년 11월 11일(1413년)의 내용 중에 장지와 관련하여 죽은 남편의 부인이 정부에 고소하였다는 기록이 있다. "죽은 남편의 장지를 용구현(龍駒縣)의 전 장군(將軍) 김소남(金召南)의 농사(農舍) 곁에 복택(卜宅)하였는데, 영구(靈柩)가 이르니, 김소남이 이를 저지하였습니다." 이에 대해 정부에서 의논하여 아뢰길, "1품 이하에서 서인(庶人)에 이르기까지 분묘 영내 장승에는 모두 정한 제도가 있으나, 농사의 울타리 둘레는 아직도 정한 제도가 없습니다. 부강한 자가 산과 들을 넓게 점령하여 시지(柴地)로 삼기에 이르매, 가난한 사람으로 하여금 거주할 수도 없게 하며, 심지어 달관(達官)의 **장사에도 또한 땅을 얻을 수가 없어서 서로 다투어 소송**하나 관리는 이를 금지하지 않습니다. 빌건대, 1품의 농사의 울타리 둘레는 사방 1백 보로 하고 매 품마다 10보를 내려서 서인에 이르러 사방 10보로 하여, 정한 제도로 삼아서 함부로 점령하고 서로 소송하지 못하게 하소서." 라고 하니 임금이 그대로 따랐다.

이 사건과 볼드체로 표시한 내용으로 짐작할 수 있듯이, 산송이라는 말은 없지만, 조선 초부터도 장지를 사용하는 데 있어서 문제가 발생하는 등 백성들의 주요 생활사에서 분묘 문제와 관련하여 산림을 둘러싼 분쟁이 일어나고 있음을 알 수 있다. 이 사건으로 인하여 묘지를 쓸 수 있도록 농사 울타리의 한계를 정하는 계기가 되었다.

2) 산송의 사상적 배경과 법전 마련

고려말 성행한 풍수사상과 조선의 억불숭유 정책은 조상에 대한 효행을 더욱 중시하는 계기가 되었다. 특히 풍수지리설에 조상이 잘 모셔지면 그에 따라 후손이 잘된다는 동기감응설(同氣感應說)에 입각하여 조상숭배는 곧 명당, 길지, 명혈(明穴)을 찾아 부모를 장사지내는 효행과 직결되었다. 이처럼 산송은 풍수지리설에서 말하는 길지를 획득하고자 하는 과정에서 주로 묘지 범죄를 둘러싼 분쟁으로 나타난다는 점에서 그 발생 배경을 찾을 수 있다(김용무, 1986).

더욱이 산송은 16세기에 『주자가례(朱子家禮)』가 보급되고 효행과 상장례를 중시하는 유교사상과 풍수지리설에 근거한 길지 명당에 조상의 묘를 쓰는 음택풍수를 더욱 중요시 하는 배경에서 출현하였으며, 근본적인 원인은 분산확보, 재산권 문제와 결부되어 있었다. 이처럼 분산 확보, 산림이용권, 그리고 풍수적 길지 확보라는 세 가지 동인은 실제로 산송을 빈번하게 일으킨 직접적인 영향 관계에 있었다. 조선 후기 산송은 주로 사대부들 사이에 일어났으며 그 중요한 원인으로 풍수사상에 의한 동기감응설의 유포가 지목되기도 하지만 조선조가 당면한 현안은 풍수 자체가 아니라 풍수로 인한 산송의 빈발과 산송의 수단이 되었던 상언과 격쟁의 처리문제이기도 했다.

산송이 빈번하게 발생하자 이를 해결하기 위한 법전을 마련하였다. 숙종 2년(1676) 『수교집록(受敎輯錄)』[169]의 「예전」상장조(喪葬條)에 처음으로 산송에 대해 규정하였는데, 수교란 관청이 왕으로부터 받은 행정 명령서를 말한다. 이후 산송에 관한 수교가 점차 증가하고 중요해짐에 따라 영조 15년 (1739년) 경에 『신보수교집록(新補受教輯錄)』에서 독립항목으로 「예전」에 실리게 된다.[170] 산송이 「형전」의 성격인 데도 「예전」에 담은 것은 특이한 듯이 보이지만 묘지 문제가 근본적으로 유교 사상을 배경으로 하고 있다는 점을 이해해야 한다.

3) 신분별 묘지 규격

과전법에서 품계에 따라 토지를 분급하고 가옥의 크기도 정하였듯이 분묘의 규격도 품계에 따라 정하였다(〈표 6-22〉). 하지만 앞에서 밝혔듯이 16세기에 『주자가례』가 보급되고 효행을 중시하는 유교사상과 풍수지리설에 근거한 길지 명당에 조상의 묘를 쓰는 음택풍수를 더욱 중요시 하면서 법(『경국대전』)이 정한 묘지의 크기를 벗어나기 시작하였다. 이러한 사태는 특히 풍수지리에서 혈(穴)을 좌우로 둘러싸는 좌청룡 우백호 형국의 용호수호(龍虎守護) 부분을 확보하려는 태도에서 비롯된 것이다(김경숙, 2002; 김용무, 1986; 전경목, 1996). 숙종대 이후로는 법과 용호수호가 함께 적용되기도 하였는데 그 자체로서 혼란을 가중시키고 산송을 빈번하게 발생시키는 원인을 제공하였다. 이를 핑계로 세력가, 양반, 사대부의 분묘는 더욱 커지고 산림 사점으로 변모하여 갔다. 〈표 6-23〉과 관련하여 다른 한편으로 주목해야 할 사항은 생원, 진사, 유음자제까지는 분묘의 보수가 정해져 있지만 그 이하의 중인,

---

169) 교(教)는 법(法)·율(律)·영(令)의 효력을 가지는 왕명을 의미하는 것인데, 이 왕명을 문자화한 것이 교서(教書)이고, 각 관청이 받은 교서를 수교라고 하였다. 수교는 의정부·이조·호조·예조·병조·형조·공조·한성부·장례원과 각 도 등 경·외 각 관과 관련되었다. 이들 각 관청이 받은 수교는 국정의 전 분야에 관한 것이었으며, 대개 승정원 승지나 지제교(知製教)를 겸대한 집현전·예문관·홍문관 등의 관원이 작성했고, 극소수는 국왕이 친히 작성하기도 하였다. 1698년(숙종 24)에 1543년(중종 38) 이후 당시까지의 경·외 각사의 수교가 많이 상실되고 마멸된 것을 보존하기 위해 『수교집록(受教輯錄)』이 간행되었다(출처: 한국민족문화대백과사전. 한국학중앙연구원).

170) 김경숙, 2012, 앞의 책. 15~20쪽.

표 6-22. 조선시대 품계별 분묘 규격(『경국대전』; 김경숙, 2012)

구분 품계	종친		문무관료	
1품	사방 각 100보	사방 각 138.6m	사방 각 90보	사방 각 124.74m
2품	90보	124.74m	80보	110.88m
3품	80보	110.88m	70보	97.02m
4품	70보	97.02m	60보	83.16m
5품	60보	83.16m	50보	69.30m
6품	50보	69.30m	40보	55.44m
7품~9품			40보	55.44m
생원, 진사			40보	55.44m
유음자제			40보	55.44m

양인층 이하 신분은 분묘 보수가 없다는 것으로 이것은 하층민은 묘를 쓸 수 있는 땅이 정해져 있지 않은 것을 말한다. 따라서 동기감응설에 입각하여 조상을 모실 길지를 선택하거나 격식을 갖추어 장례할 여력이 없어서 마을 주변 아무 데나 비어있는 산자락에 '북망산(北邙山)'이라 불리는 공동묘역을 형성하였다(김경숙, 2002).

4) 산송 현황

가) 현황

산송은 입장 문제가 중심이고 분산의 이용권과 소유권에 결부되어 일어나는 쟁송이다. '산송'이 연대기 자료(법전자료, 『조선왕조실록』, 『승정원일기』, 『일성록』)에 등장하는 시기는 17세기 중반 이후부터이다. 〈표 6-23〉은 『조선왕조실록』에서 검색되는 산송 관련 기사의 건수이다. 관련 검색어로 송산(訟山)과 사양산을 함께 검색하였는데 송산은 산송이란 의미로 유사하게 쓰이는 사례였고, 사양산은 묘지를 중심으로 관리하는 산의 의미여서 함께 검색해본 것이다. 산송 검색 건수 58회 중 영·정조 시대가 28회로

표 6-23. 『조선왕조실록』 왕조별 "〈山林川澤 與民共之〉", "山訟", "(訟山)", "[私養山]" 검색 건수

왕조	제1대 태조 1392~1398	제2대 정종 1398~1400	제3대 태종 1400~1418	제4대 세종 1418~1450	제5대 문종 1450~1452	제6대 단종 1452~1455	제7대 세조 1455~1468	제8대 예종 1468~1469	제9대 성종 1469~1494
건수									〈2〉

왕조	제10대 연산군 1494~1506	제11대 중종 1506~1544	제12대 인종 1544~1545	제13대 명종 1545~1567	제14대 선조 1567~1608	제15대 광해군 1608~1623	제16대 인조 1623~1649	제17대 효종 1649~1659	제18대 현종* 1659~1674
건수	〈3〉	〈5〉		〈5〉	〈1〉	〈2〉	〈7〉	〈1〉	10〈1〉

왕조	제19대 숙종** 1674~1720	제20대 경종 1720~1724	제21대 영조 1724~1776	제22대 정조 1776~1800	제23대 순조 1800~1834	제24대 헌종 1834~1849	제25대 철종 1849~1863	제26대 고종 1863~1907	계
건수	10〈1〉		20(5)[2]	〈1〉8(1)[5]	3			〈1〉7[2]	여민공지〈30〉 山訟 58 訟山 (6) 私養山[9]

주) 현종대는 현종개수실록, 숙종대는 숙종보궐정오를 포함함. 〈 〉는 山林川澤 與民共之, [ ]는 私養山 등장 수임.

거의 절반에 해당하고, 이어서 현종·숙종대 20회로 나타났는데 당시의 묘지를 둘러싼 사회적 갈등이 심했음을 짐작할 수 있게 한다. 함께 검색한 단어가 '산림천택 여민공지'인데 총 30회 검색되었고 첫 검색은 성종대이다. '산림천택 여민공지'라는 산림정책 이념이 자주 등장하는 시대에는 산송이 발생하지 않았고 뜸해진 시기에 산송이 빈번히 등장하였다. 『조선왕조실록』에는 현종 때 '산송'이 처음 등장하고, 『승정원일기』에는 인조 13년(1635년)에 처음 등장하는데 『승정원일기』에서 산송에 관한 기사를 더 많이 접할 수 있다.

산송 사건 처리 과정에서 만들어진 부산물들이 현재 남아있는 각종 산송 소지(所志)와 재판증거자료였던 산도(山圖)이다. 산송에 연루된 조선의 백성은 송사 때에 자신이 주장하는 땅이 오랫동안 집안의 묘역이었거나 풍수상

청룡 백호에 해당하는 산의 경계를 주장하려 했고 그 증거자료가 산도였다. 산도는 산송시 필요했던 일종의 재판 증거자료였다. 이 같은 산도는 씨족 고문서에도 빈번히 등장할 뿐만 아니라, 풍수적 길지를 표현하기 위한 기행도 혹은 산수유람도의 형식으로 전해지기도 했다(이화, 2011).

조선시대 후기에 일어났던 산송 문제를 상세하게 연구한 김경숙(2002)은 산송관련 고문서 3,013건을 대상으로 정밀분석하여 그 가운데 시대 또는 간지(干支)를 알 수 있는 2,678개 문서를 추려내어 지역별 시기별 분포상황을 선별해 내었다(〈표 6-24〉). 표에서 알 수 있듯이 시기별로 17세기부터 발생하기 시작하여 19세기 후반에 극에 달하고 있음을 알 수 있으며, 지역별로 충청도와 전라도와 경상도에 집중적으로 나타나고 있다.

〈표 6-25〉는 총 소송 건수 1,167건에 대해 정소자(呈訴者)와 피소자의 분포 현황을 나타낸 것으로, 정소자는 양반층이 전체의 91.6%, 중인·이향층 (吏鄕層) 0.6%, 양인층 2.7%, 천인층 0.2%, 촌락공동체 2.7%, 기타 2.2%으로 양반층이 절대 다수를 차지한다. 피소자는 양반층이 전체의 37.7%, 중인·이향층 5.4%, 양인층 27.1%, 천인층 1.0%, 촌락공동체 1.9%, 기타 26.9%로 나타났다. 이 통계로부터 양반층이 정소를 절대적으로 많이 했다는 것은 양반층의 분산에는 실질적으로 길지가 많을 것이기 때문에 양반(37.7%)을 비롯한 양인층(27.1%)과 중인층(5.4%) 등이 서로 많이 입장하여 문제를 일으켰기 때문이라고 추정할 수 있다. 기타로 표시한 것은 명인(名人), 미상, 불현(不現) 등으로 이들은 정소자 비율은 불과 2.2%에 지나지 않지만, 피소자 비율은 26.9%를 차지하여 이들이 그만큼 남의 분산, 즉, 양반의 분산에 투장하였을 것으로 쉽게 짐작할 수 있다. 또한 양반층 내의 산송은 친족간의 분쟁이 22%에 달하는 것으로 분석하였다(김경숙, 2002).

표 6-24. 산송 관련 소지류의 지역별 시기별 분포 현황(김경숙, 2002)

지역 \ 시기	17세기 전	17세기 후	18세기 전	18세기 후	19세기 전	19세기 후	갑오후	구한	미상	합계
서울·경기도			2	3	4	25	17	58	2	111*
			2	4	15	54	39	101	2	217**
충청도					9	54	52	290		405
					29	205	110	595	1	940
전라도	2	2	8	19	45	79	28	99	3	285
	2	2	11	28	222	202	45	195	3	710
경상도	3	10	15	23	47	72	30	76	9	285
	9	14	22	32	110	219	121	133	10	670
황해도					2	1	2	4		9
					6	5	12	10		33
강원도					1	3	1	1		6
					2	3	1	2		8
평안도						1	3			4
						1	6			7
함경도								3		3
								6		6
미상					1	5	1	48	4	59
					6	5	3	69	4	87
합계	5	12	25	45	109	238	136	579	18	1,167
	11	16	35	64	390	594	337	1,111	20	2,678

주) *, **: 지역란의 윗칸(*)은 소송 건수, 아랫칸(**)은 문서 건수를 나타낸다.

표 6-25. 소송 건수로 본 소송인의 신분 계층별 분포 현황(김경숙, 2002)

신분＼소송인	정소자		피소자	
	소송건수	비율(%)	소송건수	비율(%)
양반층	1,069	91.6	440	37.7
중인·이향층	7	0.6	63	5.4
양인층	31	2.7	316	27.1
천인층	2	0.2	12	1.0
촌락공동체	32	2.7	22	1.9
기타	26	2.2	314	26.9
합계	1,167	100.0	1,167	100.0

나) 산송의 유형 : 투장(偸葬)

묘지를 조성하는 과정에서 분쟁을 일으키는 행위는 여러 가지 형태로 나타난다. 『조선왕조실록』을 보면, (중략) "한결같이 여염집을 탈입(奪入)·차입(借入)·세입(貰入)한 것에 관한 절목(節目)에 의하여, 늑장(勒葬)·유장(誘葬)·투장(偸葬)의 유를 각별히 엄중하게 금단하여 율(律)대로 시행하고, 수령도 또한 잡아다가 추문(推問)하고, 해마다 도사(都事)가 복심(覆審) 때에는 추생(抽栍)하여 적간하고 나타나는 대로 계문하여 파서 옮기게 하거나 죄를 과하거나 하여, 내가 민생을 산 사람이나 죽은 사람이나 차이가 없이 하는 뜻을 보이라."[171]라는 내용이 있다. 산송을 야기하는 유형으로 늑장·유장·투장 등이 있음을 보여주고 있다. 투장이란 주인의 허락없이 몰래 타인의 분산을 훔쳐 장지를 쓰는 것을 말하는데, 남의 산이나 묘지에 몰래 입장(入葬)하는 행위를 일반적으로 일컫는 용어이다. 조선시대 산송 문제를 많이 연구한 김경숙(2002, 2008, 2012)도 투장을 모든 범장(犯葬)을 포괄하는 개념으로 사용하면서 암장, 평장, 늑장, 유장 등으로 구분하였다.[172]

---

171) 영조실록 11권, 영조 3년 3월 20일 정미(1727년). 敎曰: (중략) 一依閭家奪入借入貰入之目, 勒葬, 誘葬, 偸葬之類, 各別痛禁, 依律施行, 而守令亦當拿問, 每年都事覆審時, 抽栍摘奸, 隨現啓聞, 掘移科罪, 以示子視民生死無間之意.

늑장은 먼저 묘지를 쓴 산주의 금장 노력에도 불구하고 힘센 세력을 믿고 강제로 분묘 조성을 강행하는 것을 말한다. 유장은 범장하고자 하는 산지(분산)의 소유자 가족이나 친지를 유혹하여 그들의 분산에 몰래 안장하는 행위를 말한다. 이외 암장이란 주인 몰래 남의 산에 분묘를 조성하는 행위를 말하는데 주로 야간에 행해졌기 때문에 승야 투장(乘夜偸葬)이라고도 하였다. 평장이란 봉분을 하지 않고 평평하게 묘를 조성하는 것을 말하는데 표시나지 않기 때문에 속이는 수법이다. 역장(逆葬)은 타인의 '분묘의 머리'(腦後, 뇌후)에 해당하는 위치에 투장하는 행위를 말하는 것으로 기의 흐름을 막는 것이기 때문에 가장 경계하는 투장 행위의 하나이다.

투장의 위치는, 김용무(1986)[173]가 광산 김씨와 부안김씨 가문의 산송문제를 다룬 연구에 의하면, 좌청룡 우백호, 즉 용호수호 형국 안에 하는 경우가 거의 대부분이다. 명당에 해당하는 혈에 가까운 곳이니까 당연한 위치이다. 이중 투장하는 경우도 있다. 수령이나 현감이 산송을 다루는데, 판결에 승복하지 않으면 관찰사에 알려서 중앙(임금)에까지 상언하는 경우도 있다. 판결에서 패하면 천장하여야 하는데 이를 행하지 않고 버티는 경우도 많으며, 투장한 자가 누구인지 알 수 없는 경우도 많다. 이럴 경우 분묘를 파내게

---

172) 한상권(1996)은 산송의 양태를 투장, 금장, 사굴(私掘)로 구분하고 있다.
- 투장은 산송의 약 70%를 점하는데 다음과 같이 구분하고 있다 : 호세가(豪勢家)가 공공연히 자행하는 '협세투장(挾勢偸葬)'과 소민들이 은밀히 감행하는 '잠입투장(潛入偸葬)'으로 나눈다.
- 금장(禁葬)은 입장을 금하는 것으로 산송의 20%를 차지하며 산지 광점(廣占)을 목적으로 감행하는데 세 가지로 구분한다. 위세를 동원하여 사사로이 금하는 '사자금장(私自禁葬)', 관에 정소(呈訴)하여 관권을 통해 금하는 '기송금장(起訟禁葬)', 이미 입장한 분묘의 굴이(掘移)를 관에 요구하는 '기송독굴(起訟督掘)' 등 세 가지이다.
- 사굴은 투장과 금장의 파생물로 18세기 이후 새로 등장한 것으로 산송을 격화시키는 요인이 되었는데, 토호나 향반들이 산림 광점하기 위해 사사로이 파헤치는 '모점형사굴(冒占型私掘)', 문중이나 힘없는 천민이 분산을 지키기 위해 투장에 맞서 투장인의 분묘를 사사로이 파헤치는 '반투장형사굴(反偸葬型私掘)' 두 가지로 구분한다.
173) 1701년부터 1899년까지 광산김씨와 부안김씨 각각의 가문이 안동지역과 부안지역에서 산송 문제로 다툰 19건을 다루고 있다. 연명(連名) 인원이 최소 1명인 사례도 있지만, 최대 593명에 달한 사례도 있는데 후자는 지방관, 어사, 도순사에게 소청하기도 하였지만 조사 후 처리로 조치하였다. 1899년에 마무리된 소송은 지방관-감사-고등재판소에 이르기까지 27회나 소청한 사례도 있고, 구타 사건도 있고, 입장 방해로 패소한 피소자가 피해를 소나무(松價)로 지급한 사례도 소개하고 있다.

되는데 파묘는 관굴(官掘)과 사굴(私掘)이 있다. 관굴은 관청이 파내는 것을 말하고, 사굴은 개인이 하는 것을 말하는데, 파묘는 관청이 하는 것이 원칙이다. 사굴은 주인이 나타나지 않거나 사사로이 몰래 파내는 것을 말한다. 그 외 늑굴(勒掘)은 강제로 굴거하는 것을 말하고, 위굴(圍掘)이란 상대에게 위협을 가하기 위해 묘 주위를 파내는 것을 말한다. 판결에 따라서 여러 번 파고 묻는 일도 벌어지기도 하고, 어떤 때에는 사굴한 다음 시신을 숨기는 경우도 발생하였다.

5) 분산 수호권과 양산 금양권(養山 禁養權) 형성

조선 후기로 갈수록 백성들의 경제활동이 활발해짐에 따라 자원에 대한 수요가 증가함으로써 산림에 대한 경제성이 증가하였다. (관청, 사원, 주택 등)건축, 조선, 관재(棺材), 염업과 광업, 농업 등 산업 분야에서 목재 수요 증대, 난방(온돌)으로 인한 땔감과 숯 수요 증가, 경작과 화전으로 인한 산림 수요가 가일층 증가하게 되었다. 이러한 사회경제적인 변화로 산림자원의 활용성이 더욱 중요하게 강조되면서 산림이용권을 확보하려는 시도가 두드러졌다. 이런 이유로 분산 확보 욕구와 산림사점 욕구를 증대시켜 산림점유를 확대하는 경향을 강하게 띠었다.

특히, 분산 수호에는 양산 금양권이 수반되었는데, 양산 금양권이란 분산 국내(局內)의 산림을 잘 기르고 다른 사람들의 접근을 금단할 수 있는 금양 권리를 말한다. 이에 대한 근거는 〈표 6-22〉에 제시한 바와 같이 품계별로 정해진 분묘 보수로부터 유래한 것이다. 곧 여기에는 금양 구역 내에서 생산되는 목재, 시초 등의 산물을 이용하고 방매할 수 있는 산림이용권이 포함되어 있다. 분산에 대한 다른 사람들의 접근을 막고, 경제적 산물에 대한 배타적인 이용권이라고 할 수 있다(김경숙, 2002). 그런데 유교적 상장례의 확산으로 중인과 양인층 이하에서도 분산 확보 욕구가 확대되었기 때문에 조선왕조

말기로 갈수록 분산으로 인한 산송 문제는 빈번해지고 산림점유는 더욱 광범위하게 이뤄졌을 것으로 짐작할 수 있다.

6) 조선 후기 사회의 특징적인 현상

『조선왕조실록』에 '산송'의 검색 건수가 제일 많이 등장하는 영조 연간의 내용 중 영조 3년 3월 20일(1727년)에 기록한 것을 보면 산송 문제의 심각성을 알 수 있게 한다. "전교(傳敎)하기를, (중략) 요사이 상언(上言)한 것을 보건대 산송이 10의 8, 9나 되었다. 성덕윤(成德潤)은 일찍이 시종(侍從)을 지낸 사람으로서 오히려 이러하였으니 그 나머지는 알 만하다".

상언하는 사건 중 산송이 전체의 8~9할에 이른다는 내용이다. 지방과 중앙을 가리지 않고 산송 문제가 얼마나 자주 발생하는지 알 수 있게 한다. 산송은 노비소송, 전답소송과 함께 조선의 3대 소송의 하나로 사회갈등을 대표적으로 보여주는 현상이며[174], 다툼이 심하여 장례를 방해할 뿐만 아니라, 죽음에 이르는 사건이 많이 발생하였다(심재우, 2017).

정약용도 『목민심서』의 「형전육조」 제1조 '청송(聽訟)'에서 당시의 묘지 문제의 심각성에 대하여 다음과 같이 피력하였다 : "묘지에 대한 소송은 오늘날 폐속(弊俗)이 되어버렸다. 싸움을 벌여 때려죽이는 사건의 절반이 바로 이 묘지의 쟁송으로 인한 것인데, 남의 분묘를 파헤치는 변고를 일으키고도 스스로 효를 행한 것으로 생각하니 사건의 자초지종을 듣고 판결하는 것을 명확하게 하지 않으면 안된다."(박일봉, 1988). 공정하고 명확하게 처리할 것을 제시하고 있다.

시간이 지날수록, 인구가 늘어나고, 또 경작지가 늘어나면 상대적으로 묘지로 쓸 수 있는 산림이 줄어들며, 또한 권문세가, 지방호족들의 분산 확보와 산림 사점이 심해질수록 묘지 문제는 백성의 삶을 더욱 압박하는

---

174) 김경숙, 2012. 앞의 책 15쪽.

요소로 작용하였다. 산림은 백성의 매일매일의 삶에 꼭 필요한 요소이었고 산림으로 살림살이를 영위하였기 때문에 조선 백성의 삶은 산림살이나 마찬가지였다. 더욱이 『주자가례』의 전래 이후로 효행을 강조하는 가운데 명당 길지를 택지하여 조상을 모시고자 하는 음택풍수와 유교적 상장례를 중요시함으로써 신분 고하를 막론하고 중인과 양인도 분산 확보에 대한 욕구가 확대되었다. 분산 확보가 활발해질수록 산송 문제는 더욱 빈번해진다. 김경숙(2012)이 주장하듯이, 결국 산송은 조선 후기 사회의 특정 현상으로 조선 후기 사회의 관념과 가치관의 흐름, 친족 질서의 변동, 사회경제적 변동, 신분 질서의 동요, 향촌사회의 구조의 변화 등 조선 후기사회상을 종합적으로 함축하고 있다.

다. 송정(松政)의 폐단

앞서 산림보호정책의 내용 중 세종 21년 2월 6일(1439년)의 기사에서 보았듯이, 의정부가 올린 계문에 '都城內未造家者頗多' 즉, '한양 도성(都城) 안에 집을 짓지 못한 자가 자못 많사온데'라는 표현이 있다. 건국한 지 50년도 지나지 않은 왕조 초기에 이미 소나무 부족현상이 나타나서 백성들이 집을 짓기 어려워진 상황을 알 수 있게 한다. 더욱이 '비록 말라 죽은 나무라든가 바람에 쓰러진 소나무라 하더라도 함부로 작벌하지 못하게 하였고, 범법한 자와 수령(守令)을 모두 율(律)에 의하여 처벌하게 하옵소서'하니 소나무로 인하여 백성들이 받는 곤고함이 이때부터 시작하여 조선왕조 내내 심하였을 것으로 짐작할 수 있다. 송목은 비단 주거용 건축재로만 쓰이는 것은 아니므로 삶에 미치는 불편함과 압박은 전방위적으로 조여왔을 것으로 보인다.

송정을 펴면서 무리하게 추진하다가 민폐를 끼치는 일도 허다하였다. 다음은 연일현의 현감 정만석이 경남의 6가 폐단(6폐)을 고하는 내용 중 산림

관련 폐단인 산폐(山弊)에 대해 쓴 내용이다. 정조 22년 10월 12일(1798년)에 기록되어 있는데 실록의 국역에 "연일 현감 정만석이 역폐·부폐·적폐·해폐·산폐·삼폐 등에 대해 상소하다"라는 제목으로 소개되어 있다. (중략)

"다섯째, 산폐에 대해서 말씀드리겠습니다. 근해와 연해의 제읍(諸邑)에는 모두 봉산(封山)이 있습니다. 각영과 본읍(本邑)에서 징수하는 것은 송자(松子)·송용(松茸)·송판(松板) 따위인데 여기에 들어가는 비용이 과다하니 이것은 산 아래에 사는 백성들이 피해를 받는 것입니다. 그런데 이밖에 또 경내(境內)의 백성들이 두루 고통을 받는 일이 있습니다. 백성이 어쩌다가 소나무 가지 하나라도 가져다 쓰면 다른 산에서 베어 온 것이라 하더라도 각영과 본읍에서 적간(摘奸)하여 꼭 무슨 핑계를 대고 침탈하면서 못 할 짓 없이 괴롭히고 있습니다. 그래서 집 지을 터를 잡아놓은 자도 재목 모으기를 두려워하고 장례를 치르는 자도 관(棺) 재목 깎는 것을 난처하게 여기고 있는데 심지어는 이미 지었다가 곧바로 허물어 버리는 경우도 있고 이미 봉분했다가 다시 파내는 경우까지 생겨나고 있습니다.

연일현은 예로부터 진전(陳田)과 운제(雲梯)라는 두 봉산을 갖고 있었는데, 뒤에 와서는 갈평산·북송정·대송정·진응태산 등 네 곳을 사양산으로 편입시켜 기록해 놓고 원래의 봉산과 똑같은 예로 금양하고 있습니다. 그런데 진전과 운제 두 산은 바다에서 20리의 거리에 있는데 전선(戰船)을 만들고 왜관(倭館)의 건물을 짓는 데 한 그루도 도움을 준 적이 없는 만큼 이미 쓸모없는 봉산이라 할 것입니다. 그리고 가령 갈평과 응태의 경우도 진전산과 운제산 속에 속해 있는데 지역이 좁을 뿐 아니라 소나무도 희귀합니다. 또 대송과 북송은 해변가에 위치해 있는데 지형이 낮고 평평한가 하면 토질이 척박해 처음부터 어린 소나무도 몇 그루 없이 그저 황량한 모래만 보이는 곳인데도 거기에 가해지는 역(役)은 원래의 봉산과 다름이 없어 한갓 무궁한 폐단만 끼치고 있을 뿐입니다.

진전산과 운제산을 봉산에서 제외시켜 줄 수는 없다 하더라도 갈평·응태

· 대송 · 북송 네 곳은 즉시 혁파하여 백성이 개간할 수 있도록 허락해 주어야 할 것입니다. 그러면 공용에 보탬이 되는 것이 어찌 유해 무익한 봉산보다야 훨씬 낫지 않겠습니까?"[175]

이 내용은 정조시대 1798년의 상황으로 당시 백성의 삶이 기초생활 유지를 위해 필요한 산림으로 인하여 매우 심각하게 불편함을 겪고 있다는 것을 알 수 있게 한다. 송정 폐단으로 참담한 삶을 살아가고 있음을 알게 된다. 이러한 상태에서 민심은 어디를 향해 있을까? 이로써 조선 말기에 민란과 동학농민운동으로 이어진다.

라. 송계(松契, 금송계, 송약, 木契, 동계, 금림조합, 향약) 활동

1) 계(契)의 의미

김삼수(1965, 1974, 2010)는 계를 공동체로 보고 사회경제사적 측면에서 연구를 상세하게 수행하였다. 우리나라는 계 이전에 전통적으로 나(那)와 보(寶)가 있음을 밝히면서 계를 조선의 계첩(契帖)을 근거로 심층분석하였다. 연구의 주요 내용을 발췌하여 소개한다 :

나(那)는 지연적 정치적 공동체로서 '토지 · 지역'을 의미하는데 그에 기초한 지역적 집단의 명칭이며, 씨족제적인 것이 아니라 정치적 정권적이다. 정치력의 결집 또는 정치적 통일 또는 정치적 확대과정과 밀접히 관련되어

---

175) 조선왕조실록, 정조 22년 10월 12일(1798년). (중략) 其山弊則近沿諸邑, 皆有封山. 各營與本邑之所徵者, 有松子, 松茸, 松板之屬, 而所費夥然, 此則山下居民之貽害.

而亦有境內之遍受其苦者. 民或有一枝松取用, 則雖是他山之所斫, 營邑之摘奸, 必憑藉侵漁, 固有紀極. 卜居者懼於鳩材, 營葬者難於斲棺, 甚至有旣構旋毀, 已封復掘之患.

延日縣古有陳田, 雲梯兩封山, 後有以葛坪山, 北松亭, 大松亭, 陳應台山四處, 入錄於私養山, 而與元封山一例禁養. 陳田, 雲梯兩山, 距海二十里, 戰船之造, 倭館之葺, 未嘗有一株需用, 已是無用之封山. 至若葛坪, 應台, 在於陳田, 雲梯之內, 周回旣小, 松株亦稀. 大松, 北松, 在於海濱, 地形低平, 土品瘠薄, 初無數株穉松, 只見一望荒莎, 而其應役與元封山無異, 徒貽無窮之弊.

陳田, 雲梯, 雖不可廢, 而葛坪, 應台, 大松, 北松四處, 宜卽革罷, 許民耕墾. 則所補於公者, 豈不反勝於有害無益之封山耶? (이하생략)

있는 공동체이다.

보(寶)는 사원의 경영공동체로서 봉건사회에서 불교사원의 보(寶)가 사원 소유의 본질과 관련된 사원경제의 기초적 단위이며 '중'(衆)이란 단체가 운영하는 것이다. 중이란 현실적 단체 없이는 보의 경영은 할 수 없는 것이며 유력한 중세단체의 하나이다. 또한 봉건사회 경제에 있어서 방대한 세력과 재산을 가지고 운영하는 사원경제 발전의 기반에 놓여 있다. 특히 고려 때 식리적 기능(殖利性, 자산을 증식하는 특성)을 지닌 '보'는 조선 초기까지 있었는데 이 시기에 '계'가 기능을 흡수하였다.

계(契)는 보편적인 인적 결합으로서 순수 우리 고어(古語)이다. 고려시대부터 존재했지만(文武契, 燈下不明契 등), 문헌으로 최초의 기록은 『삼국유사』에도 등장한다.[176] 조선은 계가 가장 성행했던 시기인데 16세기에 보이는 '계'의 기록은 미암 유희춘(柳希春, 1513~1577)의 『미암일기초(眉巖日記草)』에 흔적을 드러낸다.[177] 저자(김삼수)는 조선의 계첩을 중심으로 해석하면서 계를 '회(會)'로서 주장하고 있다. 계는 곧 회(會)이며 바로 계, 계회, 또는 그저 '회'로서 나타나는 한편, 취회(聚會), 계취(契聚), 회취(會聚), 결취(結聚), 결계(結稧)로도 나타난다. 이 모두가 결합이란 뜻 이외에 아무것도 없으니 계는 집단성, 결합성을 의미하는 본래적인 단체개념이며, 이 기본개념을 토대로 여러 가지의 파생적 형태와 거기에 따른 기능이 부수되었다. 계는 기능으로 자치적 기능과 식리적 기능을 지니는데, 식리적 기능이 고려 조까지 올라가기 때문에 내용상 계의 기원을 고려로 본다.

계의 기본개념인 단체개념에서 파생된 전형적인 형태를 7개로 구분하였는데 송계(금송계)는 촌락단위계의 전형으로 분류하였다. 아래에 분류한

---

176) 『三國遺事』 卷第五 「郁面婢念佛西昇」條 : 景德王代(742~764) 康州善數十人 志求西方 於州境創彌陀寺 若而日爲契.(김삼수, 1965(2010).에서 재인용)

177) 眉巖日記草 戊辰 二月 一七日 : ……借參同契二册于權沃川詠而來.
眉巖日記草 戊辰 二月 一九日 : ……參同契 頃者來自權沃川 今得披覽……(김삼수. 1965(2010).에서 재인용)

전형들의 예를 제시한다 :

- 자치적 행정단위로서 전형적인 예 :「육전조례」(1856년) : 중부 8방 91계, 동부 7방 43계, 남부 11방 71계, 서부 9방 91계, 북부 12방 44계

- 「한성부호적장(漢城府戶籍帳)」(현종 4년 1663년) : 가좌동계(38호), 수색리계(40호), 망원정계(142호), 홍제계(16호), 여의도계(44호), 신사동계(32호) 외 10계 991호.[178]

- 상공업면에서 전형적인 예
  비특권인 계로서 객주회(契), 보원상계, 공장계(工匠契)가 있었고 특권적인 계로서 육의전계(六矣廛契), 공인계(貢人契) 등이 있었다. 또「육전조례」의 「중부장통방(中部長通坊)」조에 상공계로서 분전중랑지계(粉廛中良之契), 혜전일계(鞋廛一契), 지전일계(紙廛一契), 염전계(鹽廛契), 원주주인계(原州主人契) 외 여럿 있었다. 공폐(貢弊)에서도 우피계(牛皮契), 필계(筆契), 생저계인(生猪契人), 어부계인(漁夫契人), 염계인(染契人), 생갈인(生葛契), 구피계인(狗皮契人), 칠피계인(桼皮契人), 모물계인(毛物契人) 외 여럿 있었다.
  「육전조례」에서, 면화계(縣花契), 채색계(彩色契), 지류사계(紙油絲契), 관동삼계(關東蔘契), 죽계(竹契), 장목계(長木契), 회계(灰契), 판자계(板子契), 탄계(炭契), 황양목계(黃揚木契), 묵계(墨契) 외 여럿 있었다. 이와 관련하여『만기요람』「재용편」의 각 공조(貢條) 및 호조공물조를 참고하여 나타난 항목은 위보다 훨씬 적다.

- 촌락 단위로서 전형적인 예
  송계 또는 금송계(「송명동금송계첩(松明洞禁松楔帖)」,「송계완의(松

---

178) 그 외 증산리계(甑山里契)(41호), 아이고개계(阿耳古介契)(9호), 행희궁계(行禧宮契)(17호), 세교리계(細橋里契)(23호), 합장리계(合掌里契)(89호), 연서계(延曙契)(96호), 양철리계(梁鐵里契)(11호), 말흘산계(末屹山契)(20호), 조지서계(造紙署契)(3호), 도기상합(都己上合)(682호)

稧完議)」,「금송계좌목」), 군포계(軍布契), 향약계, 리계(里契), 호계(戶
契-정약용 목민심서, 유형원 반계수록), 대동계

- 혈연적인 단체의 전형적인 예
  화수계(花樹契)-(東陽門會錄序) 용산승회, 오종승회, 금룡사문회약조,
  족계
  四寸契-「오주연문장전산고(五洲衍文長箋散稿)」

- 친목적인 단체의 전형적인 예
  동경회(同庚會)-신유생경회, 가릉경회, 오일계, 보인계, 향음계, 만년계,
  금란계, 문방계, 세년계

- 상호부조적인 예
  위친계(爲親契), 상도계(喪徒契), 노동계(勞動契), 세찬계(歲饌契)
  이 모든 조선시대 계첩에서 나타난 제계의 여러 기능이 계급의 상하와
  행정적 경제적 구분과 통제력의 강약, 식리(殖利)의 실물적 화폐적인
  것을 막론하고 오로지 그 조직의 형태는 공통적으로 계=회의 단체성에
  의한 자치적 기능과 식리적 기능이 그 중핵적 기능으로서 나타나 있다
  (김삼수, 1965(2010).에서 발췌).

2) 송계의 출현 배경과 개념

조선왕조는 여말의 산림정책을 이어서 '산림천택 여민공지'를 내세우며
백성 개인한테 산림소유권은 인정하지 않으면서 이용을 허락하는 산림정책
을 시행하였다. 소유하지 못하면서 공동으로 이용하도록 하는 것은 얼핏
이상적인 정책일 듯하지만 속을 들여다보면, 고려 시대에도 그 폐단을 경험
하였는데도 수많은 결점을 보완하지 않고 시행하여 사유화의 가능성이 엿보
였다. 힘을 앞세운 경작지 확보를 위한 토지 개발과 겸용, 용재와 땔감 확보,

묘지확보 등에 사사로이 필수적으로 필요한 산림에 대한 관리대책을 마련하지 않았다. 그 결과 건국 초기부터 존재하던 유력자들에 의한 사적 산림점유 문제를 해결하지 않고 지나면서 산송 문제가 넘쳐나고 산림 사점은 확대되어 광점(廣占)의 결과로 나타났다. 산림 사점은 조선 후기에 접어들수록 전국으로 광범위하게 나타났으며, 이러한 상태에서 힘없는 백성들에게 삶의 모든 분야에 필수인 산림을 공용할 수 있는 여지가 점점 줄어들 수밖에 없게 되어갔다. 그것은 백성의 생명을 위협하는 문제를 일으키는 상황을 초래하였고 민심은 동요하고 민란으로 번져갔다.

백성이 공용할 수 있는 '산림천택 여민공지'의 산림은 공리지(共利地), 또는 공동지(共同地)에 해당한다. 산림천택에 해당하는 것은 임야, 어전(魚箭), 염장(鹽場), 시장(柴場), 제언(堤堰), 해택(海澤), 어장(漁場), 광산, 바다, 하천, 습지, 황지(荒地) 등 비경작지를 말한다. 이것은 원시이래 자연적으로 주어진 생산의 제조건으로서 농민의 경제생활에 있어서 그곳으로부터 채취가 불가결의 요소로 되는 지역이며 이곳으로부터 시초(柴草, 땔감), 비료, 가축사료, 구황작물, 목재, 어물 등을 획득하는 비경작지이지만 생산현장이다. 이들 산림천택에 대한 백성의 이용은 현실적으로나, 법적으로나, 관념적으로 권리로서 보호되고 있으며 '산림천택 여민공지'라는 조선왕조 산림정책의 이념적 명제가 관철되고 있는 곳이다. 국가는 이에 대한 댓가로 세금과 부역과 공물을 요구하는 조·용·조(租·庸·調)를 백성에게 요구하였다. 그런데, 해택(海澤)이나 하천, 황지 등 비경작지는 국가의 정책도 있었지만 기술발달로 농민들에 의해 개간되었는데, 한쪽에선 개간을 명분으로 점유현상이 널리 행해져서 소유권의 귀속여부를 둘러싼 충돌이 야기되었다.

공리지에서 떨어져 나가는 현상을 '공리지의 분할(分割)'이라고 표현한다. 공리지의 분할을 일으키는 대표적인 것은, 명산대천, 강무장, 목장, 금산, 의송지류(의송산 등), 봉산 등 국용 목적의 토지를 제외하고, 궁가(宮家)의 절수와 둔전, 궁방전, 사양산 이외 앞서 제시한 비경작지의 절수(折受) 등이 있다. 후기에 이르러 묘지로 인한 사양산 명목의 산림 사점은 더욱 거세져 주거지 주변의 산림을 이용하는 일이 점점 어려워지게 되었다. 이러한 배경에서 사방이 막힐 정도로 점점 줄어드는 공리지를 확보하기 위한 백성들의 궁여지책 마련은 당연지사이다. 이처럼 산림이 점점 줄어드는 과정에서 탄생한 송계란 산림 중 사점되지 않은 것을 촌락공유림으로 확보하고 이를 공동보호와 공동이용을 위한 조직을 말한다(이만우, 1974).[179] 그 기원은 묘소, 선영, 구목장양지계(丘木長養之計) 등 선영수호와 동시에 산림보호로부터 시작되었다고 볼 수 있다.[180]

---

179) 송계의 정의에 대해서 아래와 같이 많은 연구자들이 제시하였다(연구 연대순);

김삼수(1965/2010) : 계는 회(會)로서 결합(結合)이란 뜻 이외에 아무것도 없으니 계는 집단성, 결합성을 의미하는 본래적인 단체개념으로 규정하였다. 그는 송계의 정의없이 송계를 촌락단위 공동체의 전형으로 분류하였는데 이를 근거로 정의한다면, 송목(송산, 송림)에 대한 집단성 결합성을 지닌 마을 단위 공동체이다 정도로 이해할 수 있을 듯하다(필자).

이만우(1974) : 산림 중 사점되지 않은 것을 촌락공유림으로 확보하고 이를 공동보호와 공동이용을 위한 조직을 말한다.

박혜숙(1984) : 산림의 공동이용을 목적으로 스스로의 자치적인 노력에 의하여 산림의 보호와 식수를 행함으로써 농민의 기본적인 생활을 위해 필요 불가결한 목초(木草), 지채취(枝採取) 등의 공동이익을 얻기 위한 조직체이다.

김필동(1990) : 동계(또는 족계, 族契)로부터 분화된 산림수호(묘소, 선영)를 목적으로 조직된 계이다.

김연석(1997) : 18세기 중반 마을 주민들이 관의 위임을 받아 자치적으로 동산(洞山)을 금양하고 그 이익을 나누기 위한 계의 일종이다.

전영우(1999) : 소나무숲이라는 산림자원을 지속적으로 활용하기 위하여 자치적으로 결성된 조직체이다.

박종채(2000) : 소나무 보호를 위해 국가(또는 관)나 재지사족(在地士族), 기층민이 조직한 계조직이다.

강성복(2001/2003) : 조선 후기 공리지(公利地)의 사점(私占)·광점(廣占)으로 인해 초래된 산림 이용의 급격한 변화를 극복하기 위해 결성된 민간 또는 관주도의 자치조직이다.

한미라(2008/2011) : 산림훼손으로부터 관할 내의 산지와 선산 등을 보호하고, 현실적으로 어려운 상황을 극복하며, 공유산림의 효율적 이용을 위해 향촌사회에 자율적으로 결성된 마을 중심의 계를 말한다.(명확한 정의가 없어 내용을 참작하여 필자가 정리한 것임).

배수호와 이명석(2018) : 일정 규모 송계산을 대상으로 산림공유자원의 이용, 보호, 관리를 위한 조직체계이다.

배수호(2019) : 송계산 내 산림공유자원을 지속가능한 방법으로 이용, 보호 및 관리를 하기 위해 결성, 운영된 전문조직이자 동시에 향촌사회를 실질적으로 통제, 운영하는 동계와 같은 역할을 수행하는 조직이다.

180) 김필동, 1990, 계(契)의 역사적 분화·발전 과정에 관한 시론(試論). 사회와 역사 17: 54~88쪽.
김필동, 1989, 조선시대 契의 구조적 특성과 그 변동에 관한 연구. 서울대학교 대학원 박사학위논문.

3) 산림의 격리와 송계

'산림천택 여민공지'라는 산림정책의 기본이념에서뿐만 아니라, 『경국대전』의 「형전」(금제)과 「공전」(재식, 시장)에서도 산림의 사점은 금지되어 있으되, 땔감 채취장인 시장(柴場)은 수변으로부터 일정 범위를 지정하여 땔감을 마련할 수 있도록 하였다. 그러함에도 산림 사점은 건국 초기부터 권세가들이 사점하여 태조(1395년)가 이를 꾸짖고 엄벌을 명하였다.[181] 그럼에도 사점 행위는 사라지지 않았다. 세조 13년(1467년)에 "재상들이 산택(山澤)을 많이 점거하여 땔감을 하는 초소(樵蘇)의 땅으로 삼으니, 백성들이 매우 괴롭게 여기는데, 경이 낱낱이 추핵(推劾)할 수 있겠는가?"[182]라는 내용이 전해지고 있어 세력가 사이에 산림천택이 꾸준히 점유되고 있음을 알 수 있다.

앞에서도 소개했듯이 산림 사점을 명시한 법전이 완성된 후, 성종(재위 1469~1494)이 출가하는 선대 예종의 딸 현숙공주에게 시장을 사급함으로써 선례를 만들어 뒤를 이은 연산군은 왕자 제군에게 시장을 마구 하사하였다. 국법을 어긴 것이기에 조정에서 군신간에 쟁론은 물론 백성들에게 많은 어려움을 일으켰다. 금령이 엄중히 시행되고 있는 시기에도 산림 사점이 문제가 되어 백성의 삶이 황폐한 상태임을 보여준다. 명종 9년 12월 10일 (1554년)의 기록이 이를 대변한다. 한성부 주변의 주요 산이 도성 내외사산으로 금산인 데다, 시장이 권세가들에게 절수되어 땔감의 시중 가격이 오르고 기근으로 식량값도 올라서 경성민들에게 이중의 고통을 준다는 내용이다. 16세기의 상황이다.

---

181) 태조실록 8권, 태조 4년 11월 7일(1395년) : 上曰: "達官之家, 各占畿內草木茂盛之地, 禁民樵采, 甚爲未便. 其令憲司, 嚴加禁理."(임금이 말하였다, "고관들의 집에서 각각 기내(畿內)의 초목이 무성한 땅을 차지하여 백성들의 채초(採樵)를 금하는 것은 타당하지 못하니, 헌사로 하여금 엄하게 규찰하여 다스리게 하라."

182) 세조실록 43권, 세조 13년 9월 4일(1467년). 大司憲梁誠之等入內, 仍命誠之曰: "宰相多廣占山澤, 以爲樵蘇之地, 民甚苦之, 卿能一一推劾乎?" 誠之對曰: "敢不盡心?" 양성지(梁誠之)에게 명하여 이르기를, "재상(宰相)들이 많이 산택(山澤)을 점거하여 초소(樵蘇)의 땅으로 삼으니, 백성들이 매우 괴롭게 여기는데, 경이 낱낱이 추핵(推劾)할 수 있겠는가?" 하니, 양성지가 대답하기를, "감히 마음을 다하지 않겠습니까?" 하였다.

남원우(1988)는 공리지에서 분리되는 대표적인 절수를 시장, 어전, 해택이라고 밝히고 있는데 그중에서도 시장의 점유가 매우 심각한 문제임을 알수 있게 한다. 조선후기로 갈수록 산림자원은 산송(山訟) 문제가 덧붙여져서백성들의 삶터에서 점점 멀어져서 산림과 백성이 격리되고 있다. 산은 또한임목의 감소로 벌거숭이 산이 되기도 하는데 그 이유를 김대길(2006)은 전함과 물자 운송용 선박 건조를 위한 조선재의 증가, 산업 발달로 인한 민간수요 증가, 도시 인구 증가 등으로 인한 벌채량 증가로 주장한다. 화전개간도산림과 백성을 격리하는 주요인의 하나로 영향을 주었다.[183]

산림은 위로 임금에서부터 아래로 천민에 이르기까지 만백성의 살림살이에 필수 불가결한 자원이었다. 위로부터는 강력한 금송정책, 좌우로는 세력가들로부터의 절수에 의한 주거지 주변 산림점유, 전주(田主)로부터 땔감수취 등으로 산림이용에 있어서 전후좌우 사면초가에 몰린 백성들은 살림살이에서 자꾸만 위축되어 오는 산림이용의 어려움을 타개하기 위해 힘을합쳐 급박한 조치를 강구 하지 않을 수 없었다. 삶과 생명을 유지하기 위한절박한 상황에서 출현한 것이 또한 송계이다.

4) 송계의 유형과 기능

가) 유형

송계의 이름은 이외에도 의미가 동일하거나 유사한 것으로 금송계, 솔계,순산계, 금양계, 송리계, 삼림계, 애림계, 식림계, 산림계 등 다양하다(강성복,2003). 그 외 나무와 관련한 계이름으로 죽계(竹契), 장목계(長木契), 회계(灰契), 판자계(板子契), 탄계(炭契), 황양목계(黃楊木契) 등이 있다(김삼수,1965/2010). 동계(洞契) 속에 금양에 관한 내용을 담고 있는 사례도 많이나타난다(박경하, 2003).

---

183) 김대길, 2006, 앞의 책. 201~204쪽.

앞에서 김삼수(1965, 2010)와 김필동(1989, 1990)이 연구한 계의 분류 중 송계는 촌락단위 계(동계, 족계)의 전형에 속하는 공동체이다. 박종채(2000), 강성복(2001), 배수호와 이명석(2018)은 송계의 유형을 시행주체와 시행목적에 따라 다음과 같이 구분하고 있다 ;

시행주체에 따른 송계는 관주도의 송계, 재지사족 주도의 송계, 기층민(里民) 주도의 송계로 분류한다.

시행목적에 따른 송계는 (국가수요의 공용산림에 대한) 금송(禁松)을 목적으로 하는 송계, 종산(선산)의 금양(禁養)을 보호를 목적으로 하는 송계, 보역(補役)을 위한 송계[184], 연료확보를 목적으로 하는 송계로 구분하였다.

그 외 배수호와 이명석(2018)은 조직범위에 따른 유형으로서 자연마을 단위가 단독으로 조직하는 독송계(獨松契), 법정리에 속한 대부분의 마을이 참여하는 리송계(里松契), 2개 이상의 법정리가 연합하여 결성하는 연합송계, 여기에 강성복(2001)은 산주와 인접 주민이 계약으로 땔감 채취를 허가하고 댓가를 받는 '산주계약송계'를 추가하고 있다.

그 밖에서 김경옥의 사례(2006)로 볼 때, 시행지역에 따른 유형으로 산간지역 송계, 도서연안지역 송계 등으로 구분할 수 있다. 배수호와 이명석(2018)은 송계원의 구성에 따라서도 송계산을 누구나 공유하는 공유계(共有契), 산림소유자나 산림 주변에 사는 사람들로 구성된 연합계, 지역민의 송계를 결성하여 타인 소유의 산림을 금양하는 부분계, 그 외 앞에 소개한 공유계, 연합계, 부분계 중 두 유형 이상이 결합된 혼합계로 구분한다.

또한, 각 향촌에 있는 각종 촌계류(동계, 촌계, 차일계, 상여계 등)와 관계에 따른 유형으로 송계가 상위인 경우 상위조직 송계, 타 계와 비교하여 산림분

---

184) 보용(補用) 또는 보민(補民)을 위한 송계로서 보호 대상 산림에서 나오는 땔감 등으로 판매하여 재원을 확보하고, 이를 활용하여 물적 금전적 이익을 취하는 취리(取利)로 계의 민고(民庫, 금고)를 운영하였다. 이 재원으로 토지를 사서 운영하는 등 계를 든든히 관리하였다. 송계의 재정운영에 관한 상세한 내용은 강성복(2001), 배수호와 이명석(2018), 배수호(2019: 보성군 복내면 이리송계의 사례)의 연구에 상세하게 설명되어 있다.

야에 전문적인 전문조직으로서 송계, 기존의 촌계류에 소속된 예속 송계
등으로 분류할 수 있다.

나) 기능과 역할

기능과 역할은 앞에서 송계의 유형을 분류하는 과정에서 목적에 따른
분류 내용에 그 대강의 내용을 짐작할 수 있다. 앞의 연구 사례와 경기 양성현
가좌동 송계를 연구한 한미라(2008, 2011)의 연구내용을 참고하여 송계가
지닌 주요 기능을 요약하면 아래와 같다 :

첫째, 산림보호 기능

송계가 관리하는 송계산(송계림)을 중심으로 산림보호기능은 가장 중요한
기능이다. 또한 공유산림을 보호하는 기능도 있는데, 특히 관주도의 송계류
인 경우 금산(봉산) 안에 송계산이 존재할 수 있는데 이런 경우 공유(公有)산
림인 금산도 보호하고 자체 송계산도 금양하는 기능을 지니게 된다.

둘째, 연료확보 기능

송계의 탄생 배경과 관련하여 가장 중요한 기능의 하나이다. 일상에서
필요한 건축재, 관재, 연료 등의 안정적인 확보를 보장하는 기능이다.

셋째, 종산(선산, 선영) 보호기능

대개 묘지로부터 연유한 대규모 사양산이 종중산의 역할을 함으로써 선산
을 보호하는 기능을 띠게 된다. 동일 성씨로 구성된 송계의 경우 가장 실익이
있는 기능의 하나일 수 있다.

넷째, 공동체적 상호규검(相互糾檢) 기능

계원은 송계규약을 철저히 지키고 상호 견제한다. 금벌 등의 범죄를 저질
렀을 경우 관에 고발하거나 관의 승인하에 자체적으로 처벌하며 벌금을
부과하기도 한다. 또한 재지사족 중심의 송계에서는 재지사족이 평민이나
노비의 규제를 통해 촌락지배를 강화하려는 의도도 있음을 간과하지 말아야
한다(한미라, 2008).

다섯째, 향촌 지배 질서의 재정립 기능

사족들이 점점 중앙세력을 잃어가면서 향촌사회에서 혈연이나 조직을
중심으로 세력을 유지하려는 경향이 있는데, 임란 후의 향약에서는 이들
양반의 상계(上契)와 상천(常賤)으로 구성된 하계가 출현하였다. 벼슬을 하
지 않고 향촌에 거주하던 사족들이 주도하는 상하 합계가 출현하였는데
송계(예: 가좌동 송계)에서도 나타났다. 이러한 현상은 상하민 질서를 재확립
하려는 목적을 지니고 있다고 해석한다.

5) 송계 문서

김삼수(1965/2010)의 연구에서 제시된 각종 계첩(契帖) 중 산림관련 계의
문서를 아래에 발췌한다 :
 - 船村契防節目 경진 순조 20년(1820) 또는 고종 17년(1880)
 - (可坐洞) 禁松契座目 무술 정조 2년(1778) 또는 헌종 4년(1838?)
 - 籠巖松稧座目 신해 정조 15년(1791?) 또는 哲宗 2년(1851)
 - 松稧完議 기미 정조 23년(1799) 以前
 - (河東) 松稧節目 경갑 정조 24년(1800)
 - (於屯里) 巡山契 을축 순조 5년(1805?)
 - 松契節目 갑인 철종 5년(1854) 正祖 18년(1794?)
 - (松洞) 沈氏山下里稧案 갑신 고종 21년(1884) 純祖 24년(1824?)
 - 交河農桑社節目 을유 고종 22년(1885)
 - 板子契 무자 英祖 44년(1768)
 - 食隅里莎草契 경오 고종 7년(1870?)
 - 店乭村莎草契 경오 고종 7년(1870?)

현재까지 알려진 송계 규칙 중에서 가장 조목이 상세하다고 알려진 것의
하나는 전남 영암군 구림지 대동계의 동헌(洞憲) 중 사산금벌(四山禁伐)인

데, 다른 송계의 규약에 비하여 도벌의 조사, 범인의 색출 및 관리자의 의무에 대한 항목이 각별히 상세하다.[185] 조선의 송계 규약의 주요 내용은 도벌에 대한 처벌규정이 중심이며 일본과 달리 용익(用益)이나 파식, 육림에 대한 규정은 찾아보기 힘들다(이우연, 2010).

이상의 내용으로 백성들의 살림살이에서 점점 산림 이용이 어려워지고 사방에서 압박을 받고 있음을 확인할 수 있었다. 근본적으로는 조정이 백성의 삶을 제대로 살피지 못했다. '송정'과 '금제'에 집착하느라 산림이 필수적으로 공급되어야 할 백성의 삶에 산림 이용이 점점 압박을 받아 살림살이가 피폐화되어가는 것을 간과하였다. 이처럼 송정으로 인한 민생의 삶이 압박을 받게 된 것을 조선시대 삼정 문란이라 일컫는 전정, 군정, 환정과 아울러 송정을 더하여 사정문란(四政紊亂)이라 부를 만하다.

10. 산림황폐의 실태와 정약용 형제의 제안

가. 기록에 나타난 산림황폐의 실태

이성계는 역성혁명으로 조선을 건국하면서 '산림천택 여민공지'를 산림정책의 기본이념으로 내세우는 한편, 법령과 즉위교서[186]를 통해 산림의 사점을 엄격하게 금지하여 의식주의 근본이 되는 산림을 모든 백성이 장애 없이 이용할 수 있도록 함으로써 나라의 근본인 백성을 편하게 하여 민본주의 이상을 실현하고자 했다. 하지만 '전하께서 즉위하신 뒤로 고려시대의 잘못된 제도를 고쳐서 산장(山場)과 수량(水梁)을 몰수하여 공가(公家)의 소용으

---

185) 송계 규약의 내용에 대해서는 특히 박종채(2000), 강성복(2001)의 연구에서 자세히 살펴볼 수 있다. 김필동(19189, 1990), 이우연(2010)의 연구에서는 「松明洞禁松契帖」의 내용을 확인할 수 있다.

186) 1397년의 『경제육전』과 1398년(9월 12일) 가을에 선포한 〈즉위교서〉 32조목 중 21번째 조목(아래 참조) 一, 魚梁川澤, 司宰監所掌, 勿令分屬司饔, 以一出納; 山場草枝, 繕工所掌, 勿令私占, 輕定其稅, 以便民生.

로 하였다.'라고[187] 공언 하였으나, 고려말에 횡행하였던 권문세가들의 산림 사점 행위를 완벽하게 막지 못하여 그대로 조선 시대로 이어진 것으로 보인다. 이미 태조 4년 11월 7일(1395년)의 『조선왕조실록』 기록을 통해 어렴풋이 짐작할 수 있다 ; 上曰 達官之家 各占畿內草木茂盛之地 禁民樵採 甚爲未便 其令憲司 嚴加禁理.

"고위 집권자들이 경기도내 초목이 무성한 땔감 채취장을 점하니 일반 서민의 고난과 불편이 심하므로 헌사에 명하여 사리에 따라 엄금할 것이다."

그러나 이 기사에서 주목할 사항은 '땔감 채취장을 점하니 일반 서민의 고난과 불편이 심하므로'라는 구절이다. 땔감 채취장(柴場) 점유로 일반 백성들의 삶이 불편하게 되므로 엄격히 다스린다는 내용이다. 건국초에 '산림천택 여민공지'의 천명과 함께 태조의 즉위교서를 통해 산림을 공용함으로써 (비록 위 기사는 발표 전이지만) 백성의 삶을 편안하게 한다는 의지를 갖고 있었는데, 권력자들의 산림 사점은 이와 같은 태조의 의지에 기본적으로 위배되는 것이었다. 이처럼 건국 초부터 조선왕조의 산림은 백성의 삶을 편안하게 해주지 못하였던 것으로 짐작한다.

산림 사점은 국가가 해당 산림에 관리의 힘이 미치지 못하게 되는 폐단을 일으키기도 하고, 사점한 자가 마음대로 이용을 함부로 하는 문제를 지니기도 한다. 화전을 일구고, 불을 질러 사냥을 하며, 작벌(벌채)이 횡행하여 황폐되기 일쑤였다. 이러한 현상은 조선왕조 내내 일어나고 있는데 아래에 서른두 개의 사례로 산림황폐의 실상을 알 수 있는 기록을 제시한다.

사례 ① 세종 1년 7월 28일(1419년)

유정현이 왜구 침입에 관한 대비책을 조목별로 아뢰는 내용이나 시행되지 못하였다.

(중략)"근래 각도에서 여러 해 동안 배를 만든 까닭에 쓰기에 적합한 소나

---

187) 한영우 역, 2012, 조선경국전. 정도전 원저 朝鮮經國典. 올재. 81쪽.

무는 거의 다 없어졌으므로, 소나무를 베는 것을 금하는 것이 이미 법령에 정해 있으나, 무뢰한 무리가 혹은 사냥(田獵)으로 혹은 화전(火田)으로 말미암아, 불을 놓아 연소하여 말라 죽게 하며, 혹은 산전을 개간하거나, 혹은 집을 짓거나 해서, 때 없이 이 나무를 베어 큰 재목이 날로 없어져 가는 데 이른 것입니다. 어린 솔은 무성하지 못하게 되어, 장차 수년이 못되어 배 만들 재목이 계속되지 못할까 진실로 염려 아니할 수 없는 것입니다. (중략). 부근에 있는 비어있는 땅에 선군을 감독하여, 많이 소나무를 심어서 뒤에 쓸 것을 예비하게 하소서." 하니, 상왕이 "병조와 정부로 하여금 의논하여 올리라."고 하였으나 일이 마침내 시행되지 못하였다.

사례 2 세종 14년 12월 18일(1432년)

이조 참판 김익정이 소나무의 작벌 금지와 공부를 정하는 것에 관해 아뢰는 내용이다.

> 吏曹參判金益精啓: "松木, 戰艦之材, 國家曾立法, 禁其斫伐.
> 每當歲季, 令各道州縣計其條數以啓, 以爲煩數, 中廢不行.
> 從此禁防稍弛, 松木殆盡, 誠爲未便." 上曰 "卿言是矣."(이하
> 생략)

이조 참판 김익정(金益精)이 아뢰기를, "소나무는 전함을 만드는 재목이온지라, 국가에서 일찍이 법을 세워 그의 작벌하는 것을 금하고, 해마다 연말에는 각도의 주(州)·현(縣)으로 하여금 그 그루 수를 계산하여 아뢰게 하였사온데, 이를 번거롭게 여기어 중도에 폐하여 시행하지 아니하였기로, 이로부터 금하고 막는 것이 해이해져서, 소나무가 거의 없어졌사오니 진실로 편하지 못하옵니다." 하니, 임금이 말하기를, "경의 말이 옳다."고 하였다.

사례 ③ 세종 21년 9월 8일(1439년)

의정부가 소나무의 벌채를 금하는 내용이다.

> 議政府啓: "松木之禁, 載在《六典》, 近者攸司檢察陵夷, 盡伐
> 松木, 實爲未便."

의정부에서 아뢰기를, "소나무의 벌채를 금하는 것은 《육전(六典)》에 실려 있사온데, 요사이 유사(攸司)의 검찰이 해이해져서 소나무를 모조리 베오니 실로 온당하지 못합니다."

사례 ④ 세조 7년 4월 27일(1461년)

병조에서 소나무 베는 것을 엄금할 것을 건의하는 내용이다.

> 兵曹啓: "禁伐松木之法甚嚴, 然京外官吏及山直等狃於尋常,
> 專不糾檢. 因此造船材木斫伐殆盡, 請自今國用外官家及兩
> 班家則用不可造船松木, 庶人家則用雜木. 京外有松木諸山,
> 擇勤謹者定爲山直,……(이하생략)." 從之.

병조에서 아뢰기를, "소나무 베는 것을 금하는 법은 매우 엄하지만, 그러나 경외(京外)의 관리와 산지기들이 예사로 여기고 살피어 금제(禁制)하지 아니합니다. 이로 인하여 배를 만드는 재목이 거의 다 베어졌으니, 청컨대 지금부터 나라에서 쓰는 것 이외의 관가나 양반은 배를 만들 수 없는 소나무를 쓰게 하고, 서인의 집은 잡목을 쓰게 하소서. 경외의 소나무가 있는 여러 산에 부지런하고 조심하는 자를 선택해서 산지기로 정하되,……(이하생략)"

사례 ⑤ 세조 8년 4월 7일(1462년)

관리를 보내 경기·충청·강원·황해·전라·경상도의 금송에 대해 살피도록 하는 내용이다.

승정원에 전교하기를, "소나무를 벌채하는 것을 금하는 것은 이미 오래되었다. 그러나 수령이 필시 받들어 행하지 않을 것이니, 조정의 관리 일로 인하여 제도(諸道)에 간 자로 하여금 겸하여 살펴보아서 아뢰게 하라."하니, 승정원에서 아뢰기를, "조정의 관리로 제도에 봉사(奉使)한 자는 모두 올라왔으니, 별도로 선차(宣差)를 보내는 것이 편하겠습니다." 하므로, 그대로 따르고, 즉시 명하여 경기·충청도·강원도·황해도·전라도·경상도에 나누어 보내도록 하였다. 선차란 왕이 내린 명령을 전달하기 위하여 사람을 보내는 것을 말한다.

사례 ⑥ 성종 23년 8월 5일(1492년)

사헌부 대사헌 김제신 등이 토목 공사를 줄일 것을 상소하는 내용이다.

사헌부 대사헌(司憲府大司憲) 김제신(金悌臣) 등이 상소하였는데, 그 대략에 이르기를, (중략) "건물이 크면 반드시 특이한 재목이 있어야만 쓸 수 있을 것입니다. 지금 강원도에서 목재가 나는 지역은 모두 민둥산이 되어 남은 곳이 없으므로, 모름지기 좋은 재목은 반드시 멀고 험한 곳에서라야 구할 수 있기에 보통 때보다 힘이 배나 듭니다. 지금 영선(營繕)에 쓰이는 필요한 것들은 관에서 그 값을 지급하는데, 생각건대, 액수가 매우 많을 것입니다. 그러나 재목값은 비싼데 관에서 지급하는 돈은 싸기에 백성은 힘입을 곳이 없습니다. 더욱이 관에서 독촉하는 것이 성화같고, 또 채찍질이 뒤따르기 때문에 운반할 때 우마가 지치고 백성에게 큰 고통이 됩니다. 또 선군(船軍)을 설치한 목적은 본디 방수(防戍)에 있습니다. 한 달은 관에 있고 한 달은 집에 있어 상번(上番)과 하번(下番)이 휴식하는 것은 그 노고가 다른 것보다 배나 되기 때문입니다. 그런데 지금 또 몰아다가 영선을 시키니 양식을 싸가지고 왕래하느라 휴식할 시간이 없어 농토가 드디어 황폐해져서 김맬 여가도 없으니, 처자가 울부짖은들 무엇으로 구휼할 수 있겠습니까? 이것은 더욱 불쌍한 일입니다." 하였으나 들어주지 않았다.

사례 ⑦ 중종 7년 5월 14일(1512년)

강원도 관찰사 고형산이 백성의 쌓인 불합리성을 말하는 내용이다.

(중략)>...“또, 때에 맞추어 산림(山林)을 벌채하면 그 재목을 다 쓸 수 없는 것인데, 폐조 때에 수변(水邊) 근처에 있는 쓸 만한 재목은 다 작벌하여 하나도 남지 않았으므로, 지금 공안에 실린 재목과 판자를 구해낼 만한 곳이 없거니와, 비록 궁벽한 골짜기에서 얻는다고 해도 인력이 모자라는 자는 쉽게 운반할 수 없으므로 경강(京江)에서 사서 바치므로 그 폐가 적지 않거늘”,...(이하생략).

사례 ⑧ 중종 20년 4월 24일(1525년)

영사 남곤이 강원도의 산림 상황을 아뢰는 내용이다.

(중략) “강원도는 명산(名山)이 많기로 이름난 곳인데, 벌채가 잇달아 해변(海邊)의 산이 모두 벌거숭이가 되어버렸습니다. 그래서 지금은 모두 3~4식경의 거리에서 벌채하여 소와 말로 운반하므로 백성의 힘이 더욱 지치게 됩니다. 조종조(祖宗朝)에서 백성에 대한 생각이 깊었기 때문에 법을 세우고 제도를 정하여 각각 등급이 있었습니다. 그러나 아랫사람들을 금단하려면 마땅히 위에서 솔선하셔야 할 것인데”...(이하생략)

사례 ⑨ 중종 36년 3월 20일(1541년)

영사 윤은보(尹殷輔)가 재목의 척수를 줄여 목재 생산의 폐단을 감하는 내용이다.

“재목이 생산되는 각 고을에도 재목이 이미 다 없어져 산이 벌거숭이가 되었으니, 칸수를 제도에 지나치게 해서는 안 됩니다. 충청도인 경우는 조령(鳥嶺)을 넘어가서 베어 와야 하며, 강원도의 경우는 미시파(彌時坡)를 넘어가서 베어 오니, 모두 끌고서 높은 재를 넘어 운반하게 됩니다. 한 개의 나무를 운반하는 데서 생기는 폐단은 상상할 수가 있습니다. 이 때문에 재목이 생산되는 각 고을의 주민들이 정처 없이 떠나버려 거의 비어 있는 성(城)이 많습니다. 만약 칸수와 재목의 척수(尺數)를 줄인다면 그러한 폐단은 줄어들 것입니다."

사례 ⑩ 선조 27년 1월 17일(1594년)

기근으로 사람을 잡아먹는 일을 엄금할 것을 명하는 내용이다.

사헌부가 아뢰기를, "기근이 극도에 이르러 심지어 사람의 고기를 먹으면서도 전혀 괴이하게 여기지 않습니다. 그러므로 길가에 굶어 죽은 사람(시체)에 완전히 붙어 있는 살점이 없을 뿐만이 아니라, 어떤 사람들은 산 사람을 도살(屠殺)하여 내장과 골수까지 먹고 있다고 합니다. 옛날에 이른바 사람이 서로 잡아먹는다고 한 것도 이처럼 심하지는 않았을 것이니, 보고 듣기에 너무도 참혹합니다. 도성 안에 이와 같은 경악스러운 변이 있는데도 형조에서는 무뢰한 기민(飢民)이라 하여 전혀 체포하거나 금하지 않고 있으며 발각되어 체포된 자도 또한 엄히 다스리지 않고 있습니다. 당상과 낭청을 아울러 추고하고, 포도대장으로 하여금 협동하여 단속해서 일체 통렬히 금단하게 하소서."하니, 상이 따랐다.

위와 같은 상황은 유성룡(1542~1607)의 『징비록』에도 기술되어 있는데, 왜적의 칼날 때문만이 아니라, 임진왜란 초부터 계속된 흉년으로 기근과 1593년(선조 26년) 초부터 크게 번진 전염병으로 영남의 경우 문경 이하로부터 밀양에 이르기까지 수백 리가 텅 빈 상태였다고 하였다. 이 내용은 제7절 사. 산림관련 산업동향에 자세히 소개한 바 있다.

사례 ⑪ 선조 29년 9월 28일(1596년)

사헌부가 한성부 군자감 주부(軍資監主簿) 김영(金瑩)의 금단 태만을 사유로 파직을 청하는 내용이다.

사헌부가 아뢰기를, "군자감 주부 김영은 사람됨이 패망(悖妄)하고 행실이 무상하여 의관(衣冠)의 반열에 끼일 수 없으니 파직하고 서용(敍用)하지 말도록 명하소서. 도성의 사방에 있는 산은 수백 년 동안 키워온 나무들로 가득 채워져 있었는데 병란을 겪으면서 거의 벌거숭이 산이 되었습니다. 그런데 근래에도 도벌을 당해 도끼질하는 소리가 낮이나 밤이나 끊이지 않습니다. 그런데도 감역관들은 모른 채 놔두고 조금도 도벌을 금하지 않아 울창하던 기색이 날로 쓸쓸해지고 있습니다. 그들이 지나치게 직무를 유기하고 있으므로, 자세히 캐물어 엄하게 죄를 다스리도록 명하소서. 한성부는 마땅히 조심하도록 단단히 타일러 금단하도록 해야 할 것인데도 태만하여 검찰하지 않았으니 또한 온당치 못합니다. 당상과 색낭청을 모두 추고하도록 하소서."

사례 12 광해 13년 3월 21일(1621년)

도성 안팎의 소나무 벌채 단속을 명하는 내용이다.

왕이 전교하였다. "도성 사방에 있는 산들이 볼품없이 벌거숭이가 되어 이미 민둥산이 되어 버렸다. 전후로 하교한 것이 한두 번이 아닌데 유사가 전혀 살펴 처리하지 않고 있으니 직책을 수행하지 못함이 심하다. 도성 안팎에 있는 남산 및 다른 산과 사대문 밖에서 소나무를 베어가지고 오는 자를 각별하게 잠복 순시하였다가 체포하여 아뢰라고 네 곳 포도청의 종사관에게 일러 보내도록 하라."

사례 13 인조 13년 4월 17일(1635년)

사헌부의 진언으로 공청 수사 이언척(李言惕)을 갈취와 송목 범작으로 파직하는 내용이다

"공청 수사 이언척이 수졸(水卒)에게서 갈취하여다 권문세가에 뇌물을 쓰는가 하면, 금송을 함부로 베어다 큰 배를 제조하여 그의 친지에게 주었다 합니다. 파직을 명하소서." 하니, 상이 따랐다.

사례 14 현종개수실록 18권, 현종 9년 2월 28일(1668년)

대사간 이태연 등이 소나무 벌채를 금하는 것 등을 아뢰는 내용이다.

대사간 이태연 등이 아뢰기를, "연해변의 소나무 벌채를 금하는 것은 그 뜻이 범연한 것이 아닙니다. 그런데 근래에는 법망이 해이해져 삼남의 연해변이 대부분 벌거숭이가 되었습니다. 나주의 팔이도(八尒島)는 내수사에 소속되어 있는 곳인데, 소금을 구울 때 내수사의 수본(手本)으로 인해서 전례에 의해 소나무를 가져다가 쓰라는 명이 있었다고 합니다. 바닷가에서 소금을 구울 때는 비록 잡목을 쓰더라도 구울 수 있습니다. 그런데 하필 소나무를 베어 쓰도록 해서 무궁한 폐단을 열어놓는단 말입니까. 해조로 하여금 다시 내수사에 분부하여 소나무를 베어 쓰는 것을 허락하지 말게 하소서."(중략) 하니, 단지 소나무의 벌채를 금하라는 아룀만 윤허하였다.

사례 15 숙종 4년 4월 28일(1678년)

절수를 중지하여 지리산의 벌목·화전 조성을 금하게 하는 내용이다.

헌부에서 아뢰기를, "이제 이 용동궁(龍洞宮)에서 절수(折受)한 함양·엄천·마천은 지리산의 깊숙하고 험한 산속입니다. 지리산은 바로 한 나라의 명산으로 산허리 이상을 벌목하여 벌거숭이 산을 만들고, 불을 놔서 화전을 일구면 그 해를 이루 말할 수 없으니, 청컨대 빨리 절수를 중지하여 백성의 소망을 위로하소서." 하였으나, 임금이 따르지 않았다. 아홉 번이나 아뢰어서야 비로소 윤허하였다.

사례 16 숙종 6년 1월 6일(1680년)

황해도의 좁고 험한 고개와 영변의 성에 양곡 저장하는 일의 비변사의 사목 20 조항에 관한 내용이다.

(중략)1. 동선(洞仙)과 여러 영은 반드시 나무가 있어야만 지키는 데 유익할 것인데, 지금 화전이 산꼭대기까지 널리 꽉 차 있어서 민둥산이 되어

버렸다. 본관으로 하여금 화전을 엄금하고 아울러 산불도 금하고 벌목(伐木)의 근심도 없게 해야 한다. 병사는 우후(虞候)로 하여금 봄과 가을에 순행하여 살피게 하고, 본도 감사는 이로써 수령(守令)에 대해서 성적 평가의 기준으로 삼는다. (이하생략).

사례 ⑰ 숙종 21년 1월 23일(1695년)

비변사가 이날에 올린 「삼남순무사응행절목(三南巡撫使應行節目)」의 내용은 울창한 산림이 무참히 황폐되어 있음을 적나라하게 알 수 있게 한다. 연안의 30리 이내가 국법으로 금송이고 별도로 의송산으로 봉하여 내려오는데도 폐해가 무궁하며, 특히 해변의 큰 산으로 지리산이 으뜸인데 수어청이 둔전을 설치한 이후로 5,6백리 사이에 나무라고 남은 곳이 없어 마치 가죽을 벗겨놓은 짐승과 같아 놀랍고 참담하다고 기록하고 있다.

사례 ⑱ 숙종 25년 8월 30일(1699년)

좌의정 서문중이 뗏목 지키는 일을 청하는 내용이다.

"황장 금산이 이미 모두 민둥산이 되었고, 오직 삼척·강릉에만 약간 쓸 만한 재목이 있는데, 판상(板商)들이 인연하여 들여오기를 도모하고 있으니 그 재목을 침범할 우려가 있습니다. 고산 찰방(高山察訪)이 철령(鐵嶺)을 지키는 예(例)에 의거하여 수령 가운데에서 차원(差員)을 정하여 정선·영월 사이의 뗏목이 내려오는 길목을 지키게 하소서." 하니 임금이 옳게 여겼다.

사례 ⑲ 숙종 45년 6월 5일(1719년)

세자가 대신과 비국(비변사)의 재신들을 인접하며 도벌을 금단하는 요청을 따르는 내용이다.

공조 판서 민진후(閔鎭厚)가 말하기를, "관방(關防)의 땅에 수목이 무성하여 울창하면 성지(城池)를 담당할 수 있으므로, 조령(鳥嶺)의 수목을 배양해 온 지 해가 오래되어 자못 무성해졌는데, 근래에 몰래 작벌한 것이 이루 셀 수가 없으며, 관재(棺材)로까지 베었기 때문에 장차 민둥산이 될 지경에 이르렀다 합니다. 관방의 중요한 땅을 도벌에 맡겨둘 수는 없으니, 마땅히 본도(本道)로 하여금 조사하여 감죄(勘罪)할 수 있도록 엄중하게 과조(科條) 를 정하여 각별히 금단하게 하소서." 하니, 세자가 그대로 따랐다.

사례 ⌷20⌷ 영조 13년 2월 3일(1737년)

승지 조명신(趙命臣)이 말하기를, "관동의 화전은 경작이 산등성이에까지 이르렀기 때문에 숲을 잇따라 연소시키고 있어 인삼과 백출(삼출)의 공납이 거의 끊기고 있습니다. 그리고 천택을 막아 놓았기 때문에 뱃길이 통하기 어렵게 되었으니, 산허리 이상에다 기경(起耕)하는 것은 금지시킴이 마땅합 니다."

사례 ⌷21⌷ 영조 30년 6월 23일(1754년)

한성부에서 이후채·이후춘·이후혁 등이 송금의 법을 범한 사실을 고하 는 내용이다.

한성부에서 아뢰기를, "근래 송금이 해이하므로 잇달아 신칙하였는데, 일전에 산지기들이 한 사대부(士大夫) 집에서 산 소나무를 마구 베어 낭자하 게 쌓아 둔 것을 보고 잡으려 하였더니, 세 사람이 산지기를 마구 때리고 도끼로 정강이를 찍어서 바야흐로 죽을 지경에 있고 또 금패(禁牌)를 빼앗았 습니다. 이러한데도 버려두면 법을 어지럽히는 무리를 금지할 수 없으니, 사대부라 하는 이후채·이후춘·이후혁 등을 법을 적용하여 엄히 처치하소 서." 하니, 그대로 따랐다. 또 파춘군(坡春君) 이목(李穆)의 관직을 삭탈하였 다.

사례 22 정조 5년 4월 5일(1781년)

영의정 서명선의 환곡의 폐단과 무분별한 소나무 벌채에 관해 논의하는 내용이다.

서명선이 또 아뢰기를, "지금 여러 도의 폐단 가운데 가장 근심스러운 것은 송정(松政)입니다. 각처의 송산(松山)이 민둥산이 되어버린 것은 오로지 전선(戰船)을 개조(改造)한 데서 초래된 것입니다. 그런 때문에 앞서 기한이 찬 배는 병영(兵營)과 수영(水營)에서 직접 살펴 다시 보고하라는 내용으로 잇달아 신칙을 가하였는데, 근일 통제사의 장본(狀本)을 살펴보건대, 처음에 아뢴 다섯 척의 전선 가운데 기한이 차지 않은 것이 2척이나 들어 있으니, 청컨대 전 통제사 서유대(徐有大)를 종중 추고하게 하고, 이런 내용으로 여러 도의 수신(帥臣)들에게 신칙하소서."하니, 그대로 따랐다.

사례 23 정조 7년 10월 29일(1783년)

비변사에서 올린 제도 어사 사목 중 안면도의 상태를 기술한 내용을 소개한다.

〈호서어사사목(湖西御史事目). 호서일로(湖西一路)는 상도(上都)와 가장 가까워 기보(畿輔)의 울타리가 되는 곳으로 옛적부터 사대부의 고을이라 했었다. 우의 연안은 생선과 벼가 아름답고 좌의 산협(山峽)은 의식이 풍족하여 또한 민생들의 부요(富饒)한 살림살이의 자본이 되고 있다. 근래에는 풍속이 점차로 야박해져 시들함이 갈수록 심해지고 있으니, 질고를 물어보아 폐막(弊瘼)을 제거해야 할 것이다. (중략)

1. 안면도는 선재(船材)의 봉산(封山)인데도 도끼와 자귀가 날마다 드나들어 도벌이 갈수록 심해지고 있는 데다가, 함부로 일구는 폐단이 있기까지 하여 극도에 달하게 되었다. 아름드리의 목재가 이미 남김없이 다 되어버렸고 파식(播植)하는 규정도 방치하고 거행하지 않았으니, 당초에 거듭 금단하지 않은 수신(帥臣)과 수령은 의당 죄가 있게 되거니와,

도벌한 사람이나 개간한 사람도 또한 당률(當律)이 있으니, 반드시 염탐하고 검찰하여 준엄하게 감단(勘斷)해야 한다.

사례 24 정조 11년 9월 30일(1787년)

삼남 암행어사 김이성이 금송에 대해 보고하는 내용이다.

(중략) "금오산성(金烏山城)의 송금은 어떠한가?" 하니, 김이성이 말하기를, "영남의 여러 산은 곳곳이 헐벗었으나, 오직 이 금오산만은 한 점의 푸른 빛이 있습니다. 종전에는 송금을 20리로 한정하였는데, 조시준(趙時俊)이 도백(道伯)이었을 때에 개령 백성의 무소(誣訴) 때문에 줄여서 10리의 한계를 정하였으므로, 진민(鎭民)이 이제까지 원통하다고 합니다." 하니, 임금이 말하기를, "이제 전대로 한계를 정하면 좋을 것이다. 금송 정책은 범연히 보아 넘길 수 없다." 하였다.

사례 25 정조 22년 8월 4일(1798년)

능관(陵官)에게 직무를 잘 이행토록 하교하는 내용이다.

> 敎曰: "近來陵官之不勤於巡山, 初不禁飭偸斫. 今番鶯峰秋摘
> 奸, 使之拔例限數日遍察, 則昌陵主峰與局內近處, 拱把之木,
> 新斫痕損夥多, 而各陵初無巡山之守護軍云. 豈不痛駭乎? 一
> 從書啓, 當分等處分.(이하생략)."

"근래 능관이 산을 순찰하는 임무에 불성실하여 도벌을 아예 금지하지도 않고 있다. 이번에 앵봉(鶯峰)의 가을철 적간(摘奸)을 행하면서 그들로 하여금 특별히 며칠 동안을 기한으로 두루 살펴보게 하였더니, 창릉(昌陵)의 경우 주봉(主峰)과 구역 안 가까운 곳의 한 줌 정도 되는 나무들이 새로 도벌된 흔적이 많았으며 각릉에 당초 산을 순찰하는 수호군도 없었다고 하였다. 이 어찌 통분하고 놀라운 일이 아니겠는가. 일체 서계(書啓)한 대로

등급을 나누어 처분을 내려야 할 것이다." (이하생략)

사례 26 정조 22년 10월 12일(1798년)

연일 현감 정만석이 역폐·부폐·적폐·해폐·산폐·삼폐 등에 대해 상소하는 내용이다.

(중략) "다섯째, 산폐(山弊)에 대해서 말씀드리겠습니다. (이하생략. 자세한 내용은 제9절 다. 송정의 폐단 참조.)

사례 27 정조 22년 10월 13일(1798년)

앞 사례 26에 소개한 연일 현감 정만석의 상소에 대해 비변사가 복계하는 내용이다. (중략)

"다섯째, 산폐(山弊)에 대한 일입니다. 근래 송정이 날이 갈수록 점점 해이해지는 탓으로 공산(公山)이니 사양산(私養山)이니 할 것 없이 가는 곳마다 헐벗은 곳뿐이니 정말 작은 걱정거리가 아닙니다. 그런데 갈평(葛坪) 등 네 곳이 문안(文案)에 기록된 지 이미 오래되었고 보면 갑자기 혁파할 수 없는 점이 있으니 이것은 그냥 놔두도록 해야 하겠습니다. 그리고 이와 함께 산림을 보호하도록 신칙하여 산이 울창해지는 효과를 볼 수 있게 해야 하겠습니다."(이하생략)

사례 28 순조 7년(1808년)에 출간된 『만기요람(재용편)』

『만기요람』(재용편)에 조선에서 소나무가 많기로 유명한 호서, 호남, 영남, 해서, 관동, 관북 지방의 15군데를 저명 송산(著名 松山)으로 제시하였다(〈표 6-13〉 참조). 하지만, 1808년 당시 이미 울창한 정도가 점점 전과 다르고, 각처의 소나무가 잘 되는 산으로 일컫는 곳까지도 간간이 한 그루의 나무도 없으며, 장흥의 천관산은 곧 원(元) 세조(世祖)가 왜를 공격할 때 배를 만들던 곳인데 지금은 민숭민숭하여 한 그루의 재목도 없다고 지적하고 있다. 이어서, 재목의 쓰임이 날로 궤갈(匱竭)하여 수십 년이 지나면 궁실, 전선, 조선의 재목을 다시 취할 곳이 없으므로 이것을 근심한다고 기록하고 있다(민족문화추진회, 1971). 저명 송산이 그럴진대 민가에 가까운 다른 지역의 사정은 말할 필요도 없을 듯하다.

사례 29 순조 11년 3월 30일(1811년)

비국(비변사)에서 각도를 회계(回啓 : 임금문의 신하응답)하는 내용이 있는데 경상도의 내용이다.

1. 갈평(葛坪)·대송(大松)·북송(北松)의 세 봉산(封山)을 즉시 혁파하여 주민들에게 경작과 개간을 허락하는 데 대한 일입니다. 그런데 세 곳의 봉산이 들 가운데 위치하여 동탁(童濯 : 산에 나무가 아주 없음)의 근심을 면하지 못합니다. 경작을 하게 되면 주민들이 먹을 것이 넉넉해지지만 봉산을 하게 되면 주민에게 고통을 끼치게 된다고 합니다. 정말로 그 말과 같다면 그 명분 때문에 한갓 피해만 받게 할 수는 없습니다. 그러니 공문으로 도신에게 하문하여 형지(形止)를 상세히 탐지하도록 한 뒤에 품처(稟處)하게 하소서.

1. 경주의 봉산(封山)이 주민들에게 고질적인 폐단이 되니 특별히 혁파하는 데 대한 일입니다. 봉산의 폐단은 나무는 있는데 용도가 적합하지 않아 한갓 주민들에게 허다한 폐단만 끼치는 것이니, 명목과 실제가 서로 맞지 않아서 이와 같습니다. 그러나 지방 고을의 사정은 상세히 알기 어렵습니다. 도신에게 공문으로 물어서 보고를 기다렸다가 품처하도록 하소서.

1. 바람에 꺾였거나 저절로 말라 버린 소나무가 어지럽게 쌓여 있는데, 경내(境內)의 주집(舟楫(배의 노) 또한 망가지고 파손된 것이 많으니, 3년에 한 차례씩 베어다 수선하도록 허락하는 일입니다. 어민들의 사정상 배 만들기가 어려운 것은 본래 그러한 형편이었으나, 허다한 선민(船

民)에게 고루 혜택을 줄 방법이 없고, 봉산(封山)의 소나무 목재는 법의(法意)가 중대하며, 원할 때마다 번번이 따라주는 것 또한 형편상 어려우니 그대로 두게 하소서.

사례 30 고종 5년 5월 19일(1868년)

경상도 고성 등지의 소나무를 베는 자에 대해 처벌하도록 하는 내용이다.
의정부에서 아뢰길, "고성·대치·거제·남해 등지에 있는 소나무산이 모두 민둥산이 되어 전선(戰船)과 조선(漕船)의 재목을 가져다 쓸 곳이 없게 되었습니다. 그러니 이 뒤로 만약 기한 전에 배를 바치는 폐단이 있는 경우에는 해당 배의 주인을 무거운 쪽으로 형배(刑配)를 하고 동시에 소나무를 10그루 이상 베었을 때는 율에 따라 처단하겠습니다. 그리고 창선(昌善) 목장의 사산(四山) 솔밭에 대한 장부를 통영에 넘겨주어 소나무의 벌목을 금하고 어린 소나무를 잘 기르도록 신칙하는 일을 아뢴 대로 시행하게 하는 것이 어떻겠습니까?" 하니, 윤허하였다.

사례 31 고종 16년 2월 12일(1879년)

봉산이 벌거숭이가 되어 깊은 산에서 목재의 생산비용이 많이 든다는 내용이다.
의정부에서 아뢰기를, "경상 감사 이근필(李根弼)이, 본 도 조창선(漕倉船) 중 개조하지 않으면 안 되는 것이 29척이나 되는데, 근래 봉산은 벌거숭이로 변하고 약간의 소나무 재목은 모두 깊은 산꼭대기에 있으므로 찍어서 실어나르는 경비가 한정이 없습니다."(이하생략)

사례 32 고종 16년 11월 15일(1879년)

영의정 이최응(李最應)이 아뢰기를,...(중략)... "나라에는 세 가지 금하는 것이 있는데, 송금(松禁)이 그중 하나입니다. 그러나 최근 여러 도의 봉산(封

山)이 곳곳이 벌거숭이가 되어 궁전의 재목과 배 만들 재료들이 지금은 손댈 여지가 없게 되었으니, 각각 해당 도의 도신에게 관문으로 단단히 타일러(신칙) 송금을 엄히 금지하지 못한 수신(帥臣)과 수령은 적발하고 논계(論 啓)하여 소나무를 배양하고 기르는 일을 감히 전처럼 게으르게 하지 못하도록 하는 것이 어떻겠습니까?" 하니, 윤허하였다. (이하생략)

위 사례 이외에도 성종 5년(9월), 성종 6년(11월), 성종 7년(6월), 중종 24년(10월), 영조 원년(10월) 등의 기사에서 산림훼손의 실상을 알 수 있는 내용들을 발견할 수 있다.[188] 또한, 『성호사설』 제11권 인사문(人事門) 「양재목(養材木)」에 '국법에 산 중턱 위로는 개간(開墾)을 허락하지 않는 것은 재목을 기르기 위함인데, 근세에는 이 법(法)이 해이해졌으니, 이는 다만 재목만이 부족할 뿐 아니라, 언덕과 골짜기를 파헤쳐서 장마가 지면 산사태가 나고 개울이 막혀 전답이 파손(破損)되기도 한다.'라 하여 산림 훼손의 심각성과 악영향을 우려하고 있음을 볼 수 있다.

이상의 내용을 살펴보면 송목이 전함을 건조하는 재목이므로 국가가 금벌하는 것이기에 연말에 각지에 송목의 그루 수를 파악하여 왕에게 보고하도록 하였으나 귀찮다고 중도에 폐지하고(사례 ②), 검찰하지 않는 기강해이(사례 ③), 도성 밖 관리와 산직이 송목 금제를 지키지 않아 송목이 모두 베어지는 사태 발생(사례 ④), 도벌을 감시하지 않는 근무태만(사례 ⑤ ⑪ ⑫ ⑭ ⑬ ㉕ ㉜) 등 관기(官紀) 해이이고 근무태만 등 문란하기 짝이 없는 공직자의 모습을 엿볼 수 있다. 우리나라 산림은 지형이 험준하므로 건강한 체력을 요구하며, 보행이 쉽지 않아 접근이 어려우므로 성실한 태도를 필요로 한다. 이러한 악조건을 가진 근무장소에서 근면성실하게 근무하기란 쉽지 않다. 상소의 내용으로 볼 때 이것은 관리(공직자)의 태도 문제이기도 하지만 다른 한편으

---

188) 이상에 대한 상세 내용은 이숭녕의 다음 연구에도 제시되어 있다 :
　　이숭녕, 1981, 李朝松政考. 대한민국학술원논문집 20: 225~276쪽.
　　이숭녕, 1985, 한국의 전통적 자연관: 한국자연보호사 서설. 서울대학교 출판부. 571쪽.

로는 조선왕조 백성이 그만큼 송정을 엄격하게 지키는 것에 관심을 기울이지 않았을 가능성도 엿보인다.

수요처에서 가까운 지역의 송목을 과벌(過伐)로 벌거숭이 산이 되었으며 (사례 7⃞8⃞9⃞), 산을 불태워 화전 경작으로 일궈 깊은 지리산뿐만 아니라 많은 산의 정상까지 헐벗게 하기도 하였다(사례 15⃞16⃞). 힘 있는 세력이 개재되어 작벌함으로써 헐벗기도 하였다(사례 15⃞21⃞). 멀리 영월에서 뗏목 수운을 통해 운반할 때 도적에 의한 강탈도 염려해야 했다(사례 18⃞)는 점에서 당시 송재를 둘러싸고 경향 각지에서 얼마나 치열하게 다퉜는지 알 수 있게 한다 (오성, 1997).

생활에 꼭 필요하고 가장 긴요한 것을 하지 못하도록 하는 것은 반감을 사게 마련이므로 송정이 국민적 호응을 받지 못한 것이며 정책이 그만큼 백성의 삶과 괴리되어 있을 수 있다(사례 26⃞27⃞). 덧붙여 사례 29⃞는 봉산이 헐벗어 동탁 상태이니 해제하여 경작지 등으로 사용할 수 있게 개혁과 정책 전환을 요구하는 목소리도 있다.

조선 왕조 말기인 고종 때에 이르면, 상황은 더욱 심각하여 곳곳에서 재목 확보의 어려움을 겪고 있음을 알 수 있는데 만벌(滿伐)로 벌채할 수 있는 임목이 남아있지 않거나(사례 30⃞), 급기야 각도에 지정된 봉산마저 벌거숭이에 이르게 되었다(사례 32⃞). 그나마 남아있는 산림은 심산유곡의 원격지라서 심산벌채, 원격지 벌채는 왕복이동과 운반의 어려움으로 고비용과 육체적 고통이 가중되어 그야말로 고벌(苦伐)이었다(사례 31⃞).

〈표 6-26〉은 이상의 사례를 정리한 것이다. 금산과 송정이 제대로 관리되지 못하는 이유는 다양하였다. 백성의 삶에 필수재료이기도 하지만 무엇보다 다양한 목재 수요가 발생하였는데도 공급이 제대로 이뤄지지 못해 송목보호를 어렵게 하였다. 금표 내의 입장(入葬), 경작, 화전을 위한 입화(入火), 기강해이와 함께 이속(吏屬, 지방관리)과 산지기들이 소임을 빙자하여 폐단을 일삼는 사례가 많았다. 결국 관리 감독의 소홀과 이에 따른 백성과 아전들

표 6-26. 「조선왕종실록」 산림황폐 기사의 유형과 특징

사례	시대	훼손유형	상태(특징)
①	1419년/세종 1년 7월	송벌, 전렵, 화전, 개간, 주거	소나무 없어짐. 식송요청. 미시행
②	1432년/세종 14년 12월	州縣의 헤이	소나무 없어짐. 연말 제문 미시행
③	1439년/세종 21년 9월	收司의 헤이	점찰해이로 소나무 작벌
④	1461년/세조 7년 4월	경외(京外)관리 헤이	미금제 소나무 없어짐. 양반송목, 서인잠목, 산직
⑤	1462년/세조 8년 4월	헤이	금송 근배점검(구황이 지방관 근배 이심)
⑥	1492년/성종 23년 8월	과벌로 강원도 민둥산	토목공사 줄여 송제/소비조절, 선군(船軍) 배려 필요
⑦	1512년/중종 7년 5월	과벌	수번 송목 전우, 원격운제 문제
⑧	1525년/중종 20년 4월	과벌	해변 벌거숭이, 원격운제 문제
⑨	1541년/중종 36년 3월	과벌	벌거숭이, 尺數조정, 원적점군제심각, 무인마을 출현
⑩	1594년/선조 27년 1월	(좌아 흉년과 기근, 전염병)	식인육(食人肉), 문경~밀양 수백리 마을 텅 빔.
⑪	1596년/선조 29년 9월	전란, 작벌(주우), 헤이	벌거숭이, 직무유기, 당상/색낭청 주고를 청함.
⑫	1621년/광해 13년 3월	헤이	도성 사방 민둥산, 잠복 순시하여 체포
⑬	1635년/인조 13년 4월	벌목(범작)	송목 검거와 벌작, 선박 건조, 당답자 과식 요청.
⑭	1668년/현종 9년 2월	(벌망)헤이	산남 연해변 벌거숭이, 자염시 송목. 금벌만 운허!
⑮	1678년/숙종 4년 4월	접수, 화전	없는 지리산 벌거숭이. 접수와 화전금지
⑯	1680년/숙종 6년 1월	화전	정상까지 화전으로 민둥산. 둔전폐해, 화전/산불금지

표 6-26. (계속)

사례	시대	훼손유형	상태(특징)
17	1695년/숙종 21년 1월	둔전	삼남 연안30리 황폐, 지리산 5-600리 가죽벗긴 집승
18	1699년/숙종 25년 8월	뗏목도적	황장산 벌거숭이, 정선/영월 뗏목 지키기
19	1719년/숙종 45년 6월	도벌	판재까지 작벌로 민둥산 지경. 조사로 엄중조치 요청
20	1737년/영조 13년 2월	화전	화전으로 산정상까지 헐벗음. 기경 금지
21	1754년/영조 30년 6월	진역	사대부 황포(도기상해, 금폐강탈). 논죄와 관작삭탈
22	1781년/정조 5년 4월	전선개조	전선개조로 송산이 민둥산. 개조 기한 유지
23	1783년/정조 7년 10월	도벌, 해이, 개간	안면도 대경체없어짐. 수령, 수신, 개간자, 도별자 치죄
24	1787년/정조 11년 9월	과별, 금송한계	영남 곳곳 헐벗음. 금송 한계 20리로 환원
25	1798년/정조 22년 8월	해이, 도벌	능관 순산 태만, 수호군 순찰무. 등급 나눠 치죄
26	1798년/정조 22년 10월	백성침탈(산폐)	공물생산비 과다, 목제사용. 고의방해로 주민고통
27	1798년/정조 22년 10월	백성침탈(산폐)	26이 담뱃. 전구이 헐벗음. 산림보호토록 신칙
28	1808년/순조 7년	(만기요람 기록)	울밀도저하, 의송산/전관산 민둥산, 수십 년 후 材夫
29	1811년/순조 11년 3월	정색전환	봉산이 동타되어 주민에게 폐해, 혁파하여 개간필요
30	1868년/고종 5년 5월	만벌(滿伐)(필자 표현)	경상 고성지역 민둥산으로 더 이상 松材無. 養松
31	1879년/고종 16년 2월	고벌(苦伐)(필자 표현)	봉산은 벌거숭이, 삼산벌제는 고비용/집운제 고통
32	1879년/고종 16년 11월	해이	제도봉산 벌거숭이, 근무태만자 적발 논계

에 의한 불법과 탈법도 송금 해이의 주원인으로 볼 수 있다.[189] 이러한 여러가지 이유들로 조선의 산림이 황폐되어갔다.

나. 『목민심서(牧民心書)』와 『송정사의(松政私議)』로 본 산림정책의 실태와 대안

이상에서 조선왕조 산림정책의 몇 가지 분야에서 주요 내용을 살펴보았다. 조선왕조의 산림정책은 '산림천택 여민공지'라는 기본이념을 토대로 정책을 전개하였지만, 내용으로 보면 소나무 위주의 정책이라고 말한다. 이름하여 소나무를 중시하는 중송(重松) 정책이고 송정(松政)이다. 송정의 핵심은 소나무 벌채를 금하는 송금(松禁)이고 금송(禁松) 정책이니 금정(禁政)이다. 송거(松居)하며 산림(살림)살이 하는 우리 민족이 조선왕조 500년이라는 긴 기간 동안 중송으로 금정을 시행해온 산림정책의 결과는 조선왕조 말기의 실상을 살펴보면 알 수 있다. 문제 해결 의식을 가지고 민간 영역에서 산림정책을 바라보고 제안한 두 사람이 있으니 정약전과 정약용 형제이다. 정약용의 『목민심서(牧民心書)』와 정약전의 『송정사의(松政私議)』는 당시의 금정(禁政)의 결과를 생생하게 증언하고 있으며 아울러 현실적인 대안을 제안하고 있어서 당시 백성의 산림살이와 산림정책 연구에 많은 시사점을 준다.

1) 정약용의 『牧民心書』(1801~1818)

정약용(1762~1836)은 1789년에 식년문과 갑과에 급제하여 벼슬길에 오른 후 10년 동안 정조의 특별한 총애 속에서 예문관, 사간원, 사헌부, 홍문관, 경기 암행어사, 사간원사간(司諫院司諫), 동부승지·좌부승지, 곡산부사(谷山府使), 병조참지, 형조참의 등을 두루 역임했다. 특히, 1789년에는 한강에

---

189) 김대길, 2006, 조선후기 牛禁 酒禁 松禁 연구. 서울: 경인문화사. 184~204쪽.

배다리를 준공시키고, 1793년에는 수원성을 설계하는 등 기술적 업적을 남기기도 하였다. 한편, 이 시기에 천주교에 관심을 갖게 되었는데 1801년 신유박해 때 형 정약전, 동생 정약종과 함께 연루되었을 때 세례명을 지녔던 동생은 참수당하고 자신과 형 정약전은 각각 강진과 흑산도로 유배를 당한다. 『목민심서』는 강진 유배 시절인 1801~1818년 기간에 저술한 것으로 전한다. 목민관은 제후, 또는 수령을 지칭하는데 『목민심서』는 목민관이 백성을 다루는데 필요한 정신자세, 실무 실천내용 등을 총 12개 편과 각 편별로 6개조의 세목으로 구성하여 총 72개 세목을 제시하고 있다. 산림은 「공전육조」 제1조 〈산림〉에서 다루고 있는데 주요 내용은 다음과 같다(박일봉, 1988) :

• 산림은 나라의 공부(貢賦)가 나오는 곳이므로 훌륭한 임금은 산림의 정책을 중히 여겼다.

【해설】 (앞부분 생략) 그런데 우리나라의 산림정책에는 오로지 송금(松禁) 한 가지 조목만 있을 뿐 전나무, 잣나무, 단풍나무, 비자나무에 대해서는 전혀 불문에 붙이고 있다. 그러면서 송금에 대해서는 법례가 특별히 엄하고 조목이 지극히 치밀하다. 그러나 산 사람을 보양하고 죽은 사람을 장사지내는 등 생민(生民) 들의 일용 물자를 한 구멍도 터 주지 않고 사방을 꽉 막아 놓으니, 그 형세가 부득불 둑이 터져 봇물이 사방으로 쏟아져 내리는 것과도 같다.(이하생략).

• 봉산에서 기르는 소나무에 대해서는 엄격한 금령이 있으니 (수령은) 마땅히 정성껏 지켜야 하며, 농간의 폐단이 있으면 낱낱이 조사하고 살펴야 한다.
• 사양산(私養山)[190]의 사사로운 벌채에 대한 금지 조항은 봉산의 경우와 같다.

---

190) 私養山之禁其私伐 與封山同. 설명문에 사양산(私養山)을 단순히 사유림(私有林)이라고 하였는데, 사양산 이란 주로 분묘의 보호와 관리에 필요한 묘 주변의 일정 구역에 '양산 금양권(養山 禁養權)'이 부여된 산림을 말하는 것으로 이해해야 할 것이며 여전히 공산(公山)으로서 소유권은 국가로 보아야 한다.

- 봉산의 소나무는 차라리 썩혀 버리는 것이 옳은 일이니, 사용하기를 청해서는 안 된다.
- 황장목을 (산에서) 끌어 내리는 부역에 농간의 폐단이 있는 것을 (수령은) 잘 살펴야 할 것이다.

【해설】 재궁(관)을 만들 재목을 산에서 끌어내리는 날에는 몇 개의 고을이 일제히 동원되어 사람들이 모두 '영차영차'를 외치며 힘을 다하여 일하는데, 사나운 아전들과 거친 군교들은 일하는 사람들의 등에 채찍질을 하고 엉덩이를 발길로 내지른다. 넉넉한 집과 넉넉한 마을에서는 모두 돈으로 때우고 부역을 면하므로, 가난하여 허약하고 병든 사람들에게만 노역이 편중되어 그 고통이 이만저만이 아니니, 그들의 고통을 조금이라도 덜어 주는 것은 수령이 마땅히 유념해야 할 일인 것이다. 무거운 것을 옮기기 위해서는 먼저 길을 닦아야 하며, 수레를 만드는 것은 그다음에 해야 할 일이다. 길이 평탄하고 넓으면 세 사람만으로도 열 사람 몫의 일을 해낼 수가 있으며, 수레가 잘 구르면 열 사람으로 1백 명 몫의 일을 해낼 수 있는데 무엇이 어려워 그렇게 하지 않는 것인가.

- 장사꾼이 금지된 송판을 몰래 운반해 가는 것을 금지해야 하며, 법에 따라 삼가고 재물에 있어 청렴한 것, 이것이 옳은 일이다.
- 소나무를 심고 가꾸라는 법조문이 있긴 하지만, 해치지만 않으면 가능한 일인데, 어째서 심어야 한단 말인가.
- 모든 나무를 심고 가꾸는 정책 또한 있으나 마나 한 법일 뿐이다. (수령은 자기가) 오래 유임되리라 예상되면 마땅히 법을 준수하여 (육림에) 힘써야 할 것이로되, 곧 체임될 것을 알면 스스로 힘을 기울일 것까지 없다.
- 산고개와 좁은 산골 중에는 나무를 기르는 것을 엄히 금하는 곳이 있으니 삼가 지켜야 할 것이다.
- 산허리에 경작을 금지하는 법은 마땅히 측량하여 정하는 것이니, 함부로 풀어주어도 아니 되며, (원칙만을) 굳게 지켜서도 아니 된다.

2) 정약전의 『송정사의(松政私議)』(1804)

정약전(丁若銓, 1758~1816)은 정약용의 형이다. 1783년 사마시에 합격하여 진사, 1790년 문과급제하여 병조조랑의 관직에 있었다. 앞서 설명하였듯이 1801년 신유박해(천주교 박해)로 정약용, 정약종 두 동생과 함께 연루되었는데 정약종은 참수되고 정약전과 정약용은 각각 흑산도와 강진으로 유배되었다. 『송정사의』는 정약전이 우이도에서 유배 생활을 시작한 지 3년 뒤인 1804년에 완성되었는데 저술하게 된 것은 흑산도 부근의 송정 폐해를 직접 목도한 것이 결정적 계기가 되었다고 한다.[191] 『송정사의』에 기록한 송정으로 발생한 폐해와 민심의 내용을 소개한다 :

우리나라는 녹나무 등과 같은 큰 목재가 없어 집을 짓거나, 배와 수레, 관재에 모두 소나무를 쓴다. 산은 모두 소나무가 자라는 데에 알맞지만 재목을 구하기 어려우며 멀게는 천여 리가 넘고 가까이는 수백 리가 넘는 거리를 강물에 띄우고 육지에서 끌어와야 쓸 수 있다. 도회지에서는 관재 하나의 값이 4~5백 냥이지만, 궁벽한 시골에서는 부자가 상을 당해도 시신을 관에 넣는데 열흘이 걸리기도 하고, 평민들은 태반이 초장(草葬)을 한다. 나무가 사람에게 필요한 정도가 어떠한데 이렇게도 망연히 무관심하게 지낼 수 있단 말인가?

관아 건물이 썩어서 무너지는 것은 받침대라도 받쳐가면서 지탱할 수 있지만, 왜적으로 만약 위급한 전쟁이 발생한다면 수백 척의 전함을 만들 목재를 어디서 구할 것인가?

살아서는 반듯한 집이 없고 죽어서는 몸을 누울 관재가 없다. 이것은 성왕(聖王)의 정사에 완비되지 않은 구석이 있다는 말이니 나라의 정사를 맡은 자가 어째서 여기에 생각을 두지 않는가? (국토의) 열의 예닐곱을 차지하는 산이 있고, 산은 또 소나무가 자라기에 알맞은데 소나무의 귀함이 이런 지경

---

191) 안대회 역, 2002, 정약전(丁若銓)의 『송정사의(松政私議)』. 문헌과 해석 20: 202~225쪽.

이 될 수 있단 말인가?

　주먹크기 만한 산을 소유한 백성이 배, 수레, 관재로 베어 쓰고자 하면 탐관오리가 법조문을 빙자하여 차꼬에 채워 감옥에 가두고 고문하는 등 죽을죄를 다스리듯 하고, 심지어는 유배를 보내기도 한다.

　그러므로 백성들이 소나무 보기를 독충과 전염병처럼 여겨서 몰래 없애고 비밀리에 베어서 반드시 제거한 다음에야 그만둔다. 어쩌다가 소나무에 싹이라도 트면 독사를 죽이듯 한다. 그렇게 하는 것이 편안하기 때문인데 이러한 이유로 개인 소유의 산에는 소나무가 한 그루 없게 되었다.

　수군 진영의 산 아래에 집을 짓기라도 하면, '이곳은 공산(公山)의 소나무다'라고 다그치고, 관을 짜기라도 하면, '이것은 공산의 소나무다'라고 떼를 써서 관에 고발한다. 강제로 빼앗고, 토색질하고, 능멸하고, 포박하고, 형틀에 묶고 고문하니 그 혹독하고 매서움이 사나운 불길보다 더 심하다. 그 결과 집안이 망하거나 재산을 탕진하고 사방에 유리걸식하는 자가 열에 서넛이다. 백성들이 소나무를 미워하는 것이 아니라 법을 미워하는 것이다.

　또한, 봉산의 백성들은 수영에 속하게 되는데 소나무로 인하여 핍박을 받게 되므로 '소나무만 없으면 아무 일이 없으리라!'라고 한다. 그리하여 사람들이 힘을 합쳐 하룻밤 사이에 봉산을 벌거숭이 산으로 만들고, 돈을 모아 뇌물을 후하게 주어 후한을 없애는 일도 있다. 그리하여 작은 공산조차도 소나무가 한 그루가 없게 되었고, 소나무가 필요한 사람들이 봉산으로 몰려가니 봉산을 맡아 지키는 자는 그 틈을 타서 이익을 꾀한다.

　공산이 넓기도 하거니와 개인 소유의 산을 금지하고 있으므로 국가 소유의 소나무가 물과 불과 같으니 흔해야 하건만 현재는 사정이 그와 반대다. **5년에 한 번씩 바꿔야 하는 수십 척의 전함이 목재를 취할 곳이 없어** 교체의 시기가 다가오기만 하면 동분서주했어야 겨우 미봉할 수 있다. 이러한 지경인데도 여전히 방책을 생각하지 않는단 말인가?(이상의 내용은 안대회. 2002.에서 발췌한 것임).

이상과 같이 국가와 백성에 대한 애국 애민의 충정에서 우러나오는 걱정과 우려를 하면서 정약전은 조선의 산림(송림)이 귀하게 된 원인과 대안을 다음과 같이 네 가지로 제시한다 ;

첫째 요인은 나무를 심지 않는 것이오,

둘째 요인은 저절로 자라는 나무를 꺾어서 땔나무로 쓰는 것이오,

셋째 요인은 화전민에 의해 산림이 모조리 불태워지는 것이오,

넷째 요인은 국법이 완비되지 않은 것이다.(첫째~셋째 요인이 발생한 것은 국법이 완벽하지 않은 것으로 본 것인데 이 또한 원인이기에 넷째로 붙인다.)

대안으로 첫째, 나무를 심는 것은 나무를 만들어내는 근본이니 나무를 심어야 한다.

둘째, 저절로 자라나는 나무를 낫으로 도끼로 베어 땔나무로 쓰지 말고 재목으로 자라게 한다.

셋째, 화전민은 산허리 이하에서만 일구도록 한다. 산허리 이상 화전은 법으로 금지하도록 한다.

넷째, 소나무 벌목을 금지해서는 안 되는 것이다. 사람마다 제각각 소나무를 기를 수 있다면, 준엄한 법과 무거운 형벌이 기다리는 국가의 소나무를 무엇 때문에 힘들여 훔치려 들겠는가? 봉산으로서 나무심기를 그만두어 버려진 곳은 스스로 나무를 길러서 스스로 사용하게 허락한다.

이와 같은 내용을 제안하면서 다음과 같이 글을 맺는다; "만에 하나 이 글로 인하여 과부가 하는 걱정이 해소되고 백성과 국가의 숨이 끊어질 지경의 다급한 상황이 해결될 수만 있다면, 비천한 신하는 궁벽한 바닷가에서 죽어 사라진다 해도 절대로 한스럽게 여기지 않을 것이다."

이상에서 흥미로운 점은 정약용과 정약전 형제가 제시하는 육림방법에서 두 형제가 공통적으로 벌채 후에 나무를 굳이 심지 말고 그대로 두는 것을

선호하고 있는 점이다. 정약전은 '씨앗으로부터 발아하여 조금 자라면 어린 나무를 낫으로 싹둑 베어 땔감으로 쓰지 말고 그대로 자라게 두라.'고 하고 있다. 정약용은 '소나무를 심고 가꾸라는 법조문이 있지만, 해치지 않는다면 가능한 일인데, 어째서 심어야 한단 말인가.'라 하여 어린나무들이 자라는데 왜 심어야 하는가 라고 반문하고 있다. 그 당시에 이미 두 형제가 인공갱신보다 천연갱신의 장점을 알고 있었음을 시사하고 있다. 또한 화전은 산사태를 방지하기 위해서 공통적으로, 산허리, 즉, 산복 이상에서 개간하는 것을 금하는 것에 동의하고 있음도 알 수 있다.[192] 산림수종 등 다산이 산림분야에 좀더 전문성이 있어 보인다.

두 형제의 저서는 조선 말기, 송정을 시행한 지 400여 년이 지난 19세기에 접어든 시기에 한반도의 산림 상태와 산림으로 살아가는 백성의 송거(松居) 실상을 그대로 대변하는 내용이 아닐 수 없다. 정약용의 다섯 번째 내용의 【해설】을 통해서 알 수 있듯이 부역으로 당시 백성의 삶이 얼마나 곤핍한 상태였으며, 소나무로 인한 폐해가 매우 심각함을 짐작할 수 있게 한다. 또한, 해설을 제시하지 않았지만 봉산(황장봉산 포함)과 사양산을 둘러싼 민심의 흉흉함도 위 표현으로 미루어 알 수 있다. 억불숭유 정책을 표방하는 나라의 백성들이 관재를 구하지 못하여 '죽은 자'를 초장으로 장사지내거나 방치하는 모습은 '산 자'로서 참기 힘든 고통이었을 것이다. '산림천택 여민공지'라는 산림 기본이념으로 백성을 편안하게 살게 하고, 백성을 나라와 통치의 근본으로 삼는다던 민본주의는 사라진 상태였다.

---

192) 산림을 개간할 때 '산허리 이하로 제한할 것'은 이미 여러 곳에 나타난다. 예를 들면,
   - 영조실록 113권, 영조 45년 9월 7일(1769년) : 도성 밖 사산(四山)은 산허리 이상 경작하는 것을 거듭 금하도록 명하였는데, 총융사 김효대(金孝大)와 영의정 홍봉한(洪鳳漢)이 아뢴 때문이었다(命申禁都城外四山山腰以上犯耕者, 摠戎使金孝大・領議政洪鳳漢所奏也).

11. 주요 산림문화사상(事象)과 산림문화인

가. 주요 산림문화사상

조선왕조 시대 산림정책은 비록 민생과 동떨어져 있었지만 산림문화를 발전시킨 사건과 인물들이 출현하였다. 의미있는 사건과 인물을 꼽아 소개하고자 한다. 주요 사건으로 11개 항을 선정하여 내용을 간략히 소개한다.

- 산림천택 여민공지(山林川澤 與民共之)의 시행
  조선왕조 시대 동안 유지된 산림관리에 관한 기본이념으로 유래는 맹자로부터 비롯된 것이다. 산림천택을 백성의 삶을 위해 널리 이용하여야 한다는 이념이다. 왕조 기간 내내 변함없이 기조를 유지하였지만, 조선의 산림은 주인없는 '무주공산(無主空山)'이라는 표현처럼 산림을 이용함에 있어서 분명한 경계가 없었고 모호하였기에 문제점이 많이 발생하였다.

- 『경국대전(經國大典)』의 반포
  산림 관리 공직의 직책[吏典], 금제[刑典], 재식[工典] 등의 내용을 담은 법전으로 예종 때 반포되었다. 조선왕조 전 기간내내 모든 왕조시대 산림 관리의 근간을 이루었다.

- 유교사상과 성리학 연구
  조선왕조의 통치이념이 비롯되고 정치를 시행하는 기조를 이룬 사상이다. 성리학은 유교사상을 '성리(性理)·의리(義理)·이기(理氣)' 등의 형이상학적 해석체계로 연구하는 것으로 조광조, 이황과 이이를 비롯한 걸출한 인물들을 배출하였다. 퇴계는 정치 일선에서 물러나 진정한 '산림'의 모델로 자연에 머물며 인재를 양성하며 살았다.

- 송정의 전개(각종 사목, 송계 탄생)

  조선시대 산림정책은 소나무 위주 정책으로 송정(松政)이라고 한다. 다양한 용도, 특히 국용의 소나무를 관리하기 위한 정책으로 금산, 봉산, 의송산 등의 명칭으로 소나무가 잘 자라는 전국의 산과 섬지역을 지정하여 작벌을 철저하게 금지하였다. 한성 지역의 소나무를 관리하기 위한 「도성내외송금금벌사목」(예종1년, 1468)을 비롯하여 산림관리를 위한 사목을 제정하였다. 조선말기로 갈수록 권문세가 등의 산림사점이 이뤄지면서 마을 단위로 송계, 금림조합 등의 조직이 나타나서 자치적으로 송림을 관리하는 현상들이 출현하였다.

- '山林'의 활동과 산림직의 탄생

  '산림'은 산림에 은거해 있으면서 학덕을 겸비해 국가로부터 징소(徵召, 부름)를 받은 인물로서, 보통 조정이나 도시에서 벼슬을 하지 않고 산림에 은일자처럼 지내는 처사, 즉 산림에 본거지를 둔 선비 또는 유자(儒者)를 말한다. 정치적으로 무시할 수 없는 선비 무리였기에 이들 산림을 위한 직책으로 세자시강원 찬선, 진선, 성균관 좨주 등에 기용하였는데 이 직책은 국가가 '산림'을 위해 마련한 최초의 '산림직'이다. 그렇다고 오늘날 임업직이나 녹지직의 업무를 의미하지 않는다.

- 상림(桑林) 조성과 잠업 및 선잠제

  조선왕조는 건국 초기 무렵부터 의식(衣食)의 기본인 농상을 장려하여 궁내에 뽕나무를 심었고 점차 전국적으로 확대하였다. 잠업 진흥을 위해 국가가 적극적으로 권장하였으며, 백성들에게 의류와 식량조달의 역할과 부업으로 작용하였다. 왕비 스스로 친잠의 시범을 보였으며, 친잠례, 선잠제를 거행하여 의례로서 발전시키기도 하였다.

- 산송(山訟)

  산송이란 묘지를 둘러싼 소송을 말한다. 전답소송, 노비소송과 함께 조선시대 3대 소송의 하나이다. 산송의 주된 원인은 남의 산의 분묘 자리에 주인의 허락없이 묘를 쓰는 행위인 투장(偸葬)으로 발생한다. 산송은 『조선왕조실록』에 현종 5년인 1664년에 처음 등장하는데, 그로 부터 60여년 후인 1727년(영조 3년)의 기록을 보면 왕에게 올라오는 상소문 10 중 산송이 8, 9건에 달했다고 했다. 이처럼 산송은 조선왕조 후기의 사회적 갈등을 보여주는 대표적인 사상(事象)이었다.

• 호패법의 실시

조선시대 16세 이상의 남자에게 신분을 표시하기 위해 발급한 패이다. 주민등록증의 역할을 지닌 것으로 인구 조사, 유민 방지, 각종 역(役)의 조달, 신분 질서유지, 향촌 안정 유지 등을 확립하여 중앙집권을 강화하 기 위한 제도였다. 《속대전》에 의하면, 호패를 차지 않으면 제서유위율 (制書有違律)을 적용하고, 빌려 준 자는 장(杖) 100에 3년간 도형(徒刑) 에 처하도록 하였으며 본인이 죽었을 경우에는 관가에 호패를 반납하였 다. 신분별로 호패 만드는 재료가 달랐는데 그 내용은 〈표 6-27〉과 같다. 크기는 길이 3치(寸) 7푼(分), 폭 1치 3푼, 두께 2푼으로 상아나 녹각을 제외하고 황양목이나 자작목을 사용하여 제작하였다. 1413년 처음 실시

표 6-27. 조선시대 신분별 호패 제작 재료

구분	신분별 호패의 제작 재료				
태종실록의 규정[193]	2품 이상	4품 이상	5품 이상	7품 이하	서인 이하
	상아, 또는 녹각	녹각 또는 황양목(黃楊木)	황양목 또는 자작목(資作木)	자작목	잡목(雜木)
속대전의 규정	2품 이상	3품 이하, 잡과 합격자	생원, 진사	잡직, 서인, 서리	공사천 (공사천)
	아패(牙牌)	각패(角牌)	황양목패	소목방패	대목방패

193) 태종실록 26권, 태종 13년 9월 1일(1413년)의 기록 참조.

한 이후 여러 차례 시행과 중단을 반복하였다. 나무(황양목과 자작목, 잡목)로 신분을 표시하는 최초의 제도로서 의미를 지닌다.

- 『몽유도원도』의 탄생과 산수화와 문인화(김정희)의 발전

1447년 4월 20일, 桃源의 꿈에서 깨어난 안평대군이 당대 최고의 화가인 안견을 불러 꿈에서 겪은 이야기를 생생하게 전하여 3일 만인 4월 23일에 완성한 그림이 『몽유도원도』이다. 안견의 그림, 안평대군의 '夢遊桃源圖' 글씨, 박팽년, 신숙주, 성삼문 등 집현전 학자들의 시와 서예 3絶이 합쳐진 최고의 작품이다. 조선시대 1차 문화융성기를 주도한 작품으로 평가받고 있다. 이후 중기로 겸재 정선과 단원 김홍도의 금강산으로 이어지며, 후기에 서예의 대가인 추사 김정희의 『세한도』로 문인화를 꽃피운다.

- 산림문학의 형성

성리학의 대가이자 대산림인 퇴계 이황의 「도산십이곡」, 율곡 이이의 「고산구곡가」, 송강 정철의 「송강가사」, 고산 윤선도의 「오우가」와 「어부사시사」 등은 우리나라 산천경개 금수강산의 아름다움을 읊은 산림문학의 최고 걸작들일 뿐만 아니라 우리말을 아름답게 다듬은 작품들이다.

- 『목민심서』 등 서적류 발간

『양화소록』(조선 전기, 강희안), 『산림경제』(17세기, 홍만선), 『식목실총』(1782, 서명선), 『다신전(茶神傳)』(1830)과 『동다송(東茶頌)』(장의순-초의선사), 『임원경제지』(1842~45, 서유구), 『잠상촬요』(1884, 이우규) 등이 있다. 『목민심서』「공전육조」(1801~1818, 정약용), 『송정사의(松政私議)』(1804, 정약전)는 개인이 당시의 산림의 폐해를 고발하기도 하고 산림정책을 제시하는 귀중한 문헌이다. 『택리지』는 1751년 이중환이 전국을 현지답사한 것을 토대로 편찬한 지리서로서 팔도총론에서는

우리나라 산세와 위치를 중국의 고전 『산해경(山海經)』을 인용하여 논하고 있다.

나. 산림문화인

조선시대를 통틀어 산림문화인으로 의미를 부여할 만한 인물을 선정해 본 내용이다. 객관적 기준 없이 필자 개인의 의견이기에 신뢰에 의문을 제기할 수 있지만, 지금까지 살펴본 조선시대 사회 각 분야의 여러 현상들을 감안하였을 때 산림문화를 형성하는 데에 의미 있다고 판단하는 인물이다. 통치영역, 정치영역, 사상, 문화예술, 지리 등 5개 분야로 구분하여 선정하였다.

통치영역에서 '산림천택 여민공지'라는 산림정책의 이념을 받아들인 태조(1392~1398)와 나무 심기를 제일 많이 강조하고 실행한 정조(1776~1800)를 선정한다.[194]

정치영역에서 『경국대전(經國大典)』에서 산림관련 법제정(「이전」의 산림관련 관련 직책, 「공전」의 재식조, 「형전」 금제조 등)의 근거를 마련한 정도전(1342~1398), '산림'으로서 정치적으로 큰 위상을 차지한 송시열(1607~1689), 『목민심서』의 「공전육조(工典六條)」로 조림정책을 제안한 정약용(1762~1836) 등 3인을 선정한다.

사상영역에서 퇴계 이황을 선정한다. '동방의 주자'라 불리는 퇴계는 조선왕조의 통치원리였던 주자학(도학)의 이념으로 조선사회를 이끌었다. 주자학의 이론을 정밀하게 해석하여 도학정신을 드높이고 정립하였으며, 조선 주자학의 독자적 경지를 확립한 인물로 평가한다. 무엇보다 향촌에 머물며 후학을 양성하고 자연과 합일하여 진정한 '산림'의 삶을 보여주었던 퇴계는

---

194) 『조선왕조실록』에 기록된 산림 관련 기사를 모은 〈조선시대 산림사료집〉(박경석 외, 1997, 임업연구원 발행)을 참고하여 나무심기를 가장 많이 한 왕을 선별하였다. 정조의 식목 통치 행위에 관한 자세한 내용은 다음 연구를 참고 바람; 김은경, 2015, 조선왕릉 수목식재에 관한 연구. 국민대학교 박사학위 논문; 김은경, 2016, 정조, 나무를 심다. 서울: 북촌. 280쪽.

대산림이었다.

문화예술 영역에서 회화 분야에 안평대군과 안견, 겸재 정선, 단원 김홍도, 서예에 추사 김정희를 선정한다. 문학 분야에 퇴계 이황, 율곡 이이, 고산 윤선도, 송강 정철을 선정한다. 이들은 산림문학을 창작한 산림문학파로서 작품을 남겼을 뿐 아니라, 우리말의 멋스러움을 발굴해 내고 아름답게 조탁 하였으며, 산림문학을 통해서 산림의 정신적 의미와 예술적 가치를 한층 드높인 예술인이다.

지리영역에서 『택리지(擇里志)』를 발간한 이중환(1690~1752)을 선정한 다. 전국 자연과 명승지, 산림에 대한 시야를 넓혀 주고 유산(遊山)을 꿈꾸고 용이하게 함으로써 자연친화적 삶을 생활에 도입하는데 크게 기여한 것으로 평가할 수 있다. 택리지는 현대식으로 말하면 한반도의 자연과 산림과 풍물 을 탐방하는데 나침반 역할을 한 지리정보앱이었다.

12. 산림정책의 평가: 사정문란(四政紊亂)

정도전은 『조선경국전』에서 산장(山場, 山林)은 나라의 부(賦)가 나오는 곳으로서 중요하게 인식하였다. 정조 7년 10월 29일(1783년)에 비변사가 올린 「호서어사사목」에 '연안은 생선과 벼가 아름답고 산협은 의식이 풍족하 여 민생들의 부요한 살림살이의 자본이 되고 있다.'라 하였다. 그리하여 조선 은 '산림천택 여민공지'라는 산림정책 기본이념을 내세우며 백성을 편안하게 살 수 있도록 산림을 대국민 공공의 복지자원으로서 개방하였다.

하지만, 초기부터 산림사점행위를 강력하게 금하지 못하였고, 말기의 문 란한 산림 상황을 감안한다면, 조선왕조의 산림정책은 사실 실패한 것이다. 이것은 소나무 정책, 송정의 실패로도 말할 수 있다. 송정 실패에 영향을 준 요인을 이숭녕(1981)은 병선제조의 문제, 전렵(田獵, 사냥)에서 산에 방화,

화전, 산전의 개간, 가옥건축, 장사에서 관곽재 제조, 요업(도자기, 기와 제조업)의 화목, 국민의 신탄공급(취사, 난방) 문제 등으로 제시한다. 이들이 실패 요인이기도 하지만 송정을 포함하여 산림정책 실패의 여러 요인을 아래와 같이 정리해 본다.

첫째, 산림 법령이 금정과 형벌에 치중하였다. 법령은 정책과 제도를 수립하고 시행하는 근거인데, 오늘날 「산림기본법」의 역할을 하는 『경국대전』 「공전」 '재식'조의 내용은 매우 근시안적이다. 재식은 문자 그대로 초목이나 농작물을 심음을 의미한다. 규정하고 있는 조문의 내용을 살펴보면, 과수를 비롯하여 주로 공물(貢物) 수종과 소나무에 국한하고 있다. 국가와 백성의 일상에서 차지하는 산장(山場)의 비중을 인식하고 있음에도 장기수요에 대비하는 내용을 담고 있지 못하다. 중송(重松)으로 금산 관리와 어린 소나무(稚松) 식재, 산척(山脊, 산등성이) 관리, 뽕나무, 옻나무, 과목 등 일부 긴요한 수종 관리, 잠실과 과원 등에 한정하였다.

둘째, 미래를 대비한 조림 정책이 없다. 조림은 산림정책의 핵심으로서 목재 수요와 공급을 조화롭게 맞춰주는 균형추의 역할을 하는 정책일 뿐만 아니라 산림 곳간을 넉넉하게 채우는 역할을 한다. 오로지 중송을 강조하는 나머지 소비도 송목에만 치중하게 되므로 그로 인하여 소나무는 더욱 소진되어 간 것이다. 최소한 벌채하는 양만큼이라도 조림을 해야 하는데, 재식하라는 내용은 있었지만 철저하게 추진하지 못했고 등한시한 측면이 있다. 『조선왕조실록』의 다음 기사가 조림을 등한시한 내용을 증언해 주는데 정조 5년 10월 22일(1781년)에 헌납 권엄(權欁)[195]이 상소하는 내용을 주목해보자

---

195) 권엄(權欁, 1726~1801)은 조선후기 병조판서, 지중추부사, 한성판윤 등을 역임한 문신이다. 위 내용을 상소하던 1781년은 그가 헌납(獻納)의 직에 있을 때인데, 헌납이란 사간원의 정5품 관직이다. 1765년(영조 41) 식년문과에 갑과로 급제하였으며, 1773년 지평으로 있으면서 과거를 자주 시행하지 말 것을 상소하였다가 추자도(楸子島)에 유배되었다가 곧 풀려났다. 1781년(정조 5)에 헌납(獻納)이 되고 1790년 충청도관찰사·대사간·공조판서·형조판서를 두루 지냈다. 강계부사·전라도관찰사, 1795년 강화부유수 등 외방 근무 하였으나 다시 병조판서로 기용되었다. 1801년(순조 1) 한직인 지중추부사로 있을 때 이가환(李家煥)·

: "영남의 몇몇 고을이 풍수에 표탕(漂蕩)되었으니, 그 재해가 때아닌 때 발생하여 천둥 친 변고 정도뿐만이 아닙니다. (중략) 재해가 누차 발생하고 있는데, 민물(民物)이 손상을 받은 것이 금년 가을에 이르러 극도에 달하였습니다. 이는 오로지 나무를 기르는 정사를 엄히 신명(申明)하지 않은 데 연유된 것으로, 한결같이 비와 바람의 재해로만 돌려서는 안 되는 것입니다. 진실로 원하건대, 도신(道臣)에게 단단히 타일러서 신중하게 벌목을 금하고 식목을 많이 하여 민둥산이 되어 씻겨 내려가는 걱정이 없게 하여 영원한 평안을 누리는 효험이 있게 하소서."

홍수재해로 재산이 떠내려가게 된 것(漂蕩)은 황폐한 산림 때문인데, 이것은 나무 기르는 정사(政事)를 거듭 경계하여 밝히지 않은 데 기인한 것이라고 신랄하게 비판한 것이다. 역대 임금 중에서 산림정책을 가장 충실하게 시행한 군주는 정조인데다[196], 1781년은 이미 너무 늦은 시기지만, 그래도 이후 중단없이 대대로 강력하게 추진하였더라면 하는 아쉬움이 남는다. 권엄이 위 상소문을 올린 때 직위 '헌납'은 사간원의 정5품으로 결코 높지 않은 품계이다. 권엄 같은 사고를 지닌 신하가 왕조 초기부터 봉직하여 신념을 가지고 지속적으로 상소하고 이를 수용하여 대비책을 강구 하였더라면, 백성의 산림살이가 훨씬 나아졌을 것이고 산림이 황폐되는 것을 막을 수 있지 않았을까 하는 아쉬움이 남는다.

셋째, 소나무의 대체재에 대한 사고와 정책이 없었다. 형질이 우수하고 쓰임새가 다양한 유용 조림수종이 전국에 분포하는데 이에 대한 정책이

이승훈(李承薰)·정약용(丁若鏞) 등 천주교 신자에 대한 극형을 주장하였다. 한성판윤으로 있을 때 왕의 총애를 받던 태의(太醫) 강명길(康命吉)이 민가 이전 문제로 여러 차례에 송사(訟事)가 있었지만 가난한 백성을 옮기게 할 수 없다는 판결을 내려 칭송을 받았다고 한다(오성, 1996 : 한국민족문화대백과사전).

196) 정조의 산림 관련 정책에 관한 내용은 다음 연구에서 좀더 자세하게 관찰할 수 있다 ;

김은경, 2015, 조선왕릉 수목식재에 관한 연구. 국민대학교 박사학위 논문.

김은경, 2016, 정조, 나무를 심다. 서울: 북촌. 280쪽.

김은경, 2020, 조선시대-영·정조 시대의 산림정책. 숲과문화연구회 원저 『정치사회와 산림문화』: 277~310쪽.

없었다. 세종 연간에 편찬한 「지리지(地理志)」(1425년)[197]는 서문과 함께 전국 8도와 경도 한성부, 구도 개성 유후사의 지형 지세, 명산대천, 인구와 토지, 공물, 약재, 군사, 행정 등을 망라한 내용을 담고 있는데, '공물(貢物)'조에 각 도의 주요 수종의 이름을 나열하고 있어 당시의 주요 수종과 그 분포를 알 수 있게 한다. 다음은 『조선왕조실록』의 「지리지」에 명시된 각 도의 공물 중 수목류인데 매우 유용한 활엽수들이 다수 분포하고 있음을 알 수 있다.

〈각 도별 공물 중 수종〉

- 충청도 : 자작나무[自作木]·장작개비(燒木)·건축에 쓰는 큰 나무·서까래(椽木)·잣나무(栢木)·황양목(黃楊木)·대추나무·피나무(椵木)·가래나무
- 경기도 : 영선 잡목(營繕雜木)·자작나무(自作木)·은행나무(杏木)·피나무(椵木)·뽕나무(黃桑木)·앵도나무(櫻木)·장작(燒木)
- 황해도 : 황양목·자작나무·가래나무·피나무·잣나무·장작·장나무(長木)·회화나무꽃
- 강원도 : 자작나무
- 평안도 : 개암열매, 느릅나무껍질(楡皮)·엄나무껍질(海東皮)
- 함길도 : 물푸레나무껍질(榛皮)·느릅나무껍질(楡皮)·황경나무껍질(蘗皮)

수종명칭 중 건축에 쓰는 큰 나무, 영선 잡목(營繕雜木), 장작(燒木), 장나무(長木), 장작 등은 특정 나무의 명칭은 아니지만 원문에 포함되어 있어서

---

197) 『세종실록』의 기록에 의하면 세종은 1424년(세종 6) 대제학 변계량(卞季良)에게 조선 전역에 걸친 지리와 주·부·군·현의 연혁을 찬진하라는 명령을 내렸다. 이때 각 도별로 지리지가 편찬되었다. 그 뒤 편찬위원에 변경이 있었는지 1432년 맹사성(孟思誠)·권진(權軫)·윤회(尹淮)·신장(申檣) 등이 『신찬팔도지리지』를 완성하여 세종에게 진헌하였다. 그러나 실물은 지금까지 발견되지 않았다. 다만 이 전국지리지의 저본(底本)이 되었던 각 도별 지리지 가운데 1425년 작성된 『경상도지리지』가 남아 있어 그 내용을 짐작하게 한다(노도양, 1995).

소개한 것이다. '회화나무꽃', '개암열매'처럼 꽃이나 껍질이 붙은 수종명은 해당 수종이 존재하기에 공물이 가능하므로 분포 수종으로 소개한 것이다. 황경나무(蘗木)란 황벽나무의 방언이다.

정조 때에도 주요 수종에 대한 보고가 있었다. 정조 17년 4월 29일(1793년) 좌참찬 정민시가 대청도, 소청도에 대해 아뢰길, (중략). "솔·느릅·뽕·상수리·개암·오동·떡갈·노나무 등이 곳곳마다 빽빽하게 들어차 있습니다."[198] (이하생략). 소나무(솔)을 비롯하여 이런 활엽수종은 현재도 변함없이 매우 유용하고 중요한 조림수종이고 경제수종이다.

이상에서 보는 바와 같이 조선 시대에 소나무가 아니라 '잡목'으로 취급받은 수종 중에는 소나무 이상으로 고급 경제수종이 많이 분포하고 있었음을 알 수 있다. 송목 이외에도 유용한 조림 수종이 전국에 분포하고 있음을 파악하고도 중송(重松)을 넘어 경송(敬松)하여 이들 수종에 대한 가치를 인식하지 못하고 소나무의 대체재로서 고려하지 못한 것은 안타까운 일이 아닐 수 없다. 선별하는 혜안을 지닌 임금과 신하가 없었다라고 평가할 수밖에 없다.

넷째, 송목의 고유 수요와 공급에 대한 대비가 부족하였다. 병선과 조운선, 일반 선박 등의 수요증가로 건조량이 증가하였다. 더욱이 병선 건조는 왜적 대비를 위한 필수불가결한 국책 사업으로 송목의 핵심수요인데도 지속적인 송목공급책이 마련되지 않아 연해지역의 의송산이 점점 벌거숭이로 변하고 말았다.

초기에는 수요처가 가까운 지역의 재목을 쓸 수 있었지만, 시간이 지나면서 쓸 수 있는 크기의 재목이 없어지고, 또한 개간으로 인하여 점점 목재 공급의 터전인 산림의 면적이 감소되어 갔다. 이처럼 수요처에서 가까운

---

198) 정조실록 37권, 정조 17년 4월 29일(1793년). 鄭民始啓言…(중략) 松, 楡, 桑, 櫟, 榛, 桐, 榍, 櫃, 在在蒙密. (이하생략).

지역이 점점 줄어들면서 생산지는 비용이 많이 드는 원격지로 이동하여 벌목하고 집운재하게 되었는데 이것은 백성에게 또다른 고통으로 문제를 야기하였다. 벌목과 운반 작업은 농민과 군정(軍丁)에게 농번기에도 감당해야 하는 부역일 경우가 많았기에 농번기임에도 자신의 경작지에 시간을 투입할 수 없어 부담이 크므로 기피하는 현상도 발생하였다. 이 과정에서 신역은 가중되고 원격지의 산림마저 서서히 훼손되어 갔다.

그외 가옥건축, 장사를 위한 관곽재 제조, 기와와 도자기 제조와 자염생산을 위한 화목, 철 생산용 땔감, 난방 발달로 땔감 수요가 급증하였지만 수요와 공급을 제대로 맞추지 못하였다.

다섯째, 산림의 난개발에 대해 제대로 대처하지 못하였다. 사냥을 위한 방화(田獵), 화전을 위한 방화, 산밭(山田) 개간이 이어졌다. 식량 조달을 위해서는 진황지와 산림 개발은 필수로 나타나는 현상이다.

전렵(田獵, 畋獵)이란 산에 야생멧돼지 등을 사냥할 때 일정 구역에 함정을 만들어 놓고 산불을 놓아 야생동물을 함정으로 몰아넣어 잡는 사냥법을 말한다. 사냥을 포함하여 전렵은 왕과 신하들이 즐기던 놀이였다. 태조는 예전부터 사냥을 좋아했는데 조정에서 절제할 것을 권유하기도 하였다. 태조 4년 4월 25일(1395년)에 대사헌 박경(朴經) 등이 올린 상소에 잘 나타나 있다 : 대사헌 박경(朴經) 등이 상소하길, (중략) "그윽이 생각하옵건대, 전하께서는 이제(二帝)·삼왕(三王)의 성시(盛時)를 본받고 깊이 한나라·위나라 이후의 잘못된 일을 거울삼으시어, 풍악을 들으시되 절제하시고, 전렵(畋獵)과 거둥은 일정한 때에 하시고, 토목 공사를 생략하시고, 아첨하는 무리들을 물리치시고, 부처와 귀신을 섬기되 번잡하게 하지 마시고, 여악(女樂)을 금하고 가까이 하지 마시오면, 인심이 즐거워하고 하늘의 노여움이 풀릴 것이오니, 전하께서는 깊이 살피시어 받아들여 주소서."하니 장차 고칠 것이라 답하였다.

태종도 사냥을 즐겼는데 신하가 염려한 것이 기록에 나타난다. 태종 1년 10월 4일(1401년)에 태종이 태상왕(정종)이 온천에 머물고 있는데 탄신일에 다가와서 문안드리러 가겠다고 하니 시독(侍讀) 김과(金科)가 아뢰는 내용이다 : "예(禮)는 그러하오나, 다만 사냥(田獵)은 주상께서 본래 좋아하는 것이오니, 왕복하는 길에 사냥할까 신 등이 두려워합니다."

성종 21년 6월 16일(1490년)에 임금이 선정전(宣政殿)에 나아가 이르기를, "만호(萬戶)는 비록 기계(器械)를 구비함이 마땅하겠지만, 선졸(船卒)을 학대하지 않는 것이 옳다. 수령은 진상(進上)을 빙자하여 사냥(田獵)을 자행해서 백성을 수고롭게 하는 것은 옳지 못하다."하여 사냥하는 일을 삼갈 것을 전교하였다.

화전을 일구기 위해 산에 방화하는 일도 잦았는데 한번 화전을 개간하면 계속 머무는 것이 아니라 토양의 비옥도가 쇠약해지면 다른 장소로 옮겨 산불을 놓아 화전을 일구는 것을 계속하는 것이다. 전렵과 화전은 산림을 황폐시키는 대표적인 행위들이다. 개간과 관련하여 법령(『경국대전』「공전」 재식조)에 기준을 규정하고 있다. 경복궁과 창덕궁은 주산, 내맥, 산척(산등성이), 산록(산기슭)은 경작을 금하고 기타의 산은 산척에만 금한다고 기준을 명시하였다. 앞서 법령 기술 부분에 지방에서 금산을 지정하여 벌목을 금하는 것은 물론이고 방화도 금지한다고 규정하였다. 하지만, 전렵, 화전 등으로 금화의 원칙이나 경작 한계의 원칙을 무시하는 일은 비일비재하였으며 그로 인하여 점점 산림은 훼손되고 송림은 소진되었다(전기한 사례 ①, ⑯).

여섯째, 행정력의 미약과 근무태만이 심각하였다. 관리의 행동 지둔(遲鈍)과 근무 태만이 송정 실정을 초래하였다. 이숭녕(1981)은 조선의 고급관리나 하급관리는 운동을 모르는 체질에서 지극히 둔중하여 보행을 요하거나 산야의 순시가 전제조건이 될 감독관으로는 크게 기대할 수 없었다고 주장한다. 또한 최말단 관리인인 산지기들은 범법자들과 같은 마을에 살고 있으니 정분상 신고하기도 어렵고, 수령은 토호들과 결탁하여 작벌을 눈감으며, 상호 뇌물을 수수하는 일도 많을 정도로 기강이 해이하였다. 법령에 매년 봄에 식재하고 파종하여 세초에 보고하고 어긴 자는 장형에 처하는 규정이 있으나 준수하지 않았다. 이처럼 관리 감독을 제대로 이행하지 않았기 때문에 관리들이 정책을 현장에서 제대로 실효있게 시행하지 않는 폐단이 있었다. 초기부터 고착화로 만연된 산림 사점과 특히 분묘를 둘러싼 쟁송인 산송 문제도 결국 산림행정의 강력한 추진력 부족과 근무 기강의 해이로부터 귀결된다.

무엇보다도 눈겨 볼 대목은 충신의 고언(苦言)이 있었으나 임금조차 듣지 않고 대처하지 않은 태만도 있었다는 점이다. 세종 1년 7월 28일(1419년)에 유정현이 왜구 침입에 대비책을 조목별로 아뢰길, "각도에서 선박 건조에 필요한 소나무는 거의 다 없어졌는데 그 이유는, 송금은 법령에 정해 있으나, 무뢰한 무리가 혹은 사냥(田獵)으로 혹은 화전(火田)으로 말미암아, 불을 놓아 연소하여 말라 죽게 하며, 혹은 산전을 개간하거나, 혹은 집을 짓거나 해서, 때 없이 이 나무를 베었기 때문이니 예비해야 한다."라 하였으나 임금이 시행하지 않았다. (전기한 사례 ①).

일곱째, 산림행정을 시행하는 과정에서 계급차별의 폐단이 일어났다. 특히 양반과 도시 양민들이 소나무를 겨울철 화목으로 사용하였으며, 한성의 각 관청과 지방관청 또한 그렇게 조달하였을 것이고, 일반서민도 선호하였을 것으로 보면 그 양이 어마어마하게 많았을 것이라고 쉽사리 짐작할 수 있다. 하지만, 일상에서 나무를 사용하는 데에 있어서 계급을 차별하여 백성의 삶을 더욱 어렵게 하였다. 즉, 소나무 사용을 두고 양반과 일반 백성을 차별한 것도 눈에 띈다. 다음 두 사례를 보자.

- 문종 1년 7월 16일(1451년)

忠淸道都觀察使啓: ……(중략)……"民家及寺社, 許用雜木, 如用松木者, 則令撤毀科罪.(이하생중략)" 命下兵曹.

충청도 도관찰사가 아뢰기를, ……(중략)…… "민가(民家)와 사사(寺社)에서 잡목을 쓰는 것을 허가하되, 만약에 소나무를 쓰는 자는 철거하게 하고 과죄하소서." (이하생략) 하니, 명하여 병조에 내렸다.

- 세조 7년 4월 27일(1461년)

兵曹啓: (중략) "請自今國用外官家及兩班家則用不可造船松木, 庶人家則用雜木.(이하생략)" 從之.

병조에서 아뢰기를, (중략) "청컨대 지금부터는 나라에서 쓰는 것 이외의 관가나 양반의 집에서는 배를 만들 수 없는 소나무를 쓰게 하고, 서인(庶人)의 집에서는 잡목을 쓰게 하소서." (이하생략). 하니, 그대로 따랐다.

　물론 국가(왕실)의 특정한 목적으로 (황장)봉산을 지정하여 황장목을 왕실의 관곽재로 공급하며, 구목(丘木)을 심을 때에 유교의 예(禮)에 따라 품계를 구별하지만, 그러한 여파가 일상의 가장 기본적이고 필수적인 산림살이까지 적용되는 것은 무리가 아닐 수 없다. 민가나 사찰을 지을 때 잡목을 사용해야 하고 소나무로 지은 집은 철거하며 형벌을 가한다. 관가나 양반집은 선재로 사용할 수 없는 소나무를 땔감으로 사용할 수 있지만, 서인은 잡목을 땔감으로 사용해야 한다. 아궁이에 불 때는 땔감의 종류까지 신분 구별하여 쓰게 하였다는 것은 조선조 산림정책이 일반 백성과 얼마나 괴리되어 시행되었는지 여실히 보여준다. 궁방에 시장(柴場)을 지나치게 많이 절수(折收)한 것도 지역의 백성에게 산림 출입에 대해 상당한 압박으로 작용하였다.

　이상에 제시한 원인으로 조선 말기에 이를수록 한반도의 산림은 점점 황폐되고, 송정(松政) 또한 극도로 문란해져서 백성의 생명을 앗아갈 정도로 삶을 위협하여 백성의 산림살이를 도탄에 빠지게 하였다. 따라서 이를 근거로 송정을 전정(田政), 군정(軍政), 환정(還政) 3정과 함께 조선 시대에 나라를 어지럽힌 '사정문란(四政紊亂)'으로 규정할 수 있겠다. 소나무는 조선을 구한 나무가 아니라 나라와 백성을 도탄에 빠지게 한 나무이다.

13. 맺음말

국가에 있어서 국토가 국가의 뼈대라면, 산림은 국토의 옷이고 복장이며, 얼굴이오 정신이다. 그럼에도 도처에 널려 있는, 이용하여도 줄어들지 않는 무궁한 자원이라 생각하였는지 '산림·천택 여민공지'라는 거창한 이념만 내세웠지 합리적인 이용관리 방법에 대해서는 누구도 깊게 생각하지 않았다. 조선왕조의 산림정책은 한마디로 무지에서 비롯된 잘못된 정책으로 백성을 궁지로 몰아넣었다. 고려말에 송악 등 도회지를 중심으로 벌어진 산림황폐의 뼈아픈 현실에서 깊고 실용적인 교훈을 얻지 못하고 실정하였다.

조선왕조는 전대로부터 울창한 산림을 물려받았다. 이와 같은 증거를 『조선왕조실록』의 기록을 통해 확인할 수 있다. 성종 15년 9월 21일(1484년)에 왕의 의대와 대궐의 재물을 관리하던 상의원주부(尙衣院主簿) 곽치희가 아뢰기를, "신이 기해년(1419년) 무렵에 이성 현감(함경도)으로 있는데, 갑사(甲士) 하나가 와서 고하기를, '북청(北靑)·갑산(甲山)·삼수(三水) 중간에 공한지(空閑地)가 있는데'...(중략) 신이 사흘 동안을 가니 한광(閑曠)한 땅이 있는데 매우 평탄하고 넓었으며 토질이 비옥했습니다. 민가 셋이 있기에 물어보니 곧 단천(端川)의 정병(正兵) 봉족(奉足)이 도망해 와 군역(軍役)을 피하는 자들이었습니다. 그 백성들이 서북쪽을 가리키며 '저기 속에도 사람들 사는 데가 있습니다.' 하기에, 신이 두어 리를 더 들어가 보니 수목이 하늘에 닿고 나무들이 자빠져서 길을 막아 넘어가기가 어렵기에 전진하지 못하고서 도로 나와 단지 지도만 그려 감사에게 신보(申報)했었습니다."라

하였다. 이 내용으로 보아 1419년경, 즉, 조선왕조 초기의 북청, 단천, 갑산, 삼수 일대의 산림이 매우 울창했음을 알 수 있다.

또한, 선조 33년 7월 26일(1600년)의 기록을 보면, 포천군 광릉 일대의 산림 또한 울창하였음을 알 수 있게 한다; "우리나라는 풍수에 구애되어 산릉이 기내(畿內, 경기)에 널려 있습니다. 세종을 처음에는 헌릉 안에 장례 하였다가 뒤에 영릉으로 옮겼는데, 무엇 때문에 이런 일이 있었는지 알 수 없습니다. 광릉(光陵) 근처에 필시 쓸 만한 땅이 있을 것이나 수목이 몹시 울창하여 알 수 없습니다."

1433년 2월 15일(세종 15년) 이조 판서가 압록강 중류 파저강(동가강) 일대에 여진족이 모여 사는 곳이 있는데, 산수가 험하고 수목이 무성하고 빽빽하며 산골에 흩어져 살기 때문에 군사로 토벌한다면 깊은 곳으로 도망갈 것이기에 쫓기 어려울 듯하다고 아뢰었다. 또, 민가에 호랑이와 표범이 자주 출몰하여 인명 피해를 입힐 정도로 산림이 매우 울창하였다. 1474년 6월 25일(성종 5년)에 국용(國用)을 담당한 풍저창(豊儲倉) 김인민이 상소하길; "(중략) 군액을 감하고, 공물을 줄이며, 악질을 다스리고, 범을 잡으소서. 근자에 하삼도(충청, 전라, 경상)는 호표가 흥행하여 인물을 잡아 해치고 또 목장의 말을 물어 죽여 그 수가 날로 줄어든다고 하니 심히 염려됩니다. 국가에서 소나무의 벌채를 금지하는 법령이 매우 엄격하니, 이것을 인연하여 산림이 무성하고 울밀하여 호표가 은장(隱藏)함을 얻어서 여러 해를 번식하여 떼를 지어 해를 끼치고 있습니다." 산림이 너무 울창한 나머지 호랑이가 자주 출몰한다는 내용이다. 그로부터 300년 후인 1779년 3월 24일(정조 3년), 수목이 너무 울창하여 호랑이와 표범이 자주 침범하여 해를 입히니 화를 면하기 위해 수목의 일부를 벌채할 것을 청하니 임금이 따랐다고 하였 다; 영의정 김상철(金尙喆)이 의열묘(義烈墓)·의소묘(懿昭墓)의 경계가 너 무 넓고 수목이 울창하여 호랑이와 표범이 백성들의 큰 걱정거리가 되고 있으니 해자(垓子)의 안팎에 있는 수목들을 조금 베어낼 것을 청하니 그대로 따랐다고 하였다.

1818년 2월 10일(순조 18년)에 우의정(남공철)이 아뢴 내용에 의하면, 평안도 북동부에 있는 폐사군안의 수절동 일대는 삼밭이기도 하거니와 수목이 울창했는데 근래에 간악한 사람들이 흘러 들어와서 가만히 나무를 베어내고 법을 어기며 경작하고 있으며, 유민이 차차 숨어들어와서 5백여 호나 집을 지어 수목이 아주 없어졌고 법을 어긴 경작이 자꾸 많아지고 있으며, 또 모두 불을 질러 일군 따비밭으로 이른바 삼장(蔘場)이란 이름만 남아 있다라고 하였다.

이상의 사례를 보면 김동진(2017a)은 15세기 중엽에 한반도의 산림 임목 축적이 600m³/ha에 추산될 정도로 울창하였을 것이라지만, 15세 중엽이 아니라 성종 15년인 1484년에 기록된 내용을 보면, 이미 1419년에 북청지역에 울창한 산림이 있었다고 하니 건국 초기부터 한반도 전역이 울창한 산림이었을 것으로 추측할 수 있다. 하지만, 고려시대 때 개성 주변에는 산이 헐벗어 소나무를 대대적으로 심었기에 인구 밀집 지역 근교는 산림이 그다지 울창하지 않았을 것이다. 또한 '산림황폐 실태'에서 언급하였듯이 경강(경기, 강원) 지역에 쓸 만한 목재가 거의 없으며 곳곳이 헐벗은 산으로 변하였다 하였으니 민생의 산림살이가 어려웠음을 짐작할 수 있다. 그럼에도 18세기 후반기, 조선왕조 후기에도 호랑이며 표범이 민가에 출범하여 피해를 입혔다고 기록한 것으로 보면, 건국 초기뿐만 아니라 조선왕조 전 시대에 걸쳐 일부 도회지로부터 멀리 떨어진 지역은 울창한 산림으로 뒤덮여 있었을 것으로 판단한다. 일제 강점기 시절 한반도에 머물던 일본인의 묘사에 의하면 "조선의 대자연은 실로 웅대하고 대륙적 특색을 지니고 있다. 저 금강산 같은 것은 정말 세계에 자랑할 만한 명승지라는 것을 단언할 수 있으며, 압록강이나 대동강 조망도 일본에서는 도저히 찾아 볼 수 없는 거대한 것이다."(엄인경 역, 2016)라 하여 이 시절까지도 지역에 따라서는 금수강산의 모습이었을 것으로 추측할 수 있다.

그러나, 일본제국과 1876년 2월 27일(고종 13년 음력 2월 3일) 「조일수호조규(朝日修好條規)」, 일명 강화도 조약(江華島條約)을 맺어 조선이 개항하면서 산림 훼손이 가중된다. 게다가 1896년 9월 러시아와 맺은 「한로삼림협동조약(韓露森林協同條約)」[199] (강영심, 1988, 1996; 이재훈, 2010; 조재곤, 2013)을 시발로 한반도 산림은 열강에 무참히 찬탈되어 가기 시작하였다. 『조선왕조실록』은 이 조약을 체결한 사실을 다음과 같이 기록하고 있다;

"러시아인(俄國人) 【뿌리너】의 합성조선목상회사(合成朝鮮木商會社)에 압록강 유역과 울릉도의 벌목과 아울러 양목의 권한을 허락하였다."[200]

열강의 합법적인 벌채가 시작되어 한반도 산림수탈의 서막을 알리는 내용이다.

이제까지 다뤄온 앞의 각 절에서 이렇게 울창했던 조선시대의 산림이 어떠한 역할을 했는지 어렴풋이 짐작할 수 있었을 것으로 생각한다. 조선시대 각 사회별로 산림의 위상을 간략히 정리해본다. 우선 정치사상적으로, '동방의 주자'로 일컫는 퇴계와 율곡 같은 자연과 합일의 삶을 살아간 인물이 나타나서 정치적으로 사상적으로 학문적으로 조선사회 전반에 엄청난 영향력을 끼쳤다. 이황은 관직에서 물러나 자기가 몸 바쳐 할 수 있는 일을 전원에서 찾았다. 전원에 있을 때는 자연과 그 속에 사는 인간 삶의 원리를 관조하는 사색에 몰두했다. 관직을 여러 차례 사양한 것은 현실정치에 대한 염증 때문만이 아니고, 선비는 모름지기 현실 속에서 백성과 고락을 함께 해야 한다는 유교정치 정신을 각성하고 있었기 때문이다. 퇴계는 또한 '산림'으로서 가장

---

199) 아관파천, 즉, 고종이 세자와 함께 경복궁을 떠나 러시아 공사관에서 생활하던(1896.2.11.~1897.2.20. 1년 9일) 중 1896년 9월 9일에 맺은 조약이다. 이 조약은 러시아의 계약 당사자 브리너(J. I. Bryner)와 외부대신 이완용, 농상공부 대신 조병직 사이에 체결되었다. 브리너는 블라디보스톡의 거상(巨商)으로 합성조선목상회사(合成朝鮮木商會社)를 경영하였다. 미국의 영화 배우 율 브리너의 할아버지이다(미승유, 1983).

200) 고종실록 34권, 고종 33년 9월 9일(1896년). 許俄國人 【뿌리너】 合成朝鮮木商會社鴨綠江流域及鬱陵島伐木竝養木之權.

으뜸가는 인물이다. 산림에 머물며 산림 속에서 독서하고 유산(遊山)하며, 시작(詩作)하여 산림문학을 꽃피우게 하며, 후학을 위해 강학하는 등 정치를 넘보지 않으면서도 정치권과 국가사회에 엄청난 영향력을 행사한 대산림이기도 하다. 퇴계의 삶 자체가 '산림'에서 '심원(心遠)'한 마음으로 사는 표본을 보여준 '산림'의 사표이자 이상이다. 조광조, 김종직, 송시열과 같은 걸출한 '산림'도 출현하여 정치적 사상적 측면에서 위세를 떨침으로써 산림의 위상이 대단히 높았다고 말할 수 있다.

문화예술 분야에서 안평대군이나 안견, 겸재, 단원 같은 천재적인 예술인들이 출현하여 한반도의 산천경개를 실경산수화, 진경산수화 등으로 묘사해내어 조선을 회화 역사상 가장 융성하는 시대로 자리잡게 하였다. 추사 김정희와 같은 서예와 금석학의 대가로 하여금 『세한도』의 松柏을 통해 세상 사람들에게 인간관계의 참멋을 보여주는 화의(畵意)를 담아 문인화의 대작을 남기게 하는 영향을 끼치게도 하였다. 나무와 산림의 위대한 역할이 아닐 수 없다. 또한 산림 문학을 통하여 우리 금수강산을 선경으로 찬미하고 우리 말과 글을 아름답게 다듬고 발전시켜왔다. 아름다운 강산, 울창한 산림이 없었으면 불가능한 일이었다. 문화예술 분야에서 산림의 위상은 그들 작품으로 하여금 시대적 금자탑을 쌓게 하는데 근간이 되는 위상을 차지한 사실을 부인할 수 없다.

그러나 다른 한편으로 백성의 생활면에서 살펴보면, '산림천택 여민공지'라는 대국민 거대한 복지시혜(福祉施惠) 속에 놓인 산림은 시간이 흐를수록 권문세가 등으로부터 사점되고 기근과 전쟁, 잘못된 정책으로 백성의 삶에서 필수적으로 필요한 산림을 제대로 사용하지 못하는 '산림천택 여민공해'의 경지로 끌려갔다. 더구나 유교사상과 풍수지리, 음택 중시로 노비, 전답 분쟁과 함께 조선의 3대 송사라는 산송 문제까지 겹쳐 전국이 산림으로 인하여 백성의 삶이 도탄에 빠지고 극심한 사회적 갈등을 초래하기도 하였다. 이러한 상황은 『조선왕조실록』을 통해서, 정약용 형제의 저서[201]를 통해서도 잘 알 수 있게 한다. 백성의 생활면에서 산림의 위상은 가진 자에게 복마전이오, 없는 자에게 화중병(畫中餅, 그림의 떡)과 같은 존재였다.

조선왕조 500년을 통틀어 산림은 보물선이었고, 그래서 금산과 송금정책을 운영하였고, 사고(思庫)이었기에 양성(養性)과 정신수양의 수련장이었으며, 생명밭이었기에 개간과 벌채로 식량과 산업을 부흥시켰다. 지금보다 인구가 훨씬 적고 산림은 넓고, 개간할 진황지 등 땅은 많았기에 식량 생산의 여력이 많았는데도 땔감과 건축재, 음택 문제는 비중이 매우 커서 산림 사점의 문제가 급속도로 번지고 해결하기 어려운 상황이었다. 관찰사와 멀리 떨어져 있는 수령, 현감으로부터 여러 차례 깊은 고뇌로 충정 어린 상소가 많았다. 나름 목민관으로서 민본정치를 실현해 보려는 의지를 가진 자도 있었지만 전국적인 문제를 해결하기란 쉬운 일이 아니었고, 왕 혼자의 힘으로도 감당할 수 없는 구조였다.

조선왕조 500년은 유교가 지배한 사회였다. 유교를 가장 일반적으로 정의할 때 '자신을 수양하여 사람을 다스리는 도리(修己治人之道)'라 한다. 자신을 수양하는 것은 남을 다스리는 것을 목표로 삼는 것이고, 남을 다스리는 일은 서로 분리된 것이 아니라 결합된 하나의 사회적 세계 안에 있는 것이라 할 수 있다.[202] 왕이라면 그것은 백성을 잘 다스리는 것으로 나타나야 하는데, 태조는 군왕으로서 백성 다스림에 대한 자신의 의지를 건국초에 발표하였다. 즉, 태조 4년 10월 5일(1395년)에 종묘에 제례를 마친 후 국정 쇄신에 대한 6개의 교서를 발표하였다. 두 번째 교서에, (중략). "백성이란 오직 나라의 근본이 되는 것이니, 각각 있는 곳에서 넉넉하게 구휼하라. 근래에 도읍을 옮김으로 인하여 애써서 한 부역이 너무 많았으나, 종묘는 조종(祖宗)을

201) 정약용의 『목민심서』와 정약전의 『송정사의(松政私議)』는 앞서 소개한 바 있다. 2000년 초 발견된 『송정사의 (松政私議)』에 대한 해제와 교훈에 대해서는 다음 연구를 참조할 수 있다: 안대회 역, 2002, 정약전(丁若銓)의 『송정사의(松政私議)』. 문헌과 해석 20; 안대회·이현일 옮김, 2014, 소나무 정책론. 안대회·이종묵·정민의 매일 읽는 우리 옛글 33(민음사); 이우연, 2002, 정약전 『松政私議』 해제. 한국실학연구 4; 전영우, 2002, 정약전의 송정사의(松政私議)에서 배우는 교훈. 숲과문화 11(5).
202) 금장태, 2008, 유교사상과 한국사회. 파주: 한국학술정보(주). 103~108쪽.

편안하게 하고 효도와 공경을 다하라는 곳이며, 궁궐은 나라의 정사를 듣고 존엄성을 보이려 하는 바이며, 성곽은 안과 밖을 가리고 비상사태를 방비하려는 바이니, 모두 부득이한 일이다. 내 어찌 기꺼이 백성의 노력을 썼겠는가? 그 외의 건축하는 일은 모두 정지하고 파해서 다시 나의 백성의 힘을 곤하게 하지 말라. 만일에 부역하다가 죽는 자가 있으면, 그 맡은 관청에서는 그 집을 복호(復戶)하게 하라."[203]라 하여 한양 천도로 노역이 많았던 백성을 치하하는 한편 백성을 넉넉하게 구휼하며 피곤하지 않게 하리라는 의지를 천명하였다.

건국시조 선왕이 이러한 의지를 지녔었는데도 조선왕조 내내 하층 기민들의 삶이 빈곤함에 시달렸던 사실을 어떻게 설명해야 할 것인가? 왕조가 내걸었던 통치이념이나 정치사상들은 한결같이 유교적 이념을 기저에 지니고 있었는데 治人은 커녕 修己도 하지 못했다는 의미인가? 조선왕조의 전반을 들여다보면서, 물론, 수박 겉핥기식이긴 하지만, 산림을 둘러싼 문제는 결국 유교 사상에서 오기도 하고, 근본적으로는 백성의 삶을 제대로 들여다 보지 못했다는 분석밖에 내놓을 수 없을 듯하다. 무엇보다도 무조건 '송정'과 '금제'에 집착한 것, 식재를 강조한 왕은 있었지만 미시안적이었고, 백성의 삶에 직결되는 산림에 대한 거시적인 혜안을 지닌 군왕이 없었으며, 당쟁으로 인하여 산림에 혜안을 지닌 재상이 정치 전면에 나설 수 없었던 점이 크나큰 패착으로 볼 수 있다. 탄생에서 안식(장사)에 이르기까지 모든 살림살이에 산림이용이 필수적이었고 산림에 의지하여 삶을 살아야 했던 조선 백성의 산림살이가 초라하였다. 그러나, 이렇듯 조선시대는 백성의 삶에서 '산림천택 여민공지'의 혜택을 주지 못하는 위상을 지녔던 시대였지만, 산림이 금강산을 비롯한 아름다운 금수강산을 장식하여 사상과 문화예술의 꽃을 피웠던 위대한 시대였다.

---

203) 태조실록 8권, 태조 4년 10월 5일(1395년). (중략) 一, 民惟邦本, 在所優恤, 近因遷都, 力役悉煩. 然宗廟所以安祖宗盡孝敬, 宮闕所以聽國政示尊嚴, 城郭所以捍內外而備非常, 皆非得已, 予豈樂用民力哉? 其餘土木興作, 一皆停罷, 毋復困吾民力. 其有赴役死亡者, 所在官司, 恤復其家.

조선시대 산림정책에 관한 내용을 추적하여 기술하면서 조선시대의 산림 문제를 다룬 글이 매우 풍부한 사실에 놀랐다. 조선 시대에 한정하더라도 500여 년 동안 산림을 두고 국가와 백성 사이에 일어났던 일들을 다방면에 걸쳐서 자세하게 알게 해 주었다. 멀게는 60여 년 전인 1960년대부터 현재에 이르기까지 진행된 연구들이 산림의 향방에 관해 상세하게 추적하여 밝혀주고 있다. 대부분 역사학 분야의 연구자들이 기여를 많이 하였다. 『조선왕조실록』 등 고문헌들이 국역작업을 거듭하면서 더 연구가 수월해지고 활발해졌지만, 역사학자들의 발굴 덕분에 세상에 많이 알려진 것에 감사하는 한편, 다른 한편으로는 산림학자들의 노력은 1990년 이후에 극히 일부의 영역에서 진행되었는데 시점에서나 분량에서나 아쉬운 일이다. 그러나, 산림을 전공하는 산림학자들의 시각으로 분석한 것은 나름대로 '산림' 그 자체를 다루는 시각으로 분석 진단하는 것이기에, 역사학자의 시대를 통달한 '역사적' 시각보다 통찰력이 좀 부족하더라도 독특한 면이 없지 않다. 연구량이 많지 않은 것은 그 동안 산림학이 시대 요구이기에 어쩔 수 없이 너무 조림녹화, 생태, 생산 등 물리적인 측면에서만 연구한 것에 반성해야 할 듯하다. 다행히 지난 1990년대 중반 이후부터 산림사에 관한 연구가 활발하게 이뤄져 왔음은 향후 이 분야의 발전에 초석을 놓은 것이며 더 진작되리라 믿는다. 조선왕조 500년의 산림이 사상과 문화예술면에서는 부흥했지만, 전정(田政), 군정(軍政), 환정(還政) 등 3정에 이어 송정(松政)을 포함하여 사정문란(四政紊亂)으로 산림이 황폐되어 백성의 삶을 궁핍하게 한 교훈을 반추하고, 조선왕조처럼 대한민국이 500년 존속한다면 앞으로 500년 후에는 후학들이 어떻게 산림을 평가할지 궁금해지기도 한다. 500년 후에 후손들이 2000년대 전반기의 산림 연구에 기여할 수 있는 기록으로 남겨지기를 기대한다. 전정(田政), 군정(軍政), 환정(還政) 3정과 함께 조선 시대에 나라를 어지럽힌 4정인 송정(松政)의 교훈을 살려서 미래에는 혜안을 지닌 정치지도자들이 나타나서 백성을 생각하는 산림정책이 펼쳐지길 기대한다.

제7장

국토녹화와 보전

1. 국토녹화 성공

조선왕조 기간 중 황폐된 산림은 일제 강점기와 한국전쟁을 거치면서 더욱 비참하게 변하고 말았다. 일제 강점기 36년 동안 일본이 수탈한 산림은 무려 5억m³에 달하며, 이것은 2003년 임목축적량 4억 6,800만m³보다 많은 규모이다.[1] 다시 말하면 5억m³이라는 수탈량은 2003년의 우리나라 산림 전체를 남김없이 벌채했을 경우 이용할 수 있는 목재 총량과 맞먹은 양이라는 의미이다. 어마어마하고 끔직한 양이 아닐 수 없다. 그 결과가 이어져, 제4장에서 언급하였듯이, 6.25 전쟁이 끝나던 1953년 단위면적당 임목축적은 불과 5.7m³/ha에 지나지 않아 국토 강산이 터럭 없는 살갗처럼 민둥산이나 다름없을 정도로 매우 초라하였다.

정부는 1967년 농림부의 산림국을 확대 개편하여 녹화업무 등 산림을 관장하는 최고 중앙행정기관으로 산림청을 개청하여 필요한 법률을 제정하

---

1) 배상원, 2013, 산림녹화. 파주: 나남. 29쪽.

고 정책과 제도를 마련하여 본격적으로 헐벗은 산을 녹화하기 시작하였다. 산림청은 처음에 농림부 소속이었지만 녹화업무 추진력이 미약하여 내무부로 소속을 변경하여 녹화사업에 강력한 행정력을 동원할 수 있도록 하였다. 조림 녹화를 위한 산림기본계획을 수립하고 정부의 강력한 지원과 전 국민의 동참으로 국토녹화의 대장정에 돌입하였다. 1973년을 시점으로 1·2차 치산녹화 10개년 계획을 수립하여 1992년에 종료할 계획으로 추진하였으나 목표를 당초 예정보다 앞당겨 달성하여 제1차는 1973~1978년, 제2차는 1979~1987에 종료하였다. 1·2차 계획 기간 중에 달성한 국토녹화의 내용을 요약하면 〈표 7-1〉과 같다.

제1·2차 치산녹화계획 기간 중에 전체 산림 면적의 약 30%에 해당하는 204만 6천ha에 48억 7천5백만 그루의 나무를 심었다. 활착률이 90%가 넘어 심은 나무가 대부분 살았다. 또한 산림황폐의 주범이었던 30만 호에 달하는 화전가옥과 숲에 불 질러 산밭으로 만든 12만 6천5백ha의 화전정리 사업을 마무리하여 다시 산림으로 되돌려 놓는 쾌거를 이룩하였다. 이 기간에 전개한 녹화사업에서 주목할 만한 내용은 제1차 치산녹화 10개년계획을 수립하면서 설정한 다음 6대 기본방향이다.

첫째, 10년 안에 전 국토를 완전히 녹화한다.

둘째, 전 국민이 참여하는 국민식수로 하며, 기관별로 책임 하에 조림하고 관리한다.

셋째, 연료림 조성사업을 마을별로 우선적으로 실시하여 연료를 자급자족한다.

넷째, 사방사업은 가장 시급한 지역부터 먼저 착수하여 연차적으로 진행한다.

다섯째, 새마을운동의 환경가꾸기사업과 연계하여 새마을운동 조직을 활용한다.

여섯째, 경찰조직을 동원하여 도벌 등 산림 사범을 철저히 단속한다.[2]

---

2) 이경준·김의철, 2010, 박정희가 이룬 기적: 민둥산을 금수강산으로. 서울: 기파랑. 208~209쪽.

표 7-1. 제1·2차 치산녹화 10개년 계획의 누적 실적(1973~1987)

구분	제1차 계획(1973~1978)		제2차 계획(1979~1987)		계 (1973~1987)	
	면적(ha)	본수(백만 본)	면적(ha)	본수(백만 본)	면적(ha)	본수(백만 본)
조림	1,080,000	2,960	965,900	1,915	2,045,900	4,875
양묘		3,054		1,851		4,905
육림	4,123,000		7,526,000		11,649,000	
천연림 보육			109,000		109,000	
사방	41,789		36,399		78,188	
연료림	207,800 (식재)		1,338,000 (무육)		207,800 1,338,000	
경제림단지	19,900		334,000		353,900	
검목활착률(%)	88.8		92.3		90.6	
화전정리	126,533	300,796호	1,673 (재모경 방지)		126,533	300,796호
병해충방제	4,062		1,914		5,976	
산불방지	3,687	673건	1,052	231건	4,739	904건
총사업비	2,224억 원(조림, 사방)		12,123억 원(부대사업 포함)		14,347억 원	

자료: 산림청, 산림행정 20년 발자취; 산림청, 한국임정 50년사; 배상원, 2013; 이경준, 2020.에서 재인용.

이 방침에 따라 산림청은 제1차 계획 기간인 1973년부터 1982년까지 10년 동안 100만ha에 21억 그루의 나무를 심는다는 계획을 수립하였는데 불과 6년 만에 목표를 달성하는 쾌속 성과를 보였다. 위에 열거한 치산녹화 기본방향에서 눈여겨볼 것은 '국민식수'와 '경찰조직 동원'이다. 국민식수(國民植樹)란 국민이 참여하고 국민이 성원하는 나무심기 개념이다. 치산녹화 사업을 6년이나 이끌었던 당시 손수익 산림청장은 국민식수에 대하여, '먼저 국민 마음속에 나무를 심어야 한다. 국민 마음이 녹화되지 않으면 산도 녹화되지 않는다. 그러기 위해서는 국민이 자발적으로 참여할 수 있는 동기를 먼저 부여해야 한다.'라는 생각을 지녔다.[3] 자연재해가 줄어들어 농사에 유리하고, 양묘하여 소득이 되게 하고, 연료림을 조성하여 연료 혜택을 받을 수 있도록 국민을 지원하여 국민식수가 원활하게 진행되도록 실행하였다. 또한 경찰조직을 동원하여 도남벌, 임산 연료(낙엽 등) 채취, 입산금지 등을 강력하게 단속하여 산림녹화에 장애가 되지 않도록 산림을 철저하게 보호하였다. 치산녹화의 성공에 크게 이바지한 행정 사례이다.

이와 같은 대대적이고 적극적인 녹화사업으로 한반도(남한) 산림은 치산녹화를 본격적으로 시행하기 직전인 1971년에 단위면적당 임목축적이 10.7m³/ha, 1981년에 23.1m³/ha에 지나지 않아 초라하였으나 2010년에 125.6m³/ha로 증가하여 40년 사이에 110m³/ha 이상 우거지는 울창한 산림으로 복구되었다. 1980년대 중후반 마지막 조림 사업이 끝나고 거의 30년이 지난 2015년에 약 146m³/ha로 증가하고 2019년에 약 161.4m³/ha로 성장하여 종전 직후 헐벗은 민둥산이 단지 반세기에 울밀한 산림으로 뒤덮인 금수강산으로 재탄생하였다.

녹화사업이 순조로웠던 것은 아니었다. 피와 땀으로 이룩한 사업이었다. 헐벗은 산에 녹화하는 일 중에서 가장 힘든 것은 가파른 산비탈을 녹화하는 것이었다. 특히 경북 영일지구는 지형이 매우 가파를 뿐 아니라, 표층이

---

3) 앞의 책. 214~238쪽.

바위 부스러기로 되어 있어서 사방녹화사업에 가능한 모든 토목기술을 동원하였다. 하지만 이것도 모자라 공수특전부대원이 출동하고 등산 기술까지 적용하여 끝내 녹화에 성공하였다. 전쟁이나 다름없는 혈투였다고 기록하고 있다.[4]

조선왕조의 잘못된 산림정책, 열강과 일제에 의한 속수무책 식민강탈, 무차별적인 화전개간, 참혹한 동족상잔의 전쟁, 도남벌 등으로 피폐하고 헐벗었던 대한민국의 산림이 20여 년간 전 국민이 일치단결하여 노력한 결과 화려하게 부활한 것에 우리도 놀라고 세계도 놀라며 다음과 같이 감탄하였다.

- 지구환경보호의 글로벌 전문가인 미국 지구정책연구소(Earth Policy Institute) 레스터 러셀 브라운(Lester R. Brown) 소장은 "토양 안정화에 있어서는 대한민국과 미국이 두드러진다. 한때 산지가 벌거숭이었다가 이제 온통 수목으로 뒤덮인 대한민국은 홍수조절, 물저장, 그리고 수문학적 안정의 표준을 이뤄내어 다른 나라의 모델이다."라고 인정하였다.[5]
- "한국은 제2차 세계대전 이후 산림녹화에 성공한 유일한 국가이다."(UN FAO 1982년 보고서)
- "제2차 세계대전 이후 인류가 이룩한 성과 중 가장 놀라운 것은 사우스코리아라고 말하고 싶다."(세계 경영학의 대부 피터 트러커)[6]

장하다 대한민국이여! 약 반세기 전, 1970~80년대, 우리 선조들은 '엘제아르 부피에'처럼 대가 없이 값없이 그저 묵묵히 나무를 심었다. '애국가를

---

4) 앞의 책. 137~148쪽.
5) Brown, Lester Russel, 2003, Plan B: Rising to the Challenge. In 〈Plan B 2.0〉: Rescuing a Planet under Stress and a Civilization in Trouble. Washington DC.: Earth Policy Institute. pp. 199~203.
  (중략) In stabilizing soils, South Korea and the United States stand out, South Korea, with once denuded mountainsides and hills now covered with trees, has achieved a level of flood control, water storage, and hydrological stability that is a model for other countries.(이하생략)
6) 이경준·김의철 앞의 책에서 재인용.

부르며' 헐벗은 산으로 달려가 생명의 나무를 심고, 희망의 나무를 심고 또 심었다. 수 세기 동안 황폐하고 수탈당했던 산야는 그렇게 기적처럼 부활하였다. 상처투성이로 험상궂었던 국토 얼굴에 대수술을 가하여 산림 빈국에서 벗어났다. 사방을 둘러보아도, 어디를 가나, 삼밭처럼 나무가 꽉 들어찬 국가가 되었다. 녹화에 있어서 세계의 모범국이 되었다. 이런 모범을 보인 까닭에 많은 나라가 우리나라로 녹화기술을 배우러 오는 것으로 알려져 있다. 자랑스럽다 대한민국이여! 이 영광을 자나 깨나 피땀 흘려 녹화에 성공한 우리 선조께 온전히 돌려드린다!

대한민국의 산림녹화는 세계적 모델이며 자랑거리임에 틀림이 없다. 대한민국 국민과 선조가 이룩한 산림부활의 문화를 계승하기 위하여 관련 기록을 모아서 보전하는 노력도 부지런히 펼치고 있다. 한걸음 나아가 찬란한 산림부활의 기적을 세계에 홍보하고 길이길이 세계문화유산으로 남기고자 민간단체가 나섰다. 한국산림정책연구회는 2016년 6월 창립 45주년을 맞이하여 산림녹화관련 기록물을 세계기록유산으로 등재시키고자 결의하고, "산림녹화 UNESCO 기록유산 등재 추진위원회"를 발족하고[7] 활발히 움직이고 있다. 잘하는 일이며 헌신적인 노고에 감사한다. 부디 성공하여 인류가 한국의 산림녹화문화를 세계의 유산으로 계승할 수 있기를 기대하는 마음 간절하다. 차제에 이 위원회가 녹화성공을 이룩한 우리 선조와 대한민국 국민을 노벨 평화상 수상 후보자로 신청하는 운동도 전개하면 더 좋겠다는 생각을 해본다.

---

7) 이경준, 2020, 산림녹화 기록물의 세계기록유산 등재추진 현황과 과제. 산림정책연구 68: 109~126쪽.

2. 현대 산림정책의 흐름

가. 산림정책의 이념: 「산림기본법」

대한민국헌법 제35조 ①항은 다음과 같이 규정하고 있다;

"모든 국민은 건강하고 쾌적한 환경에서 생활할 권리를 가지며, 국가와 국민은 환경보전을 위하여 노력하여야 한다."

헌법은 백성이 쾌적한 환경에서 생활하여 건강하게 살 수 있어야 하며, 이를 위해 국가는 물론 국민도 환경보전을 위하여 노력해야 한다는 점을 명시하고 있다. 국가도 국민도 지난 수십 년 동안 헐벗은 국토를 녹화하여 다시 금수강산으로 돌려놓았다. 사방이 울창한 산림에 둘러싸인 곳에서 쾌적하고 건강하게 살면서 삶의 질을 높이며 삶을 윤택하게 즐길 수 있는 여건이 마련되어 있다. 산림정책으로 산림을 더욱 풍요롭게 가꿀 수 있다.

정책은 법을 기반으로 수립된다. 산림정책의 근간이 되는 법은 「산림기본법」으로 산림청 소관 20개 법률 가운데 모법(母法)이다. 이 법의 제정 목적과 기본이념을 다음과 같이 규정하고 있다.

제1조(목적) 이 법은 산림정책의 기본이 되는 사항을 정하여 산림의 다양한 기능을 증진하고 임업의 발전을 도모함으로써 국민의 삶의 질 향상과 국민경제의 건전한 발전에 이바지함을 목적으로 한다.

제2조(기본이념) 산림은 국토환경을 보전하고 임산물을 생산하는 기반으로서 국가발전과 생명체의 생존을 위하여 없어서는 안될 중요한 자산이므로 산림의 보전과 이용을 조화롭게 함으로써 지속가능한 산림경영이 이루어지도록 함을 이 법의 기본이념으로 한다.

「산림기본법」의 목적과 기본이념을 요약하면, 산림은 국가발전과 생명체의 생존을 위하여 없어서는 안될 중요한 자산이므로 지속 가능하게 경영하여 국민의 삶의 질 향상과 국민경제의 건전한 발전에 이바지하도록 해야 한다는 것이다. 이를 위해 온 국민이 힘을 모아 국토녹화를 달성하여 삶의 질 향상을 위한 기반을 마련하였다. 이러한 기반을 마련하기까지 정부가 실천해온 산림 정책의 내용을 다음 항에 간단히 정리한다.

나. 산림기본계획의 내용

산림정책의 추진과정을 일목요연하게 알 수 있는 것은 산림기본계획이다. 산림청은 1967년 개청 이후 1973년부터 시작하여 2021년 현재까지 6차에 걸쳐 산림기본계획을 수립하여 정책을 시행하고 있다. 「산림기본법」에 따라 매 차수 10년을 기본 단위로 수립하던 것을 제6차(2018~2037)부터는 중앙 정부의 대단위 기본계획과 보조를 맞추기 위해 20년 단위로 수립하고 있다. 제1차 기본계획부터 지금까지 추진하고 있는 산림정책의 주요 내용과 성과 를 간단히 정리하면 〈표 7-2〉와 같다.

제1·2차 치산녹화 10개년계획이 국토녹화를 위한 계획이었다면 제3차 산림기본계획은 제1·2차 계획으로 심은 나무들을 잘 가꾸는 내용이다. 그래 서 제3차 산림기본계획은 일명 '산지자원화계획'이었다. 국토녹화 정책에서 산지자원화 정책으로 전환이다. 녹화 바탕 위에 산지 자원화 기반을 조성하 는 방향으로 산림정책을 추진하였다. 이 시기에 올림픽이 개최되고 경제도 비약적으로 성장하였으며 말기에는 산림이 꽤 울창해져서 자연휴양림, 산림 욕장을 건설하여 국민에게 산림휴양의 기회를 부여하는 정책을 적극적으로 추진하기 시작하였다. 이 시기의 산림정책의 내용 중에 기억해야 할 것은 '국토녹화기념탑'을 건립하여 국토녹화의 완성을 공표하였다는 점이다. 1992년 4월 5일 식목일을 기념하여 광릉 국립수목원에 건립하였는데 건립 취지문의 내용은 아래와 같다.

〈국토녹화기념탑 건립 취지문〉

금수강산이라 일컬어 오던 우리나라가 근세에 들어 고난의 시대와 전쟁의 참화를 겪었습니다. 그 동안에 우리 산림도 말할 수 없이 황폐해져서 1910년에 헥타르 당 40여 입방미터이었던 임목축적이 60여 년이 지난 1972년에는 11입방미터로 크게 줄었습니다.

이렇게 헐벗은 우리 국토를 이대로 둘 수 없다고, 온 국민이 나서서 1973년부터 '치산녹화 계획'을 시작하여 그 목표를 성공적으로 달성하였습니다. 그리고 '산지자원화 계획'의 5년째를 맞이한 오늘날 임목축적은 1910년대 수준으로 회복하였습니다.

이는 5천 년의 유구한 역사를 이어오면서, 국토 사랑의 정신이 남달랐던 우리 겨레의 강인한 의지의 빛나는 결실이라 하지 않을 수 없습니다.

우리는 산림녹화를 이룩한 업적을 기념하는 탑을 세워, 온 국민의 협조와 성원에 보답하고자 합니다. 산림은 우리 겨레의 보금자리이며 후손에게 물려주어야 할 소중한 유산입니다. 이러한 산림을 값진 녹화의 바탕 위에서 더욱 쓸모 있고 풍요롭게 가꾸어 나가기를 온 국민과 함께 굳게 다짐하는 바입니다.[8]

제4차 산림기본계획은 지속 가능한 산림경영기반을 구축하는 정책을 추진하는 데에 초점이 맞춰져 있다. 계획 추진 기간 중 새로운 정권(참여정부)의 등장과 시대 조류에 맞춰 후반기에는 '사람과 숲이 어우러진 풍요로운 녹색국가 구현'으로 정책 목표를 수정하여 추진하였다. 이 시기에 주목할 만한 사항은 1998년 흔히 IMF 사태로 표현하는 국제금융위기를 맞아 실직한 국민을 중심으로 '숲가꾸기 공공근로' 사업을 전개하였다는 점과 공공 산림교육이 태동하였다는 점이다. 숲가꾸기 공공근로 사업은 무엇보다 두 가지 큰 의미를 갖는데, 첫째는 제1·2차 치산녹화계획 기간에 조성한 산림이 '숲가꾸기' 단계에 이르러서 인력을 확보하여 적절하게 숲을 가꿀 수 있게

8) 윤영균, 2020, 대한민국(1980년대 후반 이후)의 산림정책. 숲과문화연구회 〈정치사회와 산림문화〉. 서울: 도서출판 숲과문화. 419쪽.

표 7-2. 제1차~6차 산림기본계획의 주요 내용(1973~2037)

계획 명칭	기간	계획목표(비전)	주요 성과 또는 추진과제
제1차 치산녹화 10개년계획	1973-1978	국토의 속성녹화 기반구축	① 100ha 조림계획을 4년 앞당겨 달성 ② 화전정리, 농촌 임산연료 공급원확보 ③ 육림의 날 제정과 산주대회 예림사상 고취
제2차 치산녹화 10개년계획	1979-1987	장기수 위주의 경제림 조성과 국토녹화 완성	① 106만ha 조림, 황폐산지 복구완료 ② 대단위 경제림 단지지정, 집중조림 ③ 산지이용실태조사, 보전/준보전임지 구분 체계 도입
제3차 산림기본계획 (산지자원화계획)	1988-1997	녹화 바탕 위에 산지 자원화 기반조성	① 32만ha 경제림 조성, 303만ha 육림사업 실행 ② 산촌종합개발추진, 산림휴양문화 시설확충 ③ 산지이용체계 재편, 기능과 목적에 의한 이용질서 확립
제4차 산림기본계획	1998-2007	지속 가능한 산림경영기반구축	① 보다 가치있는 산림자원 조성 ② 경쟁력있는 산림산업 육성 ③ 건강하고 쾌적한 산림환경증진
	2003-2007 (변경)	사람과 숲이 어우러진 풍요로운 녹색국가 구현	① 생태적으로 건강하고 지속적으로 이용가능한 산림관리 ② 임업인에게 희망주고 국가경제에 기여하는 산림산업육성 ③ 산림체험과 산지제순방지로 국민생활안정, 산림환경보전 ④ 국민에게 쾌적한 생활환경을 제공하는 녹색공간 확충
제5차 산림기본계획	2008-2017	지속 가능한 녹색 복지국가 실현	삶의 질 제고를 위한 녹색공간과 서비스 확충 ① 다기능 산림자원의 육성과 통합관리 ② 자원순환형 산림산업육성 및 경쟁력 제고

표 7-2. (계속)

계획 명칭	기간	계획목표(비전)	주요 성과 또는 추진과제
제5차 산림기본계획	2008~2017	지속 가능한 녹색 복지국가 실현	③ 국토환경자원으로서 산림의 보전·관리 ④ 삶의 질 제고를 위한 녹색공간 및 서비스 확충 ⑤ 자원화보와 지구산림 보전을 위한 국제협력 확대
	2013~2017 (변경)	온 국민이 숲에서 행복을 누리는 녹색복지국가	활력있는 일터, 쉼터, 삶터로 재창조 ① 지속가능한 기능별 산림자원 관리체계 확립 ② 기후변화에 대응한 산림탄소 관리체계 구축 ③ 임업시장기능 활성화를 위한 기반 구축 ④ 산림생태계와 산림생물자원의 통합적 보전·이용체계구축 ⑤ 국토의 안정성 제고를 위한 산지 및 산림재해관리 ⑥ 산림복지서비스 확대·재생산을 위한 체계 구축 ⑦ 세계녹화와 지구환경 보전에 선도적 기여
제6차 산림기본계획	2018~2037	경제산림, 복지산림, 생태산림	건강하고 가치있는 산림, 양질의 일자리와 소득창출, 국민행복과 안심국토, 국제기여와 통일대비 등 4대 목표를 설정하여 7대 전략과제로 실행 중임. ① 산림자원 및 산지 관리체계 고도화 ② 산림산업육성 및 일자리 창출 ③ 임업인 소득 안정 및 산촌 활성화 ④ 일상 속 산림복지체계 정착 ⑤ 산림생태계 건강성 유지·증진 ⑥ 산림재해 예방과 대응으로 국민안전 실현 ⑦ 국제산림협력 주도와 한반도 산림녹화 완성

되었다는 점이다. 제4차 산림기본계획기간 중 숲가꾸기 사업실적은 271만 3천ha로 당초 계획 156만ha 대비 174%를 달성한 것이며[9], 치산녹화계획 기간에 조림한 204만 6천ha를 웃도는 성과였다. 둘째는 숲가꾸기 사업으로 공공일자리를 마련할 수 있었다는 점이다. 1998년부터 2002년까지 숲가꾸기 사업에 고용한 연인원은 1,554만 4천명에 이른다.[10] 숲이 사람에게 일자리를 주고 사람은 숲을 가꾼다. 매우 자연스러우며 아름다운 모습이다.

제5차 산림기본계획은 더 울창해진 숲을 활용하여 온 국민이 숲에서 행복을 누리는 녹색복지국가를 구현한다는 비전으로 정책을 추진하였다. 산림문화, 산림휴양, 산림교육, 산림치유 분야 등 산림복지서비스 영역을 설정하여 이에 필요한 프로그램과 시설을 확충함으로써 산림복지기반을 공고히 다지는 사업들을 추진하였다.

제6차 산림기본계획은 중앙상위계획과 알맞게 20년 계획으로 2018~ 2037년까지 실행해야 할 내용이다. '일자리가 나오는 경제산림, 모두가 누리는 복지산림, 사람과 자연의 생태산림'을 비전으로 제시하였다. 건강하고 가치있는 산림, 양질의 일자리와 소득창출, 국민행복과 안심국토, 국제기여와 통일대비를 4대 목표로 설정하고 이의 실천을 위해 7대 전략과제를 실행하고 있다. 계획대로 추진한다면, 2037년에 이르면 산림의 공익가치가 1인당 연간 500만원, 산림분야 일자리 7만개, 목재자급률은 30%로 증가할 것이며, 산림재해 피해액은 현수준의 1/8 정도로 줄어들고, 산림복지수혜인구는 100%를 달성할 것으로 전망한다. 부디 이렇게 될 수 있게 실행하여 선진 임업국의 대열에 진입할 수 있기를 희망한다.

---

9) 앞의 책. 431쪽.
10) 산림청, 2017, 산림청 50년사. 151쪽.

3. 국민의 산림보전 운동

국민이 한마음 한뜻으로 나무를 심고 정부는 필요한 정책과 지원으로 일사 분란하게 움직여 국토를 녹화하는 사업에 성공하였다. 국토면적에서 산림이 차지하는 구성비에 어울리게 어디를 둘러보아도 강산이 온통 숲으로 일렁인다. 1992년은 1973년 시작한 치산녹화 10개년 계획이 20년 차에 접어드는 해였다. '국토녹화기념탑'을 건립한 해이기도 하다. 국제적으로 보면, 세계 최고의 자연보호주의자이자 국립공원의 아버지인 존 뮈어(John Muir, 1838~1914)가 1892년 세계 최초의 자연보호 NGO인 시에라 클럽(Sierra Club)을 설립한 지 100년이 되는 해이기도 하다.

시에라 클럽 100주년을 맞이하는 1992년, 이 뜻깊은 해에 한국에서도 숲을 보호하자는 민간운동이 태동하였으니 숲과문화연구회의 창립이다. 순수한 민간단체로 박봉우(강원대) 교수, 이천용(국립산림과학원) 박사, 임주훈(국립산림과학원) 박사, 전영우(국민대) 교수 등 산림학자를 중심으로 뜻을 같이하는 사람들이 힘을 모아 30여 년에 이르는 세월 동안 활동을 이어오고 있다. 이 단체가 추구하는 기본이념과 설립취지는 아래와 같다.

〈기본이념〉

숲은 생명의 모태이자 문화의 요람
一. 생명주의
   생명이요 문화인 숲을 애호하는 사상을 선도한다.
一. 상생주의
   생명이요 문화인 숲과 인간의 공생을 추구한다.
一. 미래주의
   생명이요 문화인 숲을 후세의 삶터로 육성한다.

一. 문화주의

생명이요 문화인 숲을 인류의 이상으로 승화시킨다.

⟨설립취지⟩

숲과 문화는 우리를 둘러싼 환경의 급격한 변화와 더불어 사라져가는 숲을 보전하여 우리의 생활을 푸르름 속에서 풍요롭게 유지될 수 있도록 지향한다. 숲과의 만남에서 우리의 생활이 비롯되었고, 숲과의 만남에서부터 우리의 문화가 시작되었다. 숲은 우리에게 양식을 주었고, 생명의 물을 주었으며, 안식처를 주었다. 숲은 생활의 근거지인 동시에 문화의 모태이므로 숲을 떠난 우리의 생활, 우리의 문화란 생각할 수 없는 것이다. 숲과 문화는 나무와 숲, 인간과 숲, 환경과 숲, 그리고 문화와 숲에 대한 우리의 생각을 주고 받으며, 이에 대한 새로운 인식들을 검토하고 정리하여 숲의 중요성을 강조하고, 우리의 삶에 기품을 더해 줄 수 있도록 하며, 먼 훗날까지도 가치 있는 기록으로서 남을 수 있는 것이 되도록 한다. 숲과 문화는 이러한 목적을 달성하기 위하여, 변하고 있는 숲의 가치를 재인식하고 계발하여, 숲과 인간의 생태적 조화로움을 추구한다.

이념과 설립 취지를 지표 삼아 격월간 「숲과 문화」 발간, 국내외 아름다운 숲탐방, 숲해설가 양성교육, 산림문화관련 저술상 논문상 시상 등의 활동을 펼치고 있다. 격월간 「숲과 문화」는 2021년 5 · 6월호로 통권 177호를 맞이하였다. 2014년부터 시작한 『산림문화전집』 발간사업은 숲이 우리나라 문화 전반에 영향을 준 흔적을 총 25권으로 종합정리하는 사업이다. 각 분야의 전문가를 필진으로 구성하여 제1권 『우리 숲의 역사』를 시작으로 국가건립과 산림문화, 종교, 문학, 미술, 음악, 산업, 정치사회와 산림문화 등 지금까지 14권을 발간하였다. 집필이 완료될 것으로 예상되는 2026년이 되면 25권으로 구성된 '산림문화대계'라는 대작(大作)이 탄생한다. 이것은 한 국가, 대한민국의 문화에 숲이 영향을 준 흔적을 '산림문화'의 이름으로 총정리한 최초의 기록으로 보존될 것이며 세계사에 유례없는 대역사가 될 것이다. 귀중한 기록문화자산이 될 것임은 물론이고 각종 산림교육과 국민 계몽, 산림청 정책홍보 등에 널리 활용될 것이다. 산림청은 이 사업을 정책사업으로 진행하며 후원하고 있다.

외부의 도움없이 자력으로 오늘날까지 30여 년이나 활동을 이어오면서 숲탐방에 붐을 일으키고, 유사한 활동을 하는 민간단체의 탄생을 조장하며, 정부에 산림문화 관련 행정부서의 조직과 정책을 도입하는 데 영향을 주는 등 숲과문화연구회가 전개한 활동의 파급효과가 적지 않다. 2002년 4월 5일 식목일에 대통령 표창을 받아 그 활동을 인정받았다. 여러 재정난이 있었음에도 기본이념과 설립취지에 입각한 책임과 의무감으로 헌신적으로 끊임없이 활동을 이어온 숲과문화연구회가 미쁘고 믿음직하다. 이런 단체가 대한민국에 있는 것이 자랑스럽다.

시에라 클럽의 활동 이념이 자연에 대한 '사랑'이듯이, 숲과문화연구회도 '우리 숲을 아끼고 사랑하자'고 계몽한다. 우리 선조도 그 예전의 선조가 자연을 사랑하였듯이, 나무와 숲을 사랑하는 마음으로 심고 가꿔 금수강산을 부활시켰다. 선조의 힘으로 다시 일궈낸 숲을 더욱 아끼고 사랑하는 마음이 없으면 다시 헐벗은 산으로 되돌아갈지 모를 일이다. 우리가 오늘 누리는 문화는 선조의 과거이자 우리가 만드는 현재이며 미래로 계승한다. 숲을 문화의 눈으로 보며 우리 숲을 아끼고 사랑하는 모임인 숲과문화연구회의 활동이 문화처럼 지속되길 기대한다.

숲을 보호하는 데에 앞장서고 있는 또 다른 NGO로 생명의숲국민운동이 있다. 1998년 IMF사태가 발생하면서 직장을 잃은 수많은 사람의 일자리에 대한 대책과 숲가꾸기 문제 해결책에 대한 대안의 하나로 태어난 단체로 보아도 무방하겠다. 산림청, 환경단체, 학계 등 민·관·학의 세 분야 전문가 그룹이 결성되어 창립하였으며 전국적인 조직망을 갖추고 있다. 숲가꾸기

사업, 학교숲, 생태산촌, 모델숲, 아름다운 숲 지정, 산림교육전문가 양성교육, 귀산촌인 교육 등의 운동을 펼쳐왔으며 국민의 가슴에 숲의 생명적 가치를 심어주어 숲을 더욱 보호하도록 하는 데 앞장서고 있다.

두 민간단체의 탄생도 어찌 보면 선조가 이룩한 조림녹화의 성공으로 울창한 숲을 갖게 된 덕분이다. 40여 년 전 치산녹화 시절에 산에 나무를 심기 전에 먼저 '국민의 마음 속에 나무를 심어 국민 마음을 녹화해야 한다'라고 계몽하였다. 이랬듯이 두 단체의 활동이 더욱 왕성해지고 활발해져서 국민의 마음을 녹화하고 그 호응으로 선조가 부활시킨 금수강산, 우리 숲을 더욱 아끼고 아름답게 가꿔서 대한민국이 산림부국이 되게 하는 데에 크게 기여할 수 있기를 희망한다.

신애림사상(1): 산림인문학

제4부와 5부는 신애림사상을 소개한다. 1970년대~80년대 산림녹화 시기엔 나무를 심고 가꾸는 것이 애림이었지만, 녹화 성공으로 숲이 울창해진 현대는 숲을 잘 활용하는 것이 애림이다. 신애림사상이란 숲을 잘 가꿔서 삶을 풍요롭게, 심신을 건강하게, 문화 예술을 융성하도록 활용함으로써 숲의 가치와 중요성을 깨달아 숲을 더 아끼고 '사랑' 하며 보호하여 지속가능성을 실천하는 사상이다.

4부는 숲을 잘 가꾸는데 필요한 산림경영이념을 소개하고, 산림철학은 무엇이며, 숲으로 탄생한 다양한 산림인문학적 저술과 대표 작가를 소개한다. 산림현장이 탄생하게 된 배경을 살펴보며 신애림사상을 설명한다.

제8장

산림경영이념

1. 개요

　제4부는 선조가 이룩한 아름다운 산림을 어떻게 가꿔나가야 하는지에 대한 산림과학적 이론과 울창한 숲을 무대로 활동한 인문학적 성과를 소개한다.

　인류 역사를 뒤돌아보면 산림이 인간의 삶을 지탱해 왔음을 부인할 수 없다. 예전으로 돌아가면 돌아갈수록 인간의 삶이 산림에 의존한 것은 더욱 뚜렷해진다. 인류 문명의 4대 발상지가 그것을 확인하여 준다. 나일강, 유프라테스·티그리스강, 인더스강, 황하강, 문명은 모두 강을 끼고 발달했다. 강이 강으로서 역할을 하려면 물이 흘러야 한다. 강에 물이 흐르려면 비가 올 수 있도록 증발산 현상이 충분히 일어날 수 있게 배후에 대면적의 울창한 숲이 있어야 한다. 결국 그런 조건을 갖춘 지역에 인류 4대 문명이 태동한 것이다. 울창하고 풍부한 숲으로 필요한 식량을 생산하고 주택과 도시를 건설할 수 있었다. 그러나 아무런 대책 없이 무조건 숲을 이용한 결과 사막화

되어 오늘날에 이르게 되었다. 산림은 재생 가능한 자원이지만 산림의 자정 작용, 재생가능한 용량을 벗어나서 산림을 남용한다면 어떻게 되는지 명확하게 보여주는 역사의 교훈이다.

20세기 중반까지만 하더라도 산림경영은 산림의 편익 가치 중에서 경제적 중심의 목재생산에 치중한 것이 사실이다. 그래서 교과서적으로 '임업경영은 임목을 최다량으로 생산하여 국민의 경제적 복리를 증진하는 것을 최고목표로 하는 것이다.'[1]라고 주장하곤 하였다. 그러나 경제가 발달하고 교통통신의 발달, 사회적 가치에 대한 인간의 욕구가 다양해지면서 산림에 기대하는 요구도 목재생산 이외의 분야에 눈을 돌리기 시작하였다. 산업의 발달은 산림이 지닌 전통적인 수요인 목재 이용을 더 조장하는 한편, 환경오염으로 인하여 산림보호에 대한 관심과 동시에 휴양 등 산림의 공익적 가치를 중요시하는 경향을 가져왔다. 산림경영이 과거보다 그만큼 더 복잡해지고 다양해졌다고 볼 수 있다. 이러는 과정에서 1992년에 열린 리우 환경회의 이후 '지속가능성(sustainability)'이 인류의 공통관심사가 되어 이에 대해 국제적으로나 국내 사회적으로 활발한 논의가 이뤄졌다. 산림 분야에서도 자연스럽게 '지속가능한 산림경영'의 이념이 등장하였다.

21세기의 산림경영은 국민에게 쾌적하고 건전한 자연환경을 제공하는 동시에 목재를 안정적으로 공급해야 하는 과제를 안고 있다. 이 장에서는 전통적으로 견지해 왔던 산림경영의 원칙을 소개하고 현재 인류의 공통관심사의 측면에서 지속가능한 산림경영의 내용을 간략히 살펴 산림관리의 이념을 이해해보고자 한다.

---

1) 김장수, 1962, 임업경영학. 서울: 서울고시학회. 21쪽.

2. 고전적 이념

가. 임업경영의 목적

임업은 노동과 토지와 자본을 체계적으로 조직하고 결합하여 목재·버섯·유실류 등 다양한 형태의 임산물을 생산하여 지속적으로 공급할 수 있도록 경영되어야 한다. 더불어 생태관광, 휴양, 숲 치유, 산림 레저 등 다양한 관광과 복지·후생 프로그램을 지속적으로 제공할 수 있도록 숲을 조성, 보호하는 것도 산림경영 활동에 포함한다. 200여 년 전부터 공급과 수요에 맞춰 산림을 체계적으로 경영해왔던 독일은 산림분야 여러 학문이 오래전부터 정립되어 있다. 스위스 연방공과대학 산림학과 교수였던 크누헬(Hermann Knuchel, 1950)은 임업경영의 목적을 '대상이 되는 산림(임지와 임목)을 될 수 있는 한 유리하게 이용하여 산림을 영속적으로 임목생산 또는 무형적 효용을 최고도로 발휘하도록 경영하여 국민의 경제생활에 기여하도록 하는 것'이라고 주장하였다.[2] 재생 가능한 산림자원을 최대한도로 이용하여 국민 경제에 이바지하도록 하자는 사고로 이해할 수 있다. 윤국병 등(1971)은 임업경영의 목적을 최고수익의 달성, 수확의 보속(保續), 최대수확의 획득, 일반사회의 복지 등 네 가지로 제시하면서 경영자는 산림이 지닌 여러 사정을 감안하여 네 가지 중 어느 것에 중점을 둘 것인가를 결정할 것을 권고하였다.[3]

나. 임업경영의 지도원칙과 법정림 사상

독일의 산림 경영학자 바그너(W. H. Christof Wagner, 1869~1936)는 임업 경영상 규범으로 삼을 7대 지도원칙을 제시하고 각종 단계의 경영목적의 지표

---

2) Knuchel, H., 1950, Planung und Kontrolle in Forstbetrieb(임업경영 계획과 통제). S.346. 김장수. 앞의 책에서 재인용. 크누헬의 이 책은 산림학의 기본서로서 명저로 알려졌으며 여러 언어로 번역되어 사용되었다.
3) 윤국병·김장수·정현배, 1971, 임업통론. 서울: 일조각. 225~226쪽.

로 삼을 것을 주장하였다. 7대 지도원칙은 공공성 원칙(Gemeinnützlichkeit
-Prinzip), 경제성 원칙(Wirtschaftlichkeit-Prinzip), 생산성 원칙(Produktivitäts
-Prinzip), 수익성 원칙(Rentabilitäts-Prinzip), 보속성 원칙(Prinzip der Nachhaltigkeit),
합자연성 원칙(Naturmässigkeits-Prinzip), 환경양호의 원칙(Prinzip des Schutzes
der Umgebung)을 말하는 것으로 아래에 내용을 소개한다.[4]

공공성(公共性) 원칙(Gemeinnützlichkeit-Prinzip)

임업경영을 공공복리 또는 지방주민의 복리를 목적으로 운영하여야 하는
원칙을 말한다. 이것은 오늘날 산림복지원칙에 매우 근접하는 원칙이라고
말할 수 있다. 바그너는 이 원칙을 임업경영의 궁극적인 목적으로 보았는데,
이 원칙을 최고의 지도원칙으로 실천하려면 재적수확의 최대량을 생산하여
야 한다고 주장하였다. 최대량으로 생산된 목재를 적절히 분배하여야 국민의
경제적 후생(厚生)을 달성할 수 있다.

경제성 원칙(Wirtschaftlichkeit-Prinzip)

경제성 원칙은 일반적으로 최소비용으로 최대효과를 발휘하는 원칙, 최소
비용으로 일정한 효과를 발휘하는 원칙, 일정한 비용으로 최대효과를 발휘하
는 원칙으로 생각할 수 있다. 하지만, 최소비용으로 최대효과를 발휘하는
계량과 행동이 필요하다. 산림관리에 소요되는 비용을 최소화하면서 최대량
으로 유무형적 임산물 생산을 도모하는 것이다.

생산성 원칙(Produktivitäts-Prinzip)

이것은 최대 가능한 목재 생산량의 원칙이라는 의미를 말하며, 임지 생산
성 최대의 원칙이라고도 말할 수 있다. 임업경영이 관련 산업을 위하여 원료

---

4) 김장수, 앞의 책. 23~37쪽의 내용을 간추린 것임.

(목재)의 공급 또는 국유림과 시·군유림이 지방주민의 수요에 응하여 목재 공급을 배려할 때 중요시되는 원칙이다. 생산량을 최대치로 끌어 올리는 원칙이다.

수익성(收益性) 원칙(Rentabilitäts-Prinzip)

이윤 또는 이익을 획득하는 힘, 즉 수익력을 말하며 이것은 이윤과 자본과의 관계, 즉 수익률 또는 이윤율로 구체적인 수치로 표시한다. 투자 대비 가장 많은 수익을 발생시키는 방향으로 임업을 경영하는 원칙이다.

합자연성(合自然性) 원칙(Naturmässigkeits-Prinzip)

임업은 자연에 의존하는 산업이므로 산림의 생장현상에 관한 자연법칙을 존중하여야 한다. 자연의 운행 법칙에 따라 산림을 경영하는 원칙이 합자연적 원칙이다. 이렇듯 합자연적 원칙은 자연원칙을 중요시하고 자연현상에 의존하는 것이 결정적이다. 그렇다고 전적으로 수동적으로 자연에 맡기지 말고, 자연력을 적극적으로 임업경영에 합목적적으로 활용하여 산림의 생장현상을 극대화할 필요가 있다. 연구 투자와 기술력이 뒷받침되어야 한다.

환경양호(環境養護)의 원칙(Prinzip des Schutzes der Umgebung)

국토보안의 원칙이라고도 한다. 국토환경을 보호하고 경관을 제공할 수 있도록 토사유출, 붕괴방비, 낙석방지, 풍해·수해·설해방비, 수원함양, 방조어부 등의 기능이 충분히 발휘될 수 있도록 경영하는 원칙이다. 오늘날 산림이 지닌 공익기능, 보안기능이 충분히 발휘되어 국토환경을 보전하도록 숲을 경영하는 원칙이다. 국립산림과학원이 1987년부터 3~5년 간격으로 평가하는 우리나라 산림의 공익기능 평가액은 2018년 기준으로 221조 1,510억으로 매년 평균 약 7.5%씩 성장하고 있다.

보속성(保續性) 원칙(Prinzip der Nachhaltigkeit): 법정림 사상

보속성이란 지속성을 계속적으로 유지하도록 담보하는 특성, 즉, '영속적 행위'를 말하는 것이다. 이것은 매우 중요한 개념으로 임업경영에 있어서 '영속적 행위로서 보속경영(保續經營)'이란 매년 될 수 있는 한 '균등한 수확'을 산림에서 획득하는 것을 말한다. 달리 말하면, 목재의 벌채와 반출량을 해마다 비등한 양으로 또한 영속적으로 유지하는 것이다. 이렇게 하면, 산주의 재정에 도움을 주고, 목재의 수요공급 예측과 조절이 가능하여 가격변동을 억제하며, 일자리 제공으로 생활 안정을 기할 수 있다.[5]

산림을 가계(家計) 유지를 위해 경영하는 임가(林家)가 매년 일정한 양으로 영속적으로 목재를 생산할 수 있다면 장기에 걸쳐 매년 일정한 수입을 담보할 수 있으므로 가계 경제에 매우 유리하다. 이렇게 산림을 경영하려면 매년 일정량의 임목 성장량이 확보되어야 하며, 일정한 면적을 지닌 임분 구획과 수종과 임상, 영급과 밀도 관리, 벌채 작업종 선택 등을 합리적으로 하여야 한다. 고도의 기술적 조치가 뒤따라야 한다.

보속성의 원칙을 완전무결하게 실행할 수 있는 이상적인 산림을 법정림(法正林, Normalwald)이라고 하며 산림경영에 있어서 이상형(理想型)이다. 이와 같이 산림을 경영해야 한다는 사상이 법정림 사상(Normalwald Gedanke)이며 독일 영림관이자 산림학자인 Hartig와 Cotta 등에 의해 이론이 정립되어 왔다. 이들의 활동에 대해서는 제9장에서 다뤄진다. 산림을 법정상태로 관리하는 것은 국유림을 경영하는 국가나 사유림 산주나 동일하게 지향하는 산림관리의 최고목표이자 지향점이다.

이상적인 법정림은 법정영급, 법정임분, 법정생장량, 법정축적 등 4가지 조건을 갖춰야 한다.[6] 더욱 이상적인 산림경영은 매년 성장하는 양만큼 수확

---

5) 윤국병 등 앞의 책. 225~227쪽.

6) • 법정영급(法正齡級): 매년 일정량의 생산량을 확보하려면 1년생 산림에서부터 벌채할 나이에 도달한 최고령의 벌기령(伐期齡) 산림에 이르기까지 완벽하게 갖춰져 있어야 한다. 이렇게 1년 단위의 산림연령계급인 영계(齡階)로 된 산림을 관리하는 것은 어려우므로 대개 이웃하는 여러 영계를 합친 영급(齡級) 단위로

을 하면 산림축적량은 매년 균등하게 유지되므로 산림자원의 감소없이 울창한 산림을 항속적으로 향유할 수 있게 될 것이다. 우리나라 산림은 지난 2011~2019년까지 10년간 연평균 약 3.8m³/ha씩 증가해 왔다. 같은 기간에 벌채 이용한 양은 연평균 0.71m³/ha인데 이것은 연간 성장량의 약 18.6%에 해당하는 것으로 나머지 81.4%는 산림에 계속적으로 축적하고 있음을 알 수 있다. 벌채하지 않고 잔존 성장량을 80% 이상 남기고 있기 때문에 산림이 울창한 임업 선진국 대열로 신속하게 도약할 수 있을 것으로 예상할 수 있다. 법정림 사상이나 산림의 보속경영은 산림경영의 이상적 경영이념이고 앞으로도 이 사상을 기반으로 산림경영을 지속적으로 유지해야 할 경영이념이다.

다른 한편으로, 산림이 울창해지고 경제가 성장하면서 국민의 사회적 활동이 국내적으로 증가함에 따라 산림에 대한 국가 사회적인 수요가 다양해졌다. 이러한 국가사회적 수요에 맞춰 등장한 산림경영 개념이 산림의 다목적 경영이다. 국민에게 산림이 지닌 공익적 효용을 서비스로 제공할 수 있게 산림을 경영하자는 이념이다. 또한, 산림은 공공성이 강한 공공재(public resource)로서 산림의 공익적 가치가 목재가치보다 훨씬 큰 경우가 대부분이다. 그래서 나무를 베어야 하는 최적 윤벌기간이 목재생산을 목적으로 하는 경우보다 훨씬 길어지는 경향이 나타난다. 미국의 경우 특정 국유림은 목재생산을 포기하고 다른 목적으로 이용할 때 국민후생(國民厚生)의 크기가

산림을 관리한다.

- 법정임분(法正林分): 법정림 속에는 여러 종류의 영급 임분(산림경영단위)이 존재해야 하고 이것이 일정한 순서로 배열되어 있어야 한다. 산림보호와 갱신을 위해서 나이가 적은 유령림(幼齡林)은 바람 아래(큰키나무 아래)에 위치하고, 노령림은 바람 위에 위치하도록 배치되어야 한다. 이렇게 배치된 임분을 법정임분이라고 한다.
- 법정생장량(法正生長量): 영급관계를 이루며 적절한 그루 수로 구성된 임분이 그 위치한 자리(地位)와 영급에 알맞게 충분한 생장을 했을 때 이것을 법정생장이라고 하며, 1년 동안 생장한 양을 법정생장량이라고 한다. 그것이 후에 벌기령에 도달하였을 때 벌기 임분의 수확량이 된다.
- 법정축적(法正蓄積): 임분이 법정영급 관계를 지니고 법정생장을 할 때 갖게 되는 축적을 법정축적이라고 한다. 이것은 해당 임분이 보속적 벌채량을 결정지을 때 흔히 사용되고 있다.(윤국병 등 앞의 책. 228~229쪽.)

훨씬 커진다는 것을 편익-이용 분석을 통해 보여주었다. 따라서 목재생산에 지나치게 집중하지 말고 산림의 공익 가치 제고, 즉, 산림복지의 측면에서 산림의 공공재적 특성을 충분히 활용하자는 움직임도 크게 일어나고 있다. 이 경우 산림복지의 유형별로 국민에게 공정하게 공공 분배하는 방법을 모색하는 것도 필요할 것이다. 2018년 우리나라 임산물 총생산액은 7조 4,070억 원인데, 공익가치는 221조 1,510억 원에 달한다. 이것은 2018년 임업 총생산액의 약 93배에 달한다.(제10장 〈표 10-10〉 참조).

3. 현대적 이념

1992년 리우에서 열린 유엔환경개발회의(UNCED)는 인류에게 환경오염의 심각성을 알리고 지구환경에 대한 관심을 촉구하는 한편, 인류의 미래를 보장하는 대안으로 '지속가능성'이라는 새로운 환경이념을 제시하였다. '지속가능성'은 곧장 환경을 비롯하여 제조업, 상업, 서비스 등 전 산업분야뿐 아니라, 일상생활에서도 회자되는 등 향후 삶의 방향을 제시하는 개념으로 유행하였다.

산림 분야에도 도입된 것은 물론이다. 유엔은 산림 분야도 UNCED에서 채택한 「산림원칙」을 통하여 지속가능한 개발이념에 부합하도록 산림을 지속 가능하게 경영해 나갈 것을 권고하였다. '지속가능한 산림경영'이란 「산림원칙」에 '산림자원과 임지는 현재와 미래세대의 사회적, 경제적, 생태적, 문화적, 정신적 요소를 충족시킬 수 있도록 지속적으로 경영되어야 한다.'라고 정의하고 있다.[7] 이것은 일반적, 추상적인 '지속가능한 개발'의 개념을 산림자원이라는 구체적인 대상에 적용한 것이다. 지속가능성이란 현세대뿐 아니라 미래 세대의 이용을 보장하는 특성을 나타낼 때 쓰는 표현이다. 임업

---

7) 정세경 외, 2014, 지속가능한 산림경영에 관한 대한민국 국가보고서 2014. 국립산림과학원. 30~31쪽.

분야에서는 이미 100년 이상 전 시대부터 지속가능성의 이념 위에 산림경영 이론들을 정립하여 왔다. 앞에서 소개한 보속성의 원칙이라든지, 이를 실천하기 위한 이상적 산림으로서 법정림 개념은 모두 지속가능성을 표현하는 산림경영이론이다.

지속가능한 산림경영의 보편적 정의는 앞서 소개했듯이 현세대와 후세대의 편익을 위하여 환경적, 경제적, 사회적, 문화적인 기회의 제공과 동시에 산림생태계의 장기적인 건전성의 유지증진을 말한다. 지속가능한 산림경영의 목표는 장기적으로 다양한 재화와 용역을 제공할 수 있는 산림의 총체적인 잠재력을 최대화함으로써 궁극적으로는 인류사회의 복지를 향상시키는 것이다. 구체적으로는 산림생태계의 생산력(productivity), 재생력(regeneration), 종다양성(biodiversity), 생태적 다양성(ecological diversity)을 허용수준 이상으로 훼손하지 않고 영구히 유지하며 산지와 산림의 다양한 경제적, 환경적 가치를 이용하는 의미로 사용한다. 숲은 앞으로 지속가능성의 이념에 입각하여 꽤 오랜 기간 관리될 것으로 보인다.

제9장

인문학적 산림사상과 산림철학

1. 철학의 한 부류로서 산림철학

가. 철학의 형성

인간의 관심사가 논리적인 체계를 갖추면서 하나의 학문으로 정립되기까지에는 많은 과정이 필요하다. 아직 구명해 내지 못한 어느 분야가 여러 해 동안 다방면에 걸쳐서 연구가 집적되고 논의가 활발해지면 점차 결과에 접근하게 된다. 결과를 얻기까지에는 객관성이 요구되며 학술적인 과정도 뒷받침되어야 한다. 학문으로서 정립된 이후에도 연구가 계속되고 새로운 이론들이 등장하면서 분지된 또 다른 학문이 소생하고 발전해 나아가게 된다. 학문을 연구하고 어느 결과를 얻고자 하는 목적은 무엇보다도 인류의 공영에 이바지하고자 하는 것이다. 철학도 마찬가지이다.

설명하기 쉬운, 예를 든다면 생물학, 물리학, 천문학 등 일반 학문과 달리 철학(哲學)은 쉽게 설명하기 어렵다. 그래서 참고하는 자료마다 여러 설명이 덧붙여 있고, 또 그 설명문 자체를 이해하기 어려운 것도 없지 않다. 철학의 몇 가지 의미들을 살펴보면, 인생과 세상의 현실적인 문제를 엄밀하게 인식하고 비판하여 근본적으로 해결하는 학문, 만학의 학(science of sciences), 진리의 인식학, 인생관과 세계관을 수립하는 학문 등 여러 가지로 설명되어 있다. 풀어서 설명하면 철학이란 인간의 삶의 문제를 근본적으로 풀어 헤쳐서 인식하고 궁극적으로 해결하려는 것에 관해 연구하는 학문이라고 할 수 있을 것이다.

그런데 인식하고 해결하는 과정에서 중요하게 여기는 것이 논리성인데 이것은 결과도 중요하지만 결론에 도달하기까지의 여러 가지 논증과정을 중히 여긴다는 의미이다. 철학을 영어로 표기할 때 필로소피(philosophy)라고 하는데 이 말은 고대 그리스어인 philosophia, 즉 지혜를 사랑한다는 애지학(愛智學)에서 연유하고 있다. 그래서 그런지 모르지만 철학자들은 논증을 뒷받침하여 결론 도출 과정을 기쁨과 즐거움으로 생각하고 있으며 사색활동을 철학의 기본 자세로 여기는지도 모른다. 서양에 철학으로서 필로소피가 있다면 동양에는 노장의 도교 혹은 도학, 공자의 유교 혹은 유학, 조선시대의 성리학 등이 있다.

어느 민족을 막론하고 고대인들은 신화적 세계관 속에서 살았다. 그래서 자연이 인간에게 기쁨과 환희를 주는 원천으로 생각하였다. 그렇기 때문에 그리스인들은 건축, 조각품, 시, 회화에 깊은 감동을 갖고 자연을 적극적으로 도입하여 찬미하였다. 철학의 초기 형성기에도 관심이 주로 자연에 집중될 수 밖에 없었다. 자연철학에서는 특히, 예를 든다면 세상을 구성하는 물질이 무엇이고 그것이 어떤 과정을 거쳐서 지금과 같은 세계가 되었는가 등에 관심이 집중되었다. 이러한 사안들을 다루는 철학의 한 부류를 우주론(cosmology)이라고 하는데 이 시대쯤에 세계수(world tree)나 우주수(cosmic tree), 만종수(萬種樹)에 대한 생각들이 나타나지 않았을까 생각된다. 동양에서 자연과 관련된 철학적 사상은 노자에서 찾아야 할 것이다. 그는 우주만물의 근본원리는 도(道)인데 도는 결국 자연을 본받아야 할 것이라고 말한다.

그러나 점차 왕래가 잦아지고 부유해지고 자유로워지면서 고대 그리스인들도 신 이외에 인간에 대해서 그리고 진리에 대해서 생각할 수 있는 여유를 갖게 되었다. 세계는 서서히 신본주의에서 인본주의 시대로 변화되어 갔고, 거기에다 과학기술의 발달로 자연을 정복하거나 자연을 인간의 지배하에 두려는 경향으로 변해갔다. 세상을 지배하는 사상적인 흐름도 인본주의적이고 과학기술 중심주의적인 것으로 일관되어 왔다. 그러나 20세기 중반 이후 인류가 환경문제에 부딪치기 시작하면서 인류의 장래에 대해서 고민하지 않을 수 없게 되었다. 고민의 대상은 다시 자연으로 집중되어 있다고 해도 과언이 아니다. 이 문제는 전지구적 관심사이고 관련된 모든 학문에서 연구하고 있으며, 지금까지 인간중심의 사고의 틀을 고집해온 문명 발달의 이념을 근본적으로 수정해야 한다는 점에서 철학적 사고의 대상으로서 다시 논의되고 있음을 본다.

숲은 살아 숨쉬는 모든 생명체들의 삶의 터전이다. 숲은 문명의 밭이고 문화의 요람이다. 인간의 삶에 필요한 물질적 정신적 모든 유무형의 에너지들을 얻고 충전하는 곳이 숲이다. 신화와 학문의 시작도 숲이다. 그러한 의미에서 철학의 태동도 산림(자연)을 통해서 이뤄진 것이 아닐까 생각해본다. 이 글은 다소 미비한 내용으로 구성되어 있기는 하지만, 산림분야에 형성된 사상이나 이념 혹은 활동의 성향들이 철학의 한 부류로서 이해될 수 있기를 바라는 마음에서 정리해 본 것이다.

나. 인문학의 대상으로서 산림

숲은 인류문명의 발상지이다. 숲을 일궈 식량생산을 위한 경작지를 만들고, 나무를 베어 집을 짓고, 목재와 나뭇잎으로부터 얻은 섬유질로 옷을 지어 입었다. 뿐만 아니라 숲과 나무를 새롭게 가공하고 다듬어서 문화 창조의 토대로 삼아왔다. 숲이 없고서는 인류의 삶이란 생각할 수 없었고 숲을 통해서 삶의 흔적들이 쌓이고 그것이 인류 문화의 초석들이 되어갔다. 인류가 오늘날 누리는 문명과 문화는 과거인들이 숲을 통해 건설한 것들이고 이것은 결국 그들의 꿈이었던 것이다. 이러한 의미에서 본다면 과거 인류의 꿈은 숲을 통해서 현실화되어 나타났고 현재 인류가 꾸는 꿈도 먼 훗날 미래 세대에게 문화의 흔적으로 남게 될 것이다. 숲이 이렇게 단지 나무들의 집단이 아니라 문명과 문화를 창조하는 중대한 역할을 한다는 맥락에서 산림분야가 인문사회학적 분야에서 다뤄진 사례들을 살펴보기로 한다.

서양인들은 '숲을 조성하는 행위'에 대해 큰 의미를 지니고 있었다. 즉, 숲을 조성하는 것에 관해서 연구하는 학문을 우리나라를 비롯하여 한자 문화권에서는 조림학(造林學)이라고 표기하는데, 서양에서는 silviculture(영어), ars silvatica(그리스어), Silvicoltura(불어), Waldkunst(독일어) 등 문화(culture), 예술(ars, Kunst) 등과 같은 단어의 조합으로 이뤄져 있다. 나무를 심어 숲을 만든다는 것은 그만큼 문화와 깊은 관련이 있기 때문에 그렇게 표기한 것임에 틀림없다. 표기 자체가 인문학적인 색채가 짙다. 이와 같은 표기와는 달리 한자 문화권의 조림학이라는 용어 속에서는 문화 예술적 느낌을 전혀 받지 못한다. 조림학이라는 용어는 일본에서 들어온 용어일 것으로 추측하는데 영어의 'silviculture'에 대응하는 적절한 표기가 아니라고 생각한다. 조림학을 문화적 특성에 알맞게 새로운 용어로 조어한다면 임예학(林藝學), 혹은 임문학(林文學) 정도가 어떨까 생각한다. 한편, 1800년대 말에는 독일에서 Forstaesthetik(산림미학)[1]이라는 말을 쓰기 시작하였는데 산림 가꾸는 일을 미학의 견지에서 이해하려는 시도였다. 나무를 심어 숲을 만드는 행위나 숲 자체를 목재나 자원을 공급하려는 원천으로서가 아니라 아름다움과 기쁨을 주는 대상으로 다루려는 학문적인 노력의 소산으로 이해할 수 있겠다.

산림이 문학과 관련하여 한 획을 그은 시대적 흐름이 있었다. 그것은 다름

---

1) Salisch, Heinrich von, 1885, Forstästhetik. Verlag von Julius Spring. S.281.

아닌 우리 국문학사에서 독특한 이름으로 자리매김하고 있는 '산림문학'이라는 장르이다. 이미 제6장에서 자세히 살핀 것처럼 산림문학은 고려와 조선시대에 정쟁을 피하여 산림과 전원에 은둔 한거(閑居)하거나 유배되었던 문인들과 정객들이 남긴 저작들을 말하고 그러한 사람들을 산림학파라고 부르고 있다. 이들은 자연에 머물거나 산거(山居) 또는 임거(林居)한 문인들로 조선시대 2대 가인(歌人)인 정철, 윤선도를 비롯하여 박인로, 이퇴계, 서경덕 등을 대표 작가로 꼽고 있다.[2]

정치 분야에서도, 이미 제6장에서 간단히 소개하였듯이, '산림'은 조선시대에 산림지사(山林之士)·산림숙덕지사(山林宿德之士) 등으로 불리던 학덕을 겸비한 사람으로 국가의 징소(徵召, 부름)를 받은 인물이기도 하다. 산두(山頭), 산인(山人) 등의 위계가 있었고, 조정에서 일정한 지위를 얻었으며 때로는 정치적 영향력을 행사하여 당쟁의 불씨가 되기도 하였다. 좌의정을 지낸 김상헌과 송시열, 이조판서를 지낸 김집 등이 있다. 조정에 진출하지 않고 산림에 머물며 제자 양성에 힘쓴 퇴계 이황 선생은 대산림이었다.

미술분야에서는 더 많은 흔적을 찾아볼 수 있다. 산수화와 문인화에 그려져 있는 나무와 숲을 제외한다면 그것들은 그림으로서 가치를 잃어버리고 말 것이다. 특히 문인화의 경우 각종 수목 등 식물이 어우러져 나타내는 화의(畵意)는 작품 속에 깃든 작가의 정신이자 아름다움이다. 이것은 바로 예술철학자 헤겔이 말하는 예술미라고 볼 수 있겠다.

최근의 여러 가지 연구나 활동 경향들을 살펴보면 산림학이 하나의 종합학문으로서 발돋음하는 것이 아닌가 착각할 정도로 학문과 예술의 여러 장르에서 회자되고 있음을 본다. 근래에 있었던 사례 중의 하나는 2004년에 있었던 [우리 겨레의 삶과 소나무]라는 토론회일 것이다. 소나무는 한반도 주변에 중생대 시대부터 존재했을지도 모를 나무이고, 확실히 지난 수천 년 동안

---

2) 이정탁, 1984, 한국산림문학연구. 서울: 형설출판사. 7~15쪽. 산림문학에 관한 내용은 제6장에서 보다 자세히 언급하고 있다.

우리 민족의 삶과 함께 살아온 나무이기 때문에 민족의 삶 전반에 엄청난 영향을 미쳐왔다. 물질적인 영향은 물론이고 정신적인 영향도 지대하게 끼쳐 왔다. 이러한 모든 것들을 주제로 문학, 미술사학, 민속학, 음악학, 산림학 등 다양한 학문 분야의 전문가들이 소나무에 대해서 진지하게 토론하였다. 소나무에 관해서는 지난 1992년에도 전문적인 학술토론회를 진행한 적이 있고, 그동안 소나무를 다룬 여러 편의 저작들이 앞을 다투어 발간되었다. 이들 소나무 관련 전문 서적들은 단지 소나무나 소나무숲의 생태 생물학적인 내용을 다룬 것이 아니라, 경제, 산업, 문화, 역사, 문학, 미술 등 종합적으로 접근하고 있어서 생물학 서적의 범위를 초월한 것이다. 소나무 미술 전시회, 수 십 편의 인문사회학적 논문, 여러 권의 저술과 몇 차례의 토론회를 거칠 정도로 이제 소나무는 소나무학 혹은 송학(松學)이라고 불러도 좋을 하나의 인문학 내지 종합 학문으로서 자리매김하였다고 확신한다.

이상의 사례를 통해서 산림은 인문사회학의 여러 범주에서 논의되고 있고, 부분적으로는 인문학의 한 분야로서 자리 잡아가고 있는 사례도 확인할 수 있었다. 산림에 관한 구체적인 인문학적 접근 사례는 본장 2. 절 '인문학적 산림활동'에서 다뤄진다.

다. 산림철학

인문학은 본질적으로 사고와 논리를 바탕으로 정립되고 발전되어 가는 것을 특징으로 말할 수 있겠다. 산림을 오감으로 경험하는 과정에서 떠올리는 단상(斷想)이나 아이디어는 깊은 사색과 영감으로 발전시켜 나갈 수 있다. 이러한 일련의 과정에서 얻게 되는 어떤 사상(事象)에 대한 사고와 논리는 앞서 언급한 것처럼 결론에 도달하기까지의 여러 과정에서 중요시하는 철학의 생명이기도 하다. 이러한 의미에서 산림은 최소한 인문학적, 철학적 사유의 장소로서, 더 나아가서 철학적 사유의 대상으로서 역할을 해오고 있다고 볼 수 있겠다.

산림철학은 두 가지 관점에서 개념을 정리할 수 있을 것으로 본다. 산림을 철저하게 철학적 사유의 대상으로 다루거나, 산림을 관리하는 데 있어서 이념적이고 사상적인 태도나 자세를 말한다. 전자는 좀더 순수철학적 입장에서 관찰하고자 하는 것으로서 산림철학이라는 말이 무리 없을 듯하고, 후자는 산림경영학적인 입장으로서 오히려 산림사상이라는 용어가 더 적합할지 모른다. 하지만 산림사상이란 말은 곧 철학적 의미로도 받아들이는 데 큰 문제가 없다고 본다. 고대 그리스 철학자들에게 산림은 철학적 사유의 장소로서, 철리를 깨닫고 논하는 터전으로서 역할을 하였다. 플라톤이나 아리스토텔레스는 그리스 장래를 이어갈 젊은이들을 교육하기 위해 숲속에 아카데메이아와 리케이온이라는 학교를 세웠다. 특히 아리스토텔레스는 학교의 플라타너스 산책로를 거닐면서 문답식으로 강의했다는데 이러한 특징을 따서 그의 제자들이 형성한 학파를 철학에서 소요학파(逍遙學派, peripatetics)라고 부르고 있다. 산림은 이미 환경윤리, 생명윤리, 토지윤리, 혹은 환경철학 등의 이름으로 다뤄지고 있으며 이것들은 순수 철학의 한 분파로서 이해해도 무리 없을 것이다.

산림사상으로 정립하는 데 있어서 대표되는 사람들은 독일의 하티히(Georg Ludwig Hartig, 1764~1837)와 코타(Heinrich Cotta, 1763~1844), 미국의 존 뮤어(John Muir, 1838~1914)와 핀쇼(Gifford Pinchot, 1865~1946), 오스트리아의 웨슬리(Joseph Wessely, 1814~1898) 등을 들 수 있겠다.

하티히는 할아버지와 아버지가 영림관이어서 어려서부터 산림과 인연을 맺었으며 또한 역시 영림관이었던 삼촌을 통해서 산림학 교육을 받고 자랐다. 기센 대학에서 수학한 후 1786년 22살의 나이로 홍엔(Hungen)[3] 영림서장이 되었다. 이곳에 산림학과 사냥학을 교육하기 위해 사립 직업학교인

---

3) 기센과 홍엔은 독일 중부 헤센주에 있으며 모두 프랑크푸르트(Frankfurt am Main)에서 북쪽으로 기차로 약 한 시간 거리에 위치해 있다.

'임업전문학교(Meisterschule)'를 설립하여 실무교육을 실시하였는데 나중에 한 제후국의 국립임업전문학교가 되었다. 그는 후에 베를린 대학과 '임업연수원' 설립도 계획하였는데 그가 이렇게 학교를 세워 임업 교육에 힘쓴 것은 임업을 부흥시키기 위해서는 임학교육이 중요하다는 것을 인식하고 있었기 때문이었다. 이에 발맞춰 교육에 필요한 조림지침서, 산림측량지침서, 영림관 교육서 등 30여 권의 저서를 발간하여 산림관리와 전문가 양성교육에 힘썼다. 프로이센 공화국의 산림청장을 필두로 독일 중부, 남부, 북부 등 거의 모든 지역에서 영림관(Förster), 교수, 산림행정관, 산림청장으로 일하면서 망가진 산림을 재건하고 산림행정을 재편성하는 등 독일 최고의 고전적 영림관으로서 독일 근대 임업과 산림학의 기반을 다지는데 크게 기여하였다. 무엇보다 '보속적 산림경영'과 '보속원칙'을 주창하여 과학적 산림경영의 기초를 세우는데 크게 공헌하였다.[4]

코타의 삶은 하티히와 매우 유사하다. 할아버지 아버지 모두 영림관이었고 아버지한테서 산림학과 사냥학을 배우고 임업에 발을 디뎠다. 예나 대학에서 공부한 후 영림관으로 일하면서 사설 임업학교를 세운 것도 닮았다. 이 학교는 1816년에 작센공화국의 국립 임업대학으로 승격되고 대학장으로 일하면서 강의에 전념하였다. 조림학, 산림평가학 등 여러 과목을 강의하였는데 이론과 실무의 연결에 중점을 둔 것이었다. 산림측량지침서, 영림계획지침서, 조림지침, 수확표를 이용한 산림가치산정, 산림학기초 등 명저를 저술하여 실무적 산림학의 이론적 발전과 근대 임업 성장에 크게 기여하였다. 코타에 있어서 주목할 사항은 "산림학의 의무는 최소한의 경비로 사회요구에 부합하게 '보속적으로' 숲을 이용하는 것이다."라고 주장한 점이다. '보속이용'의 이념은 목재생산에 국한하는 것이 아니라 인간에게 줄 수 있는 모든 것들에 적용되어야 한다고 보았다. 이러한 주장은 현대 산림학과 자연자원의

---

4) 배상원, 2004, 호모 실바누스-독일의 고전적 영림관 하티히(Hartig). 숲과문화 13(3): 76~79쪽.을 참고로 정리한 것임.

관리에 있어서도 매우 귀중한 이념으로 계승되고 있다. 보속적으로 이용하기 위해서는 나무의 양(재적량)을 일정하게 확보할 수 있어야 하는데 이를 위해 '재적평균법'을 제안하여 실무적으로 접근하였다.[5] 하티히에 이어 코타가 주창한 보속에 관한 이론은 현대 산림학과 산림경영에서도 매우 귀중하게 다뤄지고 있으며 산림관리에 있어서 이상적 사상으로 간주되고 있다.

존 뮤어[6]는 철학자이자 작가이며, 자연보호와 국립공원의 아버지로도 불리고, 자연교육에 있어서 '해설(interpretation)'이라는 용어를 처음 사용한 사람이기도 하다. 산림훼손이 극심하던 서부개척시절, 대학 졸업 후 직장 생활을 하다가 정리하고 동부를 떠나 긴 여행길에 나선다. 여행 끝에 샌프란시스코를 거쳐 때 묻지 않은 야생숲을 찾아나섰다가 시에라 네바다 산맥 기슭의 요세미티(Yosemite)에 이르렀을 때 계곡에 펼쳐진 대자연의 장엄미에 감탄하여 이렇게 외쳤다. 'The clearest way into the universe is through a forest wilderness!'(우주로 가는 가장 명백하고 맑고 깨끗한 길은 야생숲을 통해서이다).[7] 또한 'And into the forest I go, to lose my mind and find my soul.'(그리고 내 마음을 내려놓고 내 영혼을 찾기 위해, 숲으로 나는 들어간다.) 이 두 구절은 존 뮤어가 지닌 산림사상을 웅변적으로 보여준다. 엄청난 양의 목재로 철도와 도시를 건설하던 서부개척시절, 양심의 거리낌

---

5) 배상원, 2004, 호모 실바누스-독일의 실무적 영림관 코타(Cotta). 숲과문화 13(6): 100~103쪽.을 참고로 정리한 것임.

6) 영국 스코틀랜드 태생으로 11살이던 1849년 부모를 따라 미국 동부로 이주하여 위스콘신 대학에서 다양한 학문을 공부하였다. 어린 시절부터 자연관찰을 좋아하였던 뮤어는 졸업 후에 직장에 다니다가 시력을 잃은 후 다시 회복하였는데 이를 계기로 나무와 숲을 보며 남은 인생을 살고자 하였다. 당시는 서부개척시절이라 도처에서 엄청난 규모로 산림이 벌채되고 자연경관이 파괴되는 것을 목격하였다. 여러 지역을 전전긍긍하다가 1868년 봄에 샌프란시스코에 도착하게 되었고, 양떼몰이를 하며 요세미티 계곡에 이르렀다. 요세미티(Yosemite) 주변 대자연의 웅장한 아름다움에 매료된 뮤어는 이곳만은 후손들을 위해 개발의 압력으로부터 보호해야한다고 결심하고 정치적 영향력이 있는 사람들을 설득하여 1890년 이곳을 국립공원으로 지정하는데 성공한다. 영혼을 맑게 임거(林居, 산림에 체류)하며 평생을 산림보호와 자연보호를 실천하며 산 위대한 산림철학자이다.

7) American Park Network, 2000, Preserving Yosemite John Muir. Yosemite Magazine 13: p.104. 'The clearest way into the universe is through a forest wilderness!'

없이 다만 눈앞의 이익을 위해 개발이라는 명목으로 거대하고 울창한 산림을 벌채하고 자연을 훼손하는 욕망으로 더럽혀진 인간의 욕심을 정결하게 씻어 때묻지 않은 인간 본연의 양심세계(우주)로 들어가려면, 원시자연 그대로 깨끗한 상태로 남아있는 야생의 숲을 통과해야 한다는 의미이다. 숲이 인간의 마음을 깨끗하고 정결하게 씻어 원래 상태로 되돌려놓을 수 있다는 의미이다. 그래서 뮤어는 숲이 욕망으로 가득한 인간의 마음을 내려놓게 하고, 모태로부터 타고난 정결한 태생적 영혼을 찾기 위해 숲으로 들어가야 한다고 외치고 있다. 이 얼마나 감동적인 표현인가!

위 두 문장을 통해 드러난 존 뮤어의 산림사상을 '산림영혼주의'라고 부르고자 한다. 헛된 욕망을 내려놓게 하고, 양심을 정화하여 인간 본연의 태생적 영혼을 되찾을 수 있게 하는 것이 숲이기 때문에 요세미티 숲을 보호하기 위해 헌신적으로 노력한 것이다. 영혼을 찾게 하는 장엄미로 가득한 숲으로 둘러싸인 요세미티를 개발로부터 보호하기 위해서 유력정치인과 루즈벨트 대통령까지 대동하여 안내하였으며 1890년 국립공원으로 지정받게 한다. 그는 자연보호를 위해서 '나는 내가 할 수 있다면, 세상의 심장 가까이 가서 야생 정원과 빙하하고도 친숙해질 것이다.'라 외치면서 요세미티 자연과 벗하며 깨끗한 영혼으로 임거(林居)하며 살았다. 산림영혼주의자로서 뮤어의 실천적인 삶의 방식을 그대로 반영한다. 1892년 시에라 클럽(Sierra Club)을 창립하여 초대 회장을 지내며 산림 보호와 작가이자 사상가로 활동하며 살았다.

핀쇼는 미국 초대 산림청장이었고 펜실바니아 주지사를 두 번씩이나 지냈던 국유림 경영의 공리주의적 자연보전주의자였다. 부친이 목재업을 하던 가업 잇기를 마다하고 1889년 예일대학을 졸업한 후 유럽을 여행하였다. 독일의 임업을 체험하고 프랑스에선 세계 최초의 낭시 임업대학에 등록하여 조림학과 현장실습 등을 접하며 과학적인 산림경영을 공부하였다. 핀쇼에게 있어서 산림은 '인류사회의 삶의 질을 높여줄 수 있는 생물이 살아 움직이는 공간'이었다. 그런 의미에서 세금은 산림을 파괴하는 데에 써야할 것이 아니라 보전하는 데에 써야 한다고 주장하였다. 더 나아가서, 숲속의 공간은 인간에게 보다 높은 이상과 투명한 생각을 갖도록 함으로써 인류의 심리상태에 좋은 영향을 미치며, 숲을 사랑하는 마음과 숲속에 있을 때 정신적인 가치는 돈으로 헤아릴 수 없을 만큼 크다고 생각하였다.[8] 이러한 인식하에서 국유림은 '최대 다수 국민의 최대 이익을 위해서 그리고 공익을 위해서 관리되어야 함'을 강조하였다.(most productive use for the permanent good of the whole people. the greatest good of the greatest number in the long run.[9] 예일대학 임과대학 설립(1900), 미국 자연보전협회 창립(1900), 산림청 신설(1905) 등을 선도하여 산림보전에 앞장섰다.[10]

19세기 말 오스트리아 임업학교 교장이었던 웨셀리는 '숲없이 문화없고, 문화없이 숲없다'(Keine Kultur ohne Forst, kein Forst ohne Kultur)라는 말을 남기었는데 산림의 문화적 가치와 문화와의 필연적 관계를 강조하고 있다.[11]

이러한 사상적 주창들은 당시 산림을 관리해 나가는 데에 결정적인 역할을 했을 뿐만 아니라 오늘날에도 여전히 산림학에 영향을 미치고 있는 사상들이다. 최근 산림 주변에 많은 단체들이 활동하고 있고 새롭게 창립되기도 한다. 각 단체들은 거의 대부분 뚜렷한 이념 없이 활동만을 내세우는 경우가 많다. 이념은 한 조직 창립의 철학을 말함과 동시에 조직의 정체성을 말한다. 숲을 문화적 관점에서 연구하고 정리하는 (사)숲과문화연구회는 숲은 생명의 모태이자 문화의 요람이라는 기본정리(基本正理) 아래 네 가지 기본이념을 내세우고 있다. (제7장 3절 참조) 이들 이념은 이 단체가 바라보는 숲에

8) 이천용, 2004, 호모 실바누스-미국초대 산림청장 Gifford Pinchot의 자연보전을 위한 정열과 삶. 숲과 문화 13(5): 102~107쪽.

9) Pinchot, Gifford, 1998, Breaking New Ground. New York: Island Press. pp.261~262.
   이천용, 2004, 앞의 책.

10) 이천용, 2004. 앞의 책.

11) 김기원, 2008, 호모 실바누스-요셉 웨셀리(Joseph Wessely). 숲과 문화 17(5): 56~58쪽.

대한 기본적인 철학이자 행동 철학이라고 말할 수 있겠다.

라. 맺음말

산림문화의 저변 확대와 환경 운동 단체들의 활동으로 산림을 주제로 인문학과 끊임없는 연결을 시도하고 있다. 본질적으로 산림학이 인문학과 연결을 시도한 것이 아니라 매장된 인문학의 뿌리를 산림에서 찾고자 하는 시도로 해석해야 한다. 학문의 시작은 자연이고 숲이기 때문이다.

고대 국가에서부터 숲은 인간의 물질적 정신적 삶의 터전이 되어왔다. 인간의 지성 활동의 시작이라고 할 수 있는 철학의 시작도 초기에는 신본주의, 자연철학이었지만 점점 인본주의적으로 되어갔다. 하지만 오늘날 철학의 관심은 환경윤리, 생명윤리, 토지윤리, 환경철학 등의 등장으로 다시 자연철학적 흐름 속으로 들어가고 있는 듯한 인상이다. 그 중심에 산림이 차지하는 비중을 무시할 수 없다. 그간에 써왔던 산림사상을 포함하여 산림철학이라는 말을 써도 큰 무리가 없을 것으로 생각한다.

선조의 피나는 국토녹화 노력으로 이제 울창한 숲을 갖게 되었다. 일찍이 전영우 교수는 기고문에서 '국토녹화의 혜택을 누리기 시작한 오늘날 숲을 바라보는 우리 사회의 시각은 더욱 다양해지고 있다. 국토녹화의 음덕을 영구히 우려먹을 수 있을 것이라는 생각을 버리고, 국가와 지방, 이익단체와 비영리기구, 임업인과 시민들이 공유할 수 있는 산림철학과 산림이념을 정립하고 주지시켜야 한다.'[12]고 외쳤다. 온 백성이 산림녹화에 공감하며 애국가를 부르며 산에 올라 나무 심는 일에 전념하였듯이 새로운 시대를 맞이한 우리숲에 알맞고 국민이 공감할 수 있는 이념을 정립하여 우리숲을 미래로 나아가게 해야 할 때이다.

더불어 숲, 모여서 숲, 우리 함께 모여 숲을 이루자 등, 철학자와 문인들이

---

12) 전영우, 2004, 새로운 산림철학을 기다리는 우리 숲. 숲과 문화 13(6): 8~10쪽.

끊임없이 숲이나 산림이라는 말을 사용하는 것은 무엇 때문일까? 철학의 사상적 근거와 고향이 숲이기 때문이 아닐까? 마치 우리가 엄마 뱃속의 물에서 10개월 동안 자라고 나와서 물에 대한 친수성이 늘 뇌리에 박혀있고 물만 보면 가까이하려는 것처럼 말이다. 그러한 의미에서 숲을 찾아가고, 숲을 덧붙여 쓰며, 숲을 다루려는 마음들은 새로운 시도가 아니고 낙향이고 귀향하는 것이다, 마치 철학의 본질이 진정한 나를 찾고자 하는 데 있는 것처럼 말이다. (이글은 숲과문화연구회의 2005년 학술총서 『숲께 드리는 숲의 철학』에서 발췌 보완한 것임.)

2. 인문학적 산림활동

가. 찬송·숭송주의자(讚松·崇松主義者) 수연 박희진 시인[13]

1) 생애

여기서는 산림을 인문학적 토대로 다룬 대표적인 인물들의 활동과 저술 현황을 소개한다.

수연(水然) 박희진(朴喜璡)은 시인이며 대한민국 예술원 회원이었다. 박희진 시인을 이곳에 소개하는 이유는 그가 시인 이상으로 시 본연의 임무에 충실하였을 뿐만 아니라, 국목이나 다름없는 소나무에 대한 남다른 관심과 사랑으로 수많은 소나무 소재의 시와 산문으로 국민을 계몽하고, 소나무를 나라 나무(국목)로 지정하는 운동에 앞장서는 등 소나무에 대한 인문학적 접근을 크게 진작시켰던 예술인이기 때문이다. 철저한 애송(愛松)주의자로

---

13) 김기원, 2012, 호모 실바누스·찬송·숭송주의자(讚松·崇松主義者) 호모 사피엔스 사피엔스 피누스 수연 박희진. 숲과문화 24(3): 18~23쪽.의 글을 다소 보완한 것이다. 호모 사피엔스 사피엔스 피누스(*Homo sapiens sapiens pinus*)란 현생인류 중 소나무에 대한 특별한 사랑으로 벗하며 사는 사람에 대해 필자가 붙여 본 학명(學名)이다.

서 잡목을 제재로 다루지 않았으며 사실주의에 입각하여 시작(詩作)하는 특징을 보인다.

1931년 경기도 연천에서 태어나 향년 84세의 일기로 2015년 3월에 세상을 떠났다. 고려대에서 영문학을 전공하고 서울에서 영어 교사로 23년간 재직하다가 1983년 교직을 접고 여생을 시작(詩作)에 전념하였다. 24세 때인 1955년에 이한직과 조지훈의 추천으로 『문학예술』지에 등단하였으며, 1961~1967년 시동인지인 『육십년대사화집(六十年代詞華集)』을 주재하였다. 1975년에는 미국 아이오와대학교의 초청으로 〈국제창작계획〉 과정을 수료하였다.

1979년 구상, 성찬경 시인과 함께 〈공간 시낭독회〉를 창립하여 상임 시인으로 활동하고, 우이동에 정착한 이후 〈우이 시낭송회〉를 이끌어 왔다. 〈인사동 시낭송회〉, 〈차나무 시낭송회〉 등의 상임을 겸하는 등 시낭독운동의 주축으로서 활동하였다. 월탄문학상(1976), 한국시협상(1991), 상화시인상(2000), 펜문학상(2011), 제1회 녹색문학상(2012)을 수상하였고, 1999년에 대한민국 보관문화훈장을 받았다. 2007년에 대한민국 예술원 회원으로 선출되었다.

시집으로 1960년 첫시집인 『실내악(室內樂)』을 비롯하여, 『청동시대』, 『빛과 어둠의 사이』, 『연꽃 속의 부처님』, 『사행시 사백수』, 『소나무 만다라』, 『이승에서 영원을 사는 섬들』, 『산·폭포·정자·소나무』, 『까치와 시인』, 『북한산진달래』, 『4행시와 17자시』, 『소나무에 관하여』(시화집), 『사행시 삼백수』, 『1행시 7백수』, 『1행시 960수와 17자시 730·기타』, 『몰운대의 소나무』, 『꿈꾸는 탐라섬』, 『동강12경』, 『화랑영가』, 『중국 터키 시편』 등과 전집으로 『초기시집』, 『중기시집』, 『후기시집1』, 『후기시집2』가 있다. 수필집으로 『소나무수필집』, 시화 산문집으로 『문화재, 아아 우리문화재!』 등이 있다. 영어와 독일어로 번역된 시집 각 1권, 일어로 번역된 시집 2권이 있다.

2) 소나무와 진달래를 사랑한 찬송·숭송주의자(讚松·崇松主義者)

소나무에 대한 애착으로 소나무 관련 시집이 많고, 1행시를 쓴 것이 독특하다고 볼 수 있겠다. 시인의 일행시(一行詩)는 명쾌하고 톡 쏘는 청량음료와 같은 간결한 맛과 함께 긴 여운을 남기는 느낌을 받는다. 그는 일행시의 성격에 대해서 아래와 같은 4행시로 요약한 적이 있다.[14]

> 1행시는 單刀直入이다. 번개의 언어다.
> 1행시는 點과 宇宙를 하나로 꿰뚫는다.
> 1행시는 직관적 상상력의 산물이다.
> 1행시는 詩의 알파와 오메가다.

사상(事象)을 판단하는 번개 같은 직관과 통찰력, 지혜를 가져야만 간결한 문장의 1행시가 나온다는 의미이다. 소나무 일행시 몇 수를 아래에 소개한다.

> 한국의 落落長松, 그런 소나무는 서양에 없다
> 바위에도 뿌리를 내릴 수 있는 나무는 소나무뿐
> 一家風이란 말의 뜻을 알려거든 소나무를 보아라
> 포플러는 시인이고 소나무는 철학자
> 솔잎 사이로 새는 달빛으로 목욕을 할까나
> 뜰에 소나무 서너 그루 있으면, 집은 草家三間이라도 좋다
> 오라, 벗이여, 松花茶食 안주에다 松葉酒 들어보세
> 청솔 방울 따다가 백자 접시에 수북이 담아놓다
> 떨어진 솔잎은 뿌리에 쌓여 솔잎 방석되나니
> 하루 한번은 소나무 아래 좌정하여 명상에 잠겨 볼일

이상의 시작품 이외에도 한국화가 이호중 화백의 그림과 함께 『내 사랑

---

14) 박희진, 2003, 1행시 960수와 17자시 730·기타. 서울: 시와진실.

소나무』(2004)를 공저하였다.

박희진은 天·地·人 삼재(三才)에 기반을 둔 우리 민족의 원종교인 풍류도(風流道)를 강조하고 십장생(十長生)을 찬미하였다. 이와 관련하여 소나무에 특별한 관심을 나타내며 시에 열성적으로 정진하였다. 앞에서 쓴 것처럼 『몰운대의 소나무』(1995), 『소나무 만다라』(2005), 『산·폭포·정자·소나무』(2010)와 같은 시집에 소나무를 찬미하고 있고, 때로는 『소나무에 관하여』(1991)와 같은 시화집으로, 또는 『소나무 수필집』(2012)으로, 『내 사랑 소나무』(2004)처럼 공저술로 찬송하였다.

출판사 시와진실이 펴낸 『소나무 만다라』에 대해서 학술원 회원인 김규영 박사(철학)는 "공전절후(空前絕後)의 위대한 시업(詩業)이 드디어 성취되다. 350수의 소나무 절창 모음, 소나무 만다라! 이 시집을 읽는다는 것은 우리가 우리의 영혼을 새롭게 발견하고, 정화하고, 연마하여 풍성한 행복을 누리는 일이다"고 이 책의 가치를 밝히고 있다. 시집 『소나무 만다라』, 『산·폭포·정자·소나무』, 『소나무에 관하여』는 소나무 찬송가(讚松歌)이고 수필집 『소나무 수필집』은 소나무 해설집이나 다름없다. 소나무에 관한 시를 한두 편도 아니고 몇 권의 시집이나 수필집으로 엮을 수 있다는 것은 소나무에 대해 대단한 영감을 지니지 않으면 불가능한 일이다. 시인 스스로 고백하였듯이 소나무는 수연 선생에게 시의 원천이고 古典이었기에 가능했다(소나무에 관하여 47번째, 54번째 1행시).

창원 이영복 화백, 시사일본어사 엄호열 사장, 국민대 전영우 교수, 이호신 화백 등과 함께 2004년 새해 벽두에 〈솔바람〉 모임을 결성하여 소나무에 관한 예술 활동뿐만 아니라, 죽어가는 소나무를 살리기 위한 행동에 앞장서기도 하였다. 이 과정에서 소나무에 대해 국민적 관심을 가질 수 있도록 국회에서 긴급동의를 발의하고 소나무를 국목으로 지정하자는 제안도 하였다. 솔바람모임(대표 전영우 교수) 주도로 2005년 3월 3일 문화예술계 인사 100명이 서울프레스센터에서 발의한 〈죽어가는 소나무를 살리기 위한 긴급

동의문〉은 다음과 같이 호소하고 있다;

하나, 죽어가는 소나무를 살리기 위해 우리는 저마다 최선의 성의와 노력을 다하자.

하나, 국회는 '소나무 재선충병의 방제를 위한 특별법'을 조속히 제정하라.

하나, 정부는 소나무 재선충병의 방제에 필요한 인력과 예산을 대폭 확충하라.

하나, 소나무를 한국의 나라 나무로 삼기 위한 백만 명 서명운동을 선도하여 국회에 청원하자.

〈긴급동의문〉 전문은 『소나무 만다라』에 그대로 실려 있어서 박희진 시인이 소나무에 대한 각별한 사랑을 가지고 있음을 엿볼 수 있게 한다. 소나무가 사라지면 새도 바람도 사라지고, 시도 시인도, 문화도 예술도 사라진다. 소나무는 시의 원천이오, 풍류의 원천이기에 소나무가 사라지면, 우리 민족의 혼도 사라질 것을 우려하여 경고와 함께 소나무 살리기를 호소한 것이라.

시인이 사랑한 나무가 또 한 그루 있다. 소나무보다 못하지만 진달래를 꽤나 좋아한 것으로 보인다. 진달래 사랑에 대한 노래는 1990년에 산방(山房)에서 발간한 제12 시집인 『북한산 진달래』에 잘 나타나 있다. 봄날 온 숲을 밝히는 촛불이고 정신을 일깨우는 혼불이며 불멸의 꽃이다. 이러한 의미를 담고 있는 진달래가 삼천리 금수강산의 봄에 지천으로 피어있으면 진달래 촛불잔치를 벌인 것과 같다고 찬미하였다. 시인은 우이동 호일당(好日堂)에 살면서 창문으로 쏟아져 들어오는, 백운대, 인수봉, 만경대로 이뤄진 북한산 삼형제 산기슭의 분홍빛 진달래꽃에 이끌려 자주 숲속으로 들어갔다, 진달래 촛불잔치에 초대된 김소월과 수로부인을 만나러. 박희진 선생은 헌신적인 예술활동으로 우리숲을 진정으로 사랑한 애림사상을 국민 가슴에 아로새긴 위대한 시인이다.

나. 나무가 되어 숲을 이룬 이재 이산(易齋 易山) 임경빈 박사

1) 약력

『나는 나무입니다』는 2002년 3월에 발간된 조림학자 故 임경빈 박사의 시집 제목이다. 인류가 살아있는 한 나무는 인류의 삶을 위해서 아낌없이 베푸는 생명체이다. 살아서도 베풀고 죽어서도 베푼다. 임경빈 박사는 나무처럼, 살아서도 베풀었고 죽어서도 베풀고 있기에 그는 나무이다. 고인의 학문적 족적이 그만큼 위대하다는 의미이다. 특별히 산림문화 등 산림의 인문학적 접근으로 많은 영향을 끼쳤기에 여기에 기리고자 한다.

고 임경빈 박사는 1922년 7월 25일생이다. 경북 예천군 용문면 하학동에서 태어나 대구공립농림학교 임과를 마치고 수원농림전문학교 임학과를 1944년에 졸업하였다. 졸업 후 1944년에 함경북도 성진영림서에 근무하면서 임업계에 첫 발을 들여놓았다. 같은 해 결혼하여 개마고원 근처에서 신접 살림을 시작한 것으로 알려져 있는데 아마도 그 때 백두산 일대를 탐방하지 않았을까 짐작한다. 해방 후에 고향으로 내려와 대구농림고등학교 교사(1945~53)를 지내다가, 1953~54년 전북대학교에 교수로 임용되면서 대학에 몸을 담기 시작하여, 서울대학교 임학과에서 1955~1982까지 약 27년간 머물다가 말년에 원광대에서 1986.3~1993.8까지 후학을 양성하다가 정년 퇴임하였다.

1976년부터 1980년까지 한국임학회회장, 1981년 한국임산에너지학회 회장, 1983~1986년 산림청 임업시험장 연구고문, 1993~1998년 한국아카시아연구회 회장, 1994~2000년 산림청 임목육종연구소 상임연구고문을 지냈다. 1996년 재단법인 소호문화재단 상임고문, 1998년 이산 산림문화연구소장으로 활동하였다. 2000년에 서울대학교 명예교수로 추대되었으며, 1995년 한국한림원 정회원, 1995년 한국과학기술한림원 원로종신회원이었다. 학문연구의 능력과 국가사회에 기여한 바를 인정받아 1964년에 원자력원으로부터 학술우수상, 한국임학회로부터 학술상(1965), 저술상(1984), 공로상

(2000)을 수상하였고 1978년에는 정부로부터 대한민국과학상(대통령상), 1992년에 국민훈장모란장을 받았다.

2) 연구와 저술 활동

조림학 중에서도 임목육종학을 주전공으로 하였지만 활동영역은 매우 넓다. 활동의 증거는 저술로 남기 마련인데 1964년에 『육림기술-갱신론』 (Practice of silviculture, 원저 Smith D.M./어문각), 1965년 『유용식물번식학』 (대한교과서주식회사), 『조선임업사』 등을 역서로 저술하였다. 임학분야의 교과서인 『조림학원론』(향문사, 1968), 『임학개론』(향문사, 1970), 『조림학본론』(향문사, 1991) 등을 대표집필 하였고, 『특용수재배학』, 『임학사전』 등을 집필하였다. 『조림학원론』, 『임학개론』, 『조림학본론』은 수 십 년이 지난 지금도 여전히 대학에서 교과서로 배우고 있는 불후의 고전이다. 주요 연구논문들은 정년 퇴임 후에 소호산림문화재단이 발간한 『이재임학논설집 (易齋林學 論說集)-희수기념』(소호산림과학논설집 제1집, 1998)과 『산림과학논집-산수기념(傘壽紀念)』(소호산림과학논설집 제3집, 2003), 그리고 정년퇴임기념논문집 등에 수록되어 있다.

임 박사의 저술은 이러한 교과서적인 책도 있지만 나무 문화에 대한 특별한 관심을 지니고 있었기에 일반 대중에게 다가가는 서적들도 많이 집필하였다. 이를 대변하는 책이 일지사가 발간한 『나무백과』 시리즈이다. 『나무백과』는 1권부터 6권까지 발간되었는데 1977년에 첫출간한 『나무백과1』은 1976년 3월부터 조선일보에 〈나무백과〉란 제목으로 100회 연재하였던 것을 보완하여 엮은 것으로 46개 수종을 소개하고 있다. 이 후의 시리즈는 산림조합중앙회가 발간하는 월간 〈산림〉의 〈나무이야기〉에 연재한 것, 조경수협회의 〈조경수지〉에 연재한 것 등을 편집한 것이다. 6권까지 수록된 나무는 총 152종인데 각 권에서 중복되는 것을 제외하면 119종이다. 자연휴양림, 숲해설 등으로 야외활동이 부쩍 늘어나면서 이 책에 대한 수요가 증가하여 발간횟수가 늘어나고 있다.

이 책이 누리는 인기는 각 수종에 대한 설명을 식물분류학적 생태학적 환경적 특성뿐만 아니라, 동서고금에서 인연을 맺고 있는 이야기들을 곁들여 다양하고 흥미롭게 꾸몄기 때문이다. 독자들은 이 책을 통해서 임 박사가 전하는 나무에 숨어있는 인문학적 지식을 많이 접하게 된다. 해박한 지식의 소유자가 아니면 그런 지식을 전할 수 없다. 소설가 김동리는 제1권의 서문에서 다음과 같이 소개하고 있다: "박사의 나무에 대한 광범위한 연구나 해박한 지식은 두말할 나위도 없거니와 나무들에 얽힌 이야깃거리 또한 너무나 다양하고 광범위해서 흡사 재미난 소설에 끌려들 듯 읽는 이를 매혹시키고 있다. (중략) 이 글에서는 인간과 나무 사이에 호흡이 통하고 대화가 이루어지고 생활이 교류되는 듯한 야릇한 분위를 느끼게 된다(이하생략)."

『나무백과』 시리즈를 집필하는데 이용한 방대한 문헌과 사진을 정리하는 일은 결코 쉽지 않았을 것이다. 2019년에 제자들의 노력으로 6권을 통합하여 『이야기가 있는 나무백과』로 엮어 보급하고 있다.

3) 시인 임경빈

임경빈 박사는 인문학적 지식이 풍부하고 나무와 숲에 대한 문화적 인식이 충만한 학자였다. 『우리 숲의 문화』(광림공사, 1993), 『소나무』(대원사, 1995), 『솟아라 나무야』(다른세상, 2001) 등이 그를 말해준다. 1998년에 출간된 『세계의 숲과 나무를 찾아』(광일문화사)는 1944년 말에 부임을 받아 찾았던 백두산 일대를 비롯하여 평생 동안 탐방한 이 땅 이곳저곳의 임상(林相)을 만나게 해준다. 또한 세계 곳곳의 숲 이야기와 각국의 문화를 접할 수 있게 하는 것은 물론, 꼼꼼한 기행문을 통해서 임경빈 박사 개인의 서정적인 면을 엿볼 수 있게 한다.

임경빈 박사의 서정성이 가장 잘 드러나 있는 것은 아마도 2002년에 나온 『나는 나무입니다』(나무처럼)라는 시집일 것이다. 이 시집의 서문에 고은 시인의 글이 함께 실려 있는데 두 분이 인연을 맺게 된 것은 고은 선생이 1982년 대구교도소에 수감 중일 때 『나무백과1』을 읽게 된 것이 계기가 되었다고 한다. 1984년 고은 시인은 임경빈 박사에게 한 통의 편지를 보내는데 그 글에, '임경빈 교수는 천성의 시인이구나, 나무의 학문에서뿐 아니라 사람의 시인이구나, 그래, 임경빈 교수를 시인에 처하자, 평생의 종신형으로 시인에 처하자'라고 하여 이미 대시인의 이름으로 시단에 등단시키고 있다. 고은 선생은 『나는 나무입니다』에 대한 시평에서 '소박하다. 천진스럽다'라고 말하고 있다. 시집을 대표하는 시의 하나인 '나무처럼'에 대해서는 '이 시에는 어떤 수식도 필요 없다. 어떤 강조도 필요 없다. 오로지 그지없이 승화된 염원 하나, 나무처럼 살고 싶은 그것뿐이다. 생애 전체를 바쳐 나무의 학문을 탐구한 끝에 나무를 노래하는 시인이 되었고 드디어 나무 자체에 귀의함으로써 나무와 인간의 일치를 꿈꾸는 궁극에 이르렀다.'라고 칭찬을 아끼지 않았다. 다음은 '나무처럼'의 일부이다:

나는 나무처럼
조용히 있고 싶다
나는 나무처럼
일하고 싶다
봄, 여름, 가을, 겨울
......
스스로를 위하여
그보다도 더는
이웃을 위하여
나무는 일을 한다
나도 그리고 싶다
나는 나무처럼 노래 하고 싶다
......

그림 9-1. 운송독좌(雲松獨坐: 직접 그린 시집 표지)

그는 시집에 운송독좌(雲松獨坐)라는 시와 함께 이 내용을 그림으로 표현하여 표지로 사용하였다. 철학자다운 기품을 드러낸 낙락장송에 두 마리의 학(鶴)이 앉아있고 솔 밑둥치에 앉은 자신의 모습을 담은 것이다. 독일 낭만파 시인 빌헬름 뮬러나 슈베르트가 보리수에 자신을 의지하려 했던 것처럼, '고통, 슬픔, 피로, 늙음, 인간 사회의 잡스러움이 없는' 등 시의 내용으로 볼 때 임경빈 박사도 소나무에 삶을 위로받고 지혜를 얻으려 한 것을 엿볼 수 있게 한다.

4) 위대한 산림문호(山林文豪)

임경빈 박사는 금수강산이 온통 신록으로 물든 2005년 5월에 82세로 갑작스레 타계하였다. 신문은 그를 임학계의 '거목'이 타계했다라는 표현을 썼다. 조림학과 육종학의 대부로서 우리나라 녹화를 주도하고 소나무 종자를 보존하고 육성하는데 큰 역할을 하였다. 또한 아까시나무 연구에도 큰 공헌을 하였으며 원광대 정년 퇴임 후에도 더 정열적으로 연구와 저술활동을 계속해 왔다. 산림과학원장과 소호문화재단 산림문화연구원장을 지낸 고 조재명 박사는 재단 문집 간행사에서 '광복 후 임학의 황무지에서 어렵게 새싹을 손질해서 하나의 임학사회라는 체계구성에 헌신하고 임학의 초석을 놓은 분'으로 평가하고 있다. 임학계의 '거목'으로서 '대학자'로서 칭송받아 마땅하다.

그러나, 다른 한편으로, 임경빈 박사는 임학의 여러 분야를 두루 섭렵하고 있는 거목이지만, 그의 지식은 여기에 그치지 않고 인문과학적으로 아주 박학다식하다. 앞서 소개한 교과서 이외의 여러 대중서를 통해서 산림학을 자연과학에서 인문과학으로 외연을 넓히는 데에 초석을 놓은 역할을 했다. 그의 지식과 저술활동은 학풍을 가리지 않고 나무와 숲 주변에서 활동하는 수 많은 사람들에게 펜을 들게 하는데 적잖은 영향을 주었다. 그는 위대한 산림학자인 동시에 산림문호(山林文豪)라고 불러도 괜찮을 것이다. 그러나 간직하고 있던 지식을 다 전하지 못하고 타계한 안타까운 산림문호였다.

영광스럽고 위대한 국민은 우거진 숲을 후손에 물려준다. 아름다운 숲이 있고 그 안에 멋진 길이 있을 때 우리는 그 길을 걸어볼 만하다(『나무백과 제1권』). 그는 한 그루의 나무로 시작하여 평생을 헌신적으로 노력하여 임학의 여러 방면에서 거대한 숲을 이룬 대임학자이다. 남은 자도 꾸준히 정진하는 후학이 되어 모든 나무들이 합창할 수 있는 또 다른 숲을 만들어 후손에 물려줘야 하지 않을까 생각한다. (이 글은 격월간 「숲과 문화」 2011년 7·8월호에 실린 '호모 실바누스-임경빈'을 다시 정리한 것임.)

다. 산림문화작가 계송(溪松) 전영우 교수

조림학자 계송 전영우 교수는 1951년 경남 마산 출생이다. 고려대학교 임학과를 졸업하고, 1987년 미국 아이오와 주립대에서 산림생물학을 전공하여 석박사 학위를 취득한 후 1988년부터 국민대학교 임학과 교수로 후학을 양성하다 2016년 정년 퇴임하였다. 1992년 1월 박봉우(강원대), 이천용(국립산림과학원), 임주훈 박사 등과 숲과문화연구회를 창립하여 2002년까지 초대 회장 겸 격월간 「숲과 문화」 발행인을 역임하였다.

숲과문화연구회를 이끌었을 뿐만 아니라, 생명의숲국민운동을 창립하고 운영하는 데에 선도적 역할을 하면서 숲이 지닌 의미와 가치, 중요성을 우리 문화의 관점에서 국민에게 널리 알리고 계몽하는 데에 남다른 열정과 전문성으로 헌신해 왔다. 또한 「산림헌장」 제정을 선도함으로써 선조가 부활시킨 대한민국의 숲의 가치를 드높이고 국민으로 하여금 우리 숲에 대한 자긍심을 지니도록 하는데 크게 기여하였다. 정부도 그의 이러한 헌신적인 산림문화 활동을 인정하여 2004년 홍조근정훈장을 수여하였다. 현재 (사)생명의 숲 국민운동 고문, (사)숲과 문화연구회 고문, (재)동숭학술재단 사무국장, 문화재위원, 솔바람 모임 대표로 활동하고 있다.

전영우 교수는 산림문화 분야를 전문적으로 개척한 사람으로 숲에 대한 인문학적 접근으로 다수의 서적을 저술함으로써 숲탐방과 산림교육이 한참 유행하기 시작하던 시기에 대중들이 우리 숲을 알아가게 하는데 크게 기여하였다. 일본어판이나 영문판으로도 저술하여 우리 숲의 문화적 가치를 국제적으로 알리는 데에도 게을리하지 않았으며, 대한민국이 국제적으로 산림문화를 선도하는 일에 앞장서 왔다. 단독 저서로 『산림문화론』(국민대학교출판부, 1997), 『숲과 한국문화』(수문출판사, 1999), 『나무와 숲이 있었네』(학고재, 1999), 『숲과 녹색문화』(수문출판사, 2002), 『숲과 시민사회』(수문출판사, 2002), 『산』(웅진닷컴, 2003), 『숲 보기 읽기 담기』(현암사, 2003), 『우리가 정말 알아야 할 우리 소나무』(현암사, 2004), 『森と韓國文化』(日本 東京 國書刊行會, 2004), 『한국의 명품소나무』(시사일본어사, 2005), 『나의 소나무 답사기』(도서출판NOTEBOOK, 2006), 『숲과 문화』(북스힐, 2006), 『세한 소나무와 함께 한 5년』(비매품 2007), 『The Red Pine』(Books Hill, 2009), 『Forests and Korean Culture』(Books Hill, 2010), 『비우고 채우는 즐거움, 절집 숲』(운주사, 2011), 『궁궐건축재 소나무』(상상미디어, 2014), 『한국의 사찰숲』(모과나무, 2016) 등을 저술하였다. 공저로 『소나무와 우리문화』(숲과문화연구회, 1993), 『아름다운 숲 찾아가기』(초당, 1997), 『숲이 있는 학교』(이채, 1999), 『소나무친구들』(도서출판 NOTEBOOK, 2005) 외 여러 권이 있으며, 역서로 『세계의 나무』(Thomas Pakenham 원저 『REMARKABLE TREES OF THE WORLD』(넥서스BOOKS, 2003) 등이 있다. 소나무에 관한 남다른 관심으로 소나무에 대한 민족문화의 총화로 평가하는 『소나무인문사전(A Humanities Encyclopedia of Korea's Pine Culture)』(Human & Books, 2016)의 국·영문판 편찬을 주도하였다.

다방면에 걸친 저술로 많은 상을 수상하였는데 2011년에 불교출판문화상 우수상을 수상한데 이어 '가장 문학적인 학자상'(문학의 집 서울) 등을 수상하였다. 2004년 홍조근정훈장을 수훈한 전영우 교수는 문화재위원회 천연물 분과위원장으로 봉사하면서 문화유산을 보호한 공로로 2019년 문화재청으로부터 은관문화훈장을 받기도 하였다. 2021년 8월에 문화재위원회 위원장이 되었는데 위원회의 60년 역사 중 18명의 위원장 가운데 자연과학자 출신이 2명인데 산림학자로서는 유일하게 선정된 일대 사건이다. 이것은 그의 문화유산에 대한 식견과 사랑을 공인한 증표가 아닐 수 없다. 1992년 이후 지난 30여년 동안 산림문화 분야에서 전영우 교수의 연구와 저술, 사회 공공 봉사는 한마디로 산림학자로서 인문학적 접근으로 이 땅에 산림문화를 개척하고 정착시키는 데에 초석이 되었다. 무엇보다 다양한 인문학적 저술을 통해 우리 산림문화유산을 발굴하고 그 가치를 홍보하며 계몽하는데 크게 기여한 인물이며 산림문화학자이자 산림문화작가로서 평가할 수 있겠다.

라. 나무 사학자 강판권 교수

1992년 숲과문화연구회가 탄생하고 그해 2월에 격월간 「숲과 문화」의 창간호 발간과 1993년에 학술토론회를 하면서 발간한 『소나무와 우리 문화』는 매우 신선한 내용으로 유명 출판사의 주목을 받았다. 산림 인문학 분야의 저술을 촉발시킨 계기가 된 것으로 평가할 수 있다. 이어서 1993년에 미래학회가 발간한 『산과 한국인의 삶』(나남출판, 1993), 고 임경빈 박사의 『우리 숲의 문화』(광림공사, 1993) 등이 잇따라 세상에 나오면서 산림 분야로부터 다소 인문학적으로 접근한 저작들이 서서히 세상에 태어나기 시작하였다. 하지만 인문 사회과학에서 산림을 인문학적 접근으로 집필하여 서적으로 출판하기까지는 다소 시간이 지체되었다. 인문 사회과학의 여러 분야에서 산림 분야를 관심있게 연구하는 사람들은 특히 사학 분야 학자들이다. 과거엔 주로 역사 자체에 중요 관심사가 주어졌었다면 1980년 말 내지 1990년 초부터 역사에서 산림에 관한 내용을 발굴하기 시작하였다. 제6장을 집필하면서 역사 연구자들 사이에 『조선왕조실록』이나 조선 시대 문헌을 통해서 산송, 금송계 등의 연구를 꽤 깊이 진행하고 있음을 알 수 있었다. 또한 중국, 한국, 일본은 역사를 상호 소통하고 공유하는 부분이 많으므로 산림이나 수목에 관한 연구도 발굴하여 연구나 저술로 발표하는 사례도 많이 발견되었다.

역사학 분야에서 가장 활발하게 활동하는 대표적인 학자가 계명대 역사학과의 강판권 교수이다. 그는 역사학자이지만 나무와 산림에 관한 애착이 많아서 '쥐똥나무'를 호로 사용하고 있다. 풍부한 역사 지식과 정보, 문화에 관한 소양, 문학적 소질, 산림에 대한 관심으로 나무를 소재로 저술한 서적이 많다. 2002년부터 시작한 저술활동은 2020년까지 파악한 권수가 23권 정도로 매년 1권 이상 저술하였고, 2016년과 2019년에는 각각 3권을 저술하였다. 대표저술을 열거하면 아래와 같다.

2002년에 저술한 『어느 인문학자의 나무세기』(지성사, 2002/2010)을 시작으로, 『공자가 사랑한 나무 장자가 사랑한 나무』(민음사, 2003), 『차 한잔에 담은 중국의 역사』(지호, 2006), 『마을숲과 참살이』(계명대학교 출판부, 2007), 『최치원 젓나무로 다시 태어나다』(계명대학교 출판부, 2008), 『중국을 낳은 뽕나무』(글항아리, 2009), 『역사와 문화로 읽는 나무사전』(글항아리, 2010), 『세상을 바꾼 나무』(다른, 2011), 『나무열전』(효형출판, 2011), 『은행나무』(문학동네, 2011), 『조선을 구한 신목 소나무』(문학동네, 2013), 『계명대학교 캠퍼스의 나무이야기』(계명대학교 출판부, 2015), 『나무철학』(글항아리, 2015), 『자신만의 하늘을 가져라』(샘터, 2016), 『중국 황토고원의 산림 훼손과 황사』(계명대학교 출판부, 2016), 『회화나무와 선비문화』(문학동네, 2016), 『나무예찬』(지식프레임, 2017), 『나무를 품은 선비』(위즈덤하우스, 2017), 『숲과 상상력』(문학동네, 2018), 『유네스코 세계문화 서원생태문화기행』(계명대학교 출판부, 2019), 『나무는 어떻게 문화가 되는가』(에쎄, 2019), 『생태로 읽는 사기열전』(계명대학교 출판부, 2019), 『위대한 치유자, 나무의 일생』(두앤북, 2020) 등이 있다.

역사에서 나무로 얽히고설킨 내용을 인문학자답게 집중적으로 탐구하고 발굴하여 2질에 가까운 다작을 저술하였다. 산림 분야로서 역사(役事)이자 산림학의 인문학적 접근에 커다란 문을 열어놓은 것이며, 인문과학과 자연과학의 접목을 크게 신장시킨 대작들이다. 나무 사학자(史學者)로서 호칭할 수 있지 않을까 생각한다.

마. 여러 산림 인문 서적과 한국산림문학회

산림학 범주에서 목재공학자 박상진 박사의 『다시 보는 팔만대장경 이야기』(운송신문사, 1999), 『궁궐의 우리 나무1,2』(눌와, 2001/2014/2020), 『역사가 새겨진 나무이야기』(김영사, 2004), 『나무 살아서 천년을 말하다』(랜덤하우스코리아, 2004), 『나무에 새겨진 팔만대장경의 비밀』(김영사, 2007), 『우리 문화재 나무 답사기』(왕의서재, 2009), 『문화와 역사로 만나는 우리 나무의 세계1,2』(김영사, 2011), 『나무탐독』(샘터, 2015), 『우리 나무 이름사전』(눌와, 2019) 등이 있다. 국립세종수목원장(전 국립수목원장) 이유미 박사의 『광릉숲에서 보내는 편지』(지오북, 2004), 『우리 나무 백 가지』(현암사, 2015), 산림학자 신준환 박사의 『다시, 나무를 보다』(알에이치코리아, 2014), 이선 교수의 『식물에게 배우는 네 글자』(궁리, 2020) 등이 있다. 산림교육전문가 남효창 박사는 『나무와 숲』(계명사, 2008), 『나는 매일 숲으로 출근한다』(창림출판, 2009) 등을 저술하였다. 그 외 숲과문화연구회가 매년 학술토론회를 개최하면서 발간하는 숲과문화총서 시리즈(27권 발간)와 박봉우 회장과 이천용 박사가 주관하는 『산림문화전집』(14권 발간)이 있다.

인문사회 분야에서 1984년에 출간한 국문학자 이정탁 교수의 『한국산림문학연구』(형설출판사, 1984), 최원석 교수의 『사람의 산 우리 산의 인문학』(한길사, 2014), 저널리스트 박중환의 『식물인문학』(한길사, 2014), 저널리

스트 고규홍의 『이 땅의 큰나무』(눌와, 2003) 등 나무 시리즈, 『나무가 말하였네』(마음산책, 2008), 『한국의 나무 특강』(휴머니스트, 2012), 『도시의 나무 산책기』(마음산책, 2015), 『슈베르트와 나무』(휴머니스트, 2016), 『나무를 심은 사람들』(휴머니스트, 2020) 등이 있다. 특기할 만한 저술로 국문학자 우찬제 교수의 『나무의 수사학』(문학과 지성사, 2018)이 있다. 각종 나무와 숲 관련 문헌에 등장하는 나무를 묘사하는 표현을 찾아 분석적으로 해설한 저술이다. 산림학자 이천용 박사의 『숲속 걷기 여행』(터치아트, 2009), 『숲에서 길을 찾다』(구민사, 2018) 등은 숲에 문화를 가미한 에세이집이다. 박봉우 교수는 헌신적인 발품 봉사를 통해 산림인문학적 강의로 숲을 전한다.

예술 분야에서 현대화가 중에 동양화에 전념하면서 창원 이영복 화백이나 현석 이호신 화백, 백범영 교수처럼 소나무를 집중으로 그리는 화가가 있는가 하면, 김경인 화백처럼 서양화가로서도 송백을 전문적으로 그리는 경우도 있다. 소나무가 그만큼 대중적인 관심의 대상이기 때문에 예술작품으로 승화시키려는 시도이다. 솔하 김순영 화백은 자작나무를 소나무와 함께 그리며, 이호신 화백은 작품과 함께 저술 작업을 곁들이기도 한다.

기성 시인 등 작가와 산림인 중 시인이나 일반 작가로 등단한 사람들이 결성한 한국산림문학회가 있다. 2000년 산림공무원 주축으로 결성한 산림문학회가 2009년에 여러 문인이 함께 참여하면서 한국산림문학회로 다시 태어났다. 2000년에 『아까시꽃이 피기를 기다리는 사람들』(웃고문화사)를 시작으로 매년 한 권씩 문집을 발간해 오다가 2009년에 계간 『山林文學』을 창간하여 최근 통권 37호를 발간하였으며, 녹색문학상을 제정하여 산림문학 활동을 격려하고 있다. 숲사랑, 생명존중, 녹색환경보전, 정서녹화를 기치로 모든 문학 장르의 창작활동을 통하여 임정(林政)의 참뜻을 널리 알리고, 숲이 베푸는 사랑을 이웃과 함께 공유하고자 활발히 노력하고 있다.

3. 「산림헌장」으로 표현한 숲에 대한 관심

1990년대는 우리숲에 대한 관심과 사랑이 역사상 가장 고조된 시대일지도 모른다. 밖으로는 1992년에 리우 유엔환경개발회의(UNCED)가 열려 환경오염의 심각성과 환경보호에 대한 자각과 지속가능성에 대한 인식을 세계인에게 강력하게 심어주었다. 안으로는 제3차 산림기본계획(1988~1997)을 통해 1970년대와 1980년에 걸쳐 녹화가 완료된 산지(山地)를 '산지자원화'하자는 노력을 강력하게 실천하였다. 국가정책으로 선조가 심은 산림에 대해 잘 가꾸고 보살피는 일에 국가가 앞장선 것이다. 민간에서는 제7장에 소개하였던 1992년에 숲과문화연구회가 창립되면서 숲을 단지 목재를 생산하는 자원으로서 인식하는 것이 아니라 물질적으로 정신적으로 우리 삶을 윤택하고 풍요롭게 하는 문화자원으로 인식하는 전제하에 우리 숲을 더욱 아끼고 사랑하자는 운동이 전개되었다. 처음에는 소박하고 힘이 미약하였으나, 우리 숲을 아끼고 사랑하자는 정신이 돌파구가 필요하였던 시민의 가슴을 신선하게 터치하여 활동의 여파는 국가와 사회에 창대하게 영향을 끼쳤다. 때로는 현장 토론을 통하여, 때로는 신문과 방송 미디어를 통하여 우리 숲에 대한 사랑과 산림에 대한 문화인식을 심어주었다. 연구회는 당시 아직 산림에 대한 문화적 인식이 미미하였던 정부(산림청) 정책 수립에 자문과 연구보고를 통해 싱크탱크 역할을 톡톡히 하였다. 「새로운 산림문화창달을 위한 정책방안 모색에 관한 연구」(1996), 「산림과 인간 그리고 사회정의」(1997), 「산림헌장 제정과 산림문화총람 발간을 위한 연구」(1997) 등으로 산림문화를 새로운 산림행정의 업무분장이 되게 하고 급기야 산림문화과를 탄생시키기도 하였다. 이처럼 1990년대 활발해진 산림에 대한 문화적 인식이 확산되는 과정에서 탄생한 것이 '산림헌장'이다.

국토녹화 성공이후 산림에 대한 국민의 관심은 희박해지고, 개발이 가속화되고 있는 한편, 숲으로부터 다양한 혜택을 누리게 되었다. 숲으로부터 수혜를 받는 만큼 산림을 옳게 가꾸고 지키는 일 역시 국민의 권리이며 의무이다. 이에 산림을 옳게 가꾸고 지켜서 산림이 재생 가능한 자원임을 널리 알리고, 인류 문화에 필수적인 경제적 환경적 문화적 자원임을 주지시켜서 산림의 특성을 충분히 발휘하도록 해야 한다. 이 같은 필요성과 배경에서 산림헌장을 제정하기에 이르렀다. 다음 내용은 1997년 12월에 나온 산림헌장 초안이다.[15]

〈산림헌장 초안〉

숲은 생명이 숨쉬고 신화가 깃드는 우리 삶의 터전이다. 우리는 조상으로부터 물려받은 푸르른 삶의 터를 아끼고 가꾸어서 삶을 살찌우고 인류의 공영에 이바지하여야 한다. 이에 숲이 갖는 깊은 뜻을 밝히고 산림의 보전을 우리 삶의 규범으로 삼고자 한다.

깨끗한 공기, 맑은 물과 기름진 흙은 숲에서 비롯되며, 먹고 입고 자는 우리네 살림살이의 뿌리는 산림이다. 오늘날 자연의 참모습과 생명의 눈부신 다양성을 지킬 수 있는 가능성은 숲에서 온다. 생명의 원천인 울창한 숲을 보전하는 일은, 하나 뿐인 지구를 지키고, 개인과 사회와 온인류의 복된 삶을 끊임없이 꽃피우는 길이 된다. 생명의 터전으로서의 산림과 경제적 자원으로서의 숲의 기능을 원만히 조화시킬 수 있도록, 숲을 지키고, 올바르게 써야 하는 것이 이 시대를 사는 우리의 마땅한 권리와 의무이다.

숲의 가치를 옳게 깨닫고 드높이는 노력 없이는 풍요로운 삶의 질과 인류문화의 창달을 기약할 수 없기에, 이 땅에 사는 우리 모두는 한 마음 한 뜻으로 슬기를 모아 산림을 지키고 가꾸며, 거듭 되살려, 아름답고 쓸모있는 숲을 후손에 길이

---

15) 전영우·이종은·김영무·박봉우·윤영일·김기원·신만용·박종채, 1997, 산림과 인간 그리고 사회정의 (산림헌장 및 해설서)-지속적인 산림발전 정책과 사회정의. 산림청용역보고서. 140~149쪽, 165~182쪽.

물려줄 것을 다짐한다.

이상 1997년에 마련된 산림헌장을 초안으로 최종 완성된 산림헌장탑이 2002년 4월 5일 식목일을 기념하여 국립수목원에 건립되었다.(초안 마련 이후 무려 4년이 지나서야 완성하여 건립한 이유는 심의과정에서 문안조정 등으로 지체된 것으로 알려지고 있다.)

〈산림헌장〉

숲은 생명이 숨 쉬는 삶의 터전이다. 맑은 공기와 깨끗한 물과 기름진 흙은 숲에서 얻어지고, 온 생명의 활력도 건강하고 다양하고 아름다운 숲에서 비롯된다.

꿈과 미래가 있는 민족만이 숲을 지키고 가꾼다. 이에 우리는 풍요로운 삶과 자랑스러운 문화를 길이 이어가고자 다음과 같이 다짐한다.

• 숲을 아끼고 사랑하는 일에 다 같이 참여한다.
• 숲의 다양한 가치를 높이도록 더욱 노력한다.
• 숲을 울창하게 보전하고 지속가능하게 관리한다.

위 산림헌장이 나오기까지 앞서 소개한 숲과문화연구회의 활동과 제18대 산림청장인 이영래 청장(재임 1995.12.26.~1997.8.7.)의 역할이 매우 컸다. 이영래 청장은 재임 기간 중 수행한 업무 가운데 산림헌장 초안을 마련한 것을 가장 자랑스럽게 여긴다고 밝힌 바 있다.[16]

---

16) 산림청, 2017, 산림청 50년사. 575쪽.

4. 신애림사상의 태동

선조는 헐벗은 산을 녹화하여 동방의 금수강산을 부활시켰다. 후손인 우리는 이 아름다운 숲을 누리며 살고 있다. 산이 헐벗었던 시절에는 통탄하고 한탄하며 글로도 그림으로도 나무도 숲도 찾지 않았다. 그러나 헌신적으로 노력한 선조들이 부활시킨 숲 덕분에 이제 수많은 사람들이 나무를 노래하고 숲을 찾으며 글로 그림으로 찬송하고 있다. 지난 20여 년 동안 사회에 쏟아낸 무수한 저작들이 이것을 보여준다. 되살아난 숲은 생명을 살릴 뿐만 아니라, 인간의 삶을 풍족하고 윤택하게 하며, 사유를 풍부하게 하여 예술과 문화를 진작시킨다. 모두 숲으로부터 오는 은덕이다. 숲이 인간에게 베푸는 이러한 은혜로움이나 보시(報施)는 얼마나 감격스러운 것인가! 마치 장 지오노나 엘제아르 부피에가 부활시킨 숲으로 프로방스 마을이 재탄생하여 활기를 되찾은 광경을 보는 느낌이다.

20여 년 전만 하더라도 야생화, 산야초, 약용식물, 식물도감이나 수목도감 류가 산림분야 발간 도서의 거의 전부였다. 그간에 나무와 숲에 대한 대국민 홍보와 산림 내외 관심 인물의 활발한 활동으로 저술 내용이 이제 매우 다양해지고 깊어졌으며, 역사적으로 더 오래된 시대로 거슬러 올라가서 나무와 숲의 흔적을 발굴해 내고 있다. 숲에 대한 인문학적 접근은 인문학자와 역사 연구자뿐만 아니라, 예술가, 산림학자를 비롯하여 다양한 분야의 전문가가 참여하는 특징을 보인다. 산림학자가 쓴 저작이 아닌 저서들은 대체로 숲보다 나무 위주의 저술 경향을 보여 숲을 다루는 데에 다소 한계가 있는 듯이 보인다.

국가 사회적 관심으로 이제 나무와 산림은 학문 영역 사이에 교류가 활발해져서 저술 폭도 넓어지고 예술 활동도 왕성하게 이뤄지고 있으므로 작가들 덕분에 국민의 지식과 교양도 높아지고 있다. 나무와 숲의 의미와 가치를 재인식하게 되고 중요성을 깨닫게 될 것이다. 감수성이 좋아지고 정서가 순화되는 효과로 이어질 것임은 물론이다. 「산림헌장」을 통해서라도 우리 숲에 대한 관심과 사랑으로 이어질 것이기에 매우 바람직하다. 이러한 현상은 신애림사상으로 정착될 것임에 틀림없다.

나무와 숲은 죽어서도 인간의 삶에 헌신한다. 인간은 나무와 숲이 보여주는 사랑 덕분에 삶을 영위할 수 있다. 이에 대한 우리의 보답은 애림사상으로 산림을 더 아끼고 보호하는 일에 앞장서는 것이다. 산림사상이 궁극적으로 추구하는 이념이 있다면 그것은 결국 산림에 대한 사랑이며 곧 애림사상이다. 애림사상은 과거에도 있었지만 역사성과 문화적 특성을 지니며 새롭게 부활한 우리 숲에 알맞게 새로운 이념으로 이뤄진 신애림사상이 필요하다.

과거 국토녹화 시절은 나무를 심는 것이 애림주의요 애림사상이었다. 울창한 숲시대를 살아가는 현대는 선조가 이룩한 녹화성공으로 탄생한 숲 덕분에 나무와 숲에 대한 인문학적 접근으로 그 의미와 가치를 재인식하고, 숲으로 심신을 양성하고 치유하며 삶의 질을 고양한다. 잘 가꾼 숲으로 심신을 건강하고 건전하게 양성하여 삶의 질을 제고하며 창의력을 발휘하는 데에 활용하여야 한다. 숲이 지닌 다양한 기능과 효과를 구명하고 잘 활용하며, 인문학적 예술적 접근으로 나무와 숲의 가치를 계몽하여 개인과 사회와 국가의 성장과 발전에 기여하도록 노력해야 한다. 그렇게 함으로써 숲의 가치와 중요성을 깨달아 숲을 더 아끼고 사랑하며 보호하는데 앞장서게 할 수 있으며 지속가능성을 실천할 수 있게 한다. 이것이 신애림사상이요 신애림주의이다. 신애림사상은 제12장에서도 이어진다.

숲에 대한 인문학적 접근으로 숲이 좀 더 국민에게 가깝게 다가감으로써 정책을 추진하는 산림청은 우군을 많이 확보할 수 있게 되기에 정책 수립과 전개에 더 수월해질 수 있을 것으로 기대한다. 이처럼 인문학 분야에서 나무와 숲에 관한 저술의 저변이 확대되었으니, 차제에 산림청은 산림 인문학 분야 육성을 위해 전문가 그룹의 결성을 도모하고 산림의 의미와 가치와 중요성에 대해 대국민 홍보를 위한 기획저술을 고려해봄 직하다.

제5부

신애림사상(2): 산림성지론

국가산업에서 차지하는 숲의 비중과 산림복지의 산림후생학적 출현배경과 기능을
설명하여 숲이 인간의 생명과 삶과 국가를 유지하는 거룩한 성지임을 천명하고 산림성
지론을 설명한다. 필자가 숲을 다루는 기본정신과 기본이념, 7대 산림성지론, 대명제
'숲은 사랑이다'를 제시한다. 제12장은 신애림사상을 위한 이론적 바탕이다.

국가에서 숲의 비중

1. 산림기능의 변천과정

가. 산림을 바라보는 시각

제10장에서 다루고자 하는 내용은 나무와 숲이 우리 산업 전반에 어떻게 어느 정도 영향을 주며, 어느 정도 비중을 차지하고 있는지 살펴보는 것이다. 이것을 살피려면 산림이 어떤 기능과 역할을 하는 것인가를 찾아보는 것이 필요하다. 산림이 지닌 기능과 역할, 다른 말로 표현하면, 인류가 산림을 어떻게 이용하고 있는가에 대한 질문이기도 하고, 또는, 인류가 산림을 어떤 시각으로 바라보고 있는가에 관한 질문일 수도 있다. 무엇보다도 이것은 '산림이란 무엇인가'라는 본원적인 질문과도 직결된다.[1] 이처럼 이 장의 내용은 다루고자 하는 깊이와 넓이에 따라서 매우 철학적이고 생태학적인 측면에서 접근할 필요성도 없지 않아 보인다. 하지만 제10장이 지향하는 것은 우리

---

[1] 산림이란 무엇인가에 대한 일반적인 내용에 관해서는 아래 문헌을 참고하기 바람.
　　정용호·박찬우 옮김, 1996, 인간에게 있어 산림이란 무엇인가. 서울: 전파과학사. 232쪽.

산업에 산림이 어떠한 영향을 주고 있는가를 정리하여 국가 산업에서 산림의 비중을 가늠하여 보는 것으로 한정한다.

산림을 구성하는 요소는 다양하다. 산림에는 풀과 나무와 같은 식물과 곤충과 새와 노루, 사슴과 같은 동물에 이르기까지 동식물이 구성하는 생물적인 요소가 있으며, 공기, 물, 토양, 암석, 광물과 같은 무생물적인 요소가 있다. 산림은 생물적 무생물적 요소들이 서로 유기적 무기적 융합작용에 의해 이루고 있는 환경이다. 산림을 구성하고 있는 요소들이 다양하고 그들이 하는 작용이 다양한 만큼 산림이 지닌 기능과 역할도 매우 다양하다. 여기에 끊임없이 발전을 거듭해 오고 있는 인류사회는 산림을 바라보는 시각에도 변화를 주어왔다. 산림은 자연이므로 산림이 지닌 본원적인 기능과 역할은 변함이 있을 수 없지만 변화무쌍한 인류사회와 인간 삶의 목적에 따라서 산림을 바라보는 시각은 달라져 왔고 그에 따라서 산림으로부터 기대하는 기능과 역할이 변화하여 왔다.

산림으로부터 인간 삶에 필요한 땔감, 건축용 목재, 식량(산채, 수실, 육류 사냥감 등) 등을 얻는 물질적 혜택은 산림이 주는 직접기능, 또는 직접효용이며, 그 외의 기능은 간접기능이고 간접효용이라고 부른다. 직접적인 기능이 재화의 가치로서 의미를 갖게 될 때 그것은 산림의 경제적인 기능이고 그 외 기능은 비경제적인 기능이라고 할 수 있다. 산림이 지닌 가장 중요한 경제적 기능은 목재생산 기능이므로 목재생산이라는 명칭이 경제적 기능이라는 용어를 대체한 경우도 있다. 그러나 산림은 경제적 기능으로서 목재만 생산하는 것이 아니라 취나물, 도라지, 더덕 등 각종 식약용식물, 버섯, 야생동물로부터 얻는 육류, 밤과 호두, 잣 등 수실(樹實)도 생산하기 때문에 목재 생산만으로 경제적 기능 모두를 대변할 수 없다. 산림이 식량이나 재화의 가치를 지닌 기능을 경제적 기능으로 묶고, 그 외의 기능을 비경제적 기능으로 구분하면서 비경제적 기능을 사회변화나 산림을 바라보는 인식에 따라서 새로운 기능들로 세분하는 경향도 나타났다.

산림의 환경적 기능은 인류사회가 환경오염에 심각하게 노출되어 생활환경의 질이 악화되고 건강에 위협이 가해질 정도의 상황에 처하는 한편, 산림의 훼손이 대량으로 진행되는 상황에서 산림의 중요성을 강조하고자 하는데에서 출현하였다. 휴양적 기능은 소득수준이 높아지고 여가증대로 야외휴양이 확산되자 산림을 찾는 산림휴양수요가 늘어나면서 자연스럽게 출현한 기능이다. 산림이 하는 기능은 땔감, 목재, 열매 등 물질적인 쓰임새로만 발휘되는 것은 아니다. 자연이 사계절 변화하는 과정에서 산림이 꽃, 새싹, 신록, 녹음, 단풍, 설경, 수형, 경관으로 보여주는 아름다움은 예술가의 감각을 거쳐 또다른 예술작품의 아름다움으로 재탄생한다. 산림이 하는 문화적인 기능이다. 산림의 문화적 기능은 인류가 지닌 고도의 지혜와 정신을 발휘하여 산림을 바라본 결과이다.

최근에는 산림이 지닌 환경적 기능, 휴양적 기능, 문화적 기능 등을 좀더 세분하여 수원함양, 정수, 토사붕괴방지, 토사유출방지, 기후조절, CO_2, 야생동물보호, 환경조절, 휴양치유, 산림문화, 산림경관조망, 생물다양성 기능 등으로 제시한다. 이러한 기능을 산림의 공익기능이라고 하는데 제4절에서 다룬다.

산림의 기능은 산림을 어떻게 구분하고 있느냐에 따라서도 살펴볼 수 있다. 법적으로 보면, 「산림자원의 조성 및 관리에 관한 법률」에 수원함양림, 산지재해방지림, 자연환경보전림, 목재생산림, 산림휴양림, 생활환경보전림 등으로 산림을 구분하고 있는데 이것은 곧 산림을 기능에 따라 분류한 것이기도 하다.

산림을 구성하는 인자도 다양하고 국가 사회적 변화로 인한 인간 삶의 다변화로 산림에 기대하는 수요도 여러 가지 양태로 나타난다. 산림의 기능이나 역할이란 인간이 산림에 요구하는 욕구이므로 시대에 따라서 변화하고 사회적 요구에 따라서 다양해진다. 이처럼 산림의 기능이나 역할은 다양해질 수 있기 때문에 산업에 끼치는 영향도 매우 다양할 수밖에 없다.

나. 산림의 산업적 기능과 비산업적 기능

이 장은 우리 산업에 영향을 주는 산림의 흔적들을 찾아보는 것이다. 이것은 결국 산림의 기능과 역할이 우리 산업 전반에 끼치는 영향을 확인하는 것이다. 위 항에서 정리한 산림의 기능은 크게 경제적 기능, 환경적 기능, 휴양적 기능, 문화적 기능이다. 이것은 다시 말하면 경제적 기능과 비경제적 기능으로 부를 수 있다. 비경제적 기능이란 경제적 기능을 제외한 환경적 기능, 휴양적 기능, 문화적 기능을 말한다. 경제적 기능이란 경제계(經濟界) 안에서 생산-분배-소비 활동이 일어나는 경제활동과 관련되는 기능이며, 이것은 산업현장에서 일어나는 일들이다. 따라서 산림의 경제적 기능이란 결국 산업적인 기능이다. 그렇다면 비경제적 기능은 비산업적 기능이라고 말할 수 있다. 그런데, 산림의 환경적 휴양적 문화적 기능을 통합해서 일컫는 산림의 비경제적 기능은 다른 말로 표현하면 '산림의 공익적 기능'을 말하는 것이며, 곧 산림의 비산업적 기능은 산림의 공익적 기능이다.

따라서, 우리 산업에 영향을 주는 산림의 기능과 역할은, 즉, 산업에 미치는 산림의 영향은 산림의 공익기능적인 측면과 순수 산업적인 측면에서 바라보는 것이 자연스러울 듯하다. 산림의 공익기능적인 측면에서 바라보는 것이 타당하다는 이유는, 산림의 공익적인 기능이 산업 활동을 진작하고 산업 활동이 활발하게 일어날 수 있도록 하며, 산업 활동현장, 즉, 산업 환경에 직간접적으로 영향을 주고 있기 때문이다. 가령 강우현상으로 내린 빗물이 산림에 저장되어 산업현장에 물공급이 원활하게 일어나서 제조업 등 생산 활동을 돕는 것을 이해할 수 있는데 이것은 산림이 지닌 수원함양이라는 공익기능 덕분이다. 산림의 공익기능이 적절하게 발휘되고 있기 때문에 각종 산업현장의 활동들이 원활하게 작동되는 것이다.

다. 산림의 3원 기능과 다원 기능

산림이 작용하는 기능은 3원 기능과 다원 기능으로도 구분할 수 있다. 3원(三元) 기능이란 산림이 지닌 많은 기능을 내용에 따라서 핵심적인 세 가지 기능으로 구분한다. 3원 기능은 생명유지 기능, 물질적 기능, 정신적 기능을 말한다. 생명유지 기능이란 인간을 비롯한 모든 생명의 생명을 유지하는데 필수적인 요소를 만들거나 관리하는 기능을 말한다. 생명유지에 필수 요소인 공기, 물, 햇빛과 관련된 것으로 숲은 공기를 만들고 물을 만들며, 햇빛을 적절하게 조절하여 쾌적한 환경을 유지해 준다. 물질적 기능은 목재나 각종 임산물로 의식주를 해결하거나, 땔감, 난방 등 일상의 생활(삶)에서 필요한 임산자원을 공급하는 기능을 말한다. 정신적 기능이란 인간의 정신활동과 관련된 기능을 말하는 것으로 학문(철학, 생물학 등 자연과학), 문화예술 활동과 관련된 기능이다.

다원(多元) 기능이란 일반적으로 공익기능으로 부르는 기능을 말한다. 여기에 속하는 기능으로 수원함양기능, 야생동물보호기능(산림동물보호), 산림생물다양성, 보존기능, 토사붕괴방지기능, 산림정수기능, 산림휴양기능, 산림치유기능, 산림경관조망기능, 열섬완화기능, 산소생산기능, 온실가스흡수기능, 토사유출방지기능, 대기정화(대기질개선)(CO_2 정화)기능 등이 있다.

2. 제산업에 끼치는 산림의 영향

가. 산업의 분류

1) 산업구조와 산업(업종)분류의 관계

각 산업에 산림의 관련성을 어떻게 한정할 것인가는 매우 중요하다. 여기서 우선 살펴봐야 하는 것이 산업이라는 용어이다. 산업에 관한 가장 유효한 정의는 한국표준산업분류에서 산업을 정의하고 있는 내용이다. 산업관련 통계를 정부에서 통합하여 다루는 통계청에 따르면, 산업이란 "유사한 성질을 갖는 산업 활동에 주로 종사하는 생산단위의 집합"이라고 정의한다. 산업 활동이란 "각 생산단위가 노동, 자본, 원료 등 자원을 투입하여, 재화 또는 서비스를 생산 또는 제공하는 일련의 활동과정"이라고 정의하고 있다. 또, 산업 활동의 범위에는 영리적, 비영리적 활동이 모두 포함되나, 가정 내의 가사 활동은 제외된다(통계청, 2017).

표 10-1. 재화의 생산활동에 따른 산업 구조와 구분

생산형태	구분1	구분2(내역)	산업기호 및 명칭
1차(원시)생산	생물(동식물)생산 ········· :	육지생물생산, 수생물생산	: A 농업, 임업 및 어업
	비생물(광물)생산 ···············		: B 광업
2차(가공)생산	유형 이동재(제품)생산 ···········		: C 제조업
	무형 이동재(에너지 및 용수)생산 ·······		: D 전기, 가스, 및 수도사업
	유형 비이동재(건축물)생산 ··········		: F 건설업

출처: 통계청, 2010, 산업(업종) 및 국가분류표.

산업은 크게 재화의 생산활동이냐 서비스 제공활동이냐에 따라서 구분된다. 재화의 생산활동은 1차(원시)생산과 2차(가공)생산으로 대별하고 1차 생산은 생물(동식물)생산과 무생물생산, 2차 생산은 유형생산(제품)과 무형 생산으로 구분한다(〈표 10-1〉). 서비스 제공활동은 재화의 유통, 위치이동 및 사업 서비스 제공활동과 기타 서비스 제공활동으로 구분하는데 구체적인 내용은 〈표 10-2〉에서 보는 바와 같다.

표 10-2. 서비스 제공활동에 따른 산업 구조와 구분

생산형태	구분1	구분2(내역)	산업기호 및 명칭

■ 재화의 유통, 위치이동 및 사업서비스 제공활동

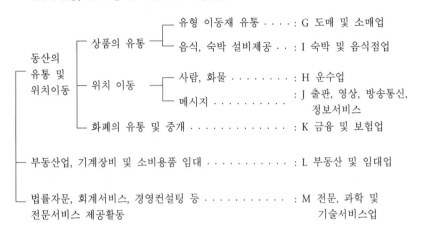

동산의 유통 및 위치이동
- 상품의 유통
  - 유형 이동재 유통 · · · · · : G 도매 및 소매업
  - 음식, 숙박 설비제공 · · · : I 숙박 및 음식점업
- 위치 이동
  - 사람, 화물 · · · · · · · · : H 운수업
  - 메시지 · · · · · · · · · : J 출판, 영상, 방송통신, 정보서비스
- 화폐의 유통 및 중개 · · · · · · · · · · · · : K 금융 및 보험업

부동산업, 기계장비 및 소비용품 임대 · · · · · · · · · · : L 부동산 및 임대업

법률자문, 회계서비스, 경영컨설팅 등 · · · · · · · · · · · : M 전문, 과학 및 전문서비스 제공활동 　기술서비스업

■ 기타 서비스 제공활동

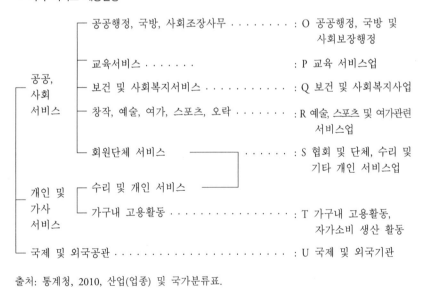

공공, 사회 서비스
- 공공행정, 국방, 사회조장사무 · · · · · · · : O 공공행정, 국방 및 사회보장행정
- 교육서비스 · · · · · · : P 교육 서비스업
- 보건 및 사회복지서비스 · · · · · · · · · · : Q 보건 및 사회복지사업
- 창작, 예술, 여가, 스포츠, 오락 · · · · · · : R 예술, 스포츠 및 여가관련 서비스업
- 회원단체 서비스 　· · · · · · : S 협회 및 단체, 수리 및 기타 개인 서비스업

개인 및 가사 서비스
- 수리 및 개인 서비스
- 가구내 고용활동 · · · · · · · · · · · · · · · : T 가구내 고용활동, 자가소비 생산 활동

국제 및 외국공관 · : U 국제 및 외국기관

출처: 통계청, 2010, 산업(업종) 및 국가분류표.

2) 한국표준산업분류

〈표 10-3〉은 〈표 10-1〉과 〈표 10-2〉에 제시된 것을 통합하여 보여주는 것으로서 통계청이 2017년에 개정 발표한 한국표준산업분류표의 산업 현황을 나타낸 것이다. 한국표준산업분류는 총 21개 산업으로 대분류로 되어 있으며 각각 대분류된 산업마다 A부터 U까지 알파벳 기호가 부여되어 있다. 이들 21개 산업은 대분류로서 A 농업, 임업 및 어업, B 광업, C 제조업,

표 10-3. 한국 표준산업분류 현황-대분류

산업 대분류 기호	대분류 산업 명칭
A	농업, 임업 및 어업 (01~03)
B	광업 (05~08)
C	제조업 (10~33)
D	전기, 가스, 증기 및 수도사업 (35~36)
E	하수·폐기물 처리, 원료재생 및 환경복원업 (37~39)
F	건설업 (41~42)
G	도매 및 소매업(45~47)
H	운수업(49~52)
I	숙박 및 음식점업 (55~56)
J	출판, 영상, 방송통신 및 정보서비스업 (58~63)
K	금융 및 보험업 (64~66)
L	부동산업 및 임대업 (68~69)
M	전문, 과학 및 기술 서비스업 (70~73)
N	사업시설관리 및 사업지원 서비스업 (74~75)
O	공공행정, 국방 및 사회보장 행정(84)
P	교육 서비스업(85)
Q	보건업 및 사회복지 서비스업(86~87)
R	예술, 스포츠 및 여가관련 서비스업(90~91)
S	협회 및 단체, 수리 및 기타 개인 서비스업(94~96)
T	가구 내 고용활동 및 달리 분류되지 않은 자가 소비 생산활동(97~98)
U	국제 및 외국기관(99)

출처: 통계청(2017), 한국표준산업분류.

D 전기, 가스, 증기 및 수도사업, E 하수·폐기물 처리, 원료재생 및 환경복원업, F 건설업, G 도매 및 소매업, H 운수업, I 숙박 및 음식점업, J 출판, 영상, 방송통신 및 정보서비스업, K 금융 및 보험업, L 부동산업 및 임대업, M 전문, 과학 및 기술 서비스업, N 사업시설관리 및 사업지원 서비스업, O 공공행정, 국방 및 사회보장 행정, P 교육 서비스업, Q 보건업 및 사회복지 서비스업, R 예술, 스포츠 및 여가관련 서비스업, S 협회 및 단체, 수리 및 기타 개인 서비스업, T 가구 내 고용활동 및 달리 분류되지 않은 자가 소비 생산활동, U 국제 및 외국기관 등 21개 산업이다.

각 대분류된 산업은 두 자릿수 번호로 된 '중분류 산업'으로 세분하는데 산업 대분류 명칭 끝 괄호 안에 각 대분류된 산업에 속하는 중분류 산업의 숫자에 따라 번호가 붙여져 있다. 예를 들면, 산업 대분류 A인 "농업, 임업 및 어업"에는 괄호 안에 01~03 번호가 부여되어 있다. 이것은 01에서부터 03까지 3개의 중분류 산업이 있다는 의미로 01은 농업, 02는 임업, 03은 어업으로 중분류한다.

중분류로 구분된 산업은 다시 세 자릿수 번호로 나뉜 '소분류 산업'으로 세분한다. 소분류된 산업은 다시 네 자릿수 번호로 구분된 '세분류 산업'으로 세분하며, 세분류된 산업은 다시 다섯 자릿수로 구분된 '세세분류 산업'으로 나뉘어져 있다. 임업을 예로 들어보자. 임업은 대분류 "농업, 임업 및 어업(01 ~03)"에 속해 있으며 분류기호는 A로 되어 있다. 대분류 "농업, 임업 및 어업"에서 임업은 중분류 산업으로서 중분류 번호 02로 지정되어 있다. 중분류 아래 소분류 산업에는 020 '임업' 하나 뿐이고, 020 소분류 '임업' 아래 세분류 산업에는 4개가 있는데 0201 영림업, 0202 벌목업, 0203 임산물채취업, 0204 임업 관련 서비스업 등 4개 세분류 산업이 있다. 각각의 세분류 산업 아래에는 세세분류 산업이 있는데, 임업용 종묘 생산업(02011), 육림업(02012), 벌목업(02020), 임산물채취업(02030), 임업관련 서비스업(02040) 등 5개 세세분류 임업이 있다(〈표 10-4〉).

표 10-4. 한국 표준산업분류상 대분류 '농업, 임업 및 어업'의 중분류 등 하위 단위 분류 현황

분류 번호	중분류-소분류-세분류-세세분류	분류 번호	중분류-소분류-세분류-세세분류
01	**농업**	013	작물재배 및 축산 복합농업
011	작물 재배업	0130	작물재배 및 축산 복합농업
0111	곡물 및 기타 식량작물 재배업	01300	작물재배 및 축산 복합농업
01110	곡물 및 기타 식량작물 재배업	014	작물재배 및 축산 관련 서비스업
0112	채소, 화훼작물 및 종묘 재배업	0141	작물재배 관련 서비스업
01121	채소작물 재배업	01411	작물재배 지원 서비스업
01122	화훼작물 재배업	01412	농산물건조, 선별 및 기타 수확 후 서비스업
01123	종자 및 묘목 생산업	0142	축산 관련 서비스업
0113	과실, 음료용 및 향신용 작물 재배업	01420	축산 관련 서비스업
01131	과실작물 재배업	015	수렵 및 관련 서비스업
01132	음료용 및 향신용 작물 재배업	0150	수렵 및 관련 서비스업
0114	기타 작물 재배업	01500	수렵 및 관련 서비스업
01140	기타 작물 재배업	02	**임업**
0115	시설작물 재배업	020	임업
01151	콩나물 재배업	0201	영림업
01152	채소, 화훼 및 과실작물 시설 재배업	02011	임업용 종묘 생산업
01159	기타 시설작물 재배업	02012	육림업
012	축산업	0202	벌목업
0121	소 사육업	02020	벌목업
01211	젖소 사육업	0203	임산물 채취업
01212	육우 사육업	02030	임산물 채취업
0122	양돈업	0204	임업 관련 서비스업
01220	양돈업	02040	임업 관련 서비스업
0123	가금류 및 조류 사육업	03	**어업**
01231	양계업	031	어로 어업
01239	기타 가금류 및 조류 사육업	0311	해면 어업
0129	기타 축산업	03111	원양 어업
01291	말 및 양 사육업	03112	연근해 어업
01299	그 외 기타 축산업	0312	내수면 어업

출처: 통계청(2017), 한국표준산업분류.

이렇듯 한국표준산업분류는 각 산업을 대분류-중분류-소분류-세분류-세세분류로 구분하는 체계로 이루어져 있다. 〈표 10-5〉에서 보는 것처럼 우리나라 산업은 대분류 산업 21개, 중분류 산업 77개, 소분류 산업 232개, 세분류 산업 495개, 세세분류 산업 1,196개로 분류되어 있다. 이 분류체계에서 산림이 미치는 영향 정도를 파악하여 보고자 한다.

표 10-5. 한국표준산업분류 단위별 산업의 수(2017년 개정 기준)

구분	대분류	하위 분류된 산업의 수			
		중분류	소분류	세분류	세세분류
산업 분류	A 농업, 임업 및 어업	3	8	21	34
	B 광업	4	7	10	11
	C 제조업	25	85	183	477
	D 전기, 가스, 증기 및 공기조절 공급업	1	3	5	9
	E 수도, 하수 및 폐기물 처리, 원료 재생업	4	6	14	19
	F 건설업	2	8	15	45
	G 도매 및 소매업	3	20	61	184
	H 운수 및 창고업	4	11	19	48
	I 숙박 및 음식점업	2	4	9	29
	J 정보통신업	6	11	24	42
	K 금융 및 보험업	3	8	15	32
	L 부동산업	1	2	4	11
	M 전문, 과학 및 기술서비스업	4	14	20	51
	N 사업시설 관리, 사업 지원 및 임대 서비스업	3	11	22	32
	O 공공행정, 국방 및 사회보장 행정	1	5	8	25
	P 교육서비스	1	7	17	33
	Q 보건업 및 사회복지 서비스업	2	6	9	25
	R 예술, 스포츠 및 여가관련 서비스업	2	4	17	43
	S 협회 및 단체, 수리 및 기타 개인 서비스업	3	8	18	41
	T 가구 내 고용활동, 자가소비 생산활동	2	3	3	3
	U 국제 및 외국기관	1	1	1	2
계	21	77	232	495	1,196

나. 산업에 끼치는 산림의 영향 범위(산림연관산업의 범위)

1) 영향 정도에 따른 산림연관산업의 분류: 현장 · 가공 · 서비스 관련

산림이 각 산업에 어느 정도의 영향을 미치는가를 한정하는 것은 숲이 산업에서 차지하는 비중을 규명하는 데에 매우 중요하다. 한국표준산업분류표에 의하면 직접적으로는 "농업, 임업 및 어업"이라는 대분류 상에서 중분류로 된 "임업"에만 해당되는 것으로 특정할 수 있지만, "임업"에서 세분류된 영림업, 벌목업, 임산물채취업, 임업관련 서비스업에만 산림이 관련되는 것은 아니다. 이들 임업에서 생산된 생산물, 또는 가공물들이 각 산업에 다양하게 쓰이고 있고 관련성을 가지고 있기 때문에 이들에 대한 것도 산림의 영향범위에 고려해야 한다. 그렇다면 산업에서 어느 정도까지를 산림이 영향을 미치는 범위로 한정할 것인가는 이 제10장의 핵심 과제의 하나이다.

앞서서 산업이란 "유사한 성질을 갖는" 활동에 종사하는 생산단위의 집합이라고 정리하였는데, 주목할 만한 특징은 각 산업은 '유사한 성질'을 갖는다는 공통성이 있다는 점이다. 결국 본 연구에서 산림이 영향을 주는 산업이란, "산림을 이용하는" 유사한 성질을 갖는 산업을 말한다. 하지만, 산림을 이용하는 방법이 매우 다양하기 때문에 이 점 또한 명확하게 한정할 필요가 있음을 인식하여야 한다. 산림 환경 자체(현장)를 이용하는지, 살아있는 나무를 이용하는지, 아니면 목재 등 임산물을 가공하여 이용하는지, 가공하는 정도는 어느 정도인지 등 매우 다양하게 이용하기 때문에 관련 산업을 구분해내기가 쉽지 않다.

순수 산업적인 측면에서 산림의 쓰임새를 살펴보면, 원목이나 산나물 등 임산물과 그 가공물이 '물리적인 이용형태'로 직간접적으로 관련되어 있거나, 또는 산림과 관련된 '서비스 형태'로 관련되어 있는 역할을 구분해 볼 수 있다. 전자는 육림, 벌목, 임산물채취 등과 같이 산림현장과 직결된 산업분류상 순수 '임업'의 사례가 있는가 하면, 가구제조, 펄프 제조 등과 같이 산림현장에서 생산한 원료를 가공하거나 그것을 사용하는 제조업, 건설업 같은 사례도 있다. 후자, 즉, '서비스 형태'로 관련되는 것은 산림관련 협회나 단체, 산림교육 등과 같은 다양한 서비스업이 있다.

이상에서 언급한 것을 고려하면 산림이 영향을 주는 관련 산업은, 이 산업을 '산림연관산업'이라고 불러도 좋다면, 산림 현장에서 일어나는 산림현장 연관산업(산림현장산업), 현장에서 생산한 임산물을 가공하거나 가공한 제품을 사용하는 산림가공 연관산업(산림가공산업), 인력에 의한 서비스 관련 산림 서비스 연관산업(산림서비스산업) 등 3개 산업으로 구분할 수 있다. 산림현장 연관산업은 산업활동이 산림현장에서 이뤄지는 산업을 말한다. 산림서비스 연관산업은 산림관련 인력이 활동하는 단체나, 조직, 산림전문가와 그의 활동 등을 말한다.

2) 가공 관련 산림연관산업: 임산물 이용 구분, 1차 가공, 2차 가공

가장 복잡한 구조로 된 것이 산림가공산업이다. 임산물을 가공하고 이를 이용하는 산업은 매우 다양하다. 임산물을 가공하는 것은 대부분 제조업에 속하지만, 임산물은 여러 가지 형태로 가공되고 가공한 것을 이용하는 곳도 매우 다양하기 때문이다. 〈그림 10-1〉은 임산물의 이용사례를 잘 나타내주는 것으로서 여러 가지 목재의 쓰임새를 보여주고 있다. 갱목이나 말뚝과 같은 제품은 원목을 간단히 다듬어서 생산한 제품이지만, 살균제, 의약품은 여러 가지 복잡한 가공단계를 거쳐 생산된 제품이다. 따라서 각 산업에 미치는 산림의 영향을 구분하려면 임산물의 가공단계를 분석하여 그 정도를 가늠하여 구분할 필요가 있다.

〈표 10-1〉에서 살핀 바와 같이 임산물 생산은 제1차(원시)생산에 의해 산림현장에서 이뤄지며, 생산된 임산물 가공은 크게 1차 가공과 2차 가공으

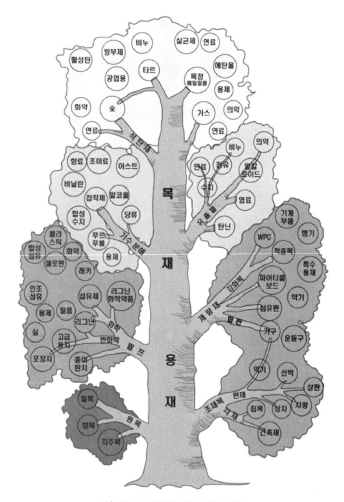

그림 10-1. 나무의 여러 가지 쓰임새

로 구분한다. 임산물의 제1차 가공과 2차 가공에 대한 명확한 구분을 확인하기 쉽지 않지만 참고할 만한 문헌을 분석한 결과 〈표 10-6〉과 같은 내용을 발견할 수 있다.

표 10-6. 임산물(원목)의 가공방법 분류(국립산림과학원 1999, modified)

구분		특징	사례
원목	1차 가공	1차 생산한 원목을 제재 또는 파쇄하거나, 그 결과로 얻은 제품을 이용하여 가공하는 작업	제재, 합판, 칩, 보드류, 펄프
	2차 가공	1차 가공한 제품을 변형없이 이용하여 새로운 제품을 가공하는 작업	가구, 악기, 건구재

출처 : 국립산림과학원, 1999, 폐목재의 발생실태 및 재활용 촉진방안.

위 〈표 10-6〉은 원목을 대상으로 가공하는 것으로 1, 2차 가공의 '특징'란에 기술한 내용은 '사례'로 제시한 가공품들을 참고하여 작성한 것이다. 원목 1차 가공이란, 산림현장에서 1차(원시)생산한 원목을 제재하거나 제재한 가공품을 이용하여 가공하는 작업을 말하거나 또는 파쇄하여 칩이나 펄프를 제조하는 가공작업을 말한다. 제재목, 합판, 칩, 보드류, 펄프 등이 대표적인 1차 가공산물이다. 2차 가공이란, 1차 가공한 제품을 원형의 변형없이 절삭가공 등으로 이용하여 제품을 가공하는 작업을 말한다. 각종 가구류, 악기류, 건구재 등이 대표적인 예이다.

원목을 이용하는 가공은 위와 같지만, 지엽(枝葉), 열매, 추출물을 가공하는 것은 어떻게 구분하는가에 대한 것도 한정하여야 한다. 각종 수실(樹實)이나 지엽, 추출성분을 이용하여 가공하는 것은 크게 '화학가공'으로 묶어서 구분하는 것이 적합할 듯하다. 원목 가공의 경우처럼 1차 가공과 2차 가공으로 구분한다. 지엽수실 1차 가공이란, 산림현장에서 1차(원시)생산한 지엽수실의 원형에 큰 변형없이 장류 등 화학적인 제품을 사용하여 가공하거나, 단순히 압착분쇄하여 즙을 얻거나, 잼 등으로 가공하는 작업을 말한다. 각종 산채와 수실 장아찌, 잼류, 쥬스류 등이 지엽수실의 대표적인 1차 가공산물이다. 2차 가공이란, 산림현장에서 1차(원시)생산한 지엽수실의 원형을 변형하거나, 성분을 추출하여 여러 가지 가공단계를 거쳐 제품을 생산하는 가공작업을 말한다. 각종 식초, 와인류 등의 발효제품, 의약품류, 화학제품 등이 대표적인 예이다.

3) 산업에 끼치는 산림의 영향 구분과 한정 : 산림연관산업의 구분

이상에서 언급한 내용들을 바탕으로 산림이 각 산업에 미치는 영향 정도를 임산물 이용의 측면에서 구분하여 보면 다음 〈표 10-7〉과 같이 정리할 수 있다. 산림현장 연관산업의 분류기호 F는 산림현장을 의미하는 Forest에서 따온 것이고, 원목 가공산업 분류기호 M은 Manufacturing, 지엽수실 가공산업 C는 Chemical Manufacturing, 산림동물의 A는 Animals, 산림 서비스 연관산업 S는 Service에서 차용한 것이다. 이들 기호는 각 산업과 산림의 연관성 정도를 나타내는 것이며 산림이 해당 산업에 끼치는 영향정도를 표시하는 것이다.

산림현장 연관산업(F)은 한국표준산업분류 상의 "임업(A02)"에 해당하는 것을 F1, 산림문화 · 휴양, 산림보호관리 연관산업을 F2, 조경수 식재, 녹화, 복원, 정원관리 연관산업은 F3, 수렵, 양봉, 야생동물 연관산업은 F4, 목초지, 골프장, 스키장과 같이 산지를 이용하는 연관산업은 F5로 분류하였다. 기계 장비와 각종 산림토목사업과 관련된 것은 F6로 구분하여 정리하였다.

산림가공 연관산업(M)은 원목이용, 지엽수실 및 원목추출물 이용, 산림동물 이용 측면으로 구분하여 분류하였다. 원목이용은 석탄이나 숯처럼 원목(산림)이 자연현상이나 불에 의해 변한 것을 '원시원료'로 분류기호 M0로 구별하였고, 원목을 그대로 사용하거나 말뚝처럼 간단히 다듬어서 사용하는 것을 '원시가공'으로 M1으로 분류하였다. 석탄은 셀룰로스와 리그닌이 주성분으로 구성된 임목이 두텁게 쌓여서 형성된 층이 강력한 압력에 의해 탄화되어 생성된 것이다. 탄화된 상태에 따라 토탄, 갈탄, 이탄, 무연탄, 역청탄 등으로 구분한다. 결국 석탄은 주로 석탄기 시대 울창한 대산림이 변화하여 형성된 것이므로 산림연관산업으로 평가하는 것이 타당하며 이를 원시원료

표 10-7. 산업에 끼치는 산림의 영향 한정을 위한 산림연관산업의 분류

산림 연관산업	원재료	분류	사례	기호
산림현장 연관산업 F	산림	임업	영림업, 벌목업, 임산물 채취업, 임업 관련 서비스업	F1
	산림	문화휴양 연관	식물원, 수목원, 자연휴양림, 수목장림, 산림복지(문화휴양), 관리 등	F2
	나무	식재 연관	재배, 생산, 식재, 녹화, 복원, (정원)관리 관련업 등	F3
	동물	산림동물 연관	수렵, 산림동물 사육, 양잠업, 양봉	F4
	산지	산지이용 연관	묘조지, 골프/스키장, 송전부지, 풍력발전단지, 각종 산업용지 등	F5
	지원	지원 산업	임업/목공용기계, 산림토목 관련 산업 등	F6
산림가공 연관산업 M	원목 석재 수자원	원시 원료	석탄류, 제석, 뗄감, 코르크, 수자원	M0
		원시 가공	땔목, 갱목 등(거의 원목 그대로 이용)	M1
		1차 가공	제재, 합판, 칩, 보드류, 석제가공, 공학목재, 폐목재류	M2
		2차 가공	가구, 악기, 전구재, 생활용품, 산업용 도구(침목 등), 선부 등 완제품	M3
	지엽	원시 원료	나뭇잎(생엽), 재순, 산체, 수실 등	C0
	수실	1차 가공	산체 및 수실 장아찌, 쨈류, 쥬스류, 차, 옻액, 고무, 염료, 숯, 목초액	C1
	원목	2차 가공	식초, 효소, 와인 등 발효제품, 의약품류, 화학제품, 펄프종이	C2
	산림	1차 가공	산림동물 약류 생산, 세알 가공 등	A1
	동물	2차 가공	건강보조식품, 의약품류, 전시관련업, 모피 등	A2
산림서비스 연관산업 S	인력	서비스업	금융, 행정, 교육연구, 단체, 기구, 전문인력 서비스업 등	S

(M0)로 분류한 것이다. 원목을 1차 가공한 제재목, 합판, 칩, 보드류, 공학목재, 폐목재류와 가공한 석재 등은 M2, 이들을 이용하여 완전한 제품으로 만들어진 것은 2차 가공품으로 분류하여 M3로 구분하였다.

지엽수실이나 원목 추출물 이용은 주로 화학적인 처리 여부에 따라서 원시원료 상태로 이용하는 C0, 1차 가공한 C1, 2차 가공한 C2로 구분한다. C0는 생엽이나 새순, 산채, 수실처럼 원시원료 상태 그대로 이용하는 것이다. C1은 형체를 알아볼 수 있는 상태로 약간 가공하거나 추출한 상태 거의 그대로 사용하는 것이며, C2는 원형을 알아 볼 수 없을 정도로 완전히 변형 가공된 제품들을 말한다. 임산물에서 추출된 성분으로 만들어진 제품, 펄프 종이 및 이들로 만들어진 각종 제품이 여기에 속한다.

산림동물은 도축한 상태의 육류, 산림조류의 알을 가공한 것 등은 A1, 이들을 이용하여 가공한 식품이나 의약품류, 양잠에서 생산된 견사와 관련되거나 산림동물의 가죽으로 만들어진 것과 관련되는 것은 A2로 구분하였다.

산림서비스 연관산업(S)은 산림과 관련된 금융, 행정, 교육연구, 단체와 기구, 전문인력 서비스 등에 속하는 것을 통합하여 분류한 것이며 S로 표시한다.

위 표를 기준으로 한국표준산업분류표의 세세분류된 산업에 산림이 미치는 영향정도를 분류기호로 표시하는 한편, 관련업체와 종사자수를 파악하여 우리 산업 전반에 산림의 영향정도를 총괄적으로 분석해 파악하는 것이 최종 목표이다.

3. 표준산업분류에서 산림의 영향력

가. 표준산업분류 항목별 산림관련 연관성

본 절은 통계청이 2017년 1월에 제2017-13호(2017. 1. 13.)로 고시한 한국표준산업분류 기준에 제시된 내용 중 각 산업에서 산림문화적 요소를 발췌하여 정리한 것이다. 한국표준산업분류는 1963년 3월에 광업과 제조업을 우선으로 처음으로 제정되었으며 2017년 1월에 10차 개정에 이르기까지 새롭게 변화하는 산업현황을 반영하여 왔다. 이 분류체계는 유엔이 정한 국제산업분류체계에 기초한 것이다. 여기에 제시한 내용은 대부분 통계청 고시「제2017-13호」에 수록된 내용을 원용하거나 필요한 경우 일부 내용을 추가한 것이다.

산업분류는 생산단위가 주로 수행하고 있는 산업활동을 유사성에 따라 유형화한 것으로 다음 분류 기준에 의하여 적용된다.

- 산출물(생산된 재화 또는 제공된 서비스)의 특성
  - 산출물의 물리적 구성 및 가공 단계
  - 산출물의 수요처
  - 산출물의 기능 및 용도
- 투입물의 특성
  - 원재료, 생산 공정, 생산기술 및 시설 등
- 생산활동의 일반적인 결합형태

이러한 기준에 따라서 2017년에 개정된 분류표에 의하면 대분류 A~U까지 우리나라 산업을 총 21개로 구분하고, 이를 다시 중분류 77개, 소분류 232개, 세분류 495개, 세세분류 1,196개 항목으로 분류하고 있다(〈표 10-5〉).

나. 산림의 산업별 연관성 현황

21개 대분류 산업별로 산림이 관련되어 있는 연관성을 검토한 결과를 〈표 10-8〉에 나타내었다. 표에서 보는 것처럼 21개 대분류 산업 모두 1개 이상의 중분류 산업에 연관성을 갖고 있어 산림은 우리 산업에 전반적으로 관여하고 있음을 알 수 있다. 이들 연관성 현황을 중분류, 소분류, 세분류,

표 10-8. 표준산업분류 상 항목별 산림의 연관성 현황

대분류	현황(분야)				산림의 연관성(분야)				산림의 연관성(%)			
	종분류	소분류	세분류	세세분류	종분류	소분류	세분류	세세분류	종분류	소분류	세분류	세세분류
A 농업, 임업 및 어업	3	8	21	34	3	8	16	32	100.0	100.0	76.2	94.1
B 광업	4	7	10	11	2	3	3	4	50.0	42.9	30.0	36.4
C 제조업	25	85	183	477	13	52	90	197	52.0	61.2	49.2	41.3
D 전기, 가스, 증기 및 공기조절공급업	1	3	5	9	1	2	3	5	100.0	66.7	60.0	55.6
E 수도, 하수및폐기물처리, 원료재생업	4	6	14	19	1	2	4	5	25.0	33.3	28.6	26.3
F 건설업	2	8	15	45	2	6	10	30	100.0	75.0	66.7	66.7
G 도매 및 소매업	3	20	61	184	3	16	44	82	100.0	80.0	72.1	44.6
H 운수 및 창고업	4	11	19	48	2	4	6	10	50.0	36.4	31.6	20.8
I 숙박 및 음식점업	2	4	9	29	1	2	7	19	50.0	50.0	77.8	65.5
J 정보통신업	6	11	24	42	2	2	4	11	33.3	18.2	16.7	26.2
K 금융 및 보험업	3	8	15	32	2	2	2	2	66.7	25.0	13.3	6.3
L 부동산업	1	2	4	11	1	1	1	1	100.0	50.0	25.0	9.1
M 전문, 과학 및 기술서비스업	4	14	20	51	3	6	7	12	75.0	42.9	35.0	23.5
N 사업시설관리, 사업지원및임대서비스업	3	11	22	32	3	5	6		100.0	45.5	27.3	18.8
O 공공행정, 국방 및 사회보장행정	1	5	8	25	1	3	4	6	100.0	60.0	50.0	24.0
P 교육서비스	1	7	17	33	1	4	6	8	100.0	57.1	35.3	24.2
Q 보건업 및 사회복지서비스업	2	6	9	25	1	1	1	1	50.0	16.7	11.1	4.0
R 예술, 스포츠 및 여가관련서비스업	2	4	17	43	2	4	10	13	100.0	100.0	58.8	30.2
S 협회및단체,수리및기타개인서비스업	3	8	18	41	3	4	5	7	100.0	50.0	27.8	17.1
T 가구내고용활동,자가소비생산활동	2	3	3	3	2	2	2	2	100.0	66.7	66.7	66.7
U 국제 및 외국기관	1	1	1	2	1	1	1	1	100.0	100.0	100.0	50.0
총계 및 평균	77	232	495	1196	50	130	232	454	78.7	56.1	45.7	35.8

세세분류 항목별로 살펴보면, 중분류는 총 77개 항목 중 50개 항목이 연관성을 나타내어 78.7%의 연관성을 보이고 있다. 소분류 항목은 총 232개 중 130개 항목, 세분류 항목은 총 495개 항목 중 232개 항목이 관련되어 각각 56.1%와 45.7%의 연관성을 나타낸다. 세세분류 항목은 총 1,196개 항목 중 454개 항목이 관련되어 35.8%의 연관성을 맺고 있다.

가장 밀접한 연관성을 나타내는 산업은 A농업·임업·어업으로서 94.1%에 달한다. 이어서 T가구내 고용활동, 자가소비 생산활동과 F건설업으로 66.7%이며, I숙박 및 음식점업(65.5%), D전기, 가스, 증기 및 공기조절 공급업(55.6%)이 뒤를 잇고 있다. 가장 낮은 연관성을 맺고 있는 산업은 Q보건업 및 사회복지서비스업으로서 4.0%의 연관성을 보이고 있으며, 이어서 K금융 및 보험업 6.3%, L부동산업 9.1%를 나타내고 있다.

이상의 결과를 통해서 산림은 농림어업 등 1차 산업은 물론 우리나라 산업 전반에 골고루 영향을 끼치고 있음을 확인할 수 있다.

(이상의 내용은 숲과문화연구회 발간 『산림문화전집7』「산업과 산림문화」(2017)에 쓴 글을 발췌 정리보완한 것임.)

4. 국가사회에 제공하는 산림의 공익적 가치

국립산림과학원은 1987년부터 3~5년마다 산림의 공익적 기능을 화폐가치로 평가하여 왔다. 산림의 공익적 기능을 처음 평가할 때에는 공익기능의 항목을 수원함양기능, 야생동물보호기능, 토사유출방지기능, 토사붕괴방지기능, 산림휴양기능, 대기정화기능 등 6개 영역이었으나 최근에는 각 기능들을 좀 더 세분하고 새로운 기능을 추가하여 12개 영역의 공익기능을 평가하고 있다.(〈표 10-9〉).

표 10-9. 산림의 공익적 기능 평가액(1987~2018)

단위 : 억원, (%)

기능별	1987	1990	1995	2000	2003	2005	2008	2010	2014	2018
수원함양기능	30,400	83,660	99,300 (28.7)	132,990 (26.6)	140,978 (24.0)	175,456 (26.6)	185,315 (25.3)	202,100 (19)	166,210 (13.2)	183,450 (8.3)
야생동물보호기능 (산림동물보호)	2,590	9,560	7,790 (2.2)	7,680 (1.5)	6,012 (1.0)	7,752 (1.2)	16,702 (2.3)	24,235 (2)	-	-
산림생물다양성 보존기능	-	-	-	-	-	-	-	52,750 (4)	110,860 (8.8)	102,470 (4.6)
토사붕괴방지기능	90	4,090	16,630 (4.8)	26,360 (5.3)	40,243 (6.8)	40,462 (6.1)	47,479 (6.5)	66,928 (6)	79,220 (6.3)	81,110 (3.7)
산림정수기능	-	-	41,230 (11.9)	48,270 (9.7)	49,039 (8.4)	60,487 (9.2)	62,186 (8.5)	65,474 (6)	98,990 (7.9)	135,640 (6.1)
산림휴양기능	59,970	42,660	44,880 (13.0)	48,400 (9.7)	110,329 (18.7)	116,285 (17.6)	116,885 (16.05)	146,067 (14)	177,430 (14.1)	184,310 (8.3)
산림치유기능	-	-	-	-	-	-	-	16,820 (2)	24,330 (1.9)	51,510 (2.3)
산림경관조망기능	-	-	-	-	-	-	-	151,709 (14)	163,180 (13.0)	283,590 (12.8)
열섬완화기능	-	-	-	-	-	-	-	-	10,960 (0.9)	8,100 (0.4)
산소생산기능	-	-	-	-	-	-	-	-	135,620 (10.8)	130,870 (5.9)

표 10-9. (계속)

기능별	1987	1990	1995	2000	2003	2005	2008	2010	2014	2018
온실가스흡수기능	-	-	-	-	-	-	-	-	49,340 (3.9)	756,410 (34.2)
(입목)										453,140
(산림토양)										296,190
(목재제품)										7,080
토사유출방지기능	37,810	45,950	64,000 (18.5)	100,560 (20.1)	109,774 (18.6)	124,348 (18.9)	134,867 (18.4)	143,358 (13)	180,950 (14.4)	235,350 (10.6)
대기정화(대기질개선) (CO$_2$ 정화)	45,790	47,780	72,280 (20.9)	135,350 (27.1)	132,438 (22.5)	134,276 (20.4)	168,365 (23.0)	220,627 (21)	60,770 (4.8)	58,710 (2.7)
총계	176,650	233,700	346,110 (100.0)	499,510 (100.0)	588,813 (100.0)	659,066 (100.0)	731,799 (100.0)	1,090,067 (100.0)	1,257,860 (100.0)	2,211,510 (100.0)
임업총생산 대비		34.5배		28.9배	18.4배	21.6배	18배	19.7배	65배	2.4조의 92.6배
농림어업생산 대비		1.7배		2배	2.6배	2.7배	3배	3.9배	4배	34.5조의 6.4배
국내총생산 대비	14.7%	11.8%	8.1%	7.9%	7.3%	7.2%	6.6%	8.6%	8.5%	1,8893조의 11.7%
연간1인당혜택(만원)	42	53	77	106	123	136	151	216	249	428

우리나라 산림의 공익가치는 평가 첫해인 1987년에 17조 6,650억 원이던 것이 2018년에 약 221조 원으로 평가되었다. 이것은 첫해인 1987년에 비해서 30년 후에 약 12.5배 증가한 것이다. 임업총생산액의 92.6배, 농림어업생산액의 6.4배로 꾸준히 증가하고 있는 추세이다. 국내총생산에서 차지하는 산림의 공익기능 평가액은 지난 10년 동안 약 7.5% 수준을 유지하고 있는데 2018년의 평가액은 평균을 웃도는 11.7%에 해당하는 것으로 나타났다.

국민 1인당 받는 혜택은 평가가 시작된 1987년에 42만원이던 것이 2003년에 3배 가량 증가한 123만원, 2014년에는 약 6배 증가한 246만원, 2018년에는 10배 증가한 428만원이다. 물론 이것은 실질 소득으로 이어지지는 않지만, 사계절 아름다운 자연경관으로 둘러싸인 환경에서 맑은 공기를 호흡하고 깨끗한 물을 마실 수 있게 하는 것이 산림이라고 생각하면 산림이 우리 삶을 얼마나 풍요롭고 윤택하게 하는가 알 수 있게 한다. 산림이 공익적 기능으로 우리 산업에 영향을 주는 정도는 약 8% 수준이고 국민 1인당 혜택은 연간 428만원 정도이지만, 생활환경과 산업현장, 삶의 질에 정성적으로 영향을 주는 정도는 금전적으로 환산하기 어려울 정도로 큰 영향을 주고 있다. 〈표 10-10〉은 산림의 공익가치를 평가할 때 적용하는 기법을 나타낸 것이다.

지금까지 산림의 공익가치를 평가하는 과정에서 간과하지 말아야 할 것은 금전적으로 환산할 수 없는 문화적 기능이 생략되어 있다는 점이다. 문학, 미술, 음악 분야에서의 예술창작과 종교와 철학을 비롯한 다양한 인문사회과학 분야의 활동에 끼치는 영향은 계량화하기 어렵다. 그렇다고 해서 산림의 문화적인 기능이나 역할이 산림이 공익적 평가액이나 산업적인 가치에 비해 미미하다는 것이 아니다. 문화의 감상과 창작 등 문화 활동이 인간의 삶의 질을 제고하고 정신을 고양시킨다는 점에서, 계량화 가능한 산림의 물질적인 기능이 산림의 문화적인 기능보다 우리 사회와 산업에 더 중요하게 영향을 준다라고 말할 수 없다. 아직 계량화 방법을 찾지 못한 산림의 문화적 기능을

표 10-10. 산림공익기능 평가에 적용한 평가기법들

기능		평가방법 해설 및 적용기법	
		해설	적용기법2)
수원함양기능		산림의 물저장량을 댐건설로 저장하기 위하여 소요되는 비용으로 산출	대체비용법
산림정수기능		산림의 물정수량을 상수도 시설에 의해 정수하는데 소요되는 비용으로 산출	"
토사유출방지기능		토사유출방지량을 사방댐 건설로 방지하는데 소요되는 비용으로 산출	"
토사붕괴방지기능		산림이 토사붕괴(산사태) 방지 면적을 산사태 복구 비용으로 산출	"
온실가스흡수	이산화탄소흡수	산림이 흡수하는 이산화탄소량을 발전소의 이산화탄소 처리비용으로 산출	"
	목제품탄소저장	국산 목제품에 저장된 탄소량을 발전소 이산화탄소 처리 비용으로 산출	"
대기질개선		이산화황, 이산화질소, 오존, 미세먼지 등의 흡수량을 제거하는데 소요되는 비용으로 산출	"
산소생산		산림이 발생하는 산소 생산량을 산소가격을 적용하여 산출	"
열섬완화기능		여름철 도시림의 온도조절기능 때문에 전력소비량을 감소하는 비용으로 산출	"
산림휴양기능		산림휴양을 위해 지출한 여행비용으로 산출	여행비용법
산림치유기능		등산활동에 의한 면역체계 강화로 절약되는 의료비용으로 산출	회피비용법
생물다양성보전기능	유전자보전	바이오산업에 기여하는 산림자원 가치로 산출	이용가치법
	종보전	포유류, 조류 및 육상식물의 보전 가치를 지불의사금액으로 산출	조건부가치법
	생태계보전	생태계보전 가치를 지불의사금액으로 산출	"
산림경관기능		주택가격 내 산림경관 속성 가치로 산출	헤도닉가격법

출처: 국립산림과학원(2016.3.30.), 2014년 기준 산림공익기능 평가결과 보고.

2) 대체비용법 : 산림으로부터 받는 혜택을 대체하는데 드는 비용으로 평가하는 방법
여행비용법 : 여행에 소요되는 비용을 이용하여 평가하는 방법
회피비용법 : 질병위험을 회피하는 행위와 관련된 편익을 평가하는 방법
이용가치법 : 산림자원을 이용하여 얻는 가치로 평가하는 방법
조건부가치법 : 비시장재의 질과 양의 변화에 대해 지불의사액으로 평가하는 방법
헤도닉가격법 : 자산에 포함된 환경 속성의 가치를 평가하는 방법

평가할 수 있는 기법의 연구가 필요하다.

우리 숲이 국가와 국민에게 공익적 가치를 부여하고 그 가치가 점점 증가하여 삶을 풍요롭고 윤택하게 하는 것은 앞서간 선조들이 헌신적으로 이룩한 녹화성공 덕분이다. 풍요로우면 이 풍요로움이 어디서 오는 것인가를 잊고 살기 십상이다. 현손(現孫)이 누리는 산림의 풍요로움은 선조의 덕분이므로 현손은 후손에 더 큰 혜택으로 이어질 수 있도록 산림을 지속 가능하도록 다뤄야 한다.

5. 국가사회에서 숲의 비중

〈표 10-11〉은 목재(용재)를 비롯하여 산림에서 생산되는 임산물을 생산량과 금액으로 나타낸 것으로 2010년과 2019년 현황을 비교한 것이다. 생산액으로 비교하면 2019년은 생산액이 6조 5천666억원으로 2010년 5조 5천373억원에 비해 18.6% 정도 증가하였다. 항목별 구성비가 높은 순위로 보면 2010년은 순임목생장량(40.7%), 조경재(12.3%), 수실(11.6%), 토석류(10.3%), 약용식물(6.2%), 산나물(5.4%), 버섯(4.8%), 용재(4.2%)의 순이었는데, 2019년은 토석류(25.2%), 순임목생장량(23.9%), 약용식물(12.0%), 수실(9.5%), 산나물(7.2%), 조경재(6.3%), 용재(6.7%), 버섯(3.5%)의 순으로 순위가 많이 바뀌었다. 특히 용재 생산이 10여 년 동안 2.5% 증가하여 큰 폭으로 변하였다. 생산량은 15.7% 증가하고 생산액은 무려 70.4% 증가하였다. 우리 숲이 점점 울창해지면서 임목성장이 왕성하게 일어나고 간벌과 주벌 수확량이 증가하면서 발생한 바람직한 현상이다.

2010년의 1인당 임산물 생산액은 약 113,000원/인이었는데 2019년의 1인당 임산물 생산액은 약 127,000원/인으로 12.4% 증가한 액수이다.[3] 산림의

---

3) 2010년도 한국추계인구 48,874,539명, 2019년 한국추계인구 51,709,098명을 적용하여 계산함. 임업통계연보 각 연도.

공익기능 평가액과 비교하면, 2010년의 1인당 임산물 생산액은 공익기능평가액 216만 원의 19분의 1 수준이며, 2019년은 2018년 공익기능 평가액 428만 원의 33분의 1 수준이다. 산림의 공익기능이 월등하게 높음을 알 수 있다.

한편, 국내총생산에서 산림산업이 차지하는 비중은 얼마나 될까? 〈표 10-12〉는 이것을 알 수 있게 하는 통계자료이다. 2009년에서 2019년까지 10여 년 동안 각년도의 가격변동을 감안한 실질생산액으로 농림어업과 임업이 국내총생산액에서 차지하는 정도를 나타낸 것이다. 농림어업의 구성비는 국내총생산액에서 차지하는 비중이 2.5%에서 1.8%로 떨어졌다. 임업은 0.1%를 나타내고 있고 변동이 없는 듯이 고정으로 되어 있지만 소숫점 2자리로 구성비를 계산하면 농림어업처럼 떨어지는 추세이다. 이것은 1차 산업이 다른 산업에 비해 생산성이 낮은데 기인한다고 보아야 한다. 제조업 등 공업이나 서비스 산업에 비해 발전 속도가 느린 것도 한몫할 것이다. 어쨌든 임업은 현실적으로 실질생산의 측면에서 국가 전체 산업에서 차지하는 비중은 1%에도 못미치는 불과 0.1%의 미미한 비중을 담당하고 있다. 계량화된 국부의 가치로 0.1%라고 말할 수 있겠다.

그렇다고 산림산업, 본질적으로 표현하여 산림이 국가사회에서 담당하는 국부로서의 역할이 0.1%라고 말할 수 있을 것인가? 산림산업의 가치를 단지 생산액으로만 계산하여 국가사회 전체에서 차지하는 비중으로 논할 수 없다. 산림은 공공재이기 때문에 매년 생산하는 공익적 가치를 감안하지 않고서 산림의 가치를 논해서는 안된다. 산림이 지닌 공익적 가치에 대해서는 이미 앞 절에서 확인한 바와 같다. 또한 바로 앞에서 확인하였듯이 국민 1인당 임업생산액으로 계산하면 2019년 12만 7천 원은 2018년 공익기능평가액 428만 원의 33분의 1 수준에 지나지 않는다. 비록 임업이 실질 생산액으로 국민총생산에서 차지하는 비중이 0.1%에 지나지 않는다고 하더라도 국토환경을 보전하고 국민의 삶의 질을 앙양한다는 숲이 지닌 숭고한 가치에 대한

표 10-11. 우리나라 임산물생산 현황(2010, 2019)

생산분야	품목	2010년			2019년		
		생산량	생산액(천원)	비율(%)	생산량	생산액(천원)	비율(%)
총계			5,537,302,773	100.0		6,566,682,073	100.0
용재(m³)	침엽수, 활엽수	3,725,604	259,621,992	4.2	4,311,892	442,320,959	6.7
죽순(kg)		169,236	310,226	0.0	-	-	-
죽재(kg)		33,900	303,412	0.0	662	124,300	0.0
조경재(톤)	조경수, 분재소재, 분재완제, 야생화	110,318,690	759,023,153	12.3	92,171,823	413,811,474	6.3
토석(m³)		1,560,425	28,344,048	0.5	128,817	19,930,600	0.3
수실(樹實)(kg)	밤, 대추, 잣, 떫은감, 호두, 은행, 도토리, 산딸기, 머루, 다래, 산초, 초피, 기타	206,420,778	716,380,894	11.6	253,288,657	621,126,921	9.5
산나물(kg)	고사리, 도라지, 더덕, 두릅, 취나무, 고비, 기타	47,755,418	332,945,938	5.4	48,639,458	474,148,328	7.2
버섯(kg)	송이, 표고, 생표고, 목이, 석이, 기타	26,250,227	298,267,922	4.8	20,667,729	230,545,933	3.5
수액(ℓ)	고로쇠나무, 박달나무, 거제수나무, 자작나무, 기타	6,755,597	16,261,802	0.3	4,824,123	12,702,362	0.2
수지(ℓ)	옻액, 황칠, 송근유	618	180,779	0.0	48	34,400	0.0
약용식물(kg)	산수유, 오미자, 오갈피, 창출, 백출, 복령, 독활, 음양곽, 신양삼, 둥굴레, 기타	18,173,269	380,622,148	6.2	31,048,250	786,021,830	12.0

표 10-11. (계속)

생산분야	품목	2010년			2019년		
		생산량	생산액(천원)	비율(%)	생산량	생산액(천원)	비율(%)
농용자재(M/T)	녹비, 퇴비, 사료	313,321	41,936,308	0.7	769,456	56,738,921	0.9
연료(M/T)	흑탄, 백탄, 장작, 지엽	69,344	17,568,327	0.3	457,174	48,128,019	0.7
섬유원료(kg)	닥나무, 삼지닥나무	11,381	66,346	0.0	15,261	476,533	0.0
목초액 (ℓ)		3,483,240	8,542,997	0.1	823,100	604,605	0.0
은행잎(kg)		12,370	25,030	0.0	2,000	2,000	0.0
잔디(평)		7,190,483	45,790,140	0.7	5,081,949	40,714,934	0.6
칡뿌리(kg)		2,011,050	2,268,810	0.0	172,475	483,503	0.0
오배자		357	1,996	0.0	-	-	0.0
사스레피나무			-	0.0			0.0
자생란(본)		3,430	46,182	0.0	28,185	6,291,290	0.1
기타부산물(kg)		10,600	40,640	0.0	1,490,507	16,046,604	0.2
조림(ha)	침엽수, 활엽수	21,492	88,954,710	1.4	23,413	136,765,307	2.1
양묘(본)	침엽수, 활엽수	46,059,000	28,003,450	0.5	58,156,080	36,162,573	0.6
순임목생장량(m³)		37,012,474	2,511,795,523	40.7	21,917,309	1,568,569,173	23.9
토석(m³)	자연석, 석재, 골재, 토사/점토	57,567,610	634,827,009	10.3	113,474,000	1,654,931,503	25.2

표 10-12. 국내총생산에서 농림어업과 임업이 차지하는 비중(실질생산)

연도	총생산(10억원)			구성비(%)			성장률(%)		
	국내 총생산	농림어업	임업	농림어업	임업	국내 총생산	농림어업	임업
2009	1,335,724.3	32,055.5	2,637.8	2.5	0.1	0.7	3.2	14.9
2010	1,426,618.0	30,887.6	2,641.4	2.2	0.1	6.5	△4.3	3.1
2011	1,479,198.4	30,571.2	2,559.4	2.1	0.1	3.7	△2.0	△0.1
2012	1,514,736.6	30,419.7	2,325.3	2.0	0.1	2.3	△0.9	△7.4
2013	1,562,673.6	31,696.7	2,222.6	2.1	0.1	2.9	3.1	△1.7
2014	1,612,717.5	33,307.4	2,608.9	2.1	0.2	3.2	5.1	17.4
2015	1,658,020.4	33,225.2	2,515.2	2.0	0.1	2.6	△0.2	△3.6
2016	1,706,880.3	31,353.2	2,295.0	1.9	0.1	2.8	△2.9	△5.1
2017	1,760,811.5	32,059.8	2,380.9	1.8	0.1	6.1	△2.5	1.6
2018	1,807,735.9	32,540.4	2,379.7	1.8	0.1	9.0	△2.1	△5.4
2019	1,848,958.5	32,859.2	2,417.5	1.8	0.1	2.3	1.0	1.6

자료: 한국은행(2015년 기준), 산림청 '2020 임업통계연보'에서 재인용.

거대 담론을 외면하지 말아야 한다. 어느 누가 국부의 가치를 생산액으로만 계상하는가!

결론적으로, 국내총생산액에서 산림생산액이 차지하는 비중은 미미하지만, 산림의 공익기능생산액은 11.7%로 높은 비중을 보인다. 이것은 계량화한 가치로서, 산림의 공익기능 중 정신적 문화 예술적 기능은 계량화가 곤란한 것으로 국민의 삶에 미치는 영향 정도를 가늠하기 어렵다. 또한 한국의 표준산업분류에서 산림은 중분류에서 78.7%, 소분류에서 56.1%, 세분류에서 45.7%, 세세분류에서 35.8%의 높은 연관성을 맺고 있어 숲은 산업 전반적으로 높은 연관성과 비중을 지니고 있음을 확인할 수 있다.

제11장

숲의 복지기능 - 산림살이

1. 산림복지의 출현배경

웰빙과 건강한 삶에 대한 요구로 청정한 환경으로서 숲의 가치가 재평가되면서 숲의 여러 가지 공익기능이 크게 부각되고 있다. 이 과정에서 수립된 정책이 산림복지정책이며 중앙정부는 인간의 생애주기에 맞춰서 국민에게 숲의 복지혜택을 부여하고자 정책을 추진하고 있다. 산림복지 개념은 원천적으로 사회복지의 측면에서 접근하여 논리적으로 모순과 함께 혼란을 초래하고 있다. 산림은 경영적인 측면에서 본래 이용후생적인 기능, 즉 기본적으로 복지의 기능을 지닌 것이므로 산림복지의 출현배경과 개념을 산림경영의 측면에서 정립하는 노력이 필요하다.

OECD 국가이자 국민소득 3만 달러 시대를 맞이한 우리나라는 국가 사회적으로 선진국에 적합한 개인의 삶의 질을 보장해 줄 수 있는 각종 복지정책을 마련하고 있다.

2019년 기준으로 임목축적이 161m³/ha나 되는 울창해진 산림 덕분에,

여가수요의 증대, 웰빙을 추구하는 삶 등으로 자연휴양림을 방문하는 국민이 연간 1,600만 명에 육박하는 등 산림이용객이 크게 증가하면서 산림향수(山林享受) 욕구가 다양해지고 있다. 정부는 산림에 대한 사회적 수요와 복지사회로의 진입에 대응하기 위해 이미 2005년에 제정한 「산림문화·휴양에 관한 법률」을 개정하고 생애주기별 산림복지정책을 추진하고 있다. 하지만 아직 산림복지의 개념에 대해 산림을 기반으로 한 전문적이고 체계적인 접근이 다소 미흡하고, 경영단계에 진입한 우리 산림의 가치와 산림 경영적 측면을 100% 반영하지 못하고 있다고 보여진다. 그렇지만, 다양한 욕구를 지닌 국민수준에 맞는 복지수급체계를 정착시키기 위한 노력을 경주하고 있다. 그럼에도 산림복지와 산림복지 수급체계를 뒷받침할 수 있는 합당한 이론적인 근거 마련이 필요하며, 산림복지에 대한 접근은 일반적 사회복지의 측면에서 뿐만 아니라 오히려 산림이용후생학적 경영의 측면에서 접근할 필요성이 더 크다고 생각한다.

정부는 큰 흐름에서 국민행복을 국가정책 모토로 내세우고 있으며, 이에 따라 산림청도 제6차 산림기본계획으로 2037년까지 경제산림, 복지산림, 생태산림 등의 비전을 실현하는데 맞춰서 산림복지국가를 구현하고자 노력하고 있다.

2. 산림복지의 개념

가. 복지의 의미

복지(福祉)를 사회 서비스(social service)의 의미로 이해하고 있다. 관련법에 보면, 사회서비스란 모든 국민에게 복지, 보건의료, 교육, 고용, 주거, 문화, 환경 등의 분야에서 인간다운 생활을 보장하여 국민의 삶의 질이 향상되도록 지원하는 제도이다.[1]

복지(welfare)는 영어 사전에 아래와 같이 세 가지로 뜻풀이하고 있다.[2]

① 건강(health), 편안함(comfort), 그리고 행복(happiness)이며 웰빙(well-being)

② 사회적, 재정적 문제가 있는 사람들을 위해 특별히 정부 조직이 제공하는 도움(지원, help)

③ 매우 가난하고 일하기에 너무 늙고 고용되지 않은 사람들에게 정부가 제공하는 돈(money), 무료 의료혜택 등

여기서 웰빙(well-being)이란 편안함(being comfort), 건강함(being healthy), 행복함(being happy)의 느낌(감정)을 말한다.

국어사전에는 복지를 행복한 삶, 또는 행복하게 살 수 있는 사회 환경으로 풀이하고 있다. 복지시설이란 복리시설로서 양로원, 모자원, 보육원, 아동상담소, 점자도서관 등을 일컫는다.

이상의 내용을 종합하면, 복지란 인간이 "건강하고, 편안하며, 행복하게" 인간답고 참다운 삶(well-being)을 살 수 있는 혜택을 말한다고 할 수 있다. 이것은 정부나 지자체, 단체가 국민이 이러한 삶을 누릴 수 있도록 혜택을 주는 "시혜(施惠)의 조치"가 필요함을 의미한다. 시혜 조치를 취하기 위해서 각종 복지관련 법과 제도가 생겨난다.

나. 산림정책 측면에서 본 산림복지의 전개 과정

산림복지의 개념은 산림기본계획을 수립하여 추진하면서 헐벗은 산지를 제1·2차 치산녹화 10개년 계획으로 녹화에 성공하고 이를 자원화하여 울창한 산림으로 가꾸는 과정에서 파생한 것이다. 산림기본계획의 추진과정에서

---

1) 사회보장기본법 제3조 제4호.

2) Webster, Longman Dictionary of Comtemporary 등.

산림복지의 개념이 등장한 과정을 찾아보면 〈표 11-1〉과 같다;

위 산림기본계획이 수립된 기간 중 달성한 성과 내용을 볼 때, 국민에게 산림의 복지혜택이 주어지는 내용을 보면, 물질적인 것(제1차, 농촌임산원료 공급원 확보)에서부터 정신적인 것(제3차, 산림휴양문화 시설확충), 이어서 복합적인 것(제5차, 복지)으로 변화해 온 것을 알 수 있다. 제6차 산림기본계획 기간인 현재는 2037년까지 전국민이 산림복지 혜택을 100퍼센트 수혜할 수 있도록 복지행정력을 총력 집중하고 있다.

산림복지에서 큰 부분을 차지하는 산림휴양분야에 대한 연구는 1980년대 중반부터 활성화되었지만 '산림복지'라는 용어를 사용하여 연구한 것은 오래되지 않았다. 1980년초 중반부터 1990년대 중반까지는 산림복지가 대체로 산림욕과 자연휴양림 중심으로 추진되었고, 2000년 중반까지는 산림문화활동, 산림환경교육, 자연해설과 숲해설이 활발하게 진행되었으며, 2005년부터는 「산림문화·휴양에 관한 법률」 제정으로 이 분야에 대한 산림서비스를 더욱 강화하기 시작하였다. 2005년 이후부터 산림치유연구를 진행하면서 치유와 건강이 산림복지의 새로운 요소로 출현하였다. 또한 2011년에 제정된 「산림교육의 활성화에 관한 법률」로 숲해설의 질을 높이는 한편, 전국민 산림복지시혜를 위한 초석을 다지게 되었다. 드디어 2015년 3월 27일에 「산림복지 진흥에 관한 법률」이 제정되고 2016년 3월 28일 시행되었다.

산림조성을 복지와 관련하여 언급한 사례는 이광원(1989)과 심종섭(1989)을 통하여 알 수 있다.[3] 4반세기 전에 이미 이들은 복지사회로 가기 위해서는 산림을 울창하게 가꿔야 함을 강조하였다. 산림복지라는 용어는 산림청의 "생애주기별 산림복지" 정책이 입안되던 2009년 경부터 사용되어 왔다. "전생애 산림복지체계(green welfare 7 project)" 혹은 "G7 프로젝트"로도 알려지

---

3) 심종섭, 1989, 울창한 산림은 복지국가의 상징이다. 산림 3월호: 12-15쪽.
　이광원, 1989, 산림건설과 복지사회 개발. 산림 2월호: 35-39쪽.

표 11-1. 산림기본계획 과정에서 본 산림복지 전개 과정

산림기본계획	비전	성과	산림복지 관련 내용
제1차 치산녹화 10년계획 (1973~1978)	국토의 속성녹화 기반구축	녹화, 농촌임산연료 공급원활화, 육림의 날 제정과 산주대회 개최로 애림사상고취	복지기반인 산림녹화 실행, 연료림 조성은 최초의 복지 시혜 사례
제2차 치산녹화 10년계획 (1979~1987)	장기수 위주의 경제림 조성과 국토도화완성	황폐산지복구완료, 보전/준보전임지 구분 체계도입	녹화완성으로 복지기반 마련, 준보전임지로 중앙수요 수용과 기반구축 시작
제3차 산림기본계획 (1988~1997)	녹화의 바탕 위에 산지자원화 기반조성	산촌종합개발추진, 산림휴양 문화시설 확충	산림휴양, 산림문화 등 산림복지행정 적극 추진과 복지시혜 시작
제4차 산림기본계획 (1998~2002~2007)	전반기: 지속가능한 산림경영 기반구축 후반기: 사람과 숲이 어우러진 풍요로운 녹색국가 구현	건강하고 쾌적한 산림환경증진 산림체해 및 산지훼손방지로 국민생활안정 및 산림환경보전 국민에게 쾌적한 생활환경을 제공하는 녹색공간 확충	"산림복지" 개념 등장 (생애 주기별 산림복지 개념 등장)
제5차 산림기본계획 (2008~2013~2017)	전반기: 지속가능한 녹색복지 국가 실현 후반기: 온 국민이 숲에서 행복을 누리는 녹색복지국가	삶의 질 제고를 위한 녹색공간 및 서비스 확충 산림복지서비스 확대, 재생산 체계 수립 4대 핵심추진과제 수립	본격적인 산림복지 시혜 산림복지 서비스 체계 구축
제6차 산림기본계획 (2018~2037)	경제산림, 복지산림, 생태산림 구축	산업육성과 일자리 창출, 임업인 소득 안정과 산촌 활성화, 일상수 산림복지체계 구축, 산림재해예방으로 국민 안전 실현	전국민 100% 산림복지수혜 목표로 산림복지행정 전개

자료: 산림청, 각 년도, 제1차~제6차 산림기본계획.

기도 하였는데 산림휴양·문화·보건·체험의 혜택을 제공하는 것이다.[4] 인간의 생애를 탄생기, 유아기, 아동청소년기, 청년기, 중장년기, 노년기, 회년기 등 7기로 구분하여 산림서비스를 제공한다는 것이 중심내용이다.

다. 산림복지의 개념에 관한 기존 연구사례와 문제점

사례 1

허경태는 문화학자 Tylor의 "문화"의 정의에 근거하여 산림복지를 산림을 활용하여 행복하고 만족스러운 삶을 영위하려는 사회구성원의 공통된 가치관, 지식, 규범과 생활양식이라고 정의하고 있다(허경태, 2012). 이러한 정의는 "복지"란 생활양식이라기보다 생활로 인하여 얻는 만족스러운 상태가 주어지는 피동적인 것이라는 관점에서 다소 괴리가 있다.

사례 2

조계중은 사회복지가 인간 '사회'의 소외계층에게 혜택을 주는 제도라면, 산림복지는 만인에 평등한 혜택을 누릴 수 있는 기회를 부여하는 것이다라고 주장한다. 이어서 그는 산림복지의 협의 정의로서, 산림의 공익적 가치를 국민이 누리고 향유할 수 있도록 하기 위한 산림의 문화, 교육, 휴양, 보건, 레포츠, 치유, 요양 및 수목장 등의 사회복지 서비스로 정의하고 있다(조계중, 2011). 허경태의 "생활양식"이라는 정의에 비해서 "사회복지 서비스"로 인식하고 있음을 알 수 있는데, 산림에 밀착된 인식이기는 하지만, 사회복지적 측면에서 바라보고 있고 수혜자의 상태에 대한 내용에 부족함을 느낀다.

산림복지(forest welfare)에 관한 용어는 국제적으로 가끔 발견되는데, 외국에서는 아직 우리나라처럼 산림복지라는 개념이나 정책이 회자되고 있지

---

4) 허경태, 2012, 산림복지. 도서출판 수민. 266쪽.

않거나 미진할 것이라는 추측을 조심스럽게 할 수 있다. 다만 산림복지의 범위에 포함되는 산림과 인간건강, 산림교육 등에 관해 다룬 사례는 많이 있다. 한 예로서 오스트리아의 요한(Johann, E.)은 2012년 서울에서 열린 산림문화 국제세미나에서 「Forest Culture in Austria-Education and Network」 라는 논문을 통해서 산림이 지닌 문화적 자원을 어떻게 발굴하고 교육하며 이를 대국민 서비스 차원에서 네트워킹하는 방법을 자세하게 제안한 바 있다(Johann, 2012). 이 사례는 산림복지요소로서 산림문화자원을 활용하는 방안과 산림복지 수급체계를 구상하는데 도움이 될 것으로 생각한다.

사례 3

산림청은 산림복지종합계획을 수립하면서 산림복지를 다음과 같이 협의와 광의의 산림복지로 구분하여 정의하고 있다(산림청, 2013b);

- 협의의 산림복지: 산림을 기반으로 산림문화 · 휴양, 산림치유 및 교육 등의 서비스를 창출 · 제공함으로써 국민의 복리증진에 기여하기 위한 경제적 · 사회적 · 정서적 지원과 관련된 활동이다. 출생부터 사망까지 전 생애주기에 걸쳐 숲을 통해 숲태교, 유아숲체험, 산악레포츠, 산림 치유 등 다양한 혜택을 국민들에게 제공하는 것이다.

- 광의의 산림복지: 지속가능한 산림경영(SFM)을 기반으로 국민의 안녕과 복리증진을 위해 산림의 직 · 간접적 편익을 창출 · 수급하는 활동이다. 조림 · 숲가꾸기를 통해 맑은 물공급, 대기정화 등 산림의 공익적 편익을 증진하는 것이다.

라. 산림복지의 범주, 정의와 유형

1) 범주

산림복지의 범주란 산림으로부터 복지 혜택을 받는 대상의 범위를 한정하는 말이다. 다른 말로 표현하면 산림이 존재함으로써 이로 인해 삶이 "건강하고, 편안하며, 행복하게" 유지될 수 있는 혜택을 받는 대상의 범위를 말한다.

숲은 지구상에 존재해온 이후로 각종 생명의 탄생 공간이었고 삶의 터전이었다. 그런 의미에서 숲으로부터 받는 혜택은 인간 뿐만 아니라, 인간 이외의 다양한 종류의 생물들이 있다. 복지라는 단어는 생태복지, 환경복지 등의 용어처럼 단지 인간에만 한정적으로 사용되어야 할 단어는 아닌 듯하므로 다소 포괄적으로 접근하는 것이 필요하다. 이러한 의미에서 산림복지의 범주를 생물학적 복지, 인본위적 복지, 복합적 복지, 산림이용후생학적 복지 등 네 가지로 구분하여 본다.

- 생물학적 산림복지(Biological forest welfare): 숲은 모든 생명체들의 삶의 터전이고 삶을 유지시켜주는 공간이다. 생물학적 산림복지란 인간 이외의 생물이 숲으로부터 건강하고 편안하게 삶을 영위할 수 있는 혜택을 말한다.

- 인본위적 산림복지(Humanistic forest welfare): 산림복지를 인간에 국한하여 파악하는 개념이다. 이것은 산림복지를 사회복지적 관점에서 바라보는 시각이 강하다는 점에서 사회적 산림복지(Social forest welfare)라고 부를 수 있다.

- 복합적 산림복지(Bio-humanistic forest welfare): 생물과 인간 모두를 아우르는 산림복지의 개념이다.

- 산림이용후생학적 산림복지(Forest welfare in public welfare, 또는 Forest public welfare): 산림이 본원적으로 지닌 산림후생원칙(forest welafre principle, Gemeinnützlichkeit-Prinzip)의 입장에서 보는 산림복지를 말한다.

이 장의 후반부는 산림이용후생학적 입장에서 산림이 복지와의 관련성을 정리한 내용을 소개한다.

2) 정의

산림복지 개념은 유사 용어와 관련 개념 정의를 통해 제시할 수 있다. 복지는 '기본적 욕구를 충족시킨 상태부터 객관적 삶의 조건이 좋으면서도 주관적 복지 의식, 즉 삶의 만족도도 높은 최상의 상태'까지 모두 포함하는 매우 폭넓은 개념이다. 사전적 의미를 가미한다면, 복지란 인간이 "건강하고, 편안하며, 행복하게" 인간답고 참다운 삶(well-being)을 살 수 있는 상태이다. 이 때 '사회'가 추가된 사회복지(social welfare)는 '사회적으로' 사회 구성원이 행복, 건강, 편안한 삶 등의 기본적 욕구를 충족한 상태에 이르도록 국가와 사회가 개입하는 것을 의미한다. 사회복지를 추구하기 위한 국가 제도로서 사회 서비스(social service)는 모든 국민에게 복지, 보건의료, 교육, 고용, 주거, 문화, 환경 등의 분야에서 인간다운 생활을 보장하여 국민의 삶의 질이 향상되도록 지원하는 제도(사회보장기본법 제3조 제4호)를 말한다.

「산림복지 진흥에 관한 법률」에 의하면 산림복지는 '국민에게 산림을 기반으로 하는 산림복지서비스를 제공함으로써 국민의 복리 증진에 기여하기 위한 경제적·사회적·정서적 지원을 말한다.' 여기서 산림복지서비스란 '산림문화·휴양, 산림교육 및 치유 등 산림을 기반으로 하여 제공하는 서비스를 말한다.'[5]

지금까지 논의를 토대로 좀더 사회복지적 관점에서 산림복지를 정의하면, '산림자원을 수단으로 사회적 일자리를 창출하고 (생애주기별) 국민의 건강 증진, 질병 예방, 재활, 성장, 사회 복귀를 지원하는 사회적 복지제도의 한 분야'라고 할 수 있다(정재훈 등, 2013). 「산림복지 진흥에 관한 법률」에 따른 정의는 결국 간단히 말하면 산림복지란 국민에게 제공하는 산림문화, 산림휴양, 산림교육, 산림치유 등의 서비스를 말한다. 다소 피상적이다. 따라서 산림이 지닌 의미와 기능, 복지의 본질적인 어의(語義)를 강조하여 정의한

---

5) 「산림복지 진흥에 관한 법률」 제2조(정의). 〈개정 2018. 2. 21.〉

다면, 산림복지란 국민이 숲으로부터 유무형적으로 받는, 건강하고, 편안하며, 행복하게 인간답고도 참다운 삶(well-being)을 살 수 있는 혜택이라고 정의할 수 있다.

3) 유형

산림복지는 기본적으로 산림을 삶터, 일터, 쉼터로서 기능을 완벽하게 발휘할 때 국민이 산림으로부터 그와 같은 혜택을 받게 되는 복지를 말한다고 할 수 있다. 이 때 국민은 산림복지정책으로부터 아래와 같은 복지혜택을 누릴 수 있게 될 것이다.

- '삶터로서의 숲'으로부터 산림생활복지(Livingfare)/혹은 산림살이복지
- '일터로서의 숲'으로부터 산림노동복지(Workfare)
- '쉼터로서의 숲'으로부터 산림휴양복지(Restfare/Recreationfare)

'삶터로서의 숲'으로부터 수반되는 산림생활복지(Livingfare)를 일명 '산림살이복지'라고 표기한 것은 생활을 '살림살이'라고 부르는데 착안하여 산림을 활용하여 생활을 가능하게 한다는 의미에서 부르고자 시도한 것이다. 이상의 복지형태를 산림복지의 3대 유형으로 부르고자 한다. 이들 3대 유형별 산림복지 시행 내용, 관련 활동과 관련기관 현황을 〈표 11-2〉에 나타내었다.

내용을 살펴보면 명칭에 있어서 다소 모순되는 부분이 없지 않다. 두 가지 측면에서 명확하게 할 필요가 있다. 첫째, 3대 유형 구분에 관한 것이다. 숲에서 일어나는, 또한 숲과 관련된 모든 활동은 구분없이 그대로 우리의 삶의 부분이며 숲을 매개로 일어나는 삶이기에 산림살이이다. 그런 의미에서 이들 3대 복지 유형은 모두 '삶터로서의 숲'으로 '산림생활복지'(산림살이복지)에 해당한다. 그리고 이것은 삶의 활동이고 삶의 흔적이기 때문에 산림문

화이다. 따라서 3대 유형의 통합적 의미로서 '산림생활복지'는 '산림문화복지'로 부를 수 있다. 그럼에도 여기서 3대 유형으로 구분하는 것은 삶터, 일터, 쉼터로서의 산림기능 사이에 내용상 차이를 두고 있기 때문이다. 즉, '삶터로서의 숲'은 산림업무(행정과 작업)에 고용되어 '노동'을 하는 일터도 아니고, '노동으로부터 여가(餘暇)에 휴양'하는 쉼터도 아닌, 그 외의 일상에서 숲을 벗하며 생활하는 의미이다.

둘째, 산림휴양복지에 관한 것이다. 이것은 '쉼터로서의 숲'으로부터 복지를 말하는데 그 내용은 산림휴양, 산림치유, 산림교육, 산림문화 4 영역을 모두 담고 있다. 즉, 관련법에서 말하는 네 개의 산림복지서비스 영역[6]을 포함하는 복지이다. 즉, '산림휴양복지' 안에 휴양, 치유, 교육, 문화를 담고 있다. 그런데 이들 네 용어에서 의미상 상위 개념이고 네 용어를 모두 포함하는 용어는 '문화'이다. 그럼에도 '산림문화복지'라 호칭하지 않고 '산림휴양복지'라는 명칭으로 유형 구분한 것은 첫째, '쉼터로서의 숲'이라고 구분하여 '쉼터'의 의미를 살린 것이고, 둘째, 앞에서 설명하였듯이 '삶터로서의 숲'을 '산림문화복지'라고 할 수 있는데 이를 피하고 '산림생활복지'(산림살이복지)로 표기하였기 때문이다.

3. 산림이용후생학적 산림복지

산림이용후생학이란 산림후생원칙에서 산림과 관련된 내용을 연구하는 학문적 체계를 말한다. 산림청과 한국임학회는 산림후생원칙(山林厚生原則, forest welfare principle)을 임업경영이 국민 또는 산하주민의 복지증진을 위하는 것을 말하며 공공성의 원칙이라고도 한다고 정의한 바 있다(산림청과

---

6) 산림복지진흥에 관한 법률 제2조(정의).
   2. "산림복지서비스"란 산림문화·휴양, 산림교육 및 치유 등 산림을 기반으로 하여 제공하는 서비스를 말한다.

표 11-2. 산림복지 3대 유형별 구체적인 복지시행내용 및 관련기관(계속)(김기원 등, 2013)

산림복지 3대 유형	관련 기능	구체적인 복지시행 내용	관련 복지활동 내용(예시)	관련기관
'삶터' 보전 산림생활복지	물적 공급	목제, 죽제, 조경제, 양묘 등	각종 목질자재 수급, 조경 및 생활환경 개선자재 수급	산림청, 지청, 중앙회(산림조합), 지자체, 산주, 기타
		장작 등 땔감	땔감 나눠주기	산림청, 지청, 중앙회, 생명의 숲 등
	임목 공급	청 및 땔깃생산, 등발 등 기타 부산물 이용	친환경연료 공급	산림청, 중앙회(산림조합), 지자체, 기타, 기타
		낙엽낙지	생태공예활동	지청(관리소), 숲해설관련기관
	부산물 공급	수실, 산나물, 버섯, 수액, 수지, 야용식물, 농용자재, 연료, 섬유원료, 목조예, 은행잎, 전니디, 칡뿌리, 오배자, 사스레피나무, 자생란, 천연 염료, 기타 부산물	개인별 채취, 단체별 채취 행사(사계절), 민속의식 및 축제, 음식가공 및 분배	산림청, 지청(관리소), 지자체, 중앙회(산림조합), 산주, 개인, 단체
	입지 공급	수목장림	수목장림 장례의식	산림청, 지자체, 산주, 수목장림
'일터' 보전 산림노동복지	산림노동	행정	산림관련 각종 공무 활동	중앙공무원, 지방공무원, 준정부기관, 공기업
		산림작업	채취·양묘·조림·육림·수확활동(숲가꾸기 산림작업)	산림청, 지자체, 산림중앙회(산림조합), 공기업, 산주, 기타, 전문인, 개인 등
'쉼터' 보전 산림노동복지	휴양복지활동	휴양복지활동	산림전문교육, 산림치유지도	산림청, 지청, 지자체, 한국산림복지진흥원, 한국수목원관리원, 수목원/식물원, 자연휴양림, 산림욕장, 지자의 숲, 숲해설 유관 단체 등
'쉼터' 보전 산림휴양복지	산림휴양	산책, 등산, 탐방, 숙박, 각종 놀이, 산림/자연체험, 산림레포츠(마라톤, MTB 등), 숲비교, 캠프, 숲길 안내 등	산책, 등산, 탐방, 숙박, 각종 놀이, 산림/자연체험, 산림레포츠(마라톤, MTB 등), 숲비교, 캠프, 숲길 안내	산림청, 지청, 자연휴양림관리소, 지자체, 한국산림복지진흥원, 한국수목원관리원, 물원, 자연휴양림, 산림욕장, 지자의 숲, 등산지원센타, 숲해설 유관 단체 등

표 11-2. (계속)

산림복지 3대 유형	관련 기능	구체적인 복지시행 내용	관련 복지활동 내용(예시)	관련기관
'쉼터, 보전, 산림휴양 복지'	산림치유	산림치유	산림치유: 각종 프로그램	상동+한국산림치유포럼+산림치유 유관단체
		숲해설	숲해설: 각종 프로그램	상동
	산림교육	유아숲지도	유아숲체험	산림청, 지청, 자연휴양림관리소, 지자체, 산림복지전문업, 한국수목원관리원, 수목원/식물원, 산림조합원, 유아숲체험원, 숲해설 유관 단체 등
		숲길등산지도	숲길과 등산 안내	산림청, 지청, 자연휴양림관리소, 지자체, 산림복지전문업, 한국수목원관리원, 자연휴양림, 산림욕장, 치유의 숲, 유아숲체험원, 한국등산트레킹지원센터, 숲해설 유관 단체 등
	산림문화	산림문화	시인과 함께 숲속이야기, 시낭송회, 산림문화강좌, 기행(걷기의 집, 무대 등), 산림미술관 건설	산림청, 지청, 자연휴양림관리소, 지자체, 산림복지전문업, 한국수목원관리원, 자연휴양림, 산림욕장, 치유의 숲, 한국등산트레킹지원센터, 숲해설 유관 단체 등
		산림미술	사생대회, 목공예/생태공예 체험, 숲속 설치미술, 산수화 관련 유적지 탐방, 천연염색체험, 꽃누르미 체험, 산림미술작품 전시 및 관람	상동
		산림음악	숲속 음악회, 아기 만들기, 연주	상동
		산림종교(신화)	성황림/서낭당 탐방 -보호수 등 탐방	상동
		산림민속	민속탐방/해설(남근석, 여근곡 등) 민속축제: 진달래 축제, 철쭉 축제 등	상동, 지역 유관단체 등
		산림역사문화	산림문화탐방(산림문화자산, 유적지 탐방), 식목일/산의 날 활동, 박람회/전시회	상동

한국임학회, 2011). 이것은 오늘날 이야기하는 산림복지를 말하는 것이다. 산림경영에 있어서 공공성의 영역을 특별히 강조한 연구자들의 사례를 아래에 소개하고자 한다.

가. 바그너(Wagner)의 임업경영의 지도원칙

바그너(Wilhelm Hermann Christof Wagner, 1869~1936)의 임업경영의 지도원칙에 대해서는 제8장 〈산림경영이념〉에서 소개한 바 있다. 임업경영의 목적은 대상이 되는 산림(임지와 임목)을 될 수 있는 한 유리하게 이용하여 산림을 영속적으로 임목생산 또는 무형적 효용을 최고도로 발휘하도록 경영하여 국민의 경제생활에 기여하여야 한다. 이를 달성하기 위한 임업경영의 지도원칙은 公共性 원칙(Gemeinnützlichkeit-Prinzip), 經濟性 원칙(Wirtschaftlichkeit-Prinzip), 生産性 원칙(Produktivitäts-Prinzip), 收益性 원칙(Rentabilitäts-Prinzip), 保續性 원칙(Prinzip der Nachhaltigkeit), 合自然性 원칙(Naturmässigkeits-Prinzip), 環境養護의 원칙(Prinzip des Schutzes der Umgebung) 등 7가지이다. 이 중에서 산림복지와 가장 관계 깊은 것은 공공성의 원칙이다.

공공성 원칙이란 임업경영을 공공복리(公共福利) 또는 지방주민의 복리를 목적으로 운영하는 원칙이다. 이 원칙은 임업경영의 궁극목적이며, 본 원칙을 최고의 지도원칙으로 하여 실천하려면 재적수확(材積收穫)의 최대량을 생산하도록 하는 것이 전제되어야 한다. 또한, 최대량으로 생산된 임목을 적절히 분배하여야 국민의 경제적 후생(厚生)을 달성할 수 있다.[7]

산림은 지구상, 특히 육상생태계에서 살아가는 뭇생명들이 태어나고 살아가게 하는 터전이다. '문명 앞에 숲이 있고 문명 뒤에 사막이 남는다'는 샤토브리앙의 말이나, '숲없이 문화없고 문화없이 숲없다'라는 웨셀리의

---

7) 김장수, 1962, 임업경영학. 서울: 서울고시학회. 23~37쪽.

말처럼, 산림은 역사적으로 인간의 삶을 통제하여 왔다. 이러한 원초적인 특성 때문에 바그너는 공공성의 원칙을 임업경영의 제1 지도원칙으로 주장한다.

바그너는 독일 태생으로 튀빙엔 대학의 임학과를 졸업하고 영림관으로 시작하여 사유림 영림서장, 튀빙엔대 임학과 교수, 프라이부르크대 임학과 교수, 바덴 뷰르템부르크 주 산림청장을 지냈다. 대표적인 활동분야는 임분배치에 따른 경영체계와 천연갱신 방법이다.[8]

나. 핀쇼(Pinchot)의 국유림 경영철학

핀쇼(Gifford Pinchot, 1865~1946)는 미국 초대 산림청장이며, 펜실베니아 주지사를 2회 재임하였으며, 국유림경영의 공리주의적 자연보전주의자이다.[9] 핀쇼는 '최대 다수의 사람들에게 최대 최상의 이익과 행복을!'(most productive use for the permanent good of the whole people. the greatest good of the greatest number in the long run.)이라는 국유림의 경영철학을 설파하였다.[10] 이것은 곧 국유림은 대다수 국민의 복지를 위해서 경영해야 한다는 점을 강조한 것이다.

다. 김장수 등의 산림의 최적 이용

산림의 목적은 경제기능과 공익기능을 조화시키고 확보하여 산림생태계를 유지하고 자연-공간-인간의 시스템을 보전함에 있음으로 그 목적 달성을 위해 산림자원의 최적이용계획이론(방법)을 수립하여야 한다. 김장수 등은 산림은 그 자체로서 공익효용을 가지는 동시에 목재생산의 경제적 효용을

---

8) 배상원, 2006, 임분공간배치의 추구자 바그너(Wagner). 숲과 문화 15(6) : 46-48쪽.
9) 이종민, 2006, 기포드 핀쇼(Gifford Pinchot)의 미연방 산림청의 성장. 서울대학교 대학원 석사학위논문.
10) Pinchot, G., 1998, Breaking New Ground. Island Press. p.522.

가진다라고 강조하였는데 공익효용이란 곧 산림복지를 말하는 것으로 해석할 수 있겠다(김장수 등, 1992; 강건우 등, 1992).

라. 윤국병의 임업경영의 목적은 일반사회의 복지 제공

우리나라의 과거 산림학 관련 교과서에 산림의 후생적 기능이나 효용, 산림복지 등의 용어를 발견할 수 있는 예는 매우 드물다. 하지만, 이례적으로 이미 1960~70년대에 후생이나 복지라는 말이 등장하고 있음을 발견할 수 있다. 윤국병 등(1971)은 산림의 효용을 직접적 효용과 간접적 효용으로 구분하고, 간접적 효용은 무형적 효과를 주는 국토보전적 효용으로써 국민생활에 커다란 영향을 미치게 되므로 복리적 작용이라고도 부르면서 이 효용의 범주에 후생적 작용 등 5가지를 예시하고 있다. 즉, 산림은 풍경을 구성하는 중요한 요소로서 산림이 존재함으로써 인류는 산림미를 얻을 수 있다. 도시 주변이나 명승, 고적의 산림이 풍치보안림으로 지정되어 보호되고 있는 것은 모두 이와 같은 작용이 있는 까닭이다. 이 밖에도 산림은 대중의 보건과 위생에 좋은 영향을 준다. 임간학교(林間學校)나 사나토리움(sanatorium, 요양소) 등은 이 작용을 유효하게 이용하기 위해서 설치되는 시설이다.[11]

이와 같은 배경에서 윤국병 등은 임업경영의 목적을 '일반사회의 복지를 제공'하는 것으로도 제시하고 있어서 복지라는 말을 언급하여 임업경영의 중요한 개념으로 명시하고 있음을 발견한다. 즉, 산림은 목재를 공급하는 동시에, 산림 그 자체는 수원함양, 국토안전 또는 풍경의 미화 등 무형적인 효능을 가지고 있다. 따라서 이와 같은 기능을 고려하여 산림은 '사회의 복지'에 이바지할 수 있도록 경영되어야 한다. 국유림이나 그 밖의 공공소유의 산림에 있어서는 경영상 일부 지장을 주는 일이 있다 할지라도 이와 같은 목적이 달성되도록 노력할 필요가 있다.

---

11) 윤국병 등, 1971, 임업통론. 서울: 일조각. 2~6쪽.

마. 입회관행(入會慣行)과 입회권(入會權): 우리나라 최초의 전통적 산림복지의 원형

제5장에서 언급 하였듯이, 입회관행이란 부락민들이 국유림에 들어가서 녹비나 사료 또는 연료 등을 채취하는 행위를 말한다. 해당 산림에 대한 사용수익권(使用收益權)을 입회권이라 하고, 입회관행이 이루어지고 있는 지역의 산림을 입회지(入會地)라고 한다. 산림이 아직 소유 관계가 불분명하던 시절에는 자기 주변의 산림은 누구라도 쉽게 들어가서 열매나 땔감을 채취할 수 있었다. 이와 같은 관습은 예부터 백성들이 산림을 무주공산(無主空山)이라 하여 마음대로 자가용의 연료나 녹비, 사료 등을 채취하여 온 데서 비롯된 것이며 1911년 「삼림령(森林令)」에도 입회관행이 인정되고 있다.[12] 입회권은 일정한 문서화된 것은 없지만 누구나 방해받지 않고 행사할 수 있는, 산림의 혜택을 누릴 수 있던 전통적 '산림복지이용권(바우처)의 원형'이라고 할 수 있다. 조선시대 '산림천택 여민공지'가 이런 의미를 지니고 있었다.

이와 같이 과거에는 국민이 큰 행위제한 없이 산림에 출입하여 삶에 필요한 원료들을 이용할 수 있었는데 오늘날은 여러 이유로 산림출입이 금지되어 있다. 입회관행 시절에 입었던 산림으로부터의 혜택이 적어도 행위제한의 측면에서 상당히 감소하였다. 이와 같은 우리나라의 상황은 북구 여러 나라가 Everyman's Right와 같은 제도로 국민이 큰 불편이나 행위 제한 없이 산림을 출입하여 복지를 누리는 양상과는 다른 모습이다(Everyman's right in Finland 검색 참조).

---

12) 앞의 책. 249쪽.

바. Clawson과 오호성: 공공재(公共財)로서의 산림의 가치와 관리

우리나라는 1970년대, 80년에 걸쳐서 거의 전 국민이 일치단결하여 헐벗은 산에 나무를 심어 최단기간에 녹화에 성공한 나라이다. 이렇게 온 국민의 힘으로 함께 녹화하여 만들어진 산림은 세계에 자랑할 만큼 울창하다. 산림 소유 구분 없이 다함께 산에 들어가 녹화를 완성하였기 때문에 그 덕분에 울창해진 우리 산림은 소유자가 누구이건 공공재(公共財, public goods)로서의 성격이 매우 강하다. 산림복지의 시대를 맞이하면서, 산림에 대한 사회적 수요가 더욱 강하게 나타나고, 산림의 공익적 기능이 강조되고 있는 상황이다.

2018년 기준으로 우리나라의 산림의 공익적 가치는 221조 1,510억 원이며 매년 약 7.5%씩 증가하고 있다. 1인당 수혜하는 금액도 연간 약 428만원으로 매일 11,700원의 혜택을 누린다. 생각해 보라, 매일 쓰는 물, 화장지를 비롯한 종이, 깨끗한 공기, 집앞의 수목, 매일 바라보는 산림풍경 등 물질적 정신적으로 받는 혜택이 헤아릴 수 없이 많다. 후생경제학자들의 이론에 따르면, 이처럼 산림의 공익적 가치가 목재가치보다 훨씬 큰 경우가 대부분이므로 나무를 베어야 하는 최적윤벌기간이 목재생산을 목적으로 하는 경우보다 훨씬 길어진다고 한다. 이를 주장하는 클로손(Clawson)에 따르면, 미국의 경우 특정 국유림은 목재생산을 포기하고 다른 목적으로 이용할 때 국민후생(國民厚生)의 크기가 훨씬 커진다는 것을 편익-이용분석을 통해 보여주었다(Clawson, 1975). 그래서 경우에 따라서는 산림의 휴양과 미적 가치가 아주 클 때에는 벌채를 하지 않는 것이 최적이 될지 모른다고 주장한다(오호성, 1993). 목재생산에 지나치게 집중하지 말고 산림복지의 측면에서 산림복지의 유형별로 국민에게 공정하게 공공분배하는 방법도 병행해야 할 것이다.

4. 숲은 복지의 시원(始原)

복지의 시원과 복지의 원천은 숲이다.

인류는 생물학적으로나 신화적으로나 숲(나무)에서 탄생하였고, 숲에서 성장했으며 숲과 함께 발전해왔다. 숲은 생태적으로 목재 등 임산물을 생산하고, 기후변화에 대응하며, 수자원을 확보하여 인간 삶을 가능하게 하고, 재생적, 심미적, 심리적인 욕구를 충족시켜준다.[13] 그 덕분에 숲은 인류의 모태(母胎)요 요람(搖籃)이고, 배움터이고, 삶터요 일터이며, 쉼터이고 보금자리이며 안식처이다. 이에 대한 적절한 표현은 숲은 인류 삶의 전 과정인 생·사·의·식·주(生思衣食住)와 정신세계를 통제한다라고 말할 수 있겠다. 여기서 생사(生思)라는 것은 생(生)은 태어나고(生) 안식하는(死) 것을 포함하는 의미이며, 사(思)는 인간의 두뇌가 작동하는 모든 사유와 지혜 활동을 일컫는다. 인간이 하는 사유(思惟)와 지혜로 (자연)철학을 논하고 생물학 등 학문의 체계를 세우며, 문화예술활동을 진작시켜 왔다. 숲이 이러한 기능을 지니고 있음을 이미 앞장에서 설명하였으며, 다음 장인 제12, 13장에 연관된 내용을 심층적으로 소개한다.

약 80년 전 영국은 '요람에서 무덤까지'라고 복지국가를 외쳤지만, 지금 대한민국은 '모태(태아)에서 안식까지' 아기가 태어나 요람에 눕기 이전부터 숲으로 복지입국을 실현하고자 한다. 반 백 년의 우리나라 산림휴양 역사 속에 발전해 오던 휴양시대는 산림복지 시대를 낳아, 이제 숲으로 '태아에서 안식'에 이르기까지 무병장수의 문을 열 채비를 하고 있다.[14] 생활환경에서 가까운 곳에서도 국민 모두 골고루 누리는 산림복지로 삶의 질이 향상될 수 있도록 민·관·학이 공동으로 노력할 때이다. 복지가 인간의 건강(health), 편안함(comfort), 행복(happiness) 등 인간의 인간다운 삶, 참다운

---

13) Memmler, M. and Ruppert, C., 2006, Dem Gemeinwohl verpflichtet? München : oekom Verlag. pp.9~22.
14) 김기원, 2017, 산림복지, 태아에서 안식까지-국민 모두 누리는 산림복지 정책을 위하여. 숲과문화 26(4) : 4~6쪽.

삶(well-being)을 누리는 것이라면 이를 보장해주고 가능하게 하는 것이 숲이다. 따라서 인간의 복지는 숲에 의존적일 수 밖에 없다. 고래(古來)로 복지의 무대가 숲이었기 때문이다. 생애주기별 복지혜택은 이와 같은 맥락에서 그 시원(始原)을 이해하고 이론적 배경을 모색해야만 한다. 숲은 복지의 원천이고 복을 누리어 잘 살 만한 곳이기에 숲은 그대로 복지(福地)이다. 이러한 관점에서 산림복지의 이론적 배경이나 접근 방식을 사회복지적 측면이나 인본주의적 관점에서만 바라보는 것은 바람직하지 않다고 여겨진다.

이 장은 산림복지에 관한 이론적 배경이나 이념적인 틀을 마련하는데 있어서 산림의 기능을 전통적인 시각에서 바라보고 이를 정립하고자 하는 시도이다. 기초적이고 원론적인 수준에 머무는 것이지만 산림복지의 개념을 새롭게 정립하여 산림정책 수립과 전개에 논리적인 체계를 제공하는 한편, 학술적인 발전에 기여할 수 있기를 기대해 본다.

(이 글은 2014. 국민대학교 「산림과학」에 실린 것을 보완한 것임을 밝힙니다.)

제12장

산림 명제와 7대 산림성지론(山林聖地論)

1. 산림 기본정신: 숲은 생명이다

생명의 기원은 과학적 관점과 종교적 관점에서 판이하게 다르다. 진화론과 창조론이다. 그러나 산림에 초점을 맞춰 생각하면 육상에 살아 숨쉬는 생명은 숲으로부터 그의 기원을 찾을 수 있는 공통점을 지니고 있는 것으로 생각한다.

원시 대기 중의 산소 분자는 광합성 박테리아가 나타난 24억 년 전부터 생겼을 것이며, 가장 오래된 생명은 38억 년 전에 형성된 스트로마톨라이트 (stromatolite) 암석에 화석으로 남아있는 해조류라는 것이 밝혀져 있다.[1] 이것으로 식물은 물이 있는 바다로부터 탄생하였다는 점을 확인할 수 있다. 이 내용은 제1장에서 우주와 지구의 형성과정과 숲의 탄생과정에서 정리한 바 있다. 뿌리와 줄기와 잎을 모두 갖추지 못한 원시식물이 진화하여 4억 3천만 년 전 실루리아기 초기부터 서서히 물가로 상륙하기 시작하면서 데본

---

1) 박인원, 1993, 생명의 기원. 과학사상 7: 52~71쪽.

기, 석탄기, 페름기 등 고생대와 삼첩기, 쥐라기, 백악기 등 중생대를 거쳐 숲이 완성되었다.

원시식물이 육상으로 진출하여 숲으로 성장해 가는 과정에서 놀라운 생명현상이 나타난다. 최초의 육상동물이 출현한 것이다. 이것은 데본기 말기인 약 3억 7천만 년 전에 나타나는데 이크티오스테가(Ichthyostega)라는 네 발 달린 양서류였다. 프실로피톤(Psilophyton)과 같은 원시식물이 육지에 상륙하여 식물생태계를 형성하고 이윽고 양치식물이 숲의 형상을 갖추던 시절이었다. 숲이 식물뿐 아니라 동물이 살 수 있도록 환경을 만들어 새로운 생명을 잉태한 것으로 해석할 수 있다. 약 3억 6천만 년 전에 다다르면, 지름 1m 높이 30~50m에 달하는 대형양치식물이 대산림을 형성하여 석탄기의 숲을 탄생시켰다. 이후 중생대, 신생대를 거치면서 침엽수, 활엽수 등 목본 식물과 다양한 초본식물이 탄생하여 오늘날의 숲으로 발전해 왔다. 이 과정에서 간과하지 말아야 할 것은 이크티오스테가의 사례처럼 숲이 장구한 세월을 이으며 새로운 환경을 만들어가는 과정에서 그 환경에 적응할 수 있는 새로운 식물종과 동물종이 태어났다는 사실이다. 새로 출현한 생물종에는 인간도 포함된다. 숲 자체도 생명이지만 새로운 생명을 잉태하고 탄생시키는 곳으로 숲은 생명이다.

숲은 생명을 잉태하고 탄생시키는 공간으로서 생명이지만, 숲에서 태어난 생명이 살아가는데 필요한 모든 필수 요소를 제공하여 생명을 유지하게 하므로 또한 생명이다. 그러하기에 숲을 이 세상에서 가장 온전하고 완벽한 생명 공간이라고 한다.[2] 물을 주고, 공기를 주고, 햇빛을 적절하게 가려준다. 그 덕분으로 생명이 자라고, 그 덕분으로 생명이 숨을 쉬며 살아갈 수 있게 한다. 숲은 얼마나 거룩한 공간인가!

생명 자체가 신비로운 존재이다. 어느 생명이든지 그 생명의 기원이 신비롭다. 생명은 신령한 존재이다. 생명은 가장 소중한 존재이다. 신령한 존재들

---

2) 하연, 1994, 숲. Felix R. Paturi 원저 〈Der Wald〉. 서울: 두솔. 81~99쪽.

이 살아가는 산림은 신령한 생명의 무리이고, 동시에 산림은 그 자체로 거대한 신령한 생명이다. 산림이 지닌 이 지고불변의 거룩한 명제로 산림은 인류의 삶 전반을 통제하여 생사의식주(生思衣食住)를 관장하고 있다. 산림(숲)은 생명이다. 이 명제는 필자가 숲과 산림을 대하는 데 있어서 기본정신이다.

2. 산림 기본이념: 숲은 성지이다

제2장에서 확인하였듯이 지금까지 우주에서 알려진 생명 가운데 가장 키가 크고, 몸집이 크며, 오래 사는 생명은 나무이다. 이런 외관만으로도 나무는 다른 생명과 얼마나 뚜렷하게 구별되는 생명인가? 키가 가장 큰 것은 위대하다. 몸집이 가장 큰 것은 장엄하다. 5000년 이상이나 생명을 유지하는 생명체는 신령하다. 결론적으로 나무는 숨 쉬는 생명체 가운데 가장 신령한 생명체이다. 나무는 몸집만으로도 장엄하며, 키만으로도 위대하며, 5000년 이상을 살아가는 장수하는 존재로서 신이하고 영묘하다.

이러한 나무는 신령하지 않은가! 따라서 숲은 신령한 생명체인 나무의 무리로 이루어진 곳이다. 그래서 숲은 거룩한 곳이고 신성한 곳이다. 더불어, 숲은 생명을 잉태하고 생명이 태어나는 공간이다. 따라서 나무는 신령하고 숲은 거룩한 공간으로서 성지(聖地)이다. '나무는 신령하고 숲은 성지이다'라는 명제는 필자가 나무와 숲과 산림을 대하는 데 있어서 근간이 되는 사상이자 핵심 내용을 대변하는 기본이념이다.

3. 7대 산림성지론(山林聖地論)

진화론 측면에서나 창조론 측면에서 보더라도 숲은 인류의 삶 전 과정 과정마다 일목요연하게 영향을 주어왔다. 생명을 잉태하고 태어나게 하였으며, 인류가 숲을 떠나기 전까지, 숲 밖의 삶을 준비할 때까지, 성장하는 요람으로서 역할을 하였고, 문화의 산실로서 역할을 하였다. 예나 지금이나 숲은 인간이 노동하고 일할 수 있는 일터이며, 노동으로 지친 몸을 쉬고 건강을 증진할 수 있게 한다. 숲은 일상에서도 언제나 생활 주변에 있어 삶을 윤택하고 풍요롭게 꾸며준다. 천만다행으로 숲이 있기에 사막보다는 숲과 더불어, 숲을 삶의 터전으로 살다가 영원한 안식을 취하기 위해 다시 숲으로 돌아간다. 숲이 존재하기에 가능한 일이다. 인류 탄생 훨씬 이전에, 숲이 있었기에 가능한 일이었다. 이처럼 인간의 전 생애를 통해서 인류의 삶이 산림에 의지한 발자취를 요약하면, 산림은 생명을 잉태한 모태이고, 요람이며, 일터이고, 쉼터이며, 삶터이다. 그렇게 더불어 살아왔기에 산림에 깃든 자연의 이치를 배우고 익혀 인류 문명을 발전시켜 온 배움터이며, 그렇게 살다가 삶을 마감하면 다시 산림으로 돌아가 안식한다. 이렇듯 산림은 인간의 삶에서 모태, 요람, 배움터, 일터, 쉼터, 삶터, 안식처로서 역할을 해오고 있다.

여기 3절은 '숲은 생명이다'라는 기본정신(명제)과 '숲은 성지이다'라는 기본이념으로부터 숲은 모태이고, 요람이며, 배움터이고, 일터이며, 쉼터이고, 삶터이며, 최후의 안식처라는 7대 영역에서 성지라는 산림성지론을 소개하는 내용이다.

가. 숲은 생명의 모태(母胎)

'숲은 생명이다'라는 기본정신 아래 '숲은 성지이다'라는 기본이념을 제시하였다. '숲은 생명이다'라는 단문(短文)은 단순한 외침이 아니다. 명쾌하고도 거대한 담론이며 무수한 철학적 사유를 함유하고 있다. 물이 지구의 생명을 탄생시켰듯이 숲은 육상의 생명을 잉태하고 탄생시켰다. 지구 생물종 가운데 어류 등을 제외하고 나머지 거의 모든 생물종은 산림을 매개로, 산림에 의존하여 탄생한다. 산림은 생명이 살아가는데 필요한 필수요소를 모두 갖추고 있다. 그래서 숲이 생명을 잉태하는 곳이며, 그런 이유로 숲이 생명의 모태이다.

음양이 조화를 이루어 사랑으로 새 생명이 잉태되는 현상은 참으로 신비로운 현상이다. 생명 현상이 일어나는 곳은 거룩하고 신성한 공간이다. 숲은 생명현상이 일어나는 신성한 공간이다. 신성한 공간이기에 새 생명을 잉태하기에 가장 적합한 장소이다. 인간도 나무에서 오고 숲에서 왔다.[3] 숲은 생명의 모태이다.

나. 숲은 생명의 요람(搖籃)

요람이란 젖먹이 어린아이를 눕히거나 앉히고 흔들어서 즐겁게 하거나 잠재우는 채롱(바구니, 광주리, 함 따위의 큰 그릇)을 말한다. 서구에서 요람은 채롱이라는 표현 그대로 싸릿개비, 버들가지 등으로 엮어 커다랗게 함이나 광주리로 만든 것이다. 우리나라에서 요람은 대개 자그마한 크기로 두터운 요와 이불을 만들어 그 안에 눕혀 잠을 재우는 이부자리였다. 새 생명 갓난아이는 그 안에서 일정 기간 성장한다. 기어 다니다가 걸어다닐 수 있을 때까지 요람에서 성장한다. 더 크게 성장하면 요람이 아이보다 작아서 아이는 더 이상 요람이 필요 없게 된다.

인류가 진화해온 단계를 보면 〈그림 1-1〉에서 보는 것처럼 드리오피테쿠스(Dryopithecus) → 오스트랄로피테쿠스 → 호모 하빌레스 → 호모 일렉투스 → 호모 사피엔스로 성장해 왔다. 이 과정은 과학적으로 인류가 진화하는 과정이라지만 다른 한편으로 보면 인류가 숲을 떠나온 과정이나 다름없다. 삶에 필요한 모든 것이 갖춰져 있는 숲이라는 생명과 삶의 터전에서 살다가,

---

3) Eggmann, V. and Steiner, B., 1995, Baumzeit-Magier, Mythen und Mirakel. Zürich : Werd Verlag. pp.92~113. 『Baumzeit(나무시대)』는 사진기자와 작가로 활동하는 Eggmann과 Steiner가 10년간 찾아다니면서 자료를 수집하고 사진으로 현장을 기록한 나무와 숲의 신비한 힘, 신화 그리고 기적을 소개하는 책이다. 유럽인의 선조인 참나무, 느릅나무, 물푸레나무, 물푸레나무로부터 태어난 남자, 양어머니 나무, 도토리와 남자가 함께 온 이야기 등등 다양한 사례로 잘 정리된 유럽의 수목문화집이다.

강력한 무기를 손에 들기 시작하면서 숲을 서서히 떠나기 시작한 것이다. 넓게 보면, 인류가 숲을 떠나기 직전까지의 시기를 숲이 인류 삶의 요람 역할을 한 곳이다 라고 말할 수 있을 것이다. 그 시기는 멀리는 인류의 반열로 보는 호모 하빌리스(*Homo habilis*)가 살기 시작하였던 약 300여 만 년 전이나, 호모 일렉투스(*Homo erectus*)가 나타나기 시작하였던 약 200만 년 전이라고 볼 수도 있을 것이다. 또는 가깝게는 현생인류로 구분하는 호모 사피엔스(*Homo sapiens*)로 구분 짓는 약 20만 년 전, 가깝게는 3만 년 전까지를 숲이 인류의 요람 역할을 한 곳으로 볼 수도 있을 것이다. 그러나, 인류 성장에 산림이 언제나 필요했고, 현재도 여전히 물질적으로 정신적으로 의존하여 살고 있으므로 산림이 요람으로서 역할한 것을 시기적으로 구분하는 것은 쉬운 일이 아니며 의미 없는 일일지도 모른다.

지금도 어린아이들은 숲을 요람 삼아 자란다.

유아 중에는 매일 아침 숲으로, 유아숲체험원으로 가는 아이도 있다. 숲이라는 요람에서 어린 시절을 그렇게 보내면서 성장해 간다. 학교 가기 전에, 본격적으로 인격을 갖춘 '인간'이 되어가는, 정식으로 교육을 받으며 성장하기 시작하는 학교에 가기 전에, 깨끗하고 맑은 숲에서 숲의 정기를 받으며 자란다. 숲이 유아들에게 요람의 역할을 하고 있다. 유아뿐 아니라 어른에게도 마찬가지이다.

산림이 요람으로서의 역할은 단지 성장 시기, 성장 단계라는 진화상 '시간'의 의미만 담고 있는 것으로 이해해서는 안된다. 물질적 정신적인 측면에서 숲과의 관계로도 이해해야 한다. 인간이 산림으로부터 목재를 비롯한 각종 임산물을 이용하는 것은 지속될 것이며, 휴양, 치유, 예술활동 등 정신적 활동을 위해서 과거보다 더 자주 숲으로 가고 있다. 산림은 인류 문명과 문화 발전, 정신 양성을 위한 요람으로서 역할을 끊임없이 이어갈 것이다.

다. 숲은 배움터

학문의 시작은 철학이고 철학의 시작은 자연철학이다. 자연이 곧 철학의 연구 대상이었다. 연구 대상이 인간 중심으로 옮겨간 시절에도 자연이나 산림은 여전히 철인들의 활동 무대였다. 이탈리아 터스카니 지방의 자연 속 별장들이 철인들의 사교장이었다는 것이 그것을 대변한다. 자연(산림)에 인간이 탐구해야 할 것이 담겨있기 때문이다. 과거에도 그랬고 현재도 그렇고 여전히 인간이 배우는 것은 결국 자연이 움직이는 체계를 이해하는 것이고 그것을 응용하는 것들이 아니겠는가? 생물학이든 사회학이든 인간이 배우는 모든 지식 정보는 자연에 깃든 질서를 논리로 정연하게 만들어 놓은 것이 아니든가?

소크라테스를 이은 플라톤과 아리스토텔레스는 그리스의 장래를 짊어지고 갈 젊은이를 교육하기 위하여 학교를 세웠다. 플라톤은 그리스인들의 영웅인 아카데모스(Academos)를 모신 아테네 근교 올리브 나무숲에 인류 최초의 대학 아카데미아를 설립하였다. 청년을 모집하려면 아테네라는 대도시에 학교를 세우는 것이 마땅한 일일 것이다. 하지만 도시를 떠난 근교의 숲에 학교를 건립하고 그곳에서 교육하였다. 아리스토텔레스 역시 도시가 아닌 리케이온이라는 아테네 외곽지대에 마을 이름 그대로 리케이온이라는 학교를 세웠다. 독특한 점은 학교 안에 플라타너스 나무를 심어 만든 산책로를 만들고 그 플라타너스 산책로를 거닐면서 학생들과 문답식으로 교육을 하였다. 플라타너스 산책로를 스승과 함께 소요하면서 배운 제자들이 이룩한 학파를 소요학파(Peripatetics)라고 일컫고 있다.

사상과 철학과 지혜와 예술은 자연과 숲으로부터 나온다. 나무의 삶이 진리이고 성소(聖所)이기에 가장 감명깊은 설교자로서 가슴을 터치하고 감동적인 작품을 창작할 수 있게 한다.[4] 자연과학의 대표 학문의 하나인 생물학

---

4) Insel Verlag, 1984, Hermann Hesse Bäume. Frankfurt am Main: Insel Verlag. pp.9~13.

은 생명에 관한 학문이다. 산림과 떼려야 뗄 수 없는 관계를 맺고 있다. 산림에서 파생하거나 산림에서 출발한 학문은 수문학, 산림학, 식물학, 생태학, 환경 관련 학문, 화학 등 이루다 말할 수 없이 많다.

흥미로운 학문은 조림학(造林學)이라는 명칭의 산림학이다. 나무를 심어 산림을 만드는 것에 관해 연구하는 학문이 조림학이다. 앞에서도 언급하였듯이, 서양에서 조림학은 Ars Slivatica(그리스어), Waldkunst(독일어), Silviculture(영어)라고 부르는데, 예술(ars, kunst)이나 문화(culture)라는 용어를 함께 사용하고 있음을 발견한다. 즉, 서양에서 숲은 바로 예술이나 문화와 깊은 연관을 맺고 있기 때문에 조림학이라는 명칭을 그렇게 부르고 있는 것으로 이해할 수 있다. 그래서 숲없이 문화없고, 문화없이 숲없다(웨셸리)라든가, 문명 앞에 숲이 있고 문명 뒤에 사막이 남는다(샤토브리앙)라는 명언들이 생겨나는 것이다.

문화(文化)라는 글자는 kultivieren(독어) 또는 cultivate(영어)라는 단어에서 파생하였다고 하는데 모두 '개간하다'라는 의미를 담고 있다. 산림을 개간하여 농토를 만들어 잉여 생산을 하고 산림을 벌채하고 개간하여 필요한 목재와 임산물을 얻어 삶을 살았다. 그것이 문화라는 단어의 파생이다. 숲과 관련되고 있음을 알 수 있다. 중국어로는 글을 알게 되고 깨우치는 의미로 文化가 되었다. 인류의 지혜와 예술의 집합체인 문화의 어원이 숲으로부터 유래하고 있음을 알 수 있다.

퇴계 이황 선생은 산림(山林)의 거두였고 대산림이었다. 퇴계는 독서하는 것과 산에서 노니는 것이 같다는 점을 들어 독서와 산놀이(遊山)를 일치시키기도 하였다. 자신이 직접 밟아 체득해야 하고, 온갖 변화의 오묘함을 사색하게 되고 시초의 근원을 찾아가게 된다는 점에서 산놀이와 독서를 같은 것이라고 여겼다.[5] 자연을 읽고 산림을 독서하여 삶에 필요한 지식과 지혜를 얻는다. 인간이 만든 학문은 자연의 이치를 다양한 방법으로 체계화한 것에

---

5) 금장태, 2012, 퇴계평전. 서울: 지식과 교양. 203~210쪽.

불과하다. 그래서 학문 연구는 자연의 질서를 배우는 것이고 결국 이것은 만라 만상을 만든 조물주의 비밀을 찾아 풀어보려는 시도이다. 그러하기에, 우리가 본받고자 하는 삶의 표상인 소로(H. D. Thoreau)도 숲에 살면서 '나의 천직은 神이 어디에 숨어있는가를 발견하는 것이고 그가 숨긴 비밀의 장소를 알아내는 것이다.'라고 외치지 않았던가![6]

종교적으로 숲은 선악을 알게 하는 나무를 비롯하여 배워야 할 숱한 역사·문화정보를 담고 있는 나무들이 있는 곳이기에 지혜의 보고이고 영감을 주는 산 교육장이다.[7] 현대에 들어와서 1992년 이후, 지속가능성이 화두로 등장하면서 숲이 학교 교육에서 지속가능한 발전을 위한 교육자원으로 활발하게 이용되고 있다.[8] 산림이 지식의 보고이고 지혜의 시원이기에 이처럼 동서고금을 막론하고 숲은 교과서이고 교실이고 학교이다. 인간이 알아야 할 지식이 그물망처럼 엮여 있고, 생태적 질서와 신비로운 생명현상이 그곳에 숨어있다. 인간은 자연에서 얻은 수많은 지식 정보를 바탕으로 지혜를 얻는다. 숲은 알아야 하는 곳이고 깨달아야 하는 곳이며, 배워야 하는 곳이고 배우는 곳이다. 그래서 숲은 지혜의 산실이고 배움터이다.

---

6) Thoreau, H. D., 2000, Wild Fruits - Introduction. (edited by Dean B. P.) New York: Norton & Company. xii.
   "My profession is to be always on the alert to find God in nature - to know his lurking places."
   소로(Henry David Thoreau, 1817.7.12.~1862.5.6. 메사추세츠 콩코드 출생). 미국의 수필가, 시인, 실천적 철학자로서 대표적 걸작 『월든/Walden: or, Life in the woods』(1854)에서 다룬 초월주의 원칙대로 살면서 평론 〈시민의 반항〉(1849)에서 주장한 대로 시민의 자유를 열렬히 옹호한 것으로 유명하다. 에머슨이 내어준 월든 호숫가 땅에 통나무집을 짓고 2년여 동안 살면서 자연과 숲 체험을 바탕으로 쓴 작품 『Walden』에 완벽하게 표현된 그의 삶은, 도덕적 영웅주의의 근본이자 지속적으로 정신적 차원의 삶을 추구한 표본으로서 미국인들 뿐만 아니라 세계인들에게 자연과 산림 보호에 앞장서게 하는 데에 알게 모르게 크게 영향을 끼쳐왔다.

7) Gifford, J., 2006, The Wisdom of Trees. New York: Sterling Publishing Co. p.160.
   Friedrich, A. und Schuiling, H., 2014, Inspiration Wald. Wiesbaden: Springer. p.112.

8) Corleis, F., 2006, Schule : Wald. Lüneburg : Edition Erlebnispädagogik. Lüneburg. p.228.

라. 숲은 일터

산림은 일자리를 충분히 제공하고 있으며 경우에 따라 무한한 일자리 창출력을 확보할 수 있는 잠재력을 갖고 있는 일터이다. 산림이 일터라는 것을 살필 수 있는 곳은 우선적으로 산림 행정직으로 종사하는 정부기관과 준정부기관의 공직 분야와 현장에서 종사는 분야로 구분하여 살필 수 있다.

행정직으로 종사하는 정부기관은 중앙직으로서 산림청 본청과 소속기관 공무원이며, 준정부기관 종사자는 관련법에 따라 설립된 기관으로 산림조합 중앙회, 한국임업진흥원, 한국산림복지진흥원, 한국수목원관리원, 한국등산·트레킹지원센터 등이 있다. 그 외 사방협회와 한국산지보전협회 등의 법인 조직이 있다. 공공기관에 편성되어 있는 정원은 〈표 12-1〉에서 보는 바와 같다. 정부기관 9,167명, 준정부기관 3,939명으로 총 13,106명의 공공 일자리가 있다.

현장에서 종사하는 분야는 묘목 키우기(양묘), 숲가꾸기, 벌목 등 산림작업, 임산물 생산 등으로 활동하는 분야이다. 이러한 일에 종사하는 가구를 임가(林家)라고 한다. 임가는 2019년 기준으로 80,046가구에 달하며 점차 감소하는 추세이다. 임가는 육림업, 벌목업, 양묘업, 채취업 가구로 구분하는데 육림업 종사자가 제일 많고 채취업, 벌목·양묘업 순이다. 채취업은 송이버섯, 기타버섯, 열매류, 취나물, 고사리, 기타산나물, 약용식물, 수액류 등을 채취하는 일에 종사하는 업종이다.

그 외 현장 일자리로 산림에서 숲가꾸기나 조림 등의 작업을 위해 구성한 영림단(營林團)이 있다. 국유림에서 작업하는 국유림 영림단이나 민유림에서 작업하는 민유림 영림단으로 구분하기도 한다. 1개 영림단은 10여 명으로 구성되며 2019년 기준으로 전국에 1,263개 영림단이 있다(〈표 12-2〉 참조). 연중 영림 단원으로 종사하는 사람도 있지만, 농번기에는 농사일로 바쁘므로 농번기를 제외한 시기에 종사하는 단원도 있다.

표 12-1. 산림 관련직 정부기관과 준정부기관 정원(산림분야 총 공공 일자리)

기관	소속기관	인원수	기관	소속기관	인원수
정부기관	소계	9,167	준정부기관 (공공기관)	소계	3,939
산림청 (2020.6.30.) (중앙직)	계	1,779	산림조합중앙회 (2019년)	계	2,705
	본청	336		본부	173
	5개 지방청	725		소속기관	401
	국립산림과학원	258		경기도	320
	국립수목원	68		강원도	273
	산림교육원	31		충청북도	144
	산림항공본부	227		충청남도	227
	국립산림품종관리센터	32		전라북도	178
	국립자연휴양림관리소	102		전라남도	307
지방자치단체 (2018.6.30.) (지방직)	계	7,388		경상북도	344
	서울특별시	1,266		경상남도	302
	부산광역시	342		제주특별자치도	36
	대구광역시	282	한국임업진흥원 (2020년)	계	248
	인천광역시	332		일반정규직	159
	광주광역시	150		무기계약직	89
	대전광역시	199	한국산림복지 진흥원 (2020년)	계	475
	울산광역시	151		일반정규직	390
	세종특별자치시	40		무기계약직	85
	경기도	1,287	한국수목원관리원 (2020년)	계	449
	강원도	471		일반정규직	291
	충청북도	308		무기계약직	158
	충청남도	420	한국등산·트레킹 지원센터(2019년)	정원	62
	전라북도	334	총계	정부기관	9,167
	전라남도	517		준정부기관	3,939
	경상북도	622		계	13,106
	경상남도	579	※ 정무직, 별정직, 임원을 모두 포함한 정원임.		
	제주특별자치도	88	( )은 기준 날짜임.		

자료: 산림청, 각 연도, 임업통계연보 및 기관별 정원 일람표.

표 12-2. 영림단 조직 현황(2019년 기준)

총계 (단)	국립산림 품종관리 센터	북부 지방 산림청	북부 지방 산림청	북부 지방 산림청	북부 지방 산림청	북부 지방 산림청	국립 산림 과학원	산림 조합	법인
1,263	2	38	34	29	12	25	3	258	862

자료: 산림청 2020 임업통계연보.

〈표 12-1〉에서 보는 바와 같이 산림직 공무원은 중앙직 1,779명, 지방직 7,388명으로 국가와 지방정부는 총 9,167명에게 일자리를 제공할 수 있다. 행정안전부(조직기획과) 정원통계에 따르면 2019년 12월말 현재 전국 공무원 정원(지방직 포함)은 1,104,508명이다. 산림직 정원은 9,167명이므로 이것은 전체 공무원의 약 0.83%에 해당한다. 임업생산액이 국민총생산액의 0.1%에 불과한 것과 비교할 때 매우 높은 비율이다. 물론 국토의 60% 이상을 관장하는 기관이라는 점을 감안하면 터무니없이 왜소한 조직이라고 반론을 제기할 수 있겠다.

산림관련 비정부기구(생명의 숲 국민운동 등), 산림복지업에 진출한 산림교육전문가, 산림치유지도사, 나무의사 등 전문업을 포함하면 더 많이 늘어난다.

정부 기관으로 산림조직은 인력을 매우 충분하게 고용하는 조직이라는 생각이 든다. 일자리를 충분하게 제공하는 것이다. 물론 국내총생산(GDP)에서 차지하는 산림의 공익기능(11.7%)을 생각하면 매우 적은 비중이다. 하지만, 산림은 재생 가능한 자원이고 점증하는 다양한 국가 사회적 수요를 고려할 때, 현장으로서 산림은 일자리 창출의 잠재력이 있고 무한 가능성 있는 노동 현장이다. 근로 환경으로도 청정하여 심신건강을 증진할 수 있는 건전하기 그지없는 일터이다. 일자리를 주고 일할 수 있는 기회를 얻을 수 있으니 숲은 일터이다.

마. 숲은 쉼터

산림은 심성을 고양한다. 중국 북송시대 산수화의 대가였던 곽희(郭熙)는 '군자가 산수를 사랑하는 이유는 어디에 있을까? 산릉과 전원에서 심성을 기름은 늘 처하고자 하는 바이고, 천석(泉石) 속에서 노래 부르며 노닒은 늘 즐거워하는 바이다.[9]라고 했다. 산수 자연은 심성을 기를 수 있고 즐겁게 노닐 수 있는 곳이기에 산수를 찾는다는 의미이다. 철학자로서 말년에 모든 것을 벗어나서 식물연구에 몰두했던 루소는 이렇게 말한다. "자연과 우리 사이에 서서 우리의 게으름과 권태를 치유하고 우리와 남에게 짐이 되는 존재로부터 벗어나는 법을 배우자. 우리들 자신에게 편안하며 때묻지 않은 사랑스런 즐거움을 주어 우리가 재앙과 범죄와 광기에서 벗어날 수 있게 하자. 자연을 연구하면서 나의 영혼이 깨끗해진다면 나는 그것만으로 충분할 뿐 더 이상의 약은 필요로 하지 않으리라."[10] 여기서 철학자 루소가 주장하는 '더 이상의 약이 필요하지 않고 영혼이 깨끗해지는' 것은 곧 자연과 산림 속에서 체류했더니 그렇다는 뜻이므로 이것을 현대적으로 해석하면 바로 산림휴양일 뿐 아니라 산림치유이다. 실제로 나무를 비롯한 산림 식물로부터 수많은 천연약제가 개발되어 왔고, 생약으로도, 나무와 숲의 분위기로도 심신을 치료할 수 있으니 숲은 치료제이고 위로자이며 동반자이다.[11] 제9장 에서 소개했듯이, '숲은 우주로 가는 가장 명백하고 맑고 깨끗한 길이며, 내 마음을 내려놓고 내 영혼을 찾는 곳'이라는 존 뮈어의 말처럼[12] 더럽혀진 양심을 정화하고 맑은 영혼을 찾을 수 있는 곳이 숲이다. 조선시대에 성리학

---

9) 신영주 역, 2003, 임천고치. 郭熙 원저 〈林泉高致〉. 서울: 문자향. 10~11쪽.
   君子之所以愛夫山水者, 其旨安在? 丘園養素, 所常處也; 泉石嘯傲, 所常樂也;(이하생략).
10) 진형준 역, 2008, (루소의) 식물 사랑. 버나드 가그네빈 등 원저 〈Plant love of Rousseau, Jean-Jacques. 1712-1778〉. 파주: 살림. 274쪽.
11) Moser, M. und Thomas E., 2015, Die sanfte Medizin der Bäume. 3. Auflage. Salzburg : Servus Verlag. p.175.
12) 제9장 제1절 참조.

의 대가들도 주자를 따라 경관이 아름다운 곳에 산거(山居)하고 임거(林居)하여 심성을 도야하여 산림문학의 대작을 남겼으며, 또한 대자연을 벗하며 풍류를 즐긴 독특한 선비문화를 남기기도 하였다. 모두 산림이 쉼터로서 하는 역할을 말한다.

한자 문화권에서 산림과 관련하여 쉰다라는 뜻을 지닌 대표 용어는 휴양(休養)이다.

휴(休)는 쉴 휴(休) 자이다. 사람 人에 나무 木으로 이뤄져 있다. 쉰다라는 의미를 나무와 연관을 지었고 이것은 자연스럽게 山이나 山林과 연결하여 생각하게 한다. 길을 걷다가 쉬어가려면 뙤약볕에서 쉬지 않고 그늘을 찾을 것이며 나무가 그런 역할을 하는 것이다. 나무를 찾아 쉬는 것은 자연스러운 현상이다. 하지만 나무는 단순히 그늘만 제공하는 것은 아니다. 강렬한 햇빛을 피할 수 있고, 비와 바람을 막아준다. 뿐만 아니라 몸을 기대어 지친 심신을 의지할 수 있고, 등을 대고 봄·여름·가을·겨울 사시사철 변하는 나무의 자태도 관찰할 수 있으니 오감각을 즐겁게 해주는 역할도 한다. 나무가 그러하니 산림이며 숲은 말해서 무엇하겠는가!

양(養)은 기를 양(養) 자이다. 양 양(羊)자가 들어가 있어서 본래 가축을 기르다라는 의미로 쓰인다. 하지만, 양생(養生)이라든가 양성(養性)이라 말이 있는데, 양생이란 몸을 건강하게 관리하는(기르는) 것을 뜻하고, 양성은 심성, 인성, 인격 등 품성을 기르는 것을 의미한다. 따라서 養이라는 글자는 몸과 마음을 건강하고 건전하게 기르는 것을 말한다.

결국 휴양은 나무와 숲을 벗하며 몸과 마음을 기른다는 의미이다. 편안히 쉬면서 몸을 건강하게 하고 품격있는 인성을 양성하는 가장 적합한 곳이 나무 아래이고 산림이라고 생각한 것이다. 고대로부터 서양에서 산림은 권력자들이 수렵원으로 구획하고 사냥하면서 즐긴 곳인데, 근대로 오면서 대산림인 수렵원을 시민에게 공공정원으로 개방하여 휴식과 건강증진, 정서 함양의 공간으로 활용하고 있다. 산림휴양은 산림에 노닐며 호연지기를 길러 심신의 건강을 증진하고 품격있는 인간다운 인성을 함양하는 활동이다.

산업혁명 이후 도시로 몰린 노동자들은 공장지대 등 열악한 노동 환경에서 생활하여 그들의 위생 상태가 사회문제로 부각되었다. 영국에서 공장법 (1819년), 미국에서 공원법(1851년) 등이 생기면서 시민이 청정한 환경에서 생활할 수 있도록 조치하였다. 독일에서는 산업 혁명 이후 중화학공업이 발달하고 결핵 환자들이 증가하면서 침엽수가 가득한 흑림(Schwarzwald) 지대에 이들이 체류할 수 있는 산림요양소(Waldsanatorium)를 건립하여 장기간 요양하면서 질환을 치료할 수 있도록 하였다. 19세기에 지형요법, 산림기후요법 성행으로 자연치료학이라는 독립된 학문으로 정립되기 시작하였으며 자연요법에 관한 연구들이 많이 진행되었다.[13]

우리나라에서 산림휴양이라는 용어가 나타난 시기는 1965년경이며, 1988년 올림픽 개최를 계기로 자연휴양림 조성을 시작하였다. 2019년 현재 전국에 운영하고 있는 자연휴양림은 175개소로 약 1600만 명이 방문하였다. 산림휴양시설로 자연휴양림 이외에도 산림욕장이 있고, 산림치유시설로 치유의 숲, 숲속야영장 등 산림레포츠 시설도 조성하고 있다.

그동안 산림휴양의 측면에서 산림이 주는 휴양 효과를 연구하던 흐름이 2005년부터 산림치유 연구가 시작되면서 2007년 이후부터 숲이 주는 신체적 정신적 심리적 효능을 의과학적으로 구명하는 연구로 진행하고 있다. 비디오 등 영상이나 슬라이드를 통해서 숲을 바라보는 것만으로도 스트레스로부터 이완되는 효과를 얻는다. 도시 환경에 있을 때보다 숲에 체류할 때 고혈압이 떨어지고, 우울증을 개선하며, 아토피 지수가 감소하는 효과를 경험한다. 암세포의 활동을 저지하는 자연살해세포(NK cell)를 활성화시킨다. 자아존중감을 증진하고 사회성을 향상시킨다.

숲이 인간의 심신에 작용하는 효과가 쉼과 휴양의 단계를 벗어나서 요양과

---

13) Ernst, E., 2001, Praxis Naturheilverfahren. Heidelberg : Springer. p.531.

　　Kraft, K. and Stange, R., 2010, Lehrbuch Naturheilverfahren. Stuttgart : Hippokrates. p.819.

　　Schmiedel, V., and Augustin, M., 2017, Leitfaden Naturheilkunde. 7. Auflage. München : Elsvier. p.1220.

표 12-3. 자연휴양림 운영 현황(2010~2019)

연도	운영 개소				이용 인원(명)				수입액 (백만원)
	계	국가	지자체	개인	계	국가	지자체	개인	계
2010	124	38	71	15	9,437,093	3,258,407	5,355,532	823,154	31,652
2011	132	38	79	15	10,684,070	3,661,386	6,281,157	741,527	34,767
2012	143	39	88	16	11,614,877	3,736,343	7,077,230	801,304	38,252
2013	147	39	90	18	12,780,167	3,759,804	7,677,067	1,343,296	41,428
2014	155	39	97	19	13,954,530	3,523,128	9,362,182	1,069,220	44,641
2015	164	41	100	23	15,629,037	3,840,783	10,776,919	1,011,335	49,885
2016	165	41	101	23	15,238,717	7,000,990	6,885,172	1,352,555	55,867
2017	166	42	101	23	16,713,192	4,353,040	10,307,850	2,052,302	59,259
2018	170	43	104	23	15,331,518	4,571,582	9,674,823	1,085,113	60,347
2019	175	43	109	23	15,988,780	4,657,108	10,285,639	1,046,033	66,202

자료: 산림청, 2020, 임업통계연보.

치유의 단계로 접은 든 것으로 보인다. 달리 말하면, 숲의 쉼터로서 기능은 쉼과 휴양과 요양과 치유를 포함하는 포괄적인 의미이다. 여기서 치유는 장자의 소요유(逍遙遊)에 비유할 수 있다. 현실세계를 벗어나서 무위자연으로 돌아가서 현실에 구애받지 않으며 살아가는 상태가 소요유이다. 산림치유가 지향해야 할 과정과 지향점이 소요유에 이르는 것에 합치해야 한다.[14] 산림에서 거닐며 세상사 잊고, 호연지기를 길러 심신의 건강을 증진하며 품격있고 인간다운 인성을 함양하는 한편, 생명의 경이로움 속에서 자아를 발견하여 현실에서도 난관과 역경을 극복하며 살아갈 수 있어야 한다. 그러나, 산림휴양, 산림요양, 산림치유 등 무슨 용어를 사용하든지 그 효과는 무엇보다 울창한 숲이 있기에 가능하다는 사실을 결코 잊으면 안 된다. 숲이 보이는 생명현상의 경이로움을 몸소 체험하고, 숲이 생명이라는 의미를 인식

---

14) 김기원, 2017, 장자(莊子) 소요유(逍遙遊)의 현대적 해석과 산림치유에의 적용에 관한 소고(小考). 한국산림휴양학회지 21(1): 1~15쪽.

하며, 그 과정에서 '나'라는 존재의 의미를 우주 속에서, 산림 속에서, 생명의 질서 속에서 발견할 때, 자아에 대한 진정한 치유가 가능하다. 궁극적으로 숲은 쉼터로서 치유 활동을 통해 건강증진은 물론 현실에서 여러 정신적 어려움을 극복하며 살 수 있는 기능을 발휘할 수 있다.

한때 한국을 스트레스 공화국이라고 불렀다. 숨 막힐 듯한 답답한 도시 안에서 스트레스에 묻혀 사는 현대인이 잠시라도 몇 발걸음을 옮겨, 아니면 잠깐이라도 눈을 돌려 창밖의 나무와 숲을 바라보자. 그것만으로도 생리적으로 스트레스 해소 효과가 있다고 한다. 눈으로라도 녹색을 담아 숨을 쉬며 쉼을 얻는 시간을 가져보자. 값없이 대가없이 숲이 주는 은혜로움을 마다할 필요 없다. 삶이 고달프고 삶에 지칠 때, 편히 쉴 곳을 찾자. 사계절 변화무쌍한 풍경을 볼 수 있고, 맑고 깨끗하고 시원한 계곡물이 흐르며, 온갖 생명의 아우성으로 벅신거리는 숲을 찾아 스트레스를 날려보자. 숲이 쉼터이다.

바. 숲은 삶터

인류 진화의 과거로 돌아갈수록 인류의 삶은 자연에 의존적이고 숲에서 삶에 필요한 모든 것을 얻었다. 산림에서 먹고 마시고 쉬며 살았다. 살림살이 자체가 산림살이이었다. 숲을 떠나 도시에 살기 시작하였어도 생활에 필요한 자원을 여전히 숲에서 채취하였다. 도시를 건설하고 집을 짓는데 필요한 목재와 펄프재로 건설하고 종이를 만들어 문명을 건설하며 문화를 계승하며 살아왔다. 인류의 삶은 자연에 의존하지 않고 독립적으로 영위할 수 없는 것이다.

'숲은 삶터'라는 의미는 포괄적으로 인간의 삶은 산림과 직간접적으로 연결되어 있고, 산림은 일상생활에 필요한 자원을 얻는 곳이기에 산림을 생활 터전으로 삼아 살고 있음을 말한다. 그러나 내용상 보다 명확하게 구분 지으면, 위에서 언급한 숲은 배움터, 일터, 쉼터라는 영역을 제외한 것으로 숲이 일상에서 하는 역할을 말한다. 숲이 지닌 일상적인 의식주와 관련된 역할이 크다고도 볼 수 있다. 가령 교내에 있는 커다란 나무 아래에서 학생들과 이야기하거나, 길가 나무 아래에서 담소하거나, 동네 보호수나 작은 동산 숲에서 뛰놀 수 있다. 그곳을 쉼터나 배움터라고 말하기보다 간단한 일상적인 일이 일어나는 장소로 말할 수 있다. 놀이와 담소의 공간이다. 대표적인 곳이 마을숲이다. 마을숲은 마을 사람들의 만남의 장소이고 삶터이다. 회의하고 행사하고 잔치를 벌이는 곳이기도 하다. 우리의 일상의 삶은 문화이기에 삶이 일어난 마을숲은 마을의 역사와 문화가 담긴 곳이다. 마을숲은 삶터이다.

뿐만 아니라, 산림은 삶을 영위하는데 필요한 먹거리와 땔감을 얻은 곳이다. 부족한 식량을 잉여 생산하거나 주거를 마련하기 위해서 산림을 '개간하는'(Kultivieren, cultivate) 행위에서 문화(Kultur, culture, 文化)라는 말이 유래했다라는 데에서도 숲은 삶터라는 것을 확인할 수 있다. 삶터로서 숲은 문화의 터전이고 문학, 미술, 음악 등 예술창작의 산실이기도 하다. 예술작품의 모티브를 제공하고, 창작에 필요한 제재와 악기재와 조각재 등 재료를 공급하는 원천이기도 하다.

과거엔 마을 주변의 산림이 공유림으로서 입회관행에 따라 마을 사람들만이 이용권을 지니고 드나들며 생활에 필요한 자원을 채취하여 공동으로 이용하였음은 이미 설명한 바와 같다. 각종 산나물과 나무 열매(종실)는 매우 귀중한 식량자원이었고, 잣이나 비자(榧子)는 진상품이고 수출품이었다. 춘궁기에 송순이나 어린 솔가지, 찔레순, 참꽃(진달래꽃)은 허기진 배를 채우는데 그만이었다. 나무는 난방을 하고 취사를 하는 데 있어서 꼭 있어야 하는 생명 자원이었다. 조선시대에 백성이 산림으로 고통을 받은 내용은 제6장에서 확인하였으며, 조선의 역사에서 산림을 두고 죽음을 불사하며 송사(산송)를 거듭한 내용도 생생하게 전해지고 있다.[15] 땔감, 먹거리 제공

---

15) 산송과 관련한 내용은 아래 문헌을 통해 더 자세하게 이해할 수 있다 ;

이외에 산림은 또한 생활 주변의 풍경을 만들고 생활환경을 시각적 물리적인 침해로부터 보호하는 역할도 한다. 산림으로 생활환경을 가꾸고 보호하여 삶터를 윤택하게 함으로써 삶을 풍요롭게 해준다. 우리의 삶 주변에서 나무와 숲을 걷어낸다면 삭막한 환경으로 변하고 만다. 나무가 없어지면 삶의 터전을 잃게 되는 것이다. 『나무를 심은 사람』의 이야기를 통해서도 잘 알고 있다.

이처럼 숲은 삶(生死)을 영위하기 위해 치열한 투쟁이 일어난 장소이기도 하며, 일상에서 잠시 머물 수 있는 장소로서 역할도 하며, 만남의 장소이고, 생활환경을 보호하여 삶의 질을 향상시키는 역할을 한다. 숲은 삶터이다.

사. 숲은 안식처

사람은 죽으면 어디로 가기를 원하는가?

누구나 천국으로 가기를 소망한다. 그러나 천국으로 가기를 원한다면 천국 가기 전에 꼭 들려야 할 곳이 있다.

새 생명이 태어나면 기념하여 나무를 심는다. 오동나무나 소나무를 심는다. 결혼할 때 되면 탄생일에 심었던 오동나무를 베어 농을 만들어 시집가거나, 장가갈 때 소나무를 베어 집을 짓고 분가하여 사는 풍습으로 이어진다. 죽으면 심어놓았던 커다란 솔을 베어 관을 만들어 입관하여 다시 숲으로 돌아갔다. 죽으면 강으로도, 바다로도 가고, 돌집으로 만든 봉안당으로도 가기도 하며, 동네 작은 공원묘지로도 간다. 거의 대부분 자연으로 가고 산으로 돌아간다. 화장한다고 해도 우선 목관에 들어간다. 서민도, 부자도,

김경숙, 2012, 조선의 묘지 소송. 문학동네.
김경숙, 2002, 조선후기 산송과 사회갈등 연구. 서울대학교 박사학위 논문.
김선경, 1993, 조선후기 산송과 산림 소유권의 실태. 동방학지 79.
전경목, 1996, 조선후기 산송 연구-18 · 19세기 고문서를 중심으로. 전북대학교 박사학위논문.
이덕형, 2009, 조선후기 사대부의 성리학적 풍수관-분수원 산송을 사례로. 역사민속학 30.
한상권, 1996, 朝鮮後期 山訟의 實態와 性格. 성곡논총 27.

임금도, 교황도 목관에 들어간다. 수십 년, 수백 년 자란 나무로 짜여진 목관으로 우선 들어간다. 화장 후에 어디로 가는가? 봉안당에 안치하기도 하지만, 많은 영혼들이 숲으로 가서 나무 아래, 나무 사이, 숲에 묻힌다.

이처럼 천국으로 가기 전에 반드시 거쳐야 하는 곳이 나무관 속이고 산림이다. 왜 숲으로 돌아가는가? 가장 편안하게 쉴 수 있는 곳이 숲이기 때문이다. 거기엔 문명의 이기로부터 아무 소리도 들리지 않는다. 조용한 곳이며, 엄숙하고 장중한 곳이며, 하늘 높이 치솟아 우주와 소통하는 생명의 나무들이 있는 곳이다. 나무 아래, 나무 사이에 잠든 사자의 영혼은 아마도 이들 나무를 타고 천국으로 올라갈 것이다. 조물주로부터 순진무구한 하얀 양심과 영혼을 선사받아 가슴에 달고 태어나서, 온갖 꾀를 내어 살다 보니 몸과 마음은 찢기고 상하여 심령은 무거워질 대로 무거워져 죽음에 이른다. 이제 고인으로 한 줌 재가 되어 숲에 도착하였으니 편안한 숲에서 이승의 무거운 짐을 다 내려놓고 본디 하얀 영혼을 부여받은 곳으로 다시 올라가야 한다. 숲에서 나무라는 생명의 줄기를 타고 올라가는 것이다.

고인에게 이런 기회를 제공하는 곳이 수목장림(樹木葬林)이다. 수목장은 화장된 분골을 지정된 수목 주위에 묻어줌으로써 그 나무와 함께 상생한다는 자연회귀의 섭리에 근거하여 조성한 장법(葬法)이다. 수목장림(樹木葬林)은 수목장이 이루어지는 산림을 말하며, 산림 경영상 지속가능한 숲가꾸기의 연장선에서 이해할 수 있다.[16] 우리나라 최초의 수목장은 전 고려대 김장수 교수이며, 최초의 수목장림은 양평군에 있는 국립양평하늘숲추모원이다. 공동묘지 같은 음산한 곳이 아니라 그냥 그저 산림이다. 선조들이 이룩한 녹화성공으로 태어난 울창하고 아름다운 숲이다. 잘 가꾸고 다듬어진 멋진 산림공원이다. 생명의 나무들로 가득 들어찬 영혼이 잠들어 있는 숲이 수목장림이다. 고인은 추모 나무(追慕木, memorial tree) 아래에 잠들어 영원한

---

16) 변우혁, 2006, 수목장-에코 다잉의 세계. 서울: 도솔출판사. 19~28쪽.
　　산림청 홈페이지, 〈휴양복지〉, "수목장림이란?"
　　https://www.forest.go.kr/kfsweb/kfi/kfs/cms/cmsView.do?mn=NKFS_03_08_01_01&cmsId=FC_001138

안식을 취한다. 자신의 추모목을 타고 올라간 천국과 이어져 영원한 안식을 취하고 있는 곳이 수목장림이다. 얼마나 멋진 곳인가!

2022년까지 전국에 공공 수목장림 28개소를 건립할 예정이다. 전국의 묘지 면적이 산림면적의 1%에 달한다고 한다. 묘지로 인하여 산림이 더 이상 감소하지 않도록 수목장림을 더 많이 조성해야 한다. 수목장림 정책 추진에 있어서 무엇보다 중요한 것은 수목장림 장례 의식을 집전하는 전문가로서 가칭 '수목장림 코오디네이터'를 하루속히 양성하여 배치하는 것이다. 지금까지 수목장림 장례 의식의 집전자는 장례지도사이다. 그러나 장례지도사는 고인이 묻히는 산림이나 추모목에 대해 잘 알지 못한다. 이것은 고인에 대한 결례이고 수목장림에 대한 모욕이나 다름없다. 수목장림을 운영하는 당위성이나 의미와 가치를 훼손하는 것이고, 고인이 평소 소망했던 나무 아래, 나무 사이 숲에 안식하는 의미를 찾을 수 없게 하는 것이다. 조속한 시기에 그럴싸하게 장엄하고 엄숙한 수목장림 장례의식을 집전하는 전문가가 현장에 배치되기를 간절히 고대한다.

숲은 오래전부터 전해오는 인간의 DNA가 있는 곳이며 그렇기에 인간은 본향을 찾아 숲으로 돌아간다. 귀소본능에 의해 다시 숲으로 돌아가는 것이다. 이곳은 자연이다. 이렇듯 살아생전 빈부귀천, 지위고하를 막론하고 거의 모든 인간은 숲으로 돌아간다. 영원한 안식을 위해 숲으로 돌아간다. 숲의 나무들은 영혼이 들어올 때마다 가지를 들어 경의를 표하며 잎을 흔들어 위로할 것이다. 그 영혼은 뿌리와 더불어 숨 쉬며 줄기와 함께 승천하여 하늘에 이를 것이다. 대기와 더불어 호흡하여 자연을 순환하며 생명 세계를 윤회할 것이다. 생명은 거룩하다. 거룩한 모든 생명은 신성한 땅 숲에서 안식을 취한다. 숲은 신령한 생명이 숨을 거두고 최후로 영원히 안식하는 거룩한 성지이다. 그렇기에 숲은 더욱 신성하다. 거룩하고 신성하기에 숲은 더없이 멋진 안식처이다.

4. 대명제와 신애림주의: 숲은 사랑이다

이상에서 '숲은 생명이다'라는 기본정신(명제) 아래, '숲은 성지이다'라는 기본이념으로부터 '숲은 인간에게 있어서 모태이고, 요람이며, 배움터이고, 일터이며, 쉼터이고, 삶터이며, 최후의 안식처이다'라는 7대 산림성지론을 제시하였다. 숲이 인간의 삶의 전반에 영향을 끼쳐왔음을 부인할 수 없다. 영향 정도는 근대 前 중세, 고대, 원시 사회로 되돌아갈수록 더욱 커지며 인류의 초기엔 숲에 살았다. 이렇듯 산림이 다양한 형태로 인류의 삶이 가능하도록 영향을 주고 작용하는 것을 무엇이라고 할 수 있을까?

인류를 생명으로 잉태하고 탄생시키며, 인류 진화와 문명발달 초기엔 요람으로서 역할을 하며, 지식과 지혜를 주는 배움터이고, 경제자립에 필요한 노동을 제공하는 일터이기도 하다. 노동으로부터 편히 쉬고 치유할 수 있는 쉼터이며, 목재와 땔감 등 일상 삶에 필요한 자원을 얻거나, 만나서 놀고 담소하는 일상 삶이 일어나는 삶터이기도 하다. 세상과 맺어진 모든 삶을 마감하고 세상을 떠날 때 숲을 찾아 영원한 안식을 취한다. 인간이 태어나서 살아가는 동안 삶의 처소마다 산림이 간여하지 않는 영역이 없을 정도로 인간과 산림은 긴밀한 인연으로 맺어져 있다. 그리고 생의 마지막, 삶의 종착역에 다다르면 역시 숲이 기다리고 있다. 숲은 인간의 최종 안식을 위해 자리를 내준다.

이렇듯 숲이 인간 삶의 시작부터 마지막까지 거들어주고 편안히 안식할 수 있도록 영혼까지 거두어주는 이 작용을 무엇이라고 할 수 있을까?

그 답은 『아낌없이 주는 나무』에 들어있다. '옛날에 (사과)나무가 한 그루 있었다. 그리고 그 나무에게는 사랑하는 소년이 하나 있었다. 어린 소년은 매일같이 나무에게로 와서 잎을 모아 놀기도 하고 올라가기도 하고 그네도 타며 놀았다. 사과도 따먹었다…나무는 행복했다….' 소년이 자라서 나무를 찾아와 돈이 필요하다고 부탁하니 나무는 돈은 없으나 사과를 따서 팔아

쓰라고 하였다. 소년이 집이 필요하다 하니 나무줄기를 내주었고, 배를 타고 멀리 가고자 하니 남은 줄기를 베어 배를 짓게 하였다. 이제 나무에게 남은 것은 밑둥 뿐. 소년이 찾아와서는 '나 몹시 피곤해. 앉아서 조용히 쉴 곳이 있으면 좋겠어.' 나무가 말했다. '자, 앉아서 쉬기에는 늙은 밑둥이 최고야. 소년아, 이리 와 앉아. 앉아서 쉬도록 해.' 소년은 시키는 대로 했고, 죽어 밑둥까지 내준 나무는 행복했다.

이렇듯 세상의 나무는 인간에게 필요한 모든 것을 준다. 살아서도 주고, 죽어서도 준다. 나무는 살아서건 죽어서건 인간에 필요한 것을 제공하고 인간은 나무로부터 받아 쓴다. 죽어서도 인간의 삶에 바쳐지므로 나무의 삶은 인간에게 헌신이다. 이렇게 나무가 인간에게 보이는 헌신적인 일련의 작용들을 분해하여 표현하면, 인간에게 '나눠주고, 베풀고, 배려하는' 것이다. 『아낌없이 주는 나무』에서 보듯이, 자신이 가진 것을 모두 '나눠주고, 베풀고, 배려하는' 이 헌신적인 삶의 행태를 무엇이라고 하는가?

사랑이라고 한다.

사랑은 자신이 가진 귀한 것을 사랑하는 이에게 아낌없이 나눠주고, 베풀고, 배려한다. 인간에 대한 나무의 삶이 그렇다. 나무의 삶이 사랑이라면, 나무의 무리인 숲은 인간의 삶에 어떠한가? 역시 사랑이다. 아낌없이 나눠주고, 베풀고, 배려하며, 우주로부터 내려와 지구상에 태어나 인간의 삶에 헌신적으로 살아오고 있다. 인간에게 나무도 사랑이고 숲도 사랑이다.

'숲은 생명이다'라는 기본정신 아래, '숲은 성지이다'라는 기본이념으로부터 7대 산림성지론을 정립하며 내린 대명제는 '숲은 사랑이다.'이다. 7대 산림성지론을 통해서 종합할 수 있는 것은 산림은 인간의 삶에 필수불가결한 자원이며, 인간의 삶에 헌신적으로 바쳐진 존재라는 사실이다. 나무와 숲이 인간에게 보여주는 그런 모습을 필자는 '사랑'이라고 부르길 망설이지 않는다. 숲은 사랑이다. 사랑이란 무엇인가? 사랑은 위대한 힘이다. 모든 것을 극복하고 모든 것을 정복하는 위대한 힘이다. 그 힘으로 생명을 살리고 슬픔과 고통을 위로하여 역경을 극복하게 한다. 세상을 밝히는 빛이다.

본 장에서 산림(숲)은 생명이라는 기본정신(명제)을 바탕으로 숲은 성지라는 기본이념 아래 7대 산림성지론을 정립하여 '숲은 사랑이다'라는 산림을 인식하는 대명제를 제시하였다. 겉보기에 언어 유희적이고 수사적인 표현으로 보일지 모르지만, 숲을 체계적으로 인식하는 논리체계로 이해할 수 있기를 기대한다. 단순히 나무가 좋고 숲이 좋다가 아니라 이러한 이유 때문에 좋다라는 논리를 세운 시도이다. 죽어서까지 인간에게 헌신하는 나무의 사랑 없이, 숲의 사랑 없이 인간이 삶을 영위하는 것은, 시간의 문제일 뿐이지, 불가능하다. 나무가 사랑이고, 숲이 사랑이라면, 인간이 취해야 양심적인 행동은 무엇인가?

나무와 숲을 더욱 아끼고 보호해야 한다. 있는 것을 잘 보전하면서, 더 많이 심고 가꿔야 한다. 인류의 지속가능한 삶을 위해 더 아끼고 보호해야 한다. 그것이 산림휴양, 교육, 치유, 문화 등 산림복지의 모든 영역을 의미있고 가치있게 하며 지속가능한 삶과 인류의 미래를 보장받는 길이다.

숲은 사랑이다. 숲의 삶이 인간에게 보여주는 교훈은 사랑이다. 나무와 숲을 본받아 인간도 나무와 숲을 사랑해야 한다. 죽어서라도 숲이 그것을 진심으로 보여주고 있지 않은가! 값없이 대가 없이 인간에게 베푸는 숲사랑을 통해 나 자신의 소중함을 재인식하고, 가족을 사랑하며, 이웃을 사랑하고, 사회와 국가를 사랑할 수 있기를 기대한다. 더 나아가 숲이 우리를 사랑하듯이 우리도 숲을 더욱 사랑하기를 기대한다. 숲 사랑은 여러 가지 다양한 방법으로 표현할 수 있다. 다양한 휴양활동, 문화예술 활동은 숲의 의미를 알고 가치를 인식하여 향유하는 활동이다. 이러한 숲과 인간의 상호작용과 교감을 통해 나무와 숲이 지닌 가치와 중요성을 더 절실히 깨닫고 인식하여 숲을 더 아끼고 사랑하는 데에 앞장서게 한다. 이것이 나무 심는 녹화시대의 애림사상을 뛰어넘는 신애림주의요 신애림사상이다.

제2의 국토녹화: 국민녹화론

선조가 국토녹화에 성공한 것에 대해 후손은 국민녹화 성공으로 보답해야 한다는 사명과 과제를 제시한다. 대한민국은 건강하지도 않고 울분에 싸여있으며 사회정의가 사라졌다. 이를 위해 나무와 숲의 의미를 새로이 되새겨 숲으로 국민의 심신을 치유하여 국민녹화하고, 한민족의 시원문화코드인 자작나무 문화를 복원하여 백의 민족정신으로 사회정의를 바로 세워야한다. 이들은 신애림사상의 실천목표이다.

제13장

나무와 숲의 의미

1. 나무는 신령하다

가. 나무는 신령한 존재

오랜 시간에 걸쳐 기술한 이 책 〈숲과 국가〉도 이제 막바지에 다다르고 있다. 책 제목과 함께 이 책의 마지막 장을 〈숲과 국가〉로 붙이고 숲과 국가와의 관계를 기술하려고 한다. 그렇게 하기 위해서 우선 숲을 다시 한번 다룰 필요가 있다. 지금까지 다룬 숲은 대부분 단지 생물적인 측면에서 바라본 것이다. 바로 앞 제12장에서 산림성지론을 제안하면서 '숲은 생명이고, 숲은 성지'라는 기본정신과 기본이념을 밝혔다. 필자가 생각하는 숲(산림)을 대하는 마음이다. 물론 나름대로 그렇게 생각하는 배경이나 논리도 밝혔듯이 그냥 숲을 대하는 마음이 그렇다는 것은 아니다. 객관성을 담보하고 신뢰할 만한 몇 가지 논거를 붙인 것처럼 나름 객관성을 지니고 있음을 이해해 주기 바라는 마음이다.

제13장은 결론부이자 종장인 제15장에서 〈숲과 국가〉를 말할 수 있는

논거를 마련하기 위해 숲의 의미를 주로 비생물학적인 측면에서 관찰해본 것이다. 앞의 제12장에서 제시한 산림성지론을 뒷받침하고 객관성을 강화하려는 시도이기도 하다. 숲을 말하기 위해 우선 나무가 무엇인가를 정리해야 한다.

숲을 구성하는 중요한 것 하나를 꼽는다면 나무다. 제일 먼저 눈에 띄는 것이 나무이지 않은가? 나무가 무엇인가 이해할 수 있으면 숲의 정의는 그대로 나무의 정의대로 따라도 될 듯하다. 나무가 무엇인가는 나무의 쓰임새를 살펴봄으로써 그 답을 얻을 수 있을 것이다. 나무의 쓰임새에 대한 대강의 내용은 제10, 11장, 12장에서 정리하였듯이 나무는 물질적으로나 정신적으로나 인류의 삶을 지배해 왔다. 취사와 난방에 필요한 땔감을 제공하고, 각종 의식주의 재료, 약품의 원료, 가구재와 건축재를 공급한다. 잘 자란 나무는 수십억 원의 악기로 재탄생하기도 한다. 종이로 변신한 나무는 인류의 지식 정보를 전승하며 사실(史實)을 기록으로 남겨 인류문화에 기여한다.[1] 사실 나무 자체는 인류의 과거이자 현재이며 미래로 이어지는 인류 역사의 기록이기도 하다. 나무가 지닌 쓰임새와 같은 물질적인 의미는 제외하고 제13장에서는 나무가 지닌 의미를 우주론적으로, 신화적으로, 종교적으로, 생명적으로, 예술적으로, 수사학적으로, 정신적으로 재해석해본다.

우주론적으로 나무는 신령하다.

제1장(탄생)에서 138억 년 전 빅뱅 이후 우주의 시원에서 나무가 육지에 나타나기까지 일련의 과정을 자세하게 추적하였다. 138억 년이라는 장구한 시간 속에서 수많은 순간순간, 각 과정과 단계에서 별로부터 생명으로 이루

---

1) 나무의 쓰임새에 대한 간결하고 핵심적이며 역사 해설의 내용을 담고 있는 다음 책이 유용하다.
이수영 옮김, 2011, 세상의 나무-겨울눈에서 스트라디바리까지, 나무의 모든 것. Reinhard Osteroth 원저 Holz: Was unsere Welt zusammenhält. 파주: 돌베개. 172쪽.
Heinzinger, W., 1988, Die Chance Holz-Der andere Weg. Graz : Leuschner & Lubensky Verlag. p.387.
목재가 인류사회에서 어떻게 쓰임새를 발휘해 왔는지에 역사적으로 음미한 아래 책도 참고할 만하다.
Radkau, J., 2007, Holz-Wie ein Naturstoff Geschichte schreibt. München : oekom Verlag. p.341.

어지게 하는 사건들을 상상해보라. 억천만겁, 영겁의 시간 흐름 속에서 우주가 운행하는 가운데 시간의 흐름과 공간의 움직임은 별을 생성하고 지구를 탄생시켰다. 가스 덩어리로 불타던 지구별 속 원소들의 움직임은 생명 탄생에 필요한 또 다른 원소를 만들어 내었다. 이후에 식어버린 지구의 바다 열수공 근처에서 생겨났을 시원세포(원핵세포)가 오랜 세월 후 진핵생물로 진화하여 시아노박테리아와 결합하여 조류와 같은 바닷속 광합성 식물이 탄생하였다. 이 생명체들로부터 진화했을 포자식물이 4억 7천만 년 전 육지에 등장하였는데 바다로부터 육지로 상륙하기까지 실로 오랜 세월이 걸렸다. 바닷속 녹조류로부터 진화했을 선태식물이 육지를 점령하고 실루리아기, 데본기, 석탄기, 페름기의 고생대와 중생대, 신생대를 거쳐 오늘날 나무와 숲이 존재하게 되었다.

생명이 탄생하기까지 시간과 공간의 움직임을 생각해보라. 어느 한순간 만들어진 것이 아니고 상상할 수 없는 시간의 흐름과 공간의 움직임, 원소와 세포의 변화 속에 탄생한 것이다. 식물이 아니고 나무가 아니라, 인간인 내가 있기까지 그런 과정을 거친 것이니 우주는 참으로 신비롭다. 생명은 138억 년의 시간과 460억 광년의 공간을 달려온 신비의 존재이다. 한 그루의 나무는 우주의 시간과 공간을 품고 있다. 나무는 빅뱅으로 태어난 별(태양)의 혼(빛)과 지하의 물과 지상의 대기로 빚어진 생명체이다. 나무는 신비의 생명체이며 신령한 존재가 아닐 수 없다.

신화적으로 나무는 한 마디로 신령하다.

생명의 기원이 되는 존재이고, 우주와 세상을 지배하는 존재이며, 샤먼의 영(靈)이 하늘과 소통하는 길이며, 신체(神體)가 강림하는 통로이다. 북구 신화에 물푸레나무로부터 남자, 느릅나무로부터 여자가 태어난다. 만종수(萬種樹)는 태초부터 존재하는 것들의 생명력을 지배하는 신령한 나무이다. 시원주(始原柱, Irminsul), 천근수(天根樹, Arbor inversus), 우주수(宇宙樹,

Cosmic tree)나 세계수(World tree)는 우주 한가운데 서서 세상을 지배하는 신령한 나무이다. 이그드러실(Yggdrasil, 또는 Ygdrasill)로 전해오는 노르웨이의 물푸레나무 신화는 대표적인 신령한 우주수 이야기를 전하고 있다. 동서양 샤먼은 거의 대부분 나무를 통해 하늘과 소통하였다. 나무는 이처럼 신령한 존재이기에, 제3장에서 밝혔듯이, 한 나라의 건국에도 깊숙이 간여하고 있음을 전 세계의 건국신화를 통해 확인할 수 있다. 북방에서 자작나무는 샤먼이 영의 세계를 여행하거나 신과 인간의 세계를 넘나들 때 이용하는 신령한 매개체이다. 성황신과 성주신 등 우리 토속 신앙에 신목으로 등장하는 소나무, 전나무, 느티나무, 팽나무 등은 하늘로부터 신이 강림하는 통로 역할을 하며, 신체를 의미하기도 한다. 더 나아가서는 신이고, 영매(靈媒, Medium)이며, 복음(福音, Botschaft)이기도 하다.[2] 신화에 신수로 등장하는 나무나 신에게 바쳐진 숲을 함부로 베면 천벌을 받고 죽임을 당한다. 나무는 신령한 존재이다.[3]

---

2) Eggmann, V. and Steiner, B., 1995, Baumzeit-Magier, Mythen und Mirakel. Zürich : Werd Verlag. pp.40~59. Gollwitzer, G., 1985, Botschaft der Bäume-gestern · heute · morgen? 2.Auflage. Köln : DuMont. p.218. 신화와 종교, 민속에 등장하는 다양한 상징적 의미들을 지닌 나무들이 전하는 내용을 설명한다.

3) 신령한 존재로서 나무에 관한 이야기는 수많은 문헌과 연구를 통해 알려져 있다. 제3장에 소개한 문헌들을 참고할 수도 있다. '시원주'란 세상의 기원이 된 기둥, '천근수'란 하늘에 뿌리를 내린 생명의 근원이 되는 신령한 나무를 의미한다. 그 외 아래 졸고(2014)와 대표적으로 추천할 만한 문헌은 다음과 같다.
강경이 옮김, 2019, 길고 긴 나무의 삶. Fiona Stafford 원저 The long, long Life of Trees. 379쪽.
김기원, 2014, 세계의 건국신화와 숲. 숲과문화연구회 〈국가의 건립과 산림문화〉. 서울: 도서출판 숲과문화. 1~50쪽.
김기원, 2004, 몇몇 우주수(宇宙樹)의 특성과 공통점에 관한 연구-이그드러실, 참나무, 부상(扶桑)을 중심으로-. 한국식물 · 인간 · 환경학회지 7(4) : 93~100쪽.
숲과문화연구회, 2014, 국가의 건립과 산림문화. 산림문화대계2. 서울: 도서출판 숲과문화. 285쪽.
신원섭 편, 1999, 숲과 종교. 숲과문화총서7. 서울: 수문출판사. 228쪽.
전영우, 2005, 숲과 문화. 서울: 북스힐. 360쪽.
전영우, 1999, 나무와 숲이 있었네. 서울: 학고재. 251쪽.
주향은 옮김, 2007, 나무의 신화(3판). Jacque Brosse 원저 Mythologie des arbres. 서울: 이학사. 421쪽.
竹村眞一, 2004, 宇宙樹 cosmic tree. 東京 : 慶應義塾大學校出版會株式會社. p.177.
Demandt, A., 2002, Über allen Wipfeln-Der Baum in der Kulturgeschichte. Köln : Böhlau Verlag. p.366.
Frazer, J. G., 1996, The Golden Bough. New York: A Touchstone Book. p.864.
Graves, R., 1975, The White Goddess. New York: Farrar, Straus and Giroux. p.510.
Grimm, J., 2003, Deutsche Mythologie. Band1/2. Wiesbaden : fourierverlag. p.1044/540(Band1/2).

종교적으로도 나무는 신령한 존재이다.

기름을 생산하는 감람나무는 성령을 상징하는 나무이고, 성전 짓는데 사용한 백향목은 권세와 위엄을 상징한다. 성경이 제시하는 인간 역사에 세 그루의 나무가 우뚝 서 있는데, 시발점에는 인간을 타락시켜 죽게 한 선악을 알게 하는 나무가 에덴동산에 서 있고, 그 중심점에는 인간이 당한 죽음의 저주를 제거하고 새로운 생명을 얻게 하는 예수 그리스도의 십자가 나무가 서 있다. 종착점에는 십자가 나무에 달린 그리스도를 믿는 자들에게 주어질 생명나무가 서 있다.[4] 불교에서 석가모니의 생애 전반적으로 나무와 숲은 특별한 존재로 역할 한다. 어머니 마야 부인이 출산하러 친정으로 가는 도중에 룸비니 동산에서 석가가 태어날 때 무우수(아소카나무), 수행하고 득도할 때 보리수나무, 입적할 때 사라쌍수가 서 있는 곳에서 누워서 입적한다. 기독교, 불교에 등장하는 이들 나무들이 모두 신령한 존재임은 말할 필요 없다. 나무는 신령한 영적 존재이다.

생명론적으로도 나무는 신령하다.

생명의 탄생과정을 살펴보면, 하늘(별)에서 내려온 원소가 물에 집적되고 결합하여 생명으로 태어났다. 빅뱅 이후 별이 태어나고, 물질이 만들어지며, 열과 빛이 생기고, 바다로부터 시원세포가 만들어지며 원시식물이 태어날 때까지 참으로 억겁의 세월이 걸렸다. 박테리아로부터 시작한 엽록체를 지닌 광합성 식물은 오랜 세월 동안 진화하였고, 육지로 상륙하여 땅에서 거대한

Hageneder, F., 2005, The Meaning of Trees. San Francisco : Chronicle Books. p.224.

Kynes, S., 2007, Whispers from Woods-The Lore & Magic of Trees. Woodbury(Minnesota) : Llewellyn Publications. p.273.

Laudert, D., 2004. Mythos Baum.(6.Auflage). München: BLV. p.256.

Storl, W.-D., 2014, Die alte Göttin und ihre Pflanzen. München: Kailash. p.272.

Storl, W.-D., 2019, Wir sind Geschöpfe des Waldes. München: Gräfe und Unzer Verlag. pp.270~281.

4) 남대극, 2008, 성경의 식물들. 서울: 삼육대학교 출판부. 21~34쪽.

Hageneder, F., 2014, Der Geist der Bäume. Saarbrücken : Neue Erde. pp.199~202.

나무로 자라고 있다.

그런데, 이렇게 오랜 세월이 걸려 육지에 자라기 시작한 나무는 하늘 아래, 에베레스트 등 산을 제외하고, 살아있는 생명체 중에서 가장 높이 자란다. 그리고 자기가 나온 바다나 땅속을 향해 자라는 것이 아니고 하늘을 향해 자란다. 나무는 자라서 몇 사례를 제외하고 세계의 가장 높은 교회 첨탑 높이를 능가하여 하늘을 향해 있다.[5] 나무는 이렇듯 자신의 본향(별)을 찾아 가려는지 생명체 가운데 지상에서 가장 높게 하늘을 향해 솟아오르고 있다. 하늘에서 바라보면, 나무는 하늘에 가장 가까이 다가와 있는 생명이지 않은 가! 하늘에 가장 가까이 있기에 나무는 경건하며 거룩하며, 생명 중에서 가장 신령하다. 물과 산소를 만들어 생명을 지켜주니 더욱 신령하다.

예술적으로도 나무는 신령한 존재이다. 예술은 어떻게 창작되는가? 나무가 살아있는 생명으로 보여주는 현상 그 자체는 예술가에게 천태만상의 상징으로 다가온다.[6] 나무는 무엇보다도 그 자체가 언어이고 작품이다. 눈, 꽃, 잎, 가지, 줄기, 수형 등이 시간(계절)과 빛의 함수에 의해 움직일 때 변화무쌍하게 연출하는 각양각색의 자태는 하나하나 모두 언어이다. 모양과 색깔, 고요함(靜寂)과 움직임, 소리와 향기, 그리고 이들이 서로 어울려 자아내는 풍경은 그 자체로 시이고, 수필이며, 음악이고 그림이며 예술이다. 이렇게 나무가 작가의 창발적 감각을 빌어 재탄생하는 것이 예술품이라면, 그렇게 형상화할 수 있게 동인(動因)이 되어주는 생명체인 나무는 예사로운 존재는 아니다. 자기 작품을 탄생시키는 나무는 작가에게 신령한 존재가 아니고 무엇이겠는가!

그 뿐 아니다. 나무는 신출귀몰하는 변신의 귀재이다. 연중 살아 있는

5) Cichoki, O., 1995, Bäume wachsen in den Himmel. Cwienk 원저 Holzzeit. Ternitz(At): VMM Verlag. pp.76~85

6) 수사학(修辭學)에서 다뤄지는 나무의 다양한 문학적 상징에 관해서는 특별히 다음 문헌을 참조하기 바람. 우찬제, 2018, 나무의 수사학. 서울: 문학과 지성사. 423쪽.

봄·여름·가을·겨울 계절을 달리할 때마다 모양, 색깔, 향기, 맛(열매, 수액 등), 소리, 질감 등으로 새로운 모습으로 자신을 연출한다. 자연미에서 예술과 미의 근원을 찾은 셸링이나 칸트와는 달리 헤겔은, 미에 있어서 정신적인 면을 강조하여 작가의 창작 의도나 창작 정신(Geist)이 들어있는 예술작품이 갖는 예술미가 진정한 미이며, 자연미를 능가한다고 주장하고 있다.[7] 그러함에도 헤겔은 자연이 지닌 생명력(생동성) 때문에 자연은 아름다움(자연미)을 지니고 있음을 부인하지 않았다. 이러한 생명력으로 봄이면 나무들은 잎과 꽃으로 저마다 화려한 시의(詩衣)와 화의(畵衣)로 갈아입고, 고운 색조와 감미로운 향으로 생명의 감각과 영혼을 유혹한다. 여름이면 녹의 향연으로 온 산을 물결치게 하고, 가을에는 만산홍엽과 백수만실(百樹萬實)로 강산을 금수(錦繡)처럼 물들이며, 겨울에는 나목의 꾸밈없는 초상과 백설경(白雪景)으로 온 세상을 고요와 꿈의 정중동(靜中動)의 세계로 자신을 변신한다. 이 세상 어느 예술인이 때를 가려 나무처럼 계절마다 살아 움직이는 색과 향, 빛과 소리로 변신하는 작품을 창작할 수 있다는 말인가!

　죽어서 목재의 변신은 더 다양하고 화려하다. 수종마다 목재가 지닌 문양 (紋樣)이 다채로우며, 문양을 잘 살린 건축과 가구, 무늬가 지닌 오졸거리는 아름다움을 살려 만든 아기자기한 공예품은 눈을 현혹한다. 얼마나 아름다운 변신이며 경이로운 일인가![8] 나무의 형상과 얼굴의 변신, 속살에 숨어있는 조직의 비밀과 그 열림은 실로 경이롭다. 화려하게 변신하는 예술적 아름다움에 내재된 신비로움과 경이로움으로 나무는 더욱 신령하다.

　수사학적으로도 나무는 신령하다.
　제2장 '숲'에서 소개하였듯이 나무는 세상에서 단일 생명체로 키가 가장

7) 두행숙 옮김, 1996, 헤겔미학I. Hegel, G.W.F. 원저 〈Vorlesungen über die Ästhetik〉. 파주: 나남출판사. p.27.

8) Thoma, E., 2016, Holz Wunder. Wals bei Salzburg : Red Bull Media House. pp.9~13.

크고, 몸집이 가장 크며, 나이가 가장 많은 최장수 생명체이다. 이렇듯 나무는 세상에서 가장 거대하고 가장 오래 사는 생명체이다. 지구상에서 최고(最高), 최대(最大), 최고(最古)의 생명체가 나무다. 아니, 현재의 과학지식으로 우주에서 최고(最高), 최대(最大), 최고(最古)의 생명이다. 우주에서 가장 거대하고 가장 오래 사는 생명이 나무이다. 이런 생명체가 나무이다.

죽은 나무는 키가 146m나 자랐었고, 살아있는 나무는 키가 115m가 넘고, 몸무게가 2000톤 이상이며, 나이가 5000살이라니, 이런 몸집으로 살아있다는 것이 신기하지 않은가? 5000년 전에 태어난 생명이라면 BC 3000년 경에 태어나서 자라기 시작하였으니 신석기 시대 태어난 인물이 지금껏 살고 있다고 가정해보자! 대단한 생명이지 않은가? 이 거대한 생명 앞에 서면 그저 말문이 막힌다. 모든 묘사 설명 생략하고, 이런 외관만으로도 나무는 다른 생명과 얼마나 뚜렷하게 구별되는 생명인가?

나무는 생명 중의 생명이다.

그런데 나무를 한사코 수량적으로 115m의 키, 2000톤의 몸무게, 5000살의 생명체로만 보지 말고 각각 다른 각도에서 바라보자.

키가 146m에 이르도록 자랐던 생명체가 하늘을 향해 치솟아 있는 모습을 밑둥치에서 바라보면 까마득한 높이에 아찔한 느낌을 받는다. 115m 이상으로 하늘 높이 치솟은 나무를 올려다보면 그 모습이 장대하고 위대하다. 위대하다는 의미는 능력이나 업적이 크게 뛰어나고 훌륭하다는 뜻이다. 그 높이까지 자랄 수 있는 능력과 그 높은 키와 거기에 어울리는 장쾌한 모습을 지닌 나무는 위대하지 않은가?

몸무게가 2000톤이고 몸통 지름이 11m나 되는 생명체는 '장엄하다'. 장엄하다는 의미는 웅장하고 위엄이 있다라는 뜻이다. 체중이 2000톤이고 몸통 지름이 11m이며 키가 84m나 되는 생명체로 우리 앞에 버티고 서 있는 나무의 모습을 보면 그야말로 장엄하고 경이로운 모습에 감탄하지 않을 수 없다.

6200년이나 살다가 죽은 생명체, 5000년이나 숨을 쉬는 생명체라면, 구석기 말기나 신석기 시대에 태어나서 지금까지 살아있는 생명체가 아닌가? 인류사에서 그 시간의 길이에서 일어났던 일들을 상상하면 이 생명체는 얼마나 경이롭고 신령한 생명체인가? 신령하다는 의미는 신기하고 영묘하다는 뜻이다. 상상을 뛰어넘도록 장구한 세월을 살 수 있는 나무는 다른 동물이나 인간과 뚜렷이 구별된다. 이런 특징을 지닌 생명체를 묘사하는 가장 적절한 형용사는 무엇인가? 신이하고 영묘하며 신령하다는 표현은 나무를 형용하는 가장 적합한 수사이다.

정신적으로도 인간에게 나무는 신령한가?

앞에서 제시한 여러 분야에서 나무는 신령하다고 정리(定理)하였다. 신령한 대상은 현실 세계에서 인간 외적인 대상이다. 인간을 보고 신령하다고 말할 수 없다. 자연(물)의 기이한 현상을 보거나, 신과 같은 영적 존재를 신령하다고 한다. 그런 신령한 대상, 가령, 종교를 가진 신자들은 하느님과 부처님, 알라신에게 자신을 온전히 맡기고 의지한다. 신은 전지전능한 신성이기 때문에 자신이 의지하는 신으로부터 자신이 처한 상황을 타개할 수 있고, 문제 해결을 위한 지혜를 얻을 것으로 기대한다. 그리고 예배와 찬송과 기도를 통해서 신으로부터 위로를 받는다.

나무도 위로자가 된다.

인간은 자신이 어려움에 봉착하게 되면 무엇인가로부터 어려움을 해결해주고, 곤란과 역경을 극복해 나갈 수 있는 힘을 얻으려 한다. 그것에 의지하게 하고 위로를 받으려 한다. 필요할 때 찾아가서 구함을 얻고자 한다. 인간이 나무로부터 그렇게 위로받는 대표적인 사례가 앞에서도 제시한 『아낌없이 주는 나무』이다. 이 이야기는 인류가 지금껏 문명의 이익을 위해서 나무(곧 숲)에게 행한 모든 행태를 보여주는 것이나 다름이 없다. 소년은 필요할 때마다 찾아가서 때로는 의지하고 때로는 위로받았다.

나무에 의지하고 위로받은 잘 알려진 또 다른 사례는 독일 낭만주의 시인 밀러가 작시한 슈베르트의 가곡 「보리수(Der Lindenbaum)」(1827)에 잘 나타난다. 이 곡은 슈베르트의 친구인 밀러(Wilhelm Müller, 1794~1827)의 시에 슈베르트(Franz Peter Schubert, 1797~1828)가 곡을 붙인 것이다. 슈베르트가 사망하기 1년 전인 1827년 가을에 완성한 곡이다. 작곡 당시는 밀러의 죽음, 지병, 사상, 경제 상황 등 여러 가지로 슈베르트가 절망감으로 어려웠던 시기였다. 이러한 상황에 밀러의 「보리수」나무는 슈베르트에 커다란 위안을 주었다. '매서운 찬 바람이 몰아치는 어느 겨울날, 사람들이 모두 떠나가고 절망감에 빠진 고독한 나그네에게 성문 앞 우물가에 잎을 다 떨군 채 말없이 서 있는 보리수나무가 자신에게 손짓하고 있다, 오라고. 자신에게 다가와 위로를 받으라고.'[9]

「보리수」나무는 정신적으로 매우 어려운 상태에 처한 슈베르트를 위로하였을 뿐만 아니라, 오늘날 전 세계의 음악인을 비롯하여 많은 사람이 여전히 위로받고 있다. 「보리수」뿐이 아니다. 완당 김정희 선생이 그린 『세한도(歲寒圖)』(1844)에 등장하는 송백(松柏)을 어떻게 해석해야 할까? 송백을 가까이 대하며 위로받아 암울한 유배생활을 극복하고, 변하지 않는 사제의 지조와 절개, 우정을 표현한 것이 아닌가! 송백은 대학자에게 위로자이자 사표였을 것이다. 소나무는 우리 민족에게 한(恨)이 서린 나무이기도 하지만(제6장), 가장 좋아하는 나무이기도 하다.[10] 나무는 인간보다 훨씬 크고, 오래 살며,

---

김진균 · 나인용 · 이성삼 공역, 1978, 서양음악사(하). Donald Lay Grout 원저 A History of Western Music. 서울: 세광출판사. 620~625쪽.
박찬기, 1992, 독일문학사. 제3판. 서울: 일지사. 284쪽.
이혜구 외 12인 공역, 1977, 음악대사전. 서울: 미도문화사. 794~810쪽.
Kraus, G., 1989, Musik in Österreich. Wien : Christian Brandstätter Verlag. pp.186~191.
Schmidt-Vogt, H., 1996, Musik und Wald. Freiburg : Rombach Ökologie. pp.49~52.
「보리수」는 슈베르트의 연가곡집 『Winterreise(겨울여행/겨울나그네)』에 제5곡으로 수록되어 있다.

한국갤럽, 2019, 한국인이 좋아하는 것들 40가지, http://www.gallup.co.kr
이 자료에 의하면 소나무는 2004년(44%), 2014년(46%), 2019년(51%) 모두 한국인 가장 좋아하는 나무로 응답하였다.

제6부 제2의 국토녹화: 국민녹화론

좌고우면하지 않고 정직하게 자신의 삶을 살아간다. 그런 모습은 인간과 뚜렷이 구별될 정도로 믿음직스러워 지친 심신을 의지할 만하고, 위안을 얻고, 위로받으며 치유함을 얻을 수 있게 한다. 나무는 이처럼 인간에게 정신적 위로자이고 치유자의 역할을 한다.[11] 사람들이 한 그루의 나무로부터 위로를 받을 수 있음은 특별한 사연 때문일 수 있다. 나무가 인간의 정신을 지배할 만큼 충분히 신령한 생명체이기 때문이 아닐까?

나. 사랑을 실천하는 신령한 생명체

나무는 몸집만으로도 장엄하며, 키만으로도 위대하며, 5000년 이상을 살아가는 장수하는 존재로서 신기하고 영묘하며 신령한 생명체이다. 나무는 위대하고 장엄하며 신령하다! 나무는 자기가 태어나는 장소를 마음대로 선택할 수 없다. 모수(母樹, 어미 나무)에서 떨어지는 씨앗은 바람이나 물 등 자연력이건, 곤충이건, 아니면 신이 정해 주는 장소에 터전을 잡고 평생을 살아간다. 폭염과 혹한을 견디며 살아가야 하며, 전쟁이 와도 피난 가지 못하고 총탄을 맞으면서 삶을 이어가야 한다. 모든 역경은 자신의 몸 안 나이테에 고스란히 새겨져 있다. 삶의 진리를 그대로 보여주는 생명이니 헤세(Hermann Hesse)는 나무야말로 가장 감명을 주는 설교자라고 힘주어 말한다.[12]

설교자는 누구인가? 누가 설교하는가? 스님이 설교하고, 신부님이 설교하고, 목사님이 설교한다. 하지만 그들은 모두 설교를 대변한다. 부처님의 말씀을 대변하고, 하느님의 말씀을 대변한다. 하느님과 부처님을 대언(代言)하여 설교하되 성경에 의지하여, 불경에 근거하여 대언한다. 그런데 왜 성경과

---

11) Gruber, J. und Thoma, E., 2015, Bäume für die Seele. Wien : Carl Ueberreuter Verlag. p.112.
　　Himmel, M., 2015, Bäume helfen heilen. 5. Auflage. Darmstadt : Schirner Verlag. p.263.

12) Hesse, H., 1984, Bäume. In Insel Verlag 〈Bäume〉. Frankfurt am Main : Insel Verlag. 1984. pp.9~13.
　　국내에서 『나무들』이라고 번역되어 출간되었다.(송지연 옮김, 2000. 민음사).

불경에 의지하여 설교하는가? 성경과 불경이 하느님과 부처님의 말씀이기에 그렇다. 불경과 성경은 부처님과 하느님의 진리의 말씀이다. 진리의 말씀인 고로 성경과 불경에 입각하여 설교하는 것이다. 진리에 근거를 두고 설교하는 것은 참 설교이고, 그렇지 않은 것은 사사로운 설교이다. 신앙적으로 설득하기 어려운 설교이다. 신뢰를 주지 못하는 설교는 마음을 움직일 수 없고, 가슴을 터치할 수 없고, 영혼을 정결하게 할 수 없다. 진리의 말씀에 바탕을 둔 설교가 감동을 주고 감명받을 수 있게 한다.

그런데 헤세는 나무가 가장 감명을 주는 설교자라고 하지 않았던가?

사실 '나무가 설교자'라는 표현은 다분히 신성모독적이고 불경스러운 표현이 아닐 수 없다. 설교자는 하느님과 부처님의 진리 말씀인 성경과 불경에 바탕을 두고 설교하는 신부님, 목사님, 스님이 되어야 하는데 나무가 설교자라고 했으니 말이다. 그러나 비록 이 표현이 불경스러운 묘사라고 할지라도 논리적으로 올바른 표현이 되려면, 어떤 조건을 갖춰야 할까?

나무가 진리가 되어야 한다.

나무는 자신의 삶을 자신의 의지대로 살 수 없다. 앞에서 언급했듯이 어머니 나무로부터 씨앗으로 떨어져 자연과 신이 정해 주는 장소에 뿌리를 내리고 평생을 살아간다. 폭풍우, 폭염, 혹한, 전쟁이 있어도, 한 발자국도 꼼짝 못하고 평생을 그 자리에 서서 살아야 한다. 인간은 어떤가? 나무는 삶의 근본을 보여주는 것이다. 삶의 진리를 보여준다. 이처럼 나무의 삶은 진리를 대변한다. 그래서 헤세는 나무는 성소(聖所)라고 외친다. 성소는 무엇인가? 기독교에서 하느님의 언약궤가 있는 곳이다. 진리의 말씀을 간직하고 있는 곳이다. 거룩한 장소이다. 신령한 장소이다. 그래서 나무는 신령하다.

자, 이제 이쯤에서 나무가 살아가는 참된 삶의 모습이 우리에게 무엇을 보여주는지 생각해볼 필요가 되었다.

『아낌없이 주는 나무』[13]를 바라보라! 나무에게 요구하는 인간의 끝없는

---

13) Shel Silverstein이 쓴 『THE GIVING TREE』(New York, Benedict Press 출판사, 1964)의 제목이다. 국내에서

욕망과 대조적으로 온몸을 바쳐 마지막 그루터기까지 헌신하는 나무의 삶을 그대로 보여준다. 삶의 진리를 묵묵히 보여주고 있다. 무엇이든지 인간에게 필요한 것을 다 내주는 나무의 삶, 우리는 그것을 무엇이라고 말할 수 있는가? 나무는 인간을 위해 헌신하지 않은가? 나무는 죽어서 제값을 하는 것이 살아 있을 때 하는 것보다 더 많다. 목재로서, 의약품으로서, 식품으로서, 종이로서, 숲에서 사는 식물과 동물의 영양 물질로 환원하는 등 죽어서 더욱 진가를 발휘하기도 한다. 살아서도 죽어서도 생명과 인간에게 무엇이든지 헌신적으로 필요한 것을 바치는 나무의 삶. 나눠주고, 베풀고, 배려하는 나무의 삶을 무엇이라 할 수 있는가?

그것은 바로 사랑이다.

나무의 삶은 인간이 살아있는 한 진리이자 사랑을 실천하는 삶이다. 얼마나 거룩하고 숭고한 삶인가! 인간은 나무의 삶을 배워야 한다. 나무 자체가 신령한 생명체로서 신령한 생명체에게 헌신하는 사랑의 메시지를 배워야 한다. 나무는 진리이자 사랑의 화신이다.

깊은 숲속에 장성한 나무들을 바라보라!

하늘 높다랗게, 하늘에 가장 가까이 묵직히 치솟아 있는 나무를 올려다보라!

한 자리에서 수십 년, 수백 년을 아무런 미동도 없이 살아온 한 생명체를 바라보라!

오대산 상원사 계곡이나 설악산 수렴동 깊은 골짜기에 하늘 찌르듯 직립하여 솟아있는 짙푸른 침엽수 무리를 올려다보노라면 나무줄기 따라 영혼이 하늘로 솟아 올라가는 듯한 기분이 든다.

이렇듯 듬직하고 당당하게 서 있는 생명체를 대하고 있으면 어떤 기분이 드는가?

분도출판사(김영무 역, 1975) 등에서 번역 출판하였다. 세계에서 성경 다음으로 가장 많이 팔린 책의 하나로 알려져 있다.

거룩하고 신령하지 않은가?

나무는 신령한 생명체이다.

삶의 진리를 보여주고 사랑을 실천하는 신령한 생명체이다. 나무의 삶은 진리이고 모든 생명체의 표본이다. 나무는 자연이 정한 이치에 따라 진리와 사랑으로 묘사된 생명상(生命像)으로서 영원불변의 가치를 지닌다.

우리가 죽으면, 신령한 생명체인 나무 아래 묻힌다. 나무를 소중히 여기고 신령하게 대하여야 할 이유도 여기에 있다. 결론적으로 나무는 세상에서 살아 숨 쉬는 모든 생명체 가운데 가장 신령하다.

2. 숲은 신성하다

가. 숲은 생명의 공간

살아있는 숲이 하는 작용이 다양한 만큼 숲이 지닌 의미도 매우 다양하다. 숲이 인간에게 베푸는 다양한 물리적이고 공익적 기능에 대해서 제10장 〈표 10-9〉에 소개한 바와 같다. 여기 제13장에서는 앞 절에서 살핀 '나무의 의미'를 바탕으로 숲이 지닌 다른 측면의 의미를 살피고자 한다.

숲은 수풀의 준말이다. 어의로 보면 그렇다. 그 속을 들여다보면 수(樹)도 있고 풀도 있다. 곤충도 있고, 새도 있고, 길짐승도 있다. 생물이다. 생물이 있기에 숲을 생기있게 하고 사계절 화려하고 아름다운 풍경을 펼친다. 그러나 흙도 있고 물도 있고 공기도 있다. 무생물이다. 생물은 이들 무생물 덕분에 살아간다. 뿌리를 내려 수풀을 살 수 있게 하기에 곤충도 날짐승도 길짐승도 살 수 있게 한다. 토양 속에 세균도 살게 한다. 생물 무생물 사이에 얽히고설켜 살아가는 것이 삶의 질서이다. 숲에서 일어나는 변함없는 우주적 질서 덕분에 인간을 비롯한 모든 생물들이 물을 마실 수 있게 하며, 신선한 공기로 숨을 쉬며 살아갈 수 있게 한다. 먹거리를 주고, 잠자리를 제공하며, 비와 추위를 피할 수 있게 하고, 쉴 자리도 마련해 준다. 숲이 삶을 이어가게 하고 생명을 유지하게 한다. 또 전쟁에서 숲은 은폐와 엄폐로 공격과 방어의 매우 유용한 기능을 발휘한다. 병사의 생명을 지키고 보호하지만, 전쟁을 승리로 이끌게 되면 전승이며, 그것은 곧 국민을 지키는 것이고 국가를 보위하는 것이다.[14] 숲은 이처럼 생명을 보호하고 생명을 지키기도 하면서 인간 삶의 전반을 다스린다. 인간의 생사의식주(生思衣食住)를 통제하는 것이 숲이지 않은가! 숲이 소중하다.

지구에 생명이 태어난 곳은 바다이지만 육지에 생명이 태어난 곳은 숲이다. 숲은 이 세상에서 가장 온전하고 완벽한 생명의 공간이다. 숲은 생명을 잉태하는 생명의 모태이다. 숲은 또한 생명이 또 다른 생명이 될 수 있도록 사랑을 하고 사랑을 간직한 곳이기도 하다. 생명을 주고, 생명을 이어가게 하면서 생명으로 아우성치는 곳이 숲이며 생명의 소리로 벅신거리는 곳이 숲이다. 숲은 생명 이상의 역할을 한다. 제1장과 제12장에서 지구에서 생명 탄생에 관한 일련의 과정을 정리하였듯이, 이처럼 숲은 생명을 잉태하고 태어나게 하며 살아가게 한다. 진화론적으로나 현실적으로 인간은 숲의 피조물이나 다름없다.[15] 숲은 인간을 비롯하여 무수한 생명이 서로 의지하고 사랑하며 살아가는 공간이다. 숲은 생명이자 생명의 공간이다. 필자가 숲을 대하는 기본정신이다. 소중하게 다루고 존중해야 하고 보호해야 하는 존재이다.

나. 숲은 우주의 비밀

빅뱅 이후 138억 년 동안 우주는 팽창을 계속하고 있다. 관측 가능한

---

14) 김기원, 2019, 숲과 전쟁과 평화. 이천용 편저 〈숲: 전쟁과 평화〉. 숲과문화총서26. 서울: 도서출판 숲과 문화. 3~22쪽.

15) Storl, W.-D., 2019, Wir sind Geschöpfe des Waldes. München: Gräfe und Unzer Verlag. pp.52~79.

우주의 지평선은 460억 광년의 거리로 우주 공간의 크기를 추정한다. 이 시공간에 담긴 나무와 숲의 위계는 나무 → 숲 → 지구 → 태양계 → 우리 은하 → 은하단 → 초은하단 → 우주 → 대우주 → 초우주로 거슬러 올라간다.

행성 지구의 숲에는 생명이 가득하다. 야생화며 기화요초와 나무로 우거진 수림 속에 나비와 벌과 잠자리 등 곤충과 꾀꼬리와 동박새 등 날짐승과 길짐승이 어우러져 조화를 이루며 살아가고 있다. 생명의 소리로 아우성치며 벅신거리는 숲은 생명현상으로 생기가 넘쳐나며, 질서와 조화 속에 변신하면서 계절마다 새로운 기적을 연출한다. 지구 녹색식물이 벌이는 생명현상이다. 지적 생명체로 의식을 지닌 인간은 매일 아침 수평선(지평선) 너머로 이글이글 불덩이처럼 태양이 떠오르는 것을 보고, 하루를 여러 생명과 교유하다가, 저녁 무렵이면 지평선(수평선) 너머로 붉게 물든 노을과 함께 마알간 태양이 지는 것을 본다. 밤이면 하늘에 펼쳐진 별을 헤아려 보며 우주의 장관을 관찰한다.

그런데, 인류 최고의 첨단 과학이 현재까지 밝혀낸 바에 따르면, 460억 광년에 달하는 무변 광대의 거대 우주에 있는 무수한 천체 중 우리 주변에서 볼 수 있는 녹색식물로 인하여 벌어지는 생명현상이 일어나고, 인간과 같은 의식과 고등 지혜를 지닌 생명체가 있을 만한 곳은 지구 이외에는 아직 아무 데도 없다고 한다. 반지름 불과 6400km에 지나지 않는 행성 지구는 우주 공간에서 먼지 크기에 지나지 않는다. 우리 은하에만 별이 2000~4000억 개 있으므로 태양계를 기준으로 지구와 같은 행성 수는 2000~4000억 x 8(태양의 행성수)로 1조 6천억~3조 2천억 개의 행성이 있다. 여기에 별의 수를 합치면 많게는 2조~3조 6천 억 개의 천체를 상상해 볼 수 있다. 여기에 은하단, 초은하단, 우주로 확대하면 우리 지구는 먼지에도 미치지 못하는 미미한 행성이다. 비록 지구는 창백한 푸른 점(pale blue dot)에 지나지 않지만 이 행성을 떠나서 다른 곳으로 이주하여 생명을 유지할 만한 천체는 아직 없다. 지구에서와 같은 생명이 있는 천체는 아직 없는 것이다. 물론 우주에는

우리보다 훨씬 더 지적이고 더 앞선 생명들이 득실거리고 있을 것이라 추측할 수 있다.[16]

광활한 우주 공간에 오로지 지구에만 생명이 살아가고 나무와 숲이 있다. 숲이 있는 천체는 지구가 유일하다.

지구는 신비로운 천체이고 우주에 숨겨진 비밀 천체이다.

숲은 비밀의 천체 지구에 있으며, 곧 우주의 비밀스러운 생명의 공간이다.

숲은 우주의 비밀이다. 나무 자체가 비밀스럽고 신령한 생명이니 나무로 이뤄진 공간인 숲이 비밀인 것은 지극히 자연스럽다.[17]

다. 숲은 민족정신과 역사와 예술혼이 담긴 곳

뉴욕 주립대학의 데이비스(Thomas Davis) 교수는 위스콘신 주 메노미네 (Menominee) 인디언이 자신들의 보호구역을 왜 지키려 하는지 연구하였다. 메노미네 인디언이 숲을 보호하고자 하는 것은 조상 대대로 숲에 살면서 삶에 필요한 것을 숲으로부터 얻어 살아왔으며, 그들의 문화와 정신(culture & spirit)이 숲에 깃들어 있기 때문이라고 주장한다.[18] 산림을 지속가능하게 가꾸는 것은 사람과 문화를 지속가능하게 하는 것이며, 결국은 인간의 정신, 곧 민족의 정신과 영혼을 지키는 것이다. 이렇듯 오랫동안 삶터가 되어온 숲은 촌락민이든 부족이든 민족이든 그들의 정신과 혼이 들어있다. 물질적으로 정신적으로 삶을 의지하고 위로받으며 살아온 모든 삶의 희로애락이 숲에 담겨있다. 그들의 역사와 문화, 정신이 살아 숨 쉬는 곳이 숲이다. 그렇게 조상 대대로 삶의 터전이 되어준 숲을 포기하는 것은 곧 그들 삶의 흔적을

---

16) 현정준 옮김, 2001, 창백한 푸른 점. Carl Edward Sagan 원저 〈Pale Blue Dot〉. 서울: 사이언스 북스. 20~27쪽, 43~57쪽.

17) Thoma, E., 2012, Die geheime Sprache der Bäume. Salzburg : Ecowin Verlag. p.206.

18) Davis, T., 2000, Sustaining the Forest, the People and the Spirit. New York: State University of New York Press. pp.43~57.

지우는 것이고 그 안에 담긴 정신과 영혼을 버리는 것이나 다름없다.

메노미네 인디언의 사례에서처럼 특정한 나무나 숲이 국가와 민족의 삶에 큰 의미를 담고 있기에 문화 예술적으로 영향력을 행사할 수 있다. 또한, 각 민족의 신화에 등장하는 나무와 숲은 신령하며 신성한 존재로 생각하기 때문에 신화의 내용은 그대로 문화로 계승되며 예술작품으로 승화되고 있다.[19] 신화에 등장하지 않더라도 예술로 승화한 사례는 무수히 많다. 앞절에서 소개한 「보리수(Lindenbaum)」는 시인 뮐러와 작곡가 슈베르트에게 영감을 줌으로써 대작으로 재탄생한 사례이며 『세한도』도 마찬가지이다. 한 그루의 나무가 아니라, 한 민족의 정신과 영혼이 담긴 숲이 역경에 처해 있는 국민에게 커다란 위안이 되게 한 또 다른 사례를 소개한다.

요한 슈트라우스 2세(Johann Strauss Ⅱ, 1825~1899)는 왈츠의 왕으로 불린다. 1866년 6월, 오스트리아가 독일 프로이센과 전쟁에서 패하자 빈(Wien) 거리는 상이군인과 남편과 아이를 잃은 사람들이 넘쳐났다. 명랑하고 밝던 분위기는 사라지고, 사기를 잃은 국민은 슬픔과 탄식으로 방황의 나날을 보내고 있었다. 이때 슈베르트의 『미완성 교향곡』의 발견자이자 당시 '빈 남성합창협회' 지휘자였던 요한 헤르베크(Johann Herbeck)가 요한 슈트라우스 2세에게 빈에 활기를 다시 불어넣고 국민의 사기를 높일 합창곡을 작곡하도록 요청한다. 암울한 나날을 보내고 있는 국민에게 용기와 희망을 줄 수 있는 작곡가는 요한 슈트라우스뿐이라 생각하고 국민의 마음을 밝고 쾌활하게 북돋워 줄 곡을 작곡하라고 권유한 것이다. 이렇게 하여 탄생한 곡이 1867년에 작곡한 『아름답고 푸른 도나우』이고, 1868년에 탄생한 『빈 숲속의 이야기(Geschichte aus dem Wienerwald)』이다.[20] 오스트리아 국민의

---

19) 김기원, 1992, 그리스 로마 神話 속의 숲. 숲과 문화 1(4): 30~36쪽.
　　김기원, 2014. 앞의 책.

20) Kraus, G., 앞의 책. pp.271~272.
　　안동림, 1997, 이 한 장의 명반. 서울: 현암사. 531~537쪽.
　　삼호출판사 편집부, 1991, 최신 명곡해설. 서울: 삼호출판사. 338~340쪽.
　　원래 『아름답고 푸른 도나우』는 합창곡이었으나 지금은 기악곡으로 더 많이 감상한다.

정신적 지주인 강(도나우=다뉴브)과 숲(비너발트)으로부터 민족혼을 불러내어 밝고 경쾌한 왈츠 리듬으로 예술을 사랑하는 빈 시민과 오스트리아 국민에게 전쟁의 상흔을 잊고 재기할 수 있도록 큰 위로가 되었을 뿐만 아니라, 전 세계인의 사랑을 받는 곡이 되었다. 빈 숲, 비너발트는 오스트리아 국민의 정신과 영혼과 문화가 숨 쉬는 곳으로 베토벤의 제6번 교향곡 『전원』(1808) 뿐만 아니라 수많은 예술작품의 배경이고 예술인의 활동무대가 된 곳이다.[21]

이처럼 각 나라나 민족에게 숲이 민족문화를 담고 있는 사례가 수없이 많을 것이다. 그 숲은 숲을 이루는 나무와 바위 등과 더불어 때로는 시로, 수필로, 동화로, 소설의 무대 등 문학작품으로, 때로는 음악이나 미술작품으로 재탄생한다.

산림학과 임업에 유구한 역사를 자랑하는 독일인들에게 숲은 생래적(生來的)이고 순수한 독일 현상이며 독일 정신이고 독일다움(Deutschtum)이다. 오랜 역사를 간직한 독일 숲은 소위 '독일인의 뿌리사고(Wurzeldenken)'에 상응하는 자신의 고향과 국가의 은유(Metapher)이기도 하다.[22] 이 말은 곧 독일(인)의 사고는 숲에서 나오며, 독일 정신과 영혼이 숲에 있다는 의미이다. 그러하기에 숲은 그 안에 숱한 비밀로 숨어있는 민족정신과 예술혼을 불러내어 음악과 미술과 문학에 투영함으로써 가슴설레는 예술작품으로 승화시켜 국민에게 새로운 가치를 선사하는 것이다.[23] 이런 맥락에서 서독의 초대 대통령이었던 테오도르 호이스가 주장한 '숲은 단음절어이지만 무궁무진한

21) Bouchal, R. and Sachslehner, J., 2007, Sagenhafter Wienerwald-Myther · Schicksal · Mysterien. Wien : Pichler Verlag. p.207.

22) Hoormann, A., 2000, Der Wald als Ort der Kunst. Lehmann und Schriewer 원저 〈Der Wald – Ein deutscher Mythos?〉 Berlin : Dietrich Reimer Verlag. pp.197~214. 이러한 표현은 나치 시절 통치이념으로 쓰이기도 하였다. 다음 라.항 참조.
김경원 옮김, 2018, 숲에서 만나는 울울창창 독일 역사. 池上俊一원저 〈森と山と川でたどるドイツ史〉. 파주: 돌베개. 13~41쪽.

23) Thomasius, H., 1973, Wald-Landeskultur und Gesellschaft. Dresden : Theodor Steinkopff Verlag. pp.337~380.
Bücking, W., Ott, W. and Püttmann, W., 2001, Geheimnis Wald. 3.Auflage. Leinfelden-Echterdingen : DRW Verlag. p.192.

경이의 세계가 숨어있다[24]라고 말한 것은 당연한 수사이다. 한 나라의 민족 정신과 예술혼을 담고 있는 것이 숲이라면 숲은 한 나라의 역사를 만드는 것[25]이나 다름없다.

라. 숲은 정치 사회적 이념 수단

나무나 산림이 한때 정치 사회적 이념의 수단으로 쓰인 사례가 있었다. 단편적으로도 정치 사회적 수사(修辭)로 쓰이기도 한다. 우리나라를 '고요한 아침의 나라', 스위스를 '산의 나라'로 표현하듯이 한 국가나 국민의 특성을 자연 요소 등 특정 대상을 끌어들이거나 추상적으로 표현하기도 한다. 국제 대회에서 독일 국가대표 축구팀은 흔히 '전차군단'으로 일컫는데 이것은 곧 제2차 세계대전 때 맹활약했던 전차군단을 비유한 표현이다.

그런데, 독일 산림이 군대를 상징하며 통치이념의 수단으로 쓰인 시기가 있었다. 나치 독일 시기이다.

〈표 4-3〉에 제시하였듯이 독일의 산림면적은 2015년 기준 32.8%에 지나지 않지만 단위면적 당 임목축적은 321(m³/ha)로 선진 임업국답게 매우 울창한 산림을 자랑한다. 특히 숲에 가득 빽빽하게 들어찬 독일의 침엽수림은 '잘 정돈되어' 있는데 이것은 200년 이상의 역사를 지닌 법정림 사상, 항속림 사상, 자연친화적 경제림 등 산림(인공림) 경영 기법에서 온 것이다. 줄지어 식재되어 잘 정돈된 경영림의 모습은 잘 훈련되어 오와 열을 기계처럼 발맞추어 행진하는 군대의 모습을 연상시킨다. 히틀러의 2인자이자 제국원수(Reichmarschal)라는 특수 계급이자 최고지위를 지녔던 괴링(Hermann Wilhelm Göring, 1893~1946)은 나치 독일의 산림부 장관(1934~1945)을

---

24) Delphin Verlag, 1984, Der Wald. München und Zurich : Delphin Verlag. p.232.

25) 立松和平, 2006, 日本の歴史を作った森. 東京 : 筑摩書房. p.143. 저자는 일본 문화의 근본은 목조(木造)라고 내세우며 일본 역사의 주요 시기마다 산림(목재)이 긴요한 역할을 했음을 자세히 설명하며 일본의 역사는 산림이 만든 것이라고 주장한다.

겸직하였다. 항속림(Dauerwald) 사상을 지지하였던 괴링은, 고유경의 연구 (2009)에 따르면, 독일의 숲은 민족의 재산이고, '항속림의 지속성을 민족의 영원성'과 등치시켰다. '영원한 숲과 영원한 민족을 분리할 수 없는 개념이다' 라고 주장하였다. 이렇게 나치가 숲이 곧 민족이라고 등치시킨 것은 인종주의를 공고히 하는 위험요소를 담고 있었으며, 이것은 보속수확에 대해 언급하면서 '경제적 가치가 떨어지는 나무들을 교체해야 한다'고 역설한 것[26]과 동일한 맥락에서 이해할 수 있다. 반유대주의, 인종주의, 민족공동체와 같은 나치의 정치 이데올로기들은 바로 숲이라는 매개물을 통해 신성화되었다. '독일의 숲은 민족의 재산'이라는 표현은 당시 산림정책의 구호였으며 괴링으로부터 출발한 것이었다. '숲과 무관한 독일 문화는 생각할 수 없다.' '독일인에게 숲, 고향, 조국은 하나이다.' '숲과 민족은 동일한 땅의 소산이다.' '독일 문화는 숲에서 나온다. 그것은 숲의 문화이다.' '숲에 대한 사랑을 결여한 민족에게서는 강력한 임업이 나올 수도, 그것이 성공할 수도 없다.' 등과 같은 구호나 표현은 당시 회자되던 것들이다. 저자는 '영원한 숲-영원한 민족'의 메시지는 민족화된 독일 숲 담론의 정점에 위치하며, 나치 독일의 산림정책이었던 항속림 사상은 숲의 경제적 기능 뒤에 숨어있는 이데올로기적 요소들을 압축적으로 증언한다.[27]고 주장한다.

소련의 현대 작곡가인 쇼스타코비치(Dmitri Shostakovich, 1906~1975)는 그의 작품이 경고를 받거나 금지령이 나는 등 정권과 불편한 관계에 있었다. 전위적인 작품들이 "서구 냄새를 풍기는 형식주의적인 작품이며 사회주의 리얼리즘을 따르지 않았다"고 당 기관지인 프라우다로부터 혹독한 비평을 받아 숙청 위기를 맞기도 하였다. 당시 자신의 상황을 '도마 위의 생선'으로 표현했다고 한다. 그 위기에서 벗어날 수 있게 만든 곡이 교향곡 제5번 『혁명』 (1937)이다.[28] 1948년 또 다시 서구 편향과 형식주의적 경향에 대해 지다노프

---

26) 고유경, 2009, 영원한 숲, 영원한 민족. 사양사론 100: 97~125쪽.
27) 앞의 책에서 재인용.

비판을 받은 그가 자기비판과 회답의 형태로 1949년에 오라토리오『숲의 노래(Song of Forest)』를 발표하였다. 이로써 스탈린상 제1석을 차지하여 부활에 대성공하였다. 이 곡은 제1곡 〈싸움이 끝났을 때〉, 제2곡 〈조국을 숲으로 덮자〉, 제3곡 〈과거의 추억〉, 제4곡 〈피오닐은 나무를 심는다〉, 제5곡 〈스탈린그라드 시민은 전진한다〉, 제6곡 〈미래에의 산책〉, 제7장 〈찬가〉 등 7장으로 구성되어 있는데, 종장인 제7곡에서 레닌과 스탈린을 찬미하면서 전곡을 마친다.[29] 숲을 노래하는 것이 최고 통치권자를 찬양하는 것이 되어 식목이나 숲이 정치적으로 이념화된 것으로 이해할 수 있다. 이념화된 노래를 부름으로써 국민을 통합시키고 사회주의 예술을 정립하며 정치적 목적을 달성하는 사례이다.

우리나라가 국토녹화를 추진하던 시기에 "나무를 사랑하는 마음은 곧 나라를 사랑하는 마음, 전 국민이 묘목을 어린애 다루듯 정성껏 심어 가꾸자."(1970년 식목일, 박정희 대통령)라 든가, "북한은 로켓을 쏘지만, 우리는 나무를 심는다."(2009년 식목일, 이명박 대통령)라는 대통령 '한 말씀'도 정치인이 한 것이기에 정치적 수사로 이해할 수 있다. '한 말씀'으로 나무 심는 일이 국가 사랑하는 것임을 강조하여 국민이 열심히 식목에 동참하게 하고, 미사일 발사의 위험한 상태를 무시하면서 나무를 심는다는 '여유와 평화스러움'을 보여줌으로써 불안한 국가사회 분위기를 나무심기로 안심시키는 효과를 가져오게 하였다. 이런 사례 또한 숲이 정치 사회적 이데올로기의 방편으로 활용되고 있음을 부인할 수 없겠다.

나치 독재정권 시기엔 산림경영이념이 국가통치이념으로 쓰였다. 민족과 숲을 동일시하여 민족으로 하여금 자긍심을 갖게 하는 한편, 강력한 통치이념으로 민족주의적 독재 통치의 당위성과 함께 국민 통합을 강요하듯이 이끌어 내는 효과적인 수단이었다. 사회주의 통치하의 예술인에게는 숲으로

---

28) 안동림, 앞의 책. 873~875쪽.
29) 삼호출판사 편집부, 앞의 책. 670~671쪽.

통치자를 찬미함으로써 숙청 위기를 모면하는 수단으로 쓰이기도 하였다. 우리나라에서는 나무 심기나 숲이 국토녹화의 대장정에 함께 나서도록 독려하며, 평화로운 분위기를 조성하여 국가의 위기에서 국민을 안위하는 방편이었다.

마. 숲은 신성한 공간

숲은 나무의 무리이다. 인간의 삶을 위해 헌신적으로 살아가는 나무의 무리이다. 죽어서까지 무한히 사랑을 베푸는 나무의 무리이다. 숲은 또한 신령한 나무의 무리이다. 뭇 생명에게 헌신적 삶을 바치는 신령한 생명체인 나무의 무리이다. 삶의 참된 모습을 보여주며, 헌신적 사랑을 실천하며 살아가는 나무의 무리가 숲이다. 그래서 숲은 사랑을 베푸는 신령한 나무가 있는 곳이다. 진리의 삶을 보여주는 것이 나무이므로 나무는 신령하며 거룩하다.

나무가 신령하다면?

숲은 무엇이고 어떤 곳인가?

신령한 나무가 모여있는 곳이니 숲은 신성하다.

나무가 신령한 생명체라면 나무가 무리로 서 있는 숲은 곧 신성한 장소이다.

달리 말하면, 나무가 신체(神体)라면 신체가 있는 숲은 곧 성지(聖地)이다.

나무는 신체요 숲은 성지이다.

이 명제가 제12장에 제시한 산림 성지론의 배경이 되었다.

나무 자체가 경이롭고 신비로운 생명이니 숲은 신성한 곳이다.

그런데 예부터 신성한 장소는 접근을 금지하였다. 인류 문명사에서 이집트의 신원(神苑, shrine garden), 그리스의 성림(聖林, sacred groves)은 신전 주위에 특정한 수목을 심어 숲을 만들고 접근을 제한하며 신성시하였다.[30] 우리나라 성황당(서낭당)도 그런 장소의 하나이다. 신을 모셔둔 신성한 장소이기에 제사장 등 극히 제한적인 인원 이외에는 일반인의 출입을 금하는 곳이다. 신성한 곳을 함부로 다루면 '동티가 난다'하여 자신에게 화가 미칠까 두려워 스스로 조심한다. 그러한 이유로 접근을 제한하면 그곳은 자연스럽게 두려운 장소가 된다. 신성한 장소를 그만큼 함부로 대하지 말라는 의미를 지닌다. 장소뿐만 아니라, 신령한 대상도 잘못 대하면 크게 화를 불러일으킬 수 있다. 기독교에서 에덴동산에서 일어났던 아담과 이브의 선악과 사건은 대표적인 사례이다. 사단의 유혹에 넘어가 선악과를 따먹었다가 에덴동산에서 쫓겨나 인간이 원죄를 짓게 되었다. 여자에게 해산의 고통을 주었다.

숲은 신성하기에 숲에는 영적이고 신령한 힘이 존재한다. 그래서 숲에 들면 영적인 생명의 나무에 둘러싸인 채 영감을 얻을 수 있게 된다.[31] 숲이 지닌 영적 에너지로 위로받을 수 있게 되고 심신을 치유할 수 있게 된다. 또한 앞에서 숲은 생명이라 하였다. 세상에서 가장 귀중한 것은 무엇인가? 생명이다. 생명을 잃으면 끝이다. 종말이다. 우리가 생명을 잃으면 세상 끝이다. 그런데 세상에서 이렇게 귀중한 내 생명은 어디서 왔고 어떻게 유지되고 있는가? 먼 옛날 우주의 시원으로부터, 별로, 지구로, 바다로, 이윽고 육지에 상륙하여 숲으로부터 시작했고, 숲이 주는 공기로 숨 쉬고, 숲이 주는 물을 마시며 살고 있다. 생명을 낳고 생명을 이어서 인류 생명이 영생(永生)하도록 하는 숲은 어떤 곳인가? 신성한 곳이다.

숲은 계절마다 기적이 일어나는 신성한 곳이다. 미국 워싱턴 대학 곤충학자인 덕스 에드문드스(Jane Claire Dirks-Edmunds) 교수는 숲에서는 계절마다 기적이 일어난다고 말한다. 숲을 구성하는 무수한 생명이 1년 동안 보여주는 현상을 관찰해보자. 눈보라 치는 혹한이 지나면 숲은 서서히 겨울잠에서

30) 정영선, 1979, 서양조경사. 서울: 명보문화사. 17~18쪽, 34~35쪽.
    한국조경학회 편, 2005, 서양조경사. 서울: 문운당. 14~15쪽, 50쪽.
31) Friedrich, A. und Schuiling, H., 2014, Inspiration Wald. Wiesbaden: Springer. pp.9~11.

깨어난다. 봄은 소생과 부활의 계절, 여름은 성숙과 결실의 계절, 가을은 수확과 저장의 계절, 겨울은 조용히 휴식하는 계절이다. 숲을 구성하는 나무의 움직임을 가만히 들여다보면 나무는 단지 나무가 아니다.[32] 겨울잠에서 깨어나 다시 겨울을 맞이하기까지 숲에서 일어나는 계절의 표현은 숲이 사계절 동안 단지 겉으로 보이는 현상을 요약한 것이 아니다. 숲이라는 무대에서 나무와 공생하고 나무에 의지하여 살아가는 숱한 생명과 나무가 합작하여 연출하여 보이는 생명현상을 적분한 결과이다. 숲은 적어도 1년에 네 번 기적이 일어나는 신성한 곳이다. 신령한 나무들이 하는 현상이니 기적이다. 기적이 일어나는 곳은 신령하며 신성한 곳이며 영적인 곳이다.

심리학자이자 민속학자인 바우어(Wolfgang Bauer) 등은 유럽 각지의 숲을 소개하면서 나무나 숲이 생명수의 원천이오, (신성한) 법정이며, 신들의 거처이고, (하느님께 바쳐지는 거룩한) 희생제물이며, 순례지로의 의미를 지니고 있음을 천명하였다. 숲이 신성한 곳이기에 유럽의 시인과 기사들이 쓴 옛노래에 이르기를 '커다란 기적(Wunder)을 보기 원한다면 푸른 숲으로 들어가라'라 하였다고 한다.[33] 이 표현은 에드문드스의 말과 크게 다르지 않아 보인다. 숲은 더 이상 비오톱(Biotop)이 아니라 이제 사이코톱(Psychotop)이라는 한스 부르크바허(Hans Burgbacher) 독일 프라이부르크 산림청장의 아래 제시한 말도 공감이 간다 ; 유럽에서는 과거 고전적인 종교 가치가 감소하면서 그로 인해 나타나는 종교적 가치 부여의 빈자리가 명상적이고 신비주의적인 것에서부터 비의적(秘義的)이고 비교적(秘敎的)인 것에 이르기까지 자연이 지닌 영적 가치 쪽으로 시선이 돌려지고 있다. 바로 숲이 그러한

---

32) Dirks-Edmunds, J. C., 1999, Not just Trees-The Legacy of a Douglas-fir Forest. Pullman: Washington State University Press. pp.277~284. 저자는 이 부분에서 그녀의 멘토였던 맥냅(James Arthur Macnab, 1899~1985) 교수가 계절마다 이름 지은 명칭을 소개하였는데, 겨울잠에서 깨어나는 시기(Awakening)를 Emerging Sector, 봄을 Vernal Aspect, 여름을 Aestival Aspect, 가을을 Autumnal Aspect, 겨울을 Hiemal Aspect로 구분하였다.

33) Bauer, W., Golowin, S., Vries, herman de and Zerling, C., 2005, Heilige Haine-Heilige Wälder. Saarbrücken : Neue Erde. p.267.

'신비주의적인 만남'을 위한 특별한 매개가 되고 있다. 신들의 거처로서 나무와 숲을 찬미하고 예찬하였던 켈트인의 자세는 생명 부활을 경험하게 한다. 숲은 그로 인하여 더 이상 단지 비오톱이 아니라, 특별한 종인 인간을 위한 사이코톱이다.[34)

2004년에 노벨 평화상을 수상한 케냐의 왕가리 마타이(Wangari Maathai)는 1977년부터 아프리카 대륙에 4500만 그루의 나무를 심었다. 그녀가 생각하는 나무는 무엇이며 왜 심었을까? 그녀가 2010에 쓴 『Replenishing the Earth』(우리말 서명 '지구를 가꾼다는 것에 대하여')에 'spiritual values for healing ourselves and the world'라는 부제가 붙어있다. 나무를 심어 지구를 충만하게 채우는 것은 '우리 자신과 세상 치유를 위한 영적 가치'를 심는 것이라는 의미이다. 이 책에서 이렇게 말하고 있다;

(자연에 대한) 심미적 태도는 그 자체로 소중하다. 그리고 그 미적인 반응은 우리 안에 자연 세계에 대한 경외감과 미감을 불러일으켜 신성을 느끼게 한다. 한 그루의 나무가, 숲이, 또는 어떤 산 자체가 신성하다고 할 수는 없어도, 그것이 생명을 뒷받침해 주고 있음을 그런 깨우침 덕분에 알 수 있다. 우리가 숨 쉬는 산소와 마시는 물을 만들어 주는 자연 덕분에 뭇 생명이 살아갈 수 있으므로 자연은 존중받을 가치가 있다. 이런 관점에서 환경은 신성한 것이다. (중략). 숲을 둘러싼 논의에서 (숲이 지닌) 영적 가치가 이야기된다면, 기업인, 정치인, 주민 등 모든 이들이 이 자원을 매우 다르게 바라보게 될 것이다. 영적 가치를 인식함으로써 우리는 그 숲들이 (아프리카, 중국 등 세계 여러 곳의) 기후를 조절하는 허파로 이바지하고 있음을 깨닫게 될 것이며, 숲에 고마운 마음을 지니고 숲을 보호하기 위해 일하게 될 것이다.[35)

---

34) Burgbacher, H., 2006, Bedeutung des Gemeinwohls in der Forstwirtschaft aus der Sicht des Kommunalwaldbetriebs Freiburg. Memmler, M. und Ruppert, C. 원저 〈Dem Gemeinwohl verpflichtet?〉 München : oekom Verlag. pp.205~225.

35) 이수영 옮김, 2012, 지구를 가꾼다는 것에 대하여. Wangari Maathai 원저 Replenishing the Earth. 서울: 민음사. 14, 47, 95~106쪽.

숲이 만들어 주는 산소와 물 덕분에 인간을 포함하여 생명이 살아갈 수 있으므로 숲은 존중받아야 하고, 그래서 숲은 신성한 곳이다. 숲이 지닌 이런 영적 가치에 고마워하고 숲을 보호해야 한다고 강조하고 있다. 그녀는 결국 영성을 지닌 4500만 그루의 나무를 심어 우리 안에 경외감과 미감을 일어나게 하여 숲의 신성을 느끼도록 한 것이다. 이것을 통해 숲을 더 사랑하도록 한 것이리라.

이상 다섯 가지 갈래에서 숲이 지닌 의미를 생각해 보았다. 또한, 앞 절에서 나무의 삶은 사랑이라고 하였다. 나무의 삶이 사랑이라면 그 나무들로 이뤄진 숲은 무엇인가? 사랑의 장소이다. 거대한 사랑의 공간이다.[36] 숲은 이렇듯 사랑의 공간이고 거룩하고 신성한 공간이다. 나무와 숲이 생명의 역사 이래 지금껏 인류에게 보여준 것은 사랑이다. 그 사랑으로 인간의 생·사·의·식·주(生·思·衣·食·住)를 다스리고 통제하며 인간의 삶을 지속 가능하게 유지하여 주었다. 인간의 '존재' 이후 장구한 세월 동안 인간의 생명을 지켜온 것이다. 생명 그 자체를 지켜주는 것이 숲이라면 숲은 얼마나 성스러운 존재란 말인가!

나무도 단순히 나무가 아니듯이, 숲도 단지 숲이 아니다. 숲은 460억 광년의 무변 광대의 우주 가운데 오로지 지구에만 있는 생명의 공간이자 경이롭고 신비스러운 공간이며 우주의 비밀스러운 공간이다. 비밀의 공간은 장구한 역사의 흐름 속에 민족의 삶을 지켜왔으며 민족정신과 예술혼을 켜켜이 집적하고 있는 곳이다. 그만큼 숲은 신성한 영역이며 숲은 신령한 나무들이 지키는 거룩하고 신성한 곳이다. 나무는 신체(神体)이며, 숲은 거룩한 성지이다.

---

36) 사랑의 관점에서 나무와 숲을 논한 더 자세한 내용에 관해서 졸고를 포함하여 아래 문헌을 참고하기를 권함.
   김기원 편, 2011, 숲과 사랑. 숲과문화총서 19. 서울: 도서출판 숲과문화. 279쪽.

제14장

제2의 국토녹화: 국민녹화와 산림문화 원형복원

1. 우리 국민의 실상

제3장에서 언급하였듯이 한민족은 백의민족으로서 흰색을 숭상하고 순결, 순수, 정의, 정직을 사랑하고 지향한 민족이며, 동방예의지국의 민족이다.

이런 한민족이 헐벗은 국토에 옷을 입혀 국토를 다시 금수강산으로 되살린 국민, 녹화를 이룬 나라, 세계의 모범국이 된 국민이 되었다. 참으로 잘 못 살던 시절, 허기진 배를 움켜쥐고 '애국가를 부르며' 민둥산에 몰려나와 어린 나무를 심으며 국토녹화 대장정에 나섰다. 불철주야로 나서 살파심(육)도 영혼도 다 떠나 껍데기만 조금 남은 헐벗은 국토에 다시 '우리' 옷을 입히고 살지게 하여 영혼을 되살려낸 국토녹화 대장정이 성공을 거둬 우리의 자랑스러운 금수강산을 부활시킨 민족이 우리 선조, 우리 국민이다.

그 저력과 근면함으로 산업의 역군으로 일한 결과 우리나라는 최근년에 세계 10위권의 경제규모를 자랑하는 국가로 성장하였다. 국제통화기금

(IMF)의 자료에 따르면 2020년도 대한민국의 국내 총생산(GDP, 명목)은 약 1조 8천 100억 달러로 11위 러시아(1조 7천 100억 달러), 12위 호주(1조 6천 200억 달러), 13위 브라질(1조 4천 900억 달러) 등을 제치고 세계 10위를 차지하는 것으로 나타났다. 1인당 국민소득은 34,870달러로 세계 28위로 나타났다.[1] 경제 규모나 소득수준으로 보면 잘 사는 나라이고 선진국이다. 이 정도의 수준이라면 좋은 음식 먹고 좋은 집에 살 수 있을 정도로 재정이 풍족하고 풍요로운 삶을 살아야 한다.

그러나, 최근 신문과 방송을 통해서 하루 멀다 하고 살인 사건이 난무하는 뉴스를 접한다. 인륜을 저버린 끔찍하고 잔인한 살인 사건을 많이 본다. 태어난 지 얼마 되지 않은 제대로 걷지 못하는 자식을 혼자 두고 떠난 어머니, 자식을 짐승처럼 학대한 모성과 부성, 부모를 살해한 자식 등의 뉴스가 하루가 멀다 자주 전해진다. 끔찍하고 잔인한 뉴스가 생길 때마다, 동방예의지국 대한민국에서 발생한 일이 아니고 남의 나라에서 발생한 일이길 바라지만, 모두 우리 백성이 저지른 일들이다. 사회에 불만을 품은 노인이 아무런 관계 없는 국보 숭례문을 불태우는 사건까지 일어나기도 하였다. 이해하기도 용서하기도 힘든 사건들이 빈번하게 벌어지고 있다.

아파트 층간 소음, 아파트 주민에 의한 경비원 폭행 사건 등은 우리 사회가 이웃 간에 서로 배려하고 베푸는 마음이 얼마나 부족한지 단박에 알 수 있게 한다. 어느 나라나 있는 일이기는 하지만 젊은 학생들의 왕따 문제를 비롯한 폭력행사, 직장내 갈등, 인성과 도덕, 사회성 결여 등등 불과 한 세대 전 과거에 자주 볼 수 없었던 현상을 많이 목격한다. 정의가 실종되고 무시된 안하무인의 사회적 갈등도 때로 자신이 인간이기를 거부하는 웃지 못할 문제점을 초래한다. 요즈음에는 지하철이나 버스를 타도 연로한 고령층에게 자리를 양보하는 정도가 예전보다 훨씬 못하다.

---

1) https://www.imf.org/external/datamapper/NGDPD@WEO/WEOWORLD/ADVEC/EU/EURO/OEMDC/EDE

이러한 뉴스를 볼 때, 나 자신이 아니고, 내 집안의 일이 아닐지라도, 내 직장, 내가 속한 마을이 아닐지라도, 우리 사회, 우리나라에서 일어나는 일이기에 우리 모두 몸과 마음이 상하고 찢긴다. 젖먹이를 굶겨 죽이고, 핏덩이 갓난이를 방치하며, 어린아이를 내동댕이치고 학대하며, 타인을 핍박하고, 사회정의를 훼손하고, 역사를 부정하며, 국가를 무시하고, 민족을 능멸하는 천인공노할 일들이 우리를 번민하게 한다. 동방예의지국에다 세계 10대 경제 대국이자 선진국 국민인데 어찌하여 이런 일들이 자주 발생하는 것일까?

이런 일뿐만 아니라 대한민국은 스트레스 공화국이라는 말이 심심찮게 뉴스거리로 오르내린다. 스트레스 해소를 목적으로 하는 맛사지숍, 요가원 등을 찾는 발길이 늘고 있으며 이른바 '스트레스 산업'이 호황을 이룬다. 박카스, 비타500 등 피로회복 음료를 비롯하여 레드불, 핫식스 등 에너지 음료 판매량도 늘고 있다. 정치적 혼란 속에서 다른 사람들이 나를 어떻게 생각하는지에 대해 인식하지 않을 수 없고 이는 결국 개개인에게 피로감과 스트레스가 된다. 또 한편으로 정치적 혼란이 한국인들의 스트레스 체감지수를 더 높였다는 분석도 있었다.[2]

장기적인 경기침체, 취업난 등으로 개개인의 미래에 대한 불안감이 한몫하고 있다는 지적도 많았다. 2020~2021년은 극심한 정치 사회적 갈등과 코로나, 부동산투기 등으로 이러한 상황이 더 나빠지고 있는 것으로 짐작한다. 더욱이 남북문제, 사회정의와 상식에 대한 인식의 차이 등으로 국민이 받는 스트레스는 더욱 고조되었을 것으로 보여 집단과 개개인이 받는 스트레스는 더 깊어졌을 것이다. 이성을 잃은 극단적인 이념 갈등으로 복잡한 정치 사회적 매듭을 풀 수 있는, 사표 역할을 할 수 있는 사회의 원로들이나 지도자들 또한 선뜻 나서지도 않고 있다. 가정에서나, 직장에서나, 사회에서나 국민이 스트레스를 적시에 해소하지 못하고 있다. 대한민국은 스트레스

2) 연합뉴스(2017.04.17.) "대한민국은 스트레스 공화국". /https://www.yna.co.kr/view/AKR20170414034800797

공화국이다.

그래서 일상에서 삶에 만족을 잘 느끼지 못하는 것인지도 모른다. 유엔이 발표한 자료에 의하면 우리나라는 '2019 UN 행복 지수' 순위에서 156개 나라 중 54위를 차지하였다(〈그림 14-1〉). 경제는 선진국이고 선진 국민이지만 그에 비례하여 행복한 국가도 행복한 국민도 아니라는 의미이다. 행복지수를 항목별로 살펴보면 전체 순위(54위)보다 높은 영역은 기대수명(9위), 1인당 GDP(27위), 관용(40위) 등이다. 하지만, 이에 어울리지 않게 사회적

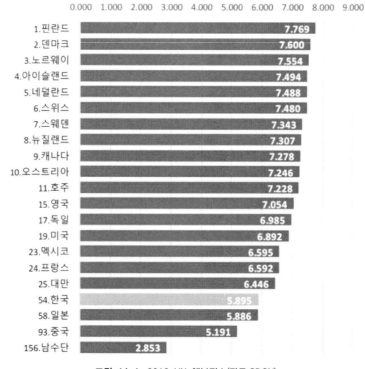

그림 14-1. 2019 UN 행복지수(자료:SDSN)

출처: 입소스 퍼블릭, 한국사회 '삶의 질' 현황과 시사점.
https://www.ipsos.com/ko-kr/ibsoseu-peobeullig-hangugsahoe-salmui-jilhyeon-hwanggwa-sisajeom

지원(91위), 부패에 대한 인식(100위), 삶을 선택할 수 있는 자유(144위)는 매우 낮은 순위를 기록하는 등 항목별 차이가 심하고 선진국다운 특성을 보이지 못하는 것으로 나타났다.

경제 수준에 비해 우리 국민이 행복하지 않다는 사실은 OECD 조사 자료에도 나타난다. 〈표 14-1〉은 OECD가 회원국을 대상으로 매년 조사하여 발표하는 '더 나은 삶의 질 지수'(BLI, The Better Life Index) 현황이다. 소득, 주거, 환경, 안전, 건강 등 총 11개 항목에 걸쳐 10점 만점으로 평가하는데 표에는 지면의 한계로 건강, 인생만족도, 워라벨(일과 삶의 균형)만을 발췌한 것이다. 2020년 현황은 OECD 35개국 평균이 6.02점인데 8.40점을 받은 호주가 1위, 2위 노르웨이, 3위 덴마크, 4위 캐나다, 5위 캐나다 순이고 우리나라는 평균에 많이 못 미치는 4.69점으로 28위이다. 28위는 공교롭게도 2020년 국민소득 순위와 동일한 순위여서 경제 수준에 비례한다고 말할 수 있을지 모른다. 하지만, 내용을 자세히 살펴보면 삶의 질이 결코 좋은 상태가 아니다. 특히 '인생 만족도' 항목의 점수가 2.27점으로 거의 바닥 수준이며, 건강상태 4.10점, 워라벨 4.40점으로 매우 낮은 수준이다. 경제 수준만큼 삶의 질이 좋다고 볼 수 없는 상태이다. 2015년 평가에서는 전체 평균이 6.6점이었고 우리나라는 5.8점을 얻어 34개국 중 27위를 차지하였다. 당시와 비교하면 2020년은 더 상태가 좋지 않다. 2015년 평가에서 눈에 띄는 점은 건강 만족도 꼴찌 수준이었지만 어려울 때 마음 터놓고 이야기할 만하거나 도와줄 친척이나 친구, 이웃이 없다고 대답한 것이었다.[3] 우리 국민이 외롭고 고독한 삶을 산다는 의미로 이해할 수 있다.

〈표 14-2〉는 2019년에 정부가 발표한 국가지표체계에서 성별, 연령별 삶의 만족도 상태이다. 전체적으로 개선되고 있음을 알 수 있는데, 국민은 삶의 만족도에 61점 정도를 부여하고 있으니 자신의 삶에 결코 만족하지

---

3) 정해식·김성아, 2015, OECD BLI 지표를 통해 본 한국의 삶의 질-국제보건복지 정책동향1. 보건복지포럼. 75~88쪽.

표 14-1. OECD 2020년 더 나은 삶의 질 지수 순위(BLI/The Better Life Index)

순위	국가	평균	건강	인생만족도	워라밸	순위	국가	평균	건강	인생만족도	워라밸
	OECD평균	6.02	6.45	5.62	6.74	18	프랑스	6.29	7.10	5.00	8.72
1	호주	8.40	6.80	6.80	5.20	19	슬로베니아	5.91	6.33	2.27	7.07
2	노르웨이	8.23	8.15	10.00	8.38	20	스페인	5.90	8.17	4.00	8.71
3	덴마크	7.70	6.75	10.00	8.89	21	이스라엘	5.59	8.79	8.18	4.20
4	캐나다	7.67	8.83	9.09	6.93	22	에스토니아	5.58	3.47	1.36	7.58
5	아이슬란드	7.66	7.95	9.55	4.60	23	체코	5.54	4.79	5.91	7.29
6	스위스	7.58	8.88	9.55	8.06	24	이탈리아	5.52	8.03	2.73	9.42
7	네덜란드	7.57	7.58	9.09	9.23	25	일본	5.35	5.27	2.27	4.50
8	핀란드	7.55	6.98	10.00	7.72	26	슬로바키아	5.06	4.38	3.00	7.46
9	스웨덴	7.51	7.91	8.64	8.16	27	폴란드	4.75	4.03	3.00	6.39
10	미국	7.16	7.07	6.82	5.62	28	한국	4.69	4.10	2.27	4.40
11	뉴질랜드	7.09	8.72	8.64	5.57	29	포르투갈	4.61	4.82	0.00	6.66
12	룩셈부르크	7.03	7.58	6.82	7.70	30	헝가리	4.10	3.25	0.91	7.70
13	독일	6.90	6.31	7.27	8.26	31	라트비아	4.00	1.27	2.27	6.32
14	벨기에	6.84	7.34	6.82	8.29	32	칠레	3.90	4.95	5.00	6.45
15	아일랜드	6.75	8.32	7.27	7.65	33	그리스	3.60	7.34	0.00	6.65
16	오스트리아	6.70	7.09	7.73	6.45	34	터키	3.30	5.03	0.45	2.00
17	영국	6.67	6.73	6.36	6.10	35	멕시코	2.00	3.37	5.00	0.61

출처: TA Sinclair/2020년 4월 3일. https://naeclee.wixsite.com/bfralk/post/oecd

표 14-2. 성별 및 연령집단별 삶의 만족도

연도별		2013	2014	2015	2016	2017	2018
전체(점)		5.7	5.7	5.8	5.9	6.0	6.1
성별 (점)	남자	5.5	5.7	5.8	5.9	6.0	6.0
	여자	5.8	5.8	5.9	6.0	6.0	6.2
연령집단 (점)	19-29세	5.7	5.9	5.8	6.1	6.1	6.1
	30세	5.8	5.8	5.8	5.9	6.2	6.2
	40세	5.7	5.7	5.8	5.8	6.0	6.2
	50세	5.5	5.6	5.8	5.8	5.9	6.1
	60-69세	5.6	5.5	5.9	5.9	5.9	5.9

출처: 국가지표체계. http://index.go.kr/unify/idx-info.do?idxCd=4274

못하고 있음을 알 수 있다. 나이 들수록 불만족 수준이 높아지고 있다.

2021년 4월에 발표된 자료에 의하면 국민의 60% 정도가 만성적 울분 상태에 사는 것으로 나타났다. 2021년 울분 점수는 4점 만점에 1.75점으로 2020년 1.58점보다 더 커진 것으로 만성적인 울분 집단의 비율이 전체의 58.2%에 해당하였다. 특히 정치·정당의 부도덕과 부패, 코로나 방역을 방해한 사회지도층이 법망을 피하거나 미흡한 처벌을 받을 때, 사회지도층이 거리두기 원칙을 어길 때 등에 가장 크게 울분을 느낀 것으로 나타났다.[4] 국민의 마음이 사회정의에 매우 민감한 것을 알 수 있으며, 이런 이유로도 삶에 만족을 느끼지 못할 수 있겠다는 판단이 든다.

다른 한편으로, 우리 국민은 자신의 건강 상태에 대해서 매우 불만족스럽다고 생각하는데, 이 내용은 OECD 자료를 통해서 확인할 수 있다. 〈표 14-3〉은 2005년부터 최근까지 OECD 주요국의 주관적 건강상태의 추이를 나타낸 것인데 자신이 건강하다고 생각하는지를 판단한 결과이다. 우리나라

---

4) 조선일보 등 여러 신문방송매체의 2021년 4월 21~22일자 보도 내용. '울분의 나라'
https://www.chosun.com/national/national_general/2021/04/21/B6LZBX4QLRCJLPARQW45WQKOUU/
이 연구 결과는 서울대 유명순 연구팀이 수행한 〈2021년 한국사회 울분 조사 결과〉에 나타난 것으로 19세 이상 성인 1,478명을 대상으로 설문한 내용이다.

표 14-3. OECD 주요국의 주관적 건강상태

연도별 국별	2005	2006	2007	2008	2009	2010	2011	2012	2013	2014	2015	2016	2017
한국	43.9	-	-	43.7	44.8	37.6	36.8	33.3	35.1	32.5	32.5	32.5	29.5
일본	-	-	32.7	-	-	30.0	-	-	35.4	-	-	35.5	35.5
독일	60.1	60.5	59.8	64.5	65.2	65.2	64.8	65.4	64.9	65.2	64.5	65.2	65.4
멕시코	65.6	65.5	-	-	-	-	-	-	-	-	-	-	65.5
프랑스	68.7	69.3	71.1	69.1	68.6	67.3	67.6	68.1	67.1	68.2	67.8	66.3	67.4
영국	74.8	76.6	77.4	79.2	78.2	79.4	77.5	74.7	73.7	69.9	69.8	69.0	74.8
이탈리아	58.1	56.8	63.4	63.4	63.5	66.4	64.5	68.0	66.2	67.9	65.6	70.9	77.0
스페인	66.8	67.7	67.5	72.4	70.6	71.8	75.3	74.3	71.6	72.6	72.4	72.4	74.2
스웨덴	75.6	75.9	77.6	76.9	78.4	78.4	78.5	79.6	79.8	78.6	77.7	75.0	76.5
네덜란드	76.3	76.8	76.3	77.3	77.6	78.0	76.3	75.6	75.6	77.3	76.2	75.9	76.1
호주	-	-	84.9	-	-	-	85.4	-	-	85.2	-	-	85.2
미국	88.4	88.2	87.9	87.8	87.9	87.6	87.3	87.5	87.5	88.1	88.1	88.0	87.9

출처: OECD, 「OECD Health Statistics. 「http://stat.oecd.org, health status」 2019.7.

주: 1) 주관적 건강 상태 = (건강상태 '좋음' 또는 '매우좋음' 응답자수 ÷ 전체 조사대상자수) × 100.

2) 15세 이상 인구를 기준으로 함.

3) 2017년에서 멕시코는 2006년, 일본은 2016년 자료임.

표 14-4. 성별과 연령별 주관적 건강 상태

연도별		2006	2008	2010	2012	2014	2016	2018
전체(%)		44.6	51.6	46.8	45.3	48.7	47.1	48.8
성별 (%)	남자	50.5	56.7	51.1	49.6	52.7	51.3	52.0
	여자	39.0	46.7	42.6	41.2	44.7	43.1	45.7
연령집단 (%)	20세 미만	69.6	72.3	70.1	73.0	74.7	74.8	75.7
	20-29세	61.3	70.0	63.9	62.0	67.1	63.9	67.2
	30-39세	51.3	60.6	52.8	50.4	56.2	54.2	58.4
	40-49세	42.2	51.3	45.8	43.6	47.3	46.2	48.2
	50-59세	31.6	41.5	38.6	36.9	41.2	40.3	42.2
	60세 이상	20.6	23.0	23.6	21.6	23.9	25.4	27.2

출처: 국가지표체계. http://index.go.kr/unify/idx-info.do?idxCd=4235

는 2005년 이후 계속해서 최하위이다. 다른 회원국은 대부분 비슷한 상태를 유지하고 있거나 개선되는 상태를 보이지만 우리나라는 자신의 건강 상태가 나빠지고 있다고 생각하고 있음을 알 수 있다. 〈표 14-4〉의 국가지표체계에서는 수치가 높아진 상태이기는 하지만 노년층으로 갈수록 낮은 상태를 보인다.

건강과 삶의 질과 관련하여 우려해야 할 국제 통계는 자살률이다. 〈표 14-5〉는 OECD 회원국을 대상으로 과거 30년(1985~2016) 기간 중 인구 10만 명 당 자살률의 추이를 나타낸 것이다. 매우 극적인 추이 과정을 볼 수 있는데, 1985년의 OECD 자살률 평균은 18.2명으로 헝가리가 47.5명으로 1위이었고 우리나라는 11.2명으로 평균보다 훨씬 밑도는 양호한 상태였다. 하지만 그 이후로 헝가리는 자살률이 점점 낮아지고, 우리나라는 점점 높아져 왔다. 그 결과 우리나라는 OECD 주요국에서 2012년 이후 계속하여 선두를 차지하고 있다. 1985년 기준으로 2016년은 우리나라 자살률이 2배 이상 증가하였고 헝가리는 거의 1/3로 감소하였다. 자살 방지를 위한 방지책을 헝가리에서 배워야 할 처지가 되었다. 2016년 최신 OECD 자살률 통계를

표 14-5. OECD 주요국의 자살률 추이

단위 : 인구 10만 명 당

국별\연도별	1985	1990	1995	2000	2005	2010	2011	2012	2013	2014	2015	2016
OECD 평균	18.2	16.9	17.2	16.3	14.7	13.2	13.1	12.8	12.8	12.5	12.2	11.5
멕시코	3.0	3.4	4.3	4.4	4.9	4.9	5.1	4.9	5.1	5.5	5.5	5.4
영국	9.3	8.2	7.4	-	6.7	6.7	6.9	6.9	7.5	7.4	7.5	7.3
호주	12.6	13.4	12.2	12.6	-	10.9	10.7	11.4	11.3	12.5	12.9	11.9
미국	13.1	13.1	12.4	10.8	11.2	12.5	12.8	13.0	13.1	13.5	13.8	13.9
노르웨이	14.6	15.7	12.7	12.3	11.6	11.2	12.1	10.2	10.8	10.5	11.1	11.6
한국	11.2	8.8	12.7	16.6	29.9	33.5	33.3	29.1	28.7	26.7	25.8	24.6
독일	-	17.1	15.3	12.8	11.4	10.8	10.8	10.5	10.8	10.8	10.6	10.2
일본	22.1	17.5	16.9	22.3	22.1	21.2	20.9	19.1	18.7	17.6	16.6	15.2
덴마크	28.6	24.2	17.5	13.5	11.3	9.8	10.2	11.3	10.3	10.6	9.4	9.4
체코	-	21.4	17.7	16.0	14.8	13.5	14.3	14.7	14.2	13.3	12.3	11.7
핀란드	25.0	30.2	26.9	22.1	18.3	17.3	16.4	15.6	15.8	14.1	13.1	13.9
헝가리	47.5	42.3	33.8	33.0	25.2	23.4	22.8	22.0	19.4	17.8	17.3	16.2

출처: OECD, 「OECD Health Statistics」.

「http://stats.oecd.org, Health Status: Causes of mortality(Intentional self-harm)」 2019.7.

주: 1) 연령표준화 자살률임. 2) 2016년 덴마크는 2015년 자료임.

보면, 노인(65세 이상) 자살률은 인구 10만 명 당 53.3명으로 선두이며, 청소년(10~24세) 평균 자살률은 인구 10만 명 당 5.9명인데 우리나라는 8.2명으로 10위를 차지한다.[5]

이상의 여러 자료를 통해서 대한민국은 경제 대국으로서 선진국, 선진국민이지만 삶의 만족도나 건강상태, 자살률 등 선진국이라는 국격에 어울리지 않게 자기 삶에 만족하지 못하고 있음을 알 수 있다. 앞서 언급한 것처럼 스트레스 공화국의 수준에 어울리는 삶의 만족도를 지닌 듯하다. 국민의 정신적 삶이 피폐해진 것이다. 건강 상태에도 흡족하지 못하고 자기 삶에도 만족하지 못하면 불만이 쌓이고 그것은 사회 전반에 미쳐 건전한 국가 성장 발전에 장해 요소로 작용할 수 있다. 국민에게 조치가 필요하고, 국가는 국민을 위해서 대책을 마련해야 한다. 스트레스를 해소하고 건강을 증진하며 삶의 질을 높일 수 있는 대책이 필요하다.

무슨 방법이 없는 것인가? 정치 사회적으로도 해법이 필요하지만 숲을 통해서 가능한 방법은 없을 것인가?

숲이 그 해결책이 될 수 있을 것으로 본다. 선조가 울창하게 부활시킨 숲이 이제 정신적으로 피폐해진 우리 국민을 구할 수 있을 것으로 본다.

2. 제2의 국토녹화와 국민녹화

가. 사명과 개념

필자는 앞의 여러 장에서 내용과 문맥이 어울릴 때마다 선조가 이룩한 녹화성공에 감사하면서 우리 후손은 이에 대해 무언가 보답해야 한다는 점을 자주 피력하였다. 이제 우리 후손이 담당해야 할 '그 무언가'에 대해 제안하고자 한다.

---

5) 보건복지부, 2020, 2020 자살예방백서. 중앙자살예방센터. 104~107쪽.

근면하고 왕성하게 노력한 덕분에 우리 민족은 자유민주주의 국가로서 세계에 괄목할 만한 경제성장을 이룩하였다. 세계 10대 경제 대국이 되고 선진국 대열에 서게 되었다. 한강의 기적이라고 한다. 그러나 정작 이러한 성과를 이끈 국민은 삶이 행복하지 않다고 말한다. 너무 급하게 달려온 것인지 피곤하고 스트레스에 시달린다. 삶이 고달프다. 갈등도 많고 불만도 많으며, 주관적인 건강 상태도 좋지 않고, 정신적으로 피폐해졌다.

피곤하고 스트레스에 시달리며, 심신이 피폐해진 우리 국민의 삶의 질 진작을 위해 "제2의 국토녹화 운동"을 제창한다. 국토녹화라고 해서 국토를 다시 녹화하는 것이 아니라 헐벗은 국민의 마음을 녹화하는 것을 말한다. 제2 국토녹화 달성을 위해 두 개의 전략과제를 제안한다. 제1 전략과제는 국민녹화이고, 제2 전략과제는 우리 문화의 원형인 자작나무 문화를 복원하는 것이다.

국민의 마음을 녹화하는 제2 국토녹화는 선조가 이룩한 국토녹화 성공에 대해 후손인 우리 현세대가 이에 보답할 수 있는 사명이다. 현재 우리 국민이 처한 심각한 심신의 건강 상태를 숲으로 녹화하여 건전한 심신을 되찾도록 하는 일이다. 제2 국토녹화는 선조가 이룩한 녹화 성공으로 되찾아 준 금수강산에 대한 보답이고 거룩한 사명이다. 국민녹화야말로 후손이 담당해야 할 필연적인 사명이다. 「산림기본법」제1조(목적)에 명시하고 있는 것처럼 "국민의 삶의 질" 향상을 위해 선조가 이룩한 이 아름답고 울창한 숲으로 헐벗은 국민의 마음을 녹화하여야 한다. 이것이 우리의 사명이다. 법에 명시되었기에 국가의 사명이기도 하고 국민의 사명이기도 하다. 이것은 모든 임업인과 산림꾼의 사명이다.

제2 국토녹화의 개념은 선조가 헐벗은 국토를 말끔하게 다시 금수강산으로 아름답게 부활시킨 울창한 숲으로 국민의 피폐해진 심신을 녹화하는 개념이다. 어디서나 접할 수 있는 울창하고 아름다운 숲으로 피폐해진 국민을 선진국 국격에 알맞은 국민으로 다시 태어나게 하는 데에 목표를 둔다.

이를 위한 제1 전략과제인 국민녹화(國民綠化, people greening & healing)는 선조가 이룩한 숲으로 피곤하고 스트레스 상태에 있는 국민의 마음을 안정시키고 치유하여 삶의 질을 향상한다는 개념이다. 현재 진행하는 산림복지 정책을 적극적으로 추진하는 것으로 얼마든지 가능하리라 본다.

제2 전략과제는 우리 문화의 원형인 자작나무 문화를 복원하는 것이다. 자작나무는 우리 한민족이 형성되는 그 옛날 우랄 알타이 대평원의 시원에서부터 민족과 함께 생활하여 온 대표적인 나무이다. 흰옷을 입기 좋아하는 백의호상(白衣好尙) 풍습으로 한민족이 백의민족이 된 것도 자작나무로부터 유래한다.(제3장) 하지만 현재 우리 국민은 이러한 사실을 잘 모르고 지낸다. 또한 자작나무의 흰색은 순수, 순결, 정의, 정직, 결백 등을 상징하는 대표적인 색이다. 이러한 상징적인 언어를 대변하는 자작나무는 한민족의 시원문화코드(the origin culture code)이며 자작나무 문화는 한민족의 문화원형이다. 즉, 우리가 잊고, 잃고 사는 자작나무 문화를 복원하는 것은 곧 한민족의 정신을 다시금 순수, 순결, 정의, 정직, 결백의 정신으로 복원하는 의미이다. 따라서 제2 전략과제의 개념은 한민족에게 자작나무가 지닌 상징을 활용하여 피폐해진 우리 정신을 가다듬고 각종 사회적 갈등을 치유한다는 개념이다. 한민족과 자작나무의 관련성을 홍보하며 자작나무를 쉽게 접할 수 있도록 많이 심어 백화풍경(白樺風景)을 조성하는 것이 지향하는 목표이다.

2절에서는 제1 전략과제인 국민녹화에 대해서 다루고, 3절에서 자작나무 문화 복원을 다룬다.

나. 국민녹화

거듭되는 설명이지만, 제7장에서 언급한 것처럼 국가도 국민도 지난 수십년 동안 헐벗은 국토를 녹화하여 다시 금수강산으로 돌려놓았다. 사방이 울창한 산림에 둘러싸인 곳에서 쾌적하고 건강하게 살면서 삶의 질을 높이며 삶을 윤택하게 즐길 수 있는 여건이 마련되어 있다. 이제 국민의 마음을 녹화하는 일만 남았다. 그런데, 숲으로 국민의 마음을 녹화할 수 있는가? 피톤치드(phytoncide)란 용어가 일본에 전해진 1980년 이래[6] 산림휴양, 산림 문화, 산림교육, 산림치유 등 산림복지의 영역에서 진행해온 여러 연구 결과 들은 산림이 인간의 심신건강을 증진하고 치유할 수 있다고 논증하고 있다. 이와 관련된 연구들이 많이 축적되어 있다. 그 내용을 일일이 열거하기 쉽지 않고, 또 앞의 제12장 '숲은 쉼터로서 성지론'에서 숲의 효과에 대해 대강을 정리하였다. 따라서 여기서는 육체적 효과, 정신적 효과, 건강에 영향을 주는 인자 등 세 부분으로 구분하여 역사적인 흐름과 일반적인 내용만 축약하여 정리하여 숲이 국민의 마음을 녹화할 수 있다는 심증을 보여주고자 한다.

1) 숲이 육체 건강증진과 질병치료에 주는 효과

요즈음 숲이 인간의 몸과 마음을 치유한다는 산림치유가 유행이다. 산림치 유는 이미 오래전부터 진행되어 온 산림휴양 활동이다. 산림이 인체 건강을 증진한다거나 질병을 치료할 수 있다는 것은 산업혁명 이후에 널리 알려져 왔다. 산업혁명 이후 영국은 많은 사람이 직업을 구하기 위해 도시로 몰려들 면서 위생 시설이 갖춰지지 않은 공장에서 노동하는 경우가 많았다. 위생 상태가 열악한 환경에서 노동하는 것이 노동자의 건강을 해친다는 사회문제 가 발생하여 이를 개선하고자 1819년 「공장법」을 제정하여 노동 환경과 근로자의 위생과 건강 문제를 해결하고자 노력하였다. 동시에 유럽의 여러 나라는 과거 수백 년, 때로는 1000년 이상 황제나 왕가, 귀족이 점유하고 있던 거대한 면적의 수렵원(산림)을 시민에게 개방하라는 압력이 쇄도하면 서 도시 안에 있는 대면적의 산림이 공공공원(public park)으로 탄생하여 시민의 건강증진에 크게 기여하였다. 영국의 하이드파크, 독일 베를린의

---

6) B・P・トーキン・神山恵三, 1980, 植物の不思議な力=フィトンチッド. 동경: 講談社. p.205.

동물공원(Zoogarten), 프랑스 파리의 블로뉴 산림공원, 오스트리아 빈의 라인쩌동물공원(Lainzertiergarten)과 프라터(Prater) 등은 대표적인 사례이다. 모두 시민의 건강과 휴식을 위해 개방한 것임은 물론이다.[7]

　미국은 자연과 산림이 인간의 심신 건강증진에 크게 이바지할 것이라는 점을 깨달아 일찍부터 자연과 숲을 보호하는 일에 앞장섰다. 영국에서 「공장법」(1819년)이 생겼다면 미국에서는 1851년 「공원법」이 탄생하면서 국립공원운동이 일어났다. 수려한 산림경관을 담고 있는 요세미티(Yosemite) 등 여러 곳이 국립공원으로 지정됨으로써 자연보호 활동과 더불어 관광, 건강증진에 일조하고 있는 것은 물론이다.

　독일은 산업혁명 이후 공업지대를 중심으로 호흡기 질환, 결핵 환자들이 많이 발생하였는데 이들을 위한 산림요양시설(Waldsanatorium)이 곳곳에 건립되었다. 환자들은 이곳에 머물면서 결핵을 치료받았으며 회복하여 산업현장으로 복귀하였다. 이처럼 산림이 건강증진은 물론 결핵 등 호흡기 질환에 유효하다는 사실이 알려지자 1840년 경 기후요법, 1865년 경 지형요법, 1880년 경 자연치료의학 등으로 산림을 이용한 건강증진활동이 유행하고 학문으로 발전하였다. 산림관련 요법은 질환자에게 육체적으로뿐만 아니라 정신적으로도 효과를 주고 있고 있음은 물론이다.[8] 1984년에 울리히(Ulrich, R.S.) 박사가 「사이언스(Science)」에 발표한, 수술 후 창밖을 통해 정원의 나무를 볼 수 있는 환자들이 그렇지 않은 환자들보다 입원일수도 짧고, 진통제 복용횟수가 감소하고, 불만표시 정도도 감소했다는 연구결과가 그점을 입증하고 있다.[9]

　산림 중 특히 해발고도 300~1000m의 중산간에 있는 산림지대는 중병을

7) 변지현 옮김, 1997, 세계의 정원. 서울: 시공사. 95~115쪽.
　정영선, 1979, 서양조경사. 서울: 명보문화사. 181~210쪽.
　한국조경학회 편, 2005, 서양조경사. 서울: 문운당. 283~324쪽.

8) Kraft, K. und Stange, R., 2010, Lehrbuch Naturheilverfahren. Stuttgart: Hippokrates Verlag. pp.2~4.

9) Ulrich, R.S., 1984. View through a window may influence recovery from surgery. Science. 224(4647): pp.420-421.

앓았거나 수술받은 모든 연령의 환자들에게 처방하며 병후 회복에 매우 좋은 효과를 준다고 알려져 있다. 그 외 만성 중환자, 어린아이, 비알러지성 호흡기질환, 심혈관질환, 운동부족인 사람과 노인층의 건강증진에 좋다고 보고하고 있다. 해발고도 1000m 이상의 고산지대는 심장 순환계 질환, 혈행 장애(I, II급), 폐질환(만성기관지염, 기관지천식, 폐기종)의 치료와 건강회복을 위해 처방한다.[10] 그 외에도 산림 활동은 혈압을 낮춰주고, 면역체계를 강화하며, 아토피 피부염과 호흡기 질환, 자폐증을 개선하고, 스트레스 관련 호르몬인 코르티솔의 농도를 낮춰준다. 진통효과와 수면의 질을 개선하며, 자연살해세포(NK cell)를 활성화시킨다는 효과 등 국내외 여러 연구자들로부터 숲이 지닌 다양한 효과가 보고되어 숲이 육체적 건강증진에 크게 기여하고 있음을 확인시켜 주고 있다.[11]

10) Schuh, A., 2010, Klima- und Thalassotherapie. Stuttgart: Hippokrates. pp.48~58.

Schmiedel, V. und Augustin, M., 2017, Leitfaden Naturheilkunde. 7.Auflage. München: Elsvier · Urban & Fischer. pp.170~173.

11) Schuh, A. und Immich, G., 2019, Waldtherapie. Stuttgart: Hippokrates. pp.79~91.

Li, Q., 2012, Forest Medicine. NOVA. p.334.

Nilsson, K., Sangster, M., Gallis, C., Hartig, T., Vries, Sjerp de, Seeland, K. and Schipperijn, J., 2011, Forests, Trees and Human Health. Springer p.427.

아래 서적으로부터 더 많은 정보를 얻을 수 있음.

국립산림과학원, 2019, 숲, 치유가 되다. 산림과학속보 제19-5호. 18~27쪽.

박범진 옮김, 2007, 오감으로 밝히는 숲의 과학. 宮崎良文 원저 森林浴はなぜ體にいいか. 서울: 북스힐. 171쪽.

박범진, 2006, 내 몸이 좋아하는 산림욕. 서울: 넥서스BOOKS. 159쪽.

산림치유포럼, 2015, 최신 산림치유개론. 大井 玄 · 宮崎良文 · 平野秀樹 원저 森林醫學 II. 서울: 전나무숲. 370쪽.

산림치유포럼, 2009, 산림치유. 森本兼曩 · 宮崎良文 · 平野秀樹 원저 森林醫學. 서울: 전나무숲. 485쪽.

신원섭, 2005, 치유의 숲. 서울: 지성사. 222쪽.

신원섭, 2005, 숲으로 떠나는 건강여행. 서울: 지성사. 240쪽.

안기완 · 백을선 · 김은일 · 김민희 역, 2019, 森林 어매니티학. 上原嚴 · 淸水裕子 · 住友和弘 · 高山範理 원저 森林アメ二テイ學. 광주: 전남대학교출판문화원. 296쪽.

이성재, 2017, 산림 · 해양 · 기후와 휴양의학. 고려대학교 출판문화원. 276쪽.

조윤경 옮김, 2018, 삼림욕. 宮崎良文 원저 森林浴. 서울: 북스힐. 140~173쪽.

개별 수목이 발휘하는 건강치유 효과에 대해서는 다음 책을 참고할 만함.

Schilcher, H. und Kammerer, S., 2003, Leitfaden Phytotherapie. 3. Auflage. München: Urban & Fischer. p.998.

2) 숲이 정신 건강에 주는 효과

독일에서 결핵환자가 주로 체류하던 산림요양소는 결핵치료제가 개발되면서 급속도로 감소되어 1950~60년대로 접어들면서 호텔로 전업하거나 거의 사라질 형편이었다. 하지만, 도시의 문명병이라는 스트레스 관련 질환이 증가하면서 일부 산림요양소는 정신질환을 치료할 수 있는 심신치료 전문병원(psychosomatische Klinik)으로 전환되기 시작하였다.[12] 이렇듯 산림요양소의 변천 흐름을 보면 산림은 육체적으로뿐만 아니라 정신적으로 건강을 증진하고 정신을 안정시키는 데에 중요한 역할을 하고 있음을 역사적 사실로 확인할 수 있다.

미국에서 19세기 말 국립공원과 자연보호 운동을 주도한 존 뮈어(John Muir)는 '야생숲은 우리 마음을 양심의 세계로 이끌 수 있고, 우리 상한 마음을 내려놓고 영혼을 찾을 수 있게 한다.'라 하여 산림이 인간의 심성을 변화시킨다고 역설하였다.[13] 산림휴양 분야의 세계적 권위자인 더글라스(Robert W. Douglas)는 산림휴양은 영혼을 활력있게 하며 다시 일상으로 복귀하도록 해준다고 주장하였다.[14] 이런 유사한 말은 이미 1960년대에 Clawson과 Knetsch가 주장했듯이, 수많은 사회학자, 심리학자, 사회운동자, 야외휴양전문가들이 '야외휴양이나 산림휴양으로 일상에서 얻은 긴장, 정서 불안의 해소와 심리적 정서적 이완 필요성'을 강조한 것과 맥락을 같이 한다. 그러한 '휴양은 거의 치유(therapeutic)와 다름없는 것이다'라 주장하였다.[15]

Strassmann, R., 2015, Baumheilkunde-Heilkraft, Mythos und Magie der Bäume. Linz: Freya Verlag. p.440.

12) 김기원·전경수, 2006, 산림요양학. 국민대학교 출판부. 47~48쪽.

13) AmericanPark Network, 2000, Preserving Yosemite-John Muir. Yosemite Magazine 13: p.104.
The clearest way into the universe is through a forest wilderness. And into the forest I go, to lose my mind and find my soul.

14) Douglas, R. W., 1975, Forest Recreation. N.Y. : Pergamon Press. pp.6~10.

15) Clawson, M. and Knetsch, Jack L., 1966, Outdoor Recreation. Baltimore: The Johns Hopkins Press. pp.27~36.
To recreation in general and to outdoor recreation in particular they ascribe great value, of almost a therapeutic kind.

치유휴양 전문가인 Ómorrow는 이미 1970년대 중후반에 치료적 휴양활동(therapeutic recreation)은 신체적 웰빙, 정서적 웰빙, 정신적 웰빙, 사회적 소통에 기여하고 있음을 천명하였다.[16)]

2000년대에 들어와서 과거에 자연이나 산림이 육체적 정신적으로 긍정적인 영향을 미친다는 다소 일반론적인 내용을 과학적 실험에서 얻은 증거를 기반으로 입증하는 연구를 활발하게 진행하기 시작하였다. 특히 최근에는 의학적 최신 실험기법을 동원하여 연구 결과에 좀 더 객관성과 신뢰성을 강화하고 있다. 이 절에서 각주로 제시하고 있는 문헌들은 증거기반 연구 결과를 담고 있거나, 그에 상응하는 연구 결과를 바탕으로 저술한 서적들이다.

숲에서 하는 활동이 감정 상태 조절에 긍정적인 영향을 주는 것과 관련된 연구들도 많다. 산림과 같은 자연 접촉을 통해서 자신에 대한 신뢰성이 강화되기 때문에 일반적으로 감정조절은 자연환경에서 가장 잘 된다. 한가지 일에 지나치게 골몰하는 사고 습관은 생각이 특정 주제에 너무 과도하고 반복적으로 빠진 상태를 말한다. 숲에서 산책은 이런 '사고의 곡예(Gedankenkarussell)'에서 벗어나서 의미없이 골똘히 생각하는 사고 습관을 줄이는 데에 도움을 준다. 숲에서 머무는 것이 감정을 개선시키는 것이다.[17)] 숲의 아름다움이 '의식형성'에 긍정적인 영향을 미친다는 연구는 이미 독일에서 1960~70년대에 많이 보고하고 있으며 산림미학의 영역에서 다뤄 왔다.[18)] 숲은 도시와 같은 생활환경에 비해 주위가 산만하거나 혼란스럽지 않고, 소음이 없어 조용하며, 물소리, 새소리, 향기 등 정신적으로 안정감을 느낄 수 있어 집중력을 높일 수 있기 때문이다. 이것은 실제적으로 생리 실험에서 입증하고 있다. 즉, 산림은 교감신경계의 활동을 저하시켜 분노와

---

16) Ómorrow, G, 1980, Therapeutic Recreation. 2[nd]Edittion. Reston(Virginia): Reston Publishing Company. pp.2~6.

17) Schuh, A. und Immich, G., 2019, Waldtherapie. Stuttgart: Hippokrates. pp.73~79.

18) Thomasius, H., 1973, Wald-Landeskultur und Gesellschaft. Dresden : Theodor Steinkopff Verlag. pp.289~337.

두려움을 낮추며, 알파파 발산을 증가시켜 생리적으로 안정상태에 이르게 한다.[19]

이처럼 산림환경이 감정 상태, 정신 안정에 긍정적 영향을 끼치는 심리적 생리적 특성으로 숲활동은 사고력과 이해력을 높여 인지능력을 향상시킨다. 단지 걷는 것만으로 긴장, 우울, 불만, 피로, 혼란의 감정을 삭이게 해주고, 생기와 활력감을 증진한다. 우울감을 낮추고 스트레스 유발 호르몬인 코르티솔 농도를 낮춰 스트레스를 해소하여 치매예방에 도움을 줄 수 있고 삶의 질을 높여준다. 임신부를 대상으로 숲에서 활동하는 숲태교는 스트레스 지수를 낮추고 태아에 대한 애착심을 더 키우는 것으로 입증하였다. 청소년을 대상으로 실험한 결과, 자아존중감이 증가하고 우울감과 불안감이 감소하였다. 또한 숲은 부적응 행동을 감소시켜 자기통제력과 마음의 평정을 찾는 힘을 키우는 것으로 나타났으며 인성교육을 하기에 적합한 장소로 인정받고 있다.[20]

3) 산림치유 영향 인자와 국민녹화를 위한 우리 숲의 잠재력

이상의 결과들은 숲을 매개로 일어나는 일들이며 산림이 인간에게 베푸는 매우 은혜로운 현상이다. 그러나 산림 속의 어느 특정 인자가 어느 정도로 심신 건강에 영향을 주는 것인지를 구명하는 것은 매우 어려운 연구이다. 아직 정확하게 규명되지 않았고 여전히 연구가 진행 중이다. 산림치유 관련 연구에서 중요하고 핵심 연구 사항의 하나이기 때문에 구명해야 할 과제이다.

---

19) 산림치유포럼, 2015, 앞의 책. 136~140쪽.

20) 국립산림과학원, 2019, 숲, 치유가 되다. 산림과학속보 제19-5호. 18~27쪽.을 중심으로 아래 문헌을 참고하였음.
조규성, 2018, 인성교육, 숲에서 길을 찾다. 서울: 교육아카데미. 218쪽.
Schuh, A. und Immich, G., 2019, Waldtherapie. Stuttgart: Hippokrates. pp.73~79.
Selhub, E. and Logan Alan C., 2012, Your Brain on Nature. Ontario: John Wiley & Sons. p.248.
더불어 앞의 각주 11)에 열기한 문헌들을 참조할 것.

산림치유는 향기, 경관 등 자연의 다양한 요소를 활용하여 인체의 면역력을 높이고 건강을 증진시키는 활동을 말한다(「산림문화·휴양에 관한 법률」제2조). 숲을 구성하는 인자들이 산림치유 효과에 영향을 준다. 산림 구성인자들은 시각, 청각, 후각, 미각, 촉각 등 오감으로 신체 조직과 접촉함으로써 생리적 감각적 정신적으로 교감하여 인간의 심신건강을 증진시키는 작용을 한다.[21] 숲을 가득 채우고 있는 깨끗한 공기, 보호적이고 편안한 숲 안의 분위기와 산림기후, 자유로운 움직임, 숲의 고요함이 우리를 숲으로 이끌며,[22] 이러한 숲의 생물적 무생물적 요소들이 오감 자원으로 인체 건강증진에 긍정적 영향을 준다. 경관, 향기, 공기, 피톤치드, 물, 심지어 적요와 적막감과 고요함까지 오감 요소는 수없이 많다. 특정 나무와 숲과 산이 담고 있는 신화, 전설, 예술적 요소 등 문화적 요소도 빼놓을 수 없다. 문화적 요소는 산림치유 프로그래밍에서 주제를 발굴하고, 치유상태에 이르도록 마음의 변화가 일어나게 하는 데에 핵심적인 역할을 하기 때문이다.

오감 자원과 문화 자원 이외에 간과하지 말아야 할 것은 산림지대에 형성되는 기후요소이다. 앞에서 중산간 지대는 질병 회복과 육체적 건강증진에 좋은 효과를 보여준다는 내용을 소개하였다. 산림기후 요법은 자극과 보호기능을 적절히 활용하여 건강을 증진하는 요법이다. 중산간(300~1000m)의 기후 특징이 우리 몸에 적절한 자극과 보호로 건강을 증진하는 것이다. 중산간 지대 산림기후의 특징은 온화한 온도-습도-환경 조건, 완화된 일사량, 적절히 낮은 온화한 온도 자극(갑작스런 기온 저하에 의한 자극이 아니라), 양호한 공기질(낮은 산소결핍), 안정된 기후조건 등인데 이러한 요소들이 육체적 정신적 건강증진 효과에 긍정적으로 작용한다.[23] 제2장에서 살펴본

21) 이연희, 2011, 치유의 숲 산림관리 기법에 관한 연구. 국민대학교 박사학위 논문. 154쪽.

22) Ammer, U. und Pröbstl, U., 1991, Freizeit und Natur. Hamburg & Berlin : Paul Parey. pp.34~36.

23) Arbeitskreis Forstliche Landespflege, 1991, Waldlandschaftspflege. Landsberg : ecomed. pp.28~32.
   Schlegel, G. and Grimm H., 1973, Die Bedeutung des Waldes für die menschliche Gesundheit und Erholung. Harald Thomasius 원저 〈Wald-Landeskultur und Gesellschaft〉. Dresden : Theodor Steinkopff Verlag. pp.235~240.

것처럼, 우리나라, 특히 남한의 산림지형은 해발고도가 높지 않아 자연휴양림 등 산림휴양 치유시설이 대부분 중산간 지대에 위치하는 장점을 지닌다.

이상에서 살핀 것처럼 숲은 인간의 신체적 정신적 건강증진에 매우 효과적으로 작용하고 있다. 숲이 인간의 심신건강에 기여하는 이런 작용은 물론 숲이 인간에 베푸는 사랑이다. 이런 작용을 하는 숲이 선조들이 이룩한 국토녹화 성공 덕분에 전국 어디를 가나 울창하게 펼쳐져 있다. 우리 숲은 피폐한 국민의 마음을 충분히 다스릴 수 있을 정도로 다양한 임상, 적정한 임목축적, 왕성한 생장률, 높은 산림률을 갖추고 있어서 제2 국토녹화로 국민녹화를 이룰 수 있는 충분한 잠재력이 있다. 숲의 사랑으로 국민을 녹화하는 것은 신애림사상의 실천과제이기도 하다.

4) 국민녹화를 위해 실행해야 할 일들

국민이 할 일은 숲을 자주 찾는 것이다. 위에 소개하였듯이 숲을 단지 보는 것만으로도 심신 안정 효과를 지니고 있으므로 숲을 자주 접하는 것이 몸을 건강하게 유지하고 마음을 건전하게 다스리는 첩경이다. 돈 들이지 않고 건강한 삶을 유지하는 방법이다. 산림교육이나 산림치유의 효과에 대해서, 특히 효과 지속성에 대해 여러 논란이 있지만, 단기간 지속하는 효과라 할지라도 효과 지속성을 위해 자주 숲을 방문하면 소기의 목적을 달성할 수 있다. 숲활동으로 상하고, 찢기고, 정상궤도를 벗어난 마음이 다시 정상을 되찾아 한민족 본연의 정신으로 돌아오도록 스스로 노력해야 한다.

정부가 해야 할 것은 국민이 육체적으로 정신적으로 매우 피폐한 상태에 있다는 점을 직시하는 일이다. 이로써 국민이 숲을 자주 찾고 늘 접할 수 있도록 조치를 취해야 한다. 숲을 찾는 것에 대한 필요성을 정책적으로나 실제에 있어서나 강조해야 한다. 복지의 차원에서 자주 숲을 찾을 수 있도록

Schuh, A., 2010, 앞의 책.

시스템을 마련하는 것은 어느 부서보다도 산림청의 역할이다. 30초 영상이면 어떻고 10초 영상이면 어떠랴! 전략적으로 방송 제휴를 활용하여 숲활동의 효과나 교육과 치유 프로그램을 정기적으로 홍보하는 것은 국민에게 '숲으로 가자!'에 대한 동인을 불러일으킬 수 있다.

무엇보다 산림에 쉽게 접근할 수 있는 시스템을 마련하는 것이 필요하다. 하드웨어로 살피면, 수요가 있는 곳에 산림복지시설이 절대적으로 부족하다. 도시화율이 높아 수요자 대부분이 대도시에 집중되어 있으므로 생활권 가까이 산림복지시설을 많이 조성하는 것은 당연한 원칙이다. 하지만 산림복지시설은 대부분 산간 오지 등 원격지에 있으므로 바우처 이용계층이 갈 수 없는 상황이다. 서울특별시에 산림이 많은데도 제대로 갖춰진 산림복시시설이 없는 것은 반성할 점이다. 부처간 협업을 통해서 서울에 산림복지지구와 단지를 동서남북 권역별로 시급히 마련할 필요가 있다. 도시숲에서 적용할 수 있는 간단한 숲운동시설도 도입해야 한다. 국민의 심미적 욕구에 합당하게 산림 미학적 관점에서 숲을 관리하는 것은 교육과 치유 효과증진으로 국민녹화의 효율성 향상을 위한 산림관리의 핵심 방향의 하나이다. 소프트웨어도 빈약하다. 방송을 통해 숲 관련 프로그램을 자주 송출하고, 주요 시간대에 짧으나마 아름다운 숲의 경관을 보여주거나, 자연경관만을 다루는 방송 시스템을 운용하는 것은 현장에 가지 않고도 효과증진을 위한 최상의 방법일 듯하다. 또한 산림치유 프로그램 인증제도를 시급히 마련하여 전문적으로 제작된 프로그램을 서비스해야 한다는 점도 간과하지 말아야 한다.

목표 달성은 국민 개개인의 노력도 중요하지만, 산림교육전문가와 산림치유지도사 등 프로그램 진행자와 산림청과 지자체가 각자의 역할을 얼마나 충실히 하느냐에 달려있다. 시스템이 확충되고 각자의 협력과 노력으로 제2의 국토녹화인 국민녹화가 실현되어 선진국으로서 국격이 속히 갖춰질 수 있기를 기대한다.

3. 자작나무 문화코드의 복원과 계승

가. 자작나무 문화코드 복원 제안의 취지

제2 국토녹화의 두 번째 전략과제는 자작나무 문화의 복원과 계승이다. 뜬금없는 주장이라고 생각할지 모르나, 아이디어는 긴요하고 거창한 의미를 지니고 있다. 제3장에서 언급하였듯이 자작나무는 자작나무숲이 펼쳐진 우랄 알타이산맥과 대평원을 거쳐 시베리아와 만주를 지나 한반도로 내려와 한민족을 형성하게 한 역사성이 있는 우리 한민족의 시원문화코드이다. 신수(神樹)로서 민족의 정신을 지배한 신령한 나무이며, 이런 배경에서 백의호상 풍습을 지니게 함으로써 민족정신의 근간인 백의민족의 유래가 된 나무이다. 또한, 자작나무는 하얀 수피로 인하여 순백, 순결, 순수, 정의, 정직의 상징이기도 하다. 자작나무 문화는 한민족의 문화원형이다. 하지만, 지금 우리 사회를 둘러보면 여러 가지 갈등으로 가치의 혼란 속에 살고 있음을 본다. 필자는 이러한 사태를 해결할 수 있는 방안의 하나는, 그동안 잊고 살고 있고, 잃어버린 백의민족의 순수한 자작나무 문화를 복원하는 것이라고 생각하기에 제2의 전략과제로 자작나무 문화를 복원하자고 제안하는 것이다.

천마총을 통해 확인하였듯이, 경주까지 내려온 민족 문화의 원형인 자작나무 문화를 복원하여 한민족 본연의 백의민족 정신으로 멈춰있는 경주에서 우주로 비상(飛上)하자고 제안하는 것이다. 우랄 알타이로부터 면면히 이어져 온 한민족의 자작나무 문화코드를 복원하여 동방예의지국과 백의민족 본연의 한민족 정신을 되찾고 세계에 한민족의 위상을 드높이자는 취지이다. 아울러 이 제안의 글은 '제3장 한민족의 형성과 숲'의 연장선상에서 맥락을 이해해야 함을 밝힌다.

나. 제안 내용

자작나무 원산지는 북유럽으로 알려져 있다. 제3장을 집필하기 위해 자작나무를 추적하다 보니 북반구 전역을 여행하고 돌아온 기분이었다. 멀고 긴 여행을 마친 느낌이어서 마음이 홀가분하게 될 줄 알았는데 여간 편치 않은 것이 사실이다.

하얀 빙하로 뒤덮인 북구를 상상하기도 하고, 하얀 태양빛이 작렬하여 빙하를 녹이기 시작하면서 빙하의 끄트머리에서 흘러나오는 차디찬 얼음물을 따라 북쪽으로 올라가는 상상도 해보았다. 빙하가 남긴 빙설(氷屑)과 빙퇴석, 빙하호가 즐비한 거칠고 광활한 들판에 야생 풀들이 돋아나고 장미과 관목 드리아스 옥토페탈라(*Dryas octopetala*)[24]가 자리를 잡기 시작한 것도 보았다. 이어서 자작나무가 등장하여 춥고 거칠며 황량한 북구의 들판 여기저기에 우뚝우뚝 들어서는 모습을 지켜보기도 하였다. 새하얀 백색의 수간을 뽐내며, 마치 빙하를 몰아낸 하얀 태양 빛의 화신인 양 황야를 지배하듯 장수처럼 당당히 늘어서서 식물 왕국(Plant kingdom)을 이어나갈 나무들을 불러내며 숲을 이뤄가는 모습도 상상하였다.

자작나무가 지닌 꽃말은 '당신을 기다립니다'이다. 암꽃은 하늘을 향해 곧추서 있고, 수꽃은 땅을 향해 늘어뜨려져 있다. 암수가 천지 상하를 향해 무엇을 기다리나? 사랑을 기다리고 생명을 기다린다. 자작나무는 매우 미세한 꽃가루를 지니고 있기에 바람에 멀리 날아가서 사랑하고 생명을 잉태하여 자리 잡는다. 거친 땅을 일구고 개척하여 스스로 삶의 터전을 닦고 새 식구들을 맞이하여 숲을 형성하게 돕는 광경도 지켜보았다. 북반구 고위도 높은 산지라면 어디에나 수정초처럼 솟아나고 태양빛처럼 퍼져나갔다. 우랄을 넘어 알타이, 천산산맥 파미르고원을 지나 시베리아, 바이칼, 몽고를 점령하

---

24) 빙하가 물러가면서 북극 산악지(Artic-alpine)에 나타난 여덟 장 꽃잎이 달린 장미과 상록 소관목이다. 우리나라 북쪽 산악지에 변종으로 담자리꽃나무((*Dryas octopetala* var. *asiatica* NAKAI)가 자란다.(이창복, 1993, 대한식물도감. 서울: 향문사. 439쪽).

고, 대소흥안령산맥을 내달려 중국 대륙에, 캄차카반도와 베링해, 알류산 열도를 건너 북아메리카에도 거대한 숲을 이뤘다. 백두산에 신시를 열고 백두대간을 따라 내려와 한반도에도 정착하였다. 기후와 풍토에 맞아 바람이 닿는 곳이라면 어디라도 숲을 이뤄냈다.

숲을 이룬 후 느긋하고 오랜 기다림 끝에 인류를 맞이하였다. 자작나무와 만난 인류의 삶이 있는 곳에서 자신만의 독특한 흰빛으로 인류의 가슴을 터치하였다. 인류는 독특한 자태의 자작나무를 신령한 눈으로 바라보기도 하고, 만져보기도 하고, 맛보기도 하고, 하늘을 향해 소망도 빌었다. 그렇게 자작나무는 인류에게 삶이 되게 하고 몸과 마음을 다스리며 영혼을 움직이게 하였다. 샤먼의 영혼은 자작의 흰빛을 타고 올라 하늘과 소통하고 하늘의 기와 신의 섭리를 찾아 인간 세계를 다스리도록 하였다.

백화 수피는 목간(木簡) 통신으로 중요한 정보를 보존하고 소통하며 마을을 잇고, 왕과 신하와 백성을 이으며, 시대를 이어 문화를 맺어오게 하는 역할을 하였다. 북구 유럽의 수많은 나라와 민족에게 자작나무는 탄생과 결혼과 상례뿐만 아니라, 연중 교회력에도 깊숙이 인연을 맺어왔다. 현재까지도 일상사 전반에 전통문화로 계승되고 있음을 본다. 북유럽뿐만 아니라, 우랄 알타이 시베리아 북방 툰드라 대초원지대를 호령하던 백마 탄 유목 기마민족의 삶을 보듬어 한반도에까지 이어 달리게 하였다. 신수로 숭상하고 우주수로 경외하여 지배자의 스켑터(scepter, 權杖)로 삼았다. 그 결과 왕은 자작나무 수지형 금관을 쓰는 금빛문화와 백의호상의 백의민족 문화를 찬란하게 이루고 융성케 하였다. 하지만, 마지막 빙하시대가 끝난 지 일만여 년, 금빛문화가 끝난 지 1100여 년, 한민족의 백의가 사라진 지 50여 년이 지난 지금은 어떤가?

유럽 여러 나라에서 현재도 자작나무 관련 행사가 연중 축제로 행해진다. 핀란드 사람들은 사우나 할 때마다 여전히 자작나무 다발을 이용하며, 그들에게 사우나와 자작나무는 일상이 되어 있다. 구교(가톨릭교), 신교, 정교에 크게 구분없이 교회력에 따라 사순절, 부활절, 성촉절, 삼위일체축일, 메이폴, 하지축제, 추수감사절 등 연중 행사뿐만 아니라 개인 일상사에도 자작나무가 중요하게 등장하고 그때마다 자작나무의 신성한 의미를 되새긴다. 행사를 통해서 자작나무로 맺은 선조의 삶을 반추하며, 전통을 잇고, 민족정신을 되새기며, 그러는 과정에서 자작나무는 민족을 하나로 결집시킨다. 현재까지도 변함없이 계승되는 유럽 제국의 자작나무 전통문화를 보면서, 그들 민족어에서 자작나무(birch)의 어원이 '빛의 발광체'란 뜻인 'bhereg'에서 유래한다는 사실을 있는 그대로 보여주고 있음을 실감한다. 자작나무가 '빛의 후예'로서 산을 넘고 들판을 가로질러 여러 풍토에 자리잡아 민족문화를 형성하게 하였듯이, 현대에도 그 민족의 후예들이 자작나무 문화를 고스란히 계승하며 즐기고 있음을 감탄스러운 눈길로 바라보게 된다. 자작나무는 북유럽에서 그들 삶을 조직하여 온 문화의 신경망이고 문화코드이다. 그런 모습을 보면서 과거 우리 겨레 한민족을 하나로 대동 단결시켜온 자작나무의 문화 코드가 끊기고 가닥도 사라진 채 민족의 마음에서 소외된 현실을 생각하니 안타까움을 금할 수 없다.

흰물감은 수용성(受容性)이 매우 크다. 어떤 색이 침범하더라도 그 색감을 살리고 반영하여 표현해 준다. 흰빛은 수용성이 더욱 크다. 하지만 물감과 다르게, 빛의 삼원색(적,청,녹)을 점점 가법혼합하면 백색이 된다. 신비로운 현상이 아닐 수 없다. 태양빛을 백색광이라 부르는 근거도 여기에서 찾을 수 있다. 태양을 숭배하는 민족은 흰빛을 숭상한다는 것은 당연한 순리인 듯하다. 빛의 삼원색을 혼합하면 흰빛이 된다는 것은 백색의 수용성을 말하기도 하지만, 역으로 전체성과 시원성을 말하기도 한다. 태양이 있음으로 생명이 삶을 시작할 수 있듯이, 흰빛은 모든 것의 시원이고 그것이 전체를 대변한다. 또한 백의 바탕에서는 무엇이든지 가능한 색을 연출할 수 있지 않은가? 흰빛을 띤 자작나무가 북유럽 민족에게 남긴 문화유산을 살피면 자작나무가 지닌 흰빛으로서의 수용성 특징을 찾아볼 수 있다. 정통 가톨릭 국가와 민족들이, '우상을 만들지 말며, 아무 형상이든지 만들지 말며, 그것들에게 절하지 말며, 섬기지 말라'라는 계명을 어기고, 한 그루의 하얀 자작나무를 신성시한다는 것을 대한민국의 교인들이 받아들일 수 있겠는가 반문해본다.

자작나무가 이러하듯 찬란하고 장엄한 '흰빛'으로 수용하고 포용하는 특성이 있기에 대륙과 산맥을 잇는 광활한 대지와 그곳에 살아가는 수많은 민족의 신수(神樹)가 되어 인간을 하늘과 우주와 소통하도록 하였다. 곳곳에 다양한 문화를 창조하게 하였으며, 한민족에겐 최소한 부여 시대부터 2500여 년 동안 백의호상의 풍속을 지니게 하였다. 한민족에게 자작나무는 겨레의 문화코드이며, 백의호상은 한민족 자작나무 문화코드 중에서 가장 완전무결한 유무형의 자작나무 문화코드이다. 그러나 이제 사라져가고 있지 않은가? 백의호상 풍속이 사라지면서 백의 민족정신도 사라져 흰색이 지닌 순결, 순수, 정의, 정직, 청렴도 사라지고 있는 것은 아닌지 두렵다. 이런 백의민족이 숭상하던, 겨레의 얼이나 다름없는 정통 이념이 사라지면 국가사회는 마치 오랑캐 이민족이 지배하는 사회가 되지 않을까 두렵기까지 하다. 어떻게 해야 할까 대책이 필요하다. 한민족의 자작나무 문화코드를 이어갈 획기적인 문화기획이 필요하다. 다음 네 가지를 우선적으로 실천해야 할 과제로 제안한다.

첫째, 자작나무를 대대적으로 조림하자. 인제군 원대리 산자락에 조금 있는 것으로 모자란다. 여기저기 가까이에서 민족의 눈에 자주 띄게 많이 심어야 한다. 자작나무는 하얀색 수피로 독특한 빛을 띤 빛의 나무요 아름다움을 지닌 美의 나무이다. 이것만으로도 사람의 마음을 휘어잡는다. 그 아름다움이 봄·여름·가을·겨울 사계절을 이어간다. 정원수, 공원수, 경관수, 가로수, 녹화수, 대면적 조림 수종으로 어디든 어울린다. 독립수, 군식, 열식 어떤 형태의 식재 설계에 모두 잘 어울리고 눈길을 사로잡을 수 있다. 주변 분위기를 획기적으로 변화시킬 수 있는 유일한 수종이다. 도시마다 시민들이 일상에서 가장 빈번하게 조망하는 시대상(視對象) 지점 여러 군데를 설정하고 대면적으로 군식을 하자. 도심의 가로수나 독립수로도 심고, 빌딩 앞에도 심고, 사무실 창가에도 심자. 창조적 도시재생사업은 단지 거대한 폼나는 건축물로 채우는 것이 아니라, 도시가 원래 숲이 있던 자리이었던 만큼 상당 부분 숲으로 되돌려주고, 그 과정에서 전통문화코드를 이어주는 자작나무를 많이 심으면 그것은 그대로 숲을 재생하는 것이 되고, 끊긴 자작나무 전통문화를 복원하는 길이 되고, 백의 민족정신을 다시 가다듬는 계기가 될 것임에 틀림없다. 이제껏 생각해보지 않았던 것이 창조이지 않은가?

고산 수종이라서 높은 산간지대에서나 자라는 나무인데 저지대 도시 조림에 한계가 있지 않겠는가 염려할 수 있다. 하지만, 전문가가 분석 평가하였듯이 자작나무는 제주도에서도 자라고, 자생 가능성도 있으며, 적정한 숲관리로 아름다운 숲을 선사할 수 있는 잠재력이 있다.[25] 서울 강남 주택가 담장에서도 자작나무가 당당하고 떳떳하게 자라고 있으며 봄이면 어김없이 태양 흰빛을 받아 암수꽃을 피우고 열매를 맺는다. 주택가 담장이라면 척박하기로 말하면, 빙하기 말기의 거칠고 황량한 풍토에 비해서 크게 뒤지지 않는다. 잘 심고 가꾸면 훌륭한 자작나무숲을 가질 수 있을 것으로 본다. 서울 근교 경기도 양평군 서종면 서후리에 대규모 조림 사례지가 있다. 잘 자랄 수 있다. 목재를 얻을 수 있다면 더할 나위 없이 좋다. 대들보감을 얻을 수 있다면, 우주와 소통하는 최상의 동량재일 것이니 성주신을 새롭게 맞이하는 최상의 주택들이 탄생하는 기대도 해볼 수 있다. 어쨌든 조림사업은 산림청의 과제이니 전국적으로 추진하면 좋겠고, 특히 도시림 정책에 자작나무로 수종갱신하는 식재 계획이 도시 주변 산림경관계획에 반영되었으면 좋겠다.

둘째, 자작나무의 신품종을 개발하자. 현재 보급된 일본산 자작나무(*B. platyphylla* var. *japonica*)를 대체할 육종을 서둘러야 한다. 국가와 민족의

25) 배상원, 2020, 우리나라 자작나무숲 관리방안. 김기원 편저 〈자작나무와 우리 겨레〉. 서울: 도서출판 숲과 문화. 364~371쪽.
천정화, 2020, 국가산림자원조사(NFI)로 본 자작나무의 분포특성. 김기원 편저 〈자작나무와 우리 겨레〉. 서울: 도서출판 숲과 문화. 351~363쪽.

중차대한 혈연적 전통문화를 복원한다는 측면에서 다가온 기후변화에 적응 가능한 자작나무 신품종 개발은 육종전문가들의 사명으로 삼을 만하다. 어느 풍토에서나 잘 자랄 수 있는 형질을 지닌 품종, 현재의 자작나무는 불과 7~80년이 한계수명이라 하니, 장수하는 형질을 지닌 품종이면 더 좋겠다. 나무는 노목일수록 철학자다운 기품을 보이므로, 태생부터 아름다움을 지닌 자작나무는 장수할수록 더욱 사랑받을 것임에 틀림없기 때문이다.

셋째, 자작나무와 관련된 문화를 발굴하자. 2020년 숲과문화연구회가 개최한 자작나무 학술토론회를 준비하면서 잠시 겉핥기식으로나마 우리 민족이 형성되고 살아온 발자취를 더듬어 볼 기회를 가졌다.[26] 연구해야 할 내용이 많이 발견된다. 민족의 이동과 관련하여 인문 사회과학적으로, 무속 신앙과 관련하여 종교적으로, 단군신화와 신단수에 관하여, 민속학적으로, 식생학적으로, 지리적으로, 복식사적으로 찾아내고 정리해야 할 과제들이 많음을 발견하였다. 또 자작나무 이용 측면에서도 건축, 목재공학, 임산학, 식품학 등 무궁무진하다. 특별 연구과제로 고려해 볼 수도 있고, 산림청이 현재 진행하고 있는 『산림문화전집』 발간의 일환으로 추진하는 것도 검토해 볼 수 있다. 이 분야는 국제간의 공동 연구도 필요할 것이며, 민족 이동의 여정에서 자작나무와 관련한 여러 가지 남아있는 문화적 요소들을 발굴해 낼 수 있을 것이다.

문화를 공유하고 전승하는 것은 문화의 속성이다. 그런 의미에서 존속되던 문화가 어느 시점에 단절되는 것은 민족 정체성의 상실이고 그 시대 사람들의 태만이다. 기록으로라도 남겨야 하지 않겠는가? 오늘날 숲과문화연구회나 생명의숲국민운동이 실행하는 여러 사업은 문화의 속성이 교과서적 이론처럼 그대로 이행되도록 하는 중요한 책무이다.

넷째, 자작나무를 잘 활용하자. 자작나무와 관련된 유형적 무형적 문화요소를 활용하는 것을 말한다. 자작나무를 유형적으로 활용하는 것은 물질적

---

26) 김기원 편, 2020, 자작나무와 우리 겨레-알타이에서 경주까지. 서울: 도서출판 숲과 문화. 379쪽.

이용으로 목재로 이용하고, 식품으로 이용하고, 의약품으로 이용하며, 공예품으로 이용하는 것 등을 말한다.

자작나무는 빛의 후예이고, 맑고 청명하며, 은근하지만, 늦여름까지 지속적으로 빨리 자라는 특성을 지닌다. 자작나무의 말(언어), 행동, 자세 등 태도(Redensart)를 한마디로 말해주는 상징적인 표현이 있는데 그것은 '자작나무는 가장 늦게 무장한다'라는 것이다. 이 말은 자작나무 가지는 일 년 중 가장 늦게 굳어진다는 의미인데 그 결과 혹독한 겨울을 강인하게 대처할 수 있는 나무로 자리 잡은 것으로 짐작한다. 목재의 물리적 성질은 강하고, 질기고, 탄력있고, 가벼워서 쓰임새가 매우 다양하다. 이런 물리역학적인 특성으로 제2차 대전 때에 자작나무를 이용하여 비행기 날개를 만들었는데 비행기의 이름이 '날으는 자작나무(Fliegerbirken)'였다. 자작나무 목재는 시드니 오페라 하우스의 실내 천정재료로도 사용하고 있다. 음향효과가 좋아 오케스트라가 발산하는 각종 악기의 음들을 효과적으로 조정하는 탁월한 효과가 있기 때문이다. 자작나무의 용도는 이외에도 매우 다양하다. 5300여 년 전 유럽 청동기시대에 살았던 아이스맨 외치(Oetzi the Ice Man)는 불씨를 보관하는 용기를 자작나무로 사용했으며, 알곤킨 인디언은 카누를 만들어 타기도 하였다. 수피로 신발을 만들어 신기도 했고, 각종 생활도구와 소품(연필꽂이, 촛대), 민예품, 약재(상처치료, 차가버섯), 음료(수액)와 술, 차(잎과 꽃), 자일리톨, 타르, 피치(역청) 등에 이용하여 오고 있다. 요즈음에 간벌재에서 얻는 잔가지들을 활용하여 동물이나 곤충의 형상을 만드는 생태공예품을 만드는 재료로 많이 활용한다.

자작나무가 제공하는 여러 가지 용도 중에서 우리나라에서 활용하지 않고 있는 분야가 있다. 핀란드에서 사우나 할 때 자작나무 생가지 다발을 사용하는데 우리나라에서 아직 사용되지 않고 있다. 좋다고 알려져 있는데 왜 사용하지 않을까? 1995년 핀란드에서 현장을 목격한 이후 국내에서 여러 차례 그 사례를 전하였는데 지금껏 이용해본 사우나에서 자작나무 가지를 사용하는 곳을 보지 못했다. 한번 알려지기 시작하면 자작나무 생가지 수요가 급증할 것으로 예상되는데 이때의 수요에 대비하여 자작나무의 생가지를 대량 생산할 수 있는 재배법을 개발하는 것도 필요할 듯하다.

무형적인 측면에서 자작나무의 활용은 각종 문화예술의 제재로 활용하는 것을 말한다. 단군신화(신단수), 자작나무 시와 수필, 회화, 영화 등에 활용하고 있다. 북유럽에서 보듯이 각종 축제에서 활용하는 것도 생각해 볼 수 있다. 신수로 숭배한 무속 신앙적인 요소를 재가공하여 민속행사로 재활용할 수 있도록 현대화하는 작업도 필요하다. 단군신화의 신단수 관련 내용을 산림교육용(숲해설용) 프로그램(연극)으로 개발할 수 있을 것이다. 더 나아가서 자작나무가 지닌 다양한 약재와 차음료 기능(혈행개선, 피부개선 등), 신화적 내용을 현대화하고 재가공하여 산림치유 프로그램으로 창작할 수 있을 것이다.

북구 어디쯤에서 시작하여 참으로 오랜 세월을 거쳐 자작나무는 빙하시대와 북구 유럽, 스칸디나비아, 우랄을 넘어 알타이, 천산을 지나 시베리아, 바이칼 호수, 몽고, 베링해를 지나 북미로 천이해 가기도 하고, 흥안령산맥을 내려와 백두산 신시에 머물다가 백두대간을 따라 남녘으로 내려오기도 하였다. 그 장구한 세월 동안 자작나무는 물질적으로 정신적으로 한민족과 동행하며 민족의 전통문화 코드가 되었다. 안타깝게도 그 문화적 자취는 많이 사라지고 있지만, 단군신화를 역사로 편입하는 움직임이 있고, 그 신수 자작나무가 여전히 전국적으로 시퍼렇게 살아 숨 쉬고 있다. 높고 깊은 산, 산정이나 능선, 골짜기뿐만 아니라, 마을과 도심에서도 찬란하고 밝은 광명의 빛으로 여기, 현재, 우리를 바라다보고 있다. 알타이 북방을 지나 백두를 내달려온 하얀빛으로 우리를 응시하고 있다. 태양빛의 후예인 자작나무, 그 자작나무의 후예인 한민족은 자작나무 문화 코드를 이어가야 할 책임이 있다고 무언의 시위를 하는 듯하다. 경주까지 내달려 와서 찬란하게 꽃을 피워준 자작나무 민족문화를 되새기지 못하고 묻어 둔다면 우리 겨레는 금빛문화를 소유한 한민족도, 순결과 순수, 정의와 정직, 청렴을 자랑하는 백의민족도 아니다. 지난 세기에 이룩한 눈부신 경제성장과 과학기술을 보라. 한민족은 저력이 있지 않은가? 아니, 한민족은 위대한 민족이라고 자부하고 있지 않은가? 경주의 찬란한 문화를 다시 이어 달려서 후세로 잇고 세계로 뻗어 우주를 향해 비상(飛上)해야 한다. 민족사적인 시각으로 자작나무 문화기획을 수립하여, 행사장의 영상에서나 가끔 등장하는, 역사 속에 존재하고 사라진 白衣와 白樺가 아니라, 현실에서 실제로 재현하고 부활하여 단절된 자작 문화 코드(code)를 잇고 한목소리로 자작 문화 코드(chord)로 화합하는 백의호상의 시대가 다시 찾아오기를 기대한다. 여기에 제안하는 내용이 그러한 시대를 다시 만드는 데에 일조할 수 있기를 간절히 희망한다. 북방의 자작나무로부터 DNA처럼 경주까지 전해진 민족의 백색 자작나무 수목신앙에 내재된 혼령을 타고 이제 바야흐로 세계로 우주로 비상할 때이다. 자작나무숲을 더 울창하게 가꾸고 동량재로 키워서 국가의 국부로 육성하는 일도 게을리하면 안된다.

(이 글은 2020년 (사)숲과문화연구회의 정례 학술토론회에서 발표한 것으로 『자작나무와 우리 겨레』에 수록된 것을 일부 수정 보완한 것임.)

제7부

숲과 국가: 국부 산림국가론

결론으로 국부 산림국가론을 제시한다. 고전적 이상 국가론과 국부론을 살펴서 위에서 설명한 숲이 올바른 정치지도자와 백성을 교화할 수 있고, 국부가 될 수 있으며, 숲의 후예인 대한민국이 산림이 국부인 국부 산림국가임을 천명한다. 아울러 산림꾼의 사명을 제시하고, 국토녹화에 성공한 울창한 산림을 지닌 자랑스러운 국가로서 이를 찬미하는 '산림 대교향곡'을 창작할 것을 제안한다.

제15장

숲과 국가

1. 국가론과 국부론

가. 이상적인 국가

지금까지 긴 14장에 걸쳐 대체로 '숲'에 초점을 맞춰 내용을 이끌어 왔다. 종장에서는 숲이 국가와 어떤 관계에 놓여있는 것인지에 초점을 맞춰 의미를 모색하고 아울러 숲이 국부(國富)로서 가치가 있는지 살펴서 결론을 맺는 데에 중요성을 부여하고자 한다. 이를 위해 국가가 무엇이고 국가를 부(富)로 이끄는 것은 무엇인지 살펴볼 필요가 있을 듯하다. 국가론과 국부론으로 구분하여 살펴보았다.

국가는 영토와 국민과 주권을 갖춰야 존재를 인정 받는다. 전 세계에 수많은 국가가 있지만 국가를 이루는 구성요소의 특성이 조금씩 다르다. 국경이 불명확하여 영토 분쟁을 하는 국가가 많고, 어떤 국가의 국민은 국가 권력으로부터 자유를 탄압받기도 하며, 주권이 주변국으로부터 완전 독립적이지 못한 국가도 있다. 통치자가 정의롭지 못하거나, 국민의 성향이 온건한 국가가 있는가 하면, 폭력적인 경우도 있다. 통치자와 국민의 성향이 국가에 따라 달리 나타난다.

이상적인 국가란 무엇인가?

이 책의 제목과 마지막 장을 '숲과 국가'라고 작명한 배경은 '국가'와 '숲'의 연관성을 찾고자 하는 의도가 있었기 때문이다. 물론 제2부에서 언급하였듯이 국가는 영토, 민족, 주권 등을 갖춰야 한다. 우리 한반도 영토와 한민족은 숲과 충분한 인연을 맺고 있다. 하지만 이런 물리적이고 형식적인 조건이 아니라, 국가가 갖춰야 할 보다 본질적이고 내용적인 조건이 숲과 연결고리를 잇게 하는 실마리가 있을 것이라는 기대가 있었기에 '숲과 국가'를 기획한 것이다. 이것은 결국 국가의 이상적인 형태에 숲이 영향을 미칠 수 있을 것인가에 대한 궁금증이자 미약하나마 그것에 대한 응답이다.

이런 배경에서 출발하여 이 문제를 해결해야 하는 과정에서 필연적으로 살펴봐야 하는 것은 바로 국가의 고전인 플라톤(BC 428~348)의 『국가(Politeia)』[1]이다. 플라톤이 아카데메이아(Akademeia)를 세운 시기가 42세이던 기원전 385년인데 『국가』는 이때부터 60세가 되던 367년에 이를 때까지 저술된 것이라 한다. 지금으로부터 거의 2400년 전 플라톤이 생각한 이상적인 국가에 관한 이야기이다. 그러나 그 내용은 2400여 년 전 '옛날이야기'가 아니라 '오늘날 이야기'나 다름없는 지극히 현실적이고 지향해야 할 '참 국가체제와 경영철학'에 관한 이야기이다. '국가'와 '숲'의 연관성을 찾고자 하는 시도는 플라톤의 '국가'뿐만 아니라 다른 측면의 '국가'도 살펴봄으로써 '연관성'의 외연을 확장해보고자 한다. 첫 시도로 플라톤의 '국가'를 정리해 본다.

이상국가(utopia)는 현실적으로 지상 '어디에도 있지 않은 곳'(ou+topos)의 합성어이다. 인간이 사는 어디에도 있을 수 없으므로 인간이 마음에 그려보

---

1) 여기서 '국가'로 번역한 서명 폴리테이아(Politeia)는 정체(政體)를 의미하고, 국가를 뜻하는 단어는 폴리스(Polis) 이다.

는 이상향이다. 이곳은 플라톤이 말하는 본(paradeigma)의 성격을 갖는 '아름다운 나라'(kallipolis)이다. 본(本)이란 본보기, 보기, 예 등을 말하는 것으로 플라톤에게는 예(例), 이데아, 형상으로서 '본'을 말하기도 한다. '아름다운 나라'의 본을 갖추려면 진정한 의미의 철인치자(哲人治者)에 의해서만 가능한데, 이것은 현실적인 정치권력(통치권)과 참된 지혜(철학)가 같은 사람에 의해서 통합되어 있을 때만 가능하다고 본다.[2] 플라톤의 철인치자 사상을 엿볼 수 있는 대목이다.

또한, 아름다운 나라는 '올바름'이 갖춰진 나라인데, '올바름'만이 아니라, 지혜와 용기, 절제도 찾아볼 수 있어야 한다. 다스릴 쪽과 다스림을 받을 쪽 사이에 '의견의 일치'를 보고 '한마음 한뜻'이 있어야 하며, 저마다 자신에게 맞는 자신의 일을 다 할 때 실현을 본다. 이것이 올바름에 대한 의미 규정이다.[3] 올바름은 '실제로 그러함'으로 인해 생기게 되는 좋은 것들도 주는 것으로, 그리고 참으로 '올바름'을 지닌 자들을 속이는 일도 없는 것이다. 올바른 사람은 생전에건 죽어서건 결국 좋은 일로 끝을 맺게 되는데 올바르게 되려고 노력하고 훌륭함(덕)을 수행하여 인간으로서 가능한 한 신을 닮으려 하는 사람이 적어도 신한테서 홀대받는 일은 결코 없을 것이기 때문이다.[4]

그런데 국가의 진정한 지도자는 어떤 인물이어야 하는가? 나라의 지도자는 법률과 관례를 수호할 수 있는 사람이면 이들을 수호자로 임명해야 할 것이다. 또한 그는 진실함(거짓 없음)을 필연적으로 갖춰야 하고, 거짓을 자신해서 받아들이는 일은 결코 없고 오히려 이를 증오하고, 진리를 좋아하는 사람이 나라의 지도자가 되어야 한다.[5] 나라가 철학(지혜에 대한 사랑, 애지학)을 제대로 대접하지 않고서는 훌륭하게 나라를 경영할 지도자를 가질

---

2) 박종현 역주, 1997, 플라톤의 국가(政體). 서울: 서광사. 365쪽.
3) 앞의 책. 254쪽.
4) 앞의 책. 648~649쪽.
5) 앞의 책. 358쪽, 387쪽.

수가 없는데 이는 제도적인 교육을 통해서 실현을 볼 수 있다. 교과과정과 함께 가장 중요한 배움으로서 '선 이데아', 즉 '좋음의 이데아'(모든 것의 근원·원리)를 제시한다. '좋음', '좋은 상태'는 적도(適度)와 균형(均衡)이며 곧 중용이다. '좋음의 이데아'(선 이데아)를 '가장 중요한 배움'이라고 주장하고, 자신과 국가를 지혜롭게 다스릴 사람이 배워야 할 것이라고 말하는 것은 그것이 자연이 따르고 기술과 인간이 따르지 않을 수 없는 원리이기 때문이다.[6] 철학을 아는 사람이란 철학자를 말하는 것은 아니고 '지혜를 사랑하는 사람'(철학자)일 것이므로 국민의 의견을 듣고 중지를 모아 백성과 국가를 통치하는 사람을 의미한다.

유교 국가는 백성을 도덕적으로 교화하는 것이 궁극적인 목적이며 국가의 존재 이유이다. 교화란 다름이 아니라 하늘이 모든 사람에게 내린 본연의 성품, 즉 인의예지(仁義禮智)를 닦는 것이다. 그러므로 국가는 사회도덕의 실천자이다.[7] 공자는 "법제와 금령으로 다스리고 형벌로 질서를 잡으면 백성들은 형벌을 면하기만 하고 부끄러움이 없으나, 덕(德)으로 다스리고 예(禮)로 질서를 잡으면 부끄러운 줄도 알고 또 바르게 된다."고 하여 덕치를 역설했다.[8] 맹자는 나라의 근본은 집(家)에 있고, 집의 근본은 몸에 있는 것이라 하였고, 이것이 『대학(大學)』에 수신, 제가, 치국, 평천하로 정립되어 있으며, 개인이 바로 가정과 국가의 근본이라 여겼다. 또한 공자의 인(仁) 사상을 계승 발전시켜 인과 정(政)을 하나로 삼아 정사(政事)의 원칙으로 삼았는데 인은 곧 군주의 도덕 행위와 국가 정치행위의 기본 준칙이었다.[9] 법가의 이상 국가상은 '상층계급과 하층계급이 서로 만족할 수 있는 국가, 공정한 법의 지배, 신상필벌로 권선징악을 기하는 응보적 정의의 국가' 등으로 요약

---

6) 앞의 책. 35쪽.

7) 최석만, 2000, 유교의 국가론 : 현대 국가론 및 동양적 전제국가론의 비교 고찰. 사회와 문화 11 : 1~22쪽.

8) 이상익, 2020, 法家의 이상국가론. 동양문화연구 33 : 83~119쪽.
　論語 爲政3 : 子曰道之以政齊之以刑民免而無恥道之以德齊之以禮有恥且格.

9) 정병석, 2010, 맹자의 국가론. 동양철학연구 63 : 268~295쪽.

할 수 있다.[10] 조선왕조 시대 정도전의 정치사상은 민본주의에 입각한 인정(仁政)을 베푸는 덕치주의를 지향하였다.

무엇보다 국가를 통치하는 것은 곧 백성을 통치하는 것이기에 백성의 마음을 선량하게 움직이는 것이 국가통치의 기본이고 국가 존재의 의미일 것이다. 결국 국가에 있어서 중요한 것은 지도자로서 통치자일 수도 있지만, 통치자가 천하를 얻으려면 백성을 얻어야 하므로 개개 백성의 마음이 무엇보다 중요하다고 판단된다.

나. 국부론

국부(國富)란 무엇인가?

이에 대한 해답을 얻기 위해 우선 살펴본 것이 '국가'에서와 마찬가지로 국부에 관한 고전이다. 애덤 스미스의 『국부론(國富論)』(An Inquiry into the Nature and Causes of the Wealth of Nations, 초판 1776년)을 말한다. 국내에서 상·하권으로 발간되었는데 경제 전문지식이 일천한 필자가 전부 이해하기란 쉬운 일도 아니라서 완독하지 못했지만 몇 가지 주요 내용을 발췌할 수 있었다. 250여 년 전의 고전이고 당시 상황이 오늘날과 같지 아니하므로 논리나 기술 내용이 현재 상황과 비교하여 상당히 다르다.

애덤 스미스가 주장하는 핵심 내용 중의 하나는 국가의 부는 금이나 은으로 구성된 것이 아니라 국민이 향유하는 연간 노동생산물로 구성되어 있다고 주장한다. 연간 노동생산물이 연간 소비를 공급하는데 공급이 잘 되고 있는지는 생산물과 소비자 수의 비율에 따라 결정된다. 그런데 이 비율은 두 가지에 의해 정해지는데 노동의 기교·숙련·판단과 유용 노동자의 비율이 그것이다. 노동의 기교·숙련·판단이란 오늘날 기술과 지혜와 다름없는 것이다고 볼 수 있다. 유용 노동자의 비율이란 유용 노동에 종사하는 자와

---

10) 이상익, 2020, 앞의 책.

유용 노동에 종사하지 않는 사람의 비율을 말한다. 일할 수 있는 능력을 지닌 자가 하는 것이 유용 노동이다. 선진국이든 후진국이든 많은 사람이 일하지 않으면서도 절대다수의 사람들보다 훨씬 많은 소비를 하더라도 유용 노동자들이 생산하는 총노동생산물이 워낙 많아서 연중 노동생산물을 풍부하게 공급받게 된다. 물론 유용 노동자가 절대적으로 많아야 가능한 일이다.

노동생산물은 노동 효율을 최대로 제고시키는 분업과 기교·숙련·판단 등으로 인하여 증가할 수 있다고 본다. 결국 유용 노동자들이 생산하는 생산량은 기교·숙련·판단 등으로 향상시킬 수 있다는 의미이다. 국부에 도움이 되는 것 중에는 토지지대도 포함한다. 토지지대란 곧 토지 세금을 말한다. 오늘날 의미로 부동산(보유세)세나 부동산 임대 수입과 관련되는 것으로 이해할 수 있겠다. 산림으로 말하면 산림소득세 등과 관련될 것이다. 조선왕조 시대에도 산림(山場)은 백성으로부터 거둬들이는 부(賦)의 대상이었으며 국가를 운영하는 중요한 부의 수단이었다.

한편, 사회의 진보가 세 가지 종류의 천연생산물의 진실가격에 영향을 미친다고 보았는데, 이들 세 가지는 다음과 같다. 첫째 종류는 인간의 노동으로서는 더 증가시킬 수 없는 것(야생동물), 둘째 종류는 인간 노동으로 수요에 비례하여 증가시킬 수 있는 것(가축류, 가금류), 셋째 종류는 인간 노동의 효과가 제한되어 있거나 불확실한 것(양모, 피혁)이다. 둘째·셋째 종류의 천연생산물은 예외로 하더라도 첫째 종류에 해당하는 야생동물(희귀조류, 물고기, 다양한 종류의 사냥감, 철새 등 야생조류)은 부(富)가 증가하는 사회 진보에 따라서 사치가 증가하면서 야생동물에 대한 수요가 증가할 터인데(예를 들면, 사냥), 인간 노동으로 공급을 증가시킬 수 없다고 본다.[11]

유용 노동자들이 생산하는 연간 생산물의 가격은 토지지대, 노동 임금, 자본 이윤으로 구성한다. 이것은 세 개의 계급을 말하는 것으로 지대를 받아

---

11) 김수행 역, 2003, 국부론(상). 서울: 비봉출판사. 1~3쪽, 7~25쪽, 34~76쪽, 251~275쪽.

사는 지주계급(제1계급), 임금을 받고 사는 노동자계급(제2계급), 이윤을 얻어 사는 고용주계급(제3계급)이 그것이다. 이들은 마치 생태계가 분해자, 생산자, 소비자 등 주요 3요소가 상호 공생관계를 맺으며 살아가듯이 국가의 부를 형성하는 핵심 요소로서 작용하고 있다. 그래도 노동자계급이 중추적인 역할을 하는 것으로 보인다. 노동자계급은 국부인 노동생산물을 직접 만드는 인적자원으로 노동생산물의 '존재'를 가능하게 하는 계층이다. 연간 소비자가 향유하기에 질이 좋은 상품은 노동자가 만들기에 노동에서 힘든 정도가 고려되어야 하고, 숙련과 창의력도 고려되어야 한다고 주장한다.[12] 이 말은 앞에서 노동생산물은 분업과 기교·숙련·판단 등으로 인하여 증가할 수 있다고 하였는데, 생산물을 증가시키려면 숙련과 창의력을 고려해야 한다는 말과 맥락이 서로 닿아있다. 이런 내용이 애덤 스미스가 주장하는 국부론의 주요 내용 중의 한 부분이다.

여기서 필자가 다른 내용과 구별되게 주목하는 점은 국가의 부가 되는 노동생산물은 기교·숙련·판단 등으로 인하여 증가할 수 있다라는 사실이다. 평범한 내용이고 당연한 내용이다. 바꿔쓰면, 노동자의 기교·숙련·판단·창의력 등이 생산물의 증산에 영향을 준다는 의미이다. 이것은 250년 전 이야기이지만, 오늘날도 마찬가지이다. 기교·숙련·판단이란 결국 인적자원이 발휘할 수 있는 기술(technology)이다.

1972년 로마클럽이 『성장의 한계』라는 보고서를 발간하였을 때, 인류가 지금까지의 삶의 방식을 그대로 유지한다면 천연자원의 고갈로 인류 문명의 성장이 한계에 도달할 것이라는 위험성을 경고하였다. 그러나 그것을 극복하게 한 것은 인류가 탄생한 이후 끊임없이 발전을 거듭해온 과학기술 덕분이다. 애덤 스미스가 말한 것처럼, 금과 은이 국부 그 자체는 아닐지라도 (천연)자원은, 브라질의 아마존 열대림처럼, 연간 노동생산물을 저렴하게 많이 생산할 수 있는 국부로서 작용한다. 그러나 어떤 의미에서는 그것보다 더

---

12) 앞의 책. 55쪽.

중요하게 기술(기교·숙련·판단·창의력)이 국부의 역할을 대체하기도 한다. 기술이 곧 국부가 되었다. 세계적인 기술을 지닌 국가가 선진국이다. 코로나-19 예방 백신 개발 기술만 가지고 보더라도 맞는 이야기이다.

기술이란 기술자원이기도 하고 기술자본이기도 하다. 기술, 더 구체적으로 과학기술은 현대에서 국가 경제성장에 매우 중요한 역할을 한다. 그런데, 과학기술은 인적 자본이 이끌어간다. 그래서 애덤 스미스 시대(국부론)로 돌아가서 표현하면, 연간 노동생산물의 증산은 고도의 기교·숙련·판단·창의력을 지닌 인적 자본의 과학기술에 의해 영향을 받는다고 말할 수 있다.

국내 국책연구기관인 과학기술정책연구원은 이미 선진국 도약을 위해 과학기술 분야의 전반에서 요구되는 핵심요소인 창의, 융합, 녹색 자본에 대한 개념을 명확히 밝히고 이를 '미래자본'으로 발전시키기 위한 전략과제를 분석한 바 있다.[13] 국가의 미래성장을 이끌 미래자본의 유형을 아래와 같이 세 가지 유형으로 제시하였다;

- 기술자본주의(techno-capitalism)적 관점에서 볼 때, 미래자본은 지식경제에서 중요시되는 무형자산을 생산하는 중요 요소인 창의, 혁신, 융합 등
- 생태자본론적(eco-capitalism) 관점에서 볼 때, 미래자본은 자연자본(natural capital)과 녹색자본 등
- 사회자본론적(social capitalism) 관점에서 볼 때, 미래자본은 인적 자본의 숨겨진 가능성과 가치창조 능력을 발현시키고 사회 전체의 경제적 거래와 활동을 촉진시키는 통합, 신뢰, 네트워크 등

이상의 내용에서 국가의 미래를 선도할 세 가지 미래자본의 유형에서 생태자본(자연자본과 녹색자본)을 제외한 두 가지 유형의 미래자본은 결국 인적 자본의 중요성을 강조하는 내용이다. 최고의 미래자본이자 국가의 부를 책임질 자본은 결국은 인적 자본이라고 결론지을 수 있을 것이다. 이것은

---

13) 송종국 외 9인, 2009, 과학기술기반의 국가발전 미래연구. 과학기술정책연구원. 306쪽.

표현이나 시각이 다소 다를 뿐이지 애덤 스미스 시절이나 현재나 국부로서 인적 자본은 크게 달라지지 않은 것으로 보인다.

그런데, 인류가 미래를 선도할 인적 자본에서 기대하는 것은 다름 아닌 과학기술이다. 그래서 평화와 번영을 위한 국부의 조건으로 기술적 역량을 강조하는 것이다.[14] 그런데, 이 과학기술은 인간의 뇌력(腦力)이 지닌 기교·숙련·판단·창의력에 따라서 영향을 받을 수 있다. 인간의 기교·숙련·판단·창의력 등은 어떻게 달라질 수 있을 것인가? 숲으로 항진(亢進)시킬 수 있을 것인가?

플라톤이 말하는 이상 국가로서 아름다운 나라는 '올바름'이 갖춰진 나라이고, '올바름'만이 아니라, 지혜와 용기, 절제를 찾아볼 수 있어야 하고, 국가 지도자는 법률과 관례를 수호할 수 있는 사람이어야 한다. 유교의 이상 국가 백성이 하늘로부터 받은 본연의 성품인 인의예지(仁義禮智)를 닦으며, 수신·제가·치국·평천하할 수 있는 사람으로 성장할 수 있을 것인가? 국가는 사회 도덕의 실천자이고 통치자는 덕(德)으로 다스리고 예(禮)로써 질서를 잡을 수 있으며, 이런 통치를 받는 백성은 부끄러운 줄도 알아 바르게 성장할 수 있을 것인가? 숲으로 백성과 통치자의 마음을 선량하게 항진시킬 수 있을 것인가?

국가론이나 국부론이나 핵심은 인간이고 인적 자본이며 결론적으로 인간의 문제로 귀결된다. 숲이 백성의 인성과 인적 자본의 뇌력을 향상하는 문제에 양(良)의 영향을 줄 수 있을 것인가?

가능하다.

---

14) 김태유·장문석, 2012, 국부의 조건. 서울: 서울대학교출판문화원. 380쪽. 저자는 평화와 번영을 위한 국부의 조건을 농업사회(고대·중세), 상업사회(근대), 산업사회(현대)로 구분하여 정치적 요인, 사회적 요인, 문화적 요인으로 고찰하였다. 현대 산업사회에서는 지식이 경제성장과 민주주의를 이끌고 있으며, 특히 기술적 역량과 경제적 역량이 산업사회의 오랜 염원인 영원한 평화와 번영을 가능하게 하는 토대일 수 있다고 주장하고 있다.

2. 국부 산림국가론

가. 역사적 인식에 나타난 국부 산림

산림이 국가의 부라는 것을 여섯 가지 관점에서 조명하고자 한다.

조선왕조 시대에 산림이 국부로서 역할을 한 세 가지 사례를 아래에 제시한다.

건국에 앞장서고 건국이념의 토대를 마련한 정도전은 정치, 경제, 군사의 헌법적 이론서인 『조선경국전』(1394년)에서 산장(山場, 산림)은 부(賦)가 나오는 곳이라고 하였다. 부란 백성으로부터 받아들이는 것으로서 농상(農桑)은 부의 근본이고 산장은 부의 보조로 보았다.[15] 산림에서 나오는 공물과 세금으로 나라를 운영한다는 의미이다.

영조 7년 10월 10일(1731년) 호조 판서 김동필(金東弼)이 임금께 아뢴다; "지부(地部, 호조를 말함)의 은화(銀貨)가 바닥이 났으니, 저축할 방도라고는 다만 산림천택(山林川澤)의 이익에 있습니다. 그런데 우리나라는 재화가 있지만, 사용할 줄을 알지 못해서 도리어 재화가 없는 나라가 되었습니다." 국고가 비어서 산림으로 이익을 창출하여야 하는데 사용하는 방법을 몰라서 걱정하고 있는 모습을 본다.

정약용은 강진 유배시절(1801~1818년)에 저술한 『목민심서(牧民心書)』 「공전육조(工典六條)」 제1조 '산림'에서 '山林者 邦賦之所出 山林之政 聖王重焉'라 하였다. 산림은 나라의 공부(貢賦 : 나라에 바치는 공물과 세금)가 나오는 곳이므로 훌륭한 임금은 산림정책을 중요하게 여긴다.[16]란 의미이다. 정도전과 호조 판서 김동필처럼 산림을 나라의 곳간으로 인식한 또 다른 대표적인 사례의 하나이다.

정도전과 정약용 두 책사는 조선 시대 초기와 말기에 산림을 국가재정을

---

15) 한영우 역, 2014, 조선경국전. 정도전 원저 〈朝鮮經國典〉. 서울: 올재. 65쪽, 81쪽.
16) 박일봉 역저, 1988, 목민심서. 서울: 육문사. 453~454쪽.

운용하는 데에 중심역할을 하는 자산이라는 공통적인 인식을 지니고 있었다. 국가적 산림정책은 없고 근시안적으로 오로지 송정(松政)에만 매달렸던 조선은 백성의 산림살이를 핍박하여(제6장 참조), 조선왕조의 말기에 나라 곳간을 비운 전정(田政), 군정(軍政), 환정(還政) 등 3정에 이어 송정(松政)으로 사정문란(四政紊亂)을 일으키게 하였다. 정도전의 산림에 대한 이념은 끊기고, 정약용의 이념을 실천하기에는 시기적으로 너무 늦었다. 플라톤이 이상국가의 지도자로서 소망했던 인물에 근접하는 철인(哲人, 지혜자)이 나타났어도 이를 실행하기에 너무 늦었고 세상이 알아주지 못했다. 민족사적으로 불행한 일이었다.

영국은 작은 섬나라이지만 옛날이나 지금이나 세계 최강국의 한 나라이다. 최강국이 된 요인은 무엇일까? 산업과 항해술이 뒷받침된 강력한 해군력과 무역력 덕분이다. 그 힘으로 북아메리카와 호주, 인도, 홍콩 등을 식민지로 삼아 국가를 경영하고 세계를 호령하였다. 세계 최강국인 영국을 표현하는 그림에 '영국의 영광과 수호자'(Britanniae decus et tutamen)라는 리본과 함께 바다에 상선과 군함이 떠있고, 육지에 거대한 나무 한 그루가 서 있으며, 그 옆 의자에 대영제국의 상징인 브리타니아 여신이 오른손에 영국의 미래를 상징하는 묘목 한 그루를 손에 들고 앉아있는 모습이 그려져 있다.[17] 영국을 지탱한 힘이 바로 나무라는 점을 강조하고 있다. 훌륭한 항해술과 강력한 해군력을 뒷받침하려면 든든한 선박을 건조할 수 있는 목재가 필요하고, 산업혁명 시기에 필요한 목재를 국내외로부터 공급할 수 있었기에 강국으로서 성장이 가능한 것이었다. 그림으로 숲이 영국의 국부임을 상징적으로 보여준다.

이처럼 산림은 예로부터 국가를 경영하는 데에 긴요한 부와 자원을 공급하여 국가를 건립하고 경영하는 데 있어서 중요한 재정 운용의 자본이었다.

---

17) Perlin, J., 1989, A Forest Journey. A Role of Wood in the Development of Civilization. Cambridge & London : Harvard Univ. Press. p.30.

그뿐만 아니라, 궁궐재, 백성의 주거와 취사와 난방을 위한 땔감, 사냥, 경작지 개간, 군사 목적 등 국용, 민용, 군용 등 국가 전반에 긴요한 용도로 쓰였다. 그래서 국가를 일으키는 것을 국가를 '수립(樹立)'한다고 하지 않는가? 일개 회사를 일으키는 것을 회사를 수립한다고 표현하지 않는다. 국가를 건립하고 백성의 삶을 이끄는데 나무만큼 산림만큼 중요한 재원이 없다는 뜻이다. 나무와 숲이 국가에 특별한 상징성을 지녔을 경우 국기(國旗)와 국장(國章)에 표현하기도 한다. 국부로서 산림의 힘이다.

나. 국제 문제 해결책으로서 국부 산림

오늘날은 어떠한가? 인류가 당면한 가장 큰 국제 이슈 하나를 꼽으라면 기후변화와 사막화 문제일 것이다. 이에 대한 가장 강력하고 근본적인 대책은 아닐지라도 '산림'으로 이 거대한 이슈에 대응하고 있음을 부인할 수 없다. 우리 정부와 민간단체가 몽고와 중국 내몽고에 가서 대규모로 녹화사업을 하는 것이나 4500만 그루 이상의 나무를 심은 왕가리 마타이 여사의 노력은 거대 이슈에 대응하는 조처의 하나이다. 그렇게 녹화된 산림은 인류를 살리고 국가를 살리는 중요 자원으로서 역할을 해낼 것으로 믿는다.

기후변화와 사막화 문제뿐만이 아니다. 무엇보다도 지금 당장 인류가 직면하고 있는 코로나-19 팬데믹이 현실적으로 가장 큰 문제이다. 감염병 전문가는 이 문제에 대한 근본적인 대책이야말로 사라진 숲을 복구하는 것이라고 힘주어 말한다. UC 데이비스 대학의 조나 마제트(Jonna Mazet) 교수는 감염병학과 글로벌 환경보건 연구의 최고 권위자의 한 사람이며 '바이러스 사냥꾼'으로 불린다. 2009년부터 미국 정부로부터 2억 달러의 연구지원으로 세계 35개국 6000여 명의 전문가와 공동으로 인수(人獸, 사람과 동물) 공통 감염병을 예측하는 프로젝트를 책임지고 있다. 그녀는 2021년 초봄 국내 언론과 코로나 사태와 관련하여 인터뷰하였다.[18] 마제트 교수의 주장은 바이러스가 수천~수만 년간 야생에 존재하던 시절엔 인간에 큰 영향을 끼치지 않았는데 도시화, 기후변화 등으로 야생에 갇혀있던 바이러스가 환경변화에 적응하기 위해 새로운 숙주인 인간으로 옮겨타서 감염병을 일으키는 것이라 한다. 따라서, "바이러스 연구의 최종 목표는 인간과 바이러스가 각자 공존할 수 있도록 인간 행동의 교정을 촉구하는 데에 있다. 이를테면 1년간 코로나 팬데믹으로 각국이 치른 비용의 단 2%만 투자하면, 전 세계 숲 황폐화 방지사업을 10년간 벌일 수 있으며 이는 '감염병X' 발발을 40%까지 낮출 수 있다." 고 주장한다.

결국 사라져간 숲을 복구하여 인간 세상으로 나온 바이러스가 숲으로 다시 돌아가도록 해야 한다는 주장이다. 그렇게 함으로써 숲이 바이러스가 인간에게 접근하는 것을 막아 전염병을 퇴치할 수 있게 하며 코로나 사태와 같은 감염병을 해결하고 예방할 수 있다는 주장이다. 숲의 역할이 중차대하다. 인간 이동의 자유를 앗아가는 감염병 팬데믹을 숲이 퇴치할 수 있다면, 숲이 인간의 행동을 자유롭게 한다. 숲이 인간에게 평화와 자유를 선사한다.

코로나 사태를 겪으면서 두 가지를 깨닫게 한다. 첫째는 강대국의 국부가 무엇인가 그 잠재력을 확인하고 강대국의 진정한 가치와 의미가 무엇인지 인식하게 되었다. 바로 과학기술이다. 둘째, 감염병 팬데믹은 결국 인류가 자초한 것이며, 그것으로부터 해방은 장기적으로 자연과 산림을 복구하는 것이다. 과학기술은 결국 인적자본에 관한 것이며 산림은 자연자본, 녹색자본이다. 인적자본이 발휘해야 할 창의력은 숲치유와 숲활동으로 향상시킬 수 있는 것으로 보고되고 있다.

---

18) 조선일보 2021년 3월 6일자. 1면과 8면. "백신은 상처에 밴드일 뿐… 숲 보존해야 팬데믹 예방"제하의 기사.

다. 국가재정 절약의 방편으로 국부 산림

연간 필요한 총목재 수요량 중에서 국내 산림에서 생산한 목재로 공급할 수 있는 비율을 목재 자급률이라고 한다. 2019년 기준으로 목재 자급률은 19%로 매년 1% 안팎으로 증가하는 추세이다. 2019년을 기준으로 총목재 수요량의 81%는 외국에서 수입하여 공급하고 있는 실정이다. 목재 수입에 소비하는 외화(수입액)와 목재 자급률을 〈표 15-1〉에서 확인할 수 있다.

2019년 기준 목재 수입액을 당시 환율(2019년 7월 1일 기준 환율 1,163원)을 적용하여 계산하면 약 7조 5천7백30억 원이다. 이에 비해 임산물 수출액은 4억 7천3백46만 원이다. 수출액 대비 수입액은 1,599%에 달한다. 목재 수입금으로 10억 원짜리 아파트 7천5백72 채를 살 수 있는 가격이며, 2019년 임업총생산액(2조 4천억 원)의 3배가 넘는 금액이다. 부족한 목재를 수입하기 위해 엄청난 외화를 지출하고 있음을 알 수 있다. 제6차 산림기본계획의 목표연도인 2037년에도 목재 자급률은 18~19% 선에서 유지될 것으로 전망하고 있다. 부족한 목재를 충당하기 위해 외화 소비는 어쩔 수 없는 현실이다. 자급률을 향상시킬 수 있는 방법을 강구하여 외화 소비를 줄일 수 있도록 해야 한다. 우선적으로 숲을 더 울창하게 가꾸는 정책에 힘써야 한다. 산림은 외화를 절약하여 국부를 축적할 수 있는 크나큰 잠재력을 지닌 자원이 아닐 수 없다.

라. 삶의 유지자원으로 국부 산림 : 문화예술 진작

산림은 자연 자원으로서 자연자본이자 녹색자본으로 국가의 미래성장을 이끌 미래자본 유형의 하나이다.[19] 국책 연구기관의 이 선언으로서도 산림은 국부이다. 인류가 이성을 제어한다는 것을 전제로 자연이나 산림만큼 인류의

---

19) 송종국 외 9인, 앞의 책.

표 15-1. 임산물 수입액, 수출액, 원목자급률, 목재자급률

연도	임산물 수입액						임산물 수출액	원목 자급률	목재 자급률	수출액대비 수입액
	합계 (1천$)	목재류 (1천$)	목재 (1천$)	생송진·묘지 (1천$)	석재 (1천$)	기타 임산물 (1천$)	(1천$)	%	%	%
2000	1,744,144	1,568,296	235	14,196	77,174	84,243	281,628	19.1	—	619.3
2001	1,799,232	1,570,811	131	14,290	128,276	85,724	230,612	17.3	—	780.2
2002	2,157,301	1,826,396	180	16,545	222,967	91,213	180,017	17.2	—	1,198.4
2003	2,173,080	1,769,728	326	17,030	280,220	105,776	187,578	19.9	—	1,158.5
2004	2,326,752	1,867,156	219	16,521	321,851	121,005	175,717	23.6	—	1,324.1
2005	2,462,980	1,949,447	169	20,196	332,296	160,872	161,968	28.1	8.8	1,520.7
2006	2,881,695	2,221,322	419	31,505	420,083	208,366	135,450	27.7	9.2	2,127.5
2007	3,405,138	2,583,455	691	25,071	563,003	232,918	140,577	29.7	9.8	2,422.3
2008	3,487,930	2,572,649	644	27,960	639,502	247,175	137,927	33.9	10.1	2,528.8
2009	2,864,876	1,992,669	361	30,331	600,194	241,321	123,525	38.8	11.9	2,319.3
2010	3,362,706	2,307,382	526	54,068	639,095	361,635	155,122	46.8	13.5	2,167.8
2011	3,772,443	2,574,265	655	76,263	635,238	486,022	245,469	51.1	15.2	1,536.8
2012	3,846,773	2,551,577	663	48,957	625,566	620,010	309,759	54.8	16.0	1,241.9
2013	4,316,933	2,869,776	1,094	60,549	617,794	767,720	410,101	56.6	17.4	1,052.7
2014	4,945,349	3,365,180	1,507	63,894	670,248	844,520	366,810	58.5	16.7	1,348.2
2015	4,619,727	3,111,956	2,114	47,722	703,574	754,361	271,952	56.5	17.1	1,698.7
2016	6,403,782	4,640,485	2,716	39,452	998,945	722,184	419,600	57.2	16.2	1,526.2
2017	7,009,892	5,165,348	3,845	38,029	1,086,262	716,408	433,906	57.4	17.5	1,615.5
2018	7,821,868	5,873,107	3,213	32,965	1,116,538	796,045	520,915	60.2	18.2	1,501.6
2019	6,511,578	4,793,059	2,778	22,161	935,148	758,432	407,104	62.0	19.0	1,599.5

자료: 산림청, 2020, 임업통계연보 2020. 목재자급률은 산림청홈피: 산림정책>산림자원>목재수급계획 간연도를 참조함.

지속가능성을 확실하게 보장하는 자원은 없을 것이다. 앞의 여러 장절에서 피력하였듯이 산림이 지속가능해야 인류의 삶도 지속가능해진다. 진화론적으로도, 역사적으로도, 문화사적으로도 그래 왔다. 산림을 지속가능하게 가꾸는 것은 사람과 문화를 지속가능하게 하는 것이며 인간의 존재를 지키는 것이고, 미래를 지키는 것이며, 결국은 인간의 정신, 곧 민족의 정신과 영혼을 지키는 것이다.(13장)

산림이 지닌 3원 기능, 다원 기능은 인류의 물질적인 삶을 유지할 수 있게 할 뿐만 아니라, 문화예술 활동을 진작하여 정신적인 삶을 풍요롭고 윤택하게 하여 삶의 질을 향상시킨다.(제10장 참조) 그 결과 기본적인 일상의 생활을 보장해주어 왔고, 문화예술 활동을 자극함으로써 유무형의 민족문화를 계승할 수 있도록 하였다. 문화는 자연에서 온다는 말처럼 숲은 인간의 삶, 곧 문화를 창조하고, 보존하며, 계승하게 하는 국부자원이다. 숲은 생물과 무생물로 이뤄진 생명의 공간으로서 인간의 지혜가 명민하게 가동(稼動)하여 민족문화를 창조할 수 있게 하는 원천이다. 대한민국의 산림은 특히 온 백성이 일치단결하여 한마음으로 이룩한 숲으로서 민족의 정신과 영혼이 그 안에 깃들어 있다. 함부로 다룰 수 없는 민족문화의 원천이자 국부이다.

마. 국토보안 자원으로서 국부 산림

국토 지형은 인체에 비유하면 체격이고 국토 지형에 있는 산림은 옷이고 복장이다. 그런데 우리 숲은 능선마다 골짜기마다 민족 정신과 영혼이 깃들어 있는 숲이다. 그러한 이유로 우리 국토 지형을 꾸미고 있는 산림은 단순히 옷을 입혀 놓은 복장이 아니다. 이 산림은 품위가 있는 옷이고 품격이 있는 옷이다. 따라서 대한민국 국토 지형을 모자이크처럼 사계절 아름답게 장식하고 있는 숲은 대한민국 국격을 나타내는 상징이다.

국토 지형이 헐벗은 곳은 황폐한 땅이다. 우리나라가 한국전쟁이 끝나던

1953년의 산림 상태는 단위면적 당 임목축적이 불과 5.7m³/ha로 매우 빈약하고 헐벗은 국토였다.(제4장) 그 이후 녹화에 성공하기 이전까지 장마철만 되면 헐벗은 산으로부터 다량의 토사가 흘러나와 계곡과 강바닥을 훼손하였으며, 산사태가 자주 일어나는 등 재해발생이 빈번하였다. 산림이 빈약하였기에 국토가 한 나라의 품격을 보여주기는커녕 가난한 나라로서 국토까지 헐벗은 모습을 그대로 연출한 것이다. 인명 피해는 물론 산사태가 일어나는 산지 주변의 경작지가 매몰되는 등 재산의 피해가 속출하였다. 그러나 이제 울창한 숲 덕분에 과거에 빈번하던 산사태나 토사유출은 거의 사라졌다. 〈표 10-9〉에서 확인한 바와 같이 2018년 우리나라 산림의 공익기능 중 토사유출 방지기능은 23조 5천3백50억 원, 토사붕괴 방지기능은 8조 1천1백10억 원으로 14.3%의 높은 국토보안기능을 담당하고 있다.

산림이 국토 지형을 피복하여 붕괴와 토사유출을 방지하여 국토를 보호하는 기능을 국토보안(保安) 기능 또는 국토양호(養護) 기능이라고 한다. 숲은 이처럼 국토 지형을 보호하고 국토 경관을 창출하여 국토를 품격있게 장식함으로써 국격을 보여준다. 숲은 국토를 보안하고 양호함으로써 한 나라의 국격을 향상하는 매우 긴요한 국부이다.

바. 국민보안(국민녹화) 자원으로서 국부 산림

앞 절에서 과학기술과 인적자본이 국부를 일으키는 자본이라고 정리하였다. 인적자본은 물론 과학기술도 인간이 이끈다. 건강한 육체와 건전한 정신으로부터 지혜와 창의력이 나온다. 인간의 육체적 정신적 건강 상태의 중요성을 의미한다. 그런데 인간의 행동은 처한 환경에 영향을 많이 받는다. 맹모삼천이 이를 뒷받침하는 말이기도 하다.

폴란드 태생의 유대계이자 독일계 미국인 쿠르트 레빈(Kurt Lewin, 1890~1947)은 사회 심리학자로서 현대 심리학 분야의 선구자로 평가받는다. 특히 레빈은 인간의 행동(behavior)을 과학적으로 설명하는 논리체계를 정립하여 심리학을 독립된 학문으로서 정립하고자 노력하였다. 이를 위해 개발한 것이 장이론(field theory)이다. 장이론(場理論)을 설명하는 '레빈의 심리방정식'은 B = f(P,E)로 표시하는데 B는 행동(Behavior), E는 환경(Environment), P는 인간(Person)을 의미한다. E는 단순한 환경이라기보다 '심리적으로 영향을 주고 받는 공간'으로서 인간의 상호작용이 일어나는 생활공간(life space)을 말한다. 그리고 이 장은 한 사람의 주변에 놓여있는 물리적 환경과 심리적 환경이 그의 의식 속에서 상호의존적으로 결합된 곳이다.

심리방정식에 따르면 인간의 행동은 그가 놓여있는 생활공간, 즉, 장(field) 에 따라서 결정된다. 한 개인이 어떤 장에 놓여있는가에 따라서 그가 나타내 는 행동이 영향을 받는 것이다. 그 행동은 과거나 모든 미래에 의존하는 것이 아니라 '현재의 장'에 달려있다고 본다. 이렇게 인간의 행동은 한 개인의 성격과 환경 간의 상호작용으로 일어나기에 레빈은 "인간의 행동을 이해하 거나 예측하기 위해서는 개인과 환경의 상호의존적인 요인들을 총체적으로 고려해야 한다."고 강조하였다. 그는 실험에서 각 개인은 집단의 영향을 받을 수 있고, 집단은 심리적 환경에 영향을 받아 공통적인 경향을 보인다 사실을 입증하였다.[20]

이처럼 사람(집단)의 행동은 그 사람이 처한 (심리적 장이 형성된) 환경에 의해 크게 영향을 받는다. 이를 달리 설명하면, 심리적으로 영향을 주고받는 환경에 따라 사람의 행동이 달라질 수 있다는 것이다. 여기서, 사람이 처한 환경이 숲이라면, 사람이 보이는 행동은 어떻게 될까? 레빈의 심리방정식을 적용하려면, 숲은 심리적 장이 형성된 곳이어야 하며 숲에 있는 사람은 그 숲의 영향을 받을 수 있어야 한다. 숲은 그저 숲이지만 산림교육전문가나

---

20) 서근원, 2020, 실행연구(Action Research)의 새로운 과거 : 쿠르트 레빈의 'action-research'를 중심으로. 교육인류학연구 23(3) : 1~46쪽.에서 재인용. 그 외 아래 논문을 참고함.
　　김진만, 2017, 레빈(Kurt Lewin)의 장이론으로 조명한 정신전력의 구조화 모형. 정신전력연구 49 : 1~63쪽.
　　박재호, 1987, 장이론과 Kurt Lewin 에 대한 소고. 인문연구 8(2) : 335~349쪽.

산림치유지도사가 참가자(국민)를 데리고 숲에서 어떤 행동을 하게 되면 그 숲은 그들 간에 상호 심리적인 장이 형성된다고 볼 수 있다. 따라서 산림교육전문가나 산림치유지도사가 어떤 행동으로 장으로서의 숲을 어떤 심리적 상호작용이 일어나는 장으로 유도하느냐에 따라 참가자(국민)의 행동에 영향을 줄 수 있다고 볼 수 있다.

앞장 제14장에서 선조가 국토녹화에 성공한 것에 대한 보답으로 후손은 선조가 가꾼 울창한 숲으로 정신적으로 헐벗은 국민의 심신을 녹화해야 한다고 피력하였다. 숲이라는 환경이 스트레스로 얽혀있는 국민의 정신을 정화할 수 있을 것인가? 제12장과 제13장에 여러 연구 결과를 제시하며 숲은 산림교육과 산림치유를 통해서 인간의 마음을 정화할 수 있다는 가능성을 언급하였다. 우리 숲은 울창하고 아름답다. 이 훌륭한 숲을 산림교육이나 산림치유 전문가들이 국민의 마음을 정화할 수 있는 심리적 환경의 장으로 이용할 수 있다. 그들은 숲을 심리적 장으로 형성할 수 있는 훈련을 받았으며 충분한 전문지식과 능력을 지니고 있다. 무엇보다 우리 숲이 그렇게 될 수 있는 잠재력이 충분하다는 점도 제시하였다. 우리 숲으로 우리 국민의 심신에 영향을 주어 미래자본인 인적자본을 건전하게 양성하여 숲에서 얻은 창의력으로 과학기술을 진작시킬 수 있을 것이다. 숲이라는 장으로부터 영향받아 스트레스로 피폐한 심신을 다시 건전하게 회복시킬 수 있을 것이다. 60% 가까이 울분을 지닌 국민의 마음을 치유할 수 있을 것이다. 청소년의 사회성과 도덕성이 향상되고, 자아존중감이 증진되며, 인성이 개선되고, 자신감으로 충만하여 창의력이 왕성해져 과학기술을 발전시키며 나라의 미래를 짊어질 수 있는 지도자로 성장하기를 기대할 수 있다. 숲이 국민 녹화를 통해 국가사회를 건전하게 발전시키고 주권을 바르게 행사하게 할 것이다.

사람이 나무를 심어 숲을 일구지만, 그 숲이 사람의 심성을 보듬고 양성하여 국가 미래를 책임질 훌륭한 인적자본으로 재창조한다. 숲은 국민녹화와 인적자본 양성에 없어서 아니될 국부이다.

이상에서 숲은 국부로서 최종적으로 지속가능성을 보장하는 역할을 한다는 사실을 확인하였다. 숲의 존재는 인류의 생존 키워드인 지속가능성을 확실하게 보장한다. 숲이 지속가능해야 인류의 생명과 삶이 유지될 수 있다. 인류의 미래를 보장한다. 그래서 숲이 인류의 희망이다. 숲보다 확실한 국부가 어디에 있는가? 『나무를 심은 사람』이나 『아낌없이 주는 나무』가 교훈으로 보여주지 않은가?

너무 흔하면 그 가치와 중요성을 잊고 산다. 물이 그렇고 공기가 그렇다. 숲도 마찬가지이다. 그러나 이런 것들은 인류의 생존과 직결되는 것이기 때문에 너무 흔하다고 가치와 중요성을 잊고 산다면 모든 것을 잃게 될 것이다.

대한민국은 선조로부터 물려받은 산림을 보유한 나라로서 국부 산림국가이다. 정신적으로 문화적으로 한민족은 숲을 사랑한 민족이다. 한민족의 정신은 자작나무로부터 배양되기 시작하였으며, 민족정신으로서 백의민족이라는 백의호상이 자작나무에서 발원하였으며, 자작나무로부터 한민족의 시원문화코드가 형성되었다. 이러한 의미에서 한민족은 숲의 후예이다. 그 정신으로 헐벗은 국토를 녹화하고 성공한 것이다. 그 결과 이제 국토면적의 60% 이상을 산림으로 보존하고, 울창한 임목축적으로 가꿔서 양과 질적인 면에서 우리 산림은 대한민국의 국부로서 자리잡았다. 우리 숲은 스트레스로 육체적으로 정신적으로 피곤하고 울분에 찬 국민을 건전한 심신을 지니도록 치유할 수 있는 잠재력이 충분하다. 우리 숲은 우리 국민을 치유할 수 있는 거대한 녹색자본이다. 우리 숲이 자랑스럽다. 이만하면 대한민국은 국부 산림국가이다.

3. 산림꾼의 사명

쉴러(Friedrich von Schiller, 1759~1805)는 괴테 다음으로 가장 중요한 독일 시인으로 평가받는다. 괴테보다 10년 늦게 탄생했지만 괴테의 진정한 친구 중의 한 사람이었다. 괴테와 함께 계몽주의에 대한 반발로 일어난 독일적 생명과 개성을 해방하려는 문학적 예술운동인 질풍노도(疾風怒濤, Sturm und Drang)와 독일 고전주의를 이끌었던 핵심인물이다. 쉴러를 굳이 이 글에 끌어들이는 이유는 그가 독일 산림공무원에게 남긴 말이 감동적이고 고무적이기 때문이다.

독일에서 1800년을 전후한 시기는 고전주의가 완성되고 낭만주의가 대두한 때이고 저마다 입신양명을 꿈꾸던 시대였다. 당시 임업 분야에서는 국민에게 목재를 꾸준하고 균등하게 공급할 수 있는 최초의 대형 산림계획들이 수립되고 있던 시기였다. 1800년 경 어느 날, 쉴러가 튀링거 숲에서 산책하고 있을 때였다. 숲 안쪽에서 일단의 사람들이 모여 앉아 무엇인가 논의하는 모습을 보게 된다. 가까이 다가가 보니, 당시 숲의 현황을 알 수 있게 그린 임상도, 벌채 구역을 표시해 놓은 영림계획도, 그리고 2050년까지의 계획안을 펼쳐놓고 숙의하고 있는 것이 아닌가! 이 모습을 목격하게 된 쉴러는 깊은 생각에 잠겨서는 이윽고 다음과 같이 입을 열었다;

> 그대들은 참 대단하구려!
> 밖으로 알려지지 않고
> 대우도 제대로 못 받으면서
> 이기주의 정치로부터 초월해 있고,
> 또 근면하게 일하는구려.
> 그런 열매는 사후세계에서 결실을 볼 것이외다!
> 영웅호걸과 시인은 허황한 명성이나 얻으니 ……
> 정말로,
> 나는, 산림꾼이 되고 싶소!

당대의 정치인이나 작가, 사상가, 예술인 등 영웅호걸과 시인들은 눈앞의 입신출세와 명예에나 관심을 두고 이리저리 동분서주하고 있는데, 이 숲속의 산림꾼들은 그런 세상사에 아랑곳하지 않고, 당대는커녕 앞으로 250년 후인 2050년에 이 숲이 어떻게 될 것인가를 걱정하고 이를 위해 지혜를 모으고 있는 것이었다. 진정으로 국가와 국민을 위하는 산림꾼의 모습에 감동하여 자신도 산림꾼이 되고 싶다고 고백하는 장면이다. 『군도(群盜)』(1781), 『돈 카를로스』(1787), 『발렌슈타인』(1800), 『올레앙의 처녀』(1802), 『뷜헬름 텔』(1804) 등과 같은 명작을 남긴 대작가가 산림꾼이 되고 싶다고 한 이유를 이해할 수 있을 것이다. 세계적인 대문호가 산림꾼이 수행하는 거룩한 사명에 커다란 경의를 표함은 물론이고, 단지 눈앞의 명리를 추구하는 영웅호걸과 시인을 고발하며 자신을 반성하며 회개하는 진정한 작가의 모습을 엿볼 수 있게 한다. 이와 같은 쉴러의 진정 어린 고백은 시공을 넘어 산림꾼에게 커다란 위안을 주며, 산림꾼으로 하여금 긍지와 사명감으로 더욱 성실하게 일할 수 있게 한다.

그렇다. 산림꾼은 현세의 이익을 위해 업무를 수행하지 않는다. 자신을 위해서 일하지도 않는다. 산림꾼은 먼 장래를 내다보며 국가와 국민의 미래를 위한 사명을 수행하기 위해 일한다. 산림 분야에 13,000여 명의 중앙과 지자체 공무원과 공공기관 직원이 일하고 있다(제12장 〈표 12-1〉). 여기에 더하여 독림가(篤林家), 임업후계자 등 임가(林家)가 있다. 그리고 산림 최일선에서 국민을 직접 상대하는 2만 명이 넘는 숲해설가, 유아숲지도사, 숲길등산지도사, 산림치유지도사, 숲생태관리인 등이 있다. 모두 산림꾼이다. 이들은 가시덤불과 돌부리, 가파른 경사로 보행도 힘들고, 시야도 가려지는 열악한 산림 현장에서 일년내내 지옥과 같은 산불 화염과 싸우고 병충해, 독충과 싸운다. 임가들은 숲에서 소득이 될 만한 것을 찾아내려 재산을 투자하여 실패를 무릅쓰며 성공을 위해 안간힘을 쓰고 있다. 산림교육전문가나 산림치유지도사, 숲생태관리인들은 공무원을 대신하여 산림 최전선에서 직접 국민에게 숲의 의미와 가치, 중요성을 설명하여 숲에 대한 올바른 가치관을 갖게 하며, 우리 숲을 더욱 아끼고 보호하자고 홍보하며 지도한다. 이런 일에 앞장서면서 그 누구에게 자신을 좀 알아달라고 떼를 쓰거나 불만을 토로하지 않는다. 입신출세를 지향하며 일하지도 않는다. 임금 더 올려달라 시위하거나 로비하지 않는다. 이념에 휩쓸리거나 사상에 편승하지도 않는다. 그저 국가와 민족의 안위를 뇌리에 담고 미래를 바라보며 묵묵히 자신한테 주어진 이 거룩한 사명을 다할 뿐이다. 나무처럼 말이다.

산림꾼이 맡아서 하는 일들은 지금 당장 숲이 어떻게 되리라는 것이 아니라 가깝더라도 수 십 년 후에 일어날 일이고, 멀게는 수 백 년 후에 미래를 지향한 일이다. 최소한 200년 후의 국가의 미래상을 꿈꾸며 하는 일들이다. 산림꾼은 권력자나 정치인이 아니라서 명예를 탐하거나 지위를 요구하며 부를 지향하며 일하지 않는다. 산림꾼이 꿈꾸는 세상은 지금껏 우리를 지켜온 숲, 앞으로 우리를 지켜줄 숲, 이 숲이 사라지지 않고 듬직한 동량재로 잘 자라서 국토를 보호할 뿐만 아니라, 국민의 마음을 보듬어 양성하여 건전하고 건강하게 살 수 있도록 하는 세상이다. 숲 밖의 일에 흔들리지 않고 숲 안에서 일어나는 일에나 관심을 두고 일하는 이들이 산림꾼이다. 나무처럼 참된 삶, 진리의 삶을 본받고 살기를 원하며 일하는 사람들이다.

정부(산림청)는 국민이 숲으로 복지를 누려 삶의 질을 향상할 수 있도록 정책 역량을 집중하고 있다. 인간이 한 시대, 즉, '여기'와 '지금'에 맞춰 명예와 영광을 누리는 것을 목표로 자기관리를 지향한다면, 숲은 이처럼 산림꾼들에 의해 '저기'와 '미래'를 지향하여 관리된다. 달리 표현하면, 숲을 대상으로 '여기'와 '지금'에 맞추어 인간에게 서비스하는 것은 '산림복지'이고, 숲을 '저기'와 '미래'에 맞춰 관리하는 것은 곧 '지속가능성'을 말하는 것이다. 그런데 산림복지는 '항상(언제나)' 존재하는 국민을 대상으로 서비스하는 것이므로 또한 미래 지향적이다. 따라서 지속가능성 없이 산림복지 없고, 산림복지 없이 지속가능성 없다(Kein Gemeinwohl ohne Nachhaltigkeit, keine Nachhaltigkeit ohne Gemeinwohl).[21] 다시 이 말은 숲을 지속가능하게 잘

---

21) Weidner, H., 2006, Gemeinwohl im Lichte der Nachhaltigkeit. Memmler, M. und Ruppert, C. 원저 〈Dem

가꿔야 국민에게 변함없이 산림복지 서비스를 할 수 있다는 의미이다.

산림꾼들이 하는 모든 산림경영 활동은 지속가능성을 목표로 하는 것이므로 국민의 삶을 보장하는 업무이다. 산림의 최전선에 헌신적으로 일하는 산림꾼이 있기에 산림이 국부로서 축적되는 것이고, 국민의 삶은 풍요롭고 윤택하며, 국민의 심신은 건전하고 건강하게 유지된다. 산림꾼이야말로 거룩한 사명의 수행자이다. 신성한 숲에서 하는 사명이기에 더욱 거룩하다.

4. 숲과 국가: 숲은 국부다

138억 년 전, 빅뱅으로 우주의 기원이 시작되었다.

나무는 약 460억 광년의 시공을 달려온 생명 중 가장 신령한 생명체이다. 나무는 하늘이 정해 주는 장소에서 평생을 살아간다. 자기 의지대로 삶의 터전을 정할 수도 옮길 수도 없다. 어머니 나무로부터 씨앗으로 땅에 내려앉아 하늘이 정해주는 장소에서 뿌리를 내리고 살아야 한다. 폭풍우, 폭염, 혹한, 총탄 빗발치는 전쟁이 일어나도 한 발자국도 꼼작 못하고 온몸으로 견디며 살아야 한다. 나무는 그렇게 삶의 근본을 보여준다. 삶의 진리를 보여주는 것이다. 그래서 헤세는 나무는 성소(聖所)라고 외친다. 성소는 천국의 언약궤가 있는 곳이다. 진리의 말씀을 간직하고 있는 곳이다. 거룩한 장소이다. 신령한 장소이다. 그래서 나무는 신령하다.

키 115m 이상, 몸통 지름 11m, 5000년 이상을 살아가는 생명체가 나무이다. 지구상에서, 아니 우주에서 단일 생명체로 가장 키가 크고, 몸집이 크며, 가장 오래 사는 생명체이다. 세상에서 最高·最大·最古의 생명체이다. 가장 위대하고 장엄하며 신령한 생명체이다. 신화적으로 신령하고, 종교적으로 신령하며, 생명론적으로도 신령하다. 예술적으로도 신령하며, 수사학적으로

Gemeinwohl verpflichtet?〉 München : oekom Verlag. pp.119~139. 영어로 표현하면, No Welfare without Sustainability, no Sustainability without Welfare.

도 신령하며, 정신적으로도 인간에게 신령하다. 위대하고 장엄하며 신령한 나무의 삶을 들여다보면 결국 나무의 삶은 인간의 삶을 위한 것임을 알게 된다. 기후, 환경, 전쟁, 온갖 역경을 딛고 살면서 나무가 해온 것은 모두 인간의 삶을 위한 것이다. 나무의 이러한 희생과 헌신 덕분에 생명이 살아가고 있다. 나무의 삶은 『아낌없이 주는 나무』[22]에 고스란히 담겨있다. 나무의 삶은 다른 말로 표현하면, 아낌없이 배려하고, 나눠주고, 베푸는 삶이다. 아낌없이 주고, 대가 없이 베풀며, 값없이 나눠주는 것이 나무요 숲이다. 이 세상에 무한정 사랑을 보여주는 것은 나무와 숲 이외 없다.[23]

누가 누구에게 아낌없이 배려하고, 나눠주고, 베푸는가? 사랑하는 사람이 사랑하는 사람에게 그렇게 아낌없이 한다. 사랑하는 사람은 자기가 사랑하는 사람에게 헌신적으로 자기 가진 좋은 것을 모두 주고 싶어 한다. 이렇게 배려하고, 나눠주고, 베푸는 것이 사랑이다. 사랑은 상대를 늘 배려하고, 나눠주고, 베푼다. 나무가 그렇게 한다. 나무와 숲이 죽어서까지 인간에게 베푸는 삶이 사랑이다. 나무와 숲의 사랑을 배우고 실천해야 한다.

숲은 무엇인가? 나무가 신령한 생명체라면 숲은 신령한 생명체인 나무들이 무리지어 있는 곳이니 숲은 생명이며 신성한 곳이며 성지이다. 위대하고 장엄하며 신령한 나무로 이뤄진 숲은 인간을 비롯해 살아 숨 쉬는 생명의 모태이고 요람이다. 자연과 삶의 진리를 배우는 배움터이고 수많은 일자리를 제공하는 일터이자 백성의 삶터이다. 피곤한 육신을 쉬게 하는 쉼터이며, 마지막 영혼을 맡기는 안식의 땅이다. 이처럼 숲은 생명이 태어나게 하고 살아가는 생명의 공간일 뿐 아니라, 광활한 우주 공간에 오로지 지구에만 생명이 살아가고 나무와 숲이 있으니 지구는 우주에 숨겨진 비밀 천체이며, 지구에 있는 숲은 우주의 비밀이다. 나무 자체가 신비로운 생명체이니 나무

---

22) 김영무 역, 아낌없이 주는 나무. 원저 Shel Silverstein 〈The Giving Tree〉. 왜관 : 분도출판사. 61쪽.
   독자 중에 아주 오래전에 읽었거나, 아직 읽어보지 않은 분이 있다면, 당장 읽어보기를 강권 드린다.
23) 김기원, 2011, 사랑의 장소로의 숲. 김기원 편저 〈숲과 사랑〉. 도서출판 숲과 문화 : 3~12쪽.

로 이뤄진 숲이 비밀인 것은 지극히 자연스럽다. 더 나아가서 숲은 장구한 역사속에 축적되어온 민족정신과 역사와 예술혼이 담긴 곳이며, 때로 정치 사회적 이념의 수단이기도 하였지만, 숲은 신령한 나무들이 무리지어 있는 신성한 공간이다.(제13장) 신성한 공간인 숲은 인간을 비롯한 뭇생명의 삶에 바쳐져 있다. 숲은 위대한 사랑이다.

우리 국토와 한민족의 삶과 숲은 어떤 관계를 맺고 있는지 되돌아보자. 한마디로 한민족은 숲의 민족으로서 숲의 후예이다. 이렇게 불릴 만큼 우리 강산과 한민족의 마음은 서로 잘 공명한다.

한민족은 말을 타고 북방을 호령하며 횡단하여 마지막으로 반도 이 축복의 땅에 정착한 이후 대양으로 더이상 진출하지 않았다. 사면이 대륙과 대양으로 연결되는 비경에 자리 잡고 있기 때문이다. 지형과 지리는 험준하지 않으며, 국민의 마음은 사특하지 않고 정신은 매우 온순하다. 지괴는 험하지 않고 매우 안정적이며, 국토 형상은 호랑이상이라기보다 진취적인 마상(馬像)을 닮아 역동적이다. 그 말의 눈은 용감하되 티 없이 유순하다. 지축을 박차고 대륙으로 진출할 태세를 갖춘 기상이 매우 용맹스럽다.

대한민국의 지리적 위치를 보라! 이렇게 오묘하고 안온하며 비상할 수 있는 위치에 자리 잡은 나라가 또 어디에 있을까?(〈그림 4-5〉) 한반도의 전장(前場)은 열도가 방어하여 태평양판의 거대한 지진과 높은 파고의 해일을 막아 매우 안전한 국토지리적 위상을 지닌다. 천혜의 지리적 조건을 갖춘 국토가 아닐 수 없다. 온화한 기후대에 자리 잡아 사계절 변화무쌍한 풍광의 아름다움을 향유할 수 있는 곳이기도 하다.

풍광은 어떠한가? 스웨덴 국왕 아돌프 구스타프 6세의 말대로 조물주가 천지창조의 마지막 날에 정교하게 공을 들여 만든 곳이 금강산이 틀림없으리! 라고 찬미하였듯이, 지형과 수림이 어우러진 풍광은 계절 따라 아름답다. 동물은 그 종류대로, 식물은 또한 그 수효대로 다양하게 분포하여 풍광명미의 장관을 연출하여 사계절 우리 민족의 삶을 풍요롭게 누릴 수 있도록 향연을 베푼다. 강산의 신묘함이 유순한 민족의 오감과 공명하여 춤을 추도록 리듬있게 움직인다. 예부터 이 땅을 동방예의지국이라 불러왔고, 백성은 스스로 고요한 아침의 나라라 이름하였다. 한반도와 한민족처럼 이렇게 자연적으로 인간적으로 모든 면에서 공명하는 나라도 드물 것이다.

먼 옛날 한민족의 선조는 알타이, 시베리아 북방대륙을 가로질러 드넓게 펼쳐진 자작나무의 혼을 담아 백의호상(白衣好尙)하며 이 땅에 한민족의 민족정신인 백의민족을 정착하게 하였다. 민족의 시원지로부터 장구하게 이어온 자작나무가 신수(神樹)가 되어 백의민족 정신을 이루고 시원문화코드가 되었다. 나무와 숲이 한민족의 마음을 끌어모아 안온한 이 한반도 땅에 정착하게 하였다. 북방대륙으로부터 계승한 백화수혼(白樺樹魂)과 이 땅의 나무와 숲이 국가를 수립(樹立)하게 한 것이다. 단군신화와 김알지 신화 등 주요 건국신화가 한민족이 숲의 민족이며 숲의 후예임을 뒷받침한다.

그러나 조선왕조의 잘못된 정책과 무계획적 산림관리, 열강의 침입과 일제의 주권 몰수로 숲은 수탈되고 국토는 황폐하였다. 숲이 없는 국토는 국민의 넋이 없는, 국가 정신도 국민의 영혼도 없는 땅이다. 그러하기에 선조들은 일제의 수탈과 전쟁의 참화 속에 망가진 저 국토를, 주린 배 움켜쥐고 애국가를 부르며 밤낮을 가리지 않고 헐벗은 산에 올라 나무를 심고 또 심어 녹화에 성공하였다. 생명을 심고 희망을 가꿨다. 그 결과 메아리와 새가 떠난 적막한 산을 메아리와 새가 다시 날아와 생명을 잉태하며 자라게 하는 울창한 산림으로 복구하였다. 세계가 인정하는 녹화 성공국가로 인정을 받고 있다. 이처럼 우리 선조들은 국토녹화에 성공하였다. 우리 모두 노벨 평화상 수상자 이상의 긍지를 가져야 한다. 온 국토가 푸르게 변화하여 어디를 가나 동량재가 자라는 모습을 보게 되니 자랑스럽다. 전 세계에 큰 자랑거리가 있으니 바로 선조가 이룩한 녹화된 국토이다. 금수강산을 다시 찾았다.

그런데, 국민소득이 3만 달러가 넘고, 이렇게 자랑스러운, 녹화에 성공한,

울창한 숲, 아름다운 금수강산에서 살아가는 나라의 국민이 자존감도 낮고, 세계에서 자살률이 가능 높고, 삶의 만족도가 최하위 수준이라니 어찌 된 일인가? 어려울 때 의지할 만한 이웃이나 친척도 없고, 울분 속에 사는 국민이 60% 가까이 된다고 한다. 녹화에 성공한 선조들한테 후손으로서 면목이 없다. 무엇을 하여야 하는가?

그렇다! 선조가 국토녹화에 성공하였듯이, 이 아름다운 울창한 숲을 물려받은 우리 후손은 국민의 마음을 녹화하여야 한다. 선조가 성공하여 부활한 우리 숲은 수탈과 전쟁으로 헐벗었던 국토를 치유하고 국가를 성장 발전시켜 왔다. 국토녹화에 성공한 선조의 뒤를 이어, 후손은 국민의 마음을 숲으로 녹화하여야 한다. 그것이 거대한 위업을 달성하여 숲이 우거진 아름다운 금수강산을 우리에게 물려준 선조의 은혜를 갚는 길이며 후손에게 주어진 사명이다. 숲이 베푸는 크나큰 치유의 능력으로, 헌신적인 사랑으로, 국민의 자존감을, 국민의 삶의 만족도를, 국민의 심신 건강을 증진하여 국민의 마음을 녹화하여야 한다. 국민의 심신을 보듬어 백의민족의 정신을 되살리고, 동방예의지국의 자존심을 되찾아 국력에 어울리는 국격을 갖춰야 한다. 다시 한번 뛰어야 한다. 국민의 마음을 녹화하여 국력을 더 강하게 키워야 한다. 그리하여 숲이 국가를 강건하게 하는 핵심임을 증명하여야 한다.

플라톤이 말하는 이상 국가는 아름다운 나라이며 '올바름'이 갖춰진 나라이다. 숲은 국토의 얼굴로서 아름다운 풍경을 선사하며, 인간의 마음을 교화하여 국민을 건전하게 발전하게 하여 '인의예지'를 분별하고 '올바름'을 갖춘 품격있는 사람이 되게 한다. 그렇게 성장하여 건전한 마음을 지닌 국민은 국가 발전의 가장 큰 원동력이 된다. 숲은 국토를 아름답게 보호하고, 건강한 국민을 키워서 강건한 국가를 만든다. 우리 숲은 충분한 잠재력을 지니고 있다. 20,000여 명에 달하는 산림교육과 산림치유 전문가와 같은 산림꾼들은 선조가 물려준 이 울창하고 아름다운 숲으로 심신이 지친 우리 국민을 건강하게 양생(養生)하며, 건전하게 양성(養性)할 준비태세를 갖추고 있다.

국가의 미래는 건강한 국토자원과 건전한 국민의 정신에 달려있다. 양자 모두 보물이다. 국토는 국민이 평화롭고 아름답게 살 수 있는 자원이고, 산림으로 건전한 정신을 지닌 국민의 창의적 잠재력은 국가의 성장발전을 이끈다. 울창한 숲과 맑은 물과 깨끗한 공기, 사시사철 아름다운 풍경은 일상을 풍요롭고 윤택하게 하여 삶의 가치를 드높인다. 그런데, 국토 면적의 60% 넘게 숲이 우리 주위를 둘러싸고 있지만, 그 숲은 우리 눈에 들어오는, 그래서 바라보게 되고, 보여지는 대상으로서만 숲이라면 의미가 없다. 우리 주변에 있는 숲이 아니라, 우리 안에 있는 숲(Wald in Uns, Forest in Us)이어야 하고 우리가 숲에 머물러 있어야 한다(Im Wald Sein, In Forest Be).[24] 그래야 주권을 바르게 행사하는 심성을 기를 수 있다.

인류가 진화를 거듭하면서 삶터였던 숲을 떠나서 도시를 이루고 살고 있다. 수백만 년에 걸쳐 일어난 일이다. 삶터로서 숲을 떠나 도시에 사는 것은 인류의 진화와 인류 문명의 발달이라는 말로 표현하지만, 보는 시각에 따라 이것은 실상 인류의 자연 소외 과정으로 볼 수 있다. 과거 인류의 거처이었던 숲과 지금 인류의 주거지는 얼마나 멀리 떨어져 있는가! 양자 사이의 시간적인 공간적인 괴리, 즉 자연의 상실, 숲의 상실로 인하여 현재 인류사회는 해결하기 어려운 문제점들을 안고 있다. 인류가 겪고 있는 숱한 재앙들, 예를 들면, 기후변화, 사막화, 환경오염, 코로나와 같은 전염병 창궐은 인류의 거처가 숲에서 멀리 떨어져 있지 않았던 시기에는 없었던 일이다. 특히, 전염병을 일으키는 세균들은 과거에 자연(숲)에 살던 생명인데 점점 그들의 삶의 터전이 줄어드니 인간 삶터 가까이 오게 되어 팬데믹을 일으킨 것으로 보고 있다. 결국 모든 것이 온전히 제자리로 돌아가야 하는 것이 정상을 회복하는 길일 것이다. 하지만, 쉽지 않은 일이다. 그렇다고 포기할 수 없다.

---

24) Mars, E. M. and Hirschmann, M., 2009, Der Wald in Uns. 2. Auflage. München : oekom Verlag. p.127.
   Adamek, M., 2018, Im Wald Sein. München : Optimum Medien & Service. p.357.

무엇보다도 숲을 우리 안에 들어오게 해야 한다. 국토녹화에 성공하여 울창한 숲을 가졌지만, 정작 국민의 몸은 피곤하고, 마음은 스트레스로 가득하며, 상처받고 울분 속에 살고 있다. 숲을 멀리하고 살고 있기 때문이다. 선조가 선사하여 준 신령한 나무와 신성한 숲에 지친 심신을 맡겨 위로받고 치유하도록 하여야 한다. 우리 안에 숲을 지녀야 하고 우리 심신이 늘 숲에 가까이 머물러 있어야 한다. 국민 안에 숲이 있도록 양성해야 한다.

　국민을 양성하는 이 거룩한 과업에 산림꾼들이 앞장서게 될 것이다. 그런데 산림꾼은 이 사명을 수행하기 위해 한 가지 명심할 사항이 있다. 그것은 나무와 숲이 인간에 베푸는 사랑을 체험하고 전하는 일이다.

　나무와 숲은 살아서뿐만 아니라, 죽어서도 헌신한다. 나무와 숲이야말로 사랑의 본보기를 인간에게 보여준다. 왜 인간은 그런 본보기를 나무와 숲을 통해서 깨닫고 배우지 못하는가? 모든 유형의 산림교육, 산림치유 활동의 핵심은 바로 나무와 숲의 인간에 대한 헌신적인 사랑이다. 나무 덕분에 살고 있지 않은가? 숲이 베푸는 은혜로움 덕분에 인간이 생명을 유지할 수 있는 것이 아닌가? 그래서 인간은 나무와 숲을 아끼고 사랑하며 더 가꾸고 보호해야 한다. 신령한 나무가 신성한 숲에서 최고의 지혜를 지닌 인간에게 전 생애를 통해서 하는 일이 사랑이다. 작은 일에도 만족하며, 남을 배려하고, 좋은 것 나누며, 사소한 일이라도 함께 베풀며 사는 사람이 아름답다. 『아낌없이 주는 나무』를 바라보라! 나무에게 요구하는 인간의 끝없는 욕망과 대조적으로 온몸을 바쳐 마지막 그루터기까지 헌신하는 나무의 삶을 그대로 보여준다. 삶의 진리를 묵묵히 보여주고 있다.

　누가 누구에게 아낌없이 배려하고, 나눠주고, 베푸는가? 사랑하는 사람이 사랑하는 사람에게 그렇게 아낌없이 행동한다. 사랑하는 사람은 자기가 사랑하는 사람에게 헌신적으로 자기 가진 좋은 것을 모두 주고 싶어 한다. 그렇게 하지 않는 사람이라면 그는 사랑을 느끼지 못했거나, 사랑을 모르는, 건조하고 메마르며 척박한 사람이다. 배려하고, 나눠주고, 베푸는 것이 사랑이다. 사랑은 상대를 늘 배려하고, 나누고, 베푼다. 나무가 그렇게 한다. 나무와 숲이 죽어서까지 인간에게 헌신하는 삶이 사랑이다. 산림꾼은 나무와 숲이 인간에게 값없이 베푸는 사랑에 대해 국민에게 체험적으로 전해야 한다. 산림꾼은 국민들이 그렇게 가르침을 받고 나무와 숲으로부터 본받은 대로 이웃에게, 동료에게 사랑을 실천하며, 국가에 위국헌신할 수 있기를 기대한다.

고요한 아침의 나라는 평화를 사랑하는 민족, 그래서 애초부터 백의민족이다.

그 백의는 자작나무에서 유래했고 그 평화는 고요한 숲에 깃들어 있지 않은가?

나무는 신의 마음을 모으고 그 나무들이 깃든 숲은 민족의 정신과 혼을 담았다.

그것이 민족의 마음을 고요와 적요와 평화를 사랑하게 하였으리라.

이웃 나라의 침략을 물리쳤을지언정 침략하지 않았다.

고요 속에 깃든 반도의 평화와 고요함을 깨우고 싶지 않았기 때문이었으리라.

가난한 시절, 식량조차 넉넉하지 못하던 시절, 주린 배를 움켜쥐고 애국가를 부르며 나무를 심고 또 심은 덕분에 후손은 울창한 숲을 누리게 되었다. 이 숲에 깃들어 있는 민족정신을 기억하라. 이 숲, 나무 한 그루 한 그루에 담긴 선조의 피와 땀, 애환이 담긴 담배 한 모금과 한 잔의 술을 생각하고, 산기슭과 산마루, 골짜기와 능선에서 주고받았을 즐거운 웃음과 희망의 이야기를 생각해 보라! 이 나무들에, 이 숲에 서려 있는, 먼 훗날 국가와 민족을 내다보았던 선조의 순정(純正)한 애국정신과 영혼을 기억하라! 이 숲이 신성하지 않은가! 그러하니 선조가 이룩한 국토녹화의 보답으로 이 신성한 숲으로 국민을 녹화해야 한다. 숲의 사랑으로 위로하고 치유해야 한다. 선조가 성공하였듯이 후손도 국민녹화에 성공해야 한다. 성공할 것이다. 한민족은 유순한 지라 나무는 신령하고 숲은 신성하니 숲에 들면 쉽게 동화되리라! 이렇게 국민을 녹화하리라!

일찍이 홉스(Thomas Hobbes, 1588~1679)[25)]는 '富는 힘이다'(Wealth is power)라고 주장하였다. 애덤 스미스는 부는 모든 노동에 대한 지배력이나 시장에 출하된 노동생산물에 대한 지배력으로 말할 수 있어야 한다고 말한다. 우리나라 숲은 공익재로서 국가와 산림꾼이 지배력을 행사할 수 있다. 나무는 부의 상징이 아니고 국부이다.[26)] 나무가 국부라면 숲은 국부 중의 국부이다. 숲은 역사적으로도 부(賦)의 대상이었으며, 오늘날 기후변화, 사막화, 감염병 팬데믹 등 국제문제 해결책으로 국부이고, 외화낭비로부터 국가재정을 절약하는 방편으로도 국부이다. 국토보안 자원으로서 국부일 뿐만 아니라, 국민의 심신을 치유하는 국민 보안이나 국민녹화 자원으로서도 국부이다. 이러한 풍부한 이력을 지닌 울창한 숲을 보유한 우리나라는 국부 산림국가이다.

숲은 국민에게 심신의 보약이요 국토의 보물이며 국가의 부이고, 국부이다. 그러므로 국부인 우리나라의 숲은 홉스의 말처럼 대한민국의 힘이다. 흔히 하는 말처럼 한 나라의 장래를 보려면 그 나라의 청소년과 숲을 보라고 하지 않는가! 그것이 부이고 힘이기 때문이라! 헌법에 명시되어 있듯이 국가는 국민의 생명을 보호하고 삶을 보살펴야 한다. 숲으로 국토를 보안하고 양호하니 숲으로 우리 국민의 생명을 보호하고 삶을 보살필 수 있다. 국민은 인적자본으로서 국부이며 숲은 힘이기 때문에 국민의 심성을 교화하고 창의력을 계발하여 국가를 이끌 훌륭한 정치지도자와 과학기술자를 탄생시킬 것이다. 그래서 국부인 숲은 국가와 국민의 미래를 보장한다.

---

25) 잉글랜드 왕국의 정치철학자이고 최초의 민주적 사회계약론자라고 일컫는다. 그가 쓴 『리바이어던(Leviathan)』 (1651)은 근대 정치철학의 기반을 마련한 명저로 평가받는다.

26) 이경준·김의철, 2010, 앞의 책. 31쪽.

나무는 우리보다 오래 산다.

숲은 나무보다도 더 오래 산다.

숲이 국토를 녹화하고 국민을 녹화한 선조와 후손을 기억할 것이다.

역사로 남을 것이며 후손에게 이어질 것이다.

한민족은 숲의 후예이니까.

새들이 떠난 산은 적막하다. 나무가 떠난 숲은 삭막하다. 더욱이 인간이 떠난 숲은 황량하다. 나무를 아끼고 숲을 사랑하는 인간의 마음이 떠나간 숲은 인간의 희망도 미래도 사라지기에 더욱 황량하다. 황량한 숲은 인류의 종말이고 생명의 종언이다. 나무는 신령하고 숲은 신성하다. 나무는 함부로 다루지 말아야 할 신체(神体)이며, 숲은 거룩한 성지이다. 그 나무 그 숲에 우리가 묻히니 숲을 잘 가꾸고 보전해야 한다. 그 숲에 하늘과 소통할 우리 영혼과 국혼이 안식하기 때문이다. 이렇게 우리 숲은 국부이며 사랑으로 국민을 안위하고 국가를 보위한다. 우리 숲은 한민족의 정신과 영혼이 살아 숨쉬는 국보이다. 대한민국은 국부 산림국가이다.

책을 마무리하면서 몇 가지 제안하고자 한다.

우리 숲은 찬란한 역사와 문화를 간직하고 있다. 그것은 선조가 지녔던 백의호상(白衣好尚)하고 예의를 존중하는 민족 성향으로 축적된 민족의 역사와 문화의 산물이다. 보라, 빈의 울창한 숲이 있었기에, 오스트리아 국민의 정신과 영혼이 그 안에 숨 쉬고 있었기에, 『빈 숲속의 이야기』와 같은 대작에 숲속에 깃든 예술혼을 불러모아 전쟁에 패한 국민을 위로하고 치유할 수 있었을 뿐만 아니라, 세계인들에게도 큰 감동과 즐거움을 주고 있지 않은가? 숲이 있는 국가는 숲이 있는 민족이며, 정신과 영혼이 살아있는 민족이야말로 진정한 국가이다. 숲은 국가의 소중한 국부이다. 패역한 국민은 숲의 고마움을 모른다. 선조로부터 물려받고, 현손이 누리며 지키고, 후손에게 전해줄 소중한 국부 우리 숲을 위해 다음 사항을 제안한다.

첫째, 세계에서 최단 시간에 녹화에 성공한 나라라고 자랑은 하지만 국토 녹화를 찬미하는 예술작품 한 편 없다. 숲의 후예, 한민족의 영혼이 담긴 오라토리오 『숲의 노래』를 뛰어넘는 대작이 필요하다. 『전원』이나 『핀란디아』나 『타피올라』와 같은 가칭 '숲의 후예 한민족', '고요한 아침의 나라 산림교향곡'(숲교향곡)의 창작을 제안한다. 선조가 성공한 국토녹화를 아무런 표식 없이 수사로만 자랑스럽게만 여긴다면 숲의 후예라고 말하기도 멋쩍고 녹화에 성공했다 자랑하기도 겸연하다. 유네스코 기록문화유산으로 등재하는 것도 좋지만, 국민과 세계인이 늘 듣고 즐기며 선조와 호흡하며 우리 숲을 기릴 만한 예술작품을 창작할 필요가 있다. 국제 공모로 콩쿠르를 열어서 경연하고 가까운 장래에 식목일, 산의 날 행사를 기해 축제의 장을 마련하여 발표하면 좋을 듯하다.

둘째, 한민족의 백의정신을 되찾을 수 있도록 자작나무 문화를 복원할 수 있는 조치를 제안한다. 도시와 산지경관 조성을 위해 자작나무 조림 계획을 수립하며, 자작나무 문화를 발굴하여 현대화하는 조치가 필요하다. 자작나무와 백의민족 정신은 순수, 순결, 순정, 정의, 정직, 청렴 등을 상징한다. 도심 거리마다, 교외의 산마다, 하얗게 물결치는 백화 자작나무 경관은 사회정의가 무너지는 현대 한국사회를 정화하고 갈등을 치유하는 데에 기여할 것으로 기대한다.

우리 산림지형에 어울리는 임목수확법, 인간욕구충족 7단계에 어울리는 산림미학적 산림관리, 대도시와 같은 수요밀집지역에 산림복지시설을 밀도 있게 배치하는 것도 제안한다. 숲에 관한 인문학적 예술적 기획 저술이 필요하고, 숲의 후예 한민족의 산림문화를 체계적으로 이끌어 갈 수 있는 기관으로서 가칭 산림문화협력센터와 같은 기구의 신설도 시급한 과제이다. 나무와 숲을 사랑하는 국민을 위한 '숲의 전당'으로서 국립산림도서관을 건립하는 것도 제안한다.

참고문헌

제1장

강금희 역, 2008, 우주의 형상과 역사. 서울: 뉴턴코리아. 140쪽.

강성위 역, 1975, 자연의 역사. 바이세커 원저. 삼성문화재단. 297쪽.

강진하 · 권태호 · 김갑태 · 김의경 · 김지홍 · 박상준 · 박승찬 · 손요환 · 신만용 · 신원섭 · 오충현 ·
윤여창 · 이경준 · 이우신 · 이재선 · 장상식 · 장진성 · 전근우 · 전영우 · 정주상 · 최용의 ·
최인화 · Victor K. Tepliakov, 2014, 산림과학개론. 서울: 향문사. 461쪽.

강혜성 · 윤홍식 · 이상각 · 최승언 · 한정준 · 홍승수 옮김, 2010, 천문학 및 천체물리학. Michael
Zeilik and Stephan A. Gregory 원저 Introductory Astronomy & Astrophysics(4th Edition).
서울: 스그마프레스. 652쪽.

공우석, 2007, 우리 식물의 지리와 생태. 서울: 지오북. 335쪽.

곽범신 옮김, 2018, 지구인들을 위한 진리탐구. 오구리히로시 · 사사키시즈카 원저 眞理の探究.
서울: 알피스페이스. 275쪽.

권태문 · 박은숙 · 손일순, 2003, 식물의 신비를 찾아서. 예문당. 216쪽.

김숙희 옮김, 2002, 식물은 우리에게 무엇인가. 수잔 파울젠 원저. 풀빛. 221쪽.

김영진 역, 1989, 지구의 역사. 대광서림. 242쪽.

박병철 옮김, 2017, 기원의 탐구. Jim Baggott원저 Origins. 서울: 반니. 591쪽

박창범 · 김형도 · 윤성철 · 이석영 · 이필진 · 윤환수 · 최재천 · 이상희 · 김준홍 · 김대수, 2020,
기원-궁극의 질문들. 서울: 반니. 389쪽.

임경빈 역, 1978, 삼림의 역사. 미셸 드베즈 원저. 서울: 중앙일보. 188쪽.

장순근, 1998, 지구 46억년의 역사. 서울: 가람기획. 256쪽.

최가영 옮김, 2019, 빅 픽쳐. Sean Carroll 원저 The Big Picture. 수원: 글루온. 632쪽.

최덕근, 2018. 지구의 일생. 서울: 휴머니스트. 371쪽.

하연 역, 1994, 숲. Felix. R. Paturi 원저 Der Wald. 서울: 두솔. 201쪽.

Aas, G. und Riedmiller, A., 1992, Laubaeume. München : GU. p.154.

Beazley, M., 1981, The International Book of the Forest. New York : Simon and Schuster. p.224.

Braun, H. J., 1992, Bau und Leben der Baeume. Rombach. p.295.

Farb, P., 1961, The Forest. New York : Time-Life Books. p.192.

Levetin, E. and McMahon, K., 1999, Plant and society. 2nd. New York : McGraw-Hill. p.477.

제2장

강건우 · 강성연 · 고영주 · 김의경 · 김장수 · 김종관 · 김창호 · 김태욱 · 유택규 · 박명규 · 변우혁 · 유병일 · 윤광배 · 이광남 · 이만우 · 이여하 · 이종락 · 조응혁 · 최관 · 최종천, 1992, 임정학. 서울: 탐구당. 661쪽.

생명의숲국민운동, 2007, 조선의 임수(역주). 서울: 지오북. 999쪽.

김기원, 2007, 산림미학시론. 서울: 국민대학교 출판부. 295쪽.

김상영, 2016, 총림(叢林). 한국민족문화대백과사전. 한국학연구원.

안병주, 1992, 유교의 자연관과 인간관-조선조 유교정치에서의 산림(山林)의 존재와 관련하여. 퇴계학보 75: 11~20쪽.

임경빈, 1998, 易齋林學論說集(이재임학논설집). 소호문화재단 산림문화연구원. 454쪽.

전영우, 1994, 붉은 나무들의 왕국: 지구상에 존재하는 가장 거대한 생명체를 찾아서: 세콰이어 국립공원. 숲과문화 3(4): 28~37쪽.

전영우, 1994, 붉은 나무들의 왕국(2): 지구상에 존재하는 가장 거대한 생명체를 찾아서: 레드우드 주립 및 국립공원. 숲과문화 3(5): 19~27쪽.

한영우 역, 2014, 조선경국전. 정도전 원저. 조선경국전. 서울: 올재. 210쪽.

Delphin Verlag, 1984, Der Wald. München und Zürich. Delphin Verlag. S.320.

Greiner, K. und Kiem, M. 2019. Wald tut gut! Aarau und München: atVerlag. S.264

Insel Verlag, 1984, 『Bäume』. Insel Verlag. p.142.

기타

(국역) 『조선왕조실록』

새 우리말 갈래사전

제3장

강무학, 1967, 檀君(역사소설). 서울: 민족사상선양사. 368쪽.

강진철 · 강만길 · 김정배, 1975, 세계사에 비춘 한국의 역사. 서울: 고려대학교 출판부. 257쪽.

과학세대 옮김, 2000, 신화의 세계. Joseph Campbell 원저 〈Transformation of myth through time〉. 까치. 328쪽.

권혁재 · 김상현 · 김신규 · 이호창 · 최성은, 2008, 동유럽신화. 한국외국어대학교 출판부. 339쪽.

권현주, 2009, 신라 금관(金冠)에 관한 연구. 패션과니트 7(2): 61~69쪽.

김경수 역주, 1999, 帝王韻紀. 원저 李承休 〈帝王韻紀〉. 서울: 도서출판 역락. 133~138쪽.

김기원, 1995, 수오미 숲의 예술. 숲과 문화 4(5): 31~38쪽.

김기원, 2006, 숲이 들려준 이야기. 효형. 279쪽.

김기원, 2014, 세계의 건국신화와 숲. 〈국가의 건립과 산림문화〉(산림문화대계2): 1~51쪽.

김문자, 1992, 스키타이 服飾에 관한 研究. 논문집(수원대학교)10: 199~212.

김문자, 1999, 스키타이 복식(服飾)과 고대 한국복식(韓國服飾)과의 관계 연구. 중앙아시아연구 4: 95~111쪽.

김문자, 2015, 한국복식사개론. 파주: 교문사. 310쪽.

김민기, 2011, 단군조선의 역사와 신화. 서울: 강북문화원. 143쪽.

김병모, 1998, 금관의 비밀. 서울: 도서출판 푸른역사. 213쪽.

김병인, 2020, 백의민족의 유래와 의미. 우리역사넷 〈한국문화사〉(http://contents.history.go.kr)

김병화 옮김, 2010, 신화와 전설. Dorling Kindersley 원저 〈Myths and Legends〉. 21세기북스.

김선자 · 이유진 · 홍윤희 역, 2010, 중국신화사(상). 袁珂 원저 中國神話史(上). 544쪽.

김선풍 · 유송옥 · 김이숙 · 손태도 · 장정룡 · 김경남, 2009, 태백산천제-민속학술용역보고서. 태백시. 304쪽.

김선현, 2013, 색채심리학. 파주: 한국학술정보(주). 224쪽.

김소희 · 채금석, 2018, 스키타이 복식 유형 및 형태에 관한 연구 - 고대 한국과의 관계를 중심으로. 한국의상디자인학회지 20(1): 61~77쪽.

김연희, 2015, 인류문화 시원으로서의 천산(UZ)의 샤머니즘. 동아시아고대학 38 : 9~30쪽.

김영래, 2003, 편도나무야 나에게 신에 대해 이야기해 다오. 도요새. 300쪽.

김용환, 2007, 단군사상과 한류연구. 종교교육학연구 24 : 131~149쪽.

김원중 옮김, 2007, 삼국유사. 一然 원저 〈三國遺事〉. 서울: 민음사. 838쪽.

김유경 편역, 1999, 한국문화의 뿌리를 찾아서. 원저 Covell, J. C. 서울: 학고재, 414쪽.

김유경 편역, 2008, 일본 남은 한국미술. 원저 Covell, J. C. 서울: 글을읽다, 376쪽.

김유경 편역, 2015, 부여기마족과 왜(倭). 원저 Covell, J. C. 서울: 글을읽다, 343쪽.

김윤수 역, 1981, 호모 루덴스. Huizinga, J. 원저 〈Homo Ludens〉. 까치: p 171~192쪽.

김정배, 1977, 한국에 있어서의 기마민족문제. 역사학보 75(6) : 27~66쪽.

김정배, 2011a, 단군(檀君), 한국민족문화대백과사전. 성남: 한국학중앙연구원.

김정배, 2011b, 기자조선, 한국민족문화대백과사전. 성남: 한국학중앙연구원.

김정희 역, 2009, 신화의 시계. Wilkinson, P. and Neil Philip 원저 〈Mythology〉. 21세기북스. 352쪽.

김종서, 2003, 신시 · 단군조선사 연구. 서울: 한민족역사연구회. 481쪽.

김태식, 2008, 임재해, 『신라 금관의 기원을 밝힌다』(지식산업사, 2008)를 읽고. 단군학연구 18 : 397~407쪽.

까치 편집부, 그림으로 보는 세계신화사전. Arthur Cotterell 원저 A dictionary of world mythology. 432쪽.

나영균 · 진수용 옮김, 2009, 켈트신화와 전설. Squire, C. 원저 〈Celtic Myth and Legend〉. 황소자리. 415쪽.

남윤지 옮김, 2008, 세상은 어떻게 만들어졌을까. Benoit Reiss 원저 〈Aux Origines du Monde〉. 문학동네. 184쪽.

류형기, 1980, 성서대사전. 한국 기독교문화원.

류효순, 1992, 우리 민족의 백의형성에 영향을 미친 요인. 혜전전문대학논문집 : 193~211쪽

문창로, 2017, 후석 천관우의 고조선사, 삼한사 연구. 백산학보 107: 5~58쪽.

박봉우, 1993, 삼국유사에 나오는 나무 이야기-신단수와 단수. 숲과 문화 2(1): 62~64쪽.

박봉우, 1994. 삼국유사에 나오는 나무 이야기-11.부상. 숲과문화 3(5): 45~47쪽.

박봉우, 2014, 고조선, 〈국가의 건립과 산림문화〉(산림문화대계2): 51~80쪽.

박상익 옮김, 1999, 서양문명의 역사I-역사의 여명에서 로마제국까지. 소나무. 286쪽.

박상진, 2004, 천마도의 캔버스, 〈역사가 새겨진 나무 이야기〉. 파주: 김영사. 53~ 60쪽.

박선주 역, 1992, 인류의 기원과 진화. Roger Lewin 원저 〈In Age of Mankind〉. 서울: 교보문고. 332쪽.

박성수, 1995, 백의민족, 한국민족문화대백과사전. 성남: 한국학중앙연구원.

박용숙, 1991, 지중해 문명과 단군조선. 집문당. 350쪽.

박용숙, 1993. 황금가지의 나라. 철학과 현실사. 338쪽.

박원길, 2013, 몽골지역에 전승되는 고대 한민족 관련 기원설화에 대하여. 몽골학 34: 49~107쪽.

박인용 옮김, 2009, 미솔로지카2. 생각의 나무. 413쪽.

박인용 옮김, 2011, 세계의 신화3-아프리카, 아시아, 오세아니아. 생각의 나무. 269쪽.

박종욱, 2005, 라틴아메리카의 신화와 전설. 바움. 268쪽.

박진규, 2019, 선인(仙人)단군을 통한 홍익인간 함의 소고 - 실천적 인간상에 대하여, 철학사상문화 31: 204~222쪽.

박찬수, 2003, 불모(佛母)의 꿈. 서울: 대원사. 199쪽.

박찬승, 2014, 일제하의 백의(白衣) 비판과 色衣 강제, 동아시아문화연구 59 : 43~72쪽.

방민규, 2011, 체질인류학으로 본 한국인의 기원 – 치아인류학적 연구를 중심으로, 민족학연구 9: 117~138쪽.

배상원·권진오·임주훈·이명보·유근옥·김인식·황재홍·김현섭·최광식·김경희·최형태·구남인·김수진·김용석·김영걸·Man Ram Moktan, 2013, 자작나무(경제수종 시리즈⑦). 국립산림과학원 연구신서 제72호.

비데, 에릭(Bidet, Eric), 2007, Le pays des hommes en blanc – ou la singularité du regard occidental sur la Corée(흰 옷을 입는 사람들의 나라-한국에 대한 몇몇 서양적 시선). 프랑스문화예술연구 22: 1~15쪽.

서경호, 김영지 역, 2008. 산해경. 倪泰一, 錢發平 원저 〈山海經〉. 469쪽.

서대석, 1991, 백두산과 민족신화. 북한 229: 46~55쪽.

서대석, 1997, 한국신화의 역사적 전개. 한국구비문학연구 5: 9~35쪽.

서미석 옮김, 2011, 칼레발라. Elias Lönnrot 원저 〈The Kalevala〉. 물레. 766쪽.

서봉하, 2014, 한국에서 白衣好尙 현상이 고착된 배경에 관한 논의 – 유창선의 白衣考를 중심으로, 복식(服飾) 64(1) : 151~163쪽.

서영대, 2001, 전통시대의 단군인식. 단군학연구 창간호: 89~117쪽.

석주선, 1979, 한국복식사. 서울: 보진제. 148쪽. (류효순, 1992.에서 재인용).

설중환, 2009, 다시 읽는 단군신화. 서울: 정신세계사. 293쪽.

성금숙 옮김, 2002, 게르만 신화와 전설. Reiner Tetzner 원저 〈Germannische Götter-und Heldenssagen〉. 범우사. 667쪽.

손성태, 2014, 우리 민족의 대이동. 서울: 코리. 519쪽.

손성태, 2015, 우리 민족의 이동 혼적-아무르에서 캄차카 반도까지. 한국시베리아연구 19(1): 213~254쪽.

손성태, 2016, 우리 민족의 이동 혼적(2)-알류산열도에서 캐나다 서해안까지. 한국시베리아연구 20(1): 65~102쪽.

송병선 옮김, 1998, 마법의 도시 야이누-잉카의 신화와 전설. 문학과 지성사. 245쪽.

신용하, 2012, 고조선의 기마문화와 농경 유목의 복합구성. 단군학연구 26: 159~247쪽.

신용하, 2017, 한국민족의 기원과 형성 연구. 서울: 서울대학교출판문화원. 445쪽.

신은희, 2006, 바이칼 알혼섬, 잊혀진 영성의 시원을 찾아서 - 한국과 몽골 巫의 영성과 상징을 중심으로. 동중앙아시아연구 17(2) : 90~116쪽.

안병찬, 2014, 천마총 출토 천마도 장니(天馬圖障泥)에 관한 일고찰 -제작방법 및 천마의 보법(步法)을 중심으로. 신라문화 43: 29~52쪽.

양영란 옮김, 2005, 식물의 역사와 신화. Jacques Brosse 원저 〈La Magie des plantes〉. 갈라파고스. 381쪽.

유송옥, 1998, 한국복식사. 서울: 수학사. 381쪽.

유현종, 1975, 檀君神話(역사소설). 민족문학대계: 35~96쪽.

육창수, 1997, 생약도감. 경원. 730쪽.

윤명철, 1995, 태백산(太白山). 한국민족문화대백과사전. 성남: 한국학중앙연구원.

윤이흠, 2001, 단군신화와 한민족의 역사. 윤이흠 외 〈증보판 檀君-그 이해와 자료〉, 서울: 서울대학교 출판부. 3~32쪽.

이경덕 옮김, 2002, 그림으로 보는 황금가지. James G. Frazer 원저 〈The illustrated golden bough〉. 까치. 429쪽.

이근영, 2004, 수메르, 혹은 신들의 고향. Zecharia Sitchin 원저 〈The 12th Planet〉. 이른아침. 519쪽.

이기동, 1995, 기마민족설(騎馬民族說). 한국민족문화대백과사전. 성남: 한국학중앙연구원.

이기을, 1992, 우리 민족의 뿌리와 인류의 진화, 동서연구 5 : 67~153쪽.

이덕형, 2002, 다쳐보그의 손자들. 성균관대학교 출판부. 315쪽.

이도학, 1995, 환단고기, 한국민족문화대백과사전. 성남: 한국학중앙연구원.

이만갑, 1997, 韓民族, 한국민족문화대백과사전. 성남: 한국학중앙연구원.

이민용 역, 2013. 에다 이야기. Snorri Sturluson 원저 〈The prose Edda〉. 을유문화사. 274쪽.

이선복, 2016, 인류의 기원과 진화, 서울: 사회평론, 207쪽.

이어령, 2008, 흙 속에 저 바람 속에-백의시비, 서울: 문학사상사. 290쪽. (류효순, 1992에서 재인용).

이영화 옮김, 2013, 조선상식문답, 최남선 원저(1947), 서울: 경인문화사. 285쪽.

이용대 역, 2003, 황금가지. James G. Frazer 원저 〈Golden Bough〉. 한겨레신문사. 918쪽.

이윤기, 2002, 길 위에서 듣는 그리스 로마 신화. 266쪽.

이윤기, 2002, 인간의 새벽. 창해. 181쪽.

이윤기, 2003, 그리스 로마신화2-사랑의 테마로 읽는 신화의 12가지 열쇠. 웅진닷컴. 351쪽.

이윤기, 2003, 그리스 로마신화-신화를 이해하는 12가지 열쇠. 웅진닷컴. 351쪽.

이은봉, 2001, 단군신앙의 역사와 의미. 윤이흠 외 〈檀君-그 이해와 자료〉. 서울: 서울대학교 출판부.

305~337쪽.

이은봉, 2019, 단군신화연구(2판). 서울: 온누리. 435쪽.

이재원, 2001, 단군고기(壇君古記)의 문학적 고찰과 단군학의 부흥. 단군학연구 창간호: 217~244쪽.

이전, 2004, 우리 한민족(韓民族)의 기원과 형성과정에 관한 재고찰 – 고조전의 실체와 문화적 동화과정에 대한 논의를 중심으로, 문화역사지리 16(1) : 197~214쪽.

이종주, 1998, 신들의 본풀이-만주신화. 한국고전연구 4: 383~403쪽.

이진용, 2020, 최남선 불함문화론과 중국사상, 道敎文化硏究 52: 133~160쪽.

이찬구, 2015, 부도지(符都誌). 한국민족문화대백과사전. 성남: 한국학중앙연구원.

이창복, 1993, 대한식물도감. 서울: 향문사. 990쪽.

이평래, 2016, 근현대 한국 지식인들의 바이칼 인식 – 한민족의 기원문제와 관련하여, 민속학연구 39: 75~97쪽.

이홍규, 2005, 바이칼에서 찾는 우리 민족의 기원. 서울: 정신세계원. 552쪽.

임경빈, 1993, 나무백과1. 일지사. 357쪽.

임동석 역, 1994, 龍鳳文化源流. 王大有 원저 龍鳳文化源流. 동문선. 621쪽.

임승국 번역, 2007, 한단고기(桓檀古記). 서울: 정신세계사. 419쪽.

임호경 역, 2012, 희망의 발견 : 시베리아의 숲에서, Teson Slyvain 원저 〈Dans les forêts de Sibérie〉, 서울: 까치글방, 207쪽.

장덕순·조동일·서대석·조희웅, 2006, 구비문학개설. 서울: 일조각. 570쪽.

장덕순·조동일·서대석·조희웅, 2012, 설화, 구비문학개설. 서울: 일조각. 36~117쪽.

장영수, 2018, 한국 고대 복식의 스키타이 복식 유래설에 대한 재검토. 2017년 선정 신진연구자지원사업 결과보고서. 20쪽.

장영수, 2020, 한국 고대복식의 스키타이 복식 유래설에 대한 실증적 검토 - 유물에 나타난 두 복식유형간의 공통점 및 차이점 분석. 복식 70(2): 188~208쪽.

장혜경 옮김, 2007, 식물탄생신화. 예담. 178쪽.

전성곤 옮김, 2013, 불함문화론·살만교차기. 최남선 원저 〈不咸文化論·薩滿敎箚記〉. 서울: 경인문화사. 191쪽.

전영우, 1997, 산림문화론. 서울: 국민대학교 출판부. 298쪽.

전영우, 1999a, 숲과 한국문화. 서울: 수문출판사. 253쪽.

전영우, 1999b, 무속신앙에 나타나는 자작나무의 상징적 의미. 신원섭 편 〈숲과 종교〉(숲과문화총서7), 서울: 숲과 문화연구회. 61~66쪽.

전영우, 1999c, 자작나무에 대한 북방 기마민족의 집단기억. 산림 5. 산림조합중앙회.

전영우, 2005, 숲과 문화. 서울: 북스힐. 360쪽.

전영우, 2006, 숲과 문화. 북스힐. 369쪽.

전완길, 1983, 한민족의 白衣好尙 유래연구. 성균관대학교 석사학위 논문.

정연규, 2010, 인류사가 비롯된 파미르 고원의 마고 성, 국학연구총론 6 : 73~100쪽.

정율리아, 2011, 한의 시원(始原)과 바이칼호, 한국윤리교육학회·한국청소년정책연구원·한국교원대학교 초등교육연구소 공동학술대회 '동서양의 공공세계와 윤리교육': 259~271쪽.

정재훈, 2019, 한국의 고대 초원로 연구성과와 그 의미. 東洋學 76 : 77~93쪽.

정태남, 2009, 로마 역사의 길을 걷다. 마로니에북스. 353쪽.

조무연, 1996, 한국민족문화대백과사전. 성남: 한국학중앙연구원.

조성훈 옮김, 2013, 오래된 신세계. Miller, S. W. 원저 〈An Environmental History of Latin America〉, 서울: 너머북스. 479쪽.

조현설, 2001, 동아시아 창세신화의 세계인식과 철학적 우주론의 관계. 무비문학연구 제13집: 99~135쪽.

조흥윤, 2003, 한민족의 기원과 샤머니즘. 서울: 한국학술정보. 55쪽.

주향은 옮김, 2007, 나무의 신화. Jacques Brosse 원저 〈Mythologie des arbres〉. 서울: 이학사. 421쪽.

차남희 · 이지은, 2014, 최남선의 '조선 민족'과 단군. 담론201 17(4): 5~27쪽.

천관우, 1977, 箕子攷. 東方學志: 1~72쪽.

천혜봉, 연도미상, 규원사화, 北崖老人 원저 〈揆園史話〉. 국사편찬위원회 한국역사종합정보센터 (DB).

최남선, 2019, 檀君古記箋繹. 이은봉 엮음 〈檀君神話研究〉. 서울: 온누리. 435쪽.

최문형, 2004, 檀君神話의 神개념과 '弘益人間'사상. 정신문화연구 27(1): 207~231쪽.

최영전, 1997, 한국민속식물. 아카데미서적. 358쪽.

최지희 · 홍나영, 2019, 조선후기 백의풍습 인식과 기자조선의 상관성 연구. 한복문화 22(2) : 63~79쪽.

최태만, 1998, 일제시대 한국미술사 서술에 있어서 환경결정주의의 비관적 고찰, 한국근현대미술 사학 6: 313~338쪽.

최혁순 옮김, 1992, 그리스 · 로마神話. Bulfinch, T. 원저 〈The Age of Fable〉. 범우사. 478쪽.

하선미 옮김, 2012, 세계의 신화전설. 阿部年晴 · 伊東一郎 · 伊藤清司 원저 〈世界の神話傳說〉. 혜원. 615쪽.

한양환, 2010, 아프리카합중국, 그 신화적 함의와 현실적 한계. 국제 · 지역연구 19(1): 133~164쪽.

한은영, 2005, 한국 전통복식에 나타난 백색에 관한 연구-한국의 회화민화에 나타난 전통복식을 중심으로. 브랜드디자인연구 3(3): 63~74쪽.

홍사석, 1998, 지중해 신화와 전설. 혜안. 525쪽.

황정용 · 진창업, 1989, 우리의 얼과 민족의 正体. 인천: 인하대학교출판부. 356쪽.

阿部年晴 · 伊東一郎 · 伊藤清司], 1991, 世界の神話傳說. 自由國民社. 274p.

Bulfinch, T., 1855, The Age of Fable. 범우사. 1980: 478p.(2장과 3장에 실린 내용들은 이 책을 참고하여 기술하였음을 밝혀둔다.)

Billington, P., 2016, Birch, Oak and Yew. Woodbury/USA : Llewellyn Publications. pp.1~127.

Brosse, J., 1994, Mythologie der Bäume. Patmos Verlag. S.308.

Frazer, J. G., 1996, The Golden Bough. Touchstone. 864p.

Graves, R., 1975, The white goddess, New York: Farrar, Straus and Giroux. 511p.

Grimm, J., 2003, Deutsche Mythologie. Band1. fourierverlag. S.1044.

Grimm, J. 2003. Deutsche Mythologie. Band2. fourierverlag. S.540.

Hageneder, F., 2005, The Spirit of Trees, London : The Continuum International Publishing Group. pp.97~102.

Hageneder, F., 2014, Der Geist der Baeume, 5. Auflage, Saarbruecken : Neue Erde. S.247~251.

Hentze, C., 1933, Schamanenkronen zur Han-Zeit in Korea, Ostasiatische Zeitschrift 19: pp.157~163.

Hilf, R., 2003, Der Wald in Geschichte und Gegenwart, Wiebelsheim: AULA-Verlag. S.290.

Kremp D., 2012, Von der Heil- und Zauberkraft der Baeume im Fruehling - Birke und Weide, Leipzig : Engelsdorfer Verlag. S.133.

Kuratorium Wald, 1997, Die Birke, S.23.

Laudert, D, 2004, Mythos Baum(6.Auflage). Muenchen : BLV. S.256.

Lehmann, A. und K. Schriewer, 2000, Der Wald −ein Deutscher Mythos? Reimer. S.365.

Lewington, A., 2018, Birch, London: Reaktion Books. 221p.

Lüthi, M., 1979, Märchen. 7. Auflage. Metzler, Stuttgart: S.6-15.

Ortner, H. A., 2015, Die Birke, Bern : Hep Verlag. S.283.

Pentikinen, J. Y., 1990, Kalevala Mythology. Indiana University Press. 296p.

Random House, 1983. The Random House dictionary of the English language.

Ulmer G., A., 2006, Die aussergewoehnlichen Heilkraefte der Birke − alte und neue Erkenntnisse, Tuningen : Guenter Albert Ulmer Verlag. S.47.

Vescoli, M., 1999, Der Keltische Baumkalendar. Giger und Kürz. S.159.

사전류, 웹사이트

동방미디어, 한국의 복식(고대편) DB. https://encykorea.aks.ac.kr/Contents/SearchNavi?keyword

손예철, 2003, 동아 中韓辭典, 서울: 두산동아. 2716쪽.

위키백과, 2020.07.21 https://ko.wikipedia.org/wiki/%EC%8A%A4%ED% 82%A4%ED%83%80%EC%9D%B4%EC%A1%B1

한국브리태니커주식회사, 1993, 브리태니커 세계대백과사전.

한국 성서연구원, 1989, 신약신학사전. 브니엘출판사.

한국학중앙연구원, 2012, 한국민족문화대백과사전, 인터넷 홈페이지 https://encykorea.aks.ac.kr/Contents/SearchNavi?keyword

한글학회, 1992, 우리말큰사전. 어문각.

IWGIA(International Work Group for Indigenous Affairs) 홈페이지(2020.07) https://www.iwgia.org/en/colombia/3285-arhuacos-last-stand.html

WIKIPEDIA, 2020, Kogi People-Lifestyle, 홈페이지(2020.07) https://en.wikipedia.org/wiki/Kogi_people

http://www.tate.org.uk/servlet/ViewWork?cgroupid=99999999

제4장

공우석, 2007, 우리식물의 지리와 생태. 서울: 지오북. 335쪽.

공우석, 2019, 우리 나무와 숲의 이력서. 파주: 청아출판사. 351쪽.

권동희, 2012, 한국의 지형(개정판). 파주: 도서출판 한울. 398쪽.

권동희, 2011, 조산운동. 한국민족문화대백과사전. 한국학중앙연구원.

권혁재, 1985, 지형학. 서울: 법문사. 431쪽.

권혁재, 2000, 한국의 산맥. 대한지리학회 35(3): 389~400.

국토지리정보원, 2016, 대한민국 국가지도집Ⅱ. 243쪽.

김광호, 1995, 한반도는 어디서 왔을까? 한국지구과학회, 최신지구학, 서울: 교학연구사. 286~322.

김기영, 2020, 백두산의 시가문학적 형상화. 語文研究 106 : 99~122.

김영표·임은선·김연준, 2004, 한반도 산맥체계 재정립 연구 : 산줄기 분석을 중심으로. 국토연 2004-34. 229쪽.

박성태, 2010, 신 산경표(개정증보판). 서울: 조선미디어. 625쪽.

박수진·손일, 2005a, 한국 산맥론(Ⅰ) : DEM을 이용한 산맥의 확인과 현행 산맥도의 문제점 및 대안의 모색. 대한지리학회지 40(1) : 126~152.

박수진·손일, 2005b, 한국 산맥론(Ⅱ) : 한반도 '산줄기 지도' 제안. 대한지리학회지 40(3) : 253~ 273.

복도훈, 2005, 국토순례의 목가적 서사시-최남선의 금강예찬, 백두산근참기 를 중심으로. 한국근대문학연구 6(2) : 37~62.

복도훈, 2006, 낭만적 자아에서 숙명적 자아로의 유랑기 – 이광수의 금강산유기(金剛山遊記)를 중심으로. 동악어문학 46 : 33-59.

釋大隱, 1931, 동방의 히마라야 白頭山 登陟記. 불교사 불교 89 : 25~33쪽.

송용덕, 2007, 고려~조선전기의 백두산 인식. 역사와 현실 64 : 127~159쪽.

신복룡·장우영 역주, 1998, 고요한 아침의 나라 조선. A. Henry Savage- Landor 원저 〈Corea or Cho-sen: The Land of the Morning Calm〉(1895). 서울: 집문당.

신성곤·박찬승·오수경, 2015, 동아시아의 문화표상Ⅰ-국가·민족·국토. 동아시아문화연구총서4. 서울: 민속원. 451쪽.

신정일, 2004, 다시 쓰는 택리지3. 서울: 휴머니스트. 396쪽.

안대회·이승용 외 역, 2018, 완역정본 택리지. 원저 이중환. 서울: 휴머니스트 출판그룹. 327쪽.

윤병당, 2006, 고금면경 山. 서울: 도서출판 소금나무. 416쪽.

이경준 외 22인, 2014, 산림과학개론. 서울: 향문사. 461쪽.

이동진·최용미·이동찬·이정구·권이균·조림·조석주, 2013, 평남분지의 하부와 중부 고생대층: 송림역암의 고지리적 의의. 지질학회지 49(1) : 5~15.

이상주, 2006, 조선후기 산수평론에 대한 일고찰-화양구곡을 중심으로. 한문학보 14: 215~244.

이영미, 2015, 그리피스(W. E. Griffis, 1843~1928)의 문명관과 동아시아 인식-천황의 제국, 은둔의 나라, 중국 이야기를 중심으로. 역사학보 228 : 417-447.

이영미, 2020, 한국 관련 기록의 집대성 – 그리피스(William E. Griffis, 1843~1928)와 『은둔의

나라 한국』. (인하대학국학연구소) 한국학 연구 58 : 41~72.

이우형, 2010, 한국지형산책. 도서출판 푸른숲. 367쪽.

조경철 역, 1986, 고요한 아침의 나라. Percival Lowell 원저 〈Chosen: The Land of Morning Calm〉 (1885). 서울: 대광문화사.

최영준, 1997, 국토와 민족생활사. 서울: 한길사. 487쪽.

최정호, 1993, 산과 한국인의 삶. 서울: 나남출판. 615쪽.

탁한명·김성환·손일, 2013, 지형학적 산지의 분포와 공간적 특성에 관한 연구. 대한지리학회 48(1): 1~18.

한국지구과학회, 1995. 최신지구학. 서울: 교학연구사.

함석헌, 1983, 뜻으로 본 한국역사. 함석헌전집1. 서울: 한길사. 407쪽.

현진상, 2000, 한글 산경표. 서울: 풀빛. 347쪽.

황정용·진창업, 1989, 우리의 얼과 民族의 正體. 인천: 인하대학교출판부. 356쪽.

한국고전종합DB/https://db.itkc.or.kr/

제5장

김상기, 1985, 고려시대사. 서울: 서울대학교출판부. 939쪽.

김원중 옮김, 2007, 삼국유사. 一然 원저 〈三國遺事〉, 서울: 민음사. 838쪽.

박봉우, 2020, 전통시대의 산과 정치사회. 숲과문화연구회 원저 〈정치사회와 산림문화〉. 서울: 도서출판 숲과문화. 2~16쪽.

서민수, 2017, 삼국초중기의 숲 인식 변화. 역사와 현실 103: 43~75쪽.

윤국병·김장수·정현배, 1971, 임업통론. 서울: 일조각. 350쪽.

이경식, 2005, 한국 고대·중세초기 토지제도사. 서울: 서울대학교 출판부. 26~38쪽.

이정호, 2013, 고려시대 숲의 개발과 환경변화. 사학연구 111: 1~40쪽.

이현숙, 2020, 고대 인공조림으로 본 숲과 권력. 숲과문화연구회 〈정치사회와 산림문화〉. 서울: 도서출판 숲과문화 33~39쪽.

임경빈, 1998, 古記에 보이는 植木-신라민정문서를 중심으로. 易齋林學論說集. 부산: 소호 문화재단 산림문화연구원. 51~63쪽.

장덕순, 1995, 고려국조신화. 한국민족문화대백과사전. 한국학중앙연구원.

최호 역해, 2011, 三國史記①②. 김부식 원저(撰) 〈三國史記〉. 서울: 홍신문화사.

홍승기, 2001, 신라촌락문서. 한국민족문화대백과사전. 한국학중앙연구원.

제6장

강광식·배병삼·박현모·김문식, 2005, 한국정치시상사 문헌자료 연구(II)-조선 중·후기편. 성

남 : 한국학중앙연구원. 413쪽.

강광식·전정희, 2005, 경장과 변법의 정치사상. 한국·동양정치사상사학회, 한국정치사상사. 서울: 백산서당. 325~348.

강성복, 2003, 송계의 전승현장과 민속문화-금산 신안골 열두송계를 중심으로. 실천민속학연구 5: 143~165쪽.

강성복, 2001, 금산의 송계. 금산문화원. 589쪽.

강영심, 1988, 구한말 러시아의 삼림이권획득과 삼림회사의 채벌실태. 이화사학연구 18: 483~502쪽.

강영심, 1996, 한국삼림이권을 둘러싼 러일의 각축과 통감부영림창의 (統監府營林廠) 설립. 산림경제연구 4(2): 51~65쪽.

강영호·김동현, 2012, 조선시대의 산불대책. 국립산림과학원 연구신서 제62호. 147쪽.

강진철, 1995, 토지제도사. 한국민족문화대백과사전. 한국학중앙연구원.

강진철, 1993, 高麗土地制度史研究. 서울: 고려대학교 출판부. 456쪽.

강진철·강만길·김정배, 1975, 한국의 역사. 서울: 고려대학교 출판부. 257쪽.

계승범, 2016, 사림파, 사림 네트워크, 사림운동. 서평'윤인숙, 조선 전기의 사림과 소학'. 역사비평 5월호: 433~439쪽.

고려대학교 민족문화연구소(약어 : 고민연), 1971, 국역 만기요람I(재용편). 서울: 민족문화추진회.

고유섭, 2007, 조선미술사(하) 각론편. 파주: 열화당. 535쪽.

구만옥, 2004, 조선전기 주자학적 자연관의 형성과 전개. 한국사상사학 23: 95~132쪽.

구승회, 1997, 자연이란 무엇인가? -자연에 대한 철학적 이해와 그 역사. 대학원연구논집(東國大學校 大學院) 27: 115~151쪽.

권순희·양경숙, 2003, 조선시대 인구·경지면적 자료의 통계분석. 응용통계18: 13~26쪽.

권태환·신용하, 1977, 조선왕조시대 인구추정에 관한 일시론. 동아문화 14: 289~330쪽.

금장태, 2012, 퇴계평전. 서울: 지식과 교양. 330쪽.

금장태, 2008, 유교사상과 한국사회. 서울: 한국학술정보(주). 366쪽.

금장태, 1995, 명분론(名分論). 한국민족문화대백과사전. 한국학중앙연구원.

금장태, 1994, 한국사상의 고향으로서의 산. 최정호, 산과 한국인의 삶. 서울: 나남출판사. 49~64쪽.

김경숙, 2012, 조선의 묘지 소송. 서울: 문학동네. 153쪽.

김경숙, 2002, 조선후기 山訟과 사회갈등 연구. 서울대학교 박사학위논문.

김경옥, 2006, 18~19세기 서남해 도서·연안지역 송계의 조직과 기능. 역사연구 26: 1~55쪽.

김경중, 2010, 17세기 銘文白磁를 통해서 본 官窯의 운영시기. 한국고고학보 77: 165~190쪽.

김기원·임주훈, 2017, 한국표준산업별 연관성. (사)숲과문화연구회, 산업과 산림문화-산림문화전집7권. 24~264쪽.

김기원, 2015, 한국 산림문학. 숲과문화연구회, 우리문학과 산림문화-산림문화대계4: 351~355쪽.

김대길, 2006, 조선후기 牛禁 酒禁 松禁 연구. 서울: 경인문화사. 321쪽.

김덕재·한상권·권영운·한국방송, 2013, 임금도 막을 수 없다, 조선의 묘지 소송 [역사스페셜116편-2012.10.04., 비디오녹화자료]. 서울: KBS미디어.

김동진, 2017a, 15~19세기 한반도 산림의 민간 개방과 숲의 변화. 역사와 진실 103: 77~118쪽.

김동진, 2017b, 조선의 생태환경사. 서울: 푸른역사. 363쪽.

김명하 · 전세영, 2005, 성리학적 정통성의 확립. 한국 · 동양정치사상사학회, 한국정치사상사. 서울: 백산서당. 303~324.

김무진, 2010, 조선전기 도성 사산의 관리에 관한 연구. 한국학논집 40: 453~486쪽.

김삼수, 1965(2010), 한국사회경제사-제공동체 및 그와 관련된 제문제. <고려대학교 민족문화연구원. 한국문화사대계>. 한국의지식콘텐츠(KRpia DB/누리미디어 제작).

김상영, 2016, 총림(叢林). 한국민족문화대백과사전. 한국학중앙연구원.

김선경, 2012, 조선의 묘지 소송. 서울: 문학동네. 164쪽.

김선경, 2000a, 17~18 세기 산림천택 (山林川澤) 절수에 관한 정책의 추이와 성격. 조선시대사학보 15: 83~114쪽.

김선경, 2000b, 17~18세기 양반층의 산림천택(山林川澤) 사점과 운영. 역사연구 7: 9~73쪽.

김선경, 2000c, 조선전기의 산림제도-조선국가의 산림정책과 인민지배. 조선전기논문선집 114 상업(6): 106~145쪽.

김선경, 1993, 조선 후기 산송(山訟)과 산림소유권의 실태. 동방학지 77 · 78합집: 497~535쪽.

김성욱, 2009, 조선시대의 분묘제도에 관한 연구. 조선대학교 법학연구원 법학논총 16(2): 1~27쪽.

김세봉, 1995, 17세기 호서산림세력 연구-山人勢力을 중심으로. 단국대학교 박사학위논문.

김연석, 1997, 송계의 성격과 기능에 관한 연구-금산군을 중심으로. 국민대학교 석사학위논문.

김연석 · 전영우, 1998, 松契의 성격과 기능에 관한 연구-금산군을 중심으로. 한국임학회 학술대회 발표논문.

김영진, 1989, 農林水産 古文獻 備要. 서울: 한국농촌경제연구원. 474쪽.

김옥근, 1995, 둔전. 한국민족문화대백과사전. 한국학중앙연구원.

김용무, 1986, 조선후기 산송연구-광산김씨 부안김씨 가문의 산송소지를 중심으로. 계명대학교 대학원 석사학위논문.

김용현, 2004, 조선 후기 실학적 자연관의 몇 가지 경향. 한국사상사학 23: 133~170쪽.

김우상, 1977, 조선왕조의 중앙정치구조. 연구논총 5: 325~334쪽.

김우영, 2005, 당쟁과 학파 분립의 사상적 배경. 한국 · 동양정치사상사학회, 한국정치사상사. 서울: 백산서당. 351~401.

김우철, 2012, 민란. 한국민족문화대백과사전. 한국학중앙연구원.

김원동, 1979, 정도전의 통치이념과 제도에 관한 연구. 경희대학교 박사학위논문.

김은식, 2015, 조선왕릉 수목식재에 관한 연구. 국민대학교 박사학위 논문.

김은식, 2016, 정조, 나무를 심다. 서울: 북촌. 280쪽.

김은경, 2020, 조선시대-영 · 정조 시대의 산림정책. 숲과문화연구회 원저 『정치사회와 산림문화』: 277~310쪽.

김인규, 2018, 경국대전의 성립과 주례 이념. 동방학 38: 231~258쪽.

김재근, 1989, 우리 배의 역사. 서울: 서울대학교출판부. 310쪽.

김재근, 1971, 조선왕조군선연구. 서울: 일조각.

김정호, 2005, 후기실학의 정치사상. 한국 · 동양정치사상사학회, 한국정치사상사. 서울: 백산서당. 447~465쪽.

김준형, 2018, 19세기 마을 단위 禁養의 확산과 採樵를 둘러싼 갈등. 남명학연구 57: 235~267쪽.

김준형, 2017, 18·19세기 武官 盧尙樞의 禁養活動. 영남학 63: 263~301쪽.

김필동, 1990, 계(契)의 역사적 분화·발전 과정에 관한 시론(試論). 사회와 역사 17: 54~88쪽.

김필동, 1989, 조선시대 契의 구조적 특성과 그 변동에 관한 연구. 서울대학교 대학원 박사학위논문.

김학범, 2008, 영국의 자연풍경식. 한국조경학회, 서양조경사. 서울: 문운당. 369쪽.

남미혜, 1992, 16세기 권잠정책과 양잠업에 대한 일고찰. 이대사원 26: 69~106쪽.

남욱현·최정해, 2017, 전라북도 곰소만 일대의 전통 소금(자염) 생산 기록으로 본 현세 후기 해수면 변동. 지질학회지 53(3): 377~386.

남원우, 1988, 16세기 '山林川澤'의 折受에 관한 연구. 연세대학교 석사학위논문.

노대환, 2008, 세도정치기 산림의 현실인식과 대응론. ─ 노론 산림 吳熙常·洪直弼을 중심으로 ─. 한국문화 42: 63~85.

노도양, 1995, 신찬팔도지리지. 한국민족문화대백과사전. 한국학중앙연구원.

노성룡·배재수, 2020, 조선후기 송정(松政)의 전개과정과 특성 : 국방(國防) 문제를 중심으로. 아세아연구 63(3): 39~78쪽.

노혜경, 2015, 조선후기 어염업의 경영방식 연구 - 국영, 관영, 민영론을 중심으로. 경영사학 30(3): 57~84쪽.

리기용, 1997, 동아시아의 자연관과 한국인의 자연이해. 동양고전연구 9: 139~168쪽.

류해춘, 2020, 내암 정인홍의 문학정신과 현실인식. 국제언어문학 46: 139~171쪽.

미승우, 1983, 일제 농림 수탈상. 서울: 녹원출판사. 398쪽.

민족문화추진회, 2008, 국역 만기요람Ⅳ(군정편). 서울: 한국학술정보(주). 223쪽.

박경석·배재수·최덕수·이철영, 1997, 조선시대 산림사료집. 임업연구원 연구자료 제138호. 396쪽.

박경하, 1987, 왜란 직후의 향약에 대한 연구-고평동 동계를 중심으로. 향약, 민속학술총서5: 165~187쪽.

박병호, 1995, 경제육전, 경국대전. 한국민족문화대백과사전. 한국학중앙연구원.

박봉우, 1996, 봉산고(封山考). 한국산림경제학회지 4(1): 1~20쪽.

박성래, 1979, 조선초의 자연관과 사회. 한국과학사학회지 1(1): 129~130쪽.

박시형, 1994, 조선토지제도사(중). 서울: 신서원. 476쪽.

박수경, 2013, 조선조 토지개혁사상과 토지제도에 대한 연구. 한국행정사학지 12: 213~241쪽.

박일봉 역저, 1988, 목민심서. 서울: 육문사. 574쪽.

박종오, 2017, 자염(煮鹽) 생산과 산림문화. (사)숲과문화연구회, 산업과 산림문화-산림문화전집7권. 316~328쪽.

박종우, 2005, 16세기 湖南士林 한시의 무인 형상. 고전문학연구 27:

박종채, 1995, 조선후기 금송정책과 금안동 금송계. 숲과 문화 4(2) : 17~22쪽.

박종채, 2000, 조선후기 금송계(禁松契)의 유형. 배상원, 숲과임업-숲과문화총서8. 숲과문화연구회.

박종채, 2000, 조선후기 금송계 연구. 중앙대학교 박사학위논문.

박충석, 2005, 한국정치사상사연구의 범위와 방법. 한국·동양정치사상사학회, 한국정치사상사. 서울: 백산서당. 15~23.

박현모, 2005, 유고적 공론정치의 출발-세종과 수성의 정치론. 한국·동양정치사상사학회, 한국정
치사상사. 서울: 백산서당. 239~259쪽.

박혜숙, 1984, 日帝下 農村契에 대한 一研究. 숙명여자대학교 석사학위논문.

박홍규·부남철, 2005, 조선건국의 정치사상-정도전. 한국·동양정치사상사학회, 한국정치사상
사. 서울: 백산서당. 217~238쪽.

박희진, 2017, 풍류도인 열전. 남양주 : 한길. 248쪽.

배병삼, 2005, 도학정치사상: 그 이념의 의의, 확산, 심화 그리고 변용. 강광식 외, 한국정치사상사
문헌자료 연구(II)-조선 중·후기편. 성남: 한국학중앙연구원. 59~218쪽.

배재수, 2004a, 조선전기 국용 임산물의 생산지. 한국산림과학회 정기학술발표논문집. 47~49쪽.

배재수, 2004b, 조선전기 국용 임산물의 수취. 한국임학회지 93(3): 215~229쪽.

배재수, 2002, 조선후기 송정의 체계와 변천 과정. 산림경제연구 10(2): 22~50쪽.

배재수·김선경·이기봉·주린원, 2002, 조선후기 산림정책사. 임업연구원 연구신서 제3호.

백승종, 2010, 조광조와 김인후, 이상세계를 현실로 가져오다. 백승종 외, 조선의 통치철학. 서울:
푸른역사. 77~151쪽.

백승종·박현모·하명기·신병주·허동현, 2010, 조선의 통치철학. 서울: 푸른역사. 403쪽.

법제처, 1992, 경국대전(상하권). 서울: 평화당. 각 312쪽, 272쪽.

변태섭, 1994, 한국사통론. 3정판. 서울: 삼영사. 615쪽.

부남철, 1997, 조선시대 7인의 정치사상. 서울: 사계절출판사. 327쪽.

서인석, 2018, 조선왕조실록에서 배우는 산림정책. 향토문화 37: 141~148쪽.

서해숙, 2016, 온돌의 역사적 전래와 민속문화의 양상. 향토문화 35: 48~92쪽.

성낙효 역주, 2017, 맹자집주. 서울: 한국인문고전연구소. 598쪽.

송성빈, 1997, 조선조 송산림의 연구. 대전 : 향지문화사. 713쪽.

숲과문화연구회, 2017, 원림과 산림문화. 산림문화전집8. 서울: 숲과문화연구회. 479쪽.

숲과문화연구회, 2015, 우리문학과 산림문화. 산림문화대계4. 서울: 숲과문화연구회. 479쪽.

신규탁, 1997, 고대 한국인의 자연관. 동양고전학회 9: 115~137쪽.

신복룡, 2010, 경국대전을 통해서 본 조선왕조의 통치이념. 일감법학 17: 71~123쪽.

신일철, 1997, 동학. 한국민족문화대백과사전. 한국학중앙연구원.

신정휴, 1983, 무이권가 고(武夷權歌 攷)-조선조 사림문학에 끼친 영향. 청주대학교 석사학위
논문.

심희기, 1991, 조선후기 토지소유에 관한 연구-국가 지주설과 공동체 소유설 비판. 서울대학교
대학원 박사학위논문.

심재우, 2017, 검안을 통해 본 한말 산송의 일단. 고문서연구 50: 27~49쪽.

안대회 역, 2002, 정약전(丁若銓)의 『송정사의(松政私議)』. 문헌과 해석 20: 202~225쪽.

안대회·이현일 옮김, 2014, 소나무 정책론(송정사의). 안대회·이종묵·정민의 매일 읽는 우리
옛글 33(민음사).

안병주, 1992, 유교의 자연관과 인간관-조선조 유교정치에서의 산림(山林)의 존재와 관련하여.
퇴계학보 75: 11~20쪽.

안소연, 2018, 조선시대 經世觀의 변화 연구-책문대책 분석을 중심으로. 국민대학교 박사학위논문.

안휘준, 2015, 조선시대 산수화 특강. 서울: 사회평론아카데미. 522쪽.

안휘준, 1996a, 조선초기 및 중기의 산수화. 권순용, 한국의 미, 산수화(상). 서울: 계간미술. 163~175쪽.

안휘준, 1996b, 산수화. 한국민족문화대백과사전. 한국학중앙연구원.

안휘준·이병한, 1993, 안견과 몽유도원도. 서울: 도서출판 예경. 309쪽.

엄인경 역, 2016, 조선의 자연과 민요. 市山盛雄, 朝鮮の自然號. 서울: 역락. 245쪽.

연세대학교 국학연구원, 1995, 경제육전집록. 서울: 연세대학교국학연구원. 398쪽.

오기수, 2010, 조선시대 각 도별 인구 및 전답과 조세부담액 분석. 세무학연구 27(3): 241~277쪽.

오문환·김혜승, 2005, 동학의 정치사상과 혁명운동. 한국·동양정치사상사학회, 한국정치사상사. 서울: 백산서당. 583~604쪽.

오성, 1997, 朝鮮後期 商人硏究. 서울: 일조각. 200쪽.

오성, 1996, 권업(權㗑). 한국민족문화대백과사전. 한국학중앙연구원.

오수창, 2003, 17세기의 정치세력과 山林. 역사문화연구 18: 1~33쪽.

오치훈, 2019, 고려시대 산림정책에 대한 기초적 검토. 사학연구 133: 187-218쪽.

우인수, 2011, 인조반정 전후의 산림과 산림정치. 남명학 16: 35~61쪽.

우인수, 1993, 17세기 산림의 세력기반과 정치적 기능. 경북대 박사학위논문.

우인수, 1995, 산림. 한국민족문화대백과사전. 한국학중앙연구원.

우인수, 1999, 조선후기 산림세력연구. 서울: 일조각. 245쪽.

유가현, 2012, 조선시대 사대부 원림으로서 동에 관한 연구. 서울대학교 박사학위논문.

유승애, 2014, 17세기 산당山黨의 형성과 정치활동. 한남대학교 석사학위논문.

유원동, 1995a, 정전론(井田論). 한국민족문화대백과사전. 한국학중앙연구원.

유원동, 1995b, 한전론(限田論). 한국민족문화대백과사전. 한국학중앙연구원.

유홍준, 2018, 추사 김정희. 파주: 창비. 598쪽.

윤국일, 1998, 신편 경국대전. 서울: 신서원. 562쪽.

윤사순, 1995, 성리학. 한국민족문화대백과사전. 한국학중앙연구원.

윤사순, 1992, 퇴계에서의 자연과 인간-그의 자연관과 인간관. 퇴계학보75: 21~30.

윤정, 1998, 조선 중종대 훈구파의 산림천택(山林川澤) 운영과 재정확충책. 역사와 현실 29: 144~181.

원재린, 2003, 朝鮮 前期 良賤制의 확립과 綱常名分論, 朝鮮의 建國과 '經國大典 體制'의 形成. (연세대학교 국학연구원, 2003), 1쪽. 신복룡(2010)에서 재인용.

이건걸, 1976, 한국전통산수화에 대한 연구. 상명대학교 논문집 5: 89~120쪽.

이경식, 2012, 한국 중세 토지제도사-조선전기. 서울: 서울대학교 출판문화원. 434쪽.

이경식, 2005, 한국 고대·중세초기 토지제도사-고조선~신라·발해. 서울: 서울대학교 출판부. 194쪽.

이기봉, 2002, 조선후기 封山의 등장 배경과 그 분포. 문화역사지리 14(3): 1~18쪽.

이동준, 1995, 도학(道學). 한국민족문화대백과사전. 한국학중앙연구원.

이동한, 1992, 퇴계의 山林詩에 나타난 자연관. 퇴계학보75: 146~150쪽.

이만우, 1974, 이조시대의 임지제도에 관한 연구. 한국임학회지 22: 19~48쪽.

이만우, 1973, 산림계의 운영실태 분석. 충북대학논문집 제7집: 19~34쪽.

이만우, 1968, 산림계대부국유림에 대한 고찰. 충북대학논문집 제2집: 97~111쪽.

이백훈, 1984, 조선시대 이전과 조선시대의 인구변화에 관한 연구. 연구총서 12: 95~107쪽.

이성무, 1995, 사대부. 한국민족문화대백과사전. 한국학중앙연구원.

이성무, 1995, 대전회통. 한국민족문화대백과사전. 한국학중앙연구원.

이숭녕, 1985, 한국의 전통적 자연관: 한국자연보호사 서설. 서울: 서울대학교 출판부. 571쪽.

이숭녕, 1981, 李朝松政考. 대한민국학술원논문집 20: 225~276쪽.

이영구·이호철, 1988, 조선시대 인구규모추계(II). 경영사연구 3: 138~185쪽.

이영춘, 1997, 송시열. 한국민족문화대백과사전. 한국학중앙연구원.

이영춘, 1995a, 균전론. 한국민족문화대백과사전. 한국학중앙연구원.

이영춘, 1995b, 영정법. 한국민족문화대백과사전. 한국학중앙연구원.

이영훈, 2007, 19세기 조선왕조 경제체제의 위기. 조선시대사학보 43: 267-296쪽.

이우연, 2002, 정약전(丁若銓)의 『송정사의(松政私議)』 해제. 한국실학연구 4: 269~276쪽.

이우연, 2010, 한국의 산림소유제도와 정책의 역사, 1600~1987. 서울: 일조각. 462쪽.

이의명, 1991, 15·16세기 양잠정책과 그 성과. 한국사론 24: 97~144쪽.

이재원, 2016, 김홍도-조선의 아트 저널리스트. 파주: 살림. 495쪽.

이재훈, 2010, 러일전쟁 직전 러시아의 압록강 삼림채벌권 활용을 통해 본 한·러 경제관계의 성격. 역사와 담론 56: 509~533.

이정탁, 1971, 이조(李朝)산림문학연구. 국어국문학 53: 134~137쪽.

이정탁, 1984, 한국산림문학연구. 서울: 형설출판사. 485쪽.

이정탁, 1989, 조선조산림문학연구. 안동문화총서1: 11~38쪽.

이태진, 1998, 사림. 한국민족문화대백과사전. 한국학중앙연구원.

이태진, 1995, 사림파. 한국민족문화대백과사전. 한국학중앙연구원.

이태호, 1996, 歷代 畵家 略譜. 권순용, 한국의 미-산수화(상). 서울: 계간미술. 211~229쪽.

이화, 2011, 조선시대 산송(山訟)자료와 산도(山圖)를 통해 본 풍수 운용의 실제. 한국연구재단연구보고서.

임경빈, 1995a, 금산(禁山). 한국민족문화대백과사전. 한국학중앙연구원.

임경빈, 1995b, 봉산(封山). 한국민족문화대백과사전. 한국학중앙연구원.

임경빈, 1995c, 향탄산(香炭山). 한국민족문화대백과사전. 한국학중앙연구원.

임경빈·김창호·배재수, 2000, 조선임업사(사). 한국임정연구회. 882쪽.

임상혁, 2015, 조선시대 무주지 개간을 통한 소유권 취득. 토지법학 31(1): 207~233쪽.

임재해, 고대신화와 제의 속에 나타난 한국인의 자연관.

임재해, 1998, 고대신화에 나타난 한국인의 진화론적 자연관. 민속연구 8: 243-277쪽.

장국종, 1998, 조선농업사. 서울: 백산자료원. 227쪽.

장지연, 2015, 고려·조선 국도풍수론과 정치이념. 성남 : 신구문화사. 349쪽.

전경목, 1996, 조선후기 산송 연구-18·19세기 고문서를 중심으로. 전북대학교 박사학위논문.

전락희·이원택, 2005, 복제예송과 그 함의. 한국·동양정치사상사학회, 한국정치사상사. 서울: 백산서당. 403~422쪽.

전영우, 2002, 정약전의 송정사의(松政私議)에서 배우는 교훈. 숲과 문화 11(5): 4~5쪽.

전영우, 1999, 숲과 한국문화. 서울: 수문출판사. 254쪽.

정병욱, 1979, 士林文學의 국문시가-이조사대부와 그 문학. 대동문화연구 13: 117~122쪽.

정양모, 1996, 조선 전기의 畵論. 권순용, 한국의 미, 산수화(상). 서울: 계간미술. 177~186쪽.

정영선, 1979, 서양조경사. 서울: 명보문화사. 222쪽.

정옥자 · 유봉학 · 김문식 · 배우성 · 노대환, 1999, 정조시대의 사상과 문화. 서울: 돌베개. 254쪽.

정창렬, 1994, 갑오농민전쟁과 갑오개혁의 관계. 인문논총 5: 39~60쪽.

조광, 2010, 실학. 한국민족문화대백과사전. 한국학중앙연구원.

조동걸, 1995, 농민운동. 한국민족문화대백과사전. 한국학중앙연구원.

조동일, 2005a, 한국문학통사2. 서울: 지식산업사. 515쪽.

조동일, 2005b, 한국문학통사3. 서울: 지식산업사. 626쪽.

조명제 · 김탁 · 정용범 · 정미숙 역주, 2009, 역주 조계산송광사사고 산림부. 서울: 도서출판 혜안. 320쪽.

조재곤, 2013, 브리네르 삼림이권과 일본의 대응. 역사와현실 88: 303-338쪽.

지두환, 2013, 조선시대 정치사1,2,3. 서울: 역사문화.

지용하, 1964, 한국임정사. 서울: 명수사. 478쪽.

지재희 · 이준녕 解譯, 2002, 주례(周禮). 서울: 자유문고.. 604쪽.

차호연, 2016, 조선 초기 公主 · 翁主의 封爵과 禮遇. 朝鮮時代史學報 77: 77~223쪽.

최연식 · 이지경, 2005, 사림의 지치주의 정치사상. 한국 · 동양정치사상사학회, 한국정치사상사. 서울: 백산서당. 281~302쪽.

한국농업사학회, 2003, 조선시대 농업사 연구. 서울: 국학자료원. 298쪽.

한국 · 동양정치사상사학회, 2005, 한국정치사상사-단군에서 해방까지. 서울: 백산서당. 782쪽.

한국지역인문자원연구소, 2018, 소나무인문사전. 서울: Human & Books. 928쪽.

한동훈, 1992, 조선전기 한양 금산의 범위와 기능에 관한 연구. 지리학논총 20: 17~31쪽.

한미라, 2008, 18~19세기 경기 양성 가좌동 금송계 연구. 중앙대학교 석사학위 논문.

한미라, 2011, 조선후기 가좌동 禁松契의 운영과 기능. 역사민속학 35.

한상권, 1996, 조선 후기 산송(山訟)의 실태와 성격. 성곡논총 27.

한영우, 1998, 정도전. 한국민족문화대백과사전. 한국학중앙연구원.

한영우 역, 2014, 조선경국전. 정도전 원저 朝鮮經國典. 서울: 올재. 210쪽.

한춘순, 1995, 조선초기 잠상정책에 대한 고찰. 경희사학 19: 135~164쪽.

기타

국역 조선왕조실록

국역 대전회통

한국고전번역원 https://www.itkc.or.kr

고전번역교육원 https://edu.itkc.or.kr

한국고전종합DB https://db.itkc.or.kr

승정원일기 http://sjw.history.go.kr

제7장

배상원, 2013, 산림녹화. 파주: 나남. 230쪽.

북부지방산림청, 2001, 산림 75년 발자취. 313쪽.

산림청, 2017, 산림청 50년사. 575쪽.

윤영균, 2020, 대한민국(1980년대 후반 이후)의 산림정책. 숲과문화연구회 〈정치사회와 산림문화〉. 서울: 도서출판 숲과문화. 416~462쪽.

이경준, 2020, 대한민국(1960~1980년대)의 치산녹화정책. 숲과문화연구회 〈정치사회와 산림문화〉. 서울: 도서출판 숲과문화. 360~415쪽.

이경준 · 김의철, 2010. 박정희가 이룬 기적: 민둥산을 금수강산으로. 서울: 기파랑. 361쪽.

Brown, Lester Russel, 2003, Plan B 2.0: Rescuing a planet under stress and a civilization in trouble. Earth Policy Institute. Washington DC. pp.

제9장

김기원, 2006, 철학의 한 부류로서 산림철학. 숲과문화연구회 편저 〈숲께 드리는 숲의 철학〉. 철학과 현실사.

김기원, 2008, 호모 실바누스-요셉 웨셀리(Joseph Wessely). 숲과 문화 17(5): 56~58쪽.

김기원, 2011, 호모 실바누스-나무가 되어 숲을 이룬 이재 이산(易齋 易山) 임경빈. 숲과 문화 20(4): 47~52쪽.

김기원, 2015, 찬송 · 숭송주의자(讚松 · 崇松主義者) 호모 사피엔스 사피엔스 피누스 수연 박희진. 숲과 문화 24(3): 18~23쪽.

박희진, 2003, 1행시 960수와 17자시 730 · 기타. 서울: 시와진실.

배상원, 2004, 호모 실바누스-독일의 고전적 영림관 하티히(Hartig). 숲과문화 13(3): 76~79쪽.

배상원, 2004, 호모 실바누스-독일의 실무적 영림관 코타(Cotta). 숲과문화 13(6): 100~103쪽.

숲과문화연구회, 2006, 숲께 드리는 숲의 철학. 서울: 철학과 현실사.

이정탁, 1984. 한국산림문학연구. 서울: 형설출판사. 7~15쪽.

이천용, 2004, 호모 실바누스-미국초대 산림청장 Gifford Pinchot의 자연보전을 위한 정열과 삶. 숲과 문화 13(5): 102~107쪽.

전영우, 2004, 새로운 산림철학을 기다리는 우리 숲. 숲과 문화 13(6): 8~10쪽.

Salisch, Heinrich von, 1885, Forstasthetik. Verlag von Julius Spring. S.281.

제10장

국립산림과학원, 2016, 2014, 2018년 기준 산림공익기능 평가결과 보고.

김기원, 2017, 총괄개요 및 한국표준산업별 연관성. 숲과문화연구회 편저 〈산업과 산림문화〉. 서울: 도서출판 숲과문화. 2∼260쪽.

이경준 외, 2014, 산림과학개론, 서울: 향문사. 461쪽.

통계청, 2010, 산업(업종) 및 국가분류표(기업활동조사사용), 27쪽.

통계청, 2017, 한국표준산업분류. 933쪽.

산림청, 임업통계연보.

제11장

강건우 · 강성연 · 고영주 · 김의경 · 김장수 · 김종관 · 김창호 · 김태욱 · 류택규 · 박명규 · 변우혁 · 유병일 · 윤광배 · 이광남 · 이만우 · 이여하 · 이종락 · 조응혁 · 최관 · 최종천, 1992, 임정학. 탐구당. 661쪽.

김기원, 2017, 산림복지, 태아에서 안식까지-국민 모두 누리는 산림복지 정책을 위하여. 숲과문화 26(4) : 4∼6쪽.

김기원 · 정재훈 · 김종성 · 심지영 · 문나현 · 문가현, 2013, 산림복지 제공체계 개발. 국립산림과학원 연구보고서. 144쪽(미공개).

김기원 · 김종성 · 정재훈 · 김재준 · 김통일, 2014, 산림이용후생학적 측면에서 본 산림복지의 개념 연구. 산림과학. 국민대학교 산림과학연구소.

김기원 · 박범진 · 박봉우 · 연성훈 · 윤영균 · 이경훈 · 이은정 · 이주영 · 이주희 · 이창헌 · 정은수 · 정재훈 · 조계중 · 조규성 · 한상열, 2018, 산림복지의 이해. 한국산림복지진흥원. 370쪽.

김범일, 2002, 사람과 숲이 상생 공존하는 산림복지국가를 지향하며. 대한지방행정공제회 지방행정, 51(582): 59-68쪽.

김장수, 1962, 임업경영학. 서울고시학회. 286쪽.

김장수, 1970, 임업경리학. 일조각.

김장수, 1988, 임업경영의 혁신. 탐구당. 270쪽.

배상원, 2006, 임분공간배치의 추구자 바그너(Wagner). 숲과문화 15(6): 46-48쪽.

산림청, 2007, 제5차 산림기본계획(2008∼2017). 196쪽.

산림청, 2013a, 제5차 산림기본계획(2013∼2017)(변경). 235쪽.

산림청, 2013b, 산림복지 종합계획. 78쪽.

산림청 · 한국임학회, 2011, 산림임업 용어사전. 916쪽.

심종섭, 1989, 울창한 산림은 복지국가의 상징이다. 산림 3월호: 12-15쪽.

오호성, 1993, 자원 · 환경경제학. 법문사. 513쪽.

윤국병 · 김장수 · 정현배, 1971, 임업통론. 일조각. 350쪽.

이광원, 1989, 산림건설과 복지사회 개발. 산림 2월호: 35-39쪽.

이종민, 2006, 기포드 핀쇼(Gifford Pinchot)의 미연방 산림청의 성장. 서울대학교 대학원 석사학위 논문.

정재훈 · 심지영 · 김재준 · 김통일 · 김종성 · 김기원, 2013, 산림복지의 개념에 관한 기초연구. 한국인간식물환경학회 춘계학술대회 논문집: 239~240쪽.

조계중, 2011, 산림복지 개념 정립 및 정책개발에 관한 연구. 산림청.

허경태, 2012, 산림복지. 도서출판 수민. 266쪽.

Clawson, M., 1975, Forests for Whom and for What? RFF Press. p.175.

Davis, L. S., K. N. Johnson, P. S. Bettinger, T. E. Howard, 2001, Forest Management. 4th Edition. McgrawHill. p.804.

Johann, E., 2012, Forest Culture in Austria – Education and Network. In: Status and Professionalization of Forest Cultural Education. The 3rd International Seminar on Forest Culture. Korea Society for Forests and Culture: pp.79-173.

Memmler, M. and Ruppert, C., 2006, Dem Gemeinwohl verpflichtet? München : oekom Verlag. p.284.

Pinchot, G., 1998, Breaking New Ground. Island Press. p.522

Ruppert-Winkel, C. and G. Winkel, 2011, Hidden in the woods? Meaning, determining, and practicing of 'common welfare' in the case of the German public forests. Eur J Forest Res 130: pp.421-434.

Seregi, J., Z., Lelovics, L., Balogh, 2012, The social welfare function of forests in the light of the theory of public goods. BERG Working Paper Series, No. 87. Der Open-Access-Publikationsserver der ZBW-Leibniz-Informationszentrum Wirtschaft. p.16.

제12장

금장태, 2012, 퇴계평전. 서울: 지식과 교양. 330쪽.

김기원, 2017, 장자(莊子) 소요유(逍遙遊)의 현대적 해석과 산림치유에의 적용에 관한 소고(小考). 한국산림휴양학회지 21(1): 1~15쪽.

박인, 1997, 생명의 기원. 서울대학교 출판부. 308쪽.

변우혁, 2006, 수목장-에코 다잉의 세계. 서울: 도솔출판사. 239쪽.

신영주 역, 2003, 임천고치(林泉高致). 郭熙 원저 〈林泉高致〉. 서울: 문자향. 223쪽.

진형준 역, 2008, (루소의) 식물 사랑. 버나드 가그네빈 등 원저 〈Plant love of Rousseau, Jean-Jacques. 1712-1778〉. 파주: 살림. 274쪽.

하연, 1994, 숲. Felix R. Paturi 원저 〈Der Wald〉. 서울: 두솔. 201쪽.

Corleis, F., 2006, Schule : Wald. Lüneburg : Edition Erlepnispdagogik. Lüneburg. p.228.

Friedrich, A. und Schuiling, H., 2014, Inspiration Wald. Wiesbaden: Springer. p.112.

Gifford, J., 2006, The Wisdom of Trees. New York: Sterling Publishing Co. p.160.

Insel Verlag, 1984, Hermann Hesse Bäume. Frankfurt am Main: Insel Verlag. p.142.

Thoreau, H. D., 2000, Wild Fruits - Introduction. (edited by Dean B. P.) New York: Norton & Company. p.411.

제13장

강경이 옮김, 2019, 길고 긴 나무의 삶. Fiona Stafford 원저 The long, long Life of Trees. 379쪽.

고유경, 2009, 영원한 숲, 영원한 민족. 사양사론 100: 97~125쪽.

김경원 옮김, 2018, 숲에서 만나는 울울창창 독일 역사. 돌베개. 池上俊一원저〈森と山と川でたどるドイツ史〉. 돌베개. 256쪽.

김기원 편, 2011, 숲과 사랑. 숲과문화총서 19. 서울: 도서출판 숲과문화. 279쪽.

김기원, 2004, 몇몇 우주수(宇宙樹)의 특성과 공통점에 관한 연구-이그드러실, 참나무, 부상(扶桑)을 중심으로.. 한국식물·인간·환경학회지 7(4) : 93~100쪽.

남대극, 2008, 성경의 식물들. 서울: 삼육대학교 출판부. 525쪽.

두행숙 옮김, 1996, 헤겔미학I. Hegel, G.W.F. 원저〈Vorlesungen über die Ästhetik〉. 파주: 나남출판사. 430쪽.

삼호출판사 편집부, 1991, 최신 명곡해설. 서울: 삼호출판사. 671쪽.

숲과문화연구회, 2014, 국가의 건립과 산림문화. 산림문화대계2. 서울: 도서출판 숲과문화. 285쪽.

신원섭 편, 1999, 숲과 종교. 숲과문화총서7. 서울: 수문출판사. 228쪽.

안동림, 1997, 이 한 장의 명반. 서울: 현암사. 1552쪽.

이수영 옮김, 2011, 세상의 나무-겨울눈에서 스트라디바리까지, 나무의 모든 것. Reinhard Osteroth 원저 Holz: Was unsere Welt zusammenhält. 파주: 돌베개. 172쪽.

이수영 옮김, 2012, 지구를 가꾼다는 것에 대하여. Wangari Maathai 원저 Replenishing the Earth. 서울: 민음사. 209쪽.

전영우, 2005, 숲과 문화. 서울: 북스힐. 360쪽.

전영우, 1999, 나무와 숲이 있었네. 서울: 학고재. 251쪽.

전영우, 1999, 숲과 한국문화. 서울: 수문출판사. 254쪽.

정영선, 1979, 서양조경사. 서울: 명보문화사. 222쪽.

주향은 옮김, 1998, 나무의 신화. Jacque Brosse 원저 Mythologie des arbres. 421쪽.

한국조경학회 편, 2005, 서양조경사. 서울: 문운당. 369쪽.

현정준 옮김, 2001, 창백한 푸른 점. Carl Edward Sagan 원저〈Pale Blue Dot〉. 서울: 사이언스북스. 437쪽.

竹村真一, 2004, 宇宙樹 cosmic tree. 東京 : 慶應義塾大學校出版會株式會社. p.177.

立松和平, 2006, 日本の歷史を作った森. 東京 : 筑摩書房. p.143.

Bauer, W., Golowin, S., Vries, herman de., und Zerling, C., 2005, Heilige Haine-Heilige Wälder. Saarbrücken : Neue Erde. p.267.

Burgbacher, H., 2006, Bedeutung des Gemeinwohls in der Forstwirtschaft aus der Sicht des Kommunalwaldbetriebs Freiburg. Memmler, M. und Ruppert, C. 원저〈Dem Gemeinwohl verpflichtet?〉München : oekom Verlag. pp.205~225.

Cwienk, D., 1995, Holzzeit. Ternitz(At): VMM Verlag. p.382.

Delphin Verlag, 1984, Der Wald. München und Zurich : Delphin Verlag. p.320.

Demandt, A., 2002, Über allen Wipfeln-Der Baum in der Kulturgeschichte. Köln : Böhlau Verlag.

p.366.

Dirks-Edmunds, J. C., 1999, Not just Trees-The Legacy of a Douglas-fir Forest. Pullman: Washington State University Press. p.331.

Frazer, J. G., 1996, The Golden Bough. New York: A Touchstone Book. p.864.

Friedrich, A. und Schuiling, H., 2014, Inspiration Wald. Wiesbaden: Springer. p.112.

Graves, R., 1975, The White Goddess. New York: Farrar, Straus and Giroux. p.510.

Grimm, J., 2003, Deutsche Mythologie. Band1/2. Wiesbaden : fourierverlag. p.1044/540(Band1/2).

Hageneder, F., 2005, The Meaning of Trees. San Francisco : Chronicle Books. p.224.

Hageneder, F., 2014, Der Geist der Bäume. Saarbrücken : Neue Erde. p.415.

Heinzinger, W., 1988, Die Chance Holz-Der andere Weg. Graz : Leuschner & Lubensky Verlag. p.387.

Hoormann, A., 2000, Der Wald als Ort der Kunst. Lehmann und Schriewer 원저 〈Der Wald – Ein deutscher Mythos?〉 Berlin : Dietrich Reimer Verlag. p.356.

Kraus, G., 1989, Musik in Österreich. Wien : Christian Brandstätter Verlag. p.518.

Laudert, D., 1999/2004. Mythos Baum.(5/6.Auflage). München: BLV. p.256.

Lehmann, A. und Schriewer, K., 2000, Der Wald – Ein deutscher Mythos? Berlin : Dietrich Reimer Verlag. p.365.

Radkau, J., 2007, Holz-Wie ein Naturstoff Geschichte schreibt. Mnchen : oekom Verlag. p.341.

Schmidt-Vogt, H., 1996, Musik und Wald. Freiburg : Rombach Ökologie. p.215.

Storl, W.-D., 2014, Die alte Göttin und ihre Pflanzen. München: Kailash. p.272.

Storl, W.-D., 2019, Wir sind Geschöpfe des Waldes. München: Gräfe und Unzer Verlag. p.367

Thoma, E., 2012, Die geheime Sprache der Bäume. Salzburg : Ecowin Verlag. p.206.

Thomasius, H., 1973, Wald-Landeskultur und Gesellschaft. Dresden : Theodor Steinkopff Verlag. p.439.

제14장

국립산림과학원, 2019, 숲, 치유가 되다. 산림과학속보 제19-5호. 51쪽.

김기원 편저, 2020. 자작나무와 우리 겨레. 서울: 도서출판 숲과문화. 379쪽.

박범진 옮김, 2007, 오감으로 밝히는 숲의 과학. 宮崎良文 원저 森林浴はなぜ體にいいか. 서울: 북스힐. 171쪽.

박범진, 2006, 내 몸이 좋아하는 산림욕. 서울: 넥서스BOOKS. 159쪽.

배상원, 2020, 우리나라 자작나무숲 관리방안. 김기원 편저 〈자작나무와 우리 겨레〉. 서울: 도서출판 숲과문화. 364~371쪽.

변지현 옮김, 1997, 세계의 정원. 서울: 시공사. 175쪽.

산림치유포럼, 2009, 산림치유. 森本兼曩·宮崎良文·平野秀樹 원저 森林醫學. 서울: 전나무숲. 485쪽.

산림치유포럼, 2015, 최신 산림치유개론. 大井 玄・宮崎良文・平野秀樹 원저 森林醫學Ⅱ. 서울: 전나무숲. 370쪽.

신원섭, 2005, 숲으로 떠나는 건강여행. 서울: 지성사. 240쪽.

신원섭, 2005, 치유의 숲. 서울: 지성사. 222쪽.

안기완・백을선・김은일・김민희 역, 2019, 森林 어매니티학. 上原巌・清水裕子・住友和弘・高山範理 원저 森林アメニティ學. 광주: 전남대학교출판문화원. 296쪽.

이성재, 2017, 산림・해양・기후와 휴양의학. 고려대학교 출판문화원. 276쪽.

이연희, 2011, 치유의 숲 산림관리 기법에 관한 연구. 국민대학교 박사학위 논문. 154쪽.

정해식・김성아, 2015, OECD BLI 지표를 통해 본 한국의 삶의 질-국제보건복지 정책동향1. 보건복지포럼. 75~88쪽.

조윤경 옮김, 2018, 삼림욕. 宮崎良文 원저 森林浴. 서울: 북스힐. 173쪽.

천정화, 2020, 국가산림자원조사(NFI)로 본 자작나무의 분포특성. 김기원 편저 〈자작나무와 우리 겨레〉. 서울: 도서출판 숲과문화. 351~363쪽.

Ammer, U. und Pröbstl, U., 1991, Freizeit und Natur. Hamburg & Berlin : Paul Parey. pp.34~36.

Clawson, M. and Knetsch, Jack L., 1966, Outdoor Recreation. Baltimore: The Johns Hopkins Press. p.328.

Douglas, R. W., 1975, Forest Recreation. N.Y. : Pergamon Press. p.327.

Li, Q., 2012, Forest Medicine. NOVA. p.334.

Nilsson, K., Sangster, M., Gallis, C., Hartig, T., Vries, Sjerp de, Seeland, K. and Schipperijn, J., 2011, Forests, Trees and Human Health. Springer p.427.

Schilcher, H. und Kammerer, S., 2003, Leitfaden Phytotherapie. 3. Auflage. München: Urban & Fischer. p.998.

Schuh, A. und Immich, G., 2019, Waldtherapie. Stuttgart: Hippokrates. p.142.

Strassmann, R., 2015, Baumheilkunde-Heilkraft, Mythos und Magie der Bäume. Linz: Freya Verlag. p.440.

제15장

김수행 역, 2003, 국부론(상). 서울: 비봉출판사. 602쪽.

김진만, 2017, 레빈(Kurt Lewin)의 장이론으로 조명한 정신전력의 구조화 모형. 정신전력연구 49 : 1~63쪽.

박재호, 1987, 장이론과 Kurt Lewin에 대한 소고. 인문연구 8(2) : 335~349쪽.

박종현 역주, 1997, 플라톤의 국가(政體). 서울: 서광사. 697쪽.

서근원, 2020, 실행연구(Action Research)의 새로운 과거 : 쿠르트 레빈의 'action- research'를 중심으로. 교육인류학연구 23(3) : 1~46쪽.

송위진・성지은・장영배, 2011, 사회문제 해결을 위한 과학기술 인문사회 융합방안. 과학기술정책연구원. 151쪽.

송종국 · 이정원 · 유의선 · 송치웅 · 김왕동 · 박영일 · 이종관 · 최기련 · 홍영란 · 윤정현, 2009, 과학기술기반의 국가발전 미래연구. 과학기술정책연구원. 306쪽.

장진규 · 유의선 · 이우성 · 황석원 · 이민형 · 이광호 · 이선영 · 박건우 · 김병우, 2009, 경제환경 변화에의 대응 및 국가 성장동력 확충을 위한 과학기술정책의 방향. 과학기술정책연구원 정책연구. 176쪽.

최석만, 2000, 유교의 국가론 : 현대 국가론 및 동양적 전제 국가론의 비교 고찰. 사회와 문화 11 : 1~22쪽.

최호진 · 정해동 역, 1993, 국부론(하). 파주: 범우사. 606쪽.

한영우 역, 2014, 조선경국전. 정도전 원저 朝鮮經國典. 서울: 올재. 210쪽.

Perlin, J., 1989, A Forest Journey. A Role of Wood in the Development of Civilization. Cambridge & London : Harvard Univ. Press. p.445.

기타
조선왕조실록.

찾아보기

기타